11 — 원자 번호
Na
Sodium
22.99 — 원자 질량

1 1A	2 2A	3 3B	4 4B	5 5B	6 6B	7 7B	8 8B	9 8B	10 8B	11 1B	12 2B	13 3A	14 4A	15 5A	16 6A	17 7A	18 8A
1 **H** Hydrogen 1.008																	2 **He** Helium 4.003
3 **Li** Lithium 6.941	4 **Be** Beryllium 9.012											5 **B** Boron 10.81	6 **C** Carbon 12.01	7 **N** Nitrogen 14.01	8 **O** Oxygen 16.00	9 **F** Fluorine 19.00	10 **Ne** Neon 20.18
11 **Na** Sodium 22.99	12 **Mg** Magnesium 24.31											13 **Al** Aluminum 26.98	14 **Si** Silicon 28.09	15 **P** Phosphorus 30.97	16 **S** Sulfur 32.07	17 **Cl** Chlorine 35.45	18 **Ar** Argon 39.95
19 **K** Potassium 39.10	20 **Ca** Calcium 40.08	21 **Sc** Scandium 44.96	22 **Ti** Titanium 47.88	23 **V** Vanadium 50.94	24 **Cr** Chromium 52.00	25 **Mn** Manganese 54.94	26 **Fe** Iron 55.85	27 **Co** Cobalt 58.93	28 **Ni** Nickel 58.69	29 **Cu** Copper 63.55	30 **Zn** Zinc 65.39	31 **Ga** Gallium 69.72	32 **Ge** Germanium 72.59	33 **As** Arsenic 74.92	34 **Se** Selenium 78.96	35 **Br** Bromine 79.90	36 **Kr** Krypton 83.80
37 **Rb** Rubidium 85.47	38 **Sr** Strontium 87.62	39 **Y** Yttrium 88.91	40 **Zr** Zirconium 91.22	41 **Nb** Niobium 92.91	42 **Mo** Molybdenum 95.94	43 **Tc** Technetium (98)	44 **Ru** Ruthenium 101.1	45 **Rh** Rhodium 102.9	46 **Pd** Palladium 106.4	47 **Ag** Silver 107.9	48 **Cd** Cadmium 112.4	49 **In** Indium 114.8	50 **Sn** Tin 118.7	51 **Sb** Antimony 121.8	52 **Te** Tellurium 127.6	53 **I** Iodine 126.9	54 **Xe** Xenon 131.3
55 **Cs** Cesium 132.9	56 **Ba** Barium 137.3	57 **La** Lanthanum 138.9	72 **Hf** Hafnium 178.5	73 **Ta** Tantalum 180.9	74 **W** Tungsten 183.9	75 **Re** Rhenium 186.2	76 **Os** Osmium 190.2	77 **Ir** Iridium 192.2	78 **Pt** Platinum 195.1	79 **Au** Gold 197.0	80 **Hg** Mercury 200.6	81 **Tl** Thallium 204.4	82 **Pb** Lead 207.2	83 **Bi** Bismuth 209.0	84 **Po** Polonium (210)	85 **At** Astatine (210)	86 **Rn** Radon (222)
87 **Fr** Francium (223)	88 **Ra** Radium (226)	89 **Ac** Actinium (227)	104 **Rf** Rutherfordium (257)	105 **Db** Dubnium (260)	106 **Sg** Seaborgium (263)	107 **Bh** Bohrium (262)	108 **Hs** Hassium (265)	109 **Mt** Meitnerium (266)	110 **Ds** Darmstadtium (269)	111 **Rg** Roentgenium (272)	112 **Cn** Copernicium (285)	113 **Nh** Nihonium (286)	114 **Fl** Flerovium (289)	115 **Mc** Moscovium (290)	116 **Lv** Livermorium (293)	117 **Ts** Tennessine (294)	118 **Og** Oganesson (294)

58 **Ce** Cerium 140.1	59 **Pr** Praseodymium 140.9	60 **Nd** Neodymium 144.2	61 **Pm** Promethium (147)	62 **Sm** Samarium 150.4	63 **Eu** Europium 152.0	64 **Gd** Gadolinium 157.3	65 **Tb** Terbium 158.9	66 **Dy** Dysprosium 162.5	67 **Ho** Holmium 164.9	68 **Er** Erbium 167.3	69 **Tm** Thulium 168.9	70 **Yb** Ytterbium 173.0	71 **Lu** Lutetium 175.0
90 **Th** Thorium 232.0	91 **Pa** Protactinium (231)	92 **U** Uranium 238.0	93 **Np** Neptunium (237)	94 **Pu** Plutonium (242)	95 **Am** Americium (243)	96 **Cm** Curium (247)	97 **Bk** Berkelium (247)	98 **Cf** Californium (249)	99 **Es** Einsteinium (254)	100 **Fm** Fermium (253)	101 **Md** Mendelevium (256)	102 **No** Nobelium (254)	103 **Lr** Lawrencium (257)

금속

준금속

비금속

국제 순수 및 응용 화학 연맹(International Union of Pure and Applied Chemistry, IUPAC)에서는 1~18족 사용을 권장하였지만 아직 널리 사용되지는 않는다. 이 책에서는 표준 미국 표기법인 족 번호(1A-8A와 1B-8B)를 사용한다. 2011년 IUPAC에서 일부 원소의 원자 질량을 수정했다. 변경된 것은 사소한 것이어서 이 판에서는 채택하지 않았다.

원소 기호와 원자 질량을 기록한 원소 표*

우리말 이름	영어명	원소 기호	원자 번호	원자 질량†
가돌리늄	Gadolinium	Gd	64	157.3
갈륨	Gallium	Ga	31	69.72
구리	Copper	Cu	29	63.55
규소	Silicon	Si	14	28.09
금	Gold	Au	79	197.0
납	Lead	Pb	82	207.2
네오디뮴	Neodymium	Nd	60	144.2
네온	Neon	Ne	10	20.18
넵투늄	Neptunium	Np	93	(237)
노벨륨	Nobelium	No	102	(253)
니오븀	Niobium	Nb	41	92.91
니켈	Nickel	Ni	28	58.69
니호늄	Nihonium	Nh	113	(286)
다름슈타튬	Darmstadtium	Ds	110	(269)
더브늄	Dubnium	Db	105	(260)
디스프로슘	Dysprosium	Dy	66	162.5
라돈	Radon	Rn	86	(222)
라듐	Radium	Ra	88	(226)
란타넘	Lanthanum	La	57	138.9
러더포듐	Rutherfordium	Rf	104	(257)
레늄	Rhenium	Re	75	186.2
로듐	Rhodium	Rh	45	102.9
로렌슘	Lawrencium	Lr	103	(257)
뢴트게늄	Roentgenium	Rg	111	(272)
루비듐	Rubidium	Rb	37	85.47
루테늄	Ruthenium	Ru	44	101.1
루테튬	Lutetium	Lu	71	175.0
리버모륨	Livermorium	Lv	116	(293)
리튬	Lithium	Li	3	6.941
마그네슘	Magnesium	Mg	12	24.31
마이트너륨	Meitnerium	Mt	109	(266)
망가니즈	Manganese	Mn	25	54.94
멘델레븀	Mendelevium	Md	101	(256)
모스코븀	Moscovium	Mc	115	(290)
몰리브데넘	Molybdenum	Mo	42	95.94
바나듐	Vanadium	V	23	50.94
바륨	Barium	Ba	56	137.3
백금	Platinum	Pt	78	195.1
버클륨	Berkelium	Bk	97	(247)
베릴륨	Beryllium	Be	4	9.012
보륨	Bohrium	Bh	107	(262)
붕소	Boron	B	5	10.81
브로민	Bromine	Br	35	79.90
비소	Arsenic	As	33	74.92
비스무트	Bismuth	Bi	83	209.0
사마륨	Samarium	Sm	62	150.4
산소	Oxygen	O	8	16.00
세륨	Cerium	Ce	58	140.1
세슘	Cesium	Cs	55	132.9
셀레늄	Selenium	Se	34	78.96
소듐/나트륨	Sodium	Na	11	22.99
수소	Hydrogen	H	1	1.008
수은	Mercury	Hg	80	200.6
스칸듐	Scandium	Sc	21	44.96
스트론튬	Strontium	Sr	38	87.62
시보귬	Seaborgium	Sg	106	(263)
아르곤	Argon	Ar	18	39.95
아메리슘	Americium	Am	95	(243)
아스타틴	Astatine	At	85	(210)
아연	Zinc	Zn	30	65.39
아이오딘	Iodine	I	53	126.9
아인슈타이늄	Einsteinium	Es	99	(254)
악티늄	Actinium	Ac	89	(227)
안티모니	Antimony	Sb	51	121.8
알루미늄	Aluminum	Al	13	26.98
어븀	Erbium	Er	68	167.3
염소	Chlorine	Cl	17	35.45
오가네손	Oganesson	Og	118	(294)
오스뮴	Osmium	Os	76	190.2
우라늄	Uranium	U	92	238.0
유로퓸	Europium	Eu	63	152.0
은	Silver	Ag	47	107.9
이리듐	Iridium	Ir	77	192.2
이터븀	Ytterbium	Yb	70	173.0
이트륨	Yttrium	Y	39	88.91
인	Phosphorus	P	15	30.97
인듐	Indium	In	49	114.8
저마늄/게르마늄	Germanium	Ge	32	72.59
제논	Xenon	Xe	54	131.3
주석	Tin	Sn	50	118.7
지르코늄	Zirconium	Zr	40	91.22
질소	Nitrogen	N	7	14.01
철	Iron	Fe	26	55.85
카드뮴	Cadmium	Cd	48	112.4
칼슘	Calcium	Ca	20	40.08
캘리포늄	Californium	Cf	98	(249)
코발트	Cobalt	Co	27	58.93
코페르니슘	Copernicium	Cn	112	(285)
퀴륨	Curium	Cm	96	(247)
크로뮴	Chromium	Cr	24	52.00
크립톤	Krypton	Kr	36	83.80
타이타늄	Titanium	Ti	22	47.88
탄소	Carbon	C	6	12.01
탄탈럼	Tantalum	Ta	73	180.9
탈륨	Thallium	Tl	81	204.4
터븀	Terbium	Tb	65	158.9
텅스텐	Tungsten	W	74	183.9
테네신	Tennessine	Ts	117	(294)
테크네튬	Technetium	Tc	43	(99)
텔루륨	Tellurium	Te	52	127.6
토륨	Thorium	Th	90	232.0
툴륨	Thulium	Tm	69	168.9
팔라듐	Palladium	Pd	46	106.4
페르뮴	Fermium	Fm	100	(253)
포타슘/칼륨	Potassium	K	19	39.10
폴로늄	Polonium	Po	84	(210)
프라세오디뮴	Praseodymium	Pr	59	140.9
프랑슘	Francium	Fr	87	(223)
프로메튬	Promethium	Pm	61	(147)
프로탁티늄	Protactinium	Pa	91	(231)
플레로븀	Flerovium	Fl	114	(289)
플루오린	Fluorine	F	9	19.00
플루토늄	Plutonium	Pu	94	(242)
하슘	Hassium	Hs	108	(265)
하프늄	Hafnium	Hf	72	178.5
헬륨	Helium	He	2	4.003
홀뮴	Holmium	Ho	67	164.9
황	Sulfur	S	16	32.07

*모든 원자 질량은 유효 숫자 4개로 적었다. 이 값은 IUPAC 화학교육위원회에서 권장한 값이다.

†방사성 원소의 원자 질량의 근사값은 괄호 안에 나타내었다.

General Chemistry: The Essential Concepts | 7th Edition

레이먼드 창

대학기초화학 제7판

| 화학교재연구회 옮김 |

Mc Graw Hill

사이플러스 Science plus

General Chemistry: The Essential Concepts, 7th Edition (Brief Edition).

2 3 4 5 6 7 8 9 10 Sciplus 20 21

Original: General Chemistry: The Essential Concepts, 7th Edition © 2013
By Raymond Chang, Kenneth Goldsby
ISBN 978-0-07-340275-8

This authorized Korean translation edition is jointly published by McGraw-Hill Education Korea, Ltd. and Sciplus. This edition is authorized for sale in the Republic of Korea.

This book is exclusively distributed by Sciplus.

When ordering this title, please use ISBN 978-89-92603-96-6

Printed in Korea

옮긴이 머리말

21세기에 들어 우리 주변의 모든 것들이 급속하게 변화하며 발전하고 있다. 과학은 지난 세기에 이룬 업적보다 훨씬 더 많은 일들을 이루고 빠르게 발전하고 있다. 그 중에서도 화학은 중심 과학으로서 매우 중요한 위치를 차지하고 있으며, 우리 생활과 밀접한 관계가 있는 기초과목으로 여러 전공에 걸쳐 대학생들이 배워야 하는 과목이다.

이를 위해 그 동안 많은 일반화학 책이 출간되어 학생들에게 제공되었다. 학생들의 전공과 필요에 따라 다양한 책이 시중에 나와 있지만 적절한 분량의 책을 찾기가 어려운 것도 사실이다. 그러던 중 이번에 Raymond Chang 교수와 Ken Goldsby 교수가 공동 집필한 *General Chemistry: The Essential Concepts* 제7판을 기본으로 하여 축약판을 내게 되었다. Chang 교수의 책은 이미 오랜 시간에 걸쳐 보완되고 수정된 검증된 책이라 할 수 있다.

이 책은 총 17장으로 구성하였다. 화학의 과학적 접근법을 시작으로 원자, 분자, 이온, 화학량론, 수용액 반응, 기체, 에너지, 원자의 구조, 주기율표, 화학 결합, 유기 화학, 액체, 고체, 용액의 성질, 화학 반응 속도론, 화학 평형, 산과 염기, 산-염기 평형, 열역학, 전기 화학까지 다양한 분야를 포함시켰다. 다양한 사진과 그림을 통해 학생들의 이해를 도울 수 있도록 하였다. 또한 본문 중 예제 문제로 학습한 내용을 보충하도록 적절한 분량의 연습문제를 각 장 끝에 배치하였다. 이 책에 실은 내용은 화학을 기본적으로 알아야 할 대학생들을 대상으로 한 학기 강의하기에 적합한 범위라고 판단된다.

이 책을 번역하고 편집하면서 가능한 한 우리말 용어를 살려 표현하려고 하였다. 학술용어는 대한화학회에서 발간한 화학술어집에 수록된 내용을 기준으로 삼았다. 인명과 화합물명은 우리말로 나타내고, 괄호 안에 영문 표기를 병기하였다. 이 책은 여러 차례에 걸쳐 교정하였지만 한정된 시간으로 인해 오역이나 편집상의 실수가 있을 수도 있다. 이러한 내용을 발견할 때에는 반드시 지적하여 주실 것을 당부한다.

끝으로, 이 책을 출판함에 있어 많은 조언과 협조를 해주신 분들께 깊은 감사를 드리며 사이플러스 박종성 대표와 편집부 직원 여러분께 감사를 드린다.

2017년 2월 10일
옮긴이 적음

지은이 소개

Raymond Chang은 홍콩에서 태어나서 상하이와 홍콩에서 성장하였다. 영국의 London 대학에서 학사 학위를 받았고, Yale 대학에서 화학 전공으로 박사 학위를 취득한 바 있다. Washington 대학에서 박사 후 연구 과정을 마치고 뉴욕 시립대학 Hunter College에서 1년간 강의하였고, 1968년부터 Williams College 화학과에서 강의를 맡고 있다.

Chang 교수는 미국 화학회 시험위원, 미국 화학올림피아드 시험위원, GRE 위원으로 활동하였다. 그리고 *화학 교육자*(*The Chemical Educator*) 잡지의 편집인이다. Chang 교수는 물리 화학, 공업 화학 그리고 자연 과학에 대한 책을 집필한 바 있다. 또한 중국어로 쓴 책과 어린이 그림책, 젊은 독자를 위한 소설을 쓰기도 하였다.

Chang 교수는 여가 활동으로 숲속에 정원을 산책하거나 테니스와 탁구를 즐기거나 하모니카와 피아노를 연주하기도 한다.

Ken Goldsby는 Florida의 Pensacola에서 태어나고 자랐다. Rice 대학에서 화학과 수학으로 학사 학위를 받았다. Chapel Hill에 있는 North Carolina 대학에서 화학으로 박사 학위를 취득한 후에 Ohio 주립대학에서 박사 후 연구 과정을 마친 바 있다.

Goldsby 교수는 1986년부터 Florida 주립대학 화학과와 생화학과에 근무하고 있다. Goldsby 교수는 화학 분야의 교육상인 Cottrell Family Professorship를 포함해서 여러 가지 교육 및 지도상을 받은 바 있다. 1998년에는 Florida 주립대학에서 가장 뛰어난 교수로 선정되기도 하였다.

Goldsby 교수는 여가 시간에는 가족과 함께 시간을 보내며, 특히 대부분의 시간을 해안가에서 보내기를 좋아한다.

학생들에게

일반화학은 다른 과목에 비해 어려운 과목으로 인식되고 있다. 이러한 인식을 갖는데는 몇 가지 이유가 있다. 그 이유 중 하나로 화학은 매우 특별한 용어를 사용한다는 점이다. 우선, 화학 공부는 새로운 언어를 배우는 것과 같다. 더욱이 어떤 개념은 추상적이다. 그럼에도 불구하고 열심히 공부하면 이 과정을 성공적으로 마칠 수 있고, 심지어 즐기기까지 할 수도 있다. 학생 여러분들이 좋은 학습 습관을 가지고 이 책의 내용들을 숙달하는 데 도움이 되는 몇 가지 제안을 하고자 한다.

- 규칙적으로 수업에 출석하고 세심하게 필기한다.
- 가능하면 항상 수업 시간에 배운 주제들을 그 날 복습하고, 이 책을 이용하여 필기한 내용을 보충한다.
- 비판적으로 생각하라. 용어의 의미나 반응식의 사용을 정말로 이해하고 있는지 스스로 물어 보라. 자신이 이해하고 있는지 시험하는 좋은 방법은 동료나 다른 사람에게 개념을 설명해 보는 것이다.
- 지도 교수나 조교에게 망설이지 말고 도움을 청한다.

이 일반화학 책 제7판은 일반화학 과정을 잘 이수할 수 있도록 꾸몄다. 다음은 책과 다른 도구를 어떻게 잘 이용할 수 있는가를 설명하는 안내이다.

- 각 장을 공부하기 전에 이 장의 개요와 주요 개념을 읽어 중요한 주제를 파악한다. 개요를 사용하여 수업 시간에 필기한 내용을 잘 정리한다.
- 각 장의 끝부분에 사실과 개념에 대한 요약, 주요 용어 그리고 주요 식이 있다. 모두 시험에 대비한 복습에 도움을 줄 것이다.
- 주요 용어에 대한 정의는 각 장의 끝부분에 나열한 인용 페이지나 책의 맨 뒤쪽에 용어의 문맥을 통해서 공부할 수 있다.
- 많은 양의 정보가 있는 화학 창고로 접속하라. www.mhhe.com/chang에 들어가서 애니메이션을 찾아보기 위해 해당되는 표지를 클릭하고 내용을 미디어 플레이어에 내려받기 한 다음 전자기기를 통해 숙제를 하라.
- 본문 각 장에 있는 예제를 주의 깊게 공부하면, 문제 푸는 데 필요한 계산을 올바르게 처리하고 문제를 분석하는 능력이 향상될 것이다. 또한 예제 마지막 부분에 있는 실전 연습을 푸는 데 시간을 많이 투자하면 예제에 있는 문제 형태를 푸는 방법을 이해할 수 있게 될 것이다. 실전 연습의 해답은 각 장 끝에 있는 연습 문제 다음에 있다. 보다 더 연습하려면 예제 옆에 있는 비슷한 문제를 풀어 보라.
- 각 장 끝에 있는 연습 문제는 절별로 구성되어 있다.

이러한 제안을 따르고 지금까지 주어진 숙제를 계속 풀어간다면, 화학은 도전할만한 과목이고 예상한 것보다 덜 어렵고 더 흥미 있는 분야임을 알게 될 것이다.

Raymond Chang, Ken Goldsby

간추린 차례

차례

CHAPTER 1

서론: *화학이란 무엇인가?*

CHAPTER 2

원자, 분자, 이온

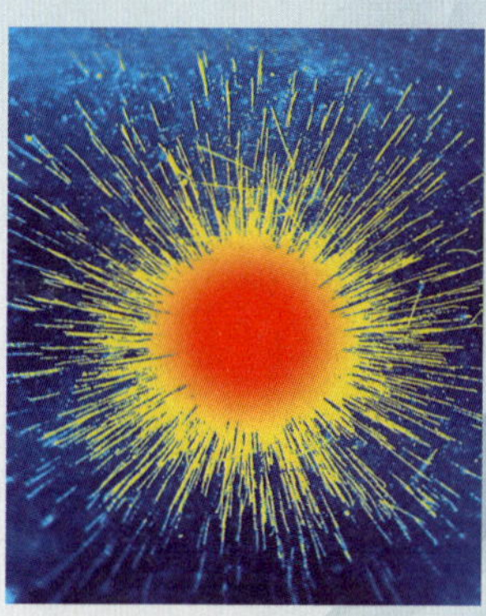

CHAPTER 3

화학량론

CHAPTER 4

수용액에서의 반응

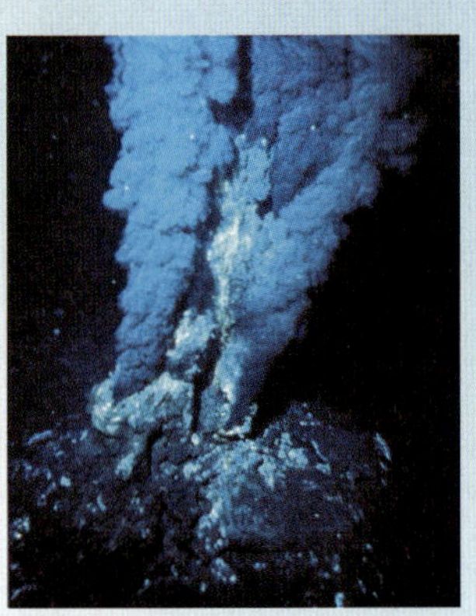

CHAPTER 5

기체

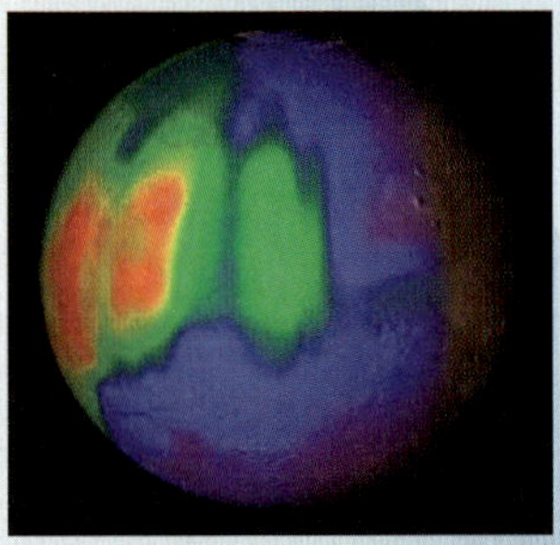

CHAPTER 6

화학 반응과 에너지와의 관계

CHAPTER 7

원자의 전자 구조와 주기율표

CHAPTER 8

화학 결합

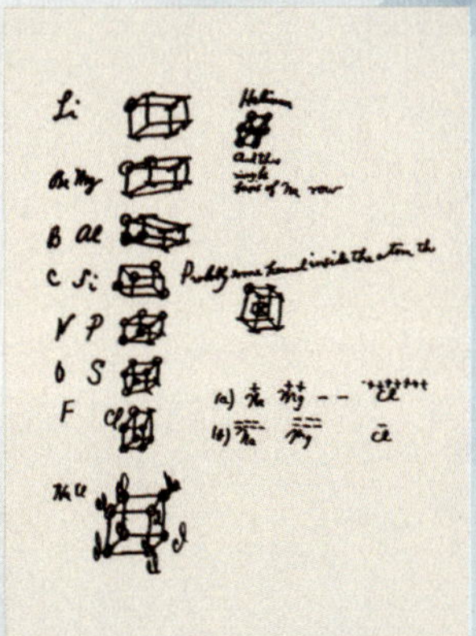

CHAPTER 9

유기 화학

CHAPTER 10

분자간 힘과 액체 및 고체

CHAPTER 11

용액의 물리적 성질

CHAPTER 12

화학 반응 속도론

CHAPTER 13

화학 평형

CHAPTER 14

산과 염기

CHAPTER 15

산-염기 평형 및 용해도 평형

CHAPTER 16

열역학

CHAPTER 17

산화-환원 반응과 전기화학

연습 문제의 해답은 본사의 홈페이지 www.sciplus.co.kr을 참조하기 바랍니다

CHAPTER 1

서론: 화학이란 무엇인가?

Introduction

이 장의 차례

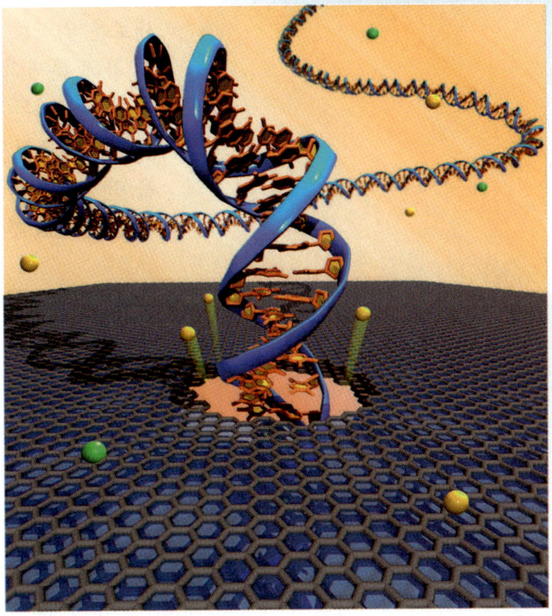

그래핀에서 생기는 구멍을 통해 DNA 분자를 밀어 넣는 데 전기장을 이용함으로써, 과학자들은 염기의 독특한 전기적인 성질에 따라 네 개의 화학적 염기를 빠르게 서열 결정에 언젠가 사용될 수 있는 기술을 개발하였다.

주요 개념

화학 공부 화학은 물질의 성질과 그 변화를 연구하는 학문이다. 원소와 화합물은 화학적 변화와 관계있는 물질이다.

물리적 성질과 화학적 성질 물질의 특성을 기술하기 위해 화학적 변화에 의해 증명될 수 있는 고유 성질과 화학적 성질의 변화 없이 관찰될 수 있는 물리적 성질을 아는 것이 필요하다.

측정과 단위 화학은 정량적 과학으로 측정을 필요로 한다. 측정된 양(예를 들면, 질량, 부피, 밀도 및 온도)은 대개 그와 관련된 단위를 가진다. 화학에서 사용되는 단위는 국제단위계(SI)에 기초한다.

숫자 처리 큰 수와 작은 수를 표현하기 위해 과학적 표기법을 사용한다. 측정 수치는 유효 숫자라고 하는 의미 있는 숫자로 표기하여야 한다.

화학 계산 화학에서 계산하기 위한 간단하고 효과적인 방법은 단위 해석이다. 이러한 과정에서 최종 답에 남는 것을 제외하고 모든 단위가 서로 상쇄되도록 식을 세운다.

1.1 화학 공부

이 과목이 화학의 첫 강의일 수도 있고 아닐 수도 있겠지만, 과학의 본질과 화학자들이 하는 일에 대해서 여러분은 어떤 선입관을 가지고 있을 것이다. 분명히 여러분은 화학이란 하얀 실험복을 입은 사람들이 실험실에서 시험관에 들어 있는 것을 연구하는 활동이라고 생각할 것이다. 이러한 표현은 어떤 면에서는 맞다. 화학은 크게 보면 실험 과학이고, 많은 지식이 실험실에서 행하는 연구를 통해 얻어진다. 그러나 오늘날의 화학자는 물질의 미시적 구조와 화학적 성질을 연구하기 위해서 컴퓨터를 사용할 수도 있고, 복잡한 전자 기구를 사용하여 자동차 배기가스나 토양 속 독성 물질을 분석하기도 한다. 생물학과 약학의 최첨단 연구는 화학 연구의 기초가 되는 구조의 기본 단위인 원자와 분자 수준에서 행하고 있다. 화학자들은 새로운 의약품 개발과 농업 연구와 같은 분야의 발전에 기여한다. 그 밖에도 화학자들은 환경 공해 문제의 해결 방안과 함께 대체 에너지원을 찾고 있다. 그리고 대부분의 산업은 생산품이 무엇이든 간에 화학을 기초로 한다. 예를 들면, 화학자들이 고분자(매우 큰 분자)를 개발하면 제조업자들은 이것을 이용하여 옷, 조리 기구, 인공 장기, 장난감 등 많은 종류의 상품을 만들게 된다. 사실 화학의 응용 분야가 급속도로 증가하고 있기 때문에 화학을 종종 "중심 과학"이라고 부른다.

화학을 공부하는 방법

다른 분야와 비교하면 화학은 적어도 입문 단계에서 더 어렵다고 느껴지곤 한다. 여기에는 몇 가지 이유가 있다. 그 중 하나는 화학이 매우 특별한 어휘를 사용한다는 것이다. 우선 화학을 공부하는 것은 마치 새로운 언어를 배우는 것과 같다. 더욱이 어떤 개념들은 추상적이다. 그럼에도 불구하고 부지런하기만 하다면 여러분은 이 과목을 성공적으로, 어쩌면 즐겁게 마칠 수 있을 것이다. 다음 사항들은 여러분이 좋은 학습 습관을 갖게 하고, 학습 자료들을 터득할 수 있도록 돕기 위한 제안이다.

- 규칙적으로 출석하고, 주의 깊게 필기한다.
- 가능하면 수업 시간에 배운 주제들을 항상 *그 날* 복습하라. 이 책을 사용하여 필기 사항을 보충한다.
- 비판적으로 생각해 본다. 배운 용어나 반응식의 이용법을 정말로 이해하고 있는지 자신에게 질문한다. 자신이 이해하고 있는지 알아보는 좋은 방법은 동료나 다른 사람에게 개념을 설명해 보는 것이다.
- 망설이지 말고 지도 교수나 조교에게 도움을 청한다.

여러분은 화학이 숫자나 공식, 추상적인 이론들 이상의 어떤 것임을 발견하게 될 것이다. 화학은 흥미로운 개념과 응용으로 가득 찬 논리적인 학문이다.

1.2 과학적 방법

사회 과학을 포함한 모든 과학은 *연구에 의한 체계적 접근법*인 **과학적 방법**(scientific method)을 사용한다. 예를 들면, 소음이 화학을 배우는 능력에 어떤 영향을 미치는지를 알고자 하는 심리학자와 수소 기체가 공기 중에서 탈 때 방출되는 열을 측정하는 데 관심이 있는 화학자는 그들의 탐구를 수행하는 데 대체로 같은 방법을 따른다. 첫 번째 단계는 문제를 신중하게 정의하는 것이다. 그 다음 단계는 실험을 수행하여 조심스러운 관찰을 하고, 관찰 대상인 계(system)에 대한 정보 즉, *자료*(data)를 수집한다. 여기서 '계'란 탐구 중에 있는 우주의 한 부분을 뜻한다(위의 예에서, 계는 학생 집단이나 수소와 공기의 혼합물이다).

이러한 연구에서 얻어진 자료는 *계에 관한 일반적인 관찰로 이루어진* **정성적**(qualitative)인 것과 *계의 다양한 측정에 의해 얻어진 숫자로 이루어진* **정량적**(quantitative)인 것의 두 가지 중 하나이다. 화학자들은 일반적으로 그들의 측정과 관찰을 기록할 때 표준화된 기호나 방정식을 이용한다. 그러한 표현의 형태는 단순히 기록을 간편하게 하기도 하지만, 다른 화학자들과의 교류를 원활히 하는 공통된 토대를 마련해 준다. 그림 1.1은 이런 연구 과정의 주요한 과정들을 요약한 것이다.

실험이 완료되고 자료들이 축적되면, 다음 단계는 그러한 현상을 설명하기 위한 해석이다. 모아진 자료에 근거하여 연구자들은 관측한 자료를 임시로 설명할 수 있는 **가설**(hypothesis)을 만든다. 그러면 그러한 가설을 뒷받침하기 위하여 가능한 모든 새로운 실험들을 수행하여 계속해서 가설을 보완해 나간다.

아주 많은 자료들이 모아지면, 법칙과 같은 방법으로 자료들을 함축적으로 표현하는 것이 바람직하다. 과학에서 **법칙**(law)이란 *동일한 조건에서는 항상 일정하게 일어나는 현상들의 관계를 함축된 말이나 수학적 표현으로 나타내는 것*을 말한다. 예를 들면, 고등학교 과학에서 배운 뉴턴의 운동 제 2법칙은 힘은 질량과 가속도의 곱($F = ma$)이라고 설명하고 있다. 이 법칙이 말하고자 하는 것은 물체의 질량이나 가속도의 증가에 비례하여 힘이 증가한다는 것이다.

많은 실험에 의해 검증된 가설은 하나의 이론으로 정립되기도 한다. **이론(theory)**이란 *모든 실험적 사실과 그들에 바탕을 둔 법칙을 설명할 수 있는 총괄적인 원리*이다. 이러한 이론 역시 지속적인 검증을 거치게 된다. 만약 어떤 실험에 의해 이론의 잘못된 점이 발견될 때는 그 이론을 버리거나 새로운 실험 결과에 맞게 이론을 수정해야 한다. 이론의 검증은 검증할 수 있는 기술의 한계로 인해 수 년 혹은 수 세기가 걸릴 수도 있다. 2장에서 공부하게 될 원자론이 이러한 경우이다. 고대 그리스의 철학자인 데모크리토스(Democritus)에 의해 제안된 화학의 근본 원리인 이 이론은 2000년의 세월을 거치면서 이루어지게 되었다.

과학적 발전은 이런 단계를 순차적으로 하나씩 거치면서 발전하지는 않는다. 때로는 법칙이 이론을 우선할 수도 있고, 때로는 그 반대일 수도 있다. 똑같은 일에 똑같은 목적으로 시작한 두 과학자라고 할지라도 완전히 다른 접근 방법을 선택할 수 있다. 과학자들도 결국 인간이기 때문에 그들이 생각하는 것이나 일하는 형태는 그들이 자란 환경, 교육, 개개인의 성격에 많은 영향을 받는다.

과학의 발전은 불규칙적이고 때로는 비논리적이기도 했다. 비록 그 이론의 발견이나 법칙의 정립은 한 개인의 명예로 돌아가지만, 실제 이와 같은 위대한 발견들은 많은 연구자들의 축적된 공헌과 경험에 의한 결과이다. 물론 과학의 발견에서도 행운이란 것이 있지만, 이 또한 열심히 연구하는 연구자에게 그러한 행운도 따른다고 할 수 있다. 빈틈없고 잘 훈련된 사람만이 우연한 발견의 중요성을 인식할 수 있고 그것을 최대한 활용할 수 있다. 일반인들은 대부분 거창하고 위대한 과학적 발견만 보게 된다. 그렇지만 모든 성공적인 이야기 뒤에는 궁극적으로 실패에 이른 과제를 연구하느라 과학자들이 여러 해를 소모한 수많은 경우들이 있다. 그러한 쓸모없는 결과조차도 우리 우주에 관한 지식을 넓히는 데 공헌하고 있다. 이러한 미지에 대한 탐구의 정열이 많은 과학자들을 실험실에 머물게 한다.

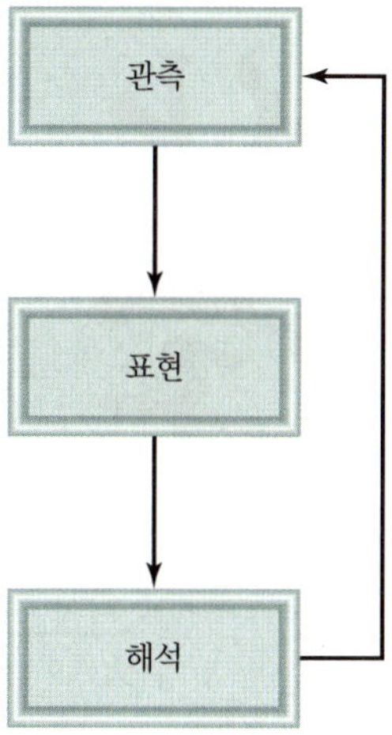

그림 1.1 • 화학을 연구하는 세 단계와 이들의 관계. 거시 세계의 것들과 미시 세계를 구성하는 원자나 분자들을 관측한다. 표현은 실험을 서술하기 위해 기호나 화학 방정식으로 하는 과학적 단순 표현법이다. 화학자들은 관찰된 현상을 해석하기 위해 그들이 가지고 있는 원자나 분자들에 관한 지식을 사용한다.

☑ 개념 복습하기

다음 설명 중 옳은 것은?

(a) 가설은 언제나 법칙을 만든다.

(b) 과학적 방법은 문제를 해결하기 위해 꼭 필요한 단계이다.

(c) 법칙은 실험 관찰을 요약하며, 이론은 관찰을 설명해 준다.

1.3 물질의 분류

물질(matter)은 *공간을 채우며 질량을 가지는 것*이며, **화학**(chemistry)은 이러한 물질과 물질의 변환을 연구하는 학문이다. 모든 물질은 적어도 원리적으로는 고체, 액체, 기체의 세 가

"변화의 연구"를 의미하는 화학의 한자.

지 상태로 존재할 수 있다. 고체는 모양이 고정된 단단한 물질이다. 액체는 고체보다는 덜 단단하며, 흐를 수 있고, 용기의 모양을 가지는 유체이다. 기체도 액체처럼 유체(fluid)이지만 무한히 팽창할 수 있다는 점이 액체와 다르다.

순물질은 조성의 변화없이 물질의 세 가지 상태로 상호 변환이 가능하다. 열을 가하면 고체(예를 들면, 얼음)는 액체(물)로 변환한다[이러한 변환이 일어나는 온도를 *녹는점*(melting point)이라 한다]. 열을 더 가하면 액체는 기체로 변한다[이 변환은 액체의 *끓는점*(boiling point)에서 일어난다]. 한편 기체를 식히면 액체로 응축된다. 액체의 온도를 더욱 낮추면 고체로 응고한다. 그림 1.2는 물의 세 가지 상태를 보여준다. 물은 다른 일반적인 물질과는 다르게 액체 상태가 고체 상태보다 더 조밀한 유일한 분자임을 주목하라.

순물질과 혼합물

순물질(substance)은 *일정하고 균일한 조성과 독특한 성질을 갖는 물질*이다. 순물질로는 물, 은, 에탄올, 소금(염화 나트륨), 이산화 탄소(carbon dioxide) 등이 있다. 순물질들은 각각 독특한 외관, 냄새, 맛 그리고 여러 가지 성질 등에 의하여 식별된다. 현재까지 6천 600만개 이상의 순물질이 알려져 있으며, 그 수는 급격하게 증가하고 있다.

혼합물(mixture)은 *둘 이상의 순물질이 각각의 고유한 성질을 유지하면서 서로 섞여 있는 것*이다. 몇가지 예로 공기, 음료수, 우유, 시멘트 등이 있다. 혼합물은 균일한 조성을 가지지 않는다. 따라서 서로 다른 도시에서 채취된 공기 시료들은 고도와 대기 오염 등의 차이 때문에 그 조성이 아마도 다를 것이다.

혼합물은 균일할 수도 있고 불균일할 수도 있다. 설탕 한 숟가락을 물에 녹일 때 충분히 저은 후에는 *이 혼합물의 조성은 용액 전체가 동일하게 된다*. 이러한 용액을 **균일 혼합물**(homogeneous mixture)이라고 한다. 그러나 모래와 철가루를 섞으면 모래알과 철가루는 육안으로 구별된다(그림 1.3). 이러한 혼합물 형태는 *조성이 일정하지 않기* 때문에 **불균일 혼합**

그림 1.2 • 물에 대한 3가지 물질의 상태: 고체 얼음, 액체 물, 기체 수증기.

(a)

(b)

그림 1.3 • (a) 철 가루와 모래의 혼합물. (b) 자석으로 혼합물로부터 철 가루를 분리한다. 이러한 기술은 알루미늄, 유리, 플라스틱과 같은 비자기성 물질에서 철이나 강철을 대량으로 분리하는 데 이용된다.

물(heterogeneous mixture)이라 한다. 기름에 물에 가하면 그 액체는 일정한 조성을 가지지 않으므로 새로운 불균일 혼합물이 만들어진다.

균일 혼합물이든 불균일 혼합물이든 그 조성의 변화 없이 물리적 방법으로 분리할 수 있다. 따라서 설탕물을 가열하여 물을 증발시키면 물에서 설탕을 분리할 수 있다. 수증기를 다시 응축시키면 물을 얻을 수 있다. 모래와 철의 혼합물을 분리하기 위해서는 모래는 자석에 끌리지 않으므로 자석을 써서 모래로부터 철 가루를 제거할 수 있다(그림 1.3b). 분리한 후에 혼합물의 성분들은 원래와 같은 조성과 성질을 갖는다.

원소와 화합물

순물질은 원소일 수도 있고 화합물일 수도 있다. **원소**(element)는 *화학적 방법으로 더 간단한 순물질로 분리할 수 없는 물질*이다. 현재까지 118개 원소가 확인되었다(이 책의 앞표지 안쪽에 있는 목록 참조).

화학자들은 원소의 이름을 표시하기 위해 알파벳 기호를 사용한다. 그 중 원소의 첫 글자는 항상 대문자를 사용하고, 두 번째 글자는 소문자를 사용한다. 예를 들면, Co는 코발트(cobalt)라는 원소의 기호이고, CO는 탄소와 산소로 구성된 일산화 탄소라는 화합물이다. 표

표 1.1 몇 가지 일반적인 원소와 기호

이름	기호	이름	기호	이름	기호
구리(Copper)	Cu	산소(Oxygen)	O	주석(Tin)	Sn
규소(Silicon)	Si	소듐(Sodium)	Na	질소(Nitrogen)	N
금(Gold)	Au	수소(Hydrogen)	H	철(Iron)	Fe
납(Lead)	Pb	수은(Mercury)	Hg	칼슘(Calcium)	Ca
니켈(Nickel)	Ni	아연(Zinc)	Zn	코발트(Cobalt)	Co
마그네슘(Magnesium)	Mg	아이오딘(Iodine)	I	크로뮴(Chromium)	Cr
바륨(Barium)	Ba	알루미늄(Aluminum)	Al	탄소(Carbon)	C
백금(Platinum)	Pt	염소(Chlorine)	Cl	포타슘(Potassium)	K
브로민(Bromine)	Br	은(Silver)	Ag	플루오린(Fluorine)	F
비소(Arsenic)	As	인(Phosphorus)	P	황(Sulfur)	S

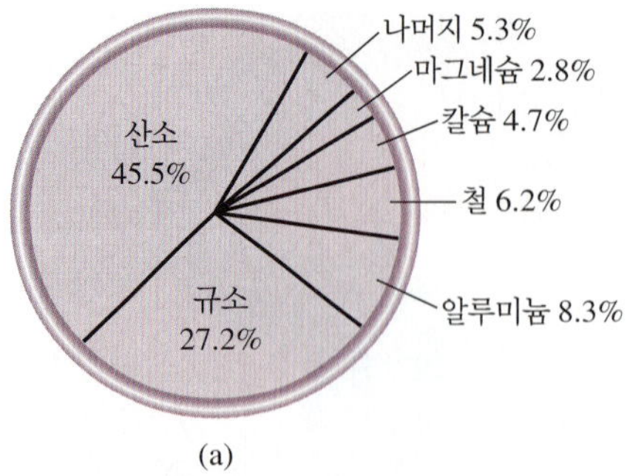

그림 1.4 • (a) 질량 백분율로 표시한 자연계의 원소 존재 비율. 예를 들어, 산소는 45.5%이다. 이것은 지각 시료 100 g에 평균적으로 45.5 g의 산소 원소가 들어 있다는 것을 의미한다. (b) 질량 백분율로 표시한 인체의 원소 비율.

1.1에 일반적으로 많이 알려진 원소들을 나타내었다. 어떤 원소 기호는 라틴어에서 유래하였다. 예를 들면, *aurum*(금)에서 Au, *ferrum*(철)에서 Fe, *natrium*(소듐)에서 Na 등을 들 수 있다. 그러나 대부분의 원소 기호는 영어명을 축약한 형태이다.

그림 1.4는 지각과 인간의 몸에 풍부한 원소들을 나타내고 있다. 이 표에서 보면 5개의 원소들(산소, 규소, 알루미늄, 철, 칼슘)이 지각의 90% 이상을 차지하고 있으며, 이 중에서 산소만이 생체 계에서 가장 풍부한 원소임을 알 수 있다.

대부분 원소들은 하나 이상의 다른 원소들과 결합하여 화합물을 만들 수 있다. **화합물**(compound)은 *둘 이상의 원소 원자들이 정해지는 비율에 따라 화학적으로 결합하여 만들어진 물질*이라고 정의한다. 예를 들어, 수소 기체는 산소 기체 중에서 연소하여 물을 형성하는데, 그 성질은 출발 물질들의 성질과 전혀 다르다. 물은 수소 2개와 산소 1개로 이루어져 있다. 이 조성은 미국의 수도꼭지에서 나온 물이든, 중국 양자강의 물이든, 화성에서 온 물이든 항상 일정하다. 혼합물과는 달리 화합물은 화학적 방법에 의해서만 순물질들로 분리할 수 있다.

원소, 화합물, 물질의 다른 몇 가지 범주 사이의 관계를 그림 1.5에 요약해 놓았다.

☑ 개념 복습하기

다음 그림 중 원소를 나타내는 것과 화합물을 나타내는 것은 어느 것인가? 각 색깔의 공은 원자를 나타낸다.

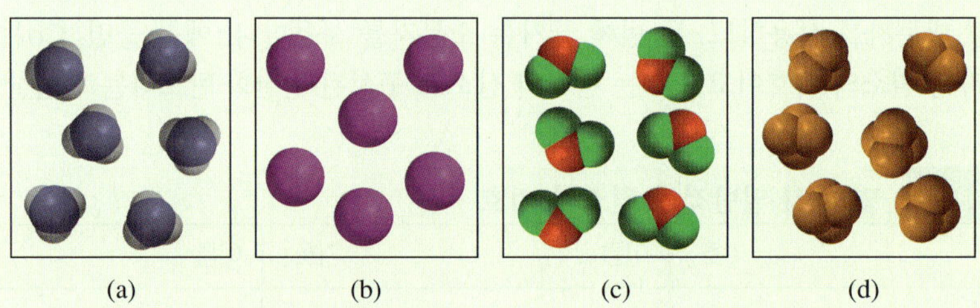

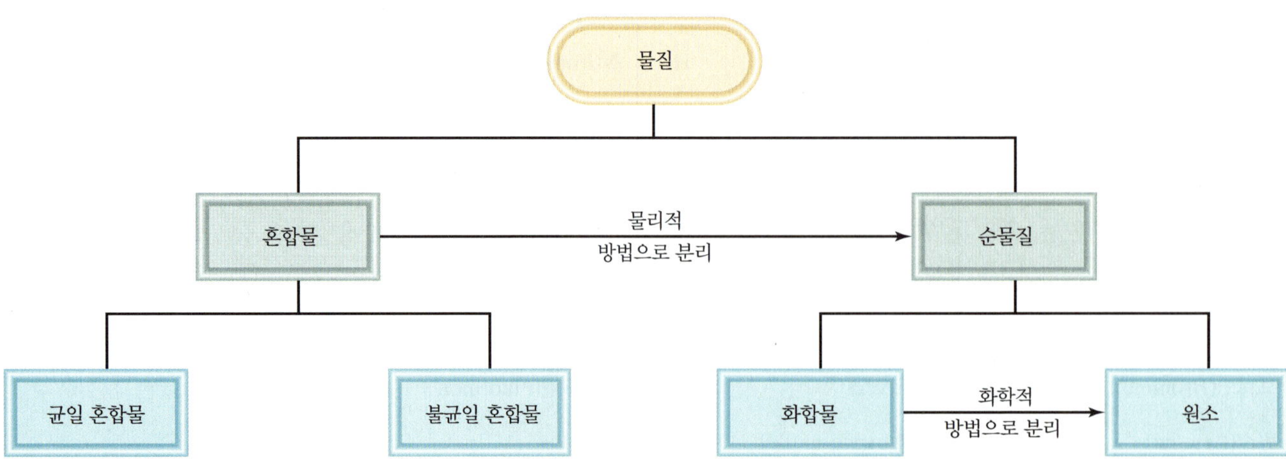

그림 1.5 • 물질의 분류.

1.4 물질의 물리적 성질과 화학적 성질

순물질은 그들의 조성뿐만 아니라 그 성질에 의해서도 구분된다. 색깔, 녹는점, 끓는점, 밀도 등은 성질에 해당된다. **물리적 성질**(physical property)은 *순물질의 조성이나 본질은 변화시키지 않고 측정하고 관측할 수 있다.* 예를 들어, 얼음을 가열하면서 온도를 측정하면 얼음이 몇 도에서 녹는지를 측정할 수 있다. 물이 얼음과 다른 점은 그 외관이지 조성이 아니다. 따라서 이것은 물리적 변화이며, 물을 얼리면 다시 얼음을 얻을 수 있다. 그러므로 녹는점은 물리적 성질이다. 마찬가지로 헬륨이 공기보다 가볍다는 말은 그 물리적 성질을 일컫는 것이다.

반면 "수소는 산소 중에서 연소하여 물을 형성한다"는 말은 수소의 **화학적 성질**(chemical property)을 설명하고 있다. 왜냐하면 *이것을 관찰하기 위해서는 연소와 같은 화학적 변화를 수반해야 하기 때문*이다. 이러한 변화 후에 수소와 산소 기체의 원래의 성질은 없어지고, 화학적으로 전혀 다른 물이라는 물질이 만들어진다. 끓이거나 얼리는 것과 같은 물리적 변화로 물로부터 수소와 산소를 다시 얻어낼 수는 *없다*.

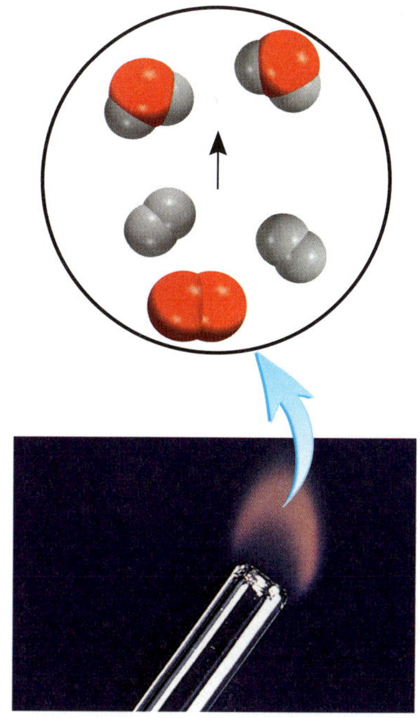

공기 중에서 수소의 연소로 물 형성.

달걀을 삶을 때는 화학적 변화가 일어난다. 100°C 정도의 온도를 가하면, 달걀의 흰자와 노른자는 단순히 물리적 외관만 변하는 것이 아니라 화학적 조직도 반응한다. 이것을 섭취하면 몸속에 있는 *효소*(enzyme)에 의해 다시 한 번 변화하게 된다. 이러한 소화과정은 화학 변화의 또 다른 예이다. 이러한 과정에서 일어나는 변화는 특정한 효소와 소화 작용에 관련된 음식물의 화학적 성질에 좌우된다.

모든 물질의 측정 가능한 성질들은 크기 성질과 세기 성질로 다시 구분한다. **크기 성질**(extensive property)의 측정값은 *얼마만큼 물질의 양이 고려되었느냐에 달려있다.* 질량(mass), 길이(length), 부피(volume)는 물질의 양을 의미하는 크기 성질이다. 더 많은 양의 물질은 더 많은 질량을 의미한다. 크기 성질의 값들은 서로 더할 수 있다. 즉, 십 원짜리 동전 두 개의 질량은 각 동전 질량의 합과 같고, 두 비커에 차지하는 물의 부피는 각 비커의 물의 부피의 합과 같다.

세기 성질(intensive property)의 측정값은 *고려된 물질의 양과는 무관하다.* 온도는 세기 성질이다. 같은 온도의 물이 담겨져 있는 두 개의 비커가 있다고 하자. 만약 두 비커의 물을 더 큰 비커에 같이 담았을 때의 물의 온도는 처음 온도와 같다. 질량, 부피 등과는 다르게 온도와 녹는점, 끓는점, 밀도와 같은 다른 세기 성질은 이렇게 더할 수 없다.

☑ 개념 복습하기

다음 그림 (a)는 두 종류의 원소로 이루어진 화합물이다(녹색과 빨간색 공으로 원소를 나타내었다). (b)~(d)의 그림 중 물리적 변화 또는 화학적 변화를 나타내는 것은 무엇인가?

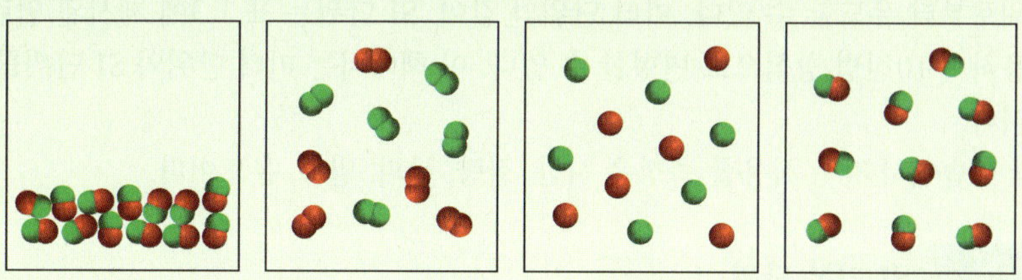

(a) (b) (c) (d)

1.5 측정

화학 연구는 측정에 크게 의존한다. 예를 들면, 화학자들은 다른 물질들의 성질을 비교하거나 실험 결과로 나타난 변화를 조사할 때 측정을 하게 된다. 다양한 장치를 사용하여 물질의 성질을 간단히 측정할 수 있다. 자는 길이를 잴 때 사용한다. 뷰렛, 피펫, 눈금 실린더, 용량 플라스크는 부피를 측정하는 데 사용한다(그림 1.6). 저울은 질량을 측정하고, 온도계

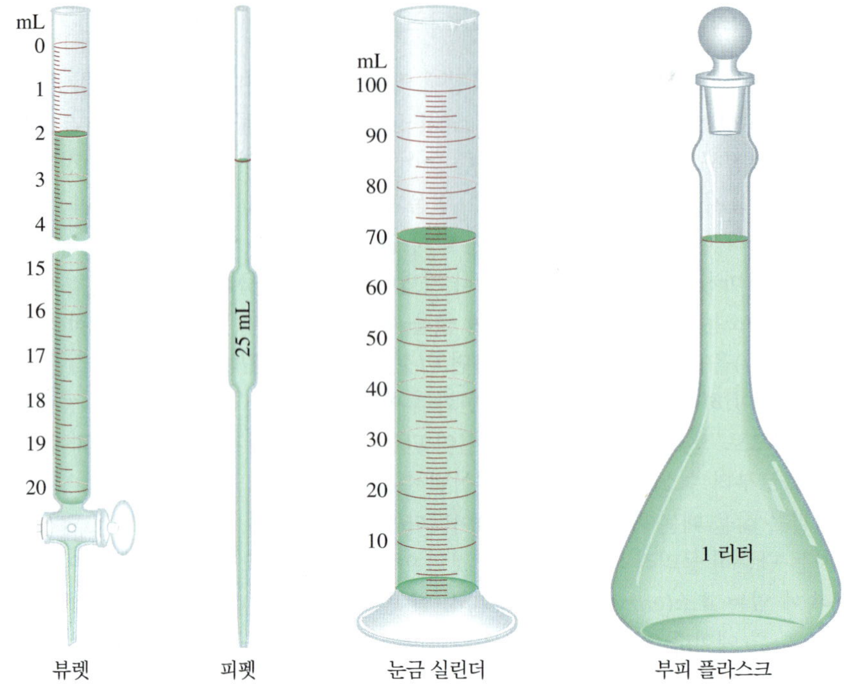

그림 1.6 • 화학 실험실에서 볼 수 있는 몇 가지 측정 기구들. 이 기구들의 축척은 서로 같지 않다. 이들의 사용법은 4장에서 설명할 것이다.

는 온도를 측정한다. 이러한 측정 기구들은 *직접 측정*할 수 있는 **거시적 성질**(macroscopic property)의 측정을 가능하게 한다. 원자나 분자 크기인 **미시적 성질**(microscopic property)은 2장에서 볼 수 있듯이, *간접적인 방법으로 측정*하여야 한다.

측정한 양은 보통 적절한 단위로 나타낸다. 특정 도로를 따라 자동차로 간 뉴욕과 샌프란시스코 간의 거리가 5166이라는 것은 무의미하다. 이 거리는 5166 km라고 명시되어야 한다. 똑같은 논리가 화학에서도 적용된다. 화학에서 단위들은 측정을 정확하게 표현하는 데 필수적이다.

국제단위계

오랫동안 과학자들은 측정값을 10의 거듭제곱과 관련된 10진법의 *미터 단위*로 기록하였다. 그러나 단위에 관한 국제기구인 국제 도량형 총연맹(The General Conference of Weights and Measures)은 1960년에 국제단위계(International System of Unit, 프랑스어 *S*ystem *I*nternational d'Unites로부터 SI로 간략하게 표기)라고 하는 개량형의 미터법을 제안하였다. 표 1.2에 7개의 SI 기본 단위들을 나타내었다. 측정에 사용되는 모든 다른 국제 단위는 이들 기본 단위로부터 유도할 수 있다. 미터 단위와 같이, SI 단위는 표 1.3에 제시된 일련의 접두어를 사용하여 10진법 방식으로 변형할 수 있다. 이 책에서는 미터 단위와 SI 단위를 모두 사용할 것이다.

화학 학습에서 자주 사용할 측정은 시간, 질량, 부피, 밀도, 온도이다.

표 1.2 SI 기본 단위

기본량	단위 이름	기호
길이(Length)	미터(meter)	m
질량(Mass)	킬로그램(kilogram)	kg
시간(Time)	초(second)	s
전류(Electrical current)	암페어(ampere)	A
온도(Temperature)	켈빈(kelvin)	K
물질의 양(Amount of substance)	몰(mole)	mol
빛의 세기(Luminous intensity)	칸델라(candela)	cd

표 1.3 SI 단위에서 사용되는 접두어

접두어	기호	의미	예
테라(tera-)	T	1,000,000,000,000 즉 10^{12}	1 테라미터(Tm) $= 1 \times 10^{12}$ m
기가(giga-)	G	1,000,000,000 즉 10^{9}	1 기가미터(Gm) $= 1 \times 10^{9}$ m
메가(mega-)	M	1,000,000 즉 10^{6}	1 메가미터(Mm) $= 1 \times 10^{6}$ m
킬로(kilo-)	k	1,000 즉 10^{3}	1 킬로미터(km) $= 1 \times 10^{3}$ m
데시(deci-)	d	1/10 즉 10^{-1}	1 데시미터(dm) = 0.1 m
센티(centi-)	c	1/100 즉 10^{-2}	1 센티미터(cm) = 0.01 m
밀리(milli-)	m	1/1,000 즉 10^{-3}	1 밀리미터(mm) = 0.001 m
마이크로(micro-)	μ	1/1,000,000 즉 10^{-6}	1 마이크로미터(μm) $= 1 \times 10^{-6}$ m
나노(nano-)	n	1/1,000,000,000 즉 10^{-9}	1 나노미터(nm) $= 1 \times 10^{-9}$ m
피코(pico-)	p	1/1,000,000,000,000 즉 10^{-12}	1 피코미터(pm) $= 1 \times 10^{-12}$ m

미터법의 접두어는 단지 숫자를 나타낸다는 것을 기억하라.

$$1\ \text{mm} = 1 \times 10^{-3}\ \text{m}$$

질량과 무게

질량(mass)은 *어떤 물체 안에 있는 물질의 양을 측정한 것*이다. "질량"과 "무게"라는 용어는 엄밀하게 말해 서로 다른 것이지만 종종 혼용된다. 과학적 용어로 말하자면, **무게**(weight)는 *중력이 물체에 작용하는 힘*이다. 나무로부터 떨어지는 사과는 지구의 중력에 의해 끌어당겨진다. 그 사과의 질량은 일정하며 위치에 무관하지만 무게는 위치에 따라 다르다. 예를 들면, 달의 질량이 더 작기 때문에 달 표면에서 사과의 무게는 지구에서의 6분의 1이다. 이것이 우주 비행사들이 덩치가 큰 옷과 장비에도 불구하고 달 표면에서 자유롭게 뛰어 다닐 수 있는 이유이다. 물체의 질량은 저울로 쉽게 측정할 수 있으며, 이 과정을 표현할 때는 무게를 단다고 한다.

달 표면에서 뛰어오르는 우주인.

질량의 SI 기본 단위는 *킬로그램*(kg)이지만, 화학에서는 더 작은 단위인 그램(g)이 더 편리하다.

$$1\ \text{kg} = 1000\ \text{g} = 1 \times 10^{3}\ \text{g}$$

부피

부피(volume)는 *길이(m)의 세제곱*이므로 이것의 SI 유도 단위는 세제곱 미터(m^3)이다. 그러나 일반적으로 화학자들은 세제곱 센티미터(cm^3)나 세제곱 데시미터(dm^3) 같은 훨씬 작은 부피 단위를 이용한다.

$$1\ \text{cm}^3 = (1 \times 10^{-2}\ \text{m})^3 = 1 \times 10^{-6}\ \text{m}^3$$
$$1\ \text{dm}^3 = (1 \times 10^{-1}\ \text{m})^3 = 1 \times 10^{-3}\ \text{m}^3$$

또 다른 SI 단위는 아니지만, 많이 사용되는 부피의 단위로는 리터(L)가 있다. *리터는 1 세제곱 데시미터가 차지하는 부피*이다. 화학자들은 일반적으로 액체의 부피를 나타내는 데 L와 mL를 사용한다. 1 리터는 1000 밀리리터(mL) 또는 1000 세제곱 센티미터(cm^3)와 같다.

$$\begin{aligned} 1\ \text{L} &= 1000\ \text{mL} \\ &= 1000\ \text{cm}^3 \\ &= 1\ \text{dm}^3 \end{aligned}$$

1 밀리리터의 부피는 1 세제곱 센티미터와 같다.

$$1\ \text{mL} = 1\ \text{cm}^3$$

그림 1.7은 두 부피 사이의 상대적인 크기를 비교하고 있다.

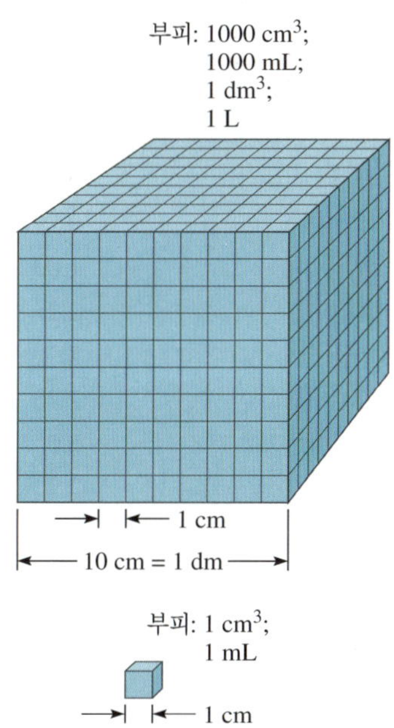

그림 1.7 • 1 mL와 1000 mL의 부피 비교.

금괴와 금 원자의 고체 상태 배열.

밀도

밀도(density)는 *물체의 질량을 그 부피로 나눈 값*이다.

$$\text{밀도} = \frac{\text{질량}}{\text{부피}}$$

$$d = \frac{m}{V} \tag{1.1}$$

여기서 d, m, V는 각각 밀도, 질량, 부피를 의미한다. 밀도는 존재하는 질량의 크기에는 좌우되지 않는 세기 성질이라는 것을 주목해야 한다. 그 이유는 *질량*이 증가함에 따라 *부피*도 증가하여 그 주어진 재료에 대해 두 개의 양의 비율은 항상 동일하기 때문이다.

밀도에 대한 SI 단위는 세제곱 미터당 킬로그램(kg/m^3)이다. 이 단위는 대부분의 화학적 응용에는 너무 크다. 따라서 세제곱 센티미터당 그램(g/cm^3)이나 밀리리터당 그램(g/mL)을 고체와 액체 밀도에 더 자주 사용하고 있다. 표 1.4에 몇 가지 물질의 밀도를 나타내었다.

예제 1.1

금은 화학적으로 반응성이 없는 귀금속으로 주로 보석, 치과, 전자 부품에 사용된다. 금괴 257 g의 부피는 13.3 cm^3이다. 금의 밀도를 계산하시오.

▸ **풀이** 질량과 부피가 주어진 상태에서 밀도를 계산하는 것이다. 그러므로 식 (1.1)에 따라 다음과 같이 쓴다.

$$\begin{aligned} d &= \frac{m}{V} \\ &= \frac{257\ \text{g}}{13.3\ \text{cm}^3} \\ &= 19.3\ \text{g/cm}^3 \end{aligned}$$

▸ **실전 연습** 밀도가 21.5 g/cm^3인 백금 조각의 부피가 4.49 cm^3이다. 이 백금의 질량은 얼마인가?

비슷한 문제: 1.17, 1.18.

켈빈 척도는 도(degree)라는 부호를 갖지 않는다. 또한 켈빈으로 나타낸 온도는 결코 음이 될 수 없다.

표 1.4

25°C에서 몇몇 물질의 밀도

물질	밀도(g/cm^3)
공기*	0.001
에탄올	0.79
물	1.00
흑연	2.2
소금	2.2
알루미늄	2.70
다이아몬드	3.5
철	7.9
납	11.3
수은	13.6
금	19.3
오스뮴†	22.6

*1 기압에서 측정.
†오스뮴(Os)은 가장 밀도가 큰 원소이다.

온도 단위

현재 세 가지 온도 단위가 사용되고 있다. °C(섭씨 온도), °F(화씨 온도), K(켈빈 온도)이다. 미국에서 가장 흔히 사용하는 화씨 척도(Fahrenheit scale)는 물의 표준 어는점과 끓는점을 각각 32°F와 212°F로 정의한다. 섭씨 척도(Celsius scale)는 물의 어는점(0°C)과 끓는점(100°C)을 100 단계로 나눈다. 표 1.2에서 보는 바와 같이 *켈빈*(kelvin)은 SI의 기본 온도 단위이다. 이것은 *절대* 온도 척도이다. 여기서 절대 온도라는 의미는 0 K로 표기되는 켈빈 척도 0이 이론적으로 얻을 수 있는 가장 낮은 온도라는 것이다. 반면 0°F나 0°C는 임의로 선택된 물의 특정 온도인 것이다. 그림 1.8은 세 종류의 온도 눈금을 비교한 것이다.

화씨 척도에서 1도의 크기는 섭씨 척도로는 화씨의 100/180 즉, 5/9에 불과하다. 화씨 온도를 섭씨 온도로 변화하기 위해서는 다음 식을 이용한다.

$$?°\text{C} = (°\text{F} - 32°\text{F}) \times \frac{5°\text{C}}{9°\text{F}} \tag{1.2}$$

섭씨 온도를 화씨 온도로 변환하기 위해서는 다음 식을 사용한다.

$$?°\text{F} = \frac{9°\text{F}}{5°\text{C}} \times (°\text{C}) + 32°\text{F} \tag{1.3}$$

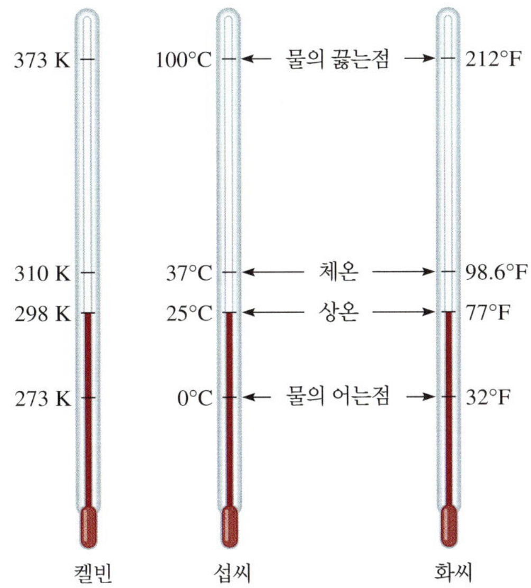

그림 1.8 • 세 종류의 온도 눈금 비교: 섭씨, 화씨, 절대 온도. 섭씨 온도 척도에서는 물의 어는점과 끓는점을 100 등분하였고, 화씨 온도 척도에서는 180 등분하였다. 켈빈 척도는 도(°)를 사용하지 않으며, 켈빈 척도로 나타낸 온도는 절대 음의 값을 갖지 않음을 유의하라.

섭씨와 절대 온도는 같은 크기의 단위를 가지고 있다. 다시 말하면 섭씨 온도의 한 눈금은 절대 온도의 한 눈금과 같다. 실험적으로 절대 온도 단위로 절대 온도 0도는 −273.15°C와 같음을 알게 되었다. 따라서 다음 식을 사용하면 섭씨 온도를 절대 온도로 바꿀 수 있다.

$$? \text{ K} = (°\text{C} + 273.15°\text{C}) \frac{1 \text{ K}}{1°\text{C}} \quad \textbf{(1.4)}$$

예제 1.2

(a) −141°C의 전이 온도 이하에서 어떤 물질은 초전도체가 된다. 초전도체는 저항 없이 전기를 전도한다. 이 온도는 화씨 온도로는 얼마인가? (b) 헬륨은 모든 원소 중에서 −452°F에서 가장 낮은 끓는점을 갖는다. 이 온도를 섭씨 온도로 바꾸시오. (c) 수은의 녹는점은 −38.9°C이고, 금속 중 유일하게 상온에서 액체이다. 이 값을 절대 온도 단위로 표시하시오.

▸ **풀이** 온도 변환을 위해 식 (1.2), (1.3), (1.4)를 이용한다. 절대 온도에서 가장 낮은 온도는 0 K이다. 그러므로 절대 온도는 음의 값을 가질 수 없음을 명심하라.

(a) 이 변환을 화씨 온도로 나타내면

$$\frac{9°\text{F}}{5°\text{C}} \times (-141°\text{C}) + 32°\text{F} = \boxed{-222°\text{F}}$$

(b) 헬륨의 끓는 온도를 섭씨 온도로 구하면

$$(-452°\text{F} - 32°\text{F}) \times \frac{5°\text{C}}{9°\text{F}} = \boxed{-269°\text{C}}$$

(c) 수은의 녹는점을 절대 온도로 표시하면

$$(-38.9°\text{C} + 273.15°\text{C}) \times \frac{1 \text{ K}}{1°\text{C}} = \boxed{234.3 \text{ K}}$$

▸ **실전 연습** (a) 327.5°C(납의 녹는점)을 화씨로 표시하고, (b) 172.9°F(에탄올의 끓는점)을 섭씨로 표시하고, (c) 77 K(액체 질소의 끓는점)를 섭씨로 표시하시오.

초전도체 위에 떠 있는 자석은 액체 질소에 의해 전이 온도 이하로 냉각된다.

비슷한 문제: 1.19, 1.20.

☑ 개념 복습하기

구리의 밀도는 20°C에서 8.94 g/cm^{3}이고, 60°C에서는 8.91 g/cm^{3}이다. 밀도의 감소는 다음의 어떤 결과 때문인가?

(a) 금속이 팽창하여 부피 증가.
(b) 금속이 수축하여 부피 감소.
(c) 금속의 질량 증가.
(d) 금속의 질량 감소.

1.6 숫자 처리

화학에서 사용하는 단위들에 대해 알아보았으니, 이제 측정과 관련된 숫자를 처리하는 기술인 과학적 표기법과 유효 숫자에 대하여 살펴보기로 하자.

과학적 표기법

화학자들은 종종 매우 크거나 매우 작은 수를 다룬다. 예를 들면, 수소 원소 1 g에는 대략

$$602,200,000,000,000,000,000,000$$

개의 수소 원자가 있다. 각 수소 원자는 질량이 불과

$$0.00000000000000000000000166 \text{ g}$$

이다. 이 수들은 다루기 힘들며, 이들을 수치 계산에 사용할 때 실수하기 쉽다. 다음 곱셈을 생각해 보자.

$$0.0000000056 \times 0.00000000048 = 0.000000000000000002688$$

소수점 이하의 0 하나를 생략하거나 0 하나를 더하는 실수를 하기 쉬울 것이다. 이러한 매우 크고 작은 수를 처리하기 위해서 *과학적 표기법*(scientific notation)이라는 방법을 사용한다. 수의 크기에 관계없이 모든 수들은

$$N \times 10^n$$

으로 표현할 수 있는데, 여기서 N은 1부터 10 미만의 수이며, n은 지수로 양이나 음의 정수이다. 이러한 식의 표시된 수는 과학적 표기법으로 쓰였다고 한다.

어떤 수를 과학적 표기법으로 표현한다고 가정해 보자. 기본적으로 이는 n을 찾아내는 것이다. 10 미만의 수 N을 얻기 위해서 소수점을 이동해야 하는 수를 센다. 만약, 소수점이 왼쪽으로 움직여야 한다면 n은 양의 정수이다. 소수점을 오른쪽으로 움직여야 한다면 n은 음의 정수이다. 다음은 과학적 표기법의 예를 보여준다.

(1) 568.762를 과학적 표기법으로 나타내시오.

$$568.762 = 5.68762 \times 10^2$$

소수점이 왼쪽으로 두 자리 옮겨졌으며, $n = 2$임을 주목하라.

(2) 0.00000772를 과학적 표기법으로 나타내시오.

$$0.00000772 = 7.72 \times 10^{-6}$$

소수점이 오른쪽을 여섯 자리 이동하였으며, $n = -6$임을 주목하라.

어떤 수의 0제곱은 1이다.

다음 두 가지 사항을 명심하라. 첫째, $n = 0$은 과학적 표기법으로 표기되지 않을 때 사용된다. 예를 들면, 74.6×10^0 ($n = 0$)은 74.6과 같다. 둘째로, $n = 1$일 때 윗첨자 1은 주로 표시하지 않는다. 즉, 74.6은 7.46×10으로 표기하고 7.46×10^1으로는 표기하지 않는다.

다음으로 이러한 과학적 표기법들이 산술 연산 시에는 어떻게 다루어지는지를 생각해 보자.

덧셈과 뺄셈

과학적 표기법을 사용하여 덧셈과 뺄셈을 하기 위해서, 먼저 두 수가 같은 지수 n을 갖도록 (말하자면 N_1과 N_2) 표기해야 한다. 그 다음, N_1과 N_2를 합한다. 지수 부분은 그대로 남는다. 다음 예를 보자.

$$\begin{aligned}(7.4 \times 10^3) + (2.1 \times 10^3) &= 9.5 \times 10^3 \\ (4.31 \times 10^4) + (3.9 \times 10^3) &= (4.31 \times 10^4) + (0.39 \times 10^4) \\ &= 4.70 \times 10^4 \\ (2.22 \times 10^{-2}) - (4.10 \times 10^{-3}) &= (2.22 \times 10^{-2}) - (0.41 \times 10^{-2}) \\ &= 1.81 \times 10^{-2}\end{aligned}$$

곱셈과 나눗셈

과학적 표기법으로 표현한 수들을 곱하기 위해서 N_1과 N_2는 일반적인 방법으로 곱하지만 지수 n은 함께 *더한다*. 과학적 표기법을 사용한 나눗셈을 하기 위해서는 N_1과 N_2를 일반적인 방법으로 나누고 지수 n은 *뺀다*. 다음 예들은 이들 연산이 어떻게 수행되는가를 잘 보여 준다.

$$\begin{aligned}(8.0 \times 10^4) \times (5.0 \times 10^2) &= (8.0 \times 5.0)(10^{4+2}) \\ &= 40 \times 10^6 \\ &= 4.0 \times 10^7 \\ (4.0 \times 10^{-5}) \times (7.0 \times 10^3) &= (4.0 \times 7.0)(10^{-5+3}) \\ &= 28 \times 10^{-2} \\ &= 2.8 \times 10^{-1} \\ \frac{6.9 \times 10^7}{3.0 \times 10^{-5}} &= \frac{6.9}{3.0} \times 10^{7-(-5)} \\ &= 2.3 \times 10^{12} \\ \frac{8.5 \times 10^4}{5.0 \times 10^9} &= \frac{8.5}{5.0} \times 10^{4-9} \\ &= 1.7 \times 10^{-5}\end{aligned}$$

유효 숫자

계산에 포함된 모든 숫자가 정수일 때(예를 들어, 한 학급의 학생 수를 셀 때)를 제외하고 측정 중인 양을 완벽하고 정확하게 얻는 것이 불가능할 때가 종종 있다. 이런 이유 때문에 오차의 범위를 정확히 표시할 수 있는 **유효 숫자**(significant figure)로 측정값을 표시해야 한다. 유효 숫자란 *측정값이나 계산값의 의미 있는 수*들을 말한다. 유효 숫자들을 이용할 때에는 값의 마지막 숫자는 불확실한 수임을 알아야 한다. 예를 들면, 눈금 실린더를 사용하여 액체 일정량의 부피를 1 mL의 오차 범위로 측정할 때가 있을 것이다. 만약 부피가 6 mL로 측정되었다면 실제 부피는 5~7 mL의 범위에 있게 된다. 따라서 이 액체의 부피를 (6 ± 1) mL로 나타낸다. 이 경우에 유효 숫자(6)는 단 하나로 플러스 또는 마이너스 1 mL의 오차 범위를 가진다. 좀 더 정확한 측정을 위해서는 측정 부피가 0.1 mL의 오차 범위를 갖는 더 정교한 눈금 실린더를 사용해야 한다. 이 정교한 실린더를 이용하면 이제는 측정값이 6.0 mL로 표시된다. 이 양을 (6.0 ± 0.1) mL로 표현할 수 있으며 실제 값은 5.9~6.1 mL의 값이 될 것이다. 이런 식으로 측정 장비를 좀 더 개선시킬 수 있으면 더 많은 유효 숫자를 얻을 수 있다. 각 경우에서 마지막 자리는 항상 불확실함을 명심해야 된다. 이 불확실성의 정도는 사용하는 특정 측정 장비에 의해 결정된다.

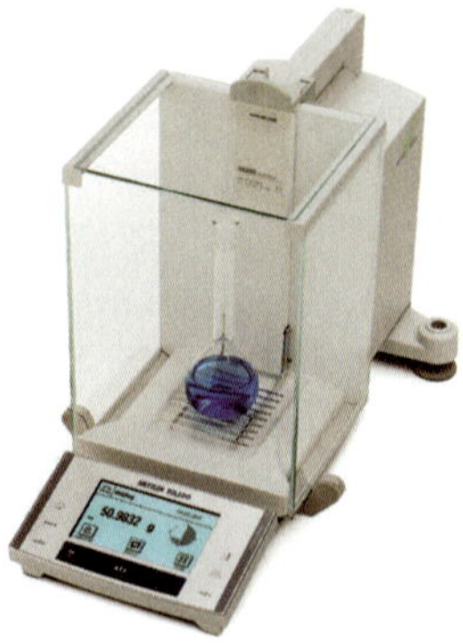

그림 1.9 • 단일 접시 저울.

그림 1.9는 최신 저울을 보여주고 있다. 이러한 저울은 일반화학 실험실에 많이 비치되어 있다. 이 저울은 물체의 질량을 소수점 넷째 자리까지 측정할 수 있다. 이는 측정된 질량이 일반적으로 4개의 유효 숫자(예를 들어, 0.8642 g), 또는 더 많은 값(예를 들면, 3.9745 g의 경우 5개의 유효 숫자)을 가짐을 의미한다. 질량의 측정과 같은 정밀한 측정에서 얻어진 많은 유효 숫자를 이용하면 그 값을 이용한 다른 계산 정밀도도 역시 높아질 것이다.

유효 숫자 사용 지침

과학적 조작에서 적절한 개수의 유효 숫자를 사용하도록 항상 주의하여야 한다. 일반적으로, 어떤 수에 얼마나 많은 유효 숫자가 존재하는가를 결정짓는 것은 다음의 규칙을 따르면 매우 쉽다.

1. 0이 아닌 모든 숫자는 유효하다. 따라서 845 cm는 유효 숫자가 3개이고, 1.234 kg은 유효 숫자가 4개이다.
2. 0이 아닌 숫자 사이의 0은 유효하다. 따라서 606 cm는 유효 숫자가 3개이며, 40,501 kg은 유효 숫자가 5개이다.
3. 0이 아닌 처음 숫자 왼쪽에 있는 0은 모두 유효하지 않다. 이 0의 목적은 소수점 위치를 표시하는 것이다. 따라서 0.08 L는 유효 숫자가 1개이며, 0.0000349 g은 유효 숫자가 3개이다.
4. 어떤 수가 1보다 크다면 소수점의 오른쪽에 쓰인 모든 0은 유효 숫자로 간주된다. 따라서 2.0 mg은 유효 숫자가 2개이고, 40.062 mL는 유효 숫자가 5개이며, 3.040 dm는 유효 숫자가 4개이다. 어떤 수가 1보다 작다면 그 수 다음에 있는 모든 0과 0이 아닌 수 사이의 모든 0만이 유효하다. 따라서 0.090 kg은 유효 숫자가 2개이며, 0.3005 L은 유효 숫자가 4개이고, 0.00420분은 유효 숫자가 3개이다.
5. 소수점이 없는 수에 대해서는 0이 아닌 제일 마지막 숫자 다음의 0은 유효할 수도 있고, 아닐 수도 있다. 따라서 400 cm는 유효 숫자가 하나(4), 2개(40), 또는 3개(400)일 수 있다. 다른 정보 없이는 어느 것이 정확한지 알 수 없다. 그러나 과학적 표기법을 사용하면 이러한 모호함을 피할 수 있다. 따라서 400의 유효 숫자가 1개이면 4×10^2, 2개이면 4.0×10^2, 3개이면 4.00×10^2과 같이 표현하면 된다.

예제 1.3

다음 측정값들의 유효 숫자 개수를 결정하시오. (a) 394 cm, (b) 5.03 g, (c) 0.714 m, (d) 0.052 kg, (e) 원자 2.720×10^{22}개, (f) 3000 mL.

▸ **풀이** (a) 3개: 모든 수가 0이 아니므로, (b) 3개: 0이 아닌 숫자 사이의 0은 유효하므로, (c) 3개: 0이 아닌 처음 숫자 왼쪽에 있는 0들은 유효하지 않으므로, (d) 2개: (c)와 같은 이유, (e) 4개: 1보다 큰 수인 경우에 소수점 오른쪽에 있는 모든 0들은 유효하므로, (f) 여러 개일 수 있다. 4개 : 3.000×10^3, 3개 : 3.00×10^3, 2개 : 3.0×10^3, 1개 : 3×10^3.

비슷한 문제 1.27, 1.28.

▸ **실전 연습** 다음 측정값들의 유효 숫자 개수를 결정하시오. (a) 35 mL, (b) 2008 g, (c) 0.0580 m^3, (d) 분자 7.2×10^4개, (e) 830 kg.

다음 규칙들은 계산할 때 유효 숫자를 다루는 방법을 나타낸다.

1. 덧셈과 뺄셈에서 마지막 합이나 차의 소수점 오른쪽 유효 숫자의 개수는 덧셈이나 뺄셈에 사용한 원래 수 중에서 가장 왼쪽에 위치한 유효 숫자의 자리로 결정한다. 다음 예들을 보자.

$$\begin{array}{rl} 89.332 & \\ +\ 1.1 & \longleftarrow \text{소수점 다음에 한 자리} \\ \hline 90.432 & \longleftarrow \text{90.4로 반올림} \end{array}$$

$$\begin{array}{r} 2.097 \\ -0.12 \\ \hline 1.977 \end{array}$$

−0.12 ⟵ 소수점 다음에 두 자리

1.977 ⟵ 1.98로 반올림

반올림 방법은 다음과 같다. 특정 위치에서 수를 반올림하기 위해서 그 한 수가 5 미만이면 버린다. 따라서 8.724가 소수점 둘째 자리까지만 필요하면 8.72로 반올림한다. 반올림하는 수가 5 이상이면 앞자리 수에 1을 더한다. 따라서 8.727은 8.73으로, 0.425는 0.43으로 반올림한다.

2. 곱셈과 나눗셈에서 최종 곱과 몫의 유효 숫자의 개수는 가장 *적은* 원래의 개수에 의해 결정된다. 다음의 예들은 이 규칙을 잘 보여 주고 있다.

$$2.8 \times 4.5039 = 12.61092 \longleftarrow \text{13으로 반올림}$$

$$\frac{6.85}{112.04} = 0.0611388789 \longleftarrow \text{0.0611로 반올림}$$

3. 정의나 물체를 세어서 얻은 *정확한 수*(예를 들어, 1 ft = 12 in에서 12는 정확한 수)는 유효 숫자를 무한 개로 고려한다는 것을 명심해야 한다.

예제 1.4

올바른 유효 숫자를 이용하여 다음 계산을 하시오. (a) 12,343.2 g + 0.1893 g, (b) 55.67 L − 2.386 L, (c) 7.52 m × 6.9232, (d) 0.0239 kg ÷ 46.5 mL, (e) 5.21×10^3 cm + 2.92×10^2 cm.

▸ **풀이** 덧셈과 뺄셈에서 답의 소수점 이하 유효 숫자는 가장 작은 소수점 이하의 개수에 따라 결정된다. 곱셈과 나눗셈에서 답의 유효 숫자 개수는 가장 적은 유효 숫자 개수에 의해 결정된다.

(a)
$$\begin{array}{r} 12{,}343.2\ \text{g} \\ +\quad 0.1893\ \text{g} \\ \hline 12{,}343.3893\ \text{g} \end{array} \longleftarrow \boxed{12{,}343.4\ \text{g}}\ \text{로 반올림해야 됨}$$

(b)
$$\begin{array}{r} 55.67\ \text{L} \\ -\ 2.386\ \text{L} \\ \hline 53.284\ \text{L} \end{array} \longleftarrow \boxed{53.28\ \text{L}}\ \text{로 반올림해야 됨}$$

(c) $7.52\ \text{m} \times 6.9232 = 52.06246\ \text{m} \longleftarrow \boxed{52.1\ \text{m}}$ 로 반올림해야 됨

(d) $\dfrac{0.0239\ \text{kg}}{46.5\ \text{mL}} = 0.0005139784946\ \text{kg/mL} \longleftarrow \boxed{0.000514\ \text{kg/mL}}$ 로 반올림해야 됨

또는 $\boxed{5.14 \times 10^{-4}\ \text{kg/mL}}$

(e) 먼저 2.92×10^2 cm를 0.292×10^3 cm로 바꾼 다음 $(5.21\ \text{cm} + 0.292\ \text{cm}) \times 10^3$으로 덧셈을 한다. (a)에서와 같이 값은 $\boxed{5.50 \times 10^3\ \text{cm}}$ 가 된다.

비슷한 문제: 1.29, 1.30.

▸ **실전 연습** 다음 계산을 하고, 유효 숫자가 맞도록 결과를 적절히 처리하시오. (a) 26.5862 L + 0.17 L, (b) 9.1 g − 4.682 g, (c) 7.1×10^4 dm × 2.2654×10^2 dm, (d) 6.54 g ÷ 86.5542 mL, (e) $(7.55 \times 10^4\ \text{m}) - (8.62 \times 10^3\ \text{m})$.

위의 반올림 방법은 한 단계 계산에 적용하는 것이다. 두 단계 이상을 포함하는 *연속 계산*에서는 반올림하는 방법에 따라 다른 값이 나오게 된다. 다음 두 단계 계산을 생각해 보자.

첫째 단계: A × B = C
둘째 단계: C × D = E

A = 3.66, B = 8.45, D = 2.11이라고 하자. C를 유효 숫자 3개(방법 1) 또는 4개(방법 2)로 반올림하는 여부에 따라 E값이 다르게 얻어진다.

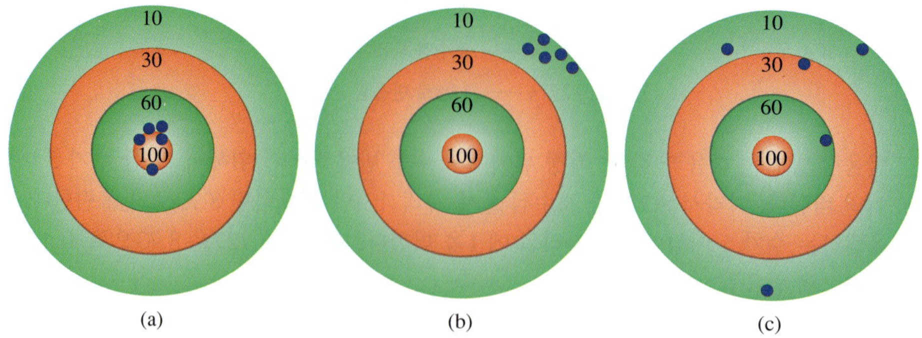

그림 1.10 • 과녁판에 다트의 분포가 정확도와 정밀도의 차이를 보여준다. (a) 좋은 정확도와 좋은 정밀도. (b) 나쁜 정확도와 좋은 정밀도. (c) 나쁜 정확도와 나쁜 정밀도.

방법 1	방법 2
$3.66 \times 8.45 = 30.9$	$3.66 \times 8.45 = 30.93$
$30.9 \times 2.11 = 65.2$	$30.93 \times 2.11 = 65.3$

그러나 이 계산을 중간 결과의 반올림 없이 계산기로 $3.66 \times 8.45 \times 2.11$을 계산했다면, E의 값으로 65.3을 얻었을 것이다. 비록 중간 단계에서 생기는 추가적인 유효 숫자를 생략하지 않는 것이 반올림에서 오는 오차를 줄일 수는 있지만, 대개의 경우는 그 차이가 크지 않기 때문에 그렇게 할 필요가 없다. 그러므로 중간 결과 있는 대부분의 예제와 연습 문제에서 모든 중간 단계와 마지막 답을 반올림할 것이다.

정확도와 정밀도

측정과 유효 숫자를 논의할 때 *정확도*와 *정밀도*를 구분하는 것이 유용하다. **정확도**(accuracy)는 *측정값이 측정된 양의 실제 값에 얼마나 근접한가*를 말해 준다. 과학자에게 정확도와 정밀도는 구분이 있다. **정밀도**(precision)는 *같은 양을 두 번 이상 측정할 때 그 측정값들이 서로 얼마나 가까운가*를 말한다(그림 1.10).

정확도와 정밀도의 차이는 미묘하지만 중요한 것이다. 예를 들어, 세 명의 학생이 구리선의 질량을 측정한다고 생각하자. 각 학생이 두 번 연속 측정한 결과는 다음과 같다.

	학생 A	학생 B	학생 C
	1.964 g	1.972 g	2.000 g
	1.978 g	1.968 g	2.002 g
평균 값	1.971 g	1.970 g	2.001 g

구리선의 실제 질량이 2.000 g이다. 학생 B의 결과는 학생 A보다 더 *정밀*하다(1.972 g과 1.968 g은 1.970 g으로부터의 편차가 1.964 g과 1.978 g이 1.971 g으로부터의 편차보다 적다). 그러나 어느 결과도 *정확*하지는 않다. 학생 C의 결과는 *정밀*할 뿐만 아니라 평균값이 실제값에 아주 근접하기 때문에 *정확*하기도 하다. 대개 아주 정확한 실험은 정밀하기도 하다. 반면 정밀하다고 해서 항상 정확한 결과를 준다고는 할 수 없다. 예를 들면, 눈금이 잘못된 자나 고장난 저울을 이용한다면 측정이 정밀할 수는 있으나, 정확할 수는 없다.

☑ 개념 복습하기

측정에 사용하는 자를 이용하여 적절한 유효 숫자를 가진 연필의 길이를 나타내시오.

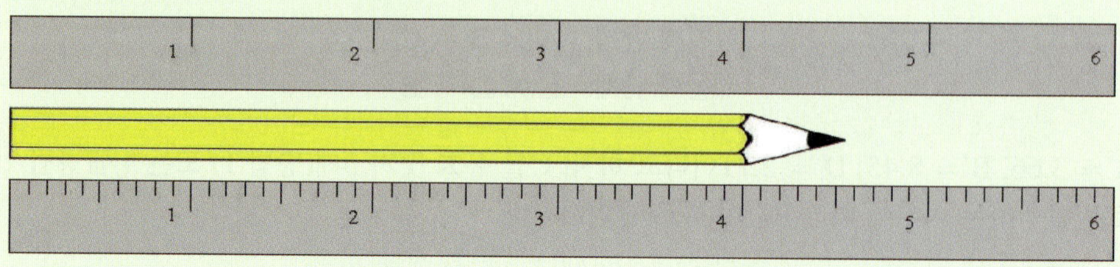

문제 풀이 과정에서의 유의 사항

화학은 실험 과학이며, 많은 문제들이 양과 관계가 있다. 문제를 성공적으로 풀기 위해서는 연습을 해 보아야 한다. 마라톤 선수가 달리기에 관한 책만 읽는다든지, 바이올린 연주자가 악보만 암기해서는 성공할 수 없듯이, 여러분도 문제를 풀어보지 않고는 화학을 제대로 이해할 수 없다. 다음 몇 단계가 여러분이 수에 관한 문제를 해결하는 기술을 향상시켜 줄 것이다.

1. 문제를 주의 깊게 읽는다. 주어진 내용을 이해하여 풀어야 할 문제가 무엇인지를 알아라. 그 문제의 상황을 시각화하기 위해 스케치하는 것도 종종 도움이 된다.
2. 주어진 정보와 미지의 정보에 관한 적절한 방정식을 찾는다. 때로 문제 풀이 과정이 두 단계 이상이며, 문제에서 주어지지 않은 값을 표에서 찾아내야 할 때도 있을 것이다. 변환을 위해서는 차원 해석이 필요하다.
3. 해답의 부호, 단위, 유효 숫자 등을 확인한다.
4. 문제 풀이 과정에서 매우 중요한 것은 그 답이 적절한 것인가를 확인하는 것이다. 부호나 단위가 잘못된 것은 비교적 쉽게 찾아낼 수 있다. 그러나 어떤 수가 분모나 분자에 잘못 들어가면 부호도 맞고 계산된 값의 단위도 맞더라도 그 답이 맞을 가능성은 거의 없다.
5. 답을 빠르게 확인하는 길은 어림짐작으로 해 보는 것이다. 계산을 간략히 하기 위해 반올림해 보는 것이다. 이렇게 하면 계산기를 사용하지 않고도 가능하기 때문이다. 이 때, 얻어진 답은 정확하지는 않지만 대략 근사한 값이 얻어진다.

예제 1.5

성인 1인의 하루 글루코스(당 형태로) 섭취량은 0.0833 파운드(lb)이다. 이 값을 밀리그램(mg)으로 나타내면 얼마가 되겠는가? (1 lb = 453.6 g)

▸ **전략** 이 문제는 다음과 같이 나타낼 수 있다.

$$? \text{ mg} = 0.0833 \text{ lb}$$

파운드와 그램의 관계는 문제에서 주어졌다. 그램을 밀리그램($1 \text{ mg} = 1 \times 10^{-3} \text{g}$)으로의 변환이 필요하다. 적절하게 파운드와 그램을 밀리그램 단위로 변환한다.

▸ **풀이** 변환 순서는 다음과 같다.

$$\text{파운드} \longrightarrow \text{그램} \longrightarrow \text{밀리그램}$$

사용되는 변환은 다음과 같다.

$$\frac{453.6 \text{ g}}{1 \text{ lb}} \text{ 과 } \frac{1 \text{ mg}}{1 \times 10^{-3} \text{ g}}$$

답은 다음과 같이 얻을 수 있다.

$$? \text{ mg} = 0.0833 \cancel{\text{lb}} \times \frac{453.6 \cancel{\text{g}}}{1 \cancel{\text{lb}}} \times \frac{1 \text{ mg}}{1 \times 10^{-3} \cancel{\text{g}}} = \boxed{3.78 \times 10^4 \text{ mg}}$$

▸ **검산** 대략 추정해 보면, 1 파운드는 약 500 g이고, 1 g은 1000 mg이므로 1 파운드는 약 5×10^5 mg이다. 0.0833 파운드를 반올림하여 0.1 파운드라고 하면 5×10^4 mg이 되는데, 이것은 위의 답에 근접한다.

▸ **실전 연습** 알루미늄 포일 한 두루마리는 1.07 kg이다. 이 값을 파운드로 표시하시오.

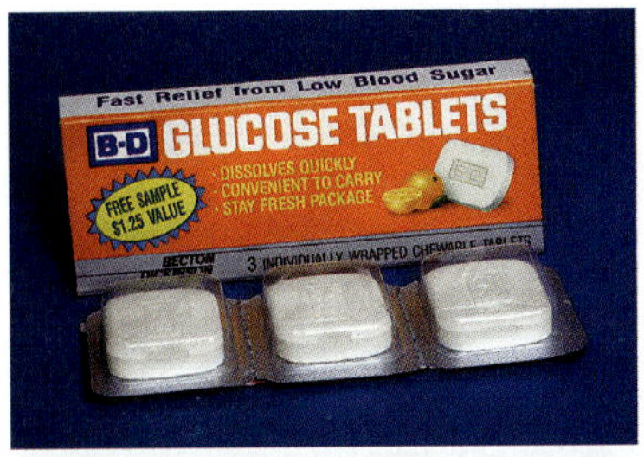

글루코스는 혈액의 당 수치를 빠른 방법으로 증가시키는 수단으로 당뇨병 환자에게 제공된다.

파운드나 인치와 같이 미국에서 쓰이는 측정 단위들의 변환표가 이 책의 뒷 표지 안쪽에 있다.

비슷한 문제: 1.37(a).

액체 헬륨용 극저온 저장탱크.

비슷한 문제: 1.38(g).

예제 1.6

액체 헬륨 저장 탱크의 부피가 275 L이다. 이 부피를 m^3로 나타내면 얼마가 되겠는가?

▸ **전략** 이 문제는 다음과 같이 나타낼 수 있다.

$$? \text{ m}^3 = 275 \text{ L}$$

몇 번의 변환이 필요할까? 관계식은 $1 \text{ L} = 1000 \text{ cm}^3$와 $1 \text{ cm} = 1 \times 10^{-2} \text{ m}$이다.

▸ **풀이** 두 번의 변환이 필요하다. L를 cm^3로, 또 cm를 m로 변환해야 한다.

$$\frac{1000 \text{ cm}^3}{1 \text{ L}} \quad \text{과} \quad \frac{1 \times 10^{-2} \text{ m}}{1 \text{ cm}}$$

두 번째는 길이(cm와 m)의 단위이므로 세제곱하여 부피 단위로 변환해야 한다.

$$\frac{1 \times 10^{-2} \text{ m}}{1 \text{ cm}} \times \frac{1 \times 10^{-2} \text{ m}}{1 \text{ cm}} \times \frac{1 \times 10^{-2} \text{ m}}{1 \text{ cm}} = \left(\frac{1 \times 10^{-2} \text{ m}}{1 \text{ cm}}\right)^3$$

다시 말하자면 $1 \text{ cm}^3 = 1 \times 10^{-6} \text{ m}^3$으로 쓸 수 있다.

$$? \text{ m}^3 = 275 \cancel{\text{L}} \times \frac{1000 \text{ cm}^3}{1 \cancel{\text{L}}} \times \left(\frac{1 \times 10^{-2} \text{ m}}{1 \text{ cm}}\right)^3 = 0.275 \text{ m}^3$$

▸ **검산** 위에서 $1 \text{ L} = 1 \times 10^{-3} \text{ m}^3$임을 알았고, 그러므로 275 L 저장 탱크는 $275 \times 10^{-3} \text{ m}^3$이며, 이것은 위의 답에 근접한다.

▸ **실전 연습** 어떤 방의 부피는 $1.08 \times 10^8 \text{ dm}^3$이다. 이 부피를 m^3으로 나타내면 얼마가 되겠는가?

액체 질소.

비슷한 문제: 1.39.

예제 1.7

액체 질소는 액화 공기에서 얻어지며, 냉동 물품을 준비하는 일이나 저온 실험에 이용된다. 액체 질소는 끓는점(−196°C 또는 77 K)에서 밀도가 0.808 g/cm^3이다. 이 밀도를 kg/m^3으로 나타내시오.

▸ **전략** 이 문제는 다음과 같이 나타낼 수 있다.

$$? \text{ kg/m}^3 = 0.808 \text{ g/cm}^3$$

두 번의 변환이 필요한데, g $\longrightarrow$ kg과 $cm^3 \longrightarrow m^3$이다. 이것은 $1 \text{ kg} = 1000 \text{ g}$과 $1 \text{ cm} = 1 \times 10^{-2} \text{ m}$를 이용한다.

▸ **풀이** 예제 1.6에서 보았듯이 $1 \text{ cm}^3 = 1 \times 10^{-6} \text{ m}^3$이다.
따라서

$$? \text{ kg/m}^3 = \frac{0.808 \cancel{\text{g}}}{1 \cancel{\text{cm}^3}} \times \frac{1 \text{ kg}}{1000 \cancel{\text{g}}} \times \frac{1 \cancel{\text{cm}^3}}{1 \times 10^{-6} \text{ m}^3} = 808 \text{ kg/m}^3$$

▸ **검산** $1 \text{ m}^3 = 1 \times 10^6 \text{ cm}^3$이므로 1 m^3 단위를 사용하면 1 cm^3 단위를 사용할 때보다 더 큰 질량 값이 될 것이다. 그러므로 이 답은 올바른 값이라는 것을 알 수 있다.

▸ **실전 연습** 가장 가벼운 금속인 리튬(Li)의 밀도는 $5.34 \times 10^2 \text{ kg/m}^3$이다. 이 밀도를 g/cm^3 단위로 나타내시오.

☑ 개념 복습하기

식품의약품안전청에서는 하루에 65 g 미만의 지방을 섭취할 것을 권고한다. 이 질량은 몇 파운드인가? (1 lb = 453.6 g)

주요 식

$d = \frac{m}{V}$ (1.1)	밀도를 나타내는 식.
$? ^\circ\text{C} = (^\circ\text{F} - 32^\circ\text{F}) \times \frac{5^\circ\text{C}}{9^\circ\text{F}}$ (1.2)	°F에서 °C로의 변환식.
$? ^\circ\text{F} = \frac{9^\circ\text{F}}{5^\circ\text{C}} \times (^\circ\text{C}) + 32^\circ\text{F}$ (1.3)	°C에서 °F로의 변환식.
$? \text{K} = (^\circ\text{C} + 273.15^\circ\text{C}) \frac{1\ \text{K}}{1^\circ\text{C}}$ (1.4)	°C에서 K로의 변환식.

사실과 개념에 대한 요약

1. 과학적 방법은 관찰과 측정을 통한 정보의 수집과 함께 시작하는 연구에서 체계적인 접근법이다. 이 과정에서 가설, 법칙, 이론이 제안되고 시험된다.
2. 화학자들은 물질과 그것을 구성하는 물질을 연구한다. 원칙적으로 모든 물질은 고체, 액체, 기체의 세 가지 상태로 존재한다. 이들 상태 간의 상호 변환은 온도 변화에 의해 가능하다.
3. 화학에서 가장 간단한 순물질은 원소이다. 화합물은 다른 원소의 원자들이 결합함으로써 생성된다. 물질은 그것의 본래 성질을 변화시키지 않고도 관찰할 수 있는 특징적인 물리적 성질을 가지며, 또 그것의 본래 성질이 변하면서 나타나는 특징적인 화학적 성질을 갖는다.
4. SI 단위는 화학을 포함한 모든 과학에서 물리적인 양을 표현하는 데 사용한다. 과학적 표기법으로 나타내는 숫자는 $N \times 10^n$ 형태로 나타내는데, 여기서 N은 10 미만의 자연수이며, n은 양 혹은 음의 정수이다. 과학적인 표기는 매우 크거나 매우 작은 양을 다루는 데 도움을 준다. 대부분의 측정된 양은 어느 정도 부정확하다. 유효 숫자의 개수는 측정값의 정확성을 나타낸다.

주요 용어

가설	물성	순물질	질량
거시적 성질	물질	원소	크기 성질
과학적 방법	미시적 성질	유효 숫자	혼합물
국제단위계(SI)	밀도	이론	화학
균일 혼합물	법칙	정량적	화학적 성질
리터	부피	정밀도	
무게	불균일 혼합물	정성적	
물리적 성질	세기 성질	정확도	

연습 문제

기본 정의

복습 질문

1.1 다음 용어를 정의하시오. (a) 물질, (b) 질량, (c) 무게, (d) 순물질, (e) 혼합물.

1.2 다음 중 어떤 진술이 과학적으로 옳은가?
"그 학생의 질량은 56 kg이다."
"그 학생의 무게는 56 kg이다."

1.3 균일 혼합물과 불균일 혼합물의 예를 하나씩 드시오.

1.4 물리적 성질과 화학적 성질의 차이점은 무엇인가?

1.5 크기적 성질과 세기적 성질의 예를 드시오.

1.6 다음 용어를 정의하시오. (a) 원소, (b) 화합물.

문제

1.7 다음 각각은 화학적 성질을 기술하는 것인가, 물리적 성질을 기술하는 것인가? (a) 산소는 연소를 도와준다. (b) 비료는 농산물 수확량을 증가시킨다. (c) 산의 정상에서 물은 100°C 이하에서 끓는다. (d) 납이 알루미늄보다 더 조밀하다. (e) 우라늄은 방사성 원소이다.

1.8 다음 각각은 물리적 변화를 기술하는 것인가, 화학적 변화를 기술하는 것인가? (a) 풍선 속의 헬륨(He) 기체는 몇 시간 후에는 바깥으로 새어나오는 경향이 있다. (b) 번개의 빛은 점차 어두워져 사라진다. (c) 얼린 오렌지 주스에 물을 첨가하면 재구성된다. (d) 식물의 성장은 광합성이란 과정으로 태양 에너지에 의존한다. (e) 한 숟가락의 소금이 한 그릇의 수프에 녹는다.

1.9 다음 성질은 세기적 성질인가 크기적 성질인가? (a) 길이, (b) 부피, (c) 온도, (d) 질량.

1.10 다음 성질은 세기적 성질인가 크기적 성질인가? (a) 면적, (b) 색, (c) 밀도.

1.11 다음 각 물질을 원소 또는 화합물로 구분하시오. (a) 수소, (b) 물, (c) 금, (d) 설탕.

1.12 다음을 원소와 화합물로 분류하시오. (a) 염화 소듐(식염) (b) 헬륨, (c) 알코올, (d) 백금.

단위

복습 질문

1.13 다음을 표현하는 데 필요한 SI 단위를 나타내시오. (a) 길이, (b) 면적, (c) 부피, (d) 질량, (e) 시간, (f) 힘, (g) 에너지, (h) 온도.

1.14 다음의 접두사가 지칭하는 수가 얼마인지 쓰시오. (a) 메가-, (b) 킬로-, (c) 데시-, (d) 센티-, (e) 밀리-, (f) 마이크로-, (g) 나노-, (h) 피코-.

1.15 밀도를 정의하시오. 화학자들이 밀도의 단위로 많이 사용하는 것은 무엇인가? 밀도는 세기적 성질인가 크기적 성질인가?

1.16 화씨 온도를 섭씨 온도로, 섭씨 온도를 화씨 온도로 변환하는 식을 쓰시오.

문제

1.17 납으로 된 공의 질량이 1.20×10^4 g이고, 그 부피는 1.05×10^3 cm^3이다. 납의 밀도를 계산하시오.

1.18 수은은 상온에서 액체로 존재하는 유일한 금속으로, 밀도는 13.6 g/mL이다. 수은 95.8 mL는 몇 그램인가?

1.19 (a) 일반적으로 인간의 몸은 뇌나 필수 신체 장기에 해를 끼치지 않는 한도 내에서 105°F 온도에서 아주 조금 밖에 견딜 수 없다. 이 온도를 섭씨로 나타내면 얼마가 되는가? (b) 에틸렌 글라이콜은 액체 유기 물질로 자동차 부동액에 사용한다. 이 물질은 −11.5°C에서 언다. 이 어는점을 화씨로 표시하시오. (c) 태양 표면 온도는 약 6300°C이다. 이 값을 화씨로 나타내면 얼마가 되겠는가? (d) 종이가 타는 온도는 451°F이다. 섭씨로 표시하시오.

1.20 (a) 다음 온도를 절대 온도로 변환하시오. (i) 황의 녹는점 113°C, (ii) 정상적인 체온 37°C, (iii) 수은의 끓는점 357°C, (b) 다음 값들을 섭씨로 나타내시오. (i) 액체 질소의 끓는점 77 K, (ii) 액체 헬륨의 끓는점 4.2 K, (iii) 납의 녹는점 601 K.

과학적 표기법

문제

1.21 다음 수를 화학적 표기법으로 나타내시오.
(a) 0.000000027, (b) 356, (c) 0.096.

1.22 다음 수를 과학적 표기법으로 나타내시오.
(a) 0.749, (b) 802.6, (c) 0.000000621.

1.23 다음 수를 과학적 표기법이 아닌 수로 바꾸시오.
(a) 1.52×10^4, (b) 7.78×10^{-8}.

1.24 다음 수를 과학적 표기법이 아닌 수로 바꾸시오.
(a) 3.256×10^{-5}, (b) 6.03×10^6.

1.25 다음 연산 결과를 과학적 표기법으로 나타내시오.
(a) $145.75 + (2.3 \times 10^{-1})$
(b) $79,500 \div (2.5 \times 10^2)$
(c) $(7.0 \times 10^{-3}) - (8.0 \times 10^{-4})$
(d) $(1.0 \times 10^4) \times (9.9 \times 10^6)$

1.26 다음 연산 결과를 과학적 표기법으로 나타내시오.
(a) $0.0095 + (8.5 \times 10^{-3})$
(b) $653 \div (5.75 \times 10^{-8})$
(c) $850,000 - (9.0 \times 10^5)$
(d) $(3.6 \times 10^{-4}) \times (3.6 \times 10^6)$

유효 숫자

문제

1.27 다음 측정값이 갖는 유효 숫자는 각각 몇 개인가? (a) 4867 mi, (b) 56 mL, (c) 60,104 ton, (d) 2,900 g.

1.28 다음 측정값이 갖는 유효 숫자는 각각 몇 개인가? (a) 40.2 g/cm^3, (b) 0.0000003 cm, (c) 70 분, (d) 4.6×10^{19} 원자.

1.29 실험 결과의 계산이라고 생각하고, 다음 연산을 하여 적절한 유효 숫자와 단위를 표시하시오.
(a) 5.6792 m + 0.6 m + 4.33 m
(b) 3.70 g − 2.9133 g
(c) 4.51 cm × 3.6666 cm
(d) $(3 \times 10^4$ g + 6.827 g)/(0.043 cm^3 − 0.021 cm^3)

1.30 실험 결과의 계산이라 생각하고 다음 연산을 하여 적절한 유효 숫자와 단위를 표시하시오.
(a) 7.310 km ÷ 5.70 km
(b) $(3.26 \times 10^{-3}$ mg) − $(7.88 \times 10^{-5}$ mg)
(c) $(4.02 \times 10^6$ dm) + $(7.74 \times 10^7$ dm)
(d) (7.8 m − 0.34 m)/(1.15 s + 0.82 s)

1.31 다음 값의 단위 변환을 하시오. (a) 22.6 m를 데시미터(dm)로, (b) 25.4 mg를 킬로그램(kg)으로.

1.32 다음 값의 단위 변환을 하시오. (a) 242 lb를 밀리그램(mg)으로, (b) 68.3 cm^3를 m^3로.

1.33 어느 날의 금 가격은 트로이 온스당 932 달러였다. 그 날 금 1.00 g은 얼마였겠는가? (1 트로이 온스 = 31.03 g)

1.34 세 명의 학생(A, B, C)에게 메탄올 시료의 부피를 결정하라는 질문이 주어졌다. 각 학생들은 눈금 실린더로 세 번씩 부피를 측정하였다. 그 결과는 다음과 같다(단위: mL). A(47.2, 48.2, 47.6), B(46.9, 47.1, 47.2), C(47.8, 47.8, 47.9). 메탄올의 정확한 부피는 47.0 mL이다. 각 학생들의 결과에 대해서 정밀성과 정확성을 설명하시오.

1.35 세 명의 학생(X, Y, Z)에게 철 시료의 질량을 결정하는 과제가 할당되었다. 각 학생들은 저울로 세 번씩 측정하였다. 그램 단위의 결과는 X(61.5, 61.6, 61.4), Y(62.8, 62.2, 62.7), Z(61.9, 62.2, 62.1)이었다. 철의 실제 질량은 62.0 g이다. 어떤 학생이 가장 낮은 정밀도를 나타내고 어떤 학생이 가장 정확한가?

1.36 천천히 달리는 사람은 보통 13분에 1마일을 달린다. 이 속도를 다음 단위로 나타내시오. (a) in/s, (b) m/min, (c) km/h (1 mi = 1609 m; 1 in = 2.54 cm. mi는 mile의 약자).

1.37 다음을 변환하시오. (a) 키가 6.0 피트이고, 몸무게는 168 파운드인 사람이 있다. 이 사람의 키와 몸무게를 각각 미터와 킬로그램으로 나타내시오. (1 lb = 453.6 g, 1 m = 3.28 ft). (b) 미국 일부 주에서는 자동차의 제한속도가 70 mi/h로 표기된다. 이것을 km/h 표시하면 얼마가 되는가? (c) 빛의 속도는 3.0×10^{10} cm/s이다. 빛은 한 시간 동안 몇 마일을 움직이는가? (d) 납은 독성 물질이다. 사람의 혈액 중 정상 납 함량은 백만분의 0.40(0.40 ppm, parts per million, 즉, 백만 g의 혈액 속에 0.40 g의 납)이다. 0.80 ppm은 위험하다고 간주된다. 만약 납의 함량이 0.62 ppm이라면, (평균 성인의) 혈액 6.0×10^3 g 속에 있는 납의 양은 몇 그램인가?

1.38 다음 단위 변환을 하시오. (a) 1.42 광년을 마일로(1 광년은 빛이 1년 즉, 365일 동안 여행하는 거리), (b) 32.4 야드를 센티미터로, (c) 3.0×10^{10} cm/s를 ft/s로, (d) 47.4°F를 섭씨 온도로, (e) −273.15°C(가장 낮은 온도)를 화씨 온도로, (f) 71.2 cm^3을 m^3으로, (g) 7.2 m^3을 L로.

1.39 비행기를 제작하는 데 사용하는 알루미늄은 밀도가 2.70 g/cm^3인 경금속이다. 이것을 밀도 단위 kg/m^3로 변환하면 얼마인가?

1.40 특정 조건에서 암모니아 기체의 밀도는 0.625 g/L이다. 밀도를 g/cm^3로 표시하시오.

실전 연습의 답

1.1 96.5 g. **1.2** (a) 621.5°F, (b) 78.3°C, (c) −196°C. **1.3** (a) 2, (b) 4, (c) 3, (d) 2, (e) 3 또는 2. **1.4** (a) 26.76 L, (b) 4.4 g, (c) 1.6×10^7 dm^2, (d) 0.0756 g/mL, (e) 6.69×10^4 m. **1.5** 2.36 lb. **1.6** 1.08×10^5 m^3. **1.7** 0.534 g/cm^3.

CHAPTER 2

원자, 분자, 이온

Atoms, Molecules, and Ions

이 장의 차례

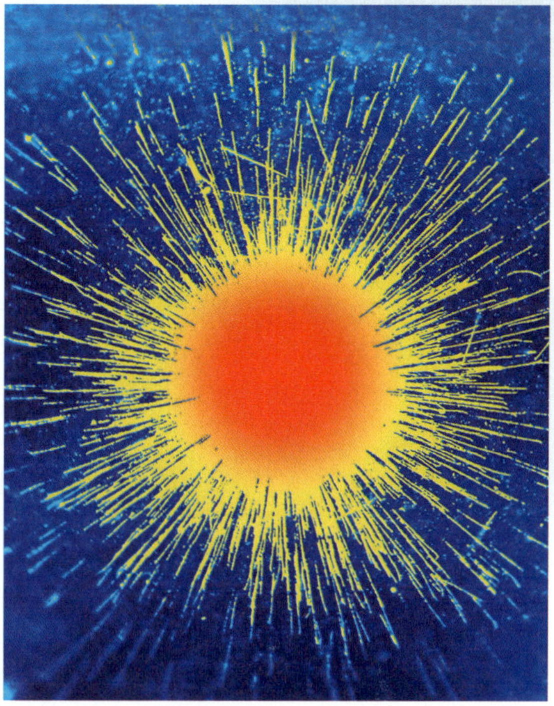

라듐(Ra)의 방사선 방출 영상. 방사능의 연구로부터 과학자들은 원자의 구조에 대한 지식을 발전시켰다.

주요 개념

원자론의 발전 물질의 기본 단위에 대한 연구는 고대로부터 시작되었다. 현대적 원자론은 돌턴에 의해 구상되었는데, 그는 원소들은 원자라고 하는 극히 작은 입자로 이루어져 있으며, 한 원소의 모든 원자들은 똑같으나, 다른 원소의 원자들과는 다르다고 가정하였다.

원자의 구조 원자는 양성자, 전자, 중성자의 세 가지 기본 입자로 구성되어 있다. 양성자는 양의 전하를 갖고, 전자는 음의 전하를 가지며, 중성자는 전하를 갖지 않는다. 양성자와 중성자는 핵이라고 하는 원자의 중심에 있는 작은 영역에 위치하고, 전자는 핵으로부터 어느 정도 거리를 두고서 핵 주위에 펼쳐져 있다.

원자의 확인법 원자 번호는 핵에 있는 양성자 수이다. 다른 원소의 원자들은 원자 번호가 다르다. 동위원소는 같은 원소의 원자이지만 중성자 수가 다르다. 질량수는 원자에 있는 양성자와 중성자 수를 합한 것이다.

주기율표 원소들은 주기율표라는 표에 원소의 화학적 성질과 물리적인 성질에 따라 구분할 수 있다. 주기율표를 통하여 원소들을 분류(금속, 준금속, 비금속)할 수 있으며, 체계적으로 원소들의 성질을 연관시킬 수 있다.

원자에서 분자와 이온까지 대부분 원소의 원자들은 상호작용을 함으로써 화합물을 형성하는데, 이들은 분자 또는 이온 결합 화합물로 분류되고, 이온 결합 화합물은 양이온과 음이온으로 구성된다. 화학식은 분자 또는 화합물에 있는 원자들의 종류와 개수를 나타낸다.

화합물의 명명 일련의 간단한 규칙으로부터 많은 무기 화합물을 명명할 수 있다.

2.1 원자론

기원 전 5세기, 그리스의 철학자 데모크리토스(Democritus)는 모든 물질은 나누어지지 않는 매우 작은 입자로 되어있다고 믿고, 이 입자를 *atomos*(쪼개거나 나눌 수 없다는 의미)라 하였다. 이러한 데모크리토스의 생각은 당시 많은 사람들(특히 플라톤과 아리스토텔레스)로부터 받아들여지지 않았지만, 어느 정도 인정되었다. 초기 과학적 연구 조사에서 얻은 실험적 증거로부터 "원자론(atomism)"의 개념이 뒷받침되었으며, 원소와 화합물을 점점 근대적으로 정의하게 되었다. 1808년 영국의 과학자이자 교사였던 돌턴(Dalton)은 원자라 부르는 나누어지지 않는 물질의 구성단위를 정확히 정의하였다.

현대 화학의 시대는 돌턴의 연구로부터 시작되었다. 돌턴의 원자론의 바탕이 되는 물질의 본질에 대한 가설은 다음과 같이 요약할 수 있다.

1. 원소는 원자라고 하는 매우 작은 입자로 구성되어 있다.
2. 한 원소의 원자들은 모두 동일하며, 크기, 질량, 화학적 성질이 모두 같다. 한 원소의 원자들은 다른 모든 원소의 원자와 서로 다르다.
3. 화합물은 두 개 이상의 원소의 원자로 이루어져 있다. 어떤 화합물이든지 존재하는 어느 두 원소의 원자수의 비는 정수 또는 간단한 분수이다.
4. 화학 반응은 원자의 분리, 결합, 재배열만을 포함한다. 다시 말해, 원자는 화학 반응에 의해서 생성되거나 없어지지 않는다.

그림 2.1은 가설 2와 3을 도식적으로 표현한 것이다.

원자에 대한 돌턴의 개념은 데모크리토스의 것보다 훨씬 더 자세하고 구체적이다. 두 번째 가설에서 한 원소의 원자들은 다른 모든 원소의 원자들과 다르다고 하였다. 돌턴은 원자의 구조 또는 조성을 기술하기 위한 시도를 하지 않았으며, 실제로 원자가 어떻게 생겼는지 알지 못했다. 그러나 수소와 산소 원소의 서로 다른 성질이 수소 원자가 산소 원자와 같지 않다고 하는 가정을 함으로써 설명될 수 있다는 것을 깨달았다.

세 번째 가설은 어떤 화합물을 만들기 위해서는 원소의 원자가 맞는 종류일 뿐만 아니라 이들 원자의 일정한 개수가 필요하다는 것을 제시하고 있다. 이러한 생각은 1799년 프랑스의 화학자 프루스트(Joseph Proust)가 발표한 법칙을 확장한 것이었다. 프루스트의 **일정 성분비 법칙**(law of definite proportions)에 따르면 *같은 화합물은 그 표본이 다를지라도 포함하고 있는 구성 원소의 질량비가 항상 똑같다*. 그러므로 만일 다른 출처에서 얻은 이산화 탄소 표본을 분석하면 각 표본에서 탄소 대 산소의 질량비가 같음을 발견할 것이다. 따라서 주어진 화합물에 들어 있는 서로 다른 원소의 질량비가 일정하다면 그 화합물에 있는 원소의 원자의 비 또한 일정하다는 것은 이치에 맞는다.

돌턴의 세 번째 가설은 또한 다른 중요한 법칙인 **배수 비례 법칙**(law of multiple proportions)을 뒷받침해 준다. 이 법칙에 따르면 *두 원소가 결합하여 두 개 이상의 화합물을 만들 때 한 원소의 일정한 질량과 결합하는 다른 원소의 질량 사이에는 간단한 정수비가 성립한다*. 돌턴의 이론은 배수 비례 법칙을 매우 간단히 설명하고 있다. 즉, 화합물은 결합하고

그림 2.1 • (a) 돌턴의 원자론에 따르면 같은 원소의 원자들은 똑같지만, 한 원소의 원자는 다른 원소의 원자와 다르다. (b) 원소 X와 Y의 원자로부터 만들어진 화합물. 이 경우 원소 X의 원자 대 원소 Y의 원자의 비는 2:1이다.

있는 각 원소의 원자의 수가 다르다. 예를 들어, 탄소는 산소와 결합하여 두 개의 안정된 화합물인 일산화 탄소와 이산화 탄소를 만든다. 현대적인 측정 기술에 의하면 일산화 탄소는 탄소 원자 한 개와 산소 원자 한 개가 결합하고, 이산화 탄소는 탄소 원자 한 개에 산소 원자 두 개가 결합하여 만들어진다. 따라서 일산화 탄소에 있는 산소와 이산화 탄소에 있는 산소의 비율은 1:2이다. 이 결과는 화합물에서 한 원소의 질량은 그 원소의 원자수에 비례하기 때문에 배수 비례 법칙과 일치한다(그림 2.2).

돌턴의 네 번째 가설은 *물질은 생성되거나 없어지지 않는다*는 **질량 보존 법칙**(law of conservation of mass)을 달리 표현하고 있는 것이다.[†] 물질은 화학 반응에서 변하지 않는 원자로 되어 있기 때문에 질량은 잘 보전되어야 한다. 물질의 본질에 대한 돌턴의 뛰어난 통찰력은 19세기 화학의 급속한 진보에 주요한 자극제가 되었다.

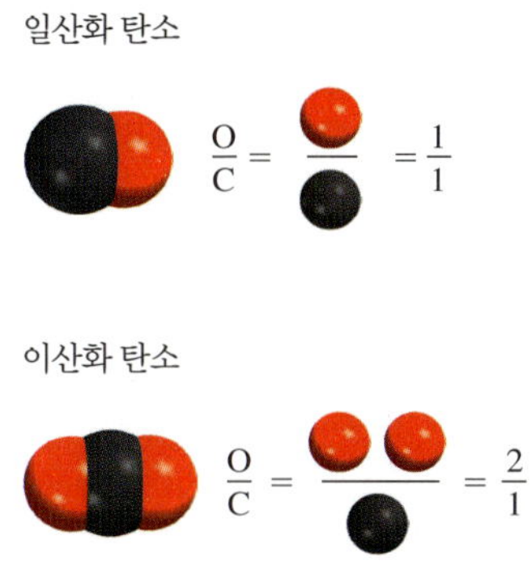

일산화 탄소와 이산화 탄소에 있는 산소의 비율은 1:2

그림 2.2 • 배수 비례 법칙의 예.

☑ 개념 복습하기

원소 A(푸른색)과 B(노란색)가 두 가지 화합물을 형성한다. 이들 화합물이 배수 비례 법칙을 따르고 있는가?

2.2 원자의 구조

돌턴의 원자론에 근거하여, 원자(atom)는 *화학 결합을 할 수 있는 원소의 기본 단위*로 정의할 수 있다. 돌턴은 원자를 매우 작고 더 이상 나누어지지 않는 것으로 생각했다. 그러나 1850년부터 20세기까지 계속된 일련의 연구를 통해 원자가 실제로 내부 구조를 가지고 있는 것이 밝혀졌다. 즉, 원자는 *아원자 입자*(subatomic particle)라는 훨씬 더 작은 입자로 이루어져 있으며, 이 연구를 통해서 전자, 양성자, 중성자의 세 가지 입자가 발견되었다.

전자

1890년대 많은 과학자들은 *파장의 형태로 공간을 통해 에너지를 방출하고 투과하는* **방사선**(radiation)을 연구하기 시작하였다. 이러한 연구로 얻은 정보는 원자의 구조를 이해하는 데 많은 도움이 되었으며, 이와 같은 현상을 조사하기 위해 이용된 장치가 텔레비전관의 전신인 음극선관(그림 2.3)이다. 이것은 공기를 대부분 빼 버린 진공 유리관으로 두 개의 금속판을 높은 전압에 연결시키면 음으로 하전된 판인 *음극*(cathode)에서 보이지 않는 복사선을 방출하며, 이 음극선은 양으로 하전된 판인 *양극*(anode)에 이끌리게 된다. 음극선은 구멍을 통과하여 관의 반대쪽 끝까지 계속 이동한다. 음극선은 특수하게 코팅된 표면에 부딪칠 때 강한 형광 또는 밝은 빛을 낸다.

동영상
음극선 관.

다른 실험에서는 두 개의 전하를 띤 판과 자석을 음극선관의 *외부*(outside)에 부착하였는데(그림 2.3), 자기장을 켜고 전기장을 끄면 음극선은 점 A에, 전기장만이 켜졌을 때는 점 C에 도달한다. 자기장과 전기장이 모두 꺼졌거나 모두 켜졌을 때는 서로의 영향력이 상쇄되어 균형을 이루며 음극선은 점 B에 도달한다. 전자기 이론에 의하면 움직이는 하전체는 자석처럼 작용하며, 그것이 통과하는 전기장 및 자기장과 상호작용을 할 수 있다. 음극선은 양전하를 띠는 판에 이끌리고 음전하를 띤 판에는 밀려나기 때문에 음으로 하전된 입자임이 틀림

[†] 아인슈타인(Albert Einstein)에 의하면 질량과 에너지는 *질량-에너지*(mass-energy)라고 하는 하나의 실체에 대한 서로 다른 표현이다. 일반적으로 화학 반응을 통해서 열이나 다른 형태의 에너지를 얻거나 잃는다. 따라서 한 반응에서 에너지를 잃는다면 질량 또한 잃게 되는 것이다. 그러나 핵반응을 제외하면 화학 반응에서 질량의 변화는 너무 작아 감지할 수 없다. 따라서 실제로는 질량은 보존된다.

그림 2.3 • 음극선의 방향과 수직인 전기장과 외부 자기장이 있는 음극선관. 기호 N과 S는 각각 자석의 북극과 남극을 나타낸다. 음극선은 자기장이 있으면 관 끝의 점 A에, 전기장이 있으면 점 C에, 전기장과 자기장이 없거나 그 효과가 서로 상쇄되었을 때에는 점 B에 도달한다.

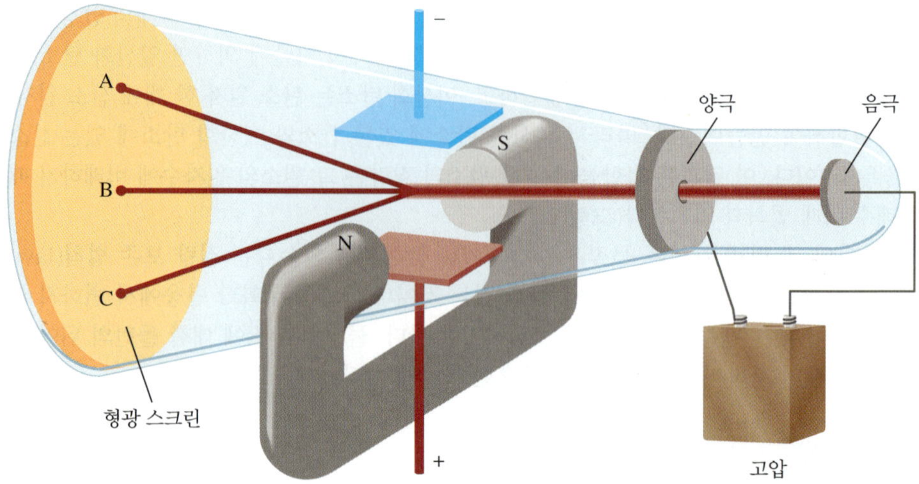

전자는 일반적으로 원자에 붙어 있지만 개별적으로 연구될 수 있다.

없다. 이 음으로 *하전된 입자*를 **전자**(electron)라 한다. 그림 2.4는 음극선에 대한 막대 자석의 영향을 나타내고 있다.

영국의 물리학자 톰슨(J. J. Thomson)은 음극선관과 그가 알고 있는 전자기 이론을 이용하여 전자 1개의 질량 대 전하 비를 결정하였다. 그가 알아낸 수치는 -1.76×10^8 C/g으로, 여기서 C는 전하의 단위인 *쿨롱*(coulomb)을 뜻한다. 그 후, 1908~1917년에 실행된 일련의 실험에서 미국의 물리학자 밀리컨(R. A. Millikan)은 전자 한 개의 전하가 -1.6022×10^{-19} C임을 알아냈다. 이 자료로부터 전자 한 개의 질량을 다음과 같이 계산하였다.

동영상
밀리컨의 기름방울법.

$$\text{전자의 질량} = \frac{\text{전하}}{\text{전하/질량}}$$
$$= \frac{-1.6022 \times 10^{-19}\ \text{C}}{-1.76 \times 10^{8}\ \text{C/g}}$$
$$= 9.10 \times 10^{-28}\ \text{g}$$

이로부터 전자의 질량이 매우 작음을 알 수 있다.

방사능

1895년 독일 물리학자인 뢴트겐(Wilhelm Röntgen)은 음극선으로 인해 유리와 금속이 매우 이상한 복사선을 방출한다는 것을 알았다. 이 활동성이 큰 방사선은 물질을 통과하고, 가려진 사진판을 검게 만들었으며, 여러 물질이 형광을 발하게 했다. 이 복사선은 자석에 의해 휘어지지 않기 때문에 음극선과는 달리 하전된 입자를 포함하지 않았다. 뢴트겐은 이 복사선을 X 선이라 하였다.

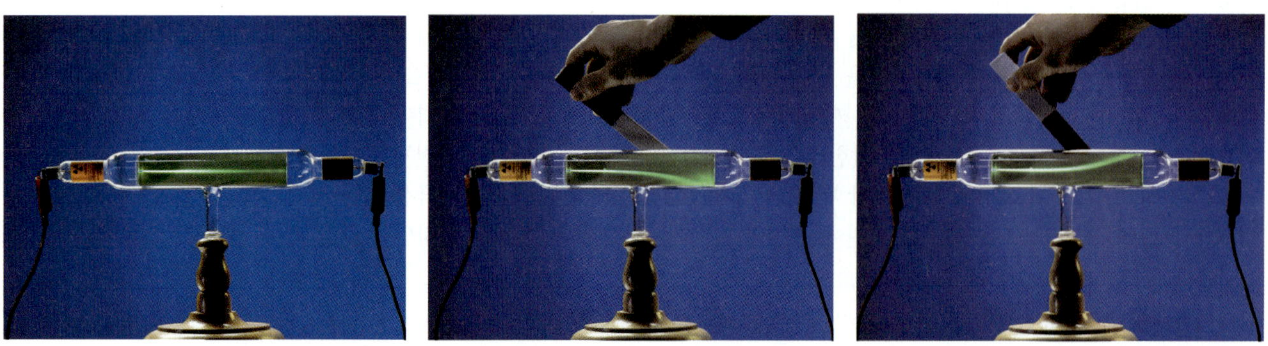

(a) (b) (c)

그림 2.4 • (a) 방전관에서 음극(왼쪽)에서 양극(오른쪽)으로 이동하는 음극선. 음극선 자체는 보이지 않지만 유리에 코팅된 황화 아연의 형광이 녹색을 띠게 한다. (b) 막대 자석의 N극이 다가오면 음극선은 아래로 휘어진다. (c) 자석의 극이 바뀌면 음극선도 반대 방향으로 휜다.

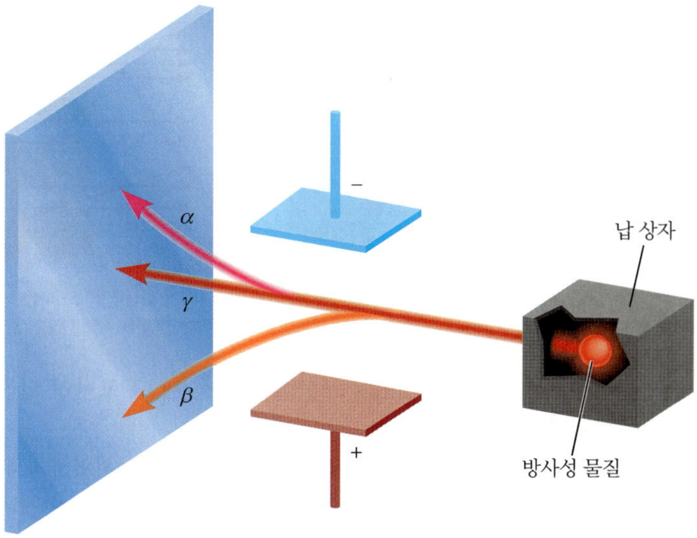

그림 2.5 • 방사성 원소에 의해 방출된 세 종류의 방사선. β선은 음으로 하전된 입자(전자)로 구성되어 있고, 양으로 하전된 판에 끌린다. 반대로 α선은 양으로 하전되어 있고, 음으로 하전된 판에 이끌린다. γ선은 전하가 없기 때문에 외부 전기장에 의해 진로가 영향을 받지 않는다.

뢴트겐의 발견 후 얼마되지 않아 파리의 물리학 교수인 베크렐(Antoine Becquerel)은 물질의 형광성에 관한 연구를 시작하였는데, 아주 우연히 두껍게 덮은 사진판을 어떤 우라늄 화합물에 노출시키면 음극선의 자극 없이도 사진판이 검게 된다는 사실을 발견하였다. 우라늄 화합물에서 나오는 이 복사선은 X선처럼 매우 활동적이며, 자석에 의해 휘어지지 않지만, 자발적으로 발생하기 때문에 X선과는 달랐다. 베크렐의 제자 중의 한 사람이었던 마리 퀴리(Marie Curie)는 이와 같이 *자발적으로 입자나 복사선을 방출*하는 것을 나타내기 위하여 **방사능**(radioactivity)이란 말을 제안하였다. 따라서 자발적으로 복사선을 내는 모든 원소는 *방사성 원소*(radioactive element)라고 한다.

더 많은 연구를 통해 우라늄과 같은 방사성 물질은 *붕괴*(decay), 즉 파괴되어 세 종류의 방사선이 발생된다는 것을 알게 되었다. 그 중 두 가지의 방사선은 반대로 하전된 금속판 사이를 통과할 때 휘어진다(그림 2.5). **알파**(α)**선**(alpha ray)은 **α 입자**(α particle)라고 하는 *양전하를 띤 입자*로 구성되어 있어 양전하를 띠고 있는 판에 의해 휘어진다. **베타**(β)**선**(beta ray 즉, **β 입자**(β particle)는 *전자*이며, 음전하를 띠는 판에 의해 휘어진다. 방사선의 세 번째 형태는 **감마**(γ)**선**(gamma ray)이라고 부르는 높은 *에너지의 복사선*으로 이루어져 있다. γ 선은 X 선과 같이 전하를 갖지 않으며, 외부 전기장이나 자기장의 영향을 받지 않는다.

동영상
알파 · 베타 · 감마선.

양성자와 핵

1900년대 초까지 원자에 대한 두 가지 특성이 분명하게 드러났는데, 원자는 전자를 포함하고 있다는 것이며, 전기적으로는 중성이라는 것이다. 전기적으로 중성을 유지하기 위해 원자는 같은 수의 양전하와 음전하를 포함해야 한다. 이와 같은 사실을 바탕으로 톰슨은 원자는 균일하게 양전하를 띤 구에 전자가 박혀있는 것과 같은 물질로 생각할 수 있다고 제안했다(그림 2.6). 톰슨의 "건포도-푸딩"이라는 모형은 수 년 동안 인정을 받았다.

그림 2.6 • 톰슨의 원자 모형. 때때로 건포도를 함유한 영국의 전통 후식에서 유래되어 "건포도-푸딩"모형이라고도 한다. 전자들은 양으로 하전된 구에 균일하게 박혀 있다.

케임브리지 대학에서 톰슨과 함께 공부했던 뉴질랜드의 물리학자 러더퍼드(Ernest Rutherford)는 1910년 α 입자를 이용하여 원자의 구조를 밝히고자 하였다. 러더퍼드는 그의 조수인 가이거(Hans Geiger)와 학부생인 마스덴(Ernest Marsden)과 함께 방사성원(radioactive resource)에서 나오는 α 입자의 표적으로 매우 얇은 금박과 다른 금속박을 이용하여 일련의 실험을 수행하였다(그림 2.7). 이 실험에서 그들은 대부분의 입자가 휘어지지 않거나 단지 조금만 휘어지면서 금박을 통과하는 것을 관찰했다. 때로 α 입자가 큰 각도로 산란되는(또는 휘어지는) 것도 알았다. 몇몇 경우에는 α 입자가 진행하던 방향으로부터 실제로 다시 튕겨 되돌아왔다! 이것은 매우 놀라운 발견이었다. 왜냐하면 톰슨의 모형에 의하면 원자의 양전하가 매우 퍼져 있기 때문에 양전하를 가진 α 입자는 거의 휘어지지 않고 통과할 것으로 예측했기 때문이었다. 이러한 발견에 대하여 언급할 때 러더퍼드의 첫 반응을 인용하면

동영상
α 입자 산란.

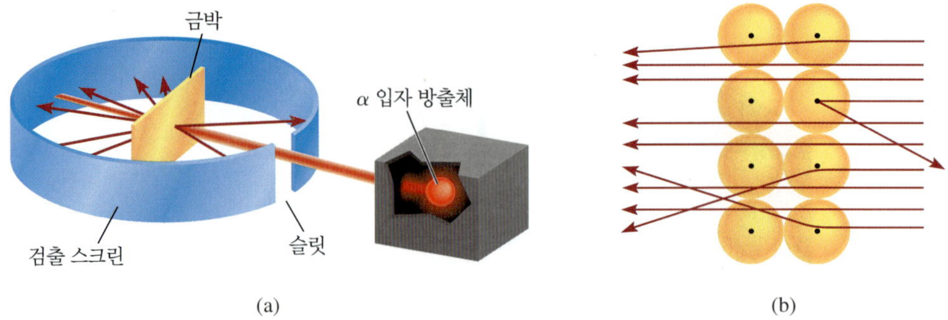

그림 2.7 • (a) 금박에 의한 α 입자의 산란을 측정하기 위한 러더퍼드의 실험 장치. 대부분의 α 입자는 거의 또는 전혀 휘어지지 않고 금박을 통과했다. 이따금 하나의 α 입자가 되돌아왔다. (b) 핵을 통과하거나 핵에 의해 휘어지는 α 입자를 확대한 그림.

다음과 같다. "이는 화장지 한 조각에 15인치 포탄을 쏘았을 때 그 포탄이 되돌아와 당신을 맞추는 것처럼 믿을 수 없는 것이었다."

α 입자 산란 실험의 결과를 원자 구조에 대한 새로운 모형으로 설명하기 위해 러더퍼드는 원자의 대부분은 빈 공간으로 되어 있는 새로운 원자 구조의 모형을 고안하였다. 이 구조는 대부분의 α 입자가 거의 또는 전혀 휘어지지 않고 금박을 통과한 것을 설명할 수 있다. 원자의 양전하는 *원자 내의 조밀한 중심부인* **핵**(nucleus)에 모두 집중되어 있다고 러더퍼드는 제안하였다. 더욱이 산란 실험에서 α 입자는 핵에 가까이 갈 때마다 큰 반발력을 받아 크게 휘어진다. 더욱이 핵을 향해 정면으로 이동하는 α 입자는 움직이는 입자의 방향을 완전히 반대로 바꿀 수 있는 막대한 반발 작용을 겪게 된다.

*핵에서 양으로 하전된 입자*를 **양성자**(proton)라고 부른다. 분리된 실험에서 보면 양성자 한 개의 전하는 전자 한 개의 전하와 *크기*가 같으며, 양성자의 질량은 1.67262×10^{-24} g으로, 이는 반대로 하전된 전자 질량의 약 1840배에 달한다는 것을 발견하였다.

이 단계에서 과학자들은 원자를 다음과 같이 인식하였다. 핵의 질량은 전체 원자의 질량을 이루고 있지만, 원자 부피의 약 $1/10^{13}$ 정도만을 차지한다. 원자(그리고 분자)의 크기는 *피코미터*(pm)라고 하는 SI 단위로 나타내며,

원자 길이에 대한 단위는 일반적으로 SI 단위계가 아닌 옹스트롬(angstrom)이다(Å ; 1 Å = 100 pm).

$$1 \text{ pm} = 1 \times 10^{-12} \text{ m}$$

이다. 일반적으로 원자의 반지름은 약 100 pm인 반면, 원자핵의 반지름은 겨우 5×10^{-3} pm 정도이다. 원자를 스포츠 스타디움이라 했을 때 그 원자핵의 크기를 작은 공깃돌에 비유하면 원자와 핵의 상대적인 크기를 짐작할 수 있다. 양성자는 원자의 핵에 국한되어 있지만, 전자는 핵으로부터 어느 정도의 거리만큼 떨어져 핵 주위에 퍼져 있는 것으로 생각된다.

원자의 크기를 스포츠 스타디움만큼 확대한다면 핵의 크기는 공깃돌 크기 정도일 것이다.

중성자

원자의 구조에 대한 러더퍼드의 모형은 한 가지 풀지 못한 주요한 문제를 남겼다. 가장 간단한 원자인 수소는 양성자 한 개만을 가지며, 헬륨 원자는 양성자 두 개를 가진다. 따라서 헬륨 원자의 질량과 수소 원자의 질량의 비율은 2:1이어야 한다(전자는 양성자보다 훨씬 가볍기 때문에 전자는 무시할 수 있다). 그런데 실제 그 비율은 4:1이다.

러더퍼드와 다른 사람들은 원자핵 속에 다른 형태의 아원자 입자가 있어야 한다고 가정하였다. 그것에 대한 증명은 1932년 영국 물리학자인 채드윅(James Chadwick)에 의해 이루어졌다. 채드윅이 얇은 베릴륨 판에 α 입자로 충격을 주었을 때 γ선과 비슷한 매우 높은 에너지를 가지는 복사선이 금속에서 방출되었다. 후에 실험을 통해서 그 복사선이 실제로 *양성자의 질량보다 약간 큰 질량을 가지는 전기적으로 중성인 입자*로 되어 있음이 밝혀졌다. 채드윅은 이 입자를 **중성자**(neutron)라 하였다.

이제 질량비에 대한 의문을 설명할 수 있게 되었다. 헬륨의 핵에는 양성자 두 개와 중성자 두 개가 있으나 수소의 핵에는 중성자는 없고 양성자 한 개만이 있으므로 그 비율은 4 : 1이 된다.

그림 2.8은 원자내 기본 입자들(양성자, 중성자, 전자)의 위치를 나타낸다. 다른 아원자

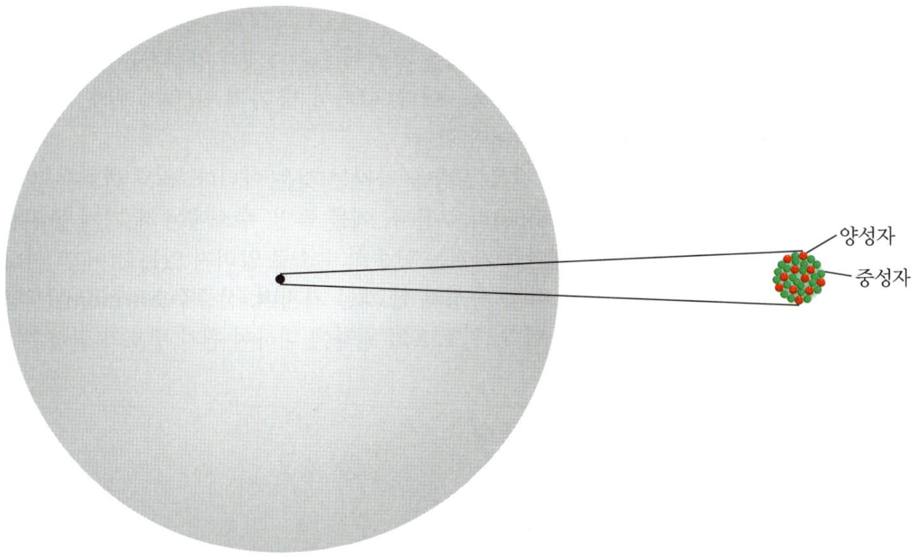

그림 2.8 • 한 원자의 양성자와 중성자들이 극히 작은 핵 속에 채워져 있다. 전자들은 핵 주위에 "구름"처럼 보인다.

표 2.1 아원자 입자의 질량과 전하

입자	질량(g)	전하	
		쿨롱	전하 단위
전자*	9.10938×10^{-28}	-1.6022×10^{-19}	-1
양성자	1.67262×10^{-24}	$+1.6022 \times 10^{-19}$	$+1$
중성자	1.67493×10^{-24}	0	0

*보다 정교한 실험을 통해 밀리컨의 값보다 더 정확한 전자의 질량값을 나타내었다.

입자들도 있지만 전자, 양성자, 중성자는 화학에서 중요한 세 가지 원자 기본 성분이다. 표 2.1은 이 세 가지 기본 입자의 질량과 전하를 나타낸 것이다.

☑ 개념 복습하기

원자의 세 가지 기본 입자 중 어느 두 개의 질량이 서로 비슷한가?

2.3 원자 번호, 질량수 및 동위원소

모든 원자는 그 원자에 포함된 양성자와 중성자의 수로 확인할 수 있다. *한 원소의 각 원자핵에 있는 양성자 수*를 **원자 번호**(atomic number, Z)라고 한다. 중성 원자에서 양성자 수는 전자의 수와 같기 때문에 원자 번호는 원자에 있는 전자 수를 가리키기도 한다. 원자의 화학적 동일성은 거의 원자 번호에 의해 결정된다. 예를 들면, 질소의 원자 번호는 7이며, 이는 중성 질소 원자 하나에 양성자 7개와 전자 7개가 있다는 뜻이다. 달리 말하면, 우주에서 양성자 7개를 포함하는 모든 원자는 "질소"라고 명명된다.

질량수(mass number, A)는 *한 원소의 원자핵에 있는 중성자와 양성자의 수를 합한 수*이다. 중성자 없이 1개의 양성자만을 가진 일반적인 수소를 제외하고 모든 원자핵은 양성자와 중성자를 포함하며, 일반적으로 질량수는 다음과 같이 주어진다.

$$
\begin{aligned}
\text{질량수} &= \text{양성자 수} + \text{중성자 수} \\
&= \text{원자 번호} + \text{중성자 수}
\end{aligned}
$$

원자에 있는 중성자 수는 질량수와 원자 번호와의 차이인 $(A - Z)$와 같다. 예를 들어, 붕소-12(boron-12)의 질량수는 12이고, 원자 번호는 5(핵에 있는 5개의 양성자)이다. 따라서 붕소 원자 하나에 있는 중성자 수는 12 − 5 = 7이다. 여기서 세 가지 양(원자 번호, 중성자 수, 질량수)은 모두 양의 정수, 즉 자연수이어야 한다.

대부분 주어진 원소의 원자가 모두 같은 질량을 가지는 것은 아니다. *원자 번호는 같지만 질량수가 다른 원자*를 **동위원소**(isotope)라 부른다. 예를 들면, 수소에는 세 가지 동위원소가 있다. 중성자가 없이 양성자 한 개만을 가지는 단순히 수소로 알려져 있는 것이 그 하나이다. 중수소(deuterium)는 양성자 한 개와 중성자 한 개를 가지며, 삼중수소(tritium)는 양성자 한 개와 두 개의 중성자를 가지고 있다. 원소 X의 원자에 대하여 원자 번호와 질량수는 다음과 같이 나타낸다.

질량수 → $^{A}_{Z}\mathrm{X}$ ← 원자 번호

따라서 수소의 동위원소는 다음과 같이 나타낼 수 있다.

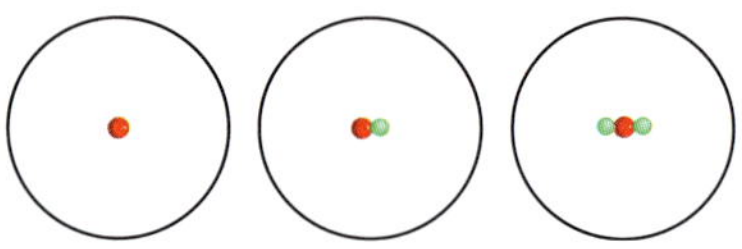

$^{1}_{1}\mathrm{H}$ $^{2}_{1}\mathrm{H}$ $^{3}_{1}\mathrm{H}$

$^{1}_{1}\mathrm{H}$	$^{2}_{1}\mathrm{H}$	$^{3}_{1}\mathrm{H}$
수소	중수소	삼중수소

다른 예로, 질량수 235와 238인 2개의 우라늄 동위원소를 살펴보기로 하자.

$$^{235}_{92}\mathrm{U} \quad ^{238}_{92}\mathrm{U}$$

첫 번째 동위원소는 핵 반응기와 원자 폭탄에 이용되는 반면, 두 번째 동위원소는 이런 용도로는 부족한 성질을 갖는다. 수소를 제외하고 원소들의 동위원소는 그들의 질량수로 확인할 수 있다. 따라서 이들 두 동위원소는 우라늄-235(영어로는 "uranium two thirty-five"라고 읽는다)와 우라늄-238(영어로는 "uranium two thirty-eight"이라고 읽는다)라고 한다.

한 원소의 화학적 성질은 원자에 있는 양성자와 전자에 의해 우선 결정되며, 중성자는 일반적인 조건에서는 화학 변화에 관여하지 않는다. 따라서 같은 원소의 동위원소들은 비슷한 화학적 성질을 가지게 되고, 같은 형태의 화합물을 형성하며 유사한 반응을 나타낸다.

예제 2.1

다음 각 화학종의 양성자수, 중성자수, 전자수를 구하시오. (a) $^{20}_{11}\mathrm{Na}$, (b) $^{22}_{11}\mathrm{Na}$, (c) $^{17}\mathrm{O}$, (d) 탄소-14.

▸ **전략** 위첨자는 질량수(A), 아래첨자는 원자 번호(Z)를 표시한다. 질량수는 언제나 원자 번호보다 크다. (단 하나의 예외는 질량수와 원자 번호가 같은 $^{1}_{1}\mathrm{H}$이다.) (c)나 (d)처럼 아래첨자가 없는 경우에는 원소 기호나 이름으로부터 원자 번호를 추론할 수 있다. 전자수를 결정하려면 원자는 전기적으로 중성이므로 전자수는 양성자수와 같다는 것을 기억하라.

▸ **풀이**

(a) 원자 번호가 11이므로 양성자수는 11이다. 질량수가 20이므로 중성자수는 20 − 11 = 9이며, 전자 수는 양성자수와 같으므로 11이다.

(b) (a)에서와 같이 양성자수는 11이다. 질량수가 22이므로 중성자수는 22 − 11 = 11이다. 전자수도 11이다. (a)와 (b)의 종은 화학적으로 비슷한 소듐의 동위원소이다.

(c) O(산소)의 원자 번호는 8이므로 양성자가 8개 있다. 질량수가 17이므로 중성자수는 17 − 8 = 9이다. 전자는 8개이다.

(d) 탄소-14는 $^{14}\mathrm{C}$로도 쓸 수 있다. 탄소의 원자 번호는 6이므로 중성자수는 14 − 6 = 8이다. 전자수는 6이다.

비슷한 문제: 2.13, 2.14.

▸ **실전 연습** 구리의 동위원소 중 하나인 $^{63}\mathrm{Cu}$의 양성자수, 중성자수, 전자수를 구하시오.

☑ 개념 복습하기

(a) 중성자 117개를 가지며 질량수 195인 원소의 원자 번호는?
(b) ^{17}O 와 $_8O$ 중 더 많은 정보를 제공하는 기호는?

2.4 주기율표

오늘날 알려진 원소의 절반 이상이 1800~1900년에 발견되었다. 이 기간 동안 화학자들은 많은 원소들이 서로 매우 강한 유사성을 보인다는 것을 알았다. 물리적, 화학적 거동에서 주기적 규칙성을 인식하고, 기본적인 물질의 구조와 성질에 대한 많은 유용한 정보를 조직화할 필요성이 있어 *화학적, 물리적으로 비슷한 성질을 갖는 원소를 하나의 무리로 배열한 도표*인 **주기율표**(periodic table)를 개발하게 되었다. 그림 2.9는 현대적 주기율표로 모든 원소가 화학적 성질의 유사성에 따라 **주기**(period)라고 하는 *수평인 열*과 **족**(group 또는 family)이라는 *수직인 행*으로 원자 번호(원소 기호 위에 나타나 있음) 순서로 배열되어 있다. 이름이 아직 부여되지 않았지만, 원자 번호 113~118번 원소가 최근 합성되었다.

원소는 금속, 비금속, 준금속의 세 부류로 나눌 수 있다. **금속**(metal)은 *열과 전기의 좋은 전도체*인 반면, 비금속(nonmetal)은 일반적으로 *열과 전기의 나쁜 전도체*이며, **준금속**(metalloid)은 *금속과 비금속의 중간 성질*을 갖는다. 그림 2.9는 알려진 대부분의 원소들이

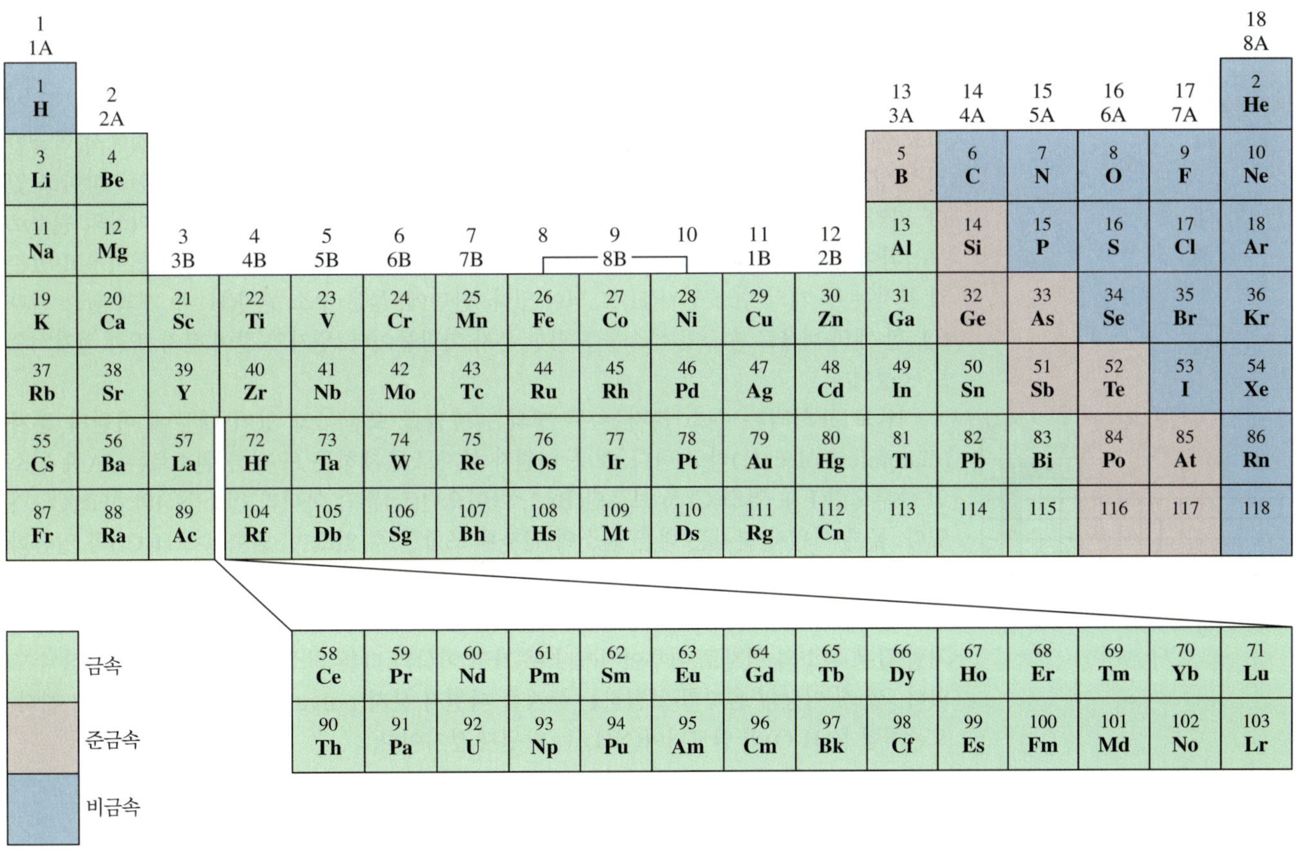

그림 2.9 • 현대 주기율표. 원소들이 원소 기호 위에 있는 원자 번호에 따라 배열되어 있다. 수소(H)를 제외하고 비금속은 주기율표의 맨 오른쪽에 위치한다. 주기율표 본체 밑에 있는 두 줄의 금속은 주기율표가 너무 넓어지지 않도록 편리하게 떼어 놓은 것이다. 실제로, 세륨(Ce)은 란타넘(La) 다음에 있어야 하고, 토륨(Th)은 악티늄(Ac) 바로 뒤에 나와야 한다. 1~18족 표시는 IUPAC(International Union of Pure and Applied Chemistry)에 의해 추천되고 있으나, 아직 널리 사용되지 못하고 있다. 이 책에서는 족번호로 표준 U.S 표시법(1A~8A와 1B~8B)을 사용한다. 원소 113~118은 아직 명명되지 않았다.

금속이고, 17개 원소만이 비금속이며, 8개의 원소가 준금속임을 나타낸다. 어느 주기이든지 왼쪽에서 오른쪽으로 갈수록 원소들의 물리적, 화학적 성질은 점점 금속에서 비금속으로 변한다. 주기율표는 체계적으로 원소의 성질을 서로 연관시키고 화학적인 거동을 예측할 수 있도록 도와 주는 편리한 도구이다. 8장에서 이러한 화학의 근본 원리를 자세히 알아볼 것이다.

원소들은 대개 주기율표에 있는 족 번호(1A족, 2A족 등)에 의해 집단으로 속하게 된다. 그러나 편의상 어떤 원소족은 특별한 이름을 갖는다. *1A족 원소*(Li, Na, K, Rb, Cs, Fr)는 **알칼리 금속**(alkali metal)이라 하고, *2A족 원소*(Be, Mg, Ca, Sr, Ba, Ra)는 **알칼리 토금속**(alkaline earth metal)이라 부른다. *7A족 원소*(F, Cl, Br, I, At)는 **할로젠**(halogen)으로 알려져 있고, *8A족 원소*(He, Ne, Ar, Kr, Xe, Rn)는 **영족 기체**(noble gas) 또는 **희유 기체**(rare gas)라고 한다. 다른 족의 이름은 뒤에서 소개하기로 한다.

☑ 개념 복습하기

주기율표에서 주기를 가로지를 때와 족 아래로 내려갈 때 중 어느 경우에 화학적 성질이 더 많이 변하겠는가?

2.5 분자와 이온

모든 원소 중에서 주기율표의 8A족에 있는 6개의 영족 기체(He, Ne, Ar, Kr, Xe, Rn)만이 단일 원자로 자연에 존재한다. 이러한 이유로 그들을 *단원자*(monoatomic, 단일 원자를 의미함) 기체라 한다. 대부분의 물질은 원자에 의해 형성된 분자 또는 이온으로 되어 있다.

분자

화학 결합의 특성은 8장에서 논할 것이다.

분자(molecule)는 *화학적 힘(화학 결합*이라고도 함)*에 의해 일정한 배열을 유지하는 두 개 이상 원자의 응집체*이다. 한 분자는 같은 원소의 원자를 포함하고 있거나, 2.1절에서 언급한 일정 성분비 법칙에 따라 일정한 비율로 결합된 두 가지 이상의 원소의 원자를 포함하고 있다. 따라서 분자는 반드시 화합물일 필요는 없으며, 여기서 화합물은 두 가지 이상의 원소로 구성되어 있다고 정의한다. 예를 들어, 수소 기체는 순수한 원소이지만, 기체를 이루고 있는 각 분자는 두 개의 수소 원자(H)로 되어 있다. 반면에, 물은 수소 원자(H) 두 개와 산소 원자(O) 한 개의 비율로 수소와 산소를 포함한 분자 화합물이다. 원자와 같이 분자 또한 전기적으로 중성이다.

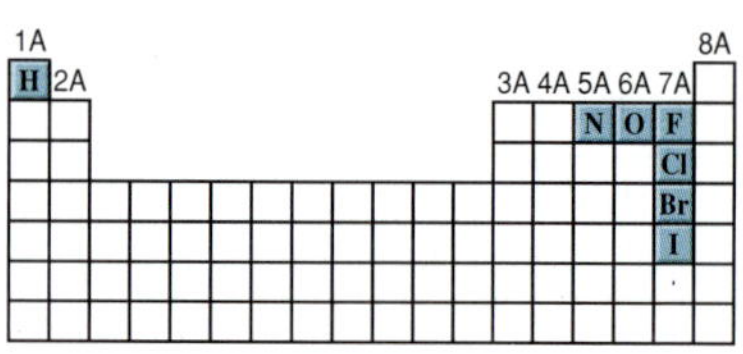

이원자 분자로 존재하는 원소들.

H_2로 표시되는 수소 분자는 *두 개의 원자만을 포함*하고 있기 때문에 **이원자 분자**(diatomic molecule)라고 한다. 보통 이원자 분자로 존재하는 또 다른 원소로는 7A족 원소인 플루오린(F_2), 염소(Cl_2), 브로민(Br_2), 아이오딘(I_2)뿐만 아니라 질소(N_2)와 산소(O_2)가 있다. 물론 이원자 분자는 다른 원소의 원자를 포함할 수 있으며, 염화 수소(HCl)와 일산화탄소(CO)를 예로 들 수 있다.

대부분의 분자는 세 개 이상의 원자를 포함한다. 세 개의 산소 원자로 이루어진 오존(O_3)처럼 같은 원소의 원자로 이루어지거나 두 가지 이상의 다른 원소의 결합으로 이루어질 수도 있다. *세 개 이상의 원자를 포함*하는 분자를 **다원자 분자**(polyatomic molecule)라고 한다. 오존처럼 물(H_2O)과 암모니아(NH_3)는 다원자 분자이다.

이온

이온(ion)은 *알짜 양전하나 알짜 음전하를 가진 원자 또는 원자단*이다. 원자핵에 양으로 하전된 양성자 수는 보통 화학 변화(화학 반응)가 일어나는 동안 똑같이 유지된다. 그러나 음으로 하전된 전자는 잃을 수도 있고, 얻을 수도 있다. 중성 원자가 하나 이상의 전자를 잃으면 *알짜 양전하를 갖는 이온*이 생기는데, 이를 **양이온**(cation)이라고 한다. 예를 들면 소듐 원자(Na)는 전자 한 개를 쉽게 잃어 Na^+로 표시되는 소듐 양이온이 된다.

7장에서 서로 다른 원소의 원자들이 특정 숫자의 전자를 얻거나 잃는 이유를 배울 것이다.

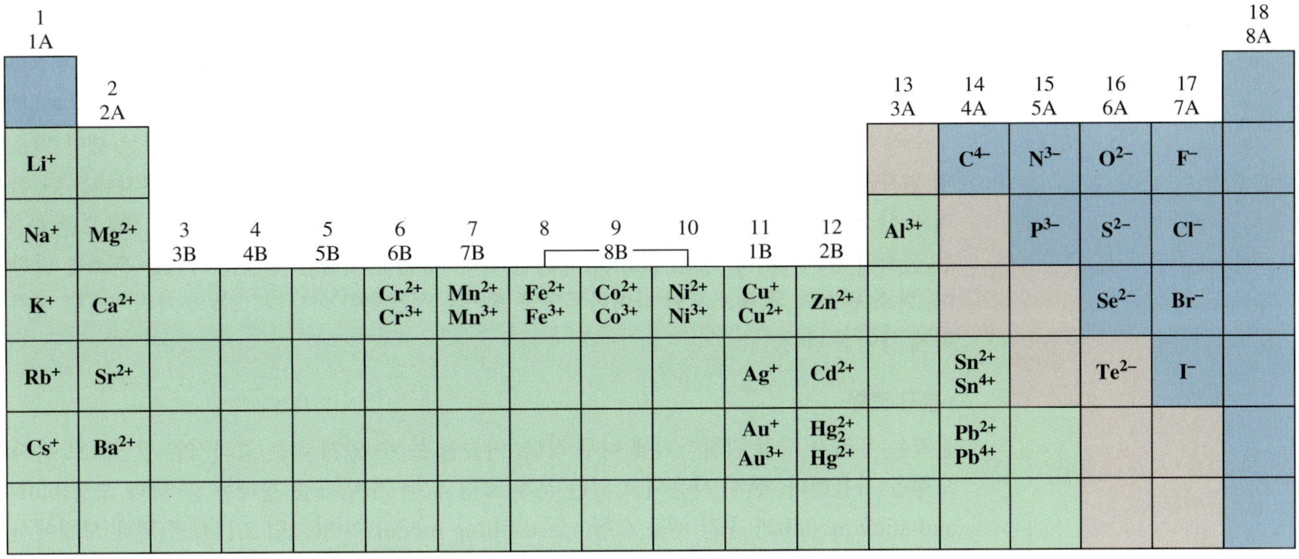

그림 2.10 • 주기율표의 원소 위치에 따라 배열된 일반적인 단원자 이온. Hg_2^{2+} 이온은 두 개의 원자를 포함한다.

Na 원자	Na^+ 이온
양성자 11개	양성자 11개
전자 11개	전자 10개

한편, 전자의 수가 증가됨으로써 알짜 전하가 음이 되는 이온을 **음이온**(anion)이라고 한다. 예를 들면, 염소 원자(Cl)는 전자 한 개를 얻어 염화 이온(Cl^-)이 된다.

Cl 원자	Cl^- 이온
양성자 17개	양성자 17개
전자 17개	전자 18개

보통 식용 소금인 염화 소듐(NaCl)은 *양이온과 음이온으로부터 형성*되므로 **이온 결합 화합물**(ionic compound)이라고 한다.

원자는 두 개 이상의 전자를 잃거나 얻을 수 있다. 둘 이상의 전자를 잃거나 얻어서 만들어진 이온의 예는 Mg^{2+}, Fe^{3+}, S^{2-}, N^{3-} 등이다. Na^+와 Cl^-뿐만 아니라 이러한 이온들은 *단 하나의 원자만을 포함*하고 있기 때문에 **단원자 이온**(monatomic ion)이라고 한다. 몇 가지 단원자 이온의 전하를 그림 2.10에 나타내었다. 거의 예외 없이 금속은 양이온을, 비금속은 음이온을 만드는 경향이 있다.

또한, 두 개 이상의 원자가 결합하여 알짜 양전하나 알짜 음전하를 가진 이온을 만들기도 한다. OH^-(수산화 이온), CN^-(사이안화 이온), NH_4^+(암모늄 이온)과 같은 **다원자 이온**(polyatomic ion)은 *둘 이상의 원자를 가진 이온*이다.

☑ 개념 복습하기

(a) S_8은 무엇을 의미하는가? 8S와는 어떻게 다른가?
(b) 다음 이온의 양성자수와 전자수를 결정하시오. (1) P^{3-}, (2) Ti^{4+}

2.6 화학식

화학자들은 **화학식**(chemical formula)을 사용하여 *분자와 이온 결합 화합물의 조성을 화학 기호로 나타낸다*. 조성이라 하는 것은 존재하는 원소뿐만 아니라 집합된 원자의 비율을 말한다. 여기서는 주로 분자식과 실험식의 두 가지 형태 화학식에 대하여 살펴보고자 한다.

분자식

분자식(molecular formula)에서는 *한 물질의 가장 작은 단위에 있는 각 원소의 원자 개수를 정확히 나타낸다*. 분자를 논할 때, 각 예에 대하여 괄호 안에 분자식을 적었다. 따라서 H_2는 수소의 분자식이며, O_2는 산소, O_3는 오존, H_2O는 물의 분자식이다. 아래 첨자는 해당 원소의 원자들의 개수를 나타낸다. H_2O의 O에는 아래 첨자가 없는데, 이는 물 한 분자에는 단 한 개의 산소 원자가 있으며, 숫자 “1”은 분자식에서 생략하기 때문이다. 산소(O_2)와 오존(O_3)은 산소의 동소체이다. **동소체**(allotrope)란 *두 가지 이상의 다른 형태를 가지는 원소*를 말한다. 탄소 원소의 두 동소체인 다이아몬드와 흑연은 성질뿐만 아니라 그들의 가격에서도 현격하게 차이가 난다.

분자 모형

분자는 우리가 직접 관찰하기에 너무 작다. 이들을 볼 수 있게 하는 효과적인 방법으로 분자 모형을 사용한다. 현재 사용되고 있는 분자 모형의 두 가지 표준 형태는 *공-막대 모형*(ball-and-stick model)과 *공간 채움 모형*(space-filling model)이다(그림 2.11). 공-막대 모형에서 원자는 구멍이 뚫린 나무나 플라스틱 공이다. 막대나 스프링은 화학 결합을 나타내는 데 사용된다. 원자들 사이에서 막대나 스프링이 이루는 각도는 실제 분자의 결합각에 가깝다. 수소 원자를 제외하고 모든 공은 같은 크기이며, 각종 원자는 특정 색으로 나타낸다. 공간 채움 모형에서 원자는 끝이 잘린 공으로 표시되고, 이들은 서로 똑딱단추로 연결되며, 따라서 결합은 보이지 않는다. 공은 원자의 크기에 비례한다. 분자 모형을 꾸미기 위한 첫 번째 단계는 *분자 내에서 각 원자들이 서로 어떻게 결합하고 있는가*를 나타내는 **구조식**(structural formula)을 쓰는 것이다. 예를 들어, 물 분자에서 두 개의 수소 원자 각각은 산소 원자와 결합하고 있다. 그러므로 물의 구조식은 H—O—H이다. 두 원자 기호를 연결한 선은 화학 결합을 나타낸다.

이 책 뒷표지 안쪽 원자의 색코드 참조.

공-막대 모형은 원자들의 삼차원 배열을 분명하게 보여주며, 만들기도 매우 간단하다. 그러나 공은 실제 원자 크기에 비례하지 않는다. 더구나 막대는 분자 내 원자들의 공간을 지나치게 과장하고 있다. 공간 채움 모형은 다양한 원자 크기를 표현함으로써 보다 정확하다. 이것의 결점은 조립하는 데 많은 시간이 걸린다는 점과 원자의 삼차원 위치가 썩 잘 나타나지 못한다는 것이다. 이 책에서는 이 두 모형을 함께 사용할 것이다.

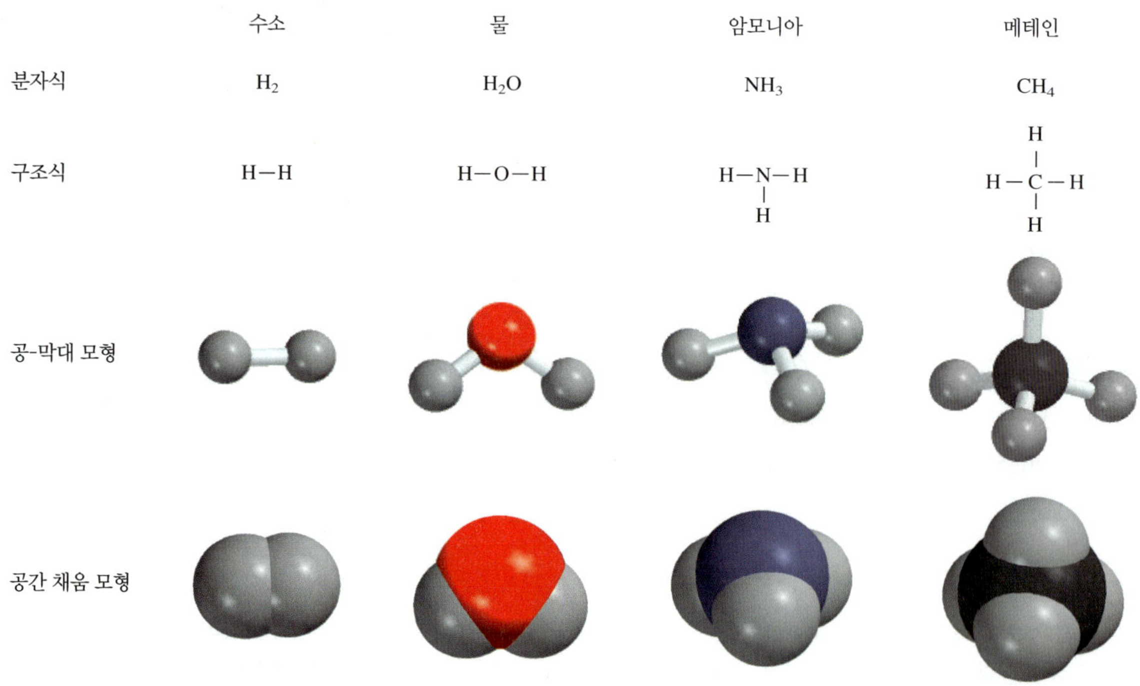

그림 2.11 • 네 가지 분자의 분자식, 구조식 및 분자 모형.

실험식

방부제 및 직물과 털의 표백제로 이용되는 과산화 수소(hydrogen peroxide)의 분자식은 H_2O_2이다. 이 화학식은 각 과산화 수소 분자가 수소 원자 두 개와 산소 원자 두 개로 되어 있음을 나타낸다. 이 분자에서 수소 대 산소의 비는 2:2, 즉 1:1이다. 과산화 수소의 실험식은 HO이다. 따라서 **실험식**(empirical formula)은 *존재하는 원소들의 종류와 그들의 원자들의 가장 간단한 정수비를 나타내지만*, 분자에 있는 원자의 실제적인 개수를 나타낼 필요는 없다. 다른 예로, 로켓의 연료로 이용되는 화합물 하이드라진(hydrazine, N_2H_4)을 살펴보자. 하이드라진의 실험식은 NH_2이다. 분자식(N_2H_4)이나 실험식(NH_2) 모두 질소 대 수소의 비가 1:2이지만, 분자식만이 하이드라진 한 분자에 있는 질소 원자(N)의 실질적인 개수(2)와 수소 원자(H)의 실질적인 개수(4)를 알려 준다.

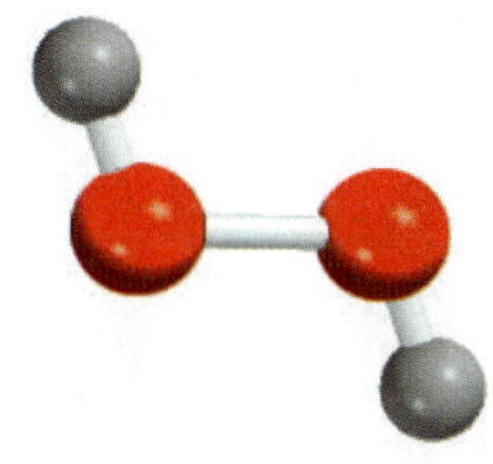

H_2O_2

"실험식"이라는 말은 "실험을 통해 얻은"이란 뜻이다. 3장에서 살펴보겠지만 실험식은 실험적으로 얻어진다.

실험식은 가장 *간단한* 화학식이다. 그것은 분자식의 아래에 쓴 숫자를 가능한 한 가장 작은 정수가 되도록 적는다. 분자식은 분자의 *실질적인* 화학식이다. 분자식을 알면 실험식도 알게 되지만, 그 역은 성립하지 않는다. 그렇다면 왜 화학자들은 실험식을 구하려고 애를 쓰는가? 3장에서 살펴보겠지만 화학자들은 모르는 화합물을 분석할 때, 첫 번째 단계는 보통 그 화합물의 실험식을 결정하는 것이다. 추가 정보가 주어지면 분자식을 유도하는 것은 가능해진다.

분자식과 실험식이 같은 분자들이 많이 있으며, 몇 가지 예로 물(H_2O), 암모니아(NH_3), 이산화 탄소(CO_2), 메테인(CH_4)을 들 수 있다.

예제 2.2

의약품과 농약의 합성에 사용되는 무색 기체인 메틸아민의 분자식을 쓰시오. 옆 여백 부분에 메틸아민의 공-막대 모형을 나타내었다.

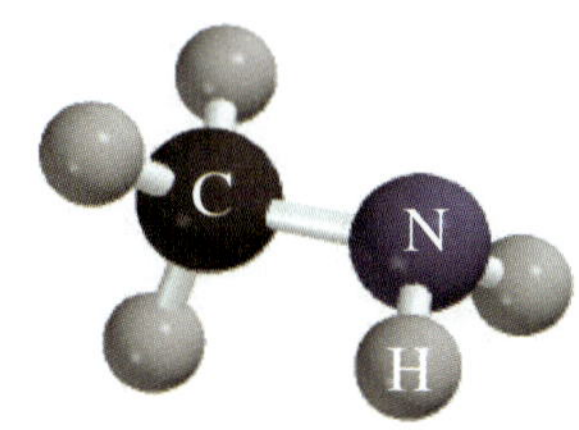

메틸아민

▸ **풀이** 원자 표시를 참고한다. 수소 원자 다섯 개, 탄소 원자 한 개, 질소 원자 한 개가 있다. 그러므로 분자식은 CH_5N이다. 그러나 메틸아민의 분자식을 적는 표준 방법은 CH_3NH_2이다. 이는 분자에서 원자들이 어떻게 결합하고 있는지를 보여주고 있기 때문이다.

▸ **실전 연습** 용매와 세제로 쓰이는 클로로폼의 분자식을 쓰시오. 옆 여백 부분에 클로로폼의 공-막대 모형이 있다.

비슷한 문제: 2.43, 2.44.

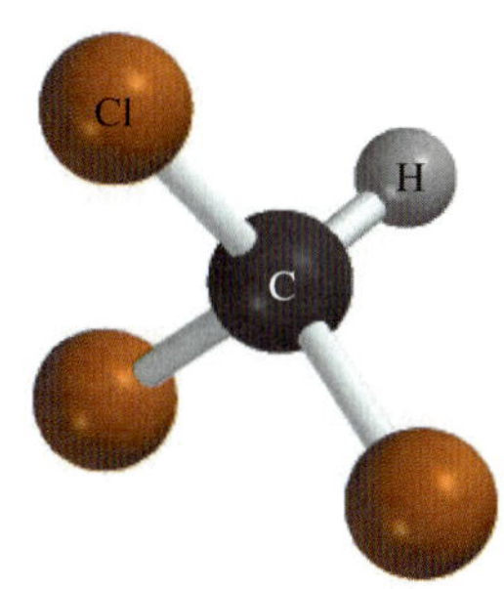

클로로폼

예제 2.3

다음 분자들의 실험식을 쓰시오. (a) 로켓 추진제로 이용되는 다이보레인(B_2H_6), (b) 피부병인 건선 치료에 사용되는 푸마르산 다이메틸($C_6H_{12}O_4$), (c) 식품과 음료에 사용되는 바닐린($C_8H_8O_3$).

▸ **전략** 실험식을 쓰기 위해서 가능한 한 분자식의 아래에 쓴 숫자를 최소의 정수로 변환시켜야 함을 상기한다.

▸ **풀이**

(a) 다이보레인에는 두 개의 붕소 원자와 여섯 개의 수소 원자가 있다. 아래 첨자를 2로 나누면 실험식은 BH_3가 된다.

(b) 푸마르산 다이메틸에는 탄소 원자 8개, 수소 원자 12개, 산소 원자 4개가 들어 있다. 아래 첨자를 4로 나누면 실험식은 C_2H_3O가 된다. 만일 아래에 쓴 숫자를 2로 나누면 화학식은 $C_4H_6O_2$가 된다. $C_4H_6O_2$에서 탄소 대 수소 대 산소 원자의 비가 C_2H_3O(2:3:1)에서와 같지만, $C_4H_6O_2$는 아래 첨자들이 가장 작은 정수비로 되어있지 않으므로 가장 간단한 화학식이 아니다.

(c) $C_8H_8O_3$에서 아래 첨자는 이미 가장 작은 정수로 되어 있기 때문에, 바닐린에 대한 실험식은 분자식과 같다.

▸ **실전 연습** 차와 커피에 들어 있는 흥분제인 카페인($C_8H_{10}N_4O_2$)의 실험식을 쓰시오.

비슷한 문제: 2.41, 2.42.

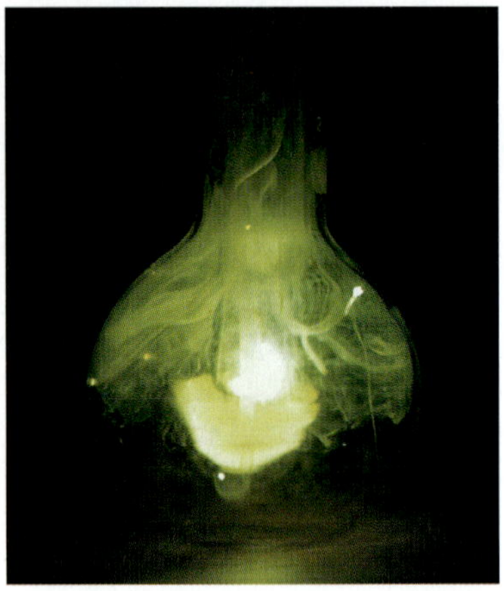

염소 기체와 반응하여 염화 소듐을 형성하는 소듐 금속.

이온 결합 화합물의 화학식

이온 결합 화합물은 분리된 분자 단위로 되어 있지 않기 때문에 이온 결합 화합물의 화학식은 일반적으로 그 화합물의 실험식과 같다. 예를 들어, 염화 소듐(NaCl)의 고체 시료는 삼차원 구조로 배열된 같은 수의 Na^+와 Cl^- 이온으로 이루어져 있다(그림 2.12). 이러한 화합물에서 화합물이 전기적으로 중성이기 위해 양이온과 음이온의 비는 1:1이다. 그림 2.12에서 보듯이 NaCl에 있는 어느 Na^+ 이온도 특정 Cl^-와 결합되어 있지 않다. 실제로, 각 Na^+이온은 이를 둘러싸고 있는 Cl^- 이온 6개에 의해 균등하게 연결되어 있고, Cl^-이온도 Na^+이온 6개에 연결되어 있다. 따라서 NaCl은 염화 소듐의 실험식이다. 다른 이온 결합 화합물에 있어서 실제 구조는 다를지 모르지만, 양이온과 음이온의 배열은 위와 같아 화합물이 모두 전기적으로 중성이다. 이온 결합 화합물의 화학식에는 양이온과 음이온에 대한 전하를 나타내지 않는다는 것에 주의하라.

이온 결합 화합물이 전기적으로 중성을 유지하기 위해, 각 화학식 단위에 있는 양이온과 음이온의 전하의 합은 0이어야 한다. 만일 양이온과 음이온의 전하가 수치적으로 다르다면, 다음 규칙을 적용하여 화학식을 전기적으로 중성이 되게 한다.

이온의 아래에 쓴 숫자는 음이온의 전하와 같고, 음이온의 아래에 쓴 숫자는 양이온의 전하와 같다. 만일 전하가 수치적으로 같다면 아래 첨자는 필요하지 않다. 이 규칙은 이온 결합 화합물의 화학식이 실험식이기 때문에 아래 첨자는 가장 작은 비가 되어야 한다는 사실로부터 온다. 몇 가지 예를 살펴보자.

양이온과 음이온의 전하는 그림 2.10에 나타내었다.

- **브로민화 포타슘.** 포타슘 양이온(K^+)과 브로민 음이온(Br^-)이 결합하여 이온 결합 화합물 브로민화 포타슘을 형성한다. 전하의 합은 $+1 + (-1) = 0$. 따라서 아래에 쓰는 숫자는 필요하지 않다. 화학식은 KBr이다.
- **아이오딘화 아연.** 아연 양이온(Zn^{2+})과 아이오딘 음이온(I^-)이 결합하여 아이오딘화 아연을 만든다. 전하의 합은 $+2 + (-1) = +1$이고, 전하의 합이 0이 되기 위해서 음 이온의 전하 -1에 2를 곱하며, 아이오딘 기호의 아래에 숫자 "2"를 쓴다. 따라서 아이오딘화 아연의 화학식은 ZnI_2가 된다.
- **산화 알루미늄.** 양이온은 Al^{3+}이며, 산소 음이온은 O^{2-}이다. 다음 도식은 양이온과 음이온에 의해 만들어진 화합물의 아래에 쓴 숫자를 결정하는 데 도움을 준다.

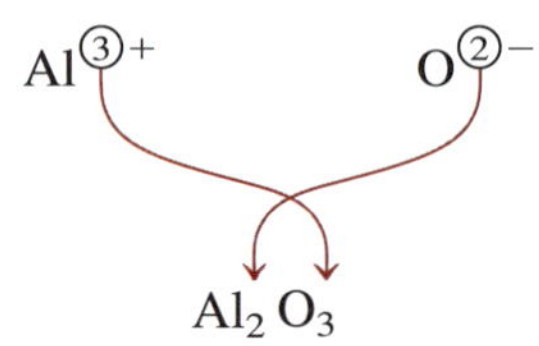

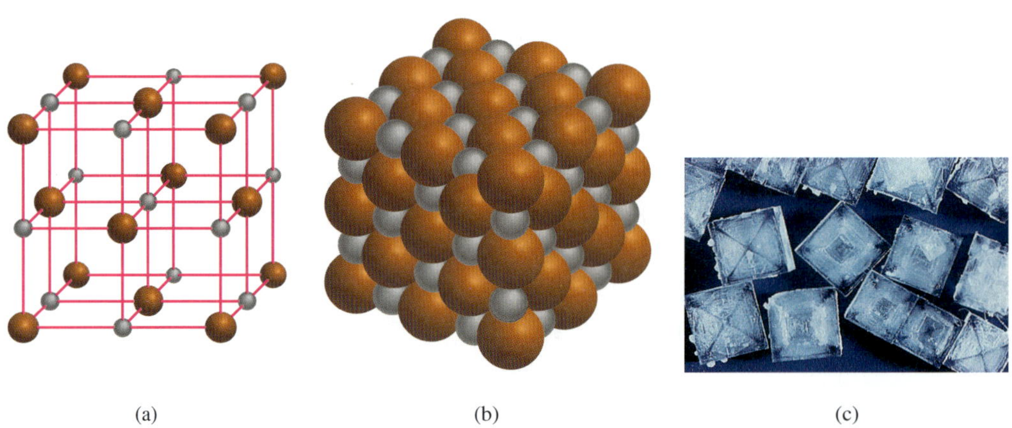

그림 2.12 • (a) 고체 NaCl의 구조. (b) 실제로, 양이온과 음이온이 접촉되어 있다. (a)와 (b)에서 작은 공은 Na^+ 이온을 나타내며, 큰 공은 Cl^- 이온을 나타낸다. (c) NaCl 결정.

전하의 합은 $2(+3) + 3(-2) = 0$이다. 따라서 산화 알루미늄의 화학식은 Al_2O_3이다.

예제 2.4

Mg^{2+} 이온과 N^{3-} 이온이 포함된 질화 마그네슘(magnesium nitride)의 화학식을 쓰시오.

▸ **전략** 이온 결합 화합물의 화학식을 쓰기 위한 지침 중에 하나는 전기적 중성이다. 즉, 양이온에 있는 전체 전하는 음이온에 있는 전체 전하와 같다. Mg^{2+} 이온과 N^{3-} 이온의 전하는 같지 않기 때문에, 화학식이 MgN이 될 수 없음을 알 수 있다. 대신에 화학식을 Mg_xN_y로 쓰고 아래 첨자인 x와 y를 결정한다.

▸ **풀이** 전기적인 중성을 만족시키기 위해서, 다음 관계를 유지해야만 한다.

$$(+2)x + (-3)y = 0$$

이 관계를 풀면, $x/y = 3/2$를 얻는다. $x = 3$과 $y = 2$로 맞추면, 다음과 같이 쓴다.

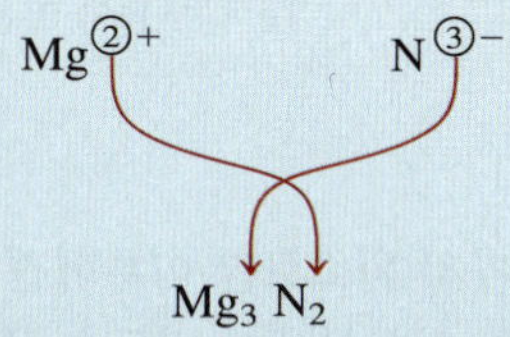

▸ **검산** 아래 첨자는 이온 결합 화합물의 화학식이 항상 실험식이기 때문에 원자의 가장 작은 정수비로 줄인다.

▸ **실전 연습** 다음 이온 결합 화합물의 화학식을 쓰시오. (a) 황산 크로뮴(Cr^{3+} 이온과 SO_4^{2-} 이온을 포함), (b) 산화 타이타늄(Ti^{4+} 이온과 O^{2-} 이온을 포함).

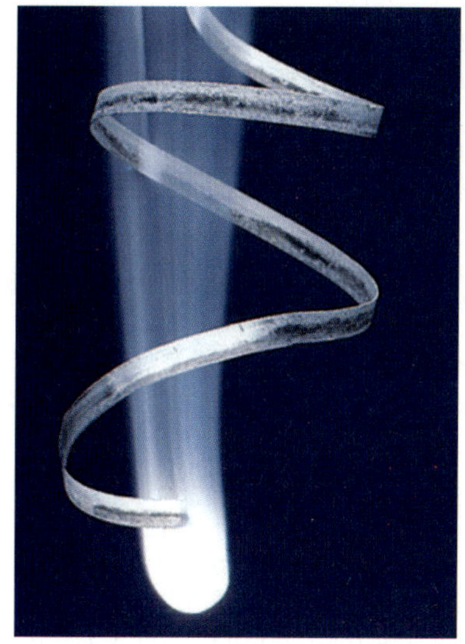

마그네슘이 공기중에서 탈 때, 산화 마그네슘과 질화 마그네슘 두 가지를 형성한다.

비슷한 문제: 2.49, 2.50.

개념 복습하기

다음 이온 화합물과 그림을 각각 짝지어 보시오. Al_2O_3, LiH, Na_2S, $Mg(NO_3)_2$. (녹색 공은 양이온, 붉은색 공은 음이온을 나타낸다.)

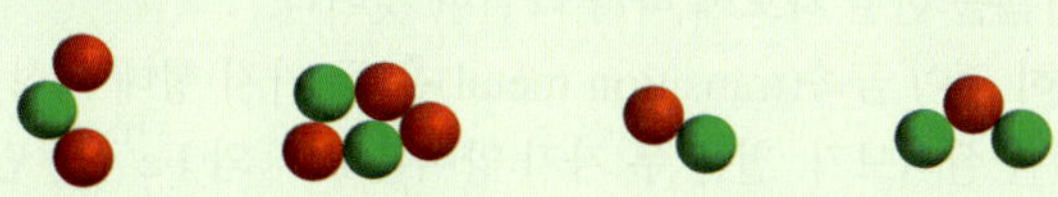

(a) (b) (c) (d)

2.7 화합물의 명명

화학식을 이용하여 분자와 화합물의 조성을 나타낼 뿐만 아니라 화학자들은 그 조성을 기초로 하여 물질을 명명하는 체계를 개발하였다. 먼저 화합물을 이온 결합 화합물, 분자 화합물, 산과 염기의 세 부류로 나눌 수 있다. 그런 다음 주어진 물질의 과학적 이름을 쓰는 특정한 규칙을 적용한다.

이온 결합 화합물

2.5절에서 이온 결합 화합물이 양이온(+ 이온)과 음이온(− 이온)으로 되어 있다는 것을 알았다.

특별히 암모늄 이온(NH_4^+)을 제외하면 관심있는 모든 양이온은 금속 원자로부터 만들어진다. 금속의 양이온의 이름은 그 원소의 이름과 같다. 다음 예를 보자.

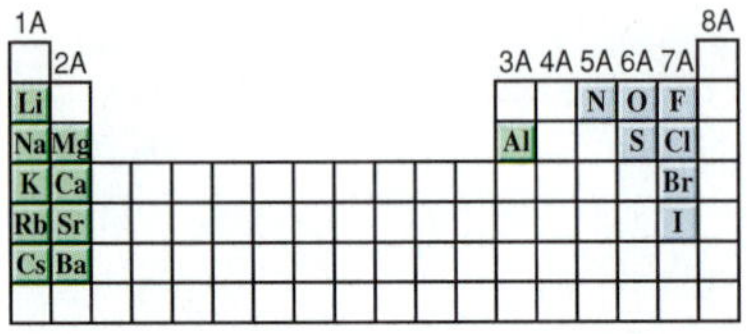

가장 반응성이 큰 금속(녹색)과 가장 반응성이 큰 비금속(푸른색)이 결합하여 이온 결합 화합물을 만든다.

원소		양이온의 이름	
Na	소듐	Na^+	소듐 이온(또는 소듐 양이온)
K	포타슘	K^+	포타슘 이온(또는 포타슘 양이온)
Mg	마그네슘	Mg^{2+}	마그네슘 이온(또는 마그네슘 양이온)
Al	알루미늄	Al^{3+}	알루미늄 이온(또는 알루미늄 양이온)

표 2.2 주기율표의 위치에 따라 "-화"로 명명하는 몇 가지 단원자 음이온

4A족	5A족	6A족	7A족
C 탄소화 이온(C^{4-})*	N 질소화 이온(N^{3-})	O 산화 이온(O^{2-})	F 플루오린화 이온(F^-)
Si 규소화 이온(Si^{4-})	P 인화 이온(P^{3-})	S 황화 이온(S^{2-})	Cl 염화 이온(Cl^-)
		Se 셀레늄화 이온(Se^{2-})	Br 브로민화 이온(Br^-)
		Te 텔루륨화 이온(Te^{2-})	I 아이오딘화 이온(I^-)

*C_2^{2-}에 대해서도 "탄소화(carbide) 이온"이라 함.

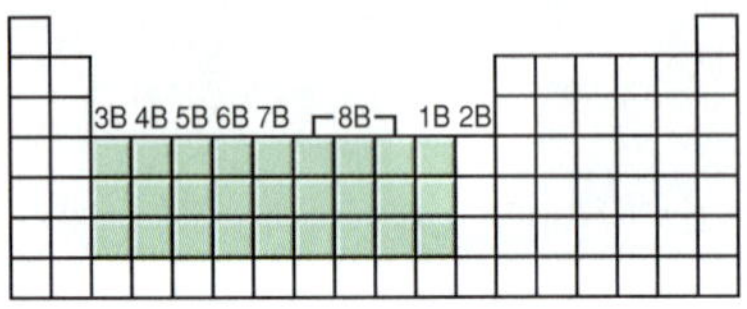

전이 금속은 1B와 3B~8B족에 있는 원소들이다(그림 2.9).

많은 이온 결합 화합물은 *두 가지 원소로만 이루어진 화합물*인 **이성분 화합물**(binary compound)이다. 이성분 이온 결합 화합물에서 비금속 음이온을 먼저 쓰고 금속 양이온을 나중에 쓴다(영문 표기에서는 금속 양이온을 먼저 쓰고 비금속 음이온을 나중에 쓴다). 따라서 NaCl은 염화 소듐(sodium chloride)이 된다. 음이온은 그 원소 이름(염소, chlorine)의 첫 부분(어간)에 "-화(-ide)"를 붙여 염화(chloride)라 부른다. 브로민화 포타슘(KBr), 아이오딘화 아연(ZnI_2), 산화 알루미늄(Al_2O_3)도 이성분 화합물이다. 표 2.2는 주기율표의 각자 위치에 따라 "-화(-ide)"로 명명하는 몇몇 단원자 음이온들을 나타낸 것이다.

"-화(-ide)"를 붙이는 명명법은 수산화 이온(OH^-), 사이안화 이온(CN^-)처럼 다른 원소를 포함하는 몇몇 음이온에도 사용된다. 따라서 화합물 LiOH와 KCN은 각각 수산화 리튬과 사이안화 포타슘으로 부른다. 이와 같은 이온 결합 화합물은 *세 가지 원소로 이루어진 화합물*이라는 뜻으로 **삼성분 화합물**(ternary compound)이라고 한다. 표 2.3은 몇 가지 일반적인 양이온과 음이온의 이름을 한글 자모에 따라 나열한 것이다.

몇 가지 금속, 특히 *전이 금속*(transition metal)은 두 가지 형태 이상의 양이온을 만들 수 있다. 한 가지 예로 철을 살펴보자. 철은 두 가지 양이온 Fe^{2+}와 Fe^{3+}를 만들 수 있다. 같은 양이온의 다른 양이온을 나타내는 방법은 로마 숫자를 사용하는 것이다. 로마 숫자 I은 하나의 양전하를, 로마 숫자 II는 두 개의 양전하를 나타낸다. 이를 *슈토크 체계*(Stock system)라고 한다. 이 체계를 이용하여 Fe^{2+}와 Fe^{3+}는 각각 철(II) 이온과 철(III) 이온으로 부르며, 화합물 $FeCl_2$(Fe^{2+} 이온 포함)와 $FeCl_3$(Fe^{3+} 이온 포함)은 각각 염화 철-이와 염화 철-삼이라고 읽는다. 또 다른 예로, 망가니즈(Mn) 원자에 대하여 여러 개의 다른 양전하를 생각해 볼 수 있다.

$FeCl_2$(왼쪽)와 $FeCl_3$(오른쪽).

Mn^{2+}:	MnO	산화 망가니즈(II) [manganese(II) oxide]
Mn^{3+}:	Mn_2O_3	산화 망가니즈(III) [manganese(III) oxide]
Mn^{4+}:	MnO_2	산화 망가니즈(IV) [manganese(IV) oxide]

이 화합물의 이름은 "산화 망가니즈-이", "산화 망가니즈-삼", "산화 망가니즈-사"로 각각 읽는다.

예제 2.5

다음 화합물을 명명하시오. (a) $Fe(NO_3)_2$, (b) Na_2HPO_4, (c) $(NH_4)_2SO_3$.

▸ **전략** 양이온과 음이온의 이름은 표 2.3을 참고한다. 금속이 다른 전하의 양이온을 형성할 수 있다면(그림 2.10) 슈토크 체계를 사용해야 한다.

표 2.3 몇 가지 평범한 무기 양이온과 음이온의 이름과 화학식

양이온	음이온
구리(I) 이온 또는 제일구리 이온(Cu^+)	과망가니즈산 이온(MnO_4^-)
구리(II) 이온 또는 제이구리 이온(Cu^{2+})	과산화 이온(O_2^{2-})
소듐 이온(Na^+)	브로민화 이온(Br^-)
납(II) 이온 또는 제일납 이온(Pb^{2+})	사이안화 이온(CN^-)
루비듐 이온 (Rb^+)	산화 이온(O^{2-})
리튬 이온(Li^+)	수산화 이온(OH^-)
마그네슘 이온(Mg^{2+})	수소화 이온(H^-)
망가니즈(II) 이온 또는 제일망가니즈 이온(Mn^{2+})	싸이오사이안산 이온(SCN^-)
바륨 이온(Ba^{2+})	아이오딘화 이온(I^-)
세슘 이온(Cs^+)	아질산 이온(NO_2^-)
수소 음이온(H^-)	아황산 이온(SO_3^{2-})
수은(I) 이온 또는 제일수은 이온(Hg_2^{2+})*	염소산 이온(ClO_3^-)
수은(II) 이온 또는 제이수은 이온(Hg^{2+})	염화 이온(Cl^-)
스트론튬 이온(Sr^{2+})	인산 수소 이온(HPO_4^{2-})
아연 이온(Zn^{2+})	인산 이온(PO_4^{3-})
알루미늄 이온(Al^{3+})	인산 이수소 이온($H_2PO_4^-$)
암모늄 이온(NH_4^+)	중크로뮴산 이온($Cr_2O_7^{2-}$)
은 이온(Ag^+)	질산 이온(NO_3^-)
주석(II) 이온 또는 제일주석 이온(Sn^{2+})	질소화 이온(N^{3-})
철(II) 이온 또는 제일철 이온(Fe^{2+})	크로뮴산 이온(CrO_4^{2-})
철(III) 이온 또는 제이철 이온(Fe^{3+})	탄산 수소 이온 또는 중탄산 이온(HCO_3^-)
카드뮴 이온(Cd^{2+})	탄산 이온(CO_3^{2-})
포타슘 이온(K^+)	플루오린화 이온(F^-)
칼슘 이온(Ca^{2+})	황산 이온(SO_4^{2-})
코발트(II) 이온 또는 제일코발트 이온(Co^{2+})	황산 수소 이온(HSO_4^-)
크로뮴(III) 이온 또는 제이크로뮴 이온(Cr^{3+})	황화 이온(S^{2-})

* 수은(I)은 표시된 대로 쌍으로 존재한다.

▸ **풀이**

(a) 질산 이온(NO_3^-)은 한 개의 음전하를 가지고 있으므로 철 이온은 두 개의 양전하를 가져야 한다. 철은 Fe^{2+}와 Fe^{3+}의 두 이온을 형성하므로 슈토크 체계를 이용하여 이 화합물을 질산 철(II) [iron(II) nitrate]라 부른다.

(b) 양이온은 Na^+이고, 음이온은 HPO_4^{2-}(인산 수소 이온)이다. 소듐은 한 가지 형태의 이온(Na^+)만을 만들기 때문에 이름에 소듐(I)이라는 표현은 필요하지 않다. 화합물은 인산 수소 소듐(sodium hydrogen phosphate)이다.

(c) 양이온은 NH_4^+(암모늄 이온)이고, 음이온은 SO_3^{2-}(아황산 이온)이다. 화합물은 아황산 암모늄(ammonium sulfite)이다.

비슷한 문제: 2.47(a), (b), (e).

▸ **실전 연습** 다음 화합물을 명명하시오. (a) PbO, (b) $LiClO_3$.

예제 2.6

다음 화합물의 화학식을 쓰시오. (a) 질산 수은(I)[mercury(I) nitrate], (b) 산화 세슘(cesium oxide), (c) 질소화 스트론튬(strontium nitride).

▸ **전략** 양이온과 음이온의 이름에 대하여 표 2.3을 참고한다. 슈토크 체계에서 로마 숫자는 양이온의 전하에 대한 중요한 정보를 제공한다는 것을 상기하라.

Hg(I) 이온은 한 쌍 즉, 이합체로 존재하므로 이 이온 결합 화합물의 아래첨자는 적은 비율로 감소되지 않는다는 점에 유의하라.

▸ **풀이**

(a) 로마 숫자로부터 수은 이온의 전하가 +1임을 알 수 있다. 그러나 표 2.3에 따라 수은(I) 이온은 이원자 이온(즉, Hg_2^{2+})이고, 질산 이온은 NO_3^-이다. 따라서 화학식은 $Hg_2(NO_3)_2$이다.

(b) 산화 이온은 두 개의 음전하를 갖고, 세슘 이온은 한 개의 양전하를 갖는다(세슘은 소듐처럼 1A족 원소이다). 따라서 화학식은 Cs_2O이다.

(c) 스트론튬 이온(Sr^{2+})은 두 개의 양전하를 가지고 있으며, 질소화 이온(N^{3-})은 세 개의 음전하를 가지고 있다. 전하의 합이 0이 되도록 하기 위해서는 양이온과 음이온의 수를 조절해야 한다.

$$3(+2) + 2(-3) = 0$$

따라서 화학식은 Sr_3N_2이다.

비슷한 문제: 2.49(a), (b), (h).

▸ **실전 연습** 다음 이온 결합 화합물의 화학식을 쓰시오. (a) 황산 루비듐(rubidium sulfate), (b) 수소화 바륨(barium hydride).

분자 화합물

이온 결합 화합물과는 달리 분자 화합물은 분리된 분자 단위를 갖고 있으며, 주로 비금속 원소들로 구성되어 있다(그림 2.9). 많은 분자 화합물은 이성분 화합물이다. 이성분 분자 화합물에 대한 명명법은 이성분 이온 결합 화합물 명명법과 유사하다. 먼저 두 번째 원소 이름의 어간에 "-화"("-ide")를 붙이고 난 후, 첫 번째 원소 이름을 더해서 부른다(영문 표기에서는 화합물의 첫 번째 원소 이름을 먼저 쓰고 두 번째 원소 이름의 어간에 "-ide"를 붙인다). 몇 가지 예를 들면 다음과 같다.

HCl	염화 수소(hydrogen chloride)	SiC	탄화 규소(silicon carbide)
HBr	브로민화 수소(hydrogen bromide)		

한 쌍의 원소로 여러 가지 다른 화합물을 만드는 것은 매우 흔하다. 이러한 경우는 화합물을 명명할 때 혼동을 피하기 위해 화합물을 구성하고 있는 각 원소의 원자의 수를 나타내는 그리스어 접두사를 사용한다(표 2.4). 다음의 예를 생각해 보자.

CO	일산화 탄소(carbon monoxide)	SO_3	삼산화 황(sulfur trioxide)
CO_2	이산화 탄소(carbon dioxide)	NO_2	이산화 질소(nitrogen dioxide)
SO_2	이산화 황(sulfur dioxide)	N_2O_4	사산화 이질소(dinitrogen tetroxide)

다음 지침은 접두사를 가지는 화합물 명명에 도움이 될 것이다.

- 접두사 "일(mono)-"은 화학식의 첫 번째 원소에 대해서는 생략한다. 예를 들면, PCl_3는 삼염화 인(phosphorus trichloride)이라 명명하며, 삼염화 일인이라고 하지 않는다. 따라서 화학식의 첫 번째 원소에 대하여 접두사가 없는 것은 일반적으로 그 분자에는 그 원소의 원자가 오직 한 개 있음을 뜻한다.
- 산화물의 영문 표기에서, 접두사 끝의 "a"는 때로 생략된다. 예를 들어, N_2O_4는 사산화 이질소로 부르며, 영어로는 dinitrogen tetraoxide이 아니라 dinitrogen tetroxide로 부른다.

표 2.4
분자 화합물의 명명에 사용되는 접두사

뜻하는 숫자	우리말 접두사	그리스어 접두사
1	일	mono-
2	이	di-
3	삼	tri-
4	사	tetra-
5	오	penta-
6	육	hexa-
7	칠	hepta-
8	팔	octa-
9	구	nona-
10	십	deca-

예외적으로 수소를 포함하는 분자 화합물의 명명에는 그리스어 접두사를 쓰지 않는다. 이들 중 많은 화합물들이 전통적으로 비체계적인 관용명으로 불리거나, 존재하고 있는 H 원자의 수를 명확히 나타내지 않는 이름으로 부른다.

B_2H_6	다이보레인(diborane)	PH_3	포스핀(phosphine)
CH_4	메테인(methane)	H_2O	물(water)
SiH_4	실레인(silane)	H_2S	황화 수소(hydrogen sulfide)
NH_3	암모니아(Ammonia)		

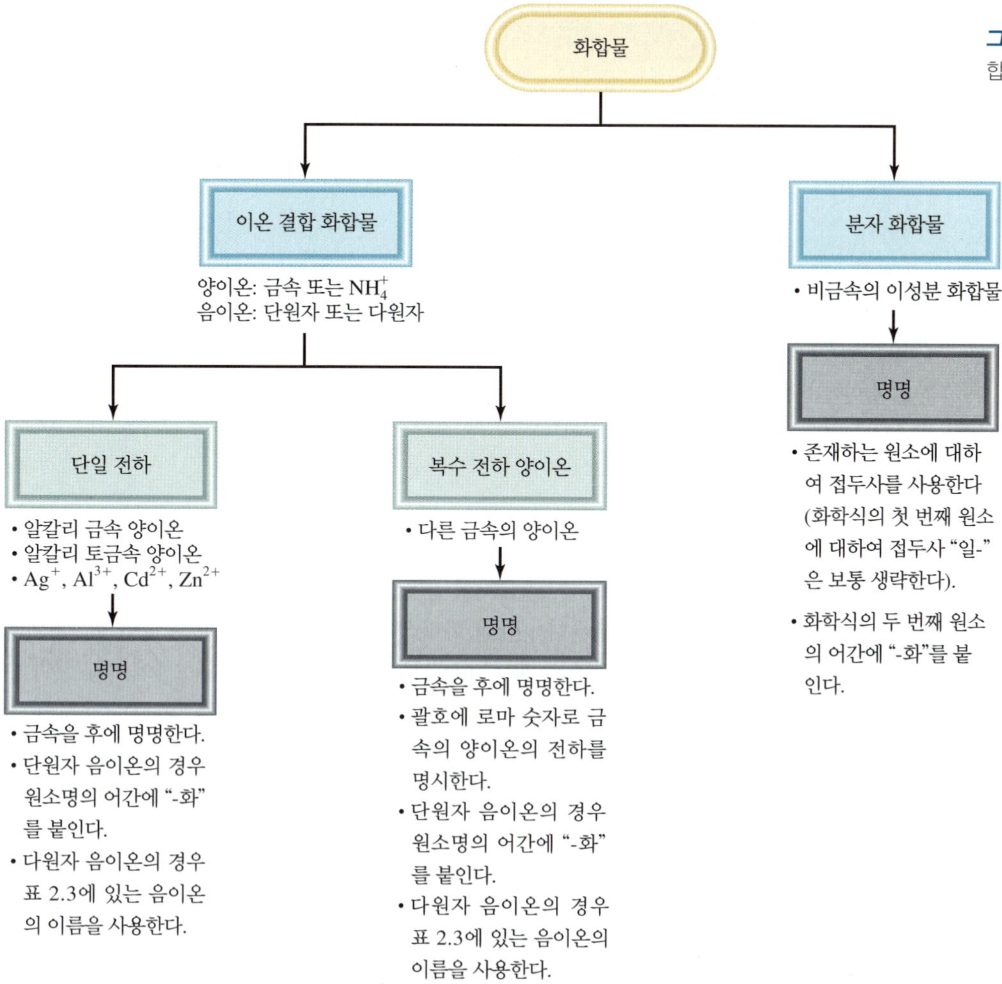

그림 2.13 • 이온 결합 화합물과 분자 화합물의 명명 단계.

화학식에서 원소를 쓰는 순서도 비규칙적임을 알아야 한다. 위의 예로부터 물과 황화 수소는 H를 처음에 쓰는 반면에, 다른 화합물에서는 마지막에 쓰고 있음을 볼 수 있다.

분자 화합물의 화학식은 보통 간단하다. 삼플루오린화 비소(arsenic trifluoride)는 각 분자 내에 한 개의 As 원자와 세 개의 F 원자가 들어 있으며, 분자식은 AsF_3가 된다. 화학식에서 원소의 순서는 이름에 있어서는 반대가 되는 것에 주의하라(영문 표기에서는 화학식에서 원소의 순서는 이름에 있어서 원소의 순서와 같다).

그림 2.13은 이온 결합 화합물과 분자 화합물을 명명하는 단계를 요약한 것이다.

예제 2.7

다음 분자 화합물을 명명하시오. (a) PBr_5, (b) As_2O_5.

▸ **전략** 분자 화합물의 명명에 사용하는 접두사는 표 2.4를 참조한다.

▸ **풀이**

(a) 브로민 원자가 5개 있으므로, 화합물은 오브로민화 황(phosphorus pentabromide)이다.

(b) 2개의 비소 원자와 5개의 산소 원자가 있으므로 화합물은 오산화 이비소(diarsenic pentoxide)이다. 영문 표기에서 penta의 "a"가 생략된다.

비슷한 문제: 2.47(c), (h), (j).

▸ **실전 연습** 다음 분자 화합물을 명명하시오. (a) NF_3, (b) Cl_2O_7.

예제 2.8

다음 분자 화합물의 화학식을 쓰시오. (a) 삼플루오린화 브로민(bromine trifluoride), (b) 삼산화 이붕소(diboron trioxide).

▸ **전략** 분자 화합물 명명에 사용하는 접두사는 표 2.4를 참조한다.

▸ **풀이**

비슷한 문제: 2.49(f), (g).

(a) 플루오린 원자 세 개와 브로민 원자 한 개가 있으므로 화학식은 BrF_3이다.
(b) 붕소 원자 두 개와 산소 원자 세 개가 있으므로 화학식은 B_2O_3이다.

▸ **실전 연습** 다음 분자 화합물의 화학식을 쓰시오. (a) 사플루오린화 황(sulfur tetrafluoride), (b) 오산화 이질소(dinitrogen pentoxide).

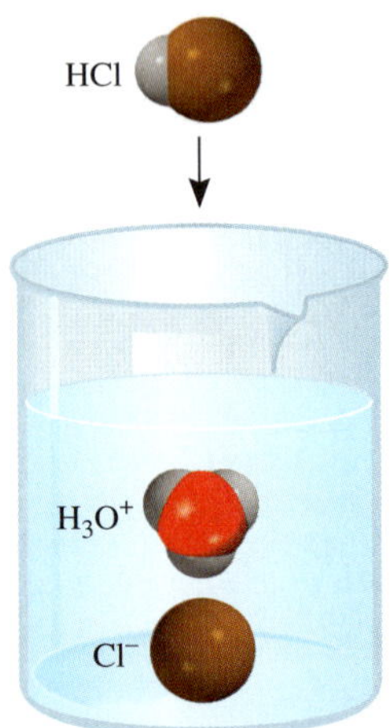

물에 용해될 때 HCl 분자는 H^+와 Cl^-로 전환된다. H^1 이온은 한 분자 이상의 물과 붙어 있지만 보통 H_3O^+로 표시한다.

산과 염기

산의 명명

산(acid)은 *물에 용해되었을 때 수소 이온(H^+)을 내어놓는 물질이다*(H^+는 한 개의 양성자와 동등하고 그러한 방식으로 종종 부른다). 산의 화학식은 음이온성 족뿐만 아니라 한 개 이상의 수소 원자를 포함하고 있다. 이름이 "-화"("-ide")로 끝나는 음이온은 표 2.5에서와 같이 수소산(영문 표시에서는 접두사 "hydro-"와 끝이 "-ic"인 산)과 관련이 있다. 몇 가지 경우에 있어서 두 가지 다른 이름은 같은 화학식으로 명명한다. 예를 들어, HCl은 염화 수소(hydrogen chloride)와 염화 수소산(hydrochloric acid, 염산)으로 알려져 있다. 이 화합물에 명명된 이름은 그 물리적 상태에 의존한다. 기체 또는 순수 액체 상태에서 HCl은 분자 화합물이며, 염화 수소(hydrogen chloride)라 부른다. 물에 용해되었을 때는 분자가 H^+ 이온과 Cl^- 이온으로 분리되며, 이 상태에서는 염화 수소산(염산, hydrochloric acid)이라 부른다.

수소, 산소 및 다른 원소(중심 원소)를 포함하는 산을 **산소산**(oxoacid)이라 한다. 산소산의 화학식은 보통 처음에 수소를, 다음에 중심 원소를, 끝에 산소를 써서 나타낸다. 다음 다섯 개의 산을 산소산 명명의 기준으로 사용한다.

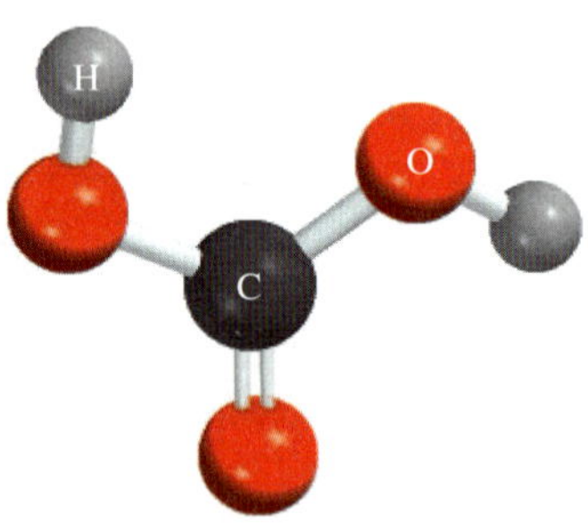

H_2CO_3

H_2CO_3	탄산(carbonic acid)	H_3PO_4	인산(phosphoric acid)
$HClO_3$	염소산(chloric acid)	H_2SO_4	황산(sulfuric acid)
HNO_3	질산(nitric acid)		

종종 중심 원자는 같지만 산소 원자의 수가 다른 두 개 이상의 산소산이 존재한다. "-산"("-ic acid")으로 끝나는 산소산부터 다음 규칙을 사용하여 명명한다.

1. "-산"("-ic acid")에 산소 원자 한 개를 첨가할 때: 그 산을 "과 . . . 산"("per . . . ic acid")

이 산들은 기체 상태에서는 분자 화합물로 존재한다.

표 2.5 몇 가지 간단한 산

음이온	대응되는 산
F^- (플루오린화 이온, fluoride)	HF(플루오린화 수소산, hydrofluoric acid)
Cl^- (염화 이온, chloride)	HCl(염화 수소산 또는 염산, hydrochloric acid)
Br^- (브로민화 이온, bromide)	HBr(브로민화 수소산, hydrobromic acid)
I^- (아이오딘화 이온, iodide)	HI(아이오딘화 수소산, hydroiodic acid)
CN^- (사이안화 이온, cyanide)	HCN(사이안화 수소산, hydrocyanic acid)
S^{2-} (황화 이온, sulfide)	H_2S(황화 수소산, hydrosulfuric acid)

이라 부른다. 따라서 염소산($HClO_3$)에 산소 원자 한 개를 첨가하면 과염소산($HClO_4$)이 된다.

2. "-산"("-ic acid")으로부터 산소 원자 한 개를 제거할 때: 그 산을 "아. . . 산"("-ous acid")이라 부른다. 따라서 질산(HNO_3)은 아질산(HNO_2)이 된다.
3. "-산"("-ic acid")으로부터 산소 원자 두 개를 제거할 때: 그 산을 "하이포아. . . 산"("hypo . . . -ous acid")이라 부른다. $HBrO_3$이 HBrO로 될 때 이 산을 하이포아브로민산이라 한다.

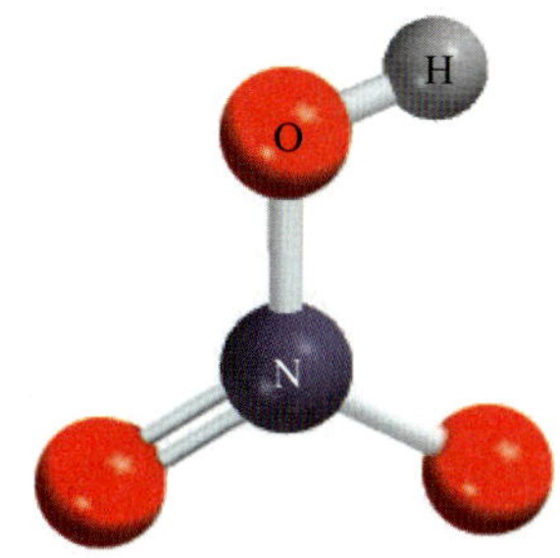

HNO_3

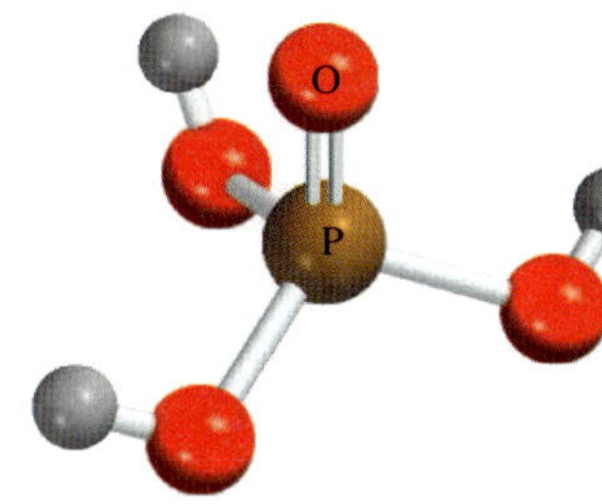

H_3PO_4

산소산 음이온(oxoanion)이라 부르는, 산소산의 음이온을 명명하는 규칙은 다음과 같다.

1. "-산"("-ic acid")에서 모든 수소 이온을 제거하면, 음이온의 끝은 "-산 이온"("-ate")이 된다. 예를 들면, H_2CO_3에서 파생한 음이온 CO_3^{2-}는 탄산 이온(carbonate)이라 부른다.
2. "아. . .산"("-ous acid")에서 모든 수소 이온을 제거하면, 음이온의 끝은 "아. . .산 이온"("-ite")이 된다. 따라서 $HClO_2$에서 파생한 음이온 ClO_2^-는 아염소산 이온(chlorite)이라 부른다.
3. 음이온에서 전부가 아닌 일부 수소 이온이 제거되었다면 남아 있는 수소 이온의 수를 그 음이온의 이름에 나타내야 한다. 예를 들어, 인산에서 파생된 음이온들을 살펴보자.

H_3PO_4 인산(phosphoric acid)
$H_2PO_4^-$ 인산 이수소 이온(dihydrogen phosphate)
HPO_4^{2-} 인산 수소 이온(hydrogen phosphate)
PO_4^{3-} 인산 이온(phosphate)

일반적으로 음이온에 H가 한 개만 있을 때 접두사 "일-"("mono-")은 생략된다. 염소를 함유한 산소산과 산소산 음이온들의 이름이 표 2.6에 주어져 있고, 산소산과 산소산 음이온의 명명법은 그림 2.14에 요약되어 있다.

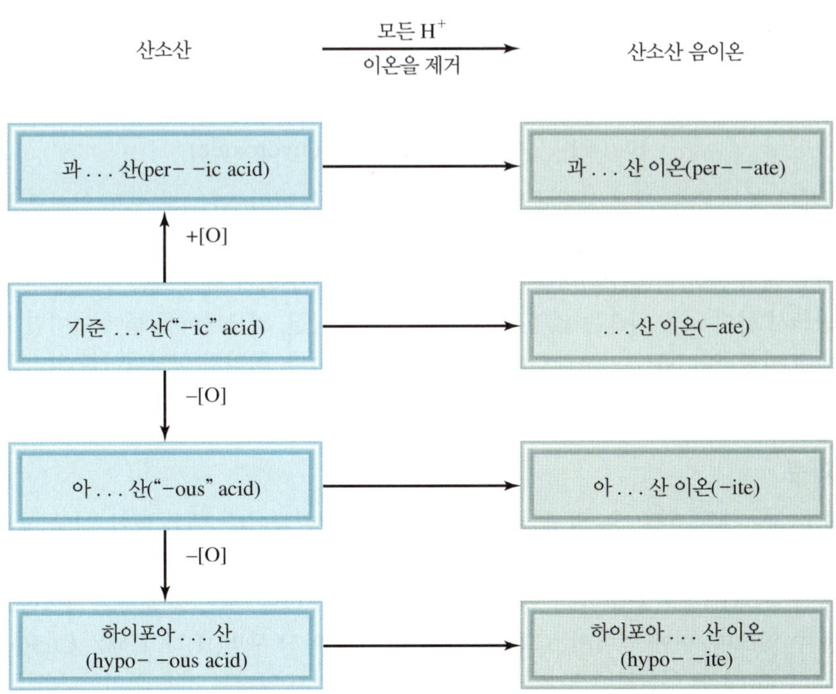

그림 2.14 • 산소산과 산소산 음이온의 명명.

표 2.6 염소를 함유하는 산소산과 음이온의 명명

산	음이온
$HClO_4$(과염소산, perchloric acid)	ClO_4^-(과염소산 이온, perchlorate)
$HClO_3$(염소산, chloric acid)	ClO_3^-(염소산 이온, chlorate)
$HClO_2$(아염소산, chlorous acid)	ClO_2^-(아염소산 이온, chlorite)
$HClO$(하이포아염소산, hypochlorous acid)	ClO^-(하이포아염소산 이온, hypochlorite)

예제 2.9

다음 산소산과 산소산 음이온을 명명하시오. (a) $SO_2(g)$가 물과 반응할 때에 생성되는 매우 불안정한 H_2SO_3, (b) 가축류의 이와 진드기를 억제하는데 사용되는 $H_2AsO_4^-$, (c) 투명 유리 제조에 사용되는 SeO_3^{2-}. H_3AsO_4는 비소산(arsenic acid)이고, H_2SeO_4는 셀렌산(selenic acid)이다.

▸ **전략** 산소산과 산소산 음이온의 명명에 편리하게 사용하기 위해 그림 2.14와 표 2.6을 참고한다.

▸ **풀이**

(a) 황산(H_2SO_4)을 기준이 되는 산으로 볼 때, H_2SO_3는 기준 산보다 산소 원자를 한 개 적게 가지고 있으므로, 아황산(sulfurous acid)이라고 한다.

(b) H_3AsO_4는 비소산이고 AsO_4^{3-}는 비소산 이온(arsenate)으로 명명된다. $H_2AsO_4^-$ 음이온은, AsO_4^{3-} 이온에 두 개의 H^+를 더하여 형성되고, 그러므로 $H_2AsO_4^-$는 비소산 이수소 이온(dihydrogen arsenate)이라고 부른다.

(c) 모체 산이 H_2SeO_3이다. 산은 셀레늄산에 비해 한 개 적은 O를 가지고 있기 때문에 아셀레늄산(selenous acid)이라고 부른다. 그러므로 SeO_3^{2-} 음이온은 아셀레늄산이라고 부르는 H_2SeO_3로부터 유도되었고 아셀레늄산 이온이라고 부른다.

비슷한 문제: 2.48(f),(p).

▸ **실전 연습** 다음 산소산과 산소산 음이온을 명명하시오. (a) HBrO, (b)HSO_4^-.

염기의 명명

염기(base)는 *물에 용해되었을 때 수산화 이온(OH^-)을 내어놓는 물질*이다. 몇 가지 예를 들면 다음과 같다.

NaOH	수산화 소듐(Sodium hydroxide)
KOH	수산화 포타슘(Potassium hydroxide)
$Ba(OH)_2$	수산화 바륨(Barium hydroxide)

기체나 또는 순수 액체 상태에서 분자 화합물인 암모니아(NH_3)도 보통 염기로 분류한다. 언뜻 보아서 NH_3는 염기의 정의에 대하여 예외인 것처럼 보인다. 그러나 어떤 물질을 물에 녹였을 때 수산화 이온을 *내어*놓는 한, 그 물질이 염기가 되기 위해 화학 구조에 수산화 이온이 반드시 들어 있을 필요는 없다는 것에 주의하라. 사실, 암모니아를 물에 녹이면 부분적으로 물과 반응하여 NH_4^+ 이온과 OH^- 이온을 내어 놓는다. 따라서 암모니아를 염기로 분류하는 것은 적절하다.

수화물

$CuSO_4 \cdot 5H_2O$(왼쪽)은 푸른색이고, $CuSO_4$(오른쪽)는 흰색이다.

수화물(hydrate)은 *특정 개수의 물 분자가 붙어 있는 화합물*이다. 예를 들어, 보통 상태에서 황산 구리(II)의 단위체마다 다섯 개의 물 분자가 붙어 있다. 이 화합물에 대한 체계적인 이름은 황산 구리(II) 오수화물이고, 화학식은 $CuSO_4 \cdot 5H_2O$로 쓴다. 물 분자는 가열함으로써 떼어낼 수 있으며, 이때 얻어지는 화합물은 종종 무수 황산 구리(II)라고 하는 $CuSO_4$이다. *무수*(anhydrous)란 화합물에 물 분자가 더 이상 붙어 있지 않다는 것을 의미한다(왼쪽 사진 참조). 몇 가지 다른 수화물이 다음에 있다.

$BaCl_2 \cdot 2H_2O$	염화 바륨 이수화물(barium chloride dihydrate)
$LiCl \cdot H_2O$	염화 리튬 일수화물(lithium chloride monohydrate)
$MgSO_4 \cdot 7H_2O$	황산 마그네슘 칠수화물(magnesium sulfate heptahydrate)

☑ 개념 복습하기

(a) 화합물 Al_2S_3의 이름은 무엇인가?
(b) 칠플루오린화 아이오딘(iodine heptafluoride)의 화학식은 무엇인가?

사실과 개념에 대한 요약

1. 근대 화학은 돌턴의 원자론과 함께 시작되었으며, 다음과 같이 설명된다. 모든 물질은 원자라고 하는 작고 더 이상 나누어지지 않는 작은 입자로 되어 있으며, 같은 원소의 모든 원자들은 동일하고, 화합물에 포함된 서로 다른 원소들의 원자들은 정수비로 결합되어 있으며, 원자들은 화학 반응에 의해 새롭게 생성되거나 파괴되지 않는다(질량 보존 법칙).
2. 특정한 화합물을 구성하고 있는 원소들의 원자들은 항상 같은 질량 비율로 결합한다(일정 성분비의 법칙). 두 원소가 결합하여 두 가지 이상의 화합물을 만들 수 있을 때, 한 원소의 일정한 질량과 결합하는 다른 원소의 질량들 사이에는 간단한 정수비가 성립한다(배수 비례 법칙).
3. 원자는 양성자와 중성자로 이루어진 매우 조밀한 중심핵과 핵으로부터 비교적 먼 거리에서 핵의 주위를 돌아다니는 전자로 구성되어 있다. 양성자는 양으로 하전되어 있고, 중성자는 전하가 없으며, 전자는 음으로 하전되어 있다. 양성자와 중성자는 거의 같은 질량을 가지고 있는데, 이는 전자의 질량보다 약 1840배 크다.
4. 한 원소의 원자 번호는 그 원소의 원자핵 속에 있는 양성자의 수이며, 원소의 동일성을 결정한다. 질량수는 핵에 있는 양성자의 수와 중성자의 수를 합한 수이다. 동위원소는 양성자수는 같고 중성자수가 다른 같은 원소의 원자들이다.
5. 화학식은 구성 원소의 기호와 정수의 아래첨자를 결합시켜 한 화합물의 가장 작은 단위에 포함된 원자의 종류와 수를 보여 준다. 분자식은 한 화합물의 각 분자에서 서로 결합하고 있는 원자들의 수와 종류를 나타낸다. 실험식은 한 분자에 있는 원자들의 가장 간단한 정수비를 보여준다.
6. 화합물은 분자 화합물(가장 작은 단위는 분리될 수 있는 개개의 분자이다) 또는 이온 결합 화합물(양이온과 음이온이 상호 인력에 의해 서로 결합한다)이다. 이온 결합 화합물은 양이온과 음이온으로 되어 있으며, 원자가전자를 잃을 때 양이온, 전자를 얻을 때 음이온이 만들어진다.
7. 많은 무기 화합물은 간단한 규칙에 따라서 명명할 수 있다. 화학식은 그 화합물의 이름으로부터 적을 수 있다.

주요 용어

감마(γ)선
구조식
금속
다원자 분자
다원자 이온
단원자 이온
동소체
동위원소
방사능
방사선
배수 비례 법칙
베타(β) 선
베타(β) 입자
분자
분자식
비금속
산
산소산
산소산 음이온
삼성분 화합물
수화물
실험식
알파(α) 선
알파(α) 입자
알칼리 금속
알칼리 토금속
양성자
양이온
염기
영족 기체
원자
원자 번호(Z)
음이온
이성분 화합물
이온
이온 결합 화합물
이원자 분자
일정 성분비의 법칙
전자
족
주기
주기율표
준금속
중성자
질량 보존 법칙
질량수(A)
할로젠
핵
화학식
희유 기체

연습 문제

원자의 구조

복습 질문

2.1 다음 용어를 정의하시오. (a) α 입자, (b) β 입자, (c) γ선, (d) X선.

2.2 방사능 원소에 의해 방출된 것으로 알려진 방사선의 형태를 열거하시오.

2.3 다음 성질을 서로 비교하시오. α 입자, 음극선, 양성자, 중성자, 전자. 용어 "기본 입자"란 무엇을 뜻하는가?

2.4 다음 과학자들이 우리가 알고 있는 원자의 구조에 공헌한 바를 쓰시오. 톰슨(J. J. Thomson), 밀리컨(R. A. Millikan), 러더퍼드(Ernest Rutherford), 채드윅(James Chadwick).

2.5 어떤 방사성 원소 시료가 질량이 점차 줄어드는 것을 발견하였다. 그 시료에 무슨 일이 일어나고 있는지 설명하시오.

2.6 핵은 원자의 부피의 매우 작은 부분을 차지하고 있다는 것을 믿도록 하는 실험적 기초를 서술하시오.

문제

2.7 중성 헬륨 원자의 지름은 약 1×10^2 pm이다. 만일 헬륨 원자를 서로 닿게 하여 나란히 일렬로 세울 때, 한쪽 끝에서 다른 쪽 끝까지의 거리가 1 cm가 되려면 대략 몇 개의 원자가 필요하겠는가?

2.8 원자의 반지름은 그 원자핵의 반지름의 약 10,000배 더 크다. 핵의 반지름이 10 cm인 원자의 반지름은 몇 마일(mile)이 되겠는가? (1 mi = 1609 m)

원자 번호, 질량수 및 동위원소

복습 질문

2.9 (a) 원자 번호와 (b) 질량수를 정의하시오. 원자 번호를 알면 원자 내에 존재하는 전자 수를 추정할 수 있는 이유는 무엇인가?

2.10 원소의 모든 원자는 비록 질량수가 다를 수 있지만, 원자 번호가 같은 이유는 무엇인가? 질량수가 다른 같은 원소의 원자를 무엇이라고 하는가? 표현 ${}^{A}_{Z}X$에서 각각의 기호가 나타내는 바를 설명하시오.

문제

2.11 중성자가 28개인 철 원자의 질량수를 구하시오.

2.12 ${}^{239}Pu$의 중성자의 수를 계산하시오.

2.13 다음 각 화학종의 핵에 있는 양성자 수와 중성자 수를 각각 결정하시오.

${}^{3}_{2}He$, ${}^{4}_{2}He$, ${}^{24}_{12}Mg$, ${}^{25}_{12}Mg$, ${}^{48}_{22}Ti$, ${}^{79}_{35}Br$, ${}^{195}_{78}Pt$

2.14 다음 각 화학종에 대하여 양성자수, 중성자수, 전자수를 나타내시오.

${}^{15}_{7}N$, ${}^{33}_{16}S$, ${}^{63}_{29}Cu$, ${}^{84}_{38}Sr$, ${}^{130}_{56}Ba$, ${}^{186}_{74}W$, ${}^{202}_{80}Hg$

2.15 다음 각 동위원소에 대하여 적당한 기호로 나타내시오. (a) $Z = 11, A = 23$, (b) $Z = 28, A = 64$.

2.16 다음 각 동위원소에 대하여 적당한 기호로 나타내시오. (a) $Z = 74, A = 186$, (b) $Z = 80, A = 201$.

주기율표

복습 질문

2.17 주기율표는 무엇이며, 화학 공부에서 주기율표가 왜 중요한가? 주기율표에서 족과 주기란 무엇인가?

2.18 금속과 비금속의 차이점 두 가지를 쓰시오.

2.19 다음 범주에 속하는 원소의 이름과 기호를 4개씩 쓰시오. (a) 비금속, (b) 금속, (c) 준금속.

2.20 주기율표를 보지 말고 다음 표의 A~D에 해당하는 각 족의 이름을 쓰시오. 각 족의 예를 두 개씩 드시오.

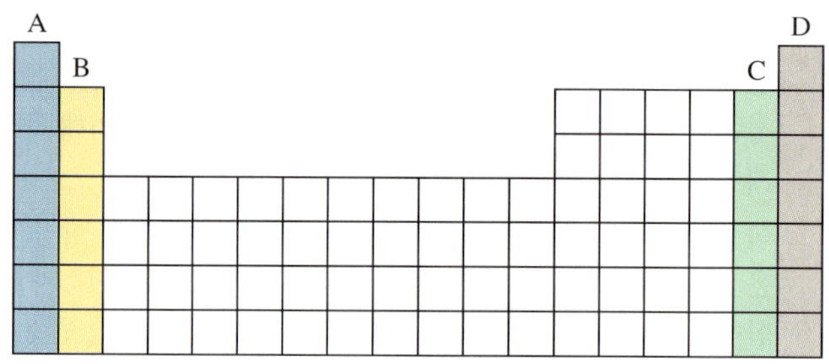

문제

2.21 sodium(소듐)의 경우처럼 영문 이름 끝에 "-ium"이 있는 원소는 일반적으로 금속이다. 이름이 "-ium"으로 끝나는 비금속을 쓰시오.

2.22 다음과 같이 (a) 주기율표의 족을 따라 아래로 내려갈 때, (b) 주기율표를 횡단하여 갈 때 나타나는 성질의 변화(금속에서 비금속으로 또는 비금속에서 금속으로)를 설명하시오.

2.23 화학 · 물리 자료 편람을 이용하여 다음을 알아보시오. (a) 물보다 밀도가 낮은 두 가지 금속, (b) 수은보다 밀도가 큰 두 가지 금속, (c) 가장 밀도가 큰 것으로 알려진 고체 금속 원소, (d) 가장 밀도가 큰 것으로 알려진 고체 비금속 원소.

2.24 다음 원소 중 비슷한 화학적 성질을 나타낼 것으로 예상되는 것끼리 쌍으로 묶어 보시오. K, F, P, Na, Cl, N.

분자와 이온

복습 질문

2.25 원자와 분자의 차이는 무엇인가?

2.26 동소체는 무엇인가? 예를 드시오. 동소체와 동위원소는 어떻게 다른가?

2.27 일반적으로 사용되는 두 가지 분자 모형을 설명하시오.

2.28 다음 각각의 예를 드시오. (a) 단원자 양이온, (b) 단원자 음이온, (c) 다원자 양이온, (d) 다원자 음이온.

문제

2.29 다음 그림 중 어느 것이 이원자 분자, 다원자 분자, 화합물

이 아닌 분자, 화합물인 분자 또는 원자 형태의 물질을 나타내겠는가?

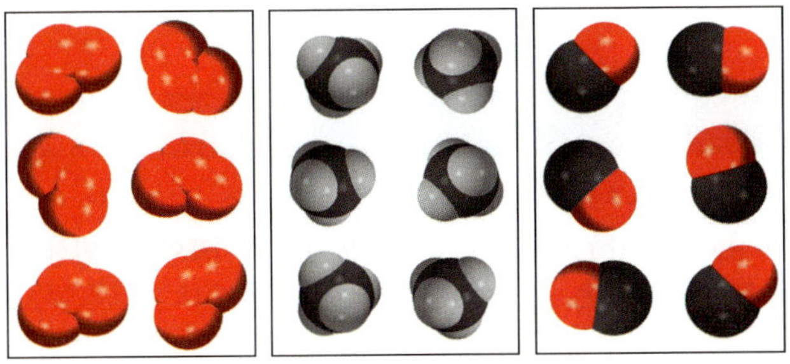

(a) (b) (c)

2.30 다음 그림 중 어느 것이 이원자 분자, 다원자 분자, 화합물이 아닌 분자, 화합물인 분자 또는 원자 형태의 물질을 나타내겠는가?

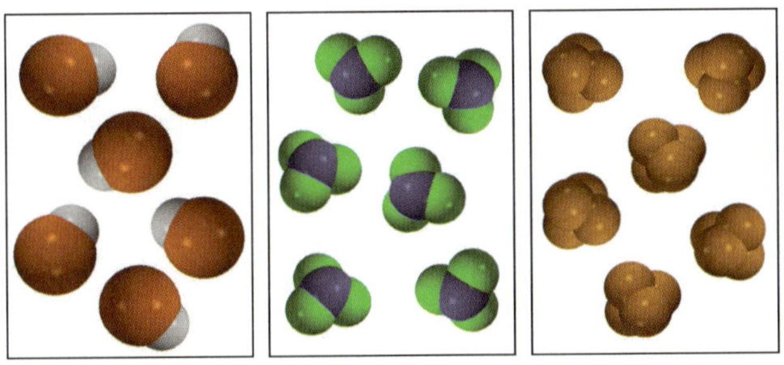

(a) (b) (c)

2.31 다음을 원소 또는 화합물로 구분하시오.
NH_3, N_2, S_8, NO, CO, CO_2, H_2, SO_2.

2.32 다음 각 경우에 대해 두 가지씩 예를 드시오. (a) 같은 원소의 원자를 포함하는 이원자 분자, (b) 다른 원소의 원자를 포함하는 이원자 분자, (c) 같은 원소의 원자를 포함하는 다원자 분자, (d) 다른 원소의 원자를 포함하는 다원자 분자.

2.33 다음 각 이온에 대하여 양성자수와 전자수를 쓰시오.
Na^+, Ca^{2+}, Al^{3+}, Fe^{2+}, I^-, F^-, S^{2-}, O^{2-}, N^{3-}.

2.34 다음 각 이온에 대하여 양성자수와 전자수를 쓰시오.
K^+, Mg^{2+}, Fe^{3+}, Br^-, Mn^{2+}, C^{4-}, Cu^{2+}.

화학식

복습 질문

2.35 화학식은 무엇을 나타내는가? 다음 각 분자식에서 원자의 비를 구하시오. (a) NO, (b) NCl_3, (c) N_2O_4, (d) P_4O_6.

2.36 분자식과 실험식을 정의하시오. 하나의 화합물에서 실험식과 분자식 사이에서 유사점과 차이점은 무엇인가?

2.37 두 분자의 분자식은 다르지만 실험식이 같은 경우의 예를 하나 드시오.

2.38 P_4는 무엇을 의미하며, 4P와 어떻게 다른가?

2.39 이온 결합 화합물은 무엇인가? 이온 결합 화합물에서 전기적인 중성을 어떻게 유지하는가?

2.40 이온 결합 화합물의 화학식은 보통 그들의 실험식과 같다. 그 이유를 쓰시오.

문제

2.41 다음 화합물의 실험식을 쓰시오.
(a) C_2N_2, (b) C_6H_6, (c) C_9H_{20}, (d) P_4O_{10}, (e) B_2H_6.

2.42 다음 화합물의 실험식을 쓰시오.
(a) Al_2Br_6, (b) $Na_2S_2O_4$, (c) N_2O_5, (d) $K_2Cr_2O_7$.

2.43 단백질에 함유된 아미노산의 하나인 글라이신의 분자식을 쓰시오. 색 코드는 검정(탄소), 파랑(질소), 빨강(산소), 회색(수소)이다.

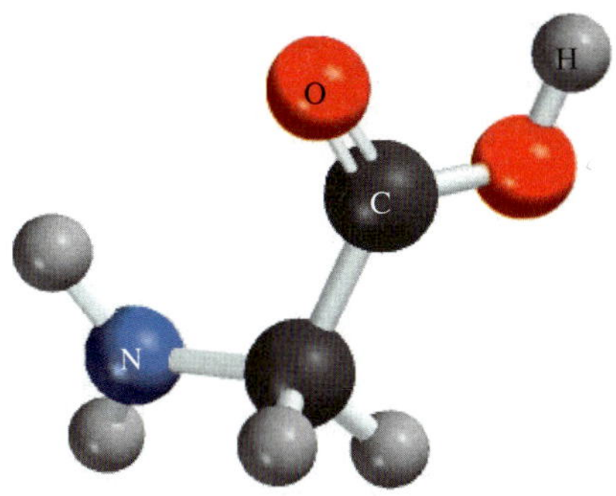

2.44 에탄올의 분자식을 쓰시오. 색 코드는 검정(탄소), 빨강(산소), 회색(수소)이다.

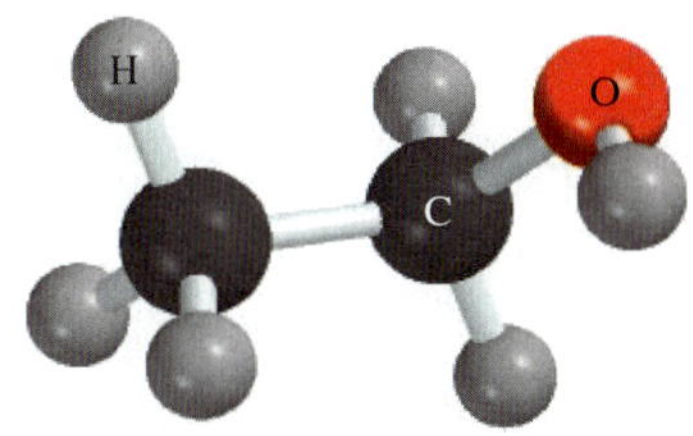

2.45 다음 화합물 중 이온 결합 화합물과 분자 화합물을 고르시오. $SiCl_4$, LiF, $BaCl_2$, B_2H_6, KCl, C_2H_4.

2.46 다음 화합물 중 이온 결합 화합물과 분자 화합물을 고르시오. CH_4, NaBr, BaF_2, CCl_4, ICl, CsCl, NF_3.

화합물 명명

문제

2.47 다음 화합물을 명명하시오.
(a) Na_2CrO_4, (b) K_2HPO_4, (c) HBr(기체), (d) HBr(수용액), (e) Li_2CO_3, (f) $K_2Cr_2O_7$, (g) NH_4NO_2, (h) PF_3, (i) PF_5, (j) P_4O_6, (k) CdI_2, (l) $SrSO_4$, (m) $Al(OH)_3$, (n) $Na_2CO_3 \cdot 10H_2O$, (o) SO_3^{2-}, (p) $HAsO_4^{2-}$.

2.48 다음 화합물을 명명하시오.
(a) KClO, (b) Ag_2CO_3, (c) $FeCl_2$, (d) $KMnO_4$, (e) $CsClO_3$, (f) HIO, (g) FeO, (h) Fe_2O_3, (i) $TiCl_4$, (j) NaH, (k) Li_3N, (l) Na_2O, (m) Na_2O_2, (n) $FeCl_3 \cdot 6H_2O$, (o) AsO_4^{3-}, (p) HSO_3^-.

2.49 다음 화합물의 화학식을 쓰시오.
(a) 아질산 루비듐, (b) 황화 포타슘, (c) 과브로민산, (d) 인산 마그네슘, (e) 인산 수소 칼슘, (f) 삼염화 붕소, (g) 칠플루오린화 아이오딘, (h) 황산 암모늄, (i) 과염소산 은, (j) 크로뮴산 철(III), (k) 황산 칼슘 이수화물.

2.50 다음 화합물의 화학식을 쓰시오.
(a) 사이안화 구리(I), (b) 아염소산 스트론튬, (c) 과염소산, (d) 아이오딘화 수소산, (e) 인산 암모늄 이소듐, (f) 탄산 납(II), (g) 플루오린화 주석(II), (h) 십황화 사인, (i) 산화 수은(II), (j) 아이오딘화 수은(I), (k) 염화 코발트(II) 육수화물.

실전 연습의 답

2.1 양성자 29개, 중성자 34개, 전자 29개.
2.2 $CHCl_3$ **2.3** $C_4H_5N_2O$. **2.4** (a) $Cr_2(SO_4)_3$, (b) TiO_2. **2.5** (a) 산화 납(II), (b) 염소산 리튬.
2.6 (a) Rb_2SO_4, (b) BaH_2.
2.7 (a) 삼플루오린화 질소, (b) 칠산화 이염소.
2.8 (a) SF_4, (b) N_2O_5. **2.9** (a) 하이포아브로민산, (b) 황산 수소 이온.

CHAPTER 3

화학량론

Stoichiometry

이 장의 차례

산소 중에서 황이 연소되어 이산화 황이 생성된다. 매년 SO_2가 13억 톤씩 대기중으로 배출된다.

주요 개념

원자 질량과 몰질량 원자의 질량은 매우 작기 때문에, 탄소-12 동위원소 척도를 기초로 한다. 탄소-12 동위원소 원자 1개의 질량을 정확히 12 원자 질량 단위(amu)로 나타낸다. 그램 단위로 더 편리하게 사용하기 위해 화학자들은 몰질량을 사용한다. 탄소-12의 몰질량은 정확히 12 g이며 아보가드로 수(6.022×10^{23}개)의 원자를 포함한다. 다른 원소의 몰질량도 그램 단위로 나타내며 같은 수의 원자를 포함한다. 분자의 몰질량은 구성 원자들의 몰질량의 합이다.

화합물의 조성 백분율 화합물의 구성은 조성 백분율로 편리하게 나타낼 수 있는데, 이는 화합물이 포함하는 각 원소의 질량 백분율이다. 화학식을 알면 조성 백분율을 계산할 수 있다. 어떤 화합물의 조성 백분율과 몰질량을 알면 화학식을 결정할 수 있다.

화학 반응식 쓰기 화학 반응의 결과를 나타내는 효과적인 방법은 화학식을 써서 어떤 일이 일어났는지를 설명하는 화학 반응식을 쓰는 것이다. 화학 반응식은 출발 물질인 반응물과 반응 후에 형성된 물질인 생성물에서 원자의 수와 형태가 같도록 균형을 맞추어야 한다.

화학 반응과 질량 관계 반응물을 얼마나 사용했는지 알면, 형성되는 생성물의 양(수득량)을 화학 반응식으로부터 예측할 수 있다. 이러한 정보는 실험실이나 산업 규모에서 진행하는 반응에서 매우 중요하다. 실제로는 여러 복잡한 요인 때문에 실제 수득량은 반응식으로 예측한 것보다 거의 언제나 적다.

3.1 원자 질량

이 장에서 원자와 분자의 질량 관계를 공부하기 위해, 앞서 배운 화학 구조와 식을 이용한다. 이들 관계는 화합물의 조성과 그 변화 양상을 설명하는 데 도움을 줄 것이다.

3.4절에서 원자 질량을 결정하는 방법을 설명하였다.

한 원자의 질량은 그 원자에 포함되어 있는 전자, 양성자, 중성자에 의해 결정된다. 실험에서 원자의 질량을 아는 일은 중요하다. 그러나 원자는 매우 작은 입자로 되어 있다(육안으로 볼 수 있는 가장 작은 먼지 입자도 1×10^{16}개나 되는 원자들을 포함하고 있다.). 따라서 원자 하나의 질량을 측정하는 일은 분명 불가능하지만, 한 원자의 다른 원자에 대한 상대적인 질량을 실험적으로 정하는 일은 가능하다. 즉, 어떤 정해진 원소의 한 원자의 질량을 특정 값으로 지정함으로써 이 값을 표준으로 사용할 수 있다.

1 원자 질량 단위(amu)를 1 돌턴(dalton)이라고도 한다.

국제 협약에 의해, **원자 질량**(atomic mass, 또는 *원자량*이라고 부름)이란 *원자 질량 단위*(atomic mass unit, amu)로 나타낸 원자의 질량이다. **원자 질량 단위**는 *탄소-12 원자 한 개의 질량의 12분의 1과 정확히 같은 질량으로 정의된다.* 탄소-12는 양성자 여섯 개와 중성자 여섯 개를 갖는 탄소의 동위원소이다. 탄소-12의 원자 질량을 12 amu로 정의함으로써 다른 원소의 원자 질량을 측정하는 표준을 제시하였다. 예를 들어, 실험 결과 수소 원자 하나는 탄소 원자 질량의 8.400%에 해당하는 질량을 갖는 것으로 알려졌다. 그러므로 탄소-12 원자 하나가 정확히 12 amu라면, 수소 원자의 원자 질량은 0.08400×12.00 amu 즉, 1.008 amu일 것이다. 마찬가지로 계산하면 산소의 원자 질량은 16.00 amu, 철의 원자 질량은 55.85 amu이다. 따라서 철 원자의 평균 질량이 얼마나 되는지 알 수 없지만, 대략 수소 원자의 56배쯤 된다는 것을 알 수 있다.

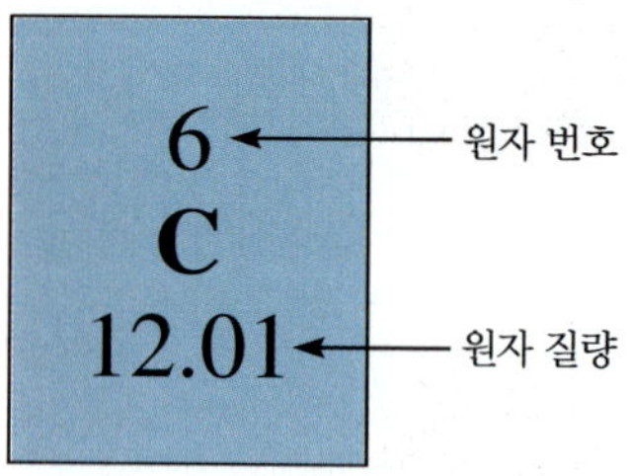

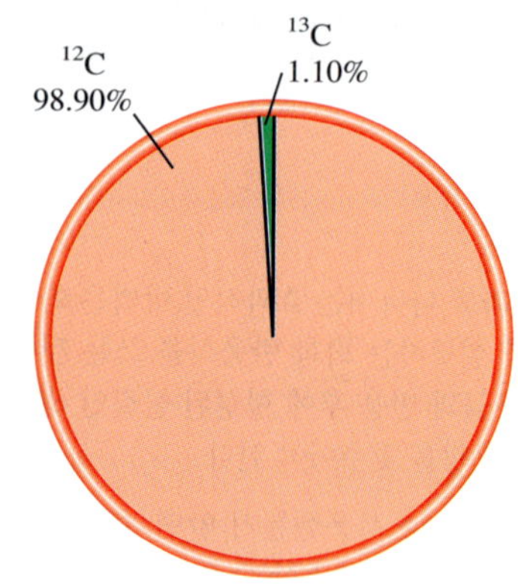

C-12와 C-13의 자연계에 존재하는 비율.

평균 원자 질량

탄소의 원자 질량을 책 표지 안쪽에 있는 표에서 찾아보면, 그 값은 12.00 amu가 아니라 12.01 amu라는 것을 발견하게 된다. 그 이유는 자연계에 주로 존재하는 원소(탄소를 포함하여)는 둘 이상의 동위원소를 갖기 때문이다. 즉, 어떤 원소의 원자 질량을 측정할 때, 반드시 자연계에 존재하는 동위원소 혼합물의 *평균* 질량으로 계산해야 한다. 예를 들어, 자연계에는 탄소-12 98.90%와 탄소-13 1.10%가 각각 존재한다. 탄소-13의 원자 질량은 13.00335 amu이므로, 탄소의 평균 원자 질량은 다음과 같이 계산된다.

$$\text{탄소의 평균 원자 질량} = (0.9890)(12 \text{ amu}) + (0.0110)(13.00335 \text{ amu}) = 12.01 \text{ amu}$$

계산에 백분율 값이 사용됨을 주목하라. 따라서 백분율을 분수로 바꾸어서 사용해야 한다. 예를 들어, 98.90%는 98.90/100으로 0.9890이 된다. 자연계에는 탄소-13에 비해 훨씬 더 많은 양의 탄소-12가 존재하므로 평균 원자 질량은 13 amu보다 12 amu에 훨씬 가깝다.

탄소의 원자 질량이 12.01 amu라고 할 때, 이 값이 *평균* 값을 의미한다는 사실을 아는 것이 중요한다. 탄소 원자 하나하나의 원자 질량을 개별적으로 측정하면, 12 amu나 13.00335 amu이지 12.01 amu는 절대 아니라는 사실을 알게 될 것이다.

예제 3.1

고대로부터 알려진 금속인 구리는 1센트짜리 동전이나 전선 등 여러 분야에 사용된다. 구리의 두 안정한 동위원소 $^{63}_{29}Cu$(69.09%)와 $^{65}_{29}Cu$(30.91%)의 원자 질량은 각각 62.93 amu와 64.9278 amu이다. 구리의 평균 원자 질량을 구하시오. 상대 존재 비는 괄호 안에 주어졌다.

▸ **전략** 각 동위원소는 각각의 상대 존재 비만큼 평균 원자 질량에 기여한다. 한 동위원소의 질량에 존재 비율(%가 아님)을 곱하면 그 동위원소의 평균 질량에 대한 기여도를 계산할 수 있다.

▸ **풀이** 우선 백분율을 분수로 바꾼다. 69.09%를 69.09/100 즉, 0.6909와 30.91%를 30.91/100 즉, 0.3091로 바꾼다. 각 동위원소의 평균 질량에 대한 기여도를 계산하고, 각 기여도를 합하여 평균 원자 질량을 계산한다.

$$(0.6909)(62.93 \text{ amu}) + (0.3091)(64.9278 \text{ amu}) = 63.55 \text{ amu}$$

▸ **검산** 평균 원자 질량은 두 동위원소의 질량 사이의 값이어야 하며, 따라서 답은 타당하다. $^{63}_{29}Cu$가 $^{65}_{29}Cu$보다 더 많이 존재하므로 평균 원자 질량은 64.9278 amu보다 62.93 amu에 더 가깝다.

▸ **실전 연습** 붕소의 두 안정한 동위원소인 $^{10}_{5}B$(19.78%)와 $^{11}_{5}B$(80.22%)의 원자 질량은 각각 10.0129 amu와 11.0093 amu이다. 평균 원자 질량을 계산하시오.

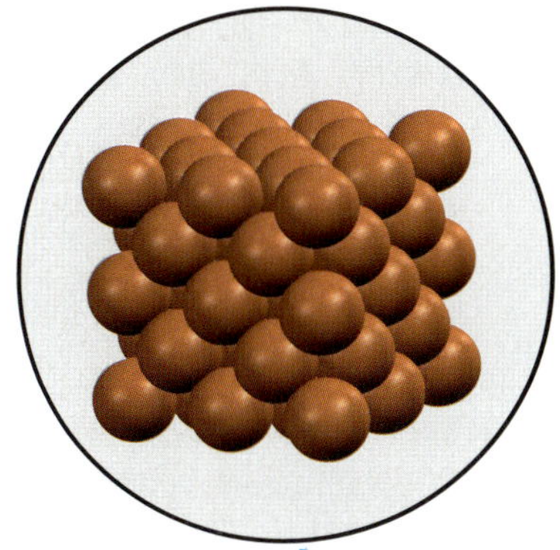

구리 금속과 구리의 고체 상태 구조.

대부분 원소의 원자 질량은 5~6 자리 유효 숫자까지 정확히 계산되었다. 그러나 편의상 네 자리의 유효 숫자를 사용하기로 한다(표지 안쪽의 원자 질량 표 참조). 편의상 원소의 원자 질량을 논의할 때 "평균"이라는 단어는 생략하기로 한다.

☑ 개념 복습하기

이리듐의 두 가지 안정한 동위원소가 있다. ^{191}Ir(190.96 amu)와 ^{193}Ir(192.96 amu). 만일 많이 모여 있는 이리듐 원자로부터 이리듐 원자 하나를 무작위로 집어 들었을 경우, 어느 동위원소가 선택되기 쉬운가?

비슷한 문제: 3.5, 3.6.

3.2 아보가드로 수와 원소의 몰질량

원자 질량 단위는 원소 질량의 상대적 크기를 제시한다. 하지만 원자는 질량이 대단히 작으므로 원자 질량 단위를 측정할 수 있을 만한 계측기는 실제로 존재하지 않는다. 실제 상황에서는 많은 수의 원자를 포함하고 있는 거시적인 시료를 사용한다. 따라서 이렇게 큰 수의 원자를 나타낼 만한 어떤 특정 단위를 사용하는 것이 편리하다. 물체의 특정한 수를 나타내는 단위는 그렇게 새로운 아이디어가 아니다. 가령 쌍(두 개), 다스(12개), 그로스(gross: 144개)와 같은 단위들은 흔히 쓰이고 있다. 화학자들은 원자와 분자를 몰 단위로 측정한다.

명사 "mole"의 형용사형은 "molar"이다.

SI계에서 **몰**(mole, mol)이란 *탄소-12 동위원소 정확히 12 g*(0.012 kg)*에 포함되어 있는 원자 수와 동일한 양의 원소 구성물*(원자, 분자 또는 다른 입자)*을 포함하는 물질의 양*을 의미한다. 탄소-12의 12 g에 들어 있는 원자의 수는 실험적으로 측정되었다. 이 수를 이탈리아의 과학자 아보가드로(Amedeo Avogadro)의 이름을 따서 **아보가드로 수(N_A)**라 부르며, 이 값은 다음과 같다.

$$N_A = 6.0221415 \times 10^{23}$$

일반적으로 아보가드로 수는 6.022×10^{23}으로 줄여서 나타낸다. 그러므로 연필 한 다스가 12개를 말하는 것과 마찬가지로, 수소 원자 1 mol은 이 원자 6.022×10^{23}개를 포함한다. 그림 3.1은 몇 가지 원소 1 mol을 보여준다.

아보가드로 수의 크기는 쉽게 상상하기 어렵다. 예를 들어, 오렌지 6.022×10^{23}개가 있다면, 이는 지구 전체를 덮고도 우주로 약 9 마일 정도의 높이로 쌓여 있는 숫자이다! 원자(그리고 분자)가 매우 작기 때문에, 그것을 다루기 쉽게 이만큼의 큰 숫자가 필요한 것이다.

탄소-12 원자 1 mol은 정확히 12 g이며, 6.022×10^{23}개의 원자로 이루어져 있다는 것을 알았다. 이 때 탄소-12의 질량을 **몰질량**(molar mass, $\mathcal{M}$)이라 하며, *단위 물질*(원자나 분자 같은) *1 mol의 질량*(그램 또는 킬로그램)으로 정의한다. 탄소-12의 몰질량(g 단위)이 amu로 나타낸 원자 질량과 숫자가 정확히 같음을 주목하라. 마찬가지로, 소듐(Na)의 원자 질량은 22.99 amu이며, 몰질량은 22.99 g이다. 인의 원자 질량은 30.97 amu이고, 몰질량은

일반적인 계산에서 몰질량의 단위는 g/mol이나 kg/mol이다.

그림 3.1 • 여러 가지 일반적인 원소 1 mol. 탄소(검정 숯가루), 황(노란 가루), 철(못 형태), 구리선, 수은(빛나는 액체 금속).

30.97 g이다. 만일 한 원소의 원자 질량을 알고 있다면, 그 원소의 몰질량도 알 수 있다.

몰질량과 아보가드로 수를 알고 있다면, 단일 원자의 질량을 그램 단위로 계산할 수 있다. 예를 들면, 탄소-12의 몰질량은 12 g이고 탄소 원자 1 mol은 6.022×10^{23}개의 탄소-12 원자를 포함하고 있으므로 다음 계산을 통해 탄소-12 원자 한 개의 질량을 구할 수 있다.

원소의 몰질량은 이 책의 앞표지 안쪽에 나타내었다.

$$\frac{12\text{ g 탄소-12 원자들}}{6.022 \times 10^{23}\text{개 탄소-12 원자들}} = 1.993 \times 10^{-23}\text{ g}$$

이 결과를 원자 질량 단위(amu)와 그램 사이의 관계를 정의하는 데 사용할 수 있다. 탄소-12 원자의 질량은 정확히 12 amu이므로, 1 amu에 해당하는 그램 수는 다음과 같다.

$$\frac{\text{amu}}{\text{gram}} = \frac{12\text{ amu}}{\cancel{\text{탄소-12 원자 1개}}} \times \frac{\cancel{\text{탄소-12 원자 1개}}}{1.993 \times 10^{-23}\text{ g}}$$
$$= 6.022 \times 10^{23}\text{ amu/g}$$

따라서

$$1\text{ g} = 6.022 \times 10^{23}\text{ amu}$$

이며,

$$1\text{ amu} = 1.661 \times 10^{-24}\text{ g}$$

이다. 이 예는 아보가드로 수가 원자 질량 단위를 g 단위 질량으로 또는 그 반대로 변환시키는 데 사용할 수 있음을 보여준다.

아보가드로 수와 몰질량의 개념을 이용하여 원자의 질량과 몰 사이의 변환, 원자수와 질량 사이의 변환과 원자의 질량 계산이 가능하다(그림 3.2). 예제 3.2~3.4에서 보는 바와 같이 어느 하나의 양을 다른 단위의 양으로 변환할 수 있다.

몇 가지 예제에서 계산에 그림 3.2에 있는 방정식을 사용할 수 있다. $n = m/\mathcal{M}$ 그리고 $N = nN_A$.

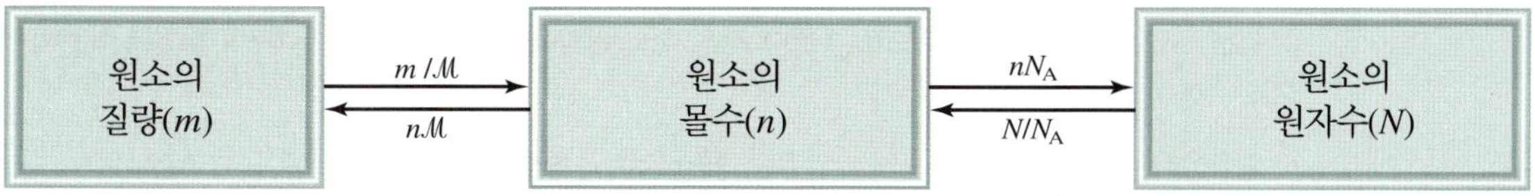

그림 3.2 • 한 원소의 질량(m, g 단위)과 몰수(n) 사이의 관계와, 원소의 몰수와 원자수(N)사이의 관계 $\mathcal{M}$은 원소의 몰질량(g/mol)이며 N_A는 아보가드로 수이다.

예제 3.2

아연(Zn)은 구리와 함께 황동을 만들고 철의 부식을 방지하는 데 사용되는 은색 금속이다. Zn 45.9 g에는 Zn 몇 mol이 존재하는가?

▸ **전략** Zn의 g수를 구하는 문제이다. 몰수와 g수 사이의 변환을 위하여 필요한 관계식은 무엇인가? 적당한 관계식을 이용하여 몰수를 소거하고 mol 단위의 답을 구한다.

▸ **풀이** g수와 몰수 사이의 변화에 필요한 관계는 몰질량이다. 주기율표(표지 안쪽 참조)에서 Zn의 몰질량이 65.39 g임을 알 수 있다. 이것은 다음과 같이 표현된다.

$$1 \text{ mol Zn} = 65.39 \text{ g Zn}$$

Zn의 몰수는 다음과 같다.

$$45.9 \text{ g Zn} \times \frac{1 \text{ mol Zn}}{65.39 \text{ g Zn}} = 0.702 \text{ mol Zn}$$

따라서, Zn 45.9 g에는 Zn 0.702 mol이 존재한다.

▸ **검산** 45.9 g이 Zn의 몰질량보다 작기 때문에 1 mol 미만일 것을 예측할 수 있다.

▸ **실전 연습** 납(Pb) 12.4 mol에 들어 있는 납의 g수를 구하시오.

아연(Zinc).

비슷한 문제: 3.15.

예제 3.3

황(S)은 석탄에 들어 있는 비금속 원소이다. 석탄이 연소되면, 황은 이산화 황이 된 후, 최종에는 산성비의 원인이 되는 황산이 된다. S 25.1 g에는 황 원자 몇 개가 존재하는가?

▸ **전략** 황의 g수를 구하는 문제이다. 황의 g 수를 원자수로 직접 변환할 수는 없다. 황의 g 수를 원자수로 바꾸기 위하여 필요한 단위는 무엇인가? 아보가드로 수는 어떤 역할을 하는가?

▸ **풀이** 이 문제는 두 번의 변환이 필요하다. 우선 g수를 몰수로 바꾸고 나서 몰수를 원자의 입자수로 바꾼다. 첫 번째 단계는 예제 3.2와 유사하다.

$$1 \text{ mol S} = 32.07 \text{ g S}$$

두 번째 단계에서는 아보가드로 수를 이용한다.

$$1 \text{ mol} = 6.022 \times 10^{23} \text{ 입자(원자)}$$

우선 S의 25.1 g에 존재하는 몰수를 계산한 후, 몰수로부터 S의 원자수를 계산할 수 있다.

$$\text{S의 g수} \longrightarrow \text{S의 몰수} \longrightarrow \text{S 원자수}$$

이들 변환을 한 단계로 다음과 같이 나타낼 수 있다.

$$25.1 \text{ g S} \times \frac{1 \text{ mol S}}{32.07 \text{ g S}} \times \frac{6.022 \times 10^{23} \text{ S 원자}}{1 \text{ mol S}} = 4.71 \times 10^{23} \text{ S 원자}$$

따라서 S 25.1 g에는 4.71×10^{23}개의 원자가 존재한다.

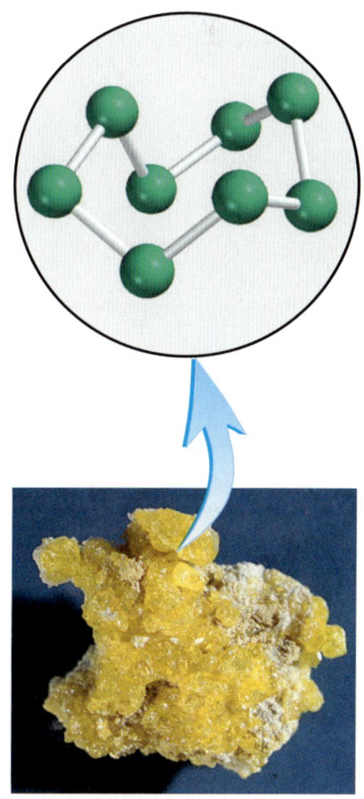

원소 황(S_8)은 하나의 고리 안에 황 원자 8개를 가지는 구조이다.

비슷한 문제: 3.20, 3.21.

▸ **검산** S 25.1 g에는 아보가드로 수보다 적은 수의 원자가 들어 있어야 하는가? S 몇 g에 아보가드로 수만큼의 원자가 존재하는가?

▸ **실전 연습** 포타슘(K) 0.43 g에 들어 있는 원자수를 구하시오.

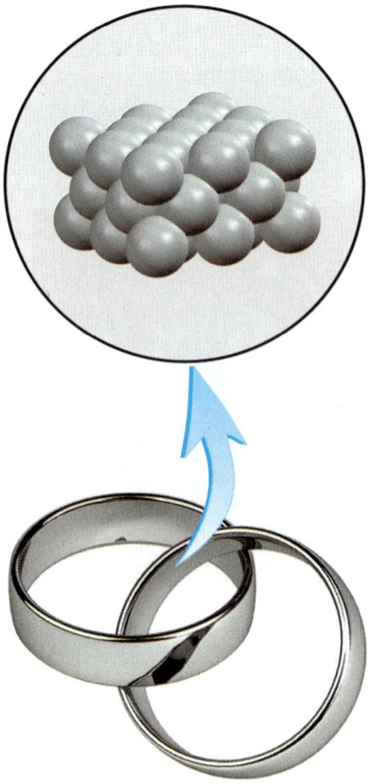

은 반지와 은의 고체 상태 구조.

비슷한 문제: 3.17.

예제 3.4

은(Ag)은 보석에 주로 사용되는 귀금속이다. Ag 원자 1개의 질량은 몇 g인가?

▸ **전략** 원자 1개의 질량을 묻고 있다. Ag 1 mol에는 Ag 원자 몇 개가 있으며 Ag의 몰질량은 얼마인가?

▸ **풀이** Ag 원자 1 mol은 Ag 원자 6.022×10^{23}개를 포함하기 때문에 Ag 원자 1개의 질량을 다음과 같이 쓸 수 있다.

$$1\ \cancel{\text{Ag 원자}} \times \frac{1\ \cancel{\text{mol Ag}}}{6.022 \times 10^{23}\ \cancel{\text{Ag 원자}}} \times \frac{107.9\ \text{g}}{1\ \cancel{\text{mol Ag}}} = 1.792 \times 10^{-22}\ \text{g}$$

▸ **검산** Ag 원자 6.022×10^{23}개의 질량은 107.9 g이므로 Ag 원자 1개의 질량은 매우 작아야 한다.

▸ **실전 연습** 아이오딘(I) 원자 1개의 질량은 몇 g인가?

☑ 개념 복습하기

표지 안쪽에 있는 주기율표와 그림 3.2만을 보고 다음 중 어느 것이 원자의 개수가 가장 많을지 결정하시오. (a) He 7.68 g, (b) Fe 112 g, (c) Hg 389 g.

3.3 분자 질량

만일 구성 원자의 원자 질량을 알고 있다면, 분자의 질량도 구할 수 있다. **분자 질량**(molecular mass, 또는 *분자량*)은 *분자에 있는 원자 질량*(amu 단위)*의 합*이다. 예를 들어, H_2O의 분자 질량은 다음과 같이 나타낼 수 있다.

$$2(\text{수소의 원자 질량}) + \text{산소의 원자 질량}$$
$$2(1.008\ \text{amu}) + 16.00\ \text{amu} = 18.02\ \text{amu}$$

일반적으로 분자 내에 존재하는 해당 원소의 원자수와 각 원소의 원자 질량을 곱하여 이들을 전부 합하면 분자 질량이 된다.

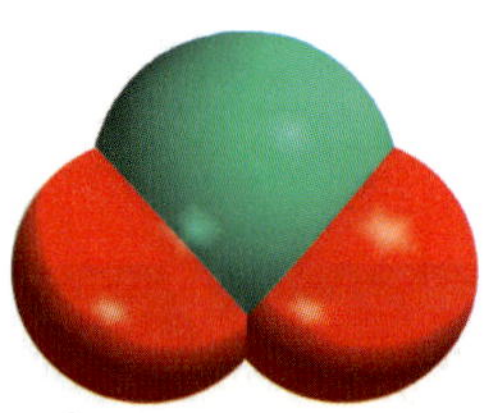

SO_2

예제 3.5

다음 화합물의 분자 질량(amu 단위)을 구하시오. (a) 산성비의 원인이 되는 기체인 이산화 황(sulfur dioxide, SO_2), (b) 홍차, 커피, 음료에 들어 있는 흥분제인 카페인(caffeine, $C_8H_{10}N_4O_2$).

▸ **전략** 어떤 방법으로 서로 다른 원소들의 원자 질량을 합하여 화합물의 분자 질량을 얻는가?

▸ **풀이** 분자 질량을 계산하기 위하여, 분자 내 모든 원자 질량을 구해야 한다. 각 원소에 대하여 그 원소의 원자 질량과 분자 내에 존재하는 그 원소의 원자수를 곱한다. 원자 질량은 주기율표(표지 안쪽)에서 구할 수 있다.

(a) SO_2에는 O 원자 두 개와 S 원자 한 개가 있다. 따라서

$$SO_2\text{의 분자 질량} = 32.07\ \text{amu} + 2(16.00\ \text{amu})$$
$$= 64.07\ \text{amu}$$

(b) 카페인에는 C 원자 여덟 개, H 원자 열 개, N 원자 네 개, O 원자 두 개가 있다. 따라서 $C_8H_{10}N_4O_2$의 분자 질량은 다음과 같다.

$$8(12.01 \text{ amu}) + 10(1.008 \text{ amu}) + 4(14.01 \text{ amu}) + 2(16.00 \text{ amu}) = 194.20 \text{ amu}$$

▸ **실전 연습** 메탄올(CH_4O)의 분자 질량을 구하시오.

비슷한 문제: 3.23, 3.24.

분자 질량으로부터 분자나 화합물의 몰질량을 얻을 수 있다. 화합물의 몰질량(그램 단위)은 그 화합물의 분자 질량(amu 단위)과 숫자상으로 같은 값이다. 예를 들어 물의 분자 질량은 18.02 amu이고, 몰질량은 18.02 g이다. 물 1 mol은 18.02 g이며, 물 분자 6.022×10^{23}개를 포함하고 있음을 주의하라. 이는 탄소 1 mol이 탄소 원자 6.022×10^{23}개를 포함하고 있는 것과 같다.

다음 두 예제 3.6 및 3.7과 같이 어떤 화합물의 몰질량을 알면, 주어진 양의 화합물의 몰수와 각 원자의 개수를 계산할 수 있다.

예제 3.6

메테인(CH_4)은 천연 가스의 주성분이다. CH_4 4.83 g 중에 포함된 CH_4의 몰수를 구하시오

▸ **전략** CH_4의 질량으로부터 몰수를 구하는 문제이다. 질량과 몰수 사이의 변환을 위하여 필요한 관계식은 무엇인가? g 단위가 소거되고 답에 mol 단위가 남는 적당한 관계식을 이용한다.

▸ **풀이** g과 몰수 사이의 계산을 위해 필요한 관계는 몰질량이다. 우선 CH_4의 몰질량을 계산하고, 예제 3.5에서와 같은 방법을 이용한다.

$$CH_4\text{의 몰질량} = 12.01 \text{ g} + 4(1.008 \text{ g}) = 16.04 \text{ g}$$

즉,

$$1 \text{ mol } CH_4 = 16.04 \text{ g } CH_4$$

계산하면,

$$4.83 \text{ g } CH_4 \times \frac{1 \text{ mol } CH_4}{16.04 \text{ g } CH_4} = 0.301 \text{ mol } CH_4$$

그러므로 CH_4 4.83 g에 CH_4 0.301 mol이 있다.

▸ **검산** CH_4 4.83 g은 1 mol보다 적은 것이 맞는가? CH_4 1 mol의 질량은 얼마인가?

▸ **실전 연습** 클로로폼($CHCl_3$) 198 g에 포함된 클로로폼의 몰수를 구하시오.

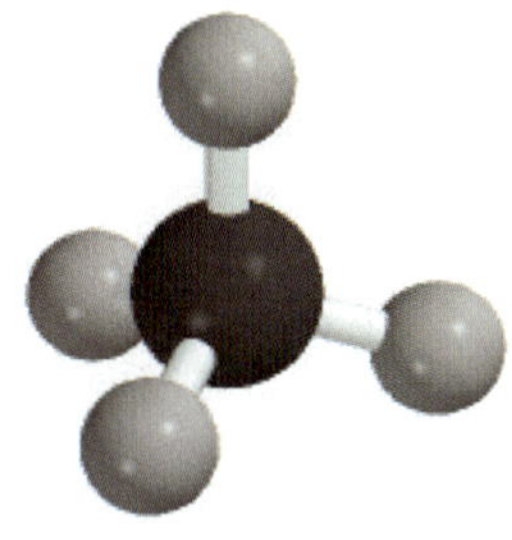

CH_4

주방용 레인지에서 사용되는 메테인.

비슷한 문제: 3.26.

예제 3.7

동물 사료, 비료 그리고 고분자 제조에 사용되는 요소[$(NH_2)_2CO$] 43.8 g에 포함된 수소 원자의 수를 구하시오. 요소의 몰질량은 60.06 g이다.

▸ **전략** 요소 43.8 g에 포함된 수소 원자의 수를 구하는 문제이다. 요소의 g수를 수소 원자수로 직접 변환하는 것은 불가능하다. 원자수를 구하기 전에 먼저 얻어야 하는 단위는 무엇인가? 아보가드로 수가 어떻게 이용되는가? 요소 분자 한 개에는 H 원자 몇 개가 존재하는가?

▸ **풀이** H 원자수를 계산하기 위하여 요소의 질량을 분자 수로 변환해야 한다. 이것은 예제 3.2와 비슷하다. 요소의 분자식에서 요소 한 분자에 H 원자 네 개가 포함되어 있고, 따라서 몰 비는 4:1임을 알 수 있다. 마지막으로, H 원자의 몰수를 알고 있어, 아보가드로 수를 이용하여 H 원자의 수를 계산할 수 있다. 두 가지 변환 인자인 몰질량과 아보가드로 수가 필요하며, 이들 관계식을 결합하면 다음과 같다.

요소(Urea).

$$\text{요소의 g수} \longrightarrow \text{요소의 몰수} \longrightarrow \text{H의 몰수} \longrightarrow \text{H의 원자수}$$

한 단계로 나타내면,

$$43.8\ \text{g}\ \cancel{(NH_2)_2CO} \times \frac{1\ \text{mol}\ \cancel{(NH_2)_2CO}}{60.06\ \text{g}\ \cancel{(NH_2)_2CO}} \times \frac{4\ \cancel{\text{mol H}}}{1\ \text{mol}\ \cancel{(NH_2)_2CO}} \times \frac{6.022 \times 10^{23}\ \cancel{\text{H 원자}}}{1\ \cancel{\text{mol H}}}$$

$$= 1.76 \times 10^{24}\ \text{H 원자}$$

비슷한 문제: 3.27, 3.28.

▸ **검산** 답이 합리적이라고 생각되는가? 요소 60.06 g에는 H 원자 몇 개가 포함되어 있는가?

▸ **실전 연습** 소독용 알코올인 아이소프로판올(C_3H_8O) 72.5 g에는 H 원자 몇 개가 포함되어 있는가?

분자에서는 화학식 질량과 분자 질량이 같은 양을 말한다.

마지막으로, NaCl 과 MgO와 같은 이온 화합물은 분자 단위로 각각 분리하여 얻을 수 없기 때문에 *화학식 질량*(formula mass)을 사용한다는 점을 기억하라. NaCl을 구성하는 단위는 Na^+ 이온과 Cl^- 이온이다. 이와 같은 NaCl의 화학식 질량은 화학식 한 단위의 질량이다.

Na^+ 이온과 Cl^- 이온의 합쳐진 질량은 Na 원자와 Cl 원자의 합쳐진 질량과 같음을 유의하라.

$$\text{NaCl의 화학식 질량} = 22.99\ \text{amu} + 35.45\ \text{amu}$$
$$= 58.44\ \text{amu}$$

이며 몰질량은 58.44 g이다.

☑ 개념 복습하기

시트르산(구연산, $H_3C_6H_5O_7$)의 분자 질량과 몰질량을 결정하시오.

3.4 질량 분석기

원자나 분자의 질량을 측정하는 가장 직접적이면서 정확한 방법은 그림 3.3과 같은 질량 분석기(mass spectrometer)를 이용하는 방법이다. *질량 분석기*에서는 높은 에너지를 가진 전자를 기체 상태의 시료에 쪼여 충격을 가한다. 전자와 기체 상태의 원자(또는 분자)가 충돌할 때 각 원자나 분자로부터 전자 하나가 떨어져 나가고, 그 결과 양이온이 생성된다. 이 양이온들(질량 m, 전하 e를 가짐)은 반대 전하로 하전된 두 판 사이를 통과하면서 가속된다. 판을 통과한 이온들은 자석에 의해 편향되어 원을 그리며 돌게 된다. 이 경로의 지름은 이온의 전하 대 질량비(e/m)에 의존한다. e/m 값이 작은 이온들은 큰 e/m 값을 갖는 이온들보다 훨씬 넓은 원을 그리면서 돌고, 같은 전하를 가진 이온일지라도 질량이 다르면 다른 경로를 따라 돌게 된다. 각 이온의 질량(원래 원자 또는 분자의 질량)은 편향 정도로부터 결정한다. 결국 이온이 측정기에 도달하게 되면 각 이온이 갖는 전류를 기록하게 된다. 이 때, 발생하는 전류의 양은 이온의 개수에 정확히 비례하며, 그로부터 동위원소의 상대적 존재 비를 측정할 수 있다.

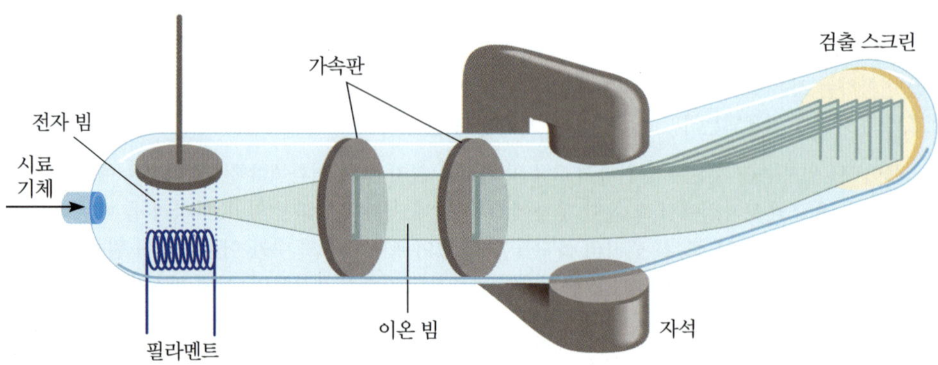

그림 3.3 • 질량 분석기의 모형도.

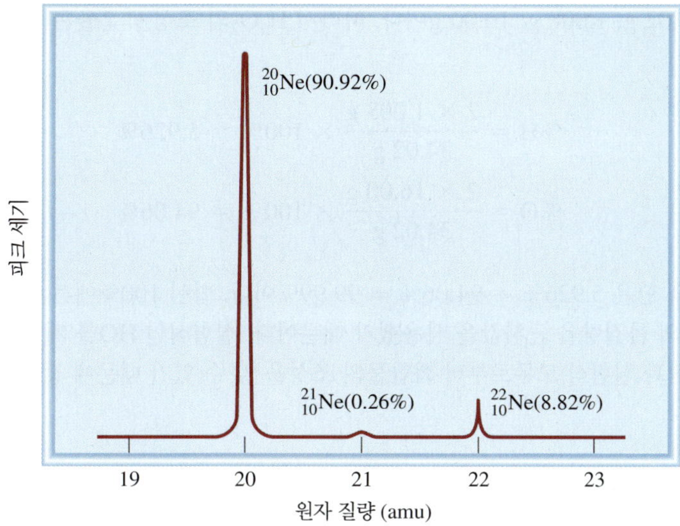

그림 3.4 • 네온의 세 동위원소의 질량 스펙트럼.

1920년대 영국의 물리학자 애스턴(F. W. Aston)에 의해 처음으로 만들어진 질량 분석기는 오늘날 발전된 기기와 비교하면 매우 조잡한 것이었다. 그럼에도 불구하고 네온-20(원자 질량 19.9924 amu, 자연 존재비 90.92%)과 네온-22(원자 질량 21.9914 amu, 자연 존재비 8.82%)와 같은 동위원소의 존재를 명백하게 증명해 낼 수 있었다. 보다 정교하고 감도가 높은 질량 분석기가 개발되고 나서, 과학자들은 놀랍게도 네온의 원자 질량 20.9940 amu, 자연 존재비 0.257%(그림 3.4)인 세 번째 안정한 동위원소를 갖는다는 사실을 발견하게 되었다. 이 예는 화학과 같은 정량적인 과학 분야에 있어서 실험적 정확성이 얼마나 중요한지를 보여준다. 초기 실험에서는 네온-21의 자연 존재비가 겨우 0.257% 밖에 되지 않았기 때문에 이 원소를 측정하는 데 실패했던 것이다. 다시 말하면, 10,000개의 Ne 원자 중 26개만이 네온-21이다. 질량 분석기를 이용하여 분자들의 질량을 측정할 수 있다.

화합물의 화학식을 알지 못하여도 화합물의 몰질량을 결정할 수 있다는 점을 주목하라.

☑ **개념 복습하기**

화학자들이 질량 분석기로 두 가지 안정한 동위원소(^{35}Cl, ^{37}Cl)를 가진 염소의 평균 원자 질량을 어떻게 결정할 수 있는지 설명하시오.

3.5 화합물의 조성 백분율

지금까지 공부한 것처럼, 화합물의 화학식은 화합물 기본 단위당 들어 있는 원소가 각각 몇 개의 원자로 이루어졌는지를 알려준다. 하지만 실험실에서 어떤 화합물을 사용하기 위해 실험을 통해 순도를 측정해야 한다고 가정해 보자. 화학식으로부터 각 원소가 전체 화합물의 질량에 몇 %씩 포함되어 있는지를 계산할 수 있다. 그리고 이 결과를 실험을 통해 얻은 결과와 비교함으로써 주어진 시료의 순도를 측정할 수 있다.

조성 백분율(percent composition)이란 *한 화합물 내 각 원소의 질량을 백분율로 나타낸 것*이다. 조성 백분율은 각 원소 1 mol의 질량을 화합물의 몰질량으로 나누어 100을 곱하여 얻는다. 수학적으로 화합물 속 원소의 조성 백분율은 다음과 같이 표현된다.

$$\text{한 원소의 조성 백분율} = \frac{n \times \text{원소의 몰질량}}{\text{화합물의 몰질량}} \times 100\% \quad (3.1)$$

이 때, n은 화합물 1 mol에 들어 있는 원소의 몰수이다. 예를 들어 과산화 수소(H_2O_2) 1 mol에는 수소 원자 2 mol과 산소 원자 1 mol이 포함되어 있다. H_2O_2와 수소, 산소의 몰질

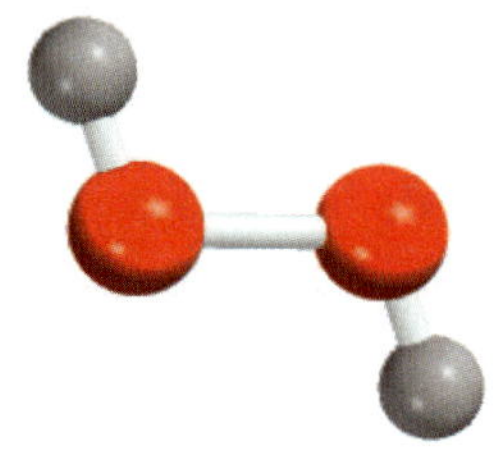

H_2O_2

량은 각각 34.02 g, 1.008 g, 16.00 g이다. 따라서 H_2O_2의 조성 백분율은 다음과 같이 계산할 수 있다.

$$\%H = \frac{2 \times 1.008\ g}{34.02\ g} \times 100\% = 5.926\%$$

$$\%O = \frac{2 \times 16.00\ g}{34.02\ g} \times 100\% = 94.06\%$$

조성 백분율의 합은 5.926% + 94.06% = 99.99%이다. 합이 100%에서 약간 모자라는 이유는 각 원소의 몰질량을 근사값을 사용했기 때문이다. 실험식인 HO를 계산에 사용했을 경우에도 분자식과 실험식 모두로부터 화합물의 조성을 알 수 있기 때문에 같은 조성 백분율이 얻어지게 된다.

예제 3.8

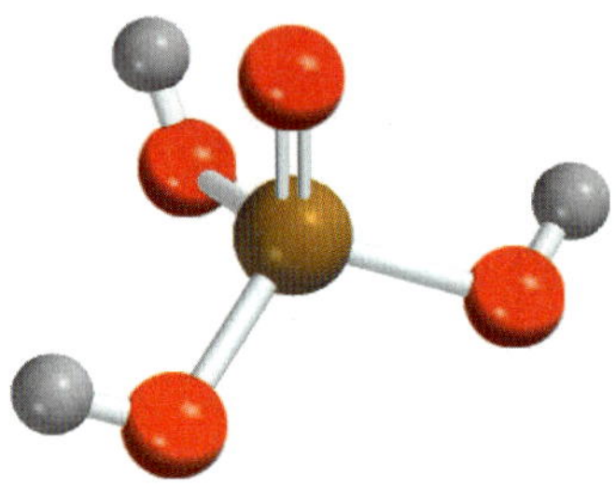

H_3PO_4

인산(H_3PO_4)은 무색의 끈적끈적한 액체로 세제, 비료, 치약, 탄산음료의 톡 쏘는 맛을 내는 데 사용된다. 화합물 중 H, P, O의 질량 백분율을 구하시오.

▸ **전략** 백분율을 구하는 과정을 다시 생각해 보자. H_3PO_4 1 mol이 있다고 가정하고, 각 원소(H, P, O)의 질량 백분율은 H_3PO_4 1 mol에 들어 있는 각 원소의 원자 질량의 합을 H_3PO_4의 몰질량으로 나누고 100을 곱해서 구한다.

▸ **풀이** H_3PO_4의 몰질량은 97.99 g이다. H_3PO_4에 들어 있는 각 원소의 질량 백분율은 다음과 같이 계산된다.

$$\%H = \frac{3(1.008\ g)\ H}{97.99\ g\ H_3PO_4} \times 100\% = \boxed{3.086\%}$$

$$\%P = \frac{30.97\ g\ P}{97.99\ g\ H_3PO_4} \times 100\% = \boxed{31.61\%}$$

$$\%O = \frac{4(16.00\ g)\ O}{97.99\ g\ H_3PO_4} \times 100\% = \boxed{65.31\%}$$

▸ **검산** 백분율의 합이 100%가 되는가? 합은 (3.086% + 31.61% + 65.31%) = 100.01%이다. 100%에서 약간 차이가 나는 것은 반올림 때문이다.

비슷한 문제: 3.40.

▸ **실전 연습** 황산(H_2SO_4)에 포함된 각 원소의 조성 백분율을 구하시오.

만일 필요한 경우 예제 3.8의 계산법을 역으로 이용할 수도 있다. 조성 백분율을 알면, 그 화합물의 실험식을 구할 수 있다(그림 3.5). 계산을 위해 백분율이 쓰이고, 전체 조성의 합은 100%이므로, 예제 3.9에 나타나 있는 것처럼 100 g의 화합물을 가정하고 계산을 시작하면 편리하다.

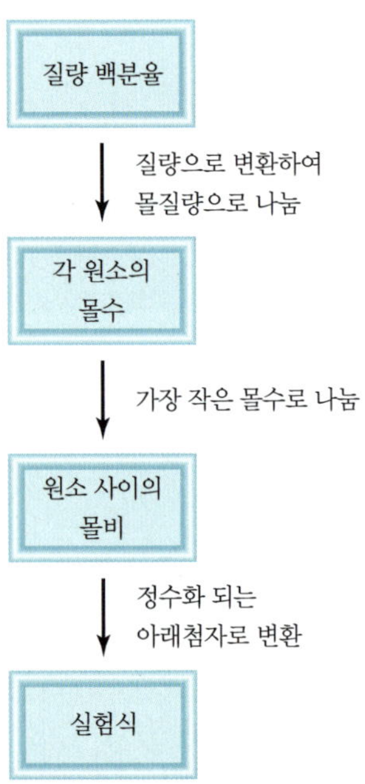

그림 3.5 • 조성 백분율로부터 화합물의 실험식을 구하는 과정.

예제 3.9

아스코브산(비타민 C)은 괴혈병 치료제이다. 이 화합물은 질량으로 탄소(C) 40.92%, 수소(H) 4.58%, 산소(O) 54.50%로 구성되어 있다. 실험식을 구하시오.

▸ **전략** 화학식에서 아래첨자는 화합물 1 mol을 형성하기 위해 결합하는 각 원소의 몰비이다. 질량 백분율을 어떻게 몰수로 바꿀 수 있는가? 만일 정확히 화합물 시료 100 g이 있다고 가정하면, 화합물 중 각 원소의 질량을 구할 수 있는가? 질량을 몰수로 바꾸는 방법은 무엇인가?

▸ **풀이** 만일 아스코브산 100 g이 있다고 가정하면, 각 백분율을 간단히 g 수로 바꿀 수 있다. 이 시료 중에는 C 40.92 g, H 4.58 g, O 54.50 g이 존재한다. 화학식 중 아래첨자는 몰비를 나타내므로, 질량을 각 원소의 몰수로 변환해야 한다. 이 때 필요한 인자는 각 원소의 몰질량이다. 각 원소의 몰수를 n으로 표시하면 다음과 같이 계산할 수 있다.

$$n_C = 40.92\ \cancel{g\ C} \times \frac{1\ mol\ C}{12.01\ \cancel{g\ C}} = 3.407\ mol\ C$$

$$n_H = 4.58\ \cancel{g\ H} \times \frac{1\ mol\ H}{1.008\ \cancel{g\ H}} = 4.54\ mol\ H$$

$$n_O = 54.50\ \cancel{g\ O} \times \frac{1\ mol\ O}{16.00\ \cancel{g\ O}} = 3.406\ mol\ O$$

따라서, $C_{3.407}H_{4.54}O_{3.406}$이라는 화학식을 얻게 되는데, 이는 존재하는 원자의 몰비와 화학적 정체를 알려준다. 그러나 화학식은 정수로 나타내므로 이 때 필요한 정수는 가장 작은 아래첨자(3.406)로 각각의 아래첨자를 나누어 얻는다.

$$C: \frac{3.407}{3.406} \approx 1 \quad H: \frac{4.54}{3.406} = 1.33 \quad O: \frac{3.406}{3.406} = 1$$

여기서 ≈ 부호는 "거의 같다"라는 의미이다. 이제 아스코브산의 화학식은 $CH_{1.33}O$가 된다. H의 아래첨자 1.33을 정수로 만들기 위하여 다음의 시행착오 과정을 이용한다:

$$1.33 \times 1 = 1.33$$
$$1.33 \times 2 = 2.66$$
$$1.33 \times 3 = 3.99 \approx 4$$

1.33 × 3이 정수 4가 되므로, 모든 아래첨자에 3을 곱하면 $C_3H_4O_3$ 이다. 이것이 아스코브산의 실험식이다.

▸ **검산** $C_3H_4O_3$의 아래첨자는 가장 작은 정수 비인가?

▸ **실전 연습** 질량 조성 백분율이 K: 24.75%; Mn: 34.77%; O: 40.51%인 화합물의 실험식을 구하시오.

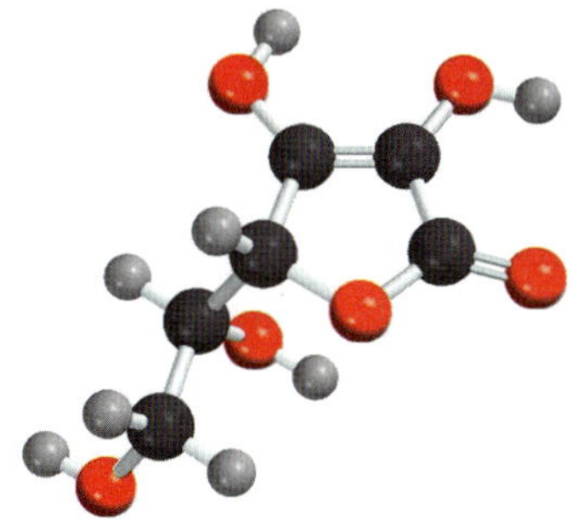

아스코브산의 분자식은 $C_6H_8O_6$이다.

비슷한 문제: 3.49, 3.50.

화학자들은 종종 어떤 질량값을 갖는 특정 화합물에서 한 원소의 실제 질량만을 알고자 할 때가 있다. 예를 들어, 채광 산업에서는 이 정보를 통해 원광석의 품질을 알 수 있다. 물질에 함유된 원소의 질량 조성 백분율은 쉽게 계산할 수 있으므로 이런 문제는 오히려 직접적인 방법으로 풀 수 있다.

예제 3.10

최근에는 전자기기 및 전기자동차용 가벼운 충전식 배터리에 리튬의 이용에 따른 리튬의 수요가 증가되고 있는 추세이다. 리튬의 원료 중에 하나는 값비싼 보석용 원석인 스포듀민(spodumene, $LiAlSi_2O_6$) 광석이다. 스포듀민 2.73×10^4 kg에서 얻을 수 있는 Li은 몇 kg인가?

▸ **전략** 스포듀민은 Li, Al, Si, O로 이루어져 있다. Li의 질량은 화합물 중 Li의 질량 백분율로 구할 수 있다. 한 원소의 질량 백분율은 어떻게 구하는가?

▸ **풀이** Li과 $LiAlSi_2O_6$의 몰질량은 각각 6.941 g과 186.1 g이다. Li의 질량 백분율은 다음과 같다.

$$\%Li = \frac{\text{Li의 몰질량}}{LiAlSi_2O_6\text{의 몰질량}} \times 100\%$$
$$= \frac{6.941\ g}{186.1\ g} \times 100\% = 3.730\%$$

$LiAlSi_2O_6$ 시료 2.73×10^4 kg 중 Li의 질량을 계산하기 위하여 백분율을 분수(즉, 3.730%를 3.730/100 즉, 0.03730)로 바꾸고 계산한다.

$$LiAlSi_2O_6\text{에서 Li 질량} = 0.03730 \times (2.73 \times 10^4\ kg) = 1.02 \times 10^3\ kg$$

또한 다음 변환을 이용하여 스포듀민의 몰수와 리튬의 몰수비로 식을 읽어 계산을 할 수도 있다.

스포듀민의 g수 ⟶ 스포듀민의 몰수 ⟶ Li의 몰수 ⟶ Li의 g수

계산해 보시오.

스포듀민(Spodumene).

비슷한 문제: 3.45.

▸ **검산** 대략적인 계산으로 Li의 질량 백분율이 대략 4% 정도이므로 전체 질량의 1/25이 Li의 질량이다. 즉, $\frac{1}{25} \times 2.73 \times 10^4$ kg ≈ 1.09×10^3 kg. 이 양은 답과 매우 비슷하다.

▸ **실전 연습** Al_2O_3 371 g 중 Al의 g 수를 구하시오.

☑ 개념 복습하기

자세히 계산하지 말고 질산 수은(II)[$Hg(NO_3)_2$]에서 Hg과 O의 질량 조성 백분율 중 어느 것이 큰지 추정해 보시오.

3.6 실험으로 실험식 결정하기

어떤 화합물의 조성 백분율로부터 실험식을 구할 수 있다는 사실은 실험으로 어떤 화합물을 확인할 수 있음을 뜻한다. 그 과정은 다음과 같다. 첫째 화학적 분석을 통해 주어진 화합물 내에 존재하는 각 원소의 그램수를 알 수 있다. 그 다음 각 원소의 그램수를 몰수로 변환한다. 마지막으로 예제 3.9와 같은 방법을 통해 화합물의 실험식을 구할 수 있다.

에탄올을 예를 들어 살펴보도록 하자. 그림 3.6과 같은 장치 내에서 에탄올을 연소할 때 이산화 탄소(CO_2)와 물(H_2O)이 생성된다. 이 장치 내로 탄소나 수소가 들어갈 수 없으므로 생성된 탄소와 수소가 에탄올에 함유되어 있으며, 산소 또한 함유되어 있을 것으로 추측할 수 있다(산소 분자가 연소 과정 중에 첨가되기는 하지만 산소의 일부는 원래 에탄올 시료로부터 생길 수도 있다).

각 흡수제의 질량 증가분을 측정하면 생성된 이산화 탄소와 물의 질량을 알 수 있다. 에탄올 11.5 g을 연소해서 이산화 탄소 22.0 g과 물 13.5 g이 생성되었다고 하자. 에탄올 11.5 g에 포함된 탄소와 수소의 질량은 다음과 같이 계산할 수 있다.

$$\begin{aligned}\text{C의 질량} &= 22.0\ \cancel{\text{g CO}_2} \times \frac{1\ \cancel{\text{mol CO}_2}}{44.01\ \cancel{\text{g CO}_2}} \times \frac{1\ \cancel{\text{mol C}}}{1\ \cancel{\text{mol CO}_2}} \times \frac{12.01\ \text{g C}}{1\ \cancel{\text{mol C}}} \\ &= 6.00\ \text{g C} \\ \text{H의 질량} &= 13.5\ \cancel{\text{g H}_2\text{O}} \times \frac{1\ \cancel{\text{mol H}_2\text{O}}}{18.02\ \cancel{\text{g H}_2\text{O}}} \times \frac{2\ \cancel{\text{mol H}}}{1\ \cancel{\text{mol H}_2\text{O}}} \times \frac{1.008\ \text{g H}}{1\ \cancel{\text{mol H}}} \\ &= 1.51\ \text{g H}\end{aligned}$$

그러므로 에탄올 11.5 g에는 탄소 6.00 g과 수소 1.51 g이 들어 있다. 나머지 원소인 산소의 질량은 다음과 같다.

$$\begin{aligned}\text{O의 질량} &= \text{시료의 질량} - (\text{C의 질량} + \text{H의 질량}) \\ &= 11.5\ \text{g} - (6.00\ \text{g} + 1.51\ \text{g}) \\ &= 4.0\ \text{g}\end{aligned}$$

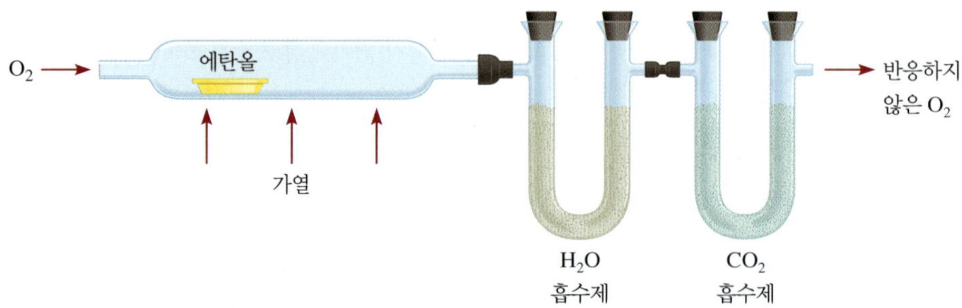

그림 3.6 • 에탄올의 실험식 측정 장치. 발생되는 이산화 탄소와 물을 흡수하는 흡수제를 사용한다.

에탄올 11.5 g에 포함되어 있는 각 원소의 몰수는 다음과 같다.

$$\text{C의 몰수} = 6.00\ \cancel{\text{g C}} \times \frac{1\ \text{mol C}}{12.01\ \cancel{\text{g C}}} = 0.500\ \text{mol C}$$

$$\text{H의 몰수} = 1.51\ \cancel{\text{g H}} \times \frac{1\ \text{mol H}}{1.008\ \cancel{\text{g H}}} = 1.50\ \text{mol H}$$

$$\text{O의 몰수} = 4.0\ \cancel{\text{g O}} \times \frac{1\ \text{mol O}}{16.00\ \cancel{\text{g O}}} = 0.25\ \text{mol O}$$

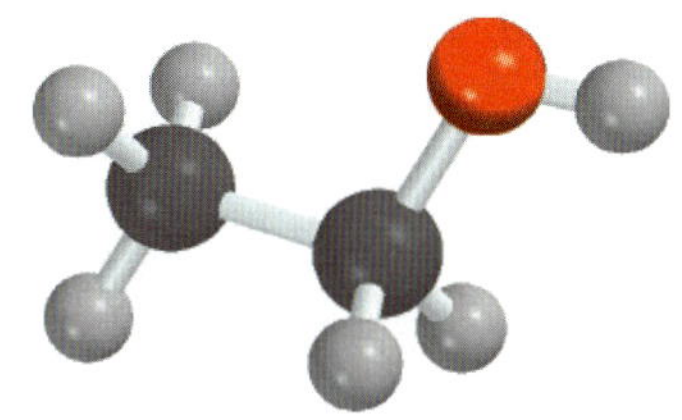

에탄올의 분자식은 실험식과 동일하다.

따라서 에탄올의 식은 $C_{0.50}H_{1.5}O_{0.25}$이다(몰수를 유효 숫자 두 자리까지 계산한다). 원자의 수는 반드시 정수여야 하므로 각 첨자를 0.25로 나누면 실험식 C_2H_6O를 얻을 수 있다.

이제 "실험(empirical)"이라는 단어가 말 그대로 "관찰과 측정에 입각한"이라는 의미를 가진다는 것을 확실히 알 수 있다. 에탄올의 실험식은 화합물의 구성 원소를 분석함으로써 구할 수 있다. 여기서 화합물 내 원자들이 어떻게 결합하는지는 알 필요가 없다.

분자식 결정하기

질량 조성 백분율로부터 계산한 각 원자의 수(아래첨자로 나타낸 수)는 언제나 가장 작은 수로 약분하여 표현되므로 이렇게 얻은 식은 실험식일 수밖에 없다. 실제 분자식을 구하기 위해서는 실험식 뿐만 아니라 화합물의 *대략적인* 몰질량을 알아야 한다. 화합물의 몰질량은 언제나 그 실험식의 몰질량의 정수배이다. 따라서 예제 3.11과 같이 몰질량을 이용하여 분자식을 구할 수 있다.

어떤 화합물의 몰질량은 분자식을 모르더라도 실험적으로 결정할 수 있음을 유의하라.

예제 3.11

어떤 화합물 시료 중에 화학적 분석에 의해 결정된 질량이 질소 30.46%와 산소 69.54%가 들어 있음을 알았다. 분리된 실험에서 화합물의 몰질량은 90~95 g 사이임을 알았다. 이 화합물의 분자식과 정확한 몰질량을 구하시오.

▸ **전략** 분자식을 구하기 위하여 먼저 실험식을 얻어야 한다. 실험식의 몰질량과 실험으로 결정된 몰질량의 비교는 실험식과 분자식 사이의 관계를 나타낸다.

▸ **풀이** 화합물 100 g이 있다는 가정으로 출발한다. 각각의%는 직접 g으로 바꿀 수 있다. 즉, N 30.46 g과 O 69.54 g이다. 각 원소의 몰수를 n으로 표기하면 다음과 같이 계산할 수 있다.

$$n_N = 30.46\ \cancel{\text{g N}} \times \frac{1\ \text{mol N}}{14.01\ \cancel{\text{g N}}} = 2.174\ \text{mol N}$$

$$n_O = 69.54\ \cancel{\text{g O}} \times \frac{1\ \text{mol O}}{16.00\ \cancel{\text{g O}}} = 4.346\ \text{mol O}$$

따라서 존재하는 원자의 비와 화학적 성분를 나타내는 $N_{2.174}O_{4.346}$의 식이 된다. 그러나 화학식은 정수비로 표시하므로 아래첨자 중 가장 작은 아래첨자(2.174)로 나누어 정수비를 얻는다. 반올림한 후 NO_2의 실험식을 얻는다.

분자식은 실험식과 같을 수도 있고 실험식의 정수배(예를 들면, 실험식의 둘, 셋, 넷 혹은 그 이상)일 수도 있다. 실험식 몰질량에 대해 몰질량의 비를 계산하면 실험식과 분자식 사이의 정수 관계를 얻을 수 있다. 실험식 NO_2의 몰질량은 다음과 같다.

$$\text{실험식 몰질량} = 14.01\ \text{g} + 2(16.00\ \text{g}) = 46.01\ \text{g}$$

다음으로 실험식 몰질량과 몰질량 사이의 비를 계산해 보자.

$$\frac{\text{몰질량}}{\text{실험식 몰질량}} = \frac{90\ \text{g}}{46.01\ \text{g}} \approx 2$$

몰질량은 실험식 몰질량의 약 두 배이다. 이는 화합물 한 분자에는 두 개의 NO_2 단위가 존재함을 의미한다. 따라서 분자식은 $(NO_2)_2$ 즉, N_2O_4이다.

N_2O_4

화합물의 실제 몰질량은 실험식 몰질량의 두 배인 2(46.01 g) 즉, 92.02 g으로 90~95 g 사이의 값이다.

▸ **검산** 실험식으로부터 분자식을 얻을 때, 화합물의 *대략적인* 몰질량만 알면 된다. 그 이유는 실제 몰질량은 실험식 몰질량의 정수배(1×, 2×, 3×, . . .)이기 때문이다. 따라서 계산된 비율(몰질량/실험식 몰질량)은 항상 정수에 거의 가까운 값이다.

비슷한 문제: 3.52, 3.53, 3.54.

▸ **실전 연습** 어떤 화합물 시료가 붕소(B) 6.444 g과 수소(H) 1.803 g을 포함하고 있다. 이 화합물의 몰질량은 약 30 g이다. 분자식을 구하시오.

☑ 개념 복습하기

어떤 화합물 1.05 g이 연소해서 CO_2 3.30 g과 H_2O 1.35 g을 생성하였다. 몰질량이 70 g 정도인 탄소와 수소만을 포함하는 이 화합물의 분자식은 무엇인가?

3.7 화학 반응과 화학 반응식

이제 원자와 분자의 질량에 관한 내용은 정리하고, **화학 반응**(chemical reaction), 즉 *하나의 물질(또는 여러 물질)이 하나 이상의 새로운 물질로 변하는 과정에서 원자와 분자는 어떻게 변하는지*에 대해 알아보도록 하자. 화학 반응을 표현하고 널리 이해하기 위해서 화학자들은 화학 반응식을 사용하여 나타내는 것을 표준으로 정하였다. **화학 반응식**(chemical equation)은 *화학 반응 동안 어떤 일이 일어나는지를 보여주기 위해 화학적인 기호들을 사용한다.* 이 절에서는 화학 반응식을 쓰고, 화학 반응식의 균형을 맞추는 방법에 대해 배워보도록 한다.

화학 반응식 쓰기

수소 기체(H_2)가 공기(산소, O_2를 포함) 중에서 연소되어 물(H_2O)을 생성할 때 어떤 일이 일어나는지 생각해보도록 하자. 이 반응은 다음과 같은 화학 반응식으로 나타낼 수 있다.

$$H_2 + O_2 \longrightarrow H_2O \qquad \textbf{(3.2)}$$

"더하기" 기호는 "함께 반응함"을 의미하며, 화살표는 "반응 결과 생성됨"을 의미한다. 그러므로 이 기호의 의미는 다음과 같다. "수소 분자와 산소 분자가 반응하여 물이 생성된다". 화살표의 방향과 같이 이 반응은 왼쪽에서 오른쪽으로 진행된다.

균형 화학 반응식의 지침에서 질량 보존 법칙을 이용한다.

반응식 (3.2)는 아직 불완전한데, 그 이유는 화살표의 오른쪽보다 왼쪽에 산소가 두 배 더 많이 존재하기 때문이다. 질량 보존 법칙을 만족하기 위해서 반응 전후의 원자가 정확히 일치해야 한다. H_2와 H_2O 앞에 적절한 반응 계수를 붙여줌으로써(이 경우에는 2) *균형* 반응식을 얻을 수 있다.

O_2의 경우와 같이 계수가 1인 경우 표시하지 않는다.

$$2H_2 + O_2 \longrightarrow 2H_2O$$

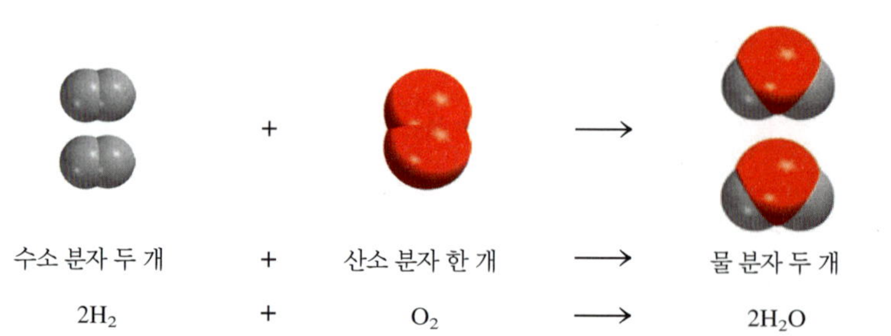

그림 3.7 • 수소의 연소를 표현하는 세 가지 방법. 질량 보존 법칙에 따라 각 원자수는 반응식의 양변에서 같아야 한다.

표 3.1 화학 반응식의 의미

$2H_2$	$+ O_2$	$\longrightarrow 2H_2O$
2 분자	+ 1 분자	$\longrightarrow$ 2 분자
2 mol	+ 1 mol	$\longrightarrow$ 2 mol
2(2.02 g) = 4.04 g	+ 32.00 g	$\longrightarrow$ 2(18.02 g) = 36.04 g
36.04 g 반응물		36.04 g 생성물

이 *균형 화학 반응식*은 "수소 분자 두 개와 산소 분자 한 개가 반응하여 물 분자 두 개가 생성된다"는 사실을 보여준다(그림 3.7). 분자 수의 비는 몰수의 비와 같으므로, 이 반응식은 다음과 같이 해석될 수 있다. "수소 분자 2 mol이 산소 분자 1 mol과 반응하여 물 분자 2 mol을 생성한다." 각 물질의 몰질량을 알면 위 반응식을 다음과 같이 해석할 수도 있다. "수소 기체 4.04 g이 산소 기체 32.00 g과 반응하여 물 36.04 g을 얻는다."이와 같은 세 가지 해석 방법을 표 3.1에 정리하였다.

식 (3.2)에서 수소와 산소를 **반응물**(reactant)이라 하는데, 이는 *화학 반응의 출발 물질*임을 뜻한다. 물은 *화학 반응의 결과로 생성된 물질*인 **생성물**(product)이다. 이렇게 함으로써 화학자들은 화학 반응식 하나로 간단하게 반응을 표시할 수 있다. 화학 반응식에서 반응물은 화살표 왼쪽에 생성물은 화살표의 오른쪽에 표시한다.

$$\text{반응물} \longrightarrow \text{생성물}$$

기체, 액체, 고체를 의미하는 g, l, s와 같은 문자를 덧붙여 반응물과 생성물의 물리적 상태를 나타내어 더 많은 정보를 알릴 수도 있다. 다음 예와 같이 나타낼 수 있다.

$$2CO(g) + O_2(g) \longrightarrow 2CO_2(g)$$
$$2HgO(s) \longrightarrow 2Hg(l) + O_2(g)$$

바로 다음에 화학 반응식의 반응 계수 맞추는 과정이 제시된다.

염화 소듐(NaCl)을 물에 녹이면 어떻게 되는지는 다음과 같이 표현한다.

$$NaCl(s) \xrightarrow{H_2O} NaCl(aq)$$

이 식에서 aq는 수용액(aqueous, 물) 환경을 뜻한다. 종종 생략하기도 하지만, 화살표 위에 H_2O를 표시하여 물질이 물 속에 녹는 과정을 나타낼 수 있다.

화학 반응식 계수 맞추기

실험실에서 직접 반응을 수행하여 화학 반응을 나타내는 식을 생각해보자. 어떻게 하여야 할까? 반응물이 무엇인지 알고 있으므로 화학식을 쓸 수 있다. 생성물을 알아내는 것은 좀 더 어렵다. 단순한 반응에서는 생성물을 추측할 수 있지만, 세 종류 이상의 반응물이 반응하는 복잡한 반응에서는 어떤 화합물이 생성되는지를 밝혀내기 위해 더 많은 실험을 해야 한다.

일단 모든 반응물과 생성물을 밝혀낸 다음, 각각의 화학식을 쓰고 일반적인 방법을 통해 조합한다. 화살표 왼쪽에는 반응물을, 오른쪽에는 생성물을 적는다. 이렇게 얻은 반응식은 아직 계수가 *맞춰지지 않은* 상태이다. 즉, 화살표의 한쪽에 있는 원자의 수와 다른쪽에 있는 원자의 수가 다르다. 일반적으로, 다음 단계를 따라 화학식의 계수를 맞춘다.

1. 모든 반응물과 생성물을 확인하여 각각의 정확한 화학식을 반응식의 왼쪽과 오른쪽에 적는다.
2. 서로 다른 반응 계수를 붙여가면서 반응식 양쪽에 있는 각 원소의 개수를 같게 맞춘다. 반응 계수(각 화학식 앞에 오는 숫자)를 바꿀 수는 있지만 첨자(화학식 내에 있는 숫자)를 바꾸어서는 안 된다. 그렇게 하면 화합물 자체가 달라지기 때문이다. 예를 들어,

$2NO_2$ 는 "산화 질소(nitrogen oxide) 두 분자" 를 뜻하지만, 계수를 두 배한 N_2O_4는 NO_2와는 완전히 다른 사산화 이질소(dinitrogen tetroxide)가 된다.

3. 먼저, 반응식 양쪽에서 각각 같은 수이며 한 번씩만 나오는 원소를 찾는다. 이 원소를 포함한 화학식은 반드시 같은 반응 계수를 가져야 하므로 이런 원소들은 반응 계수를 맞출 필요가 없다. 다음 양쪽에서 각각 한 번씩 나타나지만, 개수가 다른 원소를 찾는다. 이 원소들의 반응 계수를 맞춘다. 마지막으로 양쪽에 두 번 이상 나오는 화학식의 반응계수를 맞춘다.
4. 화살표 양쪽에 있는 각 원소들의 전체 개수가 같은지 확인한다.

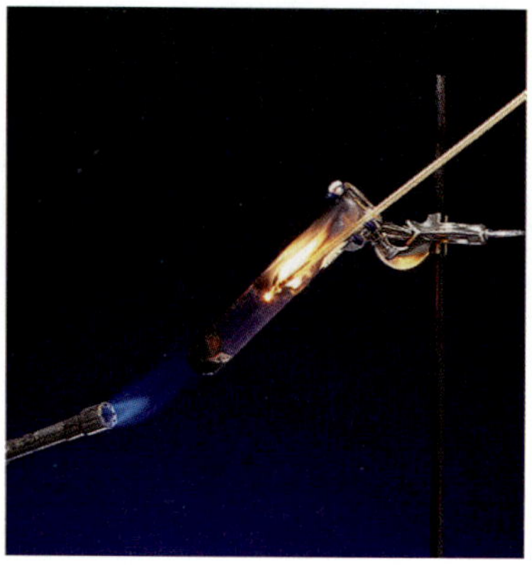

염소산 포타슘을 가열하면 나무 조각의 연소를 도와주는 산소가 생성된다.

한 예를 살펴보자. 실험실에서 염소산 포타슘($KClO_3$)에 열을 가하여 소량의 산소 기체(O_2)를 발생시킨다. 이 때 생성물은 산소 기체(O_2)와 염화 포타슘(KCl)이다. 따라서 다음과 같은 반응식을 쓸 수 있다.

$$KClO_3 \longrightarrow KCl + O_2$$

반응식을 간단히 나타내기 위해 반응물과 생성물의 물리적 상태는 생략하였다. 이 세 원소(K, Cl, O)는 반응식 양쪽에서 각각 한 번씩만 나타나지만, K와 Cl만 양쪽에 같은 숫자만큼 존재한다. 따라서 $KClO_3$와 KCl은 같은 반응 계수를 가져야 한다. 다음 단계는 반응식 양쪽의 산소 원자의 개수를 같게 해야 한다. 왼쪽에는 산소 세 개, 오른쪽에는 산소 두 개가 존재하므로, $KClO_3$ 앞에는 2, O_2 앞에는 3을 붙여 준다.

$$2KClO_3 \longrightarrow KCl + 3O_2$$

끝으로, KCl 앞에 2를 붙여주면 K와 Cl의 반응 계수를 맞출 수 있다.

$$2KClO_3 \longrightarrow 2KCl + 3O_2 \qquad \textbf{(3.3)}$$

반응물과 생성물의 원소들에 대하여 아래와 같은 표를 만들어 마지막으로 확인할 수 있다. 괄호 안은 각 원소의 원자수를 뜻한다.

반응물	**생성물**
K (2)	K (2)
Cl (2)	Cl (2)
O (6)	O (6)

전체 반응식에는 식 (3.3)과 같이 가능한 *가장 간단한* 조합을 사용하는 것이 일반적이다.

이제 천연가스의 구성 물질 중 하나인 에테인(C_2H_6)이 공기 중에서 연소되어 이산화 탄소와 물을 생성하는 과정에 대해 생각해 보자. 반응 계수를 맞추기 전 반응식은 다음과 같다.

$$C_2H_6 + O_2 \longrightarrow CO_2 + H_2O$$

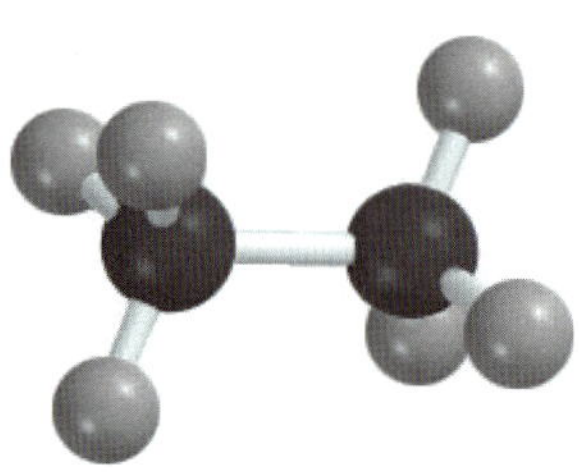

C_2H_6

반응식 양변에 있는 각 원소들의 원자수가 서로 다르며, C와 H는 양변에서 각각 한 번씩만 나타난다. O는 오른쪽에서 두 물질 (CO_2와 H_2O)에 있다. CO_2 앞에 숫자 2를 붙여 C 원자의 반응 계수를 맞춘다.

$$C_2H_6 + O_2 \longrightarrow 2CO_2 + H_2O$$

H_2O 앞에 3을 붙여 H 원자의 반응 계수를 맞춘다.

$$C_2H_6 + O_2 \longrightarrow 2CO_2 + 3H_2O$$

이 단계에서 C와 H의 반응 계수를 맞추었다. 그러나 O 원자는 반응식의 오른쪽에 일곱 개가 있지만, 왼쪽에는 두 개밖에 없다. 왼쪽에 있는 O_2 앞에 $\frac{7}{2}$을 붙여주면 O 원자의 반응 계수도 맞출 수 있다.

$$C_2H_6 + \frac{7}{2}O_2 \longrightarrow 2CO_2 + 3H_2O$$

$\frac{7}{2}$은 오른쪽에는 일곱 개의 산소 원자, 왼쪽에는 단 한 쌍의 산소 원자가 있기 때문에 얻어진 값이다. 일곱 개의 산소 원자를 얻기 위해 몇 쌍의 산소 원자가 필요한지 생각해 보라. 신발 일곱 짝은 3.5 켤레와 같은 것과 마찬가지로, $\frac{7}{2}O_2$는 산소 원자 일곱 개와 같다. 아래 표를 보면 반응식의 반응 계수가 완전히 맞추어졌음을 알 수 있다.

반응물	생성물
C (2)	C (2)
H (6)	H (6)
O (7)	O (7)

그러나 반응식을 나타낼 때는 분수보다는 정수로 표시하는 것이 좋다. 그러므로 전체 반응식에 2를 곱하여 $\frac{7}{2}$을 7로 바꾸어 준다.

$$2C_2H_6 + 7O_2 \longrightarrow 4CO_2 + 6H_2O$$

최종 계산 결과는 다음과 같다.

반응물	생성물
C (4)	C (4)
H (12)	H (12)
O (14)	O (14)

반응계수는 가능한 가장 작은 수로 나타내는 것에 주의하라.

예제 3.12

알루미늄 금속이 공기에 노출되면, 표면에 산화 알루미늄 층이 생성된다. 이 층은 알루미늄과 산소와의 반응을 방지하며, 캔 음료로 사용되는 알루미늄의 부식을 방지한다[철의 경우 산화 철(III)으로 알려진 녹이 너무 다공질이어서 그 밑에 있는 철을 보호하지 못하고 부식이 진행한다]. Al_2O_3가 생성되는 균형 반응식을 쓰시오.

산화 알루미늄의 원자 수준의 상.

▸ **전략** 화학 반응식의 균형을 맞출 때 원소나 화합물의 화학식이 변하지 않는다는 것을 명심하라. 반응식은 화학식 앞에 적당한 계수를 맞추어서 완성한다. 앞에서 설명한 내용에 따라 진행하라.

▸ **풀이** 불균형 반응식은 다음과 같다.

$$Al + O_2 \longrightarrow Al_2O_3$$

균형 반응식에는, 양변의 각 원자의 종류와 수가 일치해야 한다. 주어진 식에서 반응물 쪽 Al는 한 개이고, 생성물 쪽은 두 개이다. 따라서 반응물 쪽 Al의 계수를 2로 맞추어 Al의 균형을 맞출 수 있다.

$$2Al + O_2 \longrightarrow Al_2O_3$$

반응물 쪽 O는 두 개이고, 생성물 쪽 O는 세 개이다. 따라서 반응물 쪽 O_2의 계수를 $\frac{3}{2}$으로 맞추어 O의 균형을 맞출 수 있다.

$$2Al + \frac{3}{2}O_2 \longrightarrow Al_2O_3$$

이 식은 균형 반응식이다. 그러나 반응식은 가장 작은 정수들로 균형을 맞춰야 하므로, 양변에 2를 곱하여 계수를 정수로 만들어 준다.

$$2(2Al + \frac{3}{2}O_2 \longrightarrow Al_2O_3)$$
$$4Al + 3O_2 \longrightarrow 2Al_2O_3$$

▸ **검산** 균형 반응식에는 양변의 원자의 종류와 수가 일치한다. 검산해 보면 다음과 같다.

반응물	생성물
Al (4)	Al (4)
O (6)	O (6)

비슷한 문제: 3.59, 3.60.

이 반응식은 균형이 맞았다.

▸ **실전 연습** 산화 철(III)(Fe_2O_3)과 일산화 탄소(CO)가 반응하여 철(Fe)과 이산화 탄소(CO_2)를 생성하는 반응의 균형 화학 반응식을 완성하시오.

3.8 반응물과 생성물의 양

화학 실험실과 화학 산업에서 기본적인 질문은 당연히 "정해진 양의 출발 물질(반응물)을 사용하여 얼마나 많은 생성물을 얻을 수 있겠는가?"라는 것이다. 또 어떤 경우에는 그 반대의 질문을 던질 수가 있다. "정해진 양의 생성물을 얻기 위해서는 얼마만큼의 출발 물질을 사용해야 하는가?" 어떤 반응을 정량적으로 해석하기 위해서는 몰질량과 몰에 관한 개념을 적용시켜야 할 필요가 있다. **화학량론**(stoichiometry)이란 *화학 반응에서의 반응물과 생성물에 대한 정량적 연구*를 뜻한다.

반응물이나 생성물 단위가 몰이든, 그램이든, 리터(기체인 경우)든 아니면 다른 어떤 단위든지 반응에서 생성되는 생성물의 양은 몰수로 나타낼 수 있다. 이와 같은 접근 방법을 **몰 방법**(mole method)이라 하며 간단히 말해 *화학 반응에서의 화학량론적 계수들은 각 물질의 몰수로 해석*한다는 의미이다. 예를 들어, 수소와 질소로부터 공업적으로 암모니아를 만드는 반응식은 다음과 같다.

$$N_2(g) + 3H_2(g) \longrightarrow 2NH_3(g)$$

화학량론적 계수에 의하면 N_2 한 분자가 H_2 세 분자와 반응하여 NH_3 두 분자를 생성하였다. 상대적 몰비는 상대적 분자비와 일치한다.

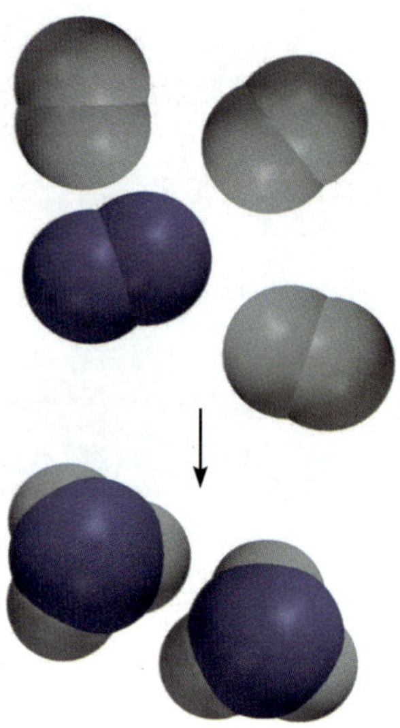
H_2와 N_2로부터 NH_3의 합성.

$N_2(g)$	+	$3H_2(g)$	$\longrightarrow$	$2NH_3(g)$
1 분자		3 분자		2 분자
6.022×10^{23} 분자		$3(6.022 \times 10^{23}$ 분자$)$		$2(6.022 \times 10^{23}$ 분자$)$
1 mol		3 mol		3 mol

따라서 위 반응식은 "질소 기체 1 mol과 수소 기체 3 mol이 반응하여 암모니아 기체 2 mol이 생성되었다."라고 해석할 수 있다. 화학량론적 계산에서, H_2 3 mol은 NH_3 2 mol과 동등하다. 즉,

$$3 \text{ mol } H_2 \simeq 2 \text{ mol } NH_3$$

화학량론에서 기호 $\simeq$ 는 "화학량론적으로 동등" 또는 간단히 "동등"하다는 의미이다.
마찬가지로 1 mol $N_2 \simeq 2$ mol NH_3 또는 1 mol $N_2 \simeq 3$ mol H_2의 관계를 얻을 수 있다.

H_2 6.0 mol이 N_2와 완전히 반응하여 NH_3를 생성하는 간단한 예를 생각해 보자. 생성되는 NH_3의 몰수를 계산하기 위하여 다음과 같이 계산할 수 있다.

$$\text{생성되는 } NH_3\text{의 몰수} = 6.0 \cancel{\text{mol } H_2} \times \frac{2 \text{ mol } NH_3}{3 \cancel{\text{mol } H_2}}$$
$$= 4.0 \text{ mol } NH_3$$

이제 H_2 16.0 g이 N_2와 완전히 반응하여 NH_3를 생성하는 반응을 생각해 보자. NH_3 몇 g이 생성되는가? 이 계산을 위하여 균형 반응식으로부터 얻는 H_2와 NH_3의 몰비를 이용한다. 따라서 먼저 H_2의 g수를 H_2의 몰수로 바꾼 다음, NH_3의 몰수와 마지막으로 NH_3의 g수를 계산한다. 변환 단계는 다음과 같다.

$$H_2\text{의 g수} \longrightarrow H_2\text{의 몰수} \longrightarrow NH_3\text{의 몰수} \longrightarrow NH_3\text{의 g수}$$

먼저, H_2 16.0 g의 H_2의 몰질량을 변환 인자로 사용하여 H_2의 몰수로 바꾸어 보자.

$$H_2\text{의 몰수} = 16.0\ \cancel{g\ H_2} \times \frac{1\ mol\ H_2}{2.016\ \cancel{g\ H_2}} = 7.94\ mol\ H_2$$

다음으로, 생성되는 NH_3의 몰수를 계산해 보자.

$$NH_3\text{의 몰수} = 7.94\ \cancel{mol\ H_2} \times \frac{2\ mol\ NH_3}{3\ \cancel{mol\ H_2}} = 5.29\ mol\ NH_3$$

마지막으로, NH_3의 몰질량을 이용하여 생성되는 NH_3의 g수를 계산한다.

$$NH_3\text{의 g수} = 5.29\ \cancel{mol\ NH_3} \times \frac{17.03\ g\ NH_3}{1\ \cancel{mol\ NH_3}} = 90.1\ g\ NH_3$$

이 세 단계의 계산을 모두 결합하면, 다음과 같은 한 단계의 식으로 나타낼 수 있다.

$$NH_3\text{의 g수} = 16.0\ \cancel{g\ H_2} \times \frac{1\ \cancel{mol\ H_2}}{2.016\ \cancel{g\ H_2}} \times \frac{2\ \cancel{mol\ NH_3}}{3\ \cancel{mol\ H_2}} \times \frac{17.03\ g\ NH_3}{1\ \cancel{mol\ NH_3}} = 90.1\ g\ NH_3$$

마찬가지로 이 반응에서 사용되는 N_2의 질량을 계산할 수 있다. 그 변환 과정은

$$H_2\text{의 g수} \longrightarrow H_2\text{의 몰수} \longrightarrow N_2\text{의 몰수} \longrightarrow N_2\text{의 g수}$$

이다. $1\ mol\ N_2 \simeq 3\ mol\ H_2$의 관계를 이용하여 다음과 같이 계산할 수 있다.

$$N_2\text{의 g 수} = 16.0\ \cancel{g\ H_2} \times \frac{1\ \cancel{mol\ H_2}}{2.016\ \cancel{g\ H_2}} \times \frac{1\ \cancel{mol\ N_2}}{3\ \cancel{mol\ H_2}} \times \frac{28.02\ g\ N_2}{1\ \cancel{mol\ N_2}} = 74.1\ g\ N_2$$

화학량론 문제를 풀기 위한 일반적인 과정은 다음과 같이 요약된다.

1. 반응에 대한 균형 반응식을 쓴다.
2. 반응물의 주어진 양(그램 또는 다른 단위)을 몰수로 바꾼다.
3. 균형 반응식으로부터 몰비를 사용하여 형성된 생성물의 몰수를 계산한다.
4. 생성물의 몰을 생성물의 그램(또는 다른 단위)으로 바꾼다.

그림 3.8은 이러한 단계를 나타낸다. 가끔 생성물의 특정한 양을 만드는 데 필요한 반응물의 양에 대한 계산을 물어보기도 한다. 이러한 경우에, 그림 3.8에 나타낸 단계를 역으로 할 수 있다.

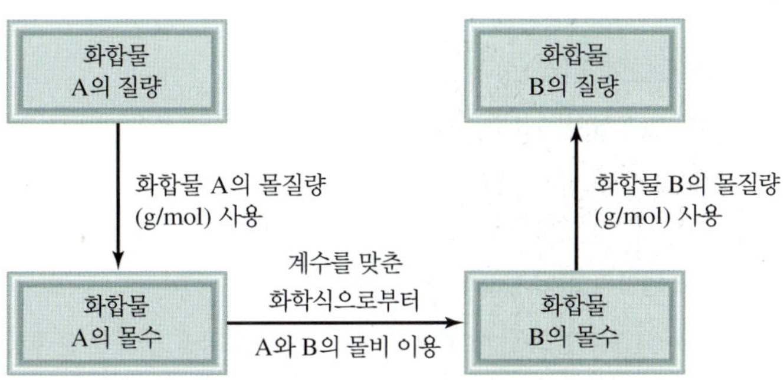

그림 3.8 • 몰 방법. 먼저 반응물 A의 양(g 또는 다른 단위)을 몰수로 변환한다. 다음에 균형 반응식에서의 몰비를 이용하여 형성된 생성물 B의 몰수를 계산한다. 끝으로 생성물의 몰수를 생성물의 g수로 변환한다.

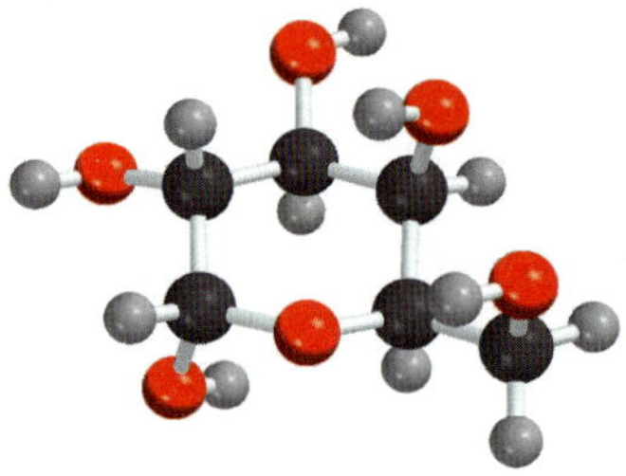

$C_6H_{12}O_6$

예제 3.13

우리가 먹는 음식은 몸 안에서 잘게 잘리고 분해되어 성장과 활동을 하는 에너지를 공급한다. 이 매우 복잡한 과정을 대표하는 반응은 포도당($C_6H_{12}O_6$)이 이산화 탄소(CO_2)와 물(H_2O)로 분해되는 반응이다.

$$C_6H_{12}O_6 + 6O_2 \longrightarrow 6CO_2 + 6H_2O$$

어떤 기간 동안 한 사람에 의하여 968 g의 $C_6H_{12}O_6$가 소모된다면, 생성되는 CO_2의 질량은 얼마인가?

▸ **전략** 균형 반응식에서 $C_6H_{12}O_6$와 CO_2의 *몰비*를 이용하여 두 물질의 양을 비교해 보자. 어떤 방법으로 $C_6H_{12}O_6$의 질량을 몰수로 변환할 수 있는가? 균형 반응식의 몰비를 이용하여 CO_2의 몰수를 결정한 후, 어떻게 CO_2의 g수로 변환할 수 있는가?

▸ **풀이** 그림 3.8에 주어진 과정을 따라 푼다.

단계 1: 균형 반응식은 문제에 주어졌다.

단계 2: $C_6H_{12}O_6$의 질량을 몰수로 바꾼다.

$$968\ \cancel{\text{g } C_6H_{12}O_6} \times \frac{1 \text{ mol } C_6H_{12}O_6}{180.2\ \cancel{\text{g } C_6H_{12}O_6}} = 5.372 \text{ mol } C_6H_{12}O_6$$

단계 3: $C_6H_{12}O_6$와 CO_2의 몰비는 1:6이다. 그러므로 CO_2의 생성 몰수는

$$5.372\ \cancel{\text{mol } C_6H_{12}O_6} \times \frac{6 \text{ mol } CO_2}{1\ \cancel{\text{mol } C_6H_{12}O_6}} = 32.23 \text{ mol } CO_2$$

단계 4: 마지막으로 생성된 CO_2의 그램 수는 다음과 같다.

$$32.23\ \cancel{\text{mol } CO_2} \times \frac{44.01 \text{ g } CO_2}{1\ \cancel{\text{mol } CO_2}} = 1.42 \times 10^3 \text{ g } CO_2$$

이 과정을 요약하면 다음과 같다.

$$C_6H_{12}O_6\text{의 g수} \longrightarrow C_6H_{12}O_6\text{의 몰수} \longrightarrow CO_2\text{의 몰수} \longrightarrow CO_2\text{의 g수}$$

하나의 식으로 나타내면 다음과 같다.

$$CO_2\text{의 질량} = 968\ \cancel{\text{g } C_6H_{12}O_6} \times \frac{1\ \cancel{\text{mol } C_6H_{12}O_6}}{180.2\ \cancel{\text{g } C_6H_{12}O_6}} \times \frac{6\ \cancel{\text{mol } CO_2}}{1\ \cancel{\text{mol } C_6H_{12}O_6}} \times \frac{44.01 \text{ g } CO_2}{1\ \cancel{\text{mol } CO_2}}$$
$$= 1.42 \times 10^3 \text{ g } CO_2$$

▸ **검산** 답은 타당한가? CO_2의 몰질량이 $C_6H_{12}O_6$의 몰질량보다 매우 작음에도 불구하고 생성되는 CO_2의 질량이 반응하는 $C_6H_{12}O_6$ 보다 커야 하는가? $C_6H_{12}O_6$와 CO_2의 몰비는 얼마인가?

비슷한 문제: 3.72.

▸ **실전 연습** 메탄올(CH_3OH)은 다음 반응식에 따라 공기 중에서 연소한다.

$$2CH_3OH + 3O_2 \longrightarrow 2CO_2 + 4H_2O$$

메탄올 209 g이 모두 연소된다면, 생성되는 H_2O의 질량은 얼마인가?

리튬이 물과 반응하여 수소 기체를 생성한다.

예제 3.14

모든 알칼리 금속은 물과 반응하여 수소 기체와 알칼리 금속의 수산화물을 만든다. 리튬과 물 사이의 전형적인 반응은 다음과 같다.

$$2\text{Li}(s) + 2\text{H}_2\text{O}(l) \longrightarrow 2\text{LiOH}(aq) + \text{H}_2(g)$$

7.79 g의 H_2를 얻기 위해 얼마의 Li이 필요한가?

▸ **전략** 일정량의 생성물(H_2)을 만드는 데 필요한 반응물(Li)의 양을 구하는 문제이다. 그러므로 그림 3.8에 나타낸 역과정이 필요하다. 균형 반응식에서 Li과 H_2의 몰비는 2:1이다.

▸ **풀이** 변환 단계는 다음과 같다.

$$H_2\text{의 g수} \longrightarrow H_2\text{의 몰수} \longrightarrow \text{Li의 몰수} \longrightarrow \text{Li의 g수}$$

이 단계를 하나로 정리하면 아래와 같다.

$$7.79\ \cancel{\text{g H}_2} \times \frac{1\ \cancel{\text{mol H}_2}}{2.016\ \cancel{\text{g H}_2}} \times \frac{2\ \cancel{\text{mol Li}}}{1\ \cancel{\text{mol H}_2}} \times \frac{6.941\ \text{g Li}}{1\ \cancel{\text{mol Li}}} = 53.6\ \text{g Li}$$

▸ **검산** 대략적으로 H_2 7.79 g은 H_2 4 mol에 해당되므로, Li 8 mol이 필요하다. 대략적인 Li의 몰 질량을 7 g으로 생각하면 답은 타당한가?

비슷한 문제: 3.65, 3.71.

▸ **실전 연습** 일산화 질소(NO)와 산소가 반응하여 이산화 질소(NO_2)를 만드는 반응은 광화학적 스모그를 형성하는 데 있어서 중요한 단계이다.

$$2NO(g) + O_2(g) \longrightarrow 2NO_2(g)$$

NO_2 2.21 g을 생성하는 데 몇 그램의 O_2가 필요한가?

☑ 개념 복습하기

다음 반응식에 대한 서술 중 맞는 것은 어느 것인가?

$$4NH_3(g) + 5O_2(g) \longrightarrow 4NO(g) + 6H_2O(g)$$

(a) NH_3 1 mol이 반응하면 NO 1 mol이 생성됨.
(b) NH_3 4 g이 반응하면 H_2O 6 g이 생성됨.
(c) O_2 3 mol이 반응하면 NO 2 mol이 생성됨.

동영상
한계 시약.

3.9 한계 시약과 반응 수득률

화학자가 반응을 수행할 때, 반응물들이 항상 정확한 **화학량론적 양**(stoichiometric amount), 즉 *균형 반응식에 나타난 비율대로* 존재하지 않는다. 반응의 목적은 출발 물질로부터 유용한 물질을 최대한 얻는 것이기 때문에, 일반적으로 고가의 반응물이 원하는 생성물로 완전히 바뀌도록 한 반응물을 과량으로 가한다. 결과적으로 어떤 반응물은 반응이 완결되어도 남아있게 된다. *반응에서 먼저 소모되는 반응물*을 **한계 시약**(limiting reagent)이라 부르며, 이는 이 물질의 양이 처음에 얼마나 있었는지가 생성물의 양을 결정짓기 때문이다. 이 반응물이 완전히 소모되면 생성물은 더 이상 만들어지지 않는다. **초과 시약**(excess reagent)이란 *한계 시약과 반응할 때 필요한 양보다 훨씬 더 많은 양이 존재하는 반응물*을 뜻한다.

한계 시약의 개념은 클럽에서 남자와 여자가 댄스 경연 대회를 할 때의 관계와 비슷하다. 남자가 14명 있고 여자가 9명 있다면 남녀 아홉 쌍만이 대회에 참여할 수 있다. 남자 다섯 명은 파트너 없이 남아 있을 것이다. 따라서 여자의 숫자가 경연 대회에 참여할 수 있는 남자의 숫자를 *제한*하게 되고, 남자 중 일부는 그냥 *남아* 있어야 하는 것이다.

고온에서 일산화 탄소와 수소로부터 메탄올(CH_3OH)의 공업적인 합성을 생각해 보자.

$$CO(g) + 2H_2(g) \longrightarrow CH_3OH(g)$$

처음에 CO 4 mol과 H_2 6 mol이 있는 경우를 가정하자(그림 3.9). 두 반응물 중 어떤 것이 한계 시약인지를 가려내는 방법은 초기 CO와 H_2의 양을 기준으로 생성되는 CH_3OH의 양을 계산하는 것이다. 앞에서의 정의에 따라 *더 적은 양*의 생성물을 만드는 것이 한계 시약이다. CO 4 mol을 초기 값으로 생성되는 CH_3OH의 몰수를 계산하면 다음과 같다.

$$4\ \cancel{\text{mol CO}} \times \frac{1\ \text{mol CH}_3\text{OH}}{1\ \cancel{\text{mol CO}}} = 4\ \text{mol CH}_3\text{OH}$$

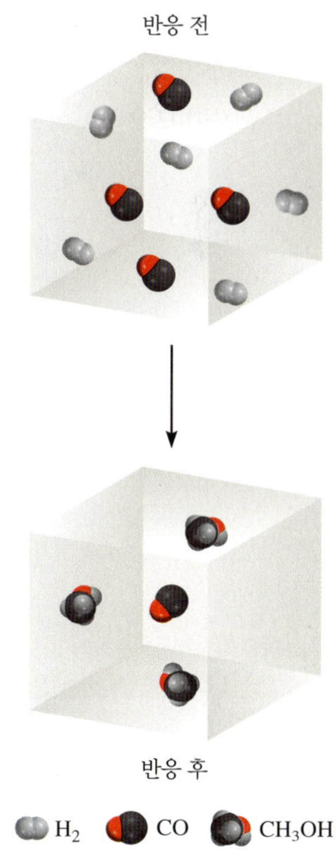

그림 3.9 • 반응이 시작될 때 NO 분자 8개와 O_2 분자 7개가 있었다. 반응이 완결되면 NO 분자는 사라지고 O_2 분자 세 개가 남는다. 그러므로 NO는 한계 시약이고 O_2는 초과 시약이다. 이 반응에서 분자수를 몰수로 보아도 같은 결과를 얻는다.

H_2 6 mol을 이용하여 계산하면, 다음과 같다.

$$6\ \cancel{\text{mol H}_2} \times \frac{1\ \text{mol CH}_3\text{OH}}{2\ \cancel{\text{mol H}_2}} = 3\ \text{mol CH}_3\text{OH}$$

따라서 H_2가 더 적은 양의 CH_3OH를 형성하므로 한계 시약이고, CO는 초과 시약이다.

한계 시약이 포함된 화학량론적 계산을 할 때, 첫 단계는 한계 시약을 결정하는 것이다. 한계 시약이 결정되면, 나머지는 3.8절에 요약된 순서대로 풀면 된다. 예제 3.15에서 이를 확인해 보자.

예제 3.15

요소[$(NH_2)_2CO$]는 암모니아와 이산화 탄소로부터 제조된다.

$$2NH_3(g) + CO_2(g) \longrightarrow (NH_2)_2CO(aq) + H_2O(l)$$

어떤 하나의 과정에서 NH_3 849.2 g과 CO_2 1223 g을 반응시켰다. (a) 두 반응물 중 한계 시약은 어느 것인가? (b) 생성되는 $(NH_2)_2CO$의 질량을 계산하시오. (c) 반응이 완결되면 몇 그램의 초과 시약이 남아 있는가?

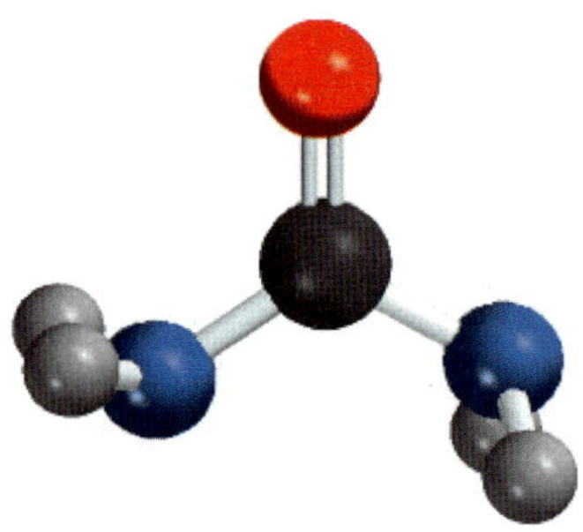

$(NH_2)_2CO$

▸ **(a) 전략** 만들 수 있는 생성물의 양을 제한하므로 더 적은 몰수의 생성물을 형성하는 반응물이 한계 시약이다. 어떻게 반응물의 양을 생성물의 양으로 변환할 수 있는가? 주어진 각 반응물(NH_3, CO_2)의 양을 이용하여 이 계산을 수행하고, 생성물인 $(NH_2)_2CO$의 양을 비교하라.

▸ **풀이** 분리된 두 가지 계산을 수행한다. 먼저, NH_3 849.2 g을 이용하여 생성되는 $(NH_2)_2CO$의 몰수를 계산한다. 모든 NH_3가 반응한다고 가정하고 다음 순서를 이용한다.

$$NH_3\text{의 g수} \longrightarrow NH_3\text{의 몰수} \longrightarrow (NH_2)_2CO\text{의 몰수}$$

이 모든 과정을 하나로 묶으면 다음과 같다.

$$(NH_2)_2CO\text{의 몰수} = 849.2\ \cancel{\text{g NH}_3} \times \frac{1\ \cancel{\text{mol NH}_3}}{17.03\ \cancel{\text{g NH}_3}} \times \frac{1\ \text{mol (NH}_2)_2\text{CO}}{2\ \cancel{\text{mol NH}_3}}$$
$$= 24.93\ \text{mol (NH}_2)_2\text{CO}$$

이제, CO_2 1223 g을 이용하여 다음 순서대로 푼다.

$$CO_2\ \text{g수} \longrightarrow CO_2\text{의 몰수} \longrightarrow (NH_2)_2CO\text{의 몰수}$$

모든 CO_2가 반응한다는 가정 하에 생성되는 $(NH_2)_2CO$의 몰수를 구하면 다음과 같다.

$$(NH_2)_2CO\text{의 몰수} = 1223\ \cancel{\text{g CO}_2} \times \frac{1\ \cancel{\text{mol CO}_2}}{44.01\ \cancel{\text{g CO}_2}} \times \frac{1\ \text{mol (NH}_2)_2\text{CO}}{1\ \cancel{\text{mol CO}_2}}$$
$$= 27.79\ \text{mol (NH}_2)_2\text{CO}$$

따라서 NH_3가 더 적은 양의 $(NH_2)_2CO$을 생산하므로 NH_3가 한계시약이다.

▸ **(b) 전략** 앞 (a)에서 NH_3를 한계 시약으로 하여 생성되는 $(NH_2)_2CO$의 몰수를 결정하였다. 몰수를 g 수로 어떻게 변환할 수 있는가?

▸ **풀이** $(NH_2)_2CO$의 몰질량은 60.06 g이다. 이것을 변환 인자로 이용하여 $(NH_2)_2CO$의 몰수를 g 수로 변환해 보자.

$$(NH_2)_2CO\text{의 질량} = 24.93\ \cancel{\text{mol (NH}_2)_2\text{CO}} \times \frac{60.06\ \text{g (NH}_2)_2\text{CO}}{1\ \cancel{\text{mol (NH}_2)_2\text{CO}}}$$
$$= 1497\ \text{g (NH}_2)_2\text{CO}$$

▸ **검산** 답이 타당해 보이는가? 생성물 24.93 mol이 만들어졌다. $(NH_2)_2CO$의 몰질량은 얼마인가?

▸ **(c) 전략** $(NH_2)_2CO$ 24.93 mol을 생성하기 위하여 필요한 CO_2의 양을 계산할 수 있다. 남은 CO_2의 양은 초기량과 반응한 양의 차이다.

▸ **풀이** 24.93 mol로 시작해서 균형 반응식의 몰비와 CO_2의 몰질량을 이용하여 반응한 CO_2의 질량을 계산할 수 있다. 요약하면 다음과 같다.

$$(NH_2)_2CO\text{의 몰수} \longrightarrow CO_2\text{의 몰수} \longrightarrow CO_2\text{의 질량}$$

따라서

$$\text{반응한 } CO_2\text{의 질량} = 24.93 \text{ mol } \cancel{(NH_2)_2CO} \times \frac{1 \text{ mol } \cancel{CO_2}}{1 \text{ mol } \cancel{(NH_2)_2CO}} \times \frac{44.01 \text{ g } CO_2}{1 \text{ mol } \cancel{CO_2}}$$
$$= 1097 \text{ g } CO_2$$

남은 CO_2의 양(초과량)은 처음의 양(1223 g)과 반응한 양(1097 g)의 차이다.

$$\text{남은 } CO_2\text{의 질량} = 1223 \text{ g} - 1097 \text{ g} = \boxed{126 \text{ g}}$$

▸ **검산** 답이 합리적인가? 남아있는 CO_2의 질량이 반응에 사용된 초기 CO_2의 질량보다 더 클 수 있는가?

비슷한 문제: 3.88.

▸ **실전 연습** 알루미늄이 산화 철(III)과 반응하면 높은 열이 발생하여 온도가 3000°C에 도달하고, 이 반응을 용접에 이용할 수 있다.

$$2Al + Fe_2O_3 \longrightarrow Al_2O_3 + 2Fe$$

어떤 반응에서 Al 124 g과 Fe_2O_3 601 g이 반응하였다. (a) 생성되는 Al_2O_3의 g수를 구하시오 (b) 반응이 완결되면 초과 시약이 몇 g 남는가?

예제 3.15는 중요한 점을 하나 알려주고 있다. 실제로 화학자들은 값비싼 시약을 한계 시약으로 하여 남김없이 반응에 쓰일 수 있도록 한다. 요소를 합성하는 과정의 경우 NH_3는 CO_2보다 훨씬 비싸기 때문에 NH_3가 언제나 한계 시약으로 쓰인다.

☑ 개념 복습하기

다음 반응을 생각해 보자.

$$2NO(g) + O_2(g) \longrightarrow 2NO_2(g)$$

(a)에 나타낸 반응물에서 시작하여 한계 시약이 완전히 반응한 다음 상황을 가장 잘 나타낸 것은 (b)~(d) 중 어느 것인가?

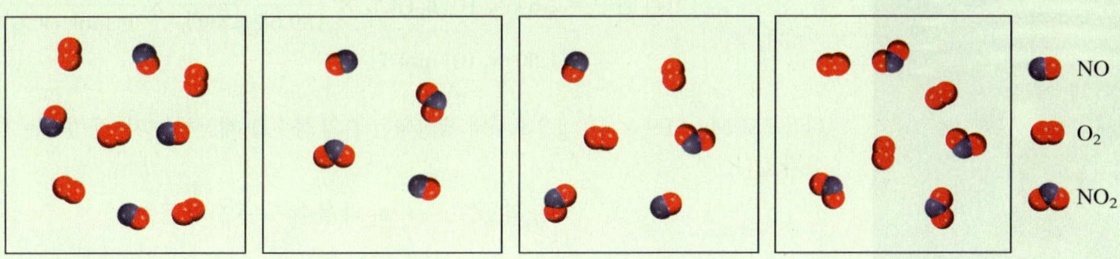

(a) (b) (c) (d)

반응 초기에 존재하는 한계 시약이 모든 *한계 시약이 완전히 반응했을 때 얻을 수 있는 생성물의 양인* **이론적 수득량**(theoretical yield)을 결정한다. 그러므로 이론적 수득량은 균형 반응식에서 예상되는 얻을 수 있는 *최대의* 수득량이다. *실제 반응을 통해서 얻은 생성물의 양인* **실제 수득량**(actual yield)은 언제나 이론적 수득량보다 작다. 실제 수득량과 이론적 수득량 간의 차이가 생기는 이유는 여러 가지가 있다. 예를 들어, 많은 반응이 가역적으로 일어난다. 그러므로 이 반응은 왼쪽에서 오른쪽으로 100% 반응이 진행되지 않는다. 반응이 100% 진행된 경우라 하더라도 생성물을 완전히 반응 매체(이를테면 수용액과 같은)로부터 회수하는 것도 어렵다. 어떤 반응의 경우 생성물들끼리 반응을 하거나, 생성물이 반응물과

이론적 수득량은 균형 반응식을 이용하여 계산한 수득량이라는 것을 명심하라. 실제 수득량은 반응이 일어나서 얻어진 수득량이다.

계속 반응을 하기 때문에 더 복잡해지기도 한다. 이런 반응들 때문에 첫 번째 반응의 수득량이 낮아지게 된다.

화학자들은 반응이 얼마나 효율적인지 판단하기 위해서 **수득 백분율**(percent yield)을 사용한다. 수득 백분율은 *이론적 수득량에 대한 실제 수득량의 비*를 나타내며, 아래와 같이 계산한다.

$$\text{수득 백분율} = \frac{\text{실제 수득량}}{\text{이론적 수득량}} \times 100\% \qquad \textbf{(3.4)}$$

수득 백분율은 0~100% 범위의 값을 가질 수 있다. 화학자들은 반응에서 최고의 수득률을 얻기 위해 노력한다. 온도나 압력도 반응에 영향을 미칠 수 있다.

예제 3.16에서 산업 공정 반응에서의 수득률을 계산해 보자.

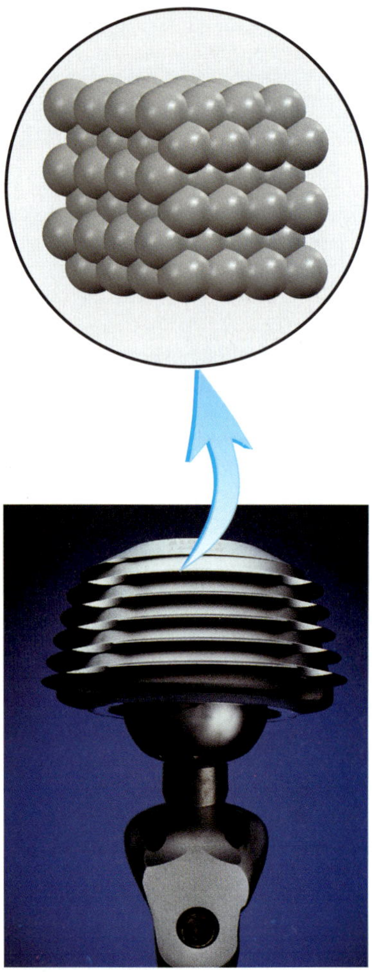

타이타늄으로 만든 인공 고관절과 고체 타이타늄의 구조.

예제 3.16

타이타늄은 항공기 본체, 제트 엔진, 자전거의 몸체, 인공 관절 등에 사용되는 강하고 가벼우며, 부식에 강한 금속이다. 이 금속은 950~1150°C에서 타이타늄(IV)와 용융 마그네슘과의 반응을 통해서 얻는다.

$$TiCl_4(g) + 2Mg(l) \longrightarrow Ti(s) + 2MgCl_2(l)$$

어떤 산업 공정에서 $TiCl_4$ 2.84×10^7 g이 Mg 1.09×10^7 g과 반응하였다. (a) Ti의 이론적 수득량을 g 단위로 계산하시오. (b) 실제로 얻은 Ti가 5.97×10^6 g일 때 수득 백분율은 얼마인가?

▸ **(a) 전략** 두 종류의 반응물이 있으므로, 한계 시약 문제일 가능성이 높다. 더 적은 양의 생성물을 만드는 반응물이 한계 시약이다. 반응물의 양으로부터 생성물의 양을 어떻게 계산하는가? 이 계산을 두 종류의 반응물에 대하여 수행하고, 생성되는 Ti의 양을 비교한다.

▸ **풀이** 두 반응물 중 어느 것이 한계 시약인지 결정하기 위하여 두 번의 계산을 수행하자. 먼저, $TiCl_4$ 2.84×10^7 g이 모두 반응했을 때 생성되는 Ti의 몰수를 계산한다.

$$TiCl_4\text{의 g수} \longrightarrow TiCl_4\text{의 몰수} \longrightarrow \text{Ti의 몰수}$$

그리고 다시 다음과 같이 나타낼 수 있다.

$$\text{Ti의 몰수} = 2.84 \times 10^7\ \cancel{\text{g TiCl}_4} \times \frac{1\ \cancel{\text{mol TiCl}_4}}{189.68\ \cancel{\text{g TiCl}_4}} \times \frac{1\ \text{mol Ti}}{1\ \cancel{\text{mol TiCl}_4}}$$
$$= 1.50 \times 10^5\ \text{mol Ti}$$

다음으로 Mg 1.09×10^7 g으로부터 생성되는 Ti의 몰수를 계산해 보자. 생성되는 Ti의 질량은 다음과 같다.

$$\text{Mg의 g수} \longrightarrow \text{Mg의 몰수} \longrightarrow \text{Ti의 몰수}$$

계산을 하면

$$\text{Ti의 몰수} = 1.09 \times 10^7\ \cancel{\text{g Mg}} \times \frac{1\ \cancel{\text{mol Mg}}}{24.31\ \cancel{\text{g Mg}}} \times \frac{1\ \text{mol Ti}}{2\ \cancel{\text{mol Mg}}}$$
$$= 2.24 \times 10^5\ \text{mol Ti}$$

따라서 $TiCl_4$가 더 적은 양의 Ti를 생성하므로 $TiCl_4$가 한계 시약이다. 생성되는 Ti의 질량은 다음과 같다.

$$1.50 \times 10^5\ \cancel{\text{mol Ti}} \times \frac{47.88\ \text{g Ti}}{1\ \cancel{\text{mol Ti}}} = 7.18 \times 10^6\ \text{g Ti}$$

▸ **(b) 전략** 앞에서 결정된 Ti의 질량은 이론적 수득량이다. (b)에서 주어진 양이 반응의 실제 수득량이다.

▸ **풀이** 수득 백분율은 다음과 같이 계산된다.

$$\begin{aligned}수득\ 백분율 &= \frac{실제\ 수득량}{이론적\ 수득량} \times 100\% \\ &= \frac{5.97 \times 10^6\ g\ Ti}{7.18 \times 10^6\ g\ Ti} \times 100\% \\ &= 83.1\%\end{aligned}$$

▸ **검산** 수득 백분율은 100% 보다 작게 얻어졌는가?

비슷한 문제: 3.89, 3.90.

▸ **실전 연습** 합금강을 만드는 데 사용되는 바나듐은 산업적으로 산화 바나듐(V)를 고온에서 칼슘과 반응시켜 얻는다.

$$5Ca + V_2O_5 \longrightarrow 5CaO + 2V$$

어떤 공정에서 V_2O_5 1.54×10^3 g을 Ca 1.96×10^3 g과 반응시켰다. (a) V의 이론적 수득량을 구하시오. (b) V 803 g를 얻었다면 수득 백분율은 얼마인가?

☑ 개념 복습하기

수득 백분율은 반응의 이론적 수득량을 초과할 수 있는가?

주요 식

$$화합물\ 중\ 특정\ 원소의\ 조성\ 백분율 = \frac{n \times 원소의\ 몰질량}{화합물의\ 몰질량} \times 100\% \quad (3.1)$$

$$수득\ 백분율 = \frac{실제\ 수득량}{이론적\ 수득량} \times 100\% \quad (3.4)$$

사실과 개념에 대한 요약

1. 원자 질량은 원자 질량 단위(amu)로 측정된다. 이 단위는 C-12 동위원소에 대해 정확히 12라고 정의하고 구한 상대적 단위이다. 특정 원소의 원자에 대해 주어지는 원자 질량은 자연계에 존재하는 해당 원소의 모든 동위원소가 가지는 값의 평균이다. 분자 질량은 분자 내에 존재하는 원자 질량의 합이다. 원자 질량과 분자 질량은 질량 분석기를 이용하여 정확히 측정할 수 있다.
2. 1 mol이란 아보가드로 수(6.022×10^{23})만큼의 원자, 분자 또는 다른 입자를 뜻한다. 원소나 화합물의 몰질량(그램)은 원자 질량 단위(amu)로 나타낸 질량과 값이 일치하며, 아보가드로 수만큼의 원자(원소인 경우), 분자 또는 가장 단순한 단위(이온 화합물의 경우)를 포함하고 있다.
3. 화합물의 질량 조성 백분율이란 각 원소가 화합물 내에 존재하는 질량의 백분율을 뜻한다. 만일 어떤 화합물의 질량 조성 백분율을 알고 있으면, 화합물의 실험식을 추측해낼 수 있다. 또한 대략적인 몰질량을 알면 화합물의 분자식도 알 수 있다.
4. 화학 반응이라고 부르는 화학적 변화는 화학 반응식으로 나타낼 수 있다. 변화하는 물질(반응물)은 화살표 왼쪽에, 생성되는 물질(생성물)은 화살표 오른쪽에 표시한다. 화학 반응식은 질량 보존 법칙에 따라 반드시 반응계수를 맞춰주어야 한다. 반응물 내 각 원소의 원자수는 생성물의 원자수와 같아야 한다.
5. 화학량론이란 화학 반응에 있어서 반응물과 생성물에 대한 정량적인 연구를 뜻한다. 화학량론적 계산에서 가장 좋은 방법은 주어진 또는 미지의 양을 몰수로 바꾸고 다시 이를 다른 필요한 단위로 변환하는 것이다. 한계 시약이란 화학량론적으로 가장 작은 양이 존재하는 반응물을 뜻한다. 한계 시약은 반응 후 생성되는 생성물의 양을 결정한다. 반응에서 얻어지는 생성물의 양(실제 수득량)은 가능한 최대량(이론적 수득량)보다 적다. 이 두 값의 비율은 수득 백분율로 표현한다.

주요 용어

몰
몰 방법
몰질량
반응물
분자 질량
생성물
수득 백분율
실제 수득량
아보가드로 수
원자 질량
원자 질량 단위
이론적 수득량
조성 백분율
초과 시약
한계 시약
화학 반응
화학 반응식
화학량론
화학량론적 양

연습 문제

원자 질량

복습 질문

3.1 원자 질량 단위란 무엇이며, 왜 필요한가?

3.2 탄소-12 원자의 질량은(amu 단위로)? 이 책의 표지 안쪽 표에 탄소의 원자 질량이 12.01 amu로 되어 있는 이유는 무엇인가?

3.3 "금의 원자 질량은 197.0 amu이다"란 정확한 의미를 설명하시오.

3.4 원소의 평균 원자 질량을 계산하기 위하여 필요한 정보는 무엇인가?

문제

3.5 염소 동위원소 $^{35}_{17}Cl$(75.53%)와 $^{37}_{17}Cl$(24.47%)의 원자 질량은 각각 34.968 amu와 36.956 amu이다. 염소의 평균 원자 질량을 구하시오. 괄호 안의 백분율은 상대 존재 비이다.

3.6 $^{6}_{3}Li$와 $^{7}_{3}Li$의 원자 질량은 각각 6.0151 amu와 7.0160 amu이다. Li의 평균 원자 질량이 6.941 amu일 때, Li의 두 동위원소의 자연 존재 비를 구하시오.

3.7 13.2 amu는 몇 g인가?

3.8 8.4 g은 몇 amu인가?

아보가드로 수와 몰질량

복습 질문

3.9 "몰(mole)"을 정의하시오. 계산에서 몰의 단위는 무엇인가? 몰과 쌍, 다스, 집합 등의 유사점은 무엇인가? 아보가드로 수가 나타내는 것은 무엇인가?

3.10 원자의 몰질량이란 무엇인가? 몰질량의 단위로 보통 무엇이 사용되는가?

문제

3.11 지구의 총 인구수는 약 70억 명이다. 이 모든 사람이 초당 2개씩 세는 속도로 입자를 세는 과정을 가정해 보자. 6.0×10^{23}개의 입자를 세는 데 몇 년이 걸리겠는가? 일 년은 365일로 가정한다.

3.12 종이의 두께가 0.0036인치라고 하자. 어떤 책의 쪽수가 아보가드로 수라고 할 때, 이 책의 두께는 광년 단위로 얼마인가? (*힌트*: 문제 1.38에서 광년의 정의 참조)

3.13 황(S) 5.10 mol은 몇 개의 원자에 해당하는가?

3.14 코발트 원자 6.00×10^9(60억)개는 Co 원자 몇 mol에 해당하는가?

3.15 칼슘 77.4 g은 몇 mol인가?

3.16 금 15.3 mol은 몇 g인가?

3.17 다음 원소에서 원자 하나의 질량은 몇 g인가? (a) Hg, (b) Ne

3.18 다음 원소에서 원자 하나의 질량은 몇 g인가? (a) As, (b) Ni

3.19 납(Pb) 원자 1.00×10^{12}개의 질량은 몇 g인가?

3.20 어떤 동전의 무게는 2.5 g이지만 0.063 g의 구리(Cu)를 포함하고 있다. 그 동전에는 몇 개의 원자가 들어 있는가?

3.21 수소 (H)원자 1.10 g과 크로뮴(Cr) 14.7 g 중 어느 것이 더 많은 원자를 포함하고 있는가?

3.22 납 원자 두 개와 He 5.1×10^{-23} mol 중 질량이 더 큰 것은?

분자 질량

문제

3.23 다음 각 물질의 몰질량 또는 화학식 질량을 amu 단위로 구하시오. (a) CH_4, (b) NO_2, (c) SO_3, (d) C_6H_6, (e) NaI, (f) K_2SO_4, (g) $Ca_3(PO_4)_2$

3.24 다음 물질의 몰질량을 계산하시오. (a) Li_2CO_3, (b) CS_2, (c) $CHCl_3$(클로로폼), (d) $C_6H_8O_6$(아스코브산, 비타민 C), (e) KNO_3, (f) Mg_3N_2

3.25 어떤 물질 0.372 mol의 질량이 152 g이라면 이 물질의 몰질량은 얼마인가?

3.26 다음 그림은 아세톤이다. 아세톤 0.435 g에는 아세톤 분자 몇 개가 존재하는가?

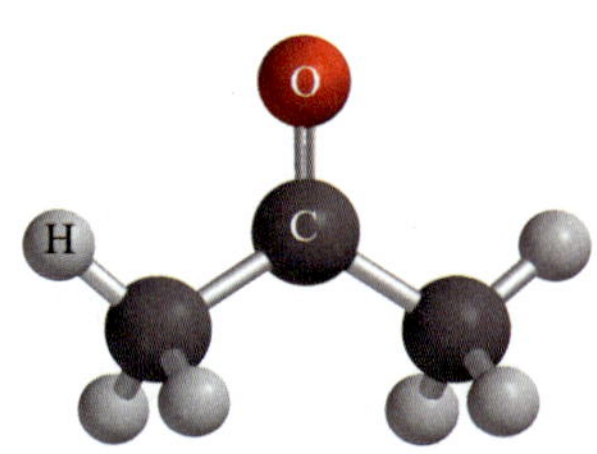

3.27 여기 나타낸 스쿠아르 산(squaric acid) 1.75 g에 있는 C, H, O의 개수를 구하시오.

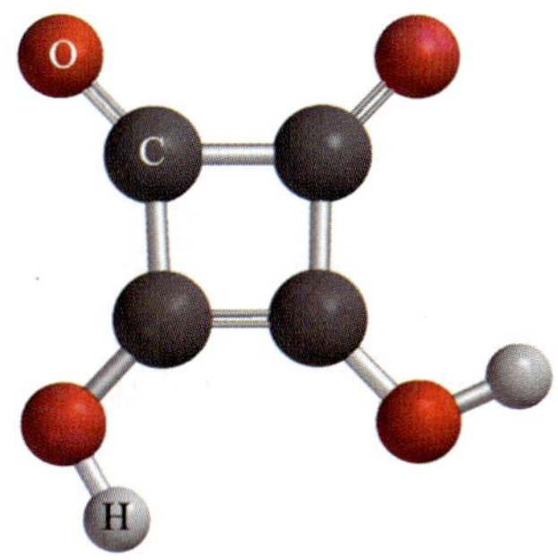

3.28 DMSO라고도 부르는 다이메틸 설폭사이드[$(CH_3)_2SO$]는 국부적으로 약물을 체내에 전달하는 데 사용되고, 피부를 통해 침투되는 중요한 용매이다. 다이메틸 설폭사이드 7.14×10^3 g에 들어 있는 C, S, H, O 원자의 수를 계산하시오.

3.29 페로몬은 많은 종류의 곤충에서 암컷이 짝짓기 상태인 수컷을 유혹할 때 분비되는 화합물이며, 분자식은 $C_{19}H_{38}O$이다. 일반적으로 암컷 한 마리가 분비하는 페로몬은 약 1.0×10^{-12} g이다. 이 양에 포함된 페로몬 분자는 몇 개인가?

3.30 4°C 물의 밀도는 1.00 g/mL이다. 이 온도에서 물 2.56 mL에는 물 분자 몇 개가 존재하는가?

질량 분석기

복습 질문

3.31 질량 분석기의 작동 원리를 설명하시오.

3.32 질량 분석 스펙트럼으로부터 어떻게 동위원소의 존재비를 구할 수 있는지 기술하시오.

문제

3.33 탄소는 $^{12}_{6}C$와 $^{13}_{6}C$의 두 가지 안정한 동위원소가 있으며, 플루오린에는 $^{19}_{9}F$ 한 가지 안정한 동위원소가 있다. 양이온 CF_4^+의 질량 스펙트럼에서 몇 개의 피크를 관찰할 수 있는가? 이 이온은 더 작은 조각으로 분해되지 않는다고 가정한다.

3.34 수소에는 두 개의 안정한 동위원소 $^{1}_{1}H$와 $^{2}_{1}H$가 있고, 황에는 네 개의 안정한 동위원소 $^{32}_{16}S$, $^{33}_{16}S$, $^{34}_{16}S$, $^{36}_{16}S$가 있다. H_2S^+의 질량 분석 스펙트럼에는 몇 개의 피크가 있을지 예측하시오. 이온이 더 이상 쪼개어지지 않는다고 가정하시오.

조성 백분율과 화학식

복습 질문

3.35 암모니아(NH_3)를 이용하여 화합물의 질량 조성 백분율이 무엇인지 설명하시오.

3.36 미지 시료의 질량 조성 백분율로부터 시료가 무엇인지 알아낼 수 있는 방법을 기술하시오.

3.37 실험식에서 "실험"이란 단어의 의미는 무엇인가?

3.38 어떤 시료의 실험식을 알고 있을 때, 분자식을 구하기 위하여 어떠한 정보가 더 필요한가?

문제

3.39 주석(Sn)은 지각에서 SnO_2 형태로 존재한다. SnO_2 중의 Sn과 O의 질량 조성 백분율을 구하시오.

3.40 클로로폼($CHCl_3$)은 간, 신장, 심장에 심각한 손상을 입힐 수 있는 독성 물질임에도 불구하고 오랫동안 흡입 마취제로 사용되어 왔다. 이 물질의 질량 조성 백분율을 구하시오.

3.41 신남 알코올(cinnamic alcohol)은 주로 비누나 화장품의 향료로 사용되며, 분자식은 $C_9H_{10}O$이다. (a) C, H, O의 질량 조성 백분율을 구하시오. (b) 시료 0.469 g에 포함된 신남 알코올 분자는 몇 개인가?

3.42 다음에 기술한 물질들은 토양에 질소를 공급하는 비료들이다. 이 중에서 질량 백분율로 보아서 질소의 가장 풍부한 공급원은 어느 것인가?
(a) 요소, $(NH_2)_2CO$
(b) 질산 암모늄, NH_4NO_3
(c) 구아니딘, $HNC(NH_2)_2$
(d) 암모니아, NH_3

3.43 알리신(Allicin)은 마늘의 특이한 냄새의 원인 물질이다. 이 화합물을 분석한 결과 질량 백분율은 C 44.4%, H 6.21%, S 39.5%, O 9.86%이었다. 실험식을 구하시오. 몰질량이 162 g이라면 분자식은 무엇인가?

3.44 질산 과산화아실(Peroxyacylnitrate, PAN)는 C, H, N, O로 이루어진 화합물로 스모그의 한 성분이다. C, N, H의 질량 조성 백분율이 C 19.8%, H 2.50%, N 11.6%일 때 O의 질량 백분율과 실험식을 구하시오. 몰질량이 120 g일 때 분자식은 무엇인가?

3.45 녹 성분은 Fe_2O_3로 표시할 수 있다. 이 화합물 24.6 g에 존재하는 Fe의 몰수는 얼마인가?

3.46 황(S)은 수은(Hg)과 반응하여 HgS를 만든다. 수은(Hg) 246 g과 반응하기 위해 몇 g의 S가 필요한가?

3.47 알루미늄(Al) 20.4 g과 완전히 반응하여 아이오딘화 알루미늄(AlI_3)을 형성하는 아이오딘(I_2)의 g 단위 질량을 구하시오.

3.48 플루오린화 주석(II) SnF_2는 충치 예방을 위하여 치약의 성분으로 쓰인다. SnF_2 24.6 g에는 몇 g의 F가 있는가?

3.49 다음 조성을 가지는 화합물의 실험식을 구하시오.
(a) H 2.1%, O 65.3%, S 32.6%,
(b) Al 20.2%, Cl 79.8%.

3.50 다음 조성을 가지는 화합물의 실험식을 구하시오.
(a) C 40.1%, H 6.6%, O 53.3%,
(b) C 18.4%, N 21.5%, K 60.1%

3.51 $CaSiO_3$는 질량의 2.5 배까지의 물을 흡수하고, 유동성을 유지할 수 있는 분말 화합물이다. 이 화합물의 조성 백분율을 구하시오.

3.52 어떤 화합물의 실험식이 CH이다. 이 화합물의 몰질량이 78 g이면 분자식은 무엇인가?

3.53 카페인의 몰질량은 194.19 g이다. 카페인의 분자식은 $C_4H_5N_2O$와 $C_8H_{10}N_4O_2$ 중 어느 것인가?

3.54 글루탐산 소듐(monosodium glutamate, MSG)은 조미

료의 주성분으로, 두통과 가슴 통증을 유발하는 것으로 알려져 있다. MSG의 질량 백분율 조성은 C 35.51%, H 4.77%, O 37.85%, N 8.29%, Na 13.60%이다. 분자 질량이 169 g이라고 할 때 분자식은?

화학 반응과 화학 반응식

복습 질문

3.55 수소와 산소로부터 물이 형성되는 과정을 이용하여 화학 반응과 반응물, 생성물을 설명하시오.

3.56 화학 반응과 화학 반응식의 차이는 무엇인가?

3.57 화학식의 균형을 맞추어야 하는 이유가 무엇인가? 균형 반응식에 적용되는 법칙은 무엇인가?

3.58 화학 반응식에서 기체, 액체, 고체 및 수용액 상태를 나타내는 기호를 쓰시오.

문제

3.59 3.7절에 요약된 방법을 이용하여 다음 반응식의 균형을 맞추시오.

(a) $C + O_2 \longrightarrow CO$
(b) $CO + O_2 \longrightarrow CO_2$
(c) $H_2 + Br_2 \longrightarrow HBr$
(d) $K + H_2O \longrightarrow KOH + H_2$
(e) $Mg + O_2 \longrightarrow MgO$
(f) $O_3 \longrightarrow O_2$
(g) $H_2O_2 \longrightarrow H_2O + O_2$
(h) $N_2 + H_2 \longrightarrow NH_3$
(i) $Zn + AgCl \longrightarrow ZnCl_2 + Ag$
(j) $S_8 + O_2 \longrightarrow SO_2$
(k) $NaOH + H_2SO_4 \longrightarrow Na_2SO_4 + H_2O$
(l) $Cl_2 + NaI \longrightarrow NaCl + I_2$
(m) $KOH + H_3PO_4 \longrightarrow K_3PO_4 + H_2O$
(n) $CH_4 + Br_2 \longrightarrow CBr_4 + HBr$

3.60 3.7절에 요약된 방법을 이용하여 다음 반응식의 균형을 맞추시오.

(a) $N_2O_5 \longrightarrow N_2O_4 + O_2$
(b) $KNO_3 \longrightarrow KNO_2 + O_2$
(c) $NH_4NO_3 \longrightarrow N_2O + H_2O$
(d) $NH_4NO_2 \longrightarrow N_2 + H_2O$
(e) $NaHCO_3 \longrightarrow Na_2CO_3 + H_2O + CO_2$
(f) $P_4O_{10} + H_2O \longrightarrow H_3PO_4$
(g) $HCl + CaCO_3 \longrightarrow CaCl_2 + H_2O + CO_2$
(h) $Al + H_2SO_4 \longrightarrow Al_2(SO_4)_3 + H_2$
(i) $CO_2 + KOH \longrightarrow K_2CO_3 + H_2O$
(j) $CH_4 + O_2 \longrightarrow CO_2 + H_2O$
(k) $Be_2C + H_2O \longrightarrow Be(OH)_2 + CH_4$
(l) $Cu + HNO_3 \longrightarrow Cu(NO_3)_2 + NO + H_2O$
(m) $S + HNO_3 \longrightarrow H_2SO_4 + NO_2 + H_2O$
(n) $NH_3 + CuO \longrightarrow Cu + N_2 + H_2O$

반응물과 생성물의 양

복습 질문

3.61 화학량론의 기초가 되는 법칙은 무엇인가? 화학량론에 관한 문제를 푸는 과정에서 균형 반응식을 이용해야 하는 이유는 무엇인가?

3.62 몰 방법에 포함된 각 단계를 서술하시오.

문제

3.63 다음 중 그림의 반응을 가장 잘 표현한 반응식은 어느 것인가?

(a) $8A + 4B \longrightarrow C + D$
(b) $4A + 8B \longrightarrow 4C + 4D$
(c) $2A + B \longrightarrow C + D$
(d) $4A + 2B \longrightarrow 4C + 4D$
(e) $2A + 4B \longrightarrow C + D$

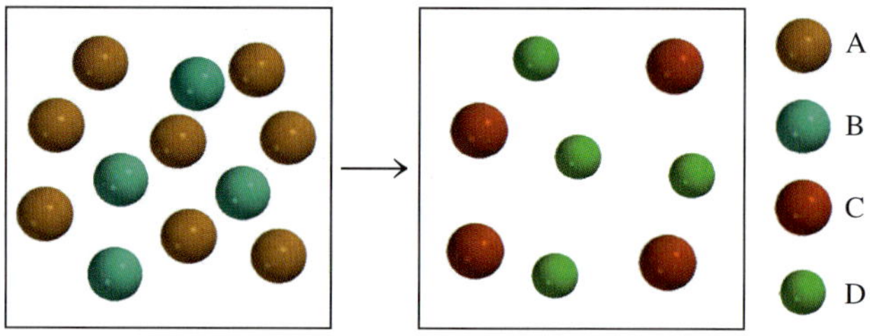

3.64 다음 중 그림의 반응을 가장 잘 표현한 반응식은 어느 것인가?

(a) $A + B \longrightarrow C + D$
(b) $6A + 4B \longrightarrow C + D$
(c) $A + 2B \longrightarrow 2C + D$
(d) $3A + 2B \longrightarrow 2C + D$
(e) $3A + 2B \longrightarrow 4C + 2D$

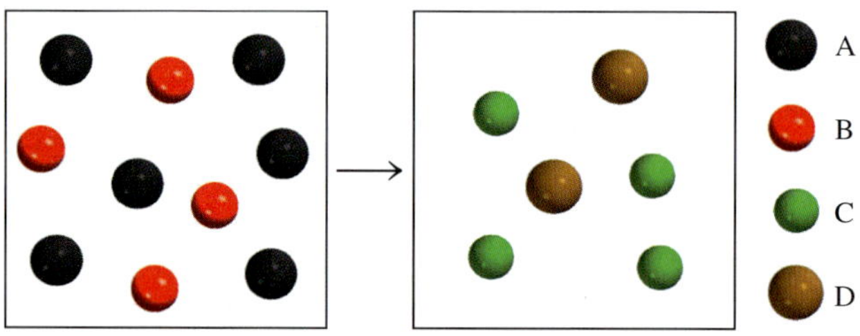

3.65 산소가 있는 환경에서 일산화 탄소(CO)를 연소시키는 과정을 생각해 보자.

$$2CO(g) + O_2(g) \longrightarrow 2CO_2(g)$$

산소가 과량 존재한다면 CO 3.60 mol을 연소시켜 얻을 수 있는 CO_2의 몰수를 구하시오.

3.66 사염화 규소($SiCl_4$)는 염소 기체 중에서 Si를 가열하여 만들 수 있다.

$$Si(s) + 2Cl_2(g) \longrightarrow SiCl_4(l)$$

이 반응에서 $SiCl_4$ 0.507 mol이 생성되었다고 할 때, 염소 몇 mol이 사용되었을까?

3.67 암모니아는 질소 비료의 주성분으로 수소와 질소의 반응을 이용하여 만든다.

$$3H_2(g) + N_2(g) \longrightarrow 2NH_3(g)$$

어떤 반응에서 NH_3 6.0 mol이 생성되었다. 이 양의 NH_3를 생성하기 위하여 필요한 H_2와 N_2의 몰수를 각각 구하시오.

3.68 어떤 경주용 자동차는 연료로 메탄올(CH_3OH, 목정이라고도 부름)을 사용한다. 메탄올의 연소는 다음 반응식과 같이 일어난다.

$$2CH_3OH(l) + 3O_2(g) \longrightarrow 2CO_2(g) + 4H_2O(l)$$

특정 반응에서 CH_3OH 9.8 mol이 과량의 O_2와 반응한다. 형성된 H_2O의 몰수를 계산하시오.

3.69 석탄이나 화석 연료, 자동차 배기가스, 기타 공정을 통하여 연간 만들어지는 이산화 황은 약 1억 3,000만 톤이며, 반응식은 다음과 같다.

$$S(s) + O_2(g) \longrightarrow SO_2(g)$$

이 양의 SO_2를 만드는 데 필요한 원 물질에 포함된 황의 양(톤)은 얼마인가?

3.70 베이킹 소다(sodium bicarbonate 또는 sodium hydrogen carbonate, $NaHCO_3$)를 가열하면 과자, 도넛, 빵 등을 부풀게 하는 이산화 탄소를 방출한다. (a) $NaHCO_3$는 분해하여 Na_2CO_3를 만든다. 균형 반응식을 쓰시오. (b) CO_2 20.5 g을 생성하기 위하여 필요한 $NaHCO_3$의 질량은 얼마인가?

3.71 염소 표백제를 암모니아가 포함된 다른 세정제와 섞으면, 다음 반응식에 따라 독성 기체인 $NCl_3(g)$이 생성될 수 있다.

$$3NaClO(aq) + NH_3(aq) \longrightarrow 3NaOH(aq) + NCl_3(g)$$

앞의 반응식에 나타난 바와 같이, NH_3 2.94 g이 과량의 NaClO와 반응할 경우, 생성되는 NCl_3의 g수는 얼마인가?

3.72 발효는 술의 제조 과정에서 일어나는 복잡한 화학 반응이다. 이 과정 중에 포도당이 에탄올로 바뀐다.

$$\underset{\text{포도당}}{C_6H_{12}O_6} \longrightarrow \underset{\text{에탄올}}{2C_2H_5OH} + 2CO_2$$

포도당 500.4 g으로부터 만들 수 있는 에탄올의 최대 양은? g과 L로 표시하시오(에탄올의 밀도 = 0.789 g/mL).

3.73 황산 구리(II) 오수화물 결정($CuSO_4 \cdot 5H_2O$)에는 황산 구리(II) 단위체 하나당 5개의 물 분자가 포함되어 있다. 이 화합물을 대기 중에서 100°C 이상으로 가열하면 물 분자를 잃고 특유의 푸른색도 사라진다.

$$CuSO_4 \cdot 5H_2O \longrightarrow CuSO_4 + 5H_2O$$

푸른 화합물 15.01 g을 가열하여 9.60 g의 $CuSO_4$가 남았다면, 원래의 화합물에 들어 있던 물의 몰수는 얼마인가?

3.74 오랜 기간 동안 금을 추출(금을 다른 물질과 분리)하기 위하여 KCN을 사용하여 왔다.

$$4Au + 8KCN + O_2 + 2H_2O \longrightarrow 4KAu(CN)_2 + 4KOH$$

금 29.0 g(약 1온스)을 추출하기 위하여 필요한 KCN의 최소 몰수는?

3.75 석회석($CaCO_3$)을 가열하면 생석회(CaO)와 이산화 탄소가 생성된다. 석회석 1.0 kg으로부터 생성되는 생석회는 몇 g인가?

3.76 산화 아질산(nitrous oxide, N_2O)은 "웃음가스"라고도 하는데, 질산 암모늄(NH_4NO_3)을 열분해하여 얻을 수 있다. NH_4NO_3를 열분해하면 N_2O 이외에 H_2O도 생성된다. (a) 균형 반응식을 쓰시오. (b) NH_4NO_3 0.46 mol을 사용하였을 때 N_2O 몇 g이 생성되는가?

3.77 암모니아(NH_3)와 황산의 반응으로 황산 암모늄이 생성된다. (a) 반응에 대한 반응식을 쓰시오. (b) 만일 20.3 g의 황산 암모늄이 생성되고 5.89 g의 황산이 반응하지 않고 남아 있다면, 각 반응물의 출발 질량(g)을 결정하시오. $(NH_4)_2SO_4$ 1.00×10^5 kg을 생산하기 위하여 필요한 NH_3는 몇 kg인가?

3.78 실험실에서는 보통 $KClO_3$를 열분해하여 산소 기체를 얻는다. $KClO_3$가 분해하면 KCl과 O_2가 된다. $KClO_3$ 46.0 g이 완전히 분해될 때, 생성하는 O_2는 몇 g인가?

한계 시약과 반응 수득률

복습 질문

3.79 한계 시약과 초과 시약을 정의하시오. 반응에서 얻어지는 생성물의 양을 예측할 때, 한계 시약의 중요성은 무엇인가? 반응물이 한 가지인 경우 한계 시약은 존재하는가?

3.80 일상생활에서 한계 시약의 개념을 설명할 수 있는 예를 드시오.

3.81 수득률을 계산할 때 한계 시약을 이용하는 이유는 무엇인가?

3.82 실제 수득량은 이론적 수득량에 비해 항상 적다. 그 이유는 무엇인가?

문제

3.83 다음 반응을 생각해 보자.

$$2A + B \longrightarrow C$$

(a) 다음 모형이 위의 반응을 나타낸다면 A와 B 중 어느 것이 한계 시약인가? (b) 반응이 완결된 후 남은 반응물과 생성물의 분자 모형을 그리시오. C의 원자 배열은 ABA이다.

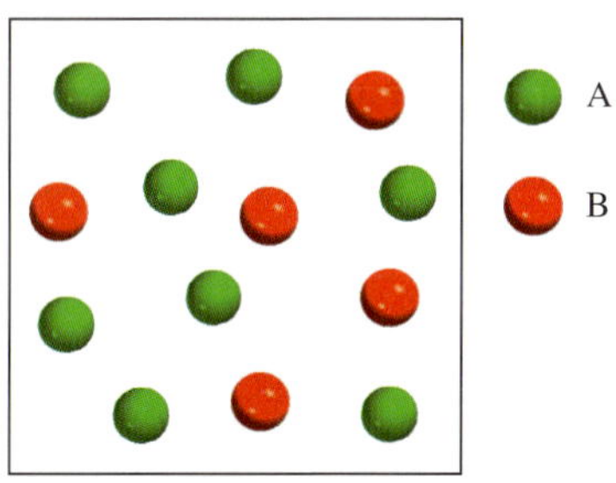

3.84 다음 반응을 생각해 보자.

$$N_2 + 3H_2 \longrightarrow 2NH_3$$

각 모형이 각 물질 1 mol을 나타낸다고 가정하고, 반응이 완결된 후 생성물과 남은 초과 시약의 몰수를 각각 구하시오.

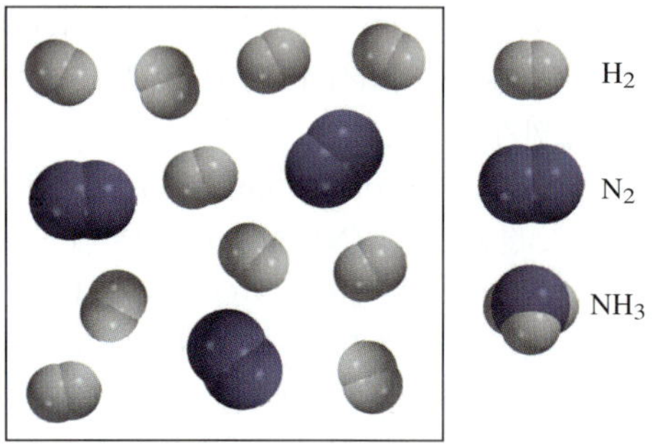

3.85 산화 질소(NO)는 산소 기체와 반응하여 진한 갈색 기체인 이산화 질소(NO_2)를 만든다.

$$2NO(g) + O_2(g) \longrightarrow 2NO_2(g)$$

어떤 실험에서 NO 0.886 mol을 O_2 0.503 mol과 혼합하였다. 두 반응물 중 한계 시약은 어느 것인가? 생성되는 NO_2의 몰수는 얼마인가?

3.83 최근 많은 과학자들이 성층권에서 오존(O_3) 감소에 대해 많은 관심을 가지고 있다. 고공 제트 비행기에서 방출되는 NO가 O_3와 반응하는 것으로 믿는다.

$$O_3 + NO \longrightarrow O_2 + NO_2$$

O_3 0.740 g이 NO 0.670 g과 반응하면 NO_2 몇 g이 생성되겠는가? 한계 시약은 어느 것인가? 반응 후에 남은 초과 시약의 몰수는?

3.87 프로페인(C_3H_8) 기체는 집에서 요리나 난방으로 사용되는 천연가스의 성분이다. (a) 프로페인이 대기 중에서 연소하는 반응에 대한 다음 식의 계수를 맞추시오.

$$C_3H_8 + O_2 \longrightarrow CO_2 + H_2O$$

(b) 프로페인 3.65 mol을 연소시켜 얻을 수 있는 이산화 탄소는 몇 g인가? 산소는 과량으로 존재한다고 가정한다.

3.88 다음 반응을 생각해보자.

$$MnO_2 + 4HCl \longrightarrow MnCl_2 + Cl_2 + 2H_2O$$

MnO_2 0.86 mol과 HCl 48.2 g이 반응할 때 어느 시약이 먼저 없어지겠는가? Cl_2 몇 g이 생성되는가?

3.89 플루오린화 수소는 성층권에서 오존을 파괴하는 프레온 가스나 알루미늄 금속을 생산하는 데 사용되며, 다음 반응을 통하여 생성된다.

$$CaF_2 + H_2SO_4 \longrightarrow CaSO_4 + 2HF$$

CaF_2 6.00 kg을 과량의 황산과 반응시켜서 HF 2.86 kg을 얻었다. HF의 수득률을 계산하시오

3.90 나이트로글리세린($C_3H_5N_3O_9$)은 강력한 폭발물이다. 그 분해 과정은 다음과 같다.

$$4C_3H_5N_3O_9 \longrightarrow 6N_2 + 12CO_2 + 10H_2O + O_2$$

이 반응은 많은 열과 기체를 발생시킨다. 갑작스러운 기체의 형성과 열에 의한 기체의 팽창으로 인하여 폭발을 야기한다. (a) 나이트로글리세린 2.00×10^2 g으로부터 얻을 수 있는 최대 O_2는 몇 g인가? (b) O_2 6.55 g이 발생하였다면 수득 백분율은?

3.91 산화 타이타늄(IV)(TiO_2)는 흰색 물질로, 다음 반응을 통하여 얻는다.

$$FeTiO_3 + H_2SO_4 \longrightarrow TiO_2 + FeSO_4 + H_2O$$

산화 타이타늄(IV)는 독성이 없고 불투명해서 플라스틱이나 페인트의 안료로 사용된다. 어떤 공정에서 $FeTiO_3$ 8.00×10^3 kg을 반응시켜 TiO_2 3.67×10^3 kg을 얻었다면 수득 백분율은 얼마인가?

3.92 리튬은 질소와 반응하여 질소화 리튬을 만든다.

$$6Li(s) + N_2(g) \longrightarrow 2Li_3N(s)$$

Li 12.3 g과 N_2 33.6 g이 반응할 때, Li_3N의 이론적 수득량은 몇 g인가? 실제로 얻은 Li_3N 이 5.89 g이라면 이 반응의 수득 백분율은 얼마인가?

실전 연습의 답

3.1 10.81 amu. **3.2** 2.57×10^3 g.
3.3 6.6×10^{21} K 원자. **3.4** 2.107×10^{-22} g.
3.5 32.04 amu. **3.6** 1.66 mol.
3.7 5.81×10^{24} H 원자.
3.8 H: 2.055%, S: 32.69%, O: 65.25%.
3.9 $KMnO_4$(과망가니즈산 포타슘).
3.10 196 g. **3.11** B_2H_6.
3.12 $Fe_2O_3 + 3CO \longrightarrow 2Fe + 3CO_2$ **3.13** 235 g.
3.14 0.769 g. **3.15** (a) 234 g, (b) 231 g.
3.16 (a) 863 g, (b) 93.0%.

CHAPTER 4

수용액에서의 반응

Reactions in Aqueous Solutions

이 장의 차례

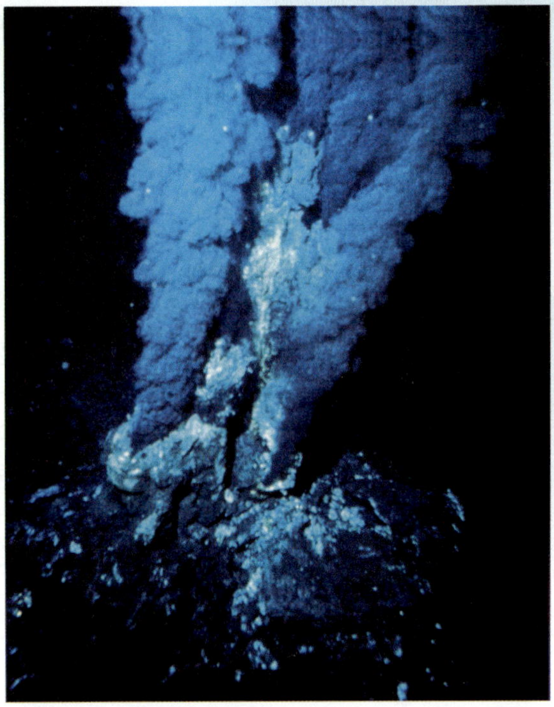

중앙해령 화산에서 용암을 뚫고 해저에서 형성된 불용성 금속 황화물 "검은 연기"

주요 개념

수용액에서의 반응 많은 화학 반응과 거의 모든 생물학적 반응은 수용성 매질에서 일어난다. 물(용매)에 녹는 물질(용질)은 전기를 전도하는 능력에 따라 전해질과 비전해질의 두 부류로 나눌 수 있다.

반응의 세 가지 주요 형태 침전 반응에서는 물에 녹지 않는 생성물이 용액으로부터 분리된다. 산-염기 반응은 산으로부터 염기로 양성자(H^+)가 이동한다. 산화-환원 반응에서는 환원제로부터 산화제로 전자가 이동한다. 이 세 가지 형태의 반응이 화학과 생물계에서 주반응이다.

용액의 화학량론 용액에서의 반응을 정량적으로 연구하기 위해 몰농도로 나타낸 용액의 농도를 알아야 한다. 정량적 연구에는 무게 분석(질량 측정과 관련)과 적정(농도를 알고 있는 용액과의 반응으로 미지 농도의 용액의 농도를 결정)이 포함된다.

4.1 수용액의 일반적 성질

많은 화학 반응과 모든 생물학적 과정은 수용성 환경에서 일어난다. 따라서 물과의 용액에서 물질의 서로 다른 성질을 이해하는 것은 매우 중요하다. 용액이란 정확하게 어떤 의미일까? **용액**(solution)이란 *두 가지 이상 물질의 균일 혼합물*이다. *더 적은 양이 존재하는 물질*을 **용질**(solute)이라고 부르며, *더 많은 양이 존재하는 물질*을 **용매**(solvent)라고 부른다. 예를 들어, 용액은 기체상(공기), 고체상(합금), 액체상(바닷물)으로 존재할 수 있다. 이 절에서는 *용매가 물이며 용질은 액체 또는 고체*인 **수용액**(aqueous solution)에 대해서만 논의하기로 한다.

전해질 대 비전해질

물에 녹는 모든 용질은 전해질과 비전해질 중 하나에 해당된다. **전해질**(electrolyte)이란 *물에 용해될 때 전기를 전도하는 물질*이며, **비전해질**(nonelectrolyte)은 *물에 용해될 때 전기를 전도하지 않는 물질*이다. 전해질과 비전해질을 직접 쉽게 구별하는 방법이 그림 4.1에 나타나 있다. 수돗물은 여러가지 녹아있는 이온을 포함하고 있기 때문에 전기를 전도한다. 한 쌍의 비활성 전극(구리 또는 백금)을 비커 속의 물에 담근다. 전구가 켜지기 위해서는 전류가 한쪽 전극에서 다른 쪽 전극으로 흐르는 완전한 회로가 형성되어야 한다. 순수한 물은 전기 전도도가 매우 나쁘다. 염화 소듐(NaCl)을 소량 넣으면 염이 물에 녹자마자 전구가 켜지게 될 것이다. 이온 결합 화합물인 고체 NaCl이 물에 녹으면 Na^+와 Cl^-로 해리되기 때문이다. Na^+ 이온은 음극으로 끌리고 Cl^- 이온은 양극으로 끌린다. 이 움직임이 금속선을 따라 흐르는 전자의 흐름과 전류를 만든다. NaCl 용액이 전기를 전도하기 때문에 NaCl은 전해질이다. 순수한 물만으로는 매우 적은 양의 이온을 가지고 있기 때문에 전기를 전도할 수 없다.

수돗물은 여러가지 녹아있는 이온을 포함하고 있기 때문에 전기를 전도한다.

동영상
강전해질, 약전해질, 비전해질.

*같은 양*의 용질이 용해된 수용액에 대한 전구 밝기의 비교로 강전해질과 약전해질을 구별할 수 있다. 강전해질은 용질이 용액에 있어서 100% 해리될 것으로 가정한다(*해리*란 화합물의 양이온과 음이온으로 분리된다는 의미이다). 따라서 물에 용해하는 염화 소듐은 다음과 같이 나타낼 수 있다.

$$NaCl(s) \xrightarrow{H_2O} Na^+(aq) + Cl^-(aq)$$

이 식은 수용액에서 모든 염화 소듐이 Na^+와 Cl^- 이온으로 된다는 의미이다. 그러므로 이 용액에는 해리되지 않은 NaCl이 존재하지 않는다.

강전해질, 약전해질, 비전해질의 예를 표 4.1에 실었다. 염화 소듐, 아이오딘화 포타슘(KI), 질산 칼슘[$Ca(NO_3)_2$]과 같은 이온 결합 화합물은 강전해질이다. 흥미롭게도 사람의 체액은 여러 종류의 강전해질과 약전해질을 포함하고 있다.

(a) (b) (c)

그림 4.1 • 전해질과 비전해질 구분 장치. 용액의 전기 전도 능력은 용액 안에 존재하는 이온의 수에 의존한다. (a) 비전해질 용액은 이온을 포함하지 않으므로 전구에 불이 들어오지 않는다. (b) 약전해질 용액은 소량의 이온을 포함하므로 약한 불이 들어온다. (c) 강전해질 용액에는 다량의 이온이 존재하므로 환한 불이 들어온다. 세 용액에 녹은 용질의 몰수는 모두 같다.

표 4.1 수용액에서의 용질의 구분

강전해질	약전해질	비전해질
HCl	CH_3COOH	$(NH_2)_2CO$(요소)
HNO_3	HF	CH_3OH(메탄올)
$HClO_4$	HNO_2	C_2H_5OH(에탄올)
H_2SO_4*	NH_3	$C_2H_{12}O_6$(포도당)
NaOH	H_2O†	$C_{12}H_{22}O_{11}$(설탕)
$Ba(OH)_2$		
이온 결합 화합물		

*H_2SO_4에는 이온화되는 H^+ 이온이 두 개 있다.
†순수한 물은 매우 약한 전해질이다.

물은 이온 결합 화합물을 매우 효과적으로 녹이는 용매이다. 물은 전기적으로 중성 분자이지만, 양의 영역(H 원자)과 음의 영역(O 원자), 다른 말로 양과 음의 "극(pole)"을 가진다고 표현할 수 있다. 이 때문에 물을 종종 *극성*(polar) 용매라고 한다. 염화 소듐과 같은 이온 결합 화합물이 물에 용해될 때, 고체에 있는 이온들의 3차원 구조는 깨지고 Na^+와 Cl^- 이온들이 서로 분리된다. 용액에서 각 Na^+ 이온은 물 분자의 음의 말단이 양이온을 향하는 방향으로 다수의 물 분자에 의해 둘러싸인다. 비슷하게 각 Cl^- 이온은 물 분자의 양의 영역이 음이온을 향하는 방향으로 둘러싸인다(그림 4.2). *이온들이 물 분자에 의해 둘러싸이는 과정*을 **수화**(hydration)라고 부른다. 수화는 용액에서 이온의 안정화를 돕고, 양이온과 음이온이 결합하는 것을 방해한다.

동영상
수화.

산과 염기 또한 전해질이다. 강전해질의 예로는 염산(HCl)과 질산(HNO_3)을 들 수 있다. 이 산들은 물에 완전히 이온화한다. 예를 들면, 염화 수소 기체가 물에 용해될 때는 수화된 H^+와 Cl^- 이온을 형성한다.

$$HCl(g) \xrightarrow{H_2O} H^+(aq) + Cl^-(aq)$$

달리 말하면, 용액 중에서는 용해된 *모든* HCl 분자들이 수화된 H^+와 Cl^- 이온들로 분리된다. 그래서 $HCl(aq)$로 나타내며 이는 용액 안에 $H^+(aq)$와 $Cl^-(aq)$만이 존재하며 수화된 HCl 분자는 존재하지 않는다. 반면에 식초 성분인 아세트산(CH_3COOH)과 같은 산은 훨씬 덜 이온화된다. 아세트산의 이온화는 다음과 같다.

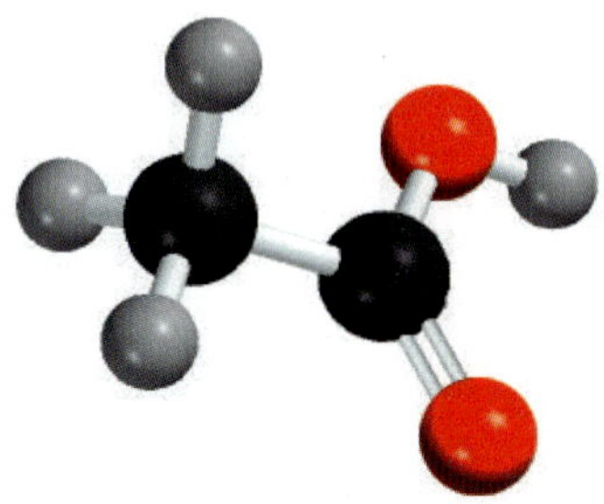

CH_3COOH

$$CH_3COOH(aq) \rightleftharpoons CH_3COO^-(aq) + H^+(aq)$$

여기서 CH_3COO^-는 아세트산 이온이다. [이 책에서 이온 결합 화합물에 대해서는 *해리*(dissociation)를, 산과 염기에 대해서는 *이온화*(ionization)이라는 용어를 사용할 것이다.] 아세트산의 분자식은 CH_3COOH로 쓰며, 이온화 할 수 있는 양성자가 COOH기에 있다는 것을 나타내고 있다.

이 식에서 이중 화살표($\rightleftharpoons$)는 이 반응이 **가역적**(reversible)임을 의미한다, 즉 *반응이 양쪽 방향으로 일어날 수 있다*는 뜻이다. 처음에 많은 CH_3COOH 분자가 CH_3COO^-와 H^+ 이온으로 해리된다. 시간이 지나감에 따라 약간의 CH_3COO^-와 H^+ 이온이 CH_3COOH 분

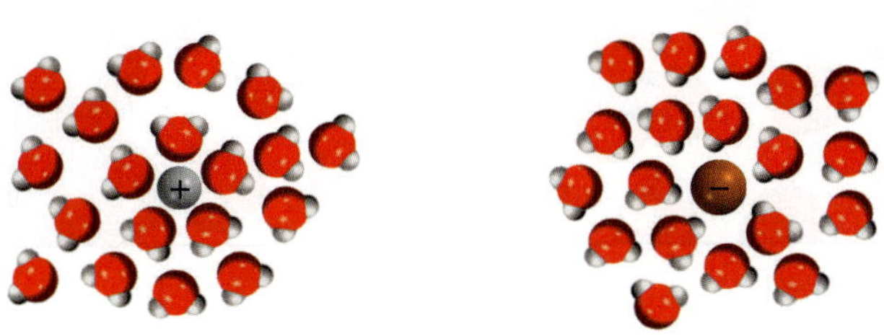

그림 4.2 • Na^+와 Cl^- 이온의 수화.

여러 가지의 화학 평형이 존재한다. 이에 대해서는 15장에서 다시 다루기로 한다.

자로 재결합한다. 일정 시간이 지난 후, 이온들이 재결합하는 속도와 산 분자가 이온화하는 속도가 같아지는 상태에 도달한다. 즉, *전체의 변화가 관측되지 않는*(분자 수준에서는 그 변화가 계속되지만) *화학 상태*에 도달하는데, 이를 **화학 평형**(chemical equilibrium)이라 부른다. 반면 염산 용액에서는 H^+와 Cl^- 이온이 재결합하지 않아, HCl 분자가 다시 형성되지 않는다. 그러므로 이 경우에 완전한 이온화를 표현하기 위해 하나의 화살표를 사용한다.

4.2~4.4절에서 공업, 환경, 생물학적 과정에서 매우 중요한 수용액에서 일어나는 세 가지 반응형태(침전, 산-염기, 산화-환원)을 공부할 것이다. 이 반응들은 우리의 일상 경험에서도 중요한 역할을 한다.

☑ 개념 복습하기

다음 그림은 물에 녹아 있는 세 종류의 화합물 (a) AB_2, (b) AC_2, (c) AD_2를 나타낸다. 이 중 어느 것이 강전해질이고 약전해질을 표현하고 있는가? (단순하게 하기 위해 물 분자는 표시하지 않았다.)

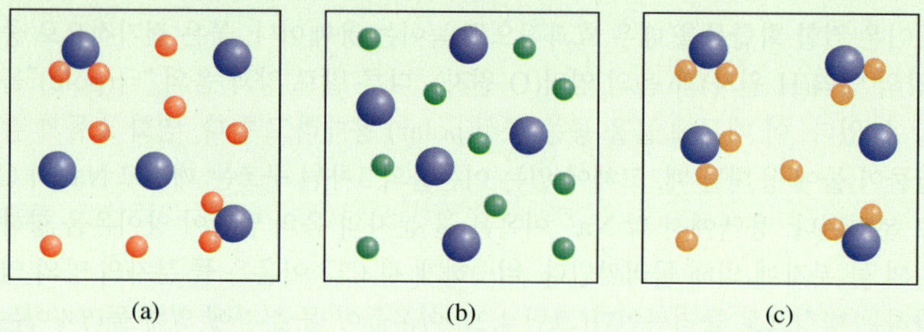

4.2 침전 반응

동영상
침전 반응.

수용액에서 일어나는 일반적인 반응 형태의 하나로 **침전 반응**(precipitation)이 있다. 이 반응은 *불용성 생성물 즉, 침전*을 형성하는 반응이다. **침전**(precipitate)은 *용액에 녹지 않는 불용성 고체*이다. 침전 반응은 항상 이온 결합 화합물에서 일어난다. 예를 들어, 질산 납 $[Pb(NO_3)_2]$을 아이오딘화 포타슘(KI) 수용액에 넣으면 노란 아이오딘화 납(PbI_2) 침전이 생긴다.

$$Pb(NO_3)_2(aq) + 2KI(aq) \longrightarrow PbI_2(s) + 2KNO_3(aq)$$

질산 포타슘은 용액에 남아 있다. 그림 4.3에 이 반응을 나타내었다.

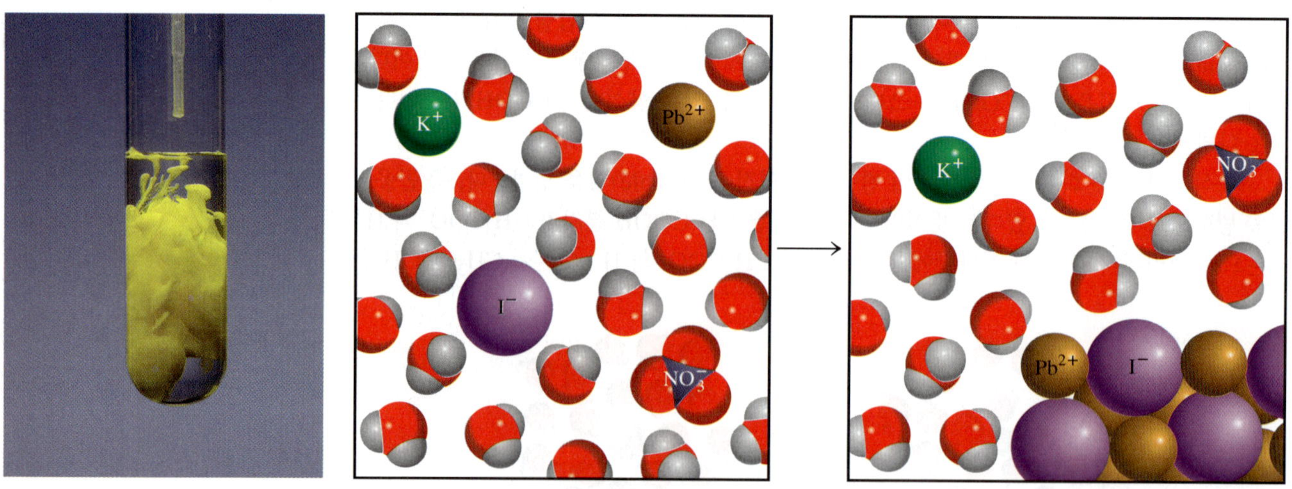

그림 4.3 • KI 용액에 $Pb(NO_3)_2$를 가하면 노란 PbI_2 침전이 형성된다.

표 4.2 25°C 수용액에서 이온 결합 화합물의 용해도 규칙

가용성 화합물	예외적 불용성
알칼리 금속 이온 (Li^+, Na^+, K^+, Rb^+, Cs^+)과 암모늄 이온(NH_4^+)을 포함하는 화합물	
질산염(NO_3^-), 중탄산염(HCO_3^-), 염소산염(ClO_3^-)	
할로젠화물(Cl^-, Br^-, I^-)	Ag^+, Hg_2^{2+}, Pb^{2+}의 할로젠화물
황산염(SO_4^{2-})	Ag^+, Ca^{2+}, Sr^{2+}, Ba^{2+}, Hg_2^{2+}, Pb^{2+}의 황산염
불용성 화합물	**예외적 가용성**
탄산염(CO_3^{2-}), 인산염(PO_4^{3-}), 크로뮴산염(CrO_4^{2-}), 황화물(S^{2-})	알칼리 금속 이온과 암모늄 이온을 포함하는 화합물
수산화물(OH^-)	알칼리 금속 이온과 Ba^{2+}을 포함하는 화합물

이러한 반응은 *두 화합물 간에 각각의 부분을 서로 바꾸는* **상호 교환 반응**(metathesis reaction, 또는 복분해 반응이라고도 함)의 예이다(이 경우 화합물은 NO_3^-와 I^- 이온을 교환한다). 이 장에서 공부하는 침전 반응들은 상호 교환 반응의 예에 해당된다.

용해도

화합물을 용액에 넣었을 때 또는 두 용액을 혼합했을 때 침전이 일어날 것인가를 어떻게 예측할 수 있을까? 그것은 용질의 **용해도**(solubility)로부터 알 수 있다. 용해도란 *특정 온도에서 주어진 용매에 녹을 수 있는 용질의 최대 양*으로 정의된다. 화학자들은 물질을 정성적인 기준에 의해 가용성(soluble), 난용성(slightly soluble), 불용성(insoluble)으로 분류한다. 적당량의 물질을 물에 넣었을 때 매우 잘 녹으면 가용성이라고 말한다. 만약 그렇지 않으면 물질은 난용성 또는 불용성으로 분류한다. 모든 이온 결합 화합물은 강전해질이지만, 모두 같은 양으로 녹는 것은 아니다.

표 4.2에 여러 일반적인 이온 결합 화합물을 가용성 또는 불용성으로 분류하는 규칙을 제시하였다. 불용성 화합물이라도 어느 정도는 녹는다는 점을 기억하기 바란다. 그림 4.4에 여러 침전물들에 대해 나타내었다.

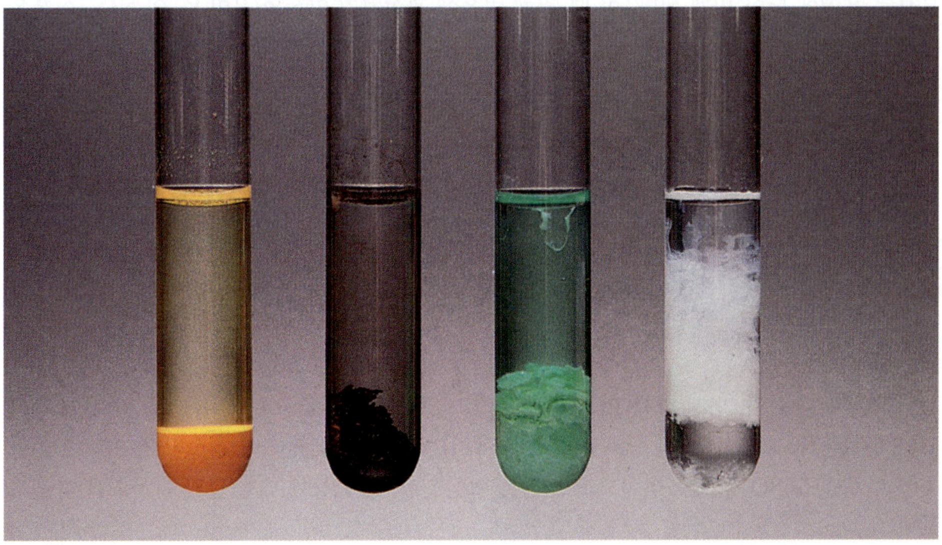

그림 4.4 • 몇 가지 침전물 형태. 왼쪽부터 오른쪽으로: CdS, PbS, $Ni(OH)_2$, $Al(OH)_3$.

예제 4.1

다음 이온 결합 화합물을 가용성과 불용성으로 분류하시오.
(a) 황산 납($PbSO_4$), (b) 탄산 바륨($BaCO_3$), (c) 인산 리튬(Li_3PO_4).

▸ **전략** 화합물의 용해도를 외울 필요는 없으나, 다음의 유용한 규칙을 따라야 한다. 알칼리 금속 양이온, 암모늄 이온, 질산 이온, 중탄산 이온, 염소산 이온을 포함하는 이온 결합 화합물은 가용성이다. 이외의 화합물은 표 4.2를 이용한다.

▸ **풀이**

(a) 표 4.2에 의하면 $PbSO_4$는 불용성이다.
(b) 이 화합물은 탄산염이며, Ba는 2A족이다. 따라서 $BaCO_3$는 불용성이다.
(c) 리튬은 알칼리 금속(1A족)이므로 Li_3PO_4는 가용성이다.

비슷한 문제: 4.19, 4.20.

▸ **실전 연습** 다음 이온 결합 화합물을 가용성과 불용성으로 분류하시오.
(a) FeS, (b) $Ca(OH)_2$, (c) $Co(NO_3)_3$.

분자 반응식, 이온 반응식, 알짜 이온 반응식

4.2절의 맨 처음에서 아이오딘화 납 침전을 형성하는 반응을 나타낸 반응식을 **분자 반응식**(molecular equation)이라 부른다. 이는 *반응식에서 모든 화합물의 화학식을 모든 화학종이 분자로 존재하는 것처럼 쓰기* 때문이다. 분자 반응식은 반응물(질산 납과 아이오딘화 포타슘)을 확인할 수 있기 때문에 유용하다. 만약, 실험실에서 이 반응을 실험하려면 분자 반응식을 사용하여야 할 것이다. 그러나 분자 반응식은 용액 안에서 실제로 일어나는 것을 정확히 표현할 수 없다.

앞에서 지적하였듯이 이온 결합 화합물이 물에 녹을 때는 양이온과 음이온으로 해리된다. 따라서 더 실제적인 반응식은 이온으로 용해한 이온 결합 화합물의 해리 상태로 나타내야 한다. 즉, 아이오딘화 포타슘과 질산 납 사이의 반응은 다음과 같이 쓸 수 있다.

$$Pb^{2+}(aq) + 2NO_3^-(aq) + 2K^+(aq) + 2I^-(aq) \longrightarrow PbI_2(s) + 2K^+(aq) + 2NO_3^-(aq)$$

위의 반응식은 *자유 이온으로 녹아 있는 종을 보여 주는* **이온 반응식**(ionic equation)의 예이다. 이 용액에서 침전물이 형성되는지를 보기 위하여, 먼저 두 화합물에서 양이온과 음이온을 교환한 화합물인 PbI_2와 KNO_3에 대해 표 4.2의 규칙을 살펴본다. 규칙에 따르면 PbI_2는 불용성이고 KNO_3는 가용성이다. 그러므로 가용성인 KNO_3는 분리된 K^+와 NO_3^- 이온으로 용액에 남아 있게 된다. 이 때 *전체 반응에 관여하지 않는 이온*인 K^+와 NO_3^- 이온을 **구경꾼 이온**(spectator ion)이라고 한다. 구경꾼 이온은 식의 양쪽에 나타나고 화학 반응에서 관여되지 않으므로 이들을 삭제할 수 있다.

$$Pb^{2+}(aq) + \cancel{2NO_3^-(aq)} + \cancel{2K^+(aq)} + 2I^-(aq) \longrightarrow PbI_2(s) + \cancel{2K^+(aq)} + \cancel{2NO_3^-(aq)}$$

마지막으로, *실제로 반응에 참여하는 화학종만을 나타내는* **알짜 이온 반응식**(net ionic equation)으로 마무리한다.

$$Pb^{2+}(aq) + 2I^-(aq) \longrightarrow PbI_2(s)$$

다른 예를 보자. 염화 바륨($BaCl_2$) 수용액과 황산 소듐(Na_2SO_4) 수용액을 섞으면 흰 침전을 형성한다(그림 4.5). 이 상호 교환 반응에서는 $BaSO_4$와 NaCl이 형성된다. 표 4.2의 규칙에 따르면 $BaSO_4$는 불용성이므로 침전을 형성한다. 이 반응에 대한 분자 반응식은 다음과 같다.

그림 4.5 • $BaSO_4$ 침전 형성.

$$BaCl_2(aq) + Na_2SO_4(aq) \longrightarrow BaSO_4(s) + 2NaCl(aq)$$

이 반응에 대한 이온 반응식은 다음과 같다.

$$Ba^{2+}(aq) + 2Cl^-(aq) + 2Na^+(aq) + SO_4^{2-}(aq) \longrightarrow BaSO_4(s) + 2Na^+(aq) + 2Cl^-(aq)$$

이 반응식에서 양쪽 구경꾼 이온(Na^+와 Cl^-)을 삭제하면 알짜 이온 반응식은 다음과 같다.

$$Ba^{2+}(aq) + SO_4^{2-}(aq) \longrightarrow BaSO_4(s)$$

다음은 이온 반응식과 알짜 이온 반응식을 만드는 절차를 4단계로 요약한 것이다.

1. 반응물과 생성물의 이온 결합 화합물에 대한 정확한 분자식을 이용하여 반응에 대한 균형 분자 반응식을 쓴다. 표 4.2의 규칙에 따라 생성물 중에 무엇이 불용성인지 판단하고 이를 침전물로 고려한다.
2. 용액에서 형성되는 해리된 이온들이 나타나도록 이온 반응식을 쓴다. 침전물로 형성되지 않는 이온은 자유 이온으로 표시한다.
3. 이온 반응식의 양쪽에서 구경꾼 이온을 찾아서 모두 삭제하여 알짜 이온 반응식을 적는다.
4. 이 알짜 이온 반응식에서 전하와 원자수에 대한 균형을 양쪽에 대해 확인한다.

예제 4.2

인산 포타슘(K_3PO_4) 용액을 질산 칼슘[$Ca(NO_3)_2$] 용액과 혼합할 때의 반응에 대한 알짜 이온 반응식을 쓰고 그 결과를 예측하시오.

▸ **전략** 주어진 정보를 이용하여 다음과 같이 완결되지 않는 반응식을 쓴다.

$$K_3PO_4(aq) + Ca(NO_3)_2(aq) \longrightarrow ?$$

위 이온 결합 화합물이 물에 녹으면 어떻게 되는가? K_3PO_4와 $Ca(NO_3)_2$가 해리될 때 생성되는 이온은 무엇인가? 용액에서 양이온과 음이온이 만나면 무엇을 형성하는가?

▸ **풀이** 용액에서 K_3PO_4는 K^+와 PO_4^{3-}로 해리되며, $Ca(NO_3)_2$는 Ca^{2+}와 NO_3^- 이온으로 해리한다. 표 4.2에 의하면 칼슘 이온(Ca^{2+})과 인산 이온(PO_4^{3-})은 불용성 화합물인 인산 칼슘[$Ca_3(PO_4)_2$]을 형성한다. 반면 다른 생성물인 KNO_3은 가용성이므로 용액이 남는다. 따라서 이 반응은 침전이 형성되는 것이다. 이에 앞의 절차에 따라 문제를 풀면,

단계 1: 균형 분자 반응식은 다음과 같다.

$$2K_3PO_4(aq) + 3Ca(NO_3)_2(aq) \longrightarrow Ca_3(PO_4)_2(s) + 6KNO_3(aq)$$

단계 2: 이온 반응식을 얻기 위하여 가용성 화합물은 모두 해리된 이온으로 표기한다.

$$6K^+(aq) + 2PO_4^{3-}(aq) + 3Ca^{2+}(aq) + 6NO_3^-(aq) \longrightarrow 6K^+(aq) + 6NO_3^-(aq) + Ca_3(PO_4)_2(s)$$

단계 3: 반응의 양쪽에서 구경꾼 이온인 K^+와 NO_3^- 이온을 제거한 후 알짜 이온 반응식을 얻는다.

$$3Ca^{2+}(aq) + 2PO_4^{3-}(aq) \longrightarrow Ca_3(PO_4)_2(s)$$

단계 4: 처음에 균형 반응식으로 시작하였으므로 알짜 이온 반응식 또한 균형 반응식으로 양변의 각 원자의 숫자는 같으며 양전하(+6)와 음전하(−6)의 숫자도 일치한다.

▸ **실전 연습** $Al(NO_3)_3$ 용액과 NaOH 용액을 혼합할 때 생성되는 침전을 예측하시오. 반응에 대한 알짜 이온 반응식을 쓰시오.

$K_3PO_4(aq)$와 $Ca(NO_3)_2(aq)$의 반응으로 생성된 침전.

비슷한 문제 : 4.21, 4.22.

☑ 개념 복습하기

다음 중 $Ca(NO_3)_2(aq)$와 $Na_2CO_3(aq)$의 반응을 설명하는 그림은 어느 것인가? 단순하게 하기 위해 Ca^{2+}(노란색)와 CO_3^{2-}(파란색)만 나타내었다.

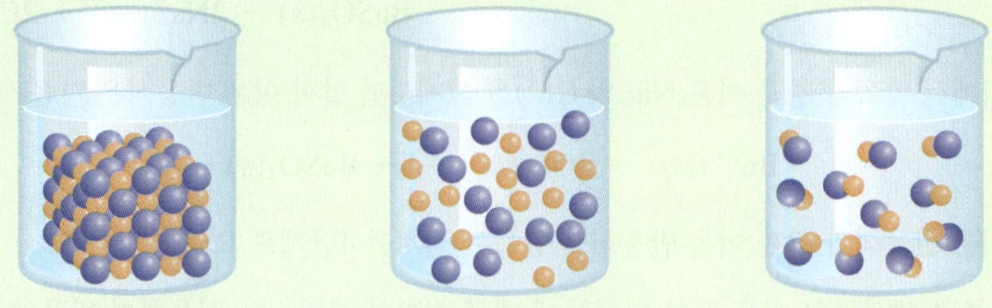

4.3 산-염기 반응

많은 사람들이 아세틸살리실산(acetylsalicylic acid, 아스피린)이나 수산화 마그네슘(magnesium hydroxide, 마그네시아유) 같은 화학명을 잘 모르지만, 아스피린이나 마그네시아 현탁액같은 산과 염기는 우리에게 매우 친숙하다. 산-염기 화학은 많은 의약품이나 가정용품과 산업 공정에 중요하며, 생물계의 유지에 있어 필수적이다. 산-염기 반응에 대해 공부하기 이전에 산과 염기 그 자체에 대해 알아보도록 하자.

산과 염기의 일반적 성질

앞서 2.7절에서 산은 물에서 이온화하여 H^+를 생성하는 물질이고, 염기는 물에서 이온화하여 OH^-를 생성하는 물질로 정의하였다. 이 정의는 스웨덴 화학자 아레니우스(Svante Arrhenius)가 19세기 말에 공식화하여 수용액에서의 성질이 잘 알려진 물질을 분류하였다.

산

- 산은 신맛을 낸다. 예를 들어, 식초의 신맛은 아세트산 때문이고, 레몬과 다른 감귤류 과일들은 구연산을 함유하고 있다.
- 산은 식물 염료의 색을 변화시킨다. 예를 들어, 리트머스의 색을 푸른색에서 붉은색으로 바꾼다.
- 산은 아연, 마그네슘, 철과 같은 금속들과 반응하여 수소 기체를 생성한다. 전형적인 반응은 염산과 마그네슘의 반응이다.

$$2HCl(aq) + Mg(s) \longrightarrow MgCl_2(aq) + H_2(g)$$

- 산은 Na_2CO_3, $CaCO_3$, $NaHCO_3$와 같은 탄산염이나 중탄산염과 반응하여 이산화 탄소 기체를 생성한다(그림 4.6). 예를 들어,

$$2HCl(aq) + CaCO_3(s) \longrightarrow CaCl_2(aq) + H_2O(l) + CO_2(g)$$
$$HCl(aq) + NaHCO_3(s) \longrightarrow NaCl(aq) + H_2O(l) + CO_2(g)$$

- 수용성 산 용액은 전기가 통한다.

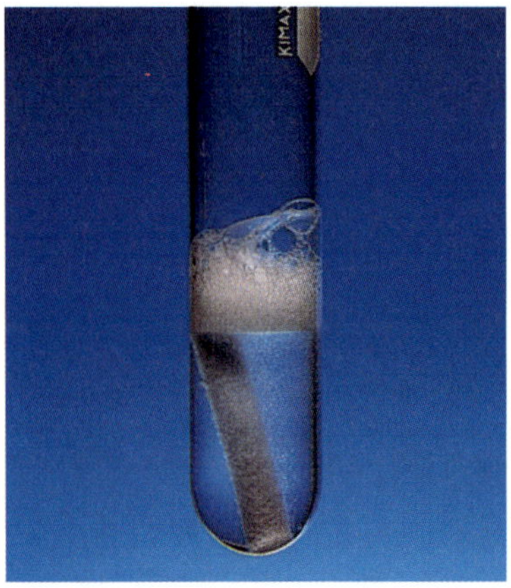
그림 4.6 • $CaCO_3$가 주성분인 분필 조각이 염산과 반응하여 이산화 탄소 기체가 형성된다.

염기

- 염기는 쓴 맛을 낸다.
- 염기는 미끈미끈한 성질을 갖는다. 예를 들어 염기를 가지고 있는 비누가 이러한 성질을 나타낸다.

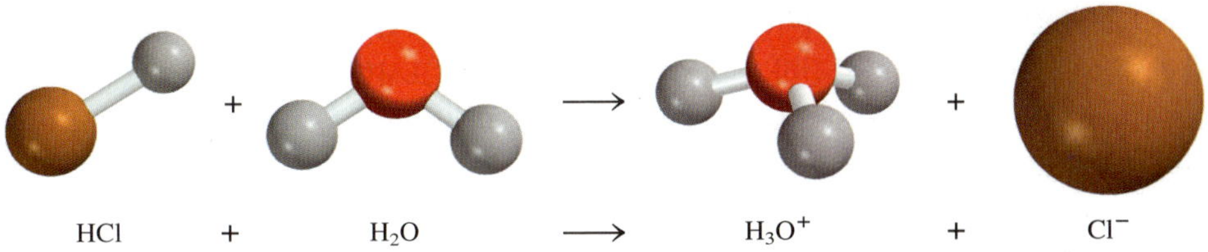

그림 4.7 • 물에서 HCl이 이온화하면 하이드로늄 이온과 염화 이온을 만든다.

- 염기는 식물 염료의 색을 변화시킨다. 예를 들어, 리트머스의 색을 붉은색에서 푸른색으로 바꾼다.
- 수용성 염기 용액은 전기가 통한다.

브뢴스테드 산과 염기

산과 염기의 아레니우스 정의는 수용액에만 한정되는 제한이 있다. 좀 더 넓은 범위의 정의는 1932년 덴마크 화학자 브뢴스테드(Johannes Brønsted)에 의해 제안되었다. **브뢴스테드 산**은 *양성자 주개*, **브뢴스테드 염기**는 *양성자 받개*이다. 브뢴스테드 정의는 수용액에서 뿐만 아니라 비수용액에서도 적용할 수 있는 산과 염기의 정의이다.

염산은 물에서 양성자를 주기 때문에 브뢴스테드 산이다.

$$HCl(aq) \longrightarrow H^+(aq) + Cl^-(aq)$$

H^+ 이온은 전자를 잃은 수소 원자라는 것을 기억하라. 즉, H^+ 이온은 순수한 양성자이다. 평균적으로 원자나 이온의 지름은 10^{-10} m이며, 양성자는 약 10^{-15} m이다. 그렇게 아주 작은 전하 입자는 H_2O에서 음극(O 원자)에 대하여 강한 인력 때문에 수용액 안에서 독립된 개체로 존재할 수 없다. 결과적으로 그림 4.7과 같이 양성자는 수화된 형태로 존재한다. 따라서 염산의 이온화는 다음과 같이 쓸 수 있다.

$$HCl(aq) + H_2O(l) \longrightarrow H_3O^+(aq) + Cl^-(aq)$$

*수화된 양성자*인 H_3O^+를 **하이드로늄 이온**(hydronium ion)이라 부른다. 이 식은 브뢴스테드 산(HCl)이 브뢴스테드 염기(H_2O)에 양성자를 주는 반응을 나타낸다.

실험 결과에 의하면, 하이드로늄 이온은 더욱 수화되어 보다 많은 물 분자와 결합하는 것으로 알려져 있다. 양성자의 산성 성질이 수화의 정도에 영향을 받지 않기 때문에, 여기서는 일반적으로 수화된 양성자를 $H^+(aq)$로 간단하게 나타낸다. 그러나 H_3O^+가 실제에 더 가깝다. 두 가지 표기는 수용액에서 같은 종류라는 것을 명심하라.

H_3O^+ 이온의 정전기 퍼텐셜 준위에 관한 모형. 무지개 색으로 표시된 부분 중, 전자가 가장 많은 부분이 붉은색이고, 전자가 가장 적은 부분이 파란색이다.

실험실에서 사용하는 일반적인 산은 염산(HCl), 질산(HNO_3), 아세트산(CH_3COOH), 황산(H_2SO_4), 인산(H_3PO_4) 등이다. 처음 세 개는 **일양성자산**(monoprotic acid)이다. 즉, *산이 이온화하면서 수소 이온 하나를 내놓는다.*

$$HCl(aq) \longrightarrow H^+(aq) + Cl^-(aq)$$
$$HNO_3(aq) \longrightarrow H^+(aq) + NO_3^-(aq)$$
$$CH_3COOH(aq) \rightleftharpoons CH_3COO^-(aq) + H^+(aq)$$

앞에서 서술한 것과 같이 아세트산의 이온화는 불완전하기 때문에(이중 화살표) 약전해질이다. 그러므로 아세트산을 약산이라 부른다(표 4.1). 반면, HCl과 HNO_3는 용액에서 완전히 이온화하는(단일 화살표) 강전해질이기 때문에 강산이다.

대부분의 경우, 산은 화학식에 H로 시작하거나 COOH기를 가진다.

황산(H_2SO_4)은 산이 이온화하면서 다음과 같이 두 단계로 *H^+ 이온 두 개를 내는* **이양성자산**(diprotic acid)이다.

$$H_2SO_4(aq) \longrightarrow H^+(aq) + HSO_4^-(aq)$$
$$HSO_4^-(aq) \rightleftharpoons H^+(aq) + SO_4^{2-}(aq)$$

표 4.3

몇 가지 일반적인 강산과 약산

강산	
염산	HCl
브로민화 수소산	HBr
아이오딘화 수소산	HI
질산	HNO_3
황산	H_2SO_4
과염소산	$HClO_4$
약산	
플루오린화 수소산	HF
아질산	HNO_2
인산	H_3PO_4
아세트산	CH_3COOH

H_2SO_4는 강전해질이며 강산이다(이온화의 첫 단계는 완전하다). 그러나 HSO_4^-는 약산이며 약전해질이고, 이온화가 불완전하기 때문에 이중 화살표로 표시한다.

H^+ *이온 세 개를 내는* **삼양성자산**(triprotic acid)은 상대적으로 드물다. 가장 잘 알려진 삼양성자산은 인산으로, 이온화 과정은 다음과 같다.

$$H_3PO_4(aq) \rightleftharpoons H^+(aq) + H_2PO_4^-(aq)$$
$$H_2PO_4^-(aq) \rightleftharpoons H^+(aq) + HPO_4^{2-}(aq)$$
$$HPO_4^{2-}(aq) \rightleftharpoons H^+(aq) + PO_4^{3-}(aq)$$

이 경우에 세 가지 화학종(H_3PO_4, $H_2PO_4^-$, HPO_4^{2-}) 모두 약산이고, 각 이온화 단계를 이중 화살표를 사용한다. $H_2PO_4^-$와 HPO_4^{2-}와 같은 음이온은 NaH_2PO_4와 Na_2HPO_4와 같은 인산염의 수용액에서도 볼 수 있다. 표 4.3에 여러 가지 일반적인 강산과 약산을 나열하였다.

☑ 개념 복습하기

다음 중 약산을 가장 잘 나타낸 그림은 어느 것인가? 매우 약한 산을 나타낸 것은? 강산을 나타낸 것은? 수용액에서 양성자는 하이드로늄 이온으로 존재한다. 모든 산은 일양성자산이다(물 분자는 나타내지 않았다).

(a) (b) (c)

표 4.1에서 보는 바와 같이 수산화 소듐(NaOH)과 수산화 바륨[$Ba(OH)_2$]은 강전해질이다. 이것은 용액에서 완전히 이온화된다는 것을 의미한다.

$$NaOH(s) \xrightarrow{H_2O} Na^+(aq) + OH^-(aq)$$
$$Ba(OH)_2(s) \xrightarrow{H_2O} Ba^{2+}(aq) + 2OH^-(aq)$$

이 OH^- 이온은 다음과 같이 양성자를 받을 수 있다.

$$H^+(aq) + OH^-(aq) \longrightarrow H_2O(l)$$

따라서 OH^-는 브뢴스테드 염기이다.

암모니아(NH_3)는 H^+ 이온을 받아들일 수 있기 때문에 브뢴스테드 염기로 분류된다(그림 4.8).

$$NH_3(aq) + H_2O(l) \rightleftharpoons NH_4^+(aq) + OH^-(aq)$$

암모니아는 용해된 NH_3 분자가 물과 반응하여 아주 소량의 NH_4^+와 OH^- 이온을 생성하기 때문에 약전해질(따라서 약염기)이다.

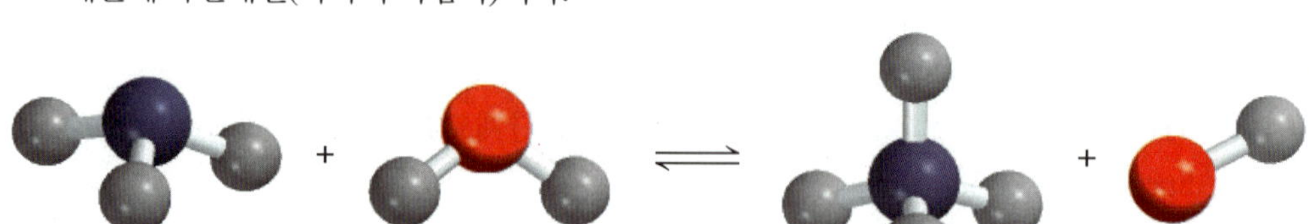

NH_3 + H_2O ⇌ NH_4^+ + OH^-

그림 4.8 • 물에서 암모니아가 이온화하여 암모늄 이온과 수산화 이온을 형성한다.

실험실에서 가장 일반적으로 사용하는 강염기는 수산화 소듐이다. 이것은 값이 싸고 가용성이다(실제로 알칼리 금속의 수산화물은 모두 가용성이다). 가장 일반적인 약염기는 암모니아 수용액으로 가끔 수산화 암모늄이라고 잘못 부르고 있다. 화학종인 NH_4OH가 실제로 존재한다는 증거는 없으며 수용액에서 NH_4^+와 OH^- 이온 형태로 존재한다. 모든 2A족 원소는 $M(OH)_2$ 형태의 수산화물을 생성한다. 여기서 M은 알칼리 토금속을 말한다. 이 중에서 $Ba(OH)_2$만이 가용성이다. 수산화 마그네슘과 수산화 칼슘은 의학 및 산업에 많이 사용된다. $Al(OH)_3$와 $Zn(OH)_2$와 같은 다른 금속의 수산화물은 불용성이며, 일반적으로 염기로 사용되지 않는다.

예제 4.3은 물질을 브뢴스테드 산 또는 브뢴스테드 염기로 분류하는 법을 보여준다.

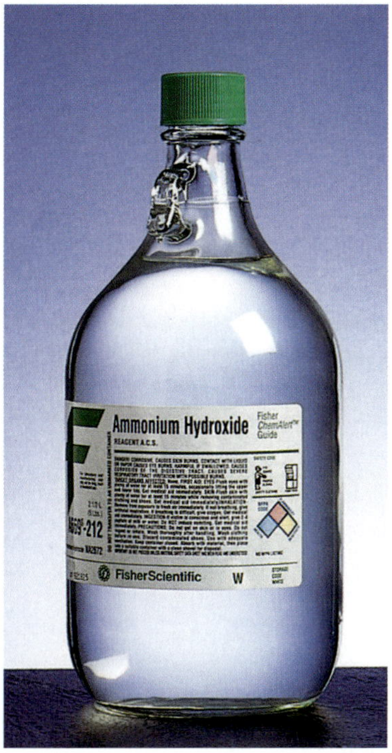

가끔 수산화 암모늄(ammonium hydroxide)으로 잘못 표시되어 있는 암모니아 수용액 병.

예제 4.3

수용액에서 다음 화학종을 브뢴스테드 산 또는 염기로 분류하시오. (a) HBr, (b) NO_2^-, (c) HCO_3^-.

▸ **전략** 브뢴스테드 산은 어떤 성질이 있는가? H 원자를 적어도 한 개 포함하는가? 암모니아를 제외한 대부분의 브뢴스테드 염기는 음이온이다.

▸ **풀이**

(a) HCl은 산이다. Br이나 Cl은 둘 다 할로젠(7A족)이므로, HCl과 마찬가지로 HBr도 물에서 다음과 같이 이온화한다.

$$HBr(aq) \longrightarrow H^+(aq) + Br^-(aq)$$

따라서 HBr은 브뢴스테드 산이다.

(b) 용액에서 아질산 이온은 물로부터 양성자를 받아 아질산이 된다.

$$NO_2^-(aq) + H^+(aq) \longrightarrow HNO_2(aq)$$

이 성질로 인하여 NO_2^- 이온은 브뢴스테드 염기이다.

(c) 중탄산 이온은 용액에서 다음과 같이 해리하므로 브뢴스테드 산이다.

$$HCO_3^-(aq) \rightleftharpoons H^+(aq) + CO_3^{2-}(aq)$$

이 이온은 양성자를 받아서 탄산을 형성할 수 있으므로 브뢴스테드 염기도 된다.

$$HCO_3^-(aq) + H^+(aq) \rightleftharpoons H_2CO_3(aq)$$

▸ **해설** HCO_3^-와 같은 화학종은 산성과 염기성을 동시에 가지고 있으므로 양쪽성이라 한다. 이중 화살표는 이 반응이 가역적임을 나타낸다.

▸ **실전 연습** 다음 화학종이 브뢴스테드 산인지 염기인지 분류하시오. (a) SO_4^{2-}, (b) HI, (c) $H_2PO_4^-$.

비슷한 문제: 4.31, 4.32.

산-염기 중화

중화 반응(neutralization reaction)은 *산과 염기 사이의 반응*이다. 일반적으로 수용액의 산-염기 반응은 H^+ *이외의 다른 양이온과* OH^- *또는* O^{2-} *이외의 다른 음이온이 만드는 이온 결합 화합물인* **염**(salt)과 물을 만든다.

동영상 중화 반응.

$$\text{산} + \text{염기} \longrightarrow \text{염} + \text{물}$$

예를 들어 HCl 용액이 NaOH 용액과 섞이면 다음 반응이 일어난다.

$$HCl(aq) + NaOH(aq) \longrightarrow NaCl(aq) + H_2O(l)$$

산-염기 반응은 일반적으로 완결된다.

그러나 산과 염기가 모두 강전해질이기 때문에 용액에서 완전히 이온화한다. 그 이온 반응식은 다음과 같다.

$$H^+(aq) + Cl^-(aq) + Na^+(aq) + OH^-(aq) \longrightarrow Na^+(aq) + Cl^-(aq) + H_2O(l)$$

그러므로 이 반응은 다음 알짜 이온 반응식으로 나타낼 수 있다.

$$H^+(aq) + OH^-(aq) \longrightarrow H_2O(l)$$

Na^+와 Cl^- 이온 모두 구경꾼 이온이다.

이제 NaOH와 약산인 사이안화 수소산(HCN) 사이의 반응을 살펴보자.

$$HCN(aq) + NaOH(aq) \longrightarrow NaCN(aq) + H_2O(l)$$

이 경우 이온 반응식은 다음과 같다.

$$HCN(aq) + Na^+(aq) + OH^-(aq) \longrightarrow Na^+(aq) + CN^-(aq) + H_2O(l)$$

그리고 알짜 이온 반응식은 다음과 같다.

$$HCN(aq) + OH^-(aq) \longrightarrow CN^-(aq) + H_2O(l)$$

다음은 분자 반응식으로 나타낸 산-염기 중화 반응의 예이다.

$$HF(aq) + KOH(aq) \longrightarrow KF(aq) + H_2O(l)$$
$$H_2SO_4(aq) + 2NaOH(aq) \longrightarrow Na_2SO_4(aq) + 2H_2O(l)$$
$$Ba(OH)_2(aq) + 2HNO_3(aq) \longrightarrow Ba(NO_3)_2(aq) + 2H_2O(l)$$

예제 4.4

다음 산-염기 반응에 대해 분자 반응식, 이온 반응식 및 알짜 이온 반응식을 쓰시오.

(a) 브로민화 수소산(*aq*) + 수산화 바륨(*aq*) ⟶

(b) 황산(*aq*) + 수산화 포타슘(*aq*) ⟶

▸ **전략** 첫 단계는 산과 염기를 강과 약으로 확인하는 것이다. HBr과 H_2SO_4는 첫 단계 이온화 과정에서 강산임을 알고 있다. $Ba(OH)_2$와 KOH 모두 강염기이다.

▸ **풀이**

(a) 분자 반응식:

$$2HBr(aq) + Ba(OH)_2(aq) \longrightarrow BaBr_2(aq) + 2H_2O(l)$$

이온 반응식:

$$2H^+(aq) + 2Br^-(aq) + Ba^{2+}(aq) + 2OH^-(aq) \longrightarrow Ba^{2+}(aq) + 2Br^-(aq) + 2H_2O(l)$$

알짜 이온 반응식:

$$2H^+(aq) + 2OH^-(aq) \longrightarrow 2H_2O(l)$$
$$H^+(aq) + OH^-(aq) \longrightarrow H_2O(l)$$

Ba^{2+}와 Br^-는 모두 구경꾼 이온이다.

(b) 분자 반응식:

$$H_2SO_4(aq) + 2KOH(aq) \longrightarrow K_2SO_4(aq) + 2H_2O(l)$$

이온 반응식:

$$H^+(aq) + HSO_4^-(aq) + 2K^+(aq) + 2OH^-(aq) \longrightarrow 2K^+(aq) + SO_4^{2-}(aq) + 2H_2O(l)$$

알짜 이온 반응식:

$$H^+(aq) + HSO_4^-(aq) + 2OH^-(aq) \longrightarrow SO_4^{2-}(aq) + 2H_2O(l)$$

HSO_4^-는 약산이고 물에 많이 이온화되지 않기 때문에 유일한 구경꾼 이온은 K^+이다.

비슷한 문제: 4.33(b).

▸ **실전 연습** 인산과 수산화 소듐 사이에 반응에 대한 분자 반응식, 이온 반응식 및 알짜 이온 반응식을 쓰시오.

기체를 형성하는 산-염기 반응

탄산염(CO_3^{2-} 이온 포함), 중탄산염(HCO_3^- 이온 포함), 아황산염(SO_3^{2-} 이온 포함), 황화물(S^{2-} 이온 포함)과 같은 염들은 산과 반응하여 기체를 생성한다. 예를 들어 탄산 소듐(Na_2CO_3)과 $HCl(aq)$의 반응에 대한 분자 반응식은 다음과 같다.

$$Na_2CO_3(aq) + 2HCl(aq) \longrightarrow 2NaCl(aq) + H_2CO_3(aq)$$

그림 4.6 참조.

여기서 탄산은 적당한 농도 이상으로 용액에 존재하면 다음과 같은 분해가 일어난다.

$$H_2CO_3(aq) \longrightarrow H_2O(l) + CO_2(g)$$

다른 예들이 관여한 비슷한 반응들은 다음과 같다.

$$NaHCO_3(aq) + HCl(aq) \longrightarrow NaCl(aq) + H_2O(l) + CO_2(g)$$
$$Na_2SO_3(aq) + 2HCl(aq) \longrightarrow 2NaCl(aq) + H_2O(l) + SO_2(g)$$
$$K_2S(aq) + 2HCl(aq) \longrightarrow 2KCl(aq) + H_2S(g)$$

4.4 산화-환원 반응

산-염기 반응의 특징이 양성자 전달 과정이라면, **산화-환원 반응**(oxidation-reduction reaction 또는 redox reaction)은 *전자 이동 반응*이다. 화석 연료의 연소로부터 가정용 표백제에 이르기까지 산화-환원 반응은 우리 주위 여러 분야에서 볼 수 있다. 더 나아가 대부분의 금속과 비금속 원소는 산화 또는 환원 과정에 의해 광석으로부터 얻어진다.

동영상
산화-환원 반응.

중요한 산화-환원 반응은 대부분 수용액 중에서 일어나지만 모든 산화-환원 반응이 수용액에서 일어나는 것은 아니다. 비수용성 산화-환원 반응이 다루기에 덜 복잡하므로 두 원소가 결합하여 화합물을 만드는 반응을 가지고 논의를 시작하기로 한다. 마그네슘과 산소로부터 산화 마그네슘(MgO)이 형성하는 반응을 생각해 보자(그림 4.9).

$$2Mg(s) + O_2(g) \longrightarrow 2MgO(s)$$

산화 마그네슘(MgO)은 Mg^{2+} 이온과 O^{2-} 이온으로 만들어진 이온 결합 화합물이다. 이 반응에서 Mg 원자 두 개에서 전자 네 개가 O 원자 두 개(O_2에 포함)로 이동한다. 쉽게 이해하기 위하여 이 과정을 별도의 두 단계로 생각할 수 있다. 하나는 Mg 원자 두 개가 전자 네 개를 잃는 것이고, 다른 하나는 O_2 분자가 전자 네 개를 얻는 것이다.

$$2Mg \longrightarrow 2Mg^{2+} + 4e^-$$
$$O_2 + 4e^- \longrightarrow 2O^{2-}$$

산화 반쪽 반응에서는 전자가 생성물이며 환원 반쪽 반응에서는 전자가 반응물이다.

이 각각의 단계를 **반쪽 반응**(half-reaction)이라 하는데, 이는 *산화-환원 반응에 포함되는 전자를 간단하게 나타낸 것*이다. 반쪽 반응의 합은 전체 반응이 된다.

$$2Mg + O_2 + 4e^- \longrightarrow 2Mg^{2+} + 2O^{2-} + 4e^-$$

양변에서 전자를 지우면

$$2Mg + O_2 \longrightarrow 2Mg^{2+} + 2O^{2-}$$

결과적으로 Mg^{2+}와 O^{2-} 이온이 결합하여 MgO를 형성한다.

$$2Mg^{2+} + 2O^{2-} \longrightarrow 2MgO$$

산화 반응(oxidation reaction)은 *전자를 잃는 반쪽 반응*이다. 화학자들은 원래 "산화"를 특정 원소와 산소가 결합하는 의미로 사용하였다. 그러나 지금은 산소가 관여하지 않는 반응도 포함하는 넓은 의미를 가지고 있다. **환원 반응**(reduction reaction)은 *전자를 얻는 반쪽 반*

산화-환원을 쉽게 기억하려면 OILRIG를 연상하라. 산화는 전자의 잃음이고, 환원은 전자의 얻음이다[(Oxidation Is Loss(of electrons) and Reduction Is Gain(of electrons)].

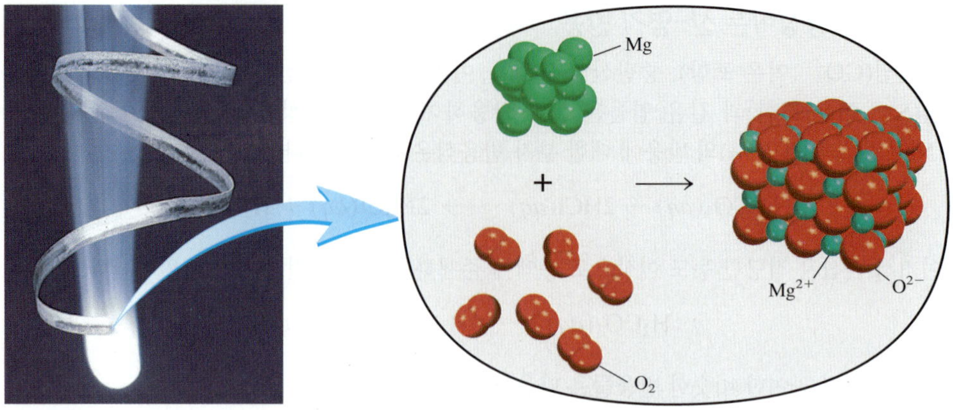

그림 4.9 • 마그네슘이 산소와 연소 반응을 통해 산화 마그네슘을 형성한다.

산화제는 항상 환원되며, 환원제는 항상 산화된다. 이 정의가 약간 혼란스러울지 모르나, 이런 정의는 두 과정에 대한 정의로부터 나온 결과이다.

응이다. 산화 마그네슘의 생성과정에서 마그네슘이 산화된다. 마그네슘은 산소에 *전자를 주기* 때문에 **환원제**(reducing agent) 역할을 하며, 이 때 산소는 환원된다. 산소는 마그네슘의 산화에 의하여 마그네슘으로부터 *전자를 받기* 때문에 환원되며, **산화제**(oxidizing agent) 역할을 한다. 산화-환원 반응에 있어 산화 범위는 환원 범위 만큼이어야 한다. 즉, 환원제에 의해 잃은 전자의 수는 산화제에 의해 얻는 전자의 수와 같아야 한다.

산화수

MgO와 같은 이온 결합 화합물의 생성에서 전자를 잃거나 얻는 산화와 환원의 정의를 적용하였다. 그러나 이 정의는 염화 수소(HCl)나 이산화 황(SO_2)의 생성에서는 정확하게 맞지 않는다.

$$H_2(g) + Cl_2(g) \longrightarrow 2HCl(g)$$
$$S(s) + O_2(g) \longrightarrow SO_2(g)$$

분자 화합물인 HCl과 SO_2는 이온 결합 화합물이 아니기 때문에, MgO의 경우처럼 이 화합물의 생성과정에서는 전자가 이동하지 않는다. 그럼에도 불구하고, 일부 전자가 이동(HCl은 H에서 Cl로, SO_2는 S에서 O로)하는 것을 실험으로부터 알 수 있기 때문에, 화학자들은 이들 반응을 산화-환원 반응으로 취급하는 것이 편리하다고 생각한다.

산화-환원 반응에서 전자의 흐름을 확인하기 위하여 반응물과 생성물에 산화수를 표시한다. 원자의 **산화수**(oxidation number)를 **산화 상태**(oxidation state)라고도 부르며, *전자의 교환이 완전히 일어났다고 가정할 때 한 분자(또는 한 이온 화합물) 내에서 특정 원자가 갖게 되는 전하수*를 의미한다. 예를 들면, 위에서 언급한 HCl과 SO_2의 형성 반응을 다음과 같이 다시 나타낼 수 있다.

$$\overset{0}{H_2}(g) + \overset{0}{Cl_2}(g) \longrightarrow 2\overset{+1}{H}\overset{-1}{Cl}(g)$$
$$\overset{0}{S}(s) + \overset{0}{O_2}(g) \longrightarrow \overset{+4}{S}\overset{-2}{O_2}(g)$$

원소기호 위의 숫자가 산화수이다. 이 반응을 보면, 반응물 분자 내의 원자는 전하가 없다. 따라서 이들의 산화수는 0이다. 그러나 생성물 분자에서는 완전한 전자 이동이 일어나고, 생성물 분자에 있는 원자들은 전자를 잃거나 얻는다. "이동된" 전자수를 반영한다.

원소가 산화되었는지 환원되었는지를 산화수로 바로 확인할 수 있다. 위의 예에서, 수소와 황은 산화수가 증가하므로 그 원소는 산화된 것이다. 염소와 산소는 산화수가 처음 값보다 감소하므로 환원된 것이다. HCl(+1과 −1)의 H와 Cl의 산화수의 합이 0이라는 것에 주의하라. 이와 같이 S(+4)와 O[2 × (−2)]의 전하를 더하면 합이 0이 된다. 그 반응에서 HCl

과 SO_2는 중성으로 전하는 상쇄되어야 한다.

산화수를 정하기 위하여 다음 규칙을 사용한다.

1. 자유 원소(화합물이 아닌 상태)의 각 원자는 산화수가 0이다. H_2, Br_2, Na, Be, K, O_2, P_4의 각 원자는 같은 산화수를 가지므로 산화수가 0이다.
2. 한 원자만을 포함하는 이온(단원자 이온)에서 산화수는 이온의 전하수와 같다. Li^+ 이온은 산화수가 +1, Ba^{2+} 이온은 +2, Fe^{3+} 이온은 +3, I^- 이온은 −1, O^{2-} 이온은 −2이다. 모든 화합물에서 알칼리 금속은 산화수가 +1이고, 모든 알칼리 토금속의 산화수는 +2이다. 알루미늄은 모든 화합물에서 산화수가 +3이다.
3. 대부분 화합물에서 산소의 산화수는 −2이다(예를 들어, MgO와 H_2O). 그러나 과산화수소(H_2O_2)와 과산화 이온(O_2^{2-})에서 산화수는 −1이다.
4. 수소가 이성분 화합물에서 금속과 결합하는 것을 제외하고 수소의 산화수는 +1이다. 금속 화합물인 경우(예를 들어, LiH, NaH, CaH_2), 산화수는 −1이다.
5. 플루오린은 모든 화합물에서 산화수가 −1이다. 다른 할로젠(Cl, Br, I)은 화합물에서 할로젠화 이온의 경우 산화수는 음(−)이지만, 산소산(oxoacid)이나 산소산 음이온(oxoanion, 2.7절 참조)과 같이 산소와 결합할 때의 산화수는 양(+)이다.
6. 중성 분자에서 모든 원자들의 산화수의 합은 0이어야 한다. 다원자 이온에서 이온에 대한 모든 원소의 산화수의 합은 이온의 알짜 전하와 같아야 한다. 예를 들어, 암모늄 이온(NH_4^+)에서 N의 산화수는 −3이고, H는 +1이다. 따라서 산화수의 합은 $-3 + 4(+1) = +1$로 이온의 알짜 전하와 같다.
7. 산화수는 정수 값만 갖는 것이 아니다. 예를 들어, 초과산화 이온(O_2^-)에서 O의 산화수는 $-\frac{1}{2}$이다.

예제 4.5

다음 화합물이나 이온에서 모든 원소의 산화수를 결정하시오.
(a) Na_2O, (b) HNO_2, (c) $Cr_2O_7^{2-}$.

▸ **전략** 일반적으로 산화수를 정의하는 일반 규칙을 따른다. 화합물에서 모든 알칼리 금속의 산화수는 +1이며, 수소의 산화수는 대부분 +1이고, 산소의 산화수는 −2임을 기억하라.

▸ **풀이**

(a) 규칙 2에 의거하여, 소듐(Na^+)의 산화수는 +1이고 산소(O^{2-})의 산화수는 −2임을 알 수 있다.

(b) 이것은 아질산의 화학식으로 용액에서 H^+ 이온과 NO_2^- 이온을 형성한다. 규칙 4에 의거하여 H의 산화수는 +1이다. 따라서 질산 이온의 알짜 산화수는 −1이다. 산소의 산화수는 −2이므로 질소의 산화수를 x로 표기하면, 질산 이온을 다음과 같이 나타낼 수 있다.

$$[N^{(x)}O_2^{(2-)}]^-$$

따라서 $x + 2(-2) = -1$

그러므로 $x = +3$

(c) 규칙 6에 의거하여 다이크로뮴산(dichromate, $Cr_2O_7^{2-}$) 이온의 산화수의 합은 −2이다. 산소의 산화수가 −2이므로 y로 표기한 Cr의 산화수를 알아내면 된다. 다이크로뮴산 이온을 다음과 같이 나타낼 수 있다.

$$[Cr_2^{(y)}O_7^{(2-)}]^{2-}$$

따라서 $2(y) + 7(-2) = -2$

그러므로 $y = +6$

▸ **검산** 각 경우에 모든 원자의 산화수의 합은 화학종의 알짜 전하수와 일치하는가?

비슷한 문제: 4.43, 4.45.

▸ **실전 연습** 다음 화합물과 이온에서 모든 원소의 산화수를 결정하시오. (a) PF_3, (b) MnO_4^-.

대기 중에서 황이 연소하여 이산화 황을 형성한다.

그림 4.10은 주기율표에 따라 정리한 원소의 산화수를 나타내고 있다. 다음과 같이 그림의 내용을 요약할 수 있다.

- 금속 원소의 산화수는 양의 값이지만, 비금속 원소의 산화수는 양 또는 음일 수 있다.
- 1A~7A족 원소의 최대 산화수는 그 족의 수와 같다. 예를 들어, 할로젠은 7A족에 있으므로, 가능한 최대 산화수는 +7이다.
- 전이금속(1B, 3B~8B족)은 항상 여러 가지의 산화수가 가능하다.

몇 가지 일반적인 산화-환원 반응

가장 일반적인 산화-환원 반응에는 결합 반응, 분해 반응, 연소 반응 및 치환 반응이 있다.

결합 반응

결합 반응(combination reaction)은 *둘 이상의 물질이 결합하여 하나의 생성물을 만드는 반응*이다. 예를 들면, 다음과 같다.

$$\overset{0}{S}(s) + \overset{0}{O_2}(g) \longrightarrow \overset{+4}{S}\overset{-2}{O_2}(g)$$

$$3\overset{0}{Mg}(s) + \overset{0}{N_2}(g) \longrightarrow \overset{+2}{Mg_3}\overset{-3}{N_2}(s)$$

1 1A	2 2A	3 3B	4 4B	5 5B	6 6B	7 7B	8 8B	9 8B	10 8B	11 1B	12 2B	13 3A	14 4A	15 5A	16 6A	17 7A	18 8A
1 **H** +1 −1																	2 **He**
3 **Li** +1	4 **Be** +2											5 **B** +3	6 **C** +4 +2 −4	7 **N** +5 +4 +3 +2 +1 −3	8 **O** +2 −½ −1 −2	9 **F** −1	10 **Ne**
11 **Na** +1	12 **Mg** +2											13 **Al** +3	14 **Si** +4 −4	15 **P** +5 +3 −3	16 **S** +6 +4 +2 −2	17 **Cl** +7 +6 +5 +4 +3 +1 −1	18 **Ar**
19 **K** +1	20 **Ca** +2	21 **Sc** +3	22 **Ti** +4 +3 +2	23 **V** +5 +4 +3 +2	24 **Cr** +6 +5 +4 +3 +2	25 **Mn** +7 +6 +4 +3 +2	26 **Fe** +3 +2	27 **Co** +3 +2	28 **Ni** +2	29 **Cu** +2 +1	30 **Zn** +2	31 **Ga** +3	32 **Ge** +4 −4	33 **As** +5 +3 −3	34 **Se** +6 +4 −2	35 **Br** +5 +3 +1 −1	36 **Kr** +4 +2
37 **Rb** +1	38 **Sr** +2	39 **Y** +3	40 **Zr** +4	41 **Nb** +5 +4	42 **Mo** +6 +4 +3	43 **Tc** +7 +6 +4	44 **Ru** +8 +6 +4 +3	45 **Rh** +4 +3 +2	46 **Pd** +4 +2	47 **Ag** +1	48 **Cd** +2	49 **In** +3	50 **Sn** +4 +2	51 **Sb** +5 +3 −3	52 **Te** +6 +4 −2	53 **I** +7 +5 +1 −1	54 **Xe** +6 +4 +2
55 **Cs** +1	56 **Ba** +2	57 **La** +3	72 **Hf** +4	73 **Ta** +5	74 **W** +6 +4	75 **Re** +7 +6 +4	76 **Os** +8 +4	77 **Ir** +4 +3	78 **Pt** +4 +2	79 **Au** +3 +1	80 **Hg** +2 +1	81 **Tl** +3 +1	82 **Pb** +4 +2	83 **Bi** +5 +3	84 **Po** +2	85 **At** −1	86 **Rn**

그림 4.10 • 화합물 내에서 각 원소의 산화수. 더 일반적인 산화수는 색으로 표기하였다.

분해 반응

분해 반응은 결합 반응의 반대이다. 즉, **분해 반응**(decomposition reaction)은 *화합물이 둘 이상의 성분으로 나누어지는 반응*이다.

예를 들면, 다음과 같다.

$$2\overset{+2}{\mathrm{Hg}}\overset{-2}{\mathrm{O}}(s) \longrightarrow 2\overset{0}{\mathrm{Hg}}(l) + \overset{0}{\mathrm{O}}_2(g)$$

$$2\mathrm{K}\overset{+5}{\mathrm{Cl}}\overset{-2}{\mathrm{O}}_3(s) \longrightarrow 2\mathrm{K}\overset{-1}{\mathrm{Cl}}(s) + 3\overset{0}{\mathrm{O}}_2(g)$$

$$2\overset{+1}{\mathrm{Na}}\overset{-1}{\mathrm{H}}(s) \longrightarrow 2\overset{0}{\mathrm{Na}}(s) + \overset{0}{\mathrm{H}}_2(g)$$

산화되거나 환원되는 원소에만 산화수를 나타냄을 주목하라.

가열하면 HgO가 분해하여 수은과 산소를 형성한다.

연소 반응

연소 반응(combustion reaction)은 *물질이 산소와 반응하여 열과 빛을 가진 불꽃을 만드는 반응*이다. 앞서 설명한 마그네슘과 황의 산소와의 반응이 바로 연소 반응이다. 다른 예로 가정 난방이나 주방용으로 사용되는 프로페인(C_3H_8) 기체의 연소를 살펴보면 다음과 같다.

모든 연소 반응은 산화-환원 과정이다.

$$\mathrm{C_3H_8}(g) + 5\mathrm{O_2}(g) \longrightarrow 3\mathrm{CO_2}(g) + 4\mathrm{H_2O}(l)$$

치환 반응

치환 반응(displacement reaction)은 *화합물의 한 이온*(또는 원자)*이 다른 원소의 이온*(또는 원자)*에 의해 치환되는 반응*이다. 대부분의 치환 반응은 수소 치환, 금속 치환, 할로젠 치환의 세 가지 중 하나이다.

1. 수소 치환(hydrogen displacement). 금속 원소 중 반응성이 가장 큰 알칼리 금속과 몇 가지 알칼리 토금속(Ca, Sr, Ba)은 찬 물에서도 수소를 치환할 수 있다(그림 4.11).

$$2\overset{0}{\mathrm{Na}}(s) + 2\overset{+1}{\mathrm{H}}_2\mathrm{O}(l) \longrightarrow 2\overset{+1}{\mathrm{Na}}\mathrm{O}\overset{+1}{\mathrm{H}}(aq) + \overset{0}{\mathrm{H}}_2(g)$$

$$\overset{0}{\mathrm{Ca}}(s) + 2\overset{+1}{\mathrm{H}}_2\mathrm{O}(l) \longrightarrow \overset{+2}{\mathrm{Ca}}(\mathrm{O}\overset{+1}{\mathrm{H}})_2(s) + \overset{0}{\mathrm{H}}_2(g)$$

물과 반응하지 않는 많은 금속은 산으로부터 수소를 치환할 수 있다. 예를 들어, 아연과 마그네슘은 물과는 반응하지 않지만, 다음과 같이 염산과 반응한다.

$$\overset{0}{\mathrm{Zn}}(s) + 2\overset{+1}{\mathrm{H}}\mathrm{Cl}(aq) \longrightarrow \overset{+2}{\mathrm{Zn}}\mathrm{Cl}_2(aq) + \overset{0}{\mathrm{H}}_2(g)$$

$$\overset{0}{\mathrm{Mg}}(s) + 2\overset{+1}{\mathrm{H}}\mathrm{Cl}(aq) \longrightarrow \overset{+2}{\mathrm{Mg}}\mathrm{Cl}_2(aq) + \overset{0}{\mathrm{H}}_2(g)$$

(a) (b)

그림 4.11 • 찬 물과 반응하는 (a) 소듐(Na)과 (b) 칼슘(Ca). Na의 반응이 Ca의 반응보다 더 격렬하다.

그림 4.12 • 왼쪽에서 오른쪽으로: 염산이 철(Fe), 아연(Zn), 마그네슘(Mg)과 반응하여 수소 기체와 금속의 염화물($FeCl_2$, $ZnCl_2$, $MgCl_2$)을 형성한다. 이들 금속의 반응성은 수소 기체의 생성 속도와 관계가 있는데, 금속 Fe의 경우가 가장 느리며, 반응성이 가장 큰 금속 Mg의 경우가 가장 빠르다.

그림 4.12는 염산(HCl)과 철(Fe), 아연(Zn), 마그네슘(Mg)의 반응을 나타낸다. 이 반응은 실험실에서 수소 기체를 생성하기 위하여 사용되는 반응이다.

2. 금속 치환(metal displacement). 화합물에서 금속은 원소 상태의 다른 금속에 의해 치환될 수 있다. 예를 들어, 금속 아연이 황산 구리($CuSO_4$)를 포함하는 용액에 가하면 용액으로부터 Cu^{2+} 이온을 치환한다(그림 4.13).

$$\overset{0}{\mathrm{Zn}}(s) + \overset{+2}{\mathrm{Cu}}\mathrm{SO_4}(aq) \longrightarrow \overset{+2}{\mathrm{Zn}}\mathrm{SO_4}(aq) + \overset{0}{\mathrm{Cu}}(s)$$

알짜 이온 반응식은

$$\overset{0}{\mathrm{Zn}}(s) + \overset{+2}{\mathrm{Cu}^{2+}}(aq) \longrightarrow \overset{+2}{\mathrm{Zn}^{2+}}(aq) + \overset{0}{\mathrm{Cu}}(s)$$

비슷하게 금속 구리는 질산 은($AgNO_3$)을 포함하는 용액으로부터 은 이온을 치환한다(그림 4.13).

$$\overset{0}{\mathrm{Cu}}(s) + 2\overset{+1}{\mathrm{Ag}}\mathrm{NO_3}(aq) \longrightarrow \overset{+2}{\mathrm{Cu}}\mathrm{(NO_3)_2}(aq) + 2\overset{0}{\mathrm{Ag}}(s)$$

알짜 이온 반응식은

$$\overset{0}{\mathrm{Cu}}(s) + 2\overset{+1}{\mathrm{Ag}^{+}}(aq) \longrightarrow \overset{+2}{\mathrm{Cu}^{2+}}(aq) + 2\overset{0}{\mathrm{Ag}}(s)$$

반대 방향으로 치환 반응이 일어나지는 않는다. 바꾸어 말하면 구리 금속은 황산 아연에서 아연 이온을 치환하지 못하고, 은 금속은 질산 구리에서 구리 이온을 치환할 수 없다.

금속이나 수소 치환 반응이 실제로 일어나는가를 예상하는 방법은 그림 4.14에 나타낸 **활성도 계열**(activity series, *전기화학 계열*이라고도 부름)을 참조하면 된다. 기본적으로 활성도 계열은 언급한 것과 같이 *많은 치환 반응의 결과를 편리하게 요약한 것*이다. 이 계열에 따라 수소 위쪽에 있는 금속은 물이나 산에 의하여 치환되지만, 수소 아래 금속은 물 또는 산과 반응하지 않는다. 실제로 이 계열에 나와 있는 금속은 그 아래의 어느 금속이든지(화합물에 있는)와 반응할 것이다. 예를 들어, Zn은 Cu 위에 있으므로 아연 금속은 황산 구리로부터 구리 이온을 치환할 것이다.

그림 4.13 • 용액에서의 금속 치환 반응.

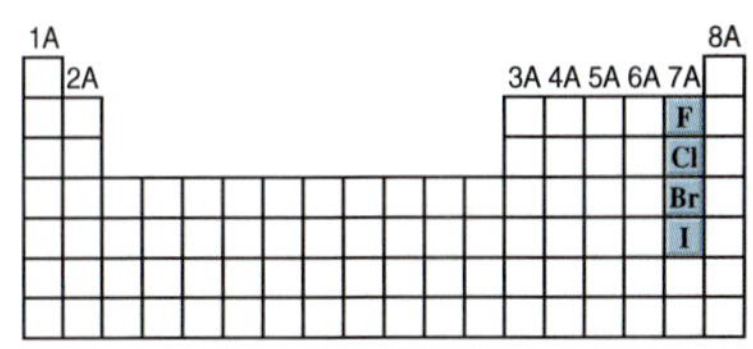

할로젠 원소.

3. 할로젠 치환(halogen displacement). 할로젠의 치환 반응에서 할로젠의 거동을 요약하면, 활성도 계열은 다음과 같이 나타낼 수 있다.

$$F_2 > Cl_2 > Br_2 > I_2$$

7A족 원소의 산화제로서의 능력은 플루오린에서 아이오딘의 순서로 감소하고, 따라서 플루오린 분자는 용액 내에서 염화 이온, 브로민화 이온, 아이오딘화 이온을 치환할 수 있다. 실제로, 플루오린 분자는 매우 반응성이 커서 물과도 반응할 수 있다. 따라서 이러한 반응들은 수용액에서 일어날 수 없다. 반면에 염소 분자는 수용액에서 브로민화 이온과 아이오딘화 이온을 치환할 수 있다. 그 치환 반응은 다음과 같다.

$$\overset{0}{Cl_2}(g) + 2K\overset{-1}{Br}(aq) \longrightarrow 2K\overset{-1}{Cl}(aq) + \overset{0}{Br_2}(l)$$

$$\overset{0}{Cl_2}(g) + 2Na\overset{-1}{I}(aq) \longrightarrow 2Na\overset{-1}{Cl}(aq) + \overset{0}{I_2}(s)$$

그 이온 반응식은 다음과 같다.

$$\overset{0}{Cl_2}(g) + 2\overset{-1}{Br^-}(aq) \longrightarrow 2\overset{-1}{Cl^-}(aq) + \overset{0}{Br_2}(l)$$

$$\overset{0}{Cl_2}(g) + 2\overset{-1}{I^-}(aq) \longrightarrow 2\overset{-1}{Cl^-}(aq) + \overset{0}{I_2}(s)$$

한편 브로민 분자는 용액 안에 존재하는 아이오딘화 이온을 치환할 수 있다.

$$\overset{0}{Br_2}(l) + 2\overset{-1}{I^-}(aq) \longrightarrow 2\overset{-1}{Br^-}(aq) + \overset{0}{I_2}(s)$$

위의 반대 방향으로는 반응이 일어나지 않는다. 그래서 브로민은 염화 이온을 치환할 수 없고, 아이오딘은 브로민화 이온이나 염화 이온을 치환할 수 없다.

공업적으로 브로민(연기나는 붉은 액체)은 Br^- 이온의 풍부한 공급원인 바닷물에 염소를 반응시켜 만든다.

그림 4.14 • 금속의 활동도 계열. 산이나 물에서 수소를 치환하는 능력 순으로 금속을 배열하였다. Li(리튬)의 반응성이 가장 크고, Au(금)의 반응성이 가장 작다.

환원 능력 증가 ↑

반응	
$Li \rightarrow Li^+ + e^-$	찬물과 반응하여 H_2 형성
$K \rightarrow K^+ + e^-$	
$Ba \rightarrow Ba^{2+} + 2e^-$	
$Ca \rightarrow Ca^{2+} + 2e^-$	
$Na \rightarrow Na^+ + e^-$	
$Mg \rightarrow Mg^{2+} + 2e^-$	수증기와 반응하여 H_2 형성
$Al \rightarrow Al^{3+} + 3e^-$	
$Zn \rightarrow Zn^{2+} + 2e^-$	
$Cr \rightarrow Cr^{3+} + 3e^-$	
$Fe \rightarrow Fe^{2+} + 2e^-$	
$Cd \rightarrow Cd^{2+} + 2e^-$	
$Co \rightarrow Co^{2+} + 2e^-$	산과 반응하여 H_2 형성
$Ni \rightarrow Ni^{2+} + 2e^-$	
$Sn \rightarrow Sn^{2+} + 2e^-$	
$Pb \rightarrow Pb^{2+} + 2e^-$	
$H_2 \rightarrow 2H^+ + 2e^-$	
$Cu \rightarrow Cu^{2+} + 2e^-$	물이나 산과 반응하여 H_2를 형성하지 않음
$Ag \rightarrow Ag^+ + e^-$	
$Hg \rightarrow Hg^{2+} + 2e^-$	
$Pt \rightarrow Pt^{2+} + 2e^-$	
$Au \rightarrow Au^{3+} + 3e^-$	

예제 4.6

다음 산화-환원 반응을 분류하고 각 원소의 산화수 변화를 나타내시오.

(a) $2N_2O(g) \longrightarrow 2N_2(g) + O_2(g)$

(b) $6Li(s) + N_2(g) \longrightarrow 2Li_3N(s)$

(c) $Ni(s) + Pb(NO_3)_2(aq) \longrightarrow Pb(s) + Ni(NO_3)_2(aq)$

▸ **전략** 결합 반응, 분해 반응, 치환 반응의 정의를 복습하시오.

▸ **풀이**

(a) 이 반응은 한 가지 반응물이 두 가지 서로 다른 생성물로 바뀌기 때문에 분해 반응이다. 질소의 산화수는 +1에서 0으로 바뀌고, 산소의 산화수는 −2에서 0으로 바뀐다.

(b) 이 반응은 결합 반응이다(두 개의 반응물이 한 개의 생성물을 만든다). Li의 산화수는 0에서 +1로 바뀌고, N의 산화수는 0에서 −3으로 바뀐다.

(c) 이 반응은 금속 치환 반응이다. 금속 Ni는 Pb^{2+} 이온을 치환(환원)한다. Ni의 산화수는 0에서 +2로 증가하고, Pb의 산화수는 +2에서 0으로 감소한다.

비슷한 문제: 4.43, 4.45.

▸ **실전 연습** 다음 산화-환원 반응을 유형별로 확인하시오.

(a) $Fe + H_2SO_4 \longrightarrow FeSO_4 + H_2$

(b) $S + 3F_2 \longrightarrow SF_6$

(c) $2Ag + PtCl_2 \longrightarrow 2AgCl + Pt$

☑ 개념 복습하기

다음 결합 반응 중 산화-환원 반응이 아닌 것은?

(a) $2Mg(s) + O_2(g) \longrightarrow 2MgO(s)$

(b) $H_2(g) + Cl_2(g) \longrightarrow 2HCl(g)$

(c) $NH_3(g) + HCl(g) \longrightarrow NH_4Cl(s)$

(d) $2Na(s) + S(s) \longrightarrow Na_2S(s)$

4.5 용액의 농도

용액에 대한 화학량론을 연구하기 위해서는 용액에 존재하는 반응물의 양뿐만 아니라 수용액에서 반응이 일어나게 하는 반응물의 양을 조절하는 방법도 알아야 한다.

용액의 농도(concentration of a solution)는 *주어진 용액 또는 용매의 양에 대한 용질의 양*이다(여기서 용질은 액체 또는 고체이며, 용매는 액체라 가정한다). 용액의 농도는 여러 방법으로 표현되는데, 이에 대해서는 13장에서 자세히 배울 것이다. 여기서는 화학에서 가장 일반적으로 사용하는 단위인 *용액의 리터당 용질의 몰수인* **몰농도**(M, molarity 또는 molar concentration)에 대해 알아본다. 몰농도는 다음과 같이 정의된다.

$$\text{몰농도} = \frac{\text{용질의 몰수}}{\text{용액의 리터수}} \tag{4.1}$$

이 식은 아래와 같이 간략히 표현할 수 있다.

$$M = \frac{n}{V} \tag{4.2}$$

부피(V)는 용매의 리터수가 아니고 용액의 리터수임을 명심하라. 또한 용액의 몰농도는 온도에 의존한다.

여기서 V는 리터 단위인 용액의 부피를 의미하고, n은 용질의 몰수이다. 그러므로 포도당($C_6H_{12}O_6$) 1.46 몰농도 용액은 1.46 M $C_6H_{12}O_6$로 표시하고, 이것은 용액 1 L 속에 용질 포도당 1.46 mol을 포함한다는 것을 의미한다. 0.52 몰농도의 요소[$(NH_2)_2CO$] 용액은 0.52 M $(NH_2)_2CO$라고 쓰는데, 용액 1 L 중에 $(NH_2)_2CO$(용질) 0.52 mol을 포함한다.

물론, 정확히 1 L의 용액으로 실험을 할 필요는 없다. 용액의 부피를 리터로 변환한다는 것을 기억하면 이 점은 문제될 것이 없다. 즉 $C_6H_{12}O_6$ 0.730 mol을 포함하는 500 mL 용액의 농도도 1.46 M이다.

$$M = \text{몰농도} = \frac{0.730\ \text{mol}}{0.500\ \text{L}}$$
$$= 1.46\ \text{mol/L} = 1.46\ M$$

보는 바와 같이 몰농도의 단위는 리터 당 몰수이므로, $C_6H_{12}O_6$ 0.730 mol을 포함하는 500 mL 용액은 1.46 mol/L 즉, 1.46 M과 같다. 밀도처럼 농도는 세기 성질이므로 용액의 양에 따라 변하지 않는다.

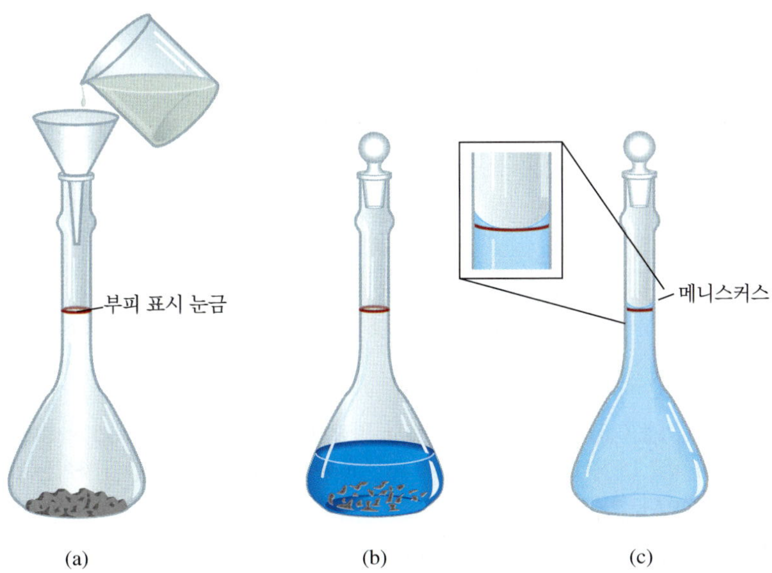

그림 4.15 • 특정 몰농도의 용액을 제조하는 과정. (a) 정확한 양의 고체 용질을 부피 플라스크에 넣고, 깔때기를 이용하여 물을 가한다. (b) 플라스크를 가볍게 흔들어서 고체를 서서히 녹인다. (c) 고체가 모두 녹은 후, 물을 눈금까지 채운다. 녹아 있는 용질의 양과 용액의 부피로부터 용액의 몰농도를 계산할 수 있다.

동영상
용액 만들기.

특정 몰농도의 용액을 제조하는 과정은 다음과 같다. 먼저 용질의 무게를 정확하게 달아서 부피 플라스크에 넣은 다음, 용질이 잘 용해되도록 조심스럽게 저어주면서 물을 첨가한다(그림 4.15). 고체가 모두 용해하고 나면 용액이 플라스크 눈금에 이를 때까지 천천히 물을 가한다. 부피 플라스크 용액의 부피와 용해한 용질의 양(용질의 몰수)을 알고 있으면 식 (4.1)을 이용하여 용액의 몰농도를 계산할 수 있다. 이 때, 첨가된 물의 양은 알 필요가 없고 용액의 최종 부피만 알면 된다.

$K_2Cr_2O_7$ 용액.

예제 4.7

농도가 1.83 M인 용액 125 mL를 만드는 데 필요한 $K_2Cr_2O_7$의 g수를 계산하시오.

▸ **전략** $K_2Cr_2O_7$ 1.83 M 용액 1 L(1000 mL)에 들어 있는 $K_2Cr_2O_7$의 몰수는 얼마인가? 125 mL 용액은 얼마인가? 몰수를 g수로 어떻게 바꾸는가?

▸ **풀이** 먼저 1.83 M 용액 125 mL 즉, 0.125 L에 들어 있는 $K_2Cr_2O_7$의 몰수를 계산하자.

$$K_2Cr_2O_7\text{의 몰수} = 0.125\ \cancel{\text{L 용액}} \times \frac{1.83\ \text{mol}\ K_2Cr_2O_7}{1\ \cancel{\text{L 용액}}}$$
$$= 0.229\ \text{mol}\ K_2Cr_2O_7$$

$K_2Cr_2O_7$의 몰질량은 294.2 g이므로

$$\text{필요한}\ K_2Cr_2O_7\text{의 질량} = 0.229\ \cancel{\text{mol}\ K_2Cr_2O_7} \times \frac{294.2\ \text{g}\ K_2Cr_2O_7}{1\ \cancel{\text{mol}\ K_2Cr_2O_7}}$$
$$= \boxed{67.4\ \text{g}\ K_2Cr_2O_7}$$

▸ **검산** 어림잡아 [몰농도(mol/L) × 부피(L) × 몰질량(g/mol)], 즉 [2 mol/L × 0.125 L × 300 g/mol)]을 계산해 보면, 질량은 약 75 g 정도로 얻은 답은 타당하다.

비슷한 문제: 4.56, 4.57.

▸ **실전 연습** 에탄올(C_2H_5OH) 1.77 g을 포함하는 용액 85.0 mL의 에탄올의 몰농도는 얼마인가?

예제 4.8

화학자가 생화학 분석 시험에서 반응 혼합물에 포도당 4.07 g을 첨가하고자 할 때 3.16 M 포도당 용액을 가지고 어느 정도의 부피(mL)를 첨가해야 되는지 계산하시오.

▸ **전략** 부피를 계산하기 위해 먼저 4.07 g의 포도당의 몰수를 계산하고, 식 (4.2)를 이용하여 그 부피를 계산하시오.

▸ **풀이** 포도당의 몰질량으로부터 계산한다.

중간 단계에서 없어진 유효 숫자의 수를 추가적인 한자리 숫자로 계산하였음을 유의하라.

$$4.07\ \cancel{\text{g}\ C_6H_{12}O_6} \times \frac{1\ \text{mol}\ C_6H_{12}O_6}{180.2\ \cancel{\text{g}\ C_6H_{12}O_6}} = 2.259 \times 10^{-2}\ \text{mol}\ C_6H_{12}O_6$$

다음으로 식 (4.2)를 아래와 같이 재배열하여 용질 2.259×10^{-2} mol에 해당하는 용액의 부피를 계산한다.

$$V = \frac{n}{M}$$
$$= \frac{2.259 \times 10^{-2}\ \text{mol}\ C_6H_{12}O_6}{3.16\ \text{mol}\ C_6H_{12}O_6/\ \text{L 용액}} \times \frac{1000\ \text{mL 용액}}{1\ \text{L 용액}}$$
$$= \boxed{7.15\ \text{mL 용액}}$$

▸ **검산** 용액 1 L에는 $C_6H_{12}O_6$ 3.16 mol이 있다. 따라서 용액 7.15 mL 즉, 7.15×10^{-3} L 안에는 용질 (3.16 mol × 7.15×10^{-3}) 즉, 2.26×10^{-2} mol이 있다. 여기서 약간의 차이는 반올림하는 순서의 차이 때문이다.

비슷한 문제: 4.59

▸ **실전 연습** NaOH 6.22 g이 들어 있는 0.315 M NaOH 용액의 부피는 얼마인가?

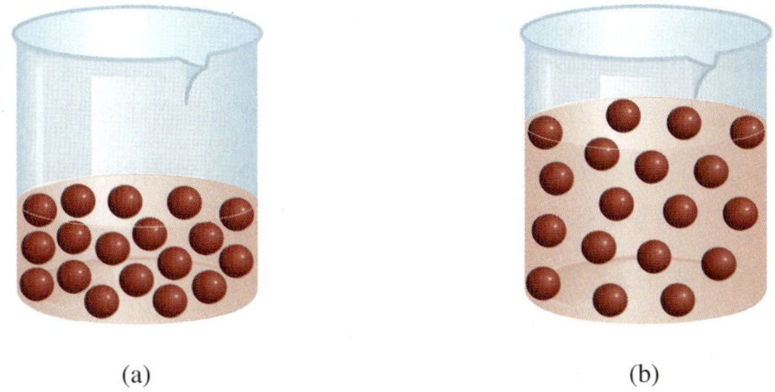

그림 4.16 • 더 진한 용액(a)에서 덜 진한 용액(b)으로 희석하여도, 희석 전후 용질의 입자 수(18)는 같다.

용액의 희석

실험실에서는 가끔 진한 용액을 저장하면서 필요에 따라 사용한다. 실험하기 전에 이 "모액(stock)"용액(solution)을 희석시켜 사용하며, *진한 용액을 가지고 묽은 용액을 제조하는 과정*을 **희석**(dilution)이라고 한다.

동영상
희석을 이용한 용액의 제조.

1.00 M $KMnO_4$ 용액으로부터 0.400 M 용액 1 L를 제조한다고 가정해 보자. 이 용액을 제조하기 위해 $KMnO_4$ 0.400 mol이 필요하다. 1.00 M $KMnO_4$ 용액 1 L 즉, 1000 mL 중에 $KMnO_4$는 1.00 mol이 있으므로 같은 용액 0.400 L에는 0.400 mol의 $KMnO_4$가 있다.

$$\frac{1.00 \text{ mol}}{1 \text{ L 용액}} = \frac{0.400 \text{ mol}}{0.400 \text{ L 용액}}$$

따라서 1.00 M $KMnO_4$ 용액 400 mL를 취하여 1000 mL 들이 부피 플라스크에 용액이 1000 mL가 될 때까지 물을 첨가하여 희석시켜야 한다. 이러한 방법으로 0.400 M $KMnO_4$ 용액 1 L를 만들 수 있다.

서로 다른 농도의 $KMnO_4$ 두 용액.

희석 과정을 수행할 때, 일정량의 원액 용액에 용매를 첨가함으로써 용액 속에 존재하는 용질의 몰수를 변화시키지 않고 용액의 농도를 감소시킬 수 있다는 사실을 기억하면 매우 유용하다(그림 4.16). 다른 말로 표현하면 희석 전후 용질의 몰수는 같다.

$$\text{희석 전 용질의 몰수} = \text{희석 후 용질의 몰수}$$

몰농도는 용액 1 L당 용질의 몰수로 정의되므로 용질의 몰수는 다음과 같이 계산할 수 있다.

$$\underbrace{\frac{\text{용액의 몰수}}{\text{용액의 L 수}}}_{M} \times \underbrace{\text{용액의 부피(L)}}_{V} = \text{용질의 몰수}$$

또는

$$MV = \text{용질의 몰수}$$

모든 용질은 처음 모액으로부터 오기 때문에 다음과 같이 나타낼 수 있다.

$$\underset{\text{희석 전 용질의 몰수}}{M_iV_i} = \underset{\text{희석 후 용질의 몰수}}{M_fV_f} \tag{4.3}$$

여기서 M_i와 M_f는 각각 용액의 초기 몰농도와 최종 몰농도이며, V_i와 V_f는 용액 초기의 부피와 최종 부피이다. 물론 V_i와 V_f의 단위는 같아야 하며(mL 또는 L), 그 결과가 합리적인지를 검산하기 위해서는 항상 $M_i > M_f$, $V_f > V_i$임을 확인해야 한다.

예제 4.9

$7.41\ M\ H_2SO_4$ 모액을 이용하여 $2.25\ M\ H_2SO_4$ 용액 2.50×10^2 mL를 제조하는 과정을 설명하시오.

▸ **전략** 최종 용액의 농도가 초기 용액의 농도보다 작으므로 이는 희석하는 과정이다. 희석에서는 용액의 농도는 줄어드나 용질의 몰수는 일정하다는 것을 명심하라.

▸ **풀이** 계산을 위해 다음 도표를 만들어보자.

$$M_i = 7.41\ M \qquad M_f = 2.25\ M$$
$$V_i = ? \qquad V_f = 2.50 \times 10^2\ \text{mL}$$

식 (4.3)에 대입하면,

$$(7.41\ M)(V_i) = (2.25\ M)(2.50 \times 10^2\ \text{mL})$$
$$V_i = \frac{(2.25\ M)(2.50 \times 10^2\ \text{mL})}{7.41\ M}$$
$$V_i = 75.9\ \text{mL}$$

따라서 원하는 농도를 얻기 위해서는 $7.41\ M\ H_2SO_4$ 용액 75.9 mL에 충분한 물을 가하여 250 mL 부피 플라스크에 최종 부피가 2.50×10^2 mL가 되도록 희석하여야 한다.

비슷한 문제: 4.65, 4.66.

▸ **검산** 초기 부피가 최종 부피보다 작으므로 답은 합당하다.

▸ **실전 연습** $5.07\ M$ KOH 모액을 이용하여 $0.866\ M$ 용액 2.00×10^2 mL를 얻는 방법을 설명하시오.

개념 복습하기

$0.6\ M$ NaCl 용액을 가지고 그 부피를 두 배로 하거나 용질의 몰수를 세 배로 바꾸면 농도는 어떻게 되는가?

4.6 용액의 화학량론

균형 반응식의 계수를 반응물과 생성물의 몰수로 취급하는 몰 방법을 이용하여 화학량론을 계산하는 것을 3장에서 공부하였다. 몰농도를 알고 있는 용액을 다룰 때 MV = 용질의 몰수라는 관계를 이용한다. 여기서는 무게 분석과 산-염기 적정이라는 용액의 화학량론인 두 가지 형태를 살펴보기로 한다.

무게 분석

무게 분석(gravimetric analysis)은 *질량 측정에 기초를 두고 있는 분석 기술*이다. 무게 분석 실험에서는 침전물의 생성, 해리, 질량 결정의 단계가 포함되며, 이온 결합 화합물에 많이 사용된다. 미지의 물질이 물에 녹아 다른 화합물과 반응하여 생성된 침전물과 여과, 건조, 검량하여 침전물의 질량과 화학식을 알면, 처음 물질의 화학 성분(양이온과 음이온)의 질량을 계산할 수 있다. 처음 물질의 질량과 구성 성분의 질량을 알면 그 물질의 구성 성분의 비율도 또한 알 수 있다.

비교적 반응물을 순수한 형태로 얻을 수 있기 때문에 무게 분석에서 자주 다루는 반응은 다음과 같다.

$$AgNO_3(aq) + NaCl(aq) \longrightarrow NaNO_3(aq) + AgCl(s)$$

알짜 이온 반응식은 다음과 같다.

$$Ag^+(aq) + Cl^-(aq) \longrightarrow AgCl(s)$$

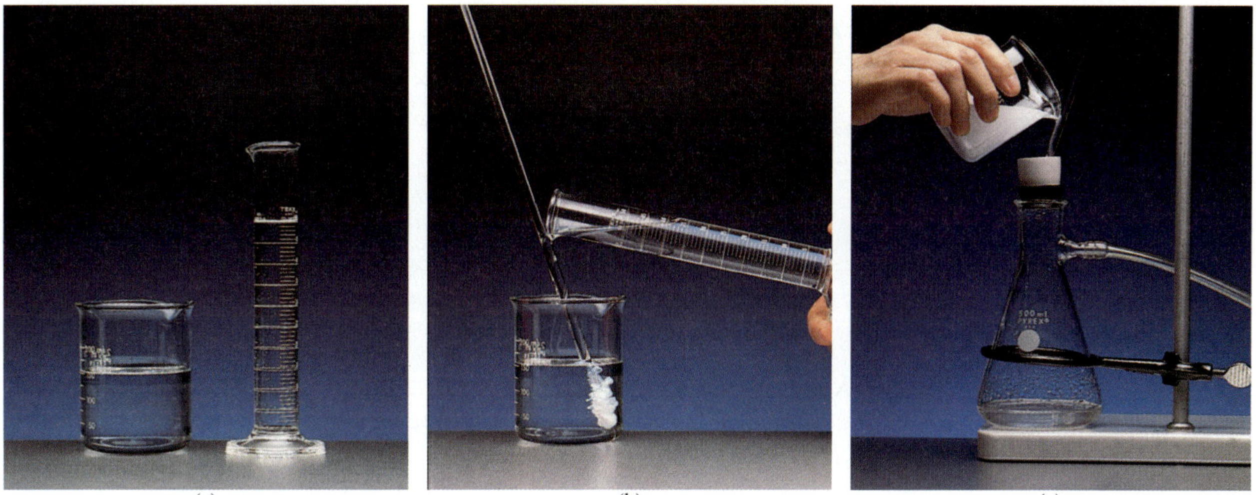

(a) (b) (c)

그림 4.17 • 무게 분석의 기본 절차. (a) 알려진 양의 NaCl을 포함하는 용액. (b) 눈금 실린더로부터 $AgNO_3$ 용액을 가하면 AgCl 침전이 형성된다. 이 반응에서, $AgNO_3$는 초과 반응물이며 NaCl은 한계 시약이다. (c) 생성된 AgCl을 포함하는 용액은 미리 무게를 측정한 소결 도가니를 이용하여 거른다. 도가니를 기구로부터 제거하여 오븐에 말린 후, 다시 무게를 측정한다. 사용 전후의 질량 차이가 AgCl 침전의 질량이다.

침전물은 염화 은(AgCl)이다(표 4.2). 예를 들어, 바닷물로부터 얻은 NaCl 시료의 순도를 알고자 한다. 그렇게 하기 위해서는 NaCl 중 Cl의 질량 백분율을 *실험적으로* 결정할 필요가 있다. 먼저 NaCl 시료의 무게를 정확하게 달아 물에 녹여 NaCl 용액을 만든다. 그리고 NaCl 용액에 충분한 $AgNO_3$ 용액을 가하여 이 용액 중에 존재하는 모든 Cl^- 이온을 AgCl로 침전시킨다. 이 과정에서 NaCl은 한계 시약이며, $AgNO_3$가 초과 시약이다. 마지막으로 AgCl 침전물을 여과하여 용액으로부터 분리, 건조시킨 다음 무게를 측정한다. Cl의 질량은 AgCl의 질량으로부터 AgCl 중 Cl의 질량 백분율을 이용하여 계산할 수 있다. 이 같은 양의 Cl이 원래 NaCl 시료에 존재했었기 때문에, NaCl 중 Cl의 질량 백분율을 계산할 수 있고 순도를 알 수 있다. 그림 4.17은 이 실험 과정을 보여준다.

무게 분석은 시료의 질량을 비교적 정확히 측정할 수 있기 때문에 매우 정교한 방법이다. 그러나 이 과정은 완결 즉, 100% 진행하는 반응에 대해서만 적용할 수 있다. 앞서 제시한 예에서 만일 AgCl이 불용성이 아니고 조금이라도 녹는다면, NaCl 용액으로부터 Cl^- 이온을 전부 제거한다는 것은 불가능하며 이후 계산에서도 오차가 발생할 것이다.

예제 4.10

염화 이온과 미지의 금속을 포함하는 이온 결합 화합물 시료 0.7077 g을 물에 녹이고 과량의 $AgNO_3$를 가했다. AgCl 침전 1.3602 g을 얻었다면, 원래 시료에 포함된 Cl의 질량 백분율을 구하시오.

▸ **전략** 미지 시료에 포함된 Cl의 질량 백분율은 다음 식으로 구할 수 있다.

$$\%\mathrm{Cl} = \frac{\mathrm{Cl}\text{의 질량}}{0.7077\ \mathrm{g}\ \text{시료}} \times 100\%$$

Cl^- 이온의 유일한 공급원은 원래 화합물이다. 이 Cl^- 이온은 모두 AgCl 침전으로 된다. 만일 AgCl에 들어 있는 Cl의 질량 백분율을 안다면, Cl^- 이온의 질량을 계산할 수 있는가?

▸ **풀이** Cl과 AgCl의 몰질량은 각각 35.45 g과 143.4 g이다. AgCl에 포함된 Cl의 질량 백분율은 다음과 같이 계산할 수 있다.

$$\begin{aligned}\%\mathrm{Cl} &= \frac{35.45\ \mathrm{g\ Cl}}{143.4\ \mathrm{g\ AgCl}} \times 100\% \\ &= 24.72\%\end{aligned}$$

일반적으로 무게 분석법으로 미지 금속이 무엇인지는 알 수 없지만 가능성을 좁힐 수는 있다.

다음으로 AgCl 1.3602 g에 포함된 Cl의 질량을 계산해 보자.

$$\text{Cl의 질량} = 0.2472 \times 1.3602\ \text{g} = 0.3362\ \text{g}$$

원래 시료가 Cl^- 이온을 이만큼 포함하고 있으므로, 화합물에 포함된 Cl의 질량 백분율은 다음과 같다.

$$\%\text{Cl} = \frac{0.3362\ \text{g}}{0.7077\ \text{g}} \times 100\% = 47.51\%$$

▸ **검산** AgCl은 질량으로 약 25 % 염소가 들어 있고, 그러므로 1 g의 AgCl 침전에는 원래 시료의 반 보다 적은 양에 해당되는 약 0.25 g의 염소가 생성된다. 그러므로 계산된 염소의 백분율인 47.51 %의 염소는 타당하다.

비슷한 문제: 4.72.

▸ **실전 연습** 브로민화 이온(Br^-)을 포함하는 이온 화합물 시료 0.3220 g을 물에 녹인 후, 과량의 $AgNO_3$를 가했다. AgBr 침전 0.6964 g이 형성되었다면, 원래 화합물에 포함된 Br의 질량 백분율은 얼마인가?

☑ 개념 복습하기

만일 6.00 g의 KBr이 포함된 용액을 과량의 $AgNO_3$로 처리한다면 생성되는 AgBr의 질량을 계산하시오.

산-염기 적정

산-염기 중화 반응의 정량적인 실험은 **적정**(titration)이라는 과정을 통해 매우 쉽게 수행된다. 적정은 농도를 정확하게 알고 있는 용액인 **표준 용액**(standard solution)을 *미지의 다른 용액에 두 용액간의 반응이 완전히 이루어질 때까지 서서히 첨가하여 미지 용액의 농도를 구하는 실험*이다. 만일 적정에 사용한 미지 용액과 표준 용액의 부피를 알면, 표준 용액의 농도를 이용하여 미지 용액의 농도를 계산할 수 있다.

수산화 소듐(NaOH)은 실험실에서 일반적으로 사용하는 염기 중 하나이다. 그러나 순수한 NaOH 고체를 얻기 어렵기 때문에, 수산화 소듐 용액은 실험에 사용하기 전에 *표준화*(standardized)하여야 한다. 수산화 소듐 용액은 정확한 농도를 알고 있는 산 용액으로 적정하여 표준화할 수 있다. 이 실험에 흔히 사용하는 산은 프탈산 수소 포타슘(potassium hydrogen phthalate, KHP)이라는 일양성자산이다. 분자식은 $KHC_8H_4O_4$이고 흰색을 띠며, 고순도 형태로 구할 수 있는 용해성 고체이다. KHP와 수산화 소듐 사이의 반응은 다음과 같다.

$$KHC_8H_4O_4(aq) + NaOH(aq) \longrightarrow KNaC_8H_4O_4(aq) + H_2O(l)$$

프탈산 수소 포타슘은 약산이다.

알짜 이온 방정식은

$$HC_8H_4O_4^-(aq) + OH^-(aq) \longrightarrow C_8H_4O_4^{2-}(aq) + H_2O(l)$$

적정에 대한 과정은 그림 4.18에 나타내었다. 먼저 일정량의 KHP를 삼각 플라스크에 넣고 증류수를 넣어 용액을 만든 다음, 당량점에 도달할 때까지 NaOH 수용액을 뷰렛을 통해 KHP 용액에 조심스럽게 떨어뜨린다. **당량점**(equivalence point)이란 *산이 염기에 의해 완전히 반응되는 점, 즉 염기에 의해 중화되는 점*을 말하며, 산 용액에 첨가하여 미량의 지시약으로 인해 색이 변화되는 점이다. 산-염기 적정에서 **지시약**(indicator)은 *산성과 염기성 용액에서 각기 현저히 다른 색을 띠는 물질*이다. 가장 보편적으로 사용하는 지시약은 페놀프탈레인으로, 이 지시약은 산성과 중성 용액에서는 무색이지만 염기성 용액에서는 붉은 분홍색을

(a) (b)

그림 4.18 • (a) 산-염기 적정에 이용되는 기구. 뷰렛을 이용하여 삼각 플라스크의 KHP 용액에 NaOH 용액을 가한다. (b) 당량점에 도달하면 붉은 분홍색이 나타난다. 책에서는 시각적 효과를 위하여 색을 실제보다 진하게 표시하였다.

나타낸다. 당량점에서 모든 KHP가 NaOH의 첨가에 의해 중화될 때까지 그 용액의 색은 무색이지만, 뷰렛으로 NaOH 용액이 한 방울이라도 더 첨가되면 즉시 그 용액은 붉은 분홍색으로 변한다. 왜냐하면, 그 용액은 이제 염기성이기 때문이다.

예제 4.11

적정 실험에서 한 학생이 KHP 0.6092 g을 중화하는 데 NaOH 25.46 mL가 필요함을 알아냈다. NaOH 용액의 몰농도는 얼마인가?

▸ **전략** NaOH 용액의 몰농도를 결정하는 문제이다. 몰농도의 정의는 무엇인가?

$$\text{NaOH의 몰농도} = \frac{\text{mol NaOH}}{\text{용액의 L 수}}$$

필요한 양 (mol NaOH), 원하는 양 (NaOH의 몰농도), 주어진 양 (용액의 L 수)

NaOH 용액의 부피는 문제에서 주어졌다. 그러므로 주어진 농도에 필요한 NaOH의 몰수를 구하면 된다. 본문에서 설명한 KHP와 NaOH의 반응식에서 KHP 1 mol이 NaOH 1 mol을 중화시키는 것을 알 수 있다. KHP 0.6092 g에는 KHP 몇 mol이 존재하는가?

▸ **풀이** 먼저 적정에 사용된 KHP의 몰수를 계산해 보자.

$$\begin{aligned}\text{KHP의 몰수} &= 0.6092\ \cancel{\text{g KHP}} \times \frac{1\ \text{mol KHP}}{204.2\ \cancel{\text{g KHP}}} \\ &= 2.983 \times 10^{-3}\ \text{mol KHP}\end{aligned}$$

KHP 대 1 mol은 NaOH 1 mol과 당량이므로, NaOH 용액 25.46 mL에는 NaOH 2.983×10^{-3} mol이 들어 있음을 알 수 있다. 마지막으로 NaOH 용액 1 L에 들어 있는 NaOH의 몰수(즉, NaOH 용액의 몰농도)는 다음과 같이 계산할 수 있다.

$$\begin{aligned}\text{NaOH 용액의 몰수} &= \frac{2.983 \times 10^{-3}\ \text{mol NaOH}}{25.46\ \cancel{\text{mL 용액}}} \times \frac{1000\ \cancel{\text{mL 용액}}}{\text{L 용액}} \\ &= 0.1172\ \text{mol NaOH/L 용액} = 0.1172\ M\end{aligned}$$

▸ **실전 연습** 0.1004 *M* NaOH 용액 18.64 mL를 중화시키는 데 필요한 KHP의 질량은 얼마인가?

KHP는 $KHC_8H_4O_4$임을 기억하라.

비슷한 문제: 4.77, 4.78.

NaOH와 KHP 사이의 산-염기 중화 반응은 가장 간단한 중화 반응 중 하나이다. KHP 대신에 H_2SO_4와 같은 이양성자산을 사용하면 그 반응식은 다음과 같다.

$$2NaOH(aq) + H_2SO_4(aq) \longrightarrow Na_2SO_4(aq) + 2H_2O(l)$$

NaOH와 H_2SO_4의 몰비가 2:1이므로 KHP와 같은 농도의 H_2SO_4 용액이 반응하기 위한 NaOH의 양은 2배가 필요하다. 한편 NaOH와 같은 농도를 갖는 $Ba(OH)_2$ 용액을 완전히 중화시키려면 HCl은 2배 필요하며, $Ba(OH)_2$ 1 mol은 OH^- 이온 2 mol을 생성한다.

$$2HCl(aq) + Ba(OH)_2(aq) \longrightarrow BaCl_2(aq) + 2H_2O(l)$$

산-염기 적정의 계산에서 산과 염기의 종류에 관계없이 당량점에서 반응한 H^+ 이온의 전체 몰수는 반응한 OH^- 이온의 전체 몰수와 같다는 것을 명심하라.

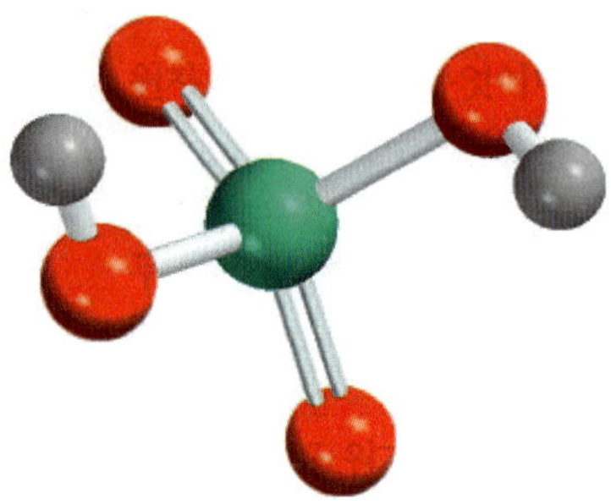

H_2SO_4는 해리 가능한 두 개의 양성자를 가지고 있다.

예제 4.12

예제 4.11에서 표준화된 수산화 소듐 용액이 25.00 mL의 황산 용액을 적정하는 데 사용된다. 적정에서 산을 완전히 중화시키는 데 0.1172 *M* NaOH 43.79 mL를 필요로 한다. H_2SO_4의 농도는 얼마인가?

▸ **전략** H_2SO_4 용액의 농도 계산을 원하고 있다. 산을 중화시키는 데 필요한 NaOH 용액의 부피를 시작으로 NaOH의 mol을 계산한다.

필요한 양

$$\text{용액의 L 수} \times \frac{\text{mol NaOH}}{\text{용액의 L 수}} = \text{mol NaOH}$$

원하는 양 주어진 양

앞에서의 중화 반응에 대한 식으로부터, 2 mol의 NaOH가 1 mol의 H_2SO_4를 중화할 수 있음을 알 수 있다. 0.1172 *M* NaOH 43.79 mL에는 NaOH 몇 mol이 포함되어 있는가? 이 양의 NaOH를 중화하기 위하여 필요한 H_2SO_4의 mol수는 얼마인가?

▸ **풀이** 먼저, 43.79 mL에 들어 있는 NaOH의 mol수를 계산해 보자.

$$43.79 \text{ mL} \times \frac{1 \text{ L 용액}}{1000 \text{ mL 용액}} \times \frac{0.1172 \text{ mol NaOH}}{\text{L 용액}} = 5.132 \times 10^{-3} \text{ mol NaOH}$$

화학량론으로부터 H_2SO_4 1 mol은 NaOH 2 mol과 당량이다. 따라서 반응에 필요한 H_2SO_4의 mol수는 다음과 같다.

$$5.132 \times 10^{-3} \text{ mol NaOH} \times \frac{1 \text{ mol } H_2SO_4}{2 \text{ mol NaOH}} = 2.566 \times 10^{-3} \text{ mol } H_2SO_4$$

몰농도의 정의[식 (4.1) 참조]로부터 다음 식을 얻을 수 있다.

$$\text{몰농도} = \frac{\text{용질의 몰수}}{\text{용액의 L 수}}$$

그러므로 H_2SO_4 용액의 몰농도는 다음과 같다.

$$\frac{2.566 \times 10^{-3} \text{ mol } H_2SO_4}{25 \text{ mL} \times (1 \text{ L}/1000 \text{ mL})} = 0.1026\ M\ H_2SO_4$$

비슷한 문제: 4.79(b), (c).

▸ **실전 연습** 0.427 *M* KOH 용액 60.2 mL를 중화하는 데 H_2SO_4 용액 10.1 mL가 필요하다. H_2SO_4 용액의 몰농도는 얼마인가?

☑ 개념 복습하기

(a)에 나타낸 것은 NaOH 용액이 산 용액에 첨가된 직후의 상태를 나타낸다. 다음 그림 (b)~(d) 중 어느 것이 HCl, H_2SO_4, H_3PO_4 산 용액과 중화된 이후 상태를 나타내는가? 파란색은 OH^- 이온을, 빨간색은 산 분자를, 녹색은 산의 음이온을 나타낸다. 모든 산-염기 중화 반응은 완전히 이루어진 것으로 가정한다.

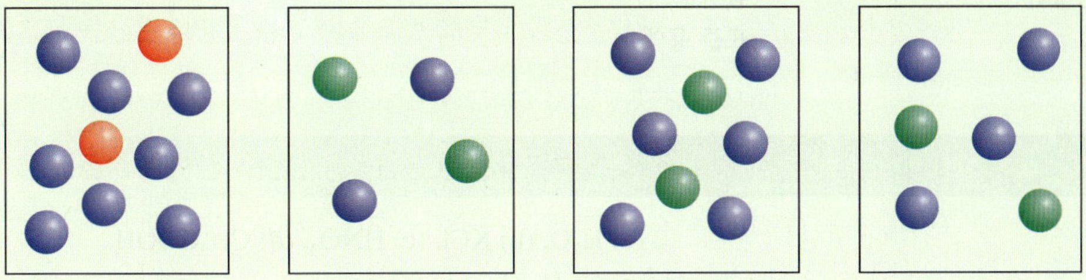

(a) (b) (c) (d)

주요 식

$\text{몰농도}(M) = \dfrac{\text{용질의 몰수}}{\text{용액의 L수}}$ (4.1)	몰농도의 정의.
$M = \dfrac{n}{V}$ (4.2)	몰농도의 정의.
$M_iV_i = M_fV_f$ (4.3)	용액의 희석.

사실과 개념에 대한 요약

1. 수용액은 용매가 전해질이면 전기가 통하지만, 용매가 비전해질이면 전기가 통하지 않는다.
2. 수용액에서 일어나는 세 가지 주요 반응은 침전 반응, 산화-환원 반응, 산-염기 반응이다.
3. 이온 결합 화합물의 용해도에 대한 일반 규칙을 가지고 반응에서 침전이 생성되는지를 예상할 수 있다.
4. 아레니우스 산은 물에서 이온화하여 H^+를 내주고, 아레니우스 염기는 물에서 이온화하여 OH^-를 내준다. 브뢴스테드 산은 양성자를 주고, 브뢴스테드 염기는 양성자를 받는다. 산과 염기의 반응을 중화 반응이라고 한다.
5. 산화-환원 반응에서는 산화와 환원이 동시에 일어난다. 산화는 전자를 잃고, 환원은 전자를 얻는다. 산화수를 통해 전하의 분포를 알 수 있으며, 정해진 규칙에 따라 이온이나 화합물에 있는 모든 원자에 표시한다. 산화는 산화수가 증가하고, 환원은 산화수가 감소한다.
6. 용액의 농도는 주어진 일정량의 용액 중 용질의 양이다. 몰농도는 용액 1 L 중에 녹아 있는 용질의 몰수이다. 용액에 용매를 가하면(희석), 용액 속에 존재하는 용질의 전체 몰수는 변화 없고 용액의 농도(몰농도)만 감소한다.
7. 무게 분석은 질량을 측정하여 용액의 농도와 화합물의 실체를 찾아내는 기술로서 때때로 침전 반응을 이용한다.
8. 산-염기 적정에서 미지의 농도를 측정하기 위해 농도를 모르는 용액(산)에 농도를 알고 있는 용액(염기)을 서서히 첨가한다. 적정에 의해 반응이 완전히 종결되는 점을 당량점이라 한다.

주요 용어

가역 반응
결합 반응
구경꾼 이온
당량점
몰농도
몰랄농도
무게 분석
반쪽 반응
복분해 반응
분자식
분해 반응
불균등화 반응
브뢴스테드 산
브뢴스테드 염기
비가역 반응
비전해질
산화 반응
산화-환원 반응
산화 상태
산화수

산화제
삼양성자산
수용액
수화 반응
알짜 이온 반응식
연소 반응
염
용매
용액
용액의 농도
용질
용해도
이양성자산
이온 반응식
일양성자산
적정
전극
전해질
중화 반응
지시약
치환 반응
침전 반응
침전물
표준 용액
하이드로늄 이온
환원 반응
환원제
활성도 계열
희석

연습 문제

수용액의 성질

복습 질문

4.1 고체를 액체에 녹이는 과정을 이용하여 용질, 용매, 용액을 정의하시오.

4.2 비전해질과 전해질 사이의 차이점과 약전해질과 강전해질 사이의 차이점은 무엇인가?

4.3 수화에 대해 설명하시오. 물의 어떤 성질이 물 분자가 용액에서의 이온과 상호 작용을 할 수 있게 하는가?

4.4 화학반응식에서 다음 기호 $\longrightarrow$과 $\rightleftharpoons$의 차이는 무엇인가?

4.5 물은 매우 약한 전해질이기 때문에 전기를 통하지 않는다. 젖은 손으로 전기 기구를 작동하지 않도록 주의해야 하는 이유는 무엇인가?

4.6 플루오린화 리튬(LiF)은 강전해질이다. LiF(*aq*)에는 어떤 화학종이 존재하는가?

문제

4.7 다음 그림에 세 가지 화합물의 수용액을 나타내었다. 각 화합물을 비전해질, 약전해질, 강전해질로 구분하시오.

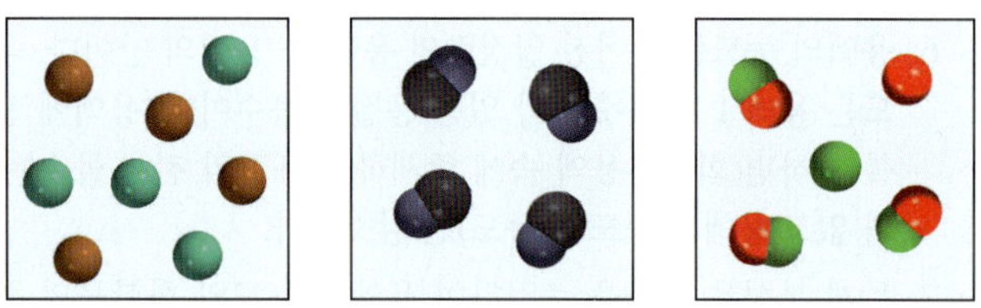

(a) (b) (c)

4.8 NaCl이 물에 녹을 때의 수화를 가장 잘 설명하는 그림은 어느 것인가? Cl^- 이온은 Na^+ 이온보다 크기가 크다.

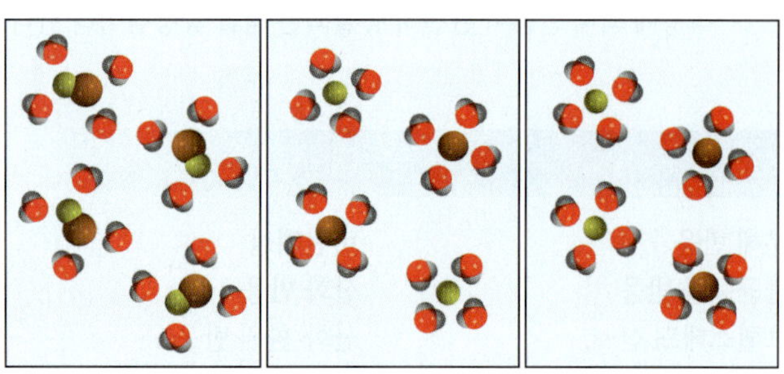

(a) (b) (c)

4.9 다음 물질을 강전해질, 약전해질, 비전해질로 구분하시오.
(a) H_2O, (b) KCl, (c) HNO_3, (d) CH_3COOH, (e) $C_{12}H_{22}O_{11}$

4.10 다음 물질을 강전해질, 약전해질, 비전해질로 구분하시오.
(a) $Ba(NO_3)_2$, (b) Ne, (c) NH_3, (d) NaOH.

4.11 전해질 용액이 전기를 통하는 것은 다음 중 어느 것의 움직임 때문인가? (a) 전자만의 이동, (b) 양이온만의 이동, (c) 음이온만의 이동, (d) 양이온과 음이온 모두 이동.

4.12 다음 물질에서 전기 전도성이 있는 것을 선택하고 설명하시오.
(a) 고체 NaCl, (b) 용융 NaCl, (c) 수용액 NaCl.

4.13 물에 잘 녹는 화합물 X가 주어졌다. 이것을 가지고 전해질, 비전해질을 어떻게 구분할 수 있는지 설명하시오. 만약 전해질인 경우, 강전해질인지 약전해질인지 어떻게 구분할 수 있는가?

4.14 용매가 벤젠일 경우에는 HCl은 전기 전도성이 없고, 물에서는 있다. 그 이유를 설명하시오.

침전 반응

복습 질문

4.15 이온 반응식과 분자 반응식의 차이점은 무엇인가?

4.16 알짜 이온 반응식을 사용함으로써 얻을 수 있는 장점은 무엇인가?

문제

4.17 $AgNO_3$와 NaCl 두 용액을 섞었다. 다음 중 어느 그림이 이 혼합 용액을 잘 설명하는가? (Ag^+ = 회색, Cl^- = 주황색, Na^+ = 노란색, NO_3^- = 파란색) (단순화하기 위해 물 분자는 나타내지 않는다.)

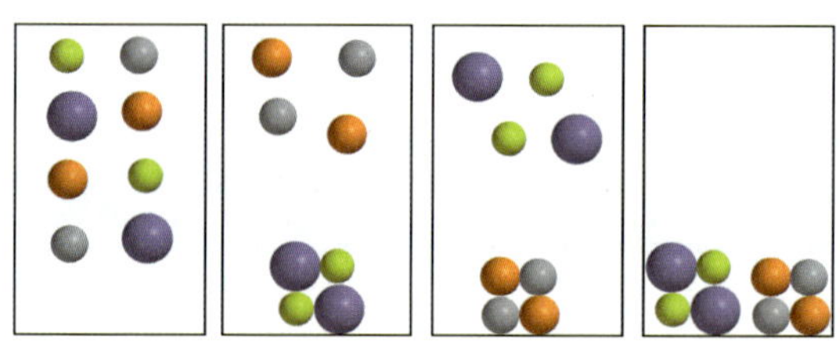

(a) (b) (c) (d)

4.18 KOH 수용액과 $MgCl_2$ 두 수용액을 섞었다. 다음 그림 중 어느 것인가? (K^+ = 보라색, OH^- = 빨간색, Mg^{2+} = 파란색, Cl^- = 주황색) (단순화하기 위해 물 분자는 나타

내지 않는다.)

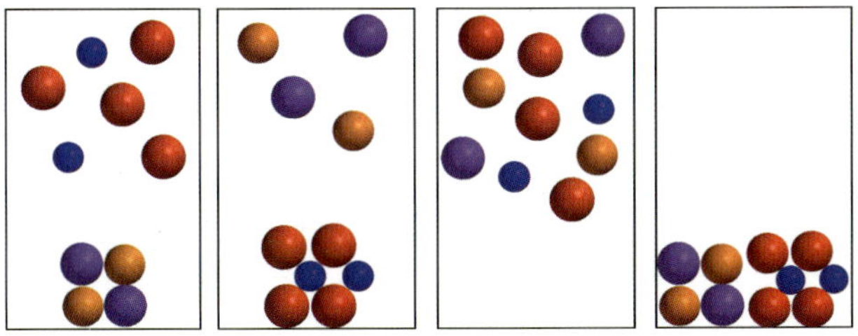

(a) (b) (c) (d)

4.19 다음 화합물이 물에 녹을지 예측하시오.
(a) $Ca_3(PO_4)_2$, (b) $Mn(OH)_2$, (c) $AgClO_3$, (d) K_2S.

4.20 다음 화합물이 물에 녹을지 예측하시오.
(a) $CaCO_3$, (b) $ZnSO_4$, (c) $Hg(NO_3)_2$, (d) $HgSO_4$, (e) NH_4ClO_4.

4.21 다음 반응식의 이온 반응식과 알짜 이온 반응식을 쓰시오.
(a) $AgNO_3(aq) + Na_2SO_4(aq) \longrightarrow$
(b) $BaCl_2(aq) + ZnSO_4(aq) \longrightarrow$
(c) $(NH_4)_2CO_3(aq) + CaCl_2(aq) \longrightarrow$

4.22 다음 반응식의 이온 반응식과 알짜 이온 반응식을 쓰시오.
(a) $Na_2S(aq) + ZnCl_2(aq) \longrightarrow$
(b) $K_3PO_4(aq) + 3Sr(NO_3)_2(aq) \longrightarrow$
(c) $Mg(NO_3)_2(aq) + 2NaOH(aq) \longrightarrow$

4.23 다음 중 어느 것이 침전을 형성할 가능성이 있는가?
(a) $NaNO_3$ 용액과 $CuSO_4$ 용액의 혼합, (b) $BaCl_2$ 용액과 K_2SO_4 용액의 혼합. 침전을 형성하는 반응의 경우 알짜 이온 반응식을 쓰시오

4.24 표 4.2를 참고하여, 다음 주어진 이온을 어떻게 분리할 것인가를 제안하시오.
(a) Ag^+로부터 K^+ (b) Pb^{2+}로부터 Ba^{2+} (c) Ca^{2+}로부터 NH_4^+ (d) Cu^{2+}로부터 Ba^{2+}. 이 때, 모든 양이온은 수용액 상태로 있고, 음이온은 질산 이온으로 가정한다.

산-염기 반응

복습 질문

4.25 산과 염기의 일반적인 성질을 설명하시오.

4.26 산과 염기를 아레니우스 및 브뢴스테드 정의로 설명하시오.

4.27 일양성자산, 이양성자산, 삼양성자산의 예를 드시오.

4.28 산-염기 중화 반응의 특성은 무엇인가?

4.29 염의 성질에 맞는 인자는 무엇인가? 다음 중 어느 것이 염인지 밝히시오.
CH_4, NaF, NaOH, CaO, $BaSO_4$, HNO_3, NH_3, KBr.

4.30 다음 화합물을 약산, 강산 또는 약염기, 강염기로 구분하시오.
(a) NH_3, (b) H_3PO_4, (c) LiOH, (d) HCOOH (폼산), (e) H_2SO_4, (f) HF, (g) $Ba(OH)_2$.

문제

4.31 다음 화학종을 브뢴스테드 산, 염기, 양쪽성 물질로 구분하시오.
(a) HI, (b) $CH3COO^-$, (c) $H_2PO_4^-$, (d) HSO_4^-.

4.32 다음 화학종을 브뢴스테드 산, 염기, 양쪽성 물질로 구분하시오.
(a) PO_4^{3-} (b) ClO_2^- (c) NH_4^+ (d) HCO_3^-.

4.33 다음 반응에 대한 균형 반응식을 완성하고, 가능하다면 이온 반응식, 알짜이온 반응식을 쓰시오.
(a) $HBr(aq) + NH_3(aq) \longrightarrow$
(b) $Ba(OH)_2(aq) + H_3PO_4(aq) \longrightarrow$
(c) $HClO_4(aq) + Mg(OH)_2(s) \longrightarrow$

4.34 다음 반응식을 이온 반응식과 알짜 이온 반응식으로 적고, 양쪽 반응식의 균형을 맞추시오.
(a) $CH_3COOH(aq) + KOH(aq) \longrightarrow$
(b) $H_2CO_3(aq) + NaOH(aq) \longrightarrow$
(c) $HNO_3(aq) + Ba(OH)_2(aq) \longrightarrow$

산화-환원 반응

복습 질문

4.35 다음 용어를 정의하시오. 반쪽 반응, 산화 반응, 환원 반응, 환원제, 산화제, 산화-환원 반응.

4.36 산화수를 정의하고, 이것이 산화-환원 반응을 확인하는 데 어떻게 이용되는지 설명하시오. 산화수는 이온 결합 화합물 이외의 화합물에서는 아무런 의미가 없는 이유는 무엇인가?

4.37 (a) 그림 4.10을 보지 말고, 알칼리 금속과 알칼리 토금속 화합물들의 그 산화수를 적으시오. (b) 3A~7A족 원소들의 가능한 가장 높은 산화수는 무엇인가?

4.38 산화는 일어나고 환원은 일어나지 않는 반응은 가능한가? 설명하시오.

문제

4.39 다음 산화-환원 반응에 대하여, (i) 각 반응을 반쪽 반응으로 나누고, (ii) 산화제를 확인하고, (iii) 환원제를 확인하시오.
(a) $2Sr + O_2 \longrightarrow 2SrO$
(b) $2Li + H_2 \longrightarrow 2LiH$
(c) $2Cs + Br_2 \longrightarrow 2CsBr$
(d) $3Mg + N_2 \longrightarrow Mg_3N_2$

4.40 다음 산화-환원 반응식에서 반쪽 반응을 적고, 산화제와 환원제를 확인하시오.
(a) $4Fe + 3O_2 \longrightarrow 2Fe_2O_3$
(b) $Cl_2 + 2NaBr \longrightarrow 2NaCl + Br_2$
(c) $Si + 2F_2 \longrightarrow SiF_4$
(d) $H_2 + Cl_2 \longrightarrow 2HCl$

4.41 황의 산화수가 증가하는 순으로 다음 화학종을 나열하시오.
(a) H_2S, (b) S_8, (c) H_2SO_4, (d) S^{2-}, (e) HS^-, (f) SO_2, (g) SO_3.

4.42 인은 여러 가지 산소산을 형성한다. 다음 화합물에서 인의 산화수를 쓰시오.

(a) HPO_3, (b) H_3PO_2, (c) H_3PO_3, (d) H_3PO_4, (e) $H_4P_2O_7$, (f) $H_5P_3O_{10}$.

4.43 다음 분자와 이온에서 밑줄 친 원자의 산화수를 쓰시오.
(a) $\underline{Cl}F$, (b) $\underline{I}F_7$, (c) $\underline{C}H_4$, (d) $\underline{C}_2H_2$, (e) $\underline{C}_2H_4$, (f) $K_2\underline{Cr}O_4$, (g) $K_2\underline{Cr}_2O_7$, (h) $K\underline{Mn}O_4$, (i) $NaH\underline{C}O_3$, (j) $\underline{Li}_2$, (k) $Na\underline{I}O_3$, (l) $K\underline{O}_2$, (m) $\underline{P}F_6^-$, (n) $K\underline{Au}Cl_4$.

4.44 다음의 어느 것이 산화-환원 과정인가?
(a) $CO_2 \longrightarrow CO_3^{2-}$
(b) $VO_3 \longrightarrow VO_2$
(c) $SO_3 \longrightarrow SO_4^{2-}$
(d) $NO_2^- \longrightarrow NO_3^-$
(e) $Cr^{3+} \longrightarrow CrO_4^{2-}$

4.45 다음 분자와 이온에서 밑줄 친 원자의 산화수를 쓰시오.
(a) $\underline{Cs}_2O$, (b) $Ca\underline{I}_2$, (c) $\underline{Al}_2O_3$, (d) $H_3\underline{As}O_3$, (e) $\underline{Ti}O_2$, (f) $\underline{Mo}O_4^{2-}$, (g) $\underline{Pt}Cl_4^{2-}$, (h) $\underline{Pt}Cl_6^{2-}$, (i) $\underline{Sn}F_2$, (j) $\underline{Cl}F_3$, (k) $\underline{Sb}F_6^-$.

4.46 다음 분자와 이온에서 밑줄 친 원자의 산화수를 쓰시오.
(a) $Mg_3\underline{N}_2$, (b) $Cs\underline{O}_2$, (c) $Ca\underline{C}_2$, (d) $\underline{C}O_3^{2-}$, (e) $\underline{C}_2O_4^{2-}$, (f) $Zn\underline{O}_2^{2-}$, (g) $Na\underline{B}H_4$, (h) $\underline{W}O_4^{2-}$.

4.47 질산은 강한 산화제이다. 질산이 아연 금속과 같은 강한 환원제와 반응할 때, 다음 화학종 중 생성될 가능성이 가장 낮은 화학종은 어느 것인지 그 이유를 설명하시오.
N_2O, NO, NO_2, N_2O_4, N_2O_5, NH_4^+.

4.48 다음에서 물과 반응하는 금속은?
(a) Au, (b) Li, (c) Hg, (d) Ca, (e) Pt.

4.49 산화수에 관한 이론에 의하면 다음 중 산소 분자와 반응하지 않는 산화물은 어느 것인지 그 이유를 밝히시오.
NO, N_2O, SO_2, SO_3, P_4O_6.

4.50 활성도 계열을 이용하여 다음 결과를 예측하고, 반응식의 균형을 맞추시오.
(a) $Cu(s) + HCl(aq) \longrightarrow$
(b) $I_2(s) + NaBr(aq) \longrightarrow$
(c) $Mg(s) + CuSO_4(aq) \longrightarrow$
(d) $Cl_2(g) + KBr(aq) \longrightarrow$

용액의 농도

복습 질문

4.51 몰농도를 계산하는 식을 쓰시오. 몰농도가 화학에서 편리한 농도 단위로 사용되는 이유는 무엇인가?

4.52 부피 플라스크를 이용하여 특정 몰농도의 용액을 제조하는 단계를 설명하시오.

문제

4.53 약한 유기산의 적정에 종종 사용되는 수산화 바륨은 $Ba(OH)_2 \cdot 8H_2O$와 같은 팔수화물 형태로 얻어진다. 수산화 이온이 0.1500 M인 용액 500.0 mL를 만드는데 필요한 $Ba(OH)_2 \cdot 8H_2O$의 질량은 얼마인가?

4.54 0.707 M $NaNO_3$ 용액 250 mL를 제조하는 방법을 설명하시오.

4.55 $MgCl_2$ 0.100 M 용액 60.0 mL에 포함된 $MgCl_2$의 몰수는 얼마인가?

4.56 5.50 M KOH 용액 35.0 mL 중에는 KOH가 몇 g 녹아 있는가?

4.57 다음 각 용액의 몰농도를 계산하시오.
(a) 545 mL 용액 중에 에탄올(C_2H_5OH) 29.0 g이 포함된 용액, (b) 74.0 mL 용액 중에 설탕($C_{12}H_{22}O_{11}$) 15.4 g이 포함된 용액, (c) 86.4 mL 용액 중에 염화 소듐(NaCl) 9.00 g이 포함된 용액.

4.58 다음 각 용액의 몰농도를 계산하시오.
(a) 1.50×10^2 mL 용액 중에 메탄올 (CH_3OH) 6.57 g, (b) 2.20×10^2 mL 용액 중에 염화 칼슘($CaCl_2$) 10.4 g, (c) 85.2 mL의 벤젠 용액에 나프탈렌 ($C_{10}H_8$) 7.82 g.

4.59 다음 각 경우에 필요한 부피(mL)를 계산하시오.
(a) 0.270 M 용액으로부터 염화 소듐 2.14 g, (b) 1.50 M 용액으로부터 에탄올 4.30 g, (c) 0.30 M 용액으로부터 아세트산(CH_3COOH) 0.85 g.

4.60 0.100 M 용액 2.50×10^2 mL를 만들기 위해서는 다음 각 용질 몇 g이 필요한가?
(a) 아이오딘화 세슘(CsI), (b) 황산(H_2SO_4), (c) 탄산 소듐(Na_2CO_3), (d) 다이크로뮴산 포타슘($K_2Cr_2O_7$), (e) 과망가니즈산 포타슘($KMnO_4$).

용액의 희석

복습 질문

4.61 알려진 농도로 용액을 묽히는 기본적인 단계를 설명하시오.

4.62 묽힌 용액의 농도를 계산할 수 있는 식을 쓰고 각 항목의 단위를 정의하시오.

문제

4.63 2.00 M HCl 용액으로부터 0.646 M 용액 1.00 L를 만드는 방법을 설명하시오.

4.64 0.866 M KNO_3용액 25.0 mL를 500 mL들이 부피 플라스크에 넣고 정확하게 500 mL가 될 때까지 물을 넣었다. 이 때, 최종 용액의 농도는 얼마인가?

4.65 4.00 M HNO_3 모액으로부터 0.200 M 용액 60.0 mL를 만드는 방법을 설명하시오.

4.66 0.125 M HCl 용액 505 mL를 희석하여 0.100 M 용액으로 만들려고 한다. 이 때, 물은 얼마나 필요한가? 부피는 더한다고 가정하자.

4.67 0.278 M 농도의 NO_3^- 이온 용액을 만들기 위해 0.102 M KNO_3 255 mL에 0.416 M $Mg(NO_3)_2$를 부피로 얼마를 첨가해야 하는가? 부피는 더한다고 가정하자.

4.68 0.568 M 질산 칼슘[$Ca(NO_3)_2$] 용액 46.2 mL를 1.396 M 질산 칼슘 80.5 mL과 섞었다. 이 최종 혼합 용액의 농도는 얼마인가?

무게 분석

복습 질문

4.69 무게 분석법에 대한 기본적인 단계를 설명하시오. 화학식

이 알려진 화합물의 종류 또는 순도를 결정할 때, 이 무게 분석법이 어떻게 이용되는가?

4.70 염화물의 무게 분석에 증류수를 사용해야만 한다. 그 이유는 무엇인가?

문제

4.71 0.150 M $CaCl_2$ 30.0 mL를 0.100 M $AgNO_3$ 15.0 mL를 혼합할 때, 생성되는 AgCl 침전의 질량(g)은 얼마인가?

4.72 물에서 황산염의 농도는 염화 바륨 용액을 첨가하여 황산 이온으로 침전 시킴으로써 측정할 수 있다. 이 반응에 대한 알짜 이온 반응식을 쓰시오. 145 mL 시료 수용액을 과량의 $BaCl_2(aq)$로 처리하면 $BaSO_4$ 0.330 g이 침전된다. 원래 물 시료에 황산염 농도를 측정하시오.

4.73 0.0113 M $AgNO_3$ 2.50×10^2 mL 용액에 포함된 Ag^+ 이온을 모두 침전시키기 위하여 필요한 NaCl은 몇 g인가? 이 반응에 대한 알짜 이온 반응식을 쓰시오.

4.74 공장에서 배출하는 폐수(황산 이온도 포함하고 있음)에 녹아 있는 Cu^{2+} 이온의 농도는 과량의 황화 소듐(Na_2S) 용액을 공장 폐수 0.800 L에 첨가함으로써 결정할 수 있다. 이 반응의 분자식은 아래와 같다.

$$Na_2S(aq) + CuSO_4(aq) \longrightarrow Na_2SO_4(aq) + CuS(s)$$

알짜 이온 반응식을 적고, CuS 고체 0.0177 g이 생성될 때 Cu^{2+}의 몰농도를 계산하시오.

산-염기 적정

복습 질문

4.75 산-염기 적정에 관한 기본적인 단계를 설명하시오. 산-염기 적정이 현실적으로 큰 가치가 있는 이유는 무엇인가?

4.76 산-염기 지시약은 어떻게 작용하는가?

문제

4.77 KHP 0.4218 g을 중화하기 위하여 KOH 용액 18.68 mL가 필요하였다. KOH 용액의 몰농도는 얼마인가?

4.78 0.312 M HCl 용액 17.4 mL를 중화하는 데 필요한 NaOH의 부피가 25.0 mL라면 NaOH 의 몰농도는 얼마인가?

4.79 다음 용액을 적정하기 위하여 필요한 1.420 M NaOH 용액의 부피(mL)를 계산하시오.

(a) 2.430 M HCl 용액 25.00 mL

(b) 4.500 M H_2SO_4 용액 25.00 mL

(c) 1.500 M H_3PO_4 용액 25.00 mL

4.80 다음 용액을 완전히 중화시키는 데 필요한 0.500 M HCl 용액의 부피는 얼마인가?

(a) 0.300 M NaOH 용액 10.0 mL

(b) 0.200 M $Ba(OH)_2$ 용액 10.0 mL

실전 연습의 답

4.1 (a) 불용성, (b) 불용성, (c) 가용성. **4.2** $Al^{3+}(aq) + 3OH^-(aq) \longrightarrow Al(OH)_3(s)$. **4.3** (a) 브뢴스테드 염기, (b) 브뢴스테드 산, (c) 브뢴스테드 산과 브뢴스테드 염기. **4.4** 분자 반응식: $H_3PO_4(aq) + 3NaOH(aq) \longrightarrow Na_3PO_4(aq) + 3H_2O(l)$, 알짜 이온 반응식: $H_3PO_4(aq) + 3Na^+(aq) + 3OH^-(aq) \longrightarrow 3Na^+(aq) + PO_4^{3-}(aq) + 3H_2O(l)$, 알짜 이온 반응식: $H_3PO_4(aq) + 3OH^-(aq) \longrightarrow PO_4^{3-}(aq) + 3H_2O(l)$. **4.5** (a) P: +3, F: −1, (b) Mn: +7, O: −2. **4.6** (a) 수소 치환 반응, (b) 결합 반응, (c) 금속 치환 반응. **4.7** 0.452 M. **4.8** 494 mL. **4.9** 모액 34.2 mL를 200 mL로 묽힘. **4.10** 92.02%. **4.11** 0.3822 g. **4.12** 1.27 M.

CHAPTER 5

기체

Gases

이 장의 차례

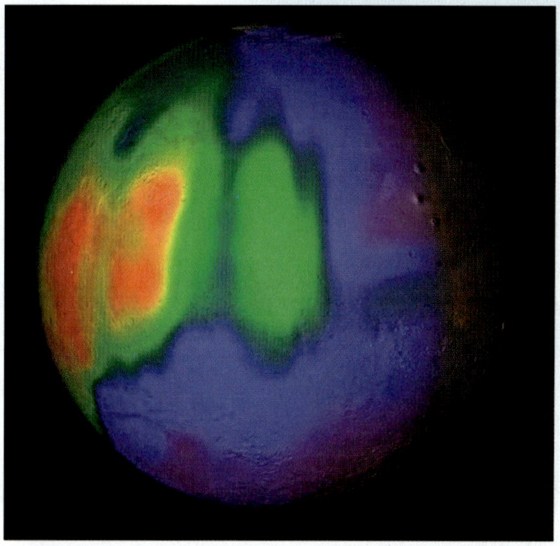

최근에 수증기와 메테인이 화성의 대기에서 상당량 검출된 바 있다(농도는 자주색으로부터 붉은색으로 갈수록 증가한다). 메테인은 지열 활동에 의해 방출되거나 화성에 생명체의 연료를 의심하게 하는 박테리아에 의해서 생성될 수 있다.

주요 개념

기체의 성질 기체는 용기의 부피와 모양으로 가정한다. 기체는 쉽게 압축할 수 있으며, 균일하고 완전하게 섞인다. 액체나 고체보다 밀도가 훨씬 더 낮다.

기체의 압력 압력은 가장 쉽게 측정할 수 있는 기체의 성질이다. 기압계는 대기압을 측정하며, 압력계는 실험실에서 기체의 압력을 측정한다.

기체 법칙 여러 해 동안 기체의 물리적 거동을 설명하기 위한 많은 법칙이 발전하였다. 이들 법칙은 기체의 압력, 온도, 부피, 양 사이의 관계를 나타낸다.

이상 기체 방정식 이상 기체 분자는 부피가 없고 서로 간에 아무런 힘도 작용하지 않는다. 낮은 압력과 높은 온도에서 대부분의 기체는 이상적으로 행동한다고 가정할 수 있다. 즉, 이들의 물리적 거동을 이상 기체 방정식으로 설명할 수 있다.

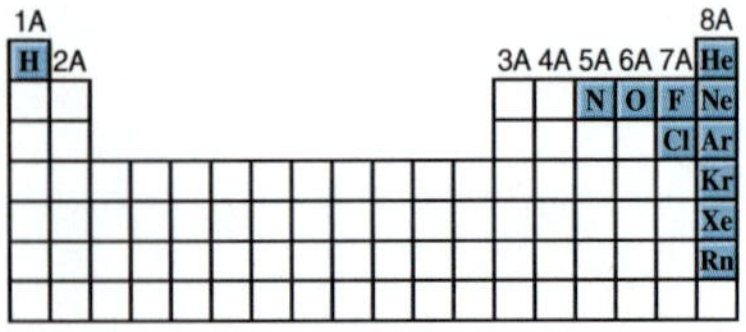

25°C, 1 atm에서 기체로 존재하는 원소. 영족 기체(8A족 원소)는 단원자 기체이며, 다른 원소들은 이원자 분자로 존재한다. 오존(O_3) 또한 기체이다.

5.1 기체로 존재하는 물질

우리는 공기의 바다 속에서 살고 있다. 공기는 부피 조성비로 대략 N_2 78%, O_2 21%, CO_2를 포함한 기타 기체들 1%로 이루어져 있다. 1990년대에는 환경 오염의 악영향으로 말미암아 생명 유지에 꼭 필요한 기체 혼합물 화학에 대한 큰 관심을 가지게 되었다. 이 장에서는 일반적인 대기 조건(25°C, 1 atm)에서 기체로 존재하는 물질의 거동에 초점을 맞추었다(5.2절).

11가지 원소만이 정상 대기압 조건에서 기체이다. 표 5.1에 여러 기체 화합물과 더불어 이들을 나열하였다. 수소, 질소, 산소, 플루오린, 염소는 기체상의 이원자 분자로 존재한다. 산소의 다른 형태인 오존(O_3) 또한 상온에서 기체이다. 모든 8A족 원소인 영족 기체(He, Ne, Ar, Kr, Xe, Rn)는 단원자 기체이다.

표 5.1에 나열된 기체 중에서 산소만이 생명 활동에 필요한 유일한 원소이다. 사이안화 수소(HCN)는 치명적인 독극물이다. 일산화 탄소(CO), 황화 수소(H_2S), 이산화 질소(NO_2), O_3, 이산화 황(SO_2)은 다소 독성이 낮은 물질들이다. He과 Ne은 화학적으로 비활성이다. 즉, 다른 어떤 물질과도 반응하지 않는다. 대부분의 기체는 무색이며, F_2, Cl_2, NO_2는 예외이다. NO_2의 암갈색은 가끔 오염된 공기에서 볼 수 있다. 모든 기체는 다음과 같은 물리적 특성을 갖는다.

NO_2 기체.

- 기체는 담겨있는 용기의 부피와 모양으로 나타낸다.
- 기체는 가장 잘 압축될 수 있는 물질의 상태이다.
- 기체들은 같은 용기에 담겨있을 때 균일하고 완전하게 혼합된다.
- 기체는 액체와 고체보다 밀도가 훨씬 작다.

5.2 기체의 압력

기체는 끊임없이 운동하고 있기 때문에 그것과 충돌하는 표면에 압력을 가한다. 우리는 우리를 둘러싼 공기의 압력에 생리적으로 잘 적응하고 있어서 보통 그 존재를 느끼지 못한다. 아마 물고기가 그들에게 작용하는 수압을 인식하지 못하는 것과 같은 것이다.

대기압은 쉽게 증명된다. 일상생활의 예로 빨대를 이용해 물을 마시는 것을 생각해 보자. 빨대의 공기를 빨아내면 빨대 내부의 압력이 감소된다. 액체 위에 가해지는 대기압이(빨대 내부보다 압력이 더 높기 때문에) 빠져나간 공기 대신 빨대 속으로 물을 밀어 올린다.

기체란 보통 일반적인 온도와 압력에서 기체 상태로 존재하는 물질을 말한다. 증기는 일반적인 온도와 압력에서 액체나 고체인 물질의 기체 형태를 일컫는다. 따라서 25°C, 1 atm에서 수증기와 산소 기체라는 용어를 쓴다.

표 5.1 25°C, 1 atm에서 기체로 존재하는 물질

원소	화합물
H_2 (수소 분자)	HF (플루오린화 수소)
N_2 (질소 분자)	HCl (염화 수소)
O_2 (산소 분자)	HBr (브로민화 수소)
O_3 (오존)	HI (아이오딘화 수소)
F_2 (플루오린 분자)	CO (일산화 탄소)
Cl_2 (염소 분자)	CO_2 (이산화 탄소)
He (헬륨)	NH_3 (암모니아)
Ne (네온)	NO (일산화 질소)
Ar (아르곤)	NO_2 (이산화 질소)
Kr (크립톤)	N_2O (아산화 질소)
Xe (제논)	SO_2 (이산화 황)
Rn (라돈)	H_2S (황화 수소)
	HCN (사이안화 수소)*

*HCN의 끓는점은 26°C이지만 일반 대기 조건에서 충분히 기체로 존재한다고 볼 수 있다.

압력의 SI 단위

압력은 가장 쉽게 측정할 수 있는 기체의 성질 중 하나이다. 기체의 압력을 측정하는 방법을 이해하기 위하여 측정 단위가 어떻게 유도되었는지를 알면 도움이 된다. 속도와 가속도로부터 시작해 보자.

속도(velocity)는 경과된 시간에 대한 거리의 변화로 정의된다. 즉, 다음과 같이 나타낼 수 있다.

$$\text{속도} = \frac{\text{움직인 거리}}{\text{경과된 시간}}$$

속도의 SI 단위는 m/s이며 cm/s도 사용 가능하다.

가속도(acceleration)는 경과된 시간에 대한 속도의 변화이다. 즉, 다음과 같이 나타낼 수 있다.

$$\text{가속도} = \frac{\text{속도의 변화}}{\text{경과된 시간}}$$

가속도의 단위는 m/s^2(또는 cm/s^2)이다.

17세기 뉴턴(Isaac Newton)경에 의하여 공식화된 운동의 제2 법칙은 *힘*(force)이라는 또 다른 용어를 정의하는데, 이것으로부터 압력의 단위가 유도된다. 이 법칙에 따라 힘은 다음과 같이 나타낼 수 있다.

$$\text{힘} = \text{질량} \times \text{가속도}$$

힘의 SI 단위는 **뉴턴**(newton, N)이다.

1 N은 사과 한 개에 작용하는 지구 중력의 힘과 거의 같다.

$$1\ \text{N} = 1\ \text{kg m/s}^2$$

마지막으로, **압력**(pressure)은 *단위 면적당 작용하는 힘*으로 정의된다.

$$\text{압력} = \frac{\text{힘}}{\text{면적}}$$

압력의 SI 단위는 **파스칼**(pascal, Pa)이며, *제곱미터당 1 N*으로 정의된다.

$$1\ \text{Pa} = 1\ \text{N/m}^2$$

대기압

대기 중에 있는 기체 원자와 분자는 다른 모든 물질과 마찬가지로 지구의 중력에 의한 인력을 받는다. 그 결과 지구 표면 근처에서의 공기의 밀도가 고지에서보다 훨씬 크다(9 km 상공에 있는 비행기의 객실 외부 공기는 너무 희박해서 숨을 쉴 수가 없다). 사실 지구로부터 멀어짐에 따라 공기의 밀도는 급격하게 감소된다. 지표면으로부터 6.4 km 내에는 대기의 약 50%, 16 km 내에는 90%, 32 km 내에는 99%가 존재한다. 공기의 밀도가 커지면 당연히 압력도 커진다. 지구의 대기에 노출된 어떤 면적이 받는 힘은 *그 면적 위에 있는 공기 기둥*의 무게와 같다. *지구의 대기에 의해 가해진 압력*을 **대기압**(atmospheric pressure)이라고 한다(그림 5.1). 대기압의 실제 값은 위치, 온도, 날씨에 따라 달라진다.

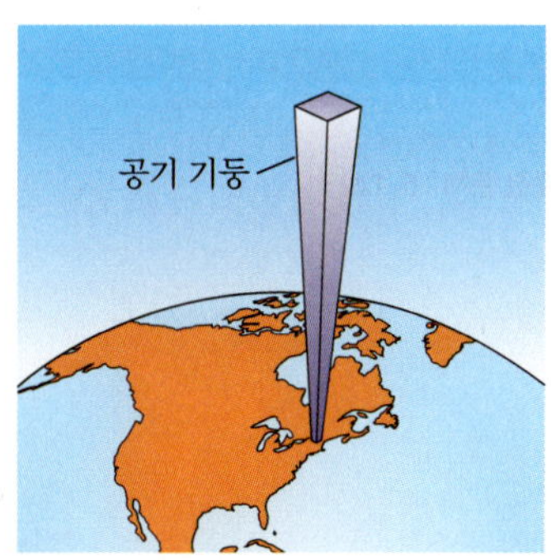

그림 5.1 • 해수면에서 대기권 상층부까지 뻗친 공기 기둥.

대기압의 정의로부터 추측할 때 대기압은 아래 방향으로만 압력을 가할까? 그렇다면 머리 위에 종이 한 장을 양손으로 꼭 쥐고 있다면 어떤 일이 일어나게 되는지 상상해보자. 공기의 압력 때문에 종이가 휠 것이라 예상되지만 실제로는 그렇지 않다. 그 이유는 공기도 물처럼 유체(fluid)이기 때문이다. 유체 내에 있는 어떤 물체에 가해지는 압력은 모든 방향(왼쪽, 오른쪽은 물론 아래쪽, 위쪽)으로부터 온다. 분자 수준에서 공기압은 공기 분자와 그것이 접촉하는 표면과의 충돌로 인한 결과이다. 압력의 크기는 분자가 얼마나 빈번하게, 얼마나 강

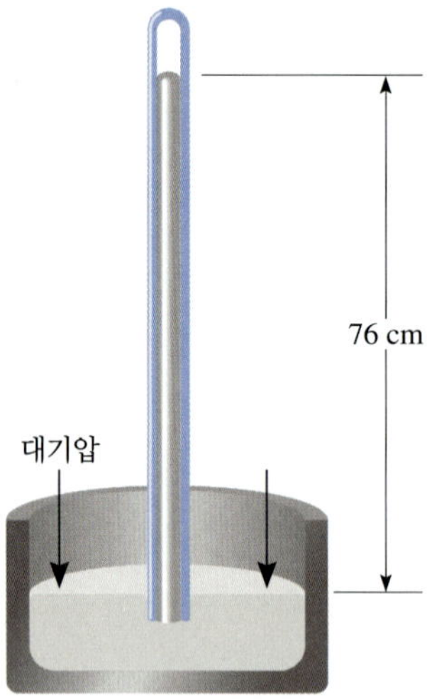

그림 5.2 • 대기압을 측정하는 기압계. 유리관 내 수은 위쪽은 진공 상태이다(사실은 약간의 수은 증기가 포함되어 있다). 수은 기둥은 대기압에 의해 지탱된다.

하게 표면에 충돌하느냐에 따라 좌우된다. 위에서 종이와 충돌하는 분자만큼 아래에서 충돌하는 분자가 있기 때문에 종이는 평평하게 유지된다.

대기압은 어떻게 측정할까? 가장 친숙한 *대기압 측정 장치*는 **기압계**(barometer)이다. 간단한 기압계는 한쪽 끝이 막혀 있고 수은으로 채워진 긴 유리관으로 되어 있다. 공기가 유리관 속으로 들어가지 않도록 주의하면서 수은이 담겨져 있는 용기에 유리관을 조심스럽게 거꾸로 세우면, 약간의 수은이 관으로부터 빠져나오고 꼭대기는 진공이 된다(그림 5.2). 관에 남아 있는 수은의 무게는 용기에 있는 수은 표면에 가해진 대기압에 의해 지탱된다. **표준 대기압**(standard atmospheric pressure, 1 atm)은 *0°C 해수면에서 정확히 760 mm (76 cm)의 수은 기둥을 지탱하는 압력*과 같다. 다시 말하면, 표준 대기압은 760 mmHg의 압력과 같은데 여기서 mmHg는 1 mm 높이의 수은 기둥에 의한 압력을 나타낸다. mmHg 단위는 기압계를 발명한 이탈리아의 과학자 토리첼리(Evangelista Torricelli)의 이름을 따서 *토르*(torr)라고도 한다. 따라서,

$$1 \text{ torr} = 1 \text{ mmHg}$$

그리고

$$1 \text{ atm} = 760 \text{ mmHg} \quad (\text{정확히})$$
$$= 760 \text{ torr}$$

기압(atm)과 파스칼(Pa) 사이의 관계(부록 1 참조)는 다음과 같다.

$$1 \text{ atm} = 101{,}325 \text{ Pa}$$
$$= 1.01325 \times 10^5 \text{ Pa}$$

1000 Pa = 1 kPa (kilopascal)이므로

$$1 \text{ atm} = 1.01325 \times 10^2 \text{ kPa}$$

예제 5.1

고공에서 비행하는 제트 비행기 외부의 압력은 표준 대기압보다 훨씬 아래로 떨어진다. 그러므로 객실 내 공기의 압력은 승객들을 보호하기 위하여 정상으로 유지되어야 한다. 기압계의 눈금이 672 mmHg를 가리키고 있다면 객실 내의 압력은 몇 atm인가?

▸ **전략** 1 atm = 760 mmHg이므로 대기의 압력을 얻기 위해서는 아래의 변환 인자를 이용한다.

$$\frac{1 \text{ atm}}{760 \text{ mmHg}}$$

▸ **풀이** 객실 내 압력은 다음과 같다.

$$\text{압력} = 672 \cancel{\text{mmHg}} \times \frac{1 \text{ atm}}{760 \cancel{\text{mmHg}}}$$
$$= 0.884 \text{ atm}$$

▸ **검산** 기압계의 눈금이 760 mmHg 미만이므로 압력은 1 atm 미만이어야 한다.

▸ **실전 연습** 749 mmHg를 대기압으로 변환하시오.

비슷한 문제: 5.14.

☑ 개념 복습하기

다음 압력을 가장 낮은 것부터 높은 쪽으로 순서대로 쓰시오. (a) 735 mmHg, (b) 1.06×10^5 Pa, (c) 678 torr, (d) 0.926 atm.

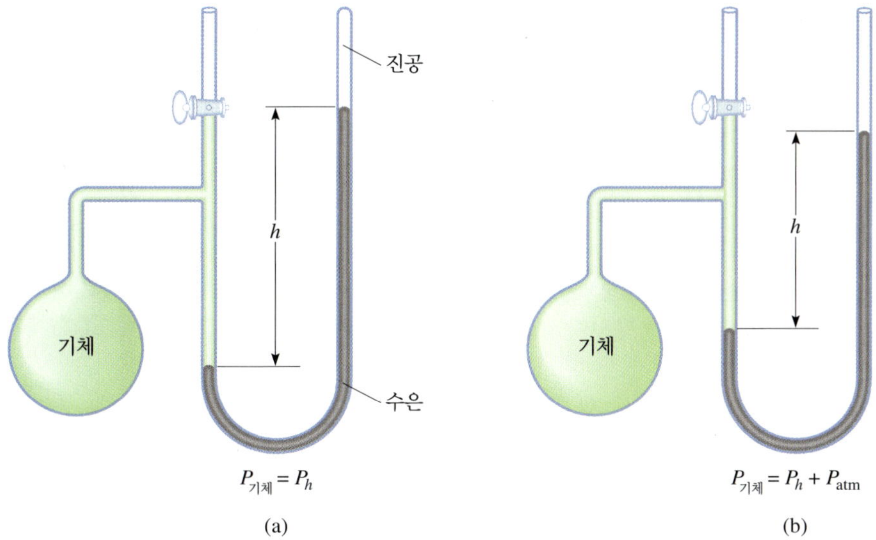

그림 5.3 • 기체 압력의 측정에 사용되는 두 가지 형태의 압력계. (a) 기체 압력이 대기압보다 낮은 경우. (b) 기체 압력이 대기압보다 높은 경우.

압력계(manometer)는 *대기 이외 다른 기체의 압력을 측정하는 장치*로 작동 원리는 기압계와 비슷하다. 그림 5.3에서 나타낸 것처럼 두 가지 형태의 압력계가 있다. *막힌 관 압력계*는 보통 대기압보다 낮은 압력을 측정하는 데 사용되며[그림 5.3(a)], *열린 관 압력계*는 대기압과 같거나 대기압 이상의 압력을 측정하는 데 편리하게 사용된다[그림 5.3(b)].

수은은 해로운 증기를 가진 독성 물질이지만 거의 모든 기압계와 압력계는 작동 유체로 수은을 사용한다. 왜냐하면 대부분의 다른 액체에 비하여 수은의 밀도(13.6 g/mL)가 매우 크기 때문이다. 액체 기둥의 높이는 액체의 밀도에 반비례하기 때문에 수은을 사용하면 다루기 쉬운 소형의 기압계와 압력계를 만들 수 있다.

☑ 개념 복습하기

에베레스트 정상 또는 기슭에서 빨대를 가지고 물을 마시는 것이 쉬운 일인가?

5.3 기체 법칙

이 장에서 공부할 기체 법칙들은 기체의 물리적 성질에 관하여 수 세기 동안 진행되어 온 무수한 실험 결과의 산물이다. 기체 물질의 거시적 거동에 관한 일반화된 각각의 법칙들은 모두 과학사에 있어서 중요한 이정표가 되어 왔고, 화학에 있어서 많은 개념들을 발전시키는 데 중요한 역할을 해왔다.

동영상
기체 법칙.

압력-부피 관계: 보일 법칙

17세기에 영국의 화학자 보일(Robert Boyle)은 기체의 거동에 대하여 체계적이고 정량적인 연구를 수행하였다. 일련의 연구를 통하여 보일은 기체 시료의 압력-부피 관계를 조사하였다. 이 실험에서 보일이 사용한 장치는 매우 간단하다(그림 5.4). 그림 5.4(a)에서 관에 가한 수은에 의해 기체에 작용하는 압력은 대기압과 같다. 그림 5.4(b)에서 관에 수은을 첨가하여 압력을 가하면, 기체의 부피가 줄어들고 관 속 수은의 높이가 달라진다. 보일은 온도가 일정할 때 전체 압력(P, 대기압과 가한 수은 때문에 생긴 압력의 합)이 증가함에 따라 주어진 양의 기체의 부피(V)는 감소하는 것을 발견하였다. 압력과 부피 사이의 관계는 그림 5.4에 분명히 나타나 있다. 역으로, 가한 압력을 줄이면 기체의 부피는 증가한다.

기체에 가해지는 압력을 기압이라고 한다.

압력과 부피 사이의 반비례 관계를 나타내는 수학적 표현은 다음과 같다.

$$P \propto \frac{1}{V}$$

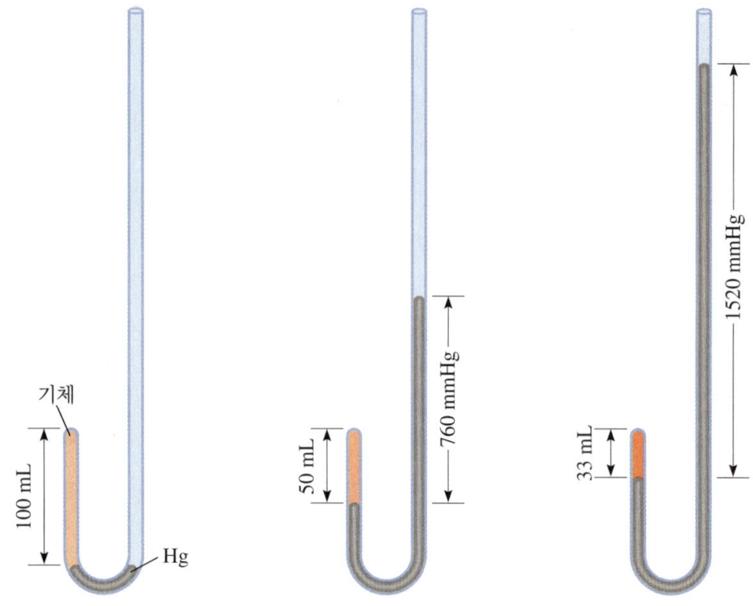

그림 5.4 • 기체의 압력과 부피의 관계를 연구하기 위한 장치. (a) 수은의 높이가 같기 때문에 기압은 대기압(760 mmHg)과 같다. 기체의 부피는 100 mL이다. (b) 수은을 첨가하여 기체에 작용하는 압력을 두 배로 증가시키면, 기체의 부피는 50 mL로 감소한다. (c) 기체에 작용하는 압력을 세 배로 증가시키면, 기체의 부피는 ⅓로 감소한다. 기체의 온도와 기체의 양은 일정하게 유지된다.

여기서 기호 ∝는 *비례한다*는 뜻이다. ∝를 등호로 바꾸면 다음과 같이 쓸 수 있다.

$$P = k_1 \times \frac{1}{V} \tag{5.1a}$$

여기서 k_1은 *비례 상수*(proportionality constant)이다. 식 (5.1a)는 **보일 법칙**(Boyle's law)에 대한 표현이다. 이것은 *일정한 온도가 유지될 때 고정된 양의 기체의 압력은 기체의 부피에 반비례*한다는 것을 기술하고 있다. 식 (5.1a)를 다시 정리하여 다음과 같이 나타낼 수 있다.

$$PV = k_1 \tag{5.1b}$$

보일 법칙에 대한 위의 식은 일정 온도에서 일정량의 기체의 압력과 부피의 곱은 상수임을 나타낸다. 그림 5.5는 보일 법칙에 대한 도식적인 설명이다. n은 기체의 몰수이고, R은 5.4절에서 정의하는 상수이다. 따라서 식 (5.1)의 비례 상수 k_1은 nRT와 같다.

보일 법칙을 그림으로 설명해 주는 일반적인 두 방법을 그림 5.6에 나타내었다. 그림 5.6(a)는 식 $PV = k_1$에 대한 그래프이며, 그림 5.6(b)는 식 $P = k_1 \times 1/V$에 대한 그래프이다. 두 번째 식은 일차 방정식 $y = mx + b$에서 $m = k_1$, $b = 0$인 직선식이다.

주어진 기체 시료에 대한 압력과 부피가 각각 다를 수 있지만, 온도가 일정하며 기체의 양이 변하지 않는 한 P와 V의 곱은 일정한 상수이다. 그러므로 일정 온도에서 다른 두 조건에 있는 주어진 기체 시료에 대해 다음과 같이 쓸 수 있다.

$$P_1V_1 = k_1 = P_2V_2$$

또는

$$P_1V_1 = P_2V_2 \tag{5.2}$$

여기서 V_1과 V_2는 각각 압력 P_1과 P_2에서의 부피이다.

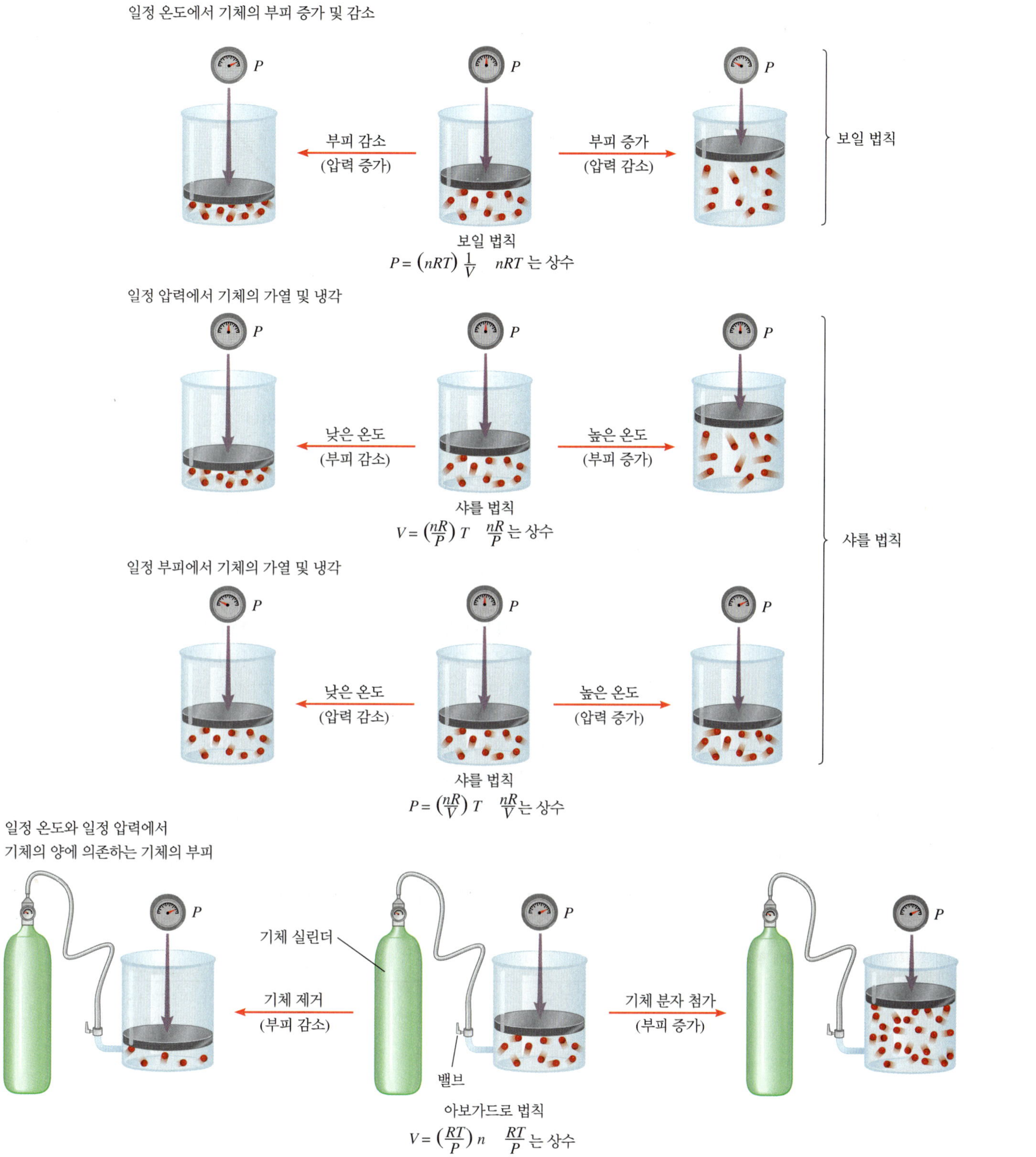

그림 5.5 • 보일 법칙, 샤를 법칙, 아보가드로 법칙에 대한 도식적인 설명.

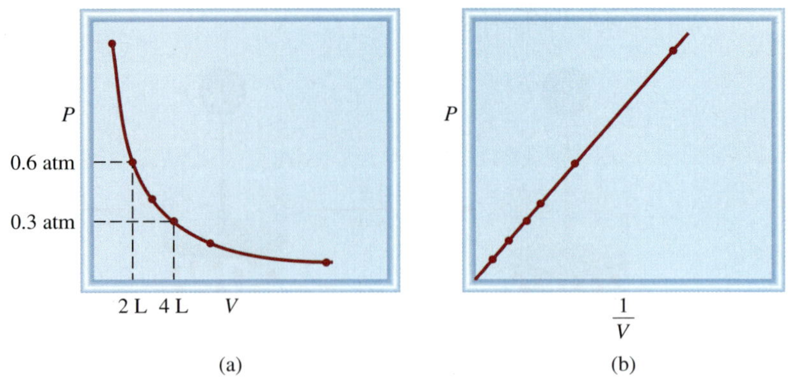

그림 5.6 • 일정 온도에서 기체에 압력을 가하였을 때 기체의 부피변화를 나타내는 그래프. (a) P 대 V 그래프. 압력이 반으로 줄었을 때 기체의 부피는 두 배가 된다. (b) P 대 $1/V$ 그래프

온도-부피 관계: 샤를과 게이 뤼삭 법칙

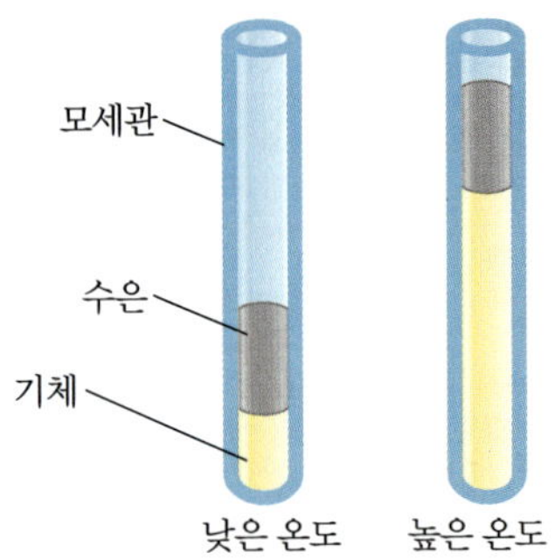

그림 5.7 • 일정 압력에서 온도에 따른 기체 시료의 부피 변화. 기체에 가해지는 압력은 대기압과 수은의 무게로 인한 압력의 합이다.

보일 법칙에서는 계의 온도는 일정하게 유지되었다. 그러나 온도가 변한다고 가정해 보자. 온도의 변화가 기체의 부피와 압력에 어떻게 영향을 미칠까? 우선 기체의 부피에 대한 온도의 영향을 알아보자. 프랑스의 과학자 샤를(Jacques Charles)과 게이 뤼삭(Joseph Gay-Lussac)이 최초로 이 관계를 연구하였다. 그들은 기체 시료의 부피는 일정한 압력에서 가열되면 팽창되고, 냉각되면 수축된다는 것을 알아냈다(그림 5.7). 기체의 온도와 부피의 변화에 관하여 매우 잘 정립된 정량적인 관계를 밝혀냈다. 예를 들어, 다양한 압력 조건에서 온도-부피 관계를 연구할 때 흥미로운 현상을 관찰하게 된다. 주어진 압력에서 부피 대 온도의 그래프는 직선으로 나타난다. 직선을 부피 0으로 연장하면 온도축의 절편은 −273.15°C이다. 압력을 다르게 하면 부피 대 온도 그래프는 또 다른 직선으로 나타나지만, 부피가 0인 온도축의 절편은 똑같이 −273.15°C이다(그림 5.8), (사실상 모든 기체는 낮은 온도에서 액체로 되기 때문에 제한된 온도 범위에서만 기체의 부피를 측정할 수 있다).

1848년 스코틀랜드 물리학자 켈빈 경은 이와 같은 현상의 중요성을 인식하였으며, −273.15°C의 온도를 **절대 영도**(absolute zero), 즉 *이론적으로 도달할 수 있는 최저의 온도*임을 확인하였다. 그는 절대 영도를 시작으로 **절대 온도 척도**(absolute temperature scale)를 설정하였으며, 지금은 이것을 **켈빈 온도 척도**(Kelvin temperature scale)라 부른다. 켈빈 척도에서 1 켈빈(K)은 섭씨 온도의 1도와 같은 *크기*이다. 절대 온도 척도와 섭씨 온도 척도의 유일한 차이점은 서로 다른 영점을 사용하는 것이다. 다음과 같이 두 척도상의 중요한 점들을 비교해 보자.

특수한 실험 조건하에서 과학자들은 절대 영도에 아주 가까이 도달하는 데 성공하였다.

	켈빈 척도	섭씨 온도
절대 영도	0 K	−273.15°C
물의 어는점	273.15 K	0°C
물의 끓는점	373.15 K	100°C

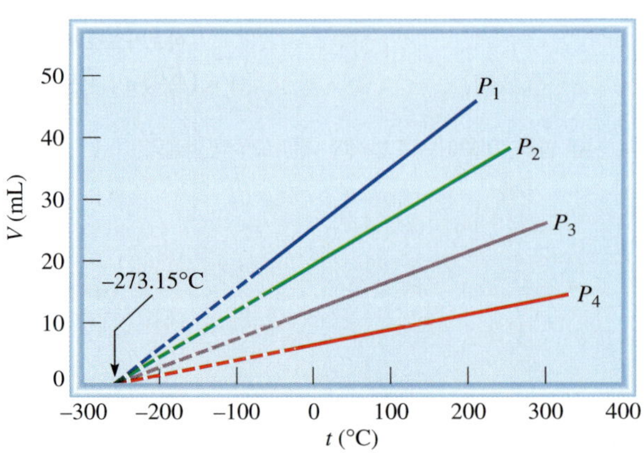

그림 5.8 • 일정 압력에서 온도에 따른 기체 시료의 부피 변화. 각각의 직선은 주어진 압력에 따른 부피의 변화를 나타낸다. 압력은 P_1에서 P_4로 가면서 증가한다. 충분히 낮은 온도로 냉각되면 결국 모든 기체는 응축된다(액화). 직선의 실선 부분은 응축 온도 이상의 영역을 나타낸 것이다. 실선을 외삽하여 부피가 0인 곳까지 연장하면(점선 부분) 온도 축의 모든 절편은 −273.15°C에서 만난다.

°C와 K 사이의 변환은 1.5절에서 다루었다.

$$? \text{ K} = (°\text{C} + 273.15°\text{C}) \frac{1 \text{ K}}{1°\text{C}}$$

K와 °C에 관련된 대부분의 계산에서 273.15 대신에 273을 사용할 것이다. 일반적으로 절대온도(kelvin)를 표시하기 위해서는 T를 사용하며, 섭씨 온도를 표시하기 위해서는 t를 사용한다.

기체 부피의 온도에 대한 의존도는 다음과 같다.

$$V \propto T$$
$$V = k_2T$$

또는

$$\frac{V}{T} = k_2 \tag{5.3}$$

여기서 k_2는 비례 상수이다. 식 (5.3)은 **샤를과 게이 뤼삭 법칙**(Charles's and Gay-Lussac's law) 또는 간단히 **샤를 법칙**(Charles's law)으로 알려져 있다. 샤를 법칙에 의하면 *일정한 압력에서 일정한 양의 기체 부피는 기체의 절대온도에 정비례*한다. 샤를 법칙은 그림 5.5에 도식적으로 설명되어 있다. 식 (5.3)에 있는 비례 상수 k_2는 nR/P와 같음을 알 수 있다.

일정 온도에서 압력과 부피의 관계를 알아본 것과 같이 일정한 압력에서 부피-온도가 다른 두 조건의 기체를 비교해 볼 수 있다. 식 (5.3)에서와 마찬가지로 다음과 같이 나타낼 수 있다.

$$\frac{V_1}{T_1} = k_2 = \frac{V_2}{T_2}$$

또는

$$\frac{V_1}{T_1} = \frac{V_2}{T_2} \tag{5.4}$$

기체 법칙 계산에서 온도는 반드시 켈빈 단위를 써야 한다.

여기서 V_1과 V_2는 각각 온도 T_1과 T_2(켈빈 온도)에서의 기체의 부피이다.

샤를 법칙을 다른 형태로 변형하면 기체의 양과 부피가 일정할 때 기체의 압력은 온도에 비례한다는 것을 알 수 있다.

$$P \propto T$$
$$P = k_3T$$

또는

$$\frac{P}{T} = k_3 \tag{5.5}$$

그림 5.5에 나타낸 것과 같이 $k_3 = nR/V$이다. 식 (5.5)에서부터 시작하여 다음과 같은 식을 얻을 수 있다.

$$\frac{P_1}{T_1} = k_3 = \frac{P_2}{T_2}$$

또는

$$\frac{P_1}{T_1} = \frac{P_2}{T_2} \tag{5.6}$$

여기서 P_1과 P_2는 각각 온도 T_1과 T_2에서의 기체의 압력이다.

☑ 개념 복습하기

일정 압력에서 기체의 온도가 (a) 200 K에서 400 K (b) 200°C에서 400°C로 두 배가 될 경우에 부피의 변화를 비교하시오.

》부피-양 관계: 아보가드로 법칙

아보가드로의 이름은 3.2절에서 처음 나온다.

이탈리아의 과학자 아보가드로(Amedeo Avogadro)의 업적은 보일, 샤를, 게이 뤼삭의 연구를 보완한 것이다. 1811년에 그는 같은 온도와 같은 압력에서 같은 부피를 갖는 기체들은 (기체의 종류에 상관없이) 같은 분자수(단원자 기체이면 원자수)를 갖는다는 가설을 발표하였다. 그의 가설에 따르면 기체의 부피는 존재하는 분자의 몰수에 비례한다. 즉, 다음과 같이 수학적인 표현으로 나타낼 수 있다.

$$V \propto n$$

$$V = k_4 n \tag{5.7}$$

여기서 n은 분자의 몰수를 나타내며 k_4는 비례 상수이다. 식 (5.7)은 *일정 압력과 일정 온도에서 기체의 부피는 존재하는 기체의 몰수에 정비례*한다는 **아보가드로 법칙**(Avogadro's law)에 대한 수학적 표현이다. 그림 5.5에 나타낸 것과 같이 $k_4 = RT/P$이다.

아보가드로 법칙에 의하면 두 기체가 서로 반응할 때에 그들이 반응하는 부피는 서로 간단한 비를 갖는다는 것을 알 수 있다. 생성물이 기체이면 생성물의 부피와 반응물의 부피 사이에는 간단한 비가 성립된다(일찍이 게이 뤼삭에 의해 증명된 사실: 부피 결합 법칙). 예를 들어, 수소 분자와 질소 분자로부터 암모니아가 합성되는 과정을 살펴보자.

$$\underset{3\text{ mol}}{3H_2(g)} + \underset{1\text{ mol}}{N_2(g)} \longrightarrow \underset{2\text{ mol}}{2NH_3(g)}$$

같은 온도, 같은 압력에서 기체의 부피는 존재하는 기체들의 몰수에 정비례하므로 다음과 같이 나타낼 수 있다.

$$\underset{3\text{ 부피}}{3H_2(g)} + \underset{1\text{ 부피}}{N_2(g)} \longrightarrow \underset{2\text{ 부피}}{2NH_3(g)}$$

수소 분자와 질소 분자의 부피비는 3:1이고, 암모니아(생성물)와 수소 분자 및 질소 분자의 합(반응물)의 부피비는 2:4, 즉 1:2이다(그림 5.9).

5.4절에서 기체 법칙을 설명하는 예제를 기술할 것이다.

$3H_2(g)$	+	$N_2(g)$	⟶	$2NH_3(g)$
3 분자	+	1 분자	⟶	2 분자
3 mol	+	1 mole	⟶	2 mol
3 부피	+	1 부피	⟶	2 부피

그림 5.9 • 화학 반응에서 기체의 부피 관계. 수소 분자와 질소 분자의 부피비는 3:1, 암모니아(생성물)와 수소 분자 및 질소 분자의 합(반응물)의 부피비는 2:4, 즉 1:2이다.

5.4 이상 기체 방정식

지금까지 논의되었던 기체 법칙들을 요약하면 다음과 같다.

$$\text{보일 법칙:} \quad V \propto \frac{1}{P} \quad (\text{일정한 } n\text{과 } T)$$

$$\text{샤를 법칙:} \quad V \propto T \quad (\text{일정한 } n\text{과 } P)$$

$$\text{아보가드로 법칙:} \quad V \propto n \quad (\text{일정한 } P\text{와 } T)$$

기체의 거동을 나타내기 위해 세 가지 식을 종합하여 하나의 종합식으로 나타낼 수 있다.

$$V \propto \frac{nT}{P}$$

$$V = R\frac{nT}{P}$$

또는

$$PV = nRT \qquad \textbf{(5.8)}$$

여기서 *비례 상수*인 ***R***을 **기체 상수**(gas constant)라 한다. 식 (5.8)은 *네 개의 변수* P, V, T, n *사이의 관계를 나타내는 것*으로 **이상 기체 방정식**(ideal gas equation)이라 한다. **이상 기체**(ideal gas)는 *압력, 부피, 온도에 따른 기체의 거동이 이상 기체 방정식에 의해 완벽하게 설명될 수 있는 가상의 기체*이다. 이상 기체의 분자들은 서로 끌어당기거나 밀치지 않고, 그들의 부피는 용기의 부피에 비해 무시할 수 있을 정도로 작다. 사실상 자연계에는 이상 기체와 같은 기체는 없지만, 적절한 온도와 압력 범위에서 실제 기체의 거동에서의 불일치는 계산에 크게 영향을 주지 않는다. 따라서 기체와 관련된 많은 문제를 푸는 데 이상 기체 방정식을 무리없이 이용할 수 있다.

이상 기체 방정식은 5.3절에서 다루었던 기체 법칙과는 달리 압력, 부피, 온도, 기체의 양에 변화가 없는 계에 적용된다는 것을 명심하라.

이상 기체 방정식을 실제에 응용하기 전에 기체 상수 R 값을 알아야 한다. 0°C (273.15 K), 1 atm에서 많은 실제 기체들은 이상 기체처럼 거동한다. 이 조건하에서 얻어진 실험 결과 이상 기체 1 mol은 22.414 L를 차지하며 그림 5.10에 나타낸 것과 같이 농구공의 부피보다 약간 더 크다. 0°C, 1 atm의 조건을 **표준 온도와 압력**(standard temperature and pressure)이라 하며 간단하게 약자로 ***STP***라고 한다. 식 (5.8)로부터 다음과 같이 나타낼 수 있다.

$$\begin{aligned} R &= \frac{PV}{nT} \\ &= \frac{(1\text{ atm})(22.414\text{ L})}{(1\text{ mol})(273.15\text{ K})} \\ &= 0.082057\,\frac{\text{L}\cdot\text{atm}}{\text{K}\cdot\text{mol}} \\ &= 0.082057\text{ L}\cdot\text{atm/K}\cdot\text{mol} \end{aligned}$$

기체 상수는 다른 단위(부록 2 참조)로 나타낼 수도 있다.

그림 5.10 • STP에서의 몰부피(약 22.4 L)와 농구공의 비교.

L와 atm 사이, K와 mol 사이의 점은 분자에 L와 atm이, 분모에 K와 mol이 위치함을 상기시켜 준다. 대부분의 계산에서 R 값은 반올림하여 유효 숫자 세 자리(0.0821 L · atm/K · mol)로 하고 STP에서 기체 1 mol의 부피로 22.4 L를 사용한다.

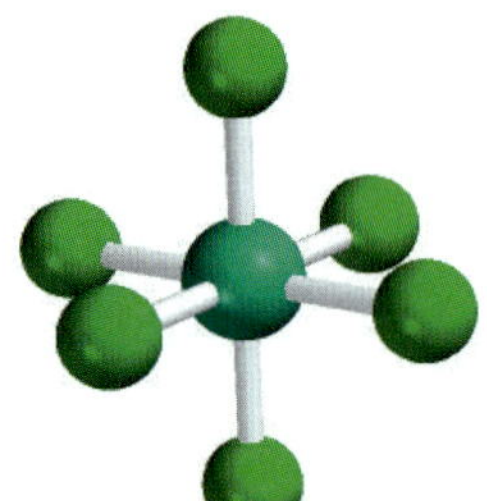

SF_6

예제 5.2

육플루오린화 황(SF_6)은 무색 무취인 기체이다. 화학적 반응성이 없기 때문에 전자 장치의 절연체로 사용된다. 55°C, 6.09 L의 철제 용기에 들어 있는 1.39 mol 기체의 압력(atm)을 계산하시오.

▸ **전략** 기체의 몰수, 부피, 온도에 관한 정보가 주어져 있다. 기체의 성질에 어떠한 변화가 있는가? 압력을 계산하기 위해 어떤 식을 이용해야 하는가? 어떤 온도 단위를 사용해야 하는가?

▸ **풀이** 기체의 성질에 변화가 없기 때문에 압력을 계산하기 위해 이상 기체 방정식을 이용한다. 식 (5.8)을 다시 정리하면 다음과 같이 나타낼 수 있다.

$$P = \frac{nRT}{V}$$
$$= \frac{(1.39\text{ mol})(0.0821\text{ L}\cdot\text{atm/K}\cdot\text{mol})(55+273)\text{ K}}{6.09\text{ L}}$$
$$= 6.15\text{ atm}$$

비슷한 문제 5.32, 5.33.

▸ **실전 연습** 6.54 atm, 76°C에서 산화 질소(NO) 2.12 mol이 차지하는 부피(L)를 계산하시오

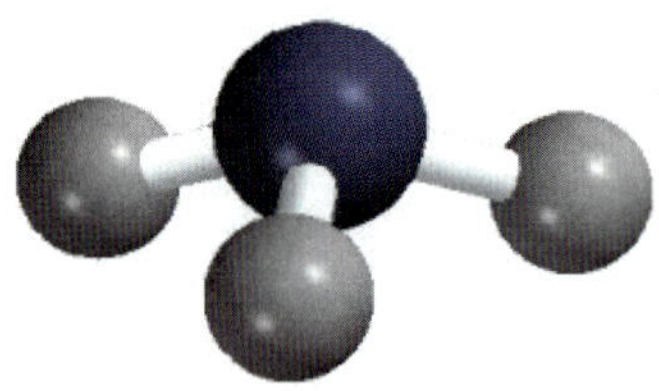

NH_3

예제 5.3

STP에서 NH_3 5.58 g이 차지하는 부피(L)를 계산하시오.

▸ **전략** STP에서 이상 기체 1 mol의 부피는 얼마인가? NH_3 5.58 g은 몇 mol인가?

▸ **풀이** STP에서 이상 기체 1 mol은 22.4 L를 차지한다는 것을 상기하고, NH_3의 몰질량(17.03 g)을 이용하면 다음과 같이 차례대로 변환할 수 있다.

$$NH_3\text{의 그램수(g)} \longrightarrow NH_3\text{의 몰수(mol)} \longrightarrow \text{STP에서 } NH_3\text{의 리터수(L)}$$

따라서 NH_3의 부피는 다음과 같다.

$$V = 5.58\text{ g NH}_3 \times \frac{1\text{ mol NH}_3}{17.03\text{ g NH}_3} \times \frac{22.4\text{ L}}{1\text{ mol NH}_3}$$
$$= 7.34\text{ L}$$

화학에서, 특히 기체법칙과 관련된 계산에서는 다른 방법으로도 문제를 풀 수가 있다. 위의 문제도 5.58 g의 NH_3를 몰수로 변환한 다음 이상 기체 방정식($V = nRT/P$)을 이용하여 풀 수가 있다. 시도해 보라.

▸ **검산** NH_3 = 5.58 g은 몰질량보다 작기 때문에 STP에서 NH_3의 부피는 22.4 L보다 작아야 한다. 그러므로 답은 합리적이다.

비슷한 문제 5.41, 5.43.

▸ **실전 연습** STP에서 HCl 기체 49.8 g이 차지하는 부피(L)는 얼마인가?

개념 복습하기

이상적인 거동으로 가정하고, STP에서 다음 기체 중 어느 것이 가장 부피가 크겠는가? (a) He 0.82 mol. (b) N_2 24 g. (c) Cl_2 = 5.0×10^{23} 분자. 어느 기체가 가장 큰 밀도를 가지는가?

이상 기체 방정식은 기체 시료에 대해 변수 P, V, T, n 사이에 변화가 없는 문제에 유용하다. 그러나 가끔은 기체의 압력, 부피, 온도, 심지어는 기체의 양까지 변하는 것을 다룰 필

요가 있다. 조건이 변할 때는 초기 조건과 최종 조건을 고려하여 수정된 방정식을 이용해야만 한다. 수정된 방정식은 다음과 같이 유도된다. 식 (5.8)로부터 다음을 얻을 수 있다.

$$R = \frac{P_1V_1}{n_1T_1}\ (\text{변화 전}) \qquad \text{과} \qquad R = \frac{P_2V_2}{n_2T_2}\ (\text{변화 후})$$

따라서

$$\frac{P_1V_1}{n_1T_1} = R = \frac{P_2V_2}{n_2T_2} \tag{5.9}$$

아래첨자 1과 2는 각각 기체의 초기 상태와 최종 상태를 의미한다. 앞으로 논의하는 모든 기체 법칙은 식 (5.9)로부터 유도할 수 있다.

만일 $n_1 = n_2$이면 보통 기체의 양은 변하지 않기 때문에 식은 다음과 같이 된다.

$$\frac{P_1V_1}{T_1} = \frac{P_2V_2}{T_2} \tag{5.10}$$

예제 5.4

작은 기포가 8°C, 6.4 atm인 호수 바닥에서 25°C, 1.0 atm인 물의 표면으로 떠오르고 있다. 초기 부피가 2.1 mL일 때, 기포의 최종 부피(mL)를 계산하시오.

▸ **전략** 이와 같이 많은 정보가 주어진 문제를 풀 때는 다음과 같이 상황을 정리해 주는 그림이 도움이 된다.

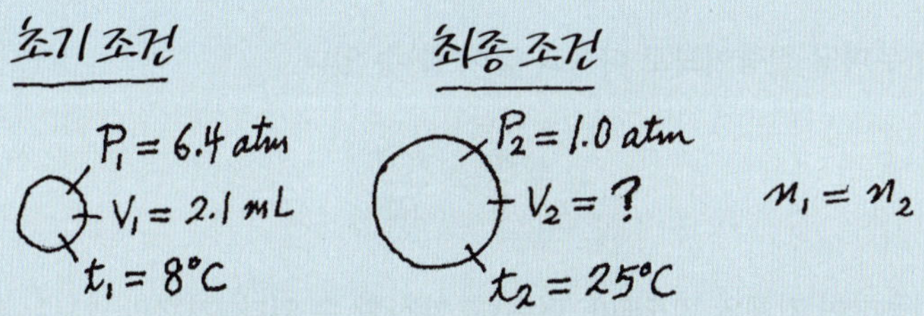

계산에 어떤 온도 단위를 사용해야 하는가?

▸ **풀이** 식 (5.9)에 따르면 다음과 같다.

$$\frac{P_1V_1}{n_1T_1} = \frac{P_2V_2}{n_2T_2}$$

기포 속 공기의 양이 일정하다고 가정하면, $n_1 = n_2$이므로 다음과 같이 나타낼 수 있다.

$$\frac{P_1V_1}{T_1} = \frac{P_2V_2}{T_2}$$

이것은 식 (5.10)이다. 주어진 정보를 요약하면 다음과 같다.

초기 조건	최종 조건
$P_1 = 6.4$ atm	$P_2 = 1.0$ atm
$V_1 = 2.1$ mL	$V_2 = ?$
$T_1 = (8 + 273)$ K $= 281$ K	$T_2 = (25 + 273)$ K $= 298$ K

식 양쪽에 같은 단위를 사용하기 때문에 부피 또는 압력에 대하여 어떠한 적절한 단위를 사용해도 된다.

식 (5.10)을 다시 정리하면 다음과 같다.

$$\begin{aligned} V_2 &= V_1 \times \frac{P_1}{P_2} \times \frac{T_2}{T_1} \\ &= 2.1\ \text{mL} \times \frac{6.4\ \text{atm}}{1.0\ \text{atm}} \times \frac{298\ \text{K}}{281\ \text{K}} \\ &= 14\ \text{mL} \end{aligned}$$

비슷한 문제: 5.35, 5.39.

▸ **검산** 최종 부피는 초기 부피에 압력비(P_1/P_2)와 온도비(T_2/T_1)를 곱하여 얻는다. 부피는 압력에 반비례하고 온도에 정비례한다는 것을 상기하라. 기포가 떠오를 때 압력은 감소하고 온도는 올라갔기 때문에 기포의 부피 증가를 예측할 수 있다. 실제로 압력의 변화는 부피를 변화시키는 데 큰 역할을 한다.

▸ **실전 연습** 기체가 4.0 L, 1.2 atm, 66°C의 초기 상태에서 1.7 L, 42°C의 최종 상태로 변하였다. 최종 압력은 얼마인가? 몰수는 일정하다고 가정한다.

기체 물질의 밀도와 몰질량

이상 기체 방정식을 기체상 물질의 밀도나 몰질량 계산에 적용할 수 있다. 식 (5.8)을 재배열하면

$$\frac{n}{V} = \frac{P}{RT}$$

기체의 몰수 n은 다음과 같이 주어진다.

$$n = \frac{m}{\mathcal{M}}$$

여기서 m은 기체의 질량이며, $\mathcal{M}$은 몰질량이다.

$$\frac{m}{\mathcal{M}V} = \frac{P}{RT}$$

밀도 d는 단위 부피당 질량이므로 다음과 같이 쓸 수 있다.

$$d = \frac{m}{V} = \frac{P\mathcal{M}}{RT} \quad \textbf{(5.11)}$$

식 (5.11)을 이용하여 기체의 밀도(g/L 단위)를 계산할 수 있다. 기체의 밀도는 측정할 수 있으므로, 대개는 이 식을 재배열하여 기체상 물질의 몰농도를 계산하는 데 사용한다.

$$\mathcal{M} = \frac{dRT}{P} \quad \textbf{(5.12)}$$

그림 5.11 • 기체의 밀도를 측정하는 기구. 어떤 온도와 압력에서 부피를 알고 있는 용기에 연구하고자 하는 기체 시료를 채운다. 우선 용기의 질량을 재고 기체를 비운 후 다시 질량을 잰다. 질량의 차이가 바로 기체의 질량이다. 용기의 부피를 알고 있으므로 기체의 밀도를 계산할 수 있다.

일반적인 실험에서 부피가 알려진 용기에 연구하고자 하는 기체를 채운다. 기체 시료의 온도와 압력을 기록하고 용기와 기체 시료의 전체 질량을 측정한다(그림 5.11). 그런 다음 용기에 들어 있는 기체를 진공으로 제거한 후, 다시 (빈) 용기의 질량을 측정한다. 질량의 차이가 바로 기체의 질량이다. 기체의 밀도는 질량을 용기의 부피로 나눈 것과 같다. 따라서 식 (5.12)를 이용하여 물질의 몰질량을 계산할 수 있다(질량 분석계는 몰질량을 결정하는 가장 좋은 기기이지만, 밀도 측정에 의한 몰질량 결정법은 아직도 유용하다).

예제 5.5

어떤 화학자가 염소와 산소로 이루어진 녹황색 기체 화합물을 합성한 후, 그 기체의 밀도가 47°C, 3.15 atm에서 8.14 g/L임을 알아냈다. 화합물의 몰질량을 계산하고 분자식을 결정하시오.

▸ **전략** 식 (5.11)과 (5.12)는 같은 식으로부터 얻어진 것이기 때문에 기체의 밀도, 온도, 압력을 알면 기체의 몰질량을 구할 수 있다. 화합물의 분자식은 얻어진 몰질량과 모순되어서는 안된다. 어떤 온도 단위를 사용해야 하는가?

▸ **풀이** 식 (5.12)로부터

$$\mathcal{M} = \frac{dRT}{P}$$

$$= \frac{(8.14\ \text{g/L})(0.0821\ \text{L}\cdot\text{atm/K}\cdot\text{mol})(47 + 273)\ \text{K}}{3.15\ \text{atm}}$$

$$= 67.9\ \text{g/mol}$$

염소(35.45 g)와 산소(16.00 g)의 몰질량을 알고 있기 때문에 이를 사용하여 시행착오를 통하여 화합물의 분자식을 결정한다. 하나의 Cl 원자와 하나의 O 원자를 함유하는 화합물의 몰질량은 51.45 g으로 너무 작은 반면, 두 개의 Cl 원자와 하나의 O 원자로 이루어진 화합물의 몰질량은 86.90 g으로 너무 크다. 따라서 화합물은 하나의 Cl 원자와 두 개의 O 원자로 된 ClO_2 이며, 몰질량은 67.45 g이다.

▸ **실전 연습** 어떤 기체 유기 화합물의 밀도는 40°C, 1.97 atm에서 3.38 g/L이다. 몰질량은 얼마인가?

화학식에 대한 사전 지식 없이도 화합물의 몰질량을 측정할 수 있음에 주목하라.

ClO_2

비슷한 문제: 5.47, 5.49.

기체의 화학량론

3장에서 화학량론에 관한 문제를 풀기 위하여 반응물과 생성물의 양(mol)과 질량(g) 사이의 관계를 이용하였다. 반응물과 생성물 모두 또는 일부가 기체일 경우, 그러한 문제를 풀기 위해서도 양(mol, n)과 부피(V) 사이의 관계를 이용할 수 있다(그림 5.12).

화학량론 문제를 푸는 데 열쇠는 반응물과 생성물의 물리적 상태와 관계없이 몰비이다.

예제 5.6

아자이드화 소듐(NaN_3)은 자동차 에어백에 사용된다. 충돌로 인하여 NaN_3는 다음과 같이 분해된다.

$$2NaN_3(s) \longrightarrow 2Na(s) + 3N_2(g)$$

생성된 질소 기체는 순간적으로 운전자와 앞 유리 사이에 있는 에어백을 팽창시킨다. NaN_3 50.0 g의 분해로 인해 85°C, 812 mmHg에서 생성된 N_2의 부피를 계산하시오.

▸ **전략** 균형 화학 반응식으로부터 NaN_3 2 mol은 N_2 3 mol과 반응(2 mol $NaN_3 \simeq$ 3 mol N_2)하기 때문에 NaN_3와 N_2 사이의 변환 인자는

$$\frac{3\ \text{mol}\ N_2}{2\ \text{mol}\ NaN_3}$$

NaN_3의 질량이 주어졌기 때문에 NaN_3의 몰수를 계산하고 생성된 N_2의 몰수를 계산한다. 마지막으로 이상 기체 방정식을 이용하여 N_2의 부피를 계산한다.

▸ **풀이** 변환 순서는 다음과 같다.

$$NaN_3\text{의 g수} \longrightarrow NaN_3\text{의 몰수} \longrightarrow N_2\text{의 몰수} \longrightarrow N_2\text{의 부피}$$

먼저 NaN_3 50.0 g의 분해로 생성된 N_2의 몰수를 계산한다.

$$N_2\text{의 몰수} = 50.0\ \cancel{\text{g NaN}_3} \times \frac{1\ \cancel{\text{mol NaN}_3}}{65.02\ \cancel{\text{g NaN}_3}} \times \frac{3\ \text{mol N}_2}{2\ \cancel{\text{mol NaN}_3}}$$

$$= 1.15\ \text{mol N}_2$$

이상 기체 방정식을 이용하여 N_2 1.15 mol의 부피를 구하면 다음과 같다.

$$V = \frac{nRT}{P} = \frac{(1.15\ \text{mol})(0.0821\ \text{L}\cdot\text{atm/K}\cdot\text{mol})(85 + 273)\ \text{K}}{(812/760)\ \text{atm}}$$

$$= 31.6\ \text{L}$$

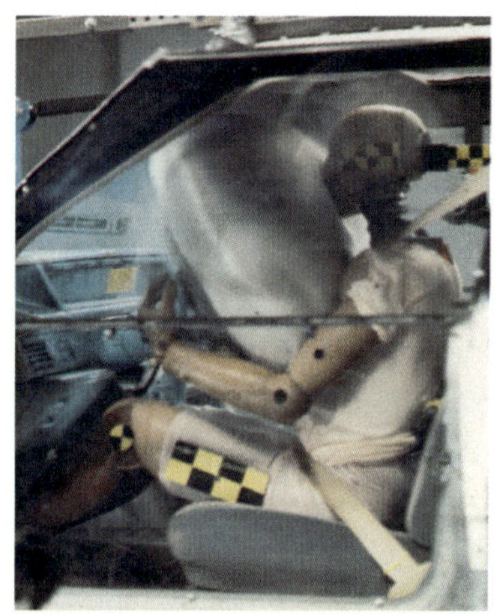

에어백은 자동차가 충돌할 때 운전자를 보호한다.

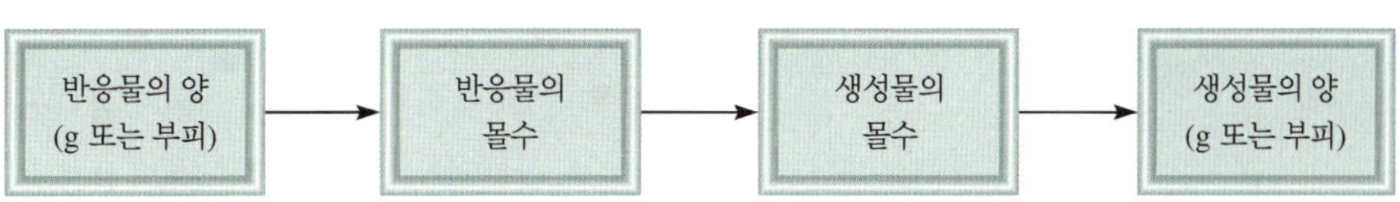

그림 5.12 • 기체를 포함한 화학량론적 계산.

비슷한 문제: 5.51, 5.52.

▶ **실전 연습** 포도당($C_6H_{12}O_6$)의 신진 대사에 의한 분해 반응식은 공기 중에서 포도당을 연소시키는 반응식과 같다.

$$C_6H_{12}O_6(s) + 6O_2(g) \longrightarrow 6CO_2(g) + 6H_2O(l)$$

이 반응으로 포도당 5.60 g이 소모될 때, 37°C, 1.00 atm에서 생성되는 CO_2의 부피를 계산하시오.

5.5 돌턴의 부분 압력 법칙

지금까지 순수한 기체 물질의 거동에 관해 중점적으로 살펴보았으나 실험 연구에서는 종종 기체 혼합물을 다루게 된다. 예를 들어, 공기 오염을 연구할 때 여러 기체로 이루어진 공기의 압력-부피-온도 관계에 관심을 가지게 된다. 이와 같이 기체 혼합물을 포함하는 모든 경우에 기체의 전체 압력은 **부분 압력**(partial pressure), 즉 *혼합물 속 기체 성분 각각의 압력*과 관계가 있다. 1801년 돌턴은 오늘날 **돌턴의 부분 압력 법칙**(Dalton's law of partial pressure)이라고 알려진 법칙을 체계화하였다. 즉 *기체 혼합물의 전체 압력은 각 기체가 그 자신만 존재할 때 나타내는 압력들의 합*이다. 그림 5.13에 돌턴의 법칙에 대한 설명을 나타내었다.

앞서 언급한 바와 같이 기체의 압력은 용기 벽에 기체 분자가 충돌한 결과이다.

두 기체 A와 B가 부피 V인 용기에 들어 있는 경우를 생각해 보자. 기체 A에 의한 압력은 이상 기체 방정식에 따라 다음과 같다.

$$P_A = \frac{n_A RT}{V}$$

여기서 n_A는 존재하는 A의 몰수이다. 유사하게 기체 B에 의한 압력은 다음과 같다.

$$P_B = \frac{n_B RT}{V}$$

기체 A와 B의 혼합물에서 전체 압력 P_T는 두 유형의 분자 A와 B가 용기의 벽과 충돌할 때 생긴 결과이다. 따라서 돌턴의 법칙에 따르면 전체 압력은 다음과 같다.

$$\begin{aligned} P_T &= P_A + P_B \\ &= \frac{n_A RT}{V} + \frac{n_B RT}{V} \\ &= \frac{RT}{V}(n_A + n_B) \end{aligned}$$

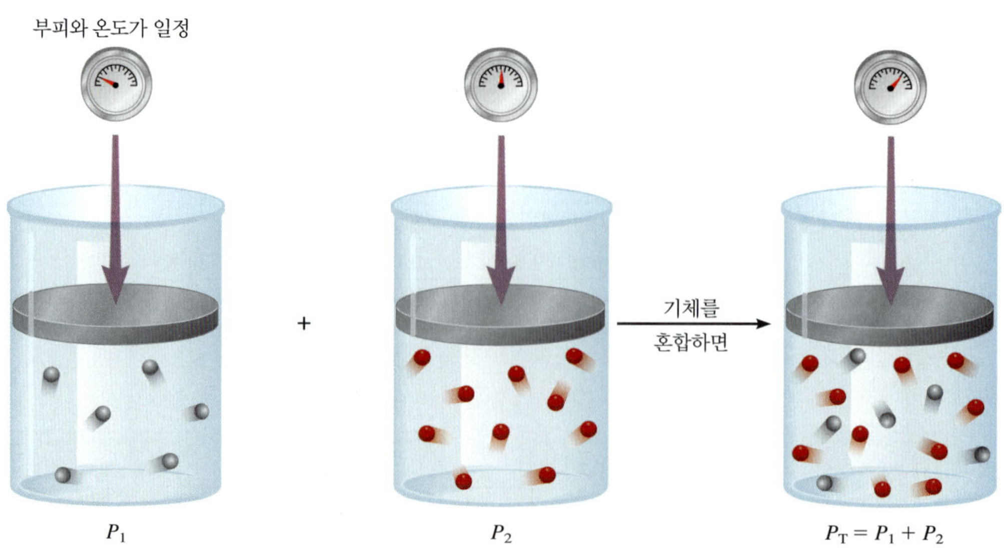

그림 5.13 • 돌턴의 부분 압력 법칙에 대한 도식적인 설명.

$$= \frac{nRT}{V}$$

여기서 존재하는 기체의 전체 몰수 n은 $n = n_A + n_B$에 의해 얻어지며 P_A와 P_B는 각각 A와 B의 부분 압력이다. 혼합 기체에 있어서 P_T는 존재하는 기체의 전체 몰수에만 의존하고 기체 분자의 성질에는 의존하지 않는다.

일반적으로 기체 혼합물의 전체 압력은 다음과 같다.

$$P_T = P_1 + P_2 + P_3 + \cdots$$

여기서 $P_1, P_2, P_3, \ldots$은 각각 성분 1, 2, 3, . . .의 부분 압력이다. 각 부분 압력이 전체 압력과 어떤 관계가 있는지 살펴보기 위해 두 기체 A와 B의 혼합물의 경우를 다시 생각해 보자. P_A를 P_T로 나누면 다음과 같이 나타낼 수 있다.

$$\frac{P_A}{P_T} = \frac{n_A RT/V}{(n_A + n_B)RT/V}$$
$$= \frac{n_A}{n_A + n_B}$$
$$= X_A$$

여기서 X_A는 기체 A의 **몰분율**(mole fraction)이라고 한다. 몰분율은 *존재하는 모든 성분의 전체 몰수에 대한 한 성분의 몰수의 비로 표현되는 단위가 없는 양*이다. 일반적으로 혼합물 중에서 성분 i의 몰분율은

$$X_i = \frac{n_i}{n_T} \quad \textbf{(5.13)}$$

여기서 n_i와 n_T는 각각 성분 i의 몰수와 존재하는 모든 성분의 전체몰수이고 몰분율은 항상 1보다 작다. A의 부분 압력은 다음과 같이 나타낼 수 있다.

$$P_A = X_A P_T$$

이와 유사하게 B의 부분 압력도 다음과 같이 나타낼 수 있다.

$$P_B = X_B P_T$$

기체 혼합물에 대하여 (각 성분의) 몰분율의 합은 1이 되어야 함에 유의하라. 만일 성분이 두 가지 밖에 없다면

$$X_A + X_B = \frac{n_A}{n_A + n_B} + \frac{n_B}{n_A + n_B} = 1$$

세 가지 이상의 기체를 포함하는 경우 i번째 성분의 부분 압력과 전체 압력 사이에는 다음과 같은 관계가 성립된다.

기체 혼합물에서, 부분 압력의 합은 전체 압력과 같아야 하고 몰분율의 합은 1이어야 한다.

$$P_i = X_i P_T \quad \textbf{(5.14)}$$

부분 압력은 어떻게 측정될까? 압력계는 단지 기체 혼합물의 전체 압력만을 측정할 수 있다. 부분 압력을 얻기 위해서는 각 성분의 몰분율을 알 필요가 있으며 각 성분은 정밀한 화학 분석에 의하여 알 수 있다. 부분 압력을 측정하는 가장 직접적인 방법은 질량 분석기를 이용하는 것이다. 질량 스펙트럼에서 각 피크의 상대적인 크기는 존재하는 기체의 몰분율에 정비례한다.

예제 5.7

네온(Ne) 3.85 mol, 아르곤(Ar) 0.92 mol, 제논(Xe) 2.59 mol을 포함하는 기체 혼합물이 있다. 어떤 온도에서 전체 압력이 2.50 atm일 때, 각 기체의 부분 압력을 구하시오.

▸ **전략** 기체의 부분 압력은 전체 압력과 어떤 관계가 있는가? 기체의 몰분율은 어떻게 구하는가?

▸ **풀이** 식 (5.14)에 따르면 네온(P_{Ne})의 부분 압력은 기체의 몰분율(X_{Ne})과 전체 압력(P_T)을 곱한 것과 같다.

구해야 하는 몰분율

$$P_{Ne} = X_{Ne}P_T$$

구하려는 부분 압력　　주어진 전체 압력

식 (5.13)을 이용하여 다음과 같이 네온의 몰분율을 계산한다.

$$X_{Ne} = \frac{n_{Ne}}{n_{Ne} + n_{Ar} + n_{Xe}} = \frac{3.85 \text{ mol}}{3.85 \text{ mol} + 0.92 \text{ mol} + 2.59 \text{ mol}} = 0.523$$

그러므로 P_{Ne}는 다음과 같다.

$$\begin{aligned} P_{Ne} &= X_{Ne}P_T \\ &= 0.523 \times 2.50 \text{ atm} \\ &= \boxed{1.31 \text{ atm}} \end{aligned}$$

이와 유사하게 아르곤의 몰분율과 부분 압력을 계산할 수 있다.

$$\begin{aligned} P_{Ar} &= X_{Ar}P_T \\ &= 0.125 \times 2.50 \text{ atm} \\ &= \boxed{0.313 \text{ atm}} \end{aligned}$$

마지막으로, 제논의 몰분율과 부분 압력을 계산할 수 있다.

$$\begin{aligned} P_{Xe} &= X_{Xe}P_T \\ &= 0.352 \times 2.50 \text{ atm} \\ &= \boxed{0.880 \text{ atm}} \end{aligned}$$

▸ **검산** 각 부분 압력이 전체 압력보다 작아야 하며, 부분 압력의 합이 전체 압력과 같은지 확인하라. (1.31 + 0.313 + 0.880) atm = 2.50 atm인지 확인하라.

비슷한 문제: 5.57, 5.58

▸ **실전 연습** 메테인(CH_4) 8.24 mol, 에테인(C_2H_6) 0.421 mol, 프로페인(C_3H_8) 0.116 mol을 포함하는 천연가스 시료에서 기체의 전체 압력이 1.37 atm이면 각 기체의 부분 압력은 얼마인가?

동영상
기체의 수상 포집.

돌턴의 부분 압력 법칙은 수상 포집된 기체의 부피를 계산하는 데 유용하다. 예를 들어, 염소산 포타슘($KClO_3$)을 가열하면 KCl과 O_2로 분해된다.

$$2KClO_3(s) \longrightarrow 2KCl(s) + 3O_2(g)$$

기체를 수상 포집할 때, 전체 압력(기체 + 수증기)은 대기압과 같다.

그림 5.14에 나타낸 것과 같이 산소 기체를 수상 포집할 수 있다. 물로 가득 채운 병을 거꾸로 세운다. 산소 기체가 발생하면 기포는 병의 위쪽으로 올라가고 물은 아래로 빠져 나온다. 이와 같은 기체 포집 방법은 기체가 물과 반응하지 않는다는 것과 물에 거의 녹지 않는다는 가정 하에서만 가능하다. 이러한 가정은 산소 기체에 대해서는 유효하지만 물에 잘 녹는 NH_3와 같은 기체들에 대해서는 적당하지 못하다. 하지만 이와 같은 방법으로 병 속에 포집된 산소는 수증기를 포함하고 있기 때문에 순수하지 못하다. 따라서 기체의 전체 압력은 산소와 수증기에 의해 나타난 부분 압력의 합과 같다.

$$P_T = P_{O_2} + P_{H_2O}$$

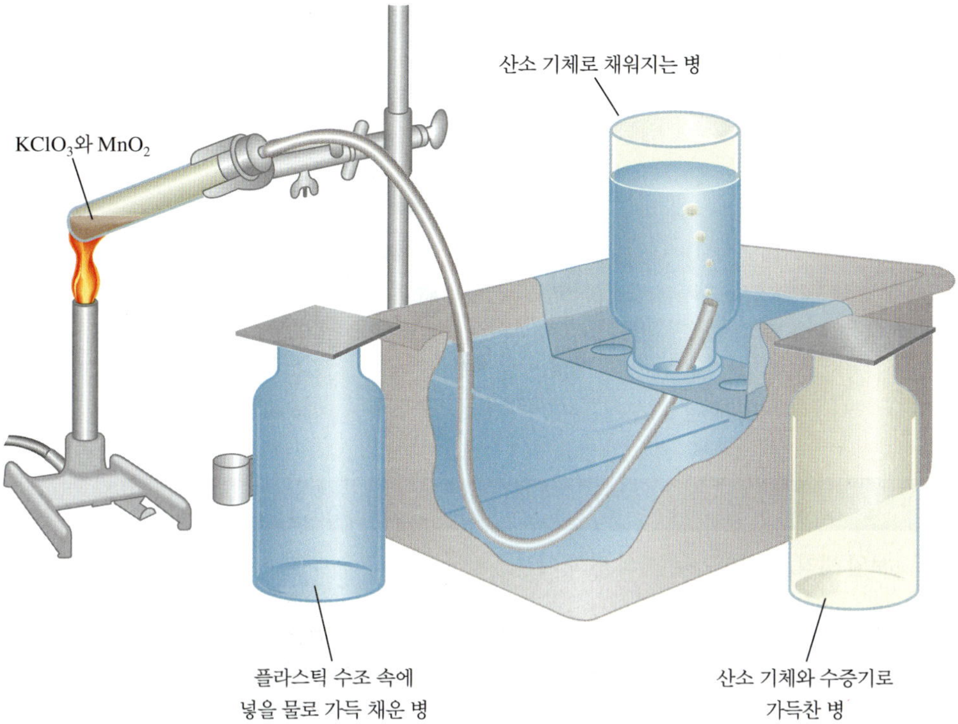

그림 5.14 • 기체의 수상 포집 장치. 반응을 빠르게 하기 위하여 소량의 이산화 망가니즈를 넣은 염소산 포타슘($KClO_3$)을 가열하여 얻은 산소 기체를 그림에서와 같이 물 속에서 포집한다. 병에 들어 있던 물은 산소 기체에 의해 밖으로 빠져나온다.

결과적으로 발생된 O_2의 양을 계산할 때 수증기 때문에 생긴 압력을 고려해야 한다. 표 5.2에 여러 온도에서의 수증기압을 나타내었다.

표 5.2

여러 온도에서의 수증기압

온도(°C)	수증기압(mmHg)
0	4.58
5	6.54
10	9.21
15	12.79
20	17.54
25	23.76
30	31.82
35	42.18
40	55.32
45	71.88
50	92.51
55	118.04
60	149.38
65	187.54
70	233.7
75	289.1
80	355.1
85	433.6
90	525.76
95	633.90
100	760.00

예제 5.8

염소산 포타슘이 분해되어 생성된 산소를 그림 5.14와 같이 포집하였다. 26°C, 771 mmHg인 대기압에서 포집된 기체의 부피는 141 mL이다. 생성된 산소의 질량(g)을 계산하시오. 26°C에서 수증기압은 25.2 mmHg이다.

▸ **전략** 생성된 산소의 질량을 구하기 위하여 우선 혼합물에 있는 산소의 부분 압력을 계산하여야 한다. 어떤 기체 법칙을 사용해야 할까? 산소 기체의 압력을 어떻게 산소의 질량으로 변환할까?

▸ **풀이** 돌턴의 부분 압력 법칙으로부터 (전체 압력을) 다음과 같이 표현할 수 있다.

$$P_T = P_{O_2} + P_{H_2O}$$

그러므로 산소의 부분 압력은 다음과 같다.

$$\begin{aligned} P_{O_2} &= P_T - P_{H_2O} \\ &= 771 \text{ mmHg} - 25.2 \text{ mmHg} \\ &= 746 \text{ mmHg} \end{aligned}$$

이상 기체 방정식을 사용하여 다음과 같이 나타낼 수 있다.

$$PV = nRT = \frac{m}{\mathcal{M}}RT$$

여기서 m과 $\mathcal{M}$은 각각 포집된 산소의 질량과 산소의 몰질량이다. 식을 재정리하면 다음과 같다.

$$\begin{aligned} m = \frac{PV\mathcal{M}}{RT} &= \frac{(746/760) \text{ atm } (0.141 \text{ L})(32.00 \text{ g/mol})}{(0.0821 \text{ L} \cdot \text{atm/K} \cdot \text{mol})(273 + 26) \text{ K}} \\ &= 0.180 \text{ g} \end{aligned}$$

▸ **실전 연습** 금속 칼슘을 물과 반응시켜 생성된 수소 기체를 그림 5.14에서와 같이 포집하였다. 30°C, 988 mmHg에서 포집된 기체의 부피는 641 mL이었다. 얻어진 수소의 질량(g)은 얼마인가? 30°C에서 수증기압은 31.82 mmHg이다.

비슷한 문제: 5.63, 5.64.

☑ 개념 복습하기

각 색깔의 공은 서로 다른 기체 분자를 나타낸다. 전체 압력이 2.4 atm일 때 각 기체의 부분 압력을 구하시오.

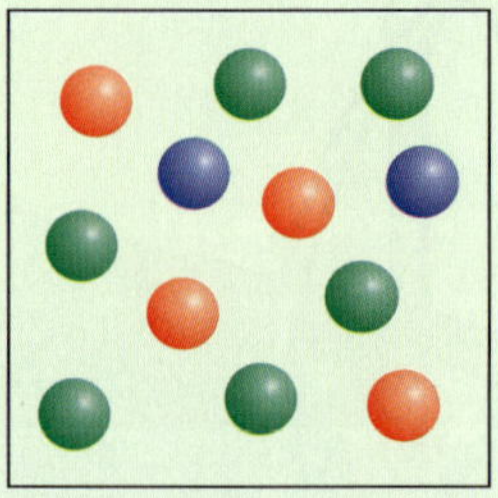

주요 식

$P_1V_1 = P_2V_2$ (5.2)	보일 법칙. 압력 또는 부피의 변화 계산.
$\frac{V_1}{T_1} = \frac{V_2}{T_2}$ (5.4)	샤를 법칙. 온도 또는 부피의 변화 계산.
$\frac{P_1}{T_1} = \frac{P_2}{T_2}$ (5.6)	샤를 법칙. 온도 또는 압력의 변화 계산.
$V = k_4n$ (5.7)	아보가드로 법칙. 일정 P, 일정 T.
$PV = nRT$ (5.8)	이상 기체 방정식.
$\frac{P_1V_1}{n_1T_1} = \frac{P_2V_2}{n_2T_2}$ (5.9)	초기와 최종 상태에 대한 이상 기체 방정식의 결합.
$\frac{P_1V_1}{T_1} = \frac{P_2V_2}{T_2}$ (5.10)	n이 일정할 때 압력, 온도 또는 부피의 변화 계산.
$d = \frac{P\mathcal{M}}{RT}$ (5.11)	밀도 또는 몰질량 계산.
$X_i = \frac{n_i}{n_T}$ (5.13)	몰분율의 정의.
$P_i = X_iP_T$ (5.14)	돌턴의 부분 압력 법칙. 부분 압력 계산.

사실과 개념에 대한 요약

1. 대기압 하에서 H_2, N_2, O_2, O_3, F_2, Cl_2 및 8A족 원소(영족 기체) 등 여러 원소 물질이 기체이다.
2. 기체 분자는 자유롭게 운동하고, 그 경로에 있는 표면과 충돌하기 때문에 기체의 압력이 생긴다. 기체의 압력 단위는 mmHg, torr, pascal, atm 등이다. 1 atm은 760 mmHg 또는 760 torr이다.
3. 이상 기체의 압력-부피 관계는 보일 법칙을 따른다. (일정 T, n에서) 부피는 압력에 반비례한다. 이상 기체의 온도-부피 관계는 샤를과 게이 뤼삭 법칙으로 설명한다. (일정 P, n에서) 부피는 온도에 정비례한다. 절대 영도(−273.15°C)는 이론적으로 도달할 수 있는 최저 온도이다. 켈빈 온도 척도로 0 K를 절대 영도라 한다. 모든 기체 법칙의 계산에서 온도는 반드시 켈빈으로 표시하여야 한다. 이상 기체의 양-부피 관계는 아보가드로 법칙으로 설명한다. (일정 T, P에서) 같은 부피를 갖는 기체는 같은 수의 분자를 갖는다.
4. 이상 기체 방정식 $PV = nRT$는 보일 법칙, 샤를 법칙, 아보가드로 법칙을 종합한 것이다. 이 방정식으로 이상 기체의 거동을 묘사한다.
5. 돌턴의 부분 압력 법칙은 기체 혼합물에 들어 있는 각 기체에 의해 나타나는 부분 압력은 같은 부피의 용기에 그 기체만이 채워져 있을 때 나타나는 압력과 같다는 것이다.

주요 용어

기압계	반데르발스 식	압력	절대 온도 척도
기체 상수(R)	보일 법칙	압력계	켈빈 온도 척도
뉴턴(Newton, N)	부분 압력	운동 에너지(KE)	파스칼(Pascal, Pa)
대기압	샤를과 게이 뤼삭 법칙	이상 기체	표준 대기압(1 atm)
돌턴의 부분 압력 법칙	샤를 법칙	이상 기체 방정식	표준 온도와 압력(STP)
몰분율	아보가드로 법칙	절대 영도	확산

연습 문제

기체로 존재하는 물질

복습 질문

5.1 상온에서 기체로 존재하는 원소 다섯 개와 화합물 다섯 개의 이름을 쓰시오.

5.2 기체의 물리적 특성을 열거하시오.

기체의 압력

복습 질문

5.3 압력을 정의하고 압력의 공통 단위를 말하시오.

5.4 기압계와 압력계가 기체의 압력을 측정하는 데 어떻게 사용되는지 설명하시오.

5.5 왜 기압계에 물보다 수은이 더 적절한 물질인지 설명하시오.

5.6 다음 압력계의 꼭지를 열었을 때 수은 관에 어떠한 일이 일어날 것인지 기술하시오.

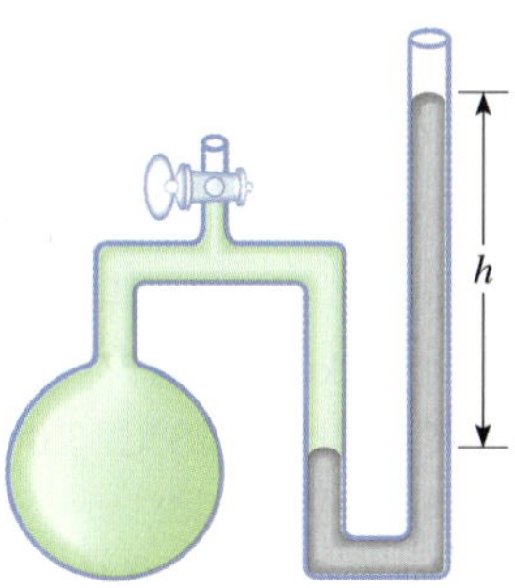

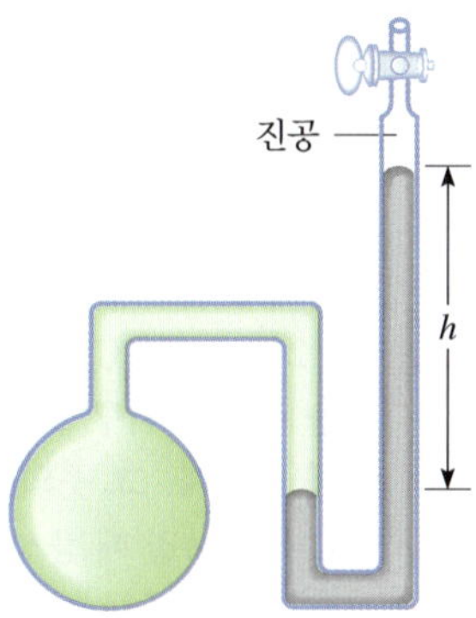

5.7 어떻게 길이의 단위(mmHg)를 압력의 단위로 사용할 수 있는지 설명하시오.

5.8 해수면 아래 500 m에 있는 광산에서의 대기압은 1 atm보다 클까, 아니면 작을까?

5.9 기체와 증기의 차이는 무엇인가? 25°C에서 질소 분자(N_2)와 수은 중에서 어느 것이 기체이며 어느 것이 증기인가?

5.10 감압 펌프를 사용하여 우물로부터 물을 퍼 올릴 수 있는 최대 깊이가 34 ft(10.3 m)라면, 지표 아래 수 백 m로부터 물과 기름을 어떻게 얻을 수 있는지 설명하시오.

5.11 세계의 어느 한 지역에서 압력이 내려간다면 다른 지역의 압력은 올라가야만 하는 이유는 무엇인가?

5.12 왜 우주 비행사는 달 표면에 서 있을 때 방호복을 입어야 하는가?

문제

5.13 634 mmHg를 atm, torr, kPa로 변환하시오.

5.14 어느 날 한라산 정상의 대기압이 606 mmHg이었다. 압력을 atm과 kPa 단위로 나타내시오.

기체 법칙

복습 질문

5.15 다음 기체 법칙들을 말과 식으로 설명해 보시오. 보일 법칙, 샤를 법칙, 아보가드로 법칙. 각 법칙마다 법칙이 적용되는 조건을 제시하고 식에 나타나 있는 각 양에 대한 단위를 제시하시오.

5.16 다음 그림에 나타낸 바와 같이 어떤 기체의 일정량이 닫힌 수은 압력계에 들어 있다. 다른 매개변수 변화가 없다고 가정하고, 만일 (a) 기체의 양이 증가한다면, (b) 기체의 몰질량이 두 배가 된다면, (c) 기체의 온도가 증가한다면, (d) 방 안 에 대기압이 증가한다면, (e) 튜브 안에 수은이 밀도가 낮은 유체로 바뀐다면, (f) 어떤 기체를 오른쪽 튜브의 맨위 진공 부분에 첨가한다면, (g) 오른쪽 튜브 맨 위에 구멍을 낸다면 h가 증가할 것인가? 감소할 것인가? 또는 동일하게 남아 있을 것인가?

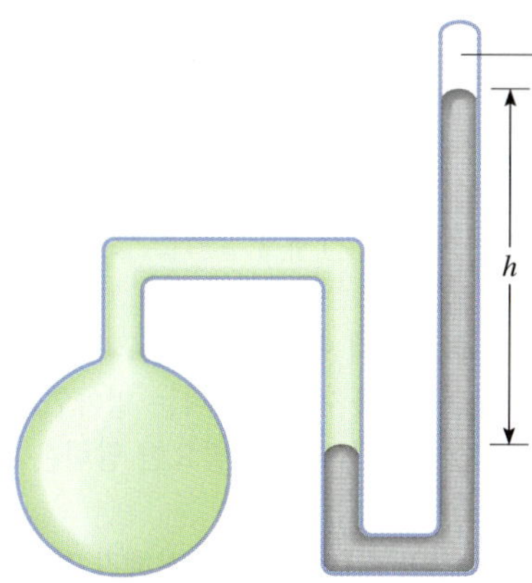

문제

5.17 어떤 물질의 기체 시료가 일정한 압력에서 냉각되었다. 최종 온도가 (1) 물질의 끓는점 이상일 때, 또는 (2) 물질의 끓는점 이하 어는점 이상일 때, 다음 그림 중에서 (1)과 (2)의 상황을 가장 잘 나타낸 그림은 각각 어느 것인가?

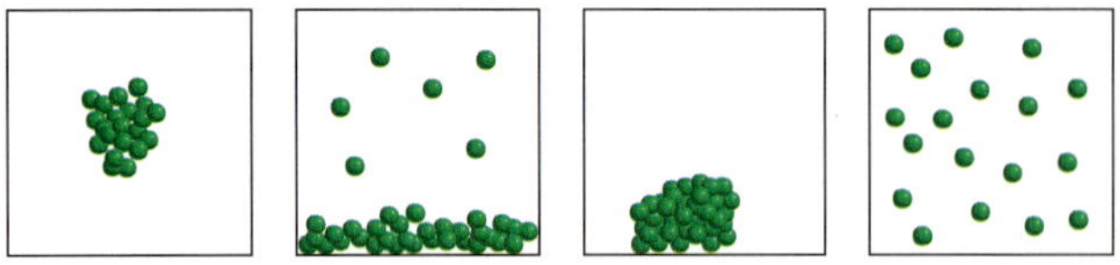

(a) (b) (c) (d)

5.18 기체 시료가 다음과 같이 움직이는 피스톤이 장착된 실린더에 들어 있다고 하자. 초기에 온도 T, 압력 P, 부피 V일 때, n mol의 기체가 있다.

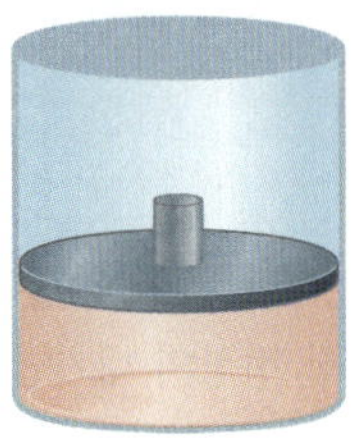

(1) 일정 n과 일정 T에서 피스톤의 압력을 세 배로 하였을 때, (2) 일정 n과 일정 P에서 온도를 두 배로 하였을 때, (3) 일정 T와 일정 P에서 n mol의 다른 기체를 첨가하였을 때, (4) 온도를 $\frac{1}{2}$로 줄이고, 피스톤의 압력을 최초 압력의 $\frac{1}{4}$로 줄였을 때, 각각의 변화 후 기체의 상태를 가장 잘 나타낸 실린더를 고르시오.

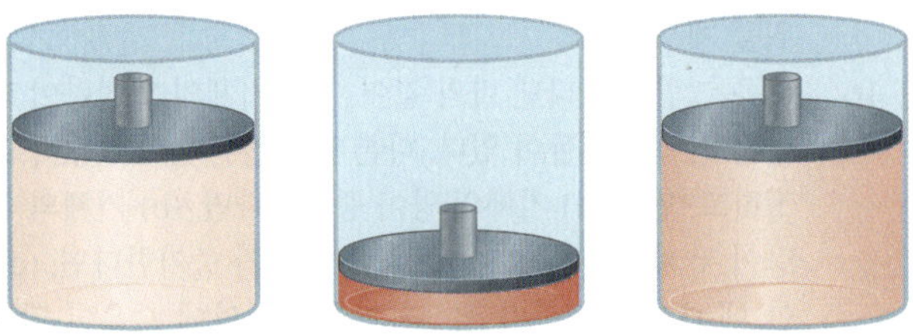

(a) (b) (c)

5.19 0.970 atm의 압력에서 725 mL를 차지하는 기체를 일정 온도에서 압력이 0.541 atm이 될 때까지 팽창시켰다. 최종 부피는 얼마인가?

5.20 46°C에서 암모니아 기체의 압력은 5.3 atm이다. 같은 온도에서 기체의 부피가 원래 부피의 $\frac{1}{10}$로 감소될 때 압력은 얼마인가?

5.21 1.00 atm에서 측정된 기체의 부피는 5.80 L이다. 부피를 9.65 L로 되게 하면 기체의 압력은 몇 mmHg인가? (일정 온도)

5.22 압력이 1.2 atm일 때 어떤 공기 시료의 부피는 3.8 L이다. (a) 6.6 atm일 때 차지하는 부피는 얼마인가? (b) 부피가 0.075 L로 압축되기 위해서 필요한 압력은 얼마인가?(일정 온도)

5.23 일정 압력에서 36.4 L의 메테인 기체가 25°C에서 88°C로 가열되었다. 기체의 최종 부피는 얼마인가?

5.24 일정 압력 조건에서 초기 88°C, 9.6 L인 수소 기체가 최종 부피가 3.4 L가 될 때까지 냉각된다면 최종 온도는 얼마인가?

5.25 암모니아가 산소 속에서 연소되어 일산화 질소(NO)와 수증기가 생성된다. 같은 온도, 같은 압력에서 1 부피의 암모니아로부터 생성되는 일산화 질소의 부피는 얼마인가?

5.26 염소 분자와 플루오린 분자가 결합하여 기체 생성물을 만든다. 같은 온도, 같은 압력에서 1 부피의 Cl_2가 3 부피의 F_2와 반응하여 2 부피의 생성물이 얻어진다. 생성물의 화학식은 무엇인가?

이상 기체 방정식

복습 질문

5.27 이상 기체의 특성을 열거하시오.

5.28 이상 기체 방정식을 쓰고 각 항을 설명해 보시오. 방정식의 각 항에 대한 단위를 제시하시오.

5.29 표준 온도와 압력(STP)은 무엇인가? 이상 기체 1 mol의 부피와 관련하여 STP의 중요성은 무엇인가?

5.30 대기압 조건에서 기체의 밀도가 액체와 고체의 경우보다 훨씬 작은 이유는 무엇인가? 기체의 밀도를 나타내기 위해 일반적으로 사용되는 단위는 무엇인가?

문제

5.31 32°C에서 부피 2.3 L의 용기 속에 들어 있는 질소 기체 시료의 압력이 4.7 atm이다. 이 기체의 몰수를 계산하시오.

5.32 일산화 탄소 6.9 mol이 30.4 L 부피의 용기 속에 들어 있다. 온도가 62°C라면 기체의 압력(atm)은 얼마인가?

5.33 온도가 128°C이고 압력이 9.4 atm일 때 육플루오린화 황(SF_6) 5.6 mol의 부피는 얼마인가?

5.34 25°C, 0.800 atm에서 일정한 양의 기체가 유리 용기에 담겨져 있다. 용기는 2.00 atm의 압력까지 견딜 수 있다고 가정하자. 이 용기를 깨뜨리지 않고 기체의 온도를 몇 도까지 올릴 수 있는가?

5.35 1.2 atm, 25°C에서 부피가 2.50 L인 기체로 채워진 풍선을 성층권(지구 표면으로부터 약 30 km 상공)까지 올라가게 하였다. 그 곳의 온도와 압력은 각각 −23°C, 3.00×10^{-3} atm일 때 풍선의 최종 부피를 계산하시오.

5.36 초기 STP에서 기체 2.5 L의 온도를 일정 부피에서 250°C까지 가열하였다. 기체의 최종 압력(atm)을 계산하시오.

5.37 유연한 용기에 들어 있는 이상 기체 6.0 L의 압력을 처음 압력의 $\frac{1}{3}$로 줄이고 절대 온도는 $\frac{1}{2}$로 줄였다. 이 기체의 최종 부피는 얼마인가?

5.38 (포도주 제조과정에서) 포도당을 발효시킬 때 발생하는 기체는 20.1°C, 1.00 atm에서 0.78 L의 부피를 갖는다. 발효 온도와 압력이 각각 36.5°C, 1.00 atm일 때 이 기체의 부피는 얼마인가?

5.39 초기에 0.85 atm, 66°C에 있던 이상 기체를 최종 부피, 압력, 온도가 각각 94 mL, 0.60 atm, 45°C까지 팽창되도록 하였다. 이 기체의 초기 부피는 얼마인가?

5.40 STP에서 어떤 기체의 부피가 488 mL이다. 22.5 atm, 150°C에서의 부피를 계산하시오.

5.41 772 mmHg, 35.0°C에 있는 기체의 부피가 6.85 L이다. STP에서 이 기체의 부피를 계산하시오.

5.42 드라이 아이스는 고체 이산화 탄소이다. 기체를 제거한 30°C, 4.6 L의 용기 속에 드라이 아이스 시료 0.050 g이 들어 있다. 모든 드라이 아이스가 CO_2 기체로 변환된 후 용기 내부의 압력을 계산하시오.

5.43 STP에서 0.280 L인 기체의 질량이 0.400 g이다. 이 기체의 몰질량을 계산하시오.

5.44 741 torr, 44°C에서 7.10 g의 기체는 5.40 L의 부피를 차지한다. 몰질량은 얼마인가?

5.45 성층권에 있는 오존 분자들은 태양으로부터 유입되는 유해한 방사선을 많이 흡수한다. 보통 성층권에 있는 오존의 온도와 압력은 각각 250 K, 1.0×10^{-3} atm이다. 이러한 조건에서 1.0 L의 공기에 들어 있는 오존 분자의 수는 얼마인가?

5.46 공기는 부피로 N_2 78%, O_2 21%, Ar 1%로 구성되어 있다고 가정하면 STP에서 공기 1.0 L 속에 들어 있는 각 기체의 분자수는 얼마인가?

5.47 1.00 atm, 27.0°C에서 2.10 L의 용기에 기체 4.65 g이 들어 있다. (a) 이 기체의 밀도(g/L)로 계산하시오. (b) 이 기체의 몰질량은 얼마인가?

5.48 733 mmHg, 46°C에서 브로민화 수소(HBr)의 밀도(g/L)를 계산하시오.

5.49 어떤 마취제는 질량으로 C 64.9%, H 13.5%, O 21.6%로 구성되어 있다. 120°C, 750 mmHg에서 기체 화합물 1.00 L의 질량은 2.30 g이다. 이 화합물의 분자식은 무엇인가?

5.50 실험식 SF_4를 갖는 화합물이 있다. 20°C에서 기체 화합물 0.100 g의 부피는 22.1 mL이며, 1.02 atm의 압력을 나타낸다. 기체의 분자식은 무엇인가?

5.51 불순물이 포함된 탄산 칼슘 시료 3.00 g을 염산에 용해시켰더니 20.0°C, 792 mmHg에서 0.656 L의 이산화 탄소가 생성되었다. 시료에 들어 있는 탄산 칼슘의 질량 백분율(%)을 계산하시오. 이 때 사용한 가정을 기술하시오.

5.52 STP에서 수소 분자 5.6 L가 과량의 염소 분자 기체와 반응하여 생성된 염화 수소의 질량(g)을 계산하시오.

5.53 금속 M(몰질량 = 27.0 g/mol) 0.225 g이 과량의 염산과 반응하여 (17°C, 741 mmHg에서) 수소 분자 0.303 L를 발생한다. 이에 상응하는 화학 반응식을 추정하고 M의 산화물과 황산염의 화학식을 쓰시오.

5.54 P와 F로 이루어진 화합물을 다음과 같이 분석하였다. 378 cm^3 용기에 들어 있는 화합물 0.2324 g을 가열하여 모두 기체로 변환하였더니 온도 77°C에서 압력이 97.3 mmHg이었다. 이 기체를 염화 칼슘 수용액과 혼합하자 모든 F가 반응하여 0.2631 g의 CaF_2가 생성되었다. 이 화합물의 분자식을 결정하시오.

돌턴의 부분 압력 법칙

복습 질문

5.55 돌턴의 부분 압력 법칙과 몰분율에 대해 정의하시오. 몰분율은 단위가 있는가?

5.56 부분 압력이 각각 0.80 atm과 0.20 atm인 질소와 산소만을 포함한 공기가 있다. 기체들의 전체 압력과 몰분율을 계산하시오.

문제

5.57 CH_4, C_2H_6, C_3H_8을 포함한 기체 혼합물이 있다. 이 기체 혼합물의 전체 압력이 1.50 atm이고 존재하는 기체의 몰수가 CH_4 0.31 mol, C_2H_6 0.25 mol, C_3H_8 0.29 mol라면 각 기체의 부분 압력을 계산하시오.

5.58 15°C, 2.5 L 플라스크 속에 들어 있는 세 기체 N_2, He, Ne의 부분 압력이 각각 0.32 atm, 0.15 atm, 0.42 atm이다. (a) 혼합물의 전체 압력을 계산하시오. (b) 플라스크로부터 N_2를 선택적으로 제거하면 STP에서 He과 Ne이 차지하는 부피(L)를 계산하시오.

5.59 해수면 근처에 있는 건조한 공기의 성분은 부피로 N_2 78.08%, O_2 20.94%, Ar 0.93%, CO_2 0.05%로 구성되어 있다. 대기압 1.00 atm에서 (a) 각 기체의 부분 압력(atm), (b) 0°C에서 각 기체의 농도(mol/L)를 계산하시오.(*힌트*: 부피는 몰수에 비례하기 때문에 같은 온도, 같은 압력에서 기체의 몰분율은 부피의 비로 나타낼 수 있다)

5.60 헬륨과 네온 혼합물을 28.0°C, 745 mmHg에서 수상 포집하였다. 헬륨의 부분 압력이 368 mmHg이면 네온의 부분 압력은 얼마인가? (28°C에서 수증기압은 28.3 mmHg이다.)

5.61 다음 세 종류의 기체가 같은 용기 안에 들어 있다. 각 용기는 부피가 같으며 온도도 같다. (1) 기체 A(파란 공)의 몰분율이 가장 작은 용기는 어느 것인가? (2) 기체 B(녹색 공)의 부분 압력이 가장 큰 용기는 어느 것인가?

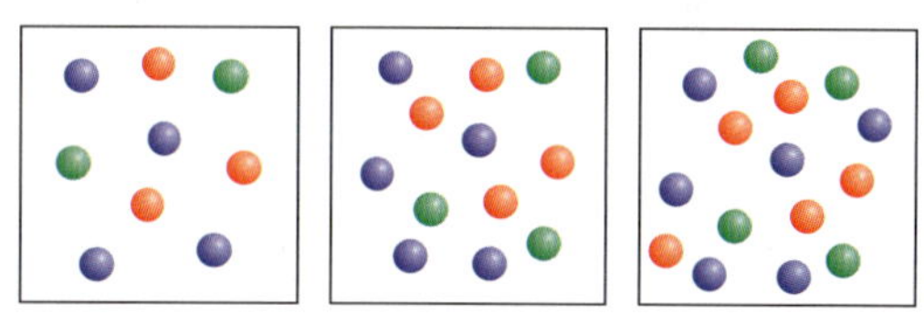

(a) (b) (c)

5.62 다음 그림에서 오른쪽 상자의 부피는 왼쪽 상자의 두 배이다. 두 상자는 같은 온도에서 헬륨 원자(빨간색)와 수소 분자(녹색)를 가지고 있다.

(a) 전체 압력이 더 큰 상자는 어느 것인가?

(b) 헬륨의 부분 압력이 낮은 상자는 어느 것인가?

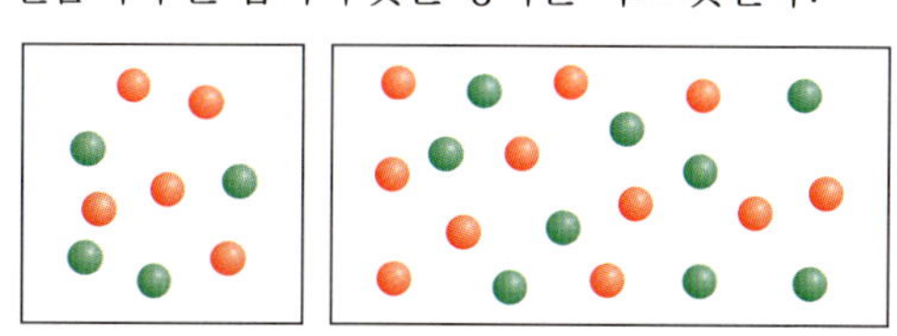

5.63 소듐 금속 조각이 다음과 같이 물과 완전히 반응한다.

$$2Na(s) + 2H_2O(l) \longrightarrow 2NaOH(aq) + H_2(g)$$

생성된 수소 기체를 25.0°C에서 수상 포집하였다. 1.00 atm에서 부피는 246 mL로 측정되었다. 반응에 사용된 소듐의 질량(g)을 계산하시오. (25°C에서 수증기압은 0.0313 atm이다.)

5.64 아연 금속 시료를 과량의 염산과 완전히 반응시켰다.

$$Zn(s) + 2HCl(aq) \longrightarrow ZnCl_2(aq) + H_2(g)$$

생성된 수소 기체를 25.0°C에서 그림 5.14와 유사한 방법으로 수상 포집하였다. 기체의 부피는 7.80 L이고 대기압은 0.980 atm이다. 반응에 사용된 아연 금속의 질량(g)을 계산하시오. (25°C에서 물의 수증기압은 23.8 mmHg이다.)

5.65 해양 잠수부들을 위해 산소에 헬륨을 혼합한다. 잠수부가 전체 압력이 4.2 atm인 깊이까지 잠수해야 한다면 기체 혼합물에 들어 있는 산소 기체의 부피 백분율(%)을 계산하시오. 이 깊이에서 산소의 부분 압력은 0.20 atm으로 유지된다.

5.66 암모니아(NH_3) 기체 시료는 가열된 철망 위에서 질소와 수소 기체로 완전히 분해된다. 전체 압력이 866 mmHg라면 N_2와 H_2의 부분 압력을 계산하시오.

실전 연습의 답

5.1 0.986 atm. **5.2** 9.29 L. **5.3** 30.6 L. **5.4** 2.6 atm. **5.5** 44.1 g/mol. **5.6** 4.75 L. **5.7** CH_4: 1.29 atm, C_2H_6: 0.0657 atm, C_3H_8: 0.0181 atm. **5.8** 0.0653 g.

CHAPTER 6

화학 반응과 에너지와의 관계

Energy Relationships in Chemical Reactions

이 장의 차례

가시선 레이저를 이용해 불꽃 내부에 타고 있는 메테인으로부터 생성된 입자를 분석한다.

주요 개념

에너지 적어도 이론적으로는 많은 다른 형태의 에너지가 상호변환이 가능하다.

열역학 제1법칙 에너지 보존 법칙을 기초로 하는 열역학 제1법칙은 계의 내부 에너지 변화와 열 변화 및 행한 일의 관계를 설명한다. 또한 내부 에너지 변화와 엔탈피 변화 사이의 관계를 설명할 수 있다.

열화학 대부분의 화학 반응은 열 흡수나 열 방출과 관련이 있다. 일정 압력에서 열 변화는 엔탈피 변화와 같다. 일정 압력 열량계와 일정 부피 열량계는 정의된 조건에서 열 변화를 측정하는 장치이다.

표준 반응 엔탈피 표준 반응 엔탈피는 1 atm하에서 반응할 때의 엔탈피 변화이다. 이것은 반응물과 생성물의 표준 생성 엔탈피로부터 계산할 수 있다. 헤스 법칙을 이용하여 간접적인 방법으로 어떤 화합물의 표준 생성 엔탈피를 측정할 수 있다.

6.1 에너지의 본질과 에너지의 종류

"에너지"란 말은 많이 사용하는 용어이지만, 약간은 추상적인 개념이다. 우리가 피곤할 때 *에너지*가 부족하다고 말하기도 하고, 재생 불가능한 *에너지원*을 대신할 대체 에너지 개발의 필요성에 대한 글을 읽기도 한다. 물질과 달리 에너지는 그 효과로 알아내거나 인식되어야 한다. 에너지는 보이지도 만져지지도 않으며, 냄새를 맡거나 무게를 측정할 수도 없다.

에너지(energy)는 보통 *일을 할 수 있는 능력*으로 정의된다. 5장에서 일은 "힘 × 거리"로 정의하였지만, 다른 종류의 일도 있다는 것을 곧 알게 될 것이다. 모든 형태의 에너지는 일할 수 있는 능력이 있지만(일정한 거리에 대해 힘을 가함), 모든 형태의 에너지가 같은 정도로 화학과 관련된 것은 아니다. 예를 들어, 조수의 파동에 포함된 에너지는 유용한 일을 할 수 있도록 동력화할 수 있지만, 조수의 파동과 화학은 관련성이 적다. 화학자들은 **일**(work)을 *어떤 변화 과정에서 야기되는 직접적인 에너지 변화*로 정의한다. 물체의 움직임에 의하여 생성되는 운동 에너지(kinetic energy)는 화학자들이 특별히 관심을 가지고 있는 에너지의 한 형태이다. 다른 에너지로는 복사 에너지, 열 에너지, 화학 에너지, 퍼텐셜 에너지가 있다.

운동 에너지는 5장에서 처음 소개하였다.

복사 에너지(radiant energy) 또는 *태양 에너지는 태양으로부터 얻어지는데*, 이는 지구상에서 가장 중요한 에너지원이다. 태양 에너지는 대기와 지표면을 가열시키고, 광합성 과정을 통하여 식물의 성장을 촉진시키는 한편, 지구의 기후 패턴에도 영향을 미친다.

열 에너지(thermal energy)는 *원자와 분자의 무질서한 운동과 관련된 에너지*이다. 일반적으로 열 에너지는 온도를 측정하여 계산할수록 그 시료는 더 뜨거워지고, 열 에너지도 더 커진다. 그러나 열 에너지와 온도는 주위 깊게 구분할 필요가 있다. 70°C의 커피 한 잔은 40°C의 따뜻한 목욕물보다 온도가 높지만 욕조를 채운 따뜻한 목욕물은 커피보다 더욱 많은 열 에너지를 함유하고 있다. 목욕물의 부피와 질량이 커피보다 더 크므로 더 많은 물 분자와 분자 운동을 포함하고 있기 때문이다.

화학 에너지(chemical energy)는 *화학 물질의 단위 구조 내에 저장되어 있는 에너지*이다. 화학 에너지의 크기는 성분 원자들의 종류와 배치에 의해 결정된다. 물질이 화학 반응을 일으키면 화학 에너지는 방출, 저장되거나 다른 형태의 에너지로 전환한다.

댐에서 물이 떨어질 때, 그 퍼텐셜 에너지는 운동 에너지로 전환된다. 이 에너지를 이용하여 전기를 발생시키는 것을 수력 발전이라 한다.

퍼텐셜 에너지(potential energy)는 *물체의 위치를 이용한 에너지*이다. 예를 들면, 절벽 꼭대기에 있는 바위는 높은 곳에 있기 때문에 큰 퍼텐셜 에너지를 가진다. 그러므로 그보다 아래쪽에 있는 바위가 물에 떨어졌을 때보다 더 큰 물보라를 낼 것이다. 화학 에너지는 물질 내에서 원자의 상대적인 위치나 배열과 관련되기 때문에 퍼텐셜 에너지의 한 형태라고 생각할 수 있다.

모든 에너지는(적어도 이론상으로) 한 형태에서 다른 형태로 전환할 수 있다. 우리가 햇빛을 받고 서 있으면 피부가 따뜻함을 느끼게 되는데, 이것은 피부에서 복사 에너지가 열 에너지로 전환되기 때문이다. 우리가 운동할 때 체내에 저장되어 있던 화학 에너지가 운동 에너지를 생성하는 데 사용된다. 언덕 아래로 공이 굴러가기 시작할 때, 퍼텐셜 에너지는 운동 에너지로 전환된다. 이 외에도 다른 많은 예를 생각할 수 있다. 에너지가 많은 다른 형태로 전환될 수 있다고는 하지만, 과학자들은 이들 에너지가 파괴되거나 새로 만들어질 수 없다는 결론에 도달했다. 한 에너지 형태가 소멸되면 반드시 *같은 크기*의 다른 형태의 에너지가 생성되어야 하며, 그 역 또한 마찬가지이다. 결국 *우주의 에너지 총량은 항상 일정*하다는 것이다. 이를 **에너지 보존 법칙**(law of conservation of energy)이라고 한다.

6.2 화학 반응에서의 에너지 변화

화학 반응이 일어나는 동안의 에너지 변화는 3장에서 논의한 화학 반응과 질량과의 관련성만큼이나 실제적인 관심을 끌 때가 많다. 예를 들면, 일상생활에서 일어나는 천연 가스나 석유 같은 연료의 연소 반응은 이것의 생성물인 물과 이산화 탄소보다는 반응 결과 나오는 열 에너지 때문에 일으키게 된다.

거의 모든 화학 반응은 일반적으로 열의 형태로 에너지를 흡수 또는 생성(방출)한다. 열 에너지와 열의 차이를 이해하는 것이 중요하다. **열**(heat)은 *온도가 서로 다른 두 물체 사이의 열 에너지의 이동*이다. 이것을 더운 물체로부터 찬물로의 "열 흐름(heat flow)"이라고 말한다. "열" 자체가 에너지의 이동을 의미하지만, 관례상 이러한 과정이 일어나는 동안의 에너지 변화를 설명할 때, "열의 흡수" 또는 "열의 방출"이라고 한다. 이와 같이 *화학 반응에서 열의 변화에 대한 연구*를 **열화학**(thermochemistry)이라고 한다.

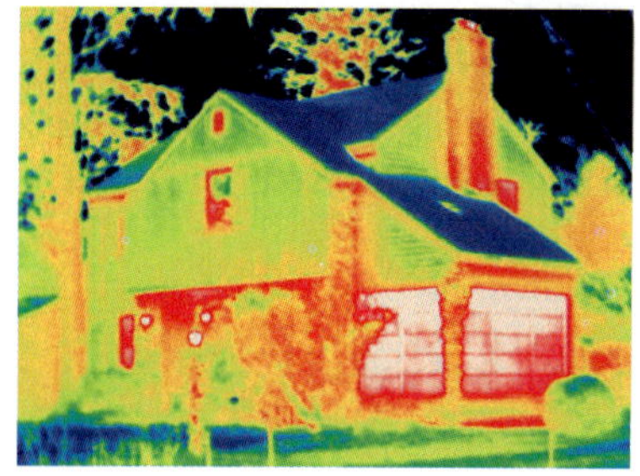

이 적외선 사진은 집에서 새어 나오는 에너지(열)를 보여준다. 붉은 색에 가까울수록 집에서 밖으로 방출되는 열이 커지는 것이다.

화학 변화와 관련된 에너지 변화를 검토하기 위하여 먼저 **계**(system)를 정의해야 한다. 계는 *우리가 관심을 갖는 우주의 특정한 부분*이다. 화학자들은 대개 물리 · 화학적 변화를 일으키는 물질을 포함하여 계라고 한다. 예를 들면, 산-염기 중화 실험에서 계는 NaOH 50 mL를 가하는 HCl 50 mL가 들어 있는 비커가 될 수 있다. *계 밖의 모든 우주*를 **주위**(surroundings)라고 한다.

동영상
열 흐름.

계에는 세 가지 형태가 있다. 하나는 **열린 계**(open system)로서 *계와 주위 사이에 물질과 에너지가 열의 형태로 교환될 수 있는 계*를 말한다. 예를 들면, 열린 계는 그림 6.1(a)에서 볼 수 있는 것과 같이 열린 용기에 물이 들어 있는 것이다. 그림 6.1(b)에서와 같이 플라스크가 닫혀 있으면, 수증기는 도망가지도 못하고, 주위에서 용기 내로 들어가 응축하지도 못하게 된다. 이러한 계를 **닫힌 계**(closed system)라고 한다. 이 계에서 *에너지(열)는 이동할 수 있지만 물질은 이동할 수 없다*. 그림 6.1(c)에서 볼 수 있는 것과 같이 전체가 단열되어 있는 용기에 물이 담겨 있으면, *물질이나 에너지 둘 다 이동이 허용되지 않는* **고립계**(isolated system)를 만들 수 있다.

반응이 일어나는 동안에 열이 흡수 혹은 방출될 때, 에너지는 보존되지만, 에너지는 계와 주위 사이를 이동한다.

산소 중에서 수소 기체의 연소 반응은 상당한 양의 에너지를 방출하는 화학 반응이다(그림 6.2).

$$2H_2(g) + O_2(g) \longrightarrow 2H_2O(l) + \text{에너지}$$

이러한 경우에 반응 혼합물(수소, 산소, 물 분자)을 *계*(system)라 하고, 나머지 우주를 *주위*(surroundings)라 한다. 에너지는 창조되거나 소멸될 수 없으므로, 계에서 감소한 모든 에너지는 주위에서 증가되어야 한다. 따라서 연소 과정에서 발생되는 열은 계에서 주위로 이동한다. 이 반응은 *열을 방출하는 과정 즉, 주위로 열 에너지가 이동하는 과정*인 **발열 과정**(exothermic process)의 한 예가 된다.

접두어 "exo-"는 그리스어로 "밖"이라는 뜻이고, "endo-"는 "안"이라는 뜻이다.

이제 다른 반응으로 높은 온도에서 산화 수은(II)(HgO)의 분해 반응을 생각해 보자.

$$\text{에너지} + 2HgO(s) \longrightarrow 2Hg(l) + O_2(g)$$

이 반응은 *주위에서 계로*(즉, HgO로) *열이 공급되는* **흡열 과정**(endothermic process)의 한

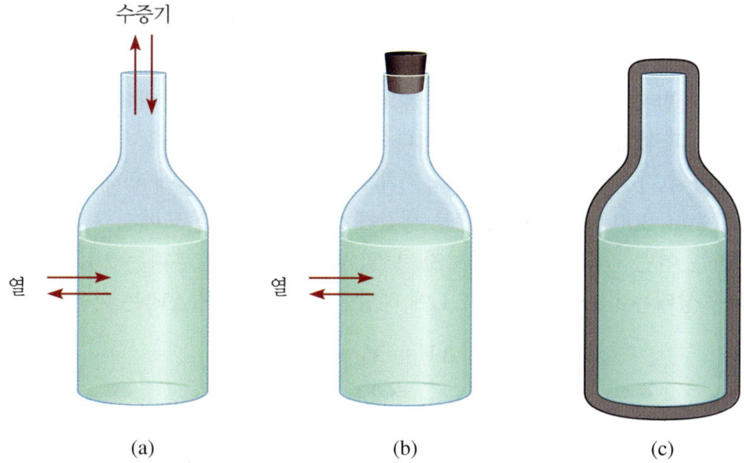

그림 6.1 • 플라스크 안에 물이 든 세 계가 있다. (a) 열린 계: 열과 물질 모두 주위와 교환이 가능하다. (b) 닫힌 계: 에너지는 주위와 교환 가능한 반면, 물질은 교환될 수 없다. (c) 고립계: 에너지와 물질 교환 모두 허용되지 않는다(이 플라스크는 진공 자켓으로 둘러싸여 있다).

그림 6.2 • 힌덴부르크 재해. 힌덴부르크는 수소 기체로 채워진 독일의 비행선으로 1937년 미국 뉴저지 주 레이크허스트(Lakehurst)에서 대화재로 파괴되었다.

가열함에 따라, HgO가 Hg와 O_2로 분해된다.

예이다.

발열 반응에서 생성물의 전체 에너지는 반응물의 전체 에너지보다 작다. 이 에너지의 차이는 계에서 주위로 공급되는 열이다. 흡열 반응에서는 정반대이다. 이 때 생성물의 에너지와 반응물의 에너지 차이는 주위에서 계로 공급되는 열과 같다.

☑ 개념 복습하기

다음 각 예를 열린 계, 닫힌 계, 고립계 중 하나로 분류하시오.

(a) 뚜껑이 닫힌 보온병에 들어 있는 수프.

(b) 기숙사 방에서 책을 읽고 있는 학생.

(c) 테니스 공의 내부 공기.

6.3 열역학 서론

열화학(thermochemistry)은 넓은 의미로 *열과 다른 종류의 에너지와의 상호변환 관계를 과학적으로 연구하는* **열역학**(thermodynamics)의 일부라 할 수 있다. 열역학 법칙들은 물질의 변화과정에 대한 에너지 이론과 변화 방향을 알려준다. 이 절에서는 열화학 연구와 특별히 관계가 많은 열역학 제1법칙에 대하여 집중적으로 설명할 것이다. 16장에서 열역학에 대하여 계속 논의할 것이다.

열역학에서는 계의 상태 변화를 연구하는데, **계의 상태**(state of a system)는 *물질의 조성, 에너지, 온도, 압력, 부피와 같이 관련된 모든 거시적 성질의 값*으로 정의된다. 에너지, 압력, 부피, 온도를 **상태 함수**(state function)라고 하는데, 이것은 *주어진 조건까지 도달한 과정에는 상관없이 계의 상태에 의해서만 결정되는 성질*이다. 다시 말하면, 계의 상태가 변할 때 임의의 상태 함수가 변화하는 크기는 계의 초기 상태와 최종 상태에만 관련이 있고, 그 변화가 일어나는 과정에는 무관하다는 것이다.

상태 함수의 변화는 경로와는 무관하며 초기 상태와 최종 상태에만 의존한다.

일정한 양의 기체에 대한 상태는 그 기체의 부피, 압력, 온도에 의해서 특징지어진다. 초기 상태가 2 atm, 300 K, 1 L인 기체를 생각해 보자. 일정한 온도에서 기체의 압력이 1 atm으로 감소하는 어떤 과정을 가정해 보자. 보일 법칙에 의하면 부피는 2 L로 증가해야 한다. 그 결과 최종 상태는 1 atm, 300 K, 2 L에 해당한다. 부피 변화(ΔV)는 다음과 같다.

그리스 문자 델타(*delta*, Δ)는 변화를 뜻한다. 이 책에서 Δ는 항상 최종-초기를 뜻한다. 즉, 최종에서 초기를 뺀다.

$$\begin{aligned}\Delta V &= V_f - V_i \\ &= 2\text{ L} - 1\text{ L} \\ &= 1\text{ L}\end{aligned}$$

그림 6.3 • 산 아래에서 정상으로 올라갈 때 퍼텐셜 에너지의 증가는 그 경로에 무관하다.

여기서 V_i와 V_f는 각각 초기 상태와 최종 상태에서 부피를 나타낸다. 어떤 과정을 거쳐서 최종 상태에 도달하든지(예를 들어, 기체의 압력이 처음에는 증가하다가 다음에 1 atm으로 줄어들 수도 있다), 부피 변화는 항상 1 L이다. 따라서 기체의 부피는 상태 함수이다. 마찬가지로, 기체의 압력과 온도 역시 상태 함수인 것으로 나타날 수 있다.

에너지는 또 다른 상태함수이다. 퍼텐셜 에너지를 예로 들면, 우리가 같은 출발점에서 산꼭대기까지 올라갈 때, 어떤 길로 가더라도 중력장에서 퍼텐셜 에너지가 알짜로 증가한 부분은 언제나 똑같다는 것을 발견하게 된다(그림 6.3).

어떤 물체는 그 위치나 화학적 조성에 의해서 퍼텐셜 에너지를 가지고 있다는 사실을 기억하라.

열역학 제1법칙

열역학 제1법칙(The first law of thermodynamics)은 에너지 보존 법칙에 기초하며, *에너지는 한 형태에서 다른 형태의 에너지로 전환될 수 있지만, 만들어지거나 파괴될 수 없다*는 것을 말한다.[†] 이것을 어떤 방법으로 알았을까? 만약 우주의 전체 에너지량을 결정해야만 알 수 있다면, 열역학 제1법칙을 증명한다는 것은 불가능할 것이다. 철 1 g에 포함된 전체 에너지를 조성하는 것조차도 매우 어려운 일이다. 다행히도 한 과정의 *초기 상태*와 *최종 상태*에서 계의 내부 에너지 *변화*만을 측정하여 열역학 제1법칙의 타당성을 시험할 수 있다. 내부 에너지 변화 ΔU는 다음과 같이 주어진다.

$$\Delta U = U_f - U_i$$

여기서 U_i와 U_f는 각각 초기 상태와 최종 상태의 계의 내부 에너지이다.

계의 내부 에너지는 두 가지 구성 요소를 가진다. 즉, 운동 에너지와 퍼텐셜 에너지이다. 운동 에너지는 여러 종류의 분자 움직임과 분자 내 전자들의 운동으로 구성된다. 퍼텐셜 에너지는 각 분자에 있는 전자와 핵 사이의 인력, 전자들 사이의 반발력, 핵들 사이의 반발력, 분자들 사이의 상호작용에 의하여 결정된다. 이 모든 성분들이 에너지에 기여하는 정도를 정확하게 측정한다는 것은 불가능하므로 계의 전체 에너지를 정확하게 계산할 수 없다. 하지만, 에너지의 변화는 실험적으로 구할 수 있다.

황 1 mol과 산소 기체 1 mol이 반응하여 이산화 황 1 mol을 생성하는 반응을 생각해 보자.

$$S(s) + O_2(g) \longrightarrow SO_2(g)$$

이 경우, 계는 반응물 분자인 S와 O_2(초기 상태)와 생성물 분자인 SO_2(최종 상태)로 구성된다. 이 계에서 반응물이나 생성물이 가진 내부 에너지는 알 수 없지만, 에너지의 *변화*(ΔU)는 정확하게 측정할 수 있는데, 다음 식으로 주어진다.

$$\begin{aligned}\Delta U &= U(\text{생성물}) - U(\text{반응물}) \\ &= 1 \text{ mol } SO_2(g)\text{의 에너지량} - [1 \text{ mol } S(s) + 1 \text{ mol } O_2(g)]\text{의 에너지량}\end{aligned}$$

황은 공기 중에서 타서 SO_2를 만든다.

이 반응이 열을 방출한다는 것을 관찰하였다. 따라서, 생성물의 에너지는 반응물의 에너지보

[†] 화학 반응에서 질량과 에너지의 관계는 2.2절의 마지막 주석을 참조하라.

다 작으며, ΔU는 음의 값을 가진다.

위 반응에서 열을 방출한다는 것은 반응물에 포함된 화학 에너지 일부가 열 에너지로 전환되었다는 것을 의미한다고 해석하며, 반응물로부터 주위로 에너지가 이동되어도 우주 전체의 에너지 변화는 0이 되어야 한다.

$$\Delta U_{sys} + \Delta U_{surr} = 0$$

또는

$$\Delta U_{sys} = -\Delta U_{surr}$$

여기서 "sys"및 "surr"이라는 아래첨자는 "계"와 "주위"를 각각 나타낸다. 이와 같이 하나의 계가 에너지 변화 ΔU_{sys}를 수반하면 우주의 나머지(다시 말하면, 주위)의 에너지 변화는 계의 에너지 변화와 크기는 같아야 하고, 부호는 반대($-\Delta U_{surr}$)라야 한다. 즉, 한 장소에서 얻은 에너지만큼 다른 어딘가에서 잃어야만 한다. 게다가 에너지는 한 형태에서 다른 형태로 전환될 수 있기 때문에, 어떤 계에서 잃은 에너지는 다른 계에서는 다른 형태로 얻을 수도 있다. 예를 들면, 발전소에서 연료가 타면서 잃은 에너지는 최종적으로 우리 집에서 사용하는 전기 에너지, 열, 빛과 같은 형태로 변하게 된다.

화학에서는 계(반응물과 생성물이 담긴 플라스크가 계일 수도 있다)와 관련된 변화에는 관심이 있으나, 주위에는 관심이 없다. 그러므로 열역학 제1법칙은 다음 식으로 주어질 때 더 유용하게 쓸 수 있다.

상태 함수가 아닌 열역학적인 양을 나타낼 때 소문자(w와 q와 같은)를 사용한다.

$$\Delta U = q + w \quad (6.1)$$

편의상 계의 에너지를 논의할 때는 "내부"라는 말을 생략하기도 한다.

(식을 간략하게 나타내도록 첨자 "sys"는 생략하였다). 식 (6.1)은 계의 내부 에너지 변화 ΔU가 주위 사이의 열 교환 q와 계가 한 일의 양 w의 합이라는 것을 설명하고 있다. q와 w의 부호에 대한 관례는 다음과 같다. q의 부호는 흡열 과정에 대하여 양의 부호를, 발열 과정에 대하여 음의 부호를 쓴다. 또한 일 w에 대한 부호는 주위에서 계에 일을 하면 양의 부호를, 계에서 주위에 일을 하면 음의 부호를 붙인다. 열역학 제1법칙을 은행에서 사용하는 것과 같은 에너지의 대차대조표라고 생각할 수 있다. 우리는 두 개의 다른 화폐 중 어느 것으로든 저축하거나 인출할 수 있다(열 교환과 행해진 일에 의해서 에너지가 변하는 것처럼). 그러나 은행 잔고는 어떤 화폐를 사용했느냐에 상관없이 여러 번의 은행 거래를 하고 나서, 최종적으로 남아 있는 금액에 따라 결정된다.

식 (6.1)은 추상적으로 보이지만, 실제로는 매우 논리적이다. 계가 주위에 열을 잃거나 일을 하였다면 에너지를 비우는 과정이라 할 수 있으므로 계의 내부 에너지는 감소한다. 그래서 q와 w는 모두 음수이다. 반대로, 열이 계에 가해지거나 계에 대하여 일을 하였다면 계의 에너지는 처음보다 증가하게 된다. 이 경우 q와 w는 모두 양수이다. 표 6.1은 q와 w에 대한 부호를 요약한 것이다.

일과 열

이제 일과 열의 성질을 보다 더 자세히 살펴보자.

표 6.1 열과 일에 대한 부호

과정	부호
계가 주위에 한 일	−
계에 대해서 주위가 한 일	+
주위로부터 계가 흡수한 열(흡열 과정)	+
계로부터 주위에 방출한 열(발열 과정)	−

▶ 일

일은 힘 F에 움직인 거리 d를 곱해서 얻을 수 있다.

$$w = Fd \tag{6.2}$$

열역학에서 일은 넓은 의미로 기계적 일(예를 들면, 크레인으로 강철빔을 들어 올리는 것), 전기적 일(회중 전등의 전구를 켜기 위해서 전지에서 전자를 공급하는 것), 표면 일(비누 거품을 터뜨리는 것) 등을 말한다. 이 절에서는 기계적 일을 논의하고, 17장에서 전기적 일의 성질을 논의할 것이다.

기계적 일의 좋은 예는 기체의 팽창이나 압축이다. 화학 반응이나 생물학적 반응의 많은 예에서 기체의 부피 변화가 수반된다. 공기를 들이 쉬거나 내쉬는 것도 폐포라는 작은 주머니가 늘어나거나 수축하는 것이다. 다른 예로 자동차의 내부 연소 엔진을 들 수 있다. 자동차의 동력은 가솔린과 공기의 혼합물이 연소되어 실린더가 연속적으로 팽창하거나 수축함으로써 제공되는 것이다. 그림 6.4를 보면 특정 온도, 압력, 부피에서 무게가 없고 마찰 없이 움직이는 피스톤이 있는 실린더에 기체가 채워져 있다. 기체가 팽창하면, 일정한 외부 대기압 P에 대해서 피스톤을 밀어올리게 된다. 이 때 기체가 주위에 한 일은 다음과 같이 주어진다.

$$w = -P\Delta V \tag{6.3}$$

여기서 ΔV는 변화한 부피로서 $V_f - V_i$로 주어진다. 식 (6.3)에서 음의 부호는 w에 대하여 관례적으로 쓴 것이다. 기체가 팽창(계가 일을 함)하여 $\Delta V > 0$이 되면 $-P\Delta V$는 음의 값이 된다. 기체가 압축되어(계에 일을 하는 경우) $\Delta V < 0$ 이고 $-P\Delta V$가 양의 값을 가진다.

$-P\Delta V$는 종종 "$P-V$" 일이라고 부른다.

압력 × 부피라는 사실로부터 식 (6.3)은 (힘/면적) × 부피로 표현할 수 있다. 즉,

$$P \times V = \underbrace{\frac{F}{d^2}}_{\text{압력}} \times \underbrace{d^3}_{\text{부피}} = Fd = w$$

여기서 F는 거스르는 힘이고 d는 길이, d^2은 면적, d^3은 부피의 차원을 가진다. 그러므로 압력과 부피의 곱은 힘과 거리의 곱과 같고, 이것은 결국 일과 같다. 부피 변화(ΔV)로 인한 일은 외부에서 거스르는 압력(P)의 크기에 따라 다르다. 만약 압력이 0이면(즉, 기체가 진공에 대해서 팽창한다면), 계가 행한 일은 0이어야 한다. 만일 P가 0이 아닌 양의 값을 가지면 계가 행한 일은 $-P\Delta V$로 주어진다.

식 (6.3)에 의하면, 기체가 행한 일의 단위는 L · atm이 된다. 보다 친숙한 줄(J, Joule)의 단위로 일을 표현하려면, 다음과 같은 변환 인자를 사용한다(부록 1 참조).

$$1\ \text{L} \cdot \text{atm} = 101.3\ \text{J}$$

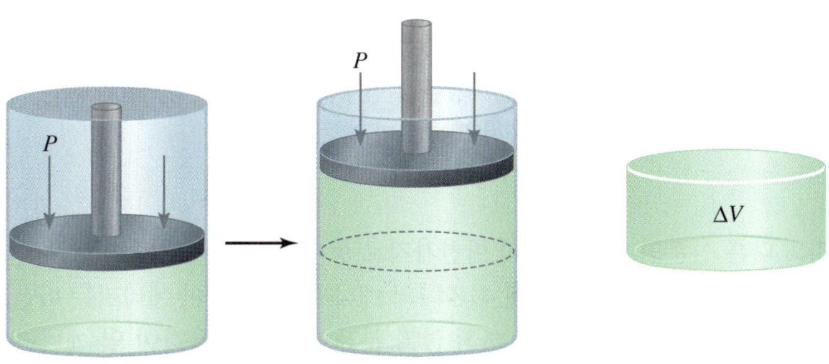

그림 6.4 • 일정한 외부 압력(예를 들면, 대기압)에 대해서 기체가 팽창한다. 기체는 무게가 없고, 움직일 수 있는 피스톤으로 막힌 실린더에 채워져 있다. 행한 일은 $-P\Delta V$로 주어진다.

예제 6.1

어떤 기체가 일정한 온도에서 부피 2.0 L에서 6.0 L로 팽창한다. (a) 진공 상태에서와 (b) 1.2 atm의 일정 압력에서 팽창할 때 행한 일을 계산하시오.

▸ **전략** 상황에 대한 다음 그림이 도움이 될 것이다.

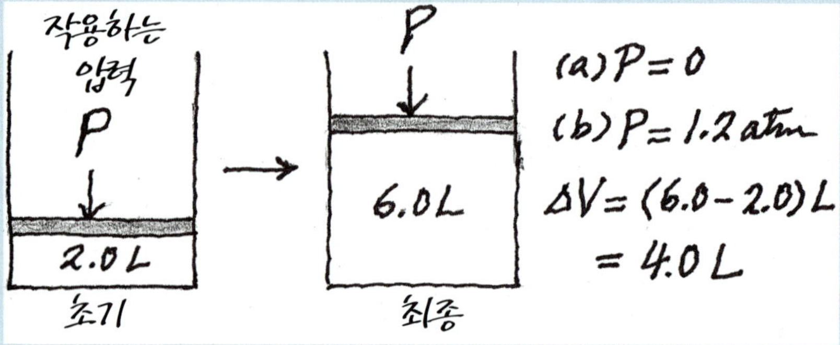

기체가 팽창할 때 행한 일은 외부 저항 압력에 부피 변화를 곱한 것과 같다는 것을 상기하라. L · atm과 J 사이의 변환 인자는 무엇인가?

▸ **풀이**

(a) 외부 압력이 0이므로 팽창하면서 일은 행해지지 않는다.

$$\begin{aligned} w &= -P\Delta V \\ &= -(0)(6.0 - 2.0)\ \text{L} \\ &= \boxed{0} \end{aligned}$$

(b) 외부 저항 압력이 1.2 atm이므로,

$$\begin{aligned} w &= -P\Delta V \\ &= -(1.2\ \text{atm})(6.0 - 2.0)\ \text{L} \\ &= -4.8\ \text{L} \cdot \text{atm} \end{aligned}$$

답을 J로 바꾸면,

$$\begin{aligned} w &= -4.8\ \text{L} \cdot \text{atm} \times \frac{101.3\ \text{J}}{1\ \text{L} \cdot \text{atm}} \\ &= \boxed{-4.9 \times 10^2\ \text{J}} \end{aligned}$$

비슷한 문제: 6.15, 6.16.

▸ **검산** 이러한 기체 팽창(일이 계에 의해 주위에 행해짐) 때문에 행한 일은 음의 부호가 된다.

▸ **실전 연습** 일정 온도에서 어떤 기체의 부피가 264 mL에서 971 mL로 팽창하였다. (a) 진공 상태에서와 (b) 4.00 atm의 일정 외부 압력에 대해서 팽창할 때 행해진 일을 J 단위로 계산하시오.

온도가 일정하므로 보일 법칙에 따라 (a)와 (b)의 경우 모두 최종 압력은 같다.

예제 6.1로부터 일은 상태 함수가 아니라는 것을 알았다. (a)와 (b)에서 초기 상태와 최종 상태는 같지만, 외부 저항 압력이 다르기 때문에 한 일의 양이 다르다. 그러므로 일의 변화에 대하여 $\Delta w = w_f - w_i$로 *쓸 수 없다*. 행한 일은 초기 상태와 최종 상태뿐만 아니라 어떻게 그 과정이 행해지는가(경로)에 따라서도 다르다.

열

내부 에너지의 다른 성분인 열 q도 일과 마찬가지로 상태 함수가 아니다. 예를 들면, 물 100 g의 온도를 20°C에서 30°C로 높이는 데 4184 J의 에너지가 든다. 이 에너지는 다음과 같은 방법들로 얻을 수 있다. (a) 물에는 일을 하지 않고 분젠 버너를 이용하여 열 에너지를 직접 얻거나, (b) 열 에너지를 가하지 않고 물에 일을 함으로써(자석 막대로 물을 저어 줌), 또는 (c) (a)와 (b)의 방법을 병용함으로써 얻을 수 있다. 이 간단한 예를 통해 어떤 과정에서의 열 에너지 변화는 일 에너지처럼 그 과정이 어떻게 진행되는가에 따라 달라진다는 것을 알 수 있다. 하지만, 그 과정이 어떤 순서로 일어나는가에 상관없이, 계의 내부 에너지 변화인 ΔU는 $q + w$에 의존한다는 것이 중요하다. 초기 상태에서 최종 상태로 변화할 때 q 값이 증가한다면, w 값은 같은 정도로 감소할 것이고 그 역도 마찬가지이며, 따라서 ΔU는 변하지 않는다.

요약하면, 열과 일은 계의 성질이 아니므로 상태 함수가 아니다. 열과 일은 과정(변화) 중에 의해서만 분명해진다. 이 값들은 과정의 경로에 의존하고, 이에 따라 다양해진다.

예제 6.2

그림 6.4에서와 같은 장치에서 기체가 실린더 속에서 압축될 때 행한 일은 387 J이다. 이 변화 과정에서 기체로부터 주위로 이동한 열은 152 J이다. 이 과정의 에너지 변화량을 계산하시오.

▸ **전략** 압축은 기체에 행한 일이다. w의 부호는 무엇인가? 열은 기체에서 주위로 방출된다. 이는 흡열 과정인가, 발열 과정인가? q의 부호는 무엇인가?

▸ **풀이** 기체의 에너지 변화를 계산하기 위해 식 (6.1)을 이용한다. 압축될 때 행한 일의 경우, 부호는 양이다. 그리고 기체로부터 열이 방출되었기 때문에 q는 음의 값을 가진다. 따라서

$$\begin{aligned}\Delta U &= q + w \\ &= -152\ \text{J} + 387\ \text{J} \\ &= 235\ \text{J}\end{aligned}$$

결과적으로, 기체의 에너지가 235 J만큼 증가한다.

비슷한 문제: 6.17, 6.18.

▸ **실전 연습** 기체가 팽창할 때 주위에 한 일(P-V 일)은 279 J이다. 이와 동시에, 주위로부터 216 J의 열을 흡수하였다. 이 때 계의 에너지 변화는 얼마인가?

☑ 개념 복습하기

같은 온도와 압력에서 두 종류의 이상 기체가 각각 두 개의 부피가 같은 용기에 담겨 있다. 한 용기는 부피가 고정되어 있지만, 다른 용기는 그림 6.4에서와 같이 무게가 없고 움직일 수 있는 피스톤으로 막힌 실린더이다. 처음에 두 기체의 압력은 외부 대기압과 동일하다. 이어서 두 기체를 분젠 버너로 가열한다. 이런 조건에서 두 기체에 대한 q와 w의 부호는 무엇인가?

6.4 화학 반응의 엔탈피

다음 단계는 열역학 제1법칙이 다른 조건에서 일어나는 과정에 어떻게 적용될지 고찰하는 것이다. 특히, 계의 부피가 일정하게 유지되는 경우와 계에 가해지는 압력이 일정하게 유지되는 경우를 살펴볼 것이다. 이들은 실험실에서 종종 만나는 경우이다.

만일 화학 반응이 일정 부피에서 이루어진다면 $\Delta V = 0$이고, 이 변화로 행해진 P-V 일은 0일 것이다. 식 (6.1)로부터,

P-V 일은 기체의 팽창과 수축에서 한 일을 말한다.

$$\begin{aligned}\Delta U &= q - P\Delta V \\ &= q_v\end{aligned} \quad \textbf{(6.4)}$$

여기서 아래첨자 "v"는 일정 부피 조건을 나타낸다. 앞서 q가 상태 함수가 아니라는 것을 보았기 때문에 이 수식이 처음에는 이상하게 보일지도 모른다. 하지만 이 과정은 일정 부피에서 행해지기 때문에 열의 변화는 하나의 값(ΔU)만을 가진다.

엔탈피

일정 부피 조건은 불편하고, 때로는 이 조건을 얻는 것이 불가능하기도 하다. 대부분의 반응은 일정 압력(대기압)에서 일어난다. 그런 반응이 진행되어 기체의 몰수가 증가하였다면, 계는 주위에 일을 한다(팽창). 이것은 생성된 기체가 대기로 들어가 주위 공기를 밀어내어야 한

다는 것을 말한다. 반대로 생성된 것보다 소비된 기체의 몰수가 많다면 주위가 계에 일을 한 것이다(압축). 결국, 반응물에서 생성물로 될 때 기체의 몰수가 변하지 않으면 일은 행해지지 않을 것이다.

일반적으로 일정 압력 과정에 대하여

$$\Delta U = q + w$$
$$= q_p - P\Delta V$$
$$q_p = \Delta U + P\Delta V \qquad (6.5)$$

이 때 아래첨자 "p"는 일정 압력 조건을 나타낸다.

이제 **엔탈피**(enthalpy, H)라는 계의 새로운 열역학적 함수를 도입하자. 엔탈피는 다음 식으로 정의한다.

$$H = U + PV \qquad (6.6)$$

여기서 U는 계의 내부 에너지이고, P와 V는 각각 계의 압력과 부피이다. U와 PV는 에너지 단위를 가지기 때문에, 엔탈피도 에너지 단위를 가진다. 더욱이 U, P, V는 모두 상태 함수이기 때문에 $(U + PV)$의 변화는 초기 상태와 최종 상태에만 의존한다. 따라서 H의 변화, 즉 ΔH 또한 초기 상태와 최종 상태에만 의존한다. 결국 H는 상태 함수이다.

어떤 과정에 대하여, 식 (6.6)에 따른 엔탈피 변화는

$$\Delta H = \Delta U + \Delta(PV) \qquad (6.7)$$

압력이 일정하게 유지된다면

$$\Delta H = \Delta U + P\Delta V \qquad (6.8)$$

식 (6.8)과 식 (6.5)를 비교해 보면, 일정 압력 과정에서 $q_p = \Delta H$임을 알 수 있다. q가 상태 함수가 아니더라도 일정 압력에서 열 변화는 ΔH와 같다. 왜냐하면 "경로"가 정해져 있기 때문에 q가 특정한 값만을 가지기 때문이다.

일정 부피와 일정 압력에서의 열 변화의 측정 방법은 6.5절에서 다룬다.

이제 반응과 관련된 ΔU와 ΔH의 두 가지 양을 알고 있다. 두 양은 모두 에너지 변화를 측정한 것이지만 다른 환경에서 한 것이다. 일정 부피에서 반응이 일어난다면, 열 변화 q_v는 ΔU와 같다. 한편 반응이 일정 압력하에서 이루어지면 열 변화 q_p는 ΔH와 같다.

반응 엔탈피

대부분의 반응들은 일정 압력 과정이기 때문에 대부분의 경우에 열의 변화는 엔탈피의 변화로 나타낼 수 있다. 다음과 같은 종류의 모든 반응에 대해서

반응물 ⟶ 생성물

반응 엔탈피($\Delta H_{반응}$, enthalpy of reaction)라는 엔탈피 변화는 *생성물의 엔탈피와 반응물의 엔탈피의 차이*로 정의한다.

종종 아래첨자 "반응"을 생략하고 반응의 엔탈피 변화를 간단히 ΔH로 쓴다.

$$\Delta H = H(\text{생성물}) - H(\text{반응물}) \qquad (6.9)$$

반응 엔탈피는 그 과정에 따라 양의 값 또는 음의 값이 될 수 있다. 흡열 과정(주위로부터 계가 열을 흡수)에 대한 ΔH는 양($\Delta H > 0$)이고, 발열 과정(계에서 주위로 열이 방출)에 대한 ΔH는 음($\Delta H < 0$)이다.

이제 엔탈피 변화의 개념을 두 가지 일반적 과정인 물리적 변화와 화학적 변화에 적용해 보자.

열화학 반응식

0°C, 1 atm에서 얼음은 녹아서 액체인 물로 된다. 이 조건에서 액체인 물로 변하는 얼음 1 mol에 대해 얼음(계)이 흡수한 열 에너지는 6.01 kJ로 측정된다. 압력이 일정하기 때문에 열 변화는 엔탈피 변화(ΔH)와 같다. 게다가 얼음이 녹을 때는 에너지를 흡수하며 변화가 일어날 것이라고 예상할 수 있듯이(그림 6.5a) 이는 흡열 과정이다. 결국 ΔH가 양의 값이다. 이러한 물리적 변화를 식으로 쓰면

$$H_2O(s) \longrightarrow H_2O(l) \qquad \Delta H = 6.01\ \text{kJ/mol}$$

ΔH에 대한 단위에서 “몰당”이란 말은 엔탈피 변화가 *반응식에 쓰인 대로 반응(혹은 과정)의 몰당* 엔탈피 변화라는 것을 의미한다. 이 경우 얼음 1 mol이 액체인 물 1 mol로 전환될 때이다.

다른 예로, 천연 가스의 주성분인 메테인(CH_4)의 연소를 생각해 보자.

$$CH_4(g) + 2O_2(g) \longrightarrow CO_2(g) + 2H_2O(l) \qquad \Delta H = -890.4\ \text{kJ/mol}$$

천연 가스가 연소할 때 주위에 열을 방출한다는 것은 경험적으로 알 수 있으며, 따라서 이 반응은 발열 과정이다. 일정 압력 조건에서 이 열 변화는 엔탈피 변화와 같고 ΔH는 반드시 음의 값을 가져야 한다(그림 6.5b). ΔH에 대한 몰당 반응 단위는 CH_4 1 mol이 O_2 2 mol과 반응하여 CO_2 1 mol과 액체 H_2O 2 mol을 생성할 때, 890.4 kJ의 열이 주위로 방출되는 것을 의미한다. ΔH 값은 특정한 반응물이나 생성물을 참조하는 것이 아니라 모든 반응물의 몰당량을 참조하여 얻어진다는 점을 주목해야 한다. 따라서 다음과 같이 관계를 생각할 수 있다.

$$\frac{-890.4\ \text{kJ}}{1\ \text{mol}\ CH_4} \qquad \frac{-890.4\ \text{kJ}}{2\ \text{mol}\ O_2} \qquad \frac{-890.4\ \text{kJ}}{1\ \text{mol}\ CO_2} \qquad \frac{-890.4\ \text{kJ}}{2\ \text{mol}\ H_2O}$$

ΔH의 단위는 통상적으로 kJ/mol로 쓰며, 이 단위를 쓰는 것의 장점은 16장에서 열역학을 공부할 때 분명해질 것이다.

얼음이 녹거나 메테인이 연소하는 반응식들은 *질량 관계뿐만 아니라 엔탈피 변화도 보여 주는* **열화학 반응식**(thermochemical equation)이라 한다. 반응에서 엔탈피 변화를 말할 때, 균형 맞춘 반응식을 명시하는 것은 중요하다. 다음 지침은 열화학 반응식을 쓰거나 이해하는 데 도움을 준다.

1. 열화학 반응식을 쓸 때 모든 반응물과 생성물에 대해서 물리적 상태를 표시해야 한다. 왜냐하면 이렇게 함으로써 실제 엔탈피 변화를 결정하는 데 도움이 되기 때문이다. 예를 들어 메테인의 연소식에서 생성물로 액체인 물이 아니라 수증기가 생성된다면

$$CH_4(g) + 2O_2(g) \longrightarrow CO_2(g) + 2H_2O(g) \qquad \Delta H = -802.4\ \text{kJ/mol}$$

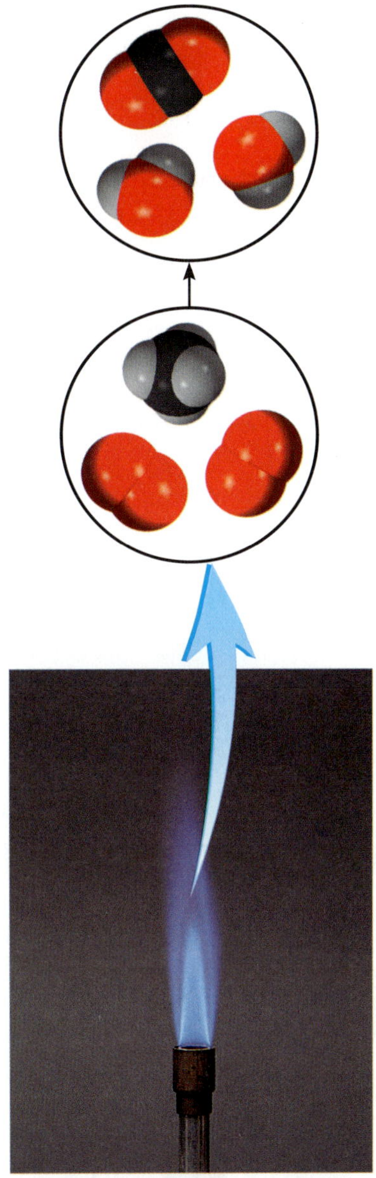
메테인 기체가 분젠 버너에서 타고 있다.

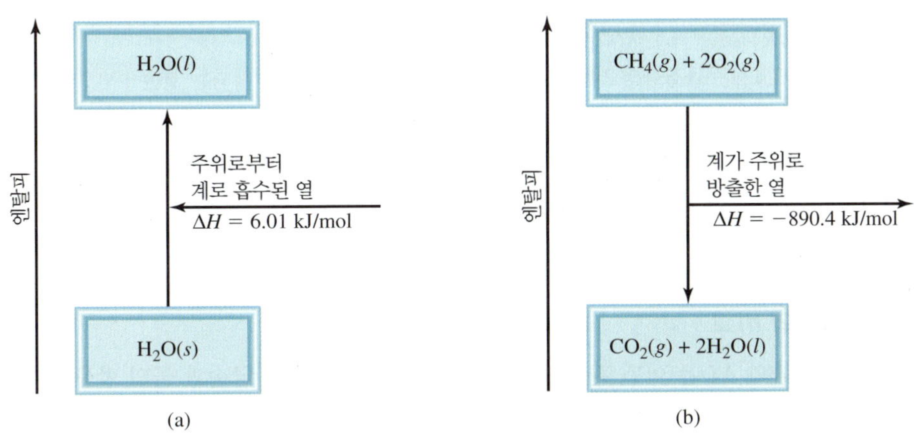

그림 6.5 • (a) 0°C에서 얼음 1 mol을 녹이는 것(흡열 과정)은 계에 6.01 kJ의 엔탈피 증가를 가져온다. (b) 메테인 1 mol을 산소 기체 안에서 태우는 것(발열 과정)은 계에 890.4 kJ의 엔탈피 감소를 가져온다. (a)와 (b)는 같은 비율로 그린 것이 아니다.

엔탈피 변화는 액체 물 2 mol을 수증기로 바꾸는 데에 88.0 kJ이 더 필요하기 때문에 −890.4 kJ가 아닌 −802.4 kJ이다. 즉,

$$2H_2O(l) \longrightarrow 2H_2O(g) \qquad \Delta H = 88.0\ \text{kJ/mol}$$

*H*는 크기 성질임을 유념하라.

2. 열화학 반응식의 각 변에 *n*을 곱하면, ΔH도 *n*배만큼 변해야 한다. 얼음이 녹는 반응으로 돌아가서

$$H_2O(s) \longrightarrow H_2O(l) \qquad \Delta H = 6.01\ \text{kJ/mol}$$

반응식의 양변에 2를 곱하면, 즉 $n = 2$로 놓으면,

$$2H_2O(s) \longrightarrow 2H_2O(l) \qquad \Delta H = 2(6.01\ \text{kJ/mol}) = 12.0\ \text{kJ/mol}$$

3. 역반응으로 나타낼 때, 반응물과 생성물의 역할이 변한다. 결과적으로 이 식에 대한 ΔH의 크기는 같지만 그 부호가 바뀐다. 예를 들어, 반응이 주위로부터 열 에너지를 소비(흡열 반응)한다면 그 반응의 역반응은 열 에너지가 주위로 방출(발열 반응)되어야 하므로 엔탈피 변화식의 부호는 바뀌어야 한다. 따라서 얼음이 녹을 때와 메테인이 연소할 때의 역반응에 대한 열화학 반응식은 다음과 같고

$$H_2O(l) \longrightarrow H_2O(s) \qquad \Delta H = -6.01\ \text{kJ/mol}$$
$$CO_2(g) + 2H_2O(l) \longrightarrow CH_4(g) + 2O_2(g) \qquad \Delta H = 890.4\ \text{kJ/mol}$$

흡열 과정은 발열이고 발열 과정은 흡열이 된다.

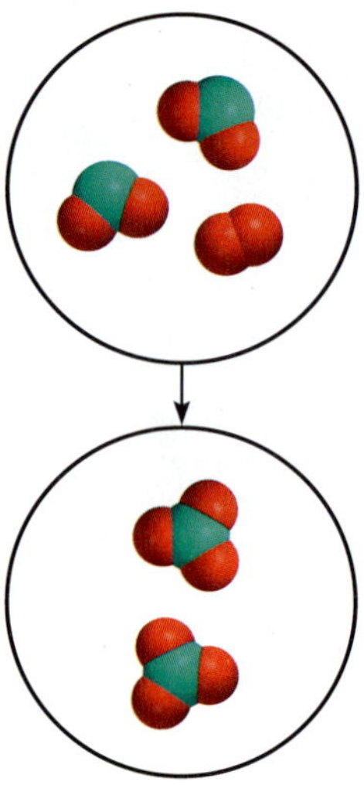

$2SO_2(g) + O_2(g) \longrightarrow 2SO_3(g)$

예제 6.3

다음 열화학 반응식을 이용하여 SO_2(몰질량 = 64.07 g/mol) 93.4 g이 SO_3로 전환될 때 발생하는 열을 계산하시오.

$$2SO_2(g) + O_2(g) \longrightarrow 2SO_3(g) \qquad \Delta H = -198.2\ \text{kJ/mol}$$

▸ **전략** 열화학 반응식은 SO_2 2 mol을 연소시킬 때 198.2 kJ의 열이 발생(음의 부호임에 유의하라)하는 것을 나타낸다.

SO_2 93.4 g에 SO_2는 몇 mol인가? 그램과 mol 사이의 변환 인자는 무엇인가?

▸ **풀이** 먼저 93.4 g의 SO_2가 몇 mol에 해당하는지를 계산하고 발열 반응에서 생성된 열이 몇 kJ인지를 구한다. 변환 순서는 다음과 같다.

$$SO_2\text{의 g수} \longrightarrow SO_2\text{의 몰수} \longrightarrow \text{발생된 열(kJ)}$$

따라서 이 반응의 엔탈피 변화는

$$\Delta H = 93.4\ \cancel{\text{g SO}_2} \times \frac{1\ \cancel{\text{mol SO}_2}}{64.07\ \cancel{\text{g SO}_2}} \times \frac{-198.2\ \text{kJ}}{2\ \cancel{\text{mol SO}_2}} = -144\ \text{kJ}$$

이고, 주위로 발생되는 열은 144 kJ이다.

▸ **검산** SO_2 93.4 g은 몰질량의 2배(2 × 64.07 g)보다 작기 때문에 발생되는 열은 198.2 kJ보다 작을 것이다.

▸ **실전 연습** 백린(P_4) 266 g이 다음 식과 같이 공기 중에서 연소될 때 발생하는 열을 계산하시오.

$$P_4(s) + 5O_2(g) \longrightarrow P_4O_{10}(s) \qquad \Delta H = -3013\ \text{kJ/mol}$$

비슷한 문제: 6.26.

ΔH와 ΔU의 비교

한 과정에서 ΔH와 ΔU는 어떤 관계인가? 이를 밝히기 위해 소듐 금속과 물의 반응을 살펴보자.

$$2Na(s) + 2H_2O(l) \longrightarrow 2NaOH(aq) + H_2(g) \quad \Delta H = -367.5 \text{ kJ/mol}$$

이 열화학 반응식은 소듐 2 mol이 과량의 물과 반응할 때 367.5 kJ의 열이 발생함을 보여준다. 생성물 중 하나가 수소 기체이며, 이것이 대기 속으로 들어가기 위해서 공기를 밀어내야 한다. 결과적으로 반응 결과로 생성된 에너지의 일부는 대기압(P)에 대항하여 어느 정도 부피(ΔV)의 공기를 밖으로 밀어내는 일에 사용한다(그림 6.6). 내부 에너지의 변화를 계산하기 위하여 식 (6.8)을 재정리하면 다음과 같다.

소듐이 물과 반응하여 수소 기체가 발생한다.

$$\Delta U = \Delta H - P\Delta V$$

만약 온도가 25°C이고, 용액의 작은 부피 변화를 무시한다고 가정하면, 1.0 atm과 298 K에서 수소 기체 1 mol의 부피는 24.5 L이므로 $-P\Delta V = 224.5$ L · atm 또는 22.5 kJ이 된다.

결국,

$$\begin{aligned}\Delta U &= -367.5 \text{ kJ/mol} - 2.5 \text{ kJ/mol} \\ &= -370.0 \text{ kJ/mol}\end{aligned}$$

1 L · atm = 101.3 J임을 상기하라.

이 계산은 ΔU와 ΔH가 거의 같음을 보여준다. ΔH가 ΔU보다 절대값이 작은 이유는 방출되는 내부 에너지의 일부가 기체 팽창 일에 사용되었기 때문이다. 기체가 포함되지 않은 반응에서는 ΔV가 매우 작아 ΔU는 실제적으로 ΔH와 거의 같다.

반응물에서 생성물로 변할 때 기체의 몰수가 변하지 않는 반응[예를 들어 $H_2(g) + Cl_2(g) \longrightarrow 2HCl(g)$]에 대해 $\Delta U = \Delta H$이다.

기체상 반응에서 내부 에너지를 계산하는 다른 방법은 일정한 온도에서 이상 기체라고 가정하는 것이다. 이 경우에서,

$$\begin{aligned}\Delta U &= \Delta H - \Delta(PV) \\ &= \Delta H - \Delta(nRT)\end{aligned}$$

또는

$$\Delta U = \Delta H - RT\Delta n \qquad (6.10)$$

여기서 Δn은 다음과 같이 정의된다.

예제 6.4

1 atm, 25°C에서 일산화 탄소 2 mol이 이산화 탄소 2 mol로 될 때 내부 에너지 변화를 계산하시오.

$$2CO(g) + O_2(g) \longrightarrow 2CO_2(g) \qquad \Delta H = -566.0 \text{ kJ/mol}$$

▸ **전략** 반응의 엔탈피 변화(ΔH)가 주어진 상태에서 내부 에너지 변화(ΔU)를 묻고 있다. 따라서 식 (6.10)을 이용한다. 기체의 몰수 변화는 얼마인가? ΔH는 kJ로 주어졌는데, 이 때 R의 단위로는 무엇을 써야 할까?

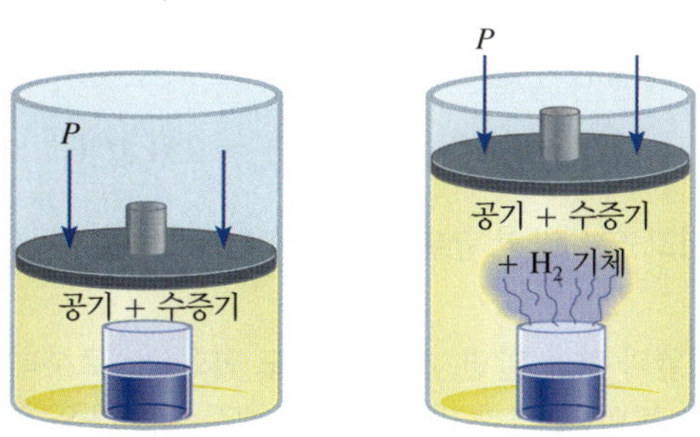

(a) (b)

그림 6.6 • (a) 움직일 수 있는 피스톤으로 막혀 있는 실린더 안에 물이 든 비커가 있다. 내부 압력은 대기압과 동일하다. (b) 소듐 금속이 물과 반응하면, 수소 기체가 피스톤을 위쪽으로 움직여서(주위에 일을 함) 내부 압력이 외부 압력과 같아질 때까지 팽창한다.

▸ **풀이** 화학식으로부터 기체 3 mol이 기체 2 mol로 전환되었으므로

$$\Delta n = \text{생성물 기체의 몰수} - \text{반응물 기체의 몰수}$$
$$= 2 - 3$$
$$= -1$$

R로 8.314 J/K · mol, T = 298 K를 이용하면 식 (6.10)은

$$\Delta U = \Delta H - RT\Delta n$$
$$= -566.0 \text{ kJ/mol} - (8.314 \text{ J/K} \cdot \text{mol})\left(\frac{1 \text{ kJ}}{1000 \text{ J}}\right)(298 \text{ K})(-1)$$
$$= -563.5 \text{ kJ/mol}$$

▸ **검산** 반응하는 기체의 계가 압축(3 mol에서 2 mol로)을 거친다는 것을 알면 절대값에서 $\Delta H > \Delta U$가 성립하는 것이 적절한가?

▸ **실전 연습** 1 atm, 25°C에서 CO 1 mol이 만들어질 때 ΔU를 계산하시오.

$$\text{C(흑연)} + \tfrac{1}{2}O_2(g) \longrightarrow CO(g) \qquad \Delta H = -110.5 \text{ kJ/mol}$$

일산화 탄소가 공기 중에서 연소하여 이산화 탄소를 형성한다.

비슷한 문제: 6.27.

☑ 개념 복습하기

다음 일정 압력 과정 중 ΔU와 ΔH의 차이가 제일 작은 것은 어느 것인가?

(a) 물 ⟶ 수증기

(b) 물 ⟶ 얼음

(c) 얼음 ⟶ 수증기

6.5 열계량법

실험실에서 물리적, 화학적 과정에 나타나는 열량 변화는 특별하게 고안한 밀폐된 용기인 *열량계*(calorimeter)로 측정할 수 있다. *열량 변화를 측정하*는 방법을 **열계량법**(calorimetry)이라 한다. 이에 대한 논의를 하기 전에 먼저 비열(specific heat)과 열용량(heat capacity)에 대한 이해가 필요하다.

비열과 열용량

비열(specific heat, s)은 *어떤 물질 1 g의 온도를 1°C 올리는 데 필요한 열량*이다. 어떤 물질의 **열용량**(heat capacity, C)이란 *일정한 양의 물질을 온도 1°C 올리는 데 필요한 열량*을 말한다. 비열은 세기 성질인 반면 열용량은 크기 성질이다. 어떤 물질의 비열과 열용량 사이의 관계는

$$C = ms \tag{6.11}$$

여기서 m은 물질의 질량을 g 단위로 나타낸 것이다. 예를 들면, 물의 비열은 4.184 J/g · °C이며, 물 60.0 g의 열용량은 다음과 같다.

$$(60.0 \text{ g})(4.184 \text{ J/g} \cdot °\text{C}) = 251 \text{ J/°C}$$

비열의 단위는 J/g · °C이고 열용량의 단위는 J/°C이다. 여러 물질들의 비열을 표 6.2에 나타내었다.

만일 어떤 물질의 비열과 양을 알면, 시료의 온도 변화(Δt)로부터 그 과정에서 흡수 또는 방출하는 열량(q)을 구할 수 있다. 열량 변화에 대한 계산식은 다음과 같다.

표 6.2

흔히 볼 수 있는 몇몇 물질의 비열

물질	비열(J/g · °C)
Al	0.900
Au	0.129
C (흑연)	0.720
C (다이아몬드)	0.502
Cu	0.385
Fe	0.444
Hg	0.139
Pb	0.158
H_2O	4.184
C_2H_5OH (에탄올)	2.46

$$q = ms\Delta t \qquad (6.12)$$

$$q = C\Delta t \qquad (6.13)$$

여기서 Δt는 온도 변화이다.

$$\Delta t = t_{최종} - t_{초기}$$

열량 q의 부호를 붙이는 방법은 엔탈피 변화에 대한 부호에 대해서와 같다. 즉, 흡열 과정에 대한 q는 양이고, 발열 과정에 대한 q는 음의 값이다.

예제 6.5

물 시료 394 g을 10.75°C에서 83.20°C로 가열하였다. 물에 의해 흡수된 열량을 kJ로 계산하시오.

▸ **전략** 물의 양과 비열을 알고 있다. 이 정보와 온도 변화로부터, 흡수된 열량(q)을 계산할 수 있다.

▸ **풀이** 식 (6.12)를 이용하면,

$$\begin{aligned} q &= ms\Delta t \\ &= (394\ \text{g})(4.184\ \text{J/g}\cdot{}^\circ\text{C})(83.20^\circ\text{C} - 10.75^\circ\text{C}) \\ &= 1.19 \times 10^5\ \text{J} \times \frac{1\ \text{kJ}}{1000\ \text{J}} \\ &= 119\ \text{kJ} \end{aligned}$$

▸ **검산** 단위 g과 °C가 없어지고, 원하는 단위인 kJ만 남는다. 열은 물에 의해서 주위로부터 흡수되기 때문에, 양의 부호를 가진다.

비슷한 문제: 6.34.

▸ **실전 연습** 질량 869 g인 쇠 막대가 94°C에서 5°C로 식었다. 이 금속에서 방출된 열을 kJ로 계산하시오.

일정 부피 열계량법

연소열은 대개 *일정 부피 통열량계*라는 강철 용기에 질량을 알고 있는 시료를 넣고 약 30 atm의 산소로 채워 측정한다. 밀폐된 통(bomb)은 그림 6.7에서처럼 부피를 알고 있는 물 속에 잠겨 있다. 시료는 전기적으로 점화되는데, 연소 반응에서 생성된 열은 물의 온도 변화를 측정함으로써 정확하게 계산할 수 있다. 시료에서 방출되는 열은 물과 통이 흡수한다. 통열량계는 열량을 측정하는 동안 주위에 열(또는 질량)을 잃지 않도록 특별하게 설계되어 있다. 그러므로 통열량계와 이 열량계가 잠겨 있는 물을 고립된 계라고 할 수 있다. 반응 과정에서 열의 출입이 없기 때문에, 계의 열 변화(q_{sys})는 0이어야 한다. 이것을 식으로 쓰면

"일정 부피"라 함은 반응이 일어나는 동안 밀폐된 통(bomb)의 부피가 일정함을 의미한다. 통은 측정 후에도 변하지 않는다는 사실에 주의하라. 영어의 "bomb calorimeter"란 용어는 작은 양이지만 충분한 산소 조건에서 반응이 폭발적으로 일어나기 때문에 붙여진 것이다.

$$\begin{aligned} q_{sys} &= q_{cal} + q_{rxn} \\ &= 0 \end{aligned} \qquad (6.14)$$

여기서 q_{cal}와 q_{rxn}은 각각 열량계와 반응에 대한 열 변화이다. 그러므로

$$q_{rxn} = -q_{cal} \qquad (6.15)$$

q_{cal}을 계산하기 위해서 열량계의 열용량(C_{cal})과 온도 변화를 알아야 한다.

C_{cal}은 통과 주변의 물 전체에 대한 것이다.

$$q_{cal} = C_{cal}\Delta t \qquad (6.16)$$

C_{cal}은 연소열이 정확히 알려져 있는 물질을 태워서 보정한다. 예를 들면, 벤조산(C_6H_5 COOH) 1 g이 연소되면 26.42 kJ의 열이 방출된다고 알려져 있다. 만약 온도가 4.673°C만

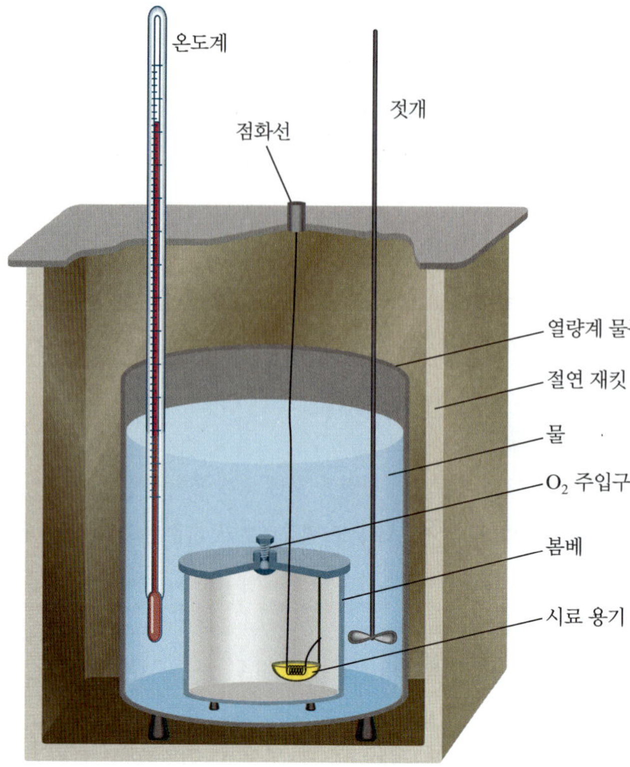

그림 6.7 • 일정 부피 통열량계. 통(bomb)은 산소 기체로 채우고 물통 안에 놓는다. 시료는 전기적으로 연소되고, 반응에 의해서 생긴 열은 양을 알고 있는 주변 물의 온도 변화를 측정하여 정확하게 결정될 수 있다.

큼 증가했다면,

그 열량계의 열용량은 연소 반응이 발열반응이지만 q_{cal}은 열량계에 의해 흡수된 열을 나타내므로 양의 값이다.

$$C_{cal} = \frac{q_{cal}}{\Delta t} = \frac{26.42\ \text{kJ}}{4.673°\text{C}} = 5.654\ \text{kJ/°C}$$

일단 C_{cal}이 결정되면, 그 열량계는 다른 물질의 연소열을 측정하는 데 사용될 수 있다.

통열량계에서의 반응은 일정 압력 조건이 아니라 일정 부피 조건에서 일어나기 때문에, 열변화는 엔탈피 변화 ΔH(6.4 절 참조)와 다르다. 식 (6.10)은 측정한 열 변화를 해당되는 ΔH 값으로 보정할 수 있지만, 대개 그 보정 값은 매우 작기 때문에 여기서는 자세하게 다루지 않는다. 최종적으로 음식이나 연료가 가지고 있는 에너지를 일정 부피 열량계로 측정한다는 사실이 흥미롭다(이들의 에너지는 대개 1 cal = 4.184 J인 칼로리로 표시된다).

예제 6.6

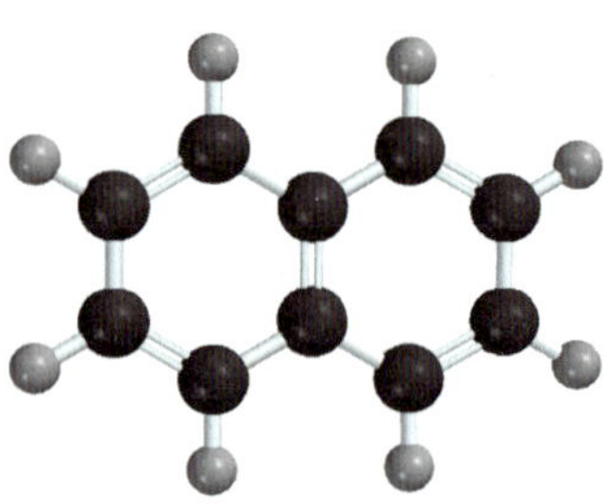

$C_{10}H_8$

자극적 냄새를 가지며 방충제로 쓰이는 나프탈렌($C_{10}H_8$) 1.274 g을 일정 부피 통열량계에서 연소시켰다. 그 결과 물의 온도는 21.49°C에서 26.52°C로 증가하였다. 만약 통과물을 합친 것의 열용량이 10.17 kJ/°C였다면, 나프탈렌의 연소열을 몰 단위, 즉 몰당 연소열을 구하시오.

▸ **전략** 열용량과 온도 변화를 알고 있다면, 열량계가 흡수한 열을 어떻게 계산하는가? 나프탈렌 1.274 g이 연소하면서 발생시키는 열은 얼마인가? 나프탈렌의 그램수와 몰수간의 관계식은 무엇인가?

▸ **풀이** 통과 물이 흡수한 열은 열량계의 열용량과 그 온도 변화를 곱한 것과 같다. 식 (6.16)를 이용하여, 주위로 잃어버린 열이 없다고 가정하면, 다음과 같이 쓴다

$$\begin{aligned} q_{cal} &= C_{cal}\Delta t \\ &= (10.17\ \text{kJ/°C})(26.52°\text{C} - 21.49°\text{C}) \\ &= 51.16\ \text{kJ} \end{aligned}$$

$q_{sys} = q_{cal} + q_{rxn} = 0$이므로, $q_{cal} = -q_{rxn}$이다. 반응에 따른 열 변화는 −51.56 kJ이다. 이것은 나프탈렌 1.274 g이 연소하면서 방출하는 열이다. 나프탈렌의 몰질량은 128.2 g이다. 따라서 나프탈렌 1 mol의 연소열은

$$\text{몰 연소열} = \frac{-51.16\text{ kJ}}{1.274\text{ g }C_{10}H_8} \times \frac{128.2\text{ g }C_{10}H_8}{1\text{ mol }C_{10}H_8}$$
$$= -5.148 \times 10^3\text{ kJ/mol}$$

▸ **검산** 연소 반응이 발열 반응인 것을 알고 있고, 나프탈렌의 몰질량이 1.2 g보다 훨씬 크다는 것을 알고 있다면, 답은 적절한가? 이 실험 조건에서 열변화 (−51.16 kJ)는 반응의 엔탈피 변화와 같다고 할 수 있는가?

비슷한 문제: 6.37.

▸ **실전 연습** 메탄올(CH_3OH) 1.922 g을 일정 부피 통열량계에서 연소시켰다. 그 결과 물의 온도는 4.20°C 올랐다. 만약 통과 물을 합친 것의 열용량이 10.4 kJ/°C라면, 메탄올의 몰당 연소열을 계산하시오.

일정 압력 열계량법

일정 부피 열량계보다 훨씬 더 간단한 장치인 일정 압력 열량계는 비연소 반응의 열량 변화를 측정하는 데 사용된다. 그림 6.8과 같이 두 개의 스티로폼 커피컵으로 간이 일정 압력 열량계를 만들 수 있다. 이러한 열량계는 용해열이나 묽힘열 뿐만 아니라 산-염기 중화 반응과 같은 여러 가지 반응에서의 열효과를 측정하는 데 사용할 수 있다. 압력이 일정하므로, 이 과정에 대한 열량 변화(q_{rxn})는 엔탈피 변화(ΔH)와 동일하다. 일정 부피 열량계와 마찬가지로, 열량계를 고립된 계로 간주한다. 또한 커피컵의 작은 열용량은 무시하고 계산한다. 표 6.3은 일정 압력 열량계로 측정한 여러 반응들의 목록이다.

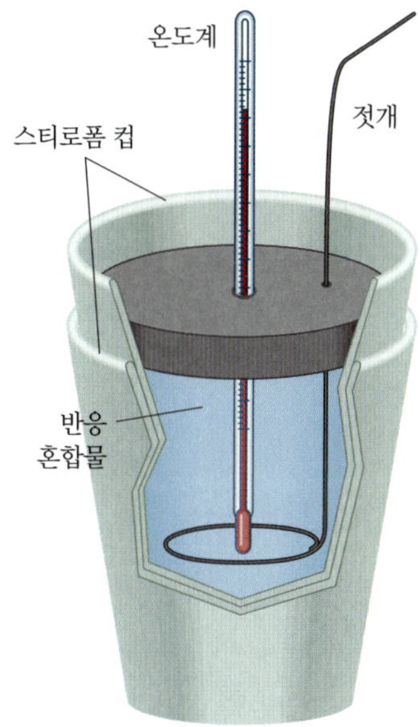

그림 6.8 • 두 개의 스티로폼 커피컵으로 만들어진 일정 압력 열량계. 외부 컵은 반응 혼합물을 주위로부터 단열시킨다. 온도가 같고 반응물을 포함하고 있으며, 부피를 정확히 아는 두 용액이 열량계에서 조심스럽게 섞인다. 반응에 의해서 발생하거나 흡수되는 열은 온도 변화를 측정하여 결정될 수 있다.

예제 6.7

질량 26.47 g인 납 덩어리를 89.98°C에서 열용량을 무시할 수 있는 일정 압력 열량계에 물 100.0 mL와 함께 넣었다. 물의 온도가 22.5°C에서 23.17°C로 올랐다. 납 덩어리의 비열은 얼마인가?

▸ **전략** 초기 상황과 최종 상황에 대한 스케치는 다음과 같다.

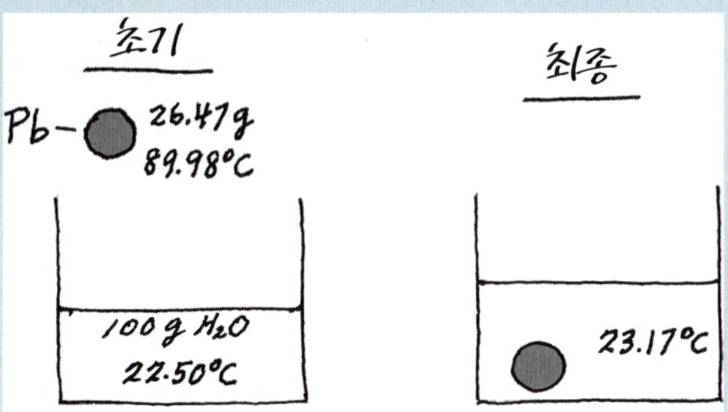

물의 밀도가 1g/mL이기 때문에, 물 100 mL의 질량은 100 g이다.

표 6.3 일정 압력에서 측정한 여러 종류의 반응열

반응 형태	예	ΔH(kJ)
중화열	$HCl(aq) + NaOH(aq) \longrightarrow NaCl(aq) + H_2O(l)$	−56.2
이온화열	$H_2O(l) \longrightarrow H^+(aq) + OH^-(aq)$	56.2
융해열	$H_2O(s) \longrightarrow H_2O(l)$	6.01
기화열	$H_2O(l) \longrightarrow H_2O(g)$	44.0*
반응열	$MgCl_2(s) + 2Na(l) \longrightarrow 2NaCl(s) + Mg(s)$	−180.2

*25°C에서의 값이며, 100°C에서의 값은 40.79 kJ이다.

물과 납 덩어리의 질량 뿐만 아니라 초기 온도와 최종 온도를 알고 있다. 주위에 잃어버리는 열이 없다고 가정하면, 납 덩어리가 잃어버린 열은 물이 얻는 열과 같다고 할 수 있다. 물의 비열을 알면, 납의 비열을 계산할 수 있다.

▸ **풀이** 열량계를 고립된 계로 간주하면(주위로 잃어버리는 열이 없다고 가정하면),

$$q_{Pb} + q_{H_2O} = 0$$

또는

$$q_{Pb} = -q_{H_2O}$$

물이 얻는 열은 다음과 같이 주어진다.

$$q_{H_2O} = ms\Delta t$$

여기서 m과 s는 질량과 비열이고, $\Delta t = t_{최종} - t_{초기}$이다. 따라서,

$$\begin{aligned} q_{H_2O} &= (100.0\ g)(4.184\ J/g \cdot °C)(23.17°C - 22.50°C) \\ &= 280.3\ g \end{aligned}$$

납 덩어리가 잃은 열은 물이 얻은 열과 같기 때문에 $q_{Pb} = -280.3$ J이다. Pb의 비열을 구하기 위해 다음과 같이 쓴다.

$$\begin{aligned} q_{Pb} &= ms\Delta t \\ -280.3\ J &= (26.47\ g)(s)(23.17°C - 89.98°C) \\ s &= 0.158\ J/g \cdot °C \end{aligned}$$

비슷한 문제 6.76.

▸ **실전 연습** 117.82°C, 30.14 g인 스테인레스 스틸 볼베어링을 18.44°C의 물 120.0 mL가 들어 있는 일정 압력 열량계에 넣었다. 만약 볼베어링의 비열이 0.474 J/g · °C라면, 물의 최종 온도를 계산하시오. 열량계의 열용량은 무시할 수 있다고 가정한다.

예제 6.8

열용량을 무시할 수 있는 일정 압력 열량계에서 0.350 *M* HCl 1.50×10^2 mL와 0.350 *M* NaOH 1.50×10^2 mL를 섞었다. HCl 용액과 NaOH 용액의 초기 온도는 똑같이 23.25°C였고, 혼합 용액의 최종 온도는 25.60°C였다. 중화 반응에 대한 몰당 열 변화를 계산하시오.

$$NaOH(aq) + HCl(aq) \longrightarrow NaCl(aq) + H_2O(l)$$

용액의 밀도와 비열은 물에 대한 값과 같다고 가정한다(각각 1.00 g/mL, 4.184 J/g · °C).

▸ **전략** 온도가 올랐기 때문에, 중화 반응은 발열 반응이다. 합쳐진 용액에 흡수되는 열은 어떻게 계산할 수 있는가? 반응열은 얼마인가? 몰당 반응열을 구하는 변환 인자는 얼마인가?

▸ **풀이** 주위로 열을 잃어버리지 않는다면, $q_{sys} = q_{soln} + q_{rxn} = 0$이다. 이 때 q_{soln}은 합쳐진 용액이 흡수한 열이라면 $q_{rxn} = -q_{soln}$이다. 용액의 밀도는 1.00 g/mL이므로, 150 mL 용액의 질량은 150 g이다. 따라서,

$$\begin{aligned} q_{soln} &= ms\Delta t \\ &= (1.50 \times 10^2\ g + 1.50 \times 10^2\ g)(4.184\ J/g \cdot °C)(25.60°C - 23.25°C) \\ &= 2.95 \times 10^3\ J \\ &= 2.95\ kJ \end{aligned}$$

$q_{rxn} = -q_{soln} = -2.95$ kJ이다.

주어진 몰수 비에서 1.50×10^2 mL 용액 속의 HCl과 NaOH 몰수는 다음과 같다.

$$\frac{0.350\ mol}{1\ L} \times 0.150\ L = 0.0525\ mol$$

따라서, HCl 1.00 mol이 NaOH 1.00 mol과 반응할 때 중화열은 다음과 같다.

$$중화열 = \frac{-2.95\ kJ}{0.0525\ mol} = -56.2\ kJ/mol$$

▶ **검산** 계산 결과 부호는 반응의 성질과 일치하는가? 주어진 반응 조건에서 열 교환은 엔탈피 변화와 같다고 할 수 있는가?

▶ **실전 연습** 열용량을 무시할 수 있는 일정 압력 열량계에서 0.600 *M* HNO_3 4.00×10^2 mL와 0.300 *M* $Ba(OH)_2$ 4.00×10^2 mL를 섞었다. 두 용액의 초기 온도는 똑같이 18.46°C였다. 혼합 용액의 최종 온도는? (예제 6.8의 결과를 사용하여 계산한다.)

비슷한 문제: 6.38.

☑ 개념 복습하기

Al 시료 1 g과 Fe 시료 1 g을 50°C에서 100°C로 가열한다. 어떤 금속이 더 많은 열을 흡수할 것인가?

6.6 표준 생성 엔탈피와 표준 반응 엔탈피

지금까지 반응 엔탈피 변화는 흡수 또는 방출되는 열(일정한 압력에서)로부터 얻을 수 있다는 것을 배웠다. 식 (6.9)로부터는 모든 반응물과 생성물의 실제 엔탈피를 알면 ΔH도 계산할 수 있는 것을 알았다. 그러나 앞에서 언급한 바와 같이 어떤 물질에 대한 엔탈피의 *절대* 값을 측정하는 방법은 없다. 다만 임의의 기준에 대한 *상대적인* 값만을 구할 수 있다. 이것은 지리학자들이 어떤 산이나 계곡의 높이를 설명하려 할 때 마주치는 상황과 비슷하다. 모든 지리적 높이와 깊이를 "절대적인"고도(지구 중심으로부터 거리) 보다는 공통된 약속에 의해 임의로 "0" 미터로 한 기준에 해당되는 해수면으로부터 상대적인 값으로 나타낸다. 마찬가지로 화학자들은 엔탈피에 대해서 임의의 기준점을 사용하고 있다.

흑연(위)과 다이아몬드(아래).

모든 엔탈피 표현식에 대한 "해수면" 기준점을 **표준 생성 엔탈피**(standard enthalpy of formation, ΔH_f°)라고 한다. 1 atm[†] 에 있는 원소들을 **표준 상태**(standard state)에 있다고 하며, "표준 엔탈피"란 용어를 사용한다. 위첨자 "°"은 표준 상태(1 atm)의 조건이라는 의미이며, 아래첨자 "f"는 생성(formation)을 의미한다. 정의에 따라, *가장 안정한 상태에 있는 모든 원소들의 표준 생성 엔탈피는 0*이다. 산소 원소를 예로 들어보자. 1 atm, 25°C에서 산소 분자(O_2)는 동소체인 오존(O_3)보다 더 안정하다. 따라서 $\Delta H_f^\circ(O_2) = 0$이지만, $\Delta H_f^\circ(O_3) = 142.2$ kJ/mol 이다. 마찬가지로, 1 atm, 25°C에서 탄소의 동소체인 흑연은 다이아몬드보다 더 안정하다. 그러므로 ΔH_f°(C, 흑연) = 0이고, ΔH_f°(C, 다이아몬드) = 1.90 kJ/mol이다. 화합물의 표준 생성 엔탈피는 *1 atm에서 해당 원소들로부터 화합물 1 mol이 생성되는 데 필요한 열*로 정의된다. 표 6.4에 몇몇 원소와 화합물에 대한 표준 생성 엔탈피를 나타내었다(보다 많은 물질의 ΔH_f° 값은 부록 2에 있다). 표준 상태는 특정한 온도에서 정의되지 않지만, 대부분의 열역학 실험값은 25°C에서 측정되기 때문에 ΔH_f° 는 항상 25°C에서 측정된 값으로 사용한다.

표준 생성 엔탈피가 중요한 것은 이 값을 알면, *1 atm에서 진행되는 어떤 반응의 엔탈피*인 **표준 반응 엔탈피**(standard enthalpy of reaction, ΔH_{rxn}°)를 계산할 수 있기 때문이다. 예를 들어, 가상적인 반응을 생각해 보자.

$$a\text{A} + b\text{B} \longrightarrow c\text{C} + d\text{D}$$

여기서 *a*, *b*, *c*, *d*는 화학량론 계수이다. 이 반응에 대한 ΔH_{rxn}°은 다음과 같다.

$$\Delta H_{rxn}^\circ = [c\Delta H_f^\circ(\text{C}) + d\Delta H_f^\circ(\text{D})] - [a\Delta H_f^\circ(\text{A}) + b\Delta H_f^\circ(\text{B})] \quad \textbf{(6.17)}$$

식 (6.17)을 일반화시키면,

[†] 열역학에서는 표준 압력은 1 bar로 정의하고 1 bar = 10^5pa = 0.987 atm이다. 1 bar는 1 atm으로부터 1.3%만큼 다르기 때문에, 계속해서 1 atm을 표준 압력으로 사용한다. 물질의 정상 끓는점과 정상 녹는점은 1 atm을 사용하여 정의된다.

표 6.4 몇몇 무기 물질에 대한 25°C에서의 표준 생성 엔탈피

물질	ΔH_f° (kJ/mol)	물질	ΔH_f° (kJ/mol)
$Ag(s)$	0	$H_2O_2(l)$	−187.6
$AgCl(s)$	−127.04	$Hg(l)$	0
$Al(s)$	0	$I_2(s)$	0
$Al_2O_3(s)$	−1669.8	$HI(g)$	25.94
$Br_2(l)$	0	$Mg(s)$	0
$HBr(g)$	−36.2	$MgO(s)$	−601.8
C(흑연)	0	$MgCO_3(s)$	−1112.9
C(다이아몬드)	1.90	$N_2(g)$	0
$CO(g)$	−110.5	$NH_3(g)$	−46.3
$CO_2(g)$	−393.5	$NO(g)$	90.4
$Ca(s)$	0	$NO_2(g)$	33.85
$CaO(s)$	−635.6	$N_2O_4(g)$	9.66
$CaCO_3(s)$	−1206.9	$N_2O(g)$	81.56
$Cl_2(g)$	0	$O(g)$	249.4
$HCl(g)$	−92.3	$O_2(g)$	0
$Cu(s)$	0	$O_3(g)$	142.2
$CuO(s)$	−155.2	S(사방)	0
$F_2(g)$	0	S(단사)	0.30
$HF(g)$	−268.61	$SO_2(g)$	−296.1
$H(g)$	218.2	$SO_3(g)$	−395.2
$H_2(g)$	0	$H_2S(g)$	−20.15
$H_2O(g)$	−241.8	$ZnO(s)$	−347.98
$H_2O(l)$	−285.8	$ZnS(s)$	−202.9

$$\Delta H^\circ_{rxn} = \Sigma n\Delta H_f^\circ(\text{생성물}) - \Sigma m\Delta H_f^\circ(\text{반응물}) \quad \textbf{(6.18)}$$

여기서 m과 n은 반응물과 생성물의 화학량론 계수이고, Σ(시그마)는 "합"을 의미한다. 이 계산에서 화학량론 계수들은 단위가 없는 숫자임에 주의한다.

화합물의 ΔH°_{rxn} 계산에 식 (6.18)을 이용하기 위하여 반응에 참여하는 화합물의 ΔH_f°를 알아야 한다. 이 값들을 구하기 위해서는 직접법과 간접법을 적용할 수 있다.

직접법

이 방법은 원소로부터 쉽게 합성할 수 있는 화합물의 ΔH_f°의 측정에 이용한다. 이산화 탄소의 생성 엔탈피를 알고 싶다고 가정하자. 표준 상태에서 탄소(흑연)와 산소 분자가 표준 상태에 있는 이산화 탄소로 될 때의 반응 엔탈피를 측정해야 한다.

$$\text{C(흑연)} + O_2(g) \longrightarrow CO_2(g) \quad \Delta H^\circ_{rxn} = -393.5 \text{ kJ/mol}$$

경험적으로 알고 있듯이 이 연소 반응은 쉽게 완결된다. 식 (6.17)로부터 다음과 같이 쓸 수 있다.

$$\begin{aligned}\Delta H^\circ_{rxn} &= \Delta H_f^\circ(CO_2, g) - [\Delta H_f^\circ(\text{C, 흑연}) + \Delta H_f^\circ(O_2, g)] \\ &= -393.5 \text{ kJ/mol}\end{aligned}$$

흑연과 산소는 안정한 동소체이므로 ΔH_f°(C, 흑연)와 $\Delta H_f^\circ(O_2, g)$는 0이다. 그러므로

$$\Delta H^\circ_{rxn} = \Delta H_f^\circ(CO_2, g) = -393.5 \text{ kJ/mol}$$

즉, $$\Delta H_f^\circ(CO_2, g) = -393.5 \text{ kJ/mol}$$

표준 상태에서 각 원소의 가장 안정한 형태의 ΔH_f°를 임의로 0으로 정해도 계산 결과에는 영향을 주지 않음에 유의하라. 열화학에서는 엔탈피의 절대값은 실험적으로 구할 수 없는데 반하여, 엔탈피의 변화는 실험적으로 결정할 수 있기 때문에 엔탈피의 변화에만 관심이 있는 것을 기억하라. "기준 값"으로 엔탈피를 0으로 선택하면 계산이 쉬워진다. 다시 지표면의 고도를 계산하는 방법을 예로 들면, 백두산은 한라산보다 800 미터 더 높다. 이 고도의 차이는 해수면을 0 m로 하든 1000 m로 하든 상관없다.

직접법으로 생각할 수 있는 다른 화합물로 SF_6, P_4O_{10}, CS_2 등이 있다. 이 화합물들의 합성 반응을 식으로 나타내면,

$$\text{S(사방)} + 3F_2(g) \longrightarrow SF_6(g)$$
$$P_4\text{(백린)} + 5O_2(g) \longrightarrow P_4O_{10}(s)$$
$$\text{C(흑연)} + 2\text{S(사방)} \longrightarrow CS_2(l)$$

S(사방)과 P(백린)은 1 atm, 25°C에서 황과 인의 가장 안정한 형태의 동소체이므로 ΔH_f°값은 0이다.

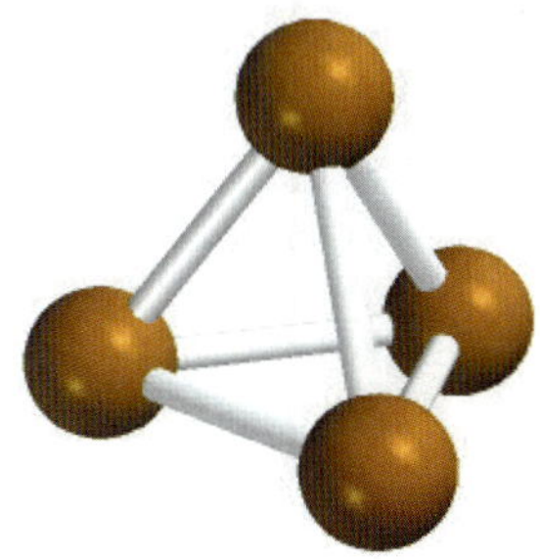

P_4

간접법

많은 화합물은 원소로부터 직접 합성할 수 없다. 어떤 경우에는 반응 속도가 너무 느리거나, 부반응이 일어나 원하는 화합물이 아닌 다른 물질을 만든다. 이러한 경우에는 ΔH_f°를 간접적으로 결정할 수 있는데, 스위스-러시아 화학자 게르만 헤스의 이름에서 비롯된 헤스의 열량 총합 법칙(또는 헤스 법칙)을 토대로 하고 있다. **헤스 법칙**(Hess's law)은 다음과 같이 말할 수 있다. *화학 반응이 일어날 때의 엔탈피 변화는 그 반응이 한 단계로 일어나든 여러 단계로 일어나든지 간에 상관없이 동일하다.* 다시 말하면, 어떤 반응을 ΔH_{rxn}°을 측정할 수 있는 여러 개의 반응으로 나눌 수 있다면 전체 반응에 대한 ΔH_{rxn}°을 계산할 수 있다는 것이다. 헤스 법칙은 엔탈피가 상태 함수라는 사실에 기초를 두고 있다. 따라서 ΔH는 초기 상태와 최종 상태에만 의존한다(즉, 반응물과 생성물의 성질에만 의존한다). 전체 반응에 대한 엔탈피 변화는 그것이 단일 단계로 일어나든, 여러 단계로 일어나든지 동일할 것이다.

백린은 공기중에서 타면서 P_4O_{10}을 만든다.

헤스 법칙의 비유는 다음과 같다. 엘리베이터로 건물의 1층에서 6층까지 올라간다고 생각해 보자. 중력장에서 얻은 퍼텐셜 에너지(전 과정에 대한 엔탈피 변화에 대응)는 곧바로 6층까지 가든지, 층마다 쉬면서 가든지(반응을 일련의 단계들로 나누거나) 같다.

일산화 탄소(CO)의 표준 생성 엔탈피를 생각해 보자. 반응식은 다음과 같이 쓸 수 있다.

$$\text{C(흑연)} + \tfrac{1}{2}O_2(g) \longrightarrow CO(g)$$

하지만 흑연을 연소시키면 이산화 탄소(CO_2)도 어느 정도 발생하므로, CO 생성 과정의 엔탈피 변화를 위 식처럼 직접 측정할 수는 없다. 대신 헤스 법칙을 이용하여 간접적으로 구해야 한다. 다음과 같은 두 개의 완결 반응을 각각 일으킬 수 있다.

(a) $$\text{C(흑연)} + O_2(g) \longrightarrow CO_2(g) \qquad \Delta H_{rxn}^\circ = -393.5 \text{ kJ/mol}$$
(b) $$CO(g) + \tfrac{1}{2}O_2(g) \longrightarrow CO_2(g) \qquad \Delta H_{rxn}^\circ = -283.0 \text{ kJ/mol}$$

먼저, 식 (b)를 거꾸로 하면 다음 식을 얻는다.

(c) $$CO_2(g) \longrightarrow CO(g) + \tfrac{1}{2}O_2(g) \qquad \Delta H_{rxn}^\circ = +283.0 \text{ kJ/mol}$$

반응식의 좌우를 뒤집으면 ΔH의 부호도 바뀜을 명심하라.

화학 반응식은 대수 방정식과 같이 더하거나 빼거나 할 수 있으므로 (a) + (c)를 하면 다음과 같다.

(a) $$\text{C(흑연)} + O_2(g) \longrightarrow CO_2(g) \qquad \Delta H_{rxn}^\circ = -393.5 \text{ kJ/mol}$$
(c) $$CO_2(g) \longrightarrow CO(g) + \tfrac{1}{2}O_2(g) \qquad \Delta H_{rxn}^\circ = +283.0 \text{ kJ/mol}$$

(d) $$\text{C(흑연)} + \tfrac{1}{2}O_2(g) \longrightarrow CO(g) \qquad \Delta H_{rxn}^\circ = -110.5 \text{ kJ/mol}$$

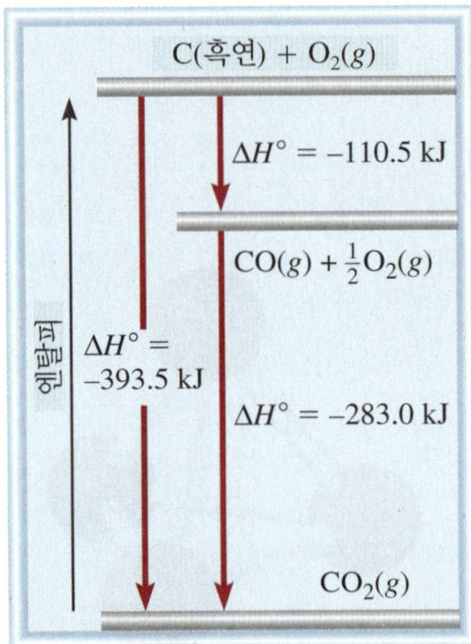

그림 6.9 • 흑연과 O_2로부터 CO_2 1 mol이 생성되는 과정의 엔탈피 변화는 헤스 법칙에 따라 두 단계로 나눌 수 있다.

C_2H_2

산소-아세틸렌 용접기는 고온(3000°C)의 불꽃으로 금속을 용접하는 데 쓰인다.

비슷한 문제: 6.22, 6.23.

따라서, $\Delta H_f^\circ(CO) = -110.5$ kJ/mol이다. 되돌아 보면 전체 반응식은 CO_2의 생성[식 (a)]에 대한 것이고, 이것은 다시 두 개의 반응식[식 (d)와 (b)]으로 나눌 수 있다. 그림 6.9는 이 과정의 전체 개략도를 나타낸 것이다.

헤스 법칙을 적용시키는 일반적인 방법은 전체 반응에 나타나는 반응물과 생성물에 대한 일련의 화학 반응을 더하여, 반응물과 생성물을 제외하고 모두 제거될 수 있도록 화학식들을 배열하는 것이다. 이것은 화살표의 왼쪽에는 원하는 원소를, 오른쪽에는 관심있는 화합물을 두는 것을 뜻한다. 그리고 각 단계에 나타나는 모든 반응에 해당하는 계수는 서로 삭제할 수 있도록 하며, 필요하다면 어떤 값을 곱할 수도 있다.

예제 6.9

원소로부터 아세틸렌(C_2H_2)이 만들어지는 반응의 표준 생성 엔탈피를 계산하시오.

$$2C(\text{흑연}) + H_2(g) \longrightarrow C_2H_2(g)$$

각 단계에 대한 반응식과 해당되는 엔탈피 변화는 다음과 같다.

(a) $C(\text{흑연}) + O_2(g) \longrightarrow CO_2(g)$ $\quad \Delta H^\circ_{rxn} = -393.5$ kJ/mol

(b) $H_2(g) + \frac{1}{2}O_2(g) \longrightarrow H_2O(l)$ $\quad \Delta H^\circ_{rxn} = -285.8$ kJ/mol

(c) $2C_2H_2(g) + 5O_2(g) \longrightarrow 4CO_2(g) + 2H_2O(l)$ $\quad \Delta H^\circ_{rxn} = -2598.8$ kJ/mol

▸ **전략** 여기서 목표는 구성 원소인 C와 H_2로부터 아세틸렌(C_2H_2)이 만들어지는 표준 생성 엔탈피를 계산하는 것이다. 그러나 이 반응은 직접 일어나지 않는다. 따라서 반응식 (a), (b), (c)에서 주어진 정보를 이용하여 간접적인 방식을 사용해야 한다.

▸ **풀이** C_2H_2의 합성을 살펴 보면, 반응물로 2 mol의 흑연이 필요하다. 따라서 반응식 (a)에 2를 곱해서 다음 식을 얻는다.

(d) $2C(\text{흑연}) + 2O_2(g) \longrightarrow 2CO_2(g)$ $\quad \Delta H^\circ_{rxn} = 2(-393.5 \text{ kJ/mol}) = -787.0$ kJ/mol

다음으로, 1 mol의 H_2가 반응물로 필요하지만, 이것은 반응식 (b)에 이미 나와 있다. 마지막으로, 1 mol의 C_2H_2가 생성물로 필요하다. 반응식 (c)에서는 2 mol의 C_2H_2가 생성물로 사용되므로 이 반응식을 거꾸로 하고 2로 나눌 필요가 있다.

(e) $2CO_2(g) + H_2O(l) \longrightarrow C_2H_2(g) + \frac{5}{2}O_2(g)$ $\quad \Delta H^\circ_{rxn} = \frac{1}{2}(2598.8 \text{ kJ/mol}) = 1299.4$ kJ/mol

반응식 (d), (b), (e)를 모두 더하면, 다음과 같다.

$$\begin{array}{ll} 2C(\text{흑연}) + 2O_2(g) \longrightarrow CO_2(g) & \Delta H^\circ_{rxn} = -787.0 \text{ kJ/mol} \\ H_2(g) + \frac{1}{2}O_2(g) \longrightarrow H_2O(l) & \Delta H^\circ_{rxn} = -285.8 \text{ kJ/mol} \\ 2CO_2(g) + H_2O(l) \longrightarrow C_2H_2(g) + \frac{5}{2}O_2(g) & \Delta H^\circ_{rxn} = 1299.4 \text{ kJ/mol} \\ \hline 2C(\text{흑연}) + H_2(g) \longrightarrow C_2H_2(g) & \Delta H^\circ_{rxn} = 226.6 \text{ kJ/mol} \end{array}$$

따라서, $\Delta H_f^\circ = \Delta H^\circ_{rxn} =$ 226.6 kJ/mol 이다. ΔH_f° 값은 C_2H_2 1 mol이 C(흑연) 2 mol과 $H_2(g)$ 1 mol로부터 만들어질 때, 주위에서 반응계가 226.6 kJ/mol의 열을 흡수한다는 뜻이다. 이 과정은 흡열 과정이다.

▸ **실전 연습** 다음과 같이 반응열이 주어졌을 때, 원소로부터 이황화 탄소(CS_2)가 만들어지는 표준 생성 엔탈피를 계산하시오.

$$\begin{array}{ll} C(\text{흑연}) + O_2(g) \longrightarrow CO_2(g) & \Delta H^\circ_{rxn} = -393.5 \text{ kJ/mol} \\ S(\text{사방}) + O_2(g) \longrightarrow SO_2(g) & \Delta H^\circ_{rxn} = -296.4 \text{ kJ/mol} \\ CS_2(l) + 3O_2(g) \longrightarrow CO_2(g) + 2SO_2(g) & \Delta H^\circ_{rxn} = -1073.6 \text{ kJ/mol} \end{array}$$

예제 6.10

테르밋 반응은 알루미늄과 산화 철(III)의 반응이다.

$$2Al(s) + Fe_2O_3(s) \longrightarrow Al_2O_3(s) + 2Fe(l)$$

이 반응은 발열량이 큰 반응이며 생성된 액체상의 철은 금속을 용접하는 데 쓰인다. Al이 Fe_2O_3와 반응할 때 방출되는 열을 kJ/g 단위로 계산하시오. Fe(l)의 ΔH_f°는 12.40 kJ/mol이다.

▸ **전략** 반응 엔탈피는 생성물의 엔탈피의 합과 반응물의 엔탈피의 합의 차이이다. 각 화학종(반응물 또는 생성물)의 엔탈피는 화학량론적 계수와 표준 생성 엔탈피의 곱으로 주어진다.

▸ **풀이** Fe(l)와 부록 2에 있는 ΔH_f° 값들과 식 (6.18)을 이용하면 다음과 같이 쓸 수 있다.

$$\begin{aligned}\Delta H^\circ_{rxn} &= [\Delta H_f^\circ(Al_2O_3) + 2\Delta H_f^\circ(Fe)] - [2\Delta H_f^\circ(Al) + 2\Delta H_f^\circ(Fe_2O_3)] \\ &= [(-1669.8\ kJ/mol) + 2(12.40\ kJ/mol)] - [2(0) + (-822.2\ kJ/mol)] \\ &= -822.8\ kJ/mol\end{aligned}$$

이 열은 Al 2 mol이 반응하여 발생하는 양이며 kJ/g 단위로 바꾸기 위해서

$$\frac{-822.8\ kJ}{2\ mol\ Al}$$

을 사용한다. Al의 몰질량은 26.98 g이므로

$$\begin{aligned}\text{Al 1 g당 발생한 열} &= \frac{-822.8\ kJ}{2\ \cancel{mol\ Al}} \times \frac{1\ \cancel{mol\ Al}}{26.98\ g\ Al} \\ &= -15.25\ kJ/g\end{aligned}$$

▸ **검산** 위의 반응이 발열 반응이라는 것과 반응열의 부호가 음인 것은 상관 관계가 있는가? 빠르게 확인할 수 있는 방법은, Al 2 mol은 54 g이며 Fe_2O_3와 반응해서 823 kJ의 열을 발생시킨다는 것이다. 따라서, Al 1 g당 발생한 열은 약 −830 kJ/54 g 즉 −15.4 kJ/g이다.

▸ **실전 연습** 벤젠(C_6H_6)은 공기 중에서 연소하여 이산화 탄소와 액체 물을 만든다. 이 화합물 1 g이 산소와 반응하여 내놓는 열을 kJ로 계산하시오. 벤젠의 표준 생성 엔탈피는 49.04 kJ/mol 이다.

테르밋 반응으로 형성된 용융 철을 두 철도 레일 말단 사이에 있는 주형에 넣는다. 식히면 레일들이 서로 용접된다.

비슷한 문제: 6.54, 6.57.

일반적으로 어떤 화합물의 표준 생성 엔탈피가 더 음일수록 그 화합물은 더 안정하다. 따라서 테르밋 반응에서 덜 안정한 Fe_2O_3가 더 안정한 Al_2O_3로 전환되며 이 반응은 다량의 열을 방출할 것이다.

☑ 개념 복습하기

반응물들의 ΔH_f°가 양의 값인 반응이 ΔH_f°가 음의 값인 경우보다 발열량이 더 큰 이유는?

주요 식

$\Delta U = q + w$ (6.1)	열역학 제1법칙의 수학적 표현.
$w = -P\Delta V$ (6.3)	기체의 팽창 또는 압축에 의한 일의 계산.
$H = U + PV$ (6.6)	엔탈피 정의.
$\Delta H = \Delta U + P\Delta V$ (6.8)	일정 압력 과정에 대한 엔탈피(에너지) 변화 계산.
$\Delta U = \Delta H - RT\Delta n$ (6.10)	일정 온도 과정에 대한 엔탈피(에너지) 변화 계산.
$C = ms$ (6.11)	열용량 정의.
$q = ms\Delta t$ (6.12)	비열에 의한 열 변화 계산.
$q = C\Delta t$ (6.13)	열용량에 의한 열 변화 계산.
$\Delta H^\circ_{rxn} = \Sigma n\Delta H_f^\circ$(생성물) − $\Sigma m\Delta H_f^\circ$(반응물) (6.18)	표준 반응 엔탈피 계산.

사실과 개념에 대한 요약

1. 에너지는 일을 할 수 있는 능력이다. 에너지는 서로 전환될 수 있는 많은 형태가 있다. 에너지 보존 법칙은 우주 전체의 에너지는 항상 일정하다는 것이다.
2. 주위에 열을 방출하는 과정을 발열 과정이라 하고, 주위로부터 열을 흡수하는 과정을 흡열 과정이라고 한다.
3. 계의 상태는 조성, 부피, 온도, 압력과 같은 여러 가지 성질에 의하여 결정된다. 계의 상태 함수의 변화는 계의 초기 상태와 최종 상태에 의해서만 결정되고, 그 변화가 일어난 경로와는 상관없다. 에너지는 상태 함수이고, 열과 일은 상태 함수가 아닌 경로 함수 이다.
4. 에너지는 한 형태에서 다른 형태로 전환될 수 있지만, 새로이 창조되거나 파괴되지 않는다(열역학 제1법칙). 화학에서는 주로 열 에너지, 전기 에너지, 역학 에너지에 관심이 있으며, 역학 에너지는 보통 압력-부피 일과 관련되어 있다.
5. 엔탈피 변화(ΔH, 보통 kJ로 주어진다)는 일정 압력하에서 측정한 반응(혹은 어떤 다른 변화)의 열이다. 엔탈피는 상태 함수이다. 엔탈피 변화(ΔH)는 일정 압력 과정에서 $\Delta U + P\Delta V$와 같다. 일정 온도 과정에서의 화학 반응에 대해 ΔH는 $\Delta U + RT\Delta n$으로 주어진다. 여기서 Δn은 기체 생성물의 몰수와 기체 반응물의 몰수의 차이다.
6. 일정 압력 열량계와 일정 부피 열량계는 물리적, 화학적 변화의 열량 변화를 측정하는 데 사용된다.
7. 반응의 전체 엔탈피 변화는 전체 반응을 이루는 각 단계에서의 엔탈피 변화의 전체 합과 같다는 것이 헤스 법칙이다. 표준 반응 엔탈피는 반응물과 생성물의 표준 생성 엔탈피로부터 계산할 수 있다.

주요 용어

계	상태 함수	열역학	표준 반응 엔탈피(ΔH°_{rxn})
계의 상태	에너지	열역학 제1법칙	표준 상태
고립계	에너지 보존 법칙	열용량(C)	표준 생성 엔탈피(ΔH°_f)
닫힌 계	엔탈피(H)	열화학	헤스 법칙
반응 엔탈피(ΔH_{rxn})	열	열화학 반응식	화학 에너지
발열 과정	열 에너지	일	흡열 과정
복사 에너지	열계량법	주위	
비열(s)	열린 계	퍼텐셜 에너지	

연습 문제

정의

복습 질문

6.1 다음 용어들을 정의하시오. 계, 주위, 열린 계, 닫힌 계, 고립계, 열 에너지, 화학 에너지, 퍼텐셜 에너지, 운동 에너지, 에너지 보존 법칙.

6.2 열이란 무엇인가? 열과 열 에너지는 어떻게 다른가? 어떤 조건에서 열은 한 계에서 다른 계로 전달되는가?

6.3 화학에서 흔히 사용하는 에너지의 단위는 무엇인가?

6.4 시속 60 km로 달리는 트럭이 신호등에서 완전히 멈추었다. 이것은 에너지 보존 법칙을 위반한 것인가? 설명하시오.

6.5 다음은 여러 가지 형태의 에너지이다. 화학 에너지, 열 에너지, 빛 에너지, 역학 에너지, 전기 에너지. 이런 에너지 형태들이 서로 바뀌는 방법을 제시하시오.

6.6 다음 과정에서 일어나는 에너지 전환에 대하여 설명하시오. (a) 공기 중으로 야구공을 던지고 받을 때, (b) 회중 전등을 켤 때, (c) 리프트를 타고 언덕에 올라가서 스키를 타고 내려 올 때, (d) 성냥을 켜서 연소시킬 때.

에너지 변화와 화학 반응

복습 질문

6.7 다음 용어들을 정의하시오. 열화학, 발열 과정, 흡열 과정.

6.8 화학량론은 질량 보존 법칙에 근거를 두고 있다. 열화학은 어느 법칙에 기초를 두고 있는가?

6.9 발열 과정 두 개와 흡열 과정 두 개를 설명하시오.

6.10 분해 반응은 대개 흡열 반응이지만, 중합 반응은 대개 발열 반응이다. 이런 경향에 대해서 정성적인 설명을 하시오.

열역학 제1법칙

복습 질문

6.11 열역학 제1법칙은 무슨 법칙에 근거를 두고 있는가? $\Delta U = q + w$ 식에서 부호들의 규칙에 대해서 설명하시오.

6.12 상태 함수란 무엇을 의미하는지 설명하시오. 상태 함수인 물리량 두 개를 들고, 그렇지 않은 것 두 개를 드시오.

6.13 이상 기체의 내부 에너지는 그 온도에 의해서만 결정된다. 이 과정을 열역학 제1법칙에 따라 분석하시오. 한 이상 기체의 시료가 일정한 온도에서 대기압에 대하여 팽창하였

다. (a) 이 기체는 주위에 대해서 일을 하였는가? (b) 계와 주위 사이에 열교환이 있는가? (c) 이 과정에 대한 기체의 ΔU는 얼마인가?

6.14 다음 변화에 대해 생각해 보자.

(a) $Hg(l) \longrightarrow Hg(g)$

(b) $3O_2(g) \longrightarrow 2O_3(g)$

(c) $CuSO_4 \cdot 5H_2O(s) \longrightarrow CuSO_4(s) + 5H_2O(g)$

(d) $H_2(g) + F_2(g) \longrightarrow 2HF(g)$

일정 압력 조건에서 계에서 주위로 일을 한 것은 어느 반응이며, 주위에서 계로 일을 한 것은 어느 반응인가? 또한 일을 하지 않은 것은 어느 반응인가?

문제

6.15 일정 온도에서 질소 기체 시료의 부피가 1.6 L에서 5.4 L로 팽창한다. (a) 진공 상태에서와 (b) 0.80 atm의 일정 압력과, (c) 3.7 atm의 일정 압력에서 팽창할 때 행해진 일을 J 단위로 계산하시오.

6.16 어떤 기체가 일정 온도에서 부피가 26.7 mL에서 89.3 mL로 팽창하였다. 기체가 (a) 진공에 대해서, (b) 일정한 압력 1.5 atm에 대해서, (c) 일정한 압력 2.8 atm에 대해서 팽창하였다면, 행해진 일을 J 단위로 계산하시오.

6.17 어떤 기체가 주위에 325 J만큼의 P-V 일을 하는 동시에, 주위로부터 127 J의 열을 흡수하였다. 에너지 변화를 계산하시오.

6.18 어떤 기체를 압축하는 데 한 일은 74 J이다. 그로 인해 26 J의 열이 주위에 가해졌다. 이 기체의 에너지 변화를 계산하시오.

6.19 1.00 atm, 25°C에서 주석 50.0 g이 과량의 산에서 녹을 때, 행한 일을 계산하시오.

$$Sn(s) + 2H^+(aq) \longrightarrow Sn^{2+}(aq) + H_2(g)$$

이상 기체라고 가정하시오.

6.20 물 1.0 mol이 1.0 atm, 100°C에서 기화할 때 한 일을 J 단위로 계산하시오. 액체 상태인 물의 부피는 100°C 수증기와 비교할 때 무시할 수 있을 정도로 작은 양이고, 수증기는 이상 기체라고 가정한다.

화학 반응의 엔탈피

복습 질문

6.21 다음 용어들을 정의하시오. 엔탈피, 반응 엔탈피. 어떤 조건에서 반응열이 그 반응의 엔탈피 변화와 같은가?

6.22 열화학 반응식을 쓸 때, 각 물질의 물리적 상태(기체, 액체, 고체, 수용액)를 나타내는 것이 중요한 이유를 설명하시오.

6.23 다음 열화학 반응식을 설명하시오.

$$4NH_3(g) + 5O_2(g) \longrightarrow 4NO(g) + 6H_2O(g) \qquad \Delta H = -904 \text{ kJ/mol}$$

6.24 다음 반응식에서 각각의 ΔH 값은 얼마인가?

$$2CH_3OH(l) + 3O_2(g) \longrightarrow 4H_2O(l) + 2CO_2(g) \qquad \Delta H = -1452.8 \text{ kJ/mol}$$

(a) 이 식의 좌우에 2를 곱했을 때, (b) 반응이 역으로 일어날 때, 즉 반응물과 생성물이 뒤바뀔 때, (c) 액체인 물 대신에 수증기가 생성물로 형성할 때.

문제

6.25 공업적으로 구리 아연광을 태워서 구리를 재생하는 첫 단계는 CuS을 가열하여 CuO를 얻는 것이다.

$$2CuS(s) + 3O_2(g) \longrightarrow 2CuO(s) + 2SO_2(g) \qquad \Delta H = -805.6 \text{ kJ/mol}$$

CuS 1 g을 태울 때 발생하는 열(kJ)을 계산하시오.

6.26 다음 반응에 따라 NO_2 1.26×10^4 g이 만들어질 때 발생하는 열의 양을 kJ로 계산하시오.

$$2NO(g) + O_2(g) \longrightarrow 2NO_2(g) \qquad \Delta H = -114.6 \text{ kJ/mol}$$

6.27 다음 반응에서,

$$2H_2O(g) \longrightarrow 2H_2(g) + O_2(g) \qquad \Delta H = 483.6 \text{ kJ/mol}$$

1.0 atm, 125°C에서 2.0 mol의 $H_2O(g)$가 $H_2(g)$와 $O_2(g)$로 바뀐다면 이 반응에 대한 ΔU는 얼마인가?

6.28 다음 반응에서

$$H_2(g) + Cl_2(g) \longrightarrow 2HCl(g) \qquad \Delta H = -184.6 \text{ kJ/mol}$$

H_2 3 mol과 Cl_2 2 mol이 반응하여 HCl이 생성된다면, 25°C에서 1.0 atm 압력에 대하여 한 일을 계산하시오. 이 반응에 대한 ΔU는 얼마인가? 이 반응은 완전히 일어난다고 가정한다.

열계량법

복습 질문

6.29 비열과 열용량의 다른점은 무엇인가? 두 값의 단위는 무엇인가? 어느 것이 세기 성질이고, 어느 것이 크기 성질인가?

6.30 열계량법과 일반적으로 많이 사용되는 열량계 두 가지를 설명하시오. 열계량법에서 열량계의 열용량을 아는 것이 왜 중요한가? 어떻게 그 값을 결정하는가?

문제

6.31 다음 자료를 보자.

금속	Al	Cu
질량 (g)	10	30
비열 (J/g · °C)	0.900	0.385
온도 (°C)	40	60

위의 두 금속이 접촉했을 때, 다음 중 어떤 일이 일어나겠는가?

(a) Al의 비열이 더 크므로, 열이 Al에서 Cu로 흐른다.

(b) Cu의 질량이 더 크므로, 열이 Cu에서 Al로 흐른다.

(c) Cu의 비열이 더 크므로, 열이 Cu에서 Al로 흐른다.

(d) Cu의 온도가 더 높으므로, 열이 Cu에서 Al로 흐른다.

(e) 어느 쪽으로도 열이 흐르지 않는다.

6.32 각각의 질량이 100 g이고 초기 온도가 20°C인 두 금속 A와 B를 생각해 보자. A의 비열이 B보다 더 크다. 같은 가열 조건에서 21°C에 이르는 데 어느 금속이 더 오래 걸리겠는가?

6.33 질량이 362 g인 은 조각은 85.7 J/°C의 열용량을 갖는다. 은의 비열은 얼마인가?

6.34 질량이 6.22 kg인 구리 조각을 20.5°C에서 324.3°C로 가열하였다. 금속이 흡수한 열량(kJ)을 계산하시오.

6.35 수은 366 g의 온도가 77.0°C에서 12.0°C로 내려갈 때 방출된 열량(kJ)을 구하시오.

6.36 온도 18.0°C의 금 판 10.0 g을 55.6°C의 철판 20.0 g 위에 얹었다. 합쳐진 금속의 최종 온도는 얼마인가? 이때에 주위에 열을 잃지 않았다고 가정한다. (*힌트*: 금은 열을 얻었고, 철은 열을 잃어서 같은 온도가 되었다. 금속의 비열은 표 6.2에서 알 수 있다.)

6.37 마그네슘 고체 시료 0.1375 g을 열용량 3024 J/°C인 일정 부피 봄베 열량계에서 가열한다. 온도가 1.126°C 상승하였다. Mg가 가열됨에 따라 방출되는 열량을 kJ/g과 kJ/mol로 계산하시오.

6.38 열용량을 무시할 수 있는 일정 압력 열량계에서 0.862 *M* HCl 2.00×10^2 mL를 0.431 *M* $Ba(OH)_2$ 2.00×10^2 mL와 혼합하였다. HCl과 $Ba(OH)_2$ 용액의 초기 온도는 20.48°C 이다. 이 과정의 중화열은 256.2 kJ/mol이고, 식으로 쓰면 다음과 같다.

$$H^+(aq) + OH^-(aq) \longrightarrow H_2O(l)$$

혼합 용액의 최종 온도는 얼마인가?

표준 생성 엔탈피와 표준 반응 엔탈피

복습 질문

6.39 표준 상태 조건이란 무엇을 뜻하는가?

6.40 어떻게 원소의 형성이나 화합물의 표준 엔탈피가 결정되는가?

6.41 표준 반응 엔탈피란 무엇을 뜻하는가?

6.42 반응 엔탈피를 계산하는 식을 쓰고, 모든 용어를 정의하시오.

6.43 헤스의 법칙은 무엇인가? 한 예를 들어서 열화학에서 헤스의 법칙이 유용한 점을 설명하시오.

6.44 화학자들이 화합물의 연소열을 측정해서 ΔH_f°를 구할 때, 헤스의 법칙을 어떻게 사용하는지 설명하시오.

문제

6.45 다음 중 25°C에서 표준 생성 엔탈피 값이 0이 아닌 것은? $Na(s)$, $Ne(g)$, $CH_4(g)$, $S_8(s)$, $Hg(l)$, $H(g)$.

6.46 O_2와 O_3 두 동소체의 ΔH_f°는 25°C에서 각각 0과 142.2 kJ/mol이다. 이 온도에서 어느 것이 더 안정한가?

6.47 25°C에서 그 값이 음으로 큰 것은 $H_2O(l)$의 ΔH_f°와 $H_2O(g)$의 ΔH_f° 중 어느 것인가?

6.48 온도 25°C에서 다음 원소들에 대한 ΔH_f° 값을(0보다 큰지, 작은지, 같은지) 예측하시오. (a) $Br_2(g)$와 $Br_2(l)$, (b) $I_2(g)$와 $I_2(s)$.

6.49 일반적으로 음의 ΔH_f° 값을 가지는 화합물들은 양의 ΔH_f° 값을 가지는 화합물들보다 더 안정하다. $H_2O_2(l)$은 음의 ΔH_f°를 가진다(표 6.4 참조). 그러면 $H_2O_2(l)$이 $H_2O(l)$와 $O_2(g)$로 분해되는 경향성을 나타내는 이유는 무엇인가?

6.50 $Ag_2O(s)$와 $CaCl_2(s)$의 ΔH_f°를 두 물질의 각 구성 원소로부터 측정할 수 있는(적절한 식을 이용하여) 방법을 설명하시오(계산은 필요치 않다).

6.51 일정 압력, 25°C에서 이 과정의 분해열을 계산하시오.

$$CaCO_3(s) \longrightarrow CaO(s) + CO_2(g)$$

(표 6.4에 있는 반응물과 생성물의 표준 생성 엔탈피 참조)

6.52 수용액에서 이온들의 표준 생성 엔탈피는 임의로 H^+ 이온에 대한 값을 0으로 정하여 구한다; 즉, $\Delta H_f^\circ[H^+(aq)] = 0$이다.

(a) 다음 반응에서

$$HCl(g) \xrightarrow{H_2O} H^+(aq) + Cl^-(aq) \qquad \Delta H^\circ = -74.9 \text{ kJ/mol}$$

Cl^-이온의 ΔH_f°를 계산하시오.

(b) OH^-이온의 ΔH_f°가 −229.6 kJ/mol라면, 25°C에서 강산(HCl과 같은) 1 mol을 강염기(KOH과 같은) 1 mol로 적정할 때의 중화 엔탈피를 계산하시오.

6.53 부록 2의 표준 생성 엔탈피 목록을 이용하여 다음 반응의 연소열을 계산하시오.

(a) $2H_2(g) + O_2(g) \longrightarrow 2H_2O(l)$

(b) $2C_2H_2(g) + 5O_2(g) \longrightarrow 4CO_2(g) + 2H_2O(l)$

6.54 부록 2의 표준 생성 엔탈피로부터 다음 반응의 연소열을 계산하시오.

(a) $C_2H_4(g) + 3O_2(g) \longrightarrow 2CO_2(g) + 2H_2O(l)$

(b) $2H_2S(g) + 3O_2(g) \longrightarrow 2H_2O(l) + 2SO_2(g)$

6.55 메탄올, 에탄올, *n*-프로판올은 세 가지 흔한 알코올이다. 각 알코올 1.00 g을 공기 중에서 가열할 때 다음과 같은 열량을 방출한다. (a) 메탄올(CH_3OH) −22.6 kJ, (b) 에탄올(C_2H_5OH) −29.7 kJ, (c) *n*-프로판올(C_3H_7OH), −33.4 kJ. 이들의 연소열을 kJ/mol 단 위로 계산하시오.

6.56 다음 반응의 표준 생성 엔탈피는 436.4 kJ/mol이다.

$$H_2(g) \longrightarrow H(g) + H(g)$$

수소 원자(H)의 표준 생성 엔탈피를 계산하시오.

6.57 표준 생성 엔탈피로부터 다음 반응의ΔH_{rxn}°를 계산하시오.

$$C_6H_{12}(l) + 9O_2(g) \longrightarrow 6CO_2(g) + 6H_2O(l)$$

$C_6H_{12}(l)$의 $\Delta H_f^\circ = -151.9$ kJ이다.

6.58 공업적으로 황화 아연광을 태워서 아연을 재생하는 첫 단계는 ZnS을 가열하여 ZnO를 얻는 것이다.

$$2ZnS(s) + 3O_2(g) \longrightarrow 2ZnO(s) + 2SO_2(g) \qquad \Delta H_{rxn}^\circ = -879 \text{ kJ/mol}$$

ZnS 1 g을 태울 때 발생하는 열(kJ)을 계산하시오.

6.59 다음 반응식에 의해 암모니아 1.26×10^4 g이 생성될 때 발생하는 열량을 정하시오.

$$N_2(g) + 3H_2(g) \longrightarrow 2NH_3(g) \quad \Delta H^\circ_{rxn} = -92.6 \text{ kJ/mol}$$

반응은 25°C의 표준 상태 조건에서 일어난다고 가정한다.

6.60 온도 850°C에서 $CaCO_3$를 분해시켜 CaO와 CO_2를 얻는다. 850°C에서 반응물과 생성물의 ΔH_f° 값은 25°C에서의 값과 같다고 가정했을 때, CO_2 66.8g이 이 반응에서 생성된다면 엔탈피 변화량은 몇 kJ인가?

6.61 다음 자료로부터

$$S(\text{사방}) + O_2(g) \longrightarrow SO_2(g) \quad \Delta H^\circ_{rxn} = -296.06 \text{ kJ/mol}$$

$$S(\text{단사}) + O_2(g) \longrightarrow SO_2(g) \quad \Delta H^\circ_{rxn} = -296.36 \text{ kJ/mol}$$

다음 반응의 엔탈피 변화를 계산하시오.

$$S(\text{사방}) \longrightarrow S(\text{단사})$$

(단사황과 사방황은 황 원소의 다른 동소체 형태이다.)

6.62 다음 자료로부터

$$C(\text{흑연}) + O_2(g) \longrightarrow CO(g) \quad \Delta H^\circ_{rxn} = -393.5 \text{ kJ/mol}$$

$$H_2(g) + \tfrac{1}{2}O_2(g) \longrightarrow H_2O(l) \quad \Delta H^\circ_{rxn} = -285.8 \text{ kJ/mol}$$

$$2C_2H_6(g) + 7O_2(g) \longrightarrow 4CO_2(g) + 6H_2O(l) \quad \Delta H^\circ_{rxn} = -3119.6 \text{ kJ/mol}$$

다음 반응의 엔탈피 변화를 계산하시오.

$$2C(\text{흑연}) + 3H_2(g) \longrightarrow C_2H_6(g)$$

6.63 연소열로부터

$$CH_3OH(l) + \tfrac{3}{2}O_2(g) \longrightarrow CO_2(g) + 2H_2O(l) \quad \Delta H^\circ_{rxn} = -726.4 \text{ kJ/mol}$$

$$C(\text{흑연}) + O_2(g) \longrightarrow CO_2(g) \quad \Delta H^\circ_{rxn} = -393.5 \text{ kJ/mol}$$

$$H_2(g) + \tfrac{1}{2}O_2(g) \longrightarrow H_2O(l) \quad \Delta H^\circ_{rxn} = -285.8 \text{ kJ/mol}$$

메탄올(CH_3OH)의 생성 엔탈피를 계산하시오.

$$C(\text{흑연}) + 2H_2(g) + \tfrac{1}{2}O_2(g) \longrightarrow CH_3OH(l)$$

6.64 다음 반응의 표준 반응 엔탈피를 계산하시오.

$$2Al(s) + Fe_2O_3(s) \longrightarrow 2Fe(s) + Al_2O_3(s)$$

사용할 자료는 다음과 같다.

$$2Al(s) + \tfrac{3}{2}O_2(g) \longrightarrow Al_2O_3(s) \quad \Delta H^\circ_{rxn} = -1669.8 \text{ kJ/mol}$$

$$2Fe(s) + \tfrac{3}{2}O_2(g) \longrightarrow Fe_2O_3(s) \quad \Delta H^\circ_{rxn} = -822.2 \text{ kJ/mol}$$

실전 연습의 답

6.1 (a) 0, (b) −286 J. **6.2** −63 J. **6.3** -6.47×10^3 kJ. **6.4** −111.7 kJ/mol. **6.5** −34.3 kJ. **6.6** −728 kJ/mol. **6.7** 21.19°C. **6.8** 22.49°C. **6.9** 87.3 kJ/mol. **6.10** −41.83 kJ/g.

CHAPTER 7

원자의 전자 구조와 주기율표

The Electronic Structure of Atoms and The Periodic Table

이 장의 차례

원소의 주기성은 표의 형태로 가장 흔하게 도식화되며, 여러 기하학적인 배향이 가능하다.

주요 개념

프랑크의 양자론 물체에 의해 흡수되는 복사선의 파장 의존성을 설명하기 위하여 플랑크는 원자와 분자는 양자라고 하는 불연속적인 양의 에너지만을 방출(또는 흡수)할 수 있다고 가정하였다. 플랑크의 이론은 물리학에 혁명을 일으켰다.

양자역학의 출현 플랑크의 연구는 빛이 양자라고 하는 입자로 되어 있다고 가정한 아인슈타인의 의한 광전 효과와 보어에 의한 수소 원자의 방출 스펙트럼을 설명할 수 있게 하였다. 전자가 입자성과 파동성을 모두 띠고 있다는 것을 보인 드브로이와 극미세계를 측정하는 고유의 제한을 유도한 하이젠베르크에 의해 양자론의 더 큰 전진이 이루어졌다. 이 발전은 전자, 원자, 분자의 거동과 에너지를 설명한 슈뢰딩거 방정식에서 절정에 이르렀다.

수소 원자 수소 원자에 대한 슈뢰딩거 방정식의 해는 전자에 대해 양자화된 에너지와 원자 궤도함수라고 하는 일련의 파동 함수를 나타낸다. 원자 궤도함수는 특정한 양자수로 표시된다. 궤도함수는 전자가 위치해 있는 영역을 말해 준다. 수소 원자에서 얻은 결과를 약간 수정하여 더 복잡한 원자에 적용할 수 있다.

쌓음 원리 주기율표는 원자 번호가 증가하고 단계적으로 전자를 더하는 식으로 그릴 수 있다. 파울리 배타 원리와 훈트 규칙과 같은 특정한 지침에 따라 원자 궤도함수에 전자가 어떻게 분포하고 있는가를 말하는 원소의 바닥 상태 전자 배치를 쓸 수 있다.

주기율표의 발전 19세기 과학자들은 원소의 화학적, 물리적 성질에서 규칙적인 주기성을 발견하였다. 특히 멘델레예프가 그린 주기율표는 원소들을 정확하게 족으로 나누고 아직 발견되지 않은 여러 원소의 성질을 예견할 수 있었다.

원소의 주기적 분류 원소를 최외각 전자 배치에 따라 그룹화하여 비슷한 화학적 성질을 설명한다.

7.1 고전 물리학에서 양자론으로

원자와 분자를 이해하려는 시도는 제한된 경우만 성공하였다. 분자가 튀어오르는 작은 공과 같이 운동한다고 가정함으로써, 물리학자들은 기체에 의하여 가해진 압력과 같은 거시적인 현상을 예측하거나 설명할 수 있었다. 그러나 이 모형을 사용하여 분자의 안정성을 설명할 수 없었다. 즉, 그러한 이론으로 원자를 결합하고 있는 힘을 설명할 수 없었던 것이다. 원자나 분자의 성질을 거대한 물체에 적용하는 법칙으로 설명할 수 *없다*는 것을 인식하는 데는 오랜 시간이 걸렸으며, 그 사실을 받아들이는 데는 더욱 오랜 시간이 걸렸다.

1900년 독일의 젊은 물리학자인 플랑크(Max Planck)에 의하여 물리학의 새로운 시대가 시작되었다. 여러 온도로 가열된 고체가 방출한 빛을 분석하던 중, 플랑크는 원자나 분자가 어떤 불연속적인 양 즉, **양자**(quanta)로서만 에너지를 방출한다는 사실을 발견하였다. 물리학자들은 에너지는 연속적인 값을 가지며, 복사 과정에서 에너지는 어떠한 양으로도 방출하는 것이 가능하다고 가정해 왔었다. 플랑크의 **양자론**(quantum theory)은 물리학을 완전히 뒤바꾸어 놓았다. 실제로 잇달아 일어난 연구의 돌풍은 자연에 대하여 우리가 가지고 있는 개념을 영원히 바꾸어 놓았다.

바다 물결.

플랑크의 양자론을 이해하기 위해서는 파동의 성질에 관하여 알아야 한다. **파동**(wave)은 *에너지를 전달하는 진동하는 변화*로 생각할 수 있다. 파동의 속력은 파동의 형태와 파동이 전달되는 매질(예를 들면, 공기, 물, 진공 등)의 성질에 따라 달라진다. *연속 파동에서 동일 위치 사이의 길이*를 **파장**(wavelength) **λ**(lambda)이라 한다. 파동의 **진동수**(frequency) **ν**(nu)는 *1초 사이에 특정 지점을 지나가는 파동의 수*이다. **진폭**(amplitude)은 *파의 중간선에서 봉우리 또는 골짜기까지의 수직 길이*이다(그림 7.1a). 그림 7.1b는 진폭은 같지만 파장과 진동수가 다른 두 파를 보여준다.

공간을 통해 이동하는 파동의 중요한 성질은 파장과 진동수의 곱으로 주어지는 속도(u)이다.

$$u = \lambda\nu \tag{7.1}$$

식 (7.1) 자체의 적절성은 세 가지 항에 포함된 물리적 단위를 분석하면 분명해진다. 파장(λ)은 파동의 길이 즉, 거리/파동으로 나타낸다. 진동수(ν)는 단위 시간당 어느 기준점을 지나가는 파동의 수 즉, 파동의 수/시간으로 나타낸다. 따라서 이들 항의 곱은 거리/시간 즉, 속도의 단위를 갖는다.

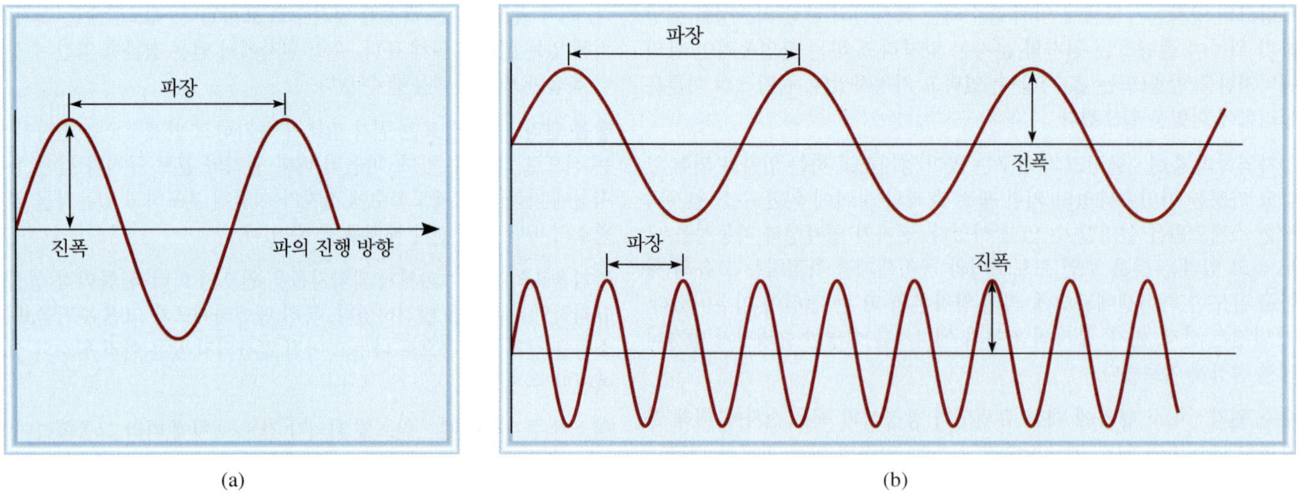

그림 7.1 • (a) 파장과 진폭. (b) 파장과 진동수가 다른 두 개의 파동. 위 파동의 파장은 아래 파동의 파장에 비해 3배지만, 진동수는 1/3이다. 두 파동은 속도와 진폭이 같다.

$$\frac{\text{거리}}{\text{시간}} = \frac{\text{거리}}{\cancel{\text{파동의 수}}} \times \frac{\cancel{\text{파동의 수}}}{\text{시간}}$$

파장은 보통 m, cm, nm 단위로 표시하고, 진동수는 헤르츠(hertz, Hz)단위로 측정된다. 여기서

$$1\ \text{Hz} = 1\ \text{cycle/s}$$

☑ 개념 복습하기

다음에 나타낸 파동 중에서 (a) 가장 높은 진동수, (b) 가장 긴 파장, (c) 가장 큰 진폭을 갖는 것은 어느 것인가?

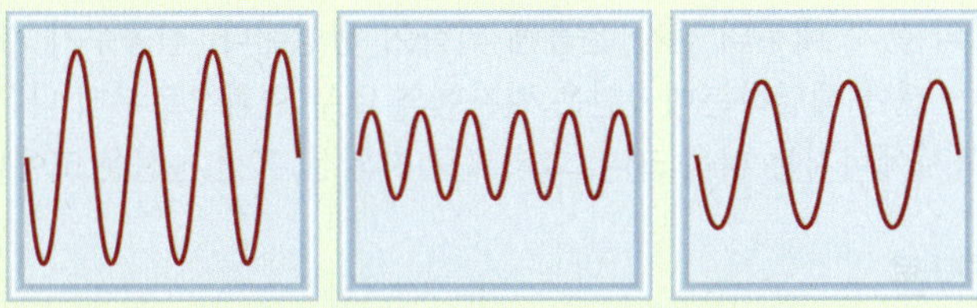

(a) (b) (c)

전자기 복사

파동에는 물결파, 음파, 광파와 같이 여러 종류가 있다. 1873년 맥스웰(James Clerk Maxwell)은 가시광선이 전자기파로 되어 있다고 제안하였다. 맥스웰의 이론에 의하면, **전자기파**(electromagnetic wave)는 *전기장 성분과 자기장 성분을 가지고 있다.* 이들 두 성분은 파장과 진동수가 같아서 속력이 같지만, 서로 수직한 평면상에서 진행한다(그림 7.2). 맥스웰 이론의 중요한 점은 빛의 일반적인 거동을 수식으로 기술한 것이다. 특히 그의 모형은 진동하는 전기장과 자기장을 이용하여 에너지가 복사선 형태로 어떻게 공간을 통하여 전파할 수 있는가를 정확하게 기술하고 있다. **전자기 복사**(electromagnetic radiation)는 *에너지가 전자기파의 형태로 방출되고 전달되는 것*이다.

음파와 물결파는 전자기파가 아니지만, X선과 라디오파는 전자기파이다.

전자기파는 진공에서 (반올림하여) 초당 3.00×10^8 m로 진행한다. 이 속력은 매질이 바뀌면 달라지지만, 그 차이가 계산 결과를 크게 바꿀 정도는 되지 못하는 작은 값이다. 관습에 따라 전자기파의 속력을 나타내는 기호 c를 사용하는데, 일반적으로 *광속*(speed of light)이라고 부른다. 전자기파의 파장은 보통 나노미터(nm)로 주어진다.

좀 더 정확한 빛의 속도는 책의 뒷표지 안쪽에 있다.

예제 7.1

교통 신호등의 녹색 불빛의 중심 파장은 522 nm이다. 이 복사선의 진동수는 얼마인가?

▸ **전략** 전자기파의 파장이 주어지고, 그 진동수를 계산하라는 문제이다. 식 (7.1)을 재정리하고 u를 c (광속)로 바꾸면,

$$\nu = \frac{c}{\lambda}$$

▸ **풀이** 광속은 m/s로 주어지기 때문에, 파장을 미터로 먼저 변환시키는 것이 편리하다. $1\ \text{nm} = 1 \times 10^{-9}$ m (표 1.3 참조)이므로,

$$\lambda = 522\ \cancel{\text{nm}} \times \frac{1 \times 10^{-9}\ \text{m}}{1\ \cancel{\text{nm}}} = 522 \times 10^{-9}\ \text{m}$$
$$= 5.22 \times 10^{-7}\ \text{m}$$

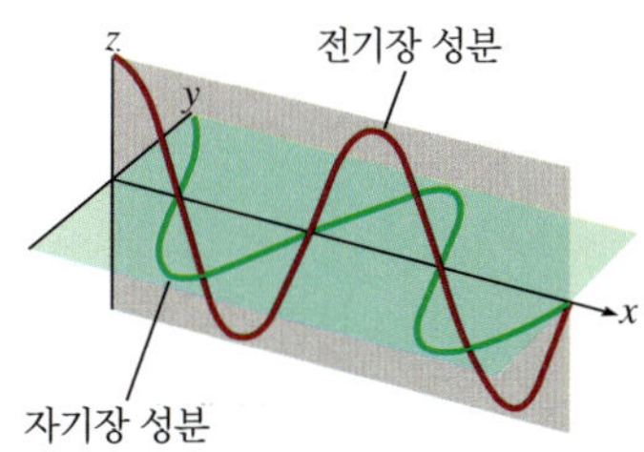

그림 7.2 • 전자기파의 전기장 성분과 자기장 성분. 이 두 성분은 파장, 진동수, 진폭이 같지만 서로 수직인 평면에서 진동한다.

파장과 빛의 속도(3.00×10^8 m/s)를 치환하면, 진동수는

$$\nu = \frac{3.00 \times 10^8 \text{ m/s}}{5.22 \times 10^{-7} \text{ m}}$$
$$= 5.75 \times 10^{14}\text{/s, 또는 } 5.75 \times 10^{14} \text{ Hz}$$

▸ **검산** 답은 한 지점을 1초에 5.75×10^{14} 개의 파동이 지나간다는 것을 보여준다. 이 매우 높은 진동수는 빛의 속도가 매우 빠른 것과 일치한다.

▸ **실전 연습** 진동수가 3.64×10^7 Hz인 전자기파의 파장은 몇 미터인가?

비슷한 문제: 7.7.

그림 7.3은 파장과 진동수가 서로 다른 여러 가지 형태의 전자기 복사선을 보여 준다. 파장이 긴 라디오파는 방송국에서 사용되는 커다란 안테나로부터 방출된다. 보다 파장이 짧은 가시광선은 원자와 분자 내부의 전자 운동에 의하여 생성된다. 진동수가 가장 크고 가장 짧은 파동은 γ(감마) 선에 해당하는데 γ선은 원자핵의 내부 변환으로부터 나온다. 진동수가 클수록 그 파동의 복사에너지는 더욱 크다. 그러므로 자외선, X선, γ선은 고에너지 복사선이다.

플랑크의 양자론

고체가 가열되면 넓은 파장 영역에서 복사선을 방출한다. 전열기의 흐린 붉은 빛과 텅스텐 전구의 밝은 백색광은 다른 온도로 가열된 고체에서 방출되는 복사선의 예이다.

19세기 후반에 측정된 결과에 따르면, 어떤 온도에서 물질로부터 방출하는 복사 에너지의 양은 복사선의 파장에 의존한다는 것이었다. 이미 정립되어 있던 파동 이론과 열역학 법칙을 이용하여 이와 같은 의존성을 설명하고자 하는 시도는 완전하게 성공할 수 없었다. 어

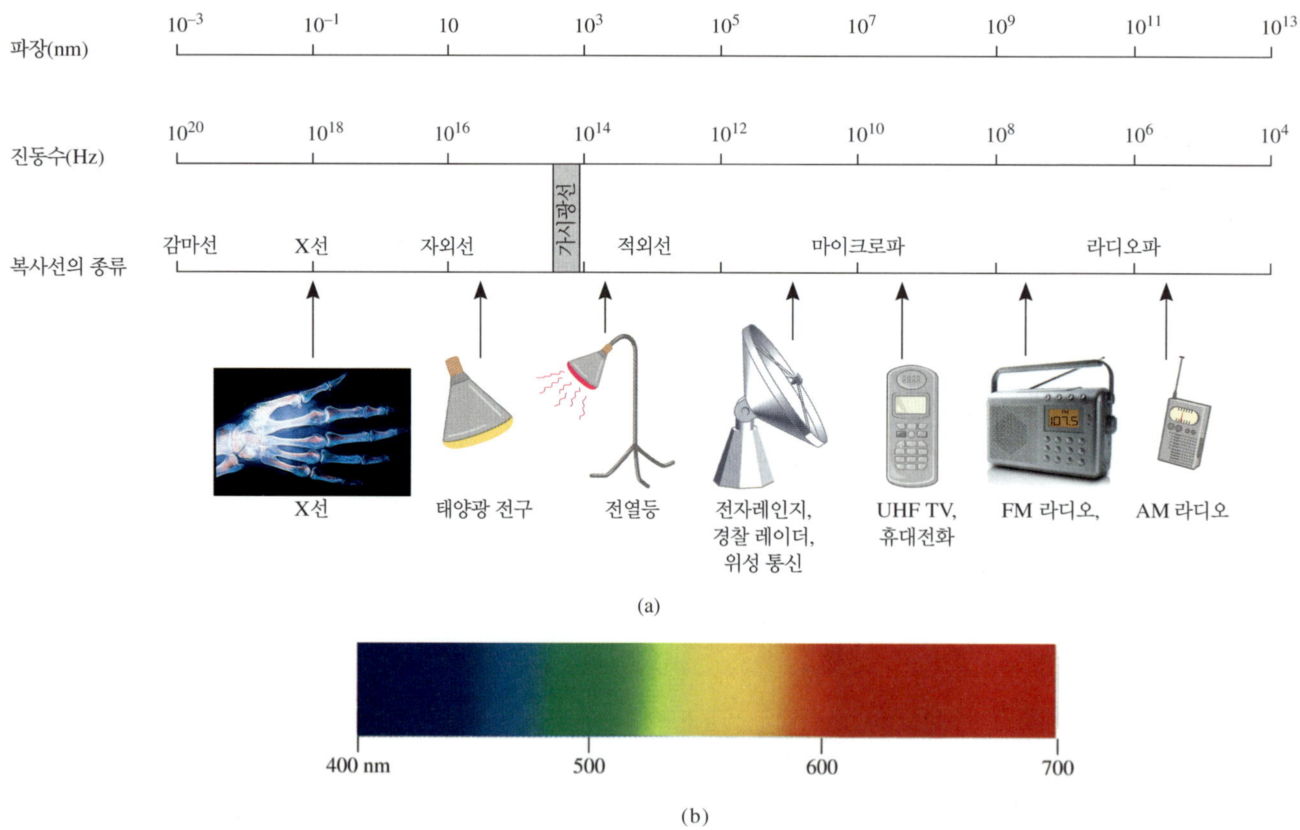

그림 7.3 • (a) 전자기 복사의 종류. 감마선은 파장이 가장 짧고 진동수가 가장 크다. 라디오파는 파장이 가장 길고 진동수가 가장 작다. 각 복사선들은 특정한 파장 범위와 진동수 범위에 걸쳐 있다. (b) 가시광선은 400 nm(보라색)부터 700 nm(빨간색)에 걸쳐 있다.

떤 이론은 짧은 파장의 의존성은 설명하였으나, 긴 파장에 대해서는 설명할 수 없었다. 다른 이론은 긴 파장에 대해서는 설명하였으나 짧은 파장에 대해서는 설명에 실패하였다. 이러한 사실로부터, 고전 물리학 법칙에는 어떤 근본적인 것이 모자란 것처럼 보이게 되었다.

짧은 파장 영역에서 실패한 것을 자외선 파국(ultraviolet catastrophe)라고 부른다.

플랑크는 기존의 개념과 완전히 동떨어진 가정을 함으로써 이 문제를 해결하였다. 고전 물리학에서는 원자나 분자가 임의의 복사 에너지를 흡수하거나 방출할 수 있다고 가정하였다. 그러나 플랑크는 원자나 분자는 마치 작은 꾸러미나 다발처럼, 불연속적인 에너지량만을 흡수하거나 방출한다고 하였다. 플랑크는 *전자기 복사선의 형태로 방출되거나 흡수되는 가장 적은 에너지량*에 **양자**(quantum)라는 이름을 붙여주었다. 양자 한 개의 에너지는 다음 식으로 주어진다.

$$E = h\nu \qquad \textbf{(7.2)}$$

여기서 h는 *플랑크 상수*이고, ν는 복사선의 진동수이다. 플랑크 상수의 값은 6.63×10^{-34} J · s이다. $\nu = c/\lambda$이기 때문에 식 (7.2)는 다음과 같이 나타낼 수도 있다.

$$E = h\frac{c}{\lambda} \qquad \textbf{(7.3)}$$

양자론에 의하면 에너지는 언제나 $h\nu$의 정수 배, 예를 들면, $h\nu$, $2\,h\nu$, $3\,h\nu$와 같이 방출되며, $1.67\,h\nu$나 $4.98\,h\nu$처럼 방출되지는 않는다. 플랑크가 이 이론을 제시했을 당시, 그는 왜 에너지가 이러한 방식으로 고정되거나 양자화되어야 하는지를 설명하지 못했다. 그러나 이 가설로부터 출발하여 그는 고체의 복사선 방출 실험 자료를 *전* 파장 영역에 걸쳐 아무런 어려움 없이 기술할 수 있었다. 모든 결과는 양자론을 지지하고 있었다.

에너지가 양자화 즉, "꾸러미"로 존재해야 한다는 생각은 이상하게 보일지 모르나, 양자화의 개념은 많은 예를 찾을 수 있다. 전하 역시 양자화되어 있다. 즉, 전하는 전자 하나의 전하인 e의 정수배만 존재한다. 어떤 시료의 물질 내에 있는 전자, 양자, 중성자, 원자의 수가 또한 정수이기 때문에 물질 자체가 양자화되어 있다고 할 수 있다.

☑ 개념 복습하기

왜 가시광선이나 적외선 영역이 아닌 UV 영역 복사선만이 햇볕에 타는 현상을 일으키는가?

7.2 광전 효과

플랑크가 양자론을 발표한 지 5년이 지난 1905년에 독일 출신 미국 물리학자인 아인슈타인(Albert Einstein)은 양자론을 사용하여 또 다른 물리학의 수수께끼였던 **광전 효과**(photoelectric effect)를 설명하였다. 광전 효과는 **문턱 진동수**(threshold frequency, 그림 7.4)라고 부르는 *적당한 최소 진동수 이상을 가진 빛을 특정한 금속 표면에 쪼이면, 전자가 방출되는 현상*이다. 방출되는 전자의 수는 빛의 강도(또는 밝기)에 비례하였으나, 방출되는 전자의 에너지는 비례하지 않았다. 문턱 진동수 이하에서는 빛의 세기가 아무리 세더라도 전자는 방출되지 않았다.

광전 효과는 빛의 파동 이론으로 설명될 수 없다. 그러나 아인슈타인은 특이한 가정을 하였다. 그는 빛살을 입자의 흐름으로 제안하였다. 이러한 *빛의 입자*는 **광자**(photon)라고 한다. 아인슈타인은 복사선에 대한 플랑크의 양자론을 기초로 하여, 광자는 다음 식으로 주어지는 에너지 E를 가져야 한다고 추론하였다.

$$E = h\nu$$

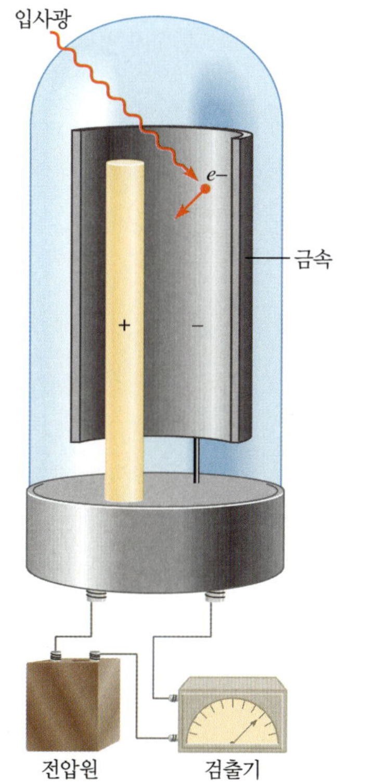

그림 7.4 • 광전 효과를 연구하는 장치. 진동수가 일정한 빛을 깨끗한 금속 표면에 비춘다. 방출된 전자들은 양극 쪽으로 끌려간다. 전자의 흐름을 검출기로 측정한다.

여기서 ν는 빛의 진동수이다. 이 식은 전자기 복사선이 광자 형태로 흡수될 뿐만 아니라 방출되기 때문에 식 (7.2)와 같은 형태를 갖는다는 점에 유의하라.

예제 7.2

(a) 파장이 3.75×10^4 nm (적외선 영역)인 광자와 (b) 파장이 3.75×10^{-2} nm (X선 영역)인 광자의 에너지를 J로 계산하시오.

▸ **전략** (a)와 (b) 모두 광자의 파장이 주어지고 그 에너지를 계산하는 문제이다. 식 (7.3)을 이용해서 에너지를 계산한다. 플랑크 상수는 본문과 책 표지 안쪽에 주어져 있다.

▸ **풀이**

(a) 식 (7.3)에서

$$E = h\frac{c}{\lambda}$$

$$= \frac{(6.63 \times 10^{-34}\ \text{J}\cdot\text{s})(3.00 \times 10^8\ \text{m/s})}{(3.75 \times 10^4\ \text{nm})\dfrac{1 \times 10^{-9}\ \text{m}}{1\ \text{nm}}}$$

$$= 5.30 \times 10^{-21}\ \text{J}$$

이것은 파장이 3.75×10^4 nm인 광자 하나가 가지는 에너지이다.

(b) (a)에서와 같은 방법에 따라 파장이 3.75×10^{-2} nm인 광자의 에너지가 5.30×10^{-15} J 인 것을 알 수 있다.

▸ **검산** 광자의 에너지는 파장이 줄어들수록 커지므로, "X 선"의 광자는 "적외선"의 광자보다 1×10^6배, 즉 백만배 더 크다.

비슷한 문제: 7.15.

▸ **실전 연습** 어떤 광자의 에너지가 5.87×10^{-20} J이다. 그 파장은 몇 nm인가?

전자는 인력에 의하여 금속 안에 잡혀 있으며, 그들을 금속으로부터 제거하여 자유롭게 떼어놓는 데는 충분히 높은 진동수(충분히 높은 에너지에 해당됨)를 가진 빛을 필요로 한다. 빛을 금속 표면에 쪼이는 것은 입자(광자)의 살을 금속 원자에 쏘는 것으로 생각할 수 있다. 만약 광자의 진동수를 이용하여 계산한 $h\nu$가 금속 내의 전자를 구속하는 에너지와 정확히 같다면, 그 빛은 전자를 떼어낼 만큼의 에너지를 갖게 된다. 진동수가 더 높은 빛을 사용한다면, 전자들은 느슨해질 뿐만 아니라 얼마간의 운동 에너지를 얻게 될 것이다. 이러한 현상은 다음 식으로 요약된다.

$$h\nu = \text{KE} + W \qquad \textbf{(7.4)}$$

여기서 KE는 방출되는 전자의 운동 에너지이고, W는 일함수(work function)로 전자가 얼마나 강하게 금속에 잡혀있는가를 나타낸다. 식 (7.4)을 다음과 같이 다시 쓰면

$$\text{KE} = h\nu - W$$

이 식은 광자의 에너지가 크면 클수록(즉, 진동수가 크면 클수록), 방출하는 전자의 운동 에너지는 더 커진다는 것을 보여준다.

이제 같은 진동수(문턱 진동수 보다 큰)를 갖고 있으나, 세기가 다른 두 빛살을 생각해 보자. 더욱 강한 빛살은 보다 많은 수의 광자들로 구성되어 있다. 결국 이 빛은 금속 표면으로부터 보다 약한 빛살보다 더욱 많은 전자를 방출하게 된다. 따라서 빛의 강도가 크면 클수록 목표 금속에 의하여 보다 많은 수의 전자를 방출시키게 되고, 빛의 진동수가 높으면 높을수록 방출하는 전자의 운동 에너지는 더욱 커진다.

예제 7.3

마그네슘 금속의 일함수는 5.86×10^{-19} J이다. (a) 이 금속에서 전자를 방출하기 위해 필요한 빛의 최소 진동수를 계산하시오. (b) 진동수 $2.00 \times 10^{15}\ s^{-1}$인 빛을 금속에 쪼였다면 방출될 전자의 운동 에너지를 계산하시오.

▸ **전략** (a) 원소의 일함수와 빛의 진동수 사이의 관계는 식 (7.4)로 주어진다. 전자를 내놓을 수 있는 빛의 최소 파장은 방출된 전자의 운동 에너지가 0인 경우이다. (b) 빛의 진동수와 일함수를 알면 방출된 전자의 운동 에너지를 구할 수 있다.

▸ **풀이** (a) 식 (7.4)에서 KE = 0으로 놓으면,

$$h\nu = W$$

그러므로

$$\nu = \frac{W}{h} = \frac{5.86 \times 10^{-19}\ \text{J}}{6.63 \times 10^{-34}\ \text{J} \cdot \text{s}} = 8.84 \times 10^{14}\ \text{s}^{-1}$$

(b) 식 (7.4)를 다시 정리하면

$$\begin{aligned} \text{KE} &= h\nu - W \\ &= (6.63 \times 10^{-34}\ \text{J} \cdot \text{s})(2.00 \times 10^{15}\ \text{s}^{-1}) - 5.86 \times 10^{-19}\ \text{J} \\ &= 7.40 \times 10^{-19}\ \text{J} \end{aligned}$$

▸ **검산** 방출된 전자의 운동 에너지(7.40×10^{-19} J)는 광자의 에너지(1.33×10^{-18} J)보다 작다. 따라서 답은 합리적이다.

비슷한 문제: 7.21.

▸ **실전 연습** 타이타늄 금속의 일함수는 6.93×10^{-19} J이다. 금속에 쪼인 빛의 진동수가 $2.50 \times 10^{15}\ s^{-1}$였다면 방출된 전자의 운동 에너지를 계산하시오.

빛에 대한 아인슈타인의 이론은 과학자들을 모순에 빠뜨렸다. 그의 이론은 광전 효과를 만족스럽게 설명하고 있지만, 빛의 입자설은 알려진 빛의 파동으로서의 거동과 일치하지 않았다. 이러한 모순을 해결하는 유일한 방법은 빛이 입자의 성질과 파동의 성질 모두를 가지고 있다는 생각을 받아들이는 것이다. 실험에 따라서 빛은 파동으로 또는 입자의 흐름으로 행동한다. 이 개념은 물리학자들이 물질과 빛에 대하여 생각했던 방법과는 전적으로 달랐으며, 그들이 이 개념을 받아들이는 데까지 시간이 오래 걸렸다. 7.4절에서 설명하는 것처럼 입자와 파동의 이중성은 빛에만 국한된 것이 아니라 전자를 포함하는 모든 물질의 특성이다.

☑ 개념 복습하기

깨끗한 금속 표면에 파장 λ_1, λ_2, λ_3로 각각 서로 다른 세 가지 빛을 쪼였다. 방출된 전자의 운동 에너지는 λ_1: 7.2×10^{-20} J, λ_2: 거의 0, λ_3: 5.8×10^{-19} J이었다. 어느 빛의 파장이 가장 짧고, 어느 빛의 파장이 가장 긴가?

7.3 보어의 수소 원자 이론

아인슈타인의 연구는 19세기 물리학에 남은 또 다른 수수께끼인 원자의 방출 스펙트럼을 푸는 방법을 제시하였다.

방출 스펙트럼

동영상
방출 스펙트럼.

17세기에 뉴턴이 태양 광선은 여러 색의 성분이 모여 백색광을 생성한다는 사실을 보인 이후로 많은 화학자와 물리학자들은 **방출 스펙트럼**(emission spectrum), 즉 *물질에 의하여 방출하*

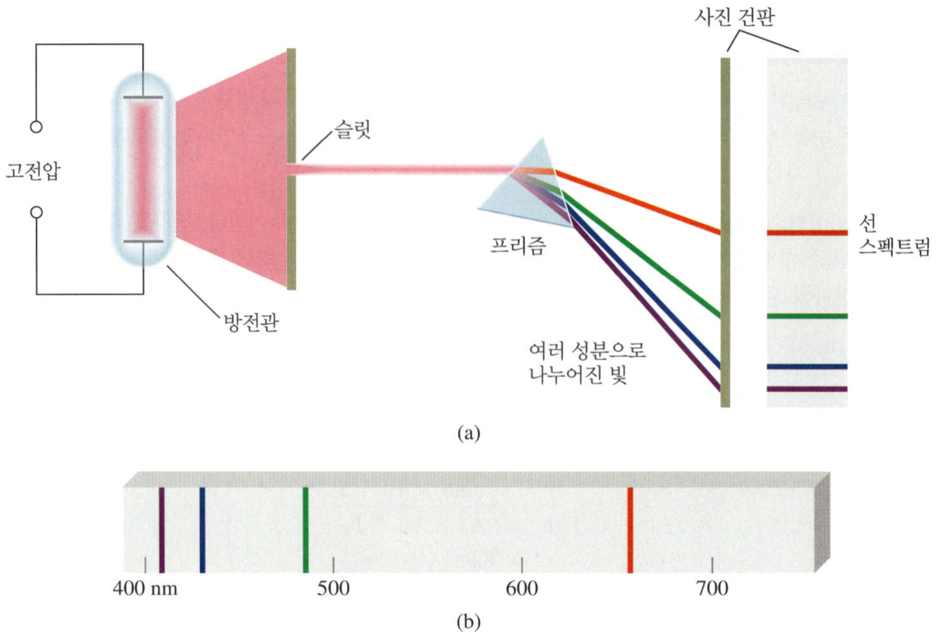

그림 7.5 • (a) 원자와 분자의 방출 스펙트럼을 연구하는 실험장치. 연구대상인 기체는 2개의 전극을 포함하는 방전관 속에 들어 있다. 전자들이 음극에서 양극으로 흐르면서 기체와 충돌한다. 이 충돌 과정으로 원자(또는 분자)들이 빛을 방출한다. 방출된 빛은 프리즘에 의해 각 구성 성분 색들로 분리된다. 각 성분 색은 그 파장에 따라 특정한 위치에 초점을 맺게 되고, 사진 건판 위의 슬릿에 색채 상을 만들게 된다. 이 색채 상을 스펙트럼 선이라고 부른다. (b) 가시광선 영역에서 수소의 선 방출 스펙트럼.

는 *연속 또는 선 스펙트럼*의 특성에 대하여 연구해 왔다. 어떤 물질의 방출 스펙트럼은 그 물질 시료에 열에너지 또는 다른 형태의 에너지(만약 그 물질이 기체라면 고전압 전기방전과 같은)를 가함으로써 얻을 수 있다. 고온 상태에서 바로 꺼낸 "붉은색의 뜨거운" 쇠 막대는 독특한 빛을 낸다. 육안으로 식별 가능한 이 빛은 방출 스펙트럼 중에서 눈으로 감지할 수 있는 부분이다. 같은 쇠 막대의 온기는 방출 스펙트럼의 또 다른 부분인 적외선 영역을 나타낸다. 태양이나 가열된 고체의 방출 스펙트럼에서 공통적인 현상은 양쪽 다 연속적인 모든 파장의 가시광선 스펙트럼이 나타난다는 것이다(그림 7.3에서 가시광선 영역 참조).

한편, 기체 상태에 있는 원자의 방출 스펙트럼은 빨간색에서 보라색까지 연속적으로 퍼진 파장들이 보이지 않는 대신, 가시광선 영역의 특정 부분에서 밝은 선 스펙트럼을 생성한다. 이와 같은 **선 스펙트럼**(line spectrum)은 *특정 파장에서만 일어나는 빛의 방출*이다. 그림 7.5는 방출 스펙트럼을 연구하는 데 사용하는 방전관의 개략적인 그림이고, 그림 7.6은 방전관 내의 수소 원자에 의하여 방출되는 빛의 색을 보여주고 있다.

모든 원소는 독특한 방출 스펙트럼을 갖는다. 지문으로 사람을 구별하는 것처럼, 원자 스펙트럼에서 특징적인 선들은 미지 원자들을 확인하는 화학 분석에 사용할 수 있다. 알려진 원소의 방출 선 스펙트럼이 미지 시료의 방출 스펙트럼의 선들과 정확하게 일치할 때, 그 시료를 확인할 수 있다.

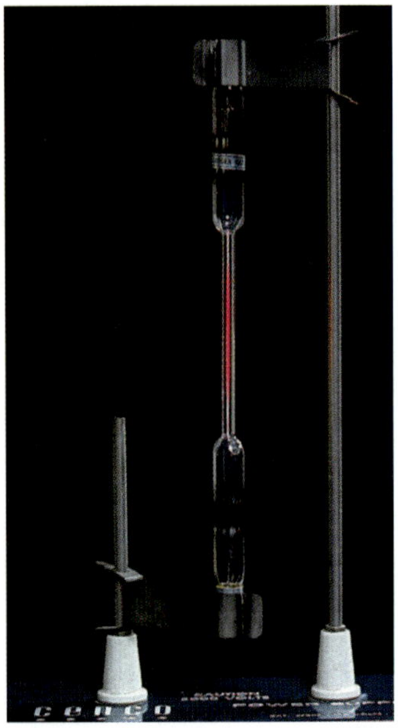

그림 7.6 • 방전관 속의 수소 원자에 의해서 방출되는 색. 관찰되는 색은 가시광선 스펙트럼에서 방출되는 색들이 섞여서 보이는 것이다.

수소 원자의 방출 스펙트럼

플랑크와 아인슈타인의 발견이 있은 지 얼마 되지 않은 1913년에 덴마크의 물리학자 보어(Niels Bohr)는 수소 원자의 방출 스펙트럼에 대한 이론적인 설명을 제시하였다. 보어의 이론은 대단히 복잡하며, 이론의 세밀한 부분은 이제 더 이상 옳게 받아들여지지 않는다. 따라서 그가 세웠던 의미 있는 가정과 선 스펙트럼을 설명해 주는 최종 결과에만 초점을 맞추어 본다.

고전 물리학에 따르면 수소 원자의 궤도를 도는 전자는 전자기파 형태로 에너지를 복사하고 핵 쪽으로 가속도를 받아야만 한다. 따라서 그런 전자는 급격하게 핵으로 나선 궤도를 돌며 다가가 양성자와 만나 소멸하게 될 것이다. 이런 일이 일어나지 않는 것을 설명하기 위해서, 보어는 전자가 특정한 에너지를 가지고 특정한 궤도에만 있을 수 있다고 가정하였다. 바꾸어 말하면, 전자의 에너지는 양자화되어 있다. 이 가능한 궤도에 있는 전자는 복사 에너지도 내놓지 않을 것이므로, 핵 속으로 나선 궤도를 돌며 다가가지 않을 것이다. 보어는 에너지를 가진 수소 원자가 방출 스펙트럼을 내놓는 것을 전자가 높은 에너지의 궤도로부터 보다 낮은 에너지를 가진 궤도로 떨어지면서 빛의 형태로 된 에너지 양자를 잃는 것으로 설명하였다(그림 7.7). 보어는 수소 원자의 전자가 가질 수 있는 에너지는 다음 식으로 주어진다고 설명하였다.

$$E_n = -R_H\left(\frac{1}{n^2}\right) \tag{7.5}$$

여기서 R_H는 수소 원자에 대한 리드베리(Rydberg) 상수[스웨덴 물리학자 리드베리(Johannes Rydberg)에서 유래]로서 2.18×10^{-18} J의 값을 갖는다. n은 1, 2, 3, ... 의 정수로서 주양자수(principal quantum number)라고 부른다.

식 (7.5)에서 음의 부호는 임의의 약속으로, 원자 내에 있는 전자의 에너지는 원자핵으로부터 무한히 멀리 떨어진 **자유 전자**(free electron)의 에너지보다 *낮다는* 것을 의미한다. 자유 전자의 에너지는 임의로 0으로 정의한다. 수학적으로 이것은 식 (7.5)에서 n을 무한대로 놓는 데 해당한다. 따라서 $E_\infty = 0$이다. 전자가 핵에 가까이 감(n 값 감소)에 따라, E_n의 절대값은 더욱 커지며 더욱 큰 음의 값을 가지게 된다. 가장 큰 음의 값은 $n = 1$일 때에 도달하는데, 이것은 가장 안정한 에너지 상태에 해당한다. 이것을 **바닥 상태**(ground state) 또는 **바닥 에너지 준위**(ground level)라고 부르는데, 이는 어떤 계(이 경우에는 원자)*의 가장 낮은 에너지 상태*를 언급하는 것이다. $n = 2, 3, \ldots$ 에 대하여 전자의 안정도는 감소하며, 이들 각각의 에너지 준위는 *바닥 상태보다 높은 에너지*에 해당하는 **들뜬 상태**(excited state 또는 excited level)라고 부른다. $n = 1$ 보다 큰 수소 원자의 전자는 들뜬 상태에 있다고 말한다. 보어 모형에서 각 원형 궤도의 반경은 n^2에 의존한다. 그러므로 n이 1에서 2와 3으로 증가함에 따라서 궤도의 반경은 급격하게 증가한다. 들뜬 상태가 높으면 높을수록 전자는 핵으로부터 더욱 멀리 떨어진다(그리고 핵에 느슨하게 잡혀 있게 된다).

보어 이론으로 수소 원자의 선 스펙트럼을 설명할 수 있다. 원자에 의해 흡수된 복사 에너지는 전자를 더 낮은 에너지 상태(더 작은 n 값)로부터 더 높은 에너지 상태(더 큰 n 값)로 이동하게 한다. 반대의 경우, 전자가 더 높은 에너지 상태로부터 더 낮은 에너지 상태로 이동할 때 복사 에너지는 광자의 형태로 방출된다. 전자가 한 에너지 상태로부터 다른 에너지 상태로 양자화되어 움직이는 것은 공이 계단을 오르거나 내려가는 운동과 유사하다(그림 7.8). 공은 계단 중 어느 곳에나 놓일 수 있지만, 계단 사이에는 놓일 수 없다. 더 낮은 계단으로부터 더 높은 계단으로 이동하는 것은 에너지를 얻는 과정이다. 더 높은 계단으로부터 더 낮은 계단으로 이동하는 것은 에너지를 잃는 과정이다. 이런 형태의 변화에 수반되는 에너지의 양은 시작하는 계단과 끝나는 계단 간의 거리에 의하여 결정된다. 이와 유사하게 보어 원자 내에 있는 전자를 움직이는 데 필요한 에너지의 양은 처음과 마지막 상태의 에너지 준위의 차로부터 계산할 수 있다.

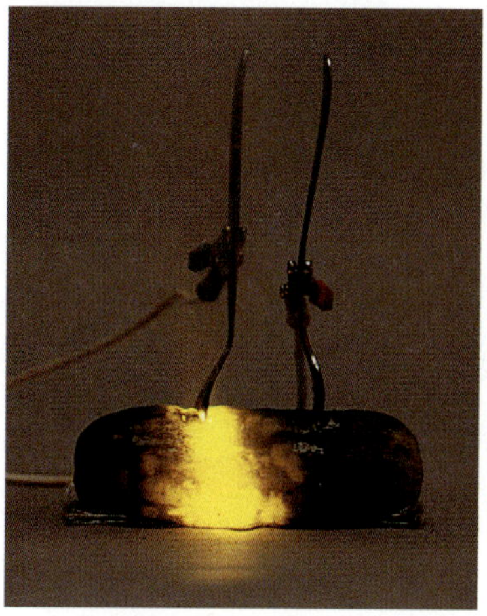

포크 사이에 높은 전압을 걸면, 오이 피클 안에 있는 소듐 이온 중 일부가 들뜬 상태의 소듐 원자로 바뀐다. 이 원자들은 특징적인 노란 빛을 방출하고, 바닥 상태로 떨어진다.

전자가 처음에 주양자수 n_i인 들뜬 상태에 있다고 가정하고 식 (7.5)를 수소 원자의 방출 과정을 설명하는 데 적용해 보자. 방출 과정 동안 전자는 주양자수 n_f인 더 낮은 에너지 상태로 떨어진다[아래첨자 i와 f는 각각 초기(initial)와 최종(final) 상태를 나타낸다]. 이와 같은 낮은 에너지 상태는 덜 들뜬 상태거나 또는 바닥 상태가 될 수 있다. 초기와 최종 상태간의 에너지 차는 다음과 같다.

$$\Delta E = E_f - E_i$$

식 (7.5)로부터

$$E_f = -R_H\left(\frac{1}{n_f^2}\right)$$

$$E_i = -R_H\left(\frac{1}{n_i^2}\right)$$

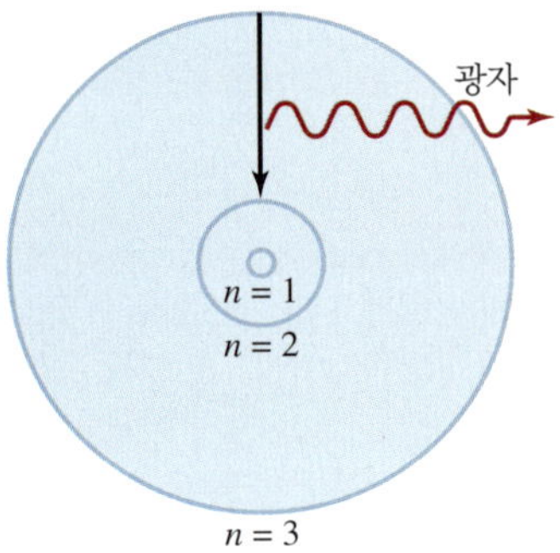

그림 7.7 • 보어의 이론에 따른 들뜬 수소 원자의 방출 과정. 원래 높은 에너지의 궤도(n = 3)에 있던 전자가 낮은 에너지의 궤도(n = 2)로 떨어지고 결과적으로 h의 에너지를 갖는 광자가 방출된다. $h\nu$이라는 양은 방출과정에서 전자에 의해 채워진 두 궤도 사이의 에너지 차와 같다. 간단히 표시하기 위해 그림에는 3개의 궤도만 나타내었다.

따라서

$$\Delta E = \left(\frac{-R_H}{n_f^2}\right) - \left(\frac{-R_H}{n_i^2}\right)$$
$$= R_H\left(\frac{1}{n_i^2} - \frac{1}{n_f^2}\right)$$

이 전이는 진동수는 ν이고 에너지는 $h\nu$인 광자 방출의 결과이기 때문에, 두 궤도의 에너지 차(ΔE)를 다음 식으로 쓸 수 있다.

$$\Delta E = h\nu = R_H\left(\frac{1}{n_i^2} - \frac{1}{n_f^2}\right) \quad \textbf{(7.6)}$$

광자가 방출될 때는 $n_i > n_f$이다. 괄호 안의 항은 음이고, ΔE도 음이다(에너지를 주위로 잃게 된다). 에너지가 흡수될 때는 $n_i < n_f$이고, 괄호 안의 항은 양이다. 따라서 ΔE도 양이다. 방출 스펙트럼에서 각 스펙트럼 선은 수소 원자에서 특정한 전이에 해당된다. 많은 수의 수소 원자들을 연구해 보면, 가능한 모든 전이와 그에 대응하는 방출 스펙트럼을 관측할 수 있다. 스펙트럼 선의 밝기는 동일한 파장의 광자들이 얼마나 많이 방출되는가에 달려있다.

수소 원자의 방출 스펙트럼은 적외선부터 자외선까지의 넓은 영역의 파장을 포함하고 있다. 표 7.1은 수소 원자 스펙트럼에서 가능한 여러 전이들을 나타내고 있다. 각 계열의 스펙트럼은 발견자들의 이름을 붙였다. 발머(Balmer) 계열은 몇몇 선들이 가시광선 영역에 들기 때문에 특히 연구하기 쉬웠다.

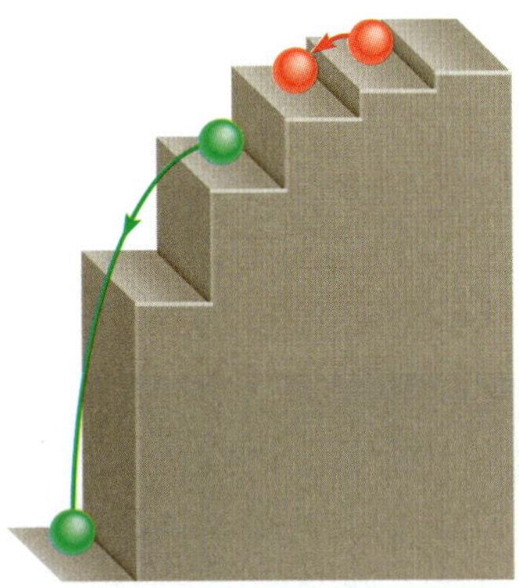

그림 7.8 • 방출 과정과 유사한 역학적 비유. 공은 아무 계단 위에 머물 수 있지만, 계단 사이에는 머물 수 없다.

그림 7.7은 한 가지 전이를 보인 것이나 그림 7.9처럼 전이들을 표시하는 것이 더 많은 정보를 제공한다. 각 수평선은 수소 원자의 전자에 대한 허용된 에너지 준위를 나타낸다. 에너지 준위들은 해당되는 주양자수로 표시하였다.

예제 7.4

수소 원자의 n_i = 5 상태에서 n_f = 2 상태로 전이할 때 방출되는 광자의 파장은 몇 나노미터인가?

▸ **전략** 방출 과정에 대한 초기 상태와 최종 상태가 주어졌다. 식 (7.6)을 이용하여 방출되는 광자의 에너지를 계산할 수 있다. 그 다음 식 (7.2)와 (7.1)을 이용하여 광자의 파장을 구할 수 있다. 리드베리(Rydberg) 상수 값은 본문 중에 있다.

▸ **풀이** 식 (7.6)에서

$$\Delta E = R_H\left(\frac{1}{n_i^2} - \frac{1}{n_f^2}\right)$$
$$= 2.18 \times 10^{-18}\,\text{J}\left(\frac{1}{5^2} - \frac{1}{2^2}\right)$$
$$= -4.58 \times 10^{-19}\,\text{J}$$

음의 부호는 에너지가 주위로 방출된다는 규약과 일치된다.

음의 부호는 이 에너지가 방출 과정에 연관되어 있다는 것을 나타낸다. 파장을 계산하기 위해서 광자의 파장은 항상 양수이기 때문에 ΔE에 대한 음의 부호를 생략한다. $\Delta E = h\nu$ 또는 $\nu = \Delta E/h$ 이므로, 광자의 파장을 계산할 수 있다.

표 7.1 여러 계열의 수소 원자 방출 스펙트럼

계열	n_f	n_i	스펙트럼 영역
라이먼(Lyman)	1	2, 3, 4, . . .	자외선
발머(Balmer)	2	3, 4, 5, . . .	가시광선과 자외선
파셴(Paschen)	3	4, 5, 6, . . .	적외선
브라켓(Brackett)	4	5, 6, 7, . . .	적외선

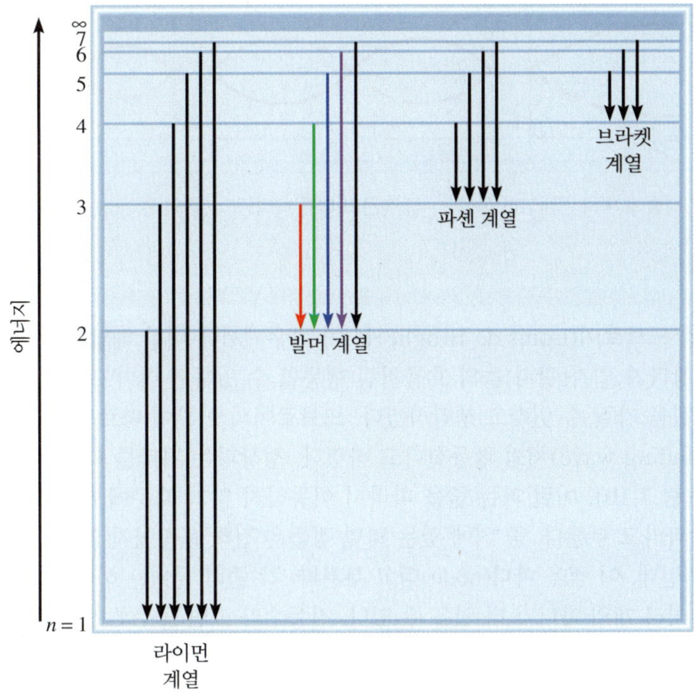

그림 7.9 • 수소 원자의 에너지 준위와 여러 방출 계열. 각 에너지 준위는 보어에 의해 제안되었고, 그림 7.7에 나타낸 궤도의 허용된 에너지 상태와 관련된 에너지에 해당한다. 방출선들은 표 7.1에 도표화한 대로 나타낸다.

$$
\begin{aligned}
\lambda &= \frac{c}{\nu} \\
&= \frac{ch}{\Delta E} \\
&= \frac{(3.00 \times 10^{8}\ \text{m/s})(6.63 \times 10^{-34}\ \text{J} \cdot \text{s})}{4.58 \times 10^{-19}\ \text{J}} \\
&= 4.34 \times 10^{-7}\ \text{m} \\
&= 4.34 \times 10^{-7}\ \text{m} \times \left(\frac{1\ \text{nm}}{1 \times 10^{-9}\ \text{m}}\right) = \boxed{434\ \text{nm}}
\end{aligned}
$$

▸ **검산** 파장은 전자기파의 가시광선 영역이다(그림 7.3 참조). 이것은 $n_f = 2$이므로 이 전이가 발머(Balmer) 계열의 선 스펙트럼을 만든다는 사실과 일치한다(표 7.1 참조).

비슷한 문제: 7.31, 7.32.

▸ **실전 연습** 수소 원자가 $n_i = 6$인 상태에서 $n_f = 4$인 상태로 전이할 때 방출되는 광자의 파장은 몇 나노미터인가?

☑ 개념 복습하기

수소 원자에서 어떤 전이가 더 짧은 파장의 빛을 방출하는가? (a) $n_i = 5 \longrightarrow n_f = 3$, (b) $n_i = 4 \longrightarrow n_f = 2$.

7.4 전자의 이중성

물리학자들은 보어(Bohr) 이론에 어리둥절해 하면서도 흥미를 느끼게 되었다. 그들은 수소의 전자 에너지가 어떻게 양자화되는지 좀더 구체적으로 표현하자면, 왜 원자 안에 있는 전자가 일정 거리에서만 핵 주위를 회전해야 하는지에 대한 의문을 제기하였다. 그러나 10년 동안 보어 자신을 포함해서 아무도 이에 대한 논리적인 설명을 할 수 없었다. 1924년에 프랑

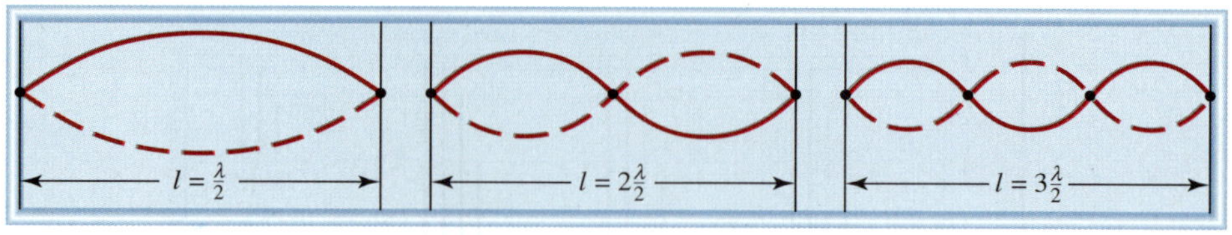

그림 7.10 • 기타줄에 의해 만들어진 정상파. 각 점은 마디를 나타낸다. 줄의 길이(l)는 파장의 반(λ/2)의 정수배와 같아야 한다.

스 물리학자인 드브로이(Louis de Broglie)는 이 수수께끼에 대한 해답을 제공하였다. 드브로이는 만약 광파가 입자(광자)들의 흐름처럼 행동할 수 있다면 아마도 전자와 같은 입자들은 파동의 성질을 가질 수 있다고 생각하였다. 드브로이의 이론에 따르면, 핵에 예속된 전자는 **정상파**(standing wave)처럼 행동한다고 하였다. 정상파는 기타줄 따위를 튕겨서 발생시킬 수 있다(그림 7.10). 이런 파는 줄을 따라서 이동하지 않기 때문에 제자리에서 진동하는 파동 즉, 정상파라고 부른다. 줄 위에 있는 몇몇 점들은 전혀 움직이지 않는다. 즉, 이 점에서 *파의 진폭은 0*인데, 이 점을 **마디**(node)라고 부른다. 각 줄의 끝에는 하나의 마디가 있고, 양쪽 끝 사이에 여러 개의 마디가 더 있을 수 있다. 진동수가 크면 클수록 정상파의 파장은 더욱 짧아지고, 마디의 수는 늘어난다. 그림 7.10에 나타난 바와 같이 한 줄에서 허용되는 운동에 따라 특정한 파장만이 존재할 수 있다.

드브로이는 만약 전자가 수소 원자 내에서 정상파처럼 행동한다면, 파장은 정확히 궤도의 원주와 일치되어야 한다고 주장하였다(그림 7.11). 그렇지 않다면, 그 파동은 연속적인 궤도상에서 자신의 일부를 상쇄하게 될 것이다. 결국 파의 진폭은 점점 줄어들어 0이 될 것이고 그 파는 존재하지 않게 될 것이다.

전자의 허용된 궤도의 원주($2\pi r$)와 파장(λ) 간의 관계는 다음 식으로 주어진다.

$$2\pi r = n\lambda \qquad (7.7)$$

여기서 r은 궤도 반지름이고, λ는 전자 파동의 파장이며, $n = 1, 2, 3, \ldots$ 이다. n이 정수이기 때문에 n이 1로부터 2, 3 등으로 증가함에 따라 r은 특정한 값만을 갖게 된다. 전자의 에너지는 궤도의 크기(또는 r의 값)에 의존하기 때문에 이것 또한 양자화되어야 한다.

드브로이의 생각은 파동은 입자처럼 행동할 수 있고, 입자는 파동의 성질을 나타낼 수 있다는 결론에 도달하게 되었다. 드브로이는 입자와 파동의 성질이 다음 식으로 표현될 수 있다고 추측하였다.

$$\lambda = \frac{h}{mu} \qquad (7.8)$$

여기서 λ, m, u는 각각 움직이는 입자와 연관된 파장, 입자의 질량 및 속도이다. 식 (7.8)은 움직이는 입자는 파동으로 취급할 수 있고, 파동은 입자의 성질을 나타낸다는 것을 의미한다. 식 (7.8)에서 좌변의 파장은 파동의 성질을 포함하는 반면, 우변은 질량에 기준을 두고 있는데, 질량은 분명 입자의 성질이다.

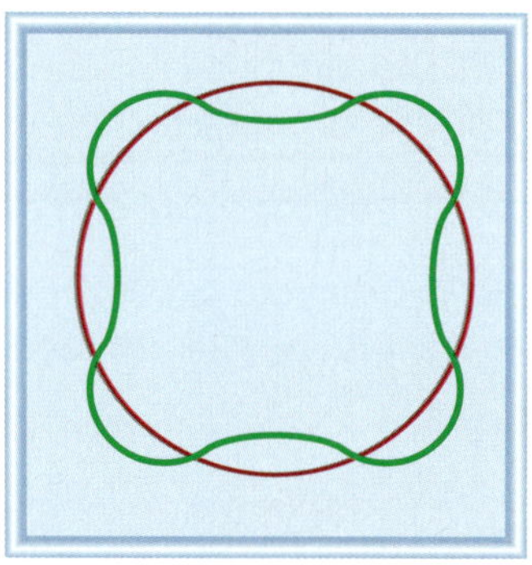

(a)

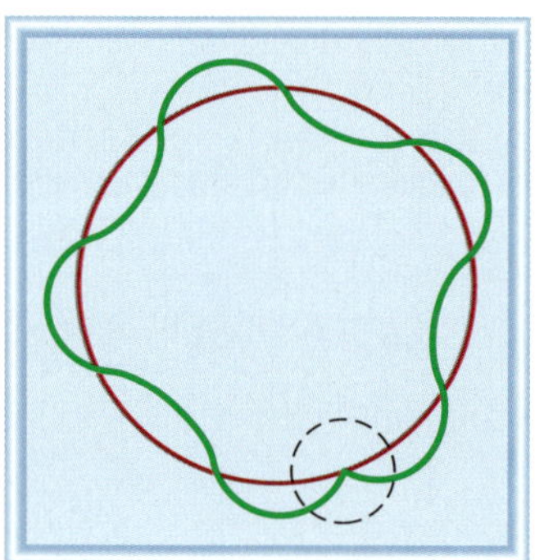

(b)

그림 7.11 • (a) 궤도의 둘레는 파장의 정수배와 같다. 이것은 허용된 궤도이다. (b) 궤도의 둘레가 파장의 정수배와 같지 않다. 결과적으로 전자의 파동은 그 자신과 겹쳐지지 못한다. 이는 허용되지 않는 궤도이다.

예제 7.5

다음 두 경우에서 "입자"의 파장을 계산하시오. (a) 45 m/s로 움직이는 5.50×10^{-2} kg 테니스 공과 관련된 파장을 계산하시오. (b) 45 m/s로 움직이는 전자(질량 9.1094×10^{-31} kg)와 관련된 파장을 계산하시오.

▸ **전략** (a)와 (b)에서 입자의 질량과 속도가 주어지고 파장을 계산하므로, 식 (7.8)을 필요로 한다. 플랑크 상수의 단위는 J · s이므로, m과 u는 각각 kg과 m/s 단위여야 한다($1 \text{ J} = 1 \text{ kg m}^2/\text{s}^2$).

▸ **풀이** (a) 식 (7.8)을 이용한다,

$$\lambda = \frac{h}{mu}$$
$$= \frac{6.63 \times 10^{-34}\ \text{J} \cdot \text{s}}{(5.50 \times 10^{-2}\ \text{kg}) \times 45\ \text{m/s}}$$
$$= 2.7 \times 10^{-34}\ \text{m}$$

▸ **해설** 이 길이는 원자 자체의 크기인 1×10^{-10} m를 생각하면 매우 짧은 파장이다. 이러한 이유로 테니스 공의 파동 성질은 현존하는 장치로는 측정할 수 없다.

(b) 이 경우는 다음과 같다,

$$\lambda = \frac{h}{mu}$$
$$= \frac{6.63 \times 10^{-34}\ \text{J} \cdot \text{s}}{(9.1094 \times 10^{-31}\ \text{kg}) \times 45\ \text{m/s}}$$
$$= 1.6 \times 10^{-5}\ \text{m}$$

▸ **해설** 이 파장 (1.6×10^{-5} m 즉, 1.6×10^{4} nm)은 적외선 영역이다. 이 계산은 전자(그리고 다른 소립자)들이 측정 가능한 파장을 가진다는 것을 보여준다.

비슷한 문제: 7.40, 7.41.

▸ **실전 연습** 수소 원자(질량 = 1.674×10^{-27} kg)가 7.00×10^{2} cm/s의 속도로 움직일 때 파장을 나노미터로 계산하시오.

예제 7.5에서 알 수 있듯이 드브로이 식이 다양한 계에 적용될 수 있지만, 파동의 성질은 초미세 물질에 대해서만 관측 가능하다는 사실을 보여주고 있다.

드브로이의 식이 소개된 직후 미국의 데이비슨(Clinton Davission), 저머(Lester Germer), 영국의 톰슨(G. P. Thomson)은 전자가 파동성을 가진다는 사실을 증명하였다. 톰슨은 얇은 금박 조각에 전자살을 쪼였을 때, 파동인 X선을 사용할 때와 같은 패턴인 동심원 고리들을 스크린에서 얻을 수 있었다. 그림 7.12는 알루미늄에 대해서 얻어지는 패턴을 보여준다.

☑ 개념 복습하기

식 (7.8)에서 어떤 부분이 거시적 물체에서 파동 성질이 관찰되지 않는 사실을 설명해 주는가?

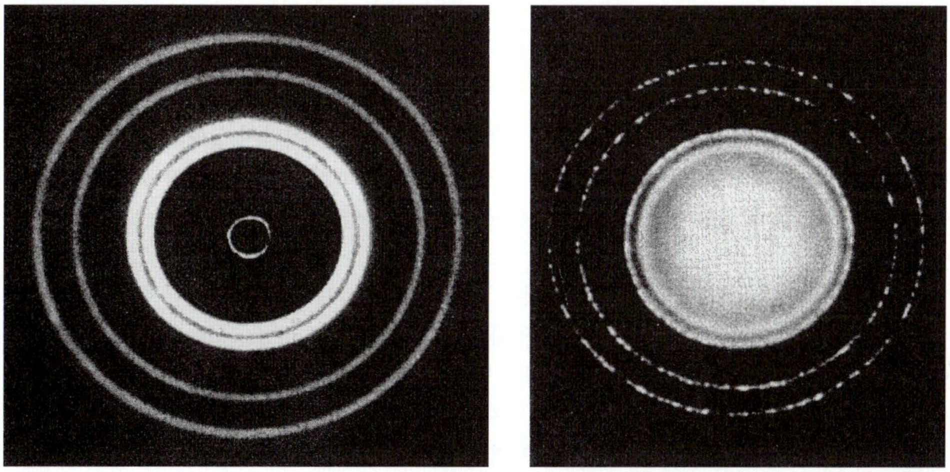

그림 7.12 • (a) 알루미늄 박막의 X선 회절. (b) 알루미늄 박막의 전자 회절. 이들 두 회절 패턴은 유사성을 나타내는데 전자는 X선과 같이 행동하며, 파동의 성질을 나타낸다.

7.5 양자역학과 양자수

실제로 보어 이론은 수소의 방출 스펙트럼 뿐만 아니라 He^+와 Li^{2+} 이온의 관찰된 방출 스펙트럼도 설명하였다. 하지만 이 세 가지는 모두 전자 한 개만을 포함한다는 공통점이 있다. 따라서 보어 모형은 수소 원자 및 수소와 유사한 이온에 대해서만 잘 들어맞는다.

보어 이론의 화려한 성공 뒤에 연속적인 실망이 뒤따르게 되었다. 즉, 보어 이론으로는 헬륨이나 리튬 원자와 같이 둘 이상의 전자를 포함하는 원자들의 방출 스펙트럼은 설명할 수 없었다. 또한 자기장을 걸었을 때, 수소 원자 방출 스펙트럼에서 왜 여분의 선들이 나타나는가를 설명하지 못하였다. 전자가 파동과 같다는 것이 발견되자 또 다른 문제가 생겼다. 즉, 어떻게 파의 "위치"를 결정할 수 있는가? 파동은 공간에 퍼져있기 때문에 파동의 정확한 위치를 정의할 수 없다.

전자의 이중성은 전자의 질량이 너무 작기 때문에 특별히 어려운 문제였다. 파동과 같이 행동하는 아원자 입자들의 위치를 설명하기 위하여, 독일 물리학자인 하이젠베르크(Werner Heisenberg)는 오늘날 **하이젠베르크의 불확정성 원리**(Heisenberg uncertainty principle)로 알려진 "입자의 운동량(질량과 속도의 곱)과 위치를 동시에 정확하게 아는 것은 불가능하다"는 수식을 제안하였다. 다시 말해서 어떤 입자의 운동량을 정확히 측정하기 위해서는 입자의 위치에 대한 덜 정확한 지식에 머물러야 하고 그 역도 그러하다. 하이젠베르크의 불확정성 원리를 수소 원자에 적용하면 전자의 정확한 위치와 정확한 운동량을 동시에 아는 것이 불가능하다는 것을 알게 된다. 따라서 전자가 잘 정의된 궤도에 따라 핵 주위를 돈다고 생각하는 것은 부적절하다.

분명한 점은 보어가 원자를 이해하는 데 크게 기여하였고, 원자 속 전자의 에너지가 양자화되었다는 그의 설명은 아무런 문제가 되지 않는다는 점이다. 그러나 그의 이론은 원자 안에 있는 전자의 거동을 완벽하게 설명하지는 못했다. 1926년 오스트리아의 물리학자 슈뢰딩거(Erwin Schrödinger)는 복잡한 수학적 기법을 사용하여 소립자의 거동과 에너지를 기술하는 식을 만들었다. **슈뢰딩거 방정식**(Schrödinger equation)은 질량 m으로 나타낸 입자성과 계(예를 들면, 원자 내의 전자)의 공간상의 위치에 의존하는 *파동함수* ψ(psi)로 나타낸 파동성이 통합되어 있다는 사실을 아는 것은 매우 중요하다.

파동함수 그 자체는 직접적인 물리적 의미를 갖지 않는다. 그러나 공간상의 어느 지역에서 전자를 발견할 확률은 파동함수의 제곱인 ψ^2에 비례한다. ψ^2을 확률에 관련시키는 생각은 파동 이론과 유사성에서 온 것이다. 파동 이론에 의하면, 빛의 세기는 파의 진폭의 제곱 또는 파동함수의 제곱 ψ^2에 비례한다. 광자를 발견할 가능성이 가장 높은 지역은 세기가 가장 큰, 즉 ψ^2의 값이 최대인 곳이다. 비슷한 논리로 ψ^2을 핵 주변의 지역에서 전자를 발견할 가능성과 관련시키고 있다.

슈뢰딩거 방정식은 물리학과 화학에서 새로운 시대를 열었다. 왜냐하면 새로운 분야인 *양자역학*(파동역학이라고 부르기도 함)이 시작되었기 때문이다. 보어가 수소 원자에 대하여 설명한 1913년부터 1926년까지 개발한 양자역학을 "전기 양자론(old quantum theory)"이라고 부른다.

수소 원자의 양자역학적 설명

슈뢰딩거 방정식은 전자가 수소 원자에서 가질 수 있는 가능한 에너지 상태와 그에 상응하는 파동함수(ψ)를 정해준다. 에너지 상태와 파동함수는 일련의 양자수에 의하여 결정된다(양자수에 대해서는 곧 설명할 것이다). 양자수로서 수소 원자를 잘 설명할 수 있는 모형을 세울 수 있다.

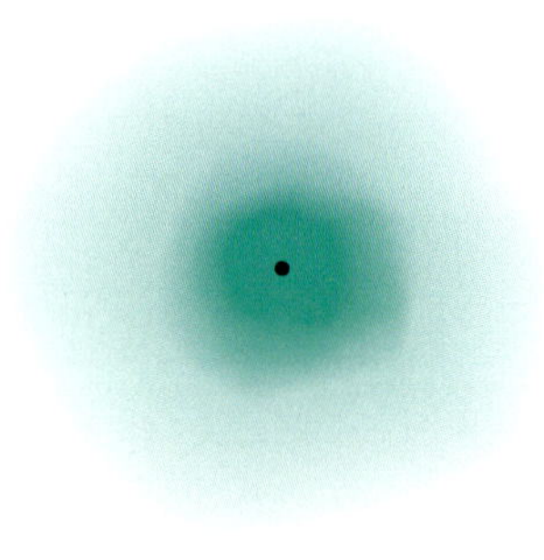

그림 7.13 • 수소 원자 내의 핵 주위를 둘러싼 전자 밀도 분포. 핵에 가까울수록 전자를 발견할 확률이 높아짐을 알 수 있다.

양자역학이 원자 내에서 전자의 위치를 정확하게 지적해 줄 수 없지만, 주어진 시각에 전자가 있을 만한 영역을 정의해 줄 수는 있다. **전자 밀도**(electron density)란 개념은 *원자의 어떤 특별한 영역에서 전자가 발견될 확률*을 말한다. 파동함수의 제곱 ψ^2은 핵 주위의 3차원 공간에서의 전자 밀도 분포를 정해 준다. 전자 밀도가 높은 영역은 전자가 위치하는 높은 확률을 나타내고, 반면에 전자 밀도가 낮은 영역에서는 그 반대를 뜻한다(그림 7.13).

원자에 대한 양자역학적 설명을 보어 모형의 설명과 구별하기 위하여 원자궤도 대신에 원자 궤도함수로 설명하는 것이 보다 효과적이다. **원자 궤도함수**(atomic orbital)는 *원자 내에서 전자의 파동함수*로 생각할 수 있다. 전자가 어떤 궤도함수 내에 있다고 말할 때, 전자 밀도의 분포 즉, 공간 내에서 전자를 발견할 확률은 그 궤도함수와 관련된 파동함수의 제곱으로 기술됨을 의미한다. 그러므로 원자 궤도함수는 전자 밀도의 특징적 분포와 동시에 특정한 에너지를 갖게 되는 것을 설명해 준다.

슈뢰딩거 방정식은 양성자 하나와 전자 하나를 가진 간단한 수소 원자에 대해서는 잘 설명한다. 그러나 둘 이상의 전자를 가진 원자에 대해서는 정확한 해를 구할 수 없다는 사실이 밝혀졌다. 다행히 물리학자들과 화학자들은 근사법을 이용하여 이런 종류의 어려움을 피해가는 방법을 알아내었다. 예를 들면, **다전자 원자**(many-electron atom, 2개 이상의 전자를 포함하고 있는 원자) 내에 있는 전자의 거동이 수소 원자 내에서와 같지는 않더라도, 그 차이는 그렇게 크지 않을 것으로 가정한다. 따라서 수소 원자로부터 얻은 에너지와 파동함수를 보다 복잡한 원자 내에 있는 전자들에 대한 거동을 설명하는 데 적당한 근사로 사용할 수 있다. 실제로 이와 같은 근사법은 다전자 원자 내 전자의 거동에 대해 상당히 신뢰할 수 있는 설명을 해준다.

헬륨 원자는 두 개의 전자만을 가지지만, 양자역학에서는 다전자 원자로 간주된다.

☑ 개념 복습하기

수소 원자에서 전자에 대한 ψ와 ψ^2 사이의 차이는 무엇인가?

양자역학에서 *수소와 다른 원자들 안에 들어 있는 전자들의 분포를 설명하는 데* 세 개의 **양자수**(quantum number)가 필요하다. 이들 양자수는 수소 원자에 대한 슈뢰딩거 방정식의 수학적인 해로부터 유도된 것이다. 그들을 *주양자수*(principal quantum number), *각운동량 양자수*(angular momentum quantum number), *자기양자수*(magnetic quantum number)라고 부른다. 이들 양자수는 원자 궤도함수를 기술하고, 또한 원자 안에 있는 전자를 표시하는 데 사용한다. 네 번째 양자수인 *스핀 양자수*(spin quantum number)는 원자 안에 있는 특정 전자의 거동을 설명하고, 원자 안에 있는 전자를 완전하게 설명할 수 있게 해준다.

주양자수(n)

주양자수(n)는 1, 2, 3, . . . 등과 같은 정수 값을 갖는다. 이 양자수는 식 (7.5)에 있는 양자수에 해당한다. 수소 원자에서 n 값은 궤도함수의 에너지를 결정한다. 다전자 원자의 경우에는 이것이 성립하지 않는다. 또한 주양자수는 특정 궤도함수에서 핵과 전자간의 평균 거리에 관계한다. n이 클수록 궤도함수 내에 있는 전자와 핵 사이의 거리는 더 멀어지고, 따라서 궤도함수도 커진다.

식 (7.5)는 수소 원자에 대해서만 나타낸다.

각운동량 양자수(ℓ)

각운동량 양자수(ℓ)는 궤도함수의 "모양"을 말해준다(7.7절 참조). ℓ 값은 주양자수 n 값에 의존한다. 주어진 n 값에 대하여 ℓ은 0부터 $(n - 1)$까지의 정수 값을 갖는다. $n = 1$이라면, ℓ 값은 하나만 가능하다. 즉, $\ell = n - 1 = 1 - 1 = 0$이다. $n = 2$라면, ℓ 값은 0과 1로 주어진다. $n = 3$ 이라면, ℓ 값은 0, 1, 2로 주어진다. ℓ 값은 일반적으로 다음과 같이 $s, p, d, . . .$ 로 나타낸다.

ℓ의 값은 궤도함수의 형태에 따라 고정된다.

ℓ	0	1	2	3	4	5
궤도함수의 이름	s	p	d	f	g	h

그러므로 $\ell = 0$이면 s 궤도함수라고 부르며, $\ell = 1$이면 p 궤도함수라고 부른다.

동일한 n 값을 가진 궤도함수들의 집합을 종종 껍질(shell)이라고 부른다. 같은 n과 ℓ 값을 가진 둘 이상의 궤도함수들의 집합을 부껍질(subshell)이라고 부른다. 예를 들면, $n = 2$인

2s에서 "2"는 n 값, "s"는 ℓ값을 표시한 것임을 기억하라.

껍질은 (n = 2에 대해서 가능한 값인) $\ell = 0$와 1인 부껍질로 구성되어 있다. 이 부껍질들을 각각 2s와 2p 부껍질이라 부르는데, 여기서 2는 n 값을 나타내고, s와 p는 ℓ 값을 나타낸다.

자기양자수(m_ℓ)

자기양자수(m_ℓ)는 공간상에서 궤도함수의 방향(7.6절 참조)을 기술한다. 부껍질 안에서 m_ℓ의 값은 각운동량 양자수 ℓ 값에 의존한다. 어떤 ℓ 값에 대하여, 다음과 같이 m_ℓ의 $(2\ell + 1)$개의 정수 값이 존재한다.

$$-\ell, (-\ell + 1), \ldots 0, \ldots (+\ell - 1), +\ell$$

$\ell = 0$이면 $m_\ell = 0$이다. $\ell = 1$이면, -1, 0, 1로 이름이 붙는 세 개 $[(2 \times 1) + 1]$의 m_ℓ 값이 존재한다. $\ell = 2$ 이면 -2, -1, 0, 1, 2로 이름이 붙는 다섯 개 $[(2 \times 2) + 1]$의 m_ℓ 값이 존재한다. m_ℓ 값의 수는 특정 ℓ 값을 가진 부껍질 내의 궤도함수의 수를 나타낸다.

이러한 세 가지 양자수에 대한 결론으로, $n = 2$와 $\ell = 1$인 경우를 생각해 보자. n과 ℓ 값으로 볼 때 2p 부껍질이고, 그 부껍질 안에는 *세 개의* 2p 궤도함수가 있다(왜냐하면 3개 m_ℓ 값이 -1, 0, 1로 주어지기 때문이다).

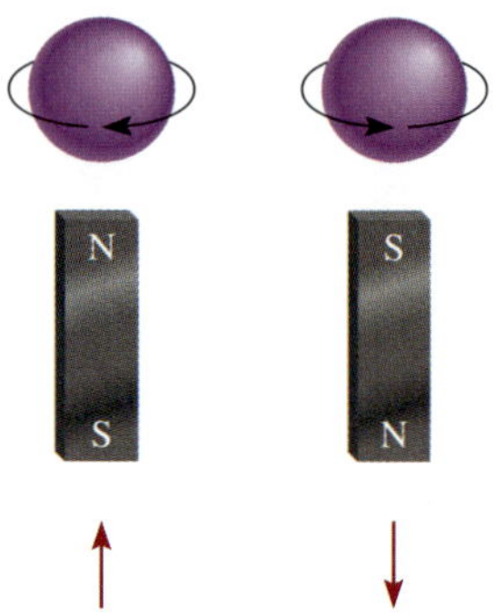

그림 7.14 • 전자의 (a) 시계 방향, (b) 반시계 방향으로의 스핀. 이 두 회전 운동에 의해 발생하는 자기장은 두 막대자석으로부터 발생하는 것과 유사하다. 위 방향과 아래 방향으로의 화살표는 스핀의 두 방향을 나타낸다.

전자 스핀양자수(m_s)

수소와 소듐의 방출 스펙트럼 실험에서 외부 자기장을 걸어주면 방출 스펙트럼의 선들이 분리되는 것을 발견하였다. 물리학자들이 이와 같은 결과를 설명할 수 있는 유일한 방법은 전자가 조그마한 자석처럼 행동한다는 것이다. 지구가 지축을 중심으로 회전하듯이 전자가 자신의 축을 중심으로 회전한다면, 전자의 자기적 성질을 설명할 수 있다. 전자기 이론에 의하면 자전하는 전하는 자기장을 생성하는데, 그것이 바로 전자가 자석처럼 행동하는 이유가 된다. 그림 7.14는 전자의 두 가지 가능한 스핀(자전) 운동을 보여주고 있다. 그 중 하나는 시계 방향이고, 다른 하나는 반시계 방향이다. 전자의 스핀을 설명하기 위하여, 전자 스핀양자수(m_s)라고 하는 네 번째 양자수를 도입할 필요가 있다. 스핀양자수는 $+\frac{1}{2}$ 또는 $-\frac{1}{2}$의 값을 갖는다.

☑ 개념 복습하기

6s 궤도함수에 있는 두 전자 각각에 대해서 네 개의 양자수를 쓰시오.

7.6 원자 궤도함수

표 7.2는 양자수와 원자 궤도함수의 관계를 보여주고 있다. $\ell = 0$ 일 때, $(2\ell + 1) = 1$이 되므로 단 하나의 m_ℓ 값이 존재하며 s 궤도함수가 된다. $\ell = 1$ 일 때는 $(2\ell + 1) = 3$이 되어 세 개의 m_ℓ 값이 존재하며, p_x, p_y, p_z로 표시되는 세 개의 p 궤도함수들을 얻는다. $\ell = 2$ 일 때 $(2\ell + 1) = 5$가 되어 다섯 개의 m_ℓ 값이 존재하여 보다 정교한 첨자로 구분되는 다섯 개의 d 궤도함수를 얻는다. 다음 절에서 s, p, d 궤도함수를 각각 살펴보기로 한다.

s 궤도함수

핵에서 바깥쪽으로 움직일 때 한 궤도함수의 파동함수가 이론적으로 바깥쪽의 한계가 없다는 것은 원자의 크기와 관련해 흥미로운 철학적 질문을 키웠다. 화학자들은 원자의 크기에 대한 조작된 정의에 동의하였다.

원자 궤도함수의 성질을 연구할 때, 가장 중요한 질문은 궤도함수의 모양이 어떤가하는 것이다. 엄격하게 말하면, 궤도함수는 잘 정의된 모양을 갖지 않는다. 궤도함수의 특성을 결정하는 파동함수가 핵으로부터 무한대까지 퍼져 있기 때문이다. 이와 같은 의미에서 궤도함수가 어떤 모양을 갖는다고 말하는 것은 어렵다. 그러나 원자간 화학 결합이 형성되는 것을 설명할 때 궤도함수들이 특별한 모양을 갖는다고 생각하는 것이 확실히 편리하다.

비록 전자가 어느 곳에서나 발견될 수 있을지라도, 전자가 대부분의 시간을 원자핵에 가

표 7.2 양자수와 원자 궤도함수 사이의 관계

n	ℓ	m_ℓ	궤도함수의 개수	원자 궤도함수 표현
1	0	0	1	$1s$
2	0	0	1	$2s$
	1	$-1, 0, 1$	3	$2p_x, 2p_y, 2p_z$
3	0	0	1	$3s$
	1	$-1, 0, 1$	3	$3p_x, 3p_y, 3p_z$
	2	$-2, -1, 0, 1, 2$	5	$3d_{xy}, 3d_{yz}, 3d_{xz}, 3d_{x^2-y^2}, 3d_{z^2}$
⋮	⋮	⋮	⋮	⋮

s 부껍질은 하나의 궤도함수, *p* 부껍질은 세 개의 궤도함수, *d* 부껍질은 다섯 개의 궤도함수를 갖는다.

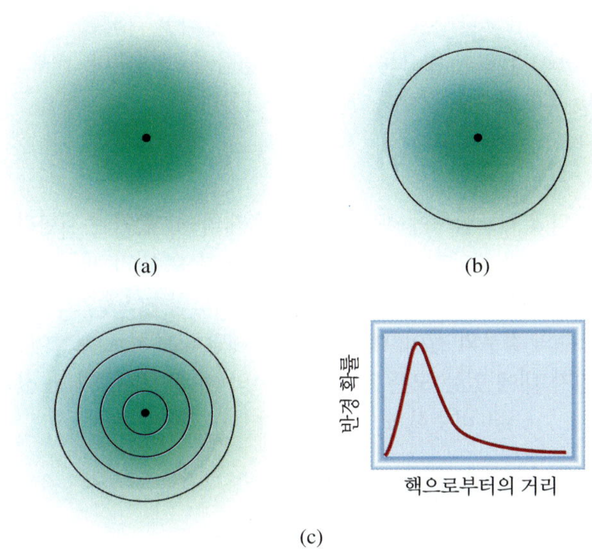

그림 7.15 • (a) 수소의 1*s* 원자 궤도함수에 대한 전자 밀도 분포. 핵으로부터 거리가 멀어지면 전자 밀도는 급격하게 떨어진다. (b) 수소 1*s* 궤도의 경계 표면도형. (c) 1*s* 궤도는 연속적으로 포개어진 구형의 엷은 껍질로 나누어 생각할 수 있다. 각 껍질에서 전자를 발견할 확률(반경 확률, radial probability)을 거리의 함수로 그려보면 핵에서 52.9 pm일 때 최대치를 나타낸다. 흥미롭게도 이 반지름은 보어 모형에서 가장 안쪽 궤도의 반지름과 같다.

까이 존재한다는 사실을 알고 있다. 그림 7.15(a)는 수소 원자의 1*s* 궤도함수 내에서 핵으로부터 거리에 대한 전자 밀도의 분포를 그림으로 보여준다. 보는 바와 같이, 핵으로부터 거리가 멀어짐에 따라 전자 밀도는 급격하게 떨어진다. 근사적으로 언급하면, 핵 주위의 반경 100 pm(1 pm $= 1 \times 10^{-12}$ m)인 공을 생각하면 그 안에서 전자를 발견할 확률이 약 90%이다. 그러므로, 그림 7.15(b)에 나타낸 바와 같이 1*s* 궤도함수를 *그 궤도함수에 있는 전체 전자 밀도의 90%를 에워싸는* **경계면 도식**(boundary surface diagram)을 그려서 나타낸다. 이와 같은 방법으로 나타낸 1*s* 궤도함수는 공 모양이다.

그림 7.16은 1*s*, 2*s*, 3*s* 수소 원자 궤도함수에 대한 경계면 도식을 보여준다. 모든 *s* 궤도함수들의 모양은 공 모양이고 주양자수가 증가함에 따라 크기만 달라진다. 원자 궤도함수들의 가장 중요한 특징은 경계면 도식으로 적절하게 나타낸 그들의 모양과 상대적인 크기이다.

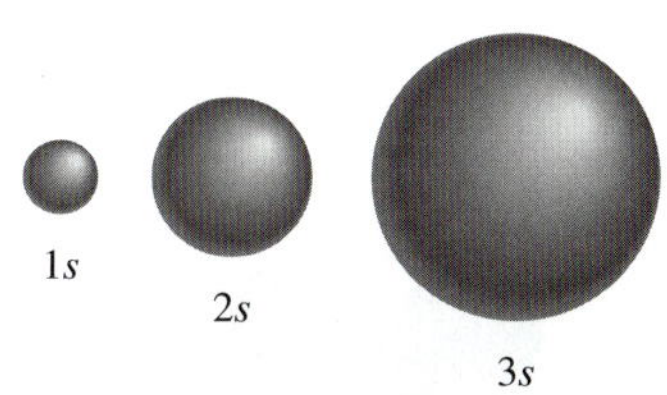

그림 7.16 • 수소의 1*s*, 2*s*, 3*s* 궤도함수들의 경계 표면 그림. 각각의 공은 전체 전자 밀도의 90%를 포함한다. 모든 *s* 궤도함수는 구형이다. 대략적으로 한 궤도함수의 크기는 n^2에 비례하며, 여기서 n은 주양자수이다.

》 *p* 궤도함수

p 궤도함수가 주양자수 $n = 2$부터 존재한다는 것은 당연한 사실이다. $n = 1$이면 각운동량 양자수는 0만을 가정할 수 있다. 그러므로 1*s* 궤도함수만 존재한다. 앞에서 살펴본 바와 같이 $\ell = 1$일 때 자기양자수 m_ℓ은 $-1, 0, 1$의 값을 가질 수 있다. 그러므로 $n = 2$와 $\ell = 1$로 출

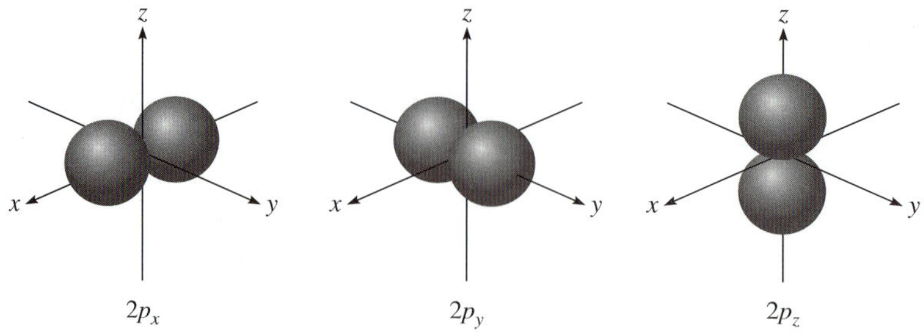

그림 7.17 • 3개의 $2p$ 궤도함수들의 경계면 도식. 방향이 다른 것을 제외하고는 이들 궤도함수들은 형태와 에너지가 모두 같다. 더 높은 주양자수를 갖는 p 궤도함수들도 비슷한 형태를 가진다.

발하면 세 개의 $2p$ 궤도함수 $2p_x$, $2p_y$, $2p_z$를 얻는다(그림 7.17). 첨자는 궤도함수가 향하는 좌표축을 나타낸다. 세 개의 p 궤도함수들은 크기, 모양과 에너지는 동일하고, 그들의 방향만 다를 뿐이다. 그러나 m_ℓ 값과 x, y, z 방향간의 관계를 간단하게 설명할 수는 없다는 사실에 유의하라. 이러한 의미에서 세 개의 가능한 m_ℓ 값이 존재하기 때문에 방향이 다른 세 개의 p 궤도함수들이 존재한다는 사실만 기억하면 된다.

같은 에너지를 가지는 궤도함수를 축퇴 궤도함수(degenerate orbital)라고 한다.

그림 7.17에 있는 p 궤도함수의 경계면 도식은 각각의 p 궤도함수가 원자핵의 반대쪽에 두 개의 둥근 로브(lobe)가 있는 것으로 생각할 수 있음을 보여준다. s 궤도함수와 같이 p 궤도함수도 $2p$, $3p$, $4p$ 궤도함수로 갈수록 크기가 증가한다.

d 궤도함수

$\ell = 2$일 때, 다섯 개의 d 궤도함수에 해당하는 다섯 개의 m_ℓ 값이 존재한다. 주양자수 n 값이 3 이상이어야 d 궤도함수가 존재한다. ℓ은 $n - 1$ 보다 클 수 없기 때문에, $n = 3$일 때 $\ell = 2$가 되어 그림 7.18에 나타낸 바와 같이 다섯 개의 $3d$ 궤도함수($3d_{xy}$, $3d_{yz}$, $3d_{xz}$, $3d_{x^2-y^2}$, $3d_{z^2}$)를 얻는다. p 궤도함수의 경우와 같이, 여러 m_ℓ 값에 해당하는 서로 배향이 다른 d 궤도함수가 존재한다. 그러나 원자 내에 있는 모든 $3d$ 궤도함수의 에너지는 같다. n 값이 3보다 큰 경우, d 궤도함수들($4d$, $5d$, . . .)은 비슷한 모양을 갖는다.

예제 7.6

$4d$ 부껍질에 있는 원자 궤도함수들의 n, ℓ, m_ℓ 값을 쓰시오.

▸ **전략** n, ℓ, m_ℓ 사이의 관계는 무엇인가? $4d$에서 "4"와 "d"가 의미하는 것은?

▸ **풀이** 앞에서 본 것처럼, 부껍질에 사용된 숫자는 주양자수이다. 따라서 이 경우 $n = 4$ 이다. 알파벳 글자는 원자 궤도함수의 종류를 나타낸다. d 원자 궤도함수를 다루고 있기 때문에, $\ell = 2$이다. m_ℓ 값은 $-\ell$,부터 $+\ell$까지이다. 따라서 m_ℓ은 $-2, -1, 0, 1, 2$가 될 수 있다.

▸ **검산** $4d$에 대해서 n과 ℓ은 고정된 값을 가지지만, m_ℓ은 d 원자 궤도함수에 해당되는 다섯 개 중 한 값을 가질 수 있다.

비슷한 문제: 7.55.

▸ **실전 연습** $3p$ 부껍질에 있는 모든 원자 궤도함수에 관계되는 양자수들의 값을 쓰시오.

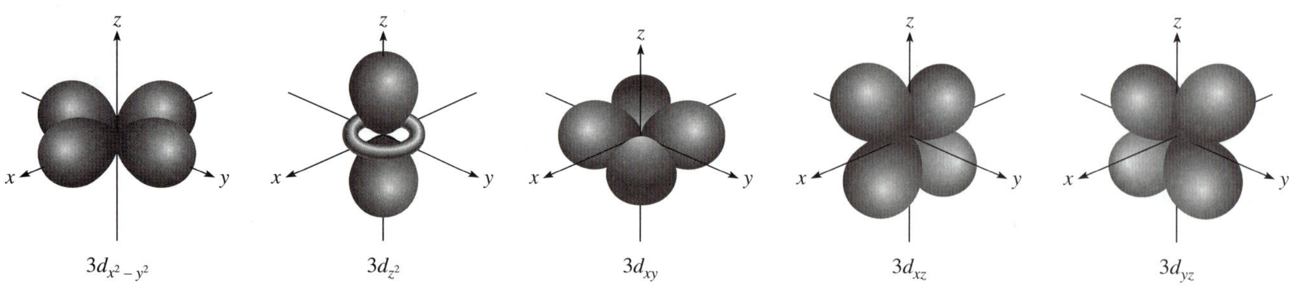

그림 7.18 • 5개의 $3d$ 궤도함수들의 경계면 도식. $3d_{z^2}$ 궤도함수가 다른 모양으로 보이지만, 다른 모든 면에서 이들은 동등하다. 주양자수가 더 큰 d 궤도함수도 비슷한 형태를 가진다.

예제 7.7

주양자수 $n = 3$과 관계된 원자 궤도함수의 수는 모두 몇 개인가?

▸ **전략** 주어진 n 값에 대한 원자 궤도함수의 총 개수를 계산하려면, 먼저 가능한 ℓ 값들을 모두 써야 한다. 그리고 나서 각각의 ℓ 값에 대해서 연관되는 m_ℓ 값이 몇 개인지 결정한다. 전체 원자 궤도함수의 숫자는 모든 m_ℓ 개수와 같다.

▸ **풀이** $n = 3$에 대해서, 가능한 ℓ 값은 0, 1, 2이다. 따라서 1개의 3s 원자 궤도함수($n = 3$, $\ell = 0$, $m_\ell = 0$), 세 개의 3p 원자 궤도함수($n = 3$, $\ell = 1$, $m_\ell = -1, 0, 1$), 다섯 개의 3d 원자 궤도함수($n = 3$, $\ell = 2$, $m_\ell = -2, -1, 0, 1, 2$)가 있다. 전체 개수는 $1 + 3 + 5 = 9$이다.

▸ **검산** 주어진 n 값에 대한 원자 궤도함수의 전체 개수는 n^2이다. 이 경우 $3^2 = 9$ 이다. 이 관계식을 증명할 수 있는가?

▸ **실전 연습** 주양자수 $n = 4$와 관련된 원자 궤도함수의 수는 모두 몇 개인가?

비슷한 문제: 7.60.

☑ 개념 복습하기

왜 2d 궤도함수는 가질 수 없지만 3d 궤도함수는 가능한가?

궤도함수의 에너지

이제 원자 궤도함수의 모양과 크기에 관하여 어느 정도 이해하기 때문에, 그들의 상대적인 에너지를 알아보고 에너지 준위가 원자 내에 있는 전자 배치에 어떻게 영향을 미치는가를 알아보자.

식 (7.5)에 의하면, 수소 원자 안에 있는 전자의 에너지는 주양자수에 의해서만 결정된다. 따라서 수소 궤도함수의 에너지는 다음과 같이 증가한다(그림 7.19).

$$1s < 2s = 2p < 3s = 3p = 3d < 4s = 4p = 4d = 4f < \cdots$$

전자 밀도의 분포가 2s와 2p 궤도함수에서 다르지만, 수소 원자의 전자는 2s 궤도함수에 있든지 2p 궤도함수에 있든지 상관없이 같은 에너지를 갖는다. 수소 원자에서 1s 궤도함수는 가장 안정한 조건인 바닥 상태에 해당한다. 이 궤도함수 안에 머무는 전자는 핵에 가장 가까이 있기 때문에 원자 핵에 가장 강하게 결합하고 있다. 수소 원자 내의 2s, 2p, 또는 보다 높은 궤도함수 안에 들어 있는 전자는 들뜬 상태에 있다고 한다.

다전자 원자에 대해서는 에너지 문제가 수소보다 더 복잡하다. 그러한 원자 안에 들어

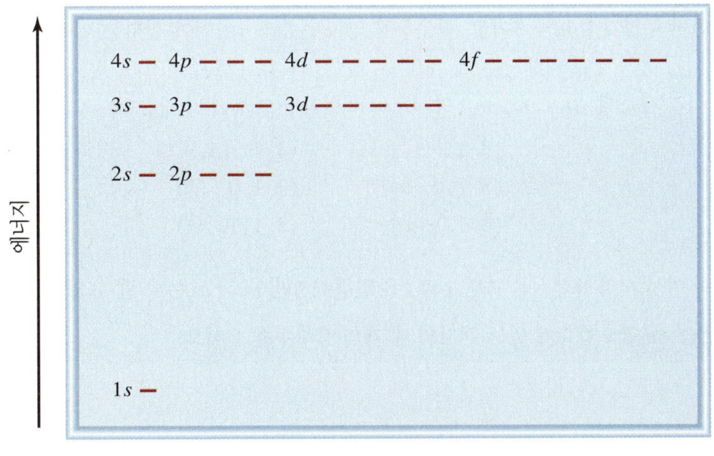

그림 7.19 • 수소 원자의 궤도함수 에너지 준위. 각각의 짧은 수평선들은 하나의 궤도함수를 나타낸다. 주양자수(n)가 같은 궤도함수들은 모두 에너지가 같다.

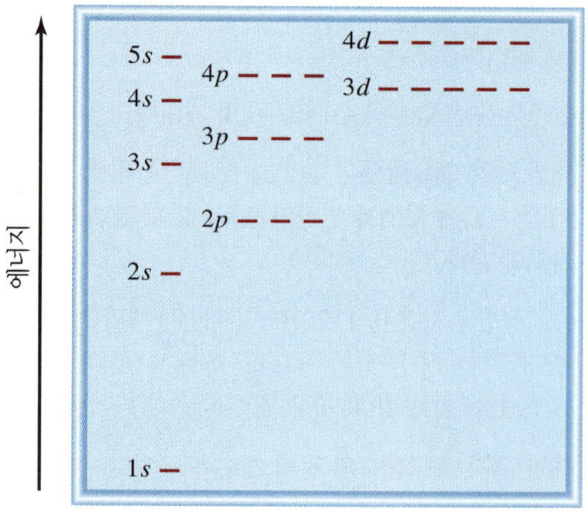

그림 7.20 • 다전자 원자의 궤도함수 에너지 준위. 에너지 준위는 n과 ℓ 모두에 의존한다는 것에 유의하라.

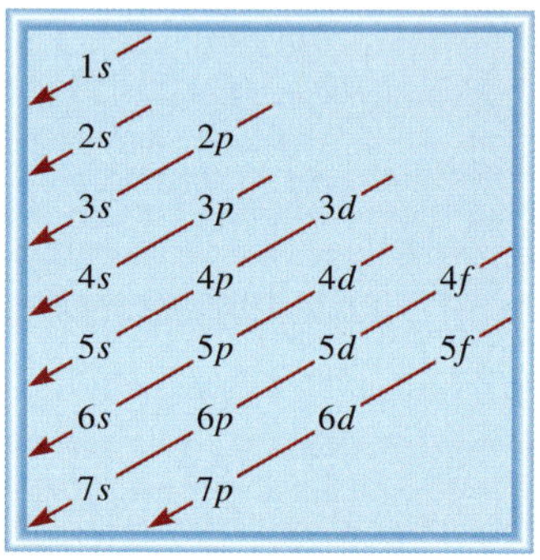

그림 7.21 • 다전자 원자에서 원자의 부껍질이 채워지는 순서. 1*s*에서 시작하여 화살표 방향을 따라 아래로 내려간다. 따라서 순서는 다음과 같다. $1s < 2s < 2p < 3s < 3p < 4s < 3d < \cdots$.

동영상
전자 배치.

있는 전자의 에너지는 주양자수 뿐만 아니라 각운동량 양자수에도 의존한다(그림 7.20). 다전자 원자에서 $3d$ 에너지 준위는 $4s$ 에너지 준위에 매우 가깝다. 그러나 한 원자의 총 에너지는 궤도함수 에너지의 합에만 의존할 뿐만 아니라, 이들 궤도함수에 들어 있는 전자들 간의 반발 에너지에도 의존한다(각 궤도함수는 전자를 2개까지 수용한다). 원자의 총 에너지는 $3d$ 부껍질 이전에 $4s$ 부껍질이 채워질 때에 더 낮다는 사실이 밝혀졌다. 그림 7.21은 다전자 원자에서 원자 궤도함수에 전자가 채워지는 순서를 나타낸다. 7.7절에서 구체적인 예를 생각해 보자.

7.7 전자 배치

네 개의 양자수 n, ℓ, m_ℓ, m_s로 한 원자 내에서 어떤 궤도함수에 있는 하나의 전자를 완전히 나타낼 수 있다. 어떤 의미에서 우리가 시, 구, 동, 거리와 집 번호로 각 주소를 확인하듯이 네 양자수의 집합을 원자 내 전자의 "주소"로 취급할 수 있다. 예를 들면, $2s$ 궤도함수 전자에 대한 네 개의 양자수는 $n = 2$, $\ell = 0$, $m_\ell = 0$, $m_s = +\frac{1}{2}$ 또는 $-\frac{1}{2}$이다. 모든 각 양자수를 이렇게 쓰는 것은 불편하다. 따라서 간략한 표기로 (n, ℓ, m_ℓ, m_s)를 사용한다. 위의 예를 들면, 양자수의 집합은 $(2, 0, 0, +\frac{1}{2})$ 또는 $(2, 0, 0, -\frac{1}{2})$로 표기한다. m_s 값은 궤도함수의 에너지, 크기, 모양, 배향에는 영향을 끼치지 못하지만 궤도함수 내에서 전자의 배열 방법을 결정한다.

예제 7.8

$3p$ 궤도함수에 있는 전자의 네 개의 양자수를 쓰시오.

▸ **전략** $3p$에서 "3"과 "p"가 나타내는 것은 무엇인가? $3p$ 부껍질에는 얼마나 많은 궤도함수들(m_ℓ 값)이 있는가? 가능한 전자 스핀양자수는 무엇인가?

▸ **풀이** 먼저 주양자수 $n = 3$이고, 각운동량 양자수 $\ell = 1$이어야 한다는 데서 시작한다(p 궤도함수이기 때문). $\ell = 1$에 대해서는 세 개의 m_ℓ 값이 -1, 0, 1로 주어진다. 전자 스핀양자수 m_s는 $+\frac{1}{2}$ 또는 $-\frac{1}{2}$이기 때문에, (n, ℓ, m_ℓ, m_s) 방식으로 표현하면 여섯 개가 가능하다고 결론 내릴 수 있다.

$$(3, 1, -1, +\tfrac{1}{2}) \qquad (3, 1, -1, -\tfrac{1}{2})$$
$$(3, 1, 0, +\tfrac{1}{2}) \qquad (3, 1, 0, -\tfrac{1}{2})$$
$$(3, 1, 1, +\tfrac{1}{2}) \qquad (3, 1, 1, -\tfrac{1}{2})$$

▸ **검산** 이 여섯 개의 표현식을 보면, n과 ℓ은 일정하지만, m_ℓ과 m_s는 바뀔 수 있다는 것을 알 수 있다.

▸ **실전 연습** $4d$ 궤도함수에 있는 전자의 네 개의 양자수를 쓰시오.

비슷한 문제: 7.56.

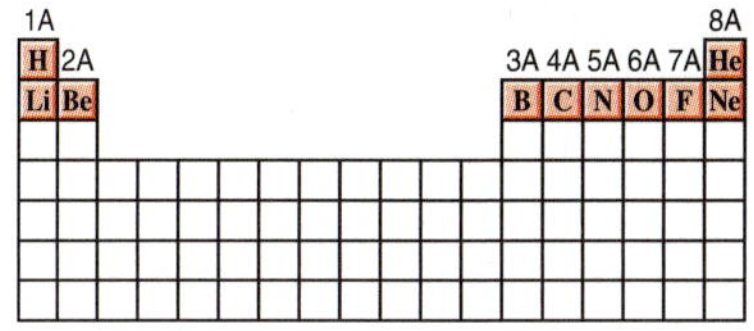

수소 원자는 한 개의 전자만을 포함하고 있기 때문에 특별히 간단한 계(system)이다. 전자는 1*s* 궤도함수(바닥 상태)에 머무르거나 약간 더 높은 에너지 궤도함수(들뜬 상태)에 존재할 수 있다. 그러나 다전자 원자에 대해서 전자의 거동을 이해하기 위하여 원자의 **전자 배치**(electron configuration), 즉 *전자들이 여러 개의 원자 궤도함수에 분포되는 방법*을 알아야 한다. 여기서 *바닥 상태*에서 전자 배치에 대한 규칙을 상세히 설명하기 위하여 주기율표에서 처음 10개의 원자(수소에서 네온까지)를 예로 들어보자. 이 설명을 위하여 원자 안에 들어 있는 전자의 수는 그 원소의 원자 번호 *Z*와 같다는 사실을 기억하라.

그림 7.19는 바닥 상태의 수소 원자의 전자는 1*s* 궤도함수에 존재해야 한다는 것을 보여준다. 따라서 그 전자 배치는 $1s^1$으로 나타낸다.

$1s^1$

원자 궤도함수 즉, 부껍질 속에 있는 전자의 개수를 나타낸다.

주양자수(*n*)를 나타낸다.

각 운동량 양자수(ℓ)를 나타낸다.

전자 배치는 또한 전자의 스핀을 보여주는 *궤도함수 도표*(orbital diagram)로 나타낼 수 있다(그림 7.14).

H [↑]
$1s^1$

위로 향한 화살표는 2개의 가능한 전자의 스핀운동 가운데 하나를 나타낸다(전자의 또 다른 하나의 스핀운동은 아래로 향하는 화살표로 나타낸다). 네모상자는 하나의 원자 궤도함수를 나타낸다.

전자 스핀의 방향은 전자의 에너지에 아무런 영향을 미치지 않는다는 것을 기억하라.

파울리 배타 원리

다전자 원자의 전자 배치를 결정하기 위하여 **파울리 배타 원리**(Pauli exclusion principle, 오스트리아 물리학자 Wolfgang Pauli에서 유래)를 사용한다. 이 원리는 *한 원자 안에 들어 있는 어느 두 전자도 동일한 네 개의 양자수를 가질 수 없다*는 것이다. 만약 한 원자 안에 있는 두 전자가 동일한 n, ℓ, m_ℓ값을 가진다면(즉, 이들 두 전자가 *동일한* 원자 궤도함수에 있게 된다면), 그들은 다른 m_s값을 가져야 한다. 다시 말하면, 두 전자는 동일한 원자 궤도함수에 있을 수 있으나, 이들 전자는 반대 스핀을 가져야만 한다. 두 개의 전자를 가지는 헬륨 원자를 생각해 보자. 1*s* 궤도함수에 두 전자를 넣는 가능한 방법은 세 가지가 있다.

He [↑↑] [↓↓] [↑↓]
$1s^2$ $1s^2$ $1s^2$
(a) (b) (c)

그림 (a)와 (b)는 파울리 배타 원리에 의하여 배제된다. (a)는 양쪽 전자가 동일한 위쪽 방향의 스핀을 가지므로 양자수는 둘 다 $(1, 0, 0, +\frac{1}{2})$이고, (b)는 양쪽 전자가 모두 아래쪽 방향의 스핀을 가지므로 양자수는 둘 다 $(1, 0, 0, -\frac{1}{2})$이다. (c) 배열만이 한 전자는 양자수 $(1, 0, 0, +\frac{1}{2})$를 갖고, 다른 한 전자는 양자수 $(1, 0, 0, -\frac{1}{2})$를 가지므로 물리적으로 받아들일 수 있다. 따라서 헬륨 원자는 다음과 같은 전자 배치를 갖는다.

He [↑↓]
$1s^2$

반대 스핀을 가지는 전자들은 짝지웠다고 말한다. 헬륨에서 한 전자는 $m_s = +\frac{1}{2}$, 다른 전자는 $m_s = -\frac{1}{2}$이다.

여기서 $1s^2$는 "일 에스 제곱"이 아니라 "일 에스 두 개"로 읽는다.

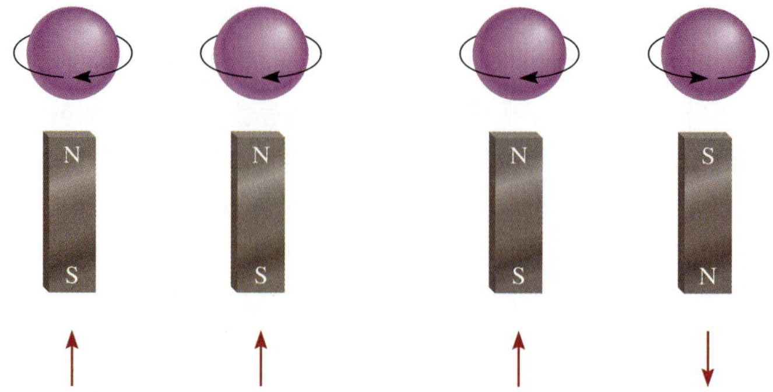

그림 7.22 • 두 개의 전자가 (a) 평행한 스핀과 (b) 반평행한 스핀. (a)에서 두 자기장은 서로를 강화시키며, (b)에서 두 자기장들은 서로를 소멸시킨다.

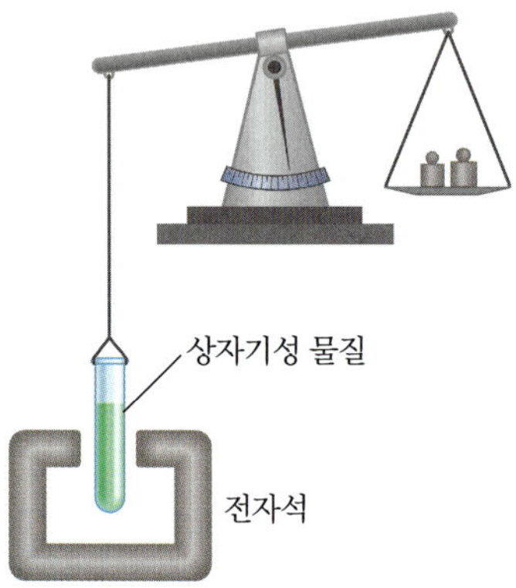

그림 7.23 • 먼저 상자기성 물질의 무게를 저울로 측정한다. 전자석이 켜지면 시료관이 자기장 안으로 들어가면서 저울의 눈금은 달라진다. 농도와 다시 저울의 평형을 맞추기 위해 필요한 질량을 알면 물질 안에 짝을 이루지 않은 전자의 숫자를 계산하는 것이 가능하다.

반자기성과 상자기성

파울리 배타 원리는 양자역학의 기본적인 원리의 하나이다. 이것은 간단한 실험으로 증명할 수 있다. 만약 헬륨 원자의 1*s* 궤도함수에 있는 두 개의 전자가 모두 동일한, 즉 평행스핀(↑↑ 또는 ↓↓)을 가진다면, 그들의 알짜 자기장은 서로 강화될 것이고[그림 7.22(a)], 그러한 배열은 헬륨 원자를 상자기성으로 만들 것이다. **상자기성**(paramagnetic) 물질은 *스핀이 짝을 이루지 않은 전자들을 포함하고 있어 자석에 끌리는 물질*이다. 반면에 전자의 스핀이 짝을 이루어, 즉 서로 반평행(↑↓ 또는 ↓↑)이면, 자기효과는 상쇄되어 사라진다[그림 7.22(b)]. **반자기성**(diamagnetic) 물질은 *짝을 이루지 않은 스핀이 없어서 자석에 의하여 약하게 밀린다.*

자기성의 측정은 원소의 특정 전자 배치에 대한 가장 직접적인 증거를 제공한다. 지난 30여년 동안 측정 장비의 발달로 어떤 원자가 상자기성인지 아닌지 뿐만 아니라, 짝짓지 않는 전자들이 몇 개 존재하는가를 결정할 수 있게 되었다(그림 7.23). 실험에 의하면 헬륨 원자가 바닥 상태에 있을 때는 알짜 자기장이 없다. 1*s* 궤도함수에 있는 두 전자는 파울리 배타 원리와 일치하게 짝을 이루고 있고 헬륨 기체는 반자기성이다. 기억해야 할 유용한 규칙 하나는 전자가 완전한 짝을 이루기 위해서는 짝수 개의 전자가 필요하므로, 홀수 개의 전자를 가진 원자는 항상 짝을 이루지 못한 전자가 존재한다는 것이다. 반대로, 짝수 개의 전자를 가진 원자는 짝을 이루지 못한 전자가 존재할 수도 있고 그렇지 않을 수도 있다.

다른 한 예로서 3개의 전자를 가지는 리튬 원자(Z = 3)를 생각해 보자. 세 번째 전자는 처음 두 개의 전자와 동일한 네 개의 양자수를 가질 수 없기 때문에 1*s* 궤도함수에 들어갈 수 없다. 그러므로 이 전자는 에너지적으로 더 높은 다음 2*s* 궤도함수로 들어간다(그림 7.20). 따라서 리튬의 전자 배치는 $1s^22s^1$이고 그의 궤도함수 도표는 다음과 같다.

Li	↑↓	↑
	$1s^2$	$2s^1$

리튬 원자는 하나의 짝짓지 않은 전자를 갖고 있으므로 상자기성이다.

다전자 원자에서의 가려막기 효과

실험적으로 다전자 원자에서 2*s* 궤도함수가 2*p* 궤도함수보다 낮은 에너지 준위에 놓인다는 사실을 알 수 있다. 왜 그럴까? $1s^22s^1$과 $1s^22p^1$의 전자 배치 비교에서 양쪽 경우에 1*s* 궤도함수가 2개의 전자로 채워져 있음에 주목한다. 그림 7.24는 1*s*, 2*s*, 2*p* 궤도함수에 대한 반경 확률 그림을 보여준다. 2*s* 궤도함수와 2*p* 궤도함수는 1*s* 궤도함수보다 더 크기 때문에 이들 궤도함수 가운데 어느 쪽에 있는 전자도 평균적으로 1*s* 궤도함수에 있는 전자보다 핵으로부터 멀리 떨어져서 있는 시간이 더 많다. 따라서 2*s* 또는 2*p* 전자가 핵의 인력으로부터 1*s* 전자에 의하여 부분적으로 "가려막기(shield)"되어 있다고 말할 수 있다. 이와 같은 가려막기 효과의 중요한 결과는 핵의 양성자와 2*s* 또는 2*p* 전자간의 정전기적 인력을 *감소*시킨다는 것이다.

핵으로부터 멀어짐에 따라 전자 밀도가 어떻게 변하는지는 궤도함수의 모양에 의존한다. $2s$ 전자가 평균적으로 $2p$ 전자보다 핵 가까이에서 보다 많은 시간을 보낸다고 할 수 있지만, 핵 가까이의 밀도는 $2p$ 전자보다 $2s$ 전자가 더 크다(그림 7.24에서 $2s$ 궤도함수의 작은 극대값을 보라). 이와 같은 이유로 $2s$ 궤도함수는 $2p$ 궤도함수보다 침투성(penetrating)이 크고, $1s$ 전자에 비해 덜 차폐되어 핵에 더 강하게 잡혀 있다. 실제로 동일한 주양자수 n에 대하여 침투력은 각운동량 양자수 ℓ이 증가함에 따라 감소한다. 즉, 다음 식이 성립한다.

$$s > p > d > f > \cdots$$

전자의 안정도는 핵에 대한 인력의 세기에 의하여 결정되기 때문에, 그것은 $2s$ 전자가 $2p$ 전자보다 에너지적으로 더욱 낮을 것이다. 이것을 다른 방법으로 설명하면, $2p$ 전자가 핵에 의하여 상대적으로 덜 강하게 묶여 있기 때문에 $2p$ 전자를 제거하는 것이 $2s$ 전자를 제거하는 것보다 적은 에너지가 필요하다고 말할 수 있다. 수소 원자는 하나의 전자만을 갖기 때문에 이러한 가려막기 효과는 없다.

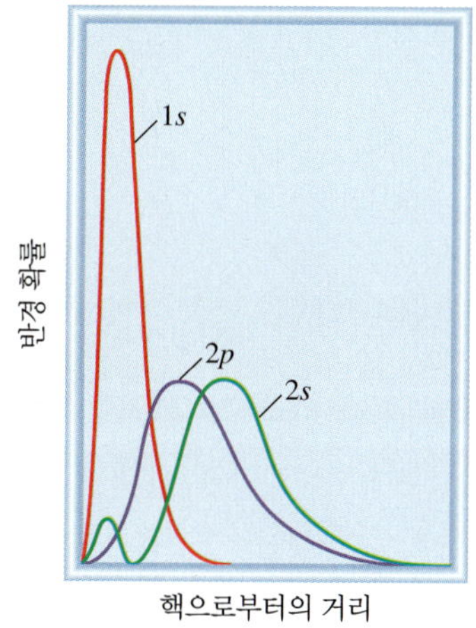

그림 7.24 • $1s$, $2s$, $2p$ 궤도함수에 대한 반경 확률 그림. $1s$ 전자들은 효과적으로 $2s$, $2p$ 전자들을 핵으로부터 가려막는다. $2s$ 궤도함수는 $2p$ 궤도함수보다 침투성이 높다.

처음 10개 원소의 원자에 대한 논의를 계속하기 위하여, 베릴륨($Z = 4$)에 대해 생각해 보자. 베릴륨의 바닥 상태의 전자 배치는 $1s^22s^2$로서 다음과 같이 나타낼 수 있다.

Be	[↑↓]	[↑↓]
	$1s^2$	$2s^2$

베릴륨 원자는 예상한 바와 같이 반자기성이다.

붕소($Z = 5$)의 전자 배치는 $1s^22s^22p^1$로서, 다음과 같이 나타낼 수 있다.

B	[↑↓]	[↑↓]	[↑][ ][ ]
	$1s^2$	$2s^2$	$2p^1$

짝짓지 않은 전자는 $2p_x$, $2p_y$, $2p_z$ 궤도함수 어느 곳에도 들어갈 수 있다. 세 개의 p 궤도함수는 에너지적으로 동일하므로 선택은 완전히 임의적이다. 붕소 원자는 상자기성이다.

훈트 규칙

탄소($Z = 6$)의 전자 배치는 $1s^22s^22p^2$이다. 다음은 3개의 p 궤도함수에 2개의 전자를 배치하는 여러 가지 방법을 나타낸다.

[↑↓][ ][ ]	[↑][↓][ ]	[↑][↑][ ]
$2p_x$ $2p_y$ $2p_z$	$2p_x$ $2p_y$ $2p_z$	$2p_x$ $2p_y$ $2p_z$
(a)	(b)	(c)

세 개의 전자 배치 가운데 어느 것도 파울리 배타 원리를 위반하지 않는다. 따라서 어느 것이 최대의 안정도를 가질 것인가를 결정하여야 한다. 그 해답은 *부껍질에 있는 전자의 가장 안정한 배열은 가장 큰 수의 평행스핀을 가진 배열*이라고 설명하는 **훈트 규칙**(Hund's rule, 독일 물리학자 Frederick Hund의 이름에서 유래)이 알려준다. (c)에 나타낸 배열이 이 조건을 만족한다. (a)와 (b) 양쪽에서 두 스핀은 서로 상쇄된다. 따라서 탄소 원자의 궤도함수 그림은 다음과 같다.

C	[↑↓]	[↑↓]	[↑][↑][ ]
	$1s^2$	$2s^1$	$2p^2$

정성적으로 왜 (c)가 (a)보다 바람직한 배열인지 그 이유를 이해할 수 있다. (a)의 경우 두 전자는 동일한 $2p_x$ 궤도함수에 들어 있고, 두 전자가 두 개의 다른 궤도함수, 즉 $2p_x$와 $2p_y$를 점유할 때보다 더 큰 상호 반발을 유발하게 된다. (b)보다 (c)를 선택하는 것은 보다 설명하기 어렵지만, 이론적인 근거에서 정당화시킬 수 있다. 탄소 원자가 2개의 짝짓지 않은 전자를 포함하고 있는 것이 훈트 규칙과 일치한다.

질소 원자($Z = 7$)의 전자 배치는 $1s^2 2s^2 2p^3$이다.

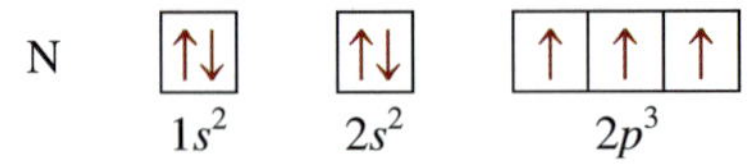

여기서도 훈트 규칙은 3개의 $2p$ 전자 모두 서로 평행한 스핀을 갖고 있음을 나타낸다. 그러므로 질소 원자는 3개의 짝짓지 않은 전자를 포함하고 있다.

산소 원자($Z = 8$)의 전자 배치는 $1s^2 2s^2 2p^4$이다. 산소 원자는 2개의 짝짓지 않은 전자를 갖는다.

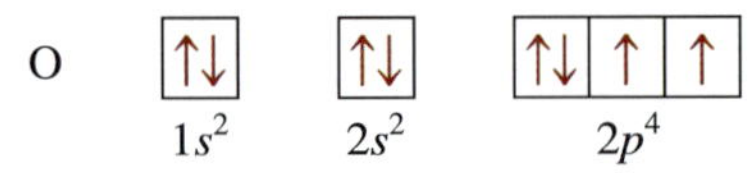

플루오린($Z = 9$)의 전자 배치는 $1s^2 2s^2 2p^5$이다. 9개의 전자는 다음과 같이 배열된다.

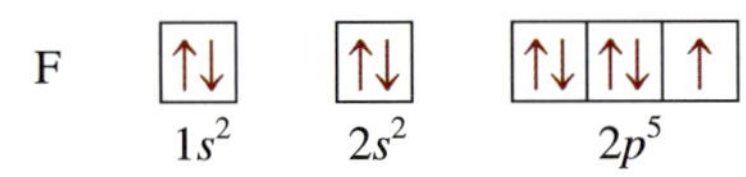

플루오린 원자는 하나의 짝짓지 않은 전자를 갖고 있다.

네온 원자($Z = 10$)에서 $2p$ 부껍질은 완전히 채워져 있다. 네온 원자의 전자 배치는 $1s^2 2s^2 2p^6$이고, 모든 전자는 다음과 같이 짝을 이루고 있다.

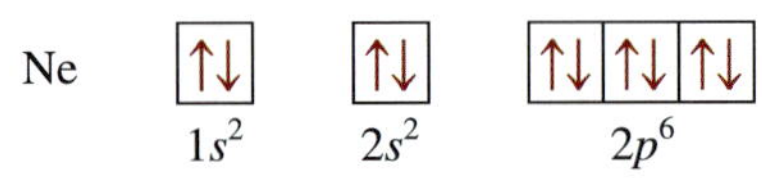

따라서 네온 원자는 반자기성이 되어야 하고 실험적인 관측은 이와 같은 예상을 입증한다.

원자 궤도함수에 전자를 할당하는 일반 규칙

앞 절의 예들을 근거로 하여, 주어진 n 값에 대하여 여러 부껍질과 궤도함수에 들어가는 최대 전자의 수를 결정하는 몇 가지 일반적인 규칙을 공식화 할 수 있다.

1. 주양자수 n의 각 껍질은 n개의 부껍질들을 포함하고 있다. 예를 들어, $n = 2$라면 각운동량 양자수(ℓ) 값이 0과 1인 두 개의 부껍질이 존재한다.
2. 양자수 ℓ인 부껍질에는 $(2\ell + 1)$개의 궤도함수가 있다. 예를 들어, $\ell = 1$이면 3개의 p 궤도함수가 존재한다.
3. 각 궤도함수에 2개보다 많은 전자가 채워질 수 없다. 그러므로 최대 전자 수는 이용되는 궤도함수 수의 2배이다.
4. 원자가 주양자수 n 준위 안에 채울 수 있는 최대 전자의 수를 결정하는 빠른 방법은 공식 $2n^2$을 이용하는 것이다.

예제 7.9

$n = 3$인 주준위에 있을 수 있는 최대 전자수는?

▸ **전략** 주양자수(n)가 주어졌기 때문에, 가능한 모든 각운동량 양자수(ℓ)를 알 수 있다. 위의 규칙을 보면 각 ℓ 값에 대해서 $(2\ell + 1)$개의 궤도함수가 있다. 따라서 전체 궤도함수를 결정할 수 있다. 각각의 궤도함수에는 몇 개의 전자가 포함되는가?

▸ **풀이** $n = 3$, $\ell = 0, 1, 2$일 때 각 ℓ 값에 대한 궤도함수의 수는

ℓ 값	궤도함수의 수 $(2\ell + 1)$
0	1
1	3
2	5

궤도함수의 전체 개수는 9이다. 각각의 궤도함수는 두 개의 전자를 수용할 수 있기 때문에 전자의 최대 수는 2×9, 즉 18 이다.

▸ **검산** 예제 7.7에서 사용한 공식 (n^2)을 사용하면, 궤도함수의 총수는 3^2이고, 전자의 전체 개수는 $2(3^2)$, 즉 18이다. 일반적으로 주어진 에너지 준위 n에 들어 있는 전자의 개수는 $2n^2$이다.

비슷한 문제: 7.62, 7.63.

▸ **실전 연습** $n = 4$인 주준위에 있을 수 있는 최대 전자수는?

예제 7.10

산소 원자는 8개의 전자를 가지고 있다. 바닥 상태에 있는 8개 전자 각각에 대해서 네 개의 양자수를 쓰시오.

▸ **전략** $n = 1$에서 시작하여 그림 7.21에 나타낸 순서로 궤도함수를 채워 나간다. 각 n 값에 대해서 가능한 ℓ 값을 결정한다. 각각의 ℓ 값에 대해서 가능한 m_ℓ 값을 배정한다. 파울리 배타 원리와 훈트 규칙에 따라서 궤도함수에 전자를 배치할 수 있다.

▸ **풀이** $n = 1$에서 시작하면, $\ell = 0$이므로 $1s$ 궤도함수에 해당하는 부껍질이다. 이 궤도함수는 모두 두 개의 전자를 수용할 수 있다. 그 다음 $n = 2$이면 $\ell = 0$ 또는 1이다. $\ell = 0$ 부껍질은 한 개의 $2s$ 궤도함수를 가지고 있고, 두 개의 전자를 포함할 수 있다. 나머지 네 개의 전자는 세 개의 $2p$ 궤도함수를 가지고 있는 $\ell = 1$ 부껍질에 놓여진다. 궤도함수 도식은

O [↑↓] [↑↓] [↑↓|↑|↑]
$1s^2$ $2s^2$ $2p^4$

결과는 다음 표와 같이 요약할 수 있다.

전자	n	ℓ	m_ℓ	m_s	궤도함수
1	1	0	0	$+\frac{1}{2}$	$1s$
2	1	0	0	$-\frac{1}{2}$	
3	2	0	0	$+\frac{1}{2}$	$2s$
4	2	0	0	$-\frac{1}{2}$	
5	2	1	−1	$+\frac{1}{2}$	$2p_x, 2p_y, 2p_z$
6	2	1	0	$+\frac{1}{2}$	
7	2	1	1	$+\frac{1}{2}$	
8	2	1	1	$-\frac{1}{2}$	

물론, 8번째 전자를 $m_\ell = 1$ 궤도함수에 넣는 것은 완전히 임의적인 것이다. $m_\ell = 0$ 또는 $m_\ell = -1$에 배정하여도 옳다.

비슷한 문제: 7.85.

▸ **실전 연습** 붕소(B)의 전자 각각에 대해서 모든 양자수들을 쓰시오.

여기서 바닥 상태 전자 배치와 원자 속 전자의 성질에 대해서 알게 된 것을 요약해 보자.

1. 한 원자의 어떤 전자도 네 개의 양자수가 모두 같을 수 없다. 이것은 파울리 배타 원리이다.
2. 각 궤도함수에는 최대 두 개의 전자에 의해서 점유될 수 있다. 그러나 그 둘은 반대 스핀을 갖거나 스핀 양자수가 달라야 한다.
3. 부껍질에 있는 전자들의 가장 안정한 배치는 평행한 스핀의 개수가 가장 클 때이다. 이것은 훈트 규칙이다.

4. 한 개 이상의 전자가 짝을 이루지 않은 원자는 상자기성이다. 모든 전자 스핀이 짝을 이룬 원자는 반자기성이다.
5. 수소 원자에서 전자의 에너지는 주양자수 n에만 의존한다. 다전자 원자에서는 전자의 에너지가 n과 각운동량 양자수 ℓ에 모두 의존한다.
6. 다전자 원자에서 부껍질은 그림 7.21에 나와 있는 순서로 채워진다.
7. 같은 주양자수를 가진 전자들은 침투력 즉, 핵에 가까운 정도는 $s > p > d > f$의 순 으로 감소한다. 예를 들면, 다전자 원자의 $3s$ 전자를 떼어내는 데 필요한 에너지는 $3p$ 전자를 떼어낼 때 필요한 에너지보다 크다.

☑ 개념 복습하기

주어진 바닥 상태 전자 배치 $1s^22s^22p^63s^23p^3$에서 세 개의 $3p$ 전자들이 양자수가 같은 것은 어떤 것인가?

》 쌓음 원리

독일어 "Aufbau"는 쌓음(building up)을 의미한다.

여기서 처음 10개 원소에 대한 전자 배치를 적는 데 사용한 규칙을 나머지 원소들에까지 확장할 것이다. 이 과정은 **쌓음 원리**(Aufbau principle)에 기초를 두고 있다. 쌓음 원리는 *핵에 양성자를 하나씩 더하여 원소를 만들어 가는 것처럼, 전자도 마찬가지 방법으로 원자 궤도함수에 하나씩 채워진다*는 사실을 나타낸다. 이 과정을 통하여 원소의 바닥 상태 전자 배치에 대한 상세한 지식을 얻는다.

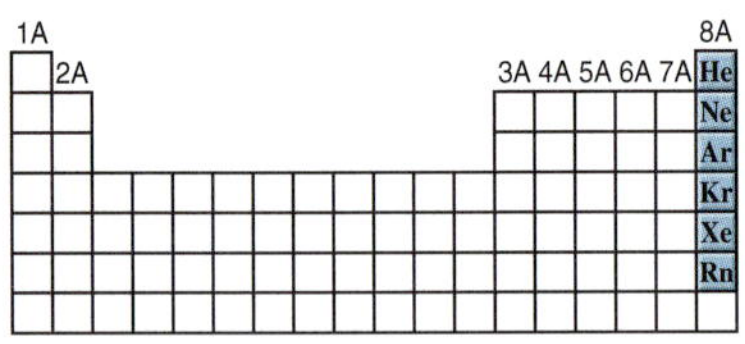

영족 기체.

표 7.3에 H(Z = 1)에서 Cn(Z = 112)까지 원소의 바닥 상태 전자 배치를 나타내었다. 수소와 헬륨을 제외한 모든 원소의 전자 배치는 **영족 기체 핵**(noble gas core)으로 나타내었다. *괄호로 표시한 영족 기체 핵은 해당 원소 앞쪽으로 가장 가까운 영족 기체 원소의 전자 배치를 표시하*고, 뒤이어 해당 원소의 최외각에 전자가 차있는 부껍질을 나타내었다. 소듐(Z = 11)부터 아르곤(Z = 18)까지의 원소들에 대해서는 최외각에 있는 가장 높게 채워진 부껍질의 전자 배치는 리튬(Z = 3)부터 네온(Z = 10)까지의 전자 배치와 유사한 형태를 따른다는 사실에 유의하라.

7.6절에서 언급한 바와 같이, $4s$ 부껍질은 다전자 원자에서 $3d$ 부껍질보다 먼저 채워진다(그림 7.21 참고). 따라서 포타슘(Z = 19)의 전자 배치는 $1s^22s^22p^63s^23p^64s^1$이다. $1s^22s^22p^63s^23p^6$는 아르곤의 전자 배치이기 때문에 포타슘의 전자 배치를 [Ar]$4s^1$으로 간단히 쓸 수 있다. 여기서 [Ar]은 아르곤 핵을 나타낸다. 마찬가지로, 칼슘(Z = 20)의 전자 배치를 [Ar]$4s^2$로 쓸 수 있다. 최외각 전자가 $3d$ 궤도함수가 아닌 $4s$ 궤도함수에 먼저 채워지는 것은 충분한 실험적 증거가 있다. 포타슘의 화학적 성질은 알칼리 금속의 처음 두 원소인 리튬과 소듐의 화학적 성질과 매우 유사하다. 리튬과 소듐의 최외각 전자는 s 궤도함수에 들어 있다. 그러므로 칼슘의 최외각 전자는 $3d$가 아닌 $4s$ 궤도함수에 채워질 것이라고 예측할 수 있다.

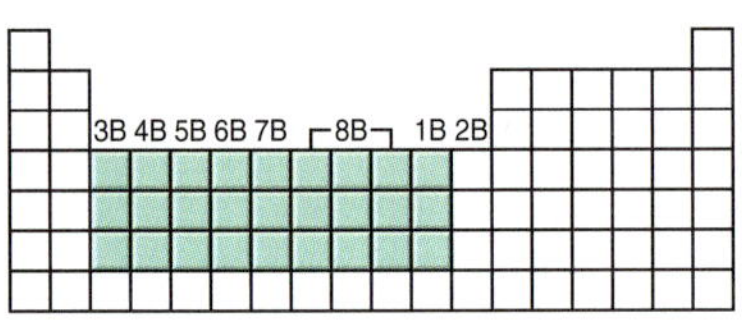

전이 금속.

스칸듐(Z = 21)부터 구리(Z = 29)까지는 전이 금속이다. **전이 금속**(transition metal)은 *일부만 채워진 d 부껍질을 가지거나 일부만 채워진 d 부껍질을 갖는 원자 양이온을 쉽게 형성한다*. 스칸듐에서 구리까지의 전이 금속을 생각해 보자. 이 계열에서 전자는 훈트 규칙에 따라 $3d$ 궤도함수에 채워진다. 그러나 이 중에서 두 원소가 불규칙성을 보인다. 크로뮴(Z = 24)의 전자 배치는 [Ar]$4s^13d^5$이며, 잘못 생각하기 쉬운 것처럼 [Ar]$4s^23d^4$가 아니다. 구리의 경우에도 비슷한 불규칙성이 관찰되는데, 그 전자 배치는 [Ar]$4s^23d^9$이 아니라 [Ar]$4s^13d^{10}$을 갖는다. 이런 현상은 절반만 채워진 부껍질($3d^5$)과 완전히 채워진 부껍질($3d^{10}$)은 약간 더 안정하기 때문이다. 같은 부껍질에 있는 전자는(이 경우는 d 궤도함수) 같은 에너지 값을 가지나 공간상에서의 분포가 다르다. 그러므로 그들끼리의 가려막기는 상대

표 7.3 원소의 바닥 상태 전자 배치*

원자 번호	원소 기호	전자 배치	원자 번호	원소 기호	전자 배치	원자 번호	원소 기호	전자 배치
1	H	$1s^1$	41	Nb	$[Kr]5s^14d^4$	81	Tl	$[Xe]6s^24f^{14}5d^{10}6p^1$
2	He	$1s^2$	42	Mo	$[Kr]5s^14d^5$	82	Pb	$[Xe]6s^24f^{14}5d^{10}6p^2$
3	Li	$[He]2s^1$	43	Tc	$[Kr]5s^24d^5$	83	Bi	$[Xe]6s^24f^{14}5d^{10}6p^3$
4	Be	$[He]2s^2$	44	Ru	$[Kr]5s^14d^7$	84	Po	$[Xe]6s^24f^{14}5d^{10}6p^4$
5	B	$[He]2s^22p^1$	45	Rh	$[Kr]5s^14d^8$	85	At	$[Xe]6s^24f^{14}5d^{10}6p^5$
6	C	$[He]2s^22p^2$	46	Pd	$[Kr]4d^{10}$	86	Rn	$[Xe]6s^24f^{14}5d^{10}6p^6$
7	N	$[He]2s^22p^3$	47	Ag	$[Kr]5s^14d^{10}$	87	Fr	$[Rn]7s^1$
8	O	$[He]2s^22p^4$	48	Cd	$[Kr]5s^24d^{10}$	88	Ra	$[Rn]7s^2$
9	F	$[He]2s^22p^5$	49	In	$[Kr]5s^24d^{10}5p^1$	89	Ac	$[Rn]7s^26d^1$
10	Ne	$[He]2s^22p^6$	50	Sn	$[Kr]5s^24d^{10}5p^2$	90	Th	$[Rn]7s^26d^2$
11	Na	$[Ne]3s^1$	51	Sb	$[Kr]5s^24d^{10}5p^3$	91	Pa	$[Rn]7s^25f^26d^1$
12	Mg	$[Ne]3s^2$	52	Te	$[Kr]5s^24d^{10}5p^4$	92	U	$[Rn]7s^25f^36d^1$
13	Al	$[Ne]3s^23p^1$	53	I	$[Kr]5s^24d^{10}5p^5$	93	Np	$[Rn]7s^25f^46d^1$
14	Si	$[Ne]3s^23p^2$	54	Xe	$[Kr]5s^24d^{10}5p^6$	94	Pu	$[Rn]7s^25f^6$
15	P	$[Ne]3s^23p^3$	55	Cs	$[Xe]6s^1$	95	Am	$[Rn]7s^25f^7$
16	S	$[Ne]3s^23p^4$	56	Ba	$[Xe]6s^2$	96	Cm	$[Rn]7s^25f^76d^1$
17	Cl	$[Ne]3s^23p^5$	57	La	$[Xe]6s^25d^1$	97	Bk	$[Rn]7s^25f^9$
18	Ar	$[Ne]3s^23p^6$	58	Ce	$[Xe]6s^24f^15d^1$	98	Cf	$[Rn]7s^25f^{10}$
19	K	$[Ar]4s^1$	59	Pr	$[Xe]6s^24f^3$	99	Es	$[Rn]7s^25f^{11}$
20	Ca	$[Ar]4s^2$	60	Nd	$[Xe]6s^24f^4$	100	Fm	$[Rn]7s^25f^{12}$
21	Sc	$[Ar]4s^23d^1$	61	Pm	$[Xe]6s^24f^5$	101	Md	$[Rn]7s^25f^{13}$
22	Ti	$[Ar]4s^23d^2$	62	Sm	$[Xe]6s^24f^6$	102	No	$[Rn]7s^25f^{14}$
23	V	$[Ar]4s^23d^3$	63	Eu	$[Xe]6s^24f^7$	103	Lr	$[Rn]7s^25f^{14}6d^1$
24	Cr	$[Ar]4s^13d^5$	64	Gd	$[Xe]6s^24f^75d^1$	104	Rf	$[Rn]7s^25f^{14}6d^2$
25	Mn	$[Ar]4s^23d^5$	65	Tb	$[Xe]6s^24f^9$	105	Db	$[Rn]7s^25f^{14}6d^3$
26	Fe	$[Ar]4s^23d^6$	66	Dy	$[Xe]6s^24f^{10}$	106	Sg	$[Rn]7s^25f^{14}6d^4$
27	Co	$[Ar]4s^23d^7$	67	Ho	$[Xe]6s^24f^{11}$	107	Bh	$[Rn]7s^25f^{14}6d^5$
28	Ni	$[Ar]4s^23d^8$	68	Er	$[Xe]6s^24f^{12}$	108	Hs	$[Rn]7s^25f^{14}6d^6$
29	Cu	$[Ar]4s^13d^{10}$	69	Tm	$[Xe]6s^24f^{13}$	109	Mt	$[Rn]7s^25f^{14}6d^7$
30	Zn	$[Ar]4s^23d^{10}$	70	Yb	$[Xe]6s^24f^{14}$	110	Ds	$[Rn]7s^25f^{14}6d^8$
31	Ga	$[Ar]4s^23d^{10}4p^1$	71	Lu	$[Xe]6s^24f^{14}5d^1$	111	Rg	$[Rn]7s^25f^{14}6d^9$
32	Ge	$[Ar]4s^23d^{10}4p^2$	72	Hf	$[Xe]6s^24f^{14}5d^2$	112	Cn	$[Rn]7s^25f^{14}6d^{10}$
33	As	$[Ar]4s^23d^{10}4p^3$	73	Ta	$[Xe]6s^24f^{14}5d^3$	113	Nh	$[Rn]7s^25f^{14}6d^{10}7p^1$
34	Se	$[Ar]4s^23d^{10}4p^4$	74	W	$[Xe]6s^24f^{14}5d^4$	114	Fl	$[Rn]7s^25f^{14}6d^{10}7p^2$
35	Br	$[Ar]4s^23d^{10}4p^5$	75	Re	$[Xe]6s^24f^{14}5d^5$	115	Mc	$[Rn]7s^25f^{14}6d^{10}7p^3$
36	Kr	$[Ar]4s^23d^{10}4p^6$	76	Os	$[Xe]6s^24f^{14}5d^6$	116	Lv	$[Rn]7s^25f^{14}6d^{10}7p^4$
37	Rb	$[Kr]5s^1$	77	Ir	$[Xe]6s^24f^{14}5d^7$	117	Ts	$[Rn]7s^25f^{14}6d^{10}7p^5$
38	Sr	$[Kr]5s^2$	78	Pt	$[Xe]6s^14f^{14}5d^9$	118	Og	$[Rn]7s^25f^{14}6d^{10}7p^6$
39	Y	$[Kr]5s^24d^1$	79	Au	$[Xe]6s^14f^{14}5d^{10}$			
40	Zr	$[Kr]5s^24d^2$	80	Hg	$[Xe]6s^24f^{14}5d^{10}$			

* [He] 표시는 헬륨 핵이라고 하며, $1s^2$를 나타낸다. [Ne] 표시는 네온 핵이라고 하며, $1s^22s^22p^6$를 나타낸다. [Ar] 표시는 아르곤 핵이라고 하며, $[Ne]3s^23p^6$를 나타낸다. [Kr] 표시는 크립톤 핵이라고 하며, $[Ar]4s^23d^{10}4p^6$를 나타낸다. [Xe] 표시는 제논 핵이라고 하며, $[Kr]5s^24d^{10}5p^6$를 나타낸다. [Rn] 표시는 라돈 핵이라고 하며, $[Xe]6s^24f^{14}5d^{10}6p^6$를 나타낸다.

적으로 작으며, $3d^5$ 전자 배치를 가질 때 원자핵으로부터 더욱 강하게 끌리게 된다. 훈트 규칙에 의하면 Cr의 궤도함수 도표는 다음과 같다.

Cr [Ar] 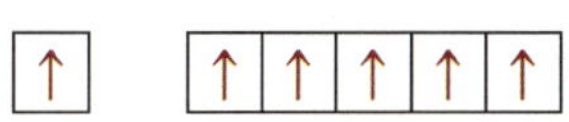

$4s^1$ $3d^5$

따라서 Cr은 전체적으로 6개의 쌍을 이루지 않은 전자가 있다. 구리에 대한 궤도함수 도표는 다음과 같다.

Cu [Ar] ↑ ($4s^1$) ↑↓ ↑↓ ↑↓ ↑↓ ↑↓ ($3d^{10}$)

여기서도 3*d* 부껍질이 완전히 채워짐으로써 추가적인 안정도를 얻게 된다.

Zn (Z = 30)에서 Kr (Z = 36)까지의 원소는 4*s*와 4*p* 부껍질이 차례로 채워지며, 루비듐(Z = 37)부터 전자는 n = 5 인 궤도로 들어가기 시작한다.

두 번째 전이 금속 계열[이트륨(Z = 39)에서 은(Z = 47)까지]의 전자 배치 역시 불규칙적이나 세세한 부분까지 여기서 다루지는 않겠다.

주기율표의 6 주기는 세슘(Z = 55)과 바륨(Z = 56)으로 시작하며 이들 각각의 전자 배치는 [Xe]$6s^1$과 [Xe]$6s^2$이다. 다음 원소는 란타넘(Z = 57)이다. 그림 7.21로부터 6*s* 궤도함수를 채우고 나면, 나머지 전자는 4*f* 궤도함수를 채울 것으로 예측할 수 있다. 그러나 실제로 5*d* 궤도함수와 4*f* 궤도함수의 에너지는 대단히 비슷할 뿐 아니라 란타넘의 경우 4*f*의 에너지 준위가 5*d*의 에너지 준위보다 약간 높다. 따라서 란타넘의 전자 배치는 [Xe]$6s^24f^1$이 아니라 [Xe]$6s^25d^1$이다.

란타넘 다음에는 **란타넘족**(lanthanides) 또는 **희토류계**(rare earth series)라고 하는 14개의 원소[세륨(Z = 58)에서 루테튬(Z = 71)까지]가 있다. 희토류 금속은 완전히 채워지지 않은 4*f* 부껍질을 가지고 있으며, 이 4*f* 부껍질이 완전히 채워지지 않은 양이온이 되기 쉽다. 이 계열은 전자가 늘어나면 4*f* 부껍질에 놓여진다. 4*f* 부껍질이 완전히 채워진 후에 더해진 전자가 루테늄의 5*d* 부껍질을 채우게 된다. 가돌리늄(Z = 64)의 전자 배치는 [Xe]$6s^24f^8$이 아니라 [Xe]$6s^24f^75d^1$이라는 것에 주목하라. 크로뮴의 경우와 마찬가지로 가돌리늄도 절반만 채워진 부껍질($4f^7$)을 가짐으로써 여분의 안정화를 얻게 된다.

란타넘과 하프늄(Z = 72)으로부터 금(Z = 79)까지를 포함하는 세 번째 전이 금속 계열은 5*d* 부껍질을 채우는 특징을 갖는다. Hg(Z = 80)에 이르러 6*s* 궤도함수와 5*d* 궤도함수가 모두 채워진다. 6*p* 부껍질이 그 다음에 채워져 라돈(Z = 86)에 이른다.

마지막 원소 계열은 **악티늄족**(actinide series)인데 토륨(Z = 90)부터 시작된다. 이들 대부분의 원소는 *자연계에서 발견되지 않고 인공적으로 합성한 것들*이다.

그림 7.25에 최외각 전자가 채워진 부껍질의 종류에 따라 원소를 묶어 놓았다.

그림 7.25 • 전자들로 채워지는 부껍질의 유형에 따른 주기율표 원소들의 족 분류.

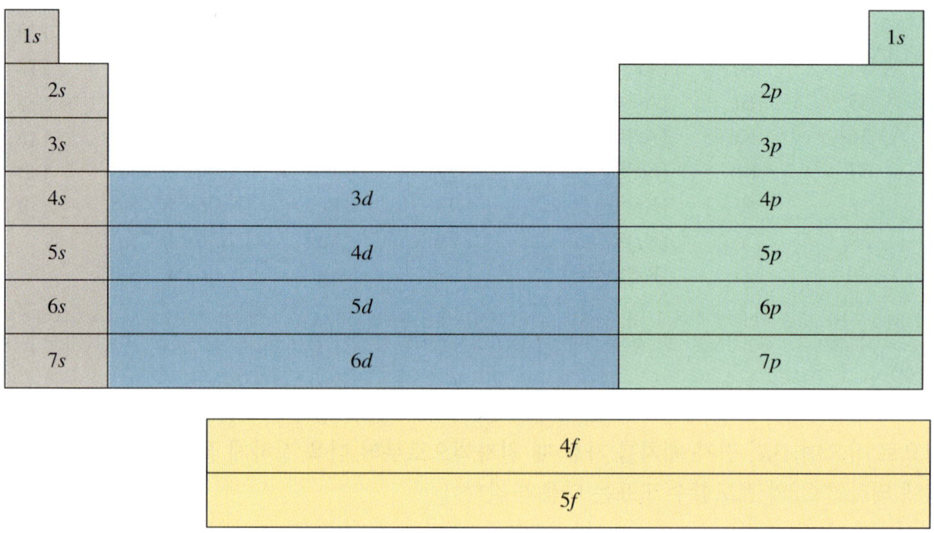

예제 7.11

(a) 황(S)과, (b) 반자기성인 팔라듐(Pd)의 바닥 상태 전자 배치를 쓰시오.

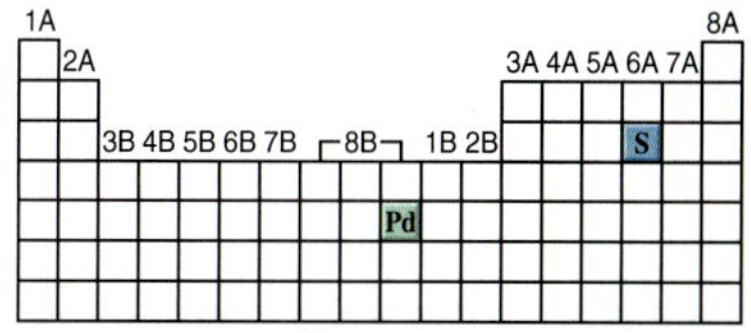

▸ **(a) 전략** 황 원자($Z = 16$)에는 얼마나 많은 전자들이 있는가? 그림 7.21에 있는 순서를 이용하여 $n = 1$에서 시작하여 궤도함수를 채워 나간다. 각각의 ℓ 값에 대해서 가능한 m_ℓ 값을 배정한다. 파울리 배타 원리와 훈트 규칙에 따라서 궤도함수에 전자를 채우고 전자 배치를 쓸 수 있다. 이 작업은 S 원자보다 앞에 있는 영족 기체 핵을 쓰면 간단하다.

▸ **풀이** 황은 16개의 전자를 가진다. 이 경우 영족 기체 핵은 [Ne]이다(Ne는 황보다 앞에 있는 주기의 불활성 기체이다). [Ne]는 $1s^22s^22p^6$로 표시된다. 그러면 6개의 전자를 3s 부껍질과 3p 부껍질 일부에 채워야 한다. 따라서 S의 전자 배치는 $1s^22s^22p^63s^23p^4$ 즉, $[Ne]3s^23p^4$ 가 된다.

▸ **(b) 전략** (a)에서와 같은 접근 방식을 사용한다. Pd가 반자기성이라는 뜻은 무엇인가?

▸ **풀이** 팔라듐은 46개의 전자를 가지고 있다. 이 경우 비활성기체 핵은 [Kr]이다(Kr이 팔라듐 앞 주기의 불활성 기체이다). [Kr]은 다음과 같은 전자 배치를 나타낸다.

$$1s^22s^22p^63s^23p^64s^23d^{10}4p^6$$

남아 있는 10개의 전자들은 4d와 5s 궤도함수에 분배된다. 세 개의 가능성은 (1) $4d^{10}$, (2) $4d^95s^1$, (3) $4d^85s^2$이다. 팔라듐은 반자기성이기 때문에 모든 전자들이 쌍을 이루고 있는 전자 배치를 찾으면 다음과 같다.

$$1s^22s^22p^63s^23p^64s^23d^{10}4p^64d^{10}$$

또는 간단히 $[Kr]4d^{10}$ 이다. (2)와 (3)의 전자 배치는 모두 상자기성을 나타낸다.

▸ **검산** 답을 확인하기 위해서 (1), (2), (3)에 대한 궤도함수 도표를 그린다.

▸ **실전 연습** 인(P)의 바닥 상태 전자 배치를 쓰시오.

비슷한 문제: 7.91, 7.92.

☑ 개념 복습하기

다음과 같은 바닥 상태 전자 배치를 가지는 원자를 확인하시오. $[Ar]4s^23d^8$.

7.8 원소의 주기적 분류

원자와 분자에 대하여 막연한 생각만이 있었을 뿐, 전자와 양성자의 존재에 대하여 전혀 알지 못하였던 19세기 화학자들은 원자 질량에 대한 지식을 이용하여 주기율표를 고안하였다. 많은 원소들의 정확한 원자 질량은 당시에 이미 측정이 완료된 상태였다. 원소를 원자 질량에 따라 주기율표에 나열하는 것은 그 당시 화학자들에게는 합리적인 것이었으며, 화학적 성질이 원자 질량과 어느 정도의 상관 관계가 있을 것으로 생각하였다.

1864년 영국의 화학자 뉴랜즈(John Newlands)는 알려진 원소를 원자 질량 순으로 배열하면 매번 8번째 원소가 비슷한 성질을 갖는다는 것을 발견하고, 이런 독특한 관련성을 '*옥타브 법칙*(law of octaves)'이라 하였다. 그러나 이 '법칙'은 칼슘 이후의 원소에 대해서는 적절하지 못함이 밝혀져 뉴랜즈의 작업이 당시의 과학계에서는 받아들여지지 않았다.

5년 후 러시아 화학자 멘델레예프(Mendeleev)와 독일 화학자 마이어(Meyer)는 원소의 규칙적, 주기적인 성질 재현에 기초하여 보다 확장된 원소의 도표화를 독자적으로 제안하였다. 멘델레예프의 분류는 두 가지 관점에서 뉴랜즈의 업적을 개선하였다. 첫째, 원소의 성질을 기초로 하여 보다 정확하게 분류한 것과 둘째, 아직 발견되지 않은 몇몇 원소들의 성질들을 예측할 수 있었다는 것이다. 예를 들어, 멘델레예프는 에카알루미늄(eka-aluminum)이라는 알려지지 않은 원소의 존재를 예측하였다. (*에카*는 "첫째"의 의미를 가진 산스크리트어이다. 따라서 에카알루미늄은 알루미늄이 속해 있는 족에서 알루미늄 바로 밑에 위치한 원소를 의미한다.) 4년 뒤 갈륨이 발견되었을 때 에카알루미늄으로 예견되었던 성질과 갈륨의 특성이 여기 나타낸 바와 같이 매우 잘 일치하였다.

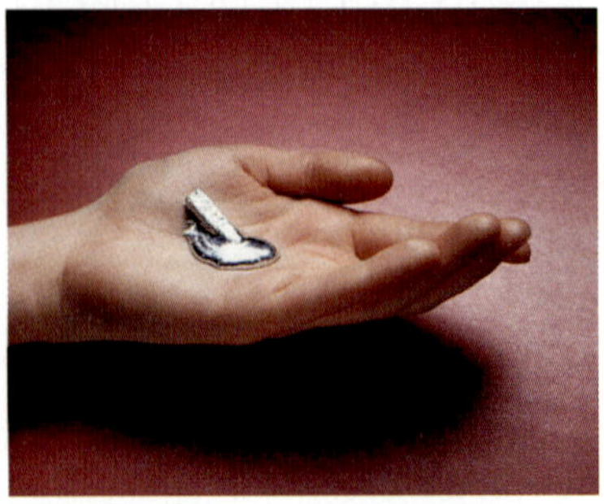

갈륨은 사람의 손 위에서 녹는다(체온은 약 37°C이다).

	에카알루미늄(Ea)	갈륨(Ga)
원자 질량	68 amu	69.9 amu
녹는점	낮음	29.78°C
밀도	5.9 g/cm^3	5.94 g/cm^3
산화물의 화학식	Ea_2O_3	Ga_2O_3

하지만 초기 주기율표에는 분명한 모순이 있었다. 예를 들어, 아르곤(39.95 amu)의 원자 질량은 포타슘(39.10 amu)보다 더 크다. 원소들을 원자 질량이 증가하는 순서로 배열하면, 아르곤은 현대의 주기율표(앞표지 안쪽 참조)상에서 포타슘이 차지하는 위치에 나타난다. 그러나 화학자들은 영족 기체인 아르곤을 반응성이 매우 큰 리튬이나 나트륨과 같은 족의 위치에 두지 않는다. 이러한 불일치는 원자 질량 이외에 어떤 기본적 성질이 주기성의 기초가 되어야함을 암시한다. 이 성질은 원자 번호와 연관되어 있음이 밝혀졌다.

α 입자 산란 실험으로부터 얻은 결과(2.2절 참조)를 이용하여, 러더퍼드는 몇몇 원소의 핵에 존재하는 양전하의 수를 예측하였으나, 원자 번호를 결정하는 일반적인 방법이 없었다. 1913년 영국의 물리학자 모즐리(Henry Moseley)는 높은 에너지를 가지는 전자를 이용한 연구에서 원소를 포격하여 발생한 X선의 진동수와 원자 번호 사이의 관계를 발견하였다. 몇몇 원소를 제외하고, 모즐리는 원자 번호 증가 순서가 원자 질량 증가 순서와 같음을 알게 되었다. 예로 칼슘은 원자 질량 증가 순서로 20번째 원소이고, 원자 번호도 20이다. 앞에서 언급된 불일치는 이로써 설명이 가능하게 되었다. 아르곤의 원자 번호는 18번이고, 포타슘의 원자 번호는 19번으로 포타슘은 주기율표에서 아르곤 다음에 위치해야 한다.

부록 4에서 원소들의 이름과 기호를 설명한다.

현대적 주기율표는 원소 기호와 함께 원자 번호를 나타낸다. 원자 번호는 또한 그 원소의 원자에 들어 있는 전자수를 나타낸다. 원소의 전자 배치는 물리적 성질과 화학적 성질의 주기성을 설명하는 데 도움이 된다. 주기율표의 중요성과 유용성은 잘 알려져 있지 않은 원소라 하더라도 같은 족이나 주기 내에서의 일반적인 성질과 경향에 대한 지식을 사용하여 원소의 성질을 상당히 정확하게 예측할 수 있다는 데 있다.

그림 7.26은 주기율표와 더불어 바닥 상태의 원소가 가지는 최외각 전자 배치를 보여준다. 전자 배치는 표 7.3에 나타내었다. 그림 7.21에 나타낸 순서대로 수소로부터 시작하여 부껍질에 전자들이 채워진다. 부껍질에 채워진 유형에 따라 원소들을 주족 원소, 영족 기체, 전이 금속, 란타넘족, 악티늄족으로 분리한다. 그림 7.26에서 **주족 원소**(representative element 또는 main group element)는 *1A~7A족에 속해 있는 원소들로 이들 원소 모두는 최대 주양자수의 s나 p 부껍질이 완전히 채워지지 않은 원소들이다.* 헬륨을 제외한 모든 *영족 기체*(noble gas, 8A족 원소)는 완전히 채워진 p 부껍질을 갖는다. (헬륨의 전자 배치는 $1s^2$이고, 나머지 영족 기체의 전자 배치는 ns^2np^6이다.) 전이 금속은 1B족과 3B~8B족의 원소들로서 완전히 채워지지 않은 d 부껍질을 가졌거나, 완전히 채워지지 않은 d 부껍질을 가진 양이온을 잘 형성하는 원소들이다(이 금속들은 간혹 d-구역 전이 원소라고 한다). 아연(Zn), 카드뮴(Cd), 수은(Hg) 등 2B족 원소는 주족 원소도 전이 금속도 아니다. 이 금속들이 속한 족에는 특별한 이름이 붙어 있지 않다. 란타넘족과 악티늄족은 완전히 채워지지 않은 f 부껍질을 가지기 때문에, f-구역 전이 원소라고 한다.

표 7.4

1A족과 2A족 원소들의 전자 배치

1A족	2A족
Li $[He]2s^1$	Be $[He]2s^2$
Na $[Ne]3s^1$	Mg $[Ne]3s^2$
K $[Ar]4s^1$	Ca $[Ar]4s^2$
Rb $[Kr]5s^1$	Sr $[Kr]5s^2$
Cs $[Xe]6s^1$	Ba $[Xe]6s^2$
Fr $[Rn]7s^1$	Ra $[Rn]7s^2$

특정한 족의 원소의 전자 배치를 조사해 보면 명확한 패턴이 나타난다. 1A족과 2A족의 전자 배치를 표 7.4에 나타내었다. 1A족 알칼리 금속 원소 모두는 최외각 전자 배치가 비슷하다. 각각은 영족 기체 핵과 ns^1의 최외각 전자 배치를 갖는다. 유사하게, 2A족 알칼리 토금속 원소 모두는 영족 기체 핵과 ns^2의 최외각 전자 배치를 갖는다. *원자의 최외각 전자로, 화*

	1 1A	2 2A	3 3B	4 4B	5 5B	6 6B	7 7B	8 8B	9 8B	10 8B	11 1B	12 2B	13 3A	14 4A	15 5A	16 6A	17 7A	18 8A
1	1 **H** $1s^1$																	2 **He** $1s^2$
2	3 **Li** $2s^1$	4 **Be** $2s^2$											5 **B** $2s^22p^1$	6 **C** $2s^22p^2$	7 **N** $2s^22p^3$	8 **O** $2s^22p^4$	9 **F** $2s^22p^5$	10 **Ne** $2s^22p^6$
3	11 **Na** $3s^1$	12 **Mg** $3s^2$											13 **Al** $3s^23p^1$	14 **Si** $3s^23p^2$	15 **P** $3s^23p^3$	16 **S** $3s^23p^4$	17 **Cl** $3s^23p^5$	18 **Ar** $3s^23p^6$
4	19 **K** $4s^1$	20 **Ca** $4s^2$	21 **Sc** $4s^23d^1$	22 **Ti** $4s^23d^2$	23 **V** $4s^23d^3$	24 **Cr** $4s^13d^5$	25 **Mn** $4s^23d^5$	26 **Fe** $4s^23d^6$	27 **Co** $4s^23d^7$	28 **Ni** $4s^23d^8$	29 **Cu** $4s^13d^{10}$	30 **Zn** $4s^23d^{10}$	31 **Ga** $4s^24p^1$	32 **Ge** $4s^24p^2$	33 **As** $4s^24p^3$	34 **Se** $4s^24p^4$	35 **Br** $4s^24p^5$	36 **Kr** $4s^24p^6$
5	37 **Rb** $5s^1$	38 **Sr** $5s^2$	39 **Y** $5s^24d^1$	40 **Zr** $5s^24d^2$	41 **Nb** $5s^14d^4$	42 **Mo** $5s^14d^5$	43 **Tc** $5s^24d^5$	44 **Ru** $5s^14d^7$	45 **Rh** $5s^14d^8$	46 **Pd** $4d^{10}$	47 **Ag** $5s^14d^{10}$	48 **Cd** $5s^24d^{10}$	49 **In** $5s^25p^1$	50 **Sn** $5s^25p^2$	51 **Sb** $5s^25p^3$	52 **Te** $5s^25p^4$	53 **I** $5s^25p^5$	54 **Xe** $5s^25p^6$
6	55 **Cs** $6s^1$	56 **Ba** $6s^2$	57 **La** $6s^25d^1$	72 **Hf** $6s^25d^2$	73 **Ta** $6s^25d^3$	74 **W** $6s^25d^4$	75 **Re** $6s^25d^5$	76 **Os** $6s^25d^6$	77 **Ir** $6s^25d^7$	78 **Pt** $6s^15d^9$	79 **Au** $6s^15d^{10}$	80 **Hg** $6s^25d^{10}$	81 **Tl** $6s^26p^1$	82 **Pb** $6s^26p^2$	83 **Bi** $6s^26p^3$	84 **Po** $6s^26p^4$	85 **At** $6s^26p^5$	86 **Rn** $6s^26p^6$
7	87 **Fr** $7s^1$	88 **Ra** $7s^2$	89 **Ac** $7s^26d^1$	104 **Rf** $7s^26d^2$	105 **Db** $7s^26d^3$	106 **Sg** $7s^26d^4$	107 **Bh** $7s^26d^5$	108 **Hs** $7s^26d^6$	109 **Mt** $7s^26d^7$	110 **Ds** $7s^26d^8$	111 **Rg** $7s^26d^9$	112 **Cn** $7s^26d^{10}$	113 $7s^27p^1$	114 $7s^27p^2$	115 $7s^27p^3$	116 $7s^27p^4$	117 $7s^27p^5$	118 $7s^27p^6$

58 **Ce** $6s^24f^15d^1$	59 **Pr** $6s^24f^3$	60 **Nd** $6s^24f^4$	61 **Pm** $6s^24f^5$	62 **Sm** $6s^24f^6$	63 **Eu** $6s^24f^7$	64 **Gd** $6s^24f^75d^1$	65 **Tb** $6s^24f^9$	66 **Dy** $6s^24f^{10}$	67 **Ho** $6s^24f^{11}$	68 **Er** $6s^24f^{12}$	69 **Tm** $6s^24f^{13}$	70 **Yb** $6s^24f^{14}$	71 **Lu** $6s^24f^{14}5d^1$
90 **Th** $7s^26d^2$	91 **Pa** $7s^25f^26d^1$	92 **U** $7s^25f^36d^1$	93 **Np** $7s^25f^46d^1$	94 **Pu** $7s^25f^6$	95 **Am** $7s^25f^7$	96 **Cm** $7s^25f^76d^1$	97 **Bk** $7s^25f^9$	98 **Cf** $7s^25f^{10}$	99 **Es** $7s^25f^{11}$	100 **Fm** $7s^25f^{12}$	101 **Md** $7s^25f^{13}$	102 **No** $7s^25f^{14}$	103 **Lr** $7s^25f^{14}6d^1$

그림 7.26 • 원소의 바닥 상태 전자 배치. 단순화를 위해, 최외각 전자들의 배치만을 나타내었다.

*학 결합에 관여하는 전자*를 **원자가전자**(valence electron)라고 부른다. 원자가전자 수가 같으면 이들 족에 있는 각 원소의 화학적 성질이 비슷한 것을 설명할 수 있다. 최외각 전자 배치 ns^2np^5인 할로젠(7A족 원소)에 대해서도 이러한 관찰이 사실로 나타난다. 그러나 3A~6A족의 성질을 예측하는 것은 주의해야 한다. 4A족 원소는 모두 ns^2np^2의 최외각 전자 배치를 가지지만, 원소간 화학적 성질은 많은 차이가 나타난다. 탄소는 비금속이며, 규소, 저마늄은 준금속이고, 주석과 납은 금속이다.

주족 원소에 있어서 원자가전자는 가장 높은 주에너지 준위 n에 있는 전자들이다.

영족 기체는 매우 유사하게 행동한다. 크립톤과 제논의 예외가 있지만, 이들 원소는 전부 화학적으로 비활성이다. 그 이유는 이 원소들이 완전히 채워진 최외각의 ns^2np^6 부껍질을 가지기 때문이다. 전이 금속에서는 원자가전자 배치가 한 족 내에서 항상 동일하지 않고 한 주기 내에서 한 금속에서 다음의 전자 배치의 변화에 규칙적인 패턴이 없더라도, 모든 전이 금속들은 다른 원소와 구분되는 많은 특성들을 공유한다. 그 이유는 이러한 금속들 모두는 불완전하게 채워진 d 부껍질을 가지고 있다는 것이다. 마찬가지로 불완전하게 채워진 f 부껍질을 가지고 있기 때문에 란타넘족(그리고 악티늄족) 원소는 서로 닮아 있다. 그림 7.27는 여기서 논의된 족을 구분한다.

예제 7.12

어떤 원소의 원자는 14개의 전자를 가지고 있다. 주기율표를 보지 않고 다음 질문에 답하시오. (a) 이 원소의 바닥 상태 전자 배치는 무엇인가? (b) 이 원소를 어떻게 분류할 수 있는가? (c) 이 원소의 원자는 반자기성인가 상자기성인가?

▸ **전략** (a) 7.7절에 설명한 쌓음 원리를 이용하고 주양자수 n = 1에서부터 모든 전자에 대한 전자 배치를 쓴다. (b) 주족 원소의 특징적 전자 배치는 무엇인가? 전이 원소의 특징적 전자 배치는 무엇인가? 영족 기체의 특징적 전자 배치는 무엇인가? (c) 최외각 전자를 짝을 지어주는 방법을 조사해 본다. 원자가 반자기성인지 상자기성인지를 결정하는 것이 무엇인가?

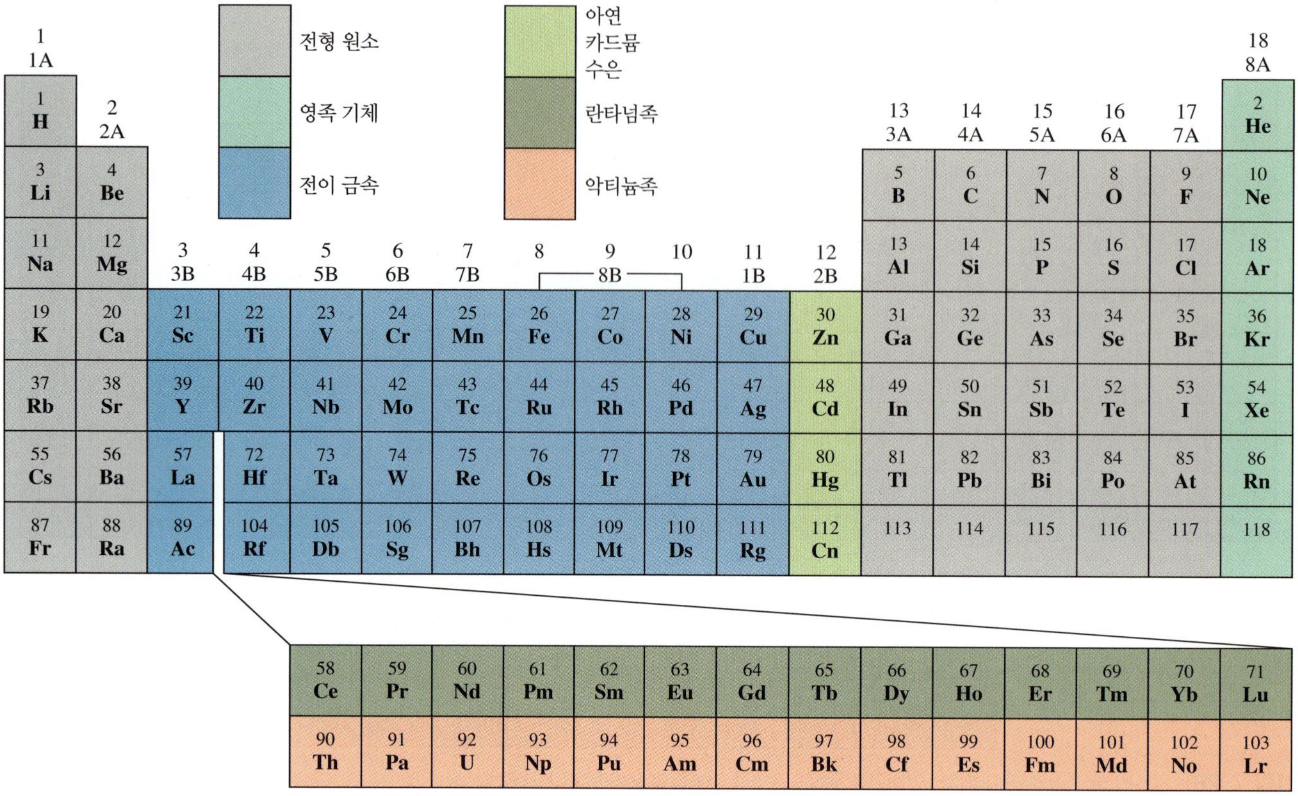

그림 7.27 • 원소의 분류. 2B족 원소는 전이 금속의 특성을 나타내지 않음에도 종종 전이 금속으로 분류된다.

▸ **풀이**

(a) $n = 1$에 대해서는 $1s$ 궤도함수(전자 2개), $n = 2$에 대해서는 $2s$ 궤도함수(전자 2개)와 세 개의 $2p$ 궤도함수(전자 6개), $n = 3$에 대해서는 $3s$ 궤도함수(전자 2개)가 있다. 남은 전자는 $14-12 = 2$개이고, 두 개의 전자가 $3p$ 궤도함수에 들어간다. 따라서 전자 배치는 $1s^22s^22p^63s^23p^2$이다.

(b) $3p$ 부껍질이 완전히 채워지지 않았으므로 이 원소는 주족 원소이다. 주어진 정보를 활용하면 이것이 금속인지, 비금속인지, 준금속인지 알 수 없다.

(c) 훈트 규칙에 따르면, $3p$ 궤도함수에 있는 두 개의 전자는 평행한 스핀(두 개의 쌍을 이루지 않은 전자들)을 가진다. 따라서 이 원소의 원자는 상자기성이다.

▸ **검산** (b)에서 전이 금속은 완전하게 채워지지 않은 d 부껍질을 가지고, 영족 기체는 완전히 바깥 껍질이 채워졌다는 것에 주의하자. (c)에서 원소의 원자에 있는 전자수가 홀수라면, 그 원소는 상자기성일 수도 있고 아닐 수도 있다.

비슷한 문제: 7.108.

▸ **실전 연습** 어떤 원소의 원자는 20개의 전자를 가지고 있다. 주기율표를 보지 않고 다음 질문에 답하시오. (a) 이 원소의 바닥 상태 전자 배치는 무엇인가? (b) 이 원소를 분류하시오. (c) 이 원소의 원자가 반자기성인지 상자기성인지 결정하시오.

양이온과 음이온의 전자 배치

많은 이온 결합 화합물은 단원자 양이온과 음이온으로 이루어져 있으므로, 이온의 전자 배치를 어떻게 표기하는가를 아는 것이 중요하다. 이온의 전자 배치를 적는 방법은 중성 원자에서 사용하는 방법을 약간 확장한 것이다. 이를 설명하기 위하여 이온을 크게 두 영역으로 구분하기로 한다.

주족 원소에서 유래된 이온

주족 원소의 중성 원자로부터 양이온이 형성될 때에는 최외각의 n 껍질로부터 전자가 하나 이상 제거된다. 몇몇 원자와 그 양이온의 전자 배치는 다음과 같다.

Na: $[Ne]3s^1$	Na^+: [Ne]
Ca: $[Ar]4s^2$	Ca^{2+}: [Ar]
Al: $[Ne]3s^23p^1$	Al^{3+}: [Ne]

각 이온은 안정한 영족 기체의 전자 배치를 갖는다는 점에 주목하라.

음이온 형성시에는 최외각 n 껍질에 하나 이상의 전자가 더하여진다. 다음 예를 살펴보자.

H: $1s^1$	H^-: $1s^2$	또는 [He]
F: $1s^22s^22p^5$	F^-: $1s^22s^22p^6$	또는 [Ne]
O: $1s^22s^22p^4$	O^{2-}: $1s^22s^22p^6$	또는 [Ne]
N: $1s^22s^22p^3$	N^{3-}: $1s^22s^22p^6$	또는 [Ne]

이러한 음이온들 또한 모두 안정한 영족 기체 배치를 가진다. 따라서 대부분 주족 원소의 특성은 이들 중성 원자로부터 유래된 이온들이 영족 기체 최외각 전자 배치인 ns^2np^6를 가진다. *전자수가 같으며 동일한 바닥 상태 전자 배치를 가지는 이온이나 원자*를 **등전자**(isoelectronic) 상태라고 한다. 따라서 H^-와 He도 등전자 상태이다. F^-, Na^+, Ne도 등전자 상태이다.

전이 금속에서 유래된 양이온

7.7절에서 첫째 줄 전이 금속(Sc에서 Cu)은 3d 궤도가 채워지기 전에 4s 궤도가 채워진다는 것을 보았다. 전자 배치가 $[Ar]4s^23d^5$인 망가니즈를 보자. Mn^{2+} 이온이 형성될 때, 두 개의 전자가 3d 궤도에서 제거되어 $[Ar]4s^23d^3$이 될 것으로 예상할 수 있다. 실제, Mn^{2+}의 전자 배치는 $[Ar]3d^5$이다! 그 이유는 중성 원자 내에서 전자-전자, 전자-핵 상호작용은 이온 내에서의 상호 작용과 상당히 다를 수 있기 때문이다. 그러므로 망가니즈에서 3d 궤도가 채워지기 전에 4s 궤도가 항상 채워지는 반면, 전이 금속 이온에서는 3d 궤도가 4s 궤도보다 안정하기 때문에 Mn^{2+}를 형성할 때 4s 궤도로부터 전자가 먼저 제거된다. 양이온이 전이 금속의 원자로부터 형성될 때 전자는 ns 궤도로부터 항상 먼저 제거되고 그 다음 $(n-1)d$ 궤도로부터 제거된다.

전이 금속에서 전자를 채우는 순서로부터 전자를 제거하는 순서를 결정하거나 예측하지 못한다는 점을 명심하라. 이러한 금속들은 ns 전자들을 $(n-1)d$ 전자들에 앞서 잃어버린다.

대부분의 전이 금속은 둘 이상의 양이온을 형성하며 그 양이온은 주기율표상 직전의 영족 기체와 비교하여 등전자 상태에서 빈번하게 벗어난다는 것을 명심하라.

☑ 개념 복습하기

이온이 다음 설명을 만족시키는 원소를 확인하시오. (a) Kr과 등전자 상태인 알칼리 토금속 이온. (b) K^+와 등전자 상태이고 전하가 −3인 음이온. (c) Co^{3+}와 등전자 상태이고 전하가 +2인 이온.

7.9 물리적 성질의 주기적 변화

살펴본 바와 같이 원소의 전자 배치는 원자 번호가 증가함에 따라 주기적 변화를 보인다. 결과적으로 물리적, 화학적 거동에 있어서도 주기성을 나타낸다. 이 절에서는 같은 족 또는 주기에 있는 원소의 물리적 성질과 원소의 화학적 거동에 영향을 미치는 추가적인 성질에 대해 알아보기로 한다. 먼저, 많은 원자의 성질에 관련이 있는 유효 핵전하의 개념을 살펴보자.

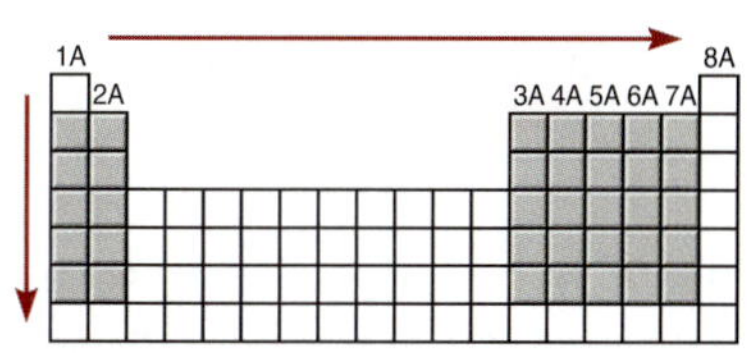

주족 원소에 대해 주기율표의 왼쪽부터 오른쪽으로, 한 족 내에서 위로부터 아래로 갈수록 유효 핵전하는 증가한다.

유효 핵전하

앞에서 다전자 원자에서 핵에 가까이 있는 전자들의 바깥 껍질 전자에 대한 가려막기 효과를 설명한 바 있다. 원자 내 다른 전자의 존재는 양전하로 하전된 핵 내 양성자와 특정 전자간 정전기적 인력을 감소시킨다. **유효 핵전하**(effective nuclear charge, Z_{eff})는 *실제 핵전하*(Z)*와 다른 전자의 반발 효과(가려막기) 모두를 고려할 때 하나의 전자에 의해 느끼는 핵전하를 의*

미한다. 일반적으로 Z_{eff}는 다음과 같이 주어진다.

$$Z_{eff} = Z - \sigma \tag{7.9}$$

여기서 σ(시그마)는 *가리움 상수*(shielding constant, 또는 screening constant)라고 한다. 가리움 상수는 0보다 크지만 Z보다는 작다.

한 전자 내에 전자들이 다른 하나를 얼마나 가려막는지를 설명하는 방법 중 하나는 헬륨 원자로부터 전자 두 개를 제거하는 데 필요한 에너지 총량을 고려하는 것이다. 실험에 따르면 첫 번째 전자를 제거하는 데 3.94×10^{-18} J의 에너지가 필요하며, 두 번째 전자를 제거하는 데 8.72×10^{-18} J의 에너지가 필요하다. 첫 번째 전자가 제거되면 가려막기가 사라지므로, 두 번째 전자는 +2인 핵전하를 완전히 느끼게 된다.

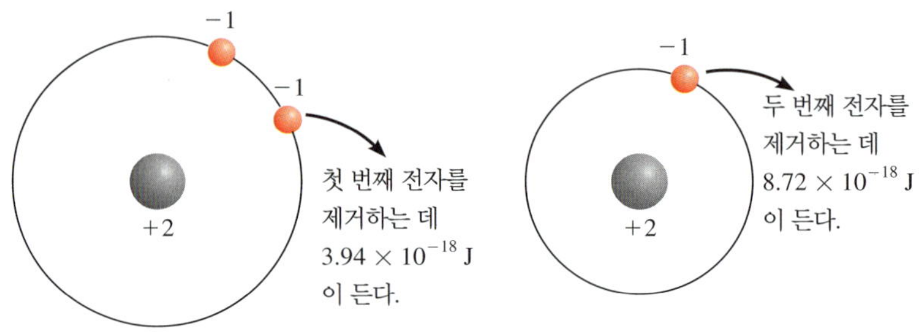

핵심부 전자(core electron)들은 대체로 원자가전자보다 핵에 더 가깝기 때문에, 원자가전자가 다른 전자를 가려막는 정도보다 더 많이 원자가전자들을 가려막게 된다. Li에서 Ne까지의 2주기 원소들을 고려해 보자. 왼쪽에서 오른쪽으로 갈수록 핵전하는 증가하는 반면 핵심부 전자($1s^2$)의 개수가 상수가 됨을 알 수 있다. 그러나 원자가전자가 하나 더해지면 원자가전자는 서로를 잘 가려막지 못하기 때문에, 아래에 나타낸 바와 같이 주기의 오른쪽으로 갈수록 원자가전자에 의해 느끼는 유효 핵전하는 더 크게 된다.

$1s$, $2s$ 궤도 함수의 방사방향 확률 그림에 대해서는 그림 7.24를 참조.

	Li	Be	B	C	N	O	F	Ne
Z	3	4	5	6	7	8	9	10
Z_{eff}	1.28	1.91	2.42	3.14	3.83	4.45	5.10	5.76

특정 족을 따라 주기율표상 하단으로 갈수록 유효 핵전하가 증가한다. 그러나 n이 증가함에 따라 원자가전자가 점진적으로 큰 껍질에 더해지기 때문에 핵과 원자가전자간 정전기적 인력은 실제적으로 감소한다.

	Li	Na	K	Rb	Cs
Z	3	11	19	37	55
Z_{eff}	1.28	2.51	3.50	4.98	6.36

원자 반지름

밀도, 녹는점, 끓는점을 포함한 많은 물리적 성질이 원자의 크기와 연관되어 있으나, 원자의 크기를 정의하기는 어렵다. 앞서 본 바와 같이 원자 내 전자 밀도는 핵을 넘어서 멀리까지 확장되어 있으나, 실제 원자 크기는 핵 주위 전체 전자 밀도의 90%를 포함하는 부피로 간주한다. 보다 구체적으로는, *두 개의 이웃한 금속 원자 내 두 개의 핵간 거리의 절반*을 **원자 반지름**(atomic radius)이라는 용어로 원자의 크기를 정의한다.

거대한 3차원 그물 구조를 형성하며 서로 연결된 원자들에서 원자 반지름은 두 개의 이웃한 원자들의 핵 사이 거리의 절반이다[그림 7.28(a)]. 단순 이원자 분자로 존재하는 원소에서 원자 반지름은 특정 분자 내 두 원자핵간 거리의 절반이다[그림 7.28(b)].

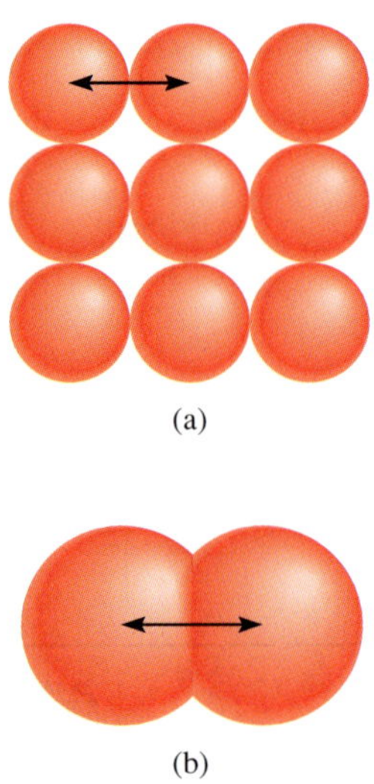

그림 7.28 • (a) 베릴륨과 같은 금속에서 원자 반지름은 이웃한 두 원자 중심간 거리의 절반으로 정의한다. (b) 아이오딘과 같은 이원자 분자로 존재하는 원소에서 원자 반지름은 분자들 내 원자 중심간 거리의 절반으로 정의한다.

그림 7.29는 주기율표 내 위치에 따른 원소들의 원자 반지름을 나타내고 있으며 그림

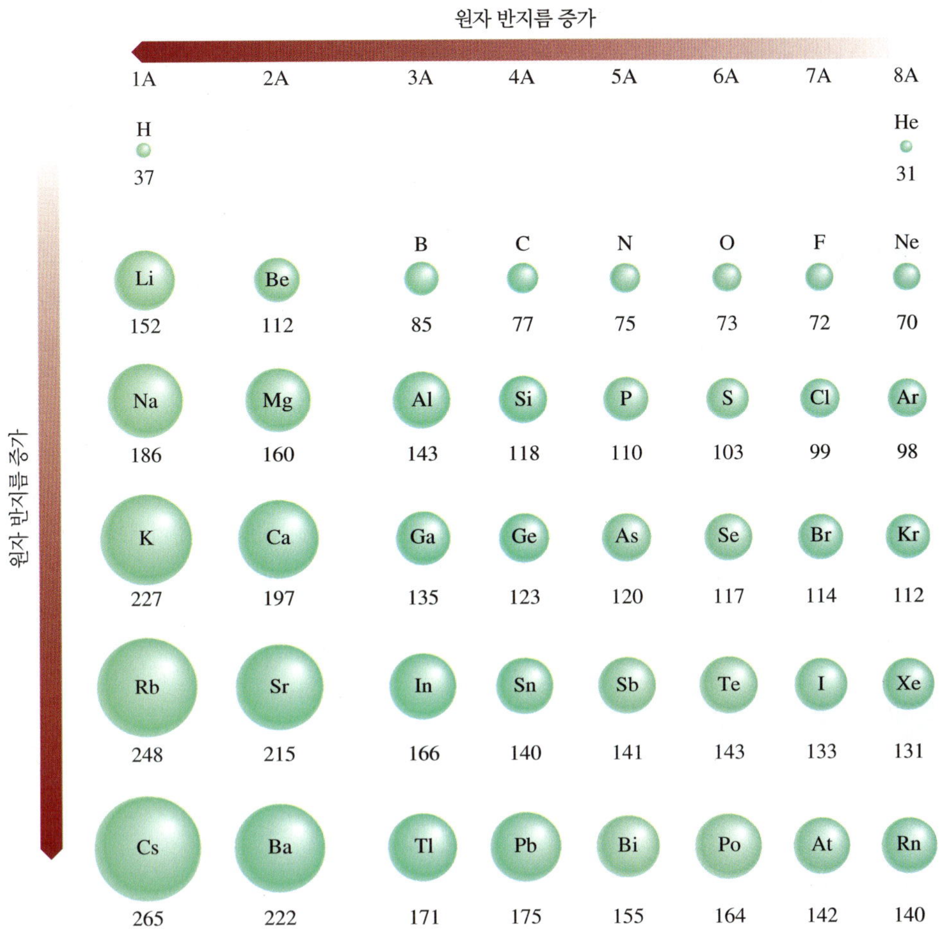

그림 7.29 • 주기율표 내 위치에 따라 주족 원소의 피코미터 단위의 원자 반지름. 원자 반지름의 크기가 일정하지 않음에 유의하라. 정확한 값이 아닌 경향에 초점을 맞추었다.

7.30은 원자 번호에 대한 이들 원소의 원자 반지름을 도식화한 것이다. 주기적 경향은 매우 명확하다. 2주기 원소를 생각해 보자. 유효 핵전하는 왼쪽에서 오른쪽으로 증가하기 때문에

동영상
원자 반지름과 이온 반지름.

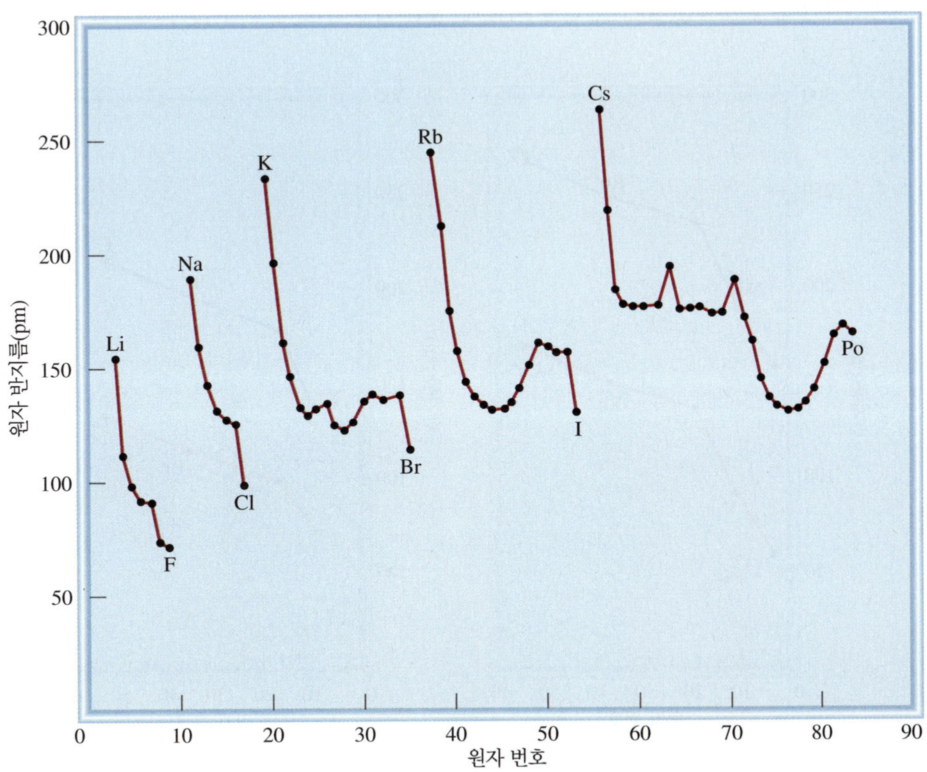

그림 7.30 • 원자 번호 대비 피코미터 단위로 표시한 원소들의 원자 반지름.

각 단계에서 더해지는 원자가전자는 앞 원소에서의 경우보다 핵에 더 강하게 이끌린다. 그러므로 Li로부터 Ne로 갈수록 원자 반지름은 작아진다는 것을 알 수 있다. 하나의 족 내에서 원자 반지름은 원자 번호에 따라 증가한다. 1A족 내 알칼리 금속에서 원자가전자는 *ns* 궤도함수에 존재한다. 궤도함수 크기는 주양자수 *n*이 증가함에 따라 증가하기 때문에 Li에서 Cs까지 원자 반지름의 크기는 증가한다.

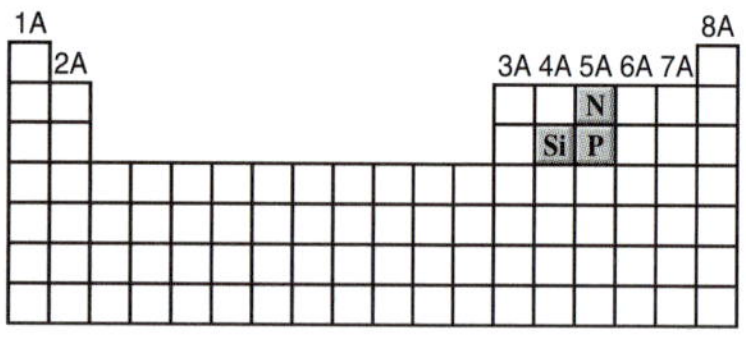

예제 7.13

주기율표를 참조하여, 다음 원자들을 원자 반지름이 증가하는 순서로 배열하시오. P, Si, N.

▸ **전략** 족과 특정 주기내 원자 반지름의 경향은 어떠한가? 같은 족, 같은 주기에 있는 원소는 어느 것인가?

▸ **풀이** 그림 7.27로부터 N과 P는 동일 족(5A족)임을 알 수 있다. 그러므로 N의 반지름은 P의 반지름보다 작다(원자 반지름은 족의 아래쪽일수록 커진다). Si와 P는 3주기에 속하며 Si는 P의 왼쪽에 위치한다. 그러므로 P의 반지름은 Si의 반지름보다 작다(원자 반지름은 같은 주기에서 왼쪽부터 오른쪽으로 갈수록 작아진다). 그러므로 반지름이 증가하는 순서는 $N < P < Si$ 이다.

▸ **실전 연습** 반지름이 감소하는 순서로 다음 원자들을 배열하시오. C, Li, Be.

비슷한 문제: 7.129, 7.130

☑ 개념 복습하기

다음에 나열한 각 원자 쌍의 크기를 비교하시오. (a) Be, Ba, (b) Al, S, (c) ^{12}C, ^{13}C.

이온 반지름

이온 반지름(ionic radius)은 *양이온 또는 음이온의 반지름*이다. 이온 반지름은 이온 결합 화합물의 물리적, 화학적 성질에 영향을 미친다. 예를 들어, 이온 결합 화합물의 3차원 구조는 그 양이온과 음이온의 상대적인 크기에 의존한다.

중성 원자가 이온으로 변환될 때 크기가 변할 것을 예상할 수 있다. 원자가 음이온이라면, 핵전하가 동일하지만 증가된 전자 때문에 생긴 반발력은 전자 구름의 영역을 확장하기

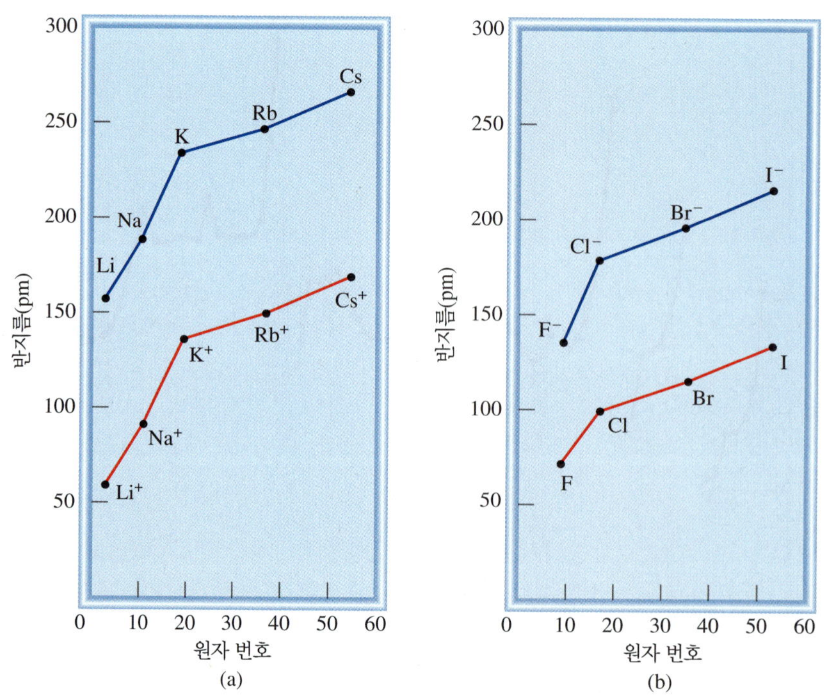

그림 7.31 • 원자 반지름과 이온 반지름 비교. (a) 알칼리 금속과 알칼리 금속 양이온 (b) 할로젠과 할로젠화 이온.

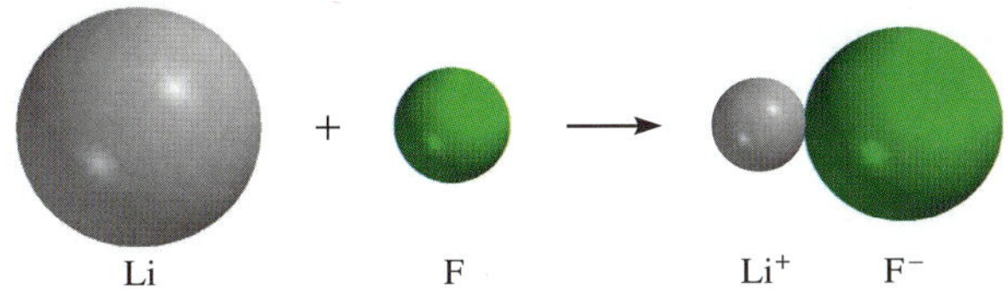

그림 7.32 • Li와 F가 반응하여 LIF를 형성할 때 Li와 F의 크기 비교.

때문에 그 음이온의 크기(혹은 반지름)는 증가한다. 반면에 한 원자로부터 하나 이상의 전자를 제거하면, 전자간 반발력은 감소하나 핵전하는 동일하게 유지된다. 그러므로 전자 구름은 축소되고 그 양이온은 원자보다 더 작은 크기가 된다. 그림 7.31은 알칼리 금속이 양이온으로 변환될 때와 할로겐이 음이온으로 전환될 때 나타나는 크기의 변화를 보여주고 있다. 그림 7.32는 리튬 원자가 플루오린 원자와 반응하여 LiF를 형성할 때 발생하는 크기 변화를 보여준다.

그림 7.33은 주기율표 내 원소들의 위치에 따라 배열된 유사 원소에서 유래된 이온들의 반지름을 나타낸다. 원자 반지름과 이온 반지름간의 유사한 경향을 볼 수 있다. 서로 다른 족의 원소로부터 유래된 이온에 대해 크기 비교는 이온들이 등전자(isoelectronic)일 때에만 의미가 있다. 등전자 이온에서 양이온은 음이온보다 작음을 알 수 있다. 예를 들어, Na^+는 F^-보다 작다. 이 두 이온은 같은 수의 전자를 갖지만, Na(Z = 11)는 F(Z = 9)보다 양성자가 더 많다. Na^+는 더 큰 유효 핵전하를 가지게 되어 더 작은 반지름을 초래하게 된다.

등전자 이온에서 그 이온의 크기는 핵 내 양성자 수가 아닌 전자 구름의 크기에 기초한다.

등전자 양이온에 초점을 맞추어 볼 때, *3가 양이온*(tripositive ion)의 반지름은 *2가 양이온*(dipositive ion)의 반지름보다 작으며, 2가 양이온은 *1가 양이온*(unipositive ion)보다 작다. 이러한 경향은 3주기내 3가지 등전자 이온의 크기로 잘 설명할 수 있다. Al^{3+}, Mg^{2+}, Na^+를 보자. Al^{3+} 이온은 Mg^{2+}와 전자수는 같으나 양성자가 하나 더 많다. 그러므로 Al^{3+}의 전자 구름은 Mg^{2+}내 전자 구름보다 더 많이 내부로 당겨진다. Na^+에 비해 Mg^{2+}의 반지름이 더 작은 이유도 유사하게 설명할 수 있다. 등전자 음이온에서 +2가의 전하를 가진 이온이 −2가 전하 이상을 가지게 될 때 반지름이 증가함을 알 수 있다. 산소가 플루오린보다 양성자가 하나 적으므로 산소 음이온은 플루오린 음이온보다 더 크다. 전자 구름이 O^{2-}내에서 더 많이 퍼져 있다.

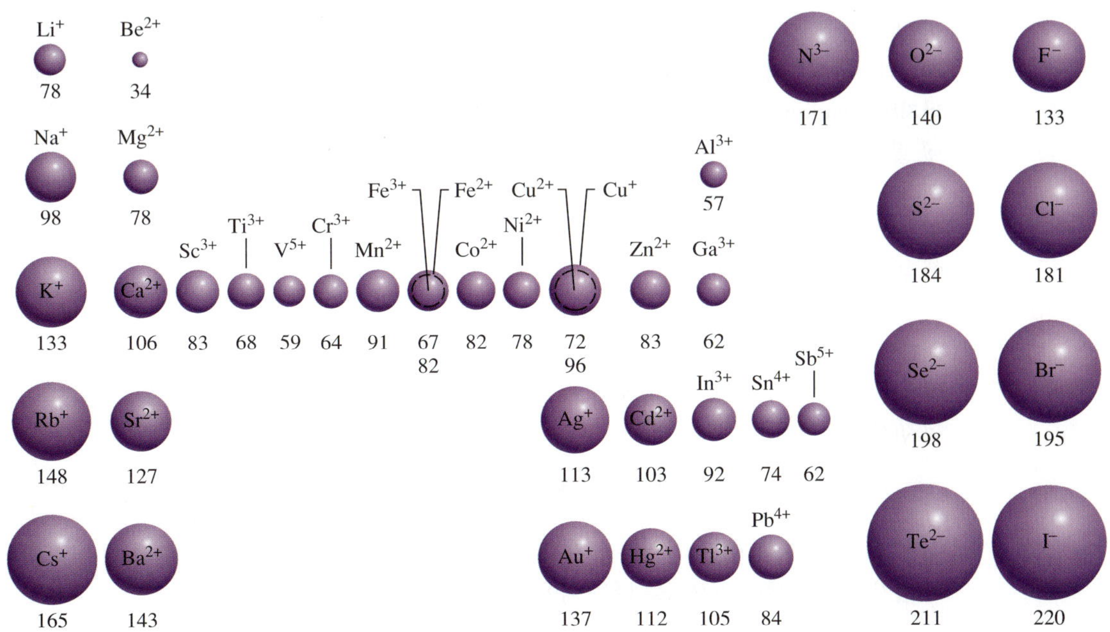

그림 7.33 • 주기율표 내 원소 위치에 따라 배열된 유사 원소들의 이온 반지름(피코미터 단위).

예제 7.14

다음 각 쌍에 대하여 두 화학종 중 어떤 것이 더 큰가를 표시하시오.
(a) O^{2-}, F^-, (b) Sr^{2+}, Ca^{2+}, (c) Co^{2+}, Co^{3+}.

▸ **전략** 이온 반지름을 비교할 때, 이온들을 다음과 같은 세 종류로 분리하는 것이 유용하다. (1) 등전자 이온, (2) 같은 전하를 가졌으며, 같은 주기 원자들로부터 생성된 이온, (3) 전하는 다르지만 동일 원자로부터 발생한 이온. (1)의 경우보다 큰 음의 전하를 가지는 이온이 항상 더 크다. (2)의 경우 더 큰 원자 번호를 가지는 원자로부터 생성된 이온이 항상 더 크다. (3)의 경우보다 작은 양전하를 갖는 이온이 항상 더 크다.

▸ **풀이**

(a) O^{2-}와 F^-는 등전자 음이온으로 10개의 전자를 가지고 있다. O^{2-}는 양성자 7개만을 가지며, F^-는 양성자 9개를 가지기 때문에 핵이 전자에 미치는 인력이 작게 되어 O^{2-} 이온이 더 크다.

(b) Ca와 Sr은 2A족(알칼리 토금속)에 속한다. Ca (n = 4)의 최외각 전자들은 Sr (n = 5)보다 더 큰 껍질에 존재하기 때문에 Sr^{2+} 이온은 Ca^{2+}보다 더 크다.

(c) 두 이온은 동일한 핵전하를 갖는다. 그러나 Co^{2+}는 Co^{3+}보다 하나 더 많은 전자(Co^{3+}의 24개 전자에 비하여 25개 전자)를 가지므로 전자-전자 반발이 더 크게 된다. Co^{2+}의 반지름이 더 크다.

비슷한 문제: 7.135, 7.137.

▸ **실전 연습** 다음 각 쌍에서 더 작은 이온을 고르시오. (a) Li^+, K^+, (b) Au^+, Au^{3+}, (c) N^{3-}, P^{3-}.

☑ 개념 복습하기

다음 각각을 아래에 표시한 구로 나타내시오. S^{2-}, Mg^{2+}, F^-, Na^+.

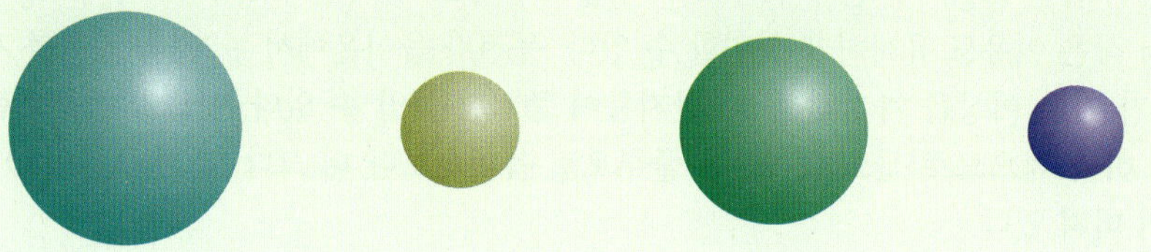

이온화 에너지

이 책을 통해 볼 수 있듯이 어떤 원자의 화학적 성질은 원자의 원자가전자의 배치에 의해 결정된다. 이 최외각 전자의 안정성은 원자의 이온화 에너지에 직접 영향을 미친다. **이온화 에너지**(ionization energy, *IE*)는 *바닥 상태에 있는 기체 원자로부터 한 개의 전자를 제거하는 데 필요한 최소 에너지*(kJ/mol)이다. 달리 말하면, 이온화 에너지는 기체 원자 1 mol로부터 전자 1 mol을 제거하는 데 필요한 kJ 단위의 에너지 양이다. 기체 상태에 있는 원자는 주변 원자의 영향을 받지 않으며 이온화 에너지를 측정할 때 고려해야 할 분자간 힘도 없기 때문에 위 정의에 기체 상태로 명기한다.

비록 원자가전자는 원자로부터 상대적으로 제거하기 쉽지만, 핵심부 전자는 제거하기 훨씬 어렵다는 것을 주목하라. 그러므로 맨 마지막 원자가전자와 첫 번째 핵심부 전자 사이에 이온화 에너지는 큰 폭이 있다.

이온화 에너지의 크기는 전자가 원자 내에 얼마나 "단단히(tightly)" 붙어 있는지에 대한 척도이다. 이온화 에너지가 크면 클수록 전자를 제거하는 것이 더 어려워진다. 다전자 원자에서 바닥 상태에 있는 원자로부터 첫 번째 전자를 제거하는 에너지의 양은 *일차 이온화 에너지*(IE_1)라 한다.

$$\text{에너지} + X(g) \longrightarrow X^+(g) + e^- \qquad (7.10)$$

식 (7.10)에서 X는 어떤 원소의 원자를 나타내며, e^-는 전자이다. 이차 이온화 에너지(IE_2)와 삼차 이온화 에너지(IE_3)를 다음 식에서 볼 수 있다.

표 7.5 첫 20개 원소의 이온화 에너지(kJ/mol)

Z	원소	1차	2차	3차	4차	5차	6차
1	H	1,312					
2	He	2,373	5,251				
3	Li	520	7,300	11,815			
4	Be	899	1,757	14,850	21,005		
5	B	801	2,430	3,660	25,000	32,820	
6	C	1,086	2,350	4,620	6,220	38,000	47,261
7	N	1,400	2,860	4,580	7,500	9,400	53,000
8	O	1,314	3,390	5,300	7,470	11,000	13,000
9	F	1,680	3,370	6,050	8,400	11,000	15,200
10	Ne	2,080	3,950	6,120	9,370	12,200	15,000
11	Na	495.9	4,560	6,900	9,540	13,400	16,600
12	Mg	738.1	1,450	7,730	10,500	13,600	18,000
13	Al	577.9	1,820	2,750	11,600	14,800	18,400
14	Si	786.3	1,580	3,230	4,360	16,000	20,000
15	P	1,012	1,904	2,910	4,960	6,240	21,000
16	S	999.5	2,250	3,360	4,660	6,990	8,500
17	Cl	1,251	2,297	3,820	5,160	6,540	9,300
18	Ar	1,521	2,666	3,900	5,770	7,240	8,800
19	K	418.7	3,052	4,410	5,900	8,000	9,600
20	Ca	589.5	1,145	4,900	6,500	8,100	11,000

$$\text{에너지} + \mathrm{X}^{+}(g) \longrightarrow \mathrm{X}^{2+}(g) + e^{-} \quad \text{이차 이온화}$$
$$\text{에너지} + \mathrm{X}^{2+}(g) \longrightarrow \mathrm{X}^{3+}(g) + e^{-} \quad \text{삼차 이온화}$$

위의 유형은 이어지는 전자의 제거에도 계속된다.

원자로부터 전자가 제거될 때 남아 있는 전자간 반발력은 감소한다. 핵전하는 상수로 남아 있기 때문에 양전하 이온으로부터 또다른 전자를 제거하는 데 더 많은 에너지가 필요하다. 이러한 이유로 이온화 에너지는 다음 순서로 항상 증가한다.

$$IE_1 < IE_2 < IE_3 < \cdots$$

표 7.5는 첫 20개 원소에 대한 이온화 에너지이다. 이온화는 항상 흡열 과정이다. 관습적으로 이온화 과정에서 원자나 이온에 의해 흡수된 에너지는 양의 값을 갖는다. 따라서 이온화 에너지는 모두 양의 값이다.

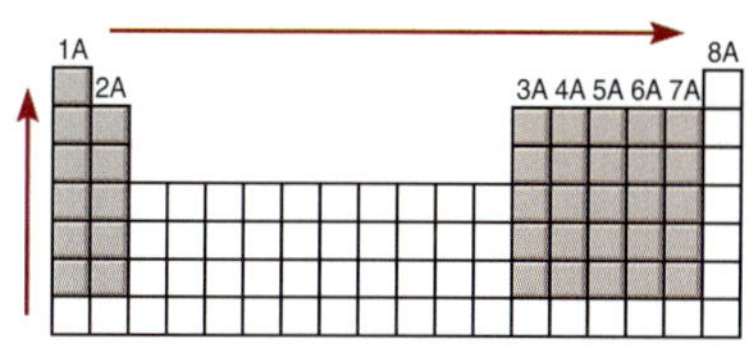

한 주기 내에서 왼쪽에서 오른쪽으로 갈수록 주족 원소의 경우 같은 족 내에서 아래에서 위로 갈수록 일차 이온화 에너지는 증가한다.

그림 7.34는 원자 번호에 따른 이온화 에너지의 변화를 보여준다. 가장 느슨하게 붙들려 있는 전자의 안정성에서 주기성이 선명하게 나타난다. 작은 불규칙성을 제외하면, 한 주기 내에 원소의 일차 이온화 에너지는 원자 번호가 증가함에 따라 증가한다. 이 경향은 유효 핵전하의 증가 때문이다. 유효 핵전하가 더 크다는 것은 원자가전자를 더 단단히 붙들고 있다는 의미이며, 일차 이온화 에너지가 더 크다는 의미이다. 그림 7.34에서 주목할 만한 형태는 봉우리로, 영족 기체에 해당한다. 원자가전자가 채워진 전자 배치는 화학적 안정성과 관련이 있다. 유효 핵전하가 커서 야기된 영족 기체의 높은 이온화 에너지는 해당 기체가 안정한 이유 중 하나이다. 실제로 헬륨($1s^2$)은 모든 원소 중 일차 이온화 에너지가 가장 높다.

그림 7.34에서 바닥에 위치한 원소는 1A족 원소(알칼리 금속)로 이온화 에너지가 가장 낮다. 이러한 각 금속에는 원자가전자가 하나 있다(최외각 전자 배치는 ns^1). 이러한 원자가전자는 완전히 채워진 내부 껍질에 의해 효과적으로 가려진다. 결과적으로 알칼리 금속 원자로부터 전자 하나를 제거하여 1가 양이온(Li^+, Na^+, K^+, . . .)을 형성하는 것은 에너지적으

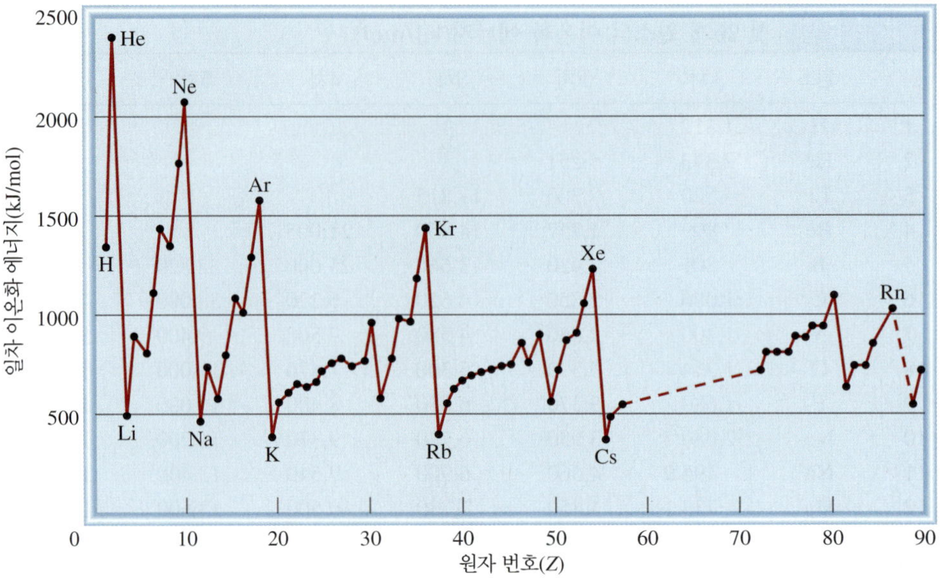

그림 7.34 • 원자 번호에 따른 일차 이온화 에너지의 변화. 영족 기체는 이온화 에너지가 높은 반면, 알칼리 금속과 알칼리 토금속은 이온화 에너지가 낮음에 주목하라.

로 쉽다. 중요한 것은 이러한 양이온의 전자 배치가 주기율표에서 그 앞에 배치된 영족 기체와 등전자 상태라는 점이다.

2A족 원소(알칼리 토금속)는 알칼리 금속보다 일차 이온화 에너지가 더 크며, 원자가전자가 두 개 있다(최외각 전자 배치는 ns^2). 이 두 s 전자는 서로를 잘 가리지 못하기 때문에 알칼리 토금속 원자에서 유효 핵전하는 앞서 알칼리 금속의 값보다 더 크다. 대부분 알칼리 토금속은 2가 양이온(Mg^{2+}, Ca^{2+}, Sr^{2+}, Ba^{2+})을 포함한다. Be^{2+} 이온은 Li^+, He과 등전자 관계이고 Mg^{2+}는 Na^+, Ne와 등전자 관계이며, 나머지 이온들에 있어서도 마찬가지이다.

그림 7.34에서 보는 바와 같이 금속은 비금속에 비해 상대적으로 이온화 에너지가 낮다. 일반적으로 준금속의 이온화 에너지는 금속과 비금속의 이온화 에너지 값 사이에 놓인다. 이온화 에너지의 이러한 차이는 왜 금속이 항상 양이온을 형성하며 비금속은 음이온 화합물을 형성하는지를 암시한다. 같은 족에서 이온화 에너지는 원자 번호가 증가함에 따라 감소한다(즉, 족을 따라 아래로 내려감에 따라 감소한다). 같은 족에서 원소의 최외각 전자 배치는 비슷하다. 그러나 주양자수 n이 증가함에 따라 핵으로부터 원자가전자의 평균 거리도 증가한다. 전자와 핵 간에 거리가 크다는 것은 인력이 더 약하다는 것을 의미한다. 따라서 한 족에서 주기율표를 따라 내려가면 원소에서 원소로 이동함에 따라 유효 핵전하가 증가한다 할지라도 첫 번째 전자를 제거하기가 더 쉬워진다. 그런 이유로 같은 족 내에서 원소의 금속성은 위로부터 아래로 갈수록 증가한다. 이 경향은 3A족과 7A족 원소에 대하여 특히 두드러진다. 예를 들어, 4A족에서 탄소는 비금속, 규소와 저마늄은 준금속, 주석과 납은 금속이다.

주기율표에서 일반적 경향이 일차 이온화 에너지가 왼쪽에서 오른쪽으로 갈수록 증가할지라도 약간의 불규칙성이 존재한다. 같은 주기 내에서 첫 번째 예외가 2A족과 3A족 원소간에 발생한다(예를 들어, Be와 B, Mg와 Al이 그러하다). 3A족 원소는 2A족 원소보다 일차 이온화 에너지가 낮다. 그 이유는 3A족 원소들 모두 내부 전자들과 ns^2의 전자들에 의해 잘 가려진 최외각 p 부껍질 (ns^2np^1) 내에 하나의 전자를 가지기 때문이다. 그러므로 동일한 주에너지 준위로부터 s 전자를 제거하는 것보다 하나의 p 전자를 제거하는 데 더 적은 에너지가 필요하다. 두 번째 불규칙성은 5A족과 6A족 사이에 발생한다(예를 들어, N과 O, P와 S). 5A족 원소(ns^2np^3)에서 p 전자는 훈트 규칙에 따라 3개의 구분된 궤도에 존재한다. 6A족 원소(ns^2np^4)에서 추가되는 전자는 3가지 p 전자 중 하나와 결합해야 한다. 동일 궤도에서 두 전자의 유사성은 보다 큰 정전기적 반발력을 초래한다. 그러한 반발력은 핵전하가 한 단위만큼 증가한다 할지라도 6A족의 원자를 더 쉽게 이온화시킨다. 따라서 6A족의 이온화 에너지는 같은 주기에서 5A족에서의 값보다 더 낮다.

예제 7.15

(a) 산소와 황 중 일차 이온화 에너지가 더 작은 원자는 어느 것인가?, (b) 리튬과 베릴륨 중 이차 이온화 에너지가 더 높은 원자는 어느 것인가?

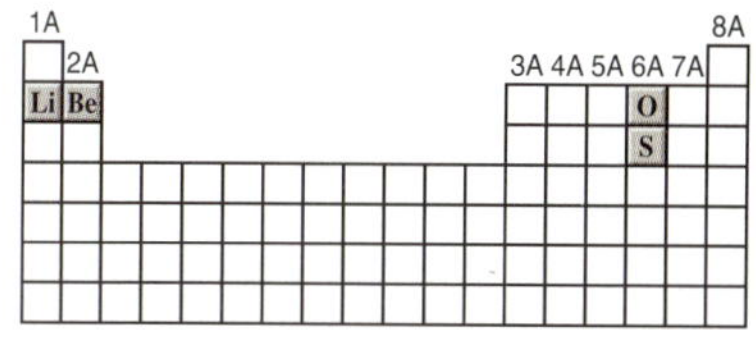

▸ **전략** (a) 일차 이온화 에너지는 최외각 전자가 핵으로부터 더 멀어지고 보다 작은 인력을 느끼기 때문에 족의 아래로 갈수록 감소한다. (b) 최외각 전자의 제거는 채워진 내부 껍질에 의해 가려질 때보다 작은 에너지가 필요하다.

▸ **풀이**

(a) 산소와 황은 6A족 원소로 동일한 원자가전자 배치(ns^2np^4)를 가지지만, 황의 $3p$ 전자는 핵으로부터 더 멀어서 산소의 $2p$ 전자보다 핵 인력이 더 작다.

(b) Li와 Be의 전자 배치는 $1s^22s^1$과 $1s^22s^2$이다. 이차 이온화 에너지는 바닥 상태에 있는 기체 상태 +1가 이온으로부터 전자 하나를 제거하는 데 필요한 최소 에너지이다. 이차 이온화 과정에 대해 다음과 같이 기술한다.

$$\begin{array}{lcl} Li^+(g) & \longrightarrow & Li^{2+}(g) + e^- \\ 1s^2 & & 1s^1 \\ Be^+(g) & \longrightarrow & Be^{2+}(g) + e^- \\ 1s^22s^1 & & 1s^2 \end{array}$$

$1s$ 전자들은 서로를 가려막는 것보다 $2s$ 전자를 보다 효율적으로 많이 가려막기 때문에 Li^+로부터 $1s$ 전자를 제거하는 것보다 Be^+로부터 $2s$ 전자를 제거하는 것이 더 쉬울 것으로 예측할 수 있다.

▸ **검산** 표 8.2에서 제시된 자료로 위 결과를 비교하라. (a)에서 해당 원소의 금속성이 족에서 아래로 이동함에 따라 증가한다는 사실과 예측이 일치하는가? (b)에서 알칼리 토금속이 +2가 이온을 형성하는 반면 알칼리 금속이 +1가 이온을 형성한다는 사실을 예측이 설명하고 있는가?

비슷한 문제 7.145.

▸ **실전 연습** (a) N과 P 중 어느 원자가 일차 이온화 에너지가 더 큰가? (b) Na와 Mg 중 어느 원자가 이차 이온화 에너지가 더 작은가?

☑ 개념 복습하기

Mg, Al, K에 대해 일차, 이차, 삼차 이온화 에너지에 대해 다음 그래프에 나타내시오.

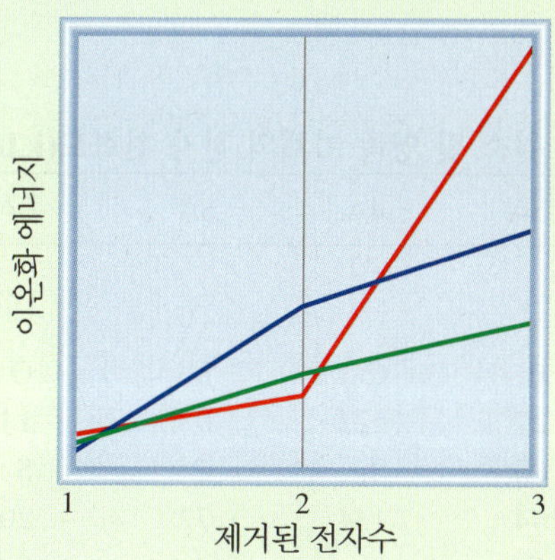

전자 친화도

원자의 화학적 거동에 큰 영향을 미치는 또 다른 성질은 하나 이상의 전자를 받아들이는 원자의 능력이다. 이러한 성질을 **전자 친화도**(electron affinity, *EA*)라 부르며 *기체 상태에 있는 원자가전자 하나를 받아들여 음이온을 형성할 때 발생하는 음의 에너지 변화*를 의미한다.

$$X(g) + e^- \longrightarrow X^-(g) \qquad (7.11)$$

기체상 플루오린 원자가전자 하나를 받아들이는 과정을 고려해 보자.

$$F(g) + e^- \longrightarrow F^-(g) \qquad \Delta H = -328 \text{ kJ/mol}$$

만일 반응이 발열이면 전자 친화도는 양의 값이며, 만일 반응이 흡열이면 전자 친화도는 음의 값이다.

따라서 플루오린의 전자 친화도는 +328 kJ/mol로 정한다. 원소의 전자 친화도가 양의 값이 더 클수록, 전자를 받아들이는 원소의 한 원자의 능력이 더 크게 된다. 전자 친화도를 살펴보는 다른 방법은 전자 친화도를 음이온으로부터 전자 하나를 제거하기 위하여 제공되어야 하는 에너지로 간주하는 것이다. 플루오린에 대하여 아래와 같이 쓴다.

$$F^-(g) \longrightarrow F(g) + e^- \qquad \Delta H = +328 \text{ kJ/mol}$$

전자의 높은 이온화 에너지는 원자내 전자가 매우 안정함을 의미하는 것과 같이 큰 양의 값을 갖는 전자 친화도는 음이온이 매우 안정함(즉, 원자가전자를 받아들이는 경향이 큼)을 의미한다.

실험적으로 전자 친화도는 음이온으로부터 추가적인 전자를 제거함으로써 결정된다. 그러나 이온화 에너지와 대비하여 전자 친화도는 많은 원소들의 음이온이 불안정하므로 측정이 어렵다는 점이다. 표 7.6은 몇몇 주족 원소와 영족 기체의 전자 친화도를 보여준다. 전체적인 경향은 주기의 왼쪽에서 오른쪽으로 갈수록 전자를 받아들이는 경향이 증가한다(전자 친화도가 더 큰 양의 값이 된다). 금속의 전자 친화도는 일반적으로 비금속의 값보다 더 낮다. 그 값들은 같은 족내에서는 거의 변하지 않는다. 할로젠(7A족)은 전자 친화도 값이 가장 높다.

전자 친화도와 유효 핵전하 간에는 주기내 왼쪽에서 오른쪽으로 갈수록 증가한다는 일반적 상관 관계가 있다. 그러나 이온화 에너지의 경우와 같이 몇몇 불규칙성이 존재한다. 예를 들어, 2A족 원소의 전자 친화도는 상응하는 1A족 원소의 값보다 더 낮다. 그리고 5A족 원소의 전자 친화도는 상응하는 4A족 원소의 값보다 낮다. 이러한 예외는 해당 원소의 원자가전자 배치에 따른 것이다. 2A족 원소에 더해지는 전자는 보다 높은 에너지의 *np* 궤도에서 끝나야 한다. 이 궤도에서는 ns^2 전자에 의해 효과적으로 가려지며 핵에 대하여 더 약한 인력을 경험하게 된다. 그러므로 상응하는 1A족 원소보다 전자 친화도가 더 낮게 된다. 유사하게 5A족 원소에 더해지는 전자는 이미 전자 하나가 들어 있는 *np* 궤도에 놓여야 하고, 따라서 더 큰 정전기적 반발력을 겪기 때문에 상응하는 4A족 원소(ns^2np^2)보다 5A족 원소(ns^2np^3)에 전자를 더하는 것이 더 어렵다. 영족 기체가 높은 유효 핵전하를 가진다는 사실에도 불구하고, 전자 친화도가 극히 낮다(0 또는 음의 값). 그 이유는 ns^2np^6 배치를 가지는 원자에 더해지는 전자는 $(n + 1)s$ 궤도함수에 들어가야 하는데, 그 궤도함수는 핵심부 전자들에 의해

같은 족 내에서 위에서 아래로 갈수록 전자 친화도의 훨씬 적은 규칙적 변화가 생긴다(표 7.6 참조).

표 7.6 몇몇 주족 원소 및 영족 기체의 전자 친화도(kJ/mol)*

1A	2A	3A	4A	5A	6A	7A	8A
H							He
73							<0
Li	Be	B	C	N	O	F	Ne
60	≤0	27	122	0	141	328	<0
Na	Mg	Al	Si	P	S	Cl	Ar
53	≤0	44	134	72	200	349	<0
K	Ca	Ga	Ge	As	Se	Br	Kr
48	2.4	29	118	77	195	325	<0
Rb	Sr	In	Sn	Sb	Te	I	Xe
47	4.7	29	121	101	190	295	<0
Cs	Ba	Tl	Pb	Bi	Po	At	Rn
45	14	30	110	110	?	?	<0

*영족 기체, Be, Mg의 전자 친화도는 실험적으로 결정되지 않고 0에 가깝거나 음일 것으로 믿어진다.

잘 가려져 있어서 그 핵과 매우 약한 인력 상태에 있게 되기 때문이다. 이러한 분석은 또한 완전한 원자가껍질을 가진 원소 종이 화학적으로 안정한 이유를 설명한다.

예제 7.16

표 7.6에서 보듯이, 알칼리 토금속의 전자 친화도는 음이나 작은 양의 값을 갖는 이유는 무엇인가?

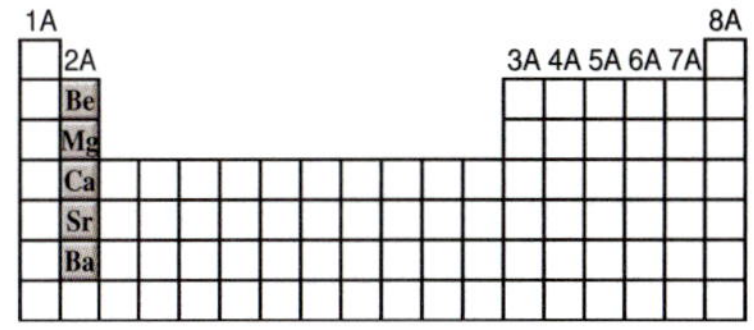

▸ **전략** 알칼리 토금속의 전자 배치는 무엇인가? 그런 원자에 더해지는 전자는 핵에 의해 강하게 붙들려 있는가?

▸ **풀이** 알칼리 토금속의 원자가전자 배치는 ns^2이다. 여기서 n은 가장 높은 주양자수이다. 다음 과정에 대해

$$\begin{array}{ccc} \mathrm{M}(g) + e^- & \longrightarrow & \mathrm{M}^-(g) \\ ns^2 & & ns^2np^1 \end{array}$$

여기서 M은 일련의 2A족 중 한 원소임을 나타내며, 여분의 전자는 np 부껍질에 들어가야만 한다. 해당 부껍질에서는 두 개의 ns 전자들(ns 전자는 np 전자보다 더 많이 침투한다)과 내부 전자들에 의해 효과적으로 가려진다. 결과적으로 알칼리 토금속은 여분의 전자를 되찾는 경향이 거의 없다.

비슷한 문제: 7.154.

▸ **실전 연습** Ar이 음이온 Ar^-를 형성할 수 있을 것인가?

☑ 개념 복습하기

모든 전자가 제거될 때까지 한 원자의 연속적 이온화 에너지를 측정하는 것이 가능한 이유는 무엇이며, 점차 제거가 어려워져서 종종 첫 번째 이상의 전자 친화도를 측정하는 것이 불가능한 이유는?

주요 식

$u = \lambda\nu$ (7.1)	파장과 주파수에 따른 파의 속도.
$E = h\nu$ (7.2)	양자(그리고 광자)의 에너지와 진동수의 관계.
$E = h\dfrac{c}{\lambda}$ (7.3)	양자(그리고 광자)의 에너지와 파장의 관계.
$h\nu = \mathrm{KE} + W$ (7.4)	광전 효과.
$E_n = -R_\mathrm{H}\left(\dfrac{1}{n^2}\right)$ (7.5)	수소 원자에서 n번째 궤도에 있는 전자의 에너지.
$\Delta E = h\nu = R_\mathrm{H}\left(\dfrac{1}{n_\mathrm{i}^2} - \dfrac{1}{n_\mathrm{f}^2}\right)$ (7.6)	전자가 n_i 준위에서 n_f 준위로 전이할 때 방출(또는 흡수)하는 광자의 에너지.
$\lambda = \dfrac{h}{mu}$ (7.8)	질량 m인 입자가 u의 속도로 움직일 때의 파장.
$Z_\mathrm{eff} = Z - \sigma$ (7.9)	유효 핵 전하의 정의.

사실과 개념에 대한 요약

1. 플랑크의 양자론은 가열한 고체에서 방출되는 복사를 성공적으로 설명한다. 양자론에 의하면 원자나 분자로부터 방출되는 복사는 연속적인 에너지값이 아닌 불연속적인 작은 양(양자)으로 방출된다. 이것은 $E = h\nu$라는 식으로 표현된다. 여기서 E는 복사의 에너지이고, h는 플랑크 상수, ν는 복사의 진동수이다. 에너지는 언제나 $h\nu$의 정수배($1\ h\nu$, $2\ h\nu$, $3\ h\nu$, . . .)로 방출한다.
2. 아인슈타인은 양자론을 이용하여 19세기 물리학자들에게 또

다른 수수께끼였던 광전 효과를 설명하였다. 그는 빛이 입자(광자)의 흐름이라고 제안하였다.

3. 수소의 선 스펙트럼은 19세기 물리학자들에게 또 다른 수수께끼였는데, 이것 역시 양자론으로 설명할 수 있었다. 보어는 수소 원자에 대한 모형을 개발하였는데, 원자핵 주위를 도는 전자의 에너지는 주양자수라는 정수로 결정되는 값만 가능하게 양자화되어 있다고 하였다.
4. 가장 안정한 상태의 전자를 바닥 상태에 있다고 하며, 이보다 더 높은 에너지 준위에 있는 전자를 들뜬 상태에 있다고 한다. 보어 모형에 의하면, 높은 에너지 궤도에 있는 전자가 낮은 에너지 궤도(바닥 상태 또는 덜 들뜬 상태)로 떨어질 때 광자를 방출한다. 광자의 형태로 방출되는 에너지는 특정한 값을 갖는데, 이것으로 수소 원자 방출스펙트럼에서 선들의 위치를 설명할 수 있었다.
5. 드브로이는 아인슈타인이 빛에 대해서 제안한 파동-입자 이중성을 움직이는 모든 물체에 확장시켰다. 질량이 m이며 속도가 u인 입자의 파장은 드브로이 식인 $\lambda = h/mu$로 주어진다.
6. 슈뢰딩거 방정식은 미시적인 입자의 운동과 에너지를 설명하였다. 이 식은 양자역학을 출발시켰고, 물리학의 새로운 시대의 문을 열었다.
7. 슈뢰딩거 방정식은 수소 원자에서 전자가 가질 수 있는 에너지 상태와 원자 핵 주위의 특정 위치에서 그 전자가 존재할 확률을 우리에게 알려 준다. 이 결과는 다전자 원자의 경우에도 어느 정도 정확하게 적용될 수 있다.
8. 원자 궤도함수(ψ)는 공간상의 전자 밀도 분포(ψ^2)를 결정한다. 궤도함수는 전자 밀도 도표(electron density diagram)나 경계면 도표(boundary surface diagram)로 나타낸다.
9. 네 가지 양자수가 원자의 각 전자들을 규정짓는다. 네 양자수에는 궤도함수의 주에너지 준위, 즉 껍질을 결정하는 주양자수 n, 궤도함수의 모양을 결정하는 각운동량 양자수 ℓ, 공간상에서 궤도함수의 방향을 결정하는 자기양자수 m_ℓ, 자신의 축을 중심으로 회전하는 전자의 스핀에 관련된 전자스핀 양자수 m_s가 있다.
10. 각 에너지 준위의 s 궤도함수는 원자핵을 중심으로 한 구형이다. 세 개의 p 궤도함수는 $n = 2$ 이상에서 존재하며, 두 개의 로브가 있으며, 로브 쌍은 서로 직교하도록 배열되어 있다. $n = 3$부터는 5개의 d 궤도함수가 있으며, 모양과 방향이 더욱 복잡하다.
11. 수소 원자의 전자 에너지는 주양자수만으로 결정된다. 두 개 이상의 전자를 가진 다전자 원자의 경우, 주양자수와 각운동량 양자수가 함께 전자의 에너지를 결정한다.
12. 동일한 원자 내에서는 두 개 이상의 전자가 네 개의 양자수를 똑같이 가질 수 없다(파울리 배타 원리).
13. 부껍질에서 가장 안정한 전자 배치는 평행한 스핀을 가장 많이 가진 경우이다(훈트 규칙). 쌍을 이루지 않는 전자가 하나 이상 있는 원자는 상자기성(paramagnetic)을 띤다. 모든 전자가 쌍을 이루고 있는 원자는 반자기성(diamagnetic)을 띤다.
14. 쌓음 원리(Aufbau principle)는 전자를 채워 나가는 지침을 제공한다. 주기율표는 원소를 각각의 원자 번호, 즉 원자의 전자 배치에 따라 분류한다.
15. 19세기 화학자들은 원자 질량이 증가하는 순으로 원소들을 배열하여 주기율표를 발전시켰다. 주기율표의 초기본에 나타난 문제는 원자 번호 순으로 원소들을 배열하여 해결하였다.
16. 원자 배치는 원소의 성질을 결정한다. 현대의 주기율표는 원자 번호와 그 전자 배치에 따라 원소를 분류한다. 원자가전자의 배치는 주족 원소의 원자들의 성질에 직접적으로 영향을 미친다.
17. 원소들의 물리적 성질에서의 주기적 변화는 원자 구조에서의 차이를 반영하는 것이다. 원소의 금속성은 주기에서 금속에서 준금속, 비금속으로 갈수록 감소하며 주족 원소의 특정 족 내에서 위로부터 아래로 갈수록 증가한다.
18. 원자 반지름은 주기율표에서 원소의 배치에 따라 달라진다. 왼쪽에서 오른쪽으로 갈수록 감소하며 위에서 아래로 갈수록 증가한다.
19. 이온화 에너지는 한 원자가전자를 잃는 것에 대한 저항성을 측정하는 것이다. 이온화 에너지가 크면 클수록 핵과 전자간 인력은 더 강해진다. 전자 친화도는 한 원자가전자를 얻는 경향성을 측정하는 것이다. 전자 친화도가 더 큰 양의 값일수록 원자가전자를 얻는 경향은 더 커진다. 금속은 대체로 낮은 이온화 에너지를 가지며 비금속은 대체로 높은 전자 친화도를 갖는다.

주요 용어

경계면 도식
광자
광전 효과
다전자 원자
들뜬 준위(또는 들뜬 상태)
등전자
란타넘족(희토류)계
마디
바닥 준위(또는 바닥 상태)
반자기성
방출 스펙트럼
상자기성
선 스펙트럼
쌓음 원리
악티늄 계열
양자
양자수
영족 기체 핵
원자가전자
원자 궤도함수
원자 반지름
유효 핵전하(Z_{eff})
이온 반지름
이온화 에너지(IE)
전이 원소
전자기 복사
전자기파
전자 밀도
전자 배치
전자 친화도(EA)
주족 원소
진동수(ν)

진폭 | 파울리 배타 원리 | 하이젠베르크 불확실성 원리 | 희토류 계열
파동 | 파장(λ) | 훈트 규칙

연습 문제

양자론과 전자기 복사

복습 질문

7.1 파동이란 무엇인가? 다음 용어들을 파동과 관련하여 설명하시오. 파장, 진동수, 진폭.

7.2 전자기파에 대한 파장과 진동수의 단위는 무엇인가? 빛의 속도를 m/s와 mile/hour 단위로 답하시오.

7.3 가장 긴 파장의 복사선부터 가장 짧은 파장의 복사선의 순서로 전자기 복사의 종류를 나열하시오.

7.4 전자기파 스펙트럼에서 가시 광선 영역에 해당하는 파장의 범위를 쓰시오.

7.5 플랑크의 양자론에 대해서 간단히 설명하고 양자가 무엇인지 설명하시오. 플랑크 상수의 단위는 무엇인가?

7.6 일상 생활에서 볼 수 있는 예를 두 가지 들어서 양자화의 개념을 설명하시오.

문제

7.7 (a) 진동수 8.6×10^{13} Hz인 빛의 파장은 몇 nm인가? (b) 파장 566 nm인 빛의 진동수는 몇 Hz인가?

7.8 (a) 456 nm 파장을 가진 빛의 진동수를 계산하시오. (b) 진동수 2.45×10^{9} Hz인 복사선의 파장은 몇 nm인가? (이 종류의 복사가 전자레인지에서 사용된다.)

7.9 화성과 지구 사이의 평균 거리는 약 1.3×10^{8} 마일이다. 화성 표면에 있는 *바이킹*(Viking) 우주선으로부터 보내는 TV 영상이 지구에 도착하기까지 얼마나 걸리는가? (1 mile = 1.61 km)

7.10 금성에서 지구까지 라디오파가 이동하는 데 걸리는 시간은 몇 분이 걸리는가? (금성에서 지구까지의 평균 거리 = 28,000,000 mile)

7.11 시간의 SI 기본 단위는 초이고, 이것은 세슘 원자의 특징적 방출과정에서 나오는 복사선이 9,192,631,770번 반복되는 것으로 정의된다. 이 복사선의 파장을 유효 숫자 세 자리로 계산하시오. 이 파장은 전자기 스펙트럼의 어느 영역에 해당되는가?

7.12 길이의 SI 기본 단위는 m이고, 이 길이는 크립톤 원자의 특성 방출 파장인 주황-적색 파장의 1,650,763.73배로 규정한다. 이 복사선의 진동수는 얼마인가? 유효숫자 세 자리로 계산하시오.

광전 효과

복습 질문

7.13 광자란 무엇인가? 아인슈타인의 광전 효과에 대한 이론은 전자기파의 입자파동의 이중성을 밝히는 데 어떠한 역할을 하였는가?

7.14 다음에 나타낸 서로 다른 두 가지 금속 A(초록색 선)와 금속 B(붉은색 선)의 광전 효과에 대한 그림을 고려하시오. (a) 어느 금속이 더 큰 일함수를 가지고 있는가? (b) 이 선의 기울기가 우리에게 무엇을 말하고 있는가?

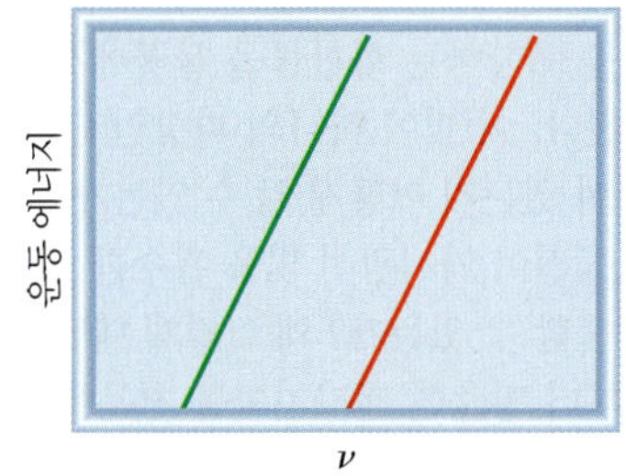

문제

7.15 624 nm의 파장을 가진 광자의 에너지를 J 단위로 계산하시오.

7.16 하늘의 파란색은 태양 빛이 공기 분자에 의하여 산란된 결과이다. 파란빛은 약 7.5×10^{14} Hz의 진동수를 가진다. (a) 이 복사선 파장을 nm 단위로 계산하고, (b) 이 진동수를 가진 광자 한 개의 에너지를 J 단위로 계산하시오.

7.17 어떤 광자가 6.0×10^{14} Hz의 진동수를 가진다. (a) 이 진동수를 파장(nm 단위)으로 바꾸시오. 이 진동수는 가시광선 영역에 속하는가? (b) 이 광자의 에너지(J 단위)를 계산하시오. (c) 모두 이 진동수를 가지는 1 mol의 광자가 지니는 에너지를 계산하시오.

7.18 에너지가 1.0×10^{3} kJ/mol인 복사선의 파장(nm)은 얼마인가? 이 복사선은 전자기 스펙트럼의 어느 영역에서 발견되는가?

7.19 높은 에너지를 가진 전자를 구리에 충돌시키면 X 선이 방출된다. 이 X 선의 파장이 0.154 nm라 할 때, 이 광자에 대한 에너지(J)를 계산하시오.

7.20 어떤 전자기파가 8.11×10^{14} Hz의 진동수를 가진다. (a) 파장은 nm와 m로 각각 얼마인가? (b) 그 빛은 전자기 스펙트럼의 어느 영역에 해당하는가? (c) 이 복사선 한 개의 양자에 해당하는 에너지는 줄(J)로 얼마인가?

7.21 포타슘의 일함수는 3.68×10^{-19} J이다. (a) 이 금속에서 전자를 방출하는 데 필요한 빛의 최소 진동수는 얼마인가? (b) 진동수 8.62×10^{14} s^{-1}인 빛을 쪼였을 때 방출된 전자의 운동 에너지를 계산하시오.

7.22 진동수 2.11×10^{15} s^{-1}인 빛을 금 표면에 쪼였을 때, 방출되는 전자의 운동 에너지는 5.83×10^{-19} J인 것이 관찰되었다. 금의 일함수는 얼마인가?

수소 원자에 대한 보어 이론

복습 질문

7.23 에너지 준위란 무엇인가? 바닥 상태와 들뜬 상태의 차이점을 설명하시오.

7.24 수소 원자에 대한 보어 이론을 간단히 설명하고, 이 모형은 방출 스펙트럼의 모양을 어떻게 설명하는지 설명하시오.

문제

7.25 원소가 광자를 방출할 때 독특한 색을 띠는 이유를 설명하시오.

7.26 구리를 포함하는 화합물을 불꽃에서 가열하면 녹색 빛이 방출된다. 이 빛이 하나의 파장인지, 또는 둘 이상의 파장이 섞여 있는지 어떻게 알 수 있는가?

7.27 형광 물질이 가시광선 빛을 흡수한 뒤 자외선 영역에서 빛을 방출할 수 있는가? 왜 그렇게 대답했는지 설명하시오.

7.28 별로부터 방출한 전자기파를 천문학자들이 분석함으로써 어떻게 멀리 떨어진 별에 존재하는 원소를 알 수 있는지 설명하시오.

7.29 가상 원자가 다음과 같은 에너지 준위를 가지고 있다고 생각하자.

E_4 ________ -1.0×10^{-19} J
E_3 ________ -5.0×10^{-19} J
E_2 ________ -10×10^{-19} J
E_1 ________ -15×10^{-19} J

(a) 이 전자가 E_1에서 E_4까지 들뜨기 위해서 필요한 광자의 파장은 얼마인가? (b) 전자가 E_2에서 E_3까지 들뜨기 위해 광자가 가져야 할 에너지는 몇 J인가? (c) 전자가 E_3에서 E_1으로 떨어질 때 원자는 방출이 일어난다고 말한다. 이 과정에서 방출된 광자의 파장을 계산하시오.

7.30 발머 계열의 첫 번째 선은 656.3 nm의 파장에서 나타난다. 이 선 스펙트럼을 생기게 하는 발광에 관여한 두 에너지 준위간의 에너지 차이는 얼마인가?

7.31 수소 원자에서 $n = 5$에서 $n = 3$ 준위로 전자가 전이할 때, 방출되는 광자의 파장(nm 단위)을 계산하시오.

7.32 수소 원자에서 $n = 4$에서 $n = 2$ 준위로 전자가 전이할 때, 방출되는 광자의 파장(nm 단위)과 진동수를 계산하시오.

7.33 정밀한 스펙트럼 분석에서 소듐 램프의 친숙한 노란빛은 589.0 nm, 589.6 nm의 두 파장으로 되어있다는 것을 알았다. 이 두 파장에서 광자들의 에너지 차이는 몇 J인가?

7.34 수소 원자에서 주양자수가 n_i인 궤도에서 $n = 2$인 궤도로 전이되었다. 이 때, 방출한 광자의 파장이 434 nm이다. n_i를 계산하시오.

입자-파동 이중성

복습 질문

7.35 물질과 복사선은 "이중성"을 지닌다는 말을 설명하시오.

7.36 수소 원자에서 전자의 에너지가 양자화되어 있다는 사실을 드브로이의 가설이 어떻게 설명하는가?

7.37 왜 식 (7.8)은 거시적 물체에는 중요하지 않고 오직 전자나 원자같은 준미시적 입자에만 의미가 있는가?

7.38 (a) 만일 H 원자와 He 원자가 같은 속도로 움직인다면, 두 원자에 상대적인 파장은 어떠한가? (b) 만일 H 원자와 He 원자가 같은 운동 에너지를 갖는다면, 두 원자에 상대적인 파장은 어떠한가?

문제

7.39 열 중성자는 상온에서 공기 분자의 속도에 필적하는 속도를 가지는 중성자이다. 이런 중성자는 ^{235}U 동위원소의 핵 연쇄반응을 일으키는 데 매우 유용하다. 7.00×10^2 m/s의 속도로 움직이는 중성자살에 연관된 파장은 몇 nm인가? (중성자의 질량 $= 1.675 \times 10^{-27}$ kg.)

7.40 양성자는 입자 가속기에서 빛의 속도 가까이까지 가속될 수 있다. 2.90×10^8 m/s로 움직이는 양성자의 파장을 nm 단위로 계산하시오. (양성자의 질량 $= 1.673 \times 10^{-27}$ kg)

7.41 속도 1.20×10^2 mph로 날아가는 무게 12.4 g인 휘파람새의 드브로이 파장은 몇 cm인가? (1 mile = 1.61 km)

7.42 35 mph로 움직이는 무게 2.5 g인 탁구공에 대한 드브로이 파장은 몇 nm인가?

양자역학

복습 질문

7.43 보어 이론에서 적절하지 않은 것은?

7.44 하이젠베르크 불확정성 원리가 무엇인가? 슈뢰딩거 방정식은 무엇인가?

7.45 파동함수의 물리적 의미는 무엇인가?

7.46 원자를 양자역학적으로 다룰 때, 전자 밀도의 개념은 전자의 위치를 설명하는 데 어떻게 사용되는가?

7.47 원자 궤도함수가 무엇인가? 원자 궤도함수는 궤도와 어떻게 다른가?

7.48 *s*, *p*, *d* 궤도함수의 특징을 설명하시오. 다음 궤도함수 중 존재하지 않은 것은 어느 것인가? 1*p*, 2*s*, 2*d*, 3*p*, 3*d*, 3*f*, 4*g*.

7.49 경계면 도식이 원자 궤도함수를 나타내는 데 편리한 이유는 무엇인가?

7.50 원자의 전자를 특징적으로 설명하는데 사용하는 네 가지 양자수를 설명하시오.

7.51 어떤 양자수가 주껍질을 정의하는가? 어떤 양자수가 부껍질을 정의하는가?

7.52 다음 네 개의 양자수(n, ℓ, m_ℓ, m_s) 중 어떤 것이 (a) 수소 원자와 다전자 원자에서 전자의 에너지, (b) 궤도함수의 크기, (c) 궤도함수의 모양, (d) 공간에서 궤도함수의 방향을 결정하는가?

문제

7.53 어떤 원자의 전자가 $n = 2$의 양자 준위에 있다. 그 전자가 가질 수 있는 가능한 ℓ과 m_ℓ 값을 나열하시오.

7.54 어떤 원자의 전자가 $n = 3$의 양자 준위에 있다. 그 전자가 가질 수 있는 가능한 ℓ과 m_ℓ 값을 나열하시오.

7.55 다음 궤도함수에 있는 전자의 네 가지 양자수는? (a) $2p$, (b) $3s$, (c) $5d$.

7.56 다음 궤도함수에 있는 전자의 네 가지 양자수는? (a) $3s$, (b) $4p$, (c) $3d$.

7.57 $1s$와 $2s$ 궤도함수의 차이는 무엇인가?

7.58 $2p_x$와 $2p_y$ 궤도함수의 차이는 무엇인가?

7.59 주양자수 $n = 5$에 관련된 모든 가능한 부껍질과 궤도함수를 나열하시오.

7.60 주양자수 $n = 6$에 관련된 모든 가능한 부껍질과 궤도함수를 나열하시오.

7.61 다음 궤도함수에 들어갈 수 있는 전자의 총 수를 계산하시오. (a) 한 개의 s 궤도함수, (b) 세 개의 p 궤도함수, (c) 다섯 개의 d 궤도함수, (d) 일곱 개의 f 궤도함수.

7.62 같은 주양자수 n을 갖는 모든 궤도함수에 수용될 수 있는 전자의 총 수는 얼마인가?

7.63 다음 부껍질 각각에서 발견될 수 있는 전자의 최대수를 결정하시오. $3s$, $3d$, $4p$, $4f$, $5f$.

7.64 (a) N ($Z = 7$)에 있는 p 전자의 총 수, (b) Si ($Z = 14$)에 있는 총 s 전자, (c) S ($Z = 16$)에 있는 $3d$ 전자의 총 수를 계산하시오.

7.65 수소 원자의 첫 번째 네 개의 주에너지 준위에 허용 가능한 모든 궤도함수의 표를 만드시오. 각각 형태(예, s, p 등)에 따라 나타내고, 각 궤도함수마다 몇 개의 궤도함수가 가능한지 나타내시오.

7.66 왜 수소 원자의 경우에서는 $3s$, $3p$, $3d$ 궤도함수가 같은 에너지를 갖지만, 다전자 원자에서는 다른 에너지를 갖는가?

7.67 수소 원자의 경우, 다음 궤도함수 쌍에서 어느 것이 에너지가 더 높은가? (a) $1s$, $2s$, (b) $2p$, $3p$, (c) $3d_{xy}$, $3d_{yz}$, (d) $3s$, $3d$, (e) $4f$, $5s$.

7.68 다전자 원자의 경우, 다음 궤도함수 쌍에서 어느 것이 더 에너지가 낮은가? (a) $2s$, $2p$, (b) $3p$, $3d$, (c) $3s$, $4s$, (d) $4d$, $5f$.

원자 궤도함수

복습 질문

7.69 s, p, d 궤도함수의 모양을 설명하시오. 이들 궤도함수가 양자수 n, ℓ, m_ℓ과 어떻게 연관되는가?

7.70 수소 원자 궤도함수를 에너지가 증가하는 순서로 나열하시오.

전자 배치

복습 질문

7.71 전자 배치란 무엇인가? 파울리 배타 원리와 훈트 규칙이 원소들의 전자 배치를 기술하는데 역할을 설명하시오.

7.72 $4d^6$ 기호의 의미를 설명하시오.

7.73 반자기성과 상자기성을 설명하시오. 반자기성인 원소의 예를 하나 들고, 상자기성인 원소의 예를 하나 드시오. 전자가 짝을 이루었다고 말하면 무엇을 뜻하는가?

7.74 원자에서 "전자의 가려막기"란 무엇을 의미하는가? Li 원자를 예로 들어서 가려막기 효과가 전자의 에너지에 미치는 영향을 설명하시오.

7.75 다음 용어들을 설명하고, 각각의 예를 드시오. 전이 금속, 란타넘족, 악티늄족.

7.76 왜 Cr과 Cu의 바닥 상태 전자 배치가 우리가 예측하는 것과 다른지 설명하시오.

7.77 영족 기체 핵은 무엇을 뜻하는가? 제논 핵의 전자 배치를 쓰시오.

7.78 다음 기술이 맞는지 논하시오. 하나의 원자에서 동일한 4개의 양자수를 갖는 두 개의 전자를 발견할 확률은 0이다.

문제

7.79 다음 양자수들의 모음 중 어떤 원자에게도 적용될 수 없는 것을 고르고 그 이유를 설명하시오. (a) $(1, 0, \frac{1}{2}, \frac{1}{2})$, (b) $(3, 0, 0, +\frac{1}{2})$, (c) $(2, 2, 1, +\frac{1}{2})$, (d) $(4, 3, -2, +\frac{1}{2})$, (e) $(3, 2, 1, 1)$.

7.80 다음에 표시된 바닥 상태의 전자 배치는 무엇인가 틀렸다. 각각에 어떠한 실수를 범했는지 지적하고 올바른 전자 배치를 쓰시오.

Al: $1s^22s^22p^43s^23p^3$

B: $1s^22s^22p^5$

F: $1s^22s^22p^6$

7.81 어떤 원소의 원자번호는 73이다. 이 원소는 반자기성인가 상자기성인가?

7.82 다음 원자에서 짝을 이루지 않는 전자의 수는 각각 몇 개인가 ? B, Ne, P, Sc, Mn, Se, Kr, Fe, Cd, I, Pb.

7.83 다음 원소 각각의 바닥 상태 전자 배치를 쓰시오.
B, V, Ni, As, I, Au.

7.84 다음 원소 각각의 바닥 상태 전자 배치를 쓰시오.
Ge, Fe, Zn, Ni, W, Tl.

7.85 어떤 중성 원자의 전자 배치는 $1s^22s^22p^63s^2$이다. 각각의 전자에 대해서 양자수를 모두 쓰시오. 이 원소의 이름은?

7.86 S^+, S, S^- 중 어느 것에 짝을 이루지 않은 전자가 가장 많은가? 왜 그런 결론을 내렸는지 설명하시오.

쌓음 원리

복습 질문

7.87 쌓음 원리를 말하고 주기율표에서 원소들을 분류하는 데 어떤 역할을 하는지 설명하시오.

7.88 다음 족에 속하는 원소들의 특성을 설명하시오. 전이 금속, 란타넘족, 악티늄족.

7.89 영족 기체 핵은 무엇인가? 전자 배치를 쓸 때 어떻게 간편하게 해주는가?

7.90 오스뮴 원소가 속한 족과 주기는?

문제

7.91 쌓음 원리를 이용하여 셀레늄의 바닥 상태 전자 배치를 쓰시오.

7.92 쌓음 원리를 이용하여 테그네튬의 바닥 상태 전자 배치를 쓰시오.

원소들의 주기적 분류

복습 질문

7.93 멘델레예프의 주기율표의 중요성을 짧게 서술하시오.

7.94 모즐리는 현대 주기율표에 대해 어떤 공헌을 하였는가?

7.95 현대의 주기율표에 대한 일반적 배치를 서술하시오.

7.96 주기율표에서 같은 족에 있는 원소들 중 가장 중요한 관계는 무엇인가?

7.97 다음 원소들 중 금속, 비금속, 준금속은 어느 것인가? As, Xe, Fe, Li, B, Cl, Ba, P, I, Si.

7.98 금속과 비금속의 물리적 성질과 화학적 성질을 비교하시오.

7.99 주기율표를 대략적으로 그리시오(자세한 서술은 불필요함). 금속, 비금속 그리고 준금속이 위치한 지역을 표시하시오.

7.100 주족 원소는 무엇인가? 4가지 주족 원소의 이름과 기호를 쓰시오.

7.101 주기율표를 참조하지 말고, 다음 족 각각에 해당되는 하나의 원소에 대해 이름을 쓰고, 기호를 나타내시오. 1A, 2A, 3A, 4A, 5A, 6A, 7A, 8A, 전이 금속.

7.102 다음 중 어떤 원소가 25°C, 1 atm에서 가장 안정한 형태로서 원자, 분자 혹은 거대한 3차원 구조를 형성할 것인지 표기하고 각각에 대해 분자식 혹은 실험식을 쓰시오. 인, 아이오딘, 마그네슘, 네온, 비소, 황, 탄소, 셀레늄, 산소.

7.103 어두운 광택의 고체가 아이오딘인지 금속 원소인지를 결정하도록 요청받았다면, 올바른 답에 이르기 위한 비파괴 검사를 제시하시오.

7.104 원자가전자를 정의하시오. 주족 원소에서 원소의 원자가 전자 수는 그 족의 수와 같다. 다음 원소에 대해 이것이 사실임을 보이시오. Al, Sr, K, Br, P, S, C.

7.105 (a) 알칼리 금속, (b) 알칼리 토금속, (c) 할로젠, (d) 영족 기체에 대하여 외각 전자 배치를 쓰시오.

7.106 첫 번째 줄의 전이 금속(Sc에서 Cu)을 이용하여 전이 금속의 전자 배치 특성을 예를 들어 설명하시오.

문제

7.107 주기율표에서 수소 원소는 (이 책에서처럼) 알칼리 금속에 속하기도 하며 종종 할로젠에 속하기도 한다. 왜 수소는 1A족과 7A족 원소들과 유사한지 설명하시오.

7.108 어떤 원소의 중성 원자가 17개의 전자를 가지고 있다. 주기율표를 참고하지 말고, (a) 그 원소의 바닥 상태 전자 배치를 쓰시오. (b) 원소를 분류하시오. (c) 이 원소가 반자기성인지 상자기성인지 여부를 결정하시오.

7.109 다음 전자 배치에서 원자들의 화학적 성질이 유사할 것으로 예상되는 쌍으로 짝지으시오.
(a) $1s^22s^22p^63s^2$
(b) $1s^22s^22p^3$
(c) $1s^22s^22p^63s^23p^64s^23d^{10}4p^6$
(d) $1s^22s^2$
(e) $1s^22s^22p^6$
(f) $1s^22s^22p^63s^23p^3$

7.110 다음 전자 배치에서 원자들의 화학적 성질이 유사할 것으로 예상되는 쌍으로 짝지으시오.
(a) $1s^22s^22p^5$
(b) $1s^22s^1$
(c) $1s^22s^22p^6$
(d) $1s^22s^22p^63s^23p^5$
(e) $1s^22s^22p^63s^23p^64s^1$
(f) $1s^22s^22p^63s^23p^64s^23d^{10}4p^6$

7.111 주기율표를 참조하지 말고, 다음 원자 번호를 가진 원소의 전자 배치를 쓰시오. (a) 9, (b) 20, (c) 26, (d) 33. 해당 원소들을 분류하시오.

7.112 다음 원소들 각각이 주기율표에서 어느 족에 속할지 구별하시오. (a) $[Ne]3s^1$, (b) $[Ne]3s^23p^3$, (c) $[Ne]3s^23p^6$, (d) $[Ar]4s^23d^8$.

7.113 첫 번째 전이 금속 계열의 금속으로부터 유래된 이온 M^{2+}이 $3d$ 부껍질에 전자 4개가 있다. M은 어떤 원소이겠는가?

7.114 +3의 전하를 가지는 어떤 금속 이온이 $3d$ 부껍질에 5개의 전자가 있다. 그 금속을 확인하시오.

이온들의 전자 배치

복습 질문

7.115 전형 원소로부터 파생된 안정한 이온의 전자 배치의 특성은 무엇인가?

7.116 두 이온 혹은 한 이온과 한 원자가 등전자성이라고 할 때 어떤 의미인가?

7.117 다음 진술의 어느 부분이 잘못되었는가? "원소 X의 원자는 원소 Y의 원자와 등전자성이다."

7.118 아르곤 핵심으로 나타내는 전자 배치를 가지는 첫 번째 줄 전이 금속(Sc에서 Cu까지)의 예를 세 개 들어보시오.

문제

7.119 다음 이온의 바닥 상태 전자 배치를 쓰시오.
(a) Li^+, (b) H^-, (c) N^{3-}, (d) F^-, (e) S^{2-}, (f) Al^{3+}, (g) Se^{2-}, (h) Br^-, (i) Rb^+, (j) Sr^{2+}, (k) Sn^{2+}.

7.120 다음은 우리 몸의 생화학 반응에서 중요한 역할을 하는 이온들이다. 바닥 상태 전자 배치를 쓰시오.
(a) Na^+, (b) Mg^{2+}, (c) Cl^-, (d) K^+, (e) Ca^{2+}, (f) Fe^{2+}, (g) Cu^{2+}, (h) Zn^{2+}.

7.121 다음 전이 금속 이온의 바닥 상태 전자 배치를 쓰시오.
(a) Sc^{3+}, (b) Ti^{4+}, (c) V^{5+}, (d) Cr^{3+}, (e) Mn^{2+}, (f) Fe^{2+}, (g) Fe^{3+}, (h) Co^{2+}, (i) Ni^{2+}, (j) Cu^+, (k) Cu^{2+}, (l) Ag^+, (m) Au^+, (n) Au^{3+}, (o) Pt^{2+}.

7.122 다음 전자 배치를 가지는 +3 전하의 이온들의 이름을 쓰시오. (a) $[Ar]3d^3$, (b) [Ar], (c) $[Kr]4d^6$, (d) $[Xe]4f^{14}5d^6$.

7.123 다음 중 서로 등전자 상태인 것은 어느 것인가? C, Cl^-, Mn^{2+}, B^-, Ar, Zn, Fe^{3+}, Ge^{2+}.

7.124 등전자 상태인 것끼리 묶으시오. Be^{2+}, F^-, Fe^{2+}, N^{3-}, He, S^{2-}, Co^{3+}, Ar.

물리적 성질의 주기적 변화

복습 질문

7.125 원자 반지름을 정의하시오. 원자의 크기가 명확한 의미를 가지는가?

7.126 원자 반지름은 다음의 경우에 어떻게 변하는가? (a) 한 주기에서 왼쪽에서 오른쪽으로 갈 때, (b) 한 족 내에서 위에서 아래로 갈 때.

7.127 이온 반지름을 정의하시오. (a) 음이온과 (b) 양이온으로 변환될 때 원자의 크기 변화는 어떻게 되겠는가?

7.128 등전자 이온에 대하여 음이온은 양이온보다 큰 이유에 대해 설명하시오.

문제

7.129 주기율표에서 위치에 기초하여 다음 각 쌍에서 원자 반지름이 더 큰 원자를 고르시오.
(a) Na, Cs, (b) Be, Ba, (c) N, Sb, (d) F, Br, (e) Ne, Xe.

7.130 다음 원자를 원자 반지름이 감소하는 순으로 나열하시오. Na, Al, P, Cl, Mg.

7.131 4A족에서 가장 큰 원소는 어느 것인가?

7.132 7A족에서 가장 큰 원소는 어느 것인가?

7.133 리튬 원자의 반지름이 수소 원자의 반지름보다 상당히 더 큰 이유는 무엇인가?

7.134 주기율표상의 2주기 원소를 예로 들어 왼쪽에서 오른쪽으로 갈수록 원자 반지름이 감소하는 것을 보이고 이러한 경향을 설명하시오.

7.135 다음 각 쌍에서 둘 중 더 작은 쪽을 고르시오.
(a) Cl, Cl^-, (b) Na, Na^+, (c) O^{2-}, S^{2-}, (d) Mg^{2+}, Al^{3+}, (e) Au^+, Au^{3+}.

7.136 이온 반지름이 증가하는 순으로 다음 이온을 나열하시오. N^{3-}, Na^+, F^-, Mg^{2+}, O^{2-}.

7.137 다음 양이온 중 어느 것이 더 크며, 그 이유는 무엇인지 설명하시오. Cu^+ 또는 Cu^{2+}.

7.138 다음 음이온 중 어느 것이 더 크며, 그 이유는 무엇인지 설명하시오. Se^{2-} 또는 Te^{2-}.

7.139 1 atm, 25°C에서 4주기 주족 원소의 물리적 상태(기체, 액체, 고체)가 어떠한지 쓰시오. K, Ca, Ga, Ge, As, Se, Br.

7.140 네온과 크립톤의 끓는점은 각각 −245.9°C와 −152.9°C이다. 이 자료를 이용하여 아르곤의 끓는점을 추정하시오. (*힌트*: 아르곤의 성질은 네온과 크립톤의 성질의 중간이다.)

이온화 에너지

복습 질문

7.141 이온화 에너지를 정의하시오. 이온화 에너지는 기체 상태에서 주로 측정한다. 이유는? 어떤 원소에 대하여 일차 이온화 에너지보다 이차 이온화 에너지가 항상 더 큰 이유는 무엇인가?

7.142 주기율표의 윤곽선을 그리고, 원소의 일차 이온화 에너지에서 족과 주기의 경향성을 보이시오. 어떤 종류의 원소가 가장 높은 이온화 에너지와 가장 낮은 이온화 에너지를 가질 것인가?

문제

7.143 주기율표상의 3주기 원소를 예로 들어 왼쪽에서 오른쪽으로 갈수록 이온화 에너지가 감소하는 것을 보이고 이러한 경향을 설명하시오.

7.144 일반적으로 이온화 에너지는 주기내에서 왼쪽에서 오른쪽으로 갈수록 증가한다. 그러나 알루미늄은 마그네슘보다 이온화 에너지가 낮다. 이유를 설명하시오.

7.145 K의 일차와 이차 이온화 에너지는 각각 419 kJ/mol과 3052 kJ/mol이고 Ca의 일차와 이차 이온화 에너지는 각각 590 kJ/mol과 1145 kJ/mol이다. 그 값을 비교하고 차이에 대해 설명하시오.

7.146 두 원자의 전자 배치가 $1s^22s^22p^6$와 $1s^22s^22p^63s^1$이다. 어느 하나의 일차 이온화 에너지는 2080 kJ/mol이고 다른 것은 496 kJ/mol이다. 주어진 전자 배치의 원자와 각 이온화 에너지를 짝지으시오. 그리고 그 선택을 설명하시오.

7.147 수소꼴 이온(hydrogen-like ion)은 한 개의 전자만을 담고 있는 이온이다. 수소꼴 이온에서 전자의 에너지는 다음과 같이 주어진다.

$$E_n = -(2.18 \times 10^{-18}\ \text{J})Z^2\left(\frac{1}{n^2}\right)$$

여기서 n은 주양자수이고, Z는 원소의 원자 번호이다. He^+ 이온의 이온화 에너지(kJ/mol)를 계산하시오.

7.148 플라즈마는 양의 대전된 양이온과 전자들로 구성된 기체 상태의 물질 상태이다. 플라즈마 상태에서 수은 원자는 80개의 전자를 떼어낼 수 있어서 Hg^{80+}로 존재한다. 문제 7.147에 식을 이용하여 마지막 이온화 단계에 필요한 에너지를 계산하시오.

$$Hg^{79+}(g) \longrightarrow Hg^{80+}(g) + e^-$$

전자 친화도

복습 질문

7.149 (a) 전자 친화도를 정의하시오. 전자 친화도는 기체 원자들로부터 측정한다. 이유는? (b) 이온화 에너지는 항상 양의 값인 반면, 전자 친화도는 양 혹은 음의 값이 될 수 있다. 이유를 설명하시오.

7.150 알루미늄부터 염소까지 전자 친화도의 경향을 설명하시오 (표 8.3 참조).

문제

7.151 다음 족 각각에 대해 원소들을 전자 친화도가 증가하는 순서로 나열하시오. (a) Li, Na, K, (b) F, Cl, Br, I.

7.152 다음 원소들 중 가장 큰 전기 음성도를 가지는 것과 가장 작은 전기 음성도를 가지는 것은 무엇인가? He, K, Co, S, Cl.

7.153 전자 친화도 값으로부터 알칼리 금속이 M^-와 같은 음이온을 형성할 것으로 생각되는가? 여기서 M은 알칼리 금속을 나타낸다.

7.154 알칼리 금속이 알칼리 토금속보다 전자에 대해 더 큰 친화도를 갖는 이유를 설명하시오.

실전 연습의 답

7.1 8.24 m. **7.2** 3.39×10^3 nm. **7.3** 9.65×10^{-19} J. **7.4** 2.63×10^3 nm. **7.5** 56.6 nm. **7.6** $n = 3$, $\ell = 1$, $m_\ell = -1, 0, 1$. **7.7** 16. **7.8** $(4, 2, -2, +\frac{1}{2})$, $(4, 2, -1, +\frac{1}{2})$, $(4, 2, 0, +\frac{1}{2})$, $(4, 2, 1, +\frac{1}{2})$, $(4, 2, 2, +\frac{1}{2})$, $(4, 2, -2, -\frac{1}{2})$, $(4, 2, -1, -\frac{1}{2})$, $(4, 2, 0, -\frac{1}{2})$, $(4, 2, 1, -\frac{1}{2})$, $(4, 2, 2, -\frac{1}{2})$. **7.9** 32. **7.10** $(1, 0, 0, +\frac{1}{2})$, $(1, 0, 0, -\frac{1}{2})$, $(2, 0, 0, +\frac{1}{2})$, $(2, 0, 0, -\frac{1}{2})$, $(2, 1, -1, -\frac{1}{2})$. $2p$ 궤도함수에 있는 마지막 전자에 대해서 양자수를 쓰는 5개의 다른 가능한 방법이 있다. **7.11** $[Ne]3s^23p^3$. **7.12** (a) $1s^22s^22p^63s^23p^64s^2$, (b) 주족 원소, (c) 반자기성. **7.13** Li > Be > C. **7.14** (a) Li^+, (b) Au^{3+}, (c) N^{3-}. **7.15** (a) N, (b) Mg. **7.16** 아니오.

CHAPTER 8

화학 결합

Chemical Bonding

이 장의 차례

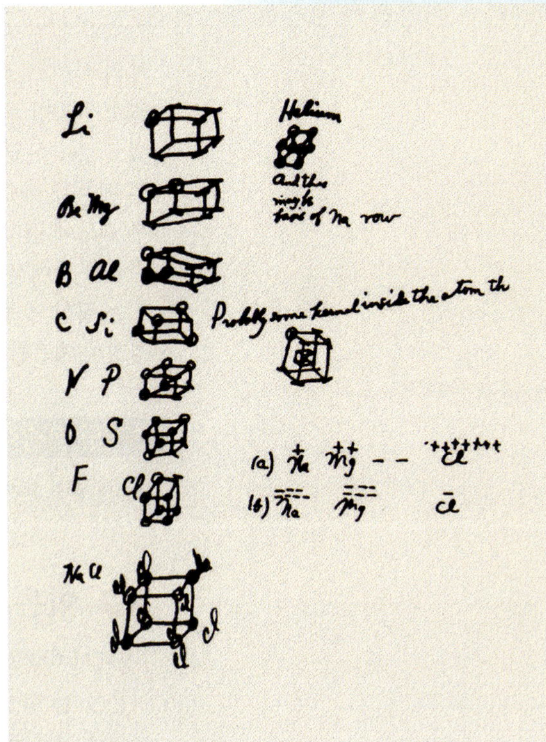

루이스가 팔전자 규칙에 관한 그의 생각을 편지 봉투 뒷면에 최초로 그려 놓은 메모 흔적.

주요 개념

이온 결합 이온 결합은 이온 결합 화합물에서 양이온과 음이온을 붙잡고 있는 정전기적 힘이다.

공유 결합 루이스는 원자들이 하나 이상의 전자쌍을 공유하는 공유 결합의 형성을 가정하였다. 팔전자 규칙으로 루이스 구조가 옳은지를 예측한다. 이 규칙은 수소 이외의 원자는 8개의 원자가전자에 의해 둘러싸일 때까지 결합을 형성하는 경향이 있다는 것이다.

루이스 구조의 특징 공유 결합뿐만 아니라 루이스 구조에서도 원자 위에 고립 전자쌍(결합에 참여하지 않은 전자쌍)과 형식 전하(결합에 사용된 전자들의 결과)를 나타낸다. 공명 구조는 하나의 루이스 구조만으로는 완전하게 표현할 수 없는 단일 분자에 대한 둘 이상의 루이스 구조이다.

팔전자 규칙의 예외 팔전자 규칙은 2주기 원소에 주로 적용된다. 팔전자 규칙의 예외의 세 부류는 불완전한 팔전자(분자 내에서 원자가전자가 8개 미만인 원자), 홀수 전자 분자(원자가전자가 홀수 개인 분자), 확장된 팔전자(원자가전자가 8개를 넘는 원자)이다.

분자 기하 구조 분자 기하 구조는 분자 내 원자들의 3차원적 배열을 말한다. 비교적 작은 분자에서는 중심 원자가 2~6개의 결합을 포함하는데, 원자가껍질 전자쌍 반발(VSEPR) 모형으로 그 기하 구조를 예측할 수 있다. 이 모형은 화학 결합과 고립 전자쌍이 반발을 최소화하기 위해 가능한 한 서로 떨어져 있으려고 한다는 가정을 기초로 한다.

쌍극자 모멘트 이원자 분자에서 결합 원자들의 전기음성도 차이로 극성 결합과 쌍극자 모멘트가 생긴다. 3개 이상의 원자로 이루어진 분자의 쌍극자 모멘트는 결합의 극성과 분자 기하 구조에 모두 의존한다. 쌍극자 모멘트를 측정하면 어떤 분자의 다른 가능한 기하 구조를 구별할 수 있다.

원자 궤도함수의 혼성화 혼성화는 화학 결합의 양자 역학적 표현이다. 원자 궤도함수들은 혼성 되어 혼성 궤도함수를 형성한다. 그런 다음 이들 궤도함수들이 다른 궤도함수와 상호작용하여 화학 결합을 형성한다. 다른 혼성을 통해 여러 분자 기하 구조를 만들 수 있다. 혼성 개념으로 팔전자 규칙의 예외와 이중 결합 및 삼중 결합의 형성을 설명할 수 있다.

배위 화합물의 결합 결정장 이론에서는 정전기적 힘의 관점으로 착이온의 결합을 설명한다. 리간드가 금속을 향하여 접근하면 다섯 개의 d 궤도함수에 대한 에너지의 갈라짐이 일어난다. 결정장 갈라짐이라고 불리는 갈라짐의 정도는 리간드의 특성에 따라 달라진다. 결정장 이론으로 많은 착이온의 색과 자기적 성질을 성공적으로 설명할 수 있다.

8.1 루이스 점 기호

주기율표와 전자 배치의 개념이 발달하면서, 화학자들은 분자와 화합물 형성을 논리적으로 설명할 수 있게 되었다. 미국 화학자 루이스(Gilbert Lewis)에 의해 확립된 이 개념의 핵심은 보다 안정된 전자 배치가 되도록 원자들이 서로 결합한다는 것이다. 원자는 영족 기체와 같은 등전자 배열을 할 때 가장 안정하다.

원자들이 상호작용하여 화학 결합을 형성할 때, 원자들의 외각 부분만 서로 접촉하게 된다. 따라서 화학 결합에 대한 연구에서는 원자의 원자가전자가 주관심 대상이다. 루이스에 의해 고안된 루이스 점 기호를 이용하여 화학 반응에서 원자가전자를 추적할 수 있고 총 전자 수가 변하지 않는다는 것을 확인할 수 있다. **루이스 점 기호**(Lewis dot symbol)는 *원소 기호와 원자가전자 개수에 해당하는 점으로 이루어져 있다.* 그림 8.1은 주족 원소와 영족 기체의 루이스 점 기호를 보여준다. 주목할 점은 헬륨을 제외하고 각 원자의 원자가전자 수는 원소가 속한 족의 번호와 같다는 것이다. 예를 들어, Li은 1A족에 속하며 원자가전자 하나가 있고, 2A족 원소인 Be는 원자가전자가 두 개(두 개의 점)이다. 같은 족 원소들은 외각 전자의 배치가 비슷하며, 루이스 점 기호도 비슷하다. 전이 금속, 란타넘족, 악티늄족 원소들은 내부 궤도에 전자가 완전히 채워지지 않은 상태이므로 루이스 점 기호를 그릴 수 없다.

이 장에서는 전자 배치와 주기율표를 이용하는 방법을 배울 것이다. 그러면 원자들이 만드는 결합의 종류를 예측하고, 특정 원소의 원자가 만들 수 있는 결합의 개수와 생성물의 안정성을 예측할 수 있다.

☑ 개념 복습하기

전형 원소 원자 주위에 그릴 수 있는 점의 최대 개수는 몇 개인가?

8.2 이온 결합

7장에서 이온화 에너지가 낮은 원소는 양이온을 잘 형성하고, 전자 친화도가 높은 원소는 음이온을 잘 형성한다고 배웠다. 일반적으로 이온 결합 화합물에서 양이온을 가장 잘 형성하는 것은 알칼리 금속과 알칼리 토금속이며, 음이온을 가장 잘 형성하는 것은 할로젠과 산소이다. 따라서 많은 이온 결합 화합물이 1A족이나 2A족 원소와 할로젠 또는 산소와의 결합으

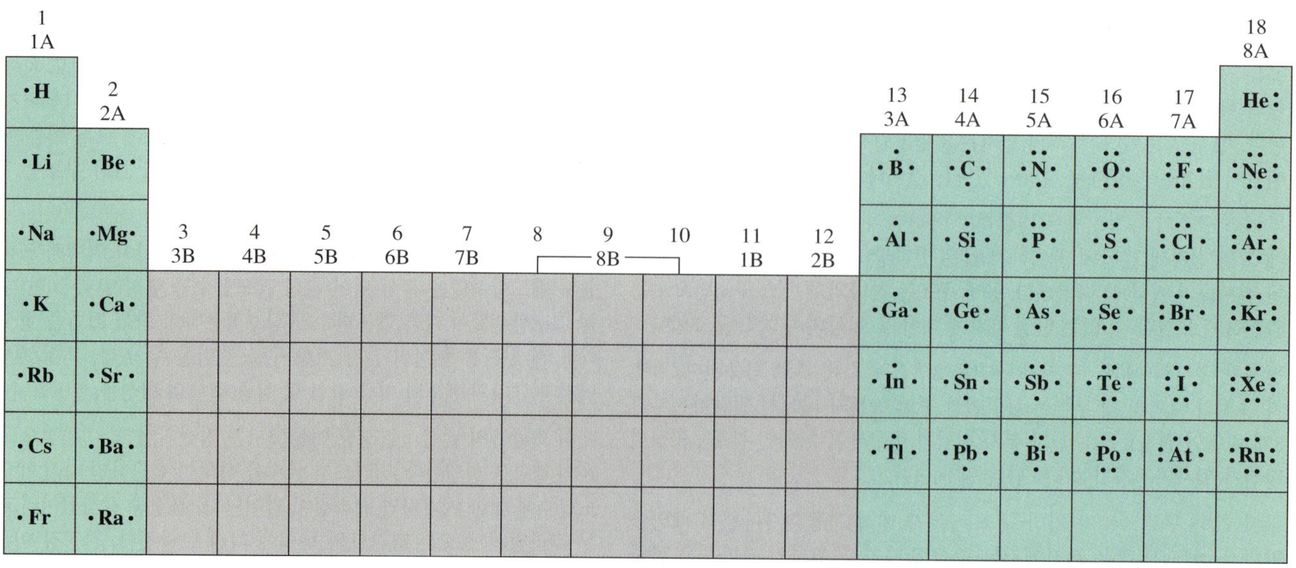

그림 8.1 • 주족 원소와 영족 기체에 대한 루이스 점 기호. 쌍을 이루고 있지 않는 점의 수는 화합물에서 원자가 결합할 수 있는 결합의 수와 일치한다.

로 이루어진다. **이온 결합**(ionic bond)은 *이온 결합 화합물에서 이온들을 붙잡고 있는 정전기적 힘*이다. 예를 들어, Li와 F가 LiF를 만드는 경우를 보자. 플루오린화 리튬(LiF)은 땜납의 녹는점을 낮추거나 세라믹 제조에 사용되는 독성이 있는 백색 분말이다. Li의 전자 배열은 $1s^22s^1$이며, F의 전자 배열은 $1s^22s^22p^5$이다. Li과 F 원자가 서로 접근하게 되면, Li의 $2s^1$ 궤도에 있는 원자가전자가 F 원자로 전달된다. 루이스 점 기호를 이용하면 이 반응은 다음과 같이 나타낼 수 있다.

$$\begin{array}{ccccc} \cdot\text{Li} & + & :\ddot{\underset{..}{\text{F}}}\cdot & \longrightarrow & \text{Li}^+ \quad :\ddot{\underset{..}{\text{F}}}:^- \quad (\text{또는 LiF}) \\ 1s^22s^1 & & 1s^22s^22p^5 & & 1s^2 \quad 1s^22s^22p^6 \end{array} \tag{8.1}$$

플루오린화 리튬. 산업적으로 LiF는(다른 대부분의 이온 결합 화합물과 마찬가지로) 그 화합물을 포함하고 있는 광물질을 정제해서 얻는다.

편의상, 이 반응은 몇 단계로 이루어진다고 가정하자. 먼저 Li이 이온화한다.

$$\cdot\text{Li} \longrightarrow \text{Li}^+ + e^-$$

그런 다음 F에 의해 전자를 받아들인다.

$$:\ddot{\underset{..}{\text{F}}}\cdot + e^- \longrightarrow :\ddot{\underset{..}{\text{F}}}:^-$$

그 다음으로 두 개의 분리된 이온이 서로 합쳐져 LiF 단위를 형성한다고 가정하자.

$$\text{Li}^+ + :\ddot{\underset{..}{\text{F}}}:^- \longrightarrow \text{Li}^+ :\ddot{\underset{..}{\text{F}}}:^-$$

이러한 세 가지 식의 합이 식 (8.1)과 같다는 점에 유의하라.

$$\cdot\text{Li} + :\ddot{\underset{..}{\text{F}}}\cdot \longrightarrow \text{Li}^+ :\ddot{\underset{..}{\text{F}}}:^-$$

이온 결합 화합물의 실험식은 보통 전하를 나타내지 않는다. 여기서 나타낸 +와 −는 전자의 전이를 강조하기 위한 것이다.

LiF에서 이온 결합은 양으로 하전된 리튬 이온과 음으로 하전된 플루오린 이온 사이의 정전기적 인력이다. 화합물 자체는 전기적으로 중성이다.

이온 결합 화합물을 형성하는 많은 다른 일반적인 반응이 있다. 예를 들면, 칼슘은 산소 중에서 타서 산화 칼슘을 형성한다.

$$2\text{Ca}(s) + \text{O}_2(g) \longrightarrow 2\text{CaO}(s)$$

먼저 이분자성 O_2 분자가 각각 산소 원자로 쪼개진다고 가정하면(이 과정에서의 에너지 관계는 뒤에 언급되어 있다), 이 반응을 다음과 같이 루이스 점 기호로 나타낼 수 있다.

$$\begin{array}{ccccc} \cdot\text{Ca}\cdot & + & \cdot\ddot{\underset{..}{\text{O}}}\cdot & \longrightarrow & \text{Ca}^{2+} \quad :\ddot{\underset{..}{\text{O}}}:^{2-} \\ [\text{Ar}]4s^2 & & 1s^22s^22p^4 & & [\text{Ar}] \quad [\text{Ne}] \end{array}$$

이 과정에서 칼슘 원자에서 전자 두 개가 산소 원자로 전이한다. 칼슘 이온(Ca^{2+})은 아르곤과 같은 전자 배열을 하며, 산화 이온(O^{2-})은 네온과 등전자 배열을 한다. 두 이온이 만드는 화합물(CaO)은 전기적으로 중성이다.

많은 경우에 화합물 내의 양이온과 음이온이 서로 다른 전하를 갖기도 한다. 예를 들어, 리튬을 공기 중에서 태워 산화 리튬(Li_2O)을 형성할 때 균형 반응식은 다음과 같다.

$$4\text{Li}(s) + \text{O}_2(g) \longrightarrow 2\text{Li}_2\text{O}(s)$$

루이스 점 기호를 이용하면 다음과 같이 쓸 수 있다.

$$\begin{array}{ccccc} 2\ \cdot\text{Li} & + & \cdot\ddot{\underset{..}{\text{O}}}\cdot & \longrightarrow & 2\text{Li}^+ \quad :\ddot{\underset{..}{\text{O}}}:^{2-} \quad (\text{또는 Li}_2\text{O}) \\ 1s^22s^1 & & 1s^22s^22p^4 & & [\text{He}] \quad [\text{Ne}] \end{array}$$

이 과정에서 산소 원자는 두 개의 Li 원자로부터 각각 한 개씩 두 개의 전자를 받아 산화 이온을 형성한다. Li^+ 이온은 헬륨과 등전자 배열을 하고 있다.

높은 온도에서 마그네슘이 질소와 반응하면 흰색 고체 화합물인 질소화 마그네슘 (Mg_3N_2)이 형성된다.

$$3Mg(s) + N_2(g) \longrightarrow Mg_3N_2(s)$$

또는

$$3 \cdot \mathrm{Mg} \cdot \quad + \quad 2 \cdot \ddot{\underset{\cdot}{\mathrm{N}}} \cdot \longrightarrow 3\mathrm{Mg}^{2+} \quad 2 :\ddot{\underset{\cdot\cdot}{\mathrm{N}}}:^{3-} \text{ (또는 } Mg_3N_2)$$
$$[\mathrm{Ne}]3s^2 \qquad 1s^22s^22p^3 \qquad [\mathrm{Ne}] \qquad [\mathrm{Ne}]$$

이 반응에서 총 여섯 개의 전자(각각의 Mg 원자로부터 두 개씩)가 두 개의 질소 원자로 이동한다. 이 때 만들어지는 마그네슘 이온(Mg^{2+})과 질소화 이온(N^{3-})은 모두 네온과 등전자 배열을 한다. 세 개의 +2가 양이온과 두 개의 −3가 음이온이 결합하게 되므로 전하는 균형을 이루고 화합물은 전기적으로 중성이 된다.

광물질 코런덤(Al_2O_3).

예제 8.1

루이스 점 기호를 사용하여 산화 알루미늄(Al_2O_3)의 형성을 나타내시오.

▸ **전략** 이온 결합 화합물의 화학식을 적을 때 전기적 중성을 이용한다. 다시 말하면, 양이온들의 전체 양전하 수는 음이온들의 전체 음전하와 같아야만 한다.

▸ **풀이** 그림 9.1에 따르면 Al과 O의 루이스 점 기호는 다음과 같다.

$$\cdot \dot{\mathrm{Al}} \cdot \qquad \cdot \ddot{\underset{\cdot\cdot}{\mathrm{O}}} \cdot$$

이온 결합 화합물에서 알루미늄은 양이온(Al^{3+})을 형성하고, 산소는 음이온(O^{2-})을 형성하려고 하기 때문에 전자는 Al에서 O로 이동한다. 각각의 Al 원소에는 세 개의 원자가전자가 있다. 각각의 O 원소는 네온과 전자 배열이 같은 O^{2-} 이온을 형성하기 위해 두 개의 전자가 필요하다. 그러므로 Al^{3+}와 O^{2-} 이온 간의 가장 간단한 조성비는 2:3이다. 두 개의 Al^{3+}는 총 +6의 전하를 갖게 되고, 세 개의 O^{2-} 이온은 −6의 전하를 갖게 된다. 따라서 산화 알루미늄의 실험식은 Al_2O_3이며, 반응은 다음과 같다.

$$2 \cdot \dot{\mathrm{Al}} \cdot \quad + \quad 3 \cdot \ddot{\underset{\cdot\cdot}{\mathrm{O}}} \cdot \longrightarrow 2\mathrm{Al}^{3+} \quad 3 :\ddot{\underset{\cdot\cdot}{\mathrm{O}}}:^{2-} \text{ (또는 } Al_2O_3)$$
$$[\mathrm{Ne}]3s^23p^1 \qquad 1s^22s^22p^4 \qquad [\mathrm{Ne}] \qquad [\mathrm{Ne}]$$

비슷한 문제 : 8.17, 8.18.

▸ **검산** 원자가전자의 수(24)가 식의 좌우에서 같은지 확인하라. Al_2O_3에서 아래 첨자는 가능한 한 가장 작은 정수로 표현된 것인가?

▸ **실전 연습** 루이스 점 기호를 사용하여 수소화 바륨의 결합을 나타내시오.

☑ 개념 복습하기

루이스 점 구조를 이용하여 황화 루비듐의 형성을 나타내시오.

8.3 공유 결합

동영상
이온 결합 대 공유 결합.

분자의 개념은 17세기로 거슬러 올라가지만, 분자들이 형성되는 이유와 방법을 알게 된 것은 20세기 초였다. 최초의 중요한 발견은 화학 결합이 원자들 사이에 전자를 공유해서 만들어진다는 루이스(Gilbert Lewis)의 제안이었다. 루이스는 H_2 분자의 화학 결합 형성을 다음과 같이 나타내었다.

$$\mathrm{H}\cdot + \cdot\mathrm{H} \longrightarrow \mathrm{H:H}$$

이러한 형태로 전자쌍을 이루는 것은 **공유 결합**(covalent bond)의 한 예로, *두 원자가전자*

*두 개를 공유하는 결합*이다. **공유 결합 화합물**(covalent compound)은 *공유 결합으로만 이루어진 화합물*을 말한다. 공유된 전자쌍은 한 개의 선으로 표기한다. 따라서 수소 분자의 공유 결합은 H—H로 쓸 수 있다. 공유 결합에서 공유된 쌍의 각 전자는 두 원자핵의 인력을 받는다. 이러한 인력이 H_2 분자에서 두 원자를 묶어두며 다른 분자들에서도 공유 결합을 형성하게 한다.

다전자 원자들 간의 공유 결합에는 원자가전자만이 관여한다. F_2 분자를 예로 들어 보자. F 원자의 전자 배치는 $1s^22s^22p^5$이다. $1s$ 전자는 에너지가 매우 낮고 주로 원자핵 근처에 존재하므로 결합 형성에 참여하지 않는다. 따라서 각 원자는 일곱 개의 원자가전자를 가지고 있다($2s$ 및 $2p$ 전자). 그림 8.1을 보면 F 원자에는 쌍을 이루지 않는 전자가 단 하나 있다. 따라서, F_2 분자의 형성은 다음과 같이 나타낼 수 있다.

이 논의는 전형 원소에만 적용된다. 이들 원소는 원자가전자의 개수가 족 번호와 같음을 기억하라(1A~7A족).

$$:\ddot{\underset{\cdot\cdot}{F}}\cdot \;+\; \cdot\ddot{\underset{\cdot\cdot}{F}}: \longrightarrow :\ddot{\underset{\cdot\cdot}{F}}:\ddot{\underset{\cdot\cdot}{F}}: \quad \text{또는} \quad :\ddot{\underset{\cdot\cdot}{F}}—\ddot{\underset{\cdot\cdot}{F}}:$$

F_2의 형성에 두 개의 원자가전자만이 참여한다는 것에 유의하라. 다른 비결합 전자들은 **고립 전자쌍**(lone pair)이라 부르며 *공유 결합 형성에 이용되지 않은 원자가전자쌍*을 말한다. 따라서, F_2에서 각 F 원자에는 고립 전자쌍이 세 개씩 있다.

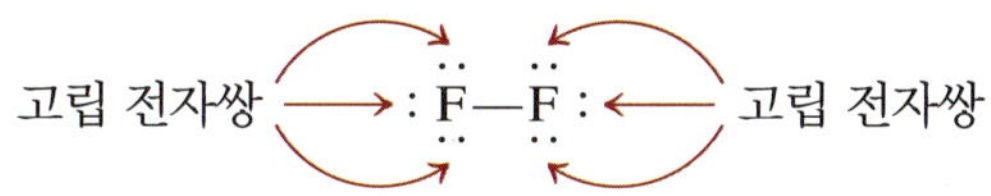

H_2와 F_2 같은 공유결합 화합물을 표기하는 데 이용되는 구조를 루이스 구조라고 한다. **루이스 구조**(Lewis structure)는 공유 전자쌍들을 두 원자 사이에 선이나 짝지은 점들로 표기하며, 고립 전자쌍들은 각 원자에 짝지은 점들로 나타낸 것이다. 루이스 구조에는 원자가 전자만 표시한다.

물 분자의 루이스 구조를 생각해 보자. 그림 8.1은 짝짓지 않은 점 두 개(즉, 짝짓지 않은 전자 두 개)를 가지는 산소의 루이스 점 기호를 나타내며, 따라서 O가 공유 결합 두 개를 형성할 수 있다는 것을 예측할 수 있다. 수소에는 전자가 하나만 있으므로 공유 결합 한 개만을 이룰 수 있다. 따라서 물의 루이스 구조는 다음과 같이 나타낼 수 있다.

$$H:\ddot{\underset{\cdot\cdot}{O}}:H \quad \text{또는} \quad H—\ddot{\underset{\cdot\cdot}{O}}—H$$

이 경우에 산소 원자는 고립 전자쌍 두 개를 가진다. 수소 원자는 자신이 가지고 있는 전자 하나가 공유 결합을 형성하는 데 사용되었기 때문에 고립 전자쌍이 없다.

F_2와 H_2O 분자에서, F와 O 원자는 서로 전자를 공유함으로써 안정한 영족 기체의 전자 배열을 하게 된다.

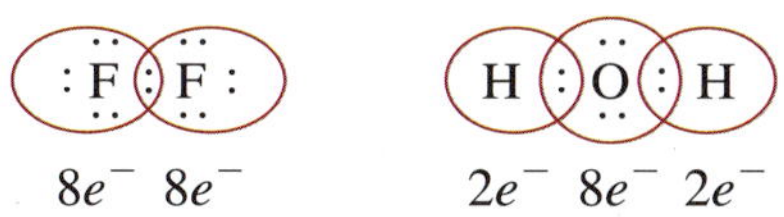

이들 분자의 형성은 루이스가 제안한 **팔전자 규칙**(octet rule)으로 잘 설명이 된다. 수소 *이외의 다른 원자는 자기 주위에 여덟 개의 원자가전자가 배열될 때까지 다른 원자와 결합을 하려는 경향이 있다*는 것이다. 다시 말해, 각 원자가 팔전자 규칙을 만족시키지 못할 때 공유 결합이 형성된다. 공유 결합에서 전자를 공유하게 됨으로써 각 원자는 여덟 개의 전자를 가질 수 있게 된다. 수소 원자는 He 원자의 전자 배치, 즉 두 개의 전자를 가지려고 한다.

팔전자 규칙은 주로 2주기 원소의 경우에 잘 맞는다. 이 원소들은 $2s$와 $2p$ 부껍질만 가지고 있어 모두 여덟 개의 전자가 들어갈 수 있다. 이러한 원소가 공유 결합을 형성하게 되면, 같은 화합물 내의 다른 원소와 전자를 공유해서 영족 기체 [Ne]과 같은 전자 배치를 하게 된다. 팔전자 규칙에 벗어나는 중요한 몇 가지 경우를 위에서 다시 살펴보려 한다. 이런 예외적인 경우들은 화학 결합의 속성을 파악하는 데 도움이 된다.

원자들은 여러 종류의 공유 결합을 형성할 수 있다. **단일 결합**(single bond)에서는 *두 원자가 한 개의 전자쌍으로 결합되어 있다*. 많은 화합물들은 **다중 결합**(multiple bond)으로 연결되어 있는데, 이들은 *두 원자가 두 개 이상의 전자쌍을 서로 공유할 때 형성되는 결합*이다. 만일 *두 원자가 두 개의 전자쌍을 공유한다면* 이 결합은 **이중 결합**(double bond)이라고 부른다. 이중 결합은 이산화 탄소(CO_2)와 에틸렌(C_2H_4) 분자에서 볼 수 있다.

곧이어 적절한 루이스 구조를 나타내는 법을 배울 것이다. 여기서는 그들과 관련된 용어를 익히면 된다.

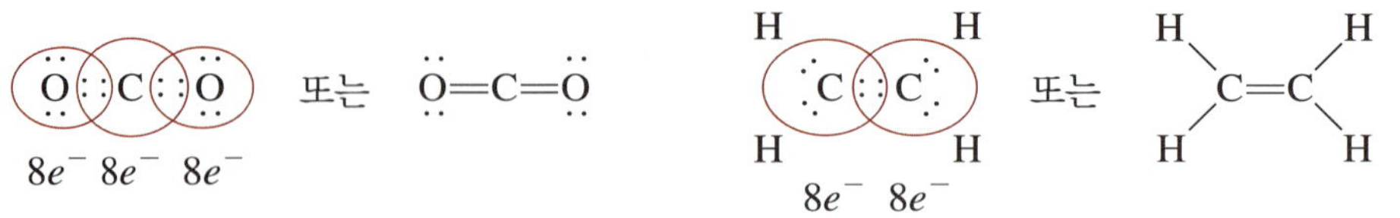

삼중 결합(triple bond)은 질소 분자(N_2)처럼 *두 원자가 세 개의 전자쌍을 공유하게 될 경우에* 나타난다.

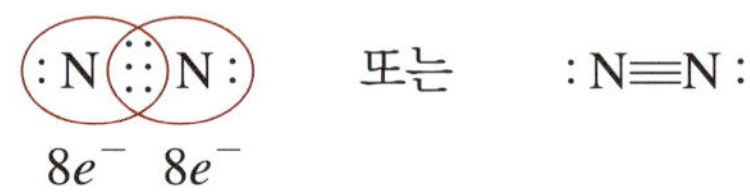

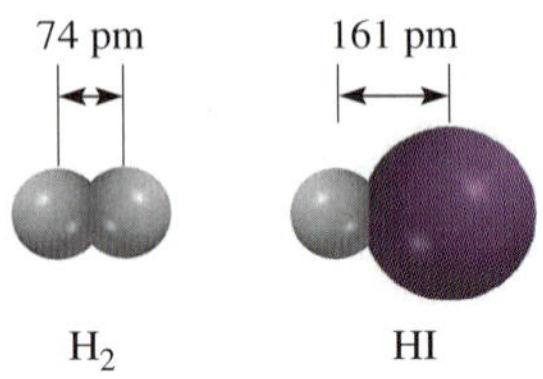

그림 8.2 • H_2와 HI에서 결합 길이(pm).

아세틸렌(C_2H_2) 분자도 두 개의 탄소 원자 사이에 삼중 결합을 포함하고 있다.

표 8.1

몇 가지 일반적인 단일, 이중, 삼중 결합에 대한 평균 결합 길이

결합 형태	결합 길이(pm)
C—H	107
C—O	143
C═O	121
C—C	154
C═C	133
C≡C	120
C—N	143
C═N	138
C≡N	116
N—O	136
N═O	122
O—H	96

에틸렌과 아세틸렌에서 모든 원자가전자들이 결합에 사용되었음을 주목하라. 탄소 원자는 고립 전자쌍을 가지고 있지 않다. 실제로 일산화 탄소를 제외하면 탄소를 포함하고 있는 안정한 분자들은 탄소 원자에 고립 전자쌍을 가지고 있지 않다.

같은 원자 쌍에 대해, 다중 결합은 단일 공유 결합보다 짧다. **결합 길이**(bond length)는 *분자 내에서 공유 결합을 하고 있는 두 원자의 핵간 거리*로 정의된다(그림8.2). 표 8.1은 실험적으로 결정된 결합 길이를 일부 보여준다. 탄소나 질소와 같은 원자들의 쌍에서, 삼중 결합은 이중 결합보다 짧고, 이중 결합은 단일 결합보다 짧다. 더 짧은 다중 결합은 또한 단일 결합보다 더 안정하며, 이는 다음에 보게 될 것이다.

☑ 개념 복습하기

공유 결합 화합물에서 왜 수소는 이중 결합이나 삼중 결합이 불가능한가?

8.4 전기음성도

앞에서 언급한 바와 같이, 공유 결합은 두 원자가 전자쌍을 공유하는 것이다. 두 원자가 동일한 H_2와 같은 분자에서 전자는 동등하게 공유된다. 즉, 전자가 각 원자 주위에서 존재하는 시간이 같다. 그러나 공유 결합된 HF 분자에서는 H와 F가 서로 다른 원자이기 때문에 H와 F 원자들은 결합 전자들을 동등하게 공유하지 않는다.

플루오린화 수소는 투명하며, 19.8°C에서 끓는 발연 액체로 냉각제와 플루오린화 수소산을 만들 때 사용된다.

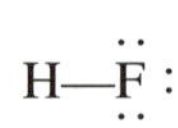

HF에서의 결합은 *전자들이 다른 원자보다 한 원자 주위에 더 오래 머물기* 때문에 **극성 공유 결합**(polar covalent bond) 또는 간단히 **극성 결합**(polar bond)이라고 부른다. 전자들이 다른 원자보다 한 원자 주위에 더 오래 머물기 때문이다. 실험적인 증거는 HF 분자에서 전자들은 F 원자 주위에 더 오래 머문다는 것을 보여준다. 이러한 전자의 불균등한 공유는 H에서 F로 일부 전자의 전이 또는 전자 밀도의 이동으로 생각된다(그림 8.3). 결합 전자쌍의 "불균등 공유"로 인하여 상대적으로 F 원자 주위에는 전자 밀도가 높고, H 원자 주위에는 전자 밀도가 낮아진다. HF 결합과 다른 극성 결합은 전자의 공유가 동등하게 이루어지는 비극성 공유 결합과 전자의 전이가 거의 완결된 이온 결합의 중간 형태로 볼 수 있다.

극성 공유 결합과 비극성 공유 결합을 구분할 수 있게 하는 특성은 **전기음성도**(electronegativity)이며, 이것은 *화학 결합에서 원자가 자기 쪽으로 전자들을 끌어당기는 능력*이다. 전기음성도가 큰 원소들은 전기음성도가 작은 원소보다 전자를 잘 끌어당긴다. 전기음성도는 전자 친화도 및 이온화 에너지와 관련이 있다. 따라서 F처럼 전자 친화도가 크고(전자를 쉽게 받아들임) 이온화 에너지가 큰(전자를 쉽게 방출하지 않음) 원소는 전기음성도 또한 크다. 반면에 전자 친화도가 낮고 이온화 에너지가 작은 소듐은 전기음성도가 작다.

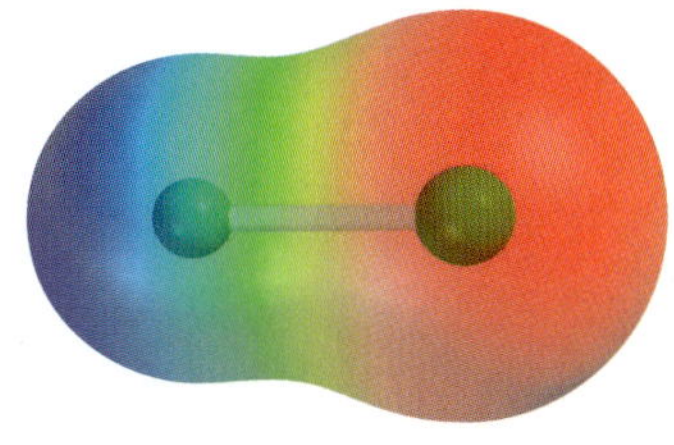

그림 8.3 • HF 분자의 전자 퍼텐셜 지도. 전자 분포는 색깔에 따라 다르다. 전자가 가장 풍부한 영역은 붉은색 부분이며, 전자가 가장 부족한 영역은 푸른색 부분이다.

전기음성도 값은 단위가 없다.

전기음성도는 상대적인 개념이어서 한 원소의 전기음성도는 다른 원소들의 전기음성도와 비교할 때만 알 수 있다. 미국의 화학자 폴링(Linus Pauling)은 대부분의 원소들에 대한 *상대적인* 전기음성도를 계산하는 방법을 고안하였다. 이 값은 그림 8.4에 나와 있다. 이 차트를 자세히 보면, 서로 다른 원소들의 전기음성도 값 사이의 경향과 관계를 알 수 있게 된다. 일반적으로 주기율표의 주기를 따라 왼쪽에서 오른쪽으로 갈수록 원소의 금속성은 감소하고 전기음성도는 증가한다. 같은 족에서 원자 번호가 증가할수록 금속성이 커지면서 전기음성도는 감소하게 된다. 전이 금속은 이러한 경향을 따르지 않는다는 점을 주목하라. 전기음성도가 가장 큰 할로젠, 산소, 질소, 황 등은 주기율표에서 오른쪽 상단에 존재하며, 전기음성도가 가장 작은 원소(알칼리 금속 및 알칼리 토금속)들은 왼쪽 하단에 몰려 있다. 이러한 경향은 그림 8.5에서 보듯이 그래프 상에서 명백하게 나타난다.

전기음성도의 차가 매우 큰 원소의 원자들은 이온 결합(NaCl이나 CaO에 존재하는 결합)을 형성하는 경향이 있다. 전기음성도가 작은 원자가 전기음성도가 큰 원자에게 전자들을 내어주기 때문이다. 이러한 이온 결합은 대개 금속 원소의 원자와 비금속 원소의 원자 사이의 결합으로 이루어진다. 전기음성도가 서로 비슷한 원소의 원자들은 전자밀도의 이동이 작기 때문에 극성 공유 결합을 잘 형성한다. 대부분의 공유 결합은 비금속 원소의 원자들로 이루어져 있다. 이러한 경향과 특성들은 이온화 에너지와 전자 친화도를 고려해 보면 예상할 수 있는 것들이다.

극성 결합과 이온 결합 간에 확실한 차이점은 없지만, 다음 규칙이 이들을 구별하는 데 도움이 된다. 결합하는 두 원자들 간에 전기음성도 차이가 2.0 이상이면 이온 결합을 형성한다. 이 규칙은 대부분에 적용되지만, 모든 이온 결합 화합물이 그러한 것은 아니다. 원자 사이의 전기음성도 차이가 0.3~2.0이면 극성 공유 결합을 형성한다. 전기음성도 차이가 0.3 미만이면 결합은 극성이 거의 없거나 전혀 없는 공유 결합으로 분류된다. 때로 화학자들은 결합

전기음성도 증가 (→)

전기음성도 증가 (↑)

1A	2A	3B	4B	5B	6B	7B	8B	8B	8B	1B	2B	3A	4A	5A	6A	7A	8A
H 2.1																	
Li 1.0	Be 1.5											B 2.0	C 2.5	N 3.0	O 3.5	F 4.0	
Na 0.9	Mg 1.2											Al 1.5	Si 1.8	P 2.1	S 2.5	Cl 3.0	
K 0.8	Ca 1.0	Sc 1.3	Ti 1.5	V 1.6	Cr 1.6	Mn 1.5	Fe 1.8	Co 1.9	Ni 1.9	Cu 1.9	Zn 1.6	Ga 1.6	Ge 1.8	As 2.0	Se 2.4	Br 2.8	Kr 3.0
Rb 0.8	Sr 1.0	Y 1.2	Zr 1.4	Nb 1.6	Mo 1.8	Tc 1.9	Ru 2.2	Rh 2.2	Pd 2.2	Ag 1.9	Cd 1.7	In 1.7	Sn 1.8	Sb 1.9	Te 2.1	I 2.5	Xe 2.6
Cs 0.7	Ba 0.9	La-Lu 1.0-1.2	Hf 1.3	Ta 1.5	W 1.7	Re 1.9	Os 2.2	Ir 2.2	Pt 2.2	Au 2.4	Hg 1.9	Tl 1.8	Pb 1.9	Bi 1.9	Po 2.0	At 2.2	
Fr 0.7	Ra 0.9																

그림 8.4 • 일반적인 원소들의 전기음성도.

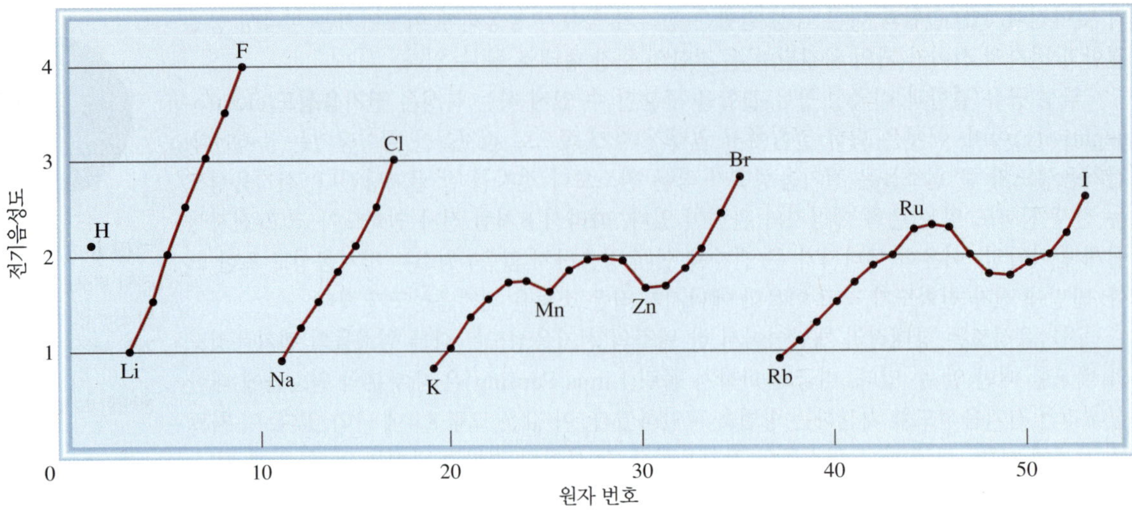

그림 8.5 • 원자 번호에 따른 전기음성도 변화. 할로젠이 전기음성도가 가장 높으며, 알칼리 금속이 가장 낮다.

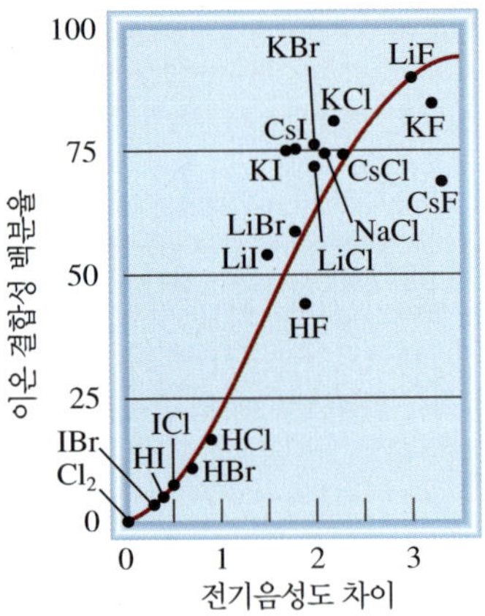

그림 8.6 • 이온 결합성 백분율과 전기음성도 차이 사이의 관계.

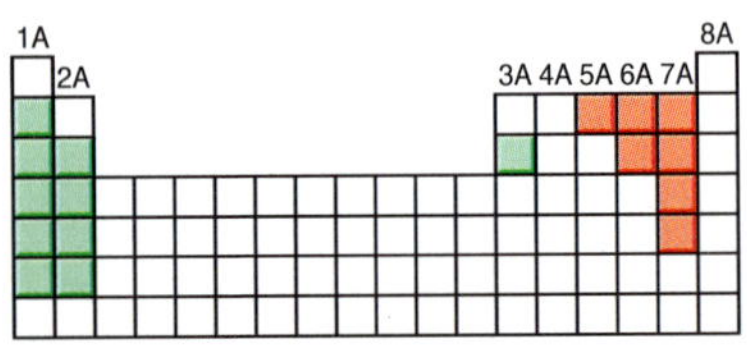

가장 전기음성적인 원소는 비금속(5A~7A족)이며, 가장 전기음성도가 작은 원소는 알칼리 금속, 알칼리 토금속(1A~2A족) 및 알루미늄이다. 2A족의 첫 번째 원소인 베릴륨은 대부분 공유 결합 화합물을 형성한다.

비슷한 문제: 8.31, 8.32.

의 특성을 나타내는데 *이온 결합성 백분율*(percent ionic character)을 사용하기도 한다. 순수한 이온 결합은 100% 이온 결합성이며, 순수한 공유 결합(H_2와 같은 것)은 0% 이온 결합성이다. 그림 8.6에서처럼 어떤 결합의 이온 결합성 백분율과 결합 원자 사이의 전기음성도 차이에 상관관계가 나타나 있다.

전기음성도와 전자 친화도는 서로 관련이 있지만, 개념은 다르다. 두 가지 모두 원자가 전자를 끌어당기는 경향을 나타낸다. 전자 친화도는 독립된 원자가 추가로 여분의 전자를 끌어당기는 힘을 의미하지만, 반면에 전기음성도는 다른 원자와 화학 결합을 하고 이는 원자가 공유된 전자들을 끌어당기는 능력을 말한다. 또한 전자 친화도는 실험적으로 측정 가능한 값인 반면, 전기음성도는 측정할 수 없는 추정치이다.

예제 8.2

다음 결합들을 이온 결합, 극성 공유결합, 공유결합으로 구분하시오. (a) HCl에서의 결합, (b) KF에서의 결합, (c) H_3CCH_3에서의 CC 결합.

▸ **전략** 전기음성도의 차 2.0을 기준으로 한 규칙을 사용하고 그림 9.5의 값들을 참조하시오.

▸ **풀이**

(a) H와 Cl의 전기음성도 차는 0.9이며, 이것은 HCl을 이온 결합 화합물로 보기에는 비교적 작은 값이다(2.0 규칙에 따르면). 따라서 H와 Cl 사이의 결합은 극성 공유 결합이다.

(b) K와 F의 전기음성도 차는 3.2이며 2.0보다 훨씬 크므로 K와 F 사이의 결합은 이온 결합이다.

(c) 두 개의 C 원자는 모든 면에서 동일하다. 이 두 원자는 서로 결합되어 있으며 각각 세 개의 다른 H 원자와 결합되어 있다. 그러므로 결합은 순수한 공유 결합이다.

▸ **실전 연습** 다음 결합 중 공유, 극성 공유, 이온 결합은 각각 어느 것인가? (a) CsCl에서의 결합, (b) H_2S에서의 결합, (c) H_2NNH_2에서의 NN 결합.

전기음성도와 산화수

4장에서 화합물에 있는 원소의 산화수를 결정하는 규칙을 소개하였다. 전기음성도의 개념을 기초로 하여 이 규칙이 만들어졌다. 본질적으로 산화수는 분자 내에서 전기음성도가 더 큰 원소로 전자들이 완전히 전이되었다고 가정했을 때 생기는 원자의 전하를 말한다.

N 원자가 H 원자와 세 개의 단일 결합을 형성하는 NH_3 분자를 생각해 보자. N이 H보다 전기음성도가 더 크기 때문에 전자 밀도는 H에서 N으로 이동될 것이다. 만일 이동이 완전

히 이루어진다면 각각의 H는 N에 전자를 주게 된다. 이 때 N은 −3의 전하를 갖게 되는 반면 각각의 H는 +1의 전하를 갖게 된다. 따라서, NH_3에서 N의 산화수는 −3이며 H의 산화수는 +1이다.

루이스 구조가 다음과 같은 과산화 수소(H_2O_2)를 제외하면, 산소는 화합물에서 대개 −2의 산화수를 가진다.

$$H-\ddot{\underset{\cdot\cdot}{O}}-\ddot{\underset{\cdot\cdot}{O}}-H$$

동일한 원자 간의 결합은 전자쌍이 *동등하게* 공유되기 때문에 원자의 산화수에 영향을 주지 않는다. H의 산화수는 +1이므로, 각각의 O는 −1의 산화수를 갖게 된다.

이제 F가 항상 −1의 산화수를 갖는 이유를 알겠는가? F는 알려진 원소 중 전기음성도가 가장 큰 원소이며 화합물에서 *대개* 단일 결합을 형성한다. 그러므로 전자의 전이가 일어나면 −1의 전하를 갖게 된다.

☑ 개념 복습하기

HCl과 LiH의 전자 밀도 분포에 각각 해당하는 그림을 고르시오. 두 경우 다 왼쪽에 표시된 것이 H 원자이다.

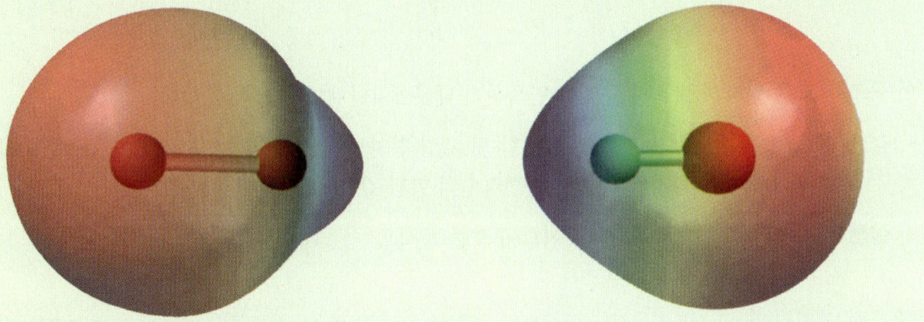

8.5 루이스 구조 쓰기

비록 팔전자 규칙이나 루이스 구조가 공유 결합을 완전하게 표현하지는 못하지만, 많은 화합물의 결합 구조를 설명하고, 분자의 반응이나 성질을 설명하는 데 도움을 준다. 이러한 이유 때문에 화합물의 루이스 구조 표기법을 연습할 필요가 있다. 기본적인 단계는 다음과 같다.

1. 결합하고 있는 원자들이 서로 이웃에 위치하도록 화학 기호를 사용하여 화합물의 골격 구조를 쓴다. 간단한 화합물에 대해서 이것은 아주 쉽지만 좀 복잡한 화합물에 대해서는 다른 정보를 얻거나 가능한 추측을 통하여 골격 구조를 그릴 수 있다. 일반적으로 전기음성도가 작은 원자는 중심에 놓는다. H와 F는 루이스 구조에서 말단에 위치하게 한다.
2. 필요하다면 그림 8.1을 참고하여 전체 원자가전자의 수를 센다. 다원자 음이온에 대해서는 음전하의 수를 더한다. (예를 들어, CO_3^{2-} 이온에서는 전자 2개를 더한다. 2− 전하는 중성 원자단과 비교하여 2개의 전자를 더 받아들였다는 것을 나타낸다.) 다원자 양이온에 대해서는 전체 원자가전자수에서 양의 전하수만큼 뺀다. (예를 들어, NH_4^+ 이온에서는 전자 1개를 빼는데, 1+ 전하가 중성 원자단에서 전자 한 개를 잃는 것을 의미하기 때문이다.)
3. 중심 원자와 각 주위 원자 사이에 단일 공유 결합을 그린다. 중심 원자에 결합된 원자들의 팔전자계를 완성한다. (수소 원자의 원자가껍질은 2개의 전자만으로 완성된다는 것을 기억하라.) 중심 원자 또는 주위 원자에 속한 전자들이 결합에 참여하지 않았을 때 고립 전자쌍으로 나타내야 한다. 사용되는 전체 전자수는 단계 2에서 결정된다.

수소는 루이스 구조를 그릴 때 "이전자 규칙(duet rule)"을 따른다.

4. 단계 1~3이 완결된 이후에, 만일 중심 원자가 8개 전자보다 더 적게 갖는다면, 주위 원자로부터 중심 원자가 팔전자를 완성할 수 있도록 고립 전자쌍을 사용하여 중심 원자와 주위 원자 사이에 이중 결합 또는 삼중 결합을 그려 넣는다.

예제 8.3

3개의 F 원자 모두가 N 원자에 결합되어 있는 삼플루오린화 질소(NF_3)에 대한 루이스 구조를 쓰시오.

NF_3는 무색, 무취의 반응성이 없는 기체이다.

▸ **풀이** 위에 설명한 단계에 따라 루이스 구조를 쓴다.

단계 1: N 원자의 전기음성도가 F보다 작다. 따라서 NF_3의 골격 구조는 다음과 같다.

F N F
F

단계 2: N과 F의 최외각 전자 배치는 각각 $2s^22p^3$와 $2s^22p^5$이다. 따라서 NF_3의 원자가전자수는 5 + (3 × 7)으로 26이 된다.

단계 3: N과 각각의 F 사이에 단일 공유 결합을 그리고, F 원자에 대한 팔전자계를 완성한다. 남아 있는 2개의 전자를 N에 배치한다.

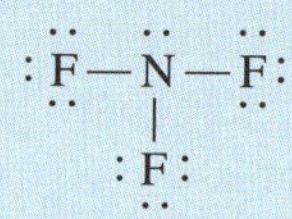

이 구조는 모든 원자가 팔전자 규칙을 만족하기 때문에 4단계가 필요하지 않다.

▸ **검산** NF_3에 들어 있는 원자가전자(결합 및 고립 전자쌍에 대한)를 계산해 보면, 3개의 F 원자(3 × 7 = 21)와 1개의 N 원자(5)의 원자가전자수의 합과 같은 26개가 나온다.

비슷한 문제: 8.35.

▸ **실전 연습** 이황화 탄소(CS_2)의 루이스 구조를 쓰시오.

예제 8.4

질산(HNO_3)의 루이스 구조를 쓰시오. 중심의 질소 원자에 산소 원자 3개가 결합되어 있으며, 이온화할 수 있는 수소 원자가 산소 원자 1개에 결합되어 있다.

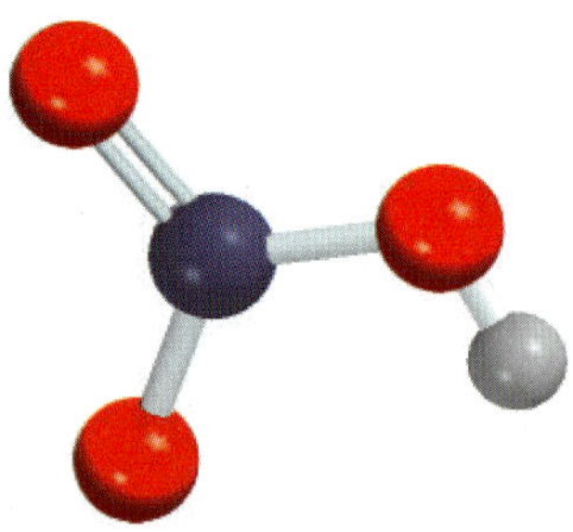

HNO_3는 강전해질이다.

▸ **풀이** 위에 언급된 단계에 따라 루이스 구조를 쓴다.

단계 1: HNO_3의 골격 구조는 다음과 같다.

O N O H
O

단계 2: N, O, H의 최외각 전자 배치는 각각 $2s^22p^3$, $2s^22p^4$, $1s^1$이다. 따라서 HNO_3의 원자가전자의 수는 5 + (3 × 6) + 1 로 24가 된다.

단계 3: N과 O 원자 3개, O 원자 하나와 H 원자 사이에 단일 공유 결합을 그리고, O 원자에 대해서는 팔전자 규칙을 적용시켜 전자를 채운다.

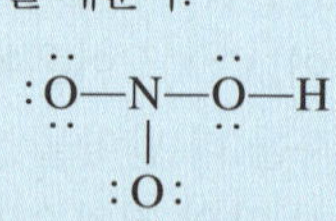

단계 4: 이 구조는 모든 산소 원자들에 대해 팔전자 규칙을 만족시키지만, 질소 원자에 대해서는 만족시키지 않음을 알 수 있다. N 원자는 6개 전자만을 가지고 있다. 따라서 말단에 있는 1개의 산소 원자 중 하나로부터 고립 전자쌍을 이동하여 N과 또 하나의 결합을 만들어준다. 그러면 N 원자도 팔전자 규칙을 만족하게 된다.

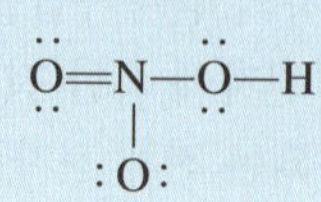

▸ **검산** H를 제외한 모든 원자들이 팔전자 규칙을 만족하는가를 확인하는 것이다. HNO_3의 원자가 전자(결합 및 고립 전자쌍에 대한)를 계산한다. 그 결과는 3개의 O 원자($3 \times 6 = 18$), 1개의 N 원자(5) 그리고 1개의 H 원자(1)의 총 원자가전자 수와 같은 24이다.

비슷한 문제: 8.35.

▸ **실전 연습** 폼산(HCOOH)의 루이스 구조를 쓰시오.

예제 8.5

탄산 이온(CO_3^{2-})의 루이스 구조를 쓰시오.

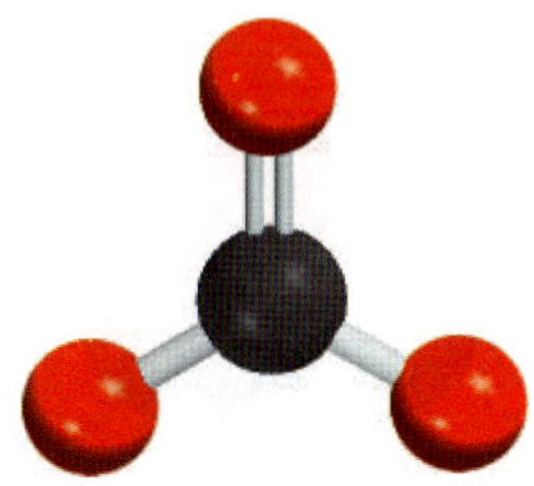

CO_3^{2-}

▸ **풀이** 위에 언급된 단계에 따라 루이스 구조를 쓰고, 탄산 이온은 두 개의 음전하를 가진 음이온임에 유의하라.

단계 1: C가 O보다 전기음성도가 작기 때문에 다음과 같은 탄산 이온의 골격 구조를 추측할 수 있다. 즉, 탄소를 아래와 같이 중심 원자에 위치시킨다.

O

O C O

단계 2: C와 O의 최외각 전자 배치는 각각 $2s^22p^2$와 $2s^22p^4$이고 이온 자체에 두 개의 음전하를 가진다. 따라서 전체 전자수는 $4 + (3 \times 6) + 2$ 이며 24이다.

단계 3: C와 각각의 O 사이에 단일 공유 결합을 그리고, O 원자에 대해 팔전자 규칙을 따른다.

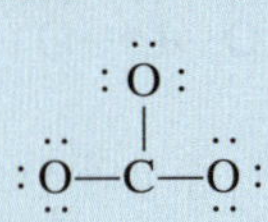

이 구조는 모두 24개의 전자를 보여준다.

단계 4: O 원자는 팔전자 규칙을 만족하나 C 원자는 그렇지 않다. 따라서 O 원자 중 하나로부터 고립 전자쌍을 이동하여 C와 또 하나의 결합을 만들어준다. 그러면 C 원자도 팔전자 규칙을 만족하게 된다.

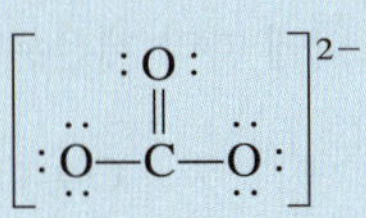

전체 분자에 대괄호를 쓰고 2− 전하를 표시한다.

▸ **검산** 모든 원자가 팔전자 규칙을 만족하는지 확인한다. CO_3^{2-}에서 원자가전자(화학 결합한 전자와 고립 전자쌍)를 계산한다. 그 결과는 3개의 O 원자($3 \times 6 = 18$), 1개의 C 원자(4), 2개의 음전하(2)의 총 원자가전자 수와 같은 24이다.

비슷한 문제: 8.36.

▸ **실전 연습** 아질산 이온(NO_2^-)의 루이스 구조를 쓰시오.

☑ 개념 복습하기

다음의 분자 모형은 DNA 분자의 한 구성 성분인 구아닌이다. 이 모형에서는 원자간의 연결만 보여주고 있다. 모든 다중 결합과 고립 전자쌍을 보여주는 분자의 루이스 구조를 완성시키시오. (원자의 색에 관한 것은 책 뒤표지 안쪽 참조.)

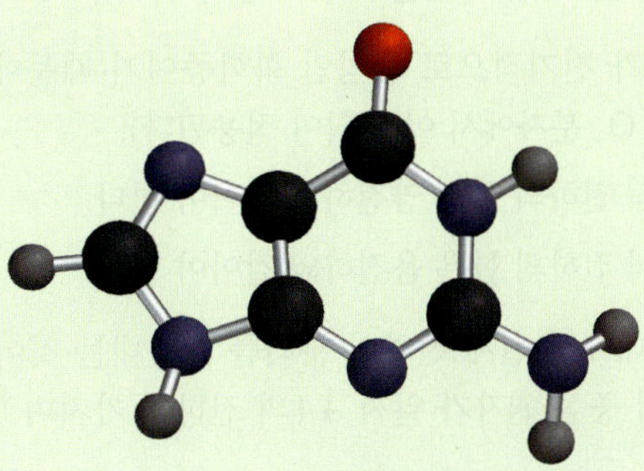

8.6 형식 전하와 루이스 구조

독립된 원자의 전자수와 루이스 구조식 안에 들어 있는 같은 원자의 전자수를 비교해 보면 분자에서 전자의 분포를 알 수 있고 그럴듯한 루이스 구조를 그릴 수 있다. 그 절차는 아래와 같다. 독립된 원자에서 전자수는 단순히 그 원자의 원자가전자수이다. (항상 그랬듯이, 내부 전자는 고려하지 않는다.) 분자에서 원자의 전자수는 결합 전자수와 비결합 전자수의 합으로 주어진다. 그러나 전자는 결합에서 공유되어 있기 때문에 결합 전자들은 결합을 형성한 두 원자들 사이에 동등하게 나누어져야 한다. 원자의 **형식 전하**(formal charge)는 *독립된 원자의 원자가전자 수로부터 루이스 구조식에서 그 원자에 할당된 전자수를 뺀 값인 전기적인 전하이다.*

루이스 구조식에서 한 원자에 할당된 전자수를 계산하기 위해서는

- 그 원자의 모든 비결합 전자를 그 원자에 할당하고,
- 그 원자와 다른 원자 사이의 결합을 모두 끊어서 결합 전자의 절반을 그 원자에 할당한다.

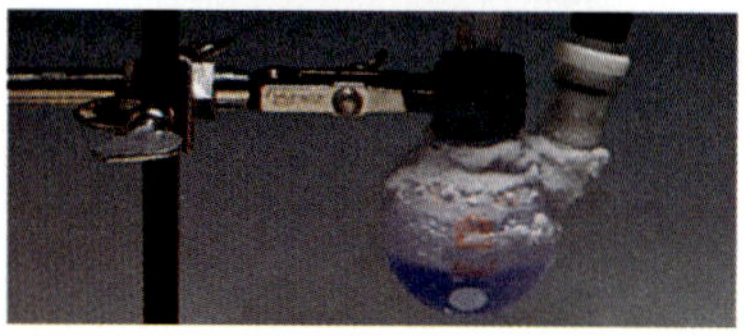

끓는점(−111.3°C) 아래에 있는 액체 오존. 오존은 자극성 냄새가 나는 연푸른색의 유독 기체이다.

오존 분자(O_3)를 사용하여 형식 전하의 개념을 설명해 보자. 예제 8.3과 8.4에서와 같이, 단계적인 절차를 거쳐 O_3의 골격 구조를 그리고 맨끝에 있는 2개의 산소 원자들이 팔전자 규칙을 만족하도록 결합과 전자를 그려 넣는다.

$$:\ddot{\underset{..}{O}}-\ddot{O}-\ddot{\underset{..}{O}}:$$

모든 이용 가능한 전자들이 사용되었지만, 중심의 산소 원자는 팔전자 규칙을 만족하지 않는다는 것을 알 수 있다. 이를 교정하기 위해서 양 끝에 있는 O 원자 중 한 개로부터 고립 전자쌍을 이동하여 말단 원자와 중심 원자 사이에 또 하나의 결합을 만들어 준다.

$$\ddot{\underset{..}{O}}=\ddot{O}-\ddot{\underset{..}{O}}:$$

O_3에서 각 원자의 형식 전하는 다음 도식에 따라 계산된다.

각 원자에 결합 전자의 반을 할당한다.

	$\ddot{\underset{..}{O}}$ ⸾	$\ddot{O}$ ⸾	$\ddot{\underset{..}{O}}:$
최외곽 e^-	6	6	6
원자에 배당된 e^-	6	5	7
차이 (형식 전하)	0	+1	−1

여기서 물결 모양의 빨간 선은 결합 절단을 의미한다. 단일 결합의 절단은 전자 하나, 이중 결합의 절단은 전자 두 개가 각 결합 원자에 할당된다. 따라서 오존에서 각 원자의 형식 전하를 포함한 루이스 구조식은 다음과 같이 그릴 수 있다.

마찬가지로 삼중 결합을 끊으면 각 결합 원자에 전자 3개가 이동한다.

$$\ddot{\underset{..}{O}}=\overset{+}{\ddot{O}}-\ddot{\underset{..}{O}}:^{-}$$

+1과 −1의 전하에 대해서는 보통 숫자 1이 생략된다.

형식 전하를 표기할 때, 다음 규칙은 매우 유용하다.

형식 전하를 결정할 때, 분자 내 원자가 원자가전자보다 더 많은 전자를 가지고 있으면 형식 전하가 음수이고, 분자 내 원자가 원자가전자보다 더 적은 전자를 가지고 있으면 형식 전하가 양수이다.

1. 분자의 경우, 분자가 전기적으로 중성인 화학종이기 때문에 형식 전하의 합은 0이어야 한다(예를 들어, O_3 분자에서 이 규칙이 적용된다).
2. 양이온의 경우, 형식 전하의 합은 양전하와 같아야 한다.
3. 음이온의 경우, 형식 전하의 합은 음전하와 같아야 한다.

형식 전하를 분자 내에서 실제 전하의 분리를 나타내는 것이 아니라는 것을 명심하라. 예를 들어, O_3 분자에서 중심 원자가 알짜 +1의 전하를 가지며 말단 원자 중 하나가 −1의

전하를 가진다는 증거는 없다. 루이스 구조에서 원자 위에 이들 전하를 쓰는 것은 분자 내에서 원자가전자를 기억하는 데 거의 도움이 되지 않는다.

예제 8.6

탄산 이온의 형식 전하를 쓰시오.

▸ **풀이** 탄산 이온의 루이스 구조는 예제 8.5에 다음과 같이 나타나 있다.

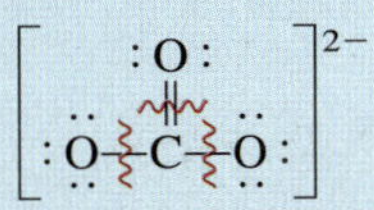

각 원자의 형식 전하는 주어진 과정에 따라 계산할 수 있다.

C 원자: C 원자에는 원자가전자 4개가 있으므로, 루이스 구조에서 비결합 전자가 없다. 이중 결합과 두 개의 단일 결합을 끊음으로써 C 원자에는 4개의 전자가 할당된다. 따라서 형식 전하는 4 − 4 = 0이다.

C=O에서 O 원자: O 원자에는 원자가전자 6개가 있으므로 비결합 전자 4개가 있다. 이중 결합을 끊어서 2개의 전자를 배당받는다. 그러면 형식 전하는 6 − 4 − 2 = 0이다.

C—O에서 O 원자: 이 원자는 비결합 전자 6개와 단일 결합 전자 1개를 할당받아 형식 전하는 6 − 6 − 1 = −1이다.

따라서 형식 전하를 가진 CO_3^{2-}에 대한 루이스 구조식은 다음과 같다.

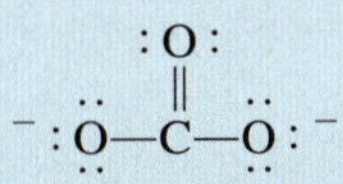

▸ **검산** 형식 전하의 합이 탄산 이온의 전하와 같은 −2라는 점을 주목하라.

비슷한 문제: 8.36.

▸ **실전 연습** 아질산 이온(NO_2^-)의 형식 전하를 쓰시오.

때로는 어떤 분자는 모든 규칙을 만족시키는 루이스 구조를 두 개 이상 그릴 수 있다. 그러한 경우에 형식 전하는 가장 합당한 루이스 구조식을 선택하는 기준을 제시해 주기도 한다. 그 기준은 다음과 같다.

- 분자의 경우, 형식 전하가 없는 루이스 구조식이 형식 전하를 갖는 루이스 구조식보다 더 바람직하다.
- 큰 형식 전하(+2, +3 그리고/또는 −2, −3 등)를 갖는 루이스 구조는 작은 형식 전하를 갖는 구조보다 좋지 못하다.
- 비슷한 형식 전하 분포를 갖는 루이스 구조식 중에서 가장 합당한 구조는 전기음성도가 더 큰 원자가 음의 형식 전하를 갖는 것이다.

예제 8.7

폼알데하이드(CH_2O)는 동물의 사체 보존에 사용되며 불쾌한 냄새가 나는 액체이다. 이 화합물의 가장 적절한 루이스 구조를 그리시오.

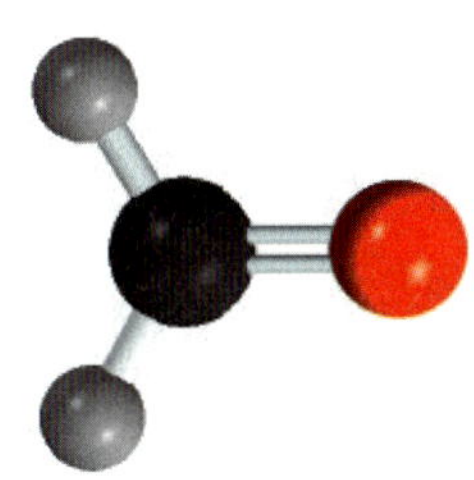

CH_2O

▸ **전략** 합당한 루이스 구조는 수소를 제외하고는 모든 원소들이 팔전자 규칙을 만족하며 전기음성도의 지침에 따라서 분배된 형식 전하를 가져야 한다.

▸ **풀이** 두 개의 가능한 골격 구조는 다음과 같다.

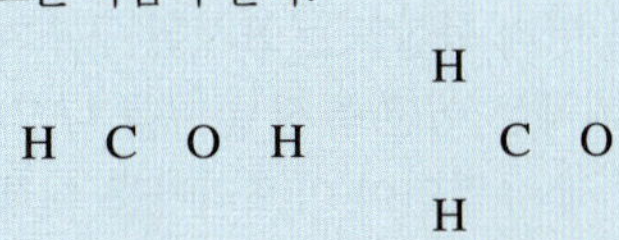

(a) (b)

먼저 이러한 가능성 각각에 대해 루이스 구조를 그린다.

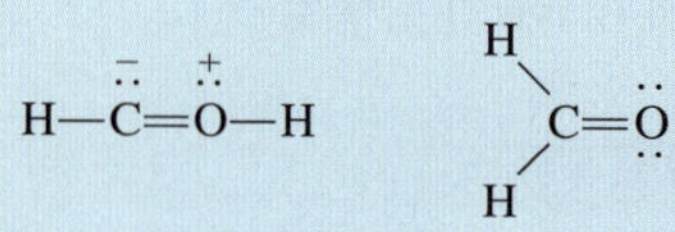

(a) (b)

예제 8.6의 방법과 같이 형식 전하를 계산해 보자. (a)에서 C 원자는 총 5개의 전자를 가지고 있다(고립 전자쌍 1개와 단일 결합 및 이중 결합 한 개씩을 끊음으로써 할당된 전자 3개). C 원자에는 원자가전자가 4개 있으므로 형식 전하는 $4 - 5 = -1$이다. O 원자는 총 5개의 전자를 가지고 있다(1개의 고립 전자쌍과 단일 결합 및 이중 결합 한 개씩을 끊음으로써 할당된 3개의 전자). O 원자에는 원자가전자 6개가 있으므로 형식 전하는 $6 - 5 = +1$이다. (b)에서 C원자는 단일 결합 2개와 이중 결합 하나를 끊음으로써 총 4개의 전자를 가지므로, 형식 전하는 $4 - 4 = 0$이다. O 원자에는 총 6개의 전자가 있다(고립 전자쌍 2개와 이중 결합을 끊음으로써 할당된 2개의 전자). 따라서 형식 전하는 $6 - 6 = 0$이다. 둘 다 팔전자 규칙을 만족하지만, 구조 (b)가 형식 전하를 갖지 않으므로 더 합당한 구조이다.

▸ **검산** 각각의 경우에서, 원자가전자의 총 수는 12임을 확인하라. 왜 (a)가 덜 합당한 구조인지 두 가지 다른 이유를 제안할 수 있는가?

비슷한 문제: 8.37.

▸ **실전 연습** N 원자, C 원자, H 원자를 각각 포함하는 분자의 가장 합리적인 루이스 구조를 그리시오.

☑ 개념 복습하기

사이안아마이드(CH_2N_2)의 세 가지 가능한 원자 배열을 생각해 보자. (a) H_2CNN, (b) H_2NCN, (c) HNNCH. 형식 전하를 이용하여 사이안아마이드의 실제 원자 배열을 결정하시오.

8.7 공명의 개념

오존(O_3) 루이스 구조식에서 중심 원자와 말단에 있는 산소 원자 하나를 이중 결합으로 그려서 모든 원자가 팔전자 규칙을 만족하였다. 실제로 말단에 이중 결합을 표시할 때, 다음과 같이 두 개의 동등한 루이스 구조식을 그릴 수 있다.

하지만 이 두 개의 루이스 구조식 중 어느 것도 O_3의 알려진 결합 길이를 설명하지 못한다.

이중 결합이 단일 결합보다 더 짧기 때문에 오존에서 O—O 결합이 O=O보다 더 길 것이라고 예측할 수 있다. 그러나 실험적인 증거는 양쪽의 산소 대 산소 결합의 길이가 동등(128 pm)하다는 것을 보여준다. 이러한 모순을 해결하기 위하여 오존 분자를 나타낼 때 다음과 같이 두 *개*의 루이스 구조를 함께 사용한다.

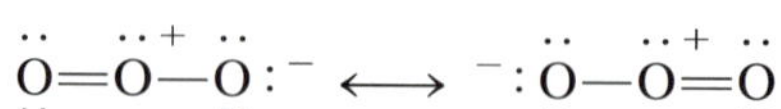

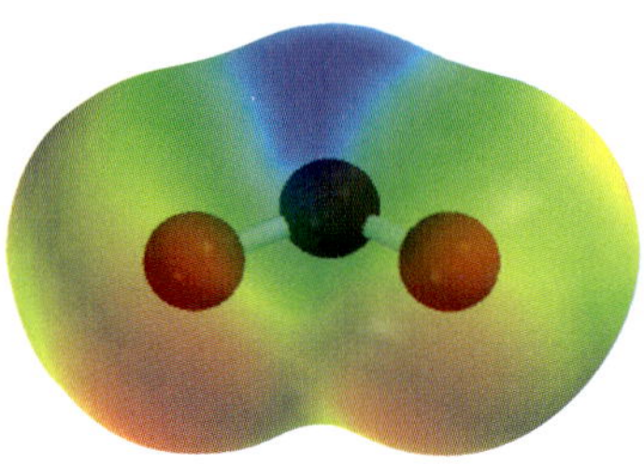

오존에 대한 정전기 퍼텐셜 지도. 전자 밀도는 두 개의 끝부분 산소 원자들 사이에 골고루 분포되어 있다.

이러한 두 구조를 각각 공명 구조라고 부른다. **공명 구조**(resonance structure)는 *단일 분자를 하나의 루이스 구조만으로는 정확히 묘사할 수 없을 때 두 개 이상의 가능한 루이스 구조로 나타낸 구조를 의미한다.* 양쪽 머리 화살표는 표시된 구조가 공명 구조임을 나타낸다.

공명(resonance)이란 용어 자체는 *어떤 특정 분자를 나타내기 위해 두 개 이상의 루이스 구조식이 사용됨을 의미한다.* 중세 유럽인이 아프리카를 여행하면서 발견한 코뿔소를 상상의 동물인 그리핀(griffin, 그리스 신화에 나오는 동물로 독수리의 머리, 날개에 사자의 몸통

동영상
공명.

을 가진 괴수)과 유니콘(unicorn, 이마에 비비 꼬인 긴 외뿔을 가진 말 비슷한 전설의 동물) 간의 잡종으로 설명했던 것처럼 오존에서도 실제 분자를 묘사하기 위하여 존재하지는 않지만 가상의 두 가지 공명 구조를 사용한다.

공명에 대한 일반적인 오해는 오존과 같은 분자가 한 공명 구조에서 다른 공명 구조로 매우 빠르게 왔다갔다 이동한다고 생각하는 것이다. 공명을 이루는 어떤 구조도 안정된 실제 분자의 전자 배열을 적절히 나타내지 못한다. "공명"은 분자를 나타내는 간단한 결합 모형으로는 실제 분자를 설명할 수 없기 때문에 만들어낸 가상의 구조이다. 다시 코뿔소 이야기에 비유하면 코뿔소는 분명히 존재하는 동물이지 신화에 나오는 그리핀이 되었다 유니콘이 되었다 반복하지는 않는다!

탄산 이온은 또 다른 공명의 예가 된다.

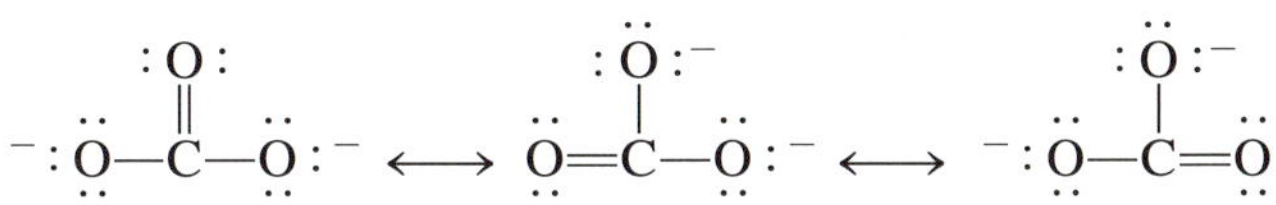

실험적인 증거에 따르면, 탄산 이온(CO_3^{2-})에서 탄소와 산소간의 모든 결합은 동등하다. 그러므로 탄산 이온의 성질은 그 공명 구조를 함께 고려함으로써 가장 잘 설명할 수 있다.

공명의 개념은 유기 계에서도 동등하게 잘 적용된다. 가장 좋은 예는 벤젠(C_6H_6) 분자이다.

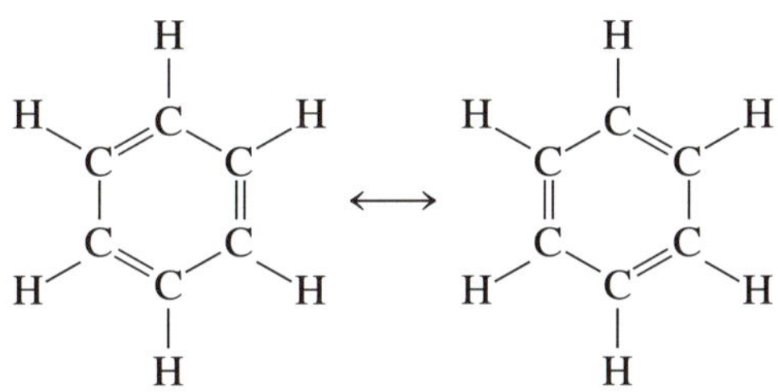

벤젠의 육각형 구조는 독일 화학자 케큘레(August Kekulé, 1829~1896)에 의해 처음 제안되었다.

만일 이러한 공명 구조 중 하나가 실제 벤젠의 구조와 일치한다면, 인접한 C 원자들 사이의 결합 길이는 서로 다를 것이며 하나는 단일 결합 그리고 다른 하나는 이중 결합의 특성을 가질 것이다. 실제로 벤젠에서 인접한 모든 C 원자들 사이의 거리는 모두 140 pm이고, 이 값은 C—C 결합 길이(154 pm)보다는 짧고, C=C 결합 길이(133 pm)보다는 길다.

벤젠 분자와 "벤젠 고리"를 포함하는 다른 화합물을 그리는 더 간단한 방법은 탄소와 수소 원자를 나타내지 않는 단지 골격만 그리는 것이다. 관습적으로 공명 구조는 다음과 같이 나타낸다.

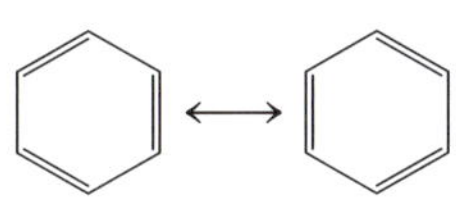

비록 C와 H가 존재한다고 이해되고 있지만 육각형의 각 꼭지점에 위치한 C 원자들과 H 원자들은 모두 생략됨에 유의하라. C 원자들 사이의 결합만을 나타낸다.

공명 구조를 그리기 위해 중요한 다음 규칙을 기억하라. 다른 공명 구조를 그릴 때 원자의 위치는 변경할 수 없고, 전자의 위치(즉, 결합)만 바꿀 수 있다. 바꾸어 말하면 주어진 화학종에 대해 모든 공명 구조에서 같은 원자는 같은 위치에 있어야 한다.

지금까지 예제에서 보여준 공명 구조는 분자나 이온의 실제 구조에 똑같이 기여한다. 예제 8.8에서는 기여도가 다른 경우를 보기로 한다.

예제 8.8

산화 이질소, N_2O(원자 배열은 NNO이다) 분자에 대해 공명 구조 3개를 그리시오. 형식 전하도 표시하시오. 분자의 전체 특성을 고려하여 상대적으로 중요한 구조부터 순서대로 표시하시오.

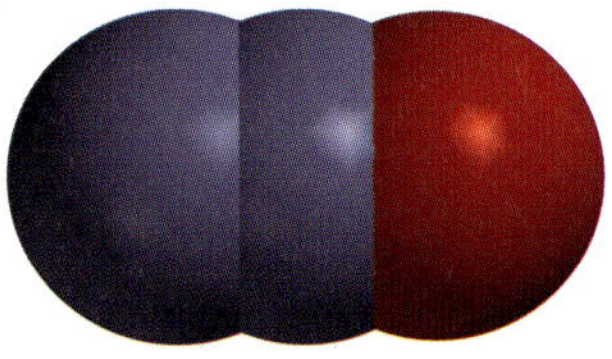

N_2O

▸ **전략** N_2O의 골격 구조는

N N O

이다. 루이스 구조 그리는데 사용되는 과정을 따르고, 예제 8.5와 8.6과 같은 방법으로 형식 전하를 계산한다.

▸ **풀이** 공명 구조 3개는 다음과 같다.

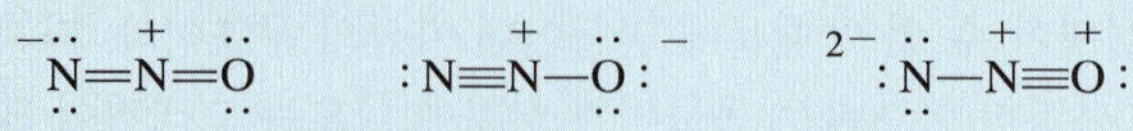

(a) (b) (c)

형식 전하가 +2 혹은 −2보다 큰 값이 나오는 공명 구조는 받아들이기 곤란하며, 이런 구조는 버려도 된다.

이 세 가지 구조 모두 형식 전하를 나타냄을 알 수 있다. 구조 (b)는 전기음성도가 더 큰 산소 원자에 음전하가 있기 때문에 가장 중요한 구조이다. 구조 (c)는 큰 형식 전하의 분리를 가지고 있기 때문에 가장 중요도가 낮은 구조이다. 또한 양전하는 전기음성도가 더 큰 산소 원자 위에 있다.

▸ **검산** 구조에서 원자의 위치가 바뀌지 않았는지 확인한다. N은 원자가전자 5개, O는 원자가전자 6개이므로, 분자 전체의 원자가전자는 $5 \times 2 + 6 = 16$개이다. 각 구조에서 형식 전하의 합은 0이 되어야 한다.

비슷한 문제: 8.43, 8.48.

▸ **실전 연습** 싸이오사이안산 이온(SCN^-)의 공명 구조 3개를 그리시오. 중요도 순서에 따라 나열하시오.

☑ 개념 복습하기

이 분자 모형은 유기 용매로 사용되는 아세트아마이드이다. 이 모형에서는 원자간 연결만 보여준다. 다중 결합의 위치와 형식 전하를 보여주는 이 분자에 대한 공명 구조 두 개를 그리시오(원자의 색에 관해서는 책 뒤표지 안쪽 참조).

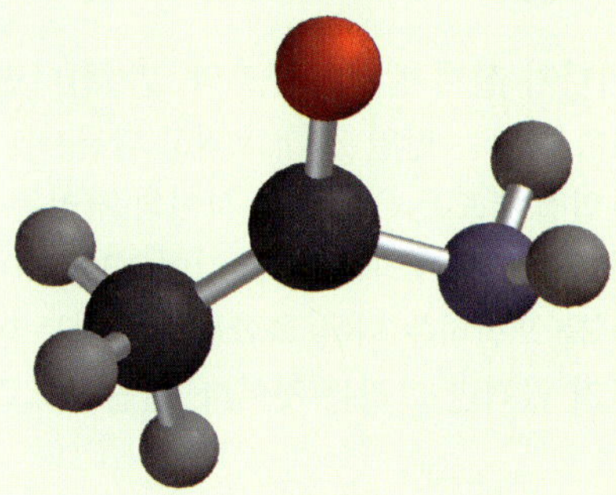

8.8 팔전자 규칙의 예외

앞에서 언급한 대로, 팔전자 규칙은 주로 2주기 원소들에 적용된다. 팔전자 규칙에서 벗어나는 예외적인 경우는 불완전한 팔전자, 전자수가 홀수일 때 또는 중심 원자 주위에 원자가전자가 8개 이상일 때의 세 가지 범주로 나눌 수 있다.

불완전한 팔전자

다른 2A족 원소와는 달리 베릴륨은 BeH_2에서와 같이 주로 공유 결합을 형성한다.

어떤 화합물에서는 중심 원자 주위의 전자수가 8개보다 적어도 그 분자가 안정할 때가 있다. 예를 들어, 2주기 원소이며 2A족이 베릴륨을 생각해 보자. 베릴륨의 전자 배치는 $1s^22s^2$이다. 베릴륨은 2s 궤도에 원자가전자 2개가 있다. 기체 상태에서 BeH_2는 분리된 분자로 존재한다. BeH_2의 루이스 구조는 다음과 같다.

$$\mathrm{H—Be—H}$$

위에서 알 수 있듯이 Be 원자는 4개의 전자만으로 둘러싸여 있다. 그러므로 이 분자에서 베릴륨에 대하여 팔전자 규칙을 만족시킬 수 있는 방법은 없다.

특히 붕소와 알루미늄과 같은 3A족 원소들은 8개보다 더 작은 수의 전자로 둘러싸인 화합물을 형성하는 경향이 있다. 한 예로 붕소를 보자. 붕소의 전자 배치는 $1s^22s^22p^1$이고, 원자가전자는 모두 3개이다. 붕소가 할로젠과 결합하여 생성되는 화합물의 일반식은 BX_3이고, 여기서 X는 할로젠 원자이다. 따라서 삼플루오린화 붕소(BF_3)에서 붕소 원자 주위에는 6개의 전자만이 존재한다.

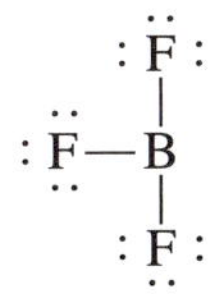

B와 F 사이에 이중 결합을 가지는 다음과 같은 공명 구조를 그리면 B 원자에 대한 팔전자 규칙을 만족한다.

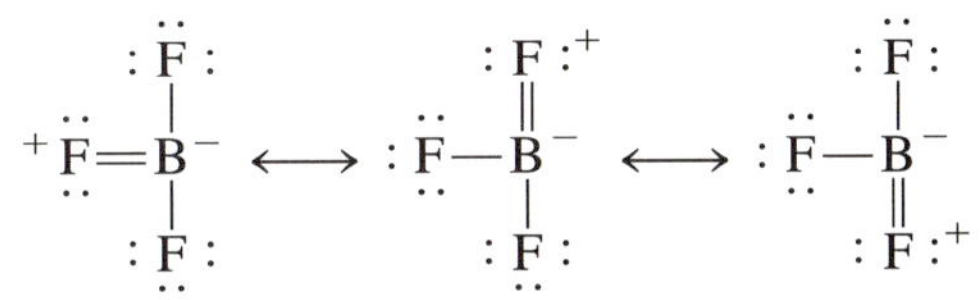

각각의 경우 B 원자의 형식 전하가 음의 값이며 전기음성도가 큰 F 원자의 형식 전하가 양의 값이지만, BF_3에서 B—F 결합 길이(130.9 pm)가 단일 결합 길이(137.3 pm)보다 짧은 것은 위의 공명 구조들이 맞음을 나타낸다.

BF_3는 안정한 화합물이지만 암모니아와 아주 쉽게 반응한다. 이 반응은 붕소의 주위에 여섯 개의 원자가전자만을 가진 루이스 구조를 사용하여 잘 표현할 수 있다.

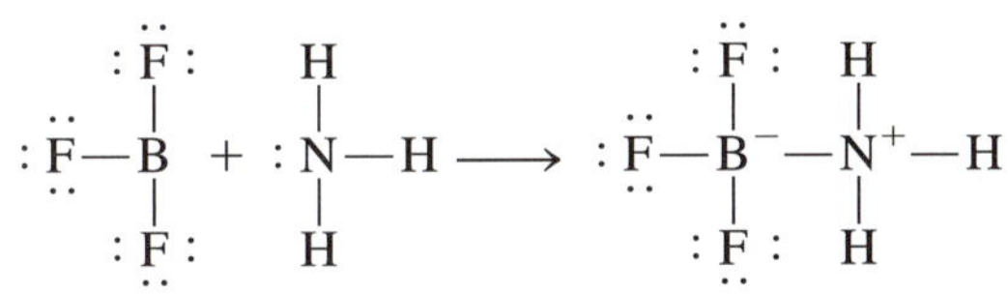

BF_3 분자의 성질은 4개의 공명 구조를 모두 사용하여야 가장 잘 설명할 수 있을 것이다.

위 화합물에서 B—N의 결합은 두 전자들이 모두 N 원자에 의해 제공되었다는 점에서 지금까지 논의하였던 공유 결합과 구별된다. 이와 같은 형태의 결합을 **배위 공유 결합**(coordinate covalent bond)이라고 하며, *한 원자가 두 개 원자 모두를 제공하는 공유 결합*으로 정의된다. 배위 공유 결합의 성질이 보통 공유 결합과 다르지 않지만(전자의 공급원과 상관없이 모든 전자가 똑같기 때문에), 원자가전자를 염두에 두거나 형식 전하를 배분할 때 이 차이점이 유용하게 쓰인다.

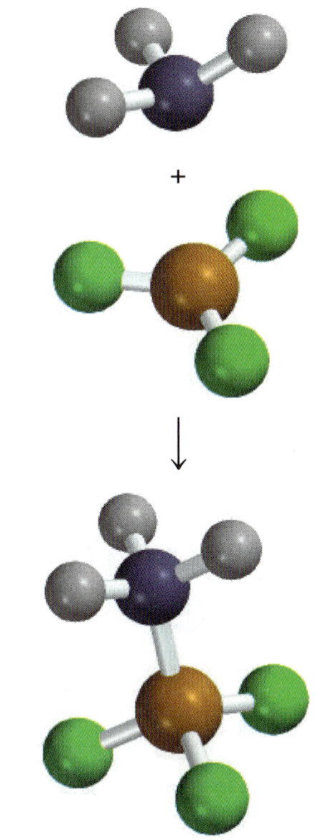

$NH_3 + BF_3 \longrightarrow H_3N—BF_3$

홀수 전자 분자

어떤 분자들은 *홀수*의 전자를 포함하고 있다. 이러한 분자로 산화 질소(NO)와 이산화 질소(NO_2)가 있다.

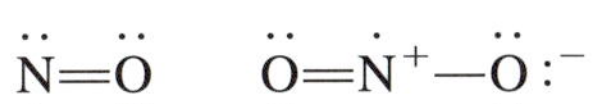

분자가 완전한 짝(8개)을 이루기 위해서는 짝수 전자를 필요로 하기 때문에 전체 전자의 개수가 홀수인 부자의 경우, 모든 원자가 팔전자 규칙을 만족할 수 없다.

홀수-전자 분자를 *라디칼*(radical)이라고 부른다. 많은 라디칼들은 매우 반응성이 크다. 그 이유는 한 분자의 홀전자가 다른 분자의 홀전자와 공유 결합을 형성하는 경향이 있기 때문이다. 예를 들면, 이산화 질소 분자 두 개가 충돌할 때 N과 O 원자가 모두 팔전자 규칙을 만족하는 사산화 이질소(N_2O_4)를 형성할 수 있다.

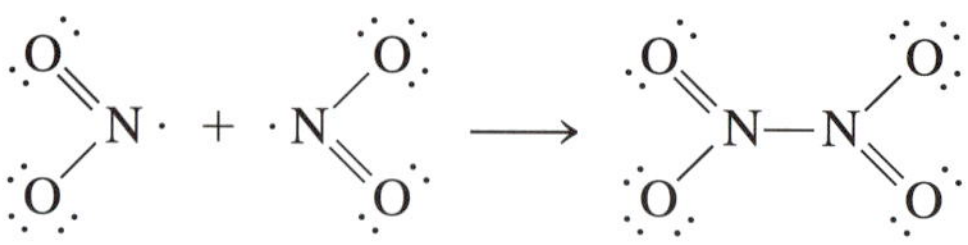

확장된 팔전자

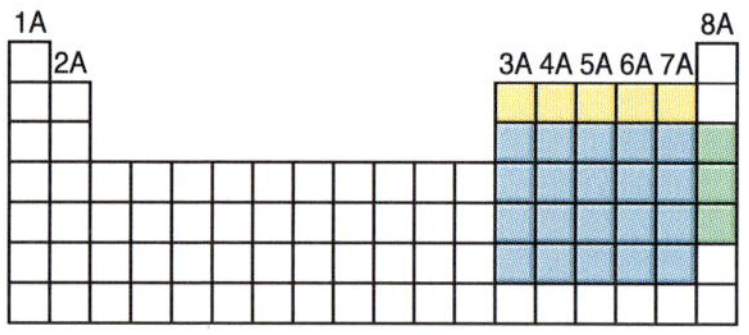

노란색: 2족 원소는 확장된 팔전자계를 가질 수 없다. 파란색: 3주기 이상의 원소와 그 이상은 확장된 팔전자계를 가진다. 녹색: 영족 기체는 보통 확장된 팔전자계를 가진다.

2주기 원소들은 결합할 때 주위에 8개보다 많은 수의 전자를 가질 수 없다. 그러나 주기율표의 3주기부터 그 아래쪽 원소의 경우에는 중심 원자 주위에 8개보다 더 많은 수의 전자가 배열될 수 있다. 이 원소들은 $3s$ 및 $3p$ 궤도함수 이외에 $3d$ 궤도함수를 결합에 이용할 수 있다. 따라서 8개보다 많은 수의 전자가 결합에 이용될 수 있다. 곧 *확장된 팔전자 규칙*(expanded octet)을 적용해야 한다. 아주 안정한 화합물로 존재하는 SF_6가 한 예이다. 황의 전자 배치는 $[Ne]3s^23p^4$로 모두 6개의 원자가전자가 공유 결합을 이룬다. 따라서 S 원자는 주위에 12개의 전자를 갖게 된다.

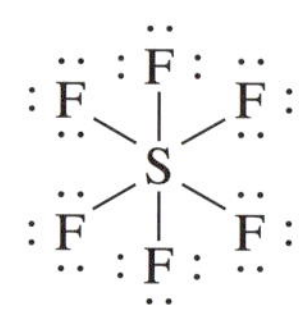

이러한 12개의 전자(6개의 결합쌍)는 황(S)의 $3d$ 궤도함수 5개 중 2개, 3개의 $3p$, 하나의 $3s$ 궤도함수로부터 만들어진 6개의 궤도함수에 수용된다는 것을 8.12절에서 배울 것이다. 황은 팔전자 규칙에 위배되지 않는 많은 화합물도 형성한다. 예를 들어, 이염화 황에서 S는 8개의 전자에 의해 둘러싸여 있어 팔전자 규칙을 만족한다.

이염화 황은 유독하고 불쾌한 냄새가 나는 선홍색 액체(끓는점: 59°C)이다.

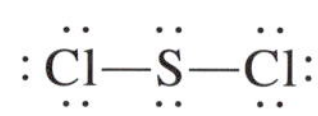

예제 8.9

삼아이오딘화 알루미늄(AlI_3)의 루이스 구조식을 그리시오.

▸ **전략** 예제 8.5와 8.6에서 이용된 절차를 사용하여 루이스 구조식을 그리고, 형식 전하를 계산한다.

▸ **풀이** Al의 최외각 전자 배치는 $3s^23p^1$이며, I는 $5s^25p^5$이다. 원자가전자 수는 $3 + (3 \times 7) = 24$이다. Al이 I보다 전기음성도가 작으므로 중심에 위치하고, I 원자와 3개의 결합을 형성한다.

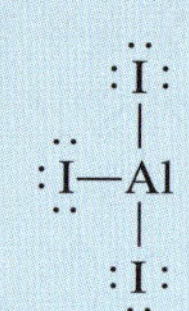

Al과 I 원자에는 형식 전하가 없음을 유의하라.

▸ **검산** I 원자는 팔전자 규칙을 만족하지만 Al 원자 주위에는 6개의 원자가전자뿐이다. 따라서 이 분자(AlI_3)는 불완전한 팔전자계의 예에 속한다.

▸ **실전 연습** BeF_2의 루이스 구조를 그리시오.

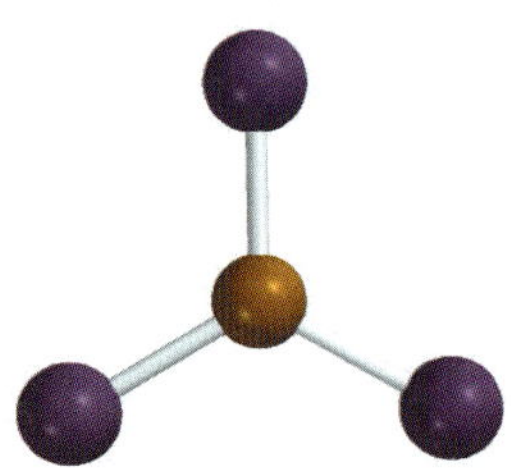

AlI_3는 이합체 Al_2I_6를 형성하는 경향이 있다.

비슷한 문제: 8.54.

예제 8.10

오플루오린화 인(PF_5)의 루이스 구조식을 그리시오. 5개의 F 원자들은 P 원자에 직접 결합되어 있다.

▸ **전략** P는 3주기 원소이다. 예제 8.5와 8.6에서 이용된 절차를 사용하여 루이스 구조식을 그리고, 형식 전하를 계산한다.

▸ **풀이** P와 F에 대한 최외각 전자 배치는 각각 $3s^23p^3$와 $2s^22p^5$이다. 따라서 전체 원자가전자의 수는 5 + (5 × 7) = 40이고, 황과 같이 인은 3주기 원소이므로 확장된 팔전자계를 가질 수 있다. PF_5의 루이스 구조는 다음과 같다.

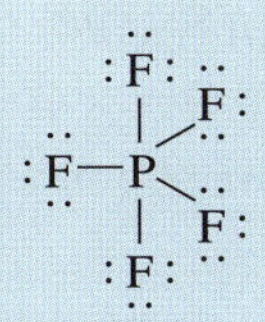

P와 F 원자에는 형식 전하가 없음을 유의하라.

▸ **검산** F 원자는 팔전자계 규칙을 만족하지만 P 원자 주위의 원자가전자 10개는 확장된 팔전자계를 나타낸다.

▸ **실전 연습** 오플루오린화 비소(AsF_5)의 루이스 구조식을 그리시오.

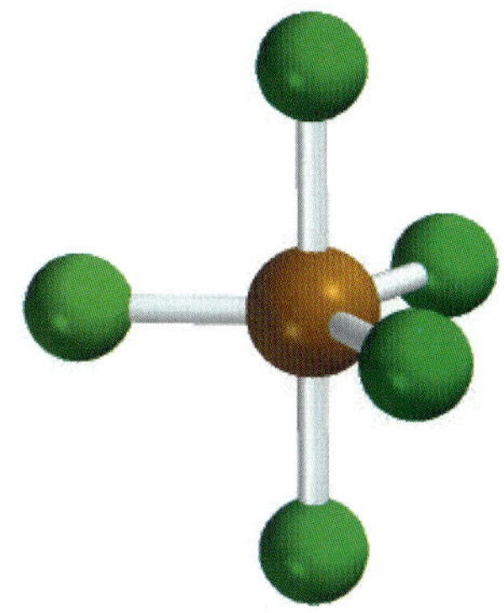

PF_5는 반응성이 있는 기체 화합물이다.

비슷한 문제: 8.56.

예제 8.11

모든 4개의 O 원자가 가운데 있는 S 원자와 결합된 황산 이온(SO_4^{2-})에 대한 루이스 구조식을 그리시오.

▸ **전략** S는 3주기 원소임을 유의하라. 예제 8.5와 8.6에서 이용된 절차를 사용하여 루이스 구조식을 그리고, 형식 전하를 계산한다.

▸ **풀이** S와 O의 최외각 전자 배치는 각각 $3s^23p^4$와 $2s^22p^4$이다.

단계 1: SO_4^{2-}의 골격 구조는 다음과 같다.

O

O S O

O

단계 2: O와 S 양쪽 모두 6A족 원소이므로 각각 6개의 원자가전자를 갖는다. 따라서 SO_4^{2-}의 총 전자수 6 + (4 × 6) + 2 = 32를 계산해야 한다.

단계 3: 모든 결합 원자 사이에 단일 공유 결합을 그린다.

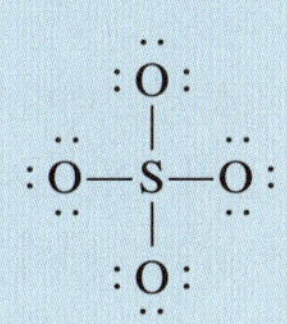

그 다음 S와 O 원자에 형식 전하를 나타낸다.

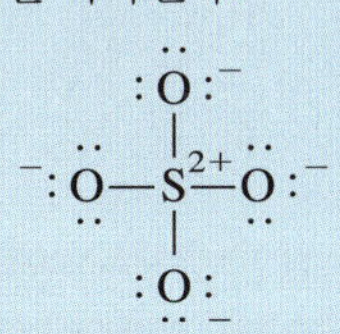

다음과 같이 S 원자에 팔전자계의 확장에 의해 SO_4^{2-}에 대한 형식 전하를 제거할 수 있음을 유의하라.

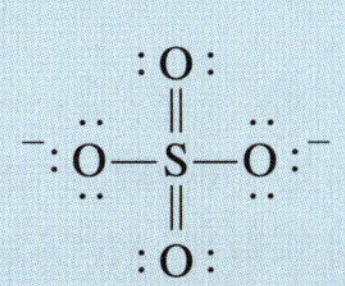

이 구조는 SO_4^{2-}의 동등한 6개 구조 중 한 가지임을 유의하라.

이러한 두 가지 구조식 중에서 어느 구조가 더 중요한지에 대한 질문, 즉 어느 한 구조에서 S 원자는 팔전자 규칙을 따르지만 더 많은 형식 전하를 나타내고 또는 어느 한 구조에서 S 원자는 팔전자계를

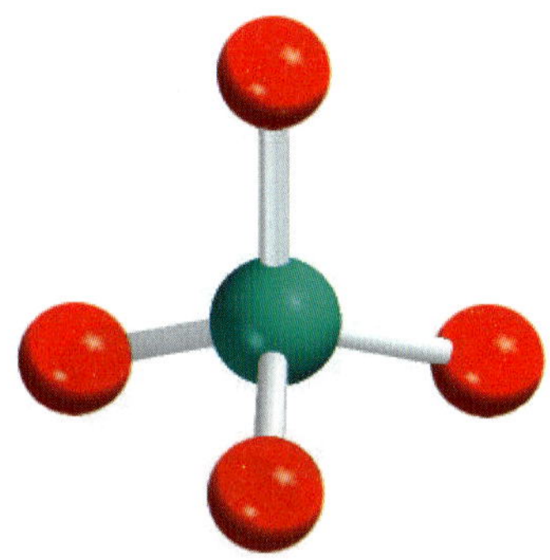

SO_4^{2-}

확장한다는 점에 대한 질문이 화학자들 사이에서 논쟁의 주제가 되어 왔다. 많은 경우에 정교한 양자역학적인 계산만이 분명한 답을 제공할 수 있다. 배우는 단계에서 양쪽 표현 모두가 타당한 루이스 구조에 대한 표현임을 알아야 하고 두 가지 구조를 그릴 수 있어야 한다. 도움이 되는 규칙 중 하나는 중심 원자에 있는 형식 전하를 0이 되도록 충분한 이중 결합을 더하여 중심 원자의 팔전자계를 확장함으로써 형식 전하를 최소화가 되도록 하는 것이다. 그러므로 다음 구조는 이러한 원소들에 전기음성도와 일치하지 않는 S(−2)와 O(0)에 형식 전하를 나타내고 따라서 SO_4^{2-} 이온을 나타내는데 포함시키지 않아야 한다.

비슷한 문제: 8.59.

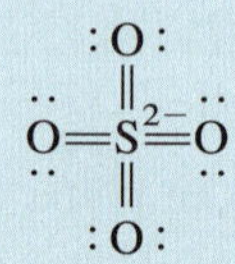

▸ **실전 연습** 인산(PO_4^{3-}) 이온의 합당한 루이스 구조를 그리시오.

확장된 팔전자 규칙에 대해 마지막으로 유의할 점이 있다. 3주기 이상의 중심 원자를 포함하는 화합물에 대한 루이스 구조식을 그릴 때, 팔전자 규칙이 모든 원자들을 만족시키고 있지만 남아도는 원자가전자가 생기는 경우도 가끔 있다. 그런 경우에 여분의 전자들이 중심 원자에 고립 전자쌍으로 배치해야 한다.

예제 8.12

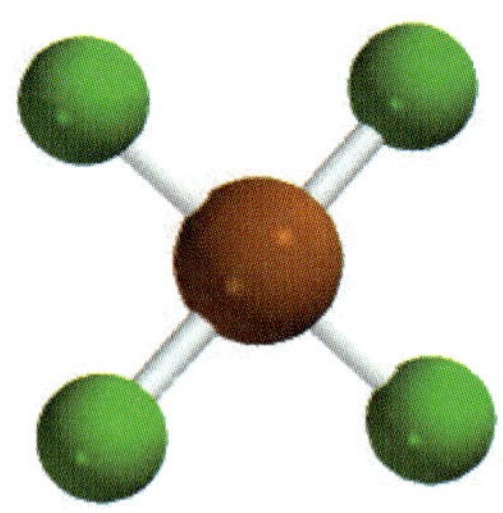

XeF_4

영족 기체 화합물인 사플루오린화 제논(XeF_4)의 루이스 구조식을 그리시오. F 원자 4개는 Xe 원자에 결합되어 있다.

▸ **전략** Xe는 5주기 원소이다. 예제 8.5와 8.6에서 이용된 절차를 사용하여 루이스 구조식을 그리고, 형식 전하를 계산한다.

▸ **풀이** *단계 1*: XeF_4의 골격 구조는 다음과 같다.

F　　F
　Xe
F　　F

단계 2: Xe와 F의 최외각 전자 배치는 $5s^25p^6$와 $2s^22p^5$이며, 전체 원자가전자 수는 $8 + (4 \times 7) = 36$이다.

단계 3: 모든 원자들 사이에 한 개의 공유 결합을 그린다. F 원자에 3개씩의 고립 전자쌍을 두면 팔전자 규칙을 만족할 것이며, F 원자들의 고립 전자쌍과 결합 전자쌍으로부터 전자수는 $(4 \times 6) + (4 \times 2) = 32$이다. 그러므로 남은 4 개의 전자를 Xe 원자의 2개의 고립 전자쌍으로 나타낸다.

비슷한 문제: 9.61.

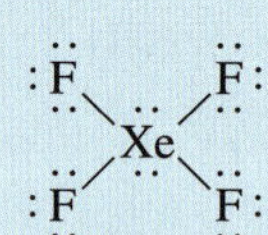

Xe 원자는 확장된 팔전자계임을 알 수 있다. Xe와 F 원자의 형식 전하는 없다.

▸ **실전 연습** 사플루오린화 황(SF_4)의 루이스 구조식을 그리시오.

☑ 개념 복습하기

붕소와 알루미늄은 모두 8개 미만의 전자로 둘러싸인 화합물을 형성하는 경향이 있다. 하지만 알루미늄은 8개보다 많은 전자로 둘러싸인 화합물(예, AlF_6^-)을 형성할 수 있다. 붕소에서는 불가능하지만 알루미늄은 확장된 팔전자가 가능한 이유가 무엇인가?

8.9 분자의 기하 구조

분자의 기하 구조는 분자 내 원자의 삼차원 배열을 말한다. 분자의 기하 구조는 녹는점, 끓는점, 밀도, 분자가 수행하는 반응의 형태들 같은 많은 물리적, 화학적 성질에 영향을 끼친다. 일반적으로 결합 길이와 결합각은 실험에 의해서 결정되어야 한다. 분자의 루이스 구조에서 중심 원자를 둘러싸고 있는 전자수를 알면 간단하게 한 분자나 이온의 전체 기하 구조를 상당히 성공적으로 예측하게 하는 간단한 절차가 있다. 이러한 접근의 근거는 한 원자의 원자가껍질에 있는 전자쌍들이 서로 반발한다는 가정이다. **원자가껍질**(valence shell)은 *한 원자의 최외각 전자를 차지하는 껍질*이다. *이 곳에 있는 전자들이 결합에 참여한다.* 공유 결합에서 *결합 전자쌍*이라 부르는 전자쌍은 두 원자를 잡아두는 역할을 한다. 그러나 중심 원자와 주위의 원자 사이에 두 개 이상의 결합이 있는 다원자 분자에서는 다른 결합 전자쌍에 있는 전자간 반발력이 궁극적으로 분자가 취하는 전자쌍들이 가능한 서로 멀리 떨어져 있게 하는 요인이 된다. 기하 구조는 반발력을 최소화한다. 분자의 기하 구조의 연구에 이와 같은 접근법을 **원자가껍질 전자쌍 반발**(valence-shell electron-pair repulsion, VSEPR) **모형**이라고 부른다. 왜냐하면 *전자쌍 사이의 정전기적 반발로 중심 원자 주위에 있는 전자쌍의 기하학적 배열을 설명하기* 때문이다.

"중심 원자"란 말은 다원자 분자에서 끝에 있지 않는 원자를 말한다.

VSEPR은 "베스퍼(vesper)"라고 읽는다.

동영상
VSEPR.

두 가지 일반적인 규칙이 VSEPR 모형을 지배한다.

1. 전자쌍 반발이 관련되어 있는 한, 이중 결합과 삼중 결합은 단일 결합과 같이 취급한다. 이런 근사법은 정성적 목적에 유용하다. 그러나 실제로 다중 결합은 단일 결합보다 전자쌍 반발이 *크다*는 것을 알아야 한다. 즉, 두 원자 사이에 이중 결합과 삼중 결합이 있기 때문에 전자 밀도는 보다 많은 공간을 점유하기 때문이다.
2. 만약 분자가 두 개 이상의 공명 구조를 갖는다면 그들 가운데 어느 하나에 VSEPR 모형을 적용할 수 있다. 형식 전하들은 일반적으로 나타내지 않는다.

이 모형을 염두에 두고 체계적인 방법으로 분자와 이온의 기하 구조를 예측할 수 있다. 이와 같은 목적을 위해서, 중심 원자에 고립 전자쌍이 있느냐 없느냐에 따라 분자들을 두 범주로 분류하는 것이 편리하다.

중심 원자에 고립 전자쌍이 없는 분자

간단하게 두 원소 A와 B 원자만을 가지며 A가 중심 원자인 분자를 생각하기로 하자. 이런 분자들은 일반식 AB_x를 가진다. 여기서 x는 정수 2, 3, . . . (x = 1이면, AB는 정의에 의하여 선형인 이원자 분자 AB이다.) 대부분의 경우 x는 2와 6 사이이다.

표 8.2는 중심 원자 A 주위에 가능한 다섯 개의 전자쌍 배열을 보여준다. 상호 반발력의 결과로 전자쌍들은 가능한 서로 멀리 떨어져 있다. 이 표는 전자쌍의 배열을 나타내는 것이지, 중심 원자를 둘러싸고 있는 원자의 위치를 나타내는 것이 아님을 주목하라. 중심 원자에 고립 전자쌍이 없는 분자들은 이와 같은 5가지 결합 전자쌍 배열 중 하나를 가진다. 표 8.2를 사용하여, 분자식 AB_2, AB_3, AB_4, AB_5, AB_6를 갖는 분자의 기하 구조를 자세히 관찰해 보자.

AB_2: 염화 베릴륨($BeCl_2$)

기체 상태에서 염화 베릴륨의 루이스 구조는 다음과 같다.

$$:\ddot{\underset{..}{Cl}}—Be—\ddot{\underset{..}{Cl}}:$$

결합은 서로 반발하기 때문에 그들이 가능한 멀리 떨어지도록 하기 위해서 일직선상 반대편 끝에 있지 않으면 안된다. 따라서 ClBeCl 결합각은 180°로 예측되고 분자는 선형이다(표 8.2 참조). $BeCl_2$의 "공-막대" 모형은 다음과 같다.

표 8.2 분자의 중심 원자(A) 주위에 전자쌍의 배열과 중심 원자에 고립 전자쌍이 없는 몇 가지 간단한 분자와 이온의 기하 구조

전자쌍의 수	전자쌍의 배열	분자의 기하 구조	예
2	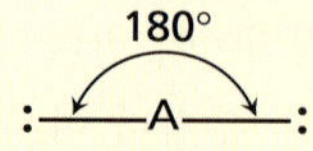 선형	B—A—B 선형	$BeCl_2$, $HgCl_2$
3	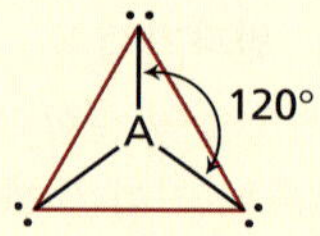 삼각 평면형	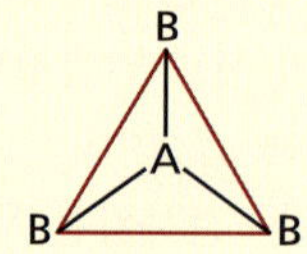 삼각 평면형	BF_3
4	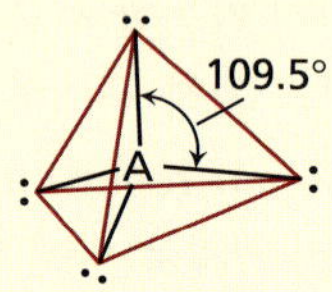 사면체형	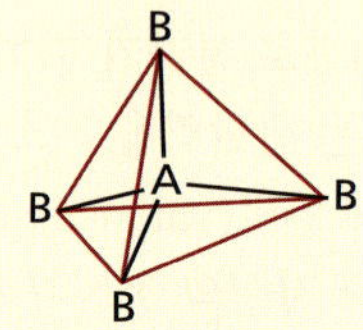 사면체형	CH_4, NH_4^+
5	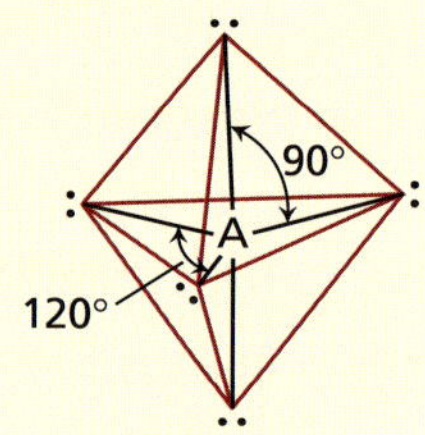 삼각 쌍뿔	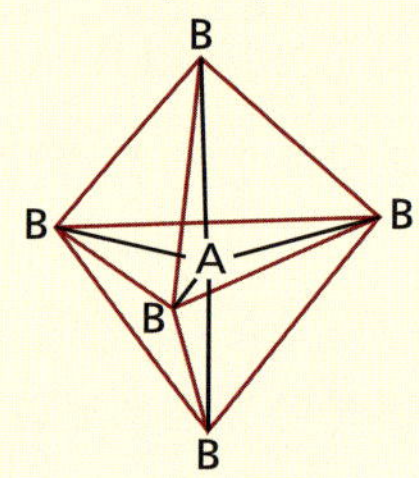 삼각 쌍뿔	PCl_5
6	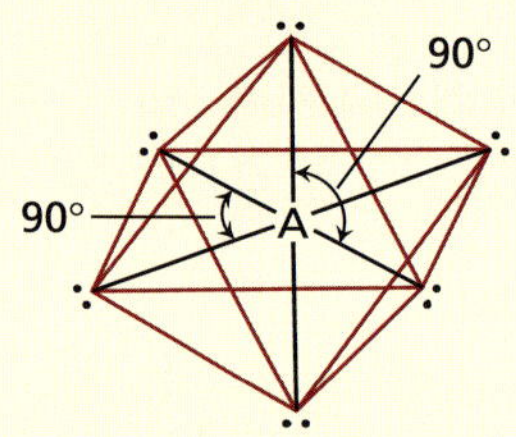 팔면체형	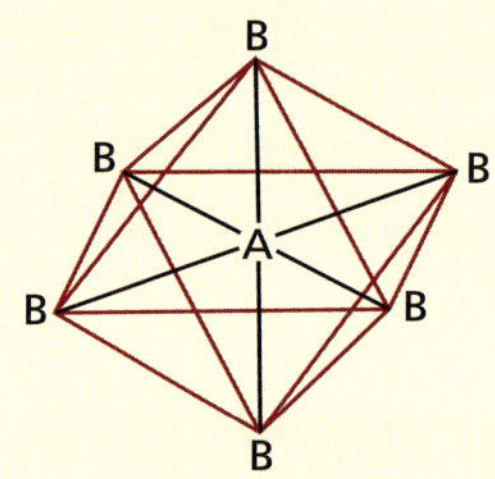 팔면체형	SF_6

*색으로 표시한 선은 결합을 나타내는 것이 아니라, 전체 형태를 보여주기 위하여 사용된 것이다.

파란색 공과 노란색 공은 일반적으로 원자를 나타낸다.

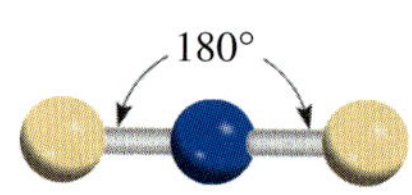

AB_3: 삼플루오린화 붕소(BF_3)

삼플루오린화 붕소는 세 개의 공유 결합 또는 결합 전자쌍을 포함하고 있다.

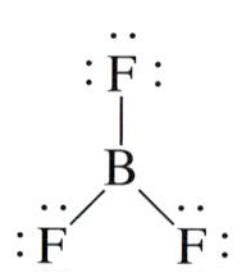

가장 안정한 배열에서는 세 개의 BF 결합이 삼각형 중심에 B가 있는 정삼각형의 꼭지점을 향하고 있다. 표 8.2에 따르면 세 개의 끝 원자가 정삼각형의 꼭지점에 있기 때문에 BF_3의 기하 구조는 삼각 평면형이다.

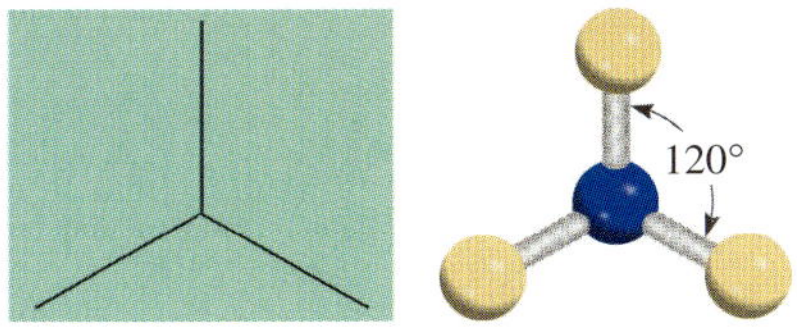

평면형

따라서 세 원자 FBF 사이의 결합각은 120°이다.

AB_4: 메테인(CH_4)

메테인의 루이스 구조는 다음과 같다.

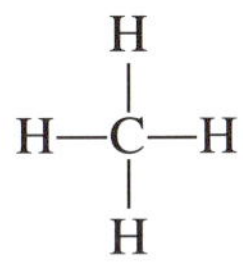

4개의 결합 전자쌍이 있기 때문에 CH_4의 기하 구조는 사면체형이다(표 8.2 참조). *사면체*(tetrahedron, 접두어 *tetra*는 “4”를 뜻한다)에는 4개의 면이 있으며, 이 면들은 모두 정삼각형이다. 정사면체 분자에서 중심 원자(이 경우에 있어서 C)는 사면체의 중앙에 위치하며, 다른 4개의 원자들은 각 꼭지점에 위치한다. 결합각은 모두 109.5°이다.

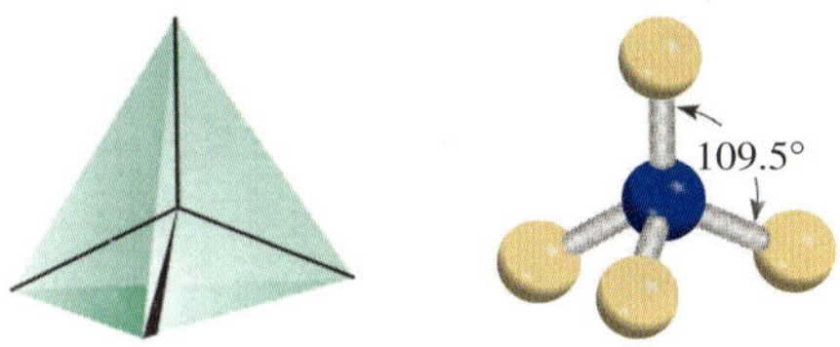

사면체형

AB_5: 오염화 인(PCl_5)

오염화 인의 루이스 구조식(기체 상에서)은 다음과 같다.

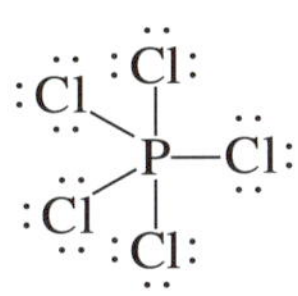

5개의 결합 전자쌍 사이의 반발력을 최소화하는 유일한 방법은 PCl 결합을 삼각 쌍뿔형으로 배열시키는 것이다(표 8.2 참조). 삼각 쌍뿔은 공통의 삼각형면을 따라서 두 사면체가 결합하여 이루어진다.

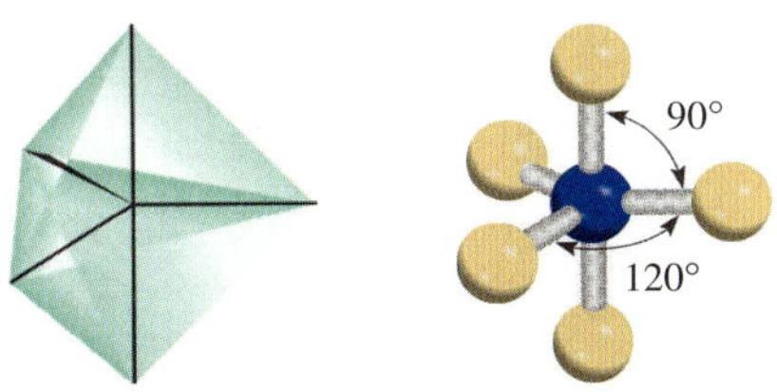

삼각 쌍뿔

중심 원자(이 경우는 P)는 주위 원자가 삼각 쌍뿔의 5개 꼭지점에 위치하고 있는 공통의 삼각형의 중심에 있다. 삼각 평면의 위, 아래를 차지하는 원자는 *축방향*(axial) 위치를 차지한다고 말하고 삼각 평면상에 존재하는 원자들은 *수평방향*(equatorial) 위치를 차지한다고 말한다. 두 수평방향 결합 사이의 각은 120°, 축방향 결합과 수평방향 결합 사이의 결합각은 90°, 그리고 두 축방향 사이의 결합각은 180°이다.

AB_6: 육플루오린화 황(SF_6)

육플루오린화 황의 루이스 구조는 다음과 같다.

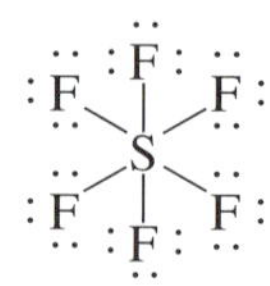

6개의 SF 결합쌍의 가장 안정한 배열은 표 8.2에 나타난 바와 같이 정팔면체의 모양이다. 팔면체(octahedron)에는 8개의 면(접두어 *octa*는 "8"을 의미함)이 있다. 2개의 사각뿔을 공통 바닥으로 하여 합쳐서 만들 수 있다. 중심 원자(이 경우 S 원자)는 정사각형의 바닥의 중심에 위치하고 주위 원자는 6개의 꼭지점에 위치한다. 중심 원자와 서로 대각선상에 반대 쪽에 있는 원자쌍 사이의 결합으로 만들어지는 것을 제외하고는 모든 결합각은 90°이다. 대각선 상의 각은 180°이다. 정팔면체 분자에서는 6개의 결합이 동등하기 때문에, 삼각 쌍뿔 분자에서처럼 "축" 및 "수평"이란 용어들을 사용할 수 없다.

팔면체형

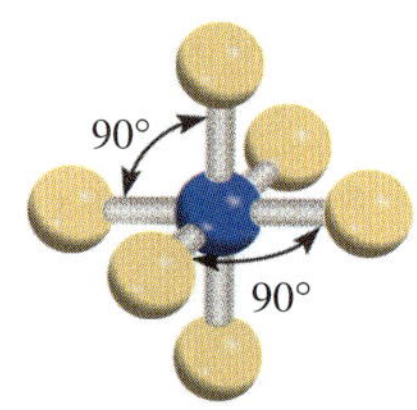

중심 원자에 한 개 이상의 고립 전자쌍이 있는 분자

만약 중심 원자가 고립 전자쌍 및 결합 전자쌍을 모두 갖고 있으면 분자의 기하 구조를 결정하기가 좀 더 복잡하다. 이러한 분자에는 세 가지 형태의 반발력이 있다. 즉, 결합 전자쌍 사이, 고립 전자쌍 사이, 결합 전자쌍과 고립 전자쌍 사이의 반발력이 있다. 일반적으로 VSEPR 모형에 따르면 반발력은 다음 순서로 감소된다.

고립 전자쌍 대 고립 전자쌍의 반발 > 고립 전자쌍 대 결합 전자쌍의 반발 > 결합 전자쌍 대 결합 전자쌍의 반발력

결합에 있는 전자들은 결합한 두 원자의 핵에 의하여 가해지는 인력에 의하여 붙잡힌다. 이러한 전자들은 고립 전자쌍보다 작은 "공간 분포"를 갖는다. 즉, 이러한 결합 전자들은 고립 전자쌍보다 작은 공간을 차지한다. 분자 내에서 고립 전자쌍은 결합 전자쌍보다 많은 공간을 점유하고 있기 때문에, 고립 전자쌍은 이웃에 있는 고립 전자쌍과 결합 전자쌍으로부터 더 큰 반발력을 갖는다. 결합 전자쌍과 고립 전자쌍의 전체 수를 나타내기 위해 AB_xE_y로서 고립 전자쌍을 포함하는 분자를 나타낸다. 여기서 A는 중심 원자, B는 주변 원자, E는 A에 있는 고립 전자쌍이며, x와 y는 정수이다. $x = 2, 3, \ldots$ 이고 $y = 1, 2, \ldots$ 이다. 따라서, x는 주변 원자의 수이고, y는 중심 원자에 있는 고립 전자쌍의 수이다. 이 경우 구조식에서 가장 간단한 분자는 중심 원자에 한 개의 고립 전자쌍을 갖는 3원자 분자이다. 즉, 이런 분자의 일반식은 AB_2E이다.

x = 1인 경우, 정의에 의해 선형 기하 구조인 이원자 분자이다.

다음 예에서 보듯이 대부분의 경우 중심 원자에 고립 전자쌍이 있으면 결합각을 예측하기란 매우 어렵다.

AB_2E: 이산화 황(SO_2)

이산화 황의 루이스 구조는 다음과 같다.

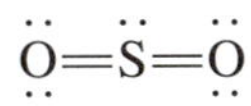

VSEPR 모형은 이중 결합을 단일 결합인 것처럼 취급하기 때문에, SO_2 분자는 중심 S 원자에 세 개의 전자쌍으로 구성된 것으로 볼 수 있다. 이들 중 둘은 결합 전자쌍이고, 하나는 고립 전자쌍이다. 표 10.1에서 세 개의 전자쌍의 전체 배열은 삼각 평면형이다. 그러나 그 중 하나의 전자쌍은 고립쌍이므로, SO_2 분자는 "굽은(bent)" 모양을 갖는다.

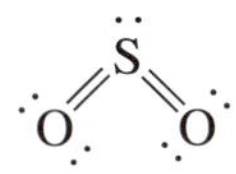

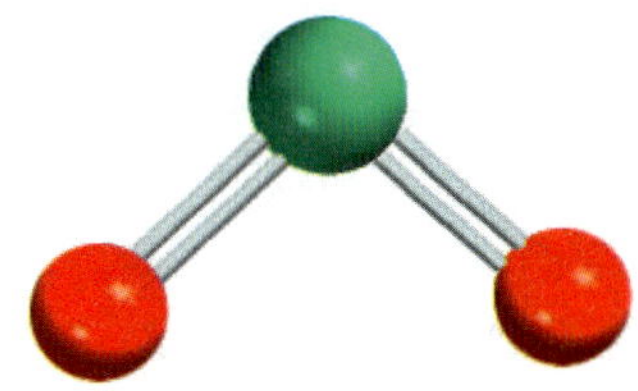

SO_2

고립쌍 대 결합쌍 사이의 반발이 결합쌍과 결합쌍 반발보다 크기 때문에 두 황-산소 결합은 함께 약간 밀리며, OSO 결합각은 120°보다 작다.

AB_3E: 암모니아(NH_3)

암모니아 분자에는 세 개의 결합쌍과 하나의 고립쌍이 있다.

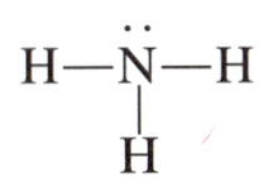

표 8.2에 나타난 바와 같이 네 전자쌍의 전체 배열은 사면체형이다. 그러나 NH_3에서는 전자쌍 중 하나가 고립쌍이다. 따라서 NH_3의 기하 구조는 삼각뿔 모양이다(꼭대기에 N 원자를 가진 뿔처럼 보이기 때문에 그렇게 부른다). 고립쌍은 결합쌍보다 더욱 강하게 반발하기 때문에 3개의 NH 결합쌍은 함께 더 가까이 밀린다.

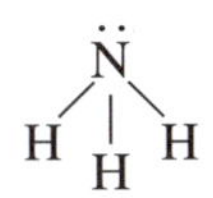

따라서 암모니아의 HNH 결합각은 이상적인 정사면체의 각인 109.5°보다 더 작다(그림 8.7).

AB_2E_2: 물(H_2O)

물 분자에는 두 개의 결합쌍과 두 개의 고립쌍이 있다.

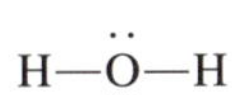

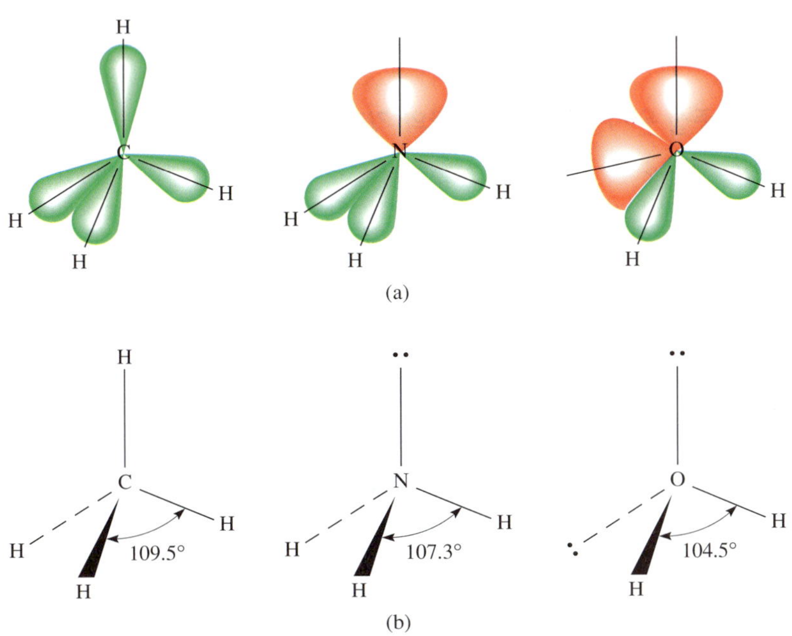

그림 8.7 • (a) CH_4, NH_3, H_2O에서 결합쌍과 고립쌍의 상대적인 크기. (b) CH_4, NH_3, H_2O에서 결합각. 대시선은 종이 평면 뒤로 향한 결합축을 나타내고, 쐐기선은 종이 평면 앞으로 향한 결합축을 나타낸다. 실선은 종이면에 있는 결합을 나타낸다.

물에 있는 네 전자쌍의 전체 배열은 암모니아에서와 같이 사면체형이다. 그러나 암모니아와는 달리 물은 중심 산소 원자에 두 고립쌍이 있다. 이러한 고립 전자쌍은 가능한 한 서로 멀어지려는 경향이 있다. 결과적으로 두 개의 O—H 결합쌍들은 서로 가까이 가도록 밀린다. 따라서 정사면체 각으로부터 NH_3보다 훨씬 큰 편차를 예측한다. 그림 8.7에서 보듯이 HOH 각은 104.5°이다. H_2O의 기하 구조는 굽은 구조이다.

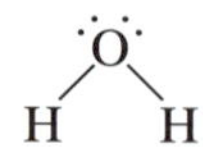

AB$_4$E: 사플루오린화 황(SF_4)

SF_4의 루이스 구조는 다음과 같다.

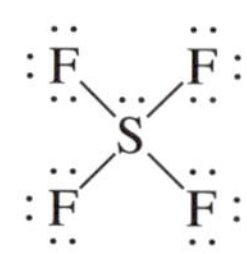

중심의 한 원자는 표 8.2에 따르면 그 배열이 삼각 쌍뿔형인 5개의 전자쌍을 가지고 있다. 그러나 SF_4 분자에서 한 전자쌍은 고립쌍이다. 따라서 분자는 다음과 같은 기하 구조 중 하나를 가져야 한다.

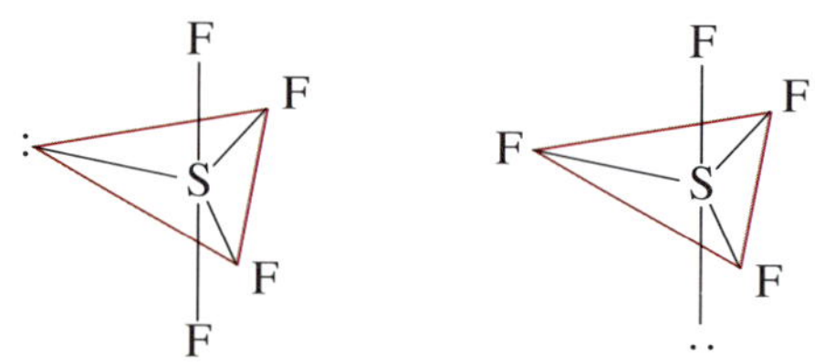

(a) (b)

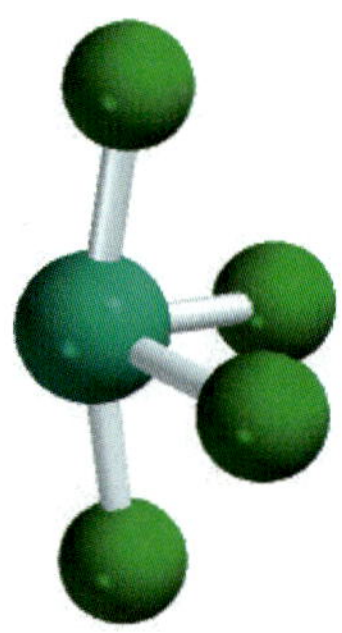

SF_4

고립쌍은 (a)에서 수평방향 위치를 차지하며, (b)에서는 축방향 위치를 차지한다. 축방향 위치에는 90°에 세 개의 인접한 전자쌍이 있고, 180° 지점에 한 개의 전자쌍이 있다. 반면에 수평방향 위치는 90°에 두 개의 인접 전자쌍이 있고, 120°에 전자쌍이 두 개 더 있다. (a)에서 반발이 더 작은데, 사실 (a)가 실험을 통해서 관찰된 구조이다. 이 모양은 때로는 시소(시계방향으로 구조를 90° 돌려보면)로 묘사되기도 한다. 축방향 위치에 있는 F 원자와 S 원자 사이의 각도는 173°이고, 수평방향 위치에 있는 F 원자와 S 원자 사이의 각도는 102°이다.

표 8.3는 중심 원자에 하나 이상의 고립쌍을 가지고 있는 간단한 분자의 기하 구조를 보여주고 있다.

둘 이상의 중심 원자를 가지는 분자의 기하 구조

지금까지는 한 개의 중심 원자만을 가지는 분자의 기하구조에 대하여 논의하였다. 대부분의 경우 둘 이상의 중심 원자를 가지는 분자의 전체 기하학적 구조는 정의하기에 어렵다. 가끔 각 중심 원자 주위의 모양만을 묘사할 수 있다. 예를 들면, 루이스 구조식이 다음과 같은 메탄올(CH_3OH)을 생각해 보자.

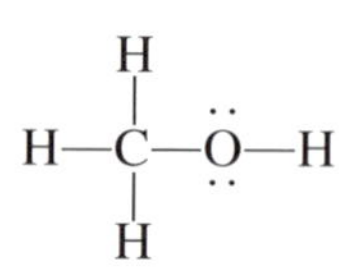

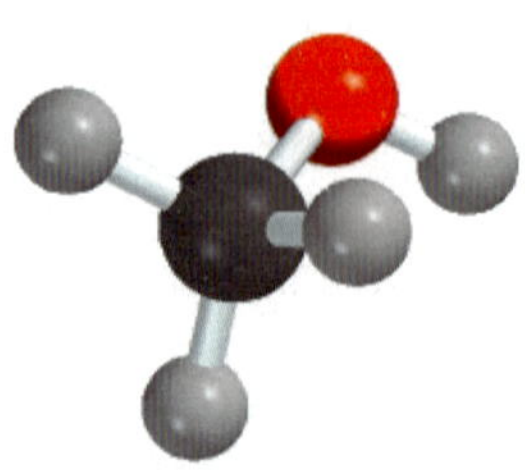

그림 8.8 • CH_3OH의 기하 구조.

메탄올에 있는 두 개의 중심 원자는 탄소와 산소이다. 세 개의 CH 결합쌍과 CO의 결합쌍이 탄소 원자에 대해서 사면체로 배열되었다고 말할 수 있다. HCH와 OCH의 결합각은 약 109°이다. 여기서 산소 원자는 두 개의 고립 전자쌍과 두 개의 결합쌍이 있어서 물 분자와 같다. 따라서 분자의 HOC 부분이 굽어 있으며, HOC의 결합각은 약 105°이다(그림 8.8).

표 8.3 중심 원자에 하나 이상의 고립쌍이 있는 간단한 분자와 이온의 기하 구조

분자의 부류	전자쌍의 총수	결합 전자쌍의 수	고립 전자쌍의 수	전자쌍의 배열	분자나 이온의 기하구조	예
AB_2E	3	2	1	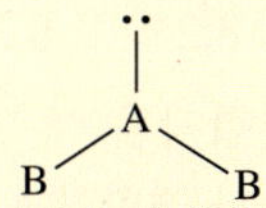 삼각 평면형	굽은 형태	 SO_2
AB_3E	4	3	1	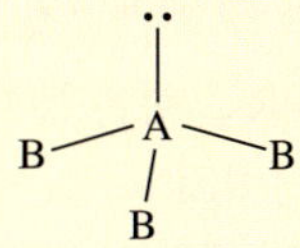 사면체형	삼각뿔	 NH_3
AB_2E_2	4	2	2	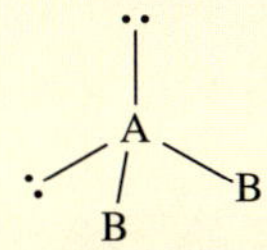 사면체형	굽은 형태	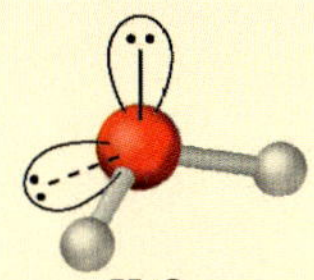 H_2O
AB_4E	5	4	1	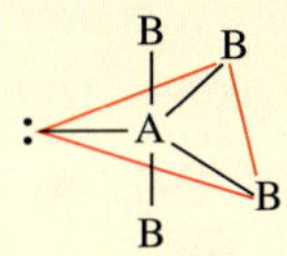 삼각 쌍뿔	뒤틀린 사면체 (또는 시소)	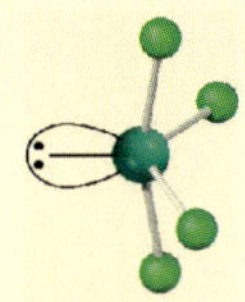 SF_4
AB_3E_2	5	3	2	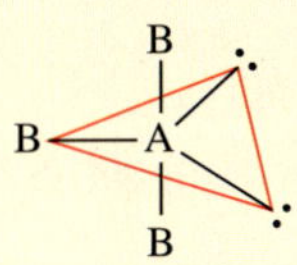 삼각 쌍뿔	T자형	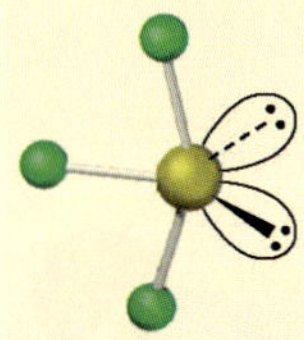 ClF_3
AB_2E_3	5	2	3	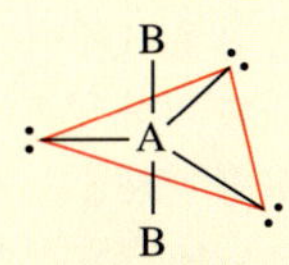 삼각 쌍뿔	선형	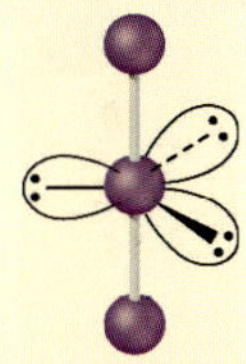 I_3^-
AB_5E	6	5	1	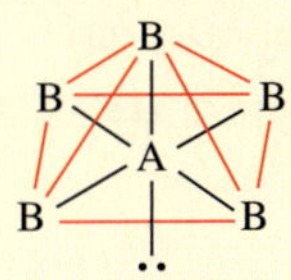 팔면체형	사각뿔	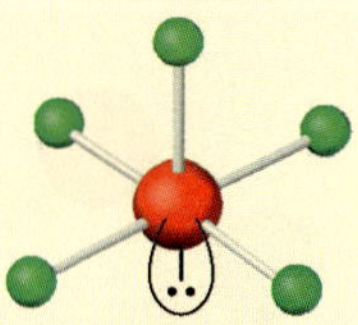 BrF_5
AB_4E_2	6	4	2	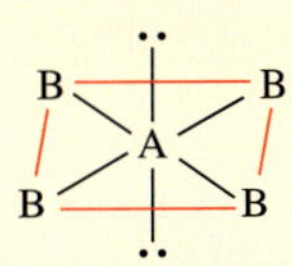 팔면체형	사각평면	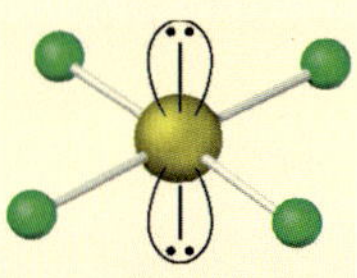 XeF_4

*색으로 나타낸 선은 결합을 나타내는 것이 아니라, 전체 형태를 보여주기 위하여 사용된 것이다.

VSEPR 모형 적용에 대한 지침

두 가지 범주(고립쌍이 있는 중심 원자와 고립쌍이 없는 중심 원자)에서 분자 기하 구조를 공부했는데, 이제 VSEPR 모형을 모든 분자 유형에 적용하는 몇 가지 규칙을 생각해 보자.

1. 중심 원자 주위의 전자쌍만을 고려하면서 분자의 루이스 구조를 써보라(즉, 둘 이상의

다른 원자에 결합된 원자).

2. 중심 원자 주위의 전자쌍(결합쌍과 고립쌍)의 수를 계산하라. 이중 결합과 삼중 결합은 단일 결합처럼 취급한다. 표 8.2를 참조하여 전자쌍의 전체 배열을 예측한다.
3. 표 8.2와 표 8.3을 이용하여 분자의 기하 구조를 예측한다.
4. 결합각을 예측할 때 결합쌍이 다른 결합쌍과 반발할 때보다 고립쌍이 다른 고립쌍이나 결합쌍과 더욱 강하게 반발함을 주목하라. 중심 원자가 한 개 이상의 고립쌍을 가질 때 결합각을 정확하게 예측하는 쉬운 방법이 일반적으로 없음을 기억하라.

VSEPR 모형은 분자 구조의 다양성에 따른 기하 구조에 대해 신뢰성 있게 예측할 수 있도록 한다. VSEPR 접근이 간편하기 때문에 화학자들이 이 방법을 사용하고 있다. "전자쌍 반발"이 실제 분자 형태를 결정해 주는지에 대한 몇몇 이론적인 의문점이 있지만, 이 모형에서 가정으로 유용한(일반적으로 신뢰성이 있는) 예측을 할 수 있다. 화학 연구에서 이 단계에서는 더 이상 다른 모형은 필요치 않다. 예제 8.13은 VSEPR의 응용을 보여준다.

예제 8.13

VSEPR 모형을 사용하여 다음 분자나 이온의 기하 구조를 예측하시오. (a) AsH_3, (b) OF_2, (c) $AlCl_4^-$, (d) I_3^-, (3) C_2H_4.

▸ **전략** 분자 기하 구조를 결정할 때 단계 순서는 다음과 같다.

루이스 구조를 그린다. ⟶ 전자쌍 배열을 찾는다. ⟶ 결합쌍 배열을 찾는다. ⟶ 결합쌍을 기초로 하여 기하 구조를 결정한다.

▸ **풀이**

(a) AsH_3의 루이스 구조는 다음과 같다.

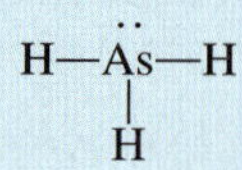

AsH_3

중심 원자 주위에 네 개의 전자쌍이 있으므로, 전자쌍 배열은 사면체 구조이다(표 8.2 참조). 분자의 기하 구조는 원자의 배열에 의해서만 결정됨을 기억하라(이 경우 As와 H 원자). 따라서 고립 전자쌍을 제거하면 세 개의 결합쌍이 남게 되어 NH_3와 같은 삼각뿔형 기하 구조가 된다. HAsH 각을 정확하게 예측할 수는 없다. 그러나 109.5°보다 더 작다는 것을 알 수 있다(As 위의 고립 전자쌍에 의한 As—H 결합 속에 결합 전자쌍의 반발이 결합쌍 사이에서의 반발보다 크기 때문이다).

(b) OF_2의 루이스 구조는 다음과 같다.

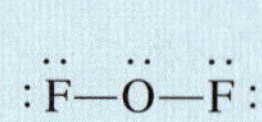

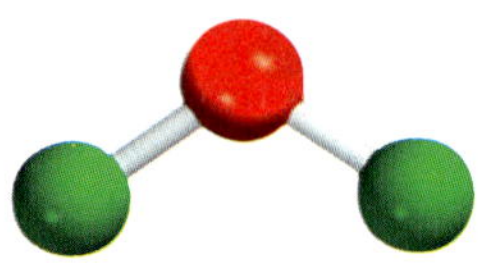

OF_2

중심 원자 주위에 네 개의 전자쌍이 있으므로 전자쌍 배열은 사면체 구조이다(표 8.2 참조). 분자의 기하 구조는 원자의 배열에 의해서만 결정됨을 기억하라(이 경우 O와 F 원자). 따라서 두 개의 고립 전자쌍을 제거하면 두 개의 결합쌍이 남게 되어 H_2O와 같은 굽은형 기하 구조가 된다. FOF 각도를 정확히 예측할 순 없지만, O에 있는 고립쌍에 의한 O—F 결합의 결합 전자쌍의 반발이 결합쌍 사이의 반발보다 크기 때문에 이 각도가 109.5°보다 작아야만 한다는 것을 알 수 있다.

(c) $AlCl_4^-$의 루이스 구조는 다음과 같다.

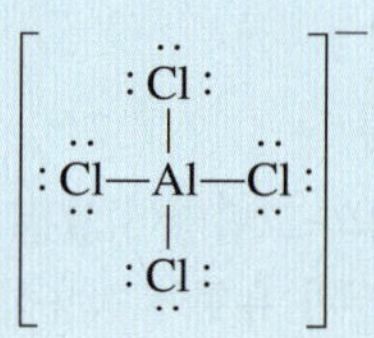

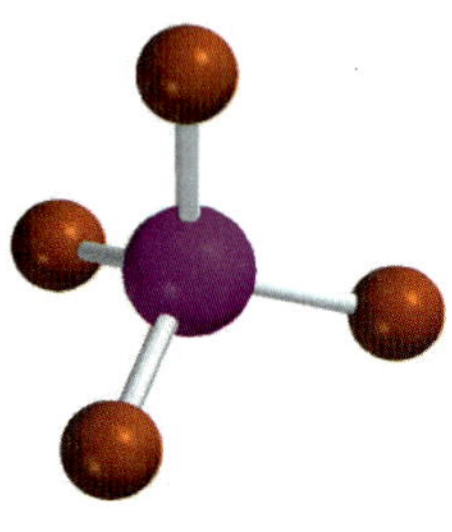

$AlCl_4^-$

중심 Al 원자 주위에 네 개의 전자쌍이 있으므로 전자쌍 배열은 사면체 구조이다. 고립 전자쌍이 없기 때문에 결합쌍의 배열은 전자쌍 배열과 같다. 그러므로 $AlCl_4^-$는 정사면체 기하 구조를 가지고, ClAlCl 각은 모두 109.5°이다.

(d) I_3^-의 루이스 구조는 다음과 같다.

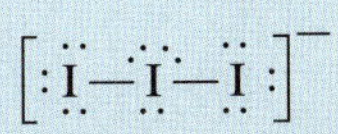

중심 I 원자 주위에 다섯 개의 전자쌍이 있으므로 전자쌍 배열은 삼각 쌍뿔형이다. 다섯 개의 전자쌍 중 세 개는 고립쌍이고, 두 개는 결합쌍이다. 고립쌍은 삼각 쌍뿔에서 수평 위치를 우선적으로 차지한다는 것을 기억하라(표 8.3 참조). 따라서 고립쌍을 제거하면 I_3^-의 구조는 선형 기하 구조를 가지게 된다. 즉, 세 개의 I 원자는 모두 일직선상에 있다.

(e) C_2H_4의 루이스 구조는 다음과 같다.

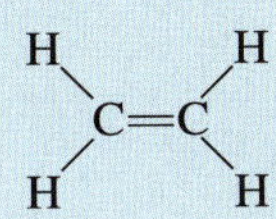

C=C 결합은 VSEPR 모형에서 단일 결합으로 취급한다. 각각의 C 원자 주위에 3개의 전자쌍이 있고 고립 전자쌍이 없으므로 각 C 원자 주위의 배열은 앞에서 설명한 BF_3와 같이 삼각 평면형을 갖는다. 따라서 C_2H_4에서 예측된 결합각은 모두 120°이다.

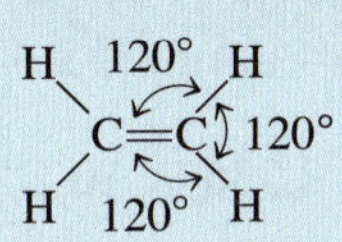

I_3^-

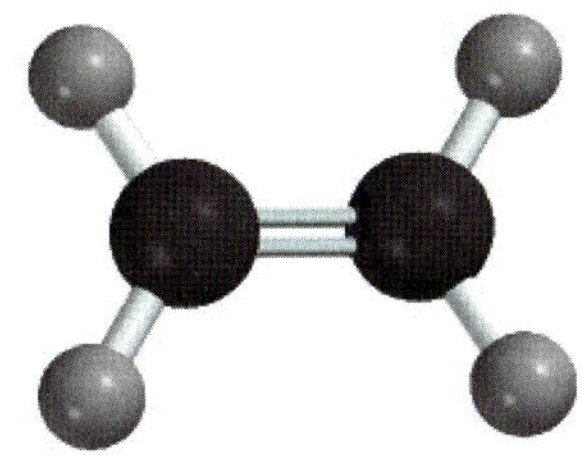

C_2H_4

▸ **해설** (1) I_3^- 이온은 중심 원자에 고립쌍이 있더라도 결합각(180°)을 정확하게 예측할 수 있는 몇몇 구조 중 하나이다. (2) C_2H_4에서 6개 원자 모두가 같은 평면에 있다. VSEPR 모형으로는 전체 평면 구조를 예측할 수 없으나 왜 분자가 평면형을 선호하는지 뒤에 알게 될 것이다. 실제 결합각은 결합이 모두 동등하지 않기 때문에 120°에 가깝지만, 120°와 같지는 않다.

비슷한 문제: 8.66, 8.67, 8.68.

▸ **실전 연습** VSEPR 모형을 사용하여 다음 분자의 기하 구조를 예측하시오. (a) $SiBr_4$, (b) CS_2, (c) NO_3^-.

☑ 개념 복습하기

수소화 주석(IV)(SnH_4)에 대해 다음 기하 구조 중 어느 것이 더 안정성이 큰가?

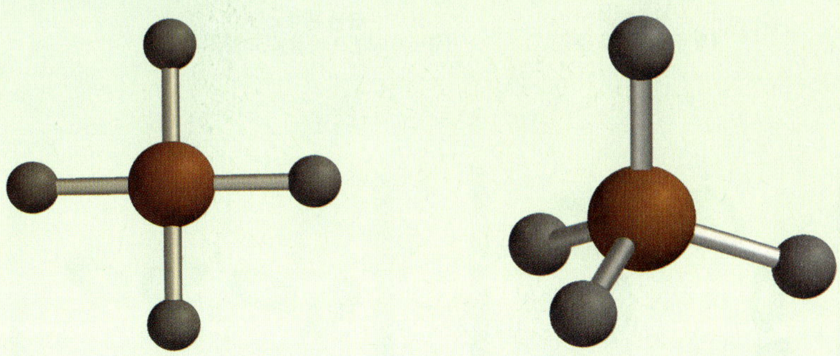

8.10 쌍극자 모멘트

8.4절에서 플루오린화 수소는 극성 결합을 한 공유 결합 화합물이라는 것을 배웠다. F 원자가 H 원자보다 전기음성도가 더 크기 때문에, H 원자에서 F 원자로 전자 밀도의 이동이 있다(그림 8.3 참조). 전자 밀도의 이동은 방향을 나타내기 위해 루이스 구조 위에 십자 화살표 (⟼)를 넣어 기호로 표시한다. 예를 들면,

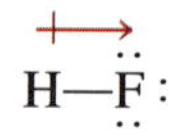

결과적인 전하의 분리는 다음과 같이 나타낸다.

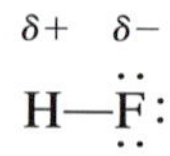

여기서 δ(델타)는 부분 전하를 나타낸다. 이러한 전하의 분리는 전기장에서 확인될 수 있다(그림 8.9). 전기장이 가해지면 HF 분자의 음전하 끝은 양극판으로 향하고 양전하 끝은 음극판으로 향하게 된다. 이런 분자들의 배열은 실험적으로 확인될 수 있다.

결합의 극성에 대한 정량적인 측정은 **쌍극자 모멘트**(dipole moment, μ)이며, *전하량 Q* 와 전하 사이의 거리 r의 곱이다.

$$\mu = Q \times r \tag{8.2}$$

HF와 같은 이원자 분자의 경우, 전하 Q는 $\delta+$ 또는 $\delta-$와 같다.

전기적 중성을 유지하려면, 전기적으로 중성인 이원자 분자에서 양 끝의 전하는 크기는 같고, 부호는 반대이어야 한다. 그러나 식 (8.2)에서 Q는 전하의 크기만을 말하며 부호를 나타내지 않는다. 따라서 μ는 항상 양이다. 쌍극자 모멘트는 네덜란드 출신의 미국 화학자 디바이(Peter Debye)의 이름을 따서 디바이 단위(D)로 주로 나타낸다. 관계 식은 다음과 같다.

$$1\ \text{D} = 3.336 \times 10^{-30}\ \text{C m}$$

여기서 C는 쿨롱이며, m은 미터이다.

동영상
분자의 극성.

다른 원소의 원자를 포함하는 이원자 분자(예: HCl, CO, NO)는 *쌍극자 모멘트를 가지며*, **극성 분자**(polar molecule)라 한다. *같은* 원소의 원자를 포함하는 이원자 분자(예: H_2, O_2, F_2)들은 *쌍극자 모멘트를 갖지 않기* 때문에 **비극성 분자**(nonpolar molecule)의 예이다. 세 개 이상의 원자로 이루어진 분자에 대해서는 결합의 극성과 분자의 기하 구조가 쌍극자 모멘트를 결정한다. 극성 결합이 있다 해도 분자가 꼭 쌍극자 모멘트를 갖는 것은 아니다. 예를 들어, 이산화 탄소(CO_2)는 삼원자 분자이므로 그 기하 구조는 선형 또는 굽은형이다.

각 탄소-산소 결합은 전자 밀도가 전기음성도가 좀 더 큰 산소 원자를 향하여 이동된 극성이다. 그러나 분자의 선형 기하 구조 때문에 두 결합 모멘트가 상쇄된다.

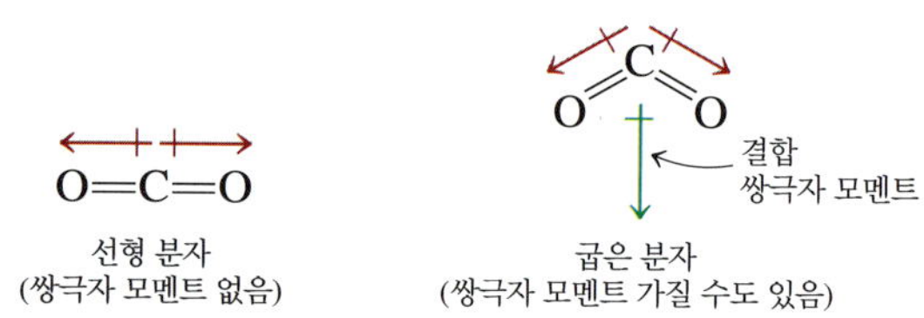

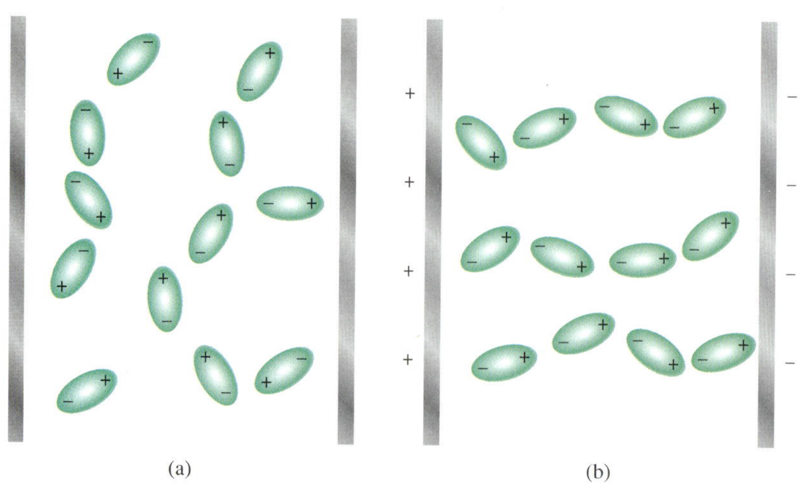

그림 8.9 • (a) 외부 전기장이 없을 때, (b) 전기장이 작동되었을 때 극성 분자의 거동. 비극성 분자는 전기장에 의해 영향을 받지 않는다.

표 8.4 몇 가지 극성 분자들의 쌍극자 모멘트

분자	기하 구조	쌍극자 모멘트(D)
HF	선형	1.92
HCl	선형	1.08
HBr	선형	0.78
HI	선형	0.38
H_2O	굽은 형태	1.87
H_2S	굽은 형태	1.10
NH_3	삼각뿔형	1.46
SO_2	굽은 형태	1.60

화살표는 전기음성도가 작은 탄소 원자에서 전기음성도가 큰 산소 원자로 전자 밀도가 이동하는 것을 나타낸다. 각 경우에서 전체 분자의 쌍극자 모멘트는 두 개의 *결합 모멘트*(bond moment), 즉 극성 C$=$O 결합에 있는 각각의 쌍극자 모멘트로 이루어진다. 결합 모멘트는 *벡터량*이므로 크기와 방향을 갖는다. 측정되는 쌍극자 모멘트는 결합 모멘트의 벡터 합과 같다. CO_2에서 두 개의 결합 모멘트는 크기가 같다. 선형 CO_2 분자에서는 반대 방향으로 향하기 때문에 결합 즉, 합성 쌍극자 모멘트는 0이 된다. CO_2 분자가 굽어 있으면 두 개의 결합 모멘트는 부분적으로 서로 상쇄되지 않는다. 따라서 분자는 쌍극자 모멘트를 가질 것이다. 실험을 통해 살펴보면 이산화 탄소는 쌍극자 모멘트가 없다는 것을 알 수 있다. 그러므로 이산화 탄소 분자는 선형이라는 결론을 내린다. 이산화 탄소의 선형 성질은 다른 실험적 측정을 통해서도 확인되었다.

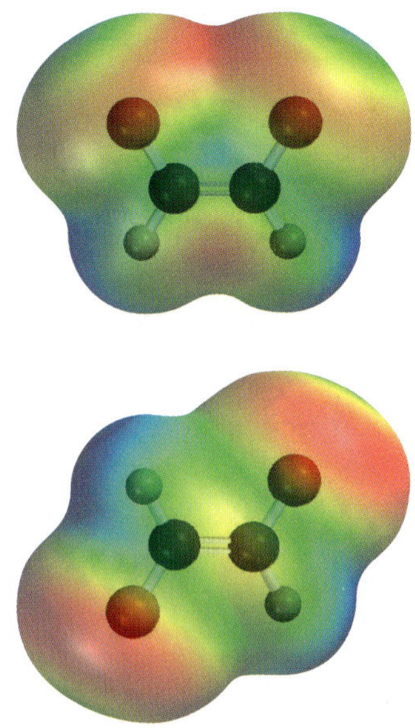

시스-다이클로로에틸렌(상)에서 결합 모멘트가 서로 보강하여 분자는 극성이다. *트랜스*-다이클로로에틸렌(하)에서는 결합 모멘트가 반대로 되어 분자는 비극성이다.

쌍극자 모멘트는 같은 분자식을 갖지만 다른 구조를 갖는 분자들을 구별하는 데 사용될 수 있다. 예를 들면, 다음 분자들은 모두 존재 가능하다. 이들은 분자식($C_2H_2Cl_2$), 결합 수와 형식이 같지만, 분자 구조가 다르다.

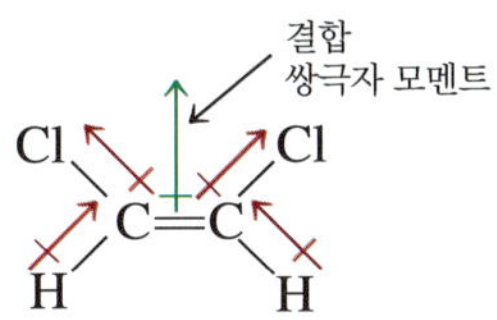

시스-다이클로로에틸렌
μ = 1.89 D

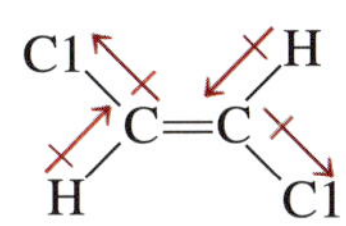

트랜스-다이클로로에틸렌
μ = 0

시스-다이클로로에틸렌(*cis*-dichloroethylene)은 극성 분자이지만 *트랜스*-다이클로로에틸렌(*trans*-dichloroethylene)은 극성 분자가 아니므로, 이들은 쌍극자 모멘트 측정으로 쉽게 구별될 수 있다. 10장에서 더 배우겠지만, 분자간 결합력의 세기는 분자가 쌍극자 모멘트를 가지는가에 의해 일부분 결정된다. 표 8.4는 여러 극성 분자의 쌍극자 모멘트를 나열하고 있다.

예제 8.14는 분자의 기하 구조를 알 때, 분자가 쌍극자 모멘트를 갖는지를 어떻게 예측할 수 있는지를 나타낸다.

예제 8.14

다음 각 분자가 쌍극자 모멘트를 갖는지 예측하시오. (a) BrCl, (b) BF_3(삼각 평면), (c) CH_2Cl_2(사면체).

▸ **전략** 분자의 쌍극자 모멘트는 참여하고 있는 원소들의 전기음성도 차이와 기하 구조 모두에 의존함을 유념하라. 분자가 극성 결합을 가지고 있으나(만일 결합된 원자가 서로 다른 전기음성도를 가짐), 높은 대칭적인 기하 구조를 가지면 쌍극자 모멘트를 갖지 않는다.

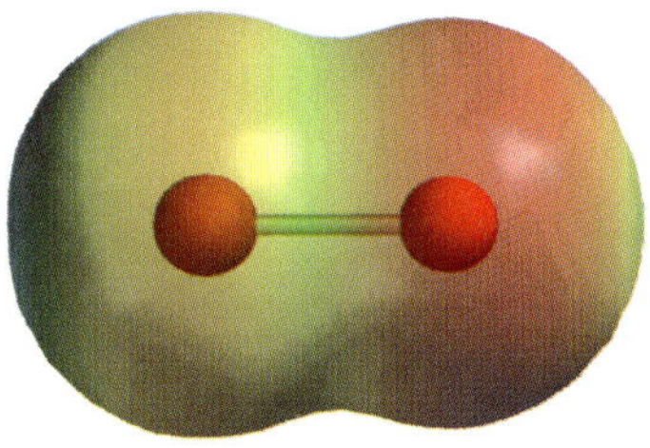

BrCl의 정전기 퍼텐셜 지도는 전자 밀도가 Cl 원자 쪽으로 이동됨을 보여준다.

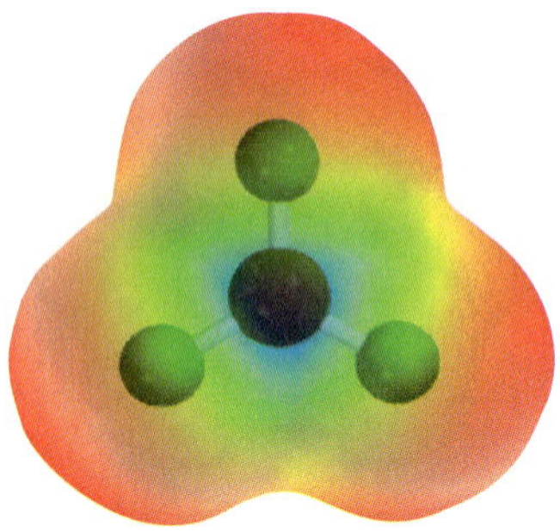

정전기 퍼텐셜 지도는 BF_3 분자에서 전자 밀도가 대칭적으로 분배된 것을 보여준다.

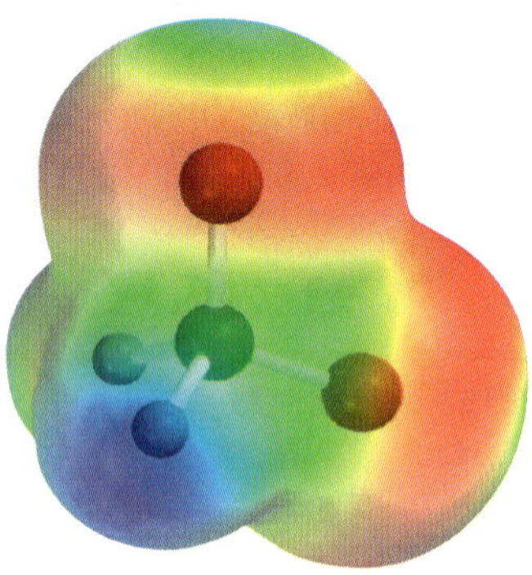

CH_2Cl_2의 정전기 퍼텐셜 지도. 전자 밀도는 전기음성도가 큰 Cl 원자를 향해 이동된다.

비슷한 문제: 8.78, 8.80, 8.81.

▸ **풀이**

(a) 염화 브로민(BrCl)은 이원자 분자이기 때문에 선형인 기하 구조를 가지고 있다. 염소는 브로민보다 전기음성도가 더 크다(그림 8.4 참조). 따라서 BrCl은 음전하 끝에 염소를 갖는 극성 분자이다.

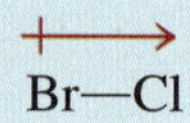

따라서 이 분자는 쌍극자 모멘트를 가진다. 실제로 다른 원소를 가지고 있는 모든 이원자 분자는 쌍극자 모멘트를 갖는다.

(b) 플루오린은 붕소보다 전기음성도가 커서, BF_3(삼플루오린화 붕소)에서 각 B—F 결합은 극성이고 세 결합 모멘트는 같다. 그러나 삼각 평면형의 대칭은 세 결합 모멘트를 정확히 서로 상쇄한다.

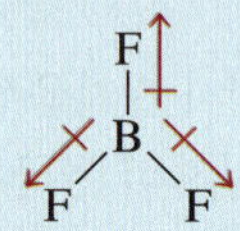

세 결합 모멘트의 방향으로 끌리는 물체를 생각해 보자. 힘이 동일하면 물체는 움직이지 않는다. 결과적으로, BF_3는 쌍극자 모멘트가 없으며 비극성 분자이다.

(c) CH_2Cl_2(염화 메틸렌)의 루이스 구조는 다음과 같다.

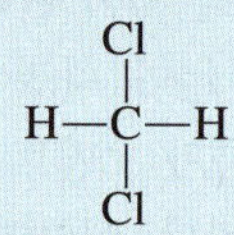

이 분자는 전체적으로 사면체 구조를 갖는다는 점에서 CH_4와 유사하다. 그러나 모든 결합이 동일하지 않기 때문에 세 가지 HCH, HCCl, ClCCl 결합각이 각기 다르다. 이러한 결합각은 109.5°에 가깝지만 같지는 않다. 염소가 탄소보다 전기음성도가 더 크며, 탄소는 수소보다 더 크므로 결합 모멘트는 상쇄되지 않고 분자는 쌍극자 모멘트를 갖는다:

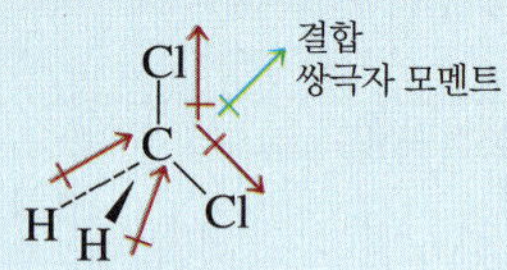

따라서 CH_2Cl_2는 극성 분자이다.

▸ **실전 연습** $AlCl_3$ 분자는 쌍극자 모멘트를 가지고 있는가?

☑ 개념 복습하기

이산화 탄소는 선형 기하 구조이며 비극성이다. 그러나 분자가 쌍극자 모멘트를 만드는 굽힘과 신축 운동을 함을 알고 있다. CO_2에 관한 이 상충된 묘사를 어떻게 타협하겠는가?

8.11 원자가 결합 이론

주로 루이스 구조를 기초로 하는 VSEPR 모형은 분자의 기하 구조를 예측하는 데 비교적 간단하고 직접적인 방법을 제공하고 있다. 그러나 앞서 보았듯이 루이스 화학 결합 이론은 화학 결합이 존재하는 이유를 명백히 설명해 주지 못한다. 고유 결합의 형태와 전자쌍을 관계시킨 것은 옳은 방향으로 하나의 진보였으나 충분하지는 않았다. 예를 들어, 루이스 이론은 본질적으로는 두 전자가 짝을 이루는 것과 같은 방법으로 H_2에서 H 원자 사이의 단일 결합과 F_2에서 F 원자 사이의 단일 결합을 설명하고 있다. 그러나 이 두 분자는 결합 에너지와 결합 길이가 아주 다르다(H_2의 경우는 436.4 kJ/mol과 74 pm, F_2의 경우는 150.6 kJ/mol과 142 pm). 이것과 다른 많은 사실들은 루이스 이론으로 설명할 수 없다. 화학 결합 형성을 더 완전히 설명하기 위해 양자 역학을 보아야 한다. 실제로 화학 결합의 양자 역학적 연구 또한 분자 기하 구조를 이해하는 한 수단을 제공한다.

현재, 분자의 공유 결합 형성과 전자 구조를 설명하는 데 두 가지 양자 역학 이론이 사용된다. *원자가 결합*(valence bond, VB) *이론*은 분자 안에서 전자는 각 원자의 원자 궤도함수를 차지하고 있다고 가정한다. 이러한 이론은 결합 형성에 차지하는 개별 원자들의 형태를 유지하도록 해준다. *분자 궤도함수*(molecular orbital, MO) *이론*이라고 부르는 두 번째 이론은 원자 궤도함수로부터 분자 궤도함수의 형성을 가정한다. 두 결합 이론은 어느 것도 결합의 모든 양상을 완전하게 설명하지는 못하지만, 각각 많은 관찰된 분자 특성을 이해하는 데 크게 기여하였다. 분자 궤도함수 이론은 이 책에서 다루지 않기로 한다.

H 원자 두 개로부터 H_2 분자의 형성을 고려함으로써 원자가 결합 이론의 논의를 시작해 보자. 루이스 이론은 H—H 결합을 H 원자들에 있는 두 개의 전자의 쌍으로 설명하고 있다. 원자가 결합 이론에서 공유성 H—H 결합은 H 원자의 두 1*s* 궤도함수의 *중첩*(overlap)으로 형성된다. 중첩이란, 두 궤도함수가 공간 내의 공통 영역을 공유한다는 뜻이다.

수소 원자가 서로를 향해서 이동하여 결합을 형성할 때 두 수소 원자에는 어떤 일이 일어날까? 처음에 두 원자가 멀리 떨어져 있을 때에는 아무런 상호작용이 없다. 이 계(두 수소 원자)의 퍼텐셜 에너지를 0이라 한다. 원자가 서로 접근하면 각 전자는 다른 원자의 핵에 의해 끌리게 되며, 동시에 핵들처럼 전자들도 반발한다. 원자가 아직 분리되어 있을 동안에는 반발력보다 인력이 더욱 강하다. 따라서 원자들이 서로 접근함에 따라 계의 퍼텐셜 에너지가 *감소*한다(즉, 음의 값이 된다)(그림 8.10 참조). 이러한 경향은 퍼텐셜 에너지가 최소값에 도달할 때까지 계속된다. 이 점에서 계가 최소 퍼텐셜 에너지를 가질 때 가장 안정하게 된다. 이 조건에서 1*s* 궤도함수가 상당히 겹쳐지고 안정한 H_2 분자가 생성된다. 핵간 거리가 더 감소하면 퍼텐셜 에너지는 급격히 증가하며, 마침내 전자와 전자, 핵과 핵 사이의 반발 작용이 증가하여 양의 값이 된다. 에너지 보존 법칙에 따르면, H_2 생성의 결과로 퍼텐셜 에너지가 감소하면 에너지 방출이 따른다. 실험을 통해서 두 수소 원자에서 H_2 분자가 생성될 때 열이 방출됨을 볼 수 있다. 그 역 또한 성립한다. H—H 결합을 끊기 위해서는 분자에 에너지가 공급되어야 한다. 그림 8.11은 H_2 분자의 형성을 보여주는 또 다른 방법을 나타내고 있다.

물체는 그 위치로 인해 퍼텐셜 에너지를 가진다.

따라서 원자가 결합 이론은 화학 결합 형성에 대해 루이스 이론보다 분명한 그림을 보여준다. 원자가 결합 이론은 그 계의 퍼텐셜 에너지가 최소로 감소되었을 때, 반응 원자로부터 안정한 분자가 형성됨을 말해준다. 루이스 이론은 화학 결합 형성에서 에너지 변화를 무시하고 있다.

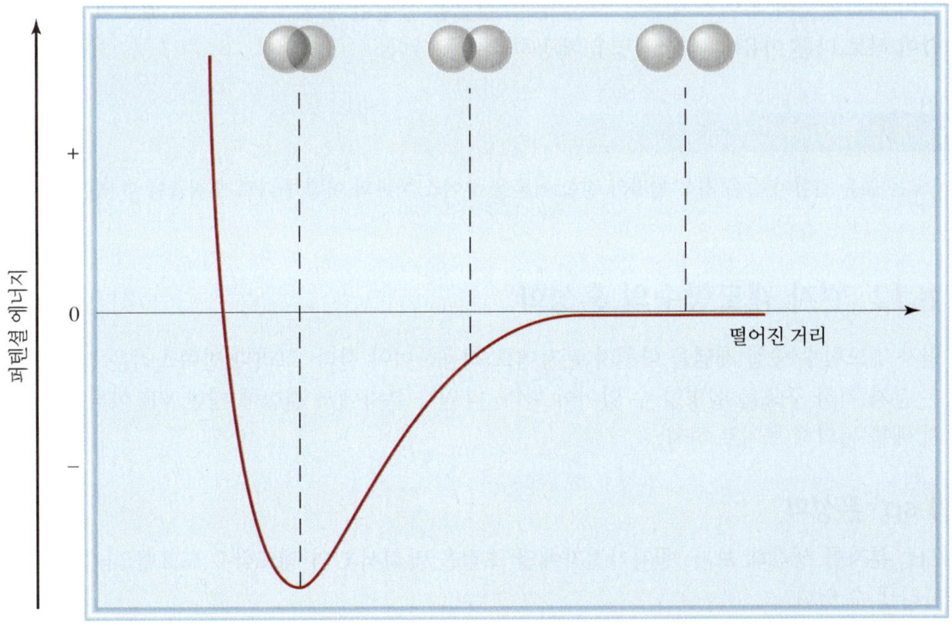

그림 8.10 • 분리 정도에 따른 두 수소 원자의 퍼텐셜 에너지 변화. 최소한의 퍼텐셜 에너지에서 H_2 분자가 가장 안정한 상태에 있고 결합 길이는 74 pm이다. 둥근 공은 1*s* 궤도함수를 나타낸다.

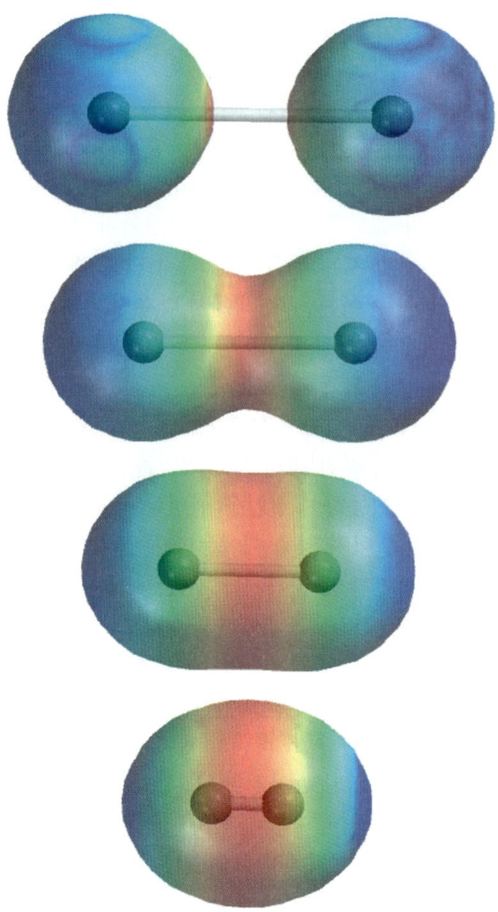

그림 8.11 • 위에서 아래로: 두 개의 수소 원자가 서로 접근함에 따라 그들의 1*s* 궤도함수가 상호작용을 시작하여 각 전자는 다른 양성자의 끌림을 느끼기 시작한다. 점차적으로 두 핵 사이 지역에 전자 밀도가 증가한다(빨간색). 궁극적으로 핵간 거리가 74 pm일 때 안정한 H_2 분자가 형성된다.

F 원자에 대한 궤도함수 도표는 7.7절에 있다.

원자 궤도함수의 중첩 개념은 H_2 이외의 다른 이원자 분자에도 동등하게 잘 적용된다. 따라서 두 개의 F 원자의 2*p* 궤도함수(고립 전자쌍을 포함)가 겹쳐져 공유 결합을 형성할 때 안정한 F_2 분자가 형성된다. 이와 비슷하게 H의 1*s* 궤도함수와 F의 2*p* 궤도함수가 겹침으로써 HF 분자 형성을 설명할 수 있다. 각 경우에서 VB 이론은 반응하는 원자 사이의 거리가 변화할 때, 퍼텐셜 에너지의 변화를 설명하고 있다. 관여한 궤도함수가 모든 경우에 동일한 종류가 아니기 때문에 H_2, F_2, HF에서의 결합 에너지와 결합 길이가 다른 이유를 알 수 있다. 이미 언급했듯이 루이스 이론은 *모든* 공유 결합을 동일한 방법으로 다루고 있으며, 공유 결합이 서로 다른 이유에 대한 설명을 제공하지는 못한다.

☑ 개념 복습하기

모든 공유 결합이 같은 경우 원자가 결합 이론을 루이스 이론과 어떻게 다르게 취급할 수 있는가?

8.12 원자 궤도함수의 혼성화

원자 궤도함수 중첩 개념을 다원자 분자에도 적용하여야 한다. 그러나 만족스러운 결합 방식은 분자 기하 구조를 설명할 수 있어야 한다. 다원자 분자에서 결합에 대한 VB 이론의 세 가지 예를 논의해 보기로 하자.

sp^3 혼성화

동영상
혼성화.

CH_4 분자를 생각해 보자. 원자가전자에만 초점을 맞춰서 C의 궤도함수 도표를 다음과 같이 나타낼 수 있다.

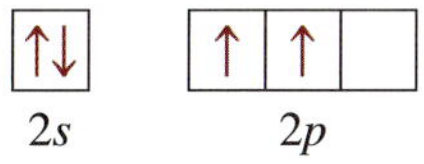

탄소 원자는 두 개의 홀전자(두 $2p$ 궤도함수에 각각 하나)를 갖기 때문에 바닥 상태에서 수소와 두 개의 결합만을 형성할 수 있다. CH_2라는 화학종이 알려져 있지만 매우 불안정하다. 메테인에서 네 개의 C—H 결합을 설명하기 위해서 $2s$ 궤도함수에서 $2p$ 궤도함수로 전자 하나의 전이(에너지적으로 들뜸)를 시도할 수 있다.

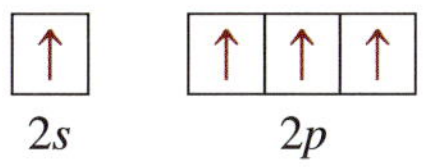

이제 네 개의 C—H 결합을 형성할 수 있는 탄소 위에 네 개의 홀전자가 있다. 하지만, 기하 구조는 잘못되어 있다. 왜냐하면 이 구조에서 세 개의 HCH 결합각이 90°가 되어야만 하는데(탄소에 있는 세 개의 $2p$ 궤도함수는 서로 직각을 이룸을 기억하라), 실제 모든 HCH 각이 109.5°이기 때문이다.

메테인의 결합을 설명하기 위해서 VB 이론은 *같은 원자의 둘 그 이상의 동등하지 않은 궤도함수가 결합해 공유 결합을 형성할 때* 얻어지는 원자 궤도함수인 가상적 **혼성 궤도함수**(hybrid orbital)를 사용한다. **혼성화**(hybridization)는 *한 원자(주로 중심 원자) 내에서 원자 궤도함수가 혼합되어 일련의 혼성 궤도함수를 생성하는 데* 사용되는 용어이다. $2s$ 궤도함수와 세 개의 $2p$ 궤도함수가 혼합하여 다음과 같은 네 개의 동등한 혼성 궤도함수를 생성할 수 있다:

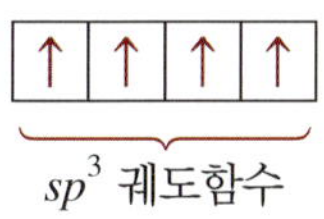

새로운 궤도함수는 한 개의 s와 세 개의 p 궤도함수로부터 형성되기 때문에 sp^3 혼성 궤도함수라 한다. 그림 8.12는 sp^3 궤도함수의 형태와 배향을 나타내고 있다. 이러한 네 개의 혼

sp^3는 s-p three라고 읽는다.

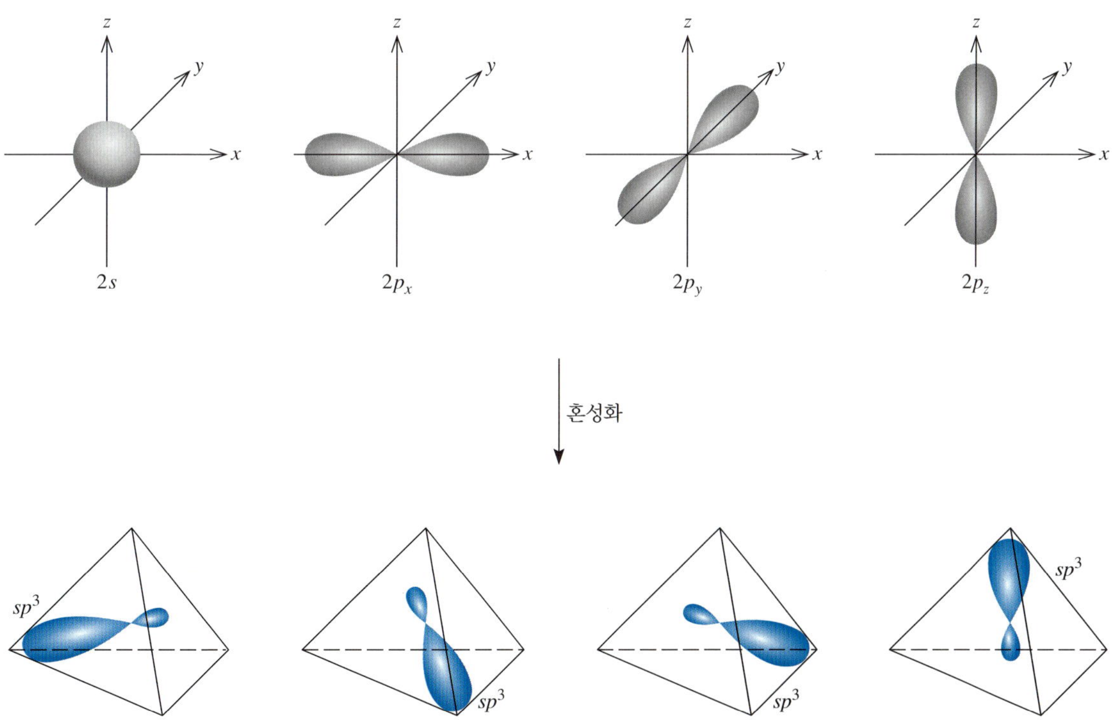

그림 8.12 • 1개의 $2s$와 3개의 $2p$ 궤도함수로부터 sp^3 혼성 궤도함수의 형성. sp^3 궤도함수는 정사면체의 꼭지점으로 향한다.

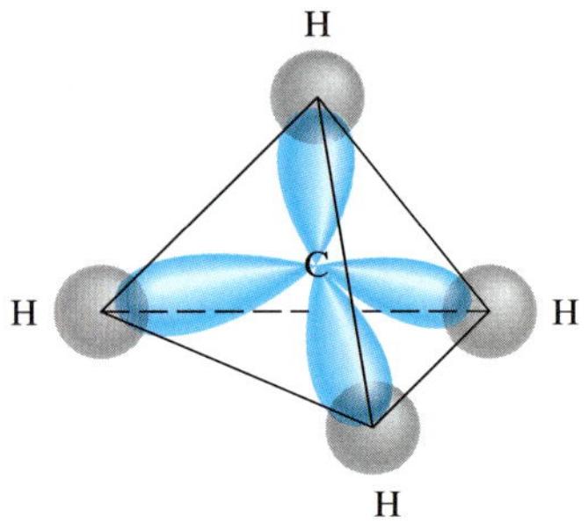

그림 8.13 • CH_4에서 탄소 sp^3 혼성 궤도함수와 수소 1*s* 궤도함수 사이에 4개의 결합 형성. 더 작은 로브는 표시하지 않았다.

성 궤도함수는 정사면체의 네 꼭지점 쪽으로 향하고 있다. 그림 8.13은 CH_4 탄소의 sp^3 혼성 궤도함수와 수소의 1*s* 궤도함수 사이에 네 개의 공유 결합의 형성을 나타내고 있다. 따라서 CH_4는 정사면체 형태를 가지며, 모든 HCH 각은 109.5°이다. 혼성화를 이루기 위해 에너지가 필요하지만 이것은 C—H 결합을 형성할 때 방출되는 에너지로 충분히 보충되고 남는다(결합 형성 과정은 발열 과정임을 상기하라).

혼성화를 이해하기 위하여 다음 비유를 들어보자. 붉은색 용액이 든 비커 하나와 푸른색 용액이 든 비커 세 개가 있고, 용액의 부피는 50 mL라고 가정하자. 붉은색 용액은 한 개의 2*s* 궤도함수이고, 푸른색 용액은 3개의 2*p* 궤도함수를 나타내고 4개의 동등한 부피는 4개의 궤도함수를 상징한다. 용액들을 섞어서 총 200 mL의 보라색 용액을 얻게 되고, 네 개의 50 mL로 나눌 수 있다(즉, 혼성화 과정은 네 개의 sp^3 궤도함수를 만들어 낸다). 보라색이 본래 용액의 붉은색과 푸른색 성분으로 되어 있는 것처럼 sp^3 혼성 궤도함수는 *s*와 *p* 궤도함수 특징을 갖는다.

sp^3 혼성화의 또 다른 예는 암모니아(NH_3)이다. 표 8.2는 4개 전자쌍의 배치가 사면체 모양임을 보여주고, 따라서 CH_4의 C처럼 N이 sp^3로 혼성화된다고 가정함으로써 NH_3의 결합을 설명할 수 있다. N의 바닥 상태 전자 배치는 $1s^22s^22p^3$이고 따라서 sp^3 혼성화된 N 원자의 궤도함수 도표는 다음과 같다.

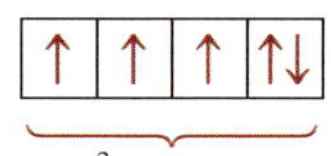

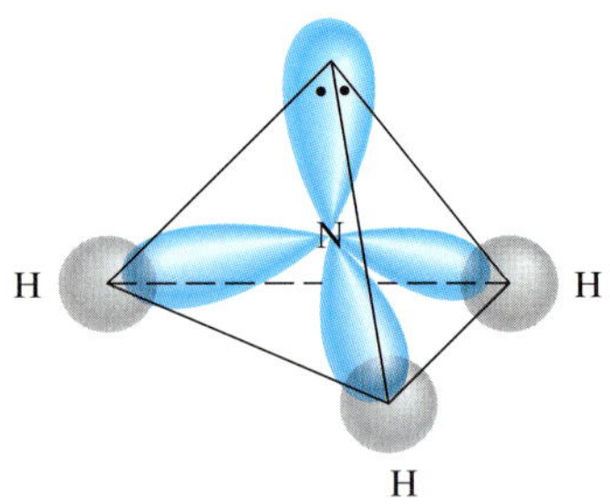

그림 8.14 • 암모니아에서 sp^3 혼성화된 질소 원자. 세 개의 sp^3 혼성 궤도함수는 수소 원자와 결합을 형성한다. 네 번째 궤도함수에는 질소의 고립쌍이 있게 된다.

sp^3 혼성 궤도함수 중 세 개는 N—H 공유 결합을 형성하며, 4번째 혼성 궤도함수는 질소에 고립 전자쌍을 갖게 된다(그림 8.14). 고립쌍 전자와 결합 궤도함수의 전자 사이의 반발 작용으로 인해 HNH 결합각은 109.5°에서 107.3°로 감소한다.

혼성화와 VSEPR 모형 사이의 관계를 이해하는 것이 중요하다. VSEPR 모형을 사용하여 전자쌍의 배열을 예측할 수 있을 때만 결합 도표를 나타내기 위해 혼성화를 사용한다. VSEPR 모형으로 전자쌍의 사면체 배열을 예측한다면, 한 개의 *s*와 세 개의 *p* 궤도함수가 혼성화하여 네 개의 sp^3 혼성 궤도함수를 생성된다고 가정한다. 다음은 다른 형태의 혼성에 대한 예이다.

sp 혼성화

염화 베릴륨($BeCl_2$) 분자는 VSEPR에 의해 선형으로 예측된다. Be의 원자가전자에 대한 궤도함수 도표는 다음과 같다.

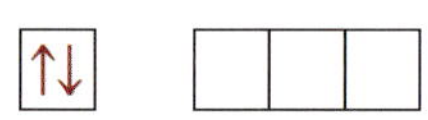

바닥 상태의 Be 전자는 2*s* 궤도함수에 짝을 이루고 있어서 바닥 상태에서는 Cl와 공유 결합을 형성하지 못한다고 알려져 있다. 따라서 Be의 결합 행동을 설명하기 위해서 혼성화에 의존한다. 먼저 2*s* 전자 하나가 2*p* 궤도함수로 전이하여 다음과 같은 결과가 얻어진다.

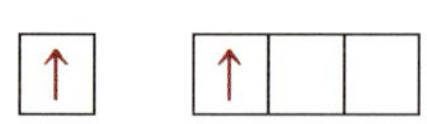

이제 결합에 사용할 수 있는 두 개의 Be의 궤도함수 2*s*와 2*p*가 있다. 그러나 두 개의 Cl 원자가 들뜬 상태에 있는 Be와 결합하면, 한 Cl 원자는 하나의 2*s* 전자를 공유하고, 또 다른 Cl은 한 개의 2*p* 전자를 공유하여 두 개의 다른 BeCl 결합을 형성한다. 이러한 도표는 실험 사실과 상반된다. 실제 $BeCl_2$ 분자에서 두 개의 BeCl 결합은 모든 면에서 동일하다. 따라서 2*s*와 2*p* 궤도함수가 혼성되어 동등한 두 개의 *sp* 혼성 궤도함수를 형성하여야 한다.

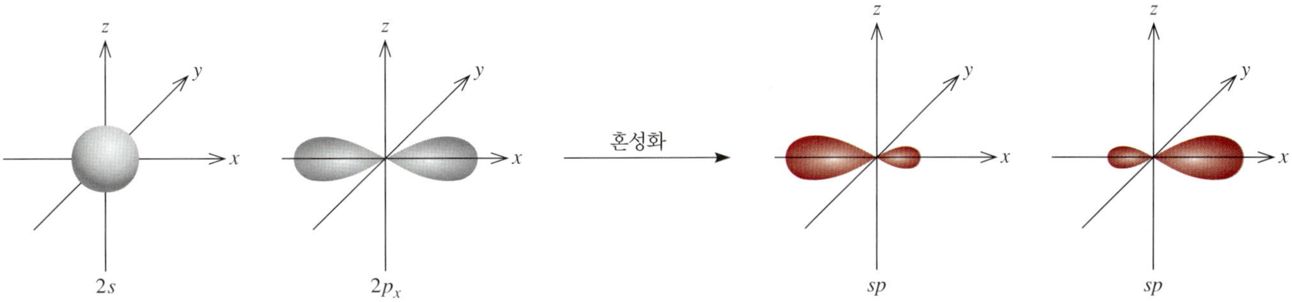

그림 8.15 • 하나의 2s와 하나의 2p 궤도함수로부터 sp 혼성 궤도함수의 형성.

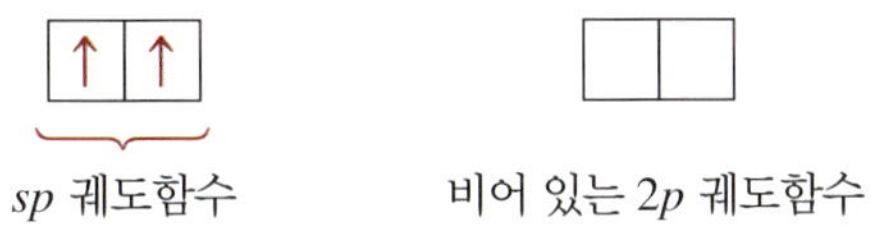

그림 8.16 • $BeCl_2$의 선형 기하 구조는 Be가 sp 혼성화하는 것으로 가정하여 설명된다. 두 개의 sp 혼성 궤도함수는 두 개의 염소 3p 궤도함수와 겹쳐져서 두 개의 공유 결합을 형성한다.

그림 8.15는 *sp* 궤도함수의 모양과 배향을 나타낸다. 이 두 혼성 궤도함수는 같은 선상(*x*축)에 있으며, 따라서 이들 사이의 각도는 180°이다. BeCl 결합은 각각 Be의 *sp* 혼성 궤도함수와 Cl의 3*p* 궤도함수가 중첩하여 형성되며, 그 결과로 나온 $BeCl_2$ 분자는 선형 기하 구조를 갖는다(그림 8.16).

sp^2 혼성화

다음에는 VSEPR을 기초로 평면 기하 구조라고 알려진 BF_3(삼플루오린화 붕소) 분자를 살펴보자. 원자가전자만 고려하면 B의 궤도함수 도표는 다음과 같다.

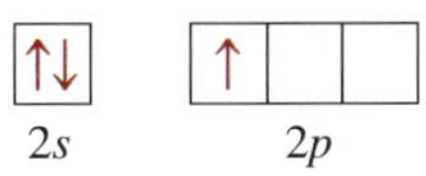

먼저, 2*s* 전자 하나를 비어 있는 2*p* 궤도함수로 전이시킨다.

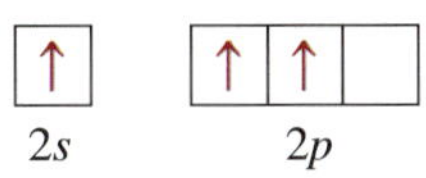

2*s* 궤도함수를 두 개의 2*p* 궤도함수와 혼합하면 세 개의 sp^2 혼성 궤도함수가 생긴다.

sp^2는 *s-p* two라고 읽는다.

이 세 개의 sp^2 궤도함수는 평면상에 있으며, 그들 중 둘 사이 각도는 모두 120°이다(그림 8.17). 붕소의 sp^2 혼성 궤도함수와 플루오린 원자의 2*p* 궤도함수가 중첩되어 각 BF 결합이 형성된다(그림 8.18). BF_3 분자는 모든 FBF 각이 120°인 평면형이다. 이 결과는 실험을 통한 사실과 일치하며, VSEPR 예측과도 일치한다.

혼성화와 팔전자 규칙 사이에서 흥미 있는 관계를 알고 있을 것이다. 혼성화의 유형과는 무관하게 *s* 궤도함수 하나와 세 개의 *p* 궤도함수로부터 출발하는 원자는 네 개의 궤도함수를 가지며, 한 화합물에서 총 8개의 전자를 충분히 수용한다. 주기율표의 2주기 원소에 대해 이들 원자 중 어떤 원자도 원자가껍질에서 수용할 수 있는 전자는 최대치가 8개이다. 이것은 팔전자계 법칙이 주로 2주기 원소들에 의해 보통 적용되기 때문이다.

3주기 원소의 원자에서는 상황이 다르다. 원자의 3*s*와 3*p* 궤도함수만을 사용하여 분자에서 혼성 궤도함수가 형성된다면 그 때는 팔전자 규칙이 적용된다. 하지만 어떤 분자에서는 같은 원자가 혼성 궤도함수를 형성할 때 3*s*와 3*p* 궤도함수뿐만 아니라 하나 이상의 3*d* 궤도

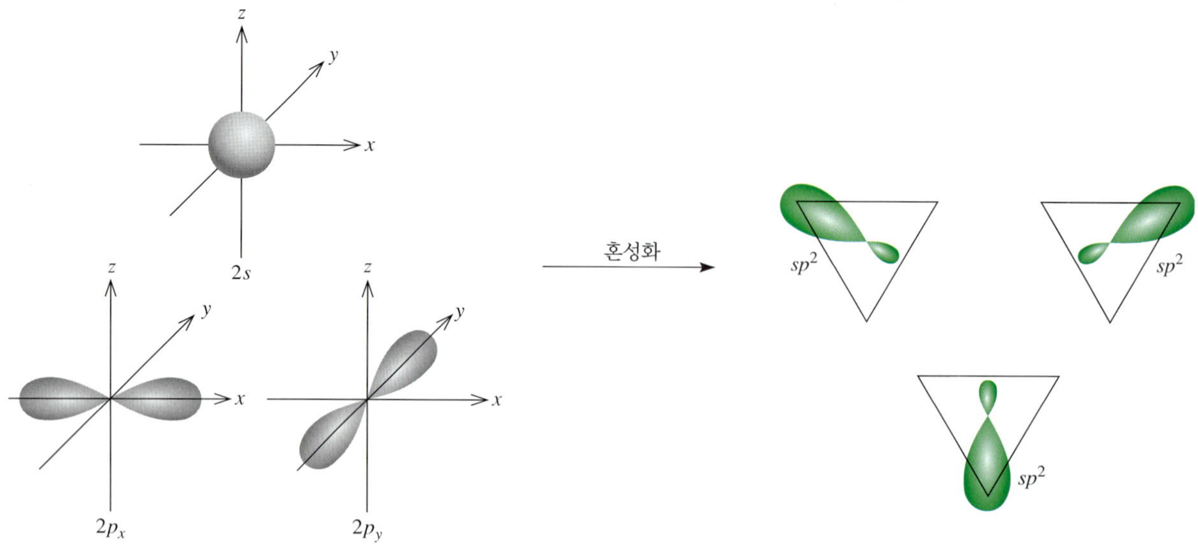

그림 8.17 • 하나의 2s와 두 개의 2p 궤도함수로부터 세 sp^2 혼성 궤도함수의 형성. sp^2 궤도함수는 정삼각형의 꼭지점으로 향한다.

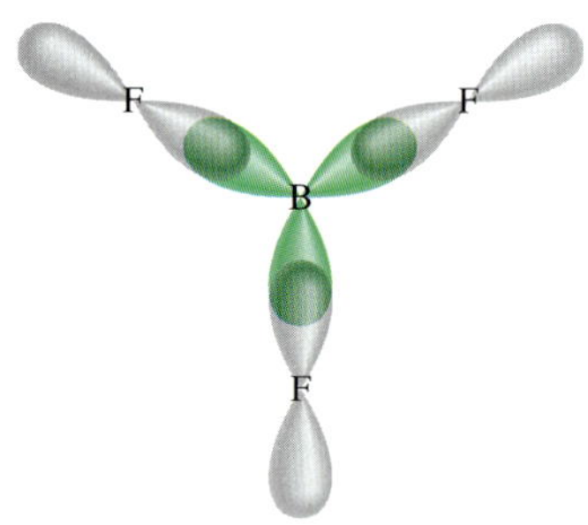

그림 8.18 • 붕소의 sp^2 혼성 궤도함수는 플루오린의 2p 궤도함수와 겹쳐진다. BF_3 분자는 평면이며, 모든 FBF각은 120°이다.

함수를 사용할 수도 있다. 이들 경우에서는 팔전자 규칙은 맞지 않는다. 3*d* 궤도함수가 혼성화에 관계하는 특별한 예를 곧 볼 것이다.

혼성화에 대한 논의를 요약하면 다음과 같다.

1. 혼성화 개념은 고립 원자에는 적용되지 않는다. 이는 공유 결합을 설명하기 위해서만 사용되는 이론이다.
2. 혼성화는 적어도 2개의 동등하지 않은 원자 궤도함수(예, *s*와 *p*)의 혼합이다. 따라서 순수한 원자 궤도함수는 아니다. 혼성 궤도함수와 순수한 원자 궤도함수는 다른 모양을 갖는다.
3. 생성된 혼성 궤도함수의 수는 혼성과정에 참여한 순수한 원자 궤도함수의 수와 같다.
4. 혼성화는 에너지의 투입을 필요로 한다. 그러나 결합이 형성되는 동안 이보다 더 큰 에너지를 얻는다.
5. 다원자 분자 및 이온에서 공유 결합은 혼성 궤도함수 또는 혼성 궤도함수와 비혼성 궤도함수 사이의 겹침으로 생성된다. 그러므로 혼성 궤도함수 결합 설명은 여전히 원자가 결합 이론 체계 안에 있다. 분자 속에 있는 원자는 각 원자의 혼성 궤도함수를 차지한다고 가정한다.

표 8.5에 *sp*, sp^2, sp^3 혼성화(곧 논의하게 될 다른 형태와 함께)를 요약하여 놓았다.

》 원자 궤도함수의 혼성화를 위한 절차

d 궤도함수의 혼성화를 계속 설명하기에 앞서, 일반적으로 다원자 분자 내에서 혼성화 개념을 결합에 적용하기 위해서는 무엇을 알아야 할 필요가 있는지를 상세히 설명하기로 한다. 본질적으로 혼성화는 간단하게 루이스 이론과 VSEPR 모형을 확장한다. 분자의 중심 원자에 알맞은 혼성화 상태를 결정하기 위해서 분자의 기하 구조에 대한 생각을 가져야 한다. 절차는 다음과 같다.

1. 분자의 루이스 구조를 그린다.
2. VSEPR 모형을 사용하여 전자쌍(결합 전자쌍 및 고립 전자쌍)의 전체적 배열을 예측한다(표 8.2 참조).
3. 전자쌍 배열과 표 8.5에 있는 혼성 궤도함수의 배열이 일치하도록 중심 원자의 혼성화를 유추한다.

표 8.5 중요한 혼성 궤도함수와 그 모양

중심 원자의 순수한 원자 궤도함수	중심 원자의 혼성화	혼성 궤도함수의 수	혼성 궤도함수의 모양	예
s, *p*	*sp*	2	 선형	$BeCl_2$
s, *p*, *p*	sp^2	3	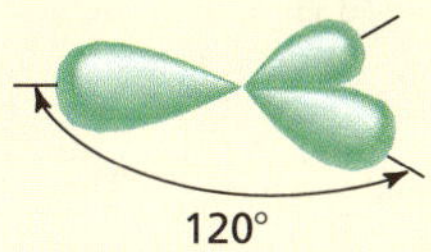 삼각 평면	BF_3
s, *p*, *p*, *p*	sp^3	4	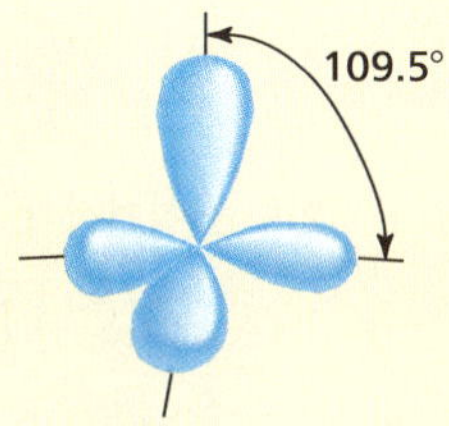 사면체	CH_4, NH_4^+
s, *p*, *p*, *p*, *d*	sp^3d	5	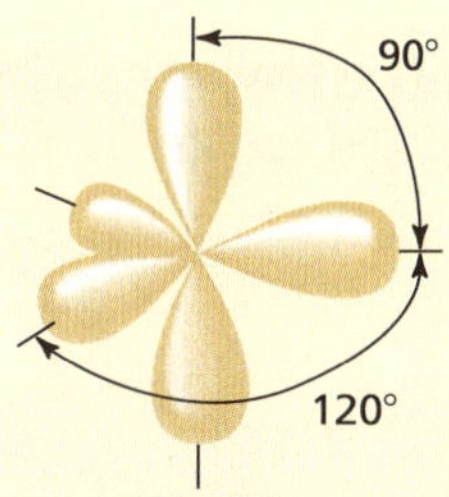 삼각 쌍뿔	PCl_5
s, *p*, *p*, *p*, *d*, *d*	sp^3d^2	6	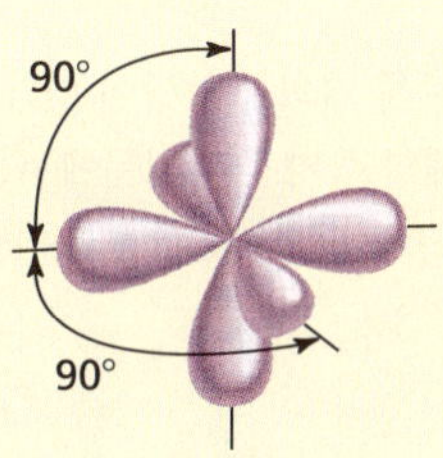 팔면체	SF_6

예제 8.15

다음 각 분자에서 중심(밑줄 그은) 원자의 혼성화 상태를 결정하시오. (a) $\underline{Be}H_2$, (b) $\underline{Al}I_3$, (c) $\underline{P}F_3$. 각 경우에 대해 혼성화 과정을 기술하고 분자 기하 구조를 결정하시오.

▸ **전략** 분자에서 중심 원자의 혼성화를 결정하는 단계.

분자의 루이스 구조를 그린다. ⟶ VSEPR을 사용하여 중심 원자 주위에 전자쌍 배열을 결정한다 (표 8.2 참조). ⟶ 표 8.5를 사용하여 중심 원자의 혼성화 상태를 결정한다.

▸ **풀이**

(a) Be의 바닥 상태 전자 배치는 $1s^22s^2$이며, Be 원자에는 원자가전자가 두 개 있다. BeH_2의 루이스 구조는 다음과 같다.

H—Be—H

BeH_2

Be 주위에 두 개의 결합쌍이 있다. 그래서 전자쌍 배열은 직선형이다. *sp* 궤도함수는 직선형 배열을 가지기 때문에 Be는 H와 결합할 때 *sp* 혼성 궤도함수를 사용한다고 결론내릴 수 있다(표 8.5 참조). 혼성화 과정은 다음과 같이 일어난다고 예상된다. 우선 Be의 바닥 상태에 대한 궤도함수 도표를 그리면

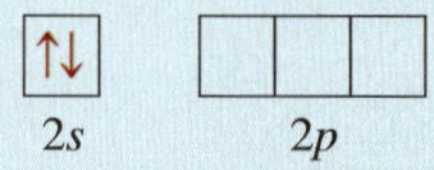

2*s* 전자 하나를 2*p* 궤도함수로 전이시켜서 들뜬 상태를 얻는다.

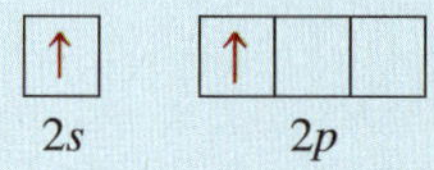

다음 2*s*와 2*p* 궤도함수를 섞어서 두 개의 혼성 궤도함수를 만든다.

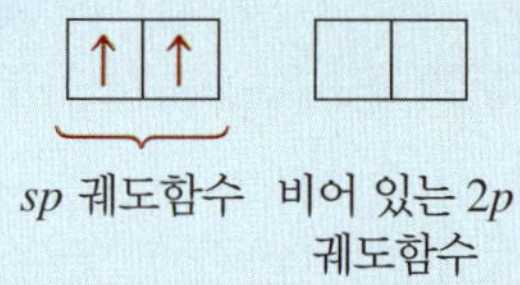

수소 원자의 1*s* 궤도함수와 Be *sp* 궤도함수의 겹침에 의해 두 개의 Be—H 결합이 형성된다. 따라서 BeH_2는 선형 분자이다.

(b) Al의 바닥 상태의 전자 배치는 $[Ne]3s^23p^1$이다. 따라서 Al 원자에는 원자가전자가 3개 있다. AlI_3의 루이스 구조는 다음과 같다.

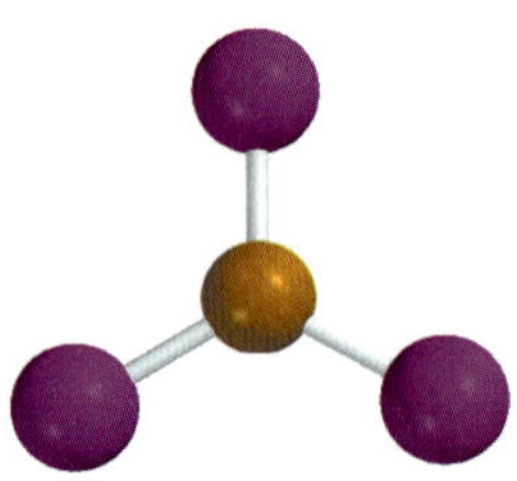

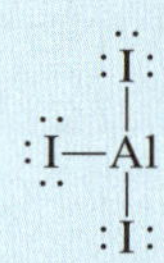

AlI_3

Al 주위에는 세 개의 전자쌍이 있다. 그러므로 전자쌍 배열은 삼각 평면형이다. sp^2 궤도함수는 삼각 평면 배열을 가지기 때문에 Al은 I와 결합에서 sp^2 혼성 궤도함수를 사용한다고 결론된다(표 8.5 참조). 바닥 상태 Al 원자의 궤도함수 도표는 다음과 같다.

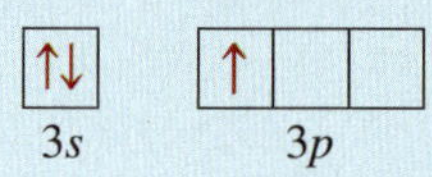

3*s* 전자 하나가 3*p* 궤도함수로 전이됨으로써 다음과 같은 들뜬 상태를 얻는다.

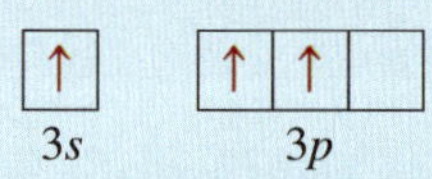

다음 2개의 3*s*와 3*p* 궤도함수가 혼성하여 세 개의 sp^2 혼성 궤도함수를 형성한다.

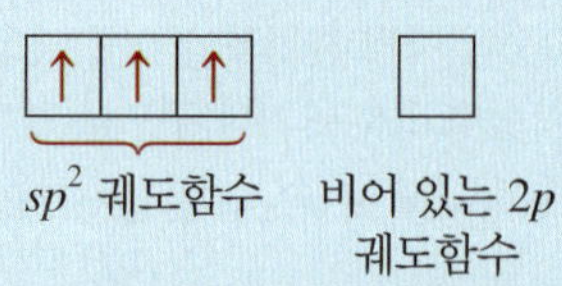

세 개의 공유성 Al—I 결합을 형성하기 위해 I의 5*p* 궤도함수와 sp^2 혼성 궤도함수가 겹친다. AlI_3 분자는 삼각 평면이며, 모든 IAlI 각은 120°로 예측할 수 있다.

(c) P의 바닥 전자 배치는 $[Ne]3s^23p^3$이다. 따라서 P 원자에는 원자가전자가 5개 있으며, PF_3의 루이스 구조는 다음과 같다.

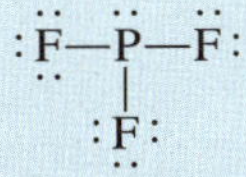

P 주위에는 4개의 전자쌍이 있다. 그러므로 전자쌍 배열은 사면체형이다. sp^3 궤도함수는 사면체 배열을 가지기 때문에 F와 결합하는 데 P는 sp^3 혼성 궤도함수를 사용하는 것으로 결론내릴 수 있다(표 8.5 참조). 혼성화 과정은 다음과 같이 일어난다고 추측할 수 있다.

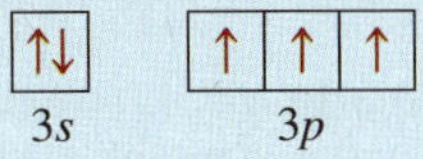

3s와 3p 궤도함수가 혼합되어 네 개의 sp^3 혼성 궤도함수를 얻는다.

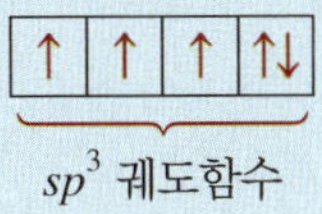

NH_3 경우에서와 같이 한 sp^3 혼성 궤도함수는 P에 있는 고립 전자쌍을 수용하는 데 사용된다. 다른 세 개의 sp^3 혼성 궤도함수는 F 원자에 있는 2p 궤도함수와 함께 공유 결합 P—F를 형성한다. 분자의 기하 구조는 삼각뿔로 예상되며 FPF 결합각은 109.5°보다 약간 작게 된다.

▸ **실전 연습** 다음 화합물에서 밑줄 그은 원자의 혼성 상태를 결정하시오. (a) <u>Si</u>Br_4, (b) <u>B</u>Cl_3.

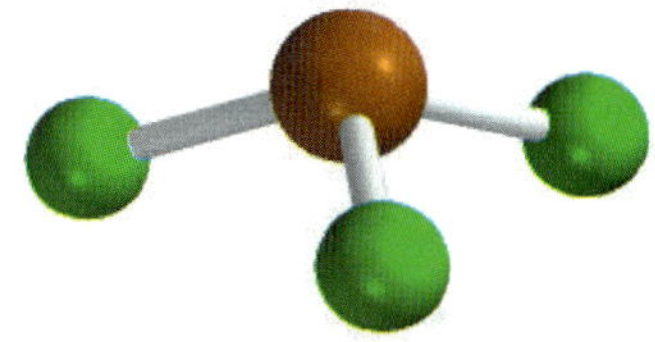

PF_3

비슷한 문제: 8.90, 8.91.

s, p, d 궤도함수의 혼성화

혼성화가 s와 p 궤도함수를 포함하는 결합을 잘 설명함을 보았다. 그러나 3주기 이상에 있는 원소들에 대해서는 s와 p 궤도함수만의 혼성화를 가정하여 분자의 기하 구조를 항상 설명할 수 없다. 예를 들어, 삼각 쌍뿔과 팔면체 기하 구조를 가진 분자 형성을 이해하기 위해서는 d 궤도함수를 혼성화 개념에 포함시켜야 한다.

예를 들어, SF_6 분자를 생각해 보자. 8.9절에서 이 분자가 팔면체 구조임을 보았는데 이것은 또한 여섯 전자쌍의 배열이다. 표 8.5는 S 원자가 SF_6에서 sp^3d^2로 혼성화되어 있음을 보인다. S의 바닥 상태 전자 배치는 $[Ne]3s^23p^4$이다.

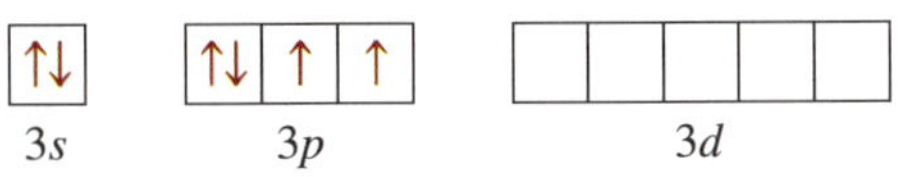

3d 준위는 3s와 3p 준위와 에너지가 매우 가깝기 때문에 3s와 3p 전자를 두 개의 3d 궤도함수로 전이시킬 수 있다.

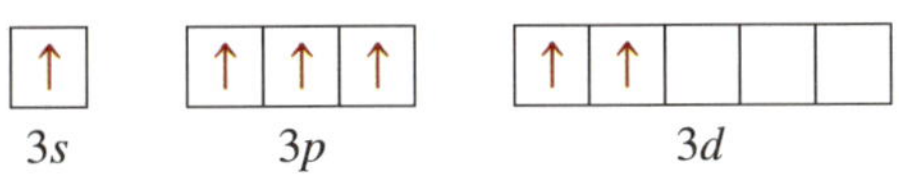

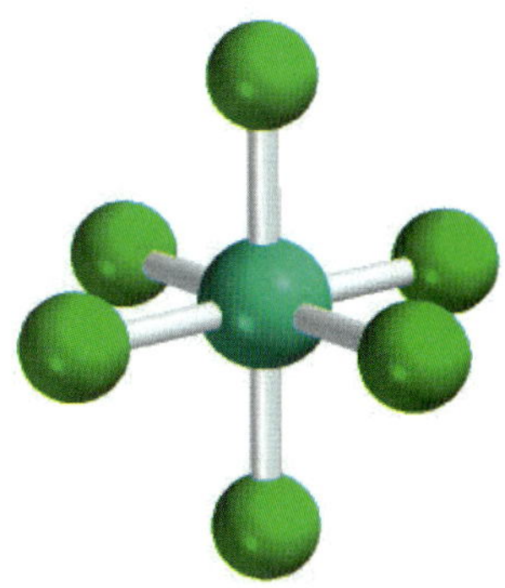

SF_6

3s와 세 개의 3p와 두 개의 3d 궤도함수를 섞어 6개의 sp^3d^2 혼성 궤도함수를 생성한다.

sp^3d^2는 s-p three d two로 읽는다.

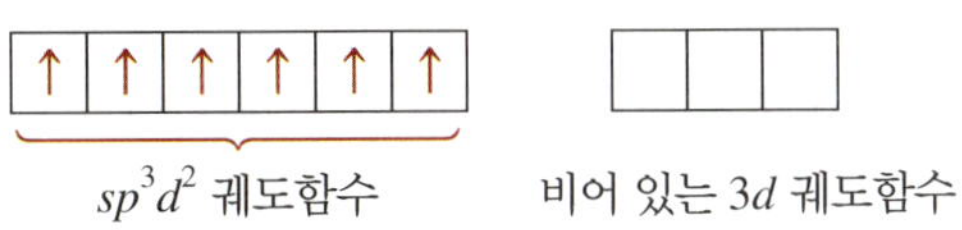

원자의 2p 궤도함수와 S 원자의 혼성 궤도함수가 겹쳐져 6개의 S—F 결합이 형성된다. S 원자 주변에는 12개의 전자가 있기 때문에 팔전자 규칙이 위반된다. s와 p 궤도함수와 함께 d 궤도함수를 사용하여 확장된 팔전자(8.8절 참조)를 이루는 것은 *원자가껍질 확장*의 한 예이다. 3주기 원소와는 달리, 2주기 원소는 2d 에너지 준위를 갖지 않는다($n = 2$일 때, $l = 0$과 1임을 기억하라. 따라서 2s와 2p 궤도함수만 가질 수 있다). 그러므로 이들은 원자가껍질을 확장할 수 없다. 이런 까닭에 2주기 원소의 원자는 어떤 혼합물에서도 8개보다 많은 전자로 둘러싸일 수 없다.

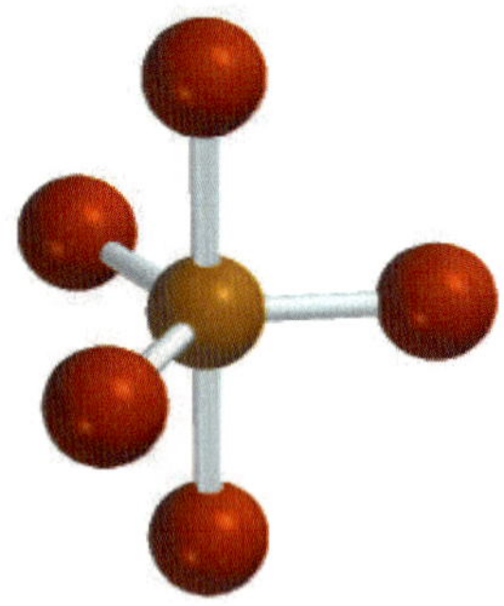

PBr_5

비슷한 문제: 8.99.

예제 8.16

오브로민화 인(PBr_5)에서 인의 혼성화 상태를 설명하시오.

▸ **전략** 예제 8.5에 나타낸 것과 같은 과정을 따른다.

▸ **풀이** P의 바닥 상태 전자 배치는 $[Ne]3s^23p^3$이다. 그러므로 P 원자는 원자가전자 5개를 가진다. PBr_5의 루이스 구조식은 다음과 같다.

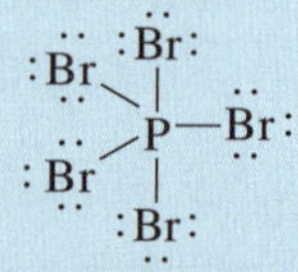

P 주위에는 5개의 전자쌍이 있다. 그러므로 전자쌍 배열은 삼각 쌍뿔형이다. sp^3d 혼성 궤도함수는 삼각 쌍뿔 배열을 가지기 때문에(표 8.5 참조) P는 sp^3d 혼성 궤도함수를 사용하여 Br과 결합하는 것으로 결론지을 수 있다. 혼성화 과정은 다음과 같이 생각할 수 있다. 바닥 상태 P 원자의 궤도함수 도표는 다음과 같다.

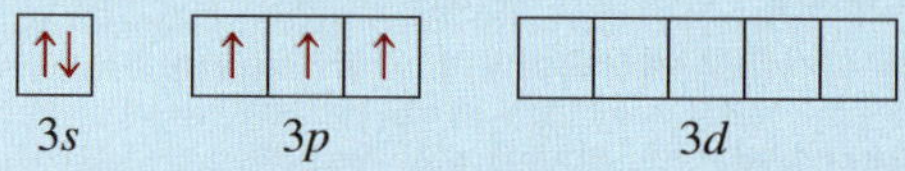

3s 전자 하나를 3d 궤도함수로 전이시키면, 다음과 같은 들뜬 상태가 된다.

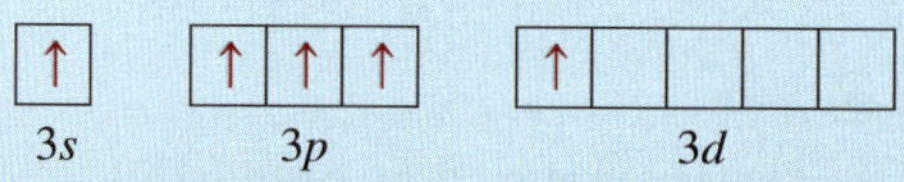

3s 1개, 3p 3개, 3d 궤도함수 1개가 혼성하여 5개의 sp^3d 혼성 궤도함수를 생성한다.

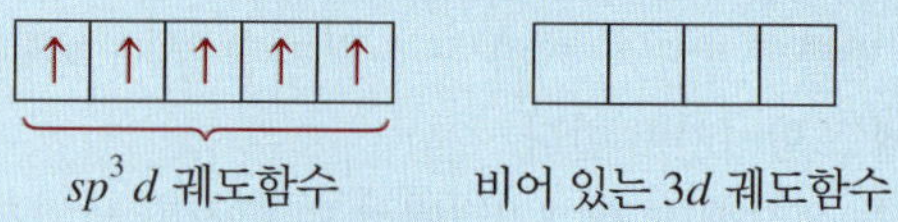

이들 혼성 궤도함수는 Br의 4p 궤도함수와 중첩하여 5개의 P—Br 공유 결합을 형성한다. P 원자에는 고립 전자쌍이 없기 때문에 PBr_5의 기하 구조는 삼각 쌍뿔이다.

▸ **실전 연습** SeF_6에서 Se의 혼성화 상태를 설명하시오.

☑ 개념 복습하기

sp^4 혼성 궤도함수는 왜 불가능한가?

동영상
시그마 결합과 파이 결합.

8.13 이중 결합과 삼중 결합을 포함하는 분자의 혼성화

혼성화의 개념은 이중 결합과 삼중 결합이 있는 분자에도 유용하다. 예를 들어, 에틸렌 분자(C_2H_4)를 생각해 보자. 예제 8.13에서 C_2H_4는 탄소-탄소 이중 결합을 포함하며 평면 기하 구조를 가지고 있음을 알았다. 각 탄소 원자가 sp^2 혼성화되었다고 가정하면 기하 구조와 결합을 모두 이해할 수 있다. 그림 8.19는 이러한 혼성화 과정의 궤도함수 도표를 나타낸다. $2p_x$와 $2p_y$ 궤도함수만 2s 궤도함수와 조합되며, $2p_z$ 궤도함수는 혼성화하지 않은 채로 남아있다고 가정한다. 그림 8.20은 $2p_z$ 궤도함수가 혼성 궤도함수 평면과 수직임을 보여준다. 이제 탄소 원자의 결합을 어떻게 설명할 수 있을까? 그림 8.21(a)에서 보듯 각 탄소 원자는 세 개의 sp^3 혼성 궤도함수를 사용하여 두 수소의 1s 궤도함수와 2개의 결합을 형성하고 인접한 C 원자의 sp^2 혼성 궤도함수와 하나의 결합을 형성한다. 또한 C 원자의 비혼성화된 두 $2p_z$ 궤도함수는 옆으로 중첩하여 또 다른 결합을 형성한다[그림 8.21(b)].

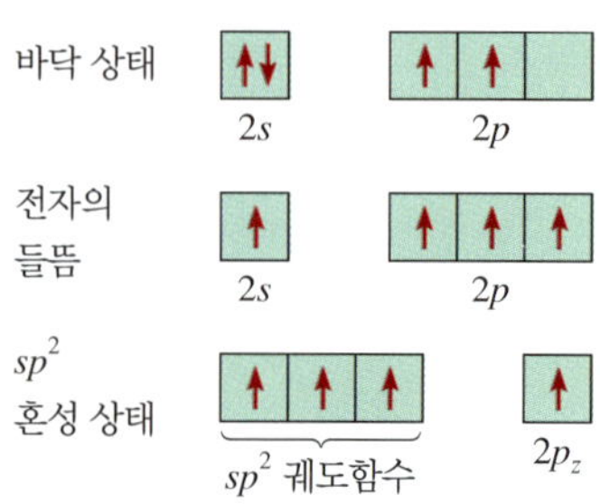

그림 8.19 • 탄소 원자의 sp^2 혼성화. 2s 궤도함수가 두 개의 2p 궤도함수와만 혼성되어 세 개의 동일한 sp^2 혼성 궤도함수를 형성한다. 이 과정에서 혼성화하지 않은 궤도함수, 즉 2p 궤도함수에 전자 한 개가 남게 된다.

C_2H_4에서 두 유형의 공유 결합 사이에는 차이가 있다. 그림 8.21(a)에서 각 C 원자에 의

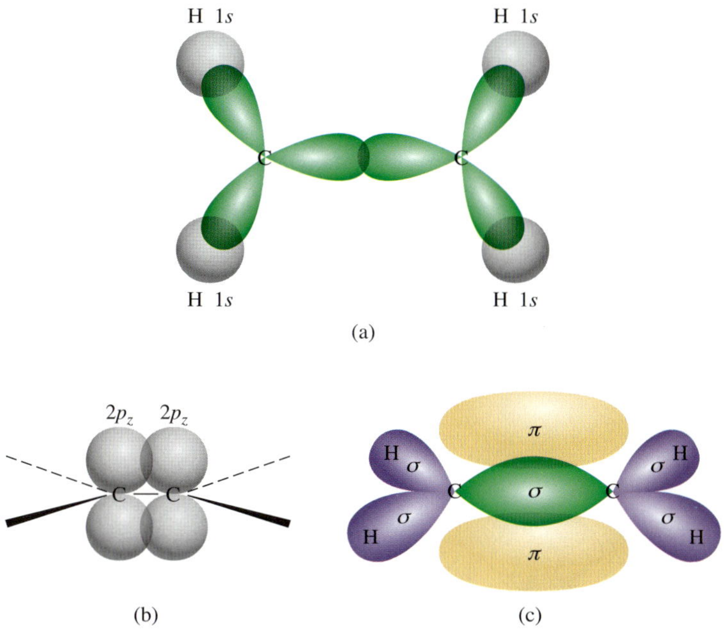

그림 8.21 • 에틸렌(C_2H_4)에서의 결합. (a) 탄소 원자 사이의 시그마 결합과 탄소와 수소 원자 사이의 시그마 결합. 모든 원자들이 같은 평면에 놓여 C_2H_4는 평면 분자이다. (b) 어떻게 두 개의 탄소 원자에 있는 두 $2p_z$ 궤도함수가 겹쳐져 파이 결합을 형성하는지를 보이는 측면도. 실선, 쇄선, 쐐기선은 시그마 결합의 방향을 나타낸다. (c) (a)와 (b)에서의 상호작용으로 에틸렌에 시그마 결합과 파이 결합이 형성된다. 파이 결합은 분자 평면의 위 아래에 놓인다.

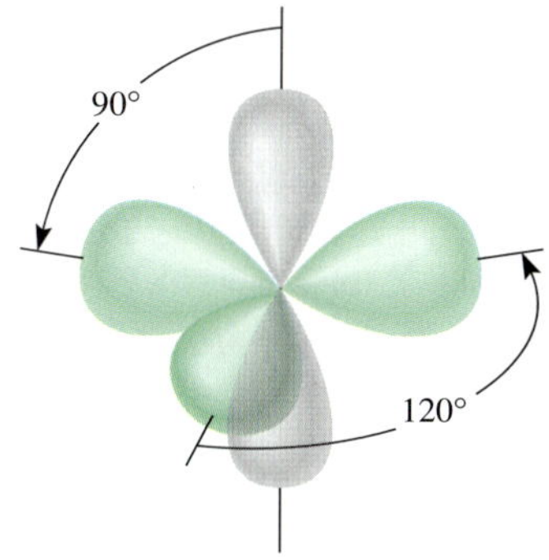

그림 8.20 • C_2H_4 분자에서 각 탄소 원자는 세 개의 sp^2 혼성 궤도함수(초록색)와 혼성 궤도함수 평면에 수직인 혼성화되지 않은 한 개의 $2p_z$ 궤도함수(회색)을 가진다.

해 형성된 세 결합은 모두 **시그마 결합**(σ bond)이다. 즉, *결합 원자의 핵 사이로 전자 밀도가 집중되는 궤도함수의 끝과 끝이 중첩하여 형성된 공유 결합이다*. 한편, 두 번째 형태는 **파이 결합**(π bond)이라고 부르며, 이는 *탄소 궤도함수가 옆으로 중첩되어 형성된 공유 결합으로* 정의된다. 두 개의 탄소 원자는 그림 8.21(b)처럼 파이 결합을 형성한다. 에틸렌이 평면 기하 구조를 지닌 이유는 바로 파이 결합의 형성 때문이다. 그림 8.21(c)는 시그마 결합과 파이 결합의 방향성을 나타낸다. 그림 8.22는 평면 C_2H_4 분자와 파이 결합의 형성을 보는 또 다른 방법이다. 보통 탄소-탄소 이중 결합을 C$=$C(루이스 구조에서처럼)로 나타내지만, 두 결합은 유형이 다름을 명심하여야 한다. 하나는 시그마 결합이고, 다른 하나는 파이 결합이다. 실제로 탄소-탄소 사이의 파이 결합과 시그마 결합의 결합 엔탈피는 각각 약 270 kJ/mol과 350 kJ/mol이다.

아세틸렌 분자(C_2H_2)는 탄소-탄소 삼중 결합을 포함한다. 분자는 선형이기 때문에, 각 C 원자가 2*s*와 2*p*를 섞어서 *sp* 혼성화되었다고 가정하여 기하 구조와 결합을 설명할 수 있다(그림 8.23). 그림 8.24에 나타낸 바와 같이 각 C 원자의 두 *sp* 혼성 궤도함수는 수소의 1*s*

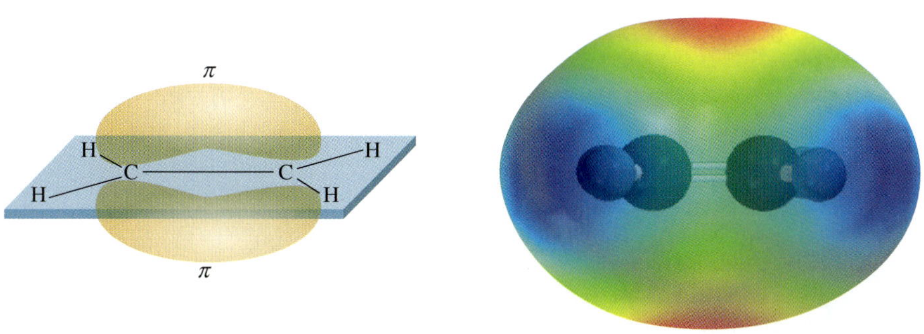

그림 8.22 • (a) C_2H_4 분자에서 파이 결합 형성의 또 다른 그림. 원자 여섯 개가 모두 같은 평면에 있음을 주목하라. 분자가 평면 구조를 갖는 것은 $2p_z$ 궤도함수가 겹치기 때문이다. (b) C_2H_4의 정전기 퍼텐셜 지도.

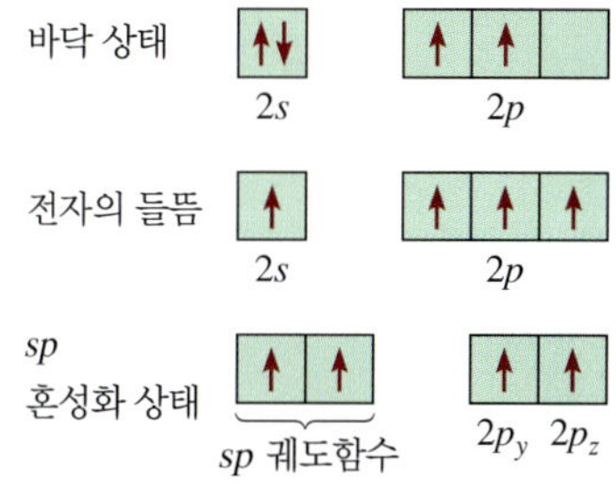

그림 8.23 • 탄소 원자의 *sp* 혼성화. 2*s* 궤도함수는 2*p* 궤도함수 하나와만 혼합되어 두 개의 *sp* 혼성 궤도함수를 만든다. 이 과정은 혼성화되지 않은 두 2*p* 궤도함수, 즉 $2p_y$와 $2p_z$ 궤도함수에 전자 하나씩을 남긴다.

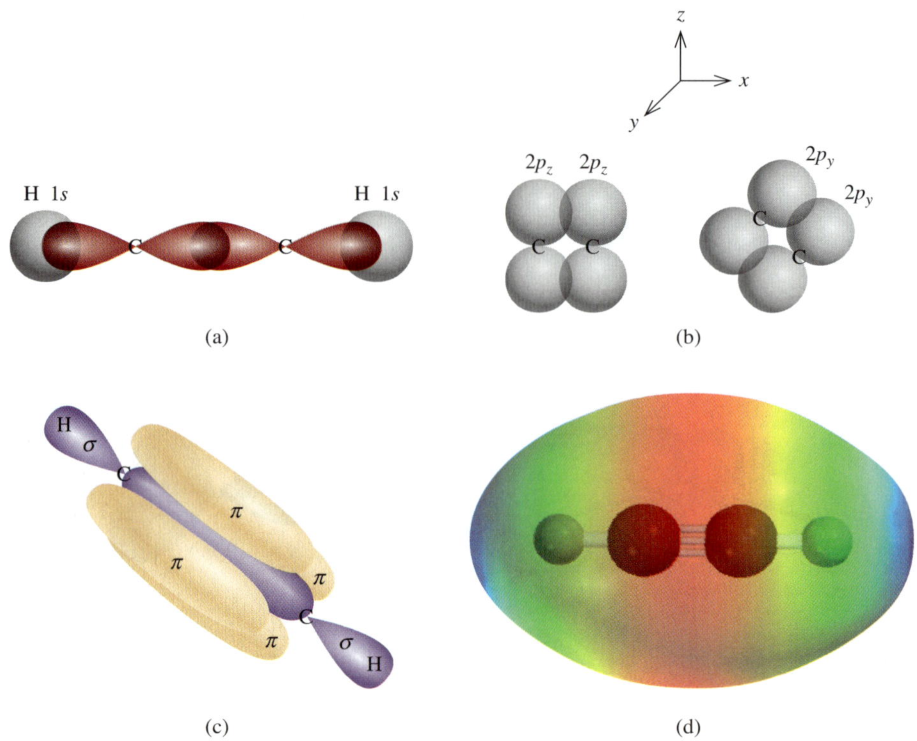

그림 8.24 • 아세틸렌(C_2H_2)에서의 결합. (a) 탄소 원자 사이에 *sp* 궤도함수의 겹침과 CH 원자 사이에 1*s* 궤도함수와의 겹침을 보여주는 위에서 본 그림. 모든 원자가 직선으로 나열되어 있다. 따라서 아세틸렌은 직선형 분자이다. (b) 두 개의 탄소 원자에 있는 두 $2p_y$ 궤도함수와 두 $2p_z$ 궤도함수의 겹침을 보여주는 옆에서 본 그림. (c) (a)와 (b)의 결과로 시그마 결합과 파이 결합의 형성. (d) C_2H_2의 정전기 퍼텐셜 지도.

궤도함수와 하나의 시그마 결합을 형성하며, 이웃 C 원자와 또 하나의 시그마 결합을 형성한다. 또한 혼성화되지 않은 $2p_y$와 $2p_z$ 궤도함수가 옆으로 중첩되어 두 개의 파이 결합이 형성된다. 따라서 C≡C 결합은 시그마 결합 하나와 파이 결합 두 개로 구성된다.

다중 결합을 포함한 분자에서의 혼성화를 예측하는 데 다음 규칙이 도움을 준다. 만일 중심 원자가 이중 결합을 형성하면 sp^2 혼성화이고, 두 개의 이중 결합이나 삼중 결합을 형성하면 *sp* 혼성화이다. 이 규칙은 2주기 원소의 원자에만 적용됨을 주목하라. 다중 결합을 형성하는 3주기 이후의 원소의 원자들은 보다 복잡한 그림을 나타내며, 여기서는 다루지 않는다.

CH_2O

예제 8.17

루이스 구조가 다음과 같은 폼알데하이드 분자의 결합을 설명하시오.

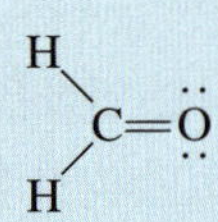

O 원자는 sp^2로 혼성화되었다고 가정한다.

▸ **전략** 예제 8.15과 같은 과정으로 한다.

▸ **풀이** C 원자 주위에는 세 개의 전자쌍이 있다. 따라서 전자쌍 배치는 삼각 평면형 구조이다(이중 결합은 VSEPR 모형에서는 단일 결합으로 취급함을 상기하라). sp^2 혼성 궤도함수가 삼각 평면 배열을 가지기 때문에 C는 결합에서 sp^2 혼성 궤도함수를 사용한다고 결론지을 수 있다(표 8.5 참조). 다음과 같이 C와 O에 대한 혼성화 과정을 예상할 수 있다.

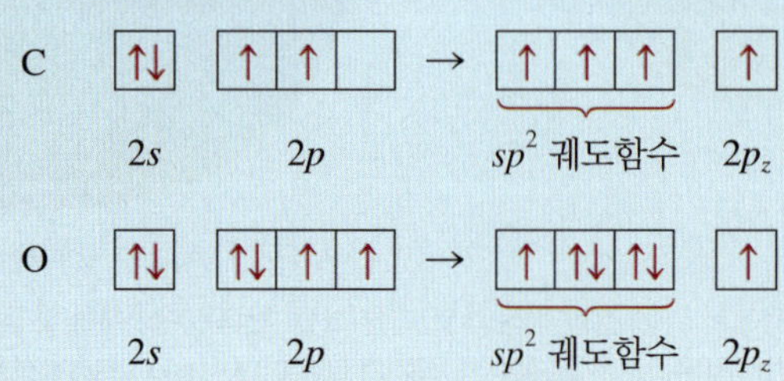

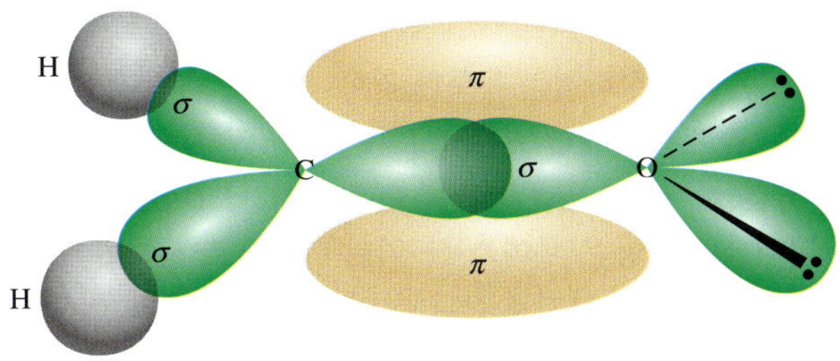

그림 8.25 • 폼알데하이드 분자의 결합. 시그마 결합은 탄소의 sp^2 혼성 궤도함수와 산소의 sp^2 혼성 궤도함수가 겹쳐져 형성된다. 파이 결합은 탄소와 산소 원자의 $2p_z$ 궤도함수가 겹쳐져 형성된다. 산소에 있는 두 개의 고립쌍은 산소의 다른 두 sp^2 궤도함수에 놓이게 된다.

탄소는 세 개의 sp^2 혼성 궤도함수 각각에 하나의 전자를 가지고 있어서 H 원자와 C 원자와 시그마 결합을 형성하는 데 사용된다. $2p_z$ 궤도함수에도 전자 하나가 있는데, 이것은 산소와 파이 결합을 형성한다. 산소는 두 sp^2 혼성 궤도함수에 두 개의 전자를 가지고 있다. 이들은 산소에 있는 고립쌍이다. 하나의 전자를 가진 세 번째 sp^2 혼성 궤도함수가 탄소와 시그마 결합을 형성한다. (하나의 전자를 가진) $2p_z$ 궤도함수는 탄소의 $2p_z$ 궤도함수와 겹쳐져 파이 결합을 형성한다(그림 8.25).

▸ **실전 연습** 사이안화 수소(HCN) 분자의 결합을 설명하시오. N은 sp 혼성을 한다고 가정한다.

비슷한 문제: 8.95, 8.98.

☑ 개념 복습하기

인접한 핵에 있는 원자 궤도함수의 다음 어느 쌍이 겹쳐져 시그마 결합을 형성하는가? 파이 결합은? 어느 것이 겹칠 수 없는가? x 축을 핵간 축으로 생각한다. (a) $1s$와 $2s$, (b) $1s$와 $2p_x$, (c) $2p_y$와 $2p_y$, (d) $3p_y$와 $3p_z$, (e) $2p_x$와 $3p_x$.

8.14 배위 화합물의 결합: 결정장 이론

일반적으로 전이 금속은 부분적으로 채워진 d 부껍질을 가지거나 부분적으로 채워진 d 부껍질을 갖는 이온을 쉽게 형성한다(그림 8.26). (Zn, Cd, Hg와 같은 2B족 금속은 종종 전이 금속이라 불리기도 하지만, 이와 같은 특징적인 전자 배치를 갖지 않기 때문에 실제로는 전이 금속의 범주에 속하지 않는다). 이와 같은 전자 배치로 인하여 특유의 색, 상자기성 화합물의 형성, 촉매 활성, 특히 착이온 형성에 대한 강한 경향성 등과 같은 주목할 만한 특징을 나타내

1 1A	2 2A	3 3B	4 4B	5 5B	6 6B	7 7B	8	9 8B	10	11 1B	12 2B	13 3A	14 4A	15 5A	16 6A	17 7A	18 8A
1 H																	2 He
3 Li	4 Be											5 B	6 C	7 N	8 O	9 F	10 Ne
11 Na	12 Mg											13 Al	14 Si	15 P	16 S	17 Cl	18 Ar
19 K	20 Ca	21 Sc	22 Ti	23 V	24 Cr	25 Mn	26 Fe	27 Co	28 Ni	29 Cu	30 Zn	31 Ga	32 Ge	33 As	34 Se	35 Br	36 Kr
37 Rb	38 Sr	39 Y	40 Zr	41 Nb	42 Mo	43 Tc	44 Ru	45 Rh	46 Pd	47 Ag	48 Cd	49 In	50 Sn	51 Sb	52 Te	53 I	54 Xe
55 Cs	56 Ba	57 La	72 Hf	73 Ta	74 W	75 Re	76 Os	77 Ir	78 Pt	79 Au	80 Hg	81 Tl	82 Pb	83 Bi	84 Po	85 At	86 Rn
87 Fr	88 Ra	89 Ac	104 Rf	105 Db	106 Sg	107 Bh	108 Hs	109 Mt	110 Ds	111 Rg	112 Cn	113	114	115	116	117	118

그림 8.26 • 전이 금속(푸른색 사각형). 2B족 원소(Zn, Cd, Hg)는 금속이나 이온 모두 부분적으로 채워진 d 부껍질을 가지고 있지 않지만, 일부 화학자들은 이 원소들도 전이 금속으로 기술한다.

착이온은 한 개 이상의 이온이나 분자에 결합된 중심 금속 이온을 포함하고 있다. 착이온은 양이온이나 음이온이 될 수 있다.

게 된다.

전이 금속은 착이온을 형성하려는 독특한 경향이 있다. **배위 화합물**(coordination compound)은 *일반적으로 착이온과 상대 이온으로 구성되어 있다.*

착이온에서 금속을 둘러싸고 있는 분자나 이온을 **리간드**(ligand)라고 한다(표 8.6). 금속 원자와 리간드 사이의 상호작용은 루이스 산-염기 반응으로 생각할 수 있다. 루이스 산-염기에 대해서는 14.11절에서 공부하기로 한다. 루이스 염기는 한 개 이상의 전자쌍을 줄 수 있는 물질이다. 아래의 예에 나타낸 것과 같이 모든 리간드는 비공유 원자가 전자쌍을 적어도 한 개 이상 가지고 있다.

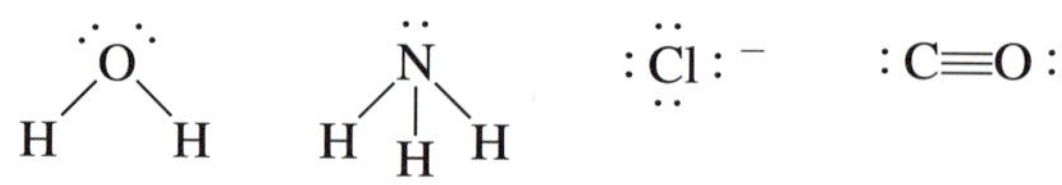

전이 금속 원자(중성 또는 양으로 하전된 상태)는 리간드로부터 전자쌍을 받아들여 공유한다. 따라서 금속-리간드 결합은 일반적으로 배위 공유 결합이다(8.8절 참조).

결정 격자에서 원자(또는 이온)의 배위수는 원자(또는 이온)를 둘러 싸고 있는 원자(또는 이온)의 수로 정의된다.

금속 원자에 직접 결합된 리간드의 원자를 **주개 원자**(donor atom)라고 한다. 예를 들어, $[Cu(NH_3)_4]^{2+}$ 착이온에서 주개 원자는 질소이다. 배위 화합물에서 **배위수**(coordination number)는 *착이온에서 중심 금속 원자를 둘러싸고 있는 주개 원자의 수*로 정의된다. 예를 들어, $[Ag(NH_3)_2]^+$에서 Ag^+의 배위수는 2, $[Cu(NH_3)_4]^{2+}$에서 Cu^{2+}의 배위수는 4, $[Fe(CN)_6]^{3-}$에서 Fe^{3+}의 배위수는 6이다.

리간드에 존재하는 주개 원자의 수에 따라 리간드는 *한 자리*(monodentate), *두 자리*

표 8.6 몇 가지 일반적인 리간드

이름	구조
	한 자리 리간드
암모니아	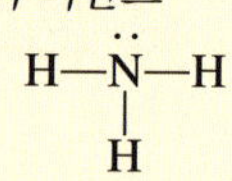
일산화 탄소	$:C\equiv O:$
염화 이온	$:\ddot{\underset{..}{Cl}}:^-$
사이안화 이온	$[:C\equiv N:]^-$
싸이오사이안산 이온	$[:\ddot{\underset{..}{S}}—C\equiv N:]^-$
물	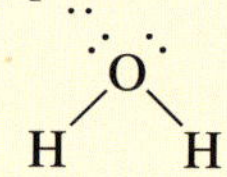
	두 자리 리간드
에틸렌다이아민	$H_2\ddot{N}—CH_2—CH_2—\ddot{N}H_2$
옥살산 이온	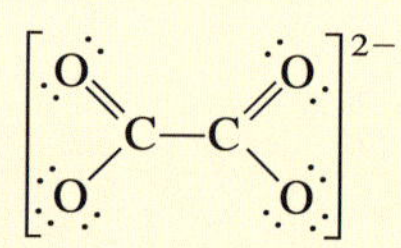
	여러 자리 리간드
에틸렌다이아민테트라아세트산 이온(EDTA)	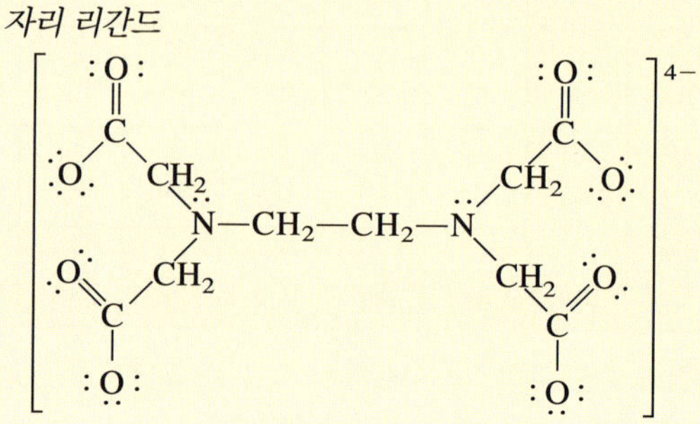

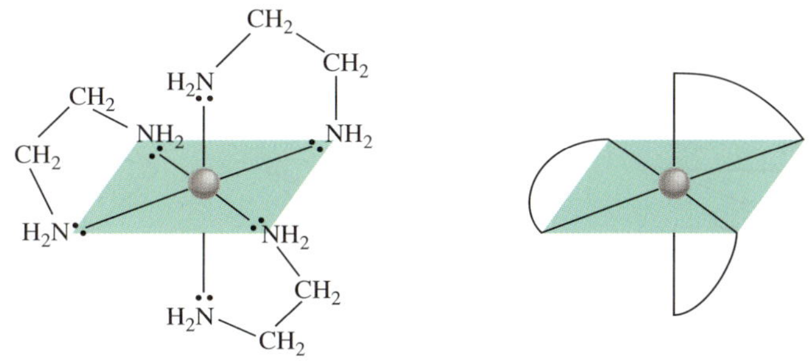

(a) (b)

그림 8.27 • (a) $[Co(en)_3]^{2+}$와 같은 금속-에틸렌다이아민 착물 양이온의 구조. 각 에틸렌다이아민 분자는 두 개의 N 주개 원자를 제공하므로 두 자리 리간드이다. (b) 같은 착물 양이온의 단순화된 구조.

(bidentate), 또는 *여러 자리*(polydentate) 리간드로 분류된다(표 8.6 참조). H_2O와 NH_3는 한 개의 주개 원자만을 갖는 한 자리 리간드이다. 에틸렌다이아민은 두 자리 리간드이다.

$$H_2\ddot{N}—CH_2—CH_2—\ddot{N}H_2$$

그림 8.27에 나타낸 바와 같이 두 개의 질소 원자가 금속 원자에 배위할 수 있다.

*두 자리 리간드 및 여러 자리 리간드*를 **킬레이트제**(chelating agent)라고 하는데, *마치 게의 집게발과 같이 금속 원자를 잡을 수 있기* 때문이다(그리스어 *chele*는 "*게*"를 의미함). 한 가지 예가 금속 중독 치료에 사용되는 여러 자리 리간드인 에틸렌다이아민테트라아세트산 이온(ethylenediaminetetraacetate ion, EDTA)이다(그림 8.28). 여섯 개의 주개 원자를 가지는 EDTA는 납과 매우 안정한 가용성의 착이온을 형성하기 때문에 혈액으로부터 착이온으로 제거된 납은 몸 밖으로 배설된다.

배위 화합물의 결합을 만족스럽게 설명할 수 있는 이론이라면 배위 화합물의 입체 화학과 결합 세기뿐만 아니라 색과 자성과 같은 성질도 설명할 수 있어야 한다. 하지만 아직까지 이 모든 것을 만족스럽게 설명해 줄 수 있는 단일 이론은 없다. 이와 같은 전이 금속 착물의 성질을 설명하기 위한 다양한 시도 중의 하나인 결정장 이론(crystal field theory)을 살펴보기로 하자. 결정장 이론으로 많은 배위 화합물의 색과 자기적 성질을 모두 설명할 수 있다.

우선 가장 쉽게 이해할 수 있는 팔면체 기하 구조를 갖는 착이온에 대해 결정장 이론을 적용시켜 설명한 후, 그 결과를 사면체 착물과 사각 평면 착물에 적용시키는 방법을 알아보도록 하자.

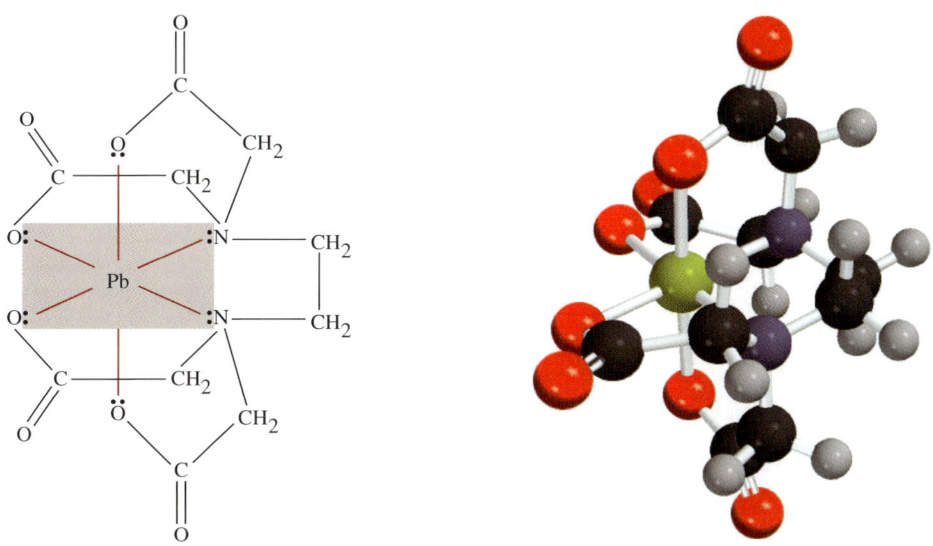

(a) (b)

그림 8.28 • (a) 납의 EDTA 착물. 각 산소 주개 원자가 −1의 전하를 가지며, 납 이온이 +2의 전하를 가지기 때문에 착물의 알짜 전하는 −2이다. 결합에 참여하는 고립 전자쌍만을 나타내었다. (b) Pb^{2+}−EDTA 착물의 분자 모형. 초록색 구가 Pb^{2+} 이온이다. Pb^{2+} 이온 주위에 주개 원자들에 의해 팔면체 구조가 형성된다.

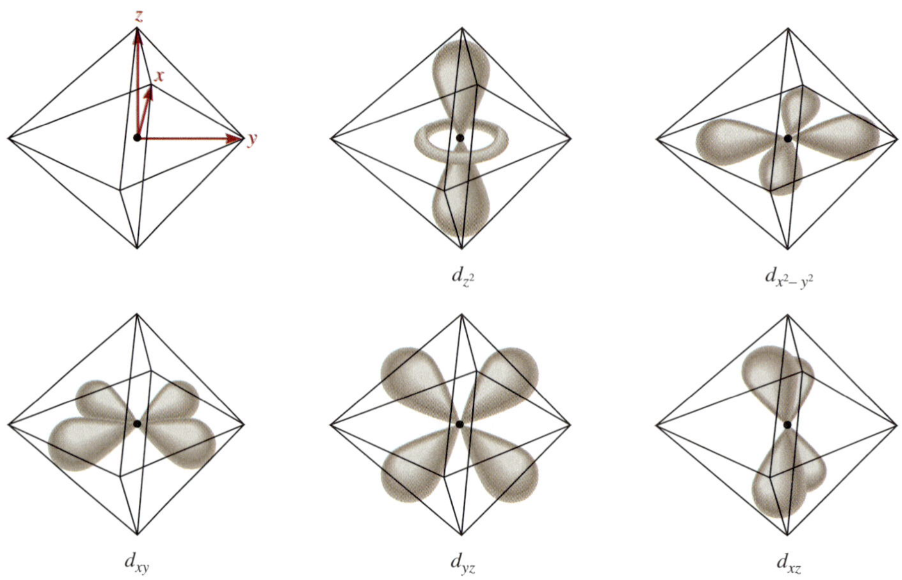

그림 8.29 • 팔면체 환경에 있는 다섯 개의 d 궤도함수. 금속 원자(또는 이온)는 팔면체 중심에 있으며, 리간드의 주개 원자에 있는 여섯 개의 고립 전자쌍은 꼭지점에 있다.

팔면체 착물에서 결정장 갈라짐

"결정장"이라는 용어는 고체 결정성 물질의 성질을 설명하기 위하여 사용한 이론과 관련이 있다. 동일한 이론을 배위 화합물 연구에 사용한 것이다.

결정장 이론에서는 착이온의 결합을 순수하게 정전기적 인력으로만 설명한다. 착이온에서 두 가지 형태의 정전기적 상호작용이 작용한다. 한 가지 상호작용은 양으로 하전된 금속 이온과 음으로 하전된 리간드(또는 극성 리간드에서 음의 부분 전하를 갖는 부분) 사이의 인력이다. 이 힘으로 인하여 금속과 리간드가 결합된다. 다른 한 가지 상호작용은 리간드의 고립 전자쌍과 금속의 d 궤도함수에 있는 전자들 사이의 정전기적 반발 작용이다.

7장에서 논의한 바와 같이 다섯 개의 d 궤도함수는 서로 다른 공간 배향을 가지지만, 외부의 방해가 없으면 다섯 개의 d 궤도함수는 모두 동일한 에너지를 갖는다. 팔면체 착물에서 중심 금속 원자는 (여섯 개의 리간드에 있는) 여섯 개의 고립 전자쌍으로 둘러싸여 있다. 따라서 다섯 개의 d 궤도함수는 모두 정전기적 반발력을 받는다. 이러한 반발력의 크기는 연관된 d 궤도함수의 공간 배향에 따라 다르다. 예를 들어, $d_{x^2-y^2}$ 궤도함수를 살펴보자. 그림 8.29에 나타낸 바와 같이 $d_{x^2-y^2}$ 궤도함수의 로브(lobe)는 x축과 y축을 따라 리간드의 고립 전자쌍이 위치하고 있는 팔면체의 꼭지점을 향하고 있다. 그러므로 이 궤도함수에 존재하는 전자는 d_{xy} 궤도함수에 존재는 전자보다 리간드로부터 더 큰 반발력을 받게 된다. 이와 같은 이유로 인하여 $d_{x^2-y^2}$ 궤도함수의 에너지는 d_{xy}, d_{yz}, d_{xz} 궤도함수의 에너지보다 상대적으로 높아진다. 마찬가지로 d_{z^2} 궤도함수도 궤도함수의 로브가 z축을 따라 리간드를 향해 있기 때문에 에너지가 높아진다.

이와 같은 금속-리간드 상호작용의 결과로 팔면체 착물에서 다섯 개의 d 궤도함수는 두 묶음의 에너지 준위로 갈라진다. 즉, 그림 8.30에 나타낸 바와 같이 같은 에너지를 갖는 두 궤도함수($d_{x^2-y^2}$, d_{z^2})는 높은 준위에 위치하고, 같은 에너지를 갖는 세 궤도함수(d_{xy}, d_{yz}, d_{xz})는

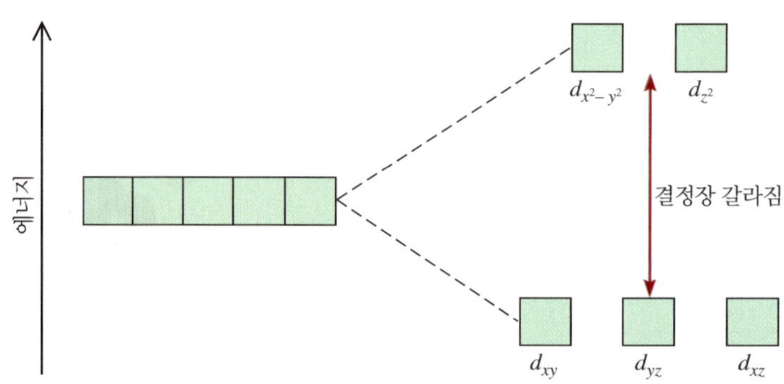

그림 8.30 • 팔면체 착물에서 d 궤도함수 사이의 결정장 갈라짐.

낮은 준위에 위치한다. *리간드가 존재할 때 금속 원자에서 두 묶음의 d 궤도함수 사이의 에너지 차이를* **결정장 갈라짐**(crystal field splitting, Δ)이라 한다. Δ의 크기는 금속과 리간드의 성질에 따라 다르며, 착이온의 색과 자기적 성질에 직접적인 영향을 미친다.

색

7장에서 태양광과 같은 백색광은 모든 색의 혼합임을 배웠다. 어떤 물질이 입사하는 모든 가시광선을 흡수하면 검정색으로 보이며, 어떠한 가시광선도 흡수하지 않으면 흰색 또는 무색이다. 어떤 물체가 모든 빛을 흡수하고 초록색 성분을 반사하면 초록색으로 보인다. 또한 어떤 물체가 초록색의 *보색*(complementary color)인 붉은색을 제외하고 모든 색을 반사하면 (즉, 붉은색만을 흡수하면) 초록색으로 보인다(그림 8.31).

동영상
색의 흡수.

반사광에 대해 언급한 내용을 투과광(즉, 용액과 같은 매질을 통과하는 빛)에도 적용할 수 있다. 예를 들어, 수화된 구리(II) 이온인 $[Cu(H_2O)_6]^{2+}$은 스펙트럼의 주황색 범위에서 빛을 흡수하여 $CuSO_4$의 용액은 우리 눈에 푸른색으로 보인다. 7장에서 논의한 바와 같이 광자의 에너지가 원자(또는 이온이나 화합물)의 바닥 상태와 들뜬 상태 사이의 에너지 차이와 같을 때, 원자(또는 이온이나 화합물)에 입사된 광자는 흡수되며 전자는 높은 준위로 이동한다. 이것으로부터 전자 전이에 연관된 에너지 변화를 계산할 수 있다. 식 (7.2)에 주어진 광자의 에너지는 다음과 같다.

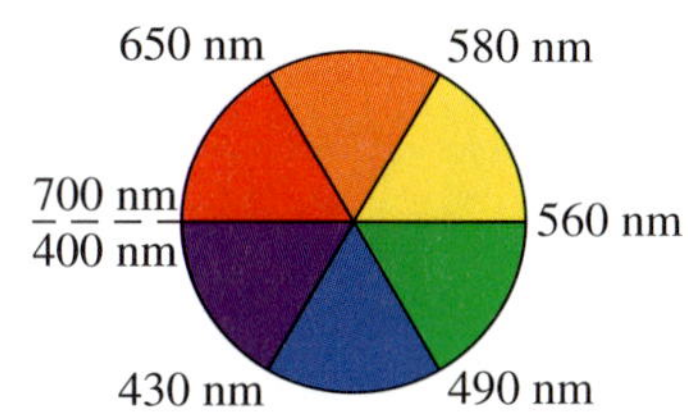

그림 8.31 • 적당한 파장을 사용한 색상환. 초록색 영역에서 흡수하는 화합물은 초록색의 보색인 붉은색으로 보인다.

$$E = h\nu$$

이 때, h는 Planck 상수(6.63×10^{-34} J · s)이고 ν는 복사선의 진동수이며, 파장이 600 nm이면 진동수는 5.00×10^{14}/s이다. 전이 금속의 전자 전이에서 $E = \Delta$이므로 Δ는 다음과 같이 얻어진다.

$$\begin{aligned}\Delta &= h\nu \\ &= (6.63 \times 10^{-34}\ \text{J} \cdot \text{s})(5.00 \times 10^{14}/\text{s}) \\ &= 3.32 \times 10^{-19}\ \text{J}\end{aligned}$$

(이것은 한 개의 이온에 의하여 흡수된 에너지임에 유의하라.) 만약 어떤 이온에 의해 흡수된 광자의 파장이 가시광선 영역 밖에 있다면 투과된 빛은 입사된 빛과 마찬가지로 우리 눈에

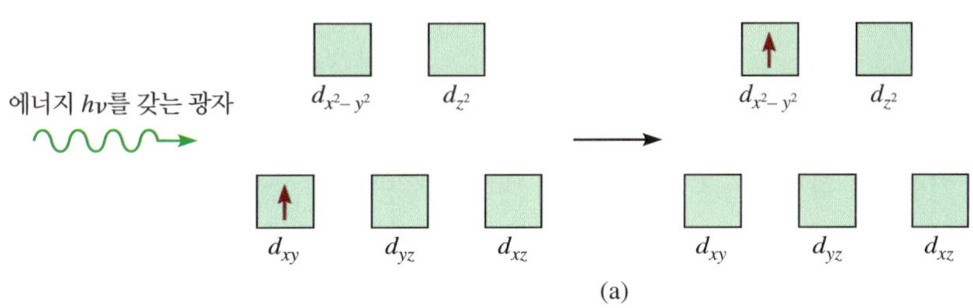

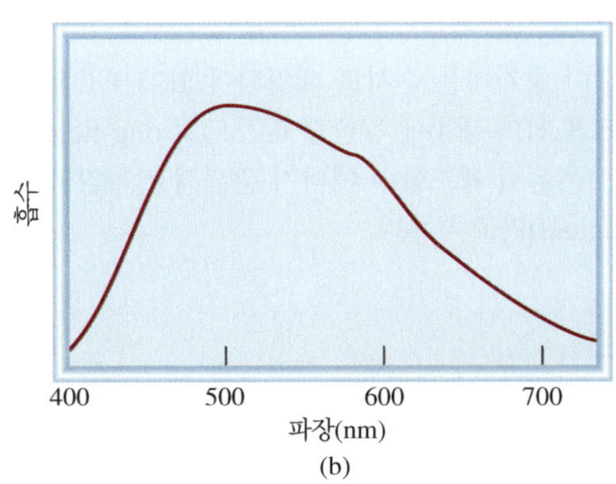

그림 8.32 • (a) 광자 흡수 과정과 (b) $[Ti(H_2O)_6]^{3+}$의 흡수 스펙트럼. 흡수되는 광자의 에너지는 결정장 갈라짐과 같다. 가시광선 영역에서 최대 흡수 봉우리는 498 nm에서 일어난다.

그림 8.33 • 첫 번째 열 전이 금속 이온 용액의 색. 왼쪽에서 오른쪽으로: Ti^{3+}, Cr^{3+}, Mn^{2+}, Fe^{3+}, Co^{2+}, Ni^{2+}, Cu^{2+}. 용액의 색은 매우 엷은 자주색임에 주목하라. Sc^{3+}와 V^{5+} 이온은 무색이다.

백색광으로 보이며 그 이온은 무색으로 보인다.

전이 금속 착물이 색을 나타내기 위해서는 반드시 d~d 전이가 일어나야 한다. 그러므로 d^0, d^{10} 전자 배치를 갖는 이온은 보통 무색이다.

결정장 갈라짐을 측정하는 가장 좋은 방법은 분광학을 이용하여 흡수되는 빛의 파장을 측정하는 것이다. $[Ti(H_2O)_6]^{3+}$ 이온의 경우가 가장 간단한 예 중의 하나인데 중심 금속인 Ti^{3+}의 $3d$ 궤도함수에 한 개의 전자만을 가지고 있기 때문이다[그림 8.32(a)]. $[Ti(H_2O)_6]^{3+}$ 이온은 스펙트럼의 가시광선 영역에서 빛을 흡수하며(그림 8.33), 최대 흡수 파장은 498 nm 이다[그림 8.32(b)]. 이 자료로부터 다음과 같이 결정장 갈라짐을 계산할 수 있다.

$$\Delta = h\nu \tag{8.3}$$

또는

$$\nu = \frac{c}{\lambda}$$

c는 빛의 속도, λ는 파장이면, $\nu = \dfrac{c}{\lambda}$이 성립되므로 Δ는 다음과 같이 얻어진다.

식 (7.3)으로부터 $E = hc/\lambda$임을 알 수 있다.

$$\begin{aligned}\Delta = \frac{hc}{\lambda} &= \frac{(6.63 \times 10^{-34}\ \text{J}\cdot\text{s})(3.00 \times 10^{8}\ \text{m/s})}{(498\ \text{nm})(1 \times 10^{-9}\ \text{m/1 nm})} \\ &= 3.99 \times 10^{-19}\ \text{J}\end{aligned}$$

이 에너지는 *한 개의* $[Ti(H_2O)_6]^{3+}$ 이온을 들뜨게 하기 위하여 필요한 에너지이다. 이 에너지 차이를 보다 편리한 단위인 kJ/mol로 나타내면 다음과 같다.

$$\begin{aligned}\Delta &= (3.99 \times 10^{-19}\ \text{J/이온})(6.02 \times 10^{23}\ \text{이온/mol}) \\ &= 240{,}000\ \text{J/mol} \\ &= 240\ \text{kJ/mol}\end{aligned}$$

중심 금속 이온이 같고 결합되는 리간드가 다른 많은 착물을 분광학을 이용하여 분석한 자료를 기반으로 화학자들은 각 리간드에 대한 결정장 갈라짐을 계산하였으며, 리간드에 대한 **분광화학적 계열**(spectrochemical series)을 확립하였다. 즉, *리간드에 의해 d 궤도함수 에너지 준위의 갈라지는 정도가 증가하는 순서로 리간드를 배열한 것*이다.

분광화학적 계열의 순서는 중심 금속(또는 이온)과 상관없이 동일하다.

$$I^- < Br^- < Cl^- < OH^- < F^- < H_2O < NH_3 < en < CN^- < CO$$

리간드는 Δ 값이 증가하는 순서로 배열되어 있다. CO와 CN^-은 d 궤도함수 에너지 준위의 갈라짐을 크게 하기 때문에 *강한장 리간드*(strong-field ligand)라고 부른다. 할로젠화 이온과 수산화 이온은 d 궤도함수 에너지 준위의 갈라짐을 작게 하기 때문에 *약한장 리간드*(weak-field ligand)라고 부른다.

☑ 개념 복습하기

Cr^{3+} 이온은 두 개의 중성 리간드 X, Y와 각각 팔면체 착물을 형성한다. CrX_6^{3+}는 푸른색이며, CrY_6^{3+}는 노란색이다. 어느 것이 강한장 리간드인가?

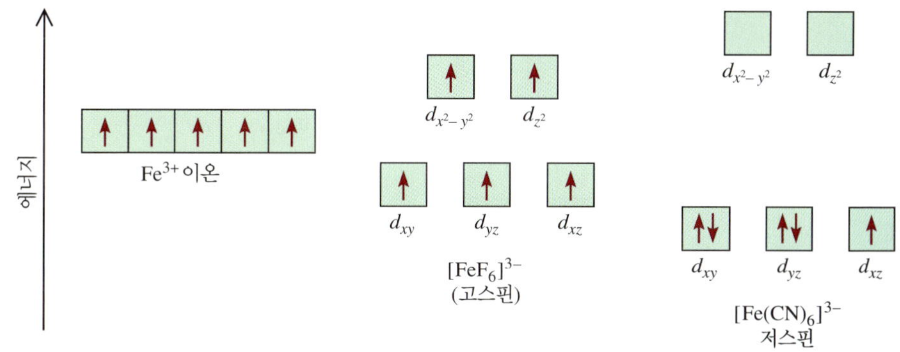

그림 8.34 • Fe^{3+} 이온, $[FeF_6]^{3-}$ 착이온 및 $[Fe(CN)_6]^{3-}$ 착이온의 에너지 준위 도표.

자기적 성질

착이온의 자기적 성질도 결정장 갈라짐의 크기에 의해 결정된다. 하나의 *d* 전자만을 가지고 있는 $[Ti(H_2O)_6]^{3+}$ 이온은 항상 상자기성이지만 여러 개의 *d* 전자를 가지고 있는 이온의 자기적 성질을 판단하는 것은 간단하지 않다. 예를 들어, 팔면체 착물인 $[FeF_6]^{3-}$와 $[Fe(CN)_6]^{3-}$를 예로 들어 보자(그림 8.34). Fe^{3+}의 전자 배치는 $[Ar]3d^5$이며, *d* 궤도함수에 다섯 개의 *d* 전자를 분배할 수 있는 두 가지 방법이 있다. 훈트 규칙(7.7절 참조)에 의하면 전자들이 평행한 스핀을 가지고 다섯 개 각각의 궤도함수에 배열될 때 가장 안정하다. 그러나 이와 같은 배치는 다섯 개의 전자 중에서 두 개가 높은 에너지를 갖는 $d_{x^2-y^2}$과 d_{z^2} 궤도함수에 배치되어야 하기 때문에 (에너지 관점에서) 손해를 봐야만 얻어질 수 있다. 만일 다섯 개의 전자 모두가 d_{xy}, d_{yz}, d_{xz} 궤도함수에 들어가면, 그와 같은 에너지 손해를 보지 않아도 된다. 이 전자 배치를 갖는 경우 파울리 배타 원리에 의해 홀전자는 단지 한 개이다.

저스핀(low-spin)과 고스핀(high-spin) 착물에 대한 *d* 궤도함수의 전자 분포를 그림 8.35에 나타내었다. 실제 전자 배치는 평행한 스핀을 최대로 가질 때 얻어지는 안정성과 높은 *d* 궤도함수로 전자가 이동할 때 소요되는 에너지를 대비하여 결정된다. F^-은 약한장(weak-field) 리간드이기 때문에 *d* 궤도함수에 있는 다섯 개의 전자가 갈라진 다섯 개의 *d* 궤도함수에 평행한 스핀으로 들어가게 되어 고스핀 착물을 만든다(그림 8.34 참조). 반면에 사이안화 이온은 강한장(strong-field) 리간드이기 때문에 다섯 개의 전자 모두가 에너지가 낮은 궤도함수에 있는 것이 에너지적인 측면에서 바람직하다. 따라서 저스핀 착물이 형성된다. 고스핀 착물은 저스핀 착물보다 상자기성이 더 크다.

착이온에서 홀전자(또는 홀스핀)의 실제 개수는 자기적 성질을 측정하여 구할 수 있으며, 일반적으로 실험 결과는 결정장 갈라짐에 근거한 예측을 뒷받침해준다. 하지만 고스핀 착물과 저스핀 착물 사이의 구별은 그림 8.35에서 나타낸 바와 같이 금속 이온이 4~7개의 *d* 전자를 포함하고 있을 때에만 필요하다.

착이온의 자기적 성질은 존재하는 홀전자의 수에 의존한다.

예제 8.18

$[Cr(en)_3]^{2+}$ 이온에서 홀스핀의 수를 예측하시오.

▸ **전략** 착이온의 자기적 성질은 리간드의 세기에 의존한다. *d* 궤도함수의 에너지 준위 사이의 갈라짐을 크게 만드는 강한장 리간드는 저스핀 착물을 형성한다. *d* 궤도함수의 에너지 준위 사이의 갈라짐을 작게 만드는 약한장 리간드는 고스핀 착물을 형성한다.

▸ **풀이** Cr^{2+}의 전자 배치는 $[Ar]3d^4$이다. 에틸렌다이아민(en)이 강한장 리간드이므로 $[Cr(en)_3]^{2+}$는 저스핀 착물임을 예상할 수 있다. 그림 8.35에 나타낸 바와 같이 네 개의 전자 모두는 낮은 에너지를 갖는 *d* 궤도함수(d_{xy}, d_{yz}, d_{xz})에 채워지며, 총 두 개의 홀스핀이 존재한다.

▸ **실전 연습** $[Mn(H_2O)_6]^{2+}$에 홀스핀의 수는 몇 개인가? (H_2O는 약한장 리간드이다.)

비슷한 문제: 8.111.

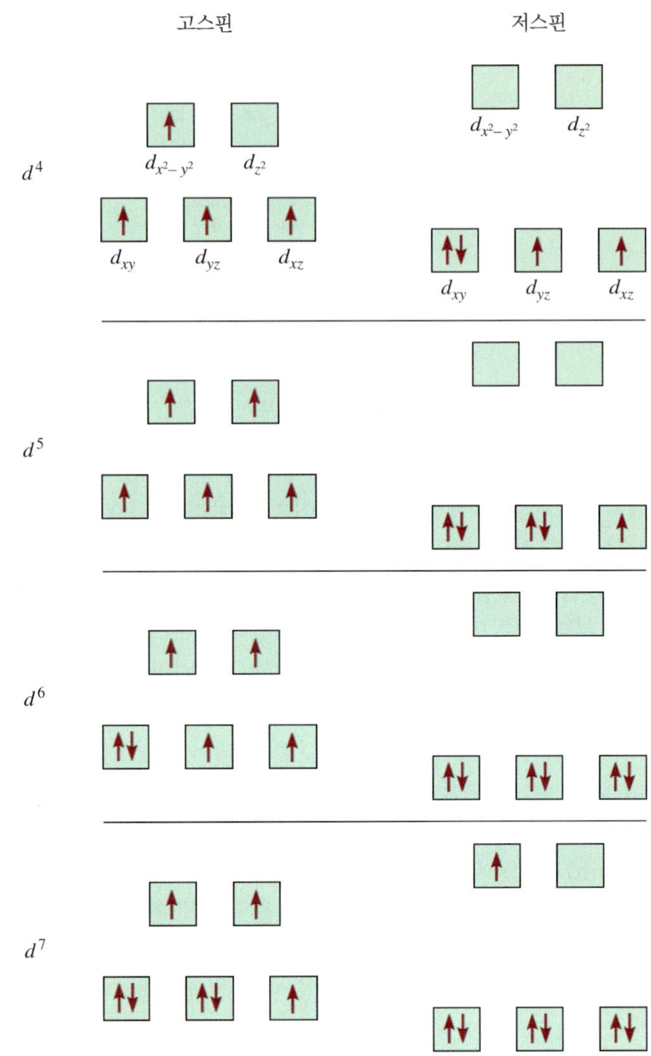

그림 8.35 • d^4, d^5, d^6, d^7 전자 배치에 해당하는 고스핀 및 저스핀 팔면체 착물의 궤도함수 도표. d^1, d^2, d^3, d^8, d^9, d^{10}에 대해서는 이러한 구별을 할 수 없다.

사면체 착물과 사각 평면 착물

지금까지 팔면체 착물에 대해 집중적으로 논의하였다. 사면체 착물과 사각 평면 착물에서 d 궤도함수 에너지 준위의 갈라짐 역시 결정장 이론으로 만족스럽게 설명할 수 있다. 실제로 사면체 이온의 갈라짐 양상은 팔면체 착물의 갈라짐 양상과 정반대이다. 이 경우에 d_{xy}, d_{yz}, d_{xz} 궤도함수가 리간드와 더 가깝게 위치하고 있기 때문에 $d_{x^2-y^2}$과 d_{z^2} 궤도함수보다 더 높은 에너지 준위를 갖게 된다(그림 8.36). 대부분의 사면체 착물은 고스핀 착물이다. 그 이유는 사면체 배열에서 금속-리간드 상호작용의 크기가 팔면체 착물에서보다 작아 Δ 값이 작아지기 때문이다. 사면체 착물은 팔면체의 경우보다 적은 수의 리간드를 가지고 있기 때문에 이 가정은 합리적이다.

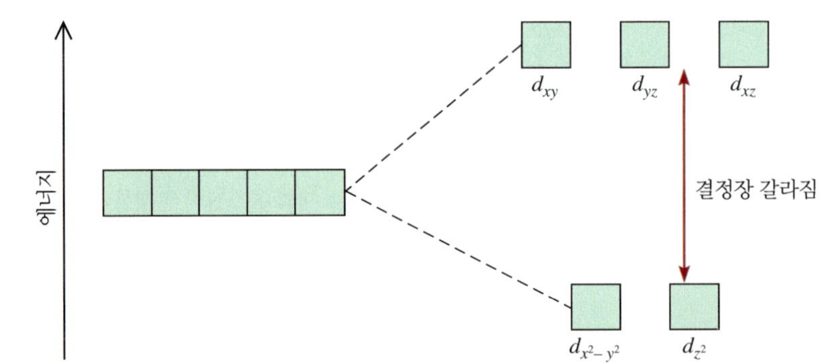

그림 8.36 • 사면체 착물에서 d 궤도함수 사이의 결정장 갈라짐.

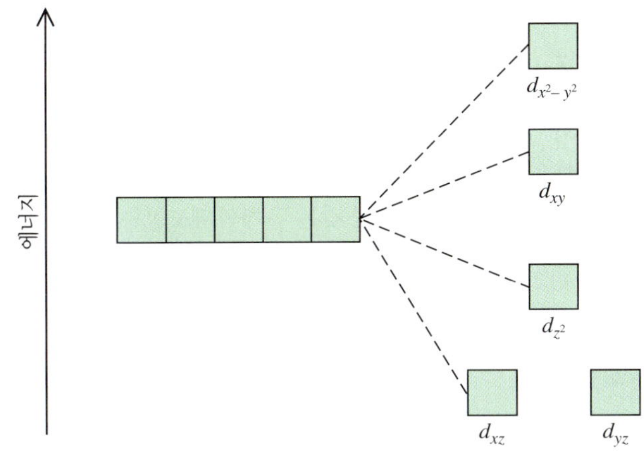

그림 8.37 • 사각 평면 착물의 에너지 준위 도표. 세 개 이상의 에너지 준위가 있기 때문에 팔면체 착물과 사면체 착물의 경우처럼 결정장 갈라짐을 정의할 수는 없다.

그림 8.37에 나타낸 바와 같이 사각 평면 착물의 갈라짐 양상은 가장 복잡하다. 명확한 것은 $d_{x^2-y^2}$ 궤도함수가 가장 높은 에너지를 가지며(팔면체의 경우처럼), d_{xy} 궤도함수가 그 다음으로 높은 에너지를 갖는다. 그러나 d_{z^2}과 d_{yz}, d_{xz} 궤도함수의 상대적인 위치는 간단하게 결정할 수는 없기 때문에 반드시 계산으로 확인해야만 한다.

주요 식

$\mu = Q \times r$ (8.2)	쌍극자 모멘트를 전하(Q)와 전하간 거리(r)로 표현한 식.
$\Delta = h\nu$ (8.3)	결정장 갈라짐의 계산

사실과 개념에 대한 요약

1. 루이스 점 기호는 주어진 원소의 원자가 보유하고 있는 원자가 전자 수를 나타낸다. 루이스 점 기호는 주족 원소들의 표기에 주로 사용된다.
2. 공유 결합에서는 두 전자(한 쌍)가 두 원자에 의해 공유된다. 다중 공유 결합에서는 2개 또는 3개의 전자쌍이 두 원자들에 의해 공유된다. 어떤 결합 원자들은 고립 전자쌍, 즉 결합에 참여하지 않은 원자가전자의 쌍을 가지고 있다. 분자에서 각 원자 주위의 고립 전자쌍과 결합 전자의 배열을 루이스 구조에 의해 나타낼 수 있다.
3. 전기음성도는 화학 결합에서 전자를 끌어당기는 원자의 능력의 척도를 말한다.
4. 팔전자 규칙은 원자들이 각각 8개의 전자로 둘러싸여 공유 결합을 형성하는 것을 말한다. 루이스 구조는 공유 결합 분자에서 원자가전자의 분포를 추적하는 수단으로 각 원자에 형식 전하를 포함할 수 있다. 팔전자 규칙에도 예외가 있는데, 특히 공유 베릴륨 화합물, 3A족 원소나 주기율표에서 3주기 이상의 원소들의 공유 결합 화합물에서 볼 수 있다.
5. 몇몇 분자나 다원자 이온에서는 팔전자 규칙을 만족시키는 동일한 골격 구조의 두 개 이상의 루이스 구조를 그릴 수 있다. 이러한 공명 구조들을 함께 표시하여 분자나 이온을 나타내기도 한다.
6. 분자 기하 구조 예측에서, VSEPR 모형은 원자가껍질 전자쌍이 서로 반발하여 가능한 멀리 떨어진 채로 머물려는 경향이 있다는 가정에 기초를 두고 있다. VSEPR 모형에 따르면, 분자 기하 구조는 결합 전자쌍과 고립 전자쌍의 수로부터 예측될 수 있다. 고립 전자쌍은 결합쌍보다 다른 전자쌍을 훨씬 강하게 반발하여 이상적인 기하 구조로부터 결합각을 변형시킨다.
7. 쌍극자 모멘트는 다른 전기음성도의 원자를 포함하는 분자에서 전하 분리를 측량하는 기준이다. 분자의 쌍극자 모멘트는 분자 내에 어떤 결합 모멘트가 있느냐하는 결과로서 생긴다. 분자 기하 구조에 대한 정보는 쌍극자 모멘트 측정으로 얻을 수 있다.
8. 원자가 결합 이론에서 동일한 원자의 궤도함수들의 결합과 재배열에 의해서 혼성 원자 궤도함수가 형성된다. 혼성 궤도함수는 에너지와 전자 밀도가 모두 같으며, 혼성 궤도함수의 숫자는 결합한 순수 원자 궤도함수의 수와 같다. 원자가껍질 확장은, s, p, d 궤도함수의 혼성화를 가정함으로써 설명될 수 있다.
9. sp 혼성화에서는 두 개의 혼성 궤도함수가 일직선상에 있다. sp^2 혼성화에서는 3개의 혼성 궤도함수가 삼각형의 꼭지점을 향해 방향을 두고 있다. sp^3 혼성화에서는 4개의 혼성 궤도함수가 사면체의 꼭지점을 향하고 있다. sp^3d 혼성화에서는 5개의 혼성 궤도함수가 삼각 쌍뿔의 꼭지점을 향하고 있다. sp^3d^2 혼성 궤도함수에서는 6개의 혼성 궤도함수가 팔면체의 꼭지

점을 향하고 있다.

10. sp^2로 혼성된 원자(예를 들면, 탄소)에서 하나의 혼성되지 않은 p 궤도함수는 또 다른 p 궤도함수와 파이 결합을 형성한다. 탄소-탄소 이중 결합은 시그마 결합과 파이 결합으로 이루어진다. sp 혼성 탄소 원자에서 두 개의 혼성되지 않은 p 궤도함수가 다른 원자(또는 원자들)의 두 개의 p 궤도함수와 두 개의 파이 결합을 형성할 수 있다. 탄소-탄소 삼중 결합은 하나의 시그마 결합과 두 개의 파이 결합으로 구성된다.
11. 전이 금속은 일반적으로 부분적으로 채워진 d 부껍질을 가지며 착물을 형성하려는 경향이 크다. 착이온을 포함하는 화합물을 배위 화합물이라 부른다.
12. 첫 번째 열 전이 금속(스칸듐에서 구리까지)은 가장 일반적인 전이 금속이다. 이 금속들과 관련된 화학은 많은 면에서 특징적이다.
13. 착이온은 리간드에 의해 둘러싸인 금속 이온으로 구성되어 있다. 리간드의 주개 원자들은 착물에 있는 중심 금속 이온에 각각 하나의 전자쌍을 제공한다.
14. 결정장 이론은 정전기적 상호작용으로 착물의 결합을 설명한다. 결정장 이론에 의하면 팔면체 착물에서 d 궤도함수는 높은 에너지를 갖는 두 개의 궤도함수와 낮은 에너지를 갖는 세 개의 궤도함수로 갈라진다. 이 두 묶음의 d 궤도함수 사이의 에너지 차이를 결정장 갈라짐이라고 한다.
15. 강한장 리간드는 큰 결정장 갈라짐을 일으키고, 약한장 리간드는 작은 결정장 갈라짐을 일으킨다. 약한장 리간드를 가지는 화합물에서 전자 스핀은 평행을 이루려고 하며, 강한장 리간드를 가지는 경우 전자는 쌍을 이루려고 한다. 이 때 전자를 높은 에너지를 갖는 d 궤도함수로 이동시키기 위해서는 더 많은 에너지가 요구된다.

주요 용어

결정장 갈라짐(Δ)
결합 길이
결합 차수
고립 전자쌍
공명
공명 구조
공유 결합
공유 결합 화합물
극성 공유 결합
극성 분자
다중 결합
단일 결합
동핵 이원자 분자
루이스 구조
루이스 점 기호
리간드
배위 공유 결합
배위 화합물
분광화학적 계열
비극성 분자
삼중 결합
시그마 결합(σ 결합)
쌍극자 모멘트(μ)
원자가껍질 전자쌍 반발 (VSEPR) 모형
이온 결합
이중 결합
전기음성도
주개 원자
킬레이트제
파이 결합(π 결합)
팔전자 규칙
형식 전하
혼성 궤도함수
혼성화

연습 문제

루이스 점 기호

복습 질문

8.1 루이스 점 기호는 무엇인가? 어떠한 원소에 이 기호가 주로 적용되는가?

8.2 1A족부터 7A족까지 각 족의 두 번째 원소를 사용하여 원소의 원자가전자 수가 그 족의 숫자와 같다는 것을 보이시오.

8.3 그림 8.1을 참조하지 말고, 다음 원자들에 대한 루이스 점 기호를 쓰시오.
(a) Be, (b) K, (c) Ca, (d) Ga, (e) O, (f) Br, (g) N, (h) I, (i) As, (j) F.

8.4 다음 이온의 루이스 점 기호를 쓰시오.
(a) Li^+, (b) Cl^-, (c) S^{2-}, (d) Sr^{2+}, (e) N^{3-}.

8.5 다음 원자와 이온의 루이스 점 기호를 쓰시오.
(a) I, (b) I^-, (c) S, (d) S^{2-}, (e) P, (f) P^{3-}, (g) Na, (h) Na^+, (i) Mg, (j) Mg^{2+}, (k) Al, (l) Al^{3+}, (m) Pb, (n) Pb^{2+}.

이온 결합

복습 질문

8.6 이온 결합이 무엇인지 설명하시오.

8.7 이온화 에너지와 전자 친화도를 이용하면 원자들이 이온 결합 화합물을 형성하는지 여부를 알 수 있다. 설명하시오.

8.8 이온 결합 화합물을 잘 형성하는 금속 5가지와 비금속 5가지를 열거하시오. 이 금속과 비금속의 조합으로 만들어질 수 있는 화합물의 화학식을 쓰시오. 이 화합물을 명명하시오.

8.9 비금속 원소들만 포함하는 이온 결합 화합물 하나를 쓰시오.

8.10 다원자 양이온과 다원자 음이온을 각각 하나씩 포함하는 이온 결합 화합물 하나를 쓰시오(표 2.3 참조).

8.11 3가 이상의 이온들이 이온 결합 화합물을 잘 형성하지 못하는 이유를 설명하시오.

8.12 "몰질량"이란 개념은 3장에서 언급되었다. 이온 결합 화합물을 논의할 때, 이 용어를 사용하는 것의 이점은 무엇인가?

8.13 다음의 상태 중에서 NaCl이 전기적으로 전도성을 나타내는 상태는 어느 것인가? 이유를 설명하시오. (a) 고체, (b) 용융 상태, (c) 물에 용해된 상태.

8.14 베릴륨은 염소와 결합하여 실험식이 $BeCl_2$인 화합물을 형성한다. 이것이 이온 결합 화합물이라는 것을 어떻게 결정

할 수 있는가? (이 화합물은 물에 녹지 않는다.)

문제

8.15 이온 결합은 양이온 A^+와 음이온 B^- 사이에서 형성된다. 다음과 같은 변화에 의해 이온 결합 에너지는 어떻게 변하는가? 단 $E \propto \frac{Q_1 \cdot Q_2}{r}$이다 (a) A^+의 반지름을 2배한다. (b) A^+의 전하를 3배한다. (c) A^+와 B^-의 전하를 2배한다. (d) A^+와 B^-의 반지름을 원래 값의 반으로 줄인다.

8.16 다음의 이온쌍으로부터 형성되는 화합물의 실험식과 이름을 쓰시오. (a) Rb^+와 I^-, (b) Cs^+와 SO_4^{2-}, (c) Sr^{2+}와 N^{3-}, (d) Al^{3+}와 S^{2-}.

8.17 루이스 점 기호를 사용하여 다음 원자 사이에서 양이온과 음이온을 형성하기 위한 전자의 이동을 보이시오. (a) Na와 F, (b) K와 S, (c) Ba와 O, (d) Al와 N.

8.18 다음 반응에서 반응물과 생성물의 루이스 점 기호를 쓰시오(먼저 반응식의 균형을 맞춘다).

(a) $Sr + Se \longrightarrow SrSe$
(b) $Ca + H_2 \longrightarrow CaH_2$
(c) $Li + N_2 \longrightarrow Li_3N$
(d) $Al + S \longrightarrow Al_2S_3$

8.19 다음 각 원소들의 쌍에 대해 그들이 형성하는 이성분 화합물이 이온 결합인지 공유 결합인지 말하고, 실험식과 화합물의 이름을 쓰시오. (a) I와 Cl, (b) Mg와 F.

8.20 다음 각 원소들의 쌍에 대해 그들이 형성하는 이성분 화합물이 이온 결합인지 공유 결합인지 말하고, 실험식과 화합물의 이름을 쓰시오. (a) B와 F, (b) K와 Br.

공유 결합

복습 질문

8.21 공유 결합을 이해함에 있어 루이스가 기여한 것은 무엇인가?

8.22 루이스 점 기호와 루이스 구조 사이의 차이는 무엇인가?

8.23 다음 화합물에서 밑줄 친 원자는 몇 개의 고립 전자쌍이 있는가? H<u>Br</u>, H_2<u>S</u>, <u>C</u>H_4.

8.24 어떤 분자에서 단일, 이중, 삼중 결합을 구분하고 각각의 예를 드시오.

전기음성도와 결합 종류

복습 질문

8.25 전기음성도를 정의하고, 전기음성도와 전자 친화도의 차이점을 설명하시오. 일반적으로 주기율표에서 위치가 변함에 따라 원소의 전기음성도가 어떻게 변하는지 설명하시오.

8.26 극성 공유 결합은 무엇인가? 하나 이상의 극성 공유 결합을 가지는 화합물을 두 개 나열하시오.

문제

8.27 이온 결합성이 증가하는 순으로 다음 결합을 배열하시오. LiF에서 리튬과 플루오린 결합, K_2O에서 포타슘과 산소의 결합, N_2에서 질소와 질소 결합, SO_2에서 황과 산소 결합, ClF_3에서 염소와 플루오린 결합.

8.28 이온 결합성이 증가하는 순서로 다음 결합을 배열하시오. 탄소와 수소, 플루오린과 수소, 브로민과 수소, 소듐과 염소, 포타슘과 플루오린, 리튬과 염소.

8.29 네 개의 원자를 임의로 D, E, F, G로 표시하였다. 이들의 전기음성도는 D = 3.8, E = 3.3, F = 2.8, G = 1.3이다. 만약 이 원소들이 DE, DG, EG, DF로 분자를 형성한다면 공유 결합성이 증가하는 순서는 어떻게 되겠는가?

8.30 이온 결합성이 증가하는 순서로 다음 결합을 배열하시오. 세슘과 플루오린, 염소와 염소, 브로민과 염소, 규소와 탄소.

8.31 다음 결합을 이온, 극성 공유, 공유 결합으로 구분하고, 그 이유를 쓰시오. (a) H_3CCH_3에서 CC 결합, (b) KI에서 KI 결합, (c) H_3NBCl_3에서 NB 결합, (d) ClO_2에서 ClO 결합.

8.32 다음 결합을 이온, 극성 공유, 공유 결합으로 구분하고, 그 이유를 쓰시오. (a) $Cl_3SiSiCl_3$에서 SiSi 결합, (b) $Cl_3SiSiCl_3$에서 SiCl 결합, (c) CaF_2에서 CaF 결합, (d) NH_3에서 NH 결합.

루이스 구조와 팔전자 규칙

복습 질문

8.33 루이스 팔전자 규칙의 기본적인 특징을 요약하시오. 팔전자 규칙은 주로 2주기 원소들에 적용된다. 그 이유를 설명하시오.

8.34 형식 전하의 개념을 설명하시오. 형식 전하는 실제로 전하의 분리를 나타내는가?

문제

8.35 다음 분자들의 루이스 구조를 쓰시오.
(a) ICl, (b) PH_3, (c) P_4 (각각의 P는 세 개의 다른 P 원자와 결합한다), (d) H_2S, (e) N_2H_4, (f) $HClO_3$, (g) $COBr_2$ (C는 O 및 Br 원자와 결합한다).

8.36 다음 이온들의 루이스 구조를 쓰시오.
(a) O_2^{2-}, (b) C_2^{2-}, (c) NO^+, (d) NH_4^+.

8.37 다음 루이스 구조는 잘못되었다. 각각 무엇이 잘못되었는지 설명하고, 적절한 루이스 구조로 고치시오(상대적인 원자의 위치는 정확하다). (a) HCN, (b) C_2H_2, (c) SnO_2, (d) BF_3, (e) HOF, (f) HCOF, (g) NF_3.

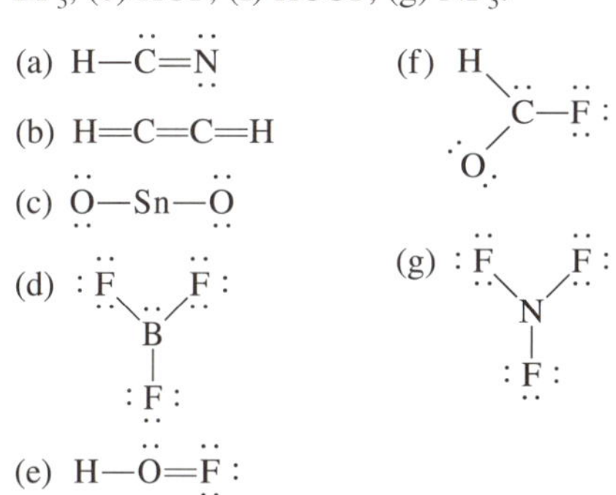

8.38 아세트산의 골격 구조는 옳지만 몇 개의 결합이 잘못되어

있다. (a) 잘못된 결합을 찾아내고 무엇이 잘못되었는지 설명하시오. (b) 아세트산의 올바른 루이스 구조를 쓰시오.

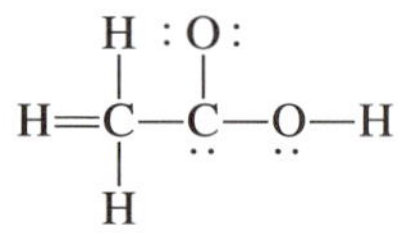

공명

복습 질문

8.39 결합 길이, 공명, 공명 구조를 정의하시오.

8.40 연구를 위해 화합물의 공명 구조를 "포획(trap)"하는 것이 가능한가? 설명하시오.

문제

8.41 공명 개념은 때로 말과 당나귀의 잡종인 노새에 비유하여 설명한다. 이 장에서 비유로 사용한 그리핀과 일각수의 잡종인 코뿔소의 설명과 비교하시오. 어떤 설명이 더 적절한가? 그 이유는?

8.42 예제 8.7에서 (b)를 선택한 다른 두 가지 이유는 무엇인가?

8.43 다음 종에 대한 가능한 모든 공명 형태를 포함한 루이스 구조를 쓰고, 형식 전하를 나타내시오. (a) HCO_2^-, (b) $CH_2NO_2^-$. 상대적인 원소의 위치는 다음과 같다.

```
        O          H        O
H   C                   C   N
        O          H        O
```

8.44 염소산 이온(ClO_3^-)의 세 가지 공명 구조를 그리고, 형식 전하를 나타내시오.

8.45 하이드라조산(hydrazoic acid, HN_3)의 세 가지 공명 구조를 쓰시오. 원자 배열은 HNNN이다. 형식 전하를 보이시오.

8.46 다이아조메테인(diazomethane, CH_2N_2)의 두 가지 공명 구조를 그리시오. 형식 전하를 보이시오. 분자의 골격 구조는 다음과 같다.

```
H
   C   N   N
H
```

8.47 OCN^- 이온의 세 가지 공명 구조를 그리시오. 형식 전하를 보이시오.

8.48 OCS 분자의 세 가지 공명 구조(원자가 OCS 순서로 배열)를 그리시오. 형식 전하를 보이시오.

8.49 N_2O_3 분자의 세 가지 공명 구조를 그리시오(원자 배열은 $ONNO_2$이다). 형식 전하를 보이시오.

팔전자 규칙의 예외

복습 질문

8.50 주기율표에서 3 주기 이상의 원소를 포함하는 많은 화합물들은 팔전자 규칙이 적용되지 않는다. 그 이유는 무엇인가?

8.51 플루오린은 일곱 개의 원자가전자($2s^22p^5$)를 가지고 있기 때문에 이론적으로 일곱 개의 공유 결합이 원자 주위에서 형성될 수 있다. 그러한 화합물은 FH_7이나 FCl_7이 될 수 있을 것이다. 그러나 이러한 화합물은 만들어지지 않는다. 그 이유는 무엇인가?

8.52 배위 공유 결합은 무엇인가? 이것은 보통의 공유 결합과 다른가?

문제

8.53 BCl_3 분자는 B 주위에 불완전한 팔전자를 가진다. B와 Cl 원자 모두 팔전자 규칙을 만족하는 이 분자의 세 공명구조를 그리시오.

8.54 증기 상태에서 염화 베릴륨은 독립된 $BeCl_2$ 분자로 구성되어 있다. 이 화합물에서 Be은 팔전자 규칙을 만족하는가? 그렇지 않다면 다른 공명 구조를 그림으로써 Be 주위에 팔전자 규칙이 만족되도록 만들 수 있는가? 이러한 구조는 타당성이 어느 정도나 될까?

8.55 영족 기체 중에서 Kr, Xe, Rn만 O나 F와 화합물을 형성하는 것으로 알려져 있다. 다음 분자의 루이스 구조를 쓰시오. (a) XeF_2, (b) XeF_4, (c) XeF_6, (d) $XeOF_4$, (e) XeO_2F_2. 각 경우에 Xe가 중심 원자이다.

8.56 $SbCl_5$의 루이스 구조를 쓰시오. 이 분자는 팔전자 규칙을 따르는가?

8.57 SeF_4와 SeF_6의 루이스 구조를 쓰시오. Se는 팔전자 규칙을 만족하는가?

8.58 다음 반응의 루이스 구조들을 쓰시오.

$$AlCl_3 + Cl^- \longrightarrow AlCl_4^-$$

생성물에서 Al과 Cl을 연결하는 결합은 어떤 종류의 결합인가?

8.59 다음 황이 포함된 이온들의 공명 구조를 그리시오. (a) HSO_4^-, (b) SO_4^{2-}, (c) HSO_3^-, (d) SO_3^{2-}. (예제 8.11 참조.)

분자 기하 구조

복습 질문

8.60 분자의 기하 구조는 어떻게 정의되며, 분자 기하 구조의 연구가 왜 중요한가?

8.61 선형 삼원자 분자, 네 원자를 포함하는 삼각 평면 분자, 사면체 분자, 삼각 쌍뿔 분자, 팔면체 분자의 모양을 그리고 각 경우의 결합각을 표시하시오.

8.62 사면체 분자, 삼각 쌍뿔 분자, 팔면체 분자의 중심 원자는 몇 개의 원자와 직접 결합되어 있는가?

8.63 VSEPR 모형의 기본적인 특성을 설명하시오. 왜 다음과 같은 순서로 반발력의 크기가 감소하는지 설명하시오. 고립 전자쌍–고립 전자쌍 > 고립 전자쌍–결합 전자쌍 > 결합 전자쌍–결합 전자쌍.

8.64 삼각 쌍뿔 배열에서 왜 고립 전자쌍은 축 방향보다 수평 방향을 차지하는가?

8.65 CH_4의 기하 구조는 사각 평면인데, 이 구조는 사각의 꼭지점에 네 개의 수소 원자가 있고, 사각형의 중앙에 탄소가 있다. 이 기하 구조를 그리고, 사면체 구조 CH_4 분자와 안정성을 비교하시오.

문제

8.66 VSEPR 방법을 사용하여 다음 화학종의 기하 구조를 예측하시오. (a) PCl_3, (b) $CHCl_3$, (c) SiH_4, (d) $TeCl_4$.

8.67 다음 화학종들의 기하 구조를 예측하시오. (a) $AlCl_3$, (b) $ZnCl_2$, (c) $ZnCl_4^{2-}$.

8.68 VSEPR 방법을 사용하여 다음 분자 및 이온의 기하 구조를 예측하시오. (a) $HgBr_2$, (b) N_2O(원자 배열은 NNO), (c) SCN^-(원자 배열은 SCN).

8.69 다음 이온들의 기하 구조를 예측하시오. (a) NH_4^+, (b) NH_2^-, (c) CO_3^{2-}, (d) ICl_2^-, (e) ICl_4^-, (f) AlH_4^-, (g) $SnCl_5^-$, (h) H_3O^+, (i) BeF_4^{2-}.

8.70 CH_3COOH 분자에서 3개의 중심 원자 주위의 기하 구조를 나타내시오.

8.71 다음 화학종들 중 어느 것이 정사면체인가? $SiCl_4$, SeF_4, XeF_4, CI_4, $CdCl_4^{2-}$.

쌍극자 모멘트

복습 질문

8.72 쌍극자 모멘트를 정의하시오. 쌍극자 모멘트에 대한 단위와 기호는 무엇인가?

8.73 쌍극자 모멘트와 결합 모멘트 사이의 상관 관계는 무엇인가? 분자들이 어떻게 결합 모멘트를 가지며, 비극성이 될 수 있는가?

8.74 왜 원자는 영구 쌍극자 모멘트를 가질 수 없는지를 설명하시오.

8.75 수소화 베릴륨(BeH_2) 분자의 결합은 극성이다. 그런데 분자의 쌍극자 모멘트는 0이다. 이를 설명하시오.

문제

8.76 표 8.4을 참고하여 다음 분자를 쌍극자 모멘트가 증가하는 순서대로 배열하시오. H_2O, H_2S, H_2Te, H_2Se.

8.77 할로젠화 수소의 쌍극자 모멘트는 HF에서 HI순으로 감소한다(표 8.4 참조). 이 경향을 설명하시오.

8.78 다음 분자들을 쌍극자 모멘트가 증가하는 순으로 나열하시오. H_2O, CBr_4, H_2S, HF, NH_3, CO_2.

8.79 OCS 분자는 CS_2보다 높은 쌍극자 모멘트를 갖는가 혹은 낮은 쌍극자 모멘트를 갖는가?

8.80 다음 분자 중 어느 것이 더 큰 쌍극자 모멘트를 가지는가?

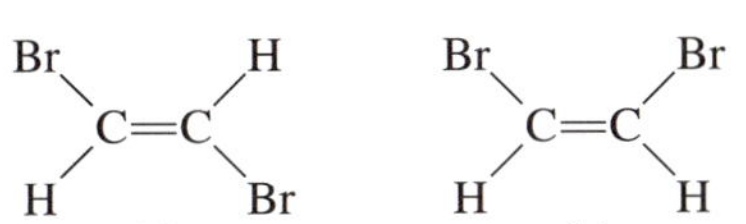

(a) (b)

8.81 쌍극자 모멘트가 증가하는 순서로 다음 화합물을 배열하시오.

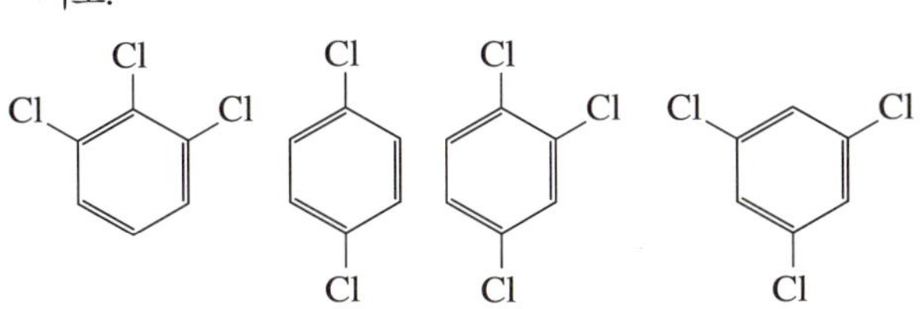

(a) (b) (c) (d)

원자가 결합 이론

복습 질문

8.82 원자가 결합 이론은 무엇인가? 화학 결합의 루이스 개념과 어떻게 다른가?

8.83 원자가 결합 이론을 사용해서 Cl_2와 HCl에서의 결합을 설명하시오. 결합이 형성될 때, 원자 궤도함수는 어떻게 겹치는지 보이시오.

8.84 F_2에서 결합 형성에 대한 퍼텐셜 에너지 곡선을 그리시오.

혼성화

복습 질문

8.85 원자 궤도함수의 혼성화는 무엇인가? 왜 고립된 원자는 혼성화 상태로 존재하는 것이 불가능한가?

8.86 혼성 궤도함수는 순 원자 궤도함수와 어떻게 다른가? 두 개의 혼성 궤도함수를 주기 위해서 한 원자의 두 개의 2p 궤도함수가 혼성할 수 있는가?

8.87 동일한 원자에 대해서 다음과 같은 두 혼성 궤도함수 사이의 결합각은 얼마인가? (a) sp와 sp 혼성 궤도함수, (b) sp^2와 sp^2 혼성 궤도함수, (c) sp^3와 sp^3 혼성 궤도함수.

8.88 시그마 결합과 파이 결합은 어떻게 구별하는가?

8.89 이웃한 핵의 원자 궤도함수 쌍이 있다. 다음 중 어느 것이 시그마 결합을 형성하는가? 어느 것이 파이 결합을 형성하는가? 어느 것이 결합을 형성하지 않는가? x축을 두 원자의 핵이 결합하는 선인 핵간축으로 생각한다. (a) 1s와 1s, (2) 1s와 2p_x, (c) 2p_x와 2p_y, (d) 3p_y와 3p_y, (e) 2p_x와 2p_x, (f) 1s와 2s.

문제

8.90 다음 퍼텐셜 에너지 곡선은 두 개의 F 원자로부터 F_2의 생성을 나타낸다. 표시된 영역에서 결합 상태를 기술하시오.

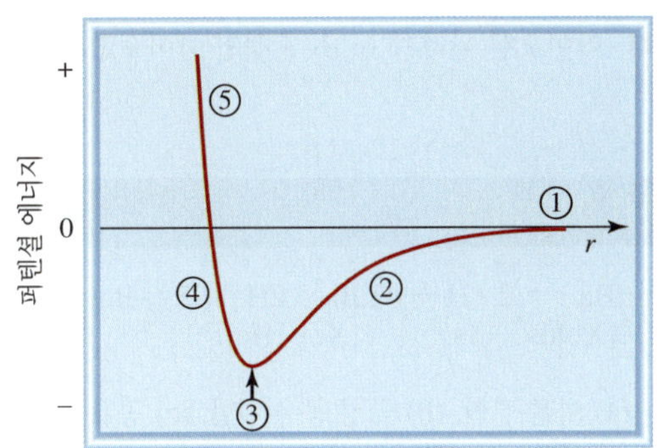

8.91 SiH_4와 $H_3Si—SiH_3$에서 Si의 혼성화 상태는 무엇인가?

8.92 이 반응에서 Al 원자의 혼성화(있다면)의 변화를 기술하시오.

$$AlCl_3 + Cl^- \longrightarrow AlCl_4^-$$

8.93 다음 반응을 생각해 보자.

$$BF_3 + NH_3 \longrightarrow F_3B—NH_3$$

이 반응의 결과로 B와 N 원자의 혼성화(있다면)의 변화를 기술하시오.

8.94 다음 화학종들에서 질소 원자에 의해 사용된 것은 어떤 혼성 궤도함수인가? (a) NH_3, (b) $H_2N—NH_2$, (c) NO_3^-.

8.95 다음 분자에서 탄소 원자의 혼성 궤도함수는 무엇인가?
(a) $H_3C—CH_3$
(b) $H_3C—CH=CH_2$
(c) $CH_3—C\equiv C—CH_2OH$
(d) $CH_3CH=O$
(e) CH_3COOH.

8.96 다음 화학종에서 탄소 원자에 의해 사용된 혼성 궤도함수를 설명하시오. (a) CO, (b) CO_2, (c) CN^-.

8.97 아자이드 이온(N_3^-)에서 중심 원자 N의 혼성화 상태는 무엇인가(원자 배열: NNN)?

8.98 알렌 분자($H_2C=C=CH_2$)는 직선형(3개의 C 원자가 직선상에 놓여 있음)이다. 탄소 원자들의 혼성화 상태는 무엇인가? 알렌에서 시그마 결합과 파이 결합의 형성을 보여 주는 그림을 그리시오.

8.99 PF_5에 있는 인의 혼성화를 기술하시오.

8.100 다음 각 분자에는 몇 개의 시그마 결합과 파이 결합이 있는가?

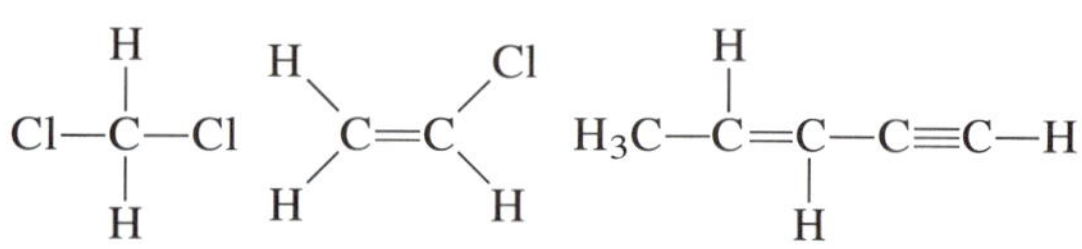

(a) (b) (c)

8.101 다음 테트라사이아노에틸렌(tetracyanoethylene) 분자에는 몇 개의 파이 결합과 시그마 결합이 있는가?

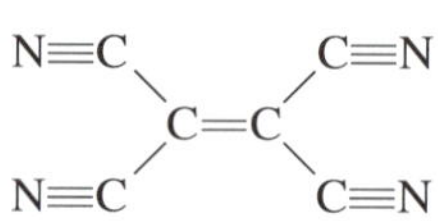

8.102 아이오딘 원자가 sp^3d 혼성인 아이오딘 및 플루오린으로 구성된 양이온의 화학식을 쓰시오.

8.103 아이오딘 원자가 sp^3d^2 혼성인 아이오딘 및 플루오린으로 구성된 음이온의 화학식을 쓰시오.

배위 화합물의 결합

복습 질문

8.104 결정장 이론을 간단하게 설명하고 다음 용어를 정의하시오. 결정장 갈라짐, 고스핀 착물, 저스핀 착물, 분광화학적 계열.

8.105 화합물에서 색의 근원은 무엇인가?

8.106 Sc^{3+} 이온을 포함하는 화합물은 무색인 반면 Ti^{3+} 이온을 포함하는 화합물은 색을 띤다. 이를 설명하시오.

8.107 어떤 착물이 반자기성인지 또는 상자기성인지를 결정하는 요인은 무엇인가?

문제

8.108 동일한 형태의 리간드에 대하여 팔면체 착물의 결정장 갈라짐이 사면체 착물의 결정장 갈라짐보다 항상 큰 이유를 설명하시오.

8.109 CN^- 리간드를 포함하는 전이 금속 착물은 종종 노란색인 반면, H_2O 리간드를 포함하는 착물은 종종 초록색이나 푸른색인 이유를 설명하시오.

8.110 사각 평면 기하 구조를 가지는 $[Ni(CN)_4]^{2-}$ 이온은 반자기성인 반면 사면체 기하 구조를 가지는 $[NiCl_4]^{2-}$ 이온은 상자기성이다. 이들 두 착물에 대한 결정장 갈라짐 도표를 그리시오.

8.111 다음 착이온에서 홀전자의 수를 예측하시오.
(a) $[Cr(CN)_6]^{4-}$, (b) $[Cr(H_2O)_6]^{2+}$

8.112 $[Co(NH_3)_6]^{3+}$ 착이온의 최대 흡수는 470 nm에서 일어난다. (a) 착물의 색을 예상하시오. (b) 결정장 갈라짐을 kJ/mol로 나타내시오.

8.113 물 25.0 g에 $Co(NH_3)_4Cl_3$ 0.875 g을 녹여서 만든 용액은 순수한 물의 어는점보다 0.56°C 낮다. $Co(NH_3)_4Cl_3$ 1 mol을 물에 녹일 때 생성되는 이온의 몰수를 계산하고, 이 화합물에 존재하는 착이온의 구조를 제안하시오.

실전 연습의 답

8.1 $\cdot Ba \cdot + 2 \cdot H \longrightarrow Ba^{2+}\ 2H\!:^-$ (또는 BaH_2)
$[Xe]6s^2$ $1s^1$ [Xe] [He]

8.2 (a) 이온 결합, (b) 극성 공유 결합, (c) 공유 결합.

8.3 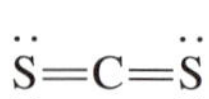 **8.4** 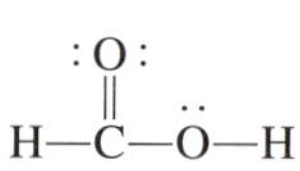 **8.5** 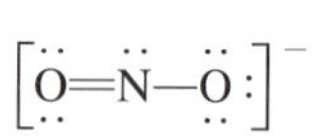

8.6 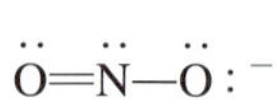 **8.7** $H—C\equiv N:$

8.8 
이 중에서 첫 번째 구조가 가장 중요하다. 세 번째 구조는 중요도가 가장 작다.

8.9 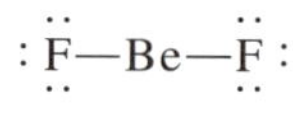 **8.10** 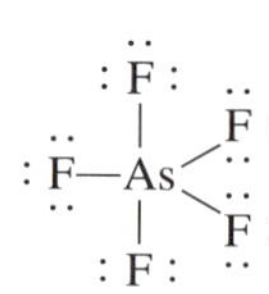

8.11 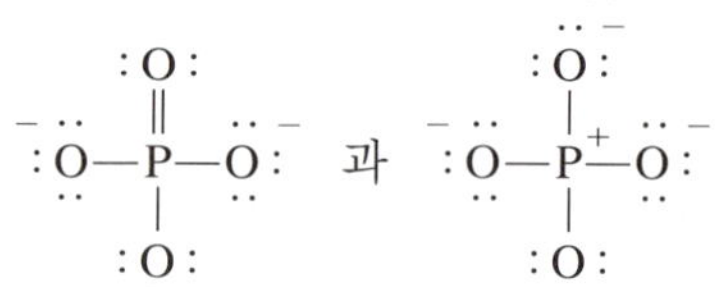

8.12 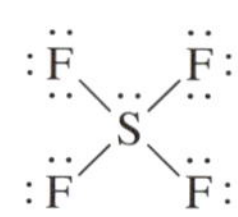

8.13 (a) 사면체형, (b) 직선형, (c) 삼각 평면형.
8.15 아니오. **8.15** (a) sp^3, (b) sp^2. **8.16** sp^3d^2.
8.17 C 원자는 *sp* 혼성화되어 있다. H 원자와 시그마 결합을 형성하며, N 원자와 다른 시그마 결합을 형성한다. 탄소 원자에 있는 두 개의 혼성화되지 않은 *p* 궤도함수는 N 원자와 두 개의 파이 결합을 형성하는 데 사용된다. N 원자에 있는 고립쌍은 *sp* 궤도함수에 있게 된다.
8.18 5개.

CHAPTER 9

유기 화학

Introduction to Organic Chemistry

이 장의 차례

하바네로(habanero)와 같은 칠리 후추의 매운 맛은 캡사이신이라는 유기 화합물 때문이다

주요 개념

유기 화합물 유기 화합물은 기본적으로 탄소와 수소를 포함하며, 여기에 질소, 산소, 황 및 다른 원소의 원자들을 포함한다. 모든 유기 화합물의 모체는 알케인(단일 결합만을 포함), 알켄(탄소-탄소 이중 결합 포함), 알카인(탄소-탄소 삼중 결합 포함), 방향족 탄화수소(벤젠 고리 포함) 등의 탄화수소이다.

작용기 유기 화합물의 반응성은 작용기의 존재로 예측할 수 있으며, 작용기란 그 화합물의 화학적 거동에 크게 원인이 되는 원자들의 집단이다.

카이랄성 특정 유기 화합물은 거울상과 겹쳐지지 않는다. 이러한 화합물은 카이랄성이라고 한다. 어떤 화합물의 순수한 거울상이성질체는 평면편광을 회전시킬 수 있다. 거울상이성질체는 물리적 성질이 동일하지만 다른 카이랄 물질에 대한 화학적 성질이 다르다.

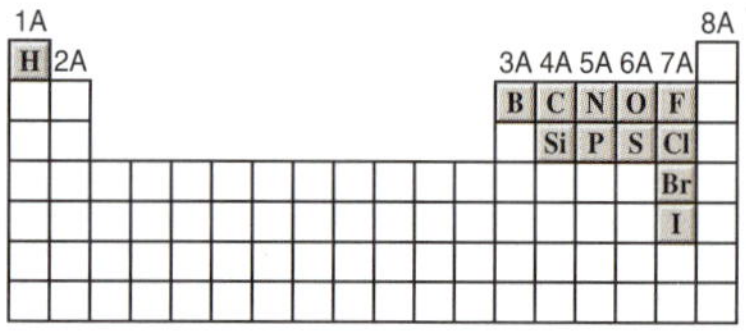

유기 화합물을 구성하는 일반적인 원소들.

9.1 유기 화합물의 분류

탄소는 대부분 다른 어떤 원소들보다도 많은 화합물을 형성할 수 있는데, 그것은 탄소 원자가 탄소-탄소 간에 단일 결합, 이중 결합, 삼중 결합을 형성할 뿐만 아니라 서로 간에 사슬과 고리 구조로 연결될 수 있기 때문이다. *탄소 화합물을 다루는 화학의 영역*을 **유기 화학**(organic chemistry)이라고 한다.

유기 화합물은 그들이 포함하는 작용기에 따라 분류한다. **작용기**(functional group)란 *어떤 분자의 화학적 성분을 나타내는 원자의 집단*을 말한다. 작용기가 같으면 다른 분자라도 유사한 반응이 일어난다. 따라서 몇 개의 작용기의 특성을 배움으로써 많은 유기 화합물의 성질을 이해할 수 있다. 이 장의 뒷부분에서는 알코올, 에터, 알데하이드, 케톤, 카복실산 및 아민 작용기에 대해 설명하겠다.

모든 유기 화합물은 **탄화수소**(hydrocarbon)로부터 유도된다. 탄화수소는 *수소와 탄소로만 이루어진 화합물*이다. 탄화수소는 구조에 따라 지방족과 방향족으로 분류한다. **지방족 탄화수소**(aliphatic hydrocarbon)는 *벤젠기 즉, 벤젠 고리가 없는 것*이고, **방향족 탄화수소**(aromatic hydrocarbon)는 *한 개 이상의 벤젠 고리를 포함하*는 것이다.

9.2 지방족 탄화수소

이 절에서 논의하는 지방족 탄화수소는 알케인, 알켄, 알카인으로 분류된다(그림 9.1).

알케인

주어진 탄소 원자의 개수에 따라 포화 탄화 수소는 가장 많은 수의 수소 원자를 포함한다.

알케인(alkane)은 *일반식이* C_nH_{2n+2} (n = 1, 2, . . .)*인 탄화수소*이다. 알케인의 본질적인 특징은 *단일 결합만이 존재한다*는 것이다. 알케인은 *탄소가 결합할 수 있는 최대수의 수소와 결합했기 때문에* **포화 탄화수소**(saturated hydrocarbon)라고 한다.

가장 간단한 알케인(즉, n = 1)은 메테인(CH_4)인데, 물 속에서 채소가 무산소성 박테리아에 의해 분해될 때 생성되는 물질이다. 처음에 늪에서 포집되었기 때문에 "늪 가스"(marsh gas)로 알려져 있다. 믿기지 않겠지만 흰개미(termite)가 메테인의 원천이다. 이 게걸스러운 곤충이 나무를 갉아 먹을 때 그 곤충의 소화기에 있는 미생물들이 이 섬유질을 메테인, 이산화탄소 및 다른 화합물로 분해시킨다. 대략 연간 1억 7000만 톤의 메테인이 흰개미에 의해 생성된다. 메테인은 하수 처리과정에서 생성되기도 하며 상업적으로는 천연 가스에서 얻는다.

흰개미는 메테인의 천연 공급원이다.

그림 9.2는 4개의 간단한 알케인의 구조를 나타낸다(n = 1~4). 천연 가스는 메테인, 에테인, 그리고 소량의 프로페인의 혼합물이다. 8장에서 메테인의 결합 모양을 설명하였다. 모든 알케인의 탄소 원자는 sp^3 혼성으로 가정한다. 에테인과 프로페인의 구조는 이들 분자에서 탄소 원자끼리 결합할 수 있는 방법은 한 가지밖에 없기 때문에 곧은 사슬형이다. 그러나 뷰테인은 2가지 결합 방법을 가지므로 n-뷰테인(n은 normal)과 아이소뷰테인이라고 하는 다른 화합물을 이룬다. n-뷰테인은 탄소가 선형으로 연결되어 있으므로 곧은 사슬 알케인이

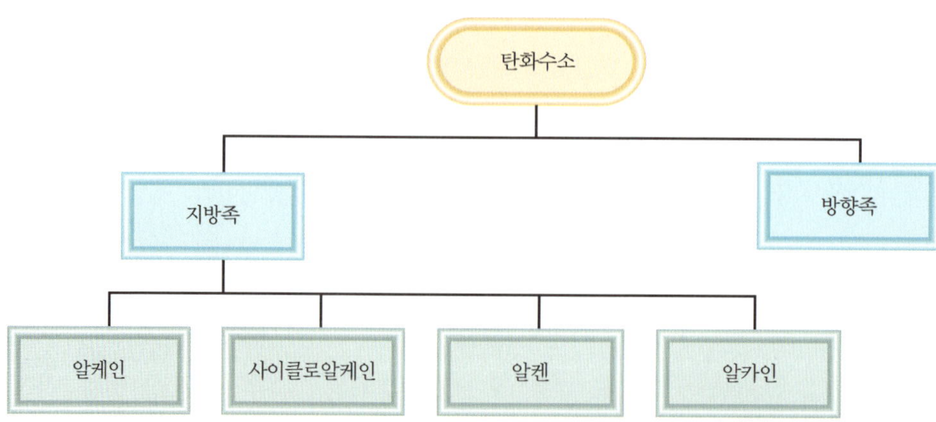

그림 9.1 • 탄화수소의 분류.

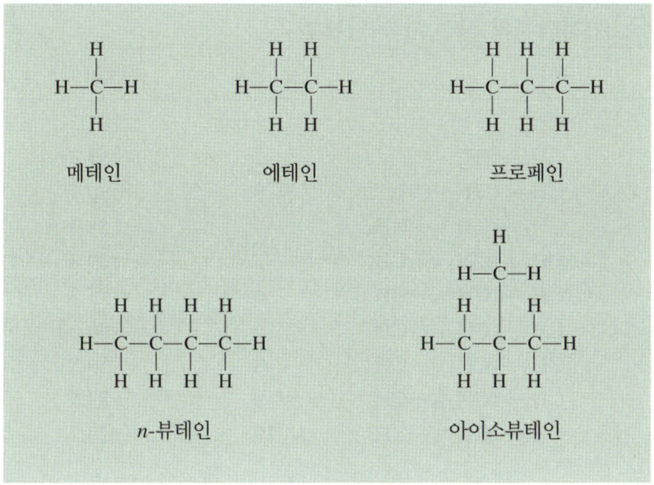

그림 9.2 • 처음 네 알케인의 구조. 뷰테인(butane)은 구조적으로 서로 다른 2개의 형태(구조 이성질체)로 존재할 수 있다.

다. 아이소뷰테인과 같은 가지 달린 알케인에서는 한 개 이상의 탄소가 맨 끝이 아닌 탄소 원자에 결합한다. *원자가 다른 순서로 연결된 이성질체*를 **구조 이성질체**(structural isomer)라고 한다.

알케인 계열에서 탄소 원자의 수가 증가함에 따라 구조 이성질체의 수가 급격히 증가한다. 예를 들면, C_4H_{10}은 2개, $C_{10}H_{22}$은 75개, $C_{30}H_{62}$는 4억 개 이상의 이성질체가 가능하다. 분명히 이들의 대부분은 자연에 존재하지 않거나 합성되지도 않았다. 그럼에도 불구하고 이 숫자는 왜 탄소가 다른 어떤 원소보다 더 많은 화합물에서 발견되는지 설명해 준다.

예제 9.1

펜테인(pentane, C_5H_{12})의 구조 이성질체는 몇 개인가?

▸ **전략** 탄소 개수가 8개 이하인 탄화수소의 경우는 시행착오를 통해 구조 이성질체의 개수를 결정하기가 상대적으로 쉽다.

▸ **풀이** 첫 번째 단계는 곧은 사슬 구조를 그린다.

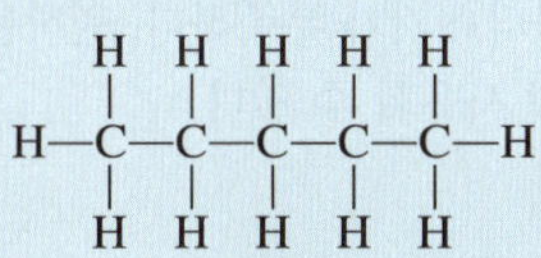

n-펜테인
(b.p. 36.1°C)

다음으로 가지 달린 구조를 그린다.

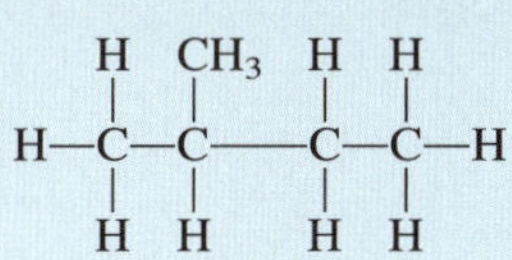

2-메틸뷰테인
(b.p. 27.9°C)

다른 모양의 가지 달린 구조도 존재한다.

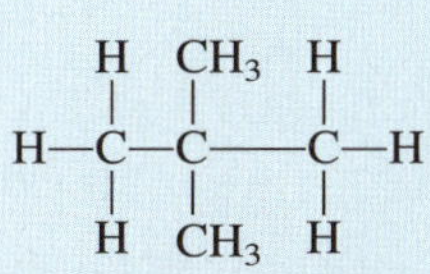

2,2-다이메틸프로페인
(b.p. 9.5°C)

C_5H_{12}의 분자식을 가지는 알케인은 더 이상 그릴 수 없다. 따라서 펜테인은 구조는 다르지만 탄소나 수소의 개수가 변하지 않는 3개의 구조 이성질체를 가진다.

▸ **실전 연습** 알케인인 C_6H_{14}는 몇 개의 구조 이성질체를 가지는가?

n-펜테인

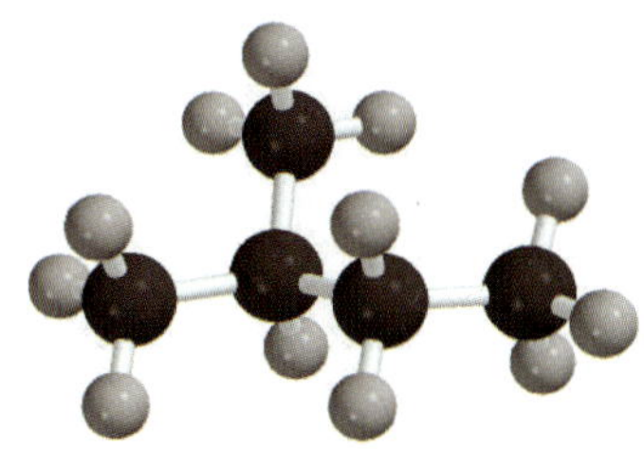

2-메틸뷰테인

2,2-다이메틸프로페인

비슷한 문제: 9.11, 9.12.

원유는 많은 탄화수소의 공급원이다.

표 9.1 탄소 10개까지의 직선 사슬 알케인

탄화수소의 이름	분자식	탄소 원자의 수	녹는점(°C)	끓는점(°C)
메테인(methane)	CH_4	1	−182.5	−161.6
에테인(ethane)	$CH_3—CH_3$	2	−183.3	−88.6
프로페인(propane)	$CH_3—CH_2—CH_3$	3	−189.7	−42.1
뷰테인(butane)	$CH_3—(CH_2)_2—CH_3$	4	−138.3	−0.5
펜테인(pentane)	$CH_3—(CH_2)_3—CH_3$	5	−129.8	36.1
헥세인(hexane)	$CH_3—(CH_2)_4—CH_3$	6	−95.3	68.7
헵테인(heptane)	$CH_3—(CH_2)_5—CH_3$	7	−90.6	98.4
옥테인(octane)	$CH_3—(CH_2)_6—CH_3$	8	−56.8	125.7
노네인(nonane)	$CH_3—(CH_2)_7—CH_3$	9	−53.5	150.8
데케인(decane)	$CH_3—(CH_2)_8—CH_3$	10	−29.7	174.0

표 9.1에 10개의 간단한 사슬형 알케인 화합물의 녹는점과 끓는점을 나타내었다. 처음 4개는 상온에서 기체이고, 펜테인부터 데케인(decane)까지는 액체이다. 분자의 크기가 증가하면 분산력이 커지므로 끓는점도 증가한다.

화학 구조 그리기

간단하게 알케인의 명명법을 알아본다.

더 나가기 전에, 유기 화합물의 구조를 그리는 다른 방법을 알아두는 것이 좋다. 알케인인 2-메틸뷰테인(2-methylbutane, C_5H_{12})를 생각해 보자. 이 분자 안에서 원자들이 어떻게 연결되었는지를 알기 위해서 먼저 더 자세한 분자식인 $CH_3CH(CH_3)CH_2CH_3$을 쓰고 그림 9.3(a)에 나타낸 바와 같이 그 구조식을 그려야 한다. 이 구조는 유익한 정보를 주는 반면 그리는 데 시간이 많이 걸린다. 따라서 화학자들은 그림을 간단히 하는 방법을 고안하였다. 그림 9.3(b)는 축약식이며, 그림 9.3(c)는 C와 H를 생략한 *골격 구조*(skeletal structure)이다. 두 선(결합)의 각 교점과 양 끝에 탄소 원자가 있다고 가정한다. 각 C 원자는 4개의 결합을 형성하기 때문에 모든 C 원자에 결합한 H 원자의 수를 항상 추론할 수 있다. 두 말단에 있는 CH_3 기 중 하나는 수직선으로 나타낸다. 하지만 이 구조는 그림 9.3(d)에 있는 분자 모형에서 보인 분자의 3차원적 모양을 나타내기가 부족하다. 원하는 목적에 따라 이들 구조 중 어느 것이나 분자의 성질을 설명하는 데 사용할 수 있다.

가장 간단한 구조는 골격 구조이다. C와 H를 제외한 다른 원자는 골격 구조에서 분명히 표시해야 한다.

에테인의 형태

분자의 기하 구조는 분자 내 원자의 공간상 배열을 나타낸다. 하지만 내부 분자 운동 때문에 원자들이 위치가 고정되어 있지 않다. 이러한 이유로 에테인과 같은 단순한 분자라도 생각하는 것보다 구조적으로 더 복잡할 수 있다.

그림 9.3 • 2-메틸뷰테인(2-methylbutane)의 서로 다른 표현. (a) 구조식, (b) 축약식, (c) 골격식, (d) 분자 모형.

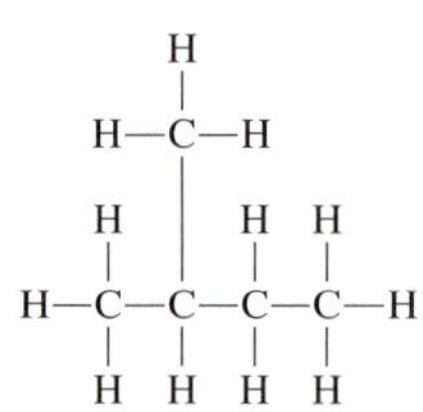

(a)

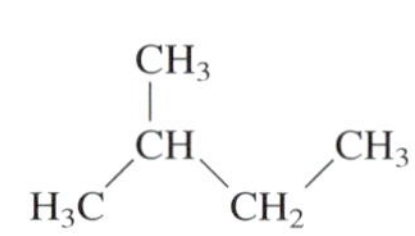

(b)

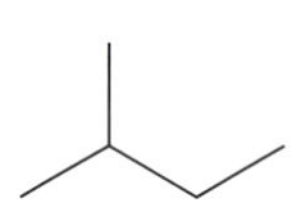

(c)

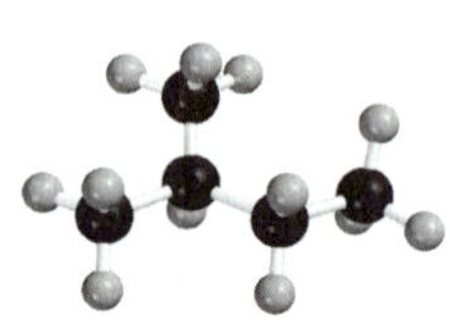

(d)

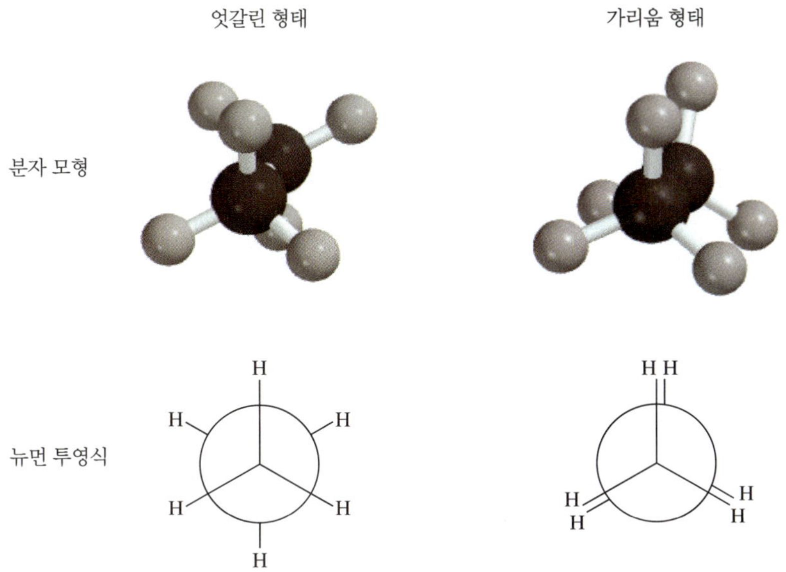

그림 9.4 • 에테인의 엇갈린 형태와 가리움 형태에 대한 분자 모형과 뉴먼 투영식. 엇갈린 형태의 이면각은 60°이고, 가리움 형태의 이면각은 0°이다. 가리움 형태의 뉴먼 투영식에서 C—C 결합을 약간 회전해서 뒷 C 원자에 결합된 H 원자가 보이도록 한다. 가리움 형태에서 두 C 원자에 결합된 H 원자가 가까워서 반발력이 커지고, 엇갈린 형태에 비해 덜 안정해진다.

에테인의 두 개의 C 원자들은 sp^3 혼성되어 있으며, 시그마 결합에 의해 연결되어 있다(8.13절 참조). 시그마 결합은 원통형 대칭이어서 sp^3 궤도함수의 겹침은 C—C 결합이 회전해도 동일하다. 하지만 이 결합의 회전은 다른 C 원자에 결합된 H 원자들 사이의 상호작용 때문에 완전히 자유롭지는 않다. 그림 9.4는 에테인의 두 가지 극단적인 **형태**(conformation)를 나타낸다. *형태는 단일 결합 주위로 회전에 의해 생기는 분자의 다른 공간상의 배열이다.* 엇갈린 형태(staggered conformation)에서 하나의 C 원자에 있는 세 개의 H 원자는 다른 C 원자에 있는 세 개의 H 원자들로부터 멀리 떨어져 있는 반면, 가리움 형태(eclipsed conformation)에서는 H 원자의 두 무리들이 서로 평행하게 정렬되어 있다.

이들 두 형태를 더 간단하고 효과적으로 볼 수 있는 방법은 그림 9.4에 나타낸 뉴먼 투영식(Newman projection)을 이용하는 것이다. 한 쪽 끝에서 C—C 결합을 보자. 두 개의 C 원자들은 원으로 표시된다. 앞쪽 C 원자에 결합된 C—H 결합은 원의 중심을 향한 선이고, 뒤쪽 C 원자에 결합된 C—H 결합은 원 가장자리를 향하는 선으로 나타낸다. 에테인의 가리움 형태는 엇갈린 형태보다 덜 안정하다. 그림 9.5는 회전의 함수로 에테인의 퍼텐셜 에너지 변화를 나타낸 것이다. 다른 것에 대한 한 CH_3 기의 회전은 *이면각*(dihedral angle)이라고 부르는 앞 탄소와 뒤 탄소에 있는 C—H 결합 사이의 각으로 표현된다. 첫 번째 가리움 형태에

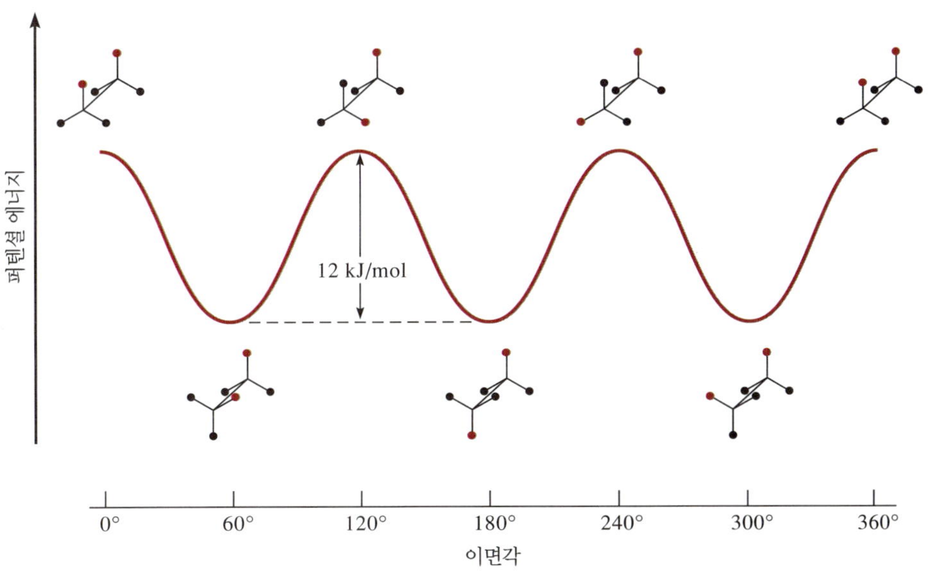

그림 9.5 • 에테인의 내부 회전에 대한 퍼텐셜 에너지 도표. 여기서 이면각은 두 C—H 결합(H 원자를 나타내는 빨간 구) 사이의 각으로 정의하였다. 이면각이 0°, 120°, 240°, 360°는 가리움 형태이며, 60°, 180°, 300°는 엇갈린 형태를 나타낸다. 따라서 60° 회전하면 가리움 형태가 엇갈린 형태로 변화하고, 그 반대로 되기도 한다. 엇갈린 형태는 가리움 형태보다 12 kJ/mol만큼 더 안정하다. 하지만 이 두 형태들은 서로 매우 빠르게 상호전환되므로 각각을 분리할 수 없다.

표 9.2	일반적인 알킬기
이름	식
메틸(Methyl)	$—CH_3$
에틸(Ethyl)	$—CH_2—CH_3$
n-프로필 (*n*-Propyl)	$—(CH_2)_2—CH_3$
n-뷰틸(*n*-Butyl)	$—(CH_2)_3—CH_3$
아이소프로필 (Isopropyl)	CH_3 | $—C—H$ | CH_3
t-뷰틸(*t*-Butyl)*	CH_3 | $—C—CH_3$ | CH_3

**t*는 3차(tertiary)를 나타낸다.

서 이면각은 0이다. C—C 결합 주위로 시계방향으로 60° 회전하면 엇갈린 형태가 만들어지는데, 이것은 비슷한 회전을 계속하면 다른 엇갈린 형태로 전환된다.

분자의 형태 분석은 단순한 탄화수소로부터 단백질과 DNA에 이르기까지 반응을 자세하게 이해하는 데 매우 중요하다.

알케인의 명명법

알케인과 모든 다른 유기 화합물 명명법은 국제 순수 및 응용 화학 연합(International Union of Pure and Applied Chemistry, IUPAC)의 제안에 따른다. 처음 4개의 알케인(메테인, 에테인, 프로페인, 뷰테인)은 비체계적인 이름을 사용한다. 표 9.1에 제시된 바와 같이, 탄소 5~10개를 포함하는 알케인에 대해서는 탄소 원자수에 그리스어 접두사(prefix)가 반영되어 있다. 다음 예에 IUPAC 규칙을 적용해 보자.

1. 탄화수소 모체의 이름(parent name)은 분자에서 가장 긴 탄소 사슬의 것이 된다. 다음 화합물의 주 골격 이름은 제일 긴 사슬이 탄소 원자 7개이므로 헵테인(heptane)이다.

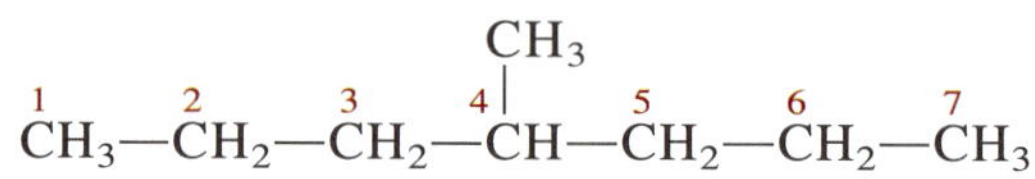

2. 수소 원자가 한 개 적은 알케인을 *알킬*(alkyl)기라고 한다. 예를 들면, 메테인에서 수소 원자 1개를 제거하면 CH_3 조각이 남게 되는데, 이것을 *메틸*(methyl)기라고 한다. 마찬가지로 에테인 분자에서 수소 원자 1개를 제거하면 *에틸*(ethyl)기 C_2H_5가 된다. 표 9.2에 몇 가지 알킬기를 나타내었다. 가장 긴 사슬에서 가지가 생긴 곁사슬을 알킬기로 명명한다.

3. 1개 이상의 수소가 다른 기로 치환되었을 때, 그 화합물의 이름에 치환된 위치를 나타내어야 한다. 그 과정은 모든 치환된 위치의 번호가 낮은 값을 가지는 방향으로 제일 긴 사슬의 각 탄소 원자에 번호를 붙인다. 같은 화합물을 다르게 명명한 예를 아래에 나타내었다.

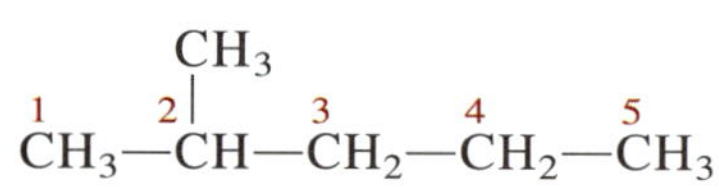

2-메틸펜테인(2-methylpentane)

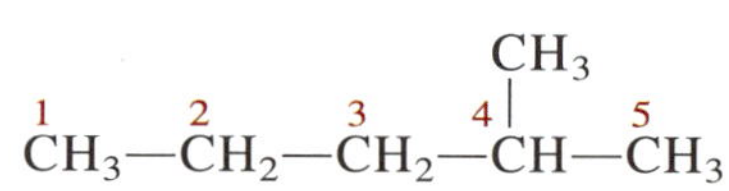

4-메틸펜테인(4-methylpentane)

왼쪽에 있는 화합물은 메틸기가 펜테인 사슬의 2번에 있으므로 올바르게 명명한 것이다. 오른쪽에 있는 화합물에서는 메틸기가 4번 탄소에 있는 것으로 번호가 붙어 있다. 따라서 이 화합물 이름은 2-메틸펜테인(2-methylpentane)이지 4-메틸펜테인(4-methylpentane)은 아니다. 가지 이름과 골격 이름을 함께 붙여 쓰고 숫자 다음에는 하이픈을 이용한다.

4. 같은 기가 2개 이상 있을 때 *다이*(*di-*), *트라이*(*tri-*), *테트라*(*tetra-*) 와 같은 접두어를 이용한다. 다음 예를 보자.

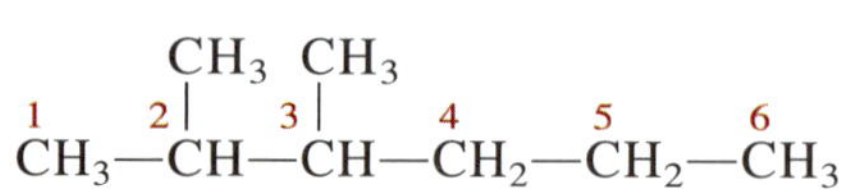

2,3-다이메틸헥세인(2,3-dimethylhexane)

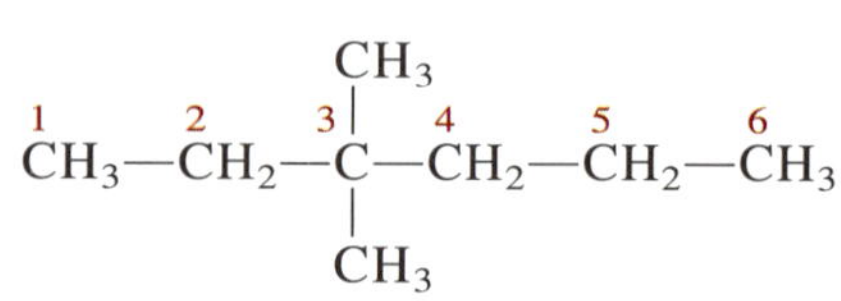

3,3-다이메틸헥세인(3,3-dimethylhexane)

두 개 이상의 다른 알킬기가 있을 때, 알킬기를 알파벳 순서로 나열한다. 예를 들면 다음과 같다.

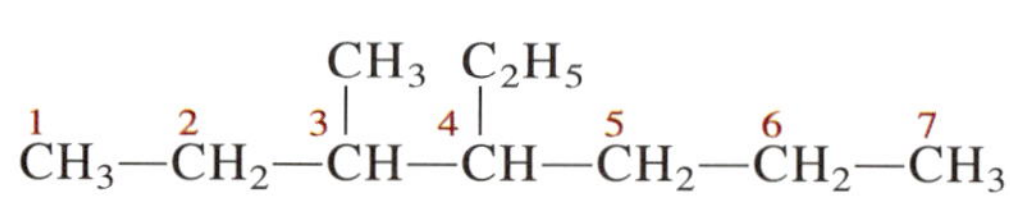

4-에틸-3-메틸헵테인(4-ethyl-3-methylheptane)

5. 알케인은 다른 많은 치환기가 있을 수 있다. 표 9.3은 브로모(bromo), 나이트로(nitro) 등이 포함된 몇 가지 치환기의 이름을 나타낸다. 따라서 다음 화합물은 3-브로모-2-나이트로뷰테인(3-bromo-2-nitrobutane)이다.

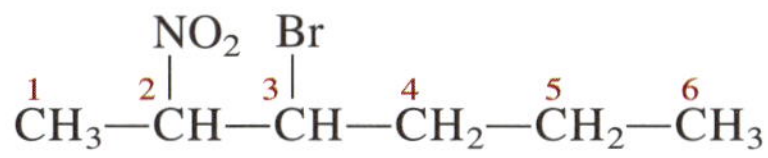

만일 Br이 처음 탄소에 붙어 있다면 1-브로모-3-나이트로뷰테인(1-bromo-3-nitrobutane)이다.

표 9.3

몇 가지 치환기의 이름

작용기	이름
$—NH_2$	아미노(Amino)
—F	플루오로(Fluoro)
—Cl	클로로(Chloro)
—Br	브로모(Bromo)
—I	아이오도(Iodo)
$—NO_2$	나이트로(Nitro)
$—CH{=}CH_2$	바이닐(Vinyl)

예제 9.2

다음 화합물의 IUPAC 이름을 쓰시오.

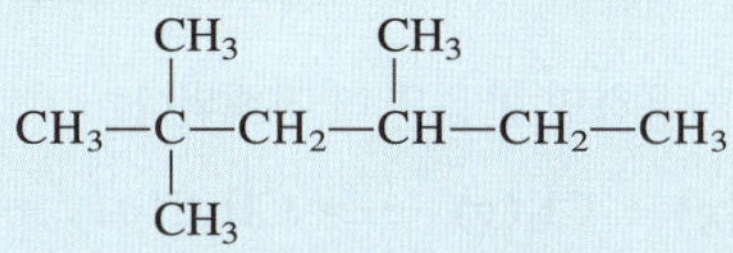

▸ **전략** IUPAC의 규칙과 표 9.2에 있는 화합물의 이름을 이용하면 된다. 가장 긴 사슬의 탄소는 몇 개인가?

▸ **풀이** 가장 긴 사슬은 6개의 탄소를 가지고 있으므로 모체 화합물은 헥세인(hexane)으로 명명하면 된다. 치환기는 2번 탄소에 붙은 2개의 메틸기와 4번 탄소에 붙은 1개의 메틸기를 가지고 있다.

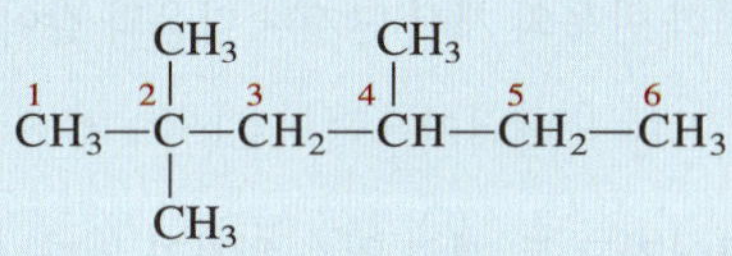

따라서 이 화합물은 2,2,4-트라이메틸헥세인(2,2,4-trimethylhexane)으로 명명하면 된다.

비슷한 문제: 9.28(a), (b), (c).

▸ **실전 연습** 다음 화합물의 IUPAC 이름을 쓰시오.

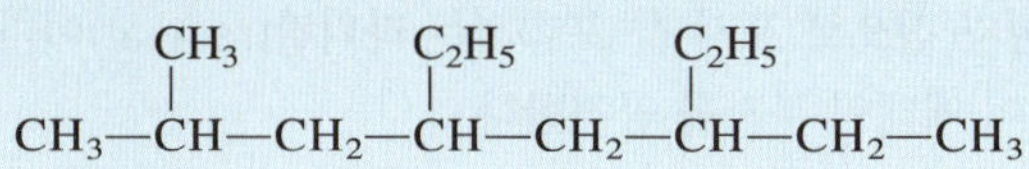

예제 9.3에서는 다이(di-), 트라이(tri-), 테트라(tetra-)와 같은 접두사를 사용하는 예를 보여준다. 그러나 이들 접두사는 알파벳 순서를 정할 때는 무시한다.

예제 9.3

3-에틸-2,2-다이메틸펜테인(3-ethyl-2,2-dimethylpentane)의 구조식을 쓰시오.

▸ **전략** 화합물의 구조식을 쓸 때 사용했던 과정과 표 9.2의 정보를 이용하면 된다. 가장 긴 가지의 탄소는 몇 개인가?

▸ **풀이** 모체 화합물은 펜테인(pentane)이므로 가장 긴 사슬은 5개의 탄소 원자를 가지고 있다. 2번 탄소에 2개의 메틸기가 붙어 있고 3번 탄소에 1개의 에틸기가 붙어 있다. 따라서 이 화합물의 구조식은 다음과 같다.

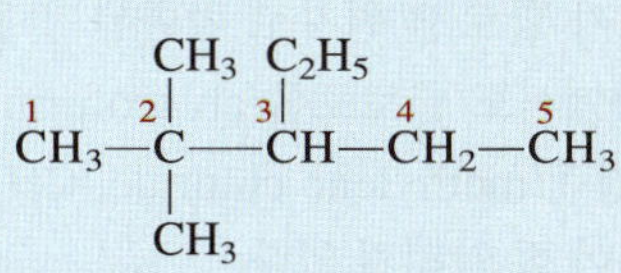

비슷한 문제: 9.27(a), (c), (e).

▸ **실전 연습** 5-에틸-2,6-다이메틸옥테인(5-ethyl-2,6-dimethyloctane)의 구조식을 쓰시오.

알케인의 반응

일반적으로 알케인은 반응성이 큰 화합물이 아니다. 그러나 적당한 조건에서는 반응이 일어난다. 예를 들면, 천연가스, 휘발유, 연료용 석유 등도 매우 높은 열을 발생하는 알케인이다.

$$CH_4(g) + 2O_2(g) \longrightarrow CO_2(g) + 2H_2O(l) \qquad \Delta H° = -890.4 \text{ kJ/mol}$$
$$2C_2H_6(g) + 7O_2(g) \longrightarrow 4CO_2(g) + 6H_2O(l) \qquad \Delta H° = -3119 \text{ kJ/mol}$$

이 반응은 산업 공정과 가정의 난방과 요리에서 오랫동안 이용되어 왔다.

알케인의 *할로젠화 반응*(halogenation)은 1개 이상의 수소를 할로젠 원자로 치환하는 것으로, 알케인에서 일어나는 또다른 종류의 반응이다. 메테인과 염소의 혼합물을 100°C로 가열하거나 적합한 파장의 빛을 쪼이면 염화 메틸(methyl chloride)이 생성된다.

$$CH_4(g) + Cl_2(g) \longrightarrow \underset{\text{염화 메틸(methyl chloride)}}{CH_3Cl(g)} + HCl(g)$$

만일 염소 기체(Cl_2)를 과량 사용하면 반응은 더 진행된다.

$$CH_3Cl(g) + Cl_2(g) \longrightarrow \underset{\text{염화 메틸렌(methylene chloride)}}{CH_2Cl_2(l)} + HCl(g)$$
$$CH_2Cl_2(l) + Cl_2(g) \longrightarrow \underset{\text{클로로폼(chloroform)}}{CHCl_3(l)} + HCl(g)$$
$$CHCl_3(l) + Cl_2(g) \longrightarrow \underset{\text{사염화 탄소(carbon tetrachloride)}}{CCl_4(l)} + HCl(g)$$

많은 실험적인 증거는 할로젠화 반응의 개시 단계가 다음과 같이 일어남을 암시해 주고 있다.

$$Cl_2 + \text{에너지} \longrightarrow Cl\cdot + Cl\cdot$$

따라서 Cl_2의 공유 결합이 끊어지고 두 개의 염소 원자가 된다. CH_4에서 C—H 결합을 끊는 데는 414 kJ/mol이 필요하지만, Cl_2의 결합 에너지는 242.7 kJ/mol 밖에 안 되므로 가열하거나 빛을 쪼이면 Cl—Cl 결합이 끊어진다.

염소 원자는 *홀전자*(점으로 표시)*를 포함하는* **라디칼**(radical)이다. 염소 원자는 반응성이 커서 다음 식과 같이 메테인 분자를 공격한다.

$$CH_4 + Cl\cdot \longrightarrow \cdot CH_3 + HCl$$

이 반응은 염화 수소와 메틸 라디칼($\cdot CH_3$)을 생성한다. 메틸 라디칼은 반응성이 크기 때문에 염소 분자와 반응하여 염화 메틸(methyl chloride)과 염소 원자를 생성한다.

$$\cdot CH_3 + Cl_2 \longrightarrow CH_3Cl + Cl\cdot$$

염화 메틸에서 염화 메틸렌이 생성되는 반응과 그 이상의 반응도 위와 같은 방법으로 설명할 수 있다. 의도한 생성물 이외에 "부반응"이 일어나기 때문에 실제 반응 메커니즘은 제시한 것보다 더 복잡하다.

$$Cl\cdot + Cl\cdot \longrightarrow Cl_2$$
$$\cdot CH_3 + \cdot CH_3 \longrightarrow C_2H_6$$

알케인에서 한 개 이상의 수소가 할로젠 원자로 치환된 것을 *할로젠화 알킬*(alkyl halide)이라고 한다. 할로젠화 알킬 중에서도 클로로폼(chloroform, $CHCl_3$), 사염화 탄소(carbon tetrachloride, CCl_4), 염화 메틸렌(methylene chloride, CH_2Cl_2), 염화플루오린화탄화수소(chlorofluorohydrocarbon) 등이 잘 알려져 있다.

염화 메틸, 염화 메틸렌, 클로로폼의 계통명은 각각 클로로메테인(chloromethane), 다이클로로메테인(dichloromethane), 트라이클로로메테인(trichloromethane)이다.

클로로폼은 휘발성이고 단맛이 있는 액체로서 오랫동안 마취제로 사용되었다. 독성(간, 신장, 심장 손상) 때문에 지금은 다른 화합물로 대체되었다. 사염화 탄소도 독성 물질이며 옷감에 묻은 기름을 제거하는 클리닝 액체로 사용한다. 염화 메틸렌은 커피에서 카페인을 제거

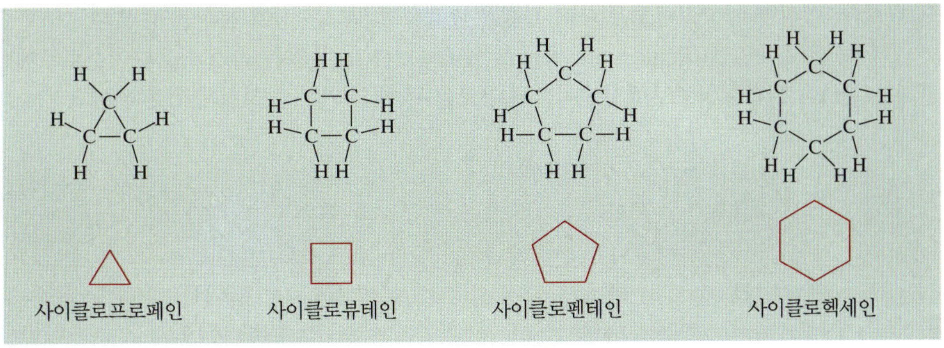

그림 9.6 • 사이클로알케인의 구조와 단순화한 모양.

하는 용매와 페인트 제거제로 이용된다.

사이클로알케인

탄소 원자가 연결되어 고리를 형성한 알케인을 **사이클로알케인**(cycloalkane)이라고 한다. 일반식은 C_nH_{2n}(n = 3, 4, . . .)이다. 가장 간단한 사이클로알케인은 사이클로프로페인(cyclopropane, C_3H_6)이다(그림 9.6). 항생제, 당, 콜레스테롤(cholesterol), 호르몬과 같은 생물학적으로 중요한 많은 물질이 한 개 이상의 고리를 포함한다. 이론적 분석에 의하면 사이클로헥세인은 각 스트레인(angle strain)을 받지 않는 의자 형태와 보트 형태라고 하는 두 개의 다른 형태를 가진다(그림 9.7). 여기서 "각 스트레인"은 결합각이 압축이나 신축을 받아 정상 구조, 즉 sp^3 혼성화에 필요한 109.5°의 사면체 값으로부터 벗어남을 뜻한다.

C 뿐만 아니라 N, O, S 같은 원자들도 이들 화합물의 고리 자리를 채울 수 있다.

알켄

알켄(alkene, *olefin*이라고도 함)은 *적어도 1개 이상의 탄소-탄소 이중 결합을 포함하고 있다.* 알켄의 일반식은 C_nH_{2n}(n = 2, 3, . . .)이다. 가장 간단한 알켄은 에틸렌(ethylene, C_2H_4)인데, 두 탄소가 sp^2 혼성화되어 있으며 그 이중 결합은 1개의 시그마(σ) 결합과 1개의 파이(π) 결합으로 되어 있다(8.13절 참조).

알켄의 기하 이성질체

에테인(C_2H_6)과 같은 화합물에서는 2개의 메틸기가 탄소-탄소 단일 결합(σ 결합)을 중심축으로 하여 자유롭게 회전할 수 있다. 에틸렌(C_2H_4)과 같이 탄소-탄소 사이에 이중 결합을 갖고 있는 분자에 대해서는 상황이 다르다. 시그마(σ) 결합 이외에 두 탄소 원자 사이에 파이(π) 결합도 존재한다. 탄소-탄소 결합 주위의 회전은 시그마 결합에는 영향을 미치지 않지만, 2개의 $2p_z$ 궤도함수가 중첩되어 있는 파이 결합의 경우에 탄소-탄소 결합 축 주위의 회전을 하려면 부분적으로 또는 완전히 파괴되어야 한다(그림 8.21 참조). 이 과정은 270 kJ/mol 정도의 에너지가 소요되며, 탄소-탄소 이중 결합은 회전이 불가능한 것은 아니지만 상당히 제한을 받는다. 결과적으로 탄소-탄소 이중 결합을 갖는 분자(알켄)는 **기하 이성질체**(geometric isomer)가 존재하는데, *이들은 형태, 원자수, 화학 결합은 같지만 공간상의 배향*

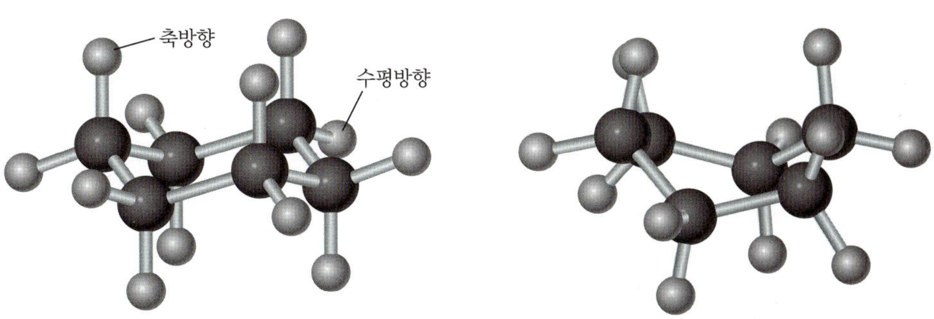

그림 9.7 • 사이클로헥세인은 다양한 모양으로 존재한다. 가장 안정한 모양은 의자 형태이며 보트 형태는 덜 안정하다. 두 종류의 수소 원자는 각각 축방향과 수평방향으로 구분한다.

이 다르다. 이러한 이성질체들은 화학 결합을 파괴하지 않고는 상호 전환될 수 없다.

다이클로로에틸렌(dichloroethylene, ClHC=CHCl) 분자는 *시스*-1,2-다이클로로에틸렌과 *트랜스*-1,2-다이클로로에틸렌이라고 부르는 두 개의 기하 이성질체가 존재한다.

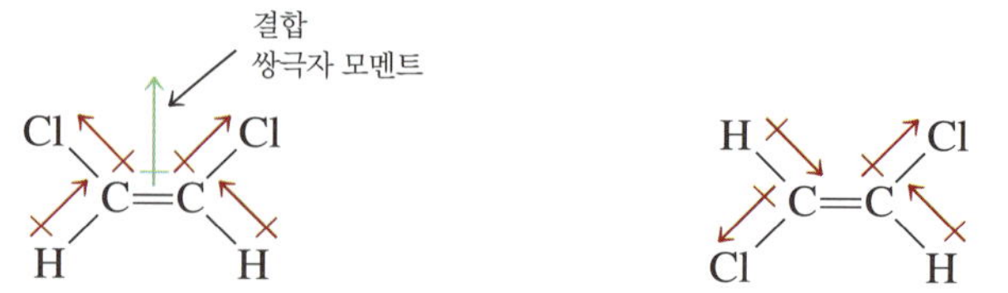

시스-1,2-다이클로로에틸렌
μ = 1.89 D
b.p. 60.3°C

트랜스-1,2-다이클로로에틸렌
μ = 0
b.p. 47.5°C

여기서 *시스*(*cis*)는 두 개의 기(group)가 서로 이웃에 있고 *트랜스*(*trans*)는 두 개의 기가 서로 반대쪽에 있다는 뜻이다. 일반적으로 *시스*와 *트랜스* 화합물은 물리적 및 화학적 성질이 다르다. 한 이성질체에서 다른 이성질체로 전환하는 것을 *시스-트랜스 이성질화*(*cis-trans* isomerization) 또는 기하 이성질화 반응이라고 하는데, 열을 가하거나 빛을 쪼여주면 된다(그림 9.8).

시각 과정에서의 시스-트랜스 이성질화

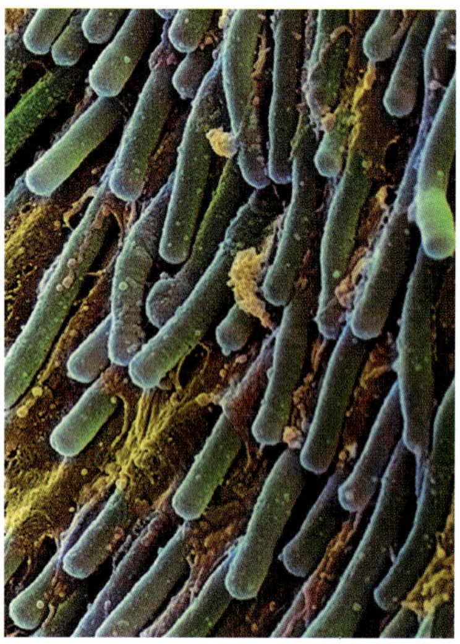

망막에 있는 막대 모양의 세포(로돕신을 포함하고 있음)의 현미경 사진.

망막에서 빛에 반응하는 분자는 11-*시스* 레티날(retinal)과 옵신(opsin)이라 부르는 두 부분을 가진 로돕신(rhodopsin)이다(그림 9.9). 레티날은 빛에 민감한 분자이고, 옵신은 단백질 분자이다. 가시 영역에서 광자를 받게 되면 11-*시스* 레티날은 탄소-탄소 파이 결합이 끊어지면서 모두-*트랜스* 레티날로 이성질화된다. 파이 결합이 끊어지면 남아 있는 탄소-탄소 시그마 결합은 자유롭게 회전하여 모두-*트랜스* 레티날로 전환된다. 이 때 전기 신호가 생성되고 뇌로 전달하게 되어 시각적 이미지를 형성한다. 모두-*트랜스* 레티날은 옵신의 결합 부위에

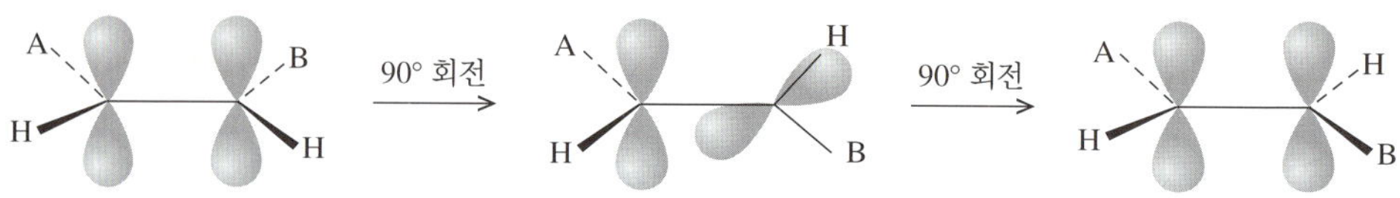

그림 9.8 • 파이 결합의 분해와 재결합. C=C 결합을 포함하는 화합물을 가열하거나 빛으로 들뜨게 하면 약한 파이 결합이 끊어진다. 이렇게 되면 C—C 시그마 단일 결합의 자유로운 회전이 가능하다. 180° 회전하면 *시스* 이성질체가 *트랜스* 이성질체가 되거나 다른 방법으로 전환된다. 점선은 종이 면 뒤쪽을 향한 결합이며, 쐐기선은 종이면 앞쪽을 향한 것이고, 실선은 종이 면에 있는 결합을 나타낸 것이다. 문자 A와 B는 H 이외의 다른 원자나 원자단을 나타낸다. 여기서는 *시스-트랜스* 이성질화가 일어난다.

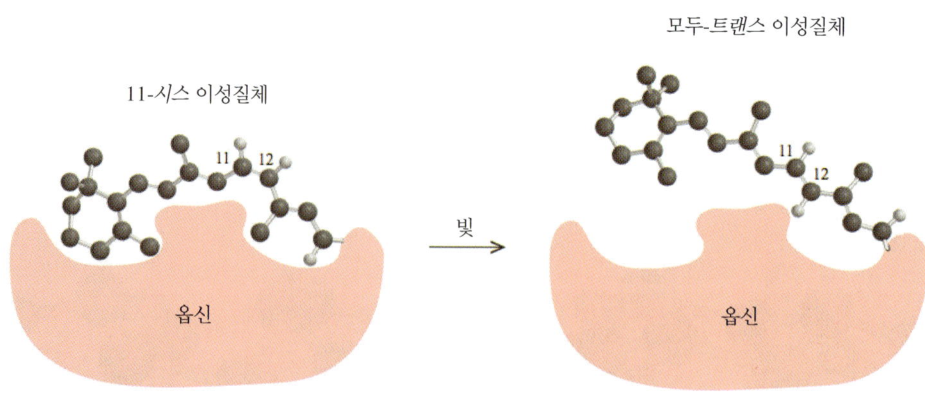

그림 9.9 • 시각 과정(vision process)에서 일차적인 작용은 11-*시스* 레티날이 로돕신의 모두-*트랜스* 이성질체로 변환되는 것이다. 이성질화가 일어나는 곳은 이중 결합의 11번 탄소와 12번 탄소 사이에서 일어난다. 단순화하기 위하여 대부분의 수소 원자는 생략하였다. 빛이 없으면 이 전환은 천 년에 한 번 일어난다!

맞지 않아 결과적으로 단백질로부터 분리된다. 오래되지 않아 *트랜스* 이성질체는 다시 (빛이 없는 곳에서) 효소에 의해 11-*시스* 레티날로 변환되고, *시스* 이성질체가 옵신에 접합됨으로써 로돕신이 다시 생성되어 시각 과정이 다시 시작된다.

알켄의 명명법

알켄 명명에서는 이중 결합의 위치를 표시해야 한다. C═C 결합을 포함하는 화합물의 이름은 *엔(-ene)*으로 끝난다. 아래 예와 같이, 알케인의 경우처럼 주 골격 화합물의 이름은 제일 긴 사슬의 탄소 원자수에 의해 결정한다(표 9.1 참조).

$$CH_2{=}CH{-}CH_2{-}CH_3 \qquad H_3C{-}CH{=}CH{-}CH_3$$

1-뷰텐(1-butene) 2-뷰텐(2-butene)

위 알켄의 이름에서 숫자는 알켄의 C═C 결합을 포함하는 사슬에서 탄소 원자의 위치를 나타내는 탄소의 원자번호(작은 수를 기준)이다. "뷰텐"은 제일 긴 사슬이 4개의 탄소 원자로 되어있다는 의미이다. 알켄 명명에서는 다음과 같은 기하 이성질체가 있는 경우, *시스(cis)*인지 *트랜스(trans)*인지를 나타내야 한다.

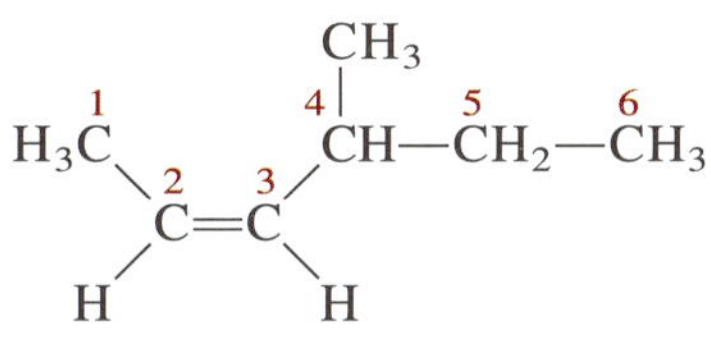

시스-4-메틸-2-헥센(*cis*-4-methyl-2-hexene)

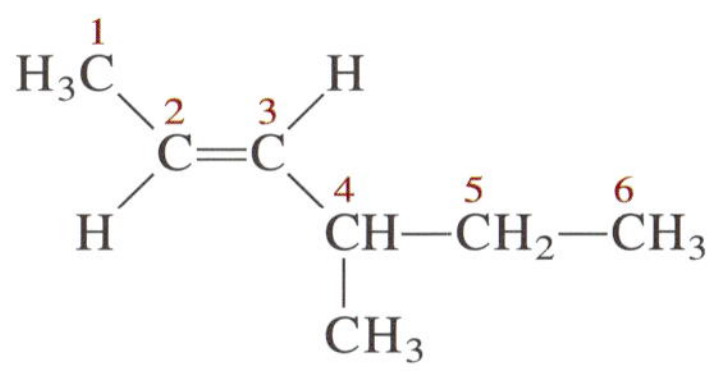

트랜스-4-메틸-2-헥센(*trans*-4-methyl-2-hexene)

시스 이성질체에서는 2개의 수소 원자가 C═C 결합의 같은 쪽에 있고, *트랜스* 이성질체에서는 서로 반대쪽에 있다.

알켄의 성질과 반응

에틸렌(ethylene)은 유기 고분자(organic polymer, 매우 큰 분자) 제조에 대량으로 사용되고 있으며, 많은 다른 유기 화합물 제조에 이용되기 때문에 매우 중요한 물질이다. 에틸렌과 다른 알켄들은 공업적으로 큰 탄화수소를 작은 분자로 *열분해*(cracking)하여 제조한다. 에테인을 백금 존재하에서 800°C 정도로 가열할 때 다음 반응이 일어난다:

$$C_2H_6(g) \xrightarrow[\text{촉매}]{Pt} CH_2{=}CH_2(g) + H_2(g)$$

백금은 과정에서 소모되지 않고 반응의 속도를 높이는 물질인 *촉매*(catalyst)로 작용하므로 반응식의 양쪽에서 나타나지 않는다. 다른 알켄은 탄소수가 많은 알케인 계열 화합물의 열분해에 의해 만들 수 있다.

알켄은 **불포화 탄화수소**(unsaturated hydrocarbon)로 분류한다. 불포화 탄화수소는 *탄소-탄소 이중 결합 또는 삼중 결합을 가지고 있는 화합물*로 보통 *한 분자가 다른 분자에 첨가되어 단일 생성물이 생성되는* **첨가반응**(addition reaction)이 일어난다. *C═C 결합과 C≡C 결합을 포함하는 화합물에 분자 수소가 첨가*되는 **수소화반응**(hydrogenation)은 첨가반응의 예가 된다.

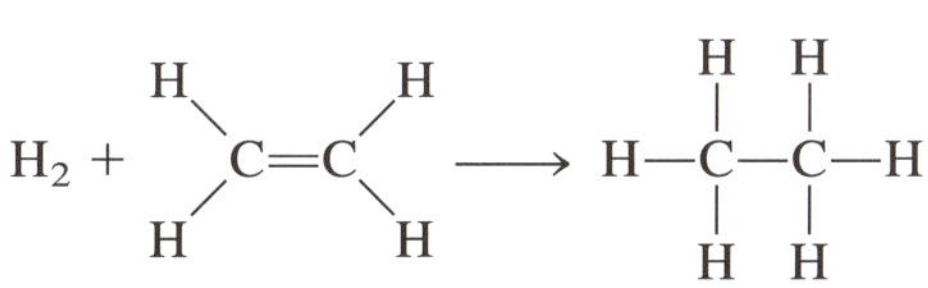

수소화는 식품 산업에서 중요한 과정이다. 식물성 기름은 영양가가 매우 높지만 많은 기름은 음식 조리에 사용되기 전에 C═C 결합을 일부 줄이기 위해 수소화하여야 한다. C═C 결합을 여러 개 가진 분자인 *다중불포화*(polyunsaturated) 분자들은 공기 중에 노출되면 산화되어 불쾌한 맛을 내는 생성물을 만든다(산화된 식물성 기름은 고약한 냄새가 난다). 수소화 과정에서 소량의 니켈 촉매를 기름에 넣고 혼합물을 고온과 고압에서 수소 기체에 노출시킨

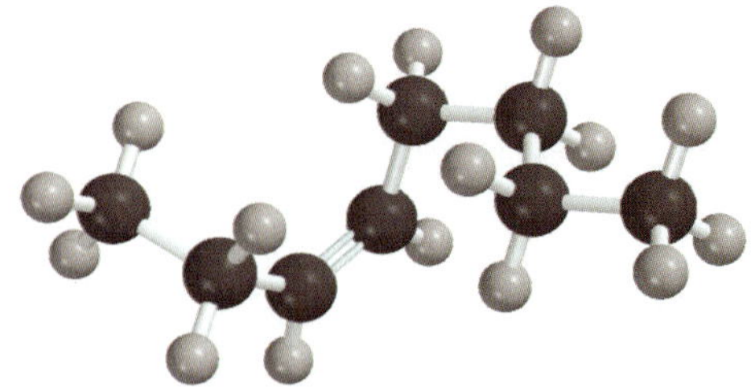

(a)

(b)

그림 9.10 • 기름과 지방에는 탄화수소를 닮은 곁사슬이 있다. (a) 기름의 곁사슬은 하나 이상의 C═C 결합을 포함한다. 탄화수소 사슬의 *시스* 형태 때문에 분자들이 조밀하게 쌓이지 못한다. 따라서 기름은 액체이다. (b) 수소화하면 포화 탄화수소 사슬이 서로 잘 쌓이게 된다. 결과적으로 지방은 기름보다 밀도가 더 높고 상온에서 고체이다.

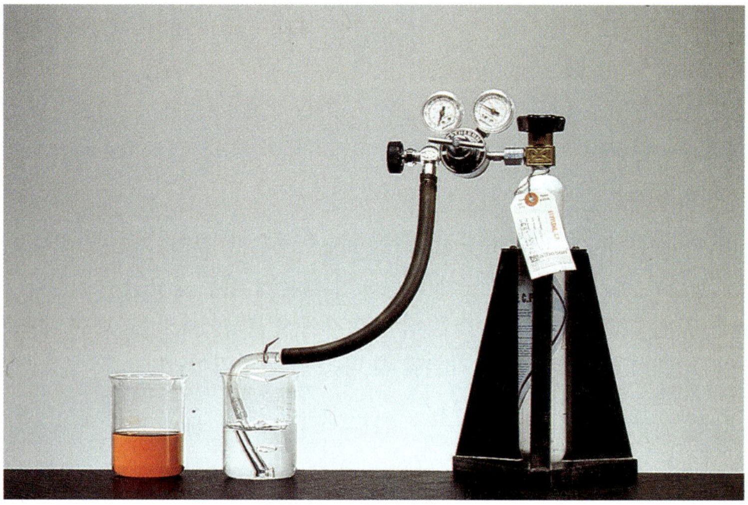

그림 9.11 • 에틸렌 기체를 수용성 브로민 용액에 불어넣으면, 무색의 1,2-다이브로모에테인(1,2-dibromoethane)이 형성되므로 적갈색이 점차 사라진다.

다. 그 후 니켈을 걸러 제거한다. 수소화는 분자 내 이중 결합의 수를 줄이지만 이들을 완전히 제거하지는 않는다. 모든 이중 결합이 없어지면 기름은 단단하고 부서지기 쉽게 된다(그림 9.10). 조건을 조절하여 목화씨, 옥수수, 콩에서 추출한 식물성 기름으로부터 수소화하여 적당한 조리용 기름과 마가린을 만들 수 있다.

C═C 결합에는 할로젠화 수소(hydrogen halide)와 할로젠(halogen)도 첨가된다(그림 9.11).

$$H_2C{=}CH_2 + X_2 \longrightarrow CH_2X{-}CH_2X$$
$$H_2C{=}CH_2 + HX \longrightarrow CH_3{-}CH_2X$$

여기서 X는 할로젠 원자를 나타낸다. 그림 9.12는 HCl과 에틸렌의 전자 밀도 지도를 나타낸 것이다. 두 분자가 반응할 때 전자가 많은 부분(이중 결합의 파이 전자)과 HCl의 전자가 부족한 부분(수소 원자)이 상호작용한다. 그 단계는 다음과 같다.

$$H_2C{=}CH_2 + HCl \longrightarrow H_2\overset{\displaystyle H}{\overset{|}{C}}{-}\overset{+}{C}H_2 + Cl^- \longrightarrow CH_3{-}CH_2Cl$$

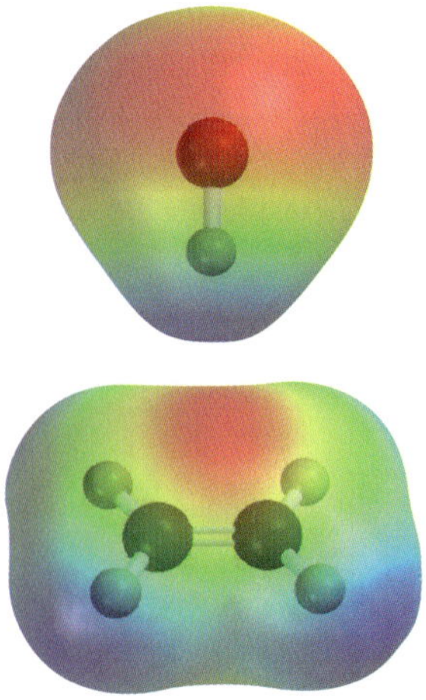

그림 9.12 • HCl과 에틸렌의 첨가 반응. HCl의 양전하를 띤 부분(파란색)과 C═C 이중 결합의 파이 전자들과 관련이 있는 에틸렌의 전자가 풍부한 부분(붉은색) 사이에서 초기의 상호작용이 일어난다.

프로펜(propene) 같은 비대칭 알켄에 할로젠화 수소가 첨가되면 다음과 같은 두 가지 생성물이 가능하기 때문에 더 복잡하다.

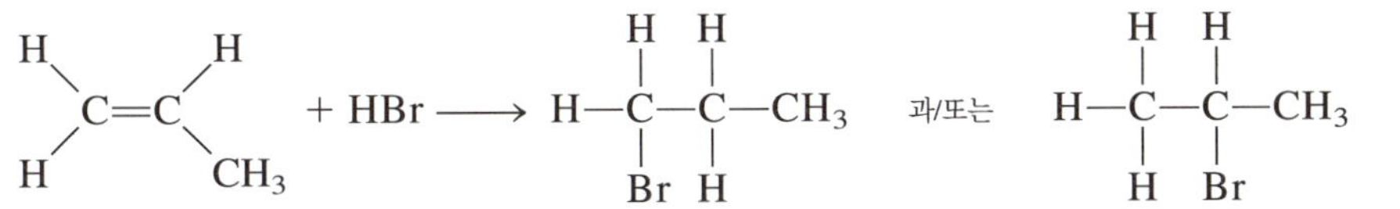

프로펜(propene) 1-브로모프로페인(1-bromopropane) 2-브로모프로페인(2-bromopropane)

그러나 실제로는 2-브로모프로페인(2-bromopropane)만 생성된다. 이와 같은 현상은 비대칭인 반응물과 알켄 사이의 반응에서 관찰되었다. 1871년 러시아 화학자 마르코프니코프(Vladimir Markovnikov)는 이와 같은 첨가반응에 대해 어떤 일반론을 제안하였다. *마르코프니코프 규칙*(Markovnikov's rule)으로 알려진 이 일반론에 의하면 알켄에 비대칭(극성)인 시약이 첨가될 때 시약의 양의 부분(보통은 수소)이 알켄에서 수소가 이미 많이 붙어 있는 탄소 원자에 첨가된다. 옆 그림에서 나타낸 것처럼 두 개의 H 원자가 결합된 C 원자는 전자 밀도가 더 높다. 따라서 이 곳이 H^+ 이온(HBr로부터)이 결합하여 C—H 결합이 만들어지는 자리이며, 이어서 다른 C 원자에 C—Br 결합이 만들어진다.

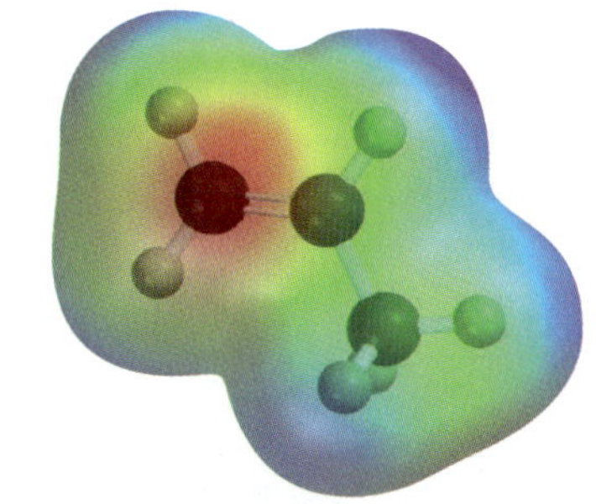

프로펜에서 전자 밀도는 CH_2 기의 탄소 원자가 더 높다. 이곳이 할로젠화 수소에 의해 수소가 첨가되는 부분이다.

끝으로 에틸렌은 또다른 형태의 첨가반응을 하여 고분자를 형성한다는 것을 유념하자. 이 과정에서 먼저 *개시제*(initiator) 분자(R_2)를 가열하여 두 라디칼을 만든다.

$$R_2 \longrightarrow 2R\cdot$$

반응성이 큰 라디칼이 에틸렌 분자를 공격하여 새로운 라디칼을 만든다(에틸렌의 중합 과정에서 끊어지는 것은 파이 결합이다).

$$R\cdot + CH_2{=}CH_2 \longrightarrow R{-}CH_2{-}CH_2\cdot$$

이것은 다른 에틸렌 분자와 더 반응하고, 계속 진행된다.

$$R{-}CH_2{-}CH_2\cdot + CH_2{=}CH_2 \longrightarrow R{-}CH_2{-}CH_2{-}CH_2{-}CH_2\cdot$$

매우 빠르게 CH_2 기의 긴 사슬이 만들어진다. 결국 이 과정은 두 긴 사슬 라디칼이 결합하여 종결되며 폴리에틸렌(polyethylene)이라고 하는 고분자를 만든다(그림 9.13).

$$R{\left(CH_2{-}CH_2\right)}_nCH_2CH_2\cdot + R{\left(CH_2{-}CH_2\right)}_nCH_2CH_2\cdot \longrightarrow R{\left(CH_2{-}CH_2\right)}_nCH_2CH_2{-}CH_2CH_2{\left(CH_2{-}CH_2\right)}_nR$$

여기서 $\left(CH_2{-}CH_2\right)_n$은 고분자에서 반복 단위를 나타내기 위해 편리하게 줄여 쓴 것이다. n 값은 매우 커서 수천에 이른다.

다른 조건에서 곁사슬을 가진 폴리에틸렌을 만드는 것이 가능하다. 오늘날은 다른 물리적 성질을 가진 많은 다른 형태의 폴리에틸렌이 알려져 있다. 폴리에틸렌은 주로 냉동 식품 포장용 필름과 다른 물품의 포장재로 사용된다. 타이벡(Tyvek)이라고 하는 특수 처리한 형태의 폴리에틸렌은 가정용 건축과 우편 봉투에 사용된다.

타이벡(Tyvek)으로 만든 우편 봉투.

알카인

알카인(alkyne)은 *1개 이상의 탄소-탄소 삼중 결합을 포함한다. 일반식은* C_nH_{2n-2}*이고, 여기서* $n = 2, 3, \ldots$이다.

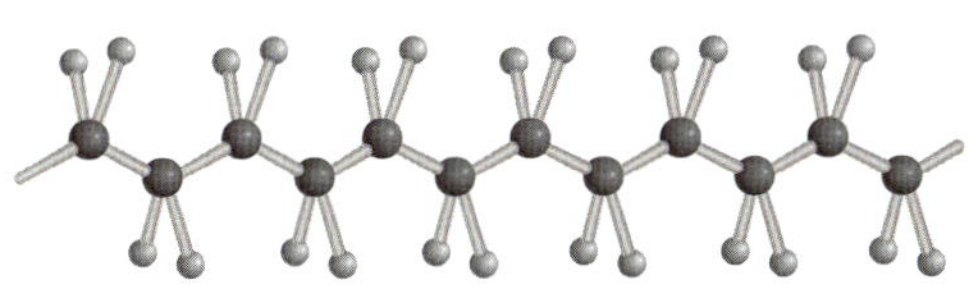

그림 9.13 • 폴리에틸렌의 구조. 각 탄소 원자는 sp^3 혼성화되어 있다.

알카인의 명명법

C≡C 결합을 포함하는 화합물의 이름은 -*yne*(-아인)으로 끝난다. 모체 화합물의 이름은 제일 긴 사슬의 탄소 원자의 개수로 결정된다(해당되는 알케인의 이름은 표 9.1 참조). 알켄의 경우와 마찬가지로 알카인의 이름에 탄소-탄소 삼중 결합의 위치를 나타낸다. 예를 들면,

$$\underset{\text{1-뷰타인(1-butyne)}}{HC{\equiv}C{-}CH_2{-}CH_3} \qquad \underset{\text{2-뷰타인(2-butyne)}}{H_3C{-}C{\equiv}C{-}CH_3}$$

알카인의 성질과 반응

탄화 칼슘와 물이 반응하면 가연성 기체인 아세틸렌이 생성된다.

가장 간단한 알카인은 에타인(ethyne)이며, 아세틸렌(acetylene, C_2H_2)으로 더 잘 알려져 있다. C_2H_2의 구조와 결합에 대해서는 8.13절에서 다루었다. 아세틸렌은 무색 기체(b.p.= −84°C)로, 실험실에서 탄화 칼슘(calcium carbide, CaC_2)과 물을 반응시켜 얻을 수 있다.

$$CaC_2(s) + 2H_2O(l) \longrightarrow C_2H_2(g) + Ca(OH)_2(aq)$$

공업적으로는 약 1100°C에서 에틸렌을 열분해하여 만든다.

$$C_2H_4(g) \longrightarrow C_2H_2(g) + H_2(g)$$

아세틸렌은 공업적으로 매우 중요하다. 아세틸렌은 연소열이 높기 때문에 "산소 아세틸렌 용접기"에서 고온의 불꽃(3000°C)을 만들어낸다.

$$2C_2H_2(g) + 5O_2(g) \longrightarrow 4CO_2(g) + 2H_2O(l) \quad \Delta H° = -2599.2 \text{ kJ/mol}$$

따라서 금속을 녹이는 데 이 산소 아세틸렌 용접기를 사용한다.

아세틸렌은 불안정하여 다음과 같이 분해되는 경향이 있다.

$$C_2H_2(g) \longrightarrow 2C(s) + H_2(g)$$

적당한 촉매가 존재하거나 아세틸렌 가스를 고압 하에 놓으면 위의 반응이 폭발적으로 일어날 수 있다. 안전하게 운반하려면 중간 정도의 압력에서 아세톤과 같은 비활성 유기 용매에 그 기체를 용해시켜야 한다. 액체 상태의 아세틸렌은 충격에 예민하고 폭발성이 매우 크다.

불포화 탄화수소인 아세틸렌은 수소화되어 에틸렌(ethylene)이 된다.

$$C_2H_2(g) + H_2(g) \longrightarrow C_2H_4(g)$$

또한 할로젠화 수소 및 할로젠과 첨가반응을 한다.

$$\begin{aligned} CH{\equiv}CH(g) + HX(g) &\longrightarrow CH_2{=}CHX(g) \\ CH{\equiv}CH(g) + X_2(g) &\longrightarrow CHX{=}CHX(g) \\ CH{\equiv}CH(g) + 2X_2(g) &\longrightarrow CHX_2{-}CHX_2(l) \end{aligned}$$

메틸아세틸렌(프로파인, propyne, $CH_3{-}C{\equiv}C{-}H$)은 알카인 계열의 아세틸렌 다음의 화합물로서 아세틸렌과 비슷한 반응이 일어난다. 프로파인의 첨가반응은 마르코프니코프 규칙에 따른다.

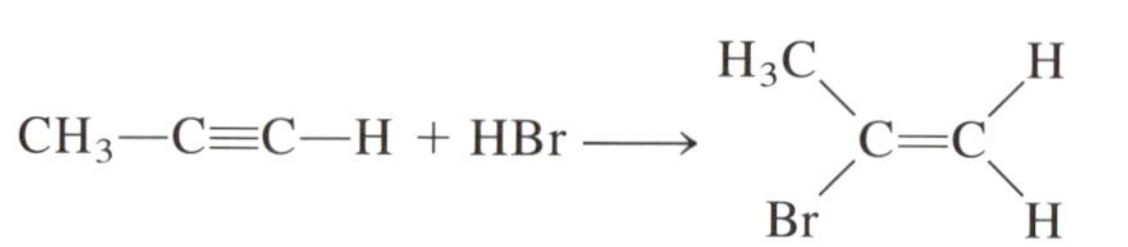

프로파인(propyne) 2-브로모프로펜(2-bromopropene)

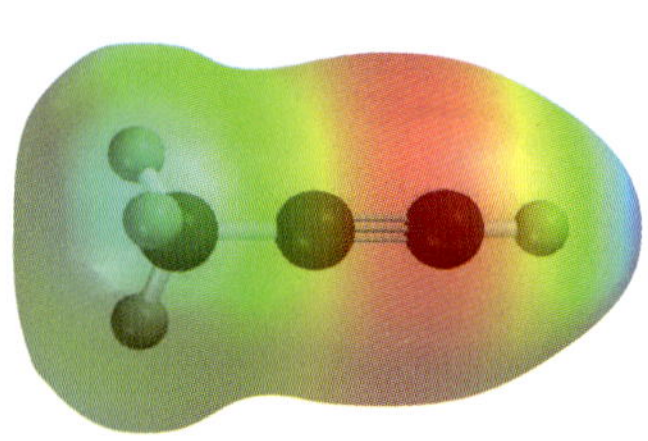

프로파인. 이 분자로 마르코프니코프 규칙을 설명할 수 있는가?

☑ 개념 복습하기

수소화 반응만을 이용하여 알켄과 알카인을 어떻게 구분할 수 있을까?

9.3 방향족 탄화수소

벤젠(C_6H_6)은 유기 물질 중 다른 하나의 큰 집단에서 모체 화합물이다. 8.7절에서 보았듯이 벤젠의 성질을 이 두 공명 구조에 의해 잘 나타내고 있다.

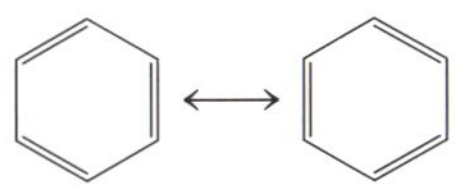

벤젠은 탄소 원자들이 모서리에 위치한 평면의 육각형 분자이다. 모든 탄소-탄소 결합은 길이와 세기가 같고 모든 탄소-수소 결합도 같으며, CCC와 HCC 각은 모두 120°이다. 따라서 각 탄소 원자는 sp^2 혼성화되어 있다. 각 탄소는 이웃한 두 탄소 원자 및 수소 원자 하나와 세 개의 시그마 결합을 형성한다(그림 9.14). 이 배열을 하면 벤젠 분자(벤젠 고리) 평면에 수직인 혼성화하지 않은 $2p_z$ 궤도함수가 각 탄소 원자에 남게 된다. 이 경우 고리 배열에 6개의 혼성화하지 않은 $2p_z$ 궤도함수가 있다는 것을 제외하면 여기까지는 8.13절에서 논의한 에틸렌(C_2H_4)의 배열과 유사하다.

모양과 배열이 비슷하기 때문에 각 $2p_z$ 궤도함수는 이웃한 두 탄소 원자와 겹쳐진다. 6개의 $2p_z$ 궤도함수의 상호작용으로 6개의 파이 분자 궤도함수가 만들어지는데, 이 중 셋은 결합성이고 셋은 반결합성이다. 따라서 바닥 상태의 벤젠 분자는 세 개의 파이 결합성 분자 궤도함수에 6개의 전자를 가지며, 각 궤도함수에 두 개의 전자가 짝지은 스핀을 가진다(그림 9.15).

에틸렌 분자에서 두 $2p_z$ 궤도함수가 겹쳐 각각 하나의 결합성 분자 궤도함수와 반결합성 분자 궤도함수를 이루며, 이들은 두 개의 탄소 원자에 편재되어 있다. 그러나 벤젠의 경우 $2p_z$ 궤도함수가 겹치면 **비편재화된 분자 궤도함수**(delocalized molecular orbital)를 형성하며, 이렇게 얻어진 궤도함수는 *결합되어 있는 두 이웃한 원자에 국한되지 않고, 세 개 이상의 원자에 확장되어 있다*. 따라서 이러한 궤도 함수에 귀속된 전자들은 벤젠 고리를 따라 자유롭게 움직이게 된다. 이러한 이유 때문에 벤젠의 구조는 때로 다음과 같이 나타내기도 한다.

여기서 원은 탄소 원자 사이의 결합이 각각의 원자쌍에 국한되지 않음을 의미하여 파이 전자 밀도가 벤젠 고리 전체에 골고루 분배되어 있음을 뜻한다. 이러한 전자의 비편재화로 방향족 탄화수소에 추가적인 안정성이 부여된다.

벤젠의 탄소-탄소 결합은 시그마 결합 하나와 부분적인 파이 결합으로 구성됨을 알 수 있다. 두 개의 이웃한 탄소 원자 사이의 결합 차수는 1과 2의 중간이다. 따라서 분자 궤도함수 이론은 원자가 결합 이론에 근거한 공명 구조에 대안을 제공한다.

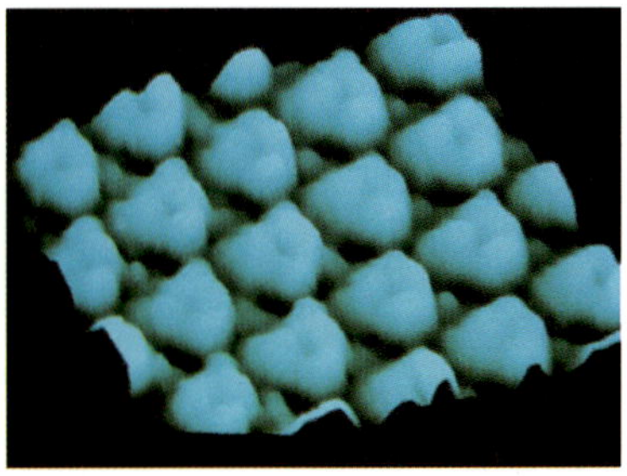

벤젠 분자가 고리 구조를 가지고 있음을 보여주는 전자 현미경 사진.

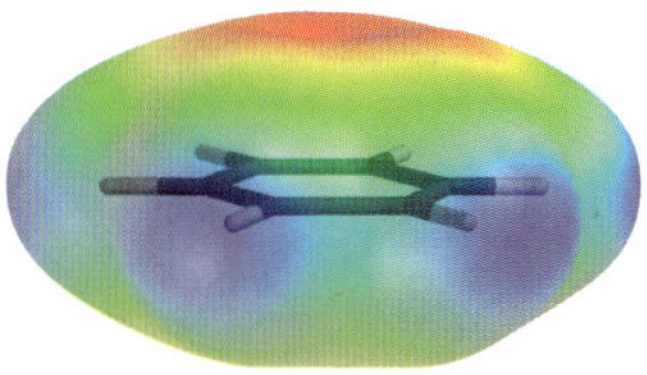

벤젠 분자 평면의 위와 아래에 파이 전자 밀도가 높다(붉은색). 그림을 간략하게 하기 위하여 분자의 골격만을 표시하였다.

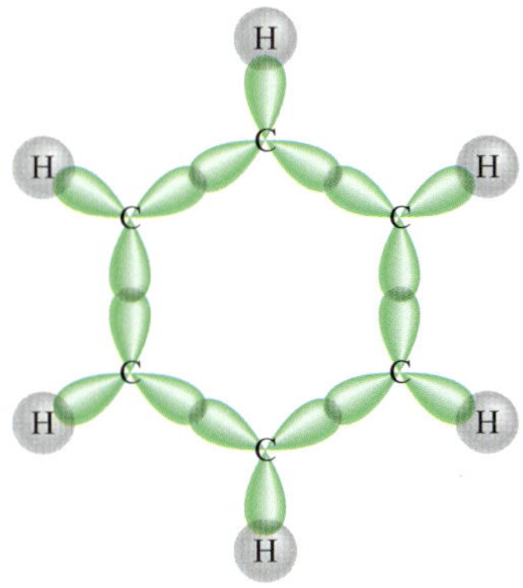

그림 9.14 • 벤젠 분자의 시그마 결합 골격. 각 탄소 원자는 sp^2 혼성을 하여 이웃하는 두 탄소 원자와 시그마 결합을 형성하고, 한 개의 수소 원자와 또 다른 시그마 결합을 형성한다.

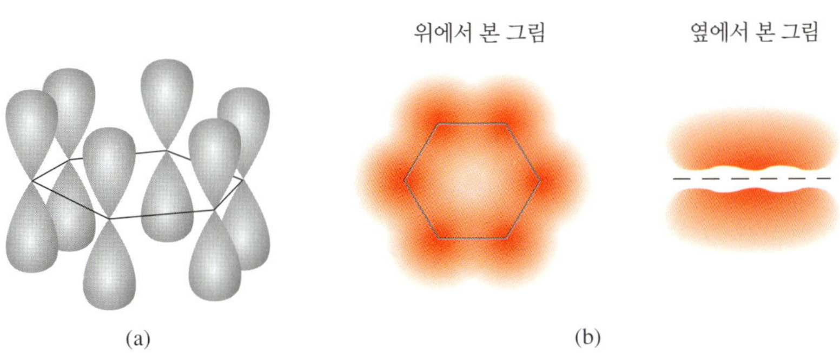

그림 9.15 • (a) 벤젠의 탄소 원자에 위치한 여섯 개의 $2p_z$ 궤도함수, (b) 비편재화된 분자 궤도함수. $2p_z$ 궤도함수 중첩으로 형성되었으며, 대칭이고 벤젠 고리 평면의 위와 아래에 존재한다. $2p_z$ 궤도함수는 여섯 가지 각기 다른 방법으로 중첩하여, 세 개의 결합성 분자 궤도함수와 세 개의 반결합성 분자 궤도함수를 만든다. 여기에 나타낸 것은 그 가운데 가장 안정한 것이다.

방향족 화합물의 명명법

벤젠의 수소 원자 한 개가 치환된 화합물의 명명법은 다음과 같이 매우 간단하다.

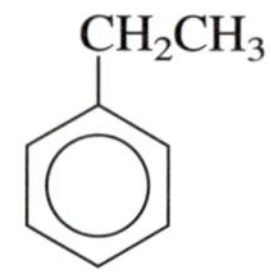
에틸벤젠

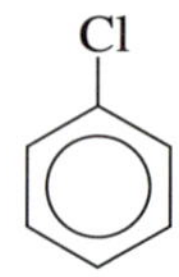
클로로벤젠

아미노벤젠
(아닐린)

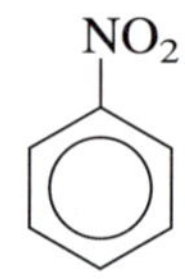
나이트로벤젠

2개 이상의 치환기가 있으면 처음 치환기에 대한 두 번째 기의 위치를 표시하여야 한다. 계통적 방법은 다음과 같이 탄소 원자에 번호를 부여하는 것이다.

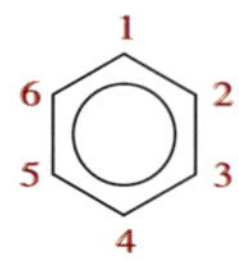

다이브로모벤젠(dibromobenzene)은 세 개의 구조가 가능하다.

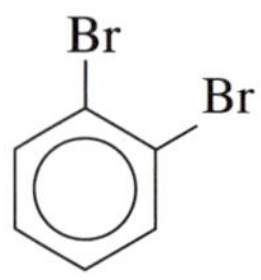
1,2-다이브로모벤젠
(*o*-다이브로모벤젠)

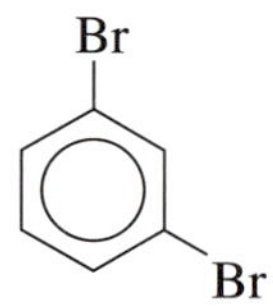
1,3-다이브로모벤젠
(*m*-다이브로모벤젠)

1,4-다이브로모벤젠
(*p*-다이브로모벤젠)

접두어 *o*-(*오쏘*, *ortho*-), *m*-(*메타*, *meta*-), *p*-(*파라*, *para*-)는 다이브로모벤젠에 대하여 위에서 보인 바와 같이 두 치환기의 상대적 위치를 나타낸다. 두 개의 치환기가 다른 화합물은 위에 따라 명명한다. 따라서 다음 화합물은 3-브로모나이트로벤젠(3-bromonitrobenzene) 또는 *m*-브로모나이트로벤젠(*m*-bromonitrobenzene)이라고 명명한다.

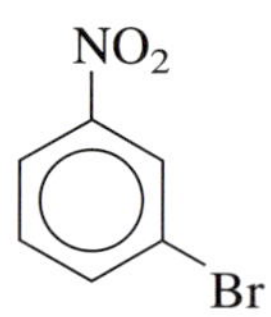

마지막으로 벤젠에서 수소 원자가 제거된 기(C_6H_5)를 *페닐*(phenyl)기라고 부른다. 따라서 다음 분자는 2-페닐프로페인(2-phenylpropane)이다.

이 화합물은 아이소프로필벤젠이라고도 부른다(표 9.2 참조).

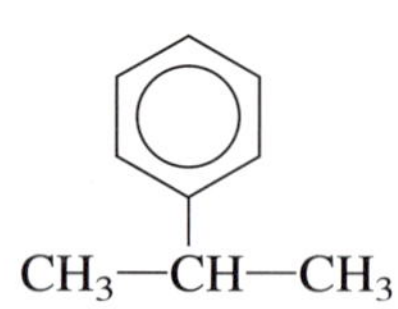

방향족 화합물의 성질과 반응

벤젠은 주로 원유와 콜타르에서 얻게 되는 무색의 인화성 액체이다. 벤젠의 가장 뚜렷한 화학적 성질은 반응성이 상당히 작다는 점이다. 벤젠은 아세틸렌과 같은 실험식(CH)을 가지며 불포화도가 높지만 아세틸렌이나 에틸렌보다 반응성이 매우 낮다. 벤젠은 전자의 비편재화 때문에 안정하다. 벤젠은 수소화 되기는 하지만 매우 힘들다. 사실, 다음 반응은 알켄의 유사한 반응보다 상당히 고온과 고압에서만 일어난다.

촉매는 자신이 소모되지 않으면서 반응 속도를 빠르게 할 수 있는 물질이다. 여기에 대해서는 12장에서 더 배우기로 한다.

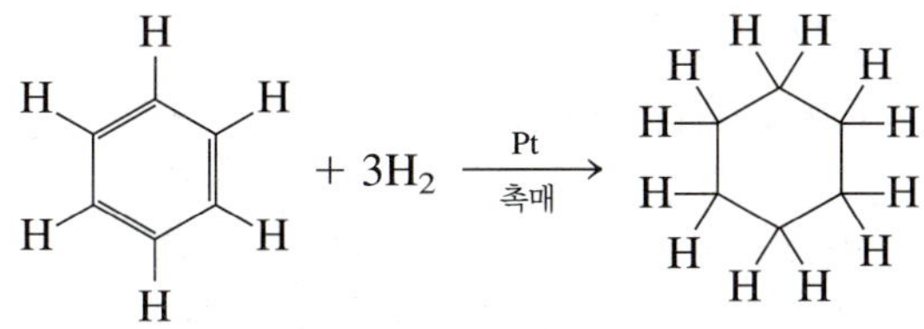

사이클로헥세인

앞에서 C═C의 파이 결합이 더 쉽게 끊어지므로 알켄 등은 할로젠과 할로젠화 수소와 쉽게 반응하여 첨가 생성물을 생성한다고 알고 있다. 벤젠과 할로젠과의 가장 일반적인 반응은 치환반응(substitution reaction)이다. 다음 예를 보자.

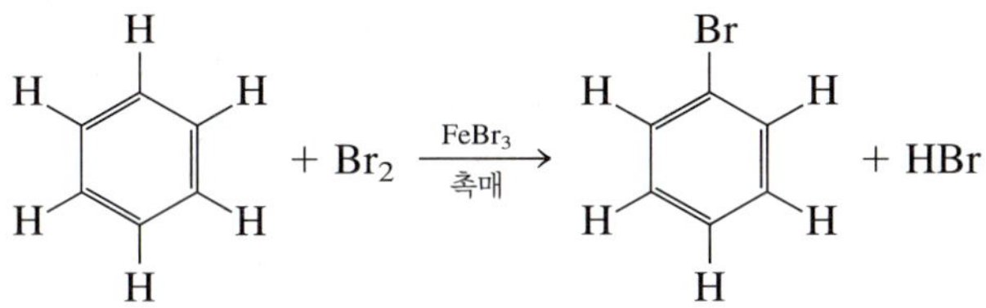

브로모벤젠

첨가반응이 일어나면 생성물에서 전자의 비편재화가 파괴되고

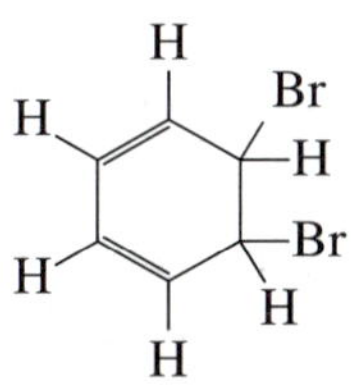

그 분자는 방향족의 특성인 화학적 비반응성(chemical unreactivity)이 나타나지 않을 것이다.

촉매로 $AlCl_3$를 이용하여 벤젠을 할로젠화 알킬과 반응시키면 벤젠 고리에 알킬기를 도입할 수 있다.

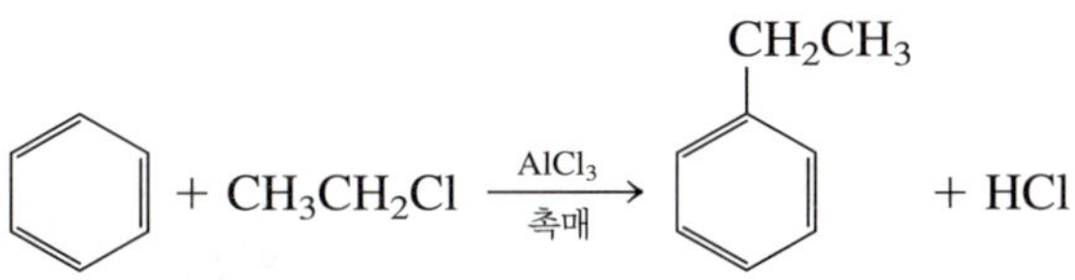

염화 에틸 에틸벤젠

벤젠 고리가 서로 접합된 화합물이 매우 많이 있다. 그림 9.16에 몇 가지 *여러고리*(polycyclic) 방향족 탄화수소를 나타내었다. 좀약으로 이용되는 나프탈렌(naphthalene)이

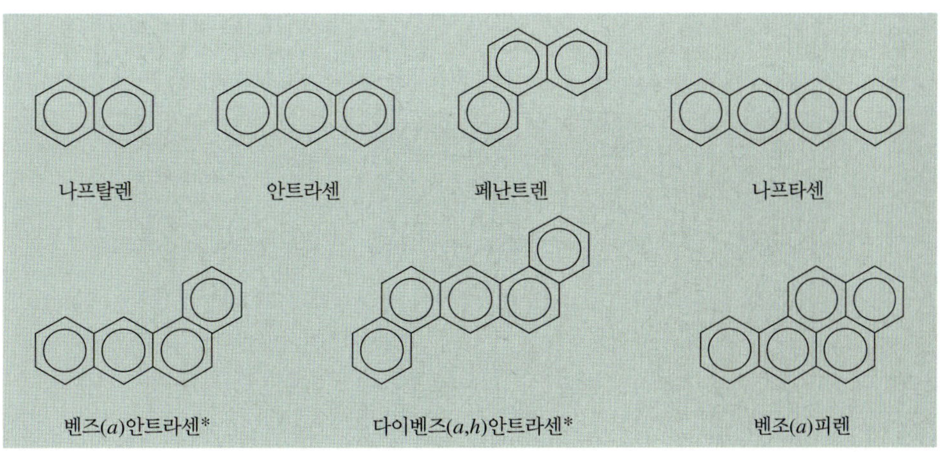

그림 9.16 • 여러고리 방향족 탄화수소. *로 표시한 화합물은 발암성 물질이다. 자연에는 대단히 많은 수의 이러한 화합물들이 존재한다.

그 중 잘 알려진 화합물이다. 이들과 유사한 화합물이 콜타르에 존재한다. 여러고리 화합물의 일부는 강력한 발암성을 나타낸다. 그 화합물은 인간이나 동물에게 암을 유발시킬 수 있다.

☑ 개념 복습하기

벤젠은 sp^2 혼성된 탄소 원자와 다중 결합을 가진다. 하지만 에틸렌과는 달리 벤젠에서는 기하 이성질현상이 가능하지 않다. 설명하시오.

9.4 작용기의 화학

이 절에서는 유기 작용기, 즉 대부분의 모체 화합물(parent compound) 반응에 관련이 있는 작용기에 대해 설명한다. 특히, 산소를 포함하는 화합물과 질소를 포함하는 화합물에 초점을 맞추도록 한다.

알코올

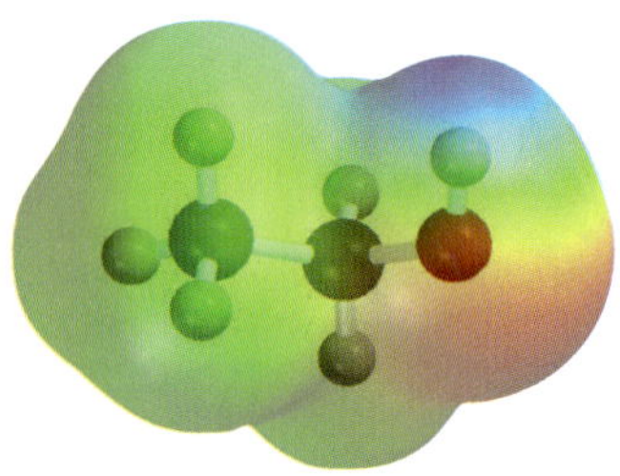

C_2H_5OH

모든 **알코올**(alcohol)은 *하이드록실*(hydroxyl, *−OH*) *기를 가지고 있다*. 그림 9.17에 일반적으로 알려진 몇 가지 알코올이 있다. 에틸 알코올[ethyl alcohol 또는 에탄올(ethanol)]이 잘 알려져 있다. 에틸 알코올은 생물학적으로 설탕이나 전분을 발효해서 얻는다. 산소가 없는 데서 박테리아 배양조직에 존재하는 효소나 효모가 다음 반응을 촉진시킨다.

$$C_6H_{12}O_6(aq) \xrightarrow{\text{효소}} 2\underset{\text{에탄올}}{CH_3CH_2OH}(aq) + 2CO_2(g)$$

이 과정이 에너지를 내고 또 미생물이 성장한다.

상업적으로 에탄올은 다음과 같이 280°C, 300 atm에서 에틸렌에 물을 첨가하여 제조한다.

$$CH_2{=}CH_2(g) + H_2O(g) \xrightarrow{H_2SO_4} CH_3CH_2OH(g)$$

에탄올은 유기 시약에 대한 용매로 이용하고 염료, 의약, 화장품, 폭약 제조의 출발 물질로 사용한다. 또한 이것은 알코올성 음료의 한 성분이기도 한다. 에탄올은 곧은 사슬 알코올 중 유일하게 무해(가장 덜 해로운)한 것이다. 인체에는 *알코올 탈수소효소*(alcohol dehydrogenase)라는 효소가 있어서 에탄올을 산화하여 아세트알데하이드(acetaldehyde)가 되는 신진대사를 돕는다.

$$CH_3CH_2OH \xrightarrow[\text{탈수소효소}]{\text{알코올}} \underset{\text{아세트알데하이드}}{CH_3CHO} + H_2$$

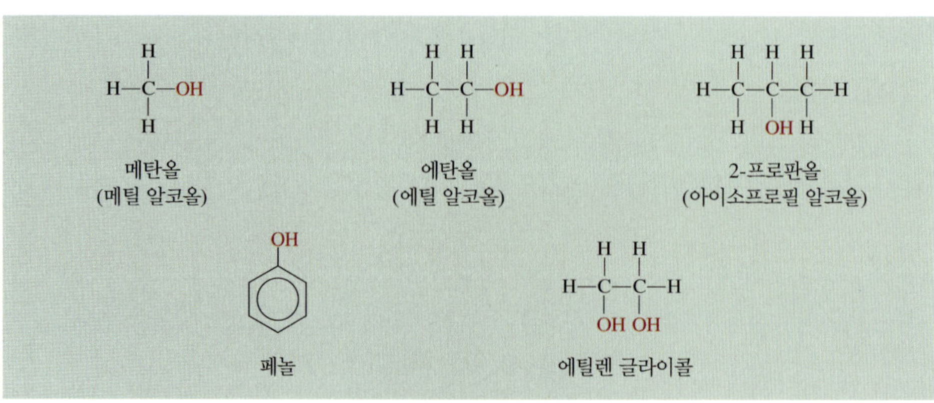

그림 9.17 • 일반적인 알코올. 모든 화합물이 OH기를 포함하고 있음을 주목하라. 페놀의 성질은 지방족 알코올과는 조금 다르다.

이 반응식은 실제로 일어난 반응을 단순화한 것이다. 수소 원자는 다른 분자들에 결합되며 따라서 H_2는 생성되지 않는다.

에탄올은 산성 조건에서 다이크로뮴산 포타슘(potassium dichromate)과 같은 무기 산화제에 의해 산화되어 아세트산(acetic acid)이 된다.

$$3CH_3CH_2OH + \underset{\text{주황색}}{2K_2Cr_2O_7} + 8H_2SO_4 \longrightarrow 3CH_3COOH + \underset{\text{녹색}}{2Cr_2(SO_4)_3} + 2K_2SO_4 + 11H_2O$$

왼쪽: $K_2Cr_2O_7$ 용액.
오른쪽: $Cr_2(SO_4)_3$ 용액.

이 반응은 운전자의 음주 측정에 이용되어 왔다. 운전자가 입김을 분석기에 불어넣으면 그 속에 있던 알코올이 산성화된 다이크로뮴산 포타슘 용액과 반응하게 된다. 이 때 색 변화(주황색에서 녹색으로)로 운전자의 혈액 속의 알코올 농도를 결정할 수 있다.

에탄올은 알케인(에테인)에서 유도되기 때문에 지방족 알코올이라고 한다. 제일 간단한 지방족 알코올은 메탄올(CH_3OH)이다. 이것은 *목정*(wood alcohol)이라고도 부르며, 한때는 나무를 건류하여 제조하였다. 공업적으로는 일산화 탄소와 수소를 고온과 고압에서 반응시키면 메탄올이 합성된다.

$$CO(g) + 2H_2(g) \xrightarrow[\text{촉매}]{Fe_2O_3} \underset{\text{메탄올}}{CH_3OH(l)}$$

메탄올은 독성이 매우 커서 수 밀리리터만 마셔도 메스껍고 눈이 멀게 된다. 공업용 에탄올은 메탄올을 섞어서 사람들이 마시지 못하게 한다. 메탄올이나 다른 독성물질이 함유된 에탄올을 *변성 알코올*(denatured alcohol)이라고 한다.

알코올은 매우 약한 산성을 나타낸다. 따라서 NaOH와 같은 센 염기와도 반응하지 않는다. 알코올은 알칼리 금속과 반응하여 수소를 생성한다.

$$2CH_3OH + 2Na \longrightarrow \underset{\text{메톡시화 소듐}}{2CH_3ONa} + H_2$$

그러나 이 반응은 Na와 물과의 다음 반응보다는 상당히 덜 격렬하다.

$$2H_2O + 2Na \longrightarrow 2NaOH + H_2$$

알코올은 물보다 느리게 소듐 금속과 반응한다.

다른 두 개의 지방족 알코올에는 소독용으로 쓰이는 2-프로판올(2-propanol 또는 isopropyl alcohol)과 부동액으로 사용되는 에틸렌 글라이콜(ethylene glycol)이 있다. 대부분의 알코올, 특히 몰질량이 작은 것은 가연성이 매우 크다.

에터

에터(ether)는 *R—O—R′ 결합을 포함한다. 여기에서 R과 R′은 탄화수소기(지방족 또는 방향족)이다.* 에터는 알콕시화 음이온(RO^- 이온)과 할로젠화 알킬의 반응으로부터 생성된다:

$$\underset{\text{메톡시화 소듐}}{NaOCH_3} + \underset{\text{브로민화 메틸}}{CH_3Br} \longrightarrow \underset{\text{다이메틸 에터}}{CH_3OCH_3} + NaBr$$

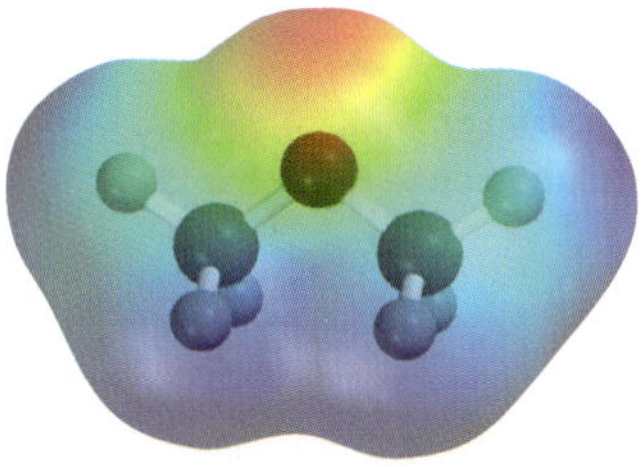

CH_3OCH_3

다이에틸 에터는 에탄올을 황산과 함께 140°C에서 가열함으로써 공업적 규모로 얻는다.

$$C_2H_5OH + C_2H_5OH \xrightarrow{H_2SO_4} C_2H_5OC_2H_5 + H_2O$$

이 반응은 *두 분자가 연결되어 작은 분자(보통 물 분자)가 제거되는* **축합반응**(condensation reaction)의 한 예라고 할 수 있다.

알코올처럼 에터는 연소성이 크다. 공기 중에 방치했을 때 에터는 서서히 산화되어 폭발성이 있는 과산화물이 된다.

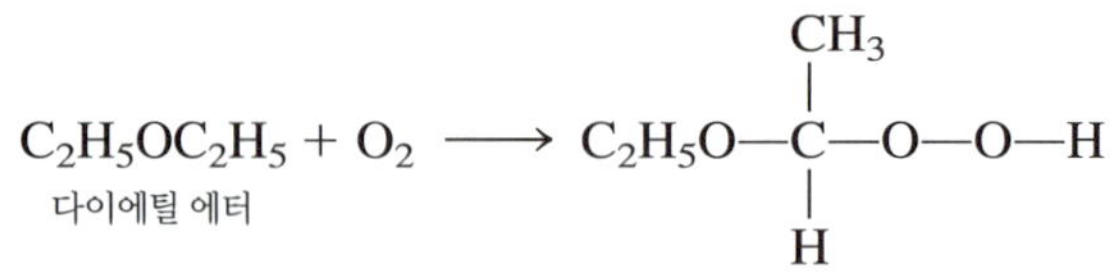

다이에틸 에터 　　　　1-에톡시에틸 과산화수소

과산화물은 —O—O— 결합을 가지고 있다. 제일 간단한 과산화물은 과산화 수소(hydrogen peroxide, H_2O_2)이다. 보통 "에터(ether)"라고 부르는 다이에틸 에터(diethyl ether)는 여러 해 동안 마취제로 사용하였다. 이것은 중추신경계의 활성을 저하시켜 의식이 없게 한다. 이 다이에틸 에터의 결점은 호흡기관을 자극하고 마취가 끝난 후에 메스꺼움과 구토를 유발하는 것이다. 최근에는 "네오틸(neothyl)" 즉 메틸 프로필 에터(methyl propyl ether, $CH_3OCH_2CH_2CH_3$)가 상대적으로 부작용이 없기 때문에 마취제로 이용된다.

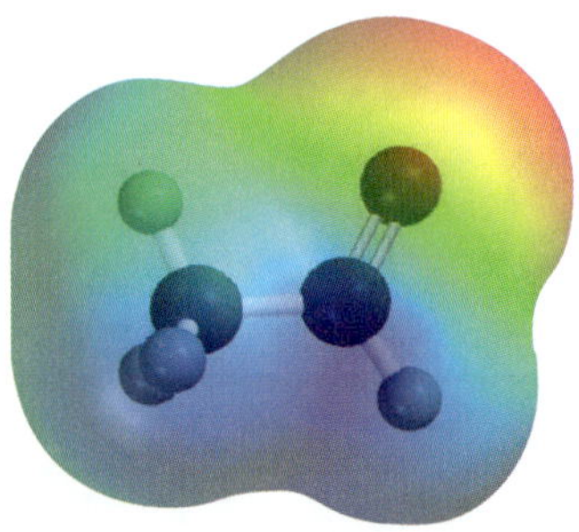

CH_3CHO

알데하이드와 케톤

온화한 산화 조건하에서 알코올을 알데하이드와 케톤으로 전환할 수 있다.

$$CH_3OH + \tfrac{1}{2}O_2 \longrightarrow H_2C{=}O + H_2O$$

폼알데하이드

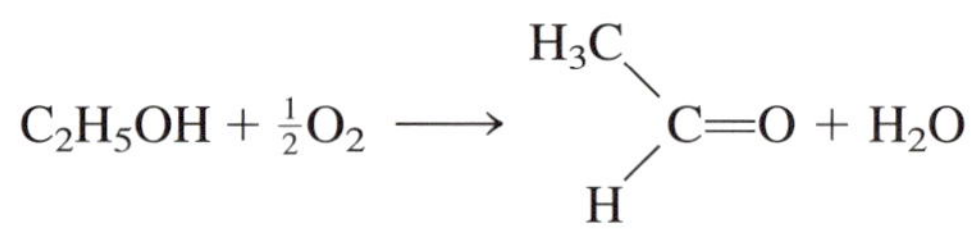

아세트알데하이드

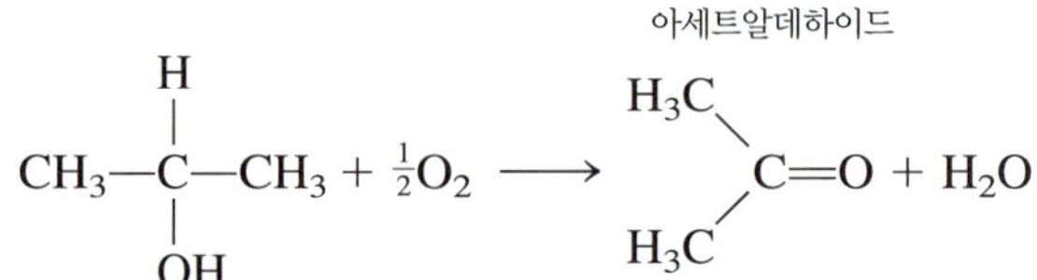

아세톤

이들 화합물의 작용기는 *카보닐기*(carbonyl group, >C=O)이다. **알데하이드**(aldehyde)에서는 *적어도 수소 1개가 카보닐기의 탄소에 결합하고 있다*. **케톤**(ketone)에서는 *카보닐기의 탄소 원자에 두 개의 탄화수소기가 결합하고 있다.*

가장 간단한 알데하이드인 폼알데하이드(formaldehyde, $H_2C{=}O$)는 중합되어 몰질량이 큰 화합물을 형성한다. 이 때 많은 열을 내고 폭발하는 경향이 있으므로 폼알데하이드는 수용액에서 제조하고 저장한다(농도를 감소시키기 위함). 불쾌한 냄새가 나는 이 액체는 고분자 공업에서 출발물질로 쓰이며, 실험실에서는 동물 표본(specimen)의 방부제로 이용한다. 흥미롭게도 신남 알데하이드(cinnamic aldehyde)와 같은 질량이 더 큰 알데하이드는 상쾌한 향기가 있어서 향료 제조에 이용된다.

신남 알데하이드(cinnamic aldehyde)는 계피(cinnamon)의 독특한 향을 낸다.

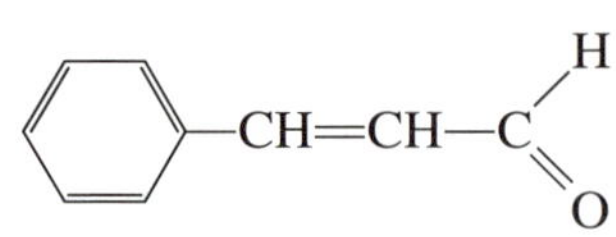

일반적으로 케톤은 알데하이드보다 반응성이 작다. 가장 간단한 케톤은 상쾌한 향이 있는 아세톤인데 주로 유기 화합물에 대한 용매와 손톱 매니큐어 제거제로 이용된다.

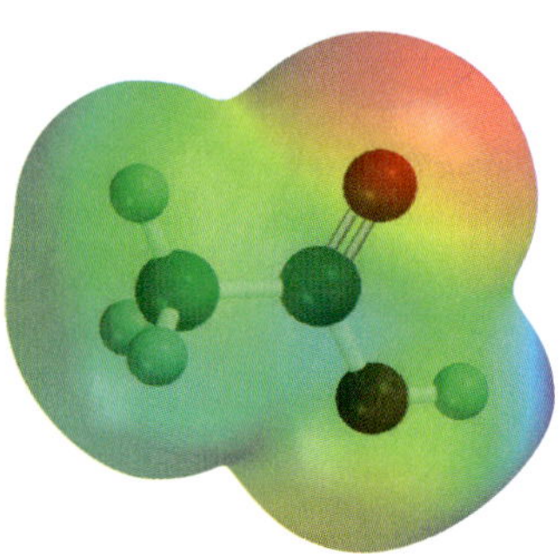

CH_3COOH

카복실산

적당한 조건하에서 알코올과 알데하이드는 *카복시기*(—COOH)*를 포함하는* **카복실산**(carboxylic acid)으로 산화될 수 있다.

$$CH_3CH_2OH + O_2 \longrightarrow CH_3COOH + H_2O$$
$$CH_3CHO + \tfrac{1}{2}O_2 \longrightarrow CH_3COOH$$

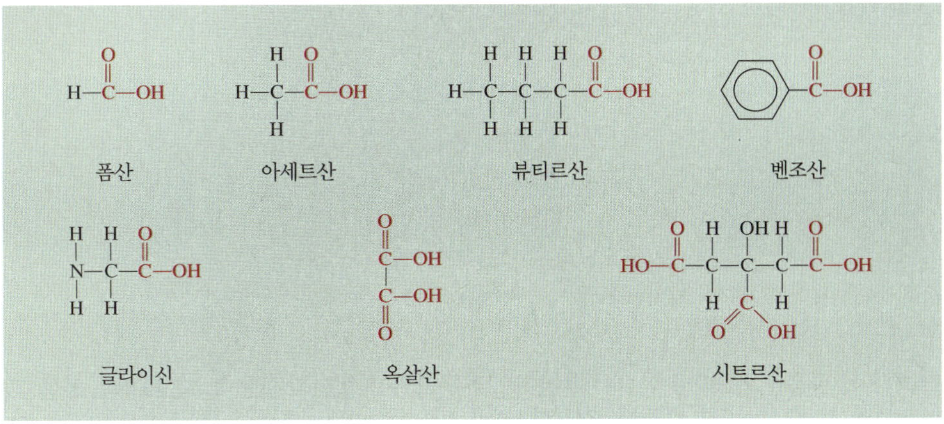

그림 9.18 • 일반적인 카복실산. 모두 COOH 기를 포함하고 있음에 주목하라. (글라이신은 단백질에서 발견되는 아미노산 중 하나이다).

이 반응은 쉽게 일어날 수 있으므로 실제로 포도주는 저장하는 동안 공기 중의 산소를 막아야 한다. 그렇지 않으면 곧 아세트산인 식초로 변한다. 그림 9.18에 몇 가지 카복실산의 구조를 나타내었다.

카복실산은 자연에 널리 존재하며 동물과 식물 모두에서 발견된다. 모든 단백질 분자는 아미노기(—NH_2)와 카복실기(—COOH)를 가진 특별한 종류의 카복실산인 아미노산으로 만들어져 있다.

HCl, HNO_3, H_2SO_4와 같은 무기산과 달리 카복실산은 약산이다. 알코올과 반응하면 향긋한 에스터가 된다.

$$\underset{\text{아세트산}}{CH_3COOH} + \underset{\text{에탄올}}{HOCH_2CH_3} \longrightarrow \underset{\text{아세트산 에틸}}{CH_3{-}\overset{\overset{\displaystyle O}{\|}}{C}{-}O{-}CH_2CH_3} + H_2O$$

이 반응은 축합반응이다.

카복실산의 다른 흔한 반응으로는 다음과 같은 중화반응이 있다.

$$CH_3COOH + NaOH \longrightarrow CH_3COONa + H_2O$$

또한 염화 아세틸(acetyl chloride)과 같은 산 할로젠화물을 생성한다.

$$CH_3COOH + PCl_5 \longrightarrow \underset{\text{염화 아세틸}}{CH_3COCl} + HCl + \underset{\text{염화 포스포릴}}{POCl_3}$$

산 할로젠화물은 반응성이 커서 많은 다른 유기 화합물 제조에서 중간체(intermediate)로 이용된다.

》 에스터

에스터(ester)의 일반식은 *R′COOR이다. 여기서 R′은 H 또는 알킬이나 방향족 탄화수소기이고, R은 알킬이나 방향족 탄화수소기이다.* 에스터는 향료 제조에 이용되며 제과와 청량음료 산업에서 독특한 풍미제로 사용된다. 많은 과일이 독특한 향기를 내는데, 이는 에스터가 들어 있기 때문이다. 예를 들면, 바나나는 아세트산 아이소펜틸[isopentyl acetate, $CH_3COOCH_2CH_2CH(CH_3)_2$], 오렌지는 아세트산 옥틸(octyl acetate, $CH_3COOC_8H_{17}$), 사과는 뷰티르산 메틸(methyl butyrate, $CH_3CH_2CH_2COOCH_3$)을 각각 함유한다.

과일의 향은 주로 과일 속의 에스터 화합물 때문이다.

에스터의 작용기는 —COOR이다. 에스터는 HCl과 같은 산 촉매하에서 물과 반응(*가수분해* 반응)하여 카복실산과 알코올을 만든다. 예를 들면, 아세트산 에틸(ethyl acetate)은 산성 용액에서 다음과 같이 아세트산으로 전환된다.

$$\underset{\text{아세트산 에틸}}{CH_3COOC_2H_5} + H_2O \rightleftharpoons \underset{\text{아세트산}}{CH_3COOH} + \underset{\text{에탄올}}{C_2H_5OH}$$

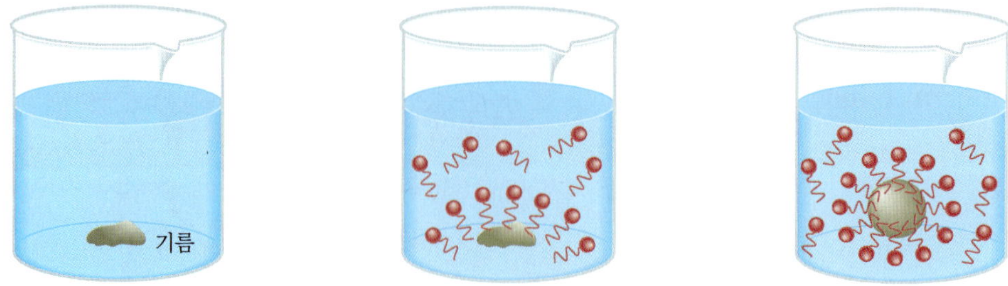

그림 9.19 • 비누의 세정 작용. 비누 분자는 극성을 띤 머리와 지그재그 모양의 탄화수소 꼬리로 나타냈다. 기름기의 얼룩은 (a) 비누로 제거할 수 있다. (b) 비극성 꼬리는 기름 성분에 녹고, (c) 표면은 이온성을 띠어 전체가 물에 가용성이 되기 때문이다.

그러나 이 반응은 가역반응이어서 완전히 오른쪽으로 진행되지 않는다. 그 이유는 생성물인 알코올과 아세트산이 다시 반응하여 에스터를 형성하는 반응이 상당한 정도로 일어나기 때문이다. 반면 수용성 NaOH 용액을 가수분해에 사용하면 아세트산 소듐(sodium acetate)으로 전환되는데, 이것은 에탄올과 반응하지 않아 왼쪽에서 오른쪽으로 반응이 완전히 진행된다.

$$\underset{\text{아세트산 에틸}}{CH_3COOC_2H_5} + NaOH \longrightarrow \underset{\text{아세트산 소듐}}{CH_3COO^-Na^+} + \underset{\text{에탄올}}{C_2H_5OH}$$

비누화(saponification, 비누를 만든다는 뜻)란 용어는 원래 에스터와 수산화 소듐의 반응으로 비누(스테아르산 소듐, sodium stearate)를 생성하는 것을 설명하는 데 사용하였다.

$$\underset{\text{스테아르산 에틸}}{C_{17}H_{35}COOC_2H_5} + NaOH \longrightarrow \underset{\text{스테아르산 소듐}}{C_{17}H_{35}COO^-Na^+} + C_2H_5OH$$

비누화는 이제 *에스터의 알칼리성 가수분해 반응에 대한 일반적인 용어로 사용한다.* 비누 분자는 비극성의 긴 탄화수소 사슬과 극성의 머리(—COO^-)가 특징이다. 탄화수소 사슬은 기름 성분에 쉽게 녹으며, 이온성인 카복실산기(—COO^-)는 비극성의 기름 성분 표면의 바깥 부분에 남아 있게 된다. 그림 9.19는 비누의 작용을 나타낸다.

아민

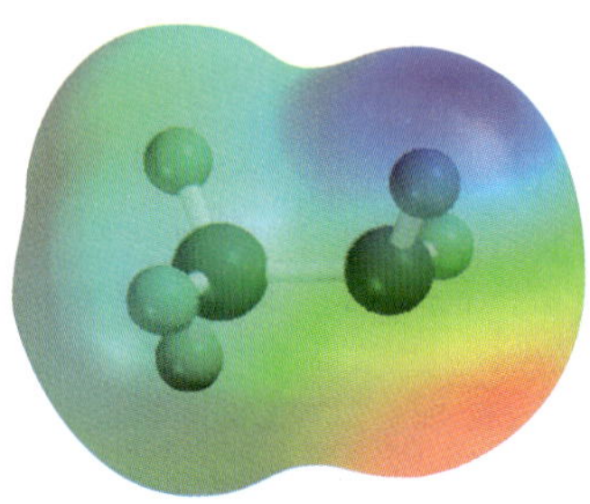

CH_3NH_2

아민(amine)은 *R_3N의 일반식을 갖는 유기 염기이고, R 중 하나는 알킬기나 방향족 탄화수소기이다.* 암모니아와 같이 아민은 약한 브뢴스테드 염기로 물과 다음과 같이 반응한다.

$$RNH_2 + H_2O \longrightarrow RNH_3^+ + OH^-$$

모든 염기와 마찬가지로 아민은 산과 반응하여 염을 형성한다.

$$\underset{\text{메틸아민}}{CH_3NH_2} + HCl \longrightarrow \underset{\text{염화 메틸암모늄}}{CH_3NH_3^+Cl^-}$$

이 염들은 보통 물에 녹는 무색, 무취의 고체이다. 많은 방향족 아민들은 발암 물질로 알려져 있다.

작용기 요약

표 9.4에 C═C와 C≡C기를 포함한 일반적인 작용기를 요약하였다. 유기 화합물은 보통 두 개 이상의 작용기를 갖는다. 일반적으로 화합물의 반응성은 구성된 작용기의 수와 유형에 의해 좌우된다.

예제 9.4

콜레스테롤은 담석의 주성분으로 혈액 속의 콜레스테롤 수준은 몇몇의 심장 질환을 유발하는 요인이 된다. 다음 화합물의 구조로부터 (a) Br_2, (b) H_2 (Pt 촉매의 존재하에서), (c) CH_3COOH와의 반응을 예측하시오.

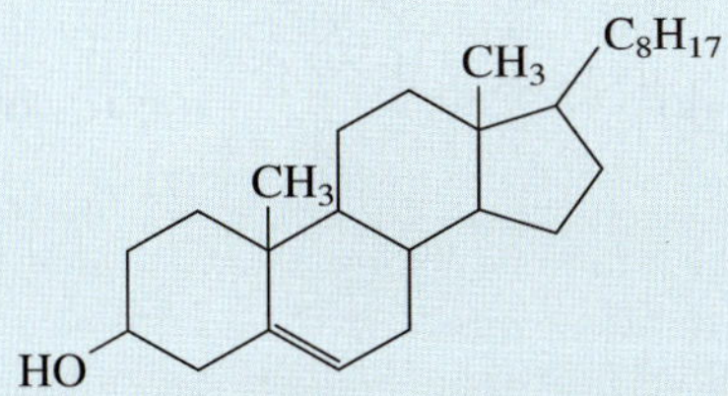

▸ **전략** 분자가 수행하는 반응의 유형을 예측하려면, 먼저 존재하는 작용기(표 9.4 참조)를 확인해야 한다.

▸ **풀이** 콜레스테롤에는 2개의 작용기, 즉 하이드록시기와 탄소-탄소 이중 결합이 존재한다.

(a) 브로민과의 반응은 브로민이 이중 결합에 첨가되어 단일 결합을 만든다.

(b) 수소화 반응이다. 탄소-탄소 이중 결합이 탄소-탄소 단일 결합으로 변환된다.

(c) 아세트산(CH_3COOH)과 하이드록시기와의 반응은 물과 에스터를 형성한다. 그림 9.20에 이 반응의 생성물들이 있다.

▸ **실전 연습** 다음 반응의 생성물을 예측하시오.

$$CH_3OH + CH_3CH_2COOH \longrightarrow ?$$

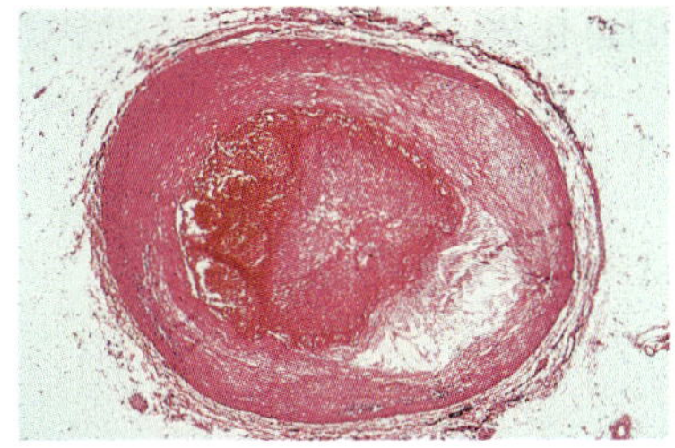

콜레스테롤에 의해 막힌 동맥.

비슷한 문제: 9.41.

표 9.4 중요한 작용기와 그들의 반응

작용기	이름	전형적인 반응
$\rangle C{=}C\langle$	탄소-탄소 이중 결합	할로젠, 할로젠화 수소, 물과의 첨가 반응. 알케인을 생성하는 수소 첨가 반응.
$-C{\equiv}C-$	탄소-탄소 삼중 결합	할로젠, 할로젠화 수소와의 첨가 반응. 알켄과 알케인을 생성하는 수소 첨가 반응.
$-\ddot{\underset{..}{X}}:$ (X = F, Cl, Br, I)	할로젠	치환 반응: $CH_3CH_2Br + KI \longrightarrow CH_3CH_2I + KBr$
$-\ddot{\underset{..}{O}}-H$	하이드록실	카복실산과 에스터화 반응(에스터 생성). 알데하이드, 케톤, 카복실산으로 산화.
$\rangle C{=}\ddot{\underset{..}{O}}$	카보닐	환원되어 알코올 생성. 알데하이드가 산화되어 카복실산 생성.
$-\overset{:O:}{\overset{\Vert}{C}}-\ddot{\underset{..}{O}}-H$	카복실	알코올과의 에스터화 반응. 오염화인과 산 염화물 생성.
$-\overset{:O:}{\overset{\Vert}{C}}-\ddot{\underset{..}{O}}-R$ (R = 탄화수소)	에스터	가수분해하여 산과 알코올 생성.
$-\ddot{N}\langle^{R}_{R}$ (R = H 또는 탄화수소)	아민	산과 반응하여 암모늄 염 생성.

그림 9.20 • 콜레스테롤을 다음 각 물질과 반응시켰을 때 생성된 화합물. (a) 브로민 분자, (b) 수소 분자, (c) 아세트산.

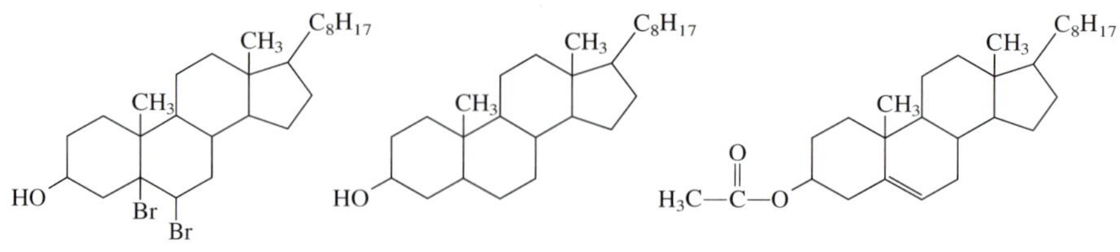

(a) (b) (c)

☑ 개념 복습하기

바닐라 추출물의 주요 성분인 바닐린에 있는 모든 작용기를 확인하시오.

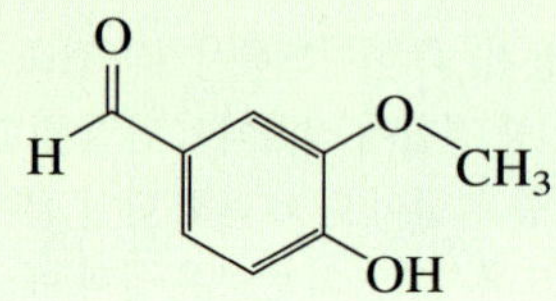

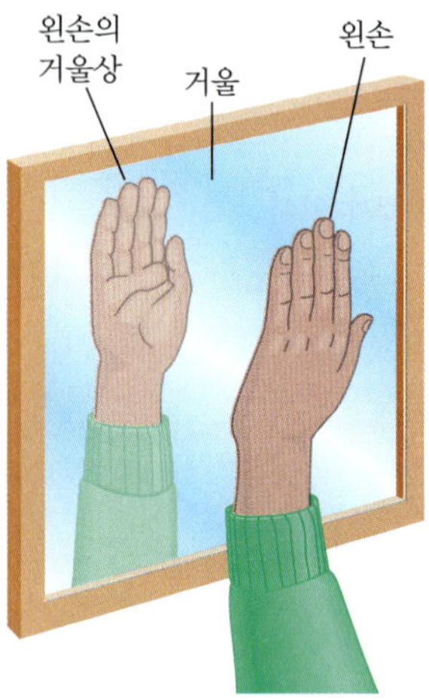

왼손과 그 거울상(오른손처럼 보임).

9.5 카이랄성: 분자의 손잡이성

많은 유기 화합물이 서로 거울상의 쌍둥이로 존재할 수 있다. 그 중 한 짝은 질병을 치료하는 것일 수도 있고, 좋은 향기가 나는 화합물일 수 있으나, 그 거울상에 해당하는 다른 짝은 독성을 띠거나, 역겨운 냄새가 나거나, 아무런 반응성이 없는 화합물일 수도 있다. 거울상의 쌍을 이루는 화합물들은 왼손 장갑과 오른손 장갑으로 비교된다. 이들을 **카이랄**(chiral) 또는 *손대칭*(handed) 분자라고 한다. 모든 분자는 거울상을 가질 수 있으나, 카이랄성과 *비카이랄*(achiral, nonchiral이라는 의미) 분자의 차이는 카이랄성 분자 쌍만이 포개지지 않는다는 것이다.

치환된 메테인인 CH_2ClBr과 $CHFClBr$을 생각해 보자. 그림 9.21에 이 두 분자와 그 거울상들을 투영식으로 나타내었다. (a)의 두 거울상은 포개지지만, (b)의 두 구조는 분자를 아

그림 9.21 • (a) CH_2ClBr 분자와 그 거울상. 이 분자와 그 거울상은 포개질 수 있으므로 비카이랄이라 한다. (b) $CHFClBr$ 분자와 그 거울상. 이 분자와 그 거울상은 포개지지 않으므로 한 구조를 아무리 돌려 보아도 다른 구조와 같게 되지 않는다. 이런 분자를 카이랄이라고 한다.

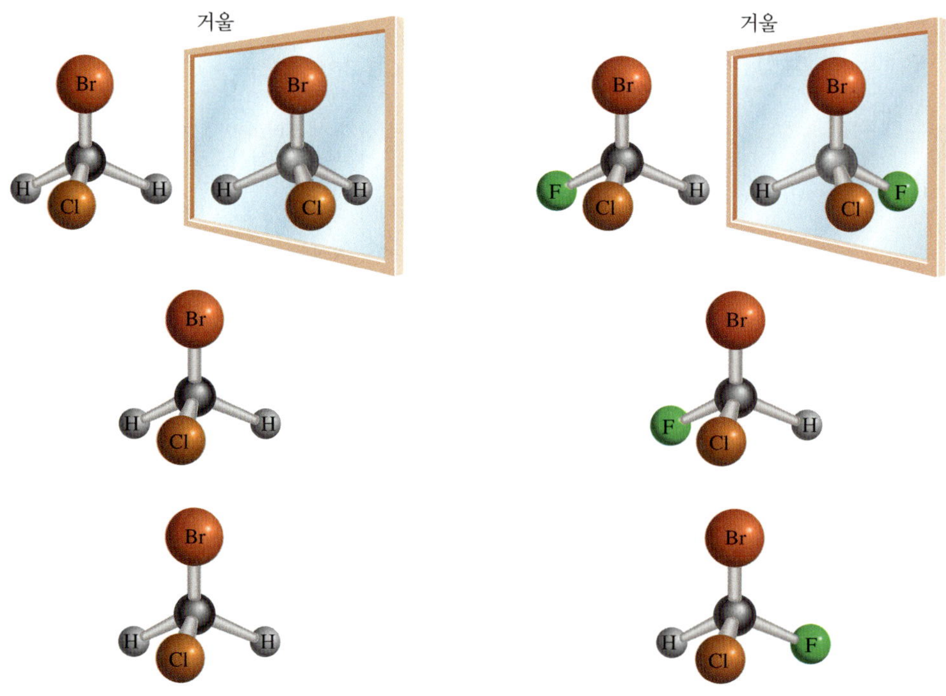

(a) (b)

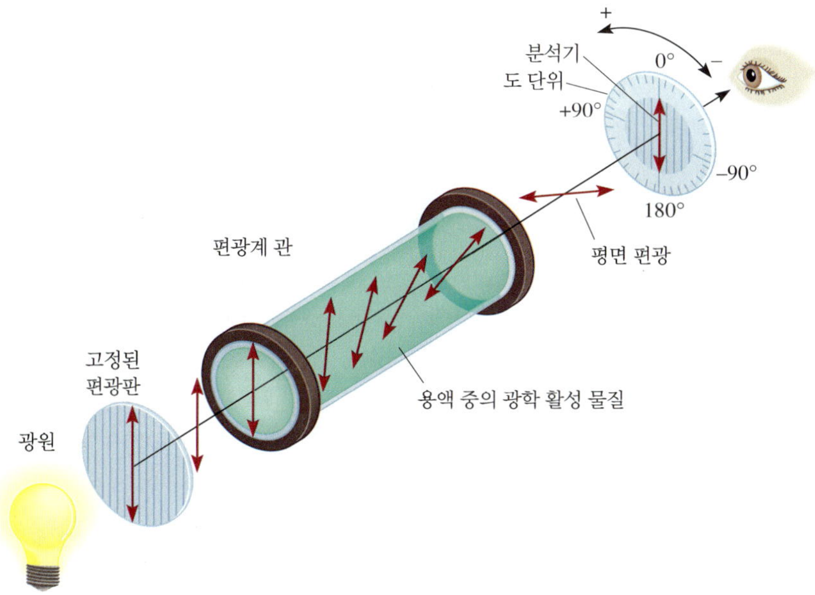

그림 9.22 • 편광계의 작동. 먼저 비카이랄 화합물로 시료관을 채운다. 분석기를 돌려 분석기의 편광면이 편광판의 편광면과 수직이 되게 한다. 이 조건하에서는 아무런 빛도 관찰자에게 도달하지 않는다. 그 다음으로 카이랄 화합물을 관에 넣는다. 편광의 평면이 회전을 하게 되고, 따라서 약간의 빛이 관찰자에 도달한다. 아무런 빛이 관찰자 눈에 들어오지 않을 때까지 분석기를 돌리면(오른쪽 또는 왼쪽) 광회전 각도를 측정할 수 있다.

무리 회전시켜도 포개지지 않는다. 따라서 CHFClBr은 카이랄성이다. 주의 깊게 관찰하면 가장 간단한 카이랄 분자는 적어도 1개의 *비대칭*(asymmetric) 탄소 원자(4개의 다른 원자나 원자단이 결합한 탄소 원자)를 갖는다는 것을 알 수 있다.

동영상
카이랄성.

*카이랄 화합물의 포개지지 않는 거울상*들을 **거울상이성질체**(enantiomer)라고 한다. 기하 이성질체와 마찬가지로 거울상이성질체도 짝을 이룬다. 하지만 한 화합물의 거울상이성질체들은 녹는점, 끓는점, 카이랄이 아닌 다른 분자와의 화학 반응성 등 물리적 성질과 화학적 성질이 같다. 카이랄 분자는 편광이 카이랄 분자들을 통과할 때 편광을 회전시킬 수 있기 때문에 카이랄 분자의 각 거울상이성질체는 광학적으로 활성이라 한다. 모든 방향으로 진동하는 보통 빛과는 달리 편광은 오직 한 평면에서만 진동한다. *평면 편광과 광학 이성질체의 상호작용을 연구*하기 위하여 그림 9.22에 나타낸 **편광계**(polarimeter)를 사용한다. 한 다발의 빛이 편광판이라는 편광 필터를 지나 카이랄 화합물의 용액이 들어 있는 시료관을 통과한다. 편광이 시료관을 통과할 때 편광면이 오른쪽이나 왼쪽으로 회전을 하게 된다. 이러한 광회전은 통과하는 빛이 최소가 될 때까지 분석기를 적절히 좌우로 회전시켜서 직접 측정할 수 있다(그림 9.23). 만약 편광면이 오른쪽으로 회전하면 그 이성질체는 우회전성(dextrorotatory, +)이라고 부르고, 왼쪽으로 회전하면 좌회전성(levorotatory, −)이라 한다. 카이랄 물질의 거울상이성질체는 항상 편광을 같은 크기로 회전시키나 방향은 반대이다. 그러므로 *두 거울상이성질체의 같은 양의 혼합물*을 **라세미 혼합물**(racemic mixture)이라 하고, 이것은 알짜 회전도가 0이 된다.

거울상이성질체를 이전에는 광학 이성질체라고 하였다.

카이랄성은 생물계에서 중요한 역할을 한다. 단백질 분자는 많은 비대칭 탄소 원자를 가지며, 단백질의 기능도 자주 카이랄성에 영향을 받는다. 카이랄 화합물의 거울상이성질체들은 생체 내에서 서로 전혀 다르게 작용하는 것이 보통이기 때문에 카이랄 쌍둥이가 제약업자들 사이에 관심사가 되어 왔다. 2008년에 처방된 의약품들 중 절반 이상이 카이랄성이다. 대개가 한쪽 거울상이성질체만이 약으로서의 역할을 하고, 다른 거울상은 무용지물이거나 효과가 훨씬 작거나 오히려 부작용을 일으키기도 한다. 라세미 혼합물을 의약으로 사용하여 비극적인 결과를 초래한 가장 유명한 사건은 1950년대 후반 유럽에서 탈리도마이드(thalidomide)를 임산부들의 입덧치료제로 사용한 경우이다. 이 약을 복용한 임산부들이 수천 명의 기형아를 출산하고 나서 1962년에 이 약은 약국에서 완전히 사라지게 되었다. 그 후 연구에 의해 밝혀진 바로는 탈리도마이드의 진정 작용은 (+)-탈리도마이드에 의한 것이고, (−)-탈리도마이드는 강한 돌연변이원이라는 것이 밝혀졌다. [*돌연변이원*(mutagen)은 유전

그림 9.23 • 사진 위에 편광판 하나를 두면 빛이 통과한다. 첫 번째 판 위에 또 하나의 편광판을 겹쳐 놓고 편광축이 직교하면 빛은 거의 통과하지 못한다. 두 판의 편광축이 평행이면 빛은 통과한다.

자에 변이를 일으키는 물질로서, 주로 기형아를 낳게 한다.]

그림 9.24는 또 다른 약인 이부프로펜(ibuprofen)의 두 거울상이성질체를 나타낸 것이다. 이 일반적인 진통제는 라세미 혼합물로 판매되고 있으나 좌회전성 이성질체만이 효과가 있고 우회전성은 전혀 약효가 없지만 해롭지는 않다. 오늘날 유기 화학자는 한쪽 거울상이성질체만의 순수한 의약품 혹은 "카이랄 의약품"을 합성하는 방법을 활발히 연구하고 있다. 카이랄 의약품이란 약효를 높이고 다른 쪽 거울상 쌍둥이에 의해 일어날 수 있는 부작용을 방지하기 위해 한쪽 거울상이성질체만 함유하고 있는 의약품을 뜻한다.

2009년에 가장 많이 팔린 카이랄성 약으로 콜레스테롤 수치를 조절하는 리피토(Lipitor)는 순수한 거울상이설질체 중 하나로만 판매된다.

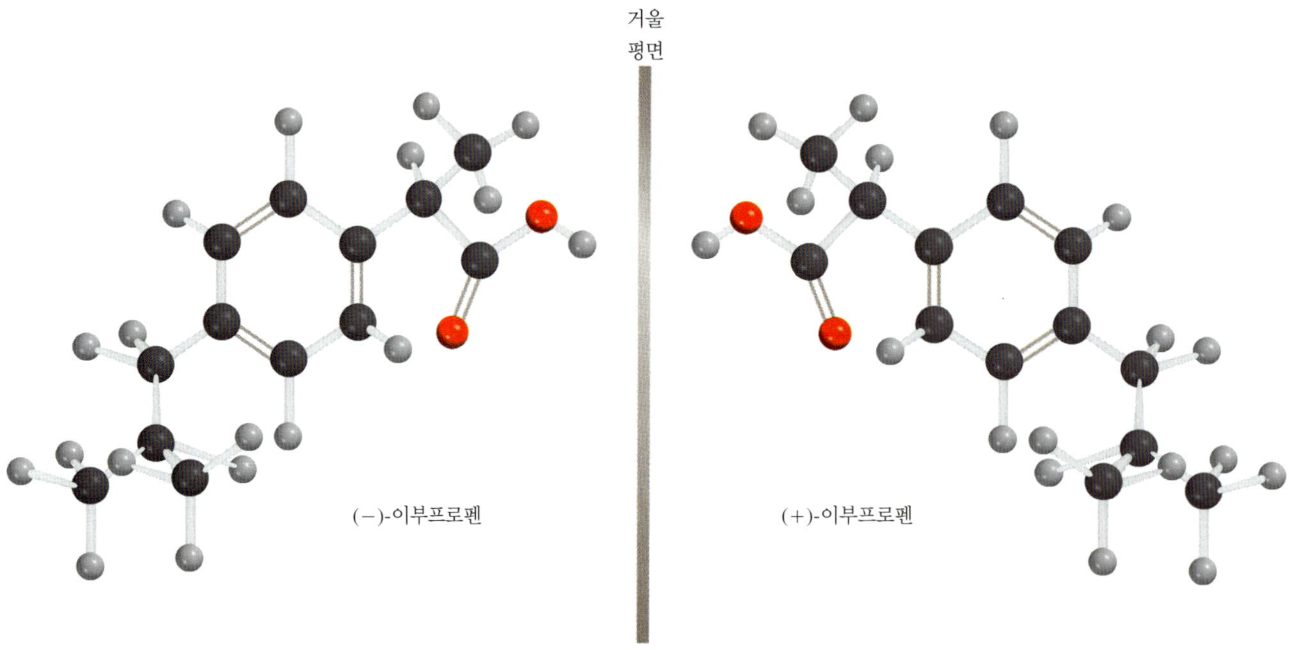

그림 9.24 • 이부프로펜의 (+)형과 (−)형 이성질체는 서로 거울상이다. 이 분자에 비대칭 탄소 원자 하나가 있다. 찾을 수 있는가?

예제 9.5

다음 분자는 카이랄성인가?

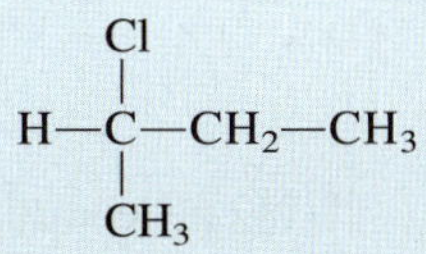

▸ **전략** 카이랄성에 대한 조건을 생각해 보라. 중심 탄소 원자가 비대칭인가, 즉 중심 탄소 원자에 붙어 있는 네 개의 다른 원자 혹은 원자단을 가지는가?

▸ **풀이** 중심 탄소 원자가 수소 원자, 염소 원자, $-CH_3$기, $-CH_2-CH_3$기와 결합하고 있다. 따라서 중심 탄소 원자는 비대칭이고, 분자는 카이랄성이다.

비슷한 문제: 9.45, 9.46.

▸ **실전 연습** 다음 분자는 카이랄성인가?

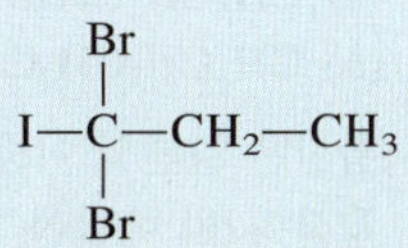

개념 복습하기

흥분제와 울혈 제거제로 사용되는 약인 에페드린(ephedrine)에는 카이랄 탄소 중심이 몇 개나 있는가?

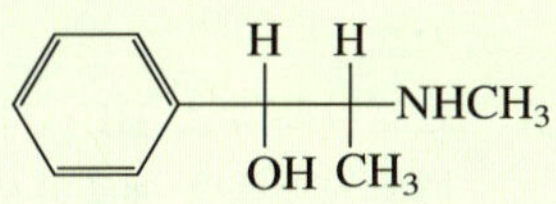

사실과 개념에 대한 요약

1. 탄소 원자는 다른 탄소 원자와 직선형 사슬과 가지달린 사슬로 연결될 수 있기 때문에 대부분 다른 원소보다 더 많은 화합물을 형성할 수 있다.
2. 메테인(CH_4)은 일반식이 C_nH_{2n+2}인 탄화수소 계열의 가장 간단한 알케인이고, 사이클로프로페인(C_3H_6)은 사이클로알케인 계열에서 가장 간단한 사이클로알케인이다. 사이클로알케인은 탄소 원자들이 연결되어 고리를 만든 것이다. 알케인과 사이클로알케인은 포화 탄화수소이다. 에틸렌($CH_2{=}CH_2$)은 가장 간단한 알켄이다. 이 탄화수소는 탄소-탄소 이중 결합을 포함하고 일반식은 C_nH_{2n}이다. 아세틸렌($CH{\equiv}CH$)은 가장 간단한 알카인이고, 알카인은 탄소-탄소 삼중 결합을 포함하며 그 일반식이 C_nH_{2n-2}이다. 벤젠 고리를 한 개 이상 포함하는 화합물을 방향족 탄화수소라고 한다.
3. 작용기는 그 분자의 화학 반응성을 결정한다. 화합물은 작용기에 따라서 알코올, 에터, 알데하이드와 케톤, 카복실산과 에스터, 아민 등으로 분류한다.
4. 카이랄성이란 겹쳐지지 않는 거울상을 갖는 분자에 해당하는 용어이다. 대부분의 카이랄 분자들은 한 개 이상의 비대칭 탄소 원자를 가진다. 카이랄 분자는 생물계에 널리 분포하고 있으며, 의약품 제조에 있어서도 중요하다.

주요 용어

거울상이성질체
기하 이성질체
구조 이성질체
라디칼
라세미 혼합물
방향족 탄화수소
불포화 탄화수소
비누화
비편재화된 분자 궤도함수
사이클로알케인
수소화
아민
알데하이드
알카인
알케인
알켄
알코올
에스터
에터
유기 화학
작용기
지방족 탄화수소
첨가반응
축합반응
카이랄
카복실산
케톤
탄화수소
편광계
포화 탄화수소

연습 문제

지방족 탄화수소

복습 질문

9.1 탄소가 대부분 다른 원소에 비해 많은 화합물을 만드는 이유는 무엇인가?

9.2 지방족과 방향족 탄화수소의 차이는 무엇인가?

9.3 포화 탄화수소와 불포화 탄화수소에서 '포화'와 '불포화'가 뜻하는 것은 무엇인지 각각 예를 들어 설명하시오.

9.4 구조 이성질체는 무엇인가?

9.5 에테인을 예로 들어 형태(conformation)의 의미를 설명하시오. 뉴먼 투영식이란 무엇인가? 구조 이성질체와 분자의 형태는 어떻게 다른가?

9.6 사이클로헥세인의 보트 형태와 의자 형태에 대한 골격 구조를 그리시오.

9.7 알켄은 탄소-탄소 이중 결합의 회전이 어려워서 기하 이성질체가 만들어진다. 이 현상에 대하여 설명하시오.

9.8 알케인과 알카인은 알켄과 달리 기하 이성질체가 없는 이유는 무엇인가?

9.9 마르코프니코프 규칙을 설명하시오.

9.10 알케인, 알켄, 알카인의 특징적인 반응을 쓰시오.

문제

9.11 C_7H_{16}의 분자식을 갖는 알케인의 가능한 구조 이성질체를 모두 그리시오.

9.12 *n*-펜테인($CH_3(CH_2)_3CH_3$)을 직접 염소화(chlorination)할 때 생성될 수 있는 클로로펜테인(chloropentane, $C_5H_{11}Cl$)은 몇 가지나 되겠는가? 각 분자의 구조를 그리시오.

9.13 C_4H_8 분자에 대한 가능한 이성질체를 모두 그리시오.

9.14 C_3H_5Br 분자에 대한 가능한 이성질체의 구조를 모두 그리시오.

9.15 펜테인(C_5H_{12})의 구조 이성질체들은 끓는점의 차이가 매우 크다(예제 9.1 참조). 이들의 구조에 따른 끓는점의 변화를 설명하시오.

9.16 구조를 그리지 않고서 다음 화합물이 알케인, 사이클로알케인, 알켄, 알카인인지 어떻게 결정할 수 있겠는가? 설명하시오. (a) C_6H_{12}, (b) C_4H_6, (c) C_5H_{12}, (d) C_7H_{14}, (e) C_3H_4.

9.17 프로페인의 엇갈린 형태와 가리움 형태에 대한 뉴먼 투영식을 그리고, 안정성을 비교하시오.

9.18 뷰테인의 네 가지 형태에 대한 뉴먼 투영식을 그리고, 안정성을 비교하시오. (*힌트:* 두 가지 형태는 안정하고 다른 두 가지 형태는 불안정하다.)

9.19 *시스*-2-뷰텐과 *트랜스*-2-뷰텐의 구조를 그리시오. 두 화합물 중 어느 것이 수소화열(heat of hydrogenation)을 더 많이 방출하는가? 그 이유를 설명하시오.

9.20 사이클로뷰타다이엔(cyclobutadiene)은 안정한 분자일 것으로 예상하는가? 설명하시오.

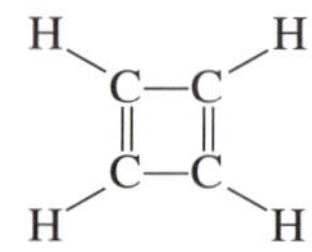

9.21 에틸렌(ethylene)의 수소 두 개를 플루오린과 염소 원자로 치환할 때 만들어지는 서로 다른 이성질체의 개수는 몇 개인가? 그 화합물들의 구조를 그리고 명명하시오. 어느 것이 구조 이성질체이며, 어느 것이 기하 이성질체인지를 나타내시오.

9.22 다음 두 화합물을 구별할 수 있는 두 가지 화학 시험법을 제안하시오.

(a) $CH_3CH_2CH_2CH_2CH_3$

(b) $CH_3CH_2CH_2CH{=}CH_2$

9.23 황산은 알켄의 이중 결합에 H^+와 $^-OSO_3H$로 첨가한다. 황산이 (a) 에틸렌, (b) 프로펜과 반응할 때의 생성물을 예측하시오.

9.24 아세틸렌은 불안정한 화합물이다. 아세틸렌은 다음과 같이 벤젠이 되려는 경향이 있다.

$$3C_2H_2(g) \longrightarrow C_6H_6(l)$$

25°C에서 이 반응의 표준 엔탈피 변화를 kJ/mol로 계산하시오.

9.25 브로민화 수소(HBr)가 (a) 1-뷰텐, (b) 2-뷰텐과 반응할 때의 생성물을 예측하시오.

9.26 기하 이성질체는 C=C 결합을 포함하는 화합물에만 한정되는 것은 아니다. 예를 들면, 치환기가 두 개인 어떤 사이클로알케인도 *시스*(*cis*)형과 *트랜스*(*trans*)형으로 존재할 수 있다. 다음 화합물을 *시스*와 *트랜스* 이성질체로 표시하시오.

(a) 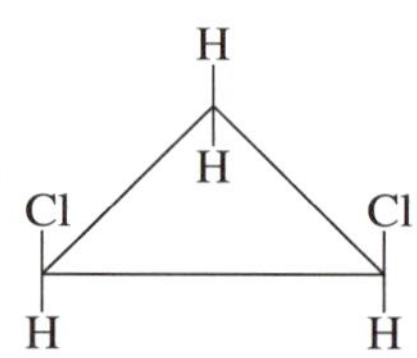

(b) 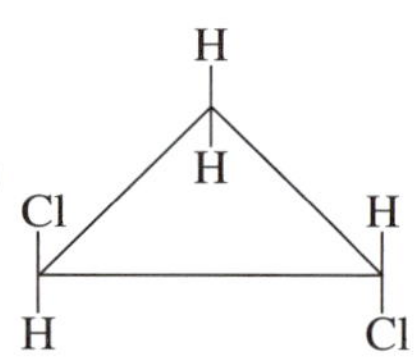

9.27 다음 유기 화합물의 구조식을 그리시오. (a) 3-메틸헥세인, (b) 1,3,5-트라이클로로사이클로헥세인, (c) 2,3-다이메틸펜테인, (d) 2-브로모-4-페닐펜테인, (e) 3,4,5-트라이메틸옥테인.

9.28 다음 화합물을 명명하시오.

(a) CH_3—$CH(CH_3)$—CH_2—CH_2—CH_3

(b) CH_3—$CH(C_2H_5)$—$CH(CH_3)$—$CH(CH_3)$—CH_3

(c) CH_3—CH_2—$CH(CH_2$—CH_2—$CH_3)$—CH_2—CH_3

(d) $CH_2{=}CH$—$CH(Br)$—CH_2—CH_3

(e) CH_3—$C{\equiv}C$—CH_2—CH_3

방향족 탄화수소

복습 질문

9.29 에틸렌(ethylene)에 비해 벤젠(benzene)이 훨씬 안정한 이유를 설명하시오. 또, 벤젠은 주로 치환반응을 하는 반면에 에틸렌은 주로 첨가 반응을 하는 이유는 무엇인가?

9.30 벤젠과 사이클로헥세인은 모두 6원자 고리를 가지고 있다. 벤젠은 평면형인데 사이클로헥세인은 평면형이 아니다. 설명하시오.

문제

9.31 다음 화합물의 구조를 그리시오. (a) 1-브로모-3-메틸벤젠, (b) 1-클로로-2-프로필벤젠, (c) 1,2,4,5-테트라메틸벤젠.

9.32 이들 화합물을 명명하시오.

(a) 

(b) 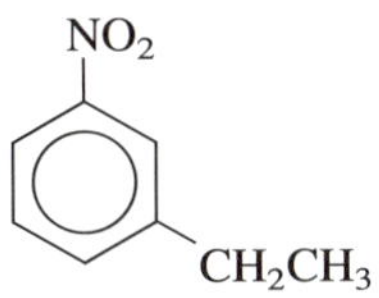

(c) 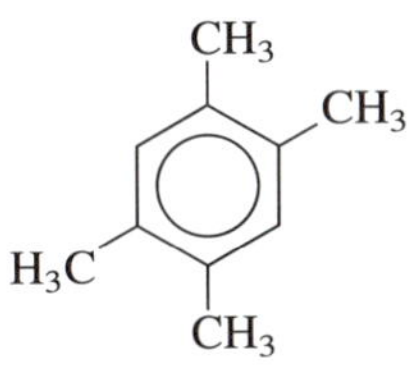

(d) 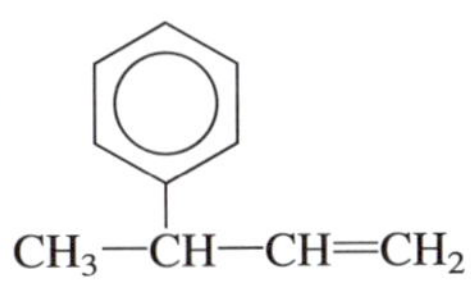

작용기의 화학

복습 질문

9.33 작용기란 무엇인가? 유기 화합물들을 그들의 작용기에 따라 구분하는 것이 합리적이고 유용한 이유는 무엇인가?

9.34 이들 각 작용기의 루이스 구조를 그리시오. 알코올, 에터, 알데하이드, 케톤, 카복실산, 에스터, 아민.

문제

9.35 다음 식을 가지는 분자의 가능한 구조 하나를 그리시오. (a) CH_4O, (b) C_2H_6O, (c) $C_3H_6O_2$, (d) C_3H_8O.

9.36 이들 분자를 알코올, 알데하이드, 케톤, 카복실산, 아민, 에터로 분류하시오.

(a) $CH_3—O—CH_2—CH_3$ (b) $CH_3—CH_2—NH_2$

(c) $CH_3—CH_2—C(=O)—H$ (d) $CH_3—C(=O)—CH_2—CH_3$

(e) $H—C(=O)—OH$ (f) $H_3C—CH_2CH_2—OH$

(g) 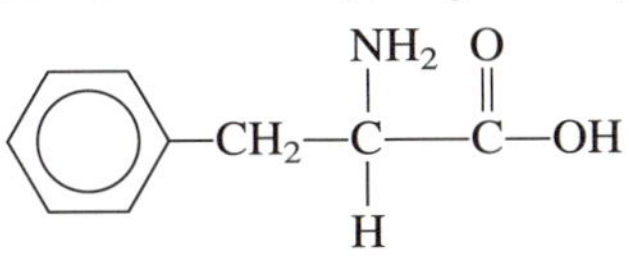

9.37 일반적으로 공기 중에서 알데하이드는 케톤보다 더 산화되기 쉽다. 케톤이 알데하이드보다 산화 반응에 대하여 더 안정한 이유는 무엇인가? 아세트알데하이드와 아세톤을 예로 설명하시오.

9.38 다음 반응식을 완성하고 생성물을 확인하시오.

$$HCOOH + CH_3OH \longrightarrow$$

9.39 실험식이 $C_5H_{12}O$인 어떤 화합물을 산화시키면 실험식이 $C_5H_{10}O$인 화합물로 바뀌는데 이 물질은 케톤처럼 행동한다. 산화되기 전의 화합물과 산화된 후의 화합물에 대해 각각 가능한 구조를 그리시오.

9.40 분자식 $C_4H_{10}O$인 화합물이 있다. 이 화합물은 금속 소듐(Na)과 반응하지 않는다. 빛 존재하에서 이 화합물을 Cl_2와 반응시키면 분자식이 C_4H_9OCl인 세 가지 화합물이 생성된다. 이 정보와 일치하는 출발 물질과 생성 물질의 구조를 그리시오.

9.41 다음 각 반응의 생성물을 제시하시오.

(a) $CH_3CH_2OH + HCOOH \longrightarrow$

(b) $H—C{\equiv}C—CH_3 + H_2 \longrightarrow$

(c) 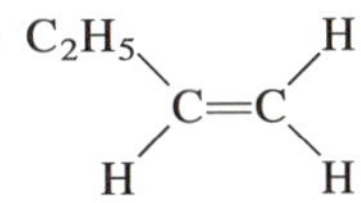 $+ HBr \longrightarrow$

9.42 다음 각 분자의 작용기를 표시하시오.

(a) $CH_3CH_2COCH_2CH_2CH_3$

(b) $CH_3COOC_2H_5$

(c) $CH_3CH_2OCH_2CH_2CH_2CH_3$

카이랄성

복습 질문

9.43 화합물 내의 탄소가 비대칭인지의 여부를 결정하는 요소는 무엇인가?

9.44 카이랄 치환된 알케인과 비카이랄 치환된 알케인의 예를 드시오.

문제

9.45 다음 아미노산 중 카이랄인 것은?

(a) $CH_3CH(NH_2)COOH$

(b) $CH_2(NH_2)COOH$

(c) $CH_2(OH)CH(NH_2)COOH$

9.46 다음 화합물에서 비대칭 탄소 원자를 표시하시오.

(a) $CH_3—CH_2—CH(CH_3)—CH(NH_2)—C(=O)—NH_2$

(b) 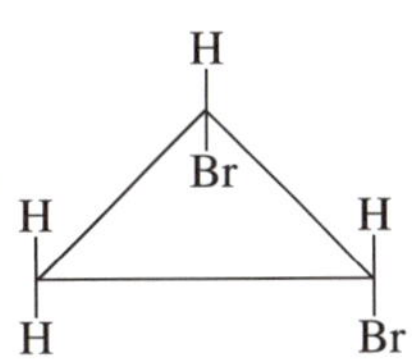

실전 연습의 답

9.1 5개. **9.2** 4,6-다이에틸-2-메틸옥테인(4,6-diethyl-2-methyloctane).

9.3

$$\begin{array}{cccccccccccccccc} & & CH_3 & & & & & & C_2H_5 & & CH_3 & & & & \\ & & | & & & & & & | & & | & & & & \\ CH_3 & - & CH & - & CH_2 & - & CH_2 & - & CH & - & CH & - & CH_2 & - & CH_3 \end{array}$$

9.4 $CH_3CH_2COOCH_3$와 H_2O. **9.5** 아니오.

CHAPTER 10

분자간 힘과 액체 및 고체

Intermolecular Forces and Liquids and Solids

이 장의 차례

대기압 조건 하에서 고체 이산화 탄소(드라이 아이스)는 녹지 않고 단지 승화할 뿐이다.

주요 개념

분자간 힘 기체의 비이상 거동을 일으키는 분자간 힘은 또한 물질의 응축 상태인 액체와 고체의 존재를 설명해 준다. 이 힘은 극성 분자 간, 이온과 극성 분자 간, 비극성 분자 간에 존재한다. 수소 결합이라고 하는 분자간 힘의 특별한 형태는 극성 결합에 있는 수소 원자와 O, N, F 같이 전기음성도가 큰 원자 사이의 상호작용을 설명한다.

액체 상태 액체의 모양은 용기의 모양으로 가정한다. 액체의 표면 장력은 액체의 표면적을 확장하는 데 필요한 에너지이다. 액체 표면은 모세관 작용으로 확장되는데, 이는 가는 관 안의 액체를 올리거나 내리게 한다. 점성도는 흐름에 대한 액체의 저항의 척도로, 온도가 올라가면 항상 점성도는 감소한다. 물은 고체 상태(얼음)가 액체 상태보다 밀도가 작은 독특한 구조를 갖는다.

고체 내의 결합 원자, 분자, 이온은 다른 결합 형태로 고체 내에 붙들려 있다. 이온성 고체에서는 정전기적 힘, 분자성 고체에서는 분자간 힘, 공유성 고체에서는 공유 결합, 금속의 존재에 대해서는 결정 전체에 비편재화된 전자와 관련된 특별한 형태의 상호작용으로 설명할 수 있다.

상 전이 물질의 상태는 가열하거나 식히면 상호전환이 가능하다. 끓거나 어는 전이 온도에서는 두 상이 평형을 이룬다. 고체는 승화에 의해 증기로 바로 전환될 수 있다. 임계 온도라는 특정한 온도보다 높은 온도에서는 기체 물질을 액화할 수 없다. 고체, 액체, 증기상의 압력-온도 관계는 상 도표로 잘 나타낸다.

10.1 액체와 고체의 분자 운동론

5장에서는 분자 운동론을 이용하여 기체 분자의 일정하거나 또는 무질서한 운동의 관점에서 기체의 거동을 설명하였다. 기체는 분자의 크기에 비해 분자들 사이의 거리가 매우 멀어서 상온과 상압(25°C, 1 atm)에서는 분자 간의 상호작용은 거의 없다. 기체에서는 분자가 차지하지 않는 빈 공간이 상당히 크기 때문에 기체는 쉽게 압축될 수 있다. 또한 기체들은 분자 간의 힘이 강하지 않기 때문에 쉽게 팽창해서 용기를 채울 수 있다. 뿐만 아니라 빈 공간이 크다는 것은 기체가 정상 조건에서 밀도가 매우 낮은 이유이기도 하다.

이에 비해 액체와 고체는 전혀 다르다. 액체 및 고체와 같은 응축상태와 기체 상태의 근본적인 차이는 분자 간의 거리이다. 액체에서는 분자들이 서로 매우 가까이 있어서 빈 공간이 매우 적다. 따라서 액체는 기체보다 압축시키기가 훨씬 더 어려우며 정상 조건에서 훨씬 조밀하다. 액체에서 분자들은 한 가지 이상 여러 형태의 인력에 의해 서로 붙들려 있는데, 10.2절에서 소개될 것이다. 또한, 액체에서는 분자들이 상호 인력으로부터 벗어나지 못하기 때문에 일정한 부피를 가진다. 그러나 액체 분자는 서로 자유롭게 움직일 수 있기 때문에 흐를 수 있고 쏟아 부을 수 있으며 용기의 형태에 따라 모양이 결정된다.

고체에서는 분자가 정해진 자리에 단단히 붙들려 있어서 사실상 자유롭게 운동할 수 없다. 많은 고체의 특징은 그 고체를 구성하는 분자들이 삼차원적으로 일정한 형태를 유지하면서 배열되어 있는 장거리 질서(long-range order)를 가진다는 점이다. 고체는 액체보다 빈 공간이 더 작으므로 거의 압축되지 않으며 정해진 모양과 부피를 가지고 있다. 물의 경우와 같이 몇몇 예외를 제외하고, 한 물질에서 고체 상태는 액체 상태보다 밀도가 더 크다. 한 물질의 두 가지 상태가 공존하는 경우도 흔히 있는데, 컵 속의 물(액체)에 떠 있는 얼음(고체)이 흔히 볼 수 있는 예이다. 화학자들은 계(system)에 존재하는 한 가지 물질의 다른 상태들을 *상*(phase)이라 부른다. 따라서 얼음물이 들어 있는 물 컵에는 물의 고체상(solid phase)과 액체상(liquid phase)이 둘 다 존재하고 있다. 이 장에서 어떤 한 가지 물질의 여러 가지 상을 포함하는 계(system)는 물론, 어떤 한 가지 물질의 상태 변화에 대해 이야기할 때 "상(phase)"이란 용어를 사용할 것이다. 표 10.1에 물질의 세 가지 상이 가지는 대표적인 특징 몇 가지가 요약되어 있다.

10.2 분자간 힘

간단하게 하기 위해 원자나 분자 모두에 "분자간 힘"이란 용어를 사용한다.

분자간 힘(intermolecular force)은 *분자들 사이에 작용하는 인력*을 말한다. 분자간 힘은 5장에서 기술한 바 있는 기체의 비이상적인 거동의 원인이기도 한다. 분자간 힘은 액체나 고체와 같은 응축상 물질에서 더 큰 영향을 끼친다. 기체의 온도가 내려감에 따라 기체를 구성하는 분자들의 평균 운동 에너지가 감소하게 되고, 결국 충분히 낮은 온도에서 분자는 더 이상 인접한 분자의 인력으로부터 벗어나기에 충분한 에너지를 가지지 못하게 된다. 이 때, 분자들이 모여서 작은 액체 방울을 만들게 되는데, 이러한 기체상에서 액체상으로의 전이를 *응축*(condensation)이라 한다.

분자간 힘과 달리 **분자내 힘**(intramolecular force)은 한 분자 내에서 원자들끼리 서로 붙들고 있는 힘을 말한다(8장에서 논의한 화학 결합은 분자내 힘을 포함한다). 분자내 힘은

표 10.1 기체, 액체, 고체의 특성

물질의 상태	부피/모양	밀도	압축성	분자의 운동
기체	용기에 따라 부피와 모양이 달라진다.	낮다.	압축성이 크다.	매우 자유롭다.
액체	일정한 부피를 지니지만 용기의 모양을 가진다.	높다.	매우 조금 압축된다.	서로 자유롭게 움직인다.
고체	일정한 부피와 모양을 가진다.	높다.	사실상 압축이 안 된다.	고정된 위치에서 진동한다.

각 분자를 안정한 상태로 유지하게 하는 반면, 분자간 힘은 본질적으로 녹는점이나 끓는점과 같은 물질의 본체 특성(bulk property)에 관여하고 있다.

일반적으로 분자간 힘은 분자내 힘보다 훨씬 약하다. 따라서 액체를 증발시키는 데 필요한 에너지가 액체를 구성하는 분자의 결합을 깨는 데 필요한 에너지보다 훨씬 작다. 예컨대, 끓는점에서 물 1 mol을 증발시키기 위해서는 약 41 kJ의 에너지가 필요하지만 물 분자 1 mol에 있는 모든 O—H 결합을 끊는 데 필요한 에너지는 약 930 kJ에 달한다. 물질의 끓는점은 분자들 사이에 작용하는 분자간 힘의 세기를 반영하고 있다. 끓는점에서 증기상(vapor phase)으로 되기 위해서는 분자 사이의 인력을 이겨내기에 충분한 에너지가 공급되어야 한다. 만약 A 분자가 더 강한 분자간 힘에 의해 붙들려 있어서 물질 B보다 물질 A의 분자를 떼어내는 데 더 많은 에너지가 필요하다면, A의 끓는점이 B의 끓는점보다 더 높게 된다. 같은 원리가 물질의 녹는점에도 적용되는데, 일반적으로 분자간 힘의 세기가 클수록 그 물질의 녹는점도 높아진다.

응축상 물질의 특성을 논의하기 위해서 여러 가지 분자간 힘의 형태를 이해할 필요가 있다. 화학자들이 흔히 **반데르발스 힘**(van der Waals force)이라 부르는 분자간 힘은 네덜란드의 물리학자인 요하네스 반데르발스(Johannes van der Waals, 5.7절 참조)의 이름을 딴 것으로, *쌍극자-쌍극자*(dipole-dipole), *쌍극자-유도 쌍극자*(dipole-induced dipole) 및 *분산력*(dispersion force)으로 구성되어 있다. 이온과 쌍극자는 *이온-쌍극자 힘*(ion-dipole force)이라고 하는 정전기적 힘에 의해 서로 잡아당기고 있는데 이 이온-쌍극자 힘은 반데르발스 힘은 아니다. 수소 *결합*(hydrogen bonding)은 특별히 강한 형태의 쌍극자-쌍극자 상호작용으로 생각할 수 있다. 그러나 수소 결합의 형성에는 몇 가지 원소만이 참여할 수 있기 때문에 수소 결합은 별개의 범주로 취급된다. 곧 보게 되겠지만 물질의 상, 화학 결합의 본질 및 참여하는 원소의 종류에 따라서 두 형태 이상의 상호작용이 분자들 사이의 전체 인력에 기여하기도 한다.

쌍극자-쌍극자 힘

쌍극자-쌍극자 힘(dipole-dipole force)은 쌍극자 모멘트를 가지고 있는 *극성 분자들간에 작용하는 인력*이다(8.10절 참조). 이 힘의 근원은 정전기적이며 쿨롱의 법칙으로 이해할 수 있다. 쌍극자 모멘트가 크면 클수록 쌍극자-쌍극자 힘도 더 커진다. 그림 10.1은 고체에서 극성 분자들의 배향을 보여주고 있다. 액체에서는 극성 분자들이 고체에서만큼 강하게 붙들려 있지는 않지만 평균적으로 인력을 최대화하는 방향으로 배열되는 경향이 있다.

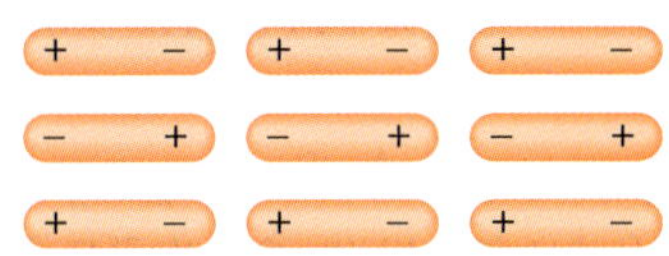

그림 10.1 • 고체상에서 분자들은 최대 인력을 가지기 위해 영구 쌍극자가 서로 반대 방향으로 배열된다.

이온-쌍극자 힘

양이온이나 음이온과 같은 이온과 극성 분자가 서로 끌어당기는 **이온-쌍극자 힘**(ion-dipole force) 역시 쿨롱의 법칙으로 설명할 수 있다(그림 10.2). 이 상호작용의 세기는 이온의 크기와 전하량, 그리고 분자의 크기와 쌍극자 모멘트의 세기에 의존한다. 대개 양이온의 크기가 음이온보다 작기 때문에 일반적으로 양이온의 전하가 더 밀집되어 있다. 따라서 양이온은 같은 전하량의 음이온보다 쌍극자와 더 강하게 상호작용을 한다.

4.1절에서 논의한 수화(hydration)는 이온-쌍극자 힘의 한 예이다. 그림 10.3은 Na^+ 이온이나 Mg^{2+} 이온과 큰 쌍극자 모멘트(1.87 D)를 지니는 물과의 사이에 있는 이온-쌍극자 인력을 보여준다. Mg^{2+} 이온(반지름 78 pm)이 Na^+ 이온(반지름 98 pm)보다 전하가 더 크고 반지름이 더 작기 때문에 물 분자와 더 강하게 상호작용을 한다(실제로 용액에서 각 이온은 여러 물 분자에 의해 둘러싸여 있다). 다른 전하와 크기를 가지는 음이온에 대해서도 비슷한 차이가 있다.

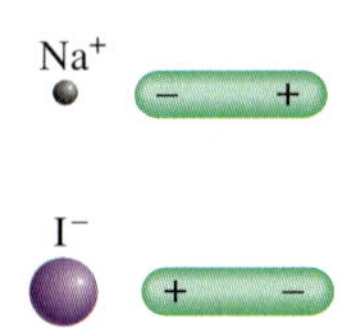

그림 10.2 • 이온-쌍극자 힘의 두 가지 형태.

분산력

비극성 물질에서는 어떤 인력이 작용하고 있을까? 이 질문에 대한 답을 알기 위해서 그림

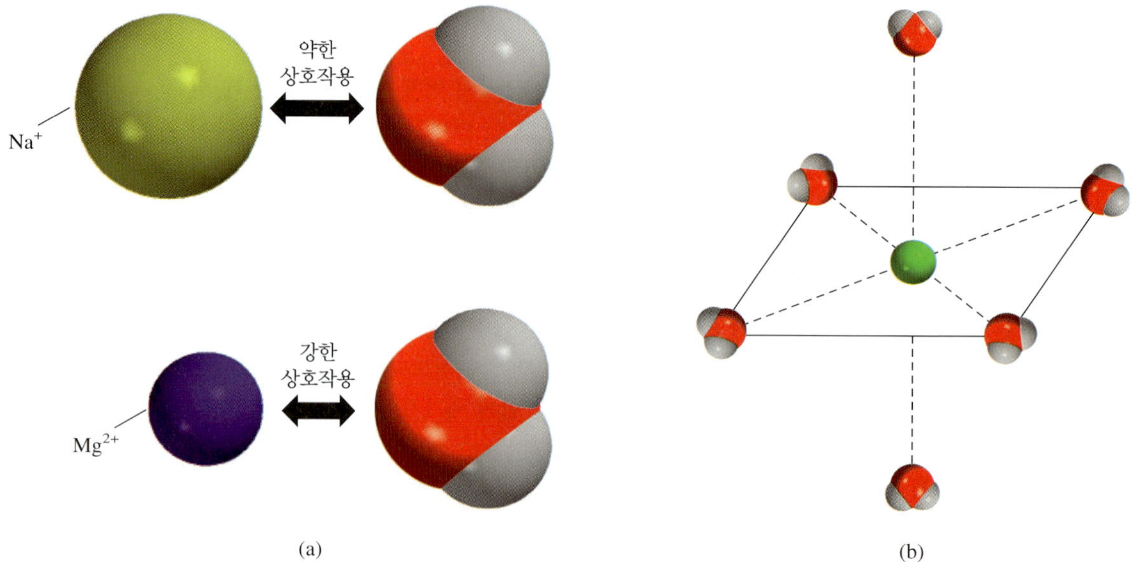

그림 10.3 • (a) Na^+ 이온 및 Mg^{2+} 이온과 물 분자 사이의 인력, (b) 수용액에서는 금속 이온들은 보통 물 분자 6개에 의해 둘러싸여 정팔면체 구조가 된다.

10.4에 있는 배열을 한 번 생각해 보자. 만약 이온이나 극성 분자가 원자(또는 비극성 분자) 근처에 있으면 이온이나 극성 분자가 미치는 힘으로 인해 원자(또는 비극성 분자)의 전자 분포가 찌그러지게 되어 일종의 쌍극자가 생기게 된다. 원자(또는 비극성 분자)에 생기는 이러한 쌍극자를 **유도 쌍극자**(induced dipole)라 하는데, *근처에 있는 이온이나 극성 분자로 인해서 원자(또는 비극성 분자)에서 양전하와 음전하의 분리가 일어나기* 때문이다. 이온과 유도 쌍극자간의 인력을 *이온-유도 쌍극자 상호작용*(ion-induced dipole interaction)이라 하며, 극성 분자와 유도 쌍극자간의 인력을 *쌍극자-유도 쌍극자 상호작용*(dipole-induced dipole interaction)이라 한다.

유도 쌍극자의 크기는 이온의 전하량, 쌍극자의 세기뿐 아니라 원자나 분자의 **편극도**(polarizability)에 의해 결정된다. 편극도란 *원자나 분자의 전자 분포가 찌그러지기 쉬운 정도*를 뜻하는 것이다. 일반적으로 원자나 분자에 있는 전자의 수가 많을수록 그리고 전자 구름이 보다 넓은 영역에 확산되어 있을수록 편극도는 더 커진다. 확산되어 있는 *전자 구름*(diffuse cloud)이란 전자 구름이 상당한 부피에 걸쳐서 퍼져 있다는 것이며, 따라서 전자들이 핵에 단단하게 붙들려 있지 않다는 것이다.

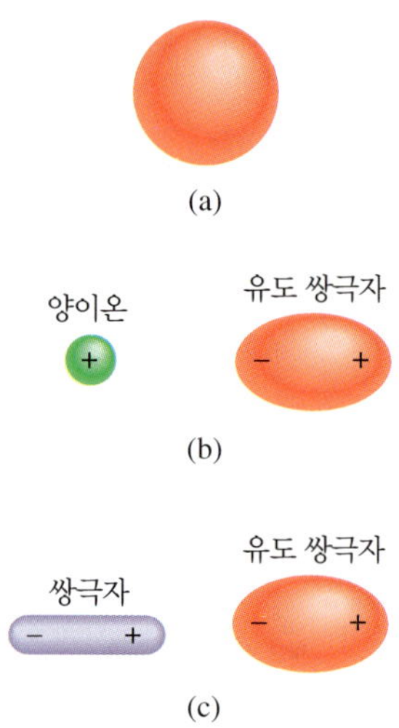

그림 10.4 • (a) 헬륨 원자의 구형 전하 분포. (b) 양이온의 접근에 따른 전하의 찌그러짐. (c) 쌍극자의 접근에 따른 전하의 찌그러짐.

편극도로 인해 He이나 N_2와 같이 원자나 비극성 분자로 구성된 기체가 응축될 수 있다. 헬륨 원자에서 전자는 핵으로부터 일정한 거리만큼 떨어져서 운동하고 있는데, 순간적으로 전자가 특정 위치에 존재하여 원자에 쌍극자 모멘트가 생기게 된다. 이러한 쌍극자 모멘트는 아주 짧은 순간만 지속되기 때문에 *순간 쌍극자*(instantaneous dipole)라 한다. 다음 순간에 전자는 또 다른 위치에 존재하게 되고 이제 원자는 새로운 순간 쌍극자를 가지며 이러한 현상이 계속 일어난다. 그러나 쌍극자 모멘트를 측정하는 데 걸리는 시간에 대해 평균해서 보면 순간 쌍극자는 모두 서로 상쇄되므로 원자는 쌍극자 모멘트를 가지지 않는 셈이 된다. 많은 He 원자가 모여 있을 때, He 원자 하나의 순간 쌍극자는 가장 가까이에 있는 원자들 각각에 쌍극자를 유도할 수 있다(그림 10.5). 또한 다음 순간에 또 다른 순간 쌍극자가 주위의 He 원자들에 일시적인 쌍극자를 만들 수 있을 것이다. 여기서 중요한 점은 이런 방식의 상호작용이 **분산력**(dispersion force)을 만들게 되는데, 이는 *원자나 분자에 유도된 순간적인 쌍극자로 인해 생긴 인력*이다. 원자의 운동 속도가 느려지는 매우 낮은 온도에서는 He 원자를 서로 붙들고 있을 만큼 분산력이 충분히 강해져서 결국 He 기체가 응축되게 된다. 비극성 분자들 사이의 인력도 비슷한 방식으로 설명할 수 있다.

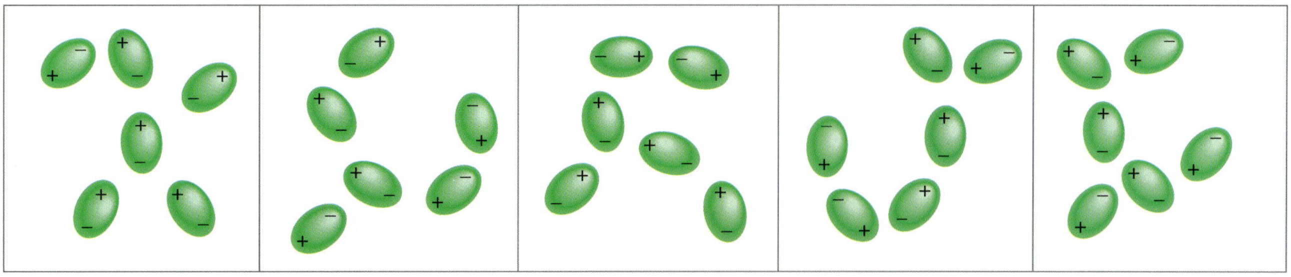

그림 10.5 • 서로 상호작용하는 유도 쌍극자. 이런 형태는 순간적으로만 존재하고 다음 순간 새로운 배치가 만들어진다. 이런 유형의 상호작용 때문에 비극성 기체들이 응축될 수 있다.

1930년 독일 물리학자인 런던(Fritz London)은 일시적인 쌍극자를 양자 역학적으로 해석하였다. 그는 이러한 인력의 크기가 원자나 분자의 편극도에 직접 비례함을 보여주었다. 분산력은 매우 약한 힘인데 특히 끓는점이 4.2 K(−269°C)인 헬륨에서는 확실히 그렇다(헬륨에는 전자 두 개만 존재하며 이 전자들은 1*s* 궤도함수에 단단히 붙들려 있다. 따라서 헬륨 원자는 편극도가 낮다).

분산력(런던 힘이라고도 함)은 대개 몰질량과 함께 증가하는데 몰질량이 큰 분자는 전자가 더 많으므로 전자수와 함께 분산력의 세기가 증가하게 된다. 더욱이 몰질량이 크다는 것은 대개 원자가 크다는 것을 의미하는데, 큰 원자에서는 바깥쪽 전자가 핵에 의해 덜 단단하게 붙들려 있기 때문에 전자 분포가 보다 쉽게 찌그러질 수 있다. 표 10.2에 비극성 분자로 이루어져 있는 비슷한 물질의 녹는점을 비교하였다. 예상대로 분자에 있는 전자수가 증가할수록 녹는점이 높아진다. 이것들은 모두 비극성 분자이므로 분자 간에 작용하는 인력은 분산력뿐이다.

표 10.2

비슷한 비극성 화합물의 녹는점

화합물	녹는점(°C)
CH_4	−182.5
CF_4	−150.0
CCl_4	−23.0
CBr_4	90.0
CI_4	171.0

대부분의 경우, 분산력은 극성 분자들 간에 작용하는 쌍극자-쌍극자 힘과 비슷하거나 오히려 큰 경우가 많다. 극적인 경우의 예로, CH_3F(−78.4°C)와 CCl_4(76.5°C)의 끓는점을 비교해 볼 수 있다. 비록 CH_3F는 쌍극자 모멘트가 1.8 D이지만 비극성 분자인 CCl_4보다 훨씬 낮은 온도에서 끓는다. CCl_4는 더 높은 온도에서 끓는데 이는 단순히 CCl_4가 더 많은 전자를 가지고 있기 때문이다. 그 결과 CCl_4 분자들 간의 분산력이 CH_3F 분자들 사이의 분산력과 쌍극자-쌍극자 힘의 합보다도 더 강하다고 할 수 있다(그것이 중성이건 전하를 띠건, 극성이건 비극성이건 상관없이 모든 형태의 화학종에 대해서 분산력이 존재함을 기억하라).

예제 10.1

다음 화학종들 사이에는 어떤 종류의 분자간 힘이 존재하는가?
(a) HBr과 H_2S, (b) Cl_2와 CBr_4, (c) I_2와 NO_3^-, (d) NH_3와 C_6H_6.

▸ **전략** 화학종을 이온, 극성(쌍극자 모멘트를 가진 경우), 비극성의 세 형태로 분류한다. 모든 화학종 사이에는 분산력이 존재함을 기억하라.

▸ **풀이**

(a) HBr과 H_2S는 둘 다 극성 분자이므로 이들 사이에는 쌍극자-쌍극자 힘이 작용하며 또한 분산력도 작용하고 있다.

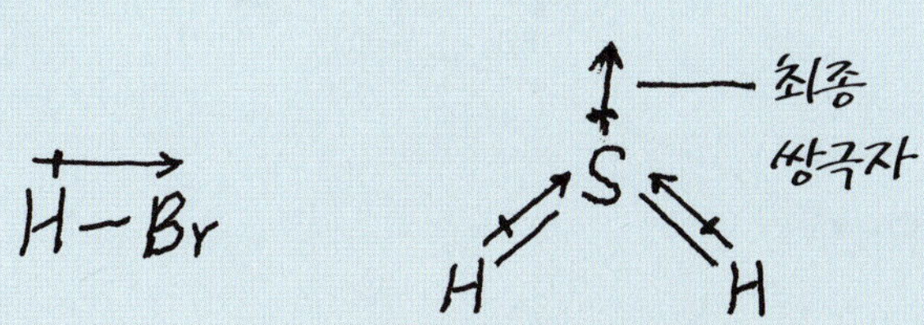

(b) Cl_2와 CBr_4는 비극성이므로 이들 분자 사이에는 분산력만 작용하고 있다.

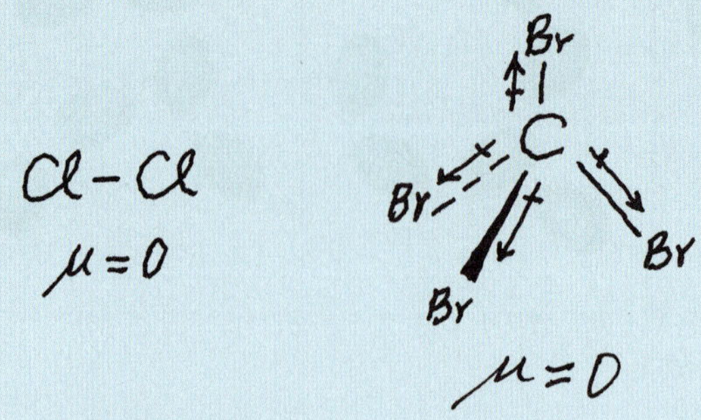

(c) I_2는 동종핵 이원자 분자로 비극성이다. 따라서 이 분자와 NO_3^- 이온 사이에는 이온-유도 쌍극자 힘과 분산력이 작용하고 있다.

(d) NH_3는 극성이고 C_6H_6는 비극성이므로 이들 사이에는 각각 쌍극자-유도 쌍극자 힘과 분산력이 작용한다.

비슷한 문제: 10.10.

▸ **실전 연습** 다음 각 화학종에서 분자(또는 기본 단위) 사이에는 어떤 종류의 분자간 힘이 존재하는가? (a) LiF, (b) CH_4, (c) SO_2.

수소 결합

일반적으로 같은 주기의 원소를 포함하는 일련의 화합물에서 끓는점은 몰질량이 증가할수록 증가한다. 이 끓는점의 증가는 더 많은 전자를 가질수록 분자의 분산력이 증가하기 때문이다. 그림 10.6에 보인 것처럼 4A족의 수소 화합물은 이 경향을 따른다. 가장 가벼운 화합물인 CH_4의 끓는점이 가장 낮고 가장 무거운 SnH_4의 끓는점이 가장 높다. 그러나 5A, 6A, 7A족의 수소 화합물들은 이 경향을 따르지 않는다. 이들 계열에서 가장 가벼운 수소 화합물(NH_3, H_2O, HF)이 끓는점이 가장 높은데, 이는 몰질량에 근거를 둔 예상과는 반대 결과이다. 이것은 같은 족에 있는 다른 화합물과 비교해서 NH_3, H_2O, HF 분자에 강한 분자간 힘이 존재한다는 것을 의미한다. 이러한 특별히 강한 분자간 인력을 수소 결합이라 부른다. **수소 결합**

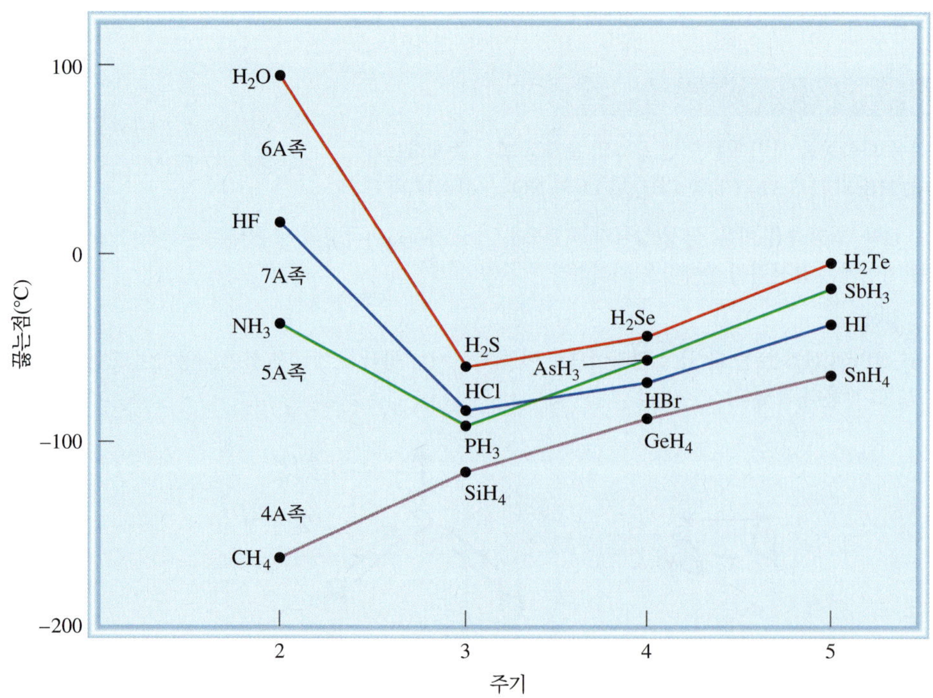

그림 10.6 • 4A, 5A, 6A, 7A족 원소들의 수소 화합물의 끓는점. 일반적으로 같은 족에서 아래로 갈수록 끓는점이 증가하나 세 화합물(NH_3, H_2O, HF)은 다르게 행동한다. 이러한 비정상적인 경향은 분자간 수소 결합으로 설명된다.

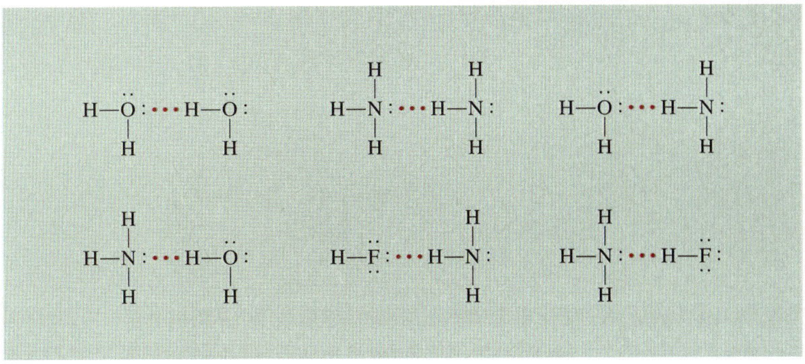

그림 10.7 • 물, 암모니아, 플루오린화 수소에서의 수소 결합. 실선은 공유 결합을 나타내고, 점선은 수소 결합을 나타낸다.

(hydrogen bond)은 *N—H, O—H, F—H와 같은 극성 결합에서 수소 원자와 전기음성적인 O, N ,F 원자 사이에 작용하는 특별한 형태의 쌍극자-쌍극자 상호작용*을 말한다. 이 상호 작용은 다음과 같이 나타낸다.

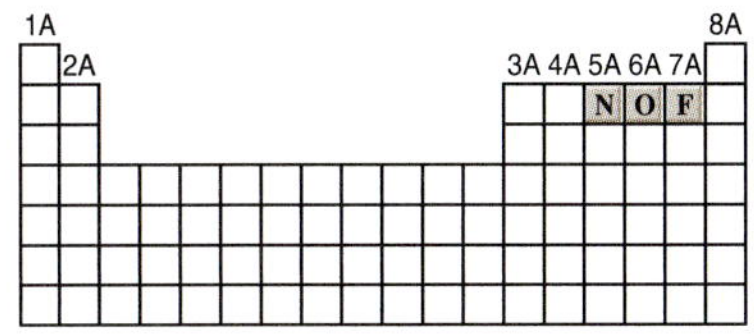

수소 결합에 참여하는 전기 음성도가 가장 큰 세 원소들.

$$A—H \cdot\cdot\cdot :B \quad 또는 \quad A—H \cdot\cdot\cdot :A$$

여기서 A와 B는 O, N, F, 원자를, A—H는 한 분자 또는 분자의 일부를, B는 다른 분자의 한 부분을 의미한다. 그리고 점선은 수소 결합을 나타낸다. 세 개의 원자는 대개 일직선상에 위치하지만, AHB(또는 AHA)의 각도가 직선으로부터 30° 정도 벗어나기도 한다. O, N, F 원자들은 모두 수소 결합에서 수소 원자와 상호작용을 할 수 있는 비공유 전자쌍이 적어도 하나 이상 있음을 주목하라.

수소 결합의 평균 에너지는 40 kJ/mol에 이를 정도로 쌍극자-쌍극자 상호작용으로서는 상당히 큰 값이다. 따라서 수소 결합은 많은 화합물의 구조와 특성에 큰 영향을 끼치게 된다. 그림 10.7은 수소 결합의 몇 가지 예를 보여주고 있다.

수소 결합의 세기는 수소의 핵과 전기 음성도가 큰 원자의 비공유 전자쌍과의 쿨롱 힘의 크기로 결정된다. 예를 들면, 플루오린 원자는 산소 원자보다 더 전기음성도가 크므로 H_2O보다 액체 HF가 더 강한 수소 결합을 가지리라고 예상할 수 있다. 액체 상태의 HF에서 분자들은 개별 단위로 존재하지 않고 지그재그 모양의 긴 사슬 형태로 존재한다.

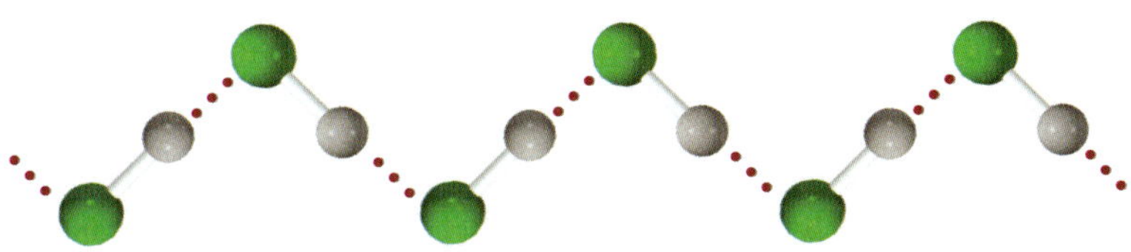

그러나 예상과 달리 HF의 끓는점은 물보다 낮은데, 그 이유는 하나의 H_2O가 네 개의 분자간 수소 결합을 하기 때문이다. 따라서 분자를 붙들고 있는 힘은 H_2O가 HF보다 더 강하다. 10.3절에서는 물의 이 중요한 특성에 대해 다시 다루게 될 것이다.

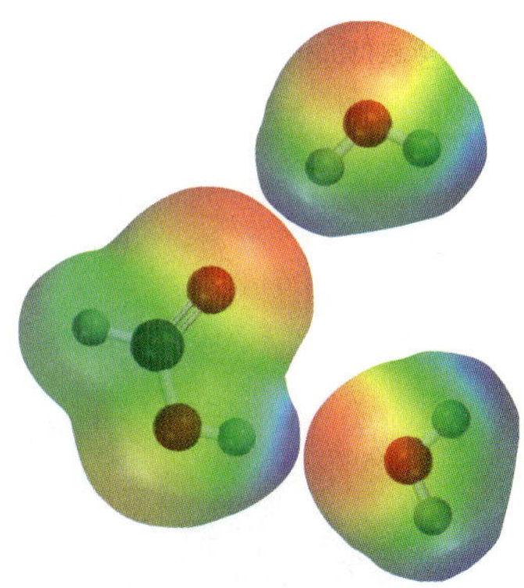

HCOOH는 두 개의 H_2O 분자와 수소 결합을 한다.

예제 10.2

다음 중 물과 수소 결합을 할 수 있는 것은 어느 것인가? CH_3OCH_3, CH_4, F^-, HCOOH, Na^+.

▸ **전략** 전기음성적인 원소(F, O, N)를 가지거나 이들 원소에 결합된 수소 원자를 가진 화학종은 물과 수소 결합을 할 수 있다.

▸ **풀이** CH_4 또는 Na^+에는 전기 음성도가 큰 원소들(F, O, N)이 없기 때문에 CH_3OCH_3, F^-, HCOOH만이 물과 수소 결합을 형성할 수 있다.

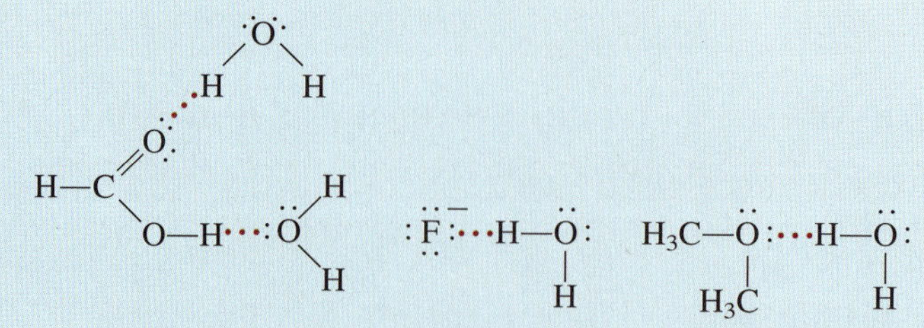

▸ **검산** HCOOH(폼산)은 두 가지 방법으로 물과 수소 결합을 할 수 있다.

▸ **실전 연습** 다음 화학종 중 그들 자신들 사이에 수소 결합을 형성할 수 있는 화학종은 어느 것인가? (a) H_2S, (b) C_6H_6, (c) CH_3OH.

비슷한 문제: 10.12.

지금까지 설명한 분자간 힘은 그 성질이 모두 인력(attractive force)을 나타낸다. 그러나 분자들은 또한 서로에 대해 반발력(repulsive force)도 작용함을 기억해야 한다. 그러므로 분자가 다른 분자에 접근하면 분자들 사이의 전자끼리 또 핵끼리 서로 반발력이 작용하게 된다. 반발력의 크기는 응축 상에서 분자간 거리가 가까워질수록 급격하게 증가한다. 액체와 고체를 압축하기 힘든 이유가 바로 이 때문이다. 이들 상에서 분자들은 이미 서로 가깝게 붙들려 있기 때문에 더 밀치려고 할수록 크게 저항한다.

☑ 개념 복습하기

다음 화합물 중 상온에서 가장 액체로 존재할 것 같은 것은 어느 것인가? 에테인(C_2H_6), 하이드라진(N_2H_4), 플루오로메테인(CH_3F).

10.3 액체의 특성

액체의 많은 구조적 특성과 성질은 분자간 힘 때문이다. 이 단원에서는 주로 액체와 관련된 두 가지 현상인 표면 장력과 점성에 대해 알아본 후 물의 구조와 특성을 살펴보기로 한다.

표면 장력

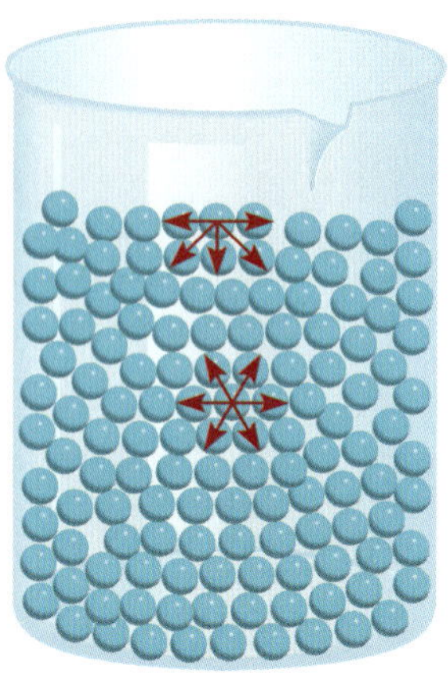

그림 10.8 • 액체의 표면과 내부에 있는 분자에 작용하는 분자간 힘.

그림 10.9 • 미끄러운 표면을 가진 사과 위에 맺힌 물방울.

액체 속에 있는 분자는 분자간 힘에 의해 모든 방향에서 인력이 작용하고 있다. 즉, 어느 한 방향으로만 끌어당기는 경향이 없다. 그러나 표면 분자는 다른 분자들에 의해 아래쪽과 옆쪽으로만 끌어당겨지고, 표면의 위쪽으로는 당겨지지 않는다(그림 10.8). 따라서 이러한 분자간 인력은 액체 속으로 분자를 끌어당기는 경향이 있고, 표면을 탄성을 지닌 필름과 같이 팽팽하게 만들게 된다. 새로 왁스칠을 한 자동차에서 극성인 물 분자와 비극성인 왁스 분자 간에는 인력이 거의 없기 때문에 미량의 물은 액체의 표면적을 최소화하기 위해 작고 둥근 방울의 형태를 가진다. 젖은 사과의 왁스칠 된 표면 역시 이러한 효과를 나타낸다(그림 10.9).

액체 표면의 탄성력의 척도가 표면 장력이다. **표면 장력**(surface tension)은 *단위 면적*(예를 들어 1 cm^2)*당 액체의 표면을 잡아 늘리거나 증가시키는 데 필요한 에너지*를 말한다. 분자간 힘이 강한 액체는 표면 장력도 크다. 따라서 수소 결합 때문에 물은 대부분의 다른 액체보다 상당히 큰 표면 장력을 갖는다.

표면 장력의 다른 예는 *모세관 현상*(capillary action)이다. 그림 10.10(a)는 모세관 속으로 물이 저절로 올라가는 것을 보여준다. 물의 얇은 막이 유리관 벽에 달라붙어 형성된다. 물의 표면 장력 때문에 이 막이 수축되고, 이에 따라 물이 관 위로 끌려 올라간다. 모세관 현상을 일으키는 힘에는 두 가지가 있다. 하나는 *같은 분자들*(이 경우에는 물 분자들)*사이의 분자간 인력*인 **응집력**(cohesion)이고, 또 하나는 물 분자와 유리관의 표면을 이루고 있는 분자와 같이 *서로 다른 분자들 사이의 인력*인 **부착력**(adhesion)이다. 부착력이 응집력보다 강하면

(a) (b)

그림 10.10 • (a) 부착력이 응집력보다 큰 경우에는 액체(예를 들면, 물)가 모세관 위로 올라간다. (b) 수은과 같이 응집력이 부착력보다 큰 경우는 액체가 모세관의 아래로 내려간다. 물의 메니스커스는 오목, 즉 아래로 둥글고, 반면 수은의 메니스커스는 볼록, 즉 위로 둥글다.

그림 10.10(a)에서와 같이 관의 내용물은 위로 끌어당겨진다. 이러한 과정은 부착력이 관 속의 물의 무게와 균형을 이룰 때까지 계속된다. 이러한 작용은 그림 10.10(b)에서 볼 수 있듯이 액체에서 결코 보편적인 현상은 아니다. 수은의 경우 응집력이 수은과 유리 사이의 부착력보다 크기 때문에 수은 속에 모세관을 담그면 수은 면이 움푹해지는 결과가 나타난다. 즉, 모세관 속의 액체의 높이가 수은 표면 아래쪽에 놓인다.

표면 장력 때문에 물 위에서 소금쟁이가 걸을 수 있다.

점성도

"1월의 당밀처럼 느리다"라는 표현은 점성도라는 액체의 물리적 특성에 그 근거를 두고 있다. **점성도**(viscosity)는 *흐름에 대한 유체의 저항 정도*를 말한다. 점성도가 클수록 액체는 더 천천히 흐른다. 일반적으로 액체의 점성도는 온도가 높아짐에 따라 감소한다. 즉, 뜨거운 당밀이 찬 당밀보다 훨씬 빠르게 흐른다.

분자간 힘이 강한 액체는 분자간 힘이 약한 액체보다 점성도가 크다(표 10.3). 물은 수소결합을 할 수 있기 때문에 많은 다른 액체보다 높은 점성을 갖는다. 재미있는 점은 글리세롤이 표 10.3에서 보는 것처럼 다른 모든 액체들에 비해 상당히 높은 점성을 띤다는 것이다. 글리세롤의 구조는 다음과 같다.

$$\begin{array}{l} CH_2{-}OH \\ |\\ CH{-}OH \\ | \\ CH_2{-}OH \end{array}$$

표 10.3 20°C에서 여러 일반적인 액체의 점성도

액체	점성도 (N s/m^2)*
아세톤(C_3H_6O)	3.16×10^{-4}
벤젠(C_6H_6)	6.25×10^{-4}
혈액	4×10^{-3}
사염화 탄소(CCl_4)	9.69×10^{-4}
다이에틸 에터($C_2H_5OC_2H_5$)	2.33×10^{-4}
에탄올(C_2H_5OH)	1.20×10^{-3}
글리세롤($C_3H_8O_3$)	1.49
수은(Hg)	1.55×10^{-3}
물(H_2O)	1.01×10^{-3}

*점성도의 SI 단위는 제곱미터당 뉴턴 · 초이다.

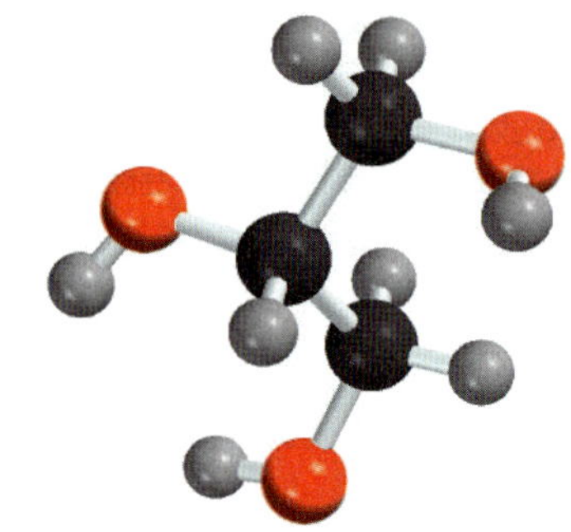

글리세롤은 폭약, 잉크, 윤활제 등에 사용되는 투명하고 냄새가 없는 끈적끈적한 액체이다.

물과 마찬가지로 글리세롤은 수소 결합을 할 수 있으며, 각 글리세롤 분자에는 다른 글리세롤 분자들과 수소 결합을 할 수 있는 —OH 기가 세 개 있다. 게다가 글리세롤 분자의 모양 때문에 점성이 약한 액체의 분자에서처럼 분자들이 서로 미끄러져 지나가기보다는 분자들이 뒤엉키는 경향이 큰데, 이런 상호작용으로 인해 높은 점성을 띠게 된다.

☑ 개념 복습하기

자동차 운전자들이 여름에는 좀 더 점성이 있는 엔진오일을, 겨울에는 점성이 덜 한 엔진오일을 사용하도록 권장하는 이유는 무엇인가?

물의 구조와 특성

물은 지구상에서 가장 흔한 물질이므로, 종종 그 독특한 성질을 간과하게 된다. 물은 모든 생명 과정에 포함되며, 많은 이온결합 화합물뿐만 아니라 물과도 수소 결합을 할 수 있어 다른 물질들에 대해 매우 훌륭한 용매가 된다.

만일 물이 수소 결합을 할 수 없다면 실온에서 물은 기체가 될 것이다.

표 6.2에서 보듯이 물은 비열이 큰데 물의 온도를 높이기 위해서는(즉, 물 분자의 평균 운동 에너지를 증가시키기 위해서는) 많은 분자간 수소 결합을 먼저 끊어야 한다. 따라서 물은 온도가 약간 높아지는 동안에도 상당한 양의 열을 흡수하게 된다. 반대의 경우도 마찬가지로 물의 온도가 약간 감소하는 경우에도 많은 열을 방출하게 된다. 이런 이유 때문에 호수나 바다에 있는 엄청난 양의 물이 아주 작은 수온 변화로 여름에는 열을 흡수하고 겨울에는 열을 방출함으로써 인근 육지의 기후를 효과적으로 조절할 수 있게 된다.

물의 가장 놀라운 특징은 고체 상태가 액체 상태보다 덜 조밀해서 얼음이 액체인 물의 표면에 둥둥 떠 있게 된다는 것이다. 그러나 거의 모든 물질의 경우는 액체 상태보다 고체 상태에서 밀도가 더 크다(그림 10.11).

물의 경우가 왜 다른지를 알기 위해서는 H_2O 분자의 전자 구조를 살펴보아야만 한다. 9장에서 이미 보았듯이 산소 원자에는 두 개의 비공유 전자쌍이 있다.

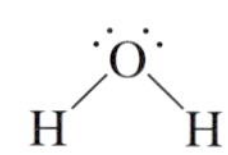

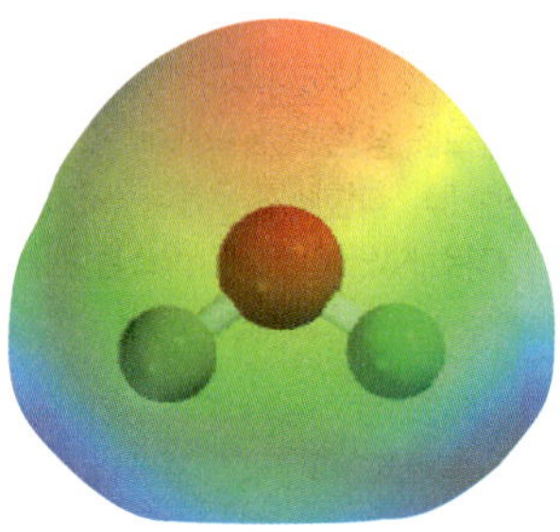

물의 정전기적 퍼텐셜 지도.

많은 화합물들이 분자간 수소 결합을 형성할 수 있지만, H_2O와 다른 극성 분자인 NH_3나 HF와의 차이는 물 분자의 경우 각 산소 원자가 두 개의 수소 결합을 할 수 있다는 점인데, 이 수는 산소 원자에 있는 비공유 전자쌍의 수와 같다. 따라서 물 분자의 각 산소 원자는 두 개의 공유 결합과 두 개의 수소 결합을 통해 네 개의 수소 원자와 거의 사면체 모양으로 결합하면서 광범위한 삼차원 네트워크를 이루면서 서로 연결된다. NH_3나 HF와 같이 수소 결합을 할

그림 10.11 • *왼쪽:* 얼음 조각이 물 위에 떠 있다. *오른쪽:* 고체 벤젠은 액체 벤젠의 바닥으로 가라앉는다.

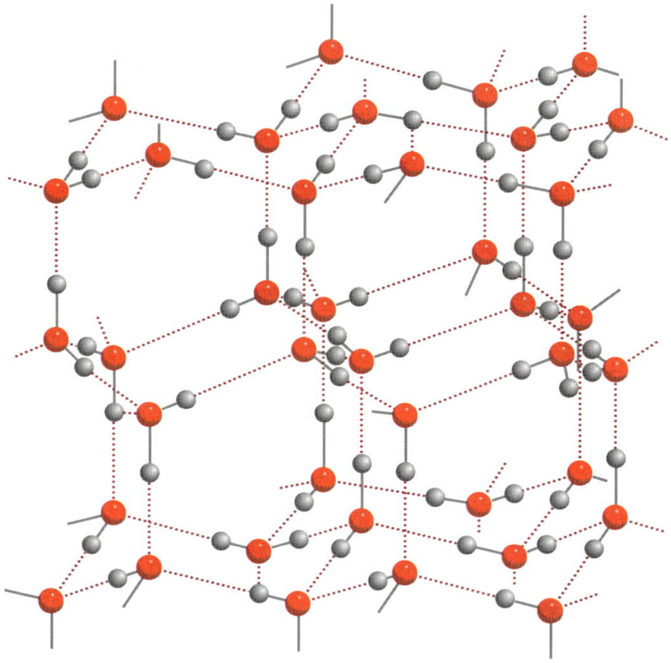

그림 10.12 • 얼음의 삼차원 구조. 각 O 원자는 네 개의 H 원자에 결합되어 있다. O와 H 사이의 공유 결합은 짧은 실선으로, 약한 수소 결합은 긴 점선으로 나타냈다. 구조 내의 빈 공간이 얼음의 밀도가 낮다는 것을 설명해 준다.

수 있는 어떤 다른 분자에서도 물의 경우처럼 수소 원자의 수와 비공유 전자쌍의 수가 같은 경우가 없다. 결국 이 다른 분자들은 고리 구조나 사슬 구조를 만들 수는 있지만, 삼차원적인 구조는 만들 수 없게 된다.

얼음의 매우 규칙적인 삼차원 구조(그림 10.12)로 인해 분자는 서로 매우 가까운 위치에 존재할 수 없게 된다. 그러나 얼음이 녹을 때 무슨 일이 일어날지 생각해 보자. 녹는점에 도달하면 많은 물 분자가 분자 간의 수소 결합을 끊기에 충분한 운동 에너지를 가지게 된다. 이 분자들은 잘게 쪼개진 삼차원 구조의 공간 사이에 끼어 들어갈 수 있어서, 결과적으로 얼음보다 액체 물이 단위 부피당 더 많은 분자를 가지게 된다. 따라서 "밀도 = 질량/부피"이므로 물의 밀도는 얼음의 밀도보다 더 크다. 더 가열하면 더 많은 물 분자가 분자간 수소 결합을 깨고 자유로워지게 되므로 녹는점 바로 위에서는 온도가 올라감에 따라 물의 밀도가 증가하는 경향이 있다. 물론 물이 가열되면 동시에 물이 팽창하여 밀도가 감소한다. 당연히 이 두 과정(자유로운 물 분자의 빈 공간으로의 끼어들기와 열적 팽창)은 서로 반대 방향으로 작용한다. 0~4°C에는 끼어들기가 우세해서 물의 밀도는 점점 증가한다. 그러나 4°C를 넘어서면 열팽창이 우세하게 되어 온도가 올라감에 따라 물의 밀도는 감소한다(그림 10.13).

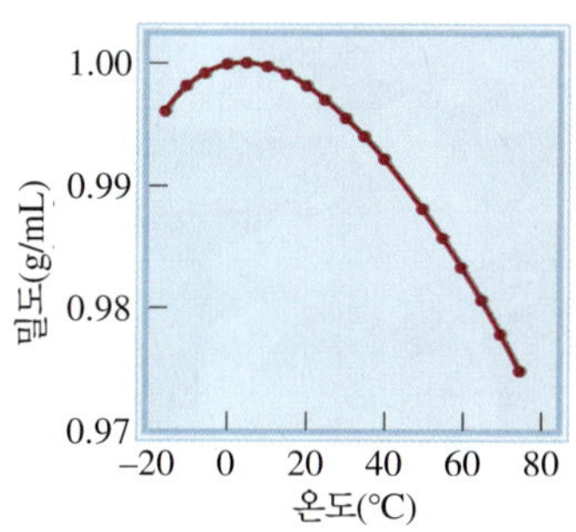

그림 10.13 • 액체 물의 온도에 대한 밀도 그림. 물의 최대 밀도는 4°C에 도달했을 때이다. 0°C에서 얼음의 밀도는 약 0.92 g/cm^{3}이다.

☑ 개념 복습하기

그림 10.13을 이용하여 왜 호수가 위에서부터 어는지 설명하시오.

10.4 고체에서의 결합

녹는점, 밀도, 굳기와 같은 결정성 고체의 성질과 결정의 구조는 입자들을 서로 붙들고 있는 인력에 의해 결정된다. 결정은 입자 사이의 힘의 형태에 따라 이온성, 분자성, 공유성, 금속성으로 분류할 수 있다(표 10.4).

표 10.4 결정의 형태와 일반적인 특성

결정 형태	단위를 붙잡고 있는 힘	일반적인 특성	예
이온	정전기적 인력	단단하고 깨지기 쉬움, 높은 녹는점, 열이나 전기의 부도체	NaCl, LiF, MgO, $CaCO_3$
분자*	분산력, 쌍극자–쌍극자 힘, 수소결합	낮은 녹는점, 열이나 전기의 부도체	Ar, CO_2, I_2, H_2O, $C_{12}H_{22}O_{11}$(설탕)
공유	공유 결합	단단함, 높은 녹는점, 열이나 전기의 전도성 불량	C(다이아몬드),† SiO_2(석영)
금속	금속 결합	다양한 굳기, 다양한 녹는점, 연과 전기의 좋은 도체	모든 금속 원소: Na, Mg, Fe, Cu 등

*각각의 원자로 만들어진 결정은 이 결정 형태에 속한다.
†다이아몬드는 좋은 열 전도체이다.

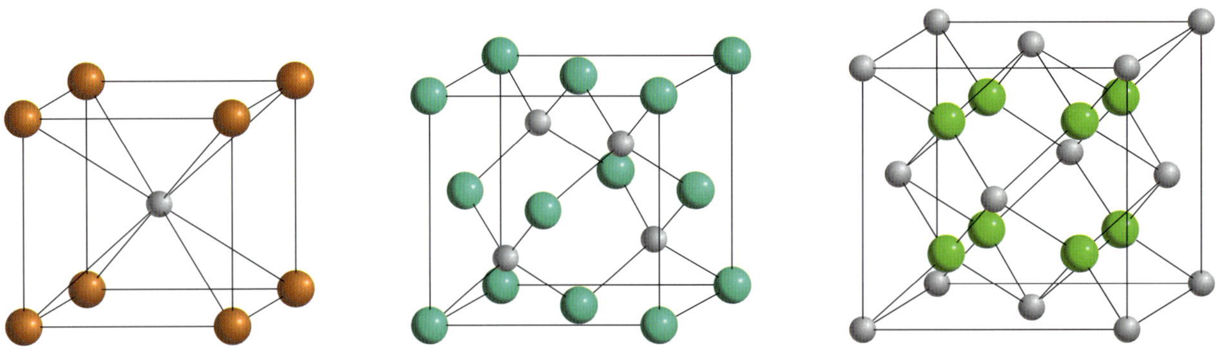

(a) (b) (c)

그림 10.14 • (a) CsCl, (b) ZnS, (c) CaF_2의 결정 구조. 모든 경우 더 작은 구가 양이온이다.

이 거대한 이온성 인산 이수소 포타슘 결정은 실험실에서 키운 것이다. 가장 큰 것은 무게가 701 lb이다.

이온 결정

이온 결정은 이온 결합에 의해 서로 붙들려 있는 원자들로 이루어져 있다. 이온 결정의 구조는 양이온과 음이온의 전하 및 그들의 반지름에 따라 다르다. 염화 소듐의 구조에 대해서 이미 논의하였다(그림 2.12 참조). 그림 10.14는 CsCl, ZnS, CaF_2의 세 가지 다른 이온 결합 화합물의 결정 구조를 보여 준다. 이온성 고체는 녹는점이 높은데, 이는 이온들을 서로 붙들고 있는 응집력이 강함을 의미한다. 이러한 고체에서는 이온들이 정해진 자리에 고정되어 있기 때문에 전기가 통하지 않지만, 용융 상태나 물에 녹아 있는 상태에서는 이온이 자유롭게 움직일 수가 있어서 결과적으로 액체는 전기적으로 전도성을 가지게 된다.

분자 결정

분자 결정은 반데르발스 힘이나 수소 결합에 의해 붙들려 있는 원자나 분자로 이루어져 있다. 분자 결정의 한 예로 고체 상태의 이산화 황(SO_2)을 들 수 있는데, 여기서는 쌍극자-쌍극자 상호작용이 주된 인력으로 작용한다. 얼음의 삼차원 격자(그림 10.12 참조)는 주로 분자 사이의 수소 결합에 의해 유지된다. 분자 결정의 다른 예로는 I_2, P_4, S_8 등이 있다.

일반적으로 얼음을 제외하고는 분자 결정에서 분자들은 그들의 크기와 모양이 허락하는 한 되도록 서로 가깝게 채워진다. 공유 결합이나 이온 결합에 비해 반데르발스 힘과 수소 결합이 대체로 상당히 약하기 때문에 분자 결정은 이온 결정이나 공유 결정에 비해 훨씬 쉽게 깨진다. 실제로 대부분의 분자 결정은 200°C 이하에서 녹는다.

공유 결정

공유 결정(covalent crystal, 공유 망상 결정이라고도 함)에서는 원자들이 삼차원적 네트워크(network)를 형성하면서 서로 공유 결합에 의해 붙들려 있다. 분자성 고체에서처럼 명확한 분자가 존재하지는 않는다. 잘 알려진 예로는 탄소의 두 가지 동소체인 다이아몬드와 흑연이다. 다이아몬드에서는 각 탄소 원자가 네 개의 다른 탄소 원자와 결합하고 있다(그림 10.15). 다이아몬드의 비범한 경도(알려진 물질 중에서 가장 경도가 큰 물질)와 매우 높은 녹는점(3550°C)은 바로 이 삼차원에 걸친 강한 공유 결합 때문이다. 흑연의 경우, 탄소 원자는 6원자 고리의 배열을 갖는데, 모든 원자는 sp^2 혼성화되어 다른 세 개의 원자와 공유 결합하고 있다. 혼성화되지 않은 $2p$ 궤도함수는 파이 결합에 사용된다. 사실 세 $2p$ 오비탈들의 전자들은 자유롭게 움직이므로 흑연은 결합된 탄소 원자의 평면에서 좋은 전기 전도성을 띠게 된다. 층들은 약한 반데르발스 힘으로 서로 붙들려 있으며, 흑연의 경도는 공유 결합으로 설명할 수 있다. 그러나 층들이 서로 미끄러질 수 있기 때문에 흑연은 미끄러운 촉감이 있으며, 윤활제로서도 효과적이다. 또한 흑연은 연필이나 컴퓨터 프린터 및 타자기의 리본에도 사용된다.

또 다른 공유 결정의 유형으로 석영(SiO_2)을 들 수 있다. 석영에서 규소 원자의 배열은 다이아몬드에서 탄소의 배열과 비슷하지만, 석영에서는 두 개의 규소 원자 사이에 산소 원자가 하나 끼어 있다. 규소와 산소는 전기음성도가 다르므로 Si—O 결합은 극성을 띤다(그림 8.4 참조). 그럼에도 불구하고 SiO_2는 경도나 높은 녹는점(1610°C)과 같은 많은 점에서 다이아몬드와 유사하다.

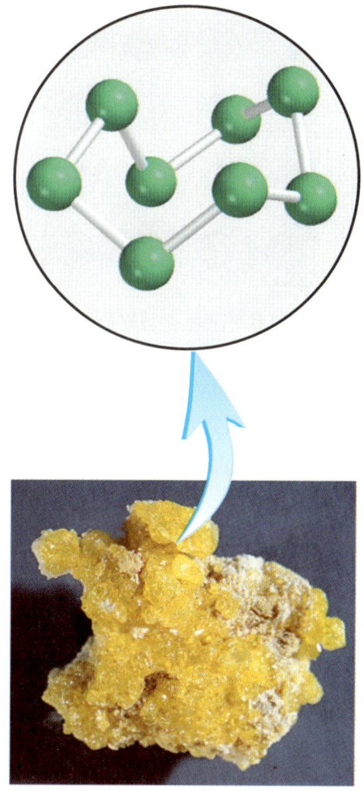

황(*Sulfur*).

회중전등에 쓰이는 전지의 중심 전극은 흑연으로 만들어졌다.

석영(*Quartz*).

금속 결정

금속 결정 내에서는 같은 금속 원자가 모든 격자점을 차지하고 있기 때문에 어떤 의미에서 금속 결정의 구조는 가장 간단한 구조라 할 수 있다. 금속에서의 결합은 다른 형태의 결정에서의 결합과는 상당히 다르다. 금속에서 결합 전자는 결정 전체에 걸쳐 퍼져 있다(*비편재화*). 실제로 결정에서 금속 원자는 비편재화된 원자가전자의 바다 속에 양이온이 파묻혀 있는 것과 같이 상상할 수 있다(그림 10.16). 금속의 강도는 비편재화로 인해 생긴 큰 응집력 때문이다. 비편재화된 전자의 움직임으로 인해 금속은 열과 전기의 좋은 전도체가 된다.

비결정성 고체

고체는 결정성 형태로 있을 때 가장 안정하다. 그러나 액체가 매우 빠르게 냉각될 때처럼 고체가 짧은 시간에 형성되면 구성 원자나 분자가 배열할 충분한 시간을 갖지 못한다. 따라서 규칙적인 결정에서의 자리가 아닌 다른 자리에 원자나 분자가 갇히게 된다. 이런 결과로 생

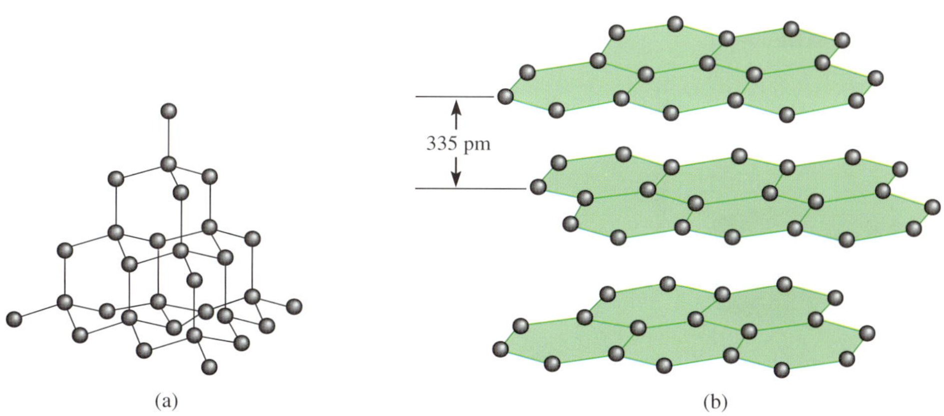

그림 10.15 • (a) 다이아몬드의 구조. 각 탄소 원자는 네 개의 다른 탄소 원자와 사면체 모양으로 결합되어 있다. (b) 흑연의 구조. 이웃한 층 사이의 거리는 335 pm이다.

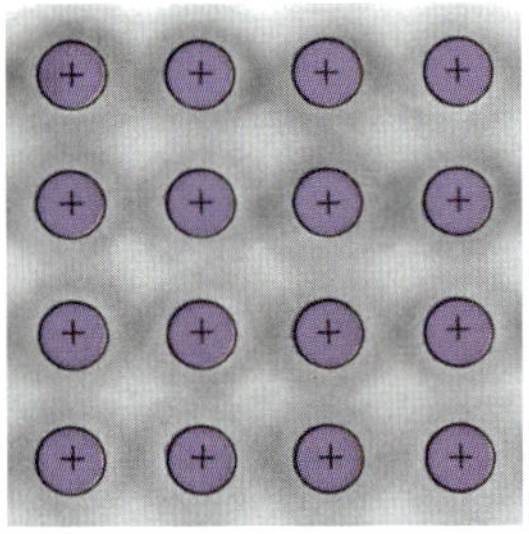

그림 10.16 • 금속 결정의 단면. 각 원의 양전하는 금속 원자의 핵과 내부 전자를 나타내고, 금속 양이온 둘레의 회색 부분은 유동성의 전자 바다를 나타낸다.

이러한 비교는 전형 원소에서만 적용할 수 있다.

긴 고체를 *비결정성*(amorphous)이라 한다. 유리와 같은 **비결정성 고체**(amorphous solid)에서는 *원자가 삼차원적으로 규칙적인 배열을 하고 있지 않다.*

10.5 상 변화

5장과 이 장을 통하여 기체, 액체, 고체의 물질의 3가지 상의 특성을 개략적으로 살펴보았다. 이들 각 상태는 때로 **상**(phase)라고도 하는데, 상이란 *계의 다른 부분과 접촉하고 있지만 명확한 경계로 나누어진 계의 균일한 부분이다.* 물에 얼음 조각이 떠 있으면 고체상(얼음)과 액체상(물)의 두 상으로 되어있다. *한 상에서 다른 상으로의 전이를 의미하는* **상 변화**(phase change)는 일반적으로 열의 형태인 에너지를 가하거나 제거될 때 일어난다. 상 변화는 분자 질서의 변화로 특정지어지는 물리적 변화이다. 고체상 분자가 질서가 가장 크며, 기체상 분자는 무질서도가 가장 크다. 에너지 변화와 분자 질서의 증가 또는 감소 사이의 관계를 기억하고 있으면 이러한 물리적 변화의 본질을 잘 이해할 수 있을 것이다.

액체-증기 평형

증기압

기체와 증기의 차이는 5.1절에 설명되어 있다.

액체 상태에 있는 분자는 견고한 격자 속에서 고정되어 있는 상태가 아니다. 이 분자들은 기체 분자처럼 완전히 자유롭지는 않지만 일정하게 운동하고 있다. 액체는 기체보다 조밀하기 때문에 분자들 간의 충돌률이 기체상보다 액체상에서 훨씬 높다. *어떤 주어진 온도에서 액체 안에 있는 여러 분자들은 액체 표면으로부터 벗어나기에 충분한 에너지를 가진다.* 이러한 과정을 **증발**(evaporation) 또는 **기화**(vaporization)라 한다.

액체가 기화할 때 기화되는 기체 분자는 증기압을 나타낸다. 그림 10.17과 같은 장치를 보자. 기화가 시작되기 전에는 U자형 압력계 관에 있는 수은의 높이가 같다. 분자 몇 개가 액체 상태를 떠나 증기상이 형성되고 상당량의 증기가 존재하게 되면 이제 증기압을 측정할 수 있다. 그러나 기화 과정이 무한히 계속되는 것은 아니다. 결국은 수은의 높이가 안정화되고 더 이상의 변화가 없게 된다.

기화가 일어나는 동안 분자 수준에서는 어떤 일이 일어났을까? 초기에는 한 방향으로만 변화가 일어난다. 즉, 분자는 액체에서 빈 공간으로 움직인다. 곧이어 액체 위의 공간에 있는 분자가 증기상을 만들고, *이 증기상 분자의 농도가 증가해서 몇몇 분자는 다시 액체상으로 되돌아가게 되는 것을* **응축**(condensation)이라 한다. 응축은 분자가 액체 표면에 충돌할 때 액체의 분자간 힘에 의해 포획되기 때문에 일어나는 현상이다.

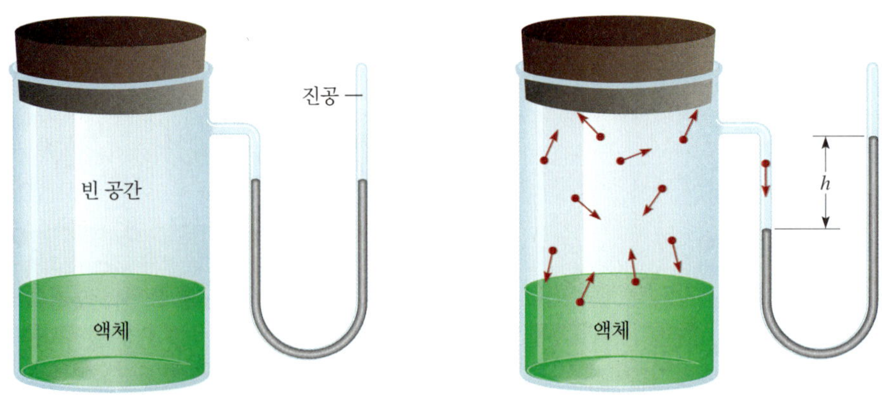

(a) (b)

그림 10.17 • 액체의 증기압을 측정하는 장치. (a) 초기에는 증기 상에는 분자가 없다. (b) 가열을 하면 증발이 시작된다. 평형에서 액체를 떠나는 분자수와 액체로 되돌아오는 분자수는 같다. 수은의 높이차(h)는 특정 온도에서 액체의 평형 증기압을 나타낸다.

주어진 일정한 온도에서 기화 속도는 일정하며, 증기상의 분자 농도가 증가함에 따라 응축 속도는 증가한다. *응축과 기화의 속도가 같아지게 되면 정반응 속도가 역반응 속도와 정확히 균형을 이루고 있는 상태인* **동적 평형**(dynamic equilibrium) 상태에 도달하게 된다(그림 10.18). *응축과 기화 사이에 동적 평형에서 측정된 증기압을* **평형 증기압**(equilibrium vapor pressure)이라 한다. 액체의 평형 증기압을 좀 더 간단하게 단순히, "증기압"이라고도 한다.

어떤 주어진 한 온도에서 그 액체의 *최대* 증기압을 평형 증기압이라 하며, 온도가 일정하면 그 값도 일정하다는 사실을 꼭 기억해 둘 필요가 있다. 그러나 증기압은 온도에 따라 변한다. 그림 10.19에 3가지 다른 액체에 대한 증기압과 온도의 도표를 나타내었다. 높은 온도에서 운동 에너지가 더 큰 분자의 개수는 더 많아져 증발 속도도 빨라진다. 이러한 이유 때문에 액체의 증기압은 항상 온도에 따라 증가한다. 예를 들어 물의 증기압은 20°C에서는 17.5 mmHg이지만 100°C에서는 760 mmHg로 증가한다.

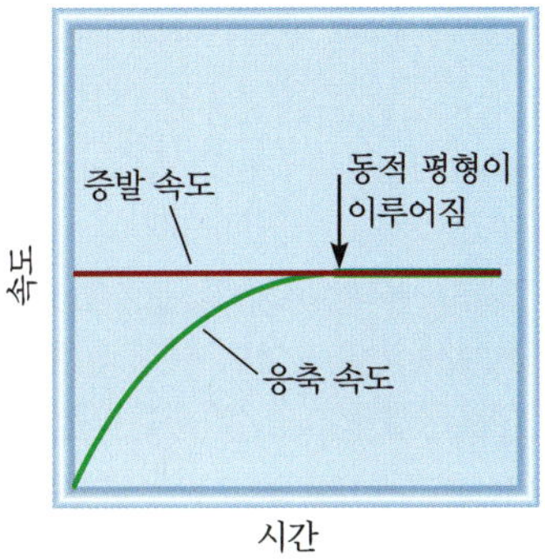

그림 10.18 • 특정 온도에서 증발 속도와 응축 속도의 비교.

동영상
평형 증기 압력.

액체가 약간 존재하는 한 평형 증기압은 액체의 양에 무관하다.

기화열과 끓는점

어떤 액체 내에서 분자들이 얼마나 강하게 붙들려있는가에 대한 척도는 *액체 1 mol을 기화시키는 데 필요한 에너지*(보통 kJ)로 정의되는 **몰 기화열**(molar heat of vaporization, ΔH_{vap})이다. 몰 기화열은 액체에 존재하는 분자간 힘의 세기와 직접 관련되어 있다. 분자간 인력이 강하면 액체상에서 분자를 자유롭게 하는 데 많은 에너지가 필요하게 된다. 결과적으로 그 액체는 상대적으로 증기압이 낮고 몰증발열이 크다.

그림 10.19에서 보는 바와 같이, 앞서 언급한 내용에 의하면 액체의 평형 증기압(P)은 온도가 증가함에 따라 증가함을 예측할 수 있다. 어떤 액체의 증기압 P와 절대 온도 T 사이의 정량적인 관계는 다음과 같은 클라우시우스-클라페이런(Clausius-Clapeyron) 식으로 주어진다.

$$\ln P = -\frac{\Delta H_{vap}}{RT} + C \qquad \textbf{(10.1)}$$

여기서 ln은 자연 로그이며, R은 기체 상수 (8.314 J/K · mol), C는 상수를 나타낸다. 클라우시우스-클라페이런 식은 $y = mx + b$와 같은 선형 방정식의 형태를 취하고 있다.

$$\begin{array}{cccccc} \ln P & = & \left(-\dfrac{\Delta H_{vap}}{R}\right) & \left(\dfrac{1}{T}\right) & + & C \\ \updownarrow & & \updownarrow & \updownarrow & & \updownarrow \\ y & = & m & x & + & b \end{array}$$

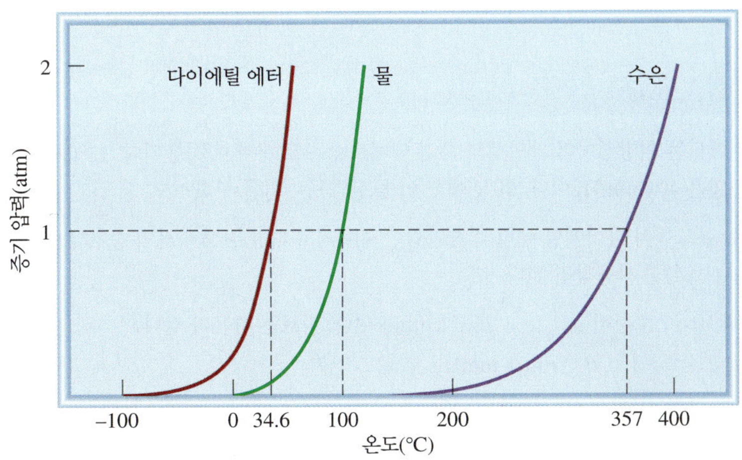

그림 10.19 • 세 가지 액체의 온도 증가에 따른 증기압 증가. 1 atm에서 액체의 정상 끓는점을 수평축에 나타내었다. 수은의 경우 강한 금속 결합으로 인해 매우 낮은 증기압을 보인다.

표 10.5 몇 가지 액체의 몰 기화열

물질	끓는점* (°C)	ΔH_{vap} (kJ/mol)
다이에틸 에터($C_2H_5OC_2H_5$)	34.6	26.0
메테인(CH_4)	−164	9.2
물(H_2O)	100	40.79
벤젠(C_6H_6)	80.1	31.0
수은(Hg)	357	59.0
아르곤(Ar)	−186	6.3
에탄올(C_2H_5OH)	78.3	39.3

* 1 atm에서 측정한 값.

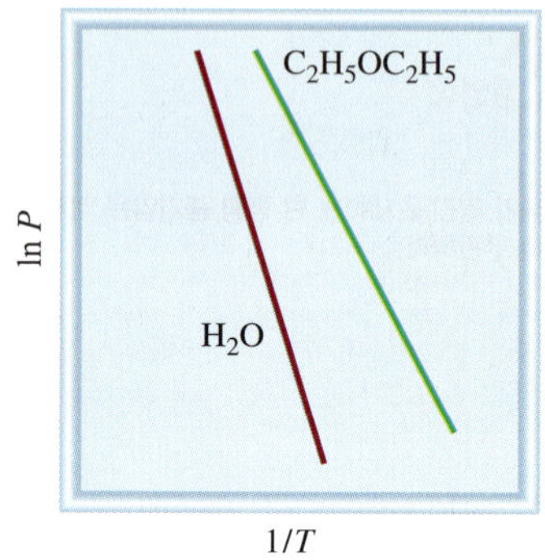

그림 10.20 • 물과 다이에틸 에터에 대한 ln P 대 $1/T$의 도표. 각 경우에 있어서 기울기는 $-\Delta H_{vap}/R$이다.

다른 온도에서 액체의 증기압을 측정해서 P대 $1/T$를 도시하면, 그 기울기가 $-\Delta H_{vap}/R$이 된다(ΔH_{vap}는 온도에 무관한 값으로 가정한다). 이 방법으로 기화열을 구한다. 그림 10.20은 물과 다이에틸 에터($C_2H_5OC_2H_5$)의 ln P 대 $1/T$의 도표를 보여준다. 물의 경우 직선의 기울기가 훨씬 더 큰데, 이는 물의 ΔH_{vap}가 더 크기 때문이다(표 10.5).

한 온도에서 어떤 액체의 ΔH_{vap}와 P 값을 알면 클라우시우스-클라페이런 식을 사용해서 다른 온도에서의 액체의 증기압을 계산할 수 있다. 온도 T_1과 T_2에서의 증기압이 각각 P_1과 P_2라면 식 (10.1)로부터,

$$\ln P_1 = -\frac{\Delta H_{vap}}{RT_1} + C \qquad \textbf{(10.2)}$$

$$\ln P_2 = -\frac{\Delta H_{vap}}{RT_2} + C \qquad \textbf{(10.3)}$$

식 (10.2)에서 식 (10.3)을 빼면,

$$\begin{aligned}\ln P_1 - \ln P_2 &= -\frac{\Delta H_{vap}}{RT_1} - \left(-\frac{\Delta H_{vap}}{RT_2}\right)\\ &= \frac{\Delta H_{vap}}{R}\left(\frac{1}{T_2} - \frac{1}{T_1}\right)\end{aligned}$$

따라서

$$\ln \frac{P_1}{P_2} = \frac{\Delta H_{vap}}{R}\left(\frac{1}{T_2} - \frac{1}{T_1}\right)$$

또는

$$\ln \frac{P_1}{P_2} = \frac{\Delta H_{vap}}{R}\left(\frac{T_1 - T_2}{T_1T_2}\right) \qquad \textbf{(10.4)}$$

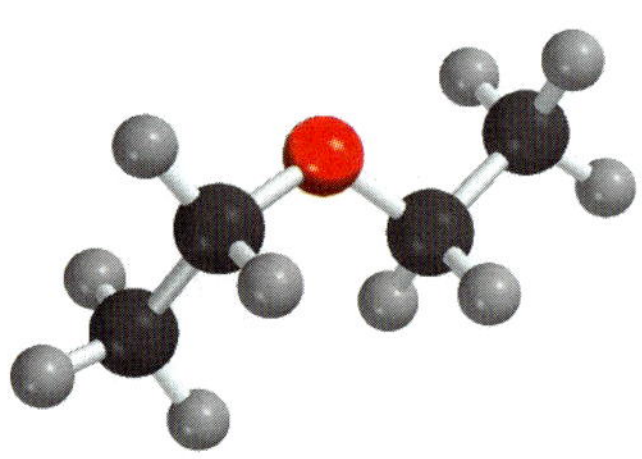

$C_2H_5OC_2H_5$

예제 10.3

다이에틸 에터는 휘발성이며 가연성의 유기 액체로서 주로 용매로 사용된다. 18°C에서 다이에틸 에터의 증기압은 401 mmHg이다. 29°C에서 이 물질의 증기압을 구하시오.

▸ **전략** 한 온도에서 다이에틸 에터의 증기압이 주어지고 다른 온도에서의 증기압을 묻는 문제이다. 따라서 식 (10.4)를 사용하면 된다.

▸ **풀이** 표 10.5으로부터 ΔH_{vap} = 26.0 kJ/mol 이다. 자료는 다음과 같다.

P_1 = 401 mmHg $\qquad P_2$ = ?

T_1 = 18°C = 291 K $\qquad T_2$ = 29°C = 302 K

식 (10.4)로부터,

$$\ln \frac{401}{P_2} = \frac{26{,}000\ \text{J/mol}}{8.314\ \text{J/K}\cdot\text{mol}}\left[\frac{291\ \text{K} - 302\ \text{K}}{(291\ \text{K})(302\ \text{K})}\right]$$

양변에 안티로그(부록 3 참조)를 취하면,

$$\frac{401}{P_2} = e^{-0.391} = 0.676$$

그러므로

$$P_2 = 593\ \text{mmHg}$$

▸ **검산** 온도가 더 높아지면 증기압도 더 커질 것이라 예상했는데 문제의 답은 예상과 잘 일치한다.

비슷한 문제: 10.70.

▸ **실전 연습** 34.9°C에서 에탄올의 증기압은 100 mmHg이다. 63.5°C에서의 증기압을 구하시오(에탄올의 ΔH_{vap}는 39.3 kJ/mol이다).

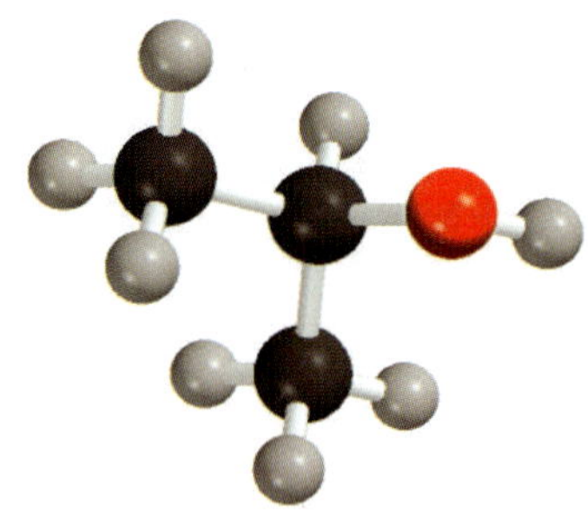

아이소프로판올(소독용 알코올).

몰 기화열을 보여줄 수 있는 방법은 알코올을 손에 문지르는 것이다. 손에서 발생하는 열이 알코올 분자의 운동 에너지를 증가시킨다. 알코올이 빠르게 기화되어 열 손실의 결과 손은 차갑게 느껴진다. 이러한 과정은 인체가 일정한 온도를 유지하는 수단의 한 가지인 발한작용과 유사하다. 물에 존재하는 강한 분자간 수소 결합으로 인하여 인체 표면에서 땀 속의 물을 기화시키기 위해서는 상당한 양의 에너지가 필요하다. 이 에너지가 여러 신진 대사 과정에서 발생되는 열에 의해 공급된다.

앞에서 온도가 높아짐에 따라 액체의 증기압이 증가함을 보았다. 모든 액체에는 액체가 끓기 시작하는 온도가 있다. *액체의 증기압이 외부 압력과 같아지는 온도*를 **끓는점**(boiling point)이라 한다. 모든 액체의 *정상*(normal) 끓는점은 외부 압력이 1 atm일 때 끓는점을 말한다.

끓는점에서 액체의 내부에 기포가 생긴다. 기포가 생길 때 원래 그 공간을 차지하고 있던 액체는 바깥으로 밀려나가고, 따라서 용기 속의 액체의 높이가 높아지게 된다. 기포에 작용하는 압력은 주로 대기압이며, 여기에 더해서 약간의 *유압*(hydrostatic pressure, 액체의 존재로 인해 생기는 압력)이 있다. 기포 내부의 압력은 전적으로 액체의 증기압이다. 증기압이 외부 압력과 같아지면 기포는 액체의 표면으로 떠올라서 터지게 된다. 만약 기포 내의 증기압이 외부 압력보다 낮으면 기포는 떠오르기 전에 없어질 것이다. 따라서 액체의 끓는점은 외부 압력에 의해 결정됨을 알 수 있다. (보통 유압에 의한 작은 기여는 무시한다.) 예를 들어, 1 atm에서는 물이 100°C에서 끓지만, 압력이 0.5 atm으로 낮아지면 82°C에서 끓는다.

끓는점이 액체의 증기압으로 결정되기 때문에 끓는점이 몰 기화열과 관련있음을 예상할 수 있다. ΔH_{vap}가 클수록 끓는점은 높아진다. 표 10.5의 자료는 이러한 예상을 대략적으로 확인시켜 준다. 결국 끓는점과 ΔH_{vap}는 둘 다 분자간 힘의 세기에 의해 결정된다. 예를 들면, 분산력이 약한 아르곤(Ar)과 메테인(CH_4)은 끓는점이 낮고 몰 기화열이 작다. 다이에틸 에터($C_2H_5OC_2H_5$)는 쌍극자 모멘트를 가지며, 이러한 쌍극자-쌍극자 힘이 이 물질이 끓는점이 높고 ΔH_{vap} 값이 큰 이유가 된다. 에탄올과 물에는 강한 수소 결합이 존재하므로 이들은 끓는점이 높고 ΔH_{vap} 값이 크다. 수은은 강한 금속 결합 때문에 액체 중 끓는점이 가장 높고 ΔH_{vap} 값이 가장 크다. 재미있는 점은 비극성인 벤젠의 끓는점이 에탄올의 끓는점과 비교할 정도라는 점이다. 벤젠은 비편재화된 파이 분자 궤도함수에 전자가 분포됨으로 인해 높은 편극성을 가지고 있어 벤젠 분자들 사이의 분산력이 쌍극자-쌍극자 힘이나 수소 결합만큼 강하거나 오히려 더 강할 수도 있다.

☑ 개념 복습하기

한 학생이 그림 10.20과 같이, 두 가지 유기 액체인 메탄올(CH_3OH)과 다이메틸 에터(CH_3OCH_3)에 대한 ln$P$대 1/T의 도시를 공부한다. 기울기가 각각 -2.32×10^3 K와 -4.50×10^3 K라고 하자. 이 두 화합물에 대해 ΔH_{vap} 값을 어떻게 할당할 수 있는가?

임계 온도와 압력

증발의 반대는 응축이다. 원리상 기체를 액화시키는 방법에는 두 가지 기술이 있다. 하나는 기체 시료를 냉각시킴으로써 기체 분자의 운동 에너지를 감소시켜서 결국 분자가 뭉쳐져서 작은 액체 방울을 만드는 것이고, 또 하나는 압력을 가하는 방법이다. 압축되면 분자들 사이의 평균 거리를 줄여 분자들이 상호 인력에 의해 서로 붙들려 있게 한다. 공업적인 액화 과정은 이 두 방법을 함께 사용하고 있다.

모든 물질은 **임계 온도**(critical temperature, T_c)를 갖는데, 임계 온도란 *이 온도 이상에서는 아무리 높은 압력을 가하더라도 기체가 액화될 수 없는* 온도를 말한다. 이것은 또한 *어떤 물질이 액체로 존재할 수 있는 가장 높은 온도*이기도 하다. *임계 온도에서 액화시키기 위해 가해 주는 최소 압력*을 **임계 압력**(critical pressure, P_c)이라 한다. 임계 온도의 존재는 정성적으로 다음과 같이 설명할 수 있다. 어떤 주어진 물질에 대해서 분자간 힘은 유한한 크기를 가진다. T_c 이하에서 이 힘은 적당한 압력하의 액체 상태에서 분자를 서로 붙들어 둘 수 있을 만큼 충분히 강하다. T_c 이상에서는 분자 운동이 활발해짐에 따라 분자들은 분자간 힘으로부터 벗어나서 항상 따로 따로 떨어질 수 있게 된다. 그림 10.21은 육플루오린화 황(SF_6)이 그 임계 온도(45.5°C) 이상으로 가열된 후 다시 45.5°C 이하로 냉각되었을 때 무슨 일이 일어나는지를 보여준다.

분자간 힘은 온도와 무관하다. 분자의 운동 에너지는 온도에 따라 증가한다.

표 10.6에 여러 일반 물질의 임계 온도와 임계 압력을 나타내었다. 분자간 힘이 강한 벤젠, 에탄올, 수은, 물은 표에 있는 다른 물질들에 비해 역시 임계 온도가 높다.

액체-고체 평형

"Fusion(용융)"은 녹는 과정이다. 그러므로 "퓨즈"는 과도한 전류에 의해 발생된 열로 인해 금속 리본이 녹을 때 전기 회로가 끊어지는 것이다.

액체가 고체로 변하는 것을 *응고*(freezing)라 하고, 그 역 과정을 *녹음*(melting) 또는 *용융*

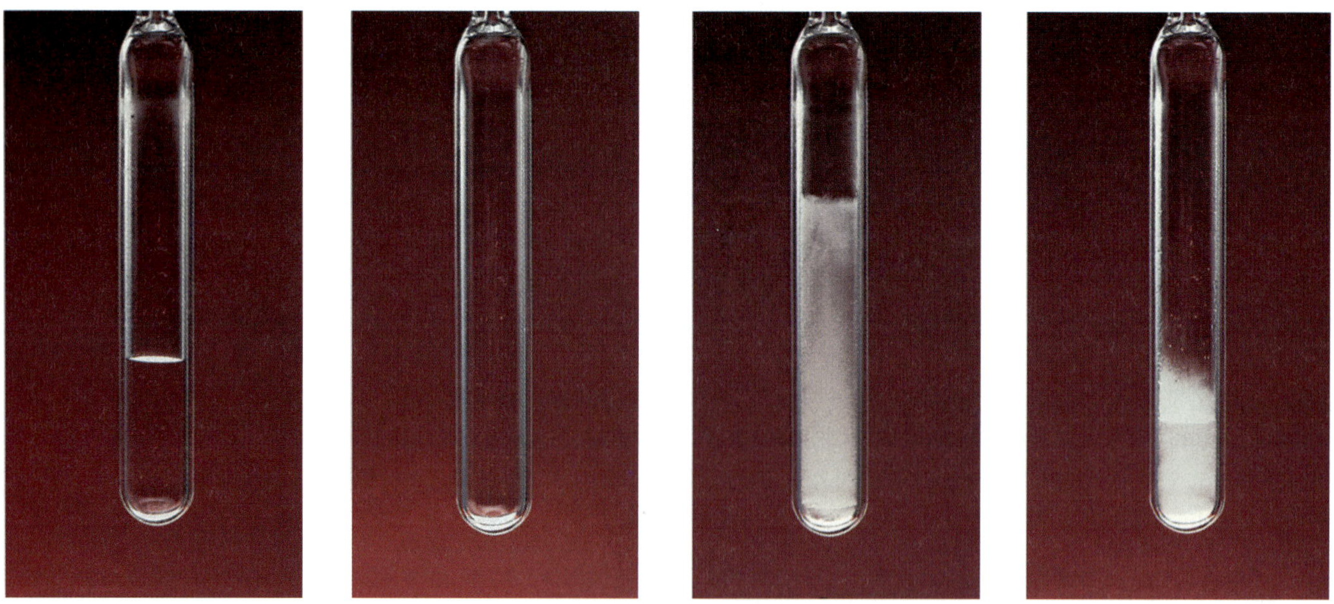

그림 10.21 • 육플루오린화 황의 임계 현상. (a) 임계 온도 이하에서는 투명한 액체상이 보인다. (b) 임계 온도 이상에서 액체상이 사라진다. (c) 물질을 임계 온도 바로 아래에서 냉각시켰다. 안개는 증기가 응축된 것을 나타낸다. (d) 마침내 액체상이 다시 나타난다.

표 10.6 몇 가지 일반 물질의 임계 온도 및 임계 압력

물질	T_c (°C)	P_c (atm)
다이에틸 에터($C_2H_5OC_2H_5$)	192.6	35.6
메테인(CH_4)	−83.0	45.6
물(H_2O)	374.4	219.5
벤젠(C_6H_6)	288.9	47.9
산소 분자(O_2)	−118.8	49.7
수소 분자(H_2)	−239.9	12.8
수은(Hg)	1462	1036
아르곤(Ar)	−186	6.3
암모니아(NH_3)	132.4	111.5
에탄올(C_2H_5OH)	243	63.0
육플루오린화 황(SF_6)	45.5	37.6
이산화 탄소(CO_2)	31.0	73.0
질소 분자(N_2)	−147.1	33.5

(fusion)이라 한다. 고체의 **녹는점**(melting point) [또는 액체의 어는점(freezing point)]은 *평형 상태에서 액체와 고체상이 공존하는* 온도를 말한다. 어떤 물질의 *정상*(normal) 녹는점(또는 *정상* 어는점)은 1 atm에서 그 물질이 녹는점(또는 어는점)을 말한다. 일반적으로는 압력이 1 atm일 때 어떤 물질의 녹는점을 말할 때 "정상"이란 말을 생략하고 사용한다.

증기와 평형에 있는 아이오딘 고체.

가장 친숙한 액체-고체 평형은 물과 얼음의 평형이다. 0°C, 1 atm에서 물과 얼음의 동적 평형을 다음과 같이 나타낸다.

$$\text{얼음} \rightleftharpoons \text{물}$$

이 동적 평형의 실례로 얼음물 잔(a glass of ice water)을 들 수 있다. 얼음 조각이 녹아서 물이 되면 물의 일부는 얼음 조각들 사이에서 다시 얼어서 얼음 조각을 서로 들러붙게 하기도 한다. 사실 유리잔은 0°C로 유지되지 않으며, 결국 모든 얼음 조각은 녹아 없어질 것이기 때문에 이것은 진짜 동적 평형은 아니다.

고체 1 mol을 녹이는 데 필요한 에너지(보통 kJ 단위)를 **몰 용융열**(molar heat of fusion, ΔH_{fus})이라 한다. 표 10.5의 물질들에 대한 몰 용융열을 표 10.7에 나타내었다. 두 표의 자료를 비교해 보면 각 물질에 대한 ΔH_{fus}이 ΔH_{vap} 보다 작음을 알 수 있다. 이러한 사실은 액체 상태의 분자가 여전히 서로 꽤 가깝게 밀집되어 있어서 고체에서 액체로 재배열이 일어나기 위해서 약간의 에너지만이 필요하다는 사실과 잘 일치한다. 반면 액체가 증발할 때는 분자는 서로 완전히 떨어져야 하므로 이 인력을 극복하기 위해서는 상당히 많은 양의 에너지가 필요하게 된다.

표 10.7 몇 가지 물질의 몰 용융열

물질	녹는점* (°C)	ΔH_{fus} (kJ/mol)
다이에틸 에터($C_2H_5OC_2H_5$)	−116.2	6.90
메테인(CH_4)	−183	0.84
물(H_2O)	0	6.01
벤젠(C_6H_6)	5.5	10.9
수은(Hg)	−39	23.4
아르곤(Ar)	−190	1.3
에탄올(C_2H_5OH)	−117.3	7.61

* 1 atm에서 측정된 값.

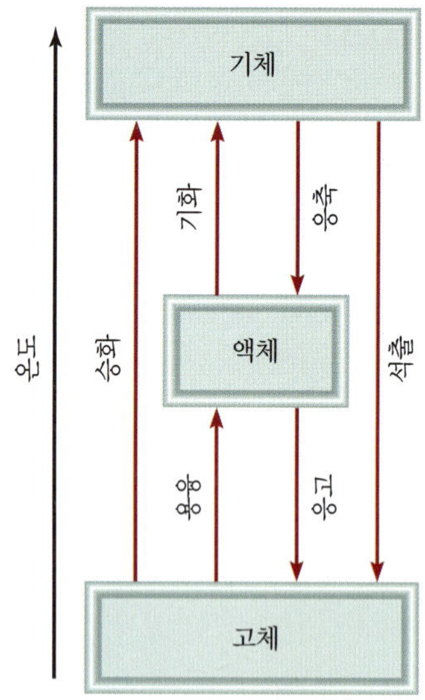

그림 10.22 • 물질이 나타내는 여러 가지 상 변화.

고체-증기 평형

고체도 증발되고 따라서 증기압을 나타낸다. 다음과 같은 동적 평형을 살펴보자.

$$\text{고체} \rightleftharpoons \text{증기}$$

분자가 고체상에서 증기상으로 직접 상 전이하는 과정을 **승화**(sublimation)라 하고, 그 역과정(즉, *증기상에서 고체상으로 직접 전이하는 과정*)은 **석출**(deposition)이라 한다. 나프탈렌(좀약으로 쓰이는 물질)은 고체로서는 상당히 높은 증기압(53°C에서 1 mmHg)을 가진다. 따라서 코를 찌르는 냄새가 밀폐된 공간에서 빠르게 퍼지게 된다. 일반적으로 고체 상태의 분자는 아주 강하게 서로 붙들려 있기 때문에 일반적으로 액체에 비해 고체는 그 증기압이 훨씬 낮다. **몰 승화열**(molar heat of sublimation, ΔH_{sub})은 *고체 1 mol을 승화시키는 데 필요한 에너지*(보통 kJ 단위)를 말한다. 이것은 몰 용융열과 몰 기화열의 합과 같다.

$$\Delta H_{sub} = \Delta H_{fus} + \Delta H_{vap} \tag{10.5}$$

엄밀히 말하면 모든 상 변화가 같은 온도에서 일어난다면 헤스 법칙을 나타내는 식 (10.5)이 성립한다. 전 과정에 대한 엔탈피, 즉 열의 변화량은 그 물질이 고체에서 기체로 직접 변하든 고체에서 액체를 거쳐 기체로 변하든 경로에 관계없이 동일하다는 것이다. 그림 10.22는 이 단원에서 설명한 여러 형태의 상 변화를 요약 정리한 것이다.

10.6 상 평형 그림

고체, 액체, 기체상 간의 전반적인 관계를 하나의 그래프로 가장 잘 표현할 수 있는 것이 상 평형 그림이다. **상 평형 그림**(phase diagram)에는 *어떤 물질이 고체, 액체, 기체로 존재할 수 있는 조건이 요약되어 있다*. 이 절에서는 물과 이산화 탄소의 상 평형 그림을 간단히 살펴보기로 한다.

물

고체-액체 이성분 선에 대한 음의 기울기는 얼음의 몰부피가 액체 물의 몰부피보다 더 크다는 사실에 기인된다. 그러므로 물은 얼음보다 밀도가 높다. 압력에 증가는 액체 상을 우세하게 한다.

그림 10.23(a)는 물의 상 평형 그림이다. 그래프는 세 영역으로 나뉘어 있는데, 각 영역은 순수한 상을 나타낸다. 어떤 두 영역의 경계선은 두 상이 평형 상태로 존재할 수 있는 조건을 나타낸다. 예를 들면, 액체와 기체상 사이의 곡선은 온도에 따르는 증기압의 변화를 보여준다. 다른 두 곡선도 마찬가지로 얼음과 액체 물 사이, 얼음과 수증기 사이의 평형 조건을 나타낸 것이다(고체-액체 경계선이 음의 기울기를 가지고 있음에 주목하라). 세 곡선이 모두 만나는

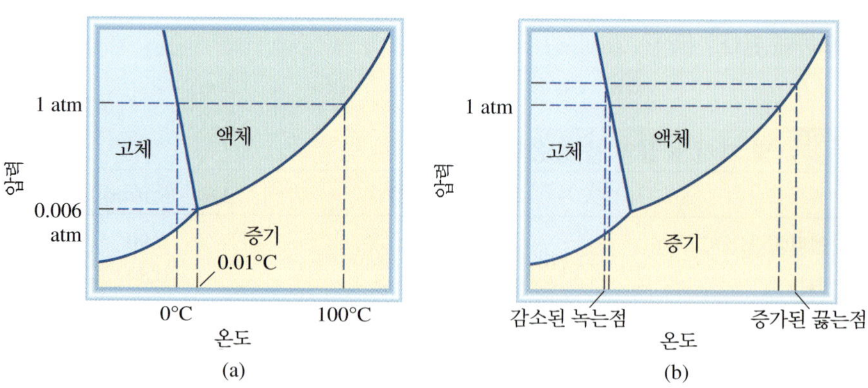

그림 10.23 • (a) 물의 상 평형 그림. 두 상 사이의 각 실선은 평형에서 두 상이 공존할 때의 온도와 압력을 나타낸 것이다. 평형에서 세 가지 상이 공존하는 점(0.006 atm, 0.01°C)을 삼중점이라 한다. (b) 이 상평형 그림은 얼음 위의 압력이 증가하면 어는점이 낮아지고, 액체 물의 압력이 증가하면 끓는점이 높아짐을 보여준다.

점을 **삼중점**(triple point)이라 한다. 물에서 이 점은 0.01°C와 0.006 atm이다. 이것은 *세 가지 상이 서로 평형에서 존재할 수 있는 유일한 온도와 압력*이다.

상 평형 그림으로부터 외부 압력이 변할 때 어떤 물질의 녹는점과 끓는점이 어떻게 변화하는지를 예측할 수 있으며, 온도와 압력의 변화에 의해 어떤 방향으로 상 전이가 일어날 것인지도 예상할 수 있다. 1 atm에서 측정한 물의 정상 녹는점과 끓는점은 각각 0°C와 100°C인데, 어떤 다른 압력에서 녹음과 끓음 현상이 진행되면 어떤 일이 일어날까? 그림 10.23(b)에서 분명하게 압력이 1 atm이상으로 증가하면 끓는점은 올라가고 녹는점은 내려감을 볼 수 있다. 반대로 압력의 감소는 끓는점을 감소시키고 녹는점을 상승시킬 것이다.

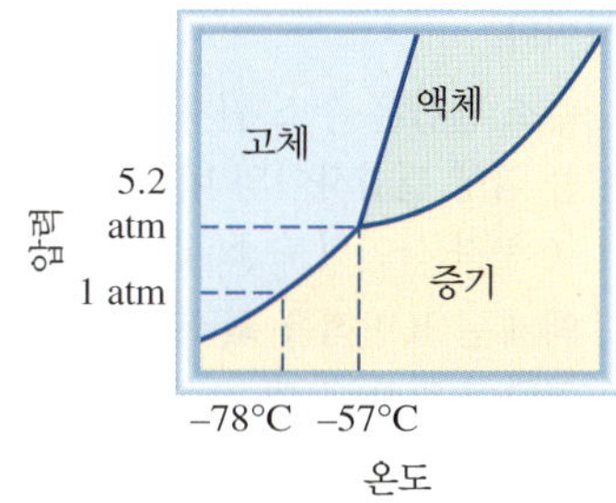

그림 10.24 • 이산화 탄소의 상 평형 그림. 고체-액체 경계선이 양의 기울기를 가짐에 유의하라. 액체상은 5.2 atm 아래에서는 안정하지 않기 때문에 대기압에서는 고체상과 기체상만 관찰된다.

이산화 탄소

이산화 탄소의 상 평형 그림(그림 10.24)은 고체와 액체 사이의 곡선이 양의 기울기를 가진다는 것을 제외하고는 물의 경우와 비슷하다. 이런 점은 사실 거의 모든 다른 물질들에 대해서도 적용된다. 물의 경우는 액체 물보다 얼음의 밀도가 낮기 때문에 조금 다른 거동을 보인다. 이산화 탄소의 삼중점은 −57°C, 5.2 atm이다.

그림 10.24의 상 평형 그림에서 재미있는 점을 관측할 수 있는데 액체상의 전 영역이 대기압보다 훨씬 위에 존재하다는 점이다. 이 때문에 고체 이산화 탄소가 1 atm에서 녹는 것이 불가능하며, 대신에 고체 CO_2를 1 atm에서 −78°C로 가열하면 승화된다. 고체 이산화 탄소는 얼음처럼 보이며 *녹지 않기 때문에* 드라이 아이스라 부른다(그림 10.25). 이런 특성으로 인해 드라이 아이스는 냉매로 널리 사용된다.

그림 10.25 • 대기압에서 고체 이산화 탄소는 녹지 않고 승화만 한다. 차가운 이산화 탄소 기체는 가까이에 있는 수증기를 응축시켜 안개로 만든다.

☑ 개념 복습하기

다음 중 1 기압에서 가열할 때 녹지 않고 승화되는 물질에 대한 상 평형 그림은 어느 것인가?

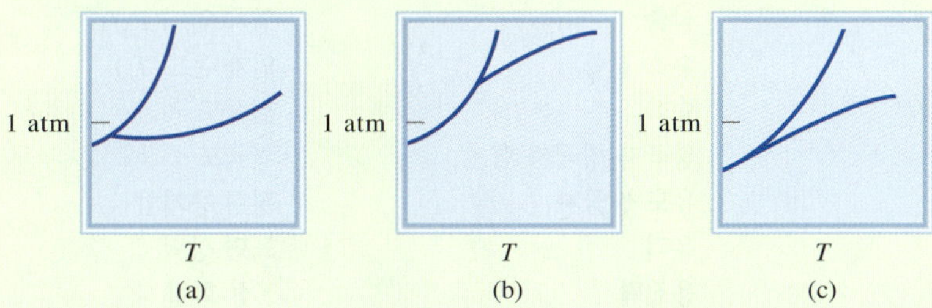

주요 식

$$\ln P = -\frac{\Delta H_{vap}}{RT} + C \quad (10.1)$$

액체의 ΔH_{vap}를 구하는 클라우시우스-클라페이런 식.

$$\ln\frac{P_1}{P_2} = \frac{\Delta H_{vap}}{R}\left(\frac{T_1 - T_2}{T_1T_2}\right) \quad (10.2)$$

ΔH_{vap}, 액체의 증기압 또는 끓는점을 계산하기 위한 식.

$$\Delta H_{sub} = \Delta H_{fus} + \Delta H_{vap} \quad (10.3)$$

헤스 법칙의 적용.

사실과 개념에 대한 요약

1. 모든 물질은 기체, 액체, 고체의 세 가지 상태 중 하나로 존재한다. 분자들 사이의 거리가 응축상과 기체상 사이의 주된 차이이다.
2. 분자간 힘은 분자들 사이 또는 분자와 이온 사이에 작용한다. 일반적으로 이러한 힘들은 결합력보다는 훨씬 약하다. 쌍극자-쌍극자 힘과 이온-쌍극자 힘으로 인해 쌍극자 모멘트를 가진 분자가 다른 극성 분자나 이온을 잡아당긴다. 분산력은 보통 비극성 분자에서 유도되는 순간적인 쌍극자 모멘트의 결과로 생기는 힘이다. 어떤 분자에서 쌍극자 모멘트가 유도될 수 있는 정도를 편극도라 한다. "반데르발스 힘"이란 용어는

쌍극자-쌍극자, 쌍극자-유도 쌍극자, 분산력에 적용되는 용어이다.

3. 수소 결합은 수소 원자와 전기음성도가 큰 N, O, F를 포함하는 극성 결합사이의 비교적 강한 쌍극자-쌍극자 힘을 말한다. 물 분자 사이의 수소 결합은 특히 강하다.
4. 액체는 표면적을 최소화하는 방향의 기하학적 배열을 하는 경향이 있다. 표면 장력은 액체의 표면적을 확장하는 데 필요한 에너지인데, 분자간 힘이 강하면 표면 장력도 커진다. 점성도는 액체의 흐름에 대한 저항의 척도를 말하는데, 온도가 올라가면 점성도는 감소한다.
5. 고체 상태의 물 분자는 각 하나의 산소 원자가 두 개의 수소 원자와는 공유 결합을, 두 개의 수소 원자와는 수소 결합을 하면서 삼차원적 네트워크(network)를 형성하고 있다. 이런 독특한 구조 때문에 액체 물보다 얼음의 밀도가 낮다. 물은 높은 비열과 강한 수소 결합에 의해 부여된 또 다른 특성으로 인해 생태학적으로도 이상적인 역할을 하기에 적합하다. 거대한 여러 해역에서 아주 약간의 수온 변화로도 충분한 양의 열을 내놓거나 흡수함으로써 기후를 적절히 조절한다.
6. 결정을 이루고 있는 입자를 붙들고 있는 힘으로 결정의 종류를 분류해 보면, 이온 결합으로 이루어진 이온 결정, 반데르발스 힘 또는 수소 결합으로 이루어진 분자 결정, 공유 결합으로 이루어진 공유 결정, 금속 결합으로 이루어진 금속 결정의 4가지로 나눌 수 있다.
7. 밀폐된 용기 속의 액체는 결국 증발과 응축 간의 동적 평형을 이루게 된다. 이런 조건하에서 액체 위의 증기압을 평형 증기압이라 하는데, 간단히 그냥 증기압이라 한다. 끓는점에서 액체의 증기압은 외부 압력과 같다. 액체의 몰 기화열은 액체 1 mol을 기화시키는 데 필요한 에너지를 말하는데, 온도의 함수로 액체의 증기압을 측정해서 식 (10.1)을 이용하면 몰 기화열을 구할 수 있다. 고체의 몰 용융열은 고체 1 mol을 녹이는 데 필요한 에너지이다.
8. 모든 물질에는 임계온도라고 하는 온도가 있는데, 이 온도 이상에서는 기체 상태의 물질을 액화시킬 수 없다.
9. 단일 물질에서 세 개의 상들 간의 관계는 상 평형 그림으로 표현되는데, 상 평형 그림에서 각 영역은 순수한 상을 나타내며 영역간의 경계는 두 상이 평형 상태로 존재하는 온도와 압력을 말한다. 삼중점에서는 세 개의 상이 모두 평형 상태에 있다.

주요 용어

결정성 고체	배위수	상 평형 그림	이온-쌍극자 힘
기화	부착력	석출	임계 압력(P_c)
끓는점	분산력	수소 결합	임계 온도(T_c)
녹는점	분자간 힘	승화	점성도
동적 평형	분자내 힘	쌍극자-쌍극자 힘	편극도
몰 기화열(ΔH_{vap})	비결정성 고체	유도 쌍극자	평형 증기압
몰 승화열(ΔH_{sub})	삼중점	유리	표면 장력
몰 용융열(ΔH_{fus})	상	응집력	X선 회절
반데르발스 힘	상 변화	응축	

연습 문제

분자간 힘

복습 질문

10.1 이 용어들을 정의하고 각 분자간 힘의 종류의 예를 들어 보시오. (a) 쌍극자-쌍극자 힘, (b) 쌍극자-유도 쌍극자 힘, (c) 이온-쌍극자 힘, (d) 분산력, (e) 반데르발스 힘.

10.2 "편극도(polarizability)"라는 용어를 설명하시오. 어떤 종류의 분자가 큰 편극도를 가지는 경향이 있는가? 편극도와 분자간 힘 간에는 어떤 상관 관계가 있는가?

10.3 극성 분자의 영구 쌍극자 힘과 유도된 분자의 순간 쌍극자 힘의 차이점을 설명하시오.

10.4 모든 분자에는 서로 인력이 작용하고 있다는 증거를 제시하시오.

10.5 액체와 고체의 분자간 힘을 비교할 때 어떤 물리적 성질을 반드시 고려해야만 하는가?

10.6 수소 결합에 참여할 수 있는 원소로는 어떤 것이 있는가?

문제

10.7 화학종 Br_2와 ICl은 같은 수의 전자를 가지고 있다. 그러나 Br_2는 −7.2°C에서, ICl은 27.2°C에서 각각 녹는다. 그 이유를 설명하시오.

10.8 알래스카에 살고 있다면 다음 천연 가스 중에서 어떤 것을 겨울에 외부 저장 탱크에 보관할 수 있는지 진술하고 그 이유도 설명하시오. 메테인(CH_4), 프로페인(C_3H_8), 뷰테인(C_4H_{10}).

10.9 4A족 이성분 수소 화합물은 CH_4(−162°C), SiH_4(−112°C),

GeH_4(−88°C), SnH_4(−52°C)이다. 괄호 안의 온도는 끓는점이다. CH_4에서 SnH_4로 갈수록 끓는점이 높아지는 이유를 설명하시오.

10.10 다음 각 화학종에 대해서 존재하는 분자간 힘의 형태를 열거하시오. (a) 벤젠(C_6H_6), (b) CH_3Cl, (c) PF_3, (d) NaCl, (e) CS_2.

10.11 수소 결합을 형성하는 데 있어 암모니아는 수소 주개 또는 수소 받개로 작용한다. 암모니아와 다른 두 분자의 암모니아 사이에 형성되는 수소 결합을 나타내는 그림을 그리시오.

10.12 다음 화학종 중 그들 사이에 수소 결합을 할 수 있는 것은 어느 것인가? (a) C_2H_6, (b) HI, (c) KF, (d) BeH_2, (e) CH_3COOH.

10.13 다음 화학종을 끓는점이 증가하는 순으로 나열하시오. RbF, CO_2, CH_3OH, CH_3Br. 그 이유를 설명하시오.

10.14 다이에틸 에터의 끓는점은 34.5°C이고, 1-뷰탄올의 끓는점은 117°C이다.

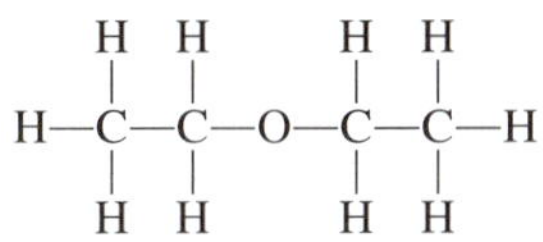
다이에틸 에터

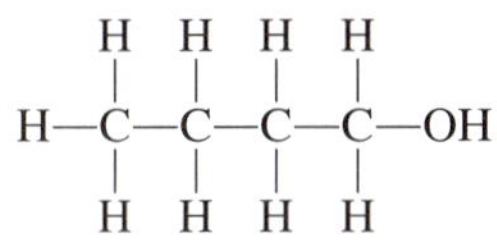
1-뷰탄올

두 화합물은 같은 수와 형태의 원자를 가지고 있다. 이 두 화합물의 끓는점 차이를 설명하시오.

10.15 다음 각 쌍에서 끓는점이 더 높을 것으로 예상되는 화학종은 어느 것인가? (a) O_2와 N_2, (b) SO_2와 CO_2, (c) HF와 HI.

10.16 다음 각 쌍에서 끓는점이 더 높은 것으로 기대되는 물질은 어느 것인지 기술하고 그 이유를 설명하시오. (a) Ne 또는 Xe, (b) CO_2 또는 CS_2, (c) CH_4 또는 Cl_2, (d) F_2 또는 LiF, (e) NH_3 또는 PH_3.

10.17 다음 각 이유를 분자간 힘으로 설명하시오.
(a) NH_3는 CH_4보다 끓는점이 더 높다.
(b) KCl은 I_2보다 녹는점이 더 높다.

10.18 다음 각각을 위해서 반드시 극복해야 할 인력의 종류는 무엇일까? (a) 얼음을 녹이기 위해서, (b) 브로민 분자를 끓게 하기 위해서, (c) 고체 아이오딘을 녹이기 위해서, (d) F_2를 F 원자로 해리시키기 위해서.

10.19 이들 비극성 분자들은 원자의 개수와 형태가 같다. 어느 것이 더 높은 끓는점을 가지는가?

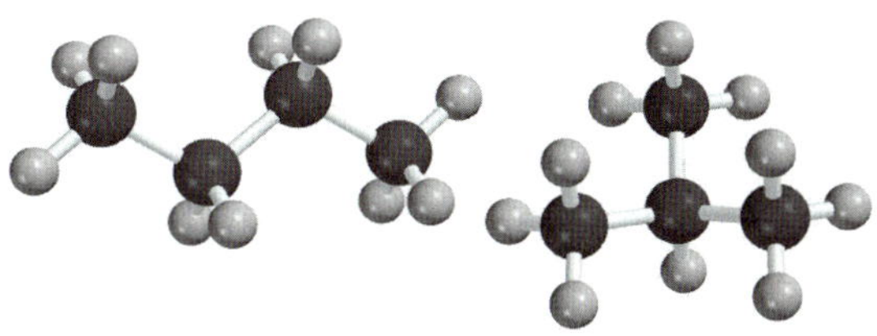

(*힌트*: 더 잘 쌓을 수 있는 분자가 분자간 인력이 더 크다.)

10.20 다음 화합물의 녹는점 차이를 설명하시오.

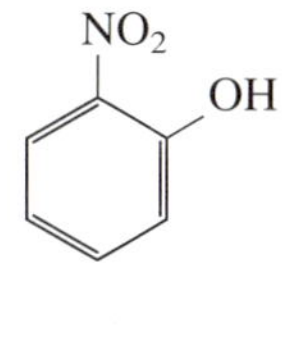
녹는점(45°C)

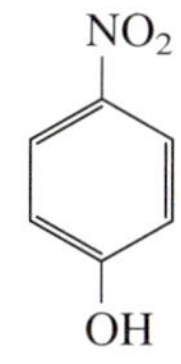
녹는점(115°C)

(*힌트*: 둘 중 한 가지만 분자내 수소 결합을 할 수 있다.)

액체 상태

복습 질문

10.21 액체는 기체와 다르게 실질적으로 압축이 불가능하다. 이유는 무엇인가?

10.22 표면 장력에 대해 정의하시오. 액체에 존재하는 분자간 힘과 그 표면 장력 간에는 어떤 관계가 있는가? 온도에 따라 표면 장력은 어떻게 변화하는가?

10.23 스테인레스 스틸이 물보다 더 조밀한데도 스테인레스 스틸 면도날을 물 위에 띄울 수 있다. 그 이유를 설명하시오.

10.24 물과 수은을 예로 들어 부착력(adhesion)과 응집력(cohesion)을 설명하시오.

10.25 유리잔 가장자리 살짝 위에까지 물을 채울 수 있다. 그런데도 물이 흘러넘치지 않는 이유를 설명하시오.

10.26 반지름이 다른 세 가지 시험관에 들어 있는 (a) 물과 (b) 수은의 모세관 작용을 보여주는 그림을 그리시오.

10.27 점성도란 무엇인가? 분자간 힘과 점성도 간의 관계는 어떠한가?

10.28 온도가 증가함에 따라 액체의 점성이 감소하는 이유는 무엇인가?

10.29 얼음은 물보다 왜 덜 조밀한가?

10.30 날씨가 추운 겨울에는 외부의 수도관 속의 물을 비우거나 단열시켜야 한다. 왜 그런가?

문제

10.31 다음 각 액체 쌍 중에서 표면 장력이 더 큰 것은 어느 것인가? 에탄올(C_2H_5OH)과 다이에틸 에테르(CH_3OCH_3).

10.32 에탄올과 글리세롤의 점성에 대한 에틸렌 글리콜의 상대적인 점성을 예측하시오(표 10.3 참조).

$$\begin{array}{l} CH_2-OH \\ | \\ CH_2-OH \end{array}$$

10.33 다음에 주어진 각 결정의 형태에 따른 예를 제시하시오. (a) 이온 결정, (b) 공유 결정, (c) 분자 결정, (e) 금속 결정.

10.34 어떤 고체가 단단하고 깨어지기 쉬우며 전기 절연체이다. 그러나 이 고체의 용융물(물질의 액체 시료)과 그 물질의 수용액은 전기를 전도한다. 이 고체의 종류는 무엇인가?

10.35 어떤 고체가 매우 부드럽고 녹는점은 낮다(100°C 이하). 이 물질은 고체건 용융물이건 용액 상태이건 모두 전기의 부도체이다. 이 고체의 종류는 무엇인가?

10.36 어떤 고체가 매우 단단하며 녹는점이 높다. 고체와 고체의 용융물 모두 전기를 통하지 않는다. 이 고체의 종류는 무엇인가?

10.37 금속은 왜 열과 전기의 좋은 전도체일까? 온도가 증가함에 따라 금속의 전기 전도 능력이 감소하는 이유는 무엇인가?

10.38 주기율표의 2주기 원소들의 고체 상태를 분류하시오.

10.39 3주기 원소의 산화물의 녹는점을 괄호 속에 주었다. Na_2O(1275°C), MgO(2800°C), Al_2O_3(2045°C), SiO_2(1610°C), P_4O_{10}(580°C), SO_3(16.8°C), Cl_2O_7(−91.5°C).

10.40 다음 중 어느 것이 분자성 고체이고, 어느 것이 공유성 고체인가? Se_8, HBr, Si, CO_2, C, P_4O_6, B, SiH_4.

10.41 다음 물질들을 결정성 형태인 이온 결정, 공유 결정, 분자 결정 및 금속 결정으로 분류하시오. (a) CO_2, (b) B, (c) S_8, (d) KBr, (e) Mg, (f) SiO_2, (g) LiCl, (h) Cr.

10.42 다이아몬드는 흑연보다 왜 더 단단하며, 흑연은 전기 전도체인 데 반해 다이아몬드는 왜 부도체인지를 설명하시오.

상 변화

복습 질문

10.43 상 변화를 정의하시오. 물질의 고체, 액체, 기체상에서 일어날 수 있는 가능한 변화의 이름을 말하시오.

10.44 액체의 평형 증기압이란 무엇을 말하는가? 온도에 따라 어떻게 변화되는가?

10.45 상 변화를 사용하여 동적 평형 상태를 설명하시오.

10.46 다음 용어를 정의하시오. (a) 몰 기화열, (b) 몰 용융열, (c) 몰 승화열. 이들의 단위는 무엇인가?

10.47 몰 기화열과 몰 용융열은 몰 승화열과 어떤 관계가 있는가? 이것은 무슨 법칙에 근거를 두고 있는가?

10.48 몰 기화열로부터 액체의 분자간 힘의 크기에 대해 알 수 있는 것이 무엇인가?

10.49 액체의 몰 기화열이 크면 클수록 증기압이 커진다. 이것은 옳은가? 또는 그른가?

10.50 끓는점을 정의하시오. 액체의 끓는점은 외부 압력에 어떻게 의존하는가? 표 5.2을 참조하여 외부 압력이 187.5 mmHg 일 때 물의 끓는점을 구하시오.

10.51 일정 압력에서 액체를 가열함에 따라 온도가 올라간다. 이 경향은 액체의 끓는점에 도달할 때까지 계속된다. 그 후는 액체를 가열하여도 온도는 더 이상 올라가지 않는다. 그 이유를 설명하시오.

10.52 임계 온도를 정의하시오. 기체의 액화에서 임계 온도는 왜 중요한가?

10.53 액체에서 분자간 힘과 액체의 끓는점 및 임계 온도 사이의 관계는 어떠한가? 물의 임계 온도는 왜 대부분의 다른 물질 보다 더 높은가?

10.54 물과 사염화 탄소의 끓는점과 녹는점이 압력에 따라 어떻게 변하는가? 이 두 물질의 거동에 따르는 차이를 설명하시오.

10.55 고체 이산화 탄소를 왜 드라이 아이스라 부르는가?

10.56 밀폐된 용기 속에 있는 액체의 증기압은 다음 중 어느 것에 의존하는가? (a) 액체 윗부분의 부피, (b) 액체의 양, (c) 온도, (d) 액체 상태 분자들 사이의 분자간 힘.

10.57 그림 10.19을 참조하여 0.5 atm에서 다이에틸 에터, 물, 수은의 끓는점을 추정하시오.

10.58 젖은 옷은 따뜻하고 습한 날보다 따뜻하고 건조한 날에 더 빨리 마른다. 그 이유를 설명하시오.

10.59 (a) 100°C에서 물 1 mol을 수증기 1 mol로, (b) 0°C에서 얼음 1 mol을 물 1 mol로 상 변화시킬 때, 이 두 경우 중 어떤 상 변화가 더 많은 열을 방출하는가?

10.60 물이 든 비커를 분젠 버너로 끓을 때까지 가열하였다. 버너를 하나 더 사용하여 물의 끓는점을 올릴 수 있는가? 설명하시오.

문제

10.61 100°C에서 74.6 g의 물을 수증기로 바꾸는 데 필요한 열(kJ)은 얼마인가?

10.62 −10°C의 얼음 866 g을 126°C의 수증기로 바꾸는 데 필요한 열(kJ 단위)은 얼마인가? (얼음과 수증기의 비열은 각각 2.03 J/g · °C과 1.99 J/g · °C이다.)

10.63 액체의 증발 속도는 (a) 온도, (b) 공기에 노출된 액체의 표면적, (c) 분자간 힘에 따라 어떻게 영향을 받을까?

10.64 아이오딘 분자의 몰 용융열과 몰 승화열은 각각 15.27 kJ/mol과 62.30 kJ/mol이다. 액체 아이오딘의 몰 기화열은 얼마인가?

10.65 이들 화합물은 −10°C에서 액체이다. 끓는점은 뷰테인 −0.5°C, 에탄올 78.3°C, 톨루엔 110.6°C이다. −10°C에서 어떤 액체가 가장 높은 증기압을 가질 것으로 기대되며, 가장 낮을 것으로 예상되는 액체는 어느 것인가?

10.66 동결 건조 커피는 끓인 커피를 얼리고, 진공 펌프로 얼음 성분을 제거해서 만든다. 이 과정에서 일어나는 상 변화를 설명하시오.

10.67 기온이 −15°C인 겨울 날 젖은 옷을 실외에 걸어두었다. 두 세 시간 후 옷은 거의 다 말라 있었다. 이 증발 과정에서의 상 변화를 설명하시오.

10.68 100°C의 수증기는 100°C의 물보다 더 심한 화상을 일으킨다. 그 이유는 무엇인가?

10.69 다음은 여러 온도에서 측정한 수은의 증기압이다. 수은의 몰 증발열을 그래프법으로 결정하시오.

t (°C)	200	250	300	320	340
P (mmHg)	17.3	74.4	246.8	376.3	557.9

10.70 벤젠(C_6H_6)의 증기압은 7.6°C에서 40.1 mmHg이다. 60.6°C에서의 증기압은 얼마인가? 벤젠의 몰 기화열은 31.0 kJ/mol이다.

10.71 액체 X의 증기압은 20°C에서 액체 Y의 증기압보다 낮으나 60°C에서는 더 높다. X와 Y의 상대적인 몰 증발열의 크기를 추론할 수 있겠는가?

상 평형 그림

복습 질문

10.72 상 평형 그림은 무엇인가? 상 평형에 대해 어떤 유용한 정보를 얻을 수 있는가?

10.73 물의 상 평형 그림이 대부분 물질의 상 평형 그림과 어떻

게 다른지 설명하시오. 물의 어떤 성질이 이러한 차이를 일으키는가?

문제

10.74 다음 그림은 황(sulfur)의 상 평형 그림이다. (a) 삼중점은 몇 개인가? (b) 황에는 단사결정(monoclinic)과 사방결정(rhombic)의 두 가지 동소체가 있다. 대기압 하에서 어떤 것이 더 안정한가? (c) 1 atm에 있는 황이 80°C에서 300°C로 가열되면 어떤 일이 일어날지 설명하시오.

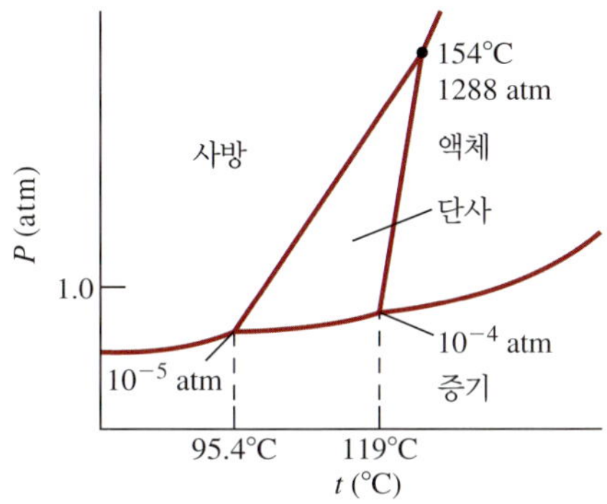

10.75 긴 철사가 얼음 덩어리 위에 놓여 있다. 철사의 길이는 얼음의 양 모서리를 넘어설 정도로 길고, 그 양 끝에 무거운 물체를 매달았다. 철사 아래의 얼음이 서서히 녹으면서 철사는 천천히 얼음 속으로 파고 들어가고, 동시에 철사 위의 물이 다시 어는 것을 관찰하였다. 이 변화에 수반되는 상 변화를 설명하시오.

10.76 다음에 물의 상 평형 그림으로부터 다음 변화의 결과로 어떤 일이 일어나는지 예측하시오. (a) A에서부터 압력을 일정하게 유지하면서 온도를 올릴 때, (b) C에서부터 일정한 압력 하에서 온도를 내릴 때, (c) B에서부터 일정한 온도에서 압력을 내릴 때.

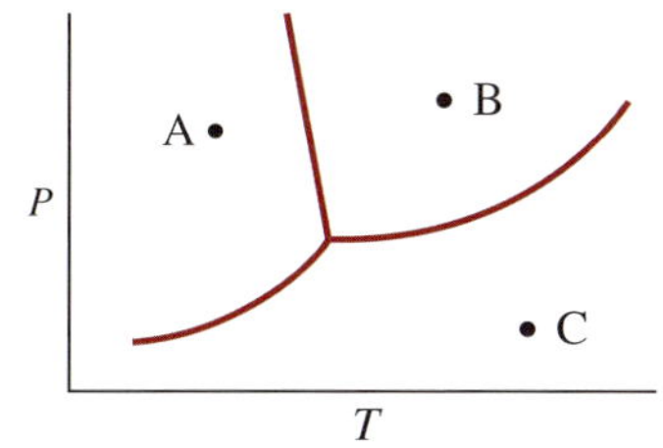

10.77 이산화 황의 끓는점과 녹는점(1 atm에서)은 각각 −10°C와 −72.7°C이다. 삼중점은 −75.5°C, 1.65 × 10^{-3} atm이며, 임계점은 157°C, 78 atm이다. 이 정보를 근거로 SO_2의 상 평형 그림을 개략적으로 그리시오.

실전 연습의 답

10.1 (a) 이온과 분산력, (b) 분산력, (c) 쌍극자-쌍극자와 분산력.

10.2 CH_3OH. **10.3** 369 mmHg.

CHAPTER 11

용액의 물리적 성질

Physical Properties of Solutions

이 장의 차례

물에 녹는 설탕 조각. 용액의 성질은 용매의 성질과 크게 다르다.

주요 개념

용액 여러 종류의 용액이 있다. 가장 흔한 것은 용매가 액체이고 용질이 고체나 액체인 것이다. 분자간 힘이 비슷한 형태인 분자들은 서로 즉시 섞인다. 용해도는 특정 온도에서 용매에 녹는 용질의 양을 정량적으로 측정한 것이다.

농도 단위 용액의 농도 단위로는 질량 백분율, 몰분율, 몰농도, 몰랄농도의 4가지가 주로 사용된다. 각각은 장점과 단점이 있다.

용해도에 미치는 온도와 압력의 효과 온도는 일반적으로 어떤 물질의 용해도에 큰 영향을 준다. 액체에 기체를 녹일 때에는 압력이 영향을 주지만 용질이 액체나 고체일 때에는 거의 영향이 없다.

총괄성 용질의 존재는 용매의 증기압, 끓는점, 어는점에 영향을 준다. 또한 반투막에 의해 용액으로부터 용매를 분리할 때 용매로부터 용액으로 용매 분자가 이동하는 삼투가 일어난다. 이들 성질이 용액의 농도에 대한 변화 정도와 관련된 식을 유도하였다.

11.1 용액의 종류

대부분의 화학 반응은 순수한 고체, 액체, 기체 사이에서가 아니라 물이나 다른 용매에 용해된 이온과 분자 간에 일어난다. 4.1절에서 용액이란 둘 이상의 물질의 균일 혼합물이라고 배웠다. 이 정의에 따라서는 용액 내에 포함된 물질의 성질에 대하여 아무런 정보도 얻을 수 없기 때문에, 용액의 종류를 용액 구성 성분의 원래의 상(고체, 액체, 기체)에 따라 6가지로 구분할 수 있다. 표 11.1에 이들 유형의 예가 나와 있다.

여기서 우리의 관심사는 적어도 하나의 액체 성분을 포함하는, 즉 기체-액체, 액체-액체, 고체-액체 용액이다. 그리고 크게 놀랄 일도 아니지만 용액을 연구하는 데 있어서 사용되는 대부분의 용매는 물이다.

화학자들은 용질을 녹일 수 있는 능력에 따라 용액을 구분한다. *주어진 온도에서 주어진 용매 내에 최대의 용질이 포함되어 있는 용액을* **포화 용액**(saturated solution)이라 한다. 포화점에 이르기 전에 용액은 **불포화**(unsaturated)되었다고 하는데, *이는 용액이 녹일 수 있는 한계보다 적은 양의 용질을 포함한다.* 세 번째 유형은 **과포화 용액**(supersaturated solution)이라 하는데, *포화 용액에 존재하는 용질보다 더 많은 양의 용질을 함유하는 용액*을 말한다. 과포화 용액은 그다지 안정하지 않다. 시간이 흐름에 따라 어느 정도의 용질이 용액으로부터 빠져나와 결정을 만들게 된다. *용액에 녹아있던 용질이 용액으로부터 빠져나와 결정을 형성하는 과정*을 **결정화**(crystallization)라고 한다. 침전이나 결정이 모두 과포화 용액으로부터 과량의 고체 물질이 분리되는 것으로 생각할 수 있다. 하지만 그 두 과정에 의해 만들어지는 고체의 형태는 다르다. 일반적으로 침전물은 작은 입자로 구성된 반면, 결정은 크기도 하고 모양도 균일하다(그림 11.1).

그림 11.1 • 과포화된 아세트산 소듐 용액(위쪽)에 작은 씨앗 결정을 넣으면 아세트산 소듐 결정이 빠르게 형성된다.

11.2 용해 과정의 분자 수준 관찰

액체나 고체에서 분자들은 분자간 인력에 의해 서로 붙들려 있다. 이 힘은 용액을 형성할 때도 중요한 역할을 한다. 한 물질(용질)이 다른 물질(용매)에 녹을 때, 용질 입자들은 용매 내로 분산된다. 용질 입자는 용매 입자들이 차지하고 있던 위치를 차지하게 된다. 용질 입자가 용매 분자들의 공간을 얼마나 수월하게 대신 차지하는가는 다음 세 가지 상호작용의 상대적 세기에 달려있다.

- 용매-용매 상호작용
- 용질-용질 상호작용
- 용매-용질 상호작용

단순화시켜 말하자면, 용해 과정은 세 가지 특징적인 단계로 일어난다고 가정할 수 있다(그림 11.2). 단계 1은 용매 분자간의 분리이고, 단계 2는 용질 분자간의 분리 과정이다. 이 과정은 분자간 인력을 끊는 과정이므로 흡열 과정이다. 단계 3에서는 용매와 용질 분자가 섞이

표 11.1 용액의 형태

용질	용매	용액의 상태	예
기체	기체	기체	공기
기체	액체	액체	탄산수(물 속에 녹아 있는 CO_2)
기체	고체	고체	팔라듐에 들어 있는 H_2 기체
액체	액체	액체	물에 녹아 있는 에탄올
고체	액체	액체	물에 녹아 있는 NaCl
고체	고체	고체	황동(Cu/Zn), 땜납(Sn/Pb)

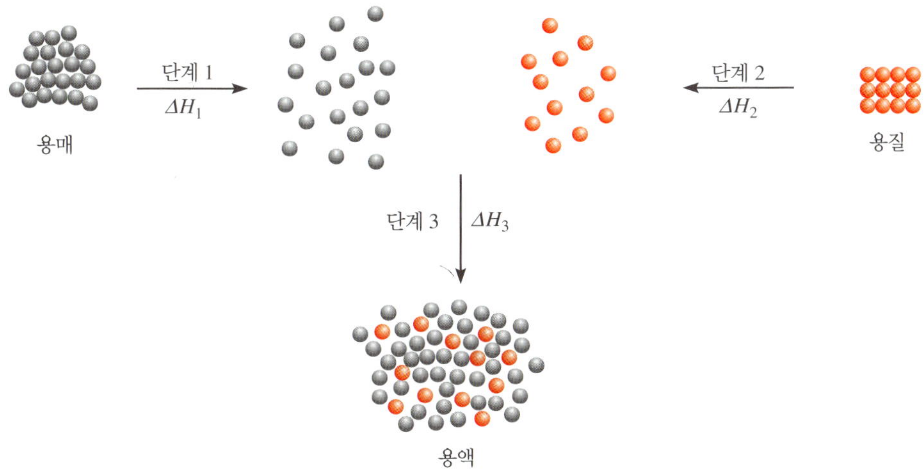

그림 11.2 • 세 단계로 일어나는 용해 과정의 분자적 관점. 우선 용매와 용질 분자가 분리된다(단계 1과 단계 2). 그런 다음 용매와 용질 분자가 섞인다(단계 3).

동영상
이온 결합 및 공유 결합 화합물의 용해.

는데, 이 단계는 흡열일 수도 있고 발열일 수도 있다. 용해열 $\Delta H_{용해}$은 다음과 같이 주어진다.

$$\Delta H_{용해} = \Delta H_1 + \Delta H_2 + \Delta H_3 \tag{11.1}$$

이 식은 헤스 법칙의 응용이다.

만일 용질-용매간 인력이 용매-용매간 인력과 용질-용질간 인력의 합보다 크면 용해되는 것이 유리한 과정이다. 즉, 발열 과정($\Delta H_{용해} < 0$)이다. 만일 용질-용매간 인력이 용매-용매간 인력이나 용질-용질간 인력의 합보다 작으면 용해 과정은 흡열 과정($\Delta H_{용해} > 0$)이다.

자체 분자들 간의 인력이 분자와 용매 사이의 인력보다 큼에도 불구하고 결국 용질이 용매에 녹는 것에 의아해 할 수도 있을 것이다. 용해 과정은 다른 물리적, 화학적 과정과 같이 두 가지 요인에 의해 지배된다. 첫째는 에너지로서 용해 과정이 발열 반응인지 흡열 반응인지를 결정한다. 둘째는 모든 자연 현상에서처럼 무질서하게 되려는 경향이다. 새로운 카드 묶음을 몇 번 섞으면 순서가 완전히 없어지는 것처럼 용매와 용질이 용액을 형성하면서 섞이게 되면 무작위도 즉, 무질서도가 증가한다. 순수한 상태에서 용매와 용질은 삼차원 공간에서 원자, 분자, 이온이 다소 규칙적인 배열을 이루어 어느 정도의 질서도를 갖는다. 이러한 질서도의 대부분은 용질이 용매에 녹을 때 파괴된다(그림 11.2). 그러므로 용해 과정은 항상 무질서도의 증가를 수반한다. 이러한 계의 무질서도 증가 때문에 용해 과정이 흡열 반응이더라도 어떤 물질의 용해가 유리하게 진행될 수 있다.

용해도는 특정 온도에서 용질이 용매에 녹아 있는 양의 척도이다. "끼리끼리 녹인다"는 표현은 주어진 용매에서 어떤 물질의 용해도를 예측하는 데 도움이 된다. 이 표현의 의미는 분자간 인력의 유형과 크기가 비슷한 두 물질끼리 서로 잘 녹인다는 의미이다. 예를 들어, 사염화 탄소(CCl_4)와 벤젠(C_6H_6)은 둘 다 비극성 용매이다. 이들 물질 간에 유일하게 존재하는 분자간 힘은 분산력이다(10.2절 참조). 이 두 용매가 혼합되면 서로 쉽게 용해되는데, CCl_4와 C_6H_6 분자들 사이의 인력은 CCl_4 분자간 인력, C_6H_6 분자간 인력과 비슷한 크기이기 때문이다. *어떤 조성으로도 서로를 녹일 수 있을 때* 두 용매는 **섞인다**(miscible)라고 한다. 메탄올, 에탄올, 에틸렌 글라이콜(ethylene glycol)과 같은 알코올들은 물 분자와 수소 결합을 할 수 있기 때문에 물과 잘 섞인다.

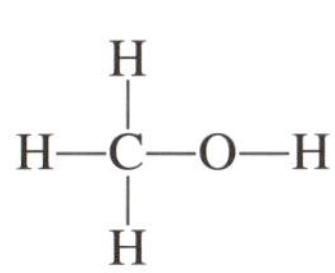
메탄올

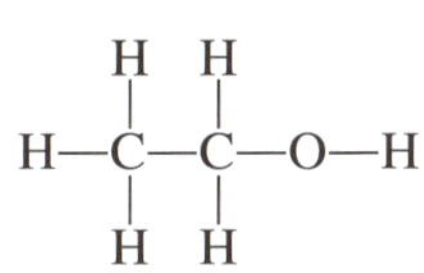
에탄올

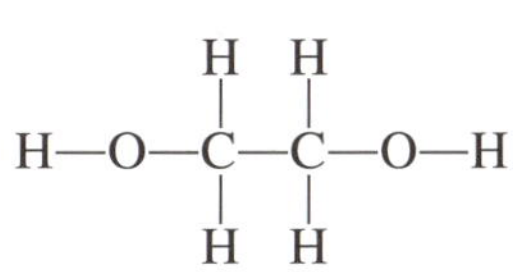
1,2-에틸렌글라이콜

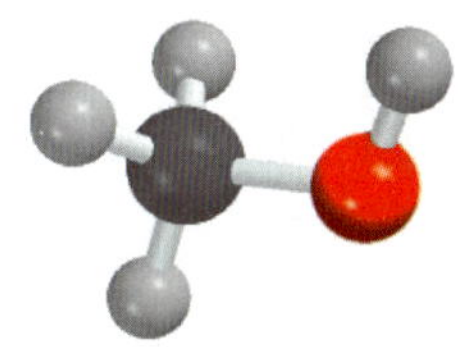
CH_3OH

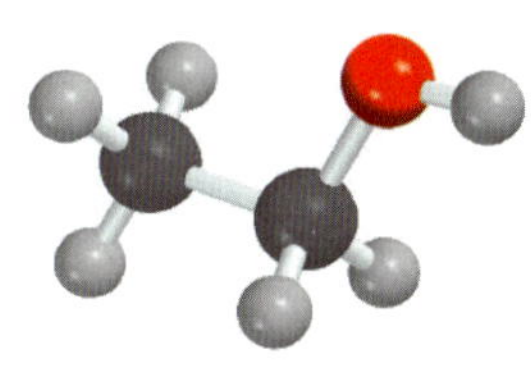
C_2H_5OH

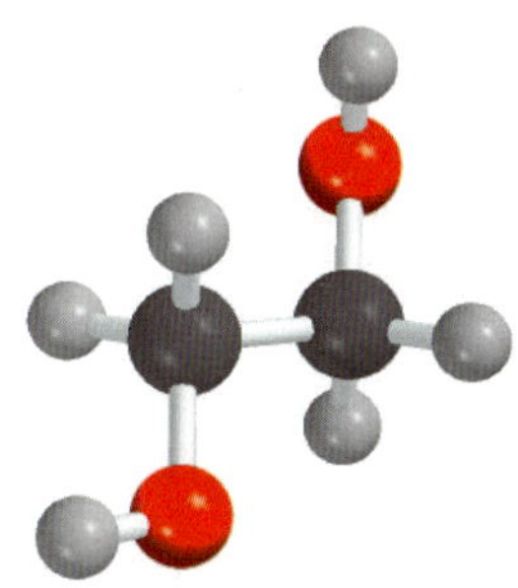
$CH_2(OH)CH_2(OH)$

염화 소듐이 물에 녹을 때, 수용액 내에서 각 이온들은 이온-쌍극자 상호작용을 수반하는 수화작용에 의해 안정화된다. 일반적으로 이온 결합 화합물은 벤젠이나 사염화 탄소와 같은 비극성 용매에서보다 물, 액체 암모니아, 액체 플루오린화 수소(HF)와 같은 극성 용매에서 훨씬 더 잘 녹는다. 비극성 용매 분자들은 쌍극자 모멘트가 없으므로 이들 용매에서는 Na^+와 Cl^- 이온들을 효과적으로 용매화할 수 없다. [**용매화**(solvation)란 *어떤 이온이나 분자가 특정한 방식으로 배열된 용매 분자에 의해 둘러싸이는 과정*이다. 용매가 물인 경우 그 과정을 *수화*(hydration)라고 한다.] 이온과 비극성 화합물 사이의 분자간 상호작용은 주로 이온-유도 쌍극자 상호작용이며, 이는 이온-쌍극자 상호작용보다 약하다. 결과적으로 이온 결합 화합물들은 비극성 용매에서 매우 낮은 용해도를 보인다.

예제 11.1

다음 경우에 상대적 용해도를 예측하시오. (a) 벤젠(C_6H_6, μ = 0 D)과 물(μ = 1.87 D)에서 Br_2의 용해도, (b) 사염화 탄소(CCl_4, μ = 0 D)와 액체 암모니아(NH_3, μ = 1.46 D)에서 KCl의 용해도, (c) 이황화 탄소(CS_2, μ = 0 D)와 물에서 폼알데하이드(CH_2O)의 용해도.

▸ **전략** 용해도를 예상할 때, 비슷한 것은 비슷한 것을 녹인다는 원리를 기억하라. 비극성 용질은 비극성 용매에 녹을 것이다. 이온 화합물은 이온-쌍극자 상호작용을 이용하여 극성 용매에 녹을 것이다. 용매와 수소 결합을 형성할 수 있는 용질은 그 용매에서 큰 용해도를 가질 것이다.

▸ **풀이**

(a) Br_2는 비극성 분자이므로 물보다 비극성 용매인 C_6H_6에서 잘 녹는다. Br_2와 C_6H_6간의 분자간 힘은 분산력이다.

(b) KCl은 이온 화합물이다. 이것이 녹으려면 각각의 K^+와 Cl^-는 이온-쌍극자 상호작용에 의해 안정화되어야 한다. CCl_4는 쌍극자 모멘트가 없으므로 KCl은 쌍극자 모멘트가 큰 극성 분자인 액체 NH_3에 잘 녹는다.

(c) CH_2O는 극성 분자이고 CS_2(선형 분자)는 비극성이기 때문에 CH_2O와 CS_2 분자 사이의 힘은 쌍극자-유도 쌍극자 힘과 분산력이다. 한편 CH_2O는 물과 수소 결합을 형성할 수 있기 때문에 물에서 더 잘 녹는다.

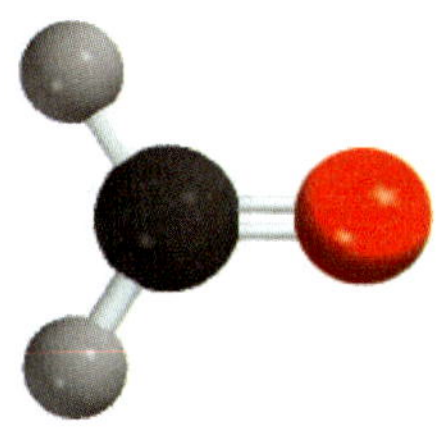

CH_2O

비슷한 문제: 11.9.

▸ **실전 연습** 아이오딘(I_2)은 물에 더 잘 녹는가, 이황화 탄소(CS_2)에 더 잘 녹는가?

☑ 개념 복습하기

물보다 벤젠에 더 잘 녹을 것으로 생각되는 것은 C_4H_{10}, HBr, KNO_3, P_4 중 어느 것인가?

11.3 농도 단위

용액을 정량적으로 연구하기 위해서는 농도(concentration)를 알아야 하는데, 농도는 일정량의 용액에 존재하는 용질의 양을 나타낸다. 화학자들은 몇 가지 다른 농도 단위를 사용하는데, 각각은 장점과 한계가 있다. 가장 보편적인 세 가지 단위인 질량 백분율, 몰농도, 몰랄농도에 대해 알아보도록 하자.

농도 단위의 종류

질량 백분율

질량 백분율(percent by mass, 무게 백분율이라고도 함)은 다음과 같이 정의한다.

$$\text{용질의 질량 백분율} = \frac{\text{용질의 질량}}{\text{용질의 질량} + \text{용매의 질량}} \times 100\%$$

$$= \frac{\text{용질의 질량}}{\text{용액의 질량}} \times 100\% \qquad \textbf{(11.2)}$$

질량 백분율은 유사한 양의 비이므로 단위가 없는 숫자이다.

몰농도(M)

4.5절에서 몰농도(molarity) 단위는 용액 1 리터에 들어 있는 용질의 몰수로 정의하였다.

몰농도의 계산에 관한 것은 예제 4.7을 참조하라.

$$\text{몰농도} = \frac{\text{용질의 몰수}}{\text{용액의 부피(L)}} \qquad \textbf{(11.3)}$$

따라서 몰농도는 mol/L의 단위를 가진다.

몰랄농도(m)

몰랄농도(molality)는 *용매 1 kg (1000 g)에 녹아 있는 용질의 몰수*이다. 즉,

$$\text{몰랄농도} = \frac{\text{용질의 몰수}}{\text{용매의 질량(kg)}} \qquad \textbf{(11.4)}$$

예를 들어, 1 *몰랄*(molal) 즉, 1 m의 황산 소듐(Na_2SO_4) 수용액을 만들기 위해서는 물 1000 g(1 kg)에 그 물질 1 mol(142.0 g)을 녹이면 된다. 용질-용매 상호작용의 정도에 따라 용액의 최종 부피는 1000 mL보다 커질 수도 있고 작아질 수도 있다. 거의 가능성이 없기는 하지만 최종 부피가 정확히 1000 mL가 될 수도 있다.

예제 11.2

물 237 g에 황산 35.2 g이 녹아 있는 황산 용액의 몰랄농도를 계산하시오. 황산의 몰질량은 98.09 g이다.

▸ **전략** 용액의 몰랄농도를 계산하기 위해서 용질의 몰수와 용매의 질량을 kg 단위로 알아야 한다.

▸ **풀이** 몰랄농도(m)의 정의는

$$m = \frac{\text{용질의 몰수}}{\text{용매의 질량(kg)}}$$

우선 몰질량을 이용하여 산 35.2 g에 들어 있는 황산의 몰수를 알아낸다.

$$H_2SO_4\text{의 몰수} = 35.2\ \cancel{g\ H_2SO_4} \times \frac{1\ mol\ H_2SO_4}{98.09\ \cancel{g\ H_2SO_4}}$$
$$= 0.359\ mol\ H_2SO_4$$

물의 질량은 237 g, 즉 0.237 kg이다. 따라서,

$$\text{몰랄농도} = \frac{0.359\ mol\ H_2SO_4}{0.237\ kg\ H_2O}$$
$$= 1.51\ m$$

▸ **실전 연습** 요소$[(NH_2)_2CO]$ 7.78 g이 물 203 g에 녹아 있는 용액의 몰랄농도는 얼마인가?

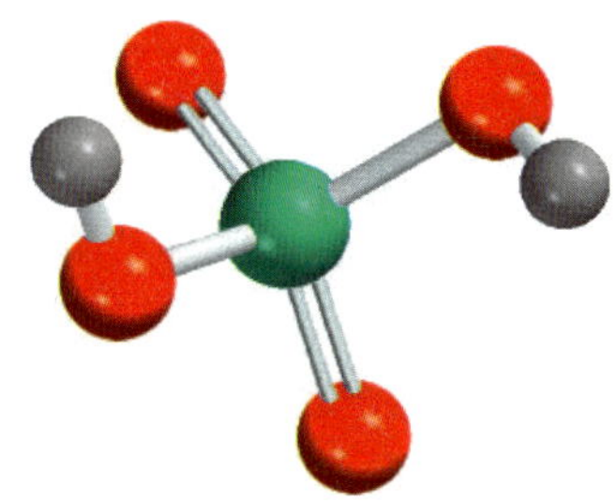

H_2SO_4

비슷한 문제: 11.15.

농도 단위의 비교

농도 단위의 선택은 실험의 목적에 달려 있다. 4.5절에서 본 바와 같이 몰농도의 장점으로는

정확히 보정된 부피 플라스크를 사용하여 용액의 부피를 측정하는 것이 용액의 무게를 측정하는 것보다는 일반적으로 쉽다는 것이다. 이러한 이유로 몰농도는 몰랄농도보다 자주 사용된다. 반면 몰랄농도는 용매의 무게와 용질의 몰수로 표현되는 것이므로 온도에 무관하다. 용액의 부피는 온도에 따라 일반적으로 증가하여 25°C에서 1.0 *M* 용액이라도 부피의 증가 때문에 45°C에서는 0.97 *M*가 될 수도 있다. 이렇듯 온도에 영향을 받는 농도는 실험의 정확성에 심각한 영향을 주게 된다. 따라서 몰농도보다 몰랄농도가 선호될 때도 있다.

질량 백분율은 온도에 무관하다는 점에서 몰랄농도와 비슷하다. 게다가 질량 백분율은 용액의 질량에 대한 용질의 질량비로 정의되므로 질량 백분율 계산에 용질의 몰질량을 알 필요는 없다.

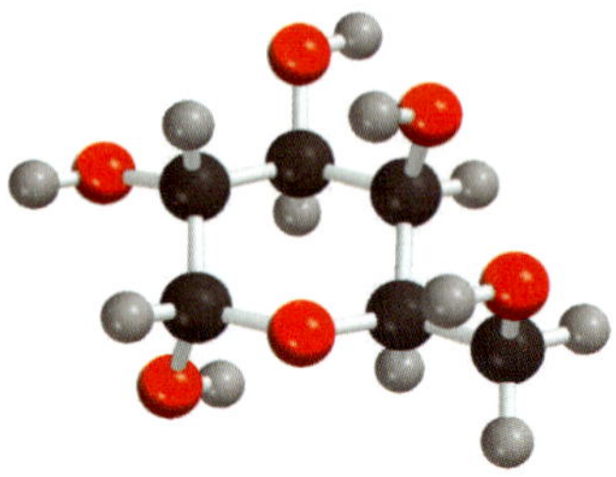

$C_6H_{12}O_6$

때로는 어떤 한 농도 단위에서 다른 농도 단위로 변환이 필요할 때가 있다. 예를 들면, 동일한 용액이 다른 농도 단위를 필요로 하는 다른 실험에 사용되기도 한다는 것이다. 0.396 *m* 포도당($C_6H_{12}O_6$) 용액의 몰농도를 계산해 보자. 용매 1000 g에 포도당 0.396 mol이 녹아 있다는 것을 알고 있으므로 이 용액의 부피를 결정하면 된다. 우선 포도당의 몰질량으로부터 용액의 질량을 계산해 보자.

$$\left(0.396\ \cancel{\text{mol C}_6\text{H}_{12}\text{O}_6} \times \frac{180.2\text{ g}}{1\ \cancel{\text{mol C}_6\text{H}_{12}\text{O}_6}}\right) + 1000\text{ g H}_2\text{O 용액} = 1071\text{ g}$$

다음 단계는 용액의 밀도를 실험적으로 결정하는 것인데, 1.16 g/mL가 구해졌다고 하자. 이제 용액의 부피를 L 단위로 나타낼 수 있게 된다.

$$\begin{aligned}\text{부피} &= \frac{\text{질량}}{\text{밀도}} \\ &= \frac{1071\text{ g}}{1.16\text{ g/mL}} \times \frac{1\text{ L}}{1000\text{ mL}} \\ &= 0.923\text{ L}\end{aligned}$$

마지막으로 용액의 몰농도는 다음과 같이 계산된다.

$$\begin{aligned}\text{몰농도} &= \frac{\text{용질의 몰수}}{\text{용액의 부피(L)}} \\ &= \frac{0.396\text{ mol}}{0.923\text{ L}} \\ &= 0.429\text{ mol/L} = 0.429\ M\end{aligned}$$

위에서 볼 수 있듯이 용액의 밀도는 몰농도와 몰랄농도 사이에서 변환인자 역할을 한다.

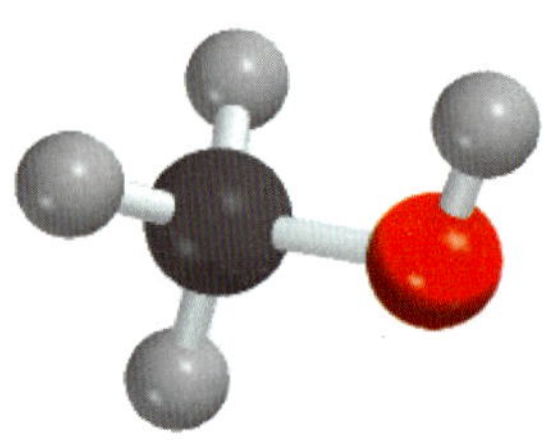

CH_3OH

예제 11.3

4.86 *M* 메탄올(CH_3OH) 수용액의 밀도는 0.973 g/mL이다. 이 용액의 몰랄농도는 얼마인가? 메탄올의 몰질량은 32.04 g이다.

▸ **전략** 몰랄농도를 계산하기 위해서는 메탄올의 몰수와 용매의 질량을 kg 단위로 알아야 한다. 용액 1 리터를 가정하면, 메탄올의 몰수는 4.86 mol이다.

$$m = \frac{\text{용질의 몰수}}{\text{용매의 질량(kg)}}$$

(주어진 값: 용질의 몰수; 원하는 값: m; 알아내야 할 값: 용매의 질량(kg))

▸ **풀이** 첫 번째 단계는 밀도를 사용하여 용액 1 L에 있는 물의 질량을 계산하는 것이다. 4.86 *M* 메탄올 용액 1 L의 전체 질량은

$$1\ \cancel{\text{L 용액}} \times \frac{1000\ \cancel{\text{mL 용액}}}{1\ \cancel{\text{L 용액}}} \times \frac{0.973\text{ g}}{1\ \cancel{\text{mL 용액}}} = 973\text{ g}$$

이 용액은 메탄올 4.86 mol을 포함하므로 용액에서 물(용매)의 양은

$$\begin{aligned}\text{물의 질량} &= \text{용액의 질량} - \text{용질의 질량}\\ &= 973\ \text{g} - \left(4.86\ \cancel{\text{mol CH}_3\text{OH}} \times \frac{32.04\ \text{g CH}_3\text{OH}}{1\ \cancel{\text{mol CH}_3\text{OH}}}\right)\\ &= 817\ \text{g}\end{aligned}$$

용액의 몰랄농도는 817 g을 0.817 kg으로 바꾸면 계산할 수 있다.

$$\begin{aligned}\text{몰랄농도} &= \frac{4.86\ \text{mol CH}_3\text{OH}}{0.817\ \text{kg H}_2\text{O}}\\ &= 5.95\ m\end{aligned}$$

▸ **검산** 매우 묽은 수용액에 대해서 몰농도와 몰랄농도는 거의 같은 값을 갖는다. 하지만 더 진한 수용액에서는 용질의 질량이 유효하여 용매 질량이 감소한다. 따라서 이러한 경우에 몰랄농도가 몰농도보다 훨씬 더 큰 것은 드문 일이 아니다.

비슷한 문제: 11.16(a).

▸ **실전 연습** 밀도가 0.927 g/mol인 5.86 M 에탄올(C_2H_5OH) 수용액의 몰랄농도를 계산하시오.

예제 11.4

질량 백분율로 29.7%인 인산(H_3PO_4) 수용액의 몰랄농도를 계산하시오. 인산의 몰질량은 97.99 g이다.

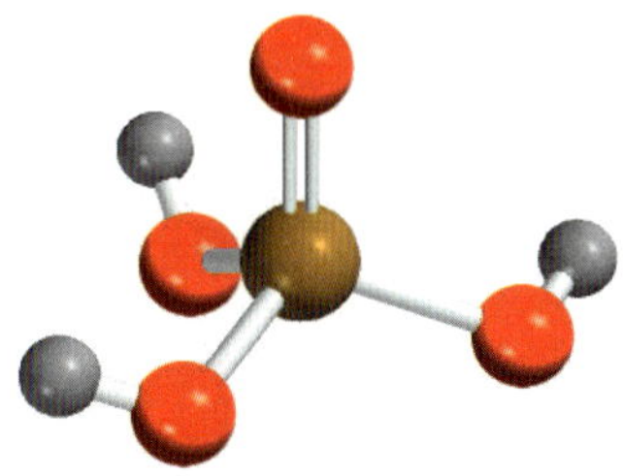

H_3PO_4

▸ **전략** 이러한 유형의 문제를 푸는 데는 용액의 양을 100.0 g으로 놓고 시작하면 편리하다. 인산의 질량이 29.7%, 즉 29.7 g이라면 물의 질량 백분율과 그 질량은 100.0% − 29.7% = 70.3%와 70.3 g이 된다.

▸ **풀이** 인산의 알려진 몰질량으로부터 예제 11.2에서처럼 두 단계를 거쳐 몰랄농도를 계산할 수 있다. 우선, 인산 29.7 g의 몰수를 계산한다.

$$\begin{aligned}\text{H}_3\text{PO}_4\text{의 몰수} &= 29.7\ \cancel{\text{g H}_3\text{PO}_4} \times \frac{1\ \text{mol H}_3\text{PO}_4}{97.99\ \cancel{\text{g H}_3\text{PO}_4}}\\ &= 0.303\ \text{mol H}_3\text{PO}_4\end{aligned}$$

물의 질량은 70.3 g 즉 0.0703 kg이다. 따라서 몰랄농도는 다음과 같다.

$$\begin{aligned}\text{몰랄농도} &= \frac{0.303\ \text{mol H}_3\text{PO}_4}{0.0703\ \text{kg H}_2\text{O}}\\ &= 4.31\ m\end{aligned}$$

비슷한 문제: 11.16(b).

▸ **실전 연습** 질량 백분율로 44.6%인 염화 소듐 수용액의 몰랄농도를 계산하시오.

☑ 개념 복습하기

20°C에서 용액을 준비하였으며 그 용액의 농도는 질량 백분율, 몰농도, 몰랄농도의 세 가지 다른 단위로 나타낸다. 준비된 용액을 75°C로 가열한다고 하자. 어떤 농도 단위가 변화(증가 또는 감소)하겠는가?

11.4 용해도에 미치는 온도의 영향

용해도는 특정 온도에서 주어진 양의 용매에 녹을 수 있는 용질의 최대량으로 정의된다는 것을 상기하자. 온도는 대부분 물질의 용해도에 영향을 준다. 이 절에서는 고체나 기체의 용해도에 대한 온도의 영향을 알아보고자 한다.

그림 11.3 • 물에서 몇 가지 이온성 화합물에 대한 용해도의 온도 의존성.

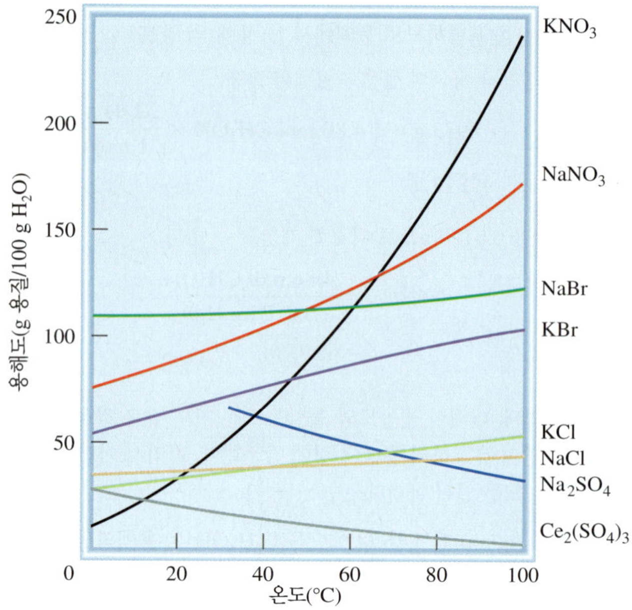

고체의 용해도와 온도

그림 11.3은 물에서 몇 가지 이온 화합물의 용해도에 대한 온도 의존성을 나타낸 것이다. 전부는 아니지만 대부분의 경우 고체 물질의 용해도는 온도에 따라 증가한다. 하지만 $\Delta H_{용해}$의 부호와 온도에 따른 용해도 변화의 상관관계는 명확하지 않다. 예를 들어, $CaCl_2$의 용해 과정은 발열인데 반해 NH_4NO_3의 경우는 흡열이다. 그러나 두 화합물 모두 온도가 증가함에 따라 용해도가 증가한다. 일반적으로 용해도에 관한 온도의 영향은 실험적으로 결정된다.

기체의 용해도와 온도

물에서 기체의 용해도는 온도가 증가함에 따라 감소한다(그림 11.4). 비커에서 물을 가열하면 물이 끓기 전에 유리 벽면에 공기 방울이 생기는 것을 볼 수 있다. 온도가 올라감에 따라 용해된 공기 분자는 물이 끓기 전에 용액으로부터 "끓어 나온다".

더운 물에서 산소의 용해도 감소는 **열 공해**[*환경*(보통 수로)*의 온도가 올라감에 따라 물에서의 산소량이 줄어들어 생명체들에게 치명적이 되는 현상*]와 직접 관련이 있다. 미국에서는 매년 100조 갤런의 물이 주로 핵 발전이나 화력 발전 등에서 공업용 냉각수로 사용되는 것으로 추정된다. 이 과정에서 가열된 물이 다시 강이나 호수로 방출된다. 생태학자들은 수중 생물이 받는 열 공해의 영향에 대해 우려하기 시작했다. 다른 변온동물들처럼 물고기들은 빠른 온도 변화에 사람보다 훨씬 더 적응하기 힘들다. 물의 온도가 올라가면 대사 속도가 증가하는데, 수온이 매 10°C 상승할 때마다 대사 속도는 일반적으로 2배씩 증가한다. 신진대사 속도의 증가는 물고기들의 산소 요구량을 급속히 증가시키는 반면, 온도가 높아진 물은 산소 함유량이 점점 작아진다. 현재 생태계의 파괴를 최소화하면서 발전소를 냉각시키는 방법이 강구되고 있다.

온도에 대한 기체의 용해도 변화를 알면 낚시를 할 때 좀 더 많이 낚을 수 있다. 더운 여름날 경험이 많은 낚시꾼은 강이나 호수의 깊은 곳에 미끼를 던진다. 깊고 차가운 곳에 산소의 함량이 높으므로 그 곳에서 더 많은 물고기를 발견할 수 있기 때문이다.

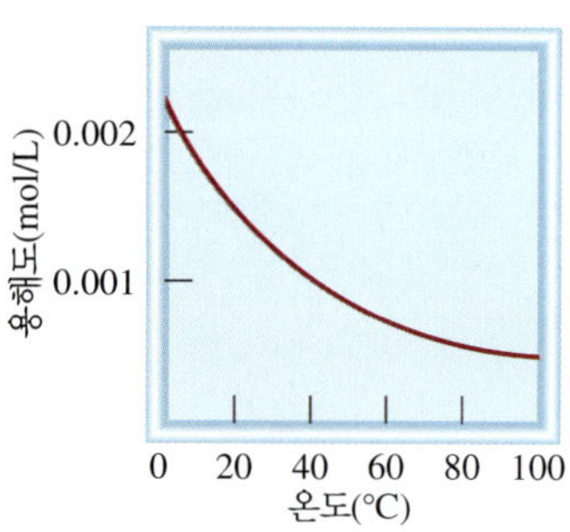

그림 11.4 • 물에 녹아 있는 O_2 기체 용해도의 온도 의존성. 용해도는 온도가 증가함에 따라 감소한다. 용액 위 기체 압력은 1 atm이다.

☑ 개념 복습하기

그림 11.3을 이용하여 40°C에서 용해도가 증가하는 순서로 포타슘 염을 배열하시오.

11.5 기체의 용해도에 미치는 압력의 영향

일반적으로 액체나 고체의 용해도는 외부 압력에 무관하지만 기체의 용해도는 상당히 영향을 받는다. 기체의 용해도와 압력에 관한 정량적인 관계는 **헨리 법칙**(Henry's law)으로 주어지는데, *액체 내 기체의 용해도는 용액 위 기체의 압력에 비례한다*는 것이다.

$$c \propto P$$

$$c = kP \tag{11.5}$$

여기서 c는 용해된 기체의 몰농도(mol/L)이고, P는 용액 위 기체의 압력(대기압)이고, k는 주어진 기체에 대해 온도에만 의존하는 상수이다. 상수 k의 단위는 mol/L · atm이다. 기체의 압력이 1 atm일 때 c는 k와 *수치적*으로 같다.

각 기체는 주어진 온도에서 k 값이 서로 다르다.

헨리 법칙은 분자 운동론을 통해 정성적으로 이해될 수 있다. 용매에 녹는 기체의 양은 기체 상태의 분자가 얼마나 자주 액체 표면과 충돌하고, 또 응축상에 의해 포획되는가에 달려 있다. 용액과 동적 평형에 있는 기체를 가정해 보자[그림 11.5(a)]. 어떤 순간에서든지 용액으로 들어가는 기체 분자의 수는 용액으로부터 기체상으로 나오는 용해된 분자의 수와 같다. 부분 압력이 증가하면 더 많은 분자가 액체 표면과 충돌하므로 더 많은 분자가 액체 표면으로 녹아 들어간다. 이러한 과정은 용액의 농도가 초당 용액으로 들어가는 분자 수와 나오는 분자 수가 같아질 때까지 지속된다[그림 11.5(b)]. 기체와 액체상에서 모두 분자의 농도가 증가하기 때문에 부분압이 작은 (a)에서보다 (b)에서 용액으로 들어가거나 나오는 분자수가 더 많다.

헨리 법칙에 대한 실제 보기는 음료수병의 마개를 열었을 때 생기는 거품을 들 수 있다. 음료수병의 마개를 막기 전에 수증기로 포화된 공기와 CO_2 혼합물로 압력을 가한다. 압력을 받고 있는 기체 혼합물의 높은 CO_2 분압 때문에 음료수에 녹아 있을 수 있는 기체 성분의 양은 대기압에서 녹을 수 있는 양의 몇 배가 된다. 병의 마개를 따면 압축된 기체들이 빠져나가고, 결국 음료수 내부의 압력이 대기압에 이르게 되어 남아 있는 CO_2의 양은 대기압에서 CO_2 분압인 0.0003 atm만이 남게 된다. 용액으로부터 빠져나온 과잉의 CO_2가 거품의 원인이 된다.

청량음료의 거품. 병을 흔든 후 열면 더 급격한 CO_2의 분출을 볼 수 있다.

예제 11.5

질소 기체의 용해도는 25°C, 1 atm에서 6.8×10^{-4} mol/L이다. 대기압 조건에서 물에 녹아 있는 질소의 농도는 얼마인가? 대기 중 질소 기체의 부분 압력은 0.78 atm이다.

▸ **전략** 주어진 용해도로부터 헨리 법칙 상수(k)를 계산하고, 이를 사용하여 용액의 농도를 결정한다.

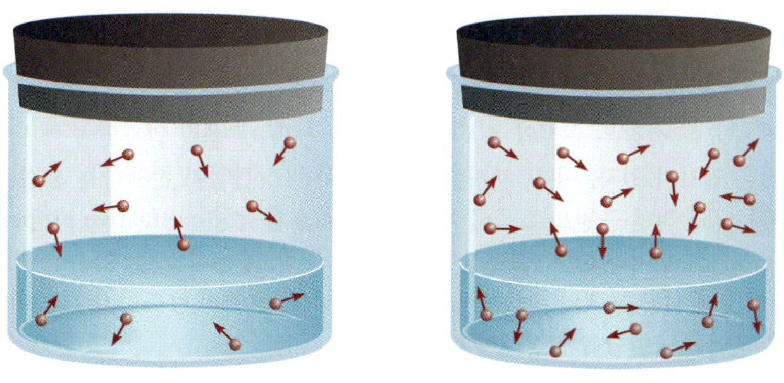

(a) (b)

그림 11.5 • 헨리 법칙에 대한 분자 수준의 해석. 용액 위 기체의 부분 압력이 (a)에서 (b)로 증가할 때, 녹아있는 기체의 농도도 식 (11.5)에 따라 증가한다.

▸ **풀이** 첫 번째 단계는 식 (11.5)의 k 값을 구하는 것이다.

$$c = kP$$
$$6.8 \times 10^{-4}\ \text{mol/L} = k\ (1\ \text{atm})$$
$$k = 6.8 \times 10^{-4}\ \text{mol/L} \cdot \text{atm}$$

따라서 물에 대한 질소 기체의 용해도는

$$c = (6.8 \times 10^{-4}\ \text{mol/L} \cdot \text{atm})(0.78\ \text{atm})$$
$$= 5.3 \times 10^{-4}\ \text{mol/L}$$
$$= 5.3 \times 10^{-4}\ M$$

용해도의 감소는 압력이 1 atm에서 0.78 atm으로 낮아진 결과이다.

비슷한 문제: 11.35.

▸ **검산** 농도비[$(5.3 \times 10^{-4}\ M/6.8 \times 10^{-4}\ M) = 0.78$]는 압력비($0.78\ \text{atm}/1.0\ \text{atm} = 0.78$)와 같아야 한다.

▸ **실전 연습** 부분 압력이 0.22 atm이고 온도가 25°C일 때, 물 속에서 산소의 몰농도를 계산하시오. 산소의 헨리 법칙 상수는 1.3×10^{-3} mol/L · atm이다.

대부분의 기체는 헨리 법칙을 따르지만 몇 가지 중요한 예외가 있다. 예를 들면, 용해된 기체가 물과 반응하면 용해도가 증가한다. 암모니아의 용해도는 다음 반응 때문에 예상치보다 훨씬 높은 값을 보인다.

$$NH_3 + H_2O \rightleftharpoons NH_4^+ + OH^-$$

이산화 탄소 또한 다음과 같이 물과 반응한다.

$$CO_2 + H_2O \rightleftharpoons H_2CO_3$$

또 하나 흥미로운 예는 산소 분자가 혈액에 용해되는 것이다. 정상적으로는 산소 기체는 물에 거의 녹지 않는다(예제 11.5에 있는 실전연습 참조). 하지만 혈액 내의 산소 용해도는 훨씬 큰데, 이는 헤모글로빈(Hb) 분자가 많이 존재하기 때문이다. 각 헤모글로빈 분자는 산소 분자가 4개까지 결합할 수 있는데, 이는 조직 내로 운반되어 대사 과정에 사용된다.

$$Hb + 4O_2 \rightleftharpoons Hb(O_2)_4$$

이는 혈액 속에서 산소의 용해도가 높은 것을 설명하는 과정이다.

☑ 개념 복습하기

CH_4, Ne, HCl, H_2 중 어느 기체의 헨리 법칙 상수가 25°C에서 가장 크겠는가?

11.6 총괄성

용액의 여러 중요한 성질은 용질의 종류에 관계없이 용액 내 용질 입자의 수에만 의존한다. 이러한 성질은 입자가 원자, 이온, 분자 중 어느 것이든 상관없이 존재하는 용질 입자의 수에만 의존하는 공통적인 근원으로 묶을 수 있기 때문에 **총괄성**(colligative properties 또는 collective properties)이라 한다. 총괄성에는 증기압 내림, 끓는점 오름, 어는점 내림, 삼투압이 있다. 먼저 비전해질 용액의 총괄성을 논의할 것이다. 용액의 농도가 0.2 M 이하인 상대적으로 묽은 용액에 국한함을 명심해야 한다.

증기압 내림

순수한 액체에 적용되는 평형 증기압의 개념을 복습하려면 10.5절을 참조하라.

만일 용질이 **비휘발성**(nonvolatile, *측정할 만한 증기압을 갖지 않는 성질*)이면, 용액의 증기압은 순수한 용매의 증기압보다 항상 작다. 따라서 용액의 증기압과 용매의 증기압 사이에는 용액 내 용질의 농도에 의존하는 관계가 존재한다. 이 관계는 *어떤 용액에서 발생하는 용매의 증기압 P_1은 순수한 용매의 증기압 P_1°과 용액 내 용매의 몰분율 X_1의 곱으로 주어진다는 라울 법칙*(Raoult's law, 프랑스 화학자 Francois Raoult에서 유래)으로 표현된다.

$$P_1 = X_1 P_1^\circ \tag{11.6}$$

어떤 용액이 한 종류의 용질만을 포함하고 용질의 몰분율이 X_2이면 $X_1 = 1 - X_2$이다(5.5절 참조). 식 (11.6)는 다음과 같이 다시 쓸 수 있다.

$$P_1 = (1 - X_2)P_1^\circ$$

$$P_1^\circ - P_1 = \Delta P = X_2 P_1^\circ \tag{11.7}$$

증기압의 감소인 ΔP는 존재하는 용질의 농도(몰분율로 측정)에 정비례한다.

예제 11.6

35°C에서 물 435 mL에 포도당(몰질량 = 180.2 g/mol) 198 g을 녹여 만든 용액의 증기압을 계산하시오. 증기압 내림은 얼마나 되는가? 35°C에서 순수한 물의 증기압은 표 5.2에 나와 있다. 용액의 밀도는 1.00 g/mL이라고 가정한다.

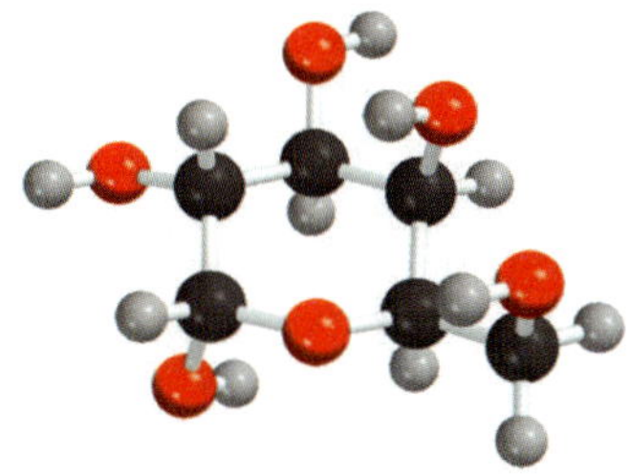

$C_6H_{12}O_6$

▸ **전략** 용액의 증기압을 결정하기 위해서는 라울 법칙[식 (11.6)]이 필요하다. 포도당은 비휘발성 용질임에 주목하라.

▸ **풀이** 용액의 증기압(P_1)은

$$P_1 = X_1 P_1^\circ$$

(P_1: 원하는 값, X_1: 필요한 값, P_1°: 주어진 값)

우선 용액에 있는 포도당과 물의 몰수를 계산한다.

$$n_1(\text{물}) = 435\ \text{mL} \times \frac{1.00\ \text{g}}{1\ \text{mL}} \times \frac{1\ \text{mol}}{18.02\ \text{g}} = 24.1\ \text{mol}$$

$$n_2(\text{포도당}) = 198\ \text{g} \times \frac{1\ \text{mol}}{180.2\ \text{g}} = 1.10\ \text{mol}$$

물의 몰분율 X_1은 다음과 같다.

$$X_1 = \frac{n_1}{n_1 + n_2} = \frac{24.1\ \text{mol}}{24.1\ \text{mol} + 1.10\ \text{mol}} = 0.956$$

표 5.2로부터 35°C에서 물의 증기압은 42.18 mmHg임을 알 수 있다. 따라서 포도당 용액의 증기압은

$$P_1 = 0.956 \times 42.18\ \text{mmHg} = 40.3\ \text{mmHg}$$

마지막으로 증기압 내림인 ΔP는 (42.18 − 40.3) mmHg이므로 1.9 mmHg 가 된다.

▸ **검산** 식 (11.7)을 사용하여 증기압 내림을 계산할 수도 있다. 포도당의 몰분율이 (1 − 0.956) = 0.044이므로, 증기압 내림은 (0.044)(42.18 mmHg) = 1.9 mmHg가 된다.

비슷한 문제: 11.47, 11.48.

▸ **실전 연습** 35°C에서 물 212 mL에 요소(몰질량 = 60.06 g/mol) 82.4 g을 녹여 만든 용액의 증기압을 계산하시오. 증기압 내림은 얼마나 되는가?

왜 용액의 증기압은 순수한 용매의 증기압보다 낮은가? 11.2절에서 언급한 바와 같이 물

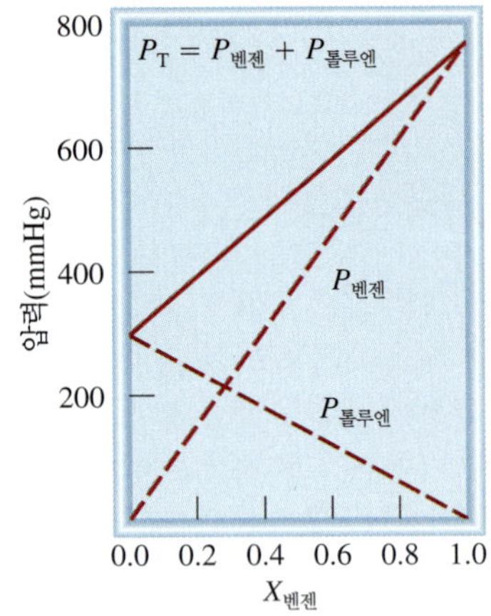

그림 11.6 • 80°C에서 벤젠-톨루엔 용액에 있는 벤젠과 톨루엔의 몰분율에 대한 부분압의 의존성($X_{톨루엔} = 1 - X_{벤젠}$). 이 용액은 증기압이 라울 법칙을 따르기 때문에 이상 용액이라 부른다.

리적 또는 화학적 과정의 추진력 중 하나는 무질서도의 증가이다. 무질서도가 커질수록 그 과정은 좀 더 유리하게 진행된다. 기체 상태의 분자는 액체 상태의 분자보다 질서가 없기 때문에 증발이 일어나면 계의 무질서도가 증가한다. 용액은 순수한 용매보다 더 무질서하므로 용액과 증기와의 무질서도 차이는 순수한 용매와 증기와의 무질서도 차이보다 작게 된다. 따라서 용매 분자는 순수한 용매에서보다 용액에서 빠져나오려는 경향이 작아지므로 용액의 증기압은 용매의 증기압보다 낮아진다.

용액의 두 성분이 모두 **휘발성**(volatile, 즉 *측정 가능할 정도의 증기압이 있는 경우*)일 때, 용액의 증기압은 각 부분 압력의 합이다. 라울 법칙은 이 경우에도 똑같이 적용된다.

$$P_A = X_A P_A^\circ$$
$$P_B = X_B P_B^\circ$$

이 때 P_A와 P_B는 성분 A와 B의 용액 위에서의 부분 압력, P_A°와 P_B°는 순수한 물질의 증기압, X_A와 X_B는 각각의 몰분율이다. 전체 압력은 돌턴의 부분 압력 법칙으로 구할 수 있다(5.5절 참조).

$$P_T = P_A + P_B$$

벤젠과 톨루엔은 비슷한 구조를 가지므로 유사한 분자간 힘을 갖는다.

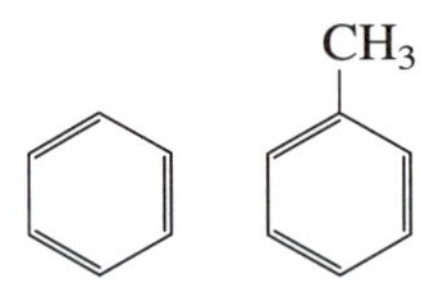

벤젠 톨루엔

벤젠과 톨루엔의 용액에서 각 성분의 증기압은 라울 법칙을 따른다. 그림 11.6은 벤젠-톨루엔 용액에서 용액의 조성에 대한 전체 증기압(P_T)의 의존도를 나타낸다. 용액의 조성을 한 성분의 몰분율로도 표시할 수 있음에 주목하라. $X_{벤젠}$ 값에 대해 톨루엔의 몰분율 $X_{톨루엔}$은 $1 - X_{벤젠}$으로 주어진다. 벤젠-톨루엔 용액은 *라울 법칙을 만족하는 용액*인 **이상 용액**(ideal solution)의 몇 안 되는 예 중 하나이다. 이상 용액의 특징은 용질과 용매 분자 사이의 분자간 힘이 용질 분자간과 용매 분자간과 같다는 것이다. 결론적으로 용해열($\Delta H_{용해}$)은 항상 0이다.

끓는점 오름

비휘발성 용질의 존재가 용액의 증기압을 낮추므로 이것은 용액의 끓는점에도 역시 영향을 미칠 수밖에 없다. 용액의 끓는점은 외부의 압력과 용액의 증기압이 같아지는 온도이다(10.5절 참조). 그림 11.7은 물의 상 평형 도표와 수용액에서 일어나는 변화들을 나타낸 것이다. 순수한 용매보다 용액의 증기압이 낮기 때문에 용액의 액체-기체 곡선은 순수한 용매의 곡선보다 밑에 있다. 결과적으로 용액의 곡선(점선)은 $P = 1$ atm으로 표시된 수평선과 교차하는 지점은 순수한 용매의 정상 끓는점보다 높은 온도가 된다. 이러한 그래프의 해석으로부터 용액의 끓는점은 물의 끓는점보다 높음을 알 수 있다. *끓는점 오름*(boiling-point elevation) ΔT_b은 용액의 끓는점(T_b)에서 순수한 용매의 끓는점(T_b°)를 뺀 값으로 정의한다.

새로운 끓는점을 계산할 때는 용매의 정상 끓는점에 ΔT_b를 더하면 된다.

$$\Delta T_b = T_b - T_b^\circ$$

ΔT_b 값은 증기압 내림에 비례하므로 몰랄농도에도 비례하기 때문이다. 즉,

$$\Delta T_b \propto m$$
$$\Delta T_b = K_b m \tag{11.8}$$

여기서 m은 용액의 몰랄농도이고, K_b는 *몰랄 끓는점 오름상수*(molal boiling-point elevation constant)이다. K_b의 단위는 °C/m이다.

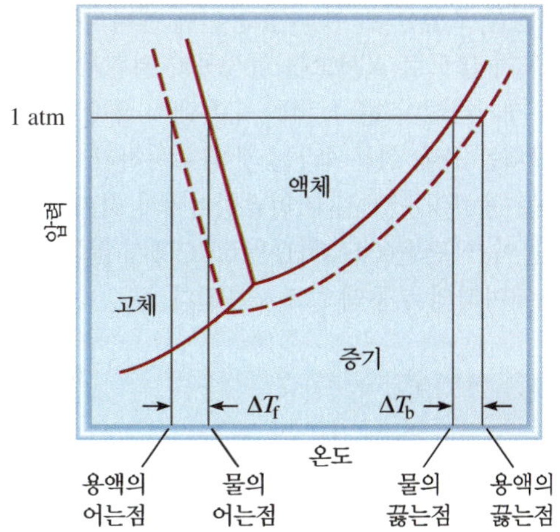

그림 11.7 • 수용액에서 끓는점 오름과 어는점 내림을 나타내는 상 평형 그림. 점선은 용액, 실선은 순수한 용매이다. 보는 바와 같이 용액의 끓는점은 물보다 항상 높고, 용액의 어는점은 물보다 항상 낮다.

여기서 농도 단위의 선택이 중요하다. 온도가 일정하지 않은 계(용액)을 다루고 있고, 몰농도는 온도에 따라 변하기 때문에 몰농도를 농도의 단위로 표시할 수 없다.

표 11.2에 여러 용매에 대한 K_b 값이 나와 있다. 물에 대한 끓는점 오름상수와 식 (11.8)을 사용하면, 수용액의 몰랄농도가 1.00 m일 때 그 수용액의 끓는점은 100.52°C가 되는 것을 알 수 있다.

어는점 내림

과학자가 아닌 사람은 끓는점 오름 현상을 영원히 모르고 지낼 수도 있겠지만, 추운 지방에 사는 주의 깊은 사람은 어는점 내림 현상에 익숙할 것이다. 얼어 붙은 도로나 보도의 얼음에 NaCl이나 $CaCl_2$와 같은 염을 뿌리면 녹는다. 이렇게 염을 뿌리는 방법이 성공적인 것은 물의 어는점 내림 현상 때문이다.

비행기의 얼음 제거는 어는점 내림 현상에 기반한 것이다.

그림 11.7은 용액의 증기압 내림이 고체-액체 곡선을 왼쪽으로 이동시킨 것을 보여준다. 결과적으로 이 곡선은 물의 어는점보다 *낮은* 온도에서 수평선과 만나게 된다. *어는점 내림*(freezing-point depression) ΔT_f는 다음과 같이 정의된다.

$$\Delta T_f = T_f^\circ - T_f$$

T_f°는 순수한 용매의 어는점이고, T_f는 용액의 어는점이다. 다시 한 번 ΔT_f는 용액의 농도에 비례한다.

새로운 어는점을 계산하려면 용매의 정상 어는점에서 ΔT_f를 빼면 된다.

$$\Delta T_f \propto m$$

$$\Delta T_f = K_f m \qquad \textbf{(11.9)}$$

여기서 m은 용질의 몰랄농도이고, K_f는 *몰랄 어는점 내림상수*(molal freezing-point depression constant)이다(표 11.2). K_b처럼 K_f의 단위도 °C/m이다.

어는점 내림 현상에 대한 정성적인 설명은 다음과 같다. 어는점은 무질서 상태에서 질서

표 11.2 몇 가지 일반적 액체에 대한 몰랄 끓는점 오름상수와 어는점 내림상수

용매	정상 어는점(°C)*	K_f(°C/m)	정상 끓는점(°C)*	K_b(°C/m)
물	0	1.86	100	0.52
벤젠	5.5	5.12	80.1	2.53
에탄올	−117.3	1.99	78.4	1.22
아세트산	16.6	3.90	117.9	2.93
사이클로헥세인	6.6	20.0	80.7	2.79

*1 atm에서 측정.

있는 상태로 전이되는 과정을 포함한다. 이 과정 동안에 에너지는 계로부터 제거되어야 한다. 용액이 용매보다 무질서도가 크므로 질서도를 형성하기 위해서는 순수한 용매에서보다 용액에서 보다 많은 에너지를 제거하여야 한다. 따라서 용액이 용매보다 어는점이 낮아지게 된다. 용액이 얼 때 분리되는 고체는 용매 성분이라는 것에 주목하라.

끓는점 오름의 경우는 용질이 반드시 비휘발성이어야 하지만, 어는점 내림의 경우는 그러한 제한이 없다. 예를 들어, 메탄올(CH_3OH)은 65°C에서 끓는 상당히 휘발성이 있는 액체이지만 때로 자동차 라디에이터의 부동액으로 사용된다.

추운 지방에서는 겨울에 부동액을 자동차의 라디에이터에 주입해야 한다.

예제 11.7

에틸렌글라이콜[EG, $CH_2(OH)CH_2(OH)$]은 일반적인 자동차용 부동액이다. 이것은 물에 잘 녹고 상당히 비휘발성이다(bp 197°C). 물 2603 g에 이 물질 724 g이 녹아 있는 용액의 어는점을 계산하시오. 이 용액을 여름에도 차의 라디에이터에 넣어 두겠는가? 에틸렌글라이콜의 몰질량은 62.07 g이다.

▸ **전략** 이 질문은 용액의 어는점 내림을 구하라는 것이다.

$$\Delta T_f = K_f m$$

(상수: K_f, 원하는 값: ΔT_f, 필요한 값: m)

주어진 정보를 사용하여 용액의 몰랄농도를 계산하고, 물의 K_f 값은 표 11.2를 참조한다.

▸ **풀이** 용액의 몰랄농도를 구하려면 EG의 몰수와 용매의 질량을 kg 단위로 알아야 한다. EG의 몰질량을 알아내고, 용매의 질량을 2.603 kg으로 변환하여 다음과 같이 몰랄농도를 계산한다.

$$724\ \text{g EG} \times \frac{1\ \text{mol EG}}{62.07\ \text{g EG}} = 11.7\ \text{mol EG}$$

$$\text{몰랄농도} = \frac{\text{용질의 몰수}}{\text{용매의 질량 (kg)}}$$

$$= \frac{11.7\ \text{mol EG}}{2.603\ \text{kg } H_2O} = 4.49\ \text{mol EG/kg } H_2O$$

$$= 4.49\ m$$

식 (11.9)와 표 11.2로부터

$$\Delta T_f = K_f m$$
$$= (1.86°\text{C}/m)(4.49\ m)$$
$$= 8.35°\text{C}$$

순수한 물은 0°C에서 얼기 때문에 용액의 어는점은 −8.35°C 이다. 같은 방법으로 끓는점 오름을 계산하면 다음과 같다.

$$\Delta T_b = K_b m$$
$$= (0.52°\text{C}/m)(4.49\ m)$$
$$= 2.3°\text{C}$$

이 용액은 (100 + 2.3)°C = 102.3°C에서 끓을 것이므로 용액이 끓는 것을 방지하기 위해 여름에도 부동액을 자동차 라디에이터에 넣어 두는 것이 좋을 것이다.

▸ **실전 연습** 물 3202 g에 에틸렌글라이콜 478 g이 포함된 용액의 어는점과 끓는점을 계산하시오.

비슷한 문제: 11.54, 11.57.

☑ 개념 복습하기

벤젠에 녹아 있는 나프탈렌과 같은 비수용성 용액에 대한 상 평형 그림을 그림 11.7에 나타낸 바와 같이 그리시오. 이 경우에 어는점 내림과 끓는점 오름이 여전히 적용될 수 있을까?

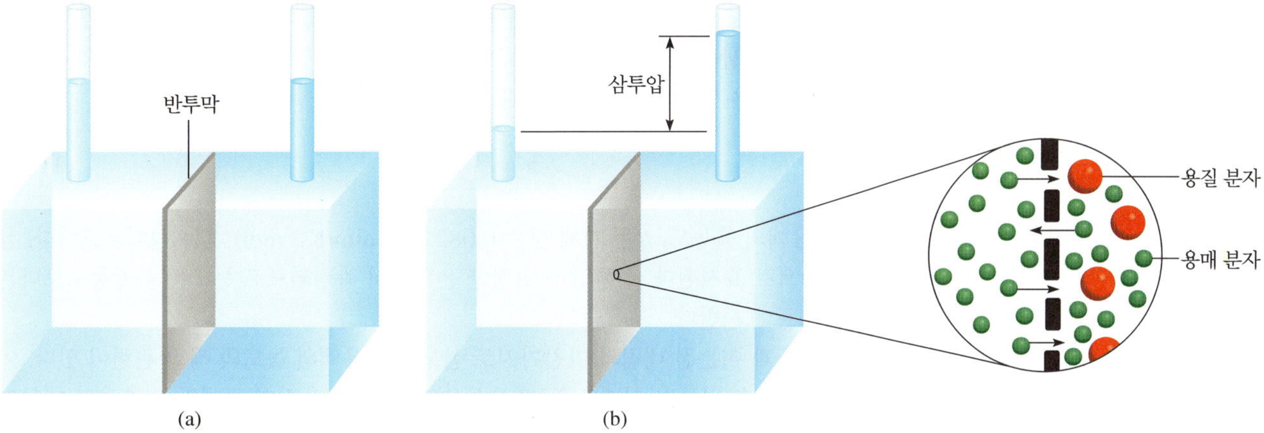

그림 11.8 • 삼투압. (a) 초기에 순수한 용매(왼쪽)와 용액(오른쪽)의 수면 높이가 같다. (b) 삼투현상이 일어나는 동안 용매가 왼쪽에서 오른쪽으로 흘러나가 용액 쪽의 수면이 높아진다. 삼투압은 평형 상태에서 오른쪽 관에 있는 액체에 의해 작용되는 수압과 같다. 기본적으로 오른쪽에 있는 용액보다 묽은 용액에 의해 순수한 용매가 대치될 때 동일한 효과가 일어난다.

삼투압

여러 가지 화학적, 생물학적 과정들은 묽은 용액으로부터 진한 용액으로 다공성 막을 통해 용매 분자의 선택적 이동에 의존한다. 그림 11.8은 이러한 현상을 보여주고 있다. 이 장치의 왼쪽에는 순수한 용매가 들어 있고, 오른쪽에는 용액이 들어 있다. 두 부분은 용매의 이동은 가능하지만, 용질은 **반투막**(semipermeable membrane)에 의해 분리되어 이동하지 못한다. 초기에는 두 관의 수면의 높이가 같다[그림 11.8(a) 참조]. 시간이 조금 지난 후 오른쪽 수면이 오르기 시작하여 평형에 도달할 때까지, 즉 더 이상의 변화가 관찰되지 않을 때까지 이러한 현상은 계속된다. *반투막을 통해 순수한 용매나 묽은 용액으로부터 더 진한 용액으로 용매 분자의 알짜 이동을* **삼투**(osmosis)라 한다. 용액의 삼투압(osmotic pressure, π)은 *삼투현상을 멈추게 하는 데 필요한 압력이다.* 그림 11.8(b)에 나타난 바와 같이 이 압력은 최종 수면 높이의 차이로부터 직접 특정이 가능하다.

동영상
삼투.

이 경우 무엇 때문에 물이 왼쪽에서 오른쪽으로 자발적으로 이동할까? 순수한 물의 증기압과 용액으로부터 물의 증기압을 비교해 보자(그림 11.9). 순수한 물의 증기압이 높기 때문에 왼쪽 비커로부터 오른쪽 비커로 물의 알짜 이동이 일어난다. 충분한 시간이 주어지면 왼쪽 비커에 더 이상의 물이 남아 있지 않게 될 때까지 이러한 이동이 계속된다. 이와 유사한 힘으로 삼투과정 동안 용액으로 이동하게 된다.

삼투현상은 일반적이고 잘 연구된 현상이지만 어떻게 반투막이 어떤 물질은 통과시키고 어떤 물질은 통과시키지 않는가에 대해서는 잘 알려져 있지 않다. 몇몇 경우는 단순히 입자의 크기 문제이다. 반투막은 용매 분자만 통과시키는 작은 구멍을 가지고 있을 수도 있다. 다

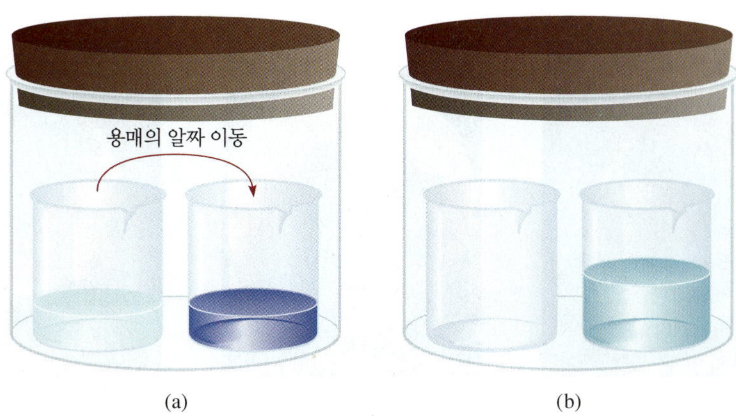

그림 11.9 • (a) 용기 안의 서로 다른 증기압에 의하여 왼쪽 비커(순수한 물이 들어 있음)로부터 오른쪽 비커(용액이 들어 있음)로 물의 알짜이동이 일어난다. (b) 평형 상태에서 왼쪽 비커에 있는 모든 물은 오른쪽 비커로 이동한다. 용매 이동에 대한 추진력은 그림 11.8에 보인 삼투현상과 비슷하다.

른 경우에는 다른 메커니즘에 의해 막의 선택성을 설명할 수 있다. 예를 들어, 용매가 막 안에서 더 높은 "용해도"를 나타낸다는 것이다.

용액의 삼투압은 다음과 같이 주어진다.

$$\pi = MRT \tag{11.10}$$

여기서 M은 용액의 몰농도, R은 기체 상수(0.0821 L · atm/K · mol), T는 절대온도이다. 삼투압 π는 atm으로 표시된다. 삼투압은 일정한 온도에서 측정되므로 농도는 몰랄농도보다는 편리한 몰농도로 표시한다.

끓는점 오름과 어는점 내림과 마찬가지로 삼투압도 용액의 농도와 직접 관련이 있다. 이는 우리가 예상할 수 있는 바인데 모든 총괄성은 용액 내의 용질의 수에만 의존하기 때문이다. 두 용액의 농도가 같아서 삼투압이 같으면 *등장성*(isotonic)이라 한다. 두 용액이 다른 삼투압을 가질 때 농도가 높은 용액을 *고장성*(hypertonic)이라 하고, 농도가 낮은 용액을 *저장성*(hypotonic)이라 한다(그림 11.10).

삼투현상은 여러 가지 재미있는 용도로도 사용된다. 반투막에 의해 외부환경으로부터 보호되어 있는 적혈구 세포의 내용물을 연구하기 위해 생화학자들은 용혈작용(hemolysis)이라는 기법을 이용한다. 적혈구 세포를 저장액에다 넣는다. 저장액은 세포 내부보다 낮은 농도이므로 그림 11.10(b)처럼 물이 세포 안으로 이동한다. 세포는 팽창하고 결국에는 터지면서 헤모글로빈과 그 밖의 분자들을 방출한다.

가정에서 잼과 젤리 등을 보존하는 방법은 삼투현상의 다른 예이다. 다량의 설탕은 보존 과정에 필수적인데 설탕이 보툴리누스 중독(botulism)을 일으킬 수 있는 박테리아를 죽이는 데 도움을 주기 때문이다. 그림 11.10(c)에서 보는 바와 같이, 박테리아 세포가 고장액(고농도)의 설탕 용액에 있으면 물이 삼투현상에 의해 박테리아 세포로부터 농축용액으로 나오게 된다. 이 과정을 *세포수축*(crenation)이라 하고 세포를 수축시켜 결국에는 그 기능을 정지시킨다. 과일에 있는 천연산도 박테리아의 성장을 억제한다.

삼투현상은 식물에서 물을 위로 끌어올리는 주요 메커니즘이기도 하다. 나뭇잎은 항상

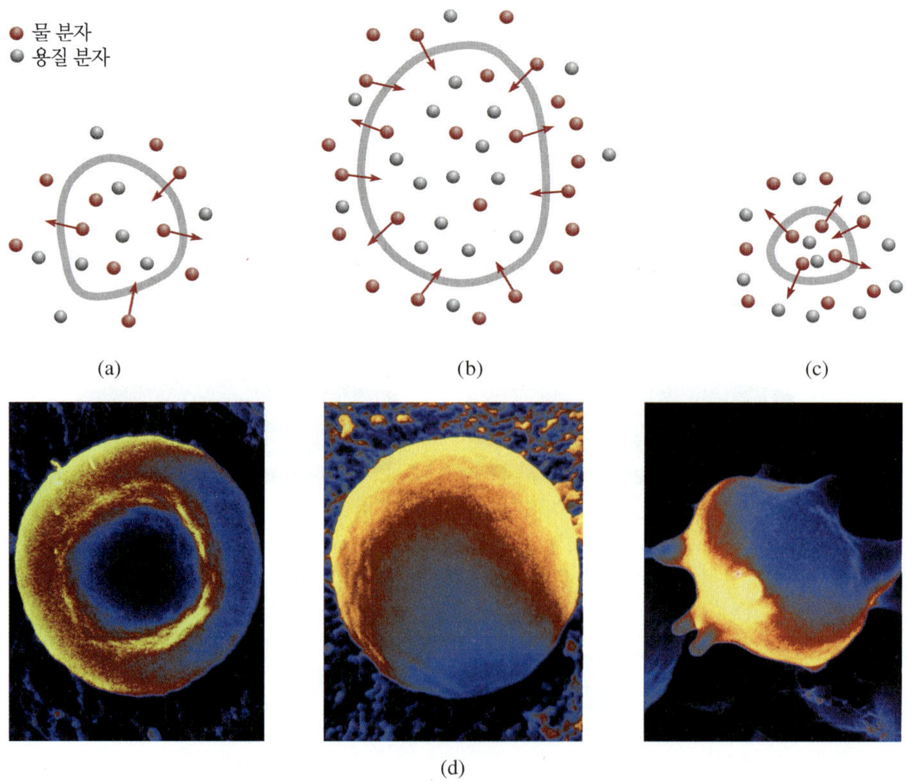

그림 11.10 • (a) 등장액, (b) 저장액, (c) 고장액에 들어 있는 세포. (a)에서는 변화가 없고, (b)에서는 부풀며, (c)에서는 쪼그라든다. (d) 왼쪽에서 오른쪽으로 각각 등장액, 저장액, 고장액에 있는 적혈구 세포.

대기 중으로 물을 잃어버리므로 *증산과정*(transpiration)이라는 과정에 의해 잎에 있는 용액의 용질 농도가 증가한다. 물은 삼투압에 의해 식물의 가지, 줄기 등을 통해 위로 끌어올려진다. 높이가 약 120 m나 되는 캘리포니아 삼나무는 꼭대기에 있는 잎에 물을 공급하기 위해 약 10~15 atm 정도의 삼투압이 필요하다(10.3절에서 논의된 모세관 현상으로는 단지 수 센티미터의 상승만이 가능하다).

캘리포니아 삼나무.

☑ 개념 복습하기

특정 온도에서 바닷물 시료의 삼투압이 25 atm이라는 것은 무엇을 의미하는가?

총괄성을 이용한 몰질량 측정

비전해질 용액의 총괄성은 용질의 몰질량을 측정하는 도구가 된다. 이론적으로는 4가지 총괄성 모두 이 목적에 적합하다. 하지만 실제적으로는 어는점 내림과 삼투압만이 몰질량 측정에 이용되는데 이 둘이 가장 현저한 변화를 보이기 때문이다.

예제 11.8

실험식이 C_5H_4인 어떤 시료 9.66 g을 벤젠 284 g에 녹였다. 그 용액의 어는점이 순수한 벤젠보다 1.37°C 낮게 나타났다. 이 시료의 몰질량과 분자식은 무엇인가?

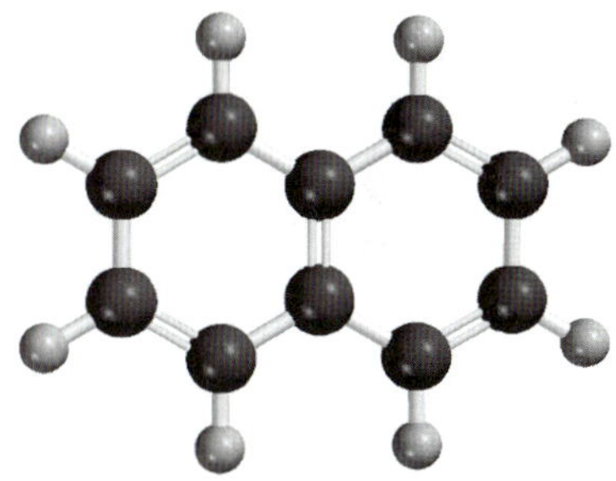
$C_{10}H_8$

▸ **전략** 이 문제를 푸는 데는 세 단계가 필요하다. 먼저 용액의 어는점으로부터 용액의 몰랄농도를 계산한다. 다음 몰랄농도로부터 화합물 9.66 g에 들어 있는 몰수를 구하고, 몰질량을 구한다. 끝으로 실험적으로 구한 몰질량과 실험식량을 비교하여 분자식을 구한다.

▸ **풀이** 화합물의 몰질량을 계산하기 위한 변환 순서는 다음과 같다.

$$\text{어는점 내림} \longrightarrow \text{몰랄농도} \longrightarrow \text{몰수} \longrightarrow \text{몰질량}$$

첫 번째 단계는 용액의 몰랄농도를 계산하는 것이다. 식 (11.9)와 표 11.2로부터 다음과 같이 쓸 수 있다.

$$\text{몰랄농도} = \frac{\Delta T_f}{K_f} = \frac{1.37°\text{C}}{5.12°\text{C}/m} = 0.268\ m$$

용매 1 kg에 용질이 0.268 mol 들어 있으므로, 용매 284 g 즉 0.284 kg 내의 용질의 몰수는

$$0.284\ \text{kg} \times \frac{0.268\ \text{mol}}{1\ \text{kg}} = 0.0761\ \text{mol}$$

따라서 용질의 몰질량은

$$\text{몰질량} = \frac{\text{화합물의 g수}}{\text{화합물의 몰수}} = \frac{9.66\ \text{g}}{0.0761\ \text{mol}} = \boxed{127\ \text{g/mol}}$$

이제 그 비를 계산할 수 있다.

$$\frac{\text{몰질량}}{\text{실험식량}} = \frac{127\ \text{g/mol}}{64\ \text{g/mol}} \approx 2$$

따라서 분자식은 $(C_5H_4)_2$ 즉 $C_{10}H_8$ (나프탈렌)이다.

▸ **실전 연습** 벤젠 1000 g에 어떤 유기 화합물 0.85 g을 녹인 용액의 어는점은 5.16°C이다. 용액의 몰랄농도와 용질의 몰질량은 얼마나 되는가?

비슷한 문제: 11.55.

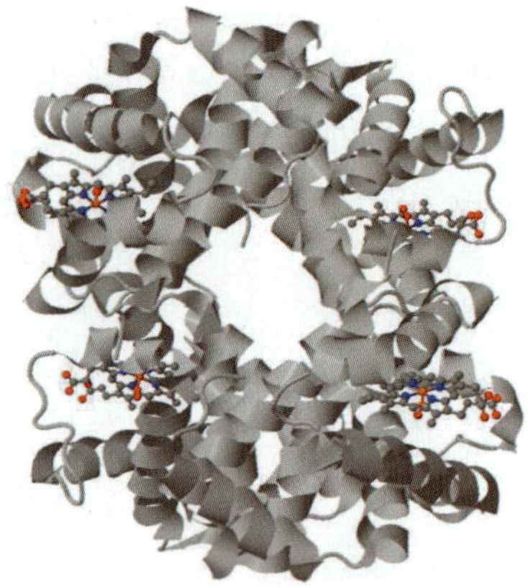

헤모글로빈의 구조의 리본 형태. 산소 분자가 결합하는 각 분자에는 4개의 헴(heme)기가 있다.

예제 11.9

헤모글로빈(Hb) 44.1 g을 충분한 양의 물에 녹여 부피 1 L인 용액을 만들었다. 25°C에서 용액의 삼투압이 12.6 mmHg라고 할 때, 헤모글로빈의 몰질량을 계산하시오.

▸ **전략** Hb의 몰질량을 계산하라는 문제이다. 계산에 필요한 단계는 예제 11.8에서 정리한 것과 비슷하다. 용액의 삼투압으로부터 용액의 몰농도를 계산한다. 그리고 나서 몰농도로부터 Hb 44.1 g에 있는 몰수를 계산하고 몰질량을 계산한다. π와 온도의 단위는 무엇을 사용해야 하는가?

▸ **풀이** 변환의 단계는 다음과 같다.

$$\text{삼투압} \longrightarrow \text{몰농도} \longrightarrow \text{몰수} \longrightarrow \text{몰질량}$$

먼저, 식 (11.10)을 써서 용액의 농도를 계산한다.

$$\pi = MRT$$

$$M = \frac{\pi}{RT}$$

$$= \frac{12.6 \text{ mmHg} \times \dfrac{1 \text{ atm}}{760 \text{ mmHg}}}{(0.0821 \text{ L} \cdot \text{atm/K} \cdot \text{mol})(298 \text{ K})}$$

$$= 6.78 \times 10^{-4}\, M$$

용액의 부피가 1 L이므로 이 용액에는 6.78×10^{-4} mol의 헤모글로빈이 있다. 이를 이용하여 몰질량을 계산한다.

$$\text{Hb의 몰수} = \frac{\text{Hb의 질량}}{\text{Hb의 몰질량}}$$

$$\text{Hb의 몰질량} = \frac{\text{Hb의 질량}}{\text{Hb의 몰수}}$$

$$= \frac{44.1 \text{ g}}{6.78 \times 10^{-4} \text{ mol}}$$

$$= 6.50 \times 10^{4} \text{ g/mol}$$

비슷한 문제: 11.62, 11.64.

▸ **실전 연습** 2.47 g의 유기 고분자를 포함하는 202 mL 벤젠 용액의 삼투압이 21°C에서 8.63 mmHg이다. 이 고분자의 몰질량을 계산하시오.

수은의 밀도는 13.6 g/mL이다. 따라서 12.6 mmHg는 물기둥의 높이 17.1 cm에 해당한다.

예제 11.9에서처럼 12.6 mmHg의 압력은 정확하고 쉽게 측정할 수 있는 값이다. 이런 이유로 삼투압 측정은 단백질과 같은 큰 분자의 몰질량을 결정하는 데 매우 유용하다. 어는점 내림보다 삼투압의 실용성을 알아보기 위해 동일한 헤모글로빈 용액의 어는점 변화를 추정해 보자. 용액이 충분히 묽으면 몰농도와 몰랄농도는 거의 같다(용액의 밀도가 1 g/mL이면 몰농도와 몰랄농도는 같게 된다). 따라서 식 (11.9)로부터

$$\Delta T_f = (1.86°\text{C}/m)(6.78 \times 10^{-4}\, m)$$
$$= 1.26 \times 10^{-3}°\text{C}$$

1/1000°C의 어는점 내림은 온도 변화를 정확히 측정하기에는 너무 작은 값이다. 이러한 이유로 어는점 내림 기법은 몰질량이 500 g 이하이고 크기가 작으며 용해도가 좋은 분자의 몰질량 측정에 주로 적용되는데, 이런 용액들의 어는점 내림이 훨씬 크게 나타나기 때문이다.

전해질 용액의 총괄성

전해질의 총괄성은 비전해질의 총괄성에서 사용한 접근 방법과는 약간 달리해야 한다. 그 이유는 전해질은 용액에서 이온으로 해리되어 두 개 이상의 입자가 되기 때문이다(용액의 총괄성을 결정하는 것은 용질 입자의 수라는 것을 기억하라). 예를 들면, NaCl 한 개의 단위가 두 개의 이온, 즉 Na^+와 Cl^- 이온으로 해리된다. 따라서 0.1 m NaCl 용액의 총괄성은 설탕

표 11.3 25°C 에서 0.0500 M 전해질 용액의 반트 호프 인자		
전해질	i(측정값)	i(계산값)
설탕*	1.0	1.0
HCl	1.9	2.0
NaCl	1.9	2.0
$MgSO_4$	1.3	2.0
$MgCl_2$	2.7	3.0
$FeCl_3$	3.4	4.0

*설탕은 비전해질이다. 단지 비교만을 위해 나타내었다.

같은 비전해질을 포함하는 0.1 m 용액의 총괄성의 두 배가 될 것이다. 이와 비슷하게 0.1 m $CaCl_2$ 용액의 어는점 내림은 0.1 m 설탕 용액의 세 배나 될 것으로 예상할 수 있다. 이 효과를 설명하기 위해 다음과 같이 총괄성의 식을 변형해야 한다.

$$\Delta T_b = iK_b m \tag{11.11}$$

$$\Delta T_f = iK_f m \tag{11.12}$$

$$\pi = iMRT \tag{11.13}$$

변수 i는 *반트 호프 인자*(van't Hoff factor)로 다음과 같이 정의한다.

$$i = \frac{\text{해리 후 용액 내 입자들의 실제 개수}}{\text{초기 용액에 녹아 있는 화학식 단위의 수}} \tag{11.14}$$

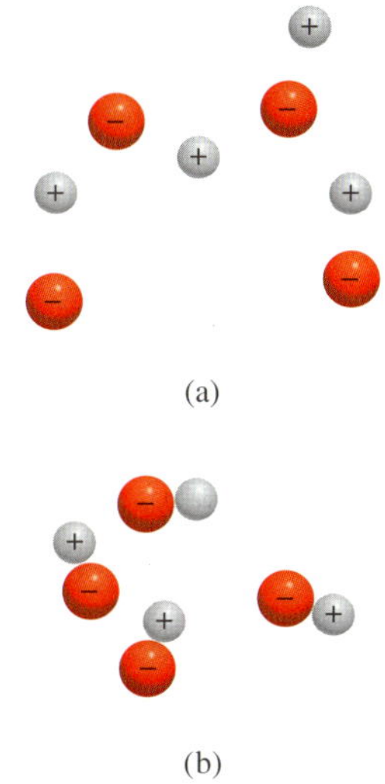

그림 11.11 • 용액에서의 (a) 자유이온, (b) 이온쌍. 이와 같은 이온쌍은 알짜전하가 없어서 용액에서 전기를 전도할 수 없다.

따라서 모든 비전해질의 i는 1이다. NaCl이나 KNO_3와 같은 강전해질의 경우 i = 2이고, Na_2SO_4, $MgCl_2$와 같은 강전해질의 경우 i = 3이다.

NaCl과 KNO_3의 각 단위마다 해리되어 두 개의 이온(i = 2)을 만들고, Na_2SO_4와 $MgCl_2$의 각 단위마다 해리되어 세 개의 이온(i = 3)을 생성한다.

실제로 전해질 용액에서 관측된 총괄성은 예상 값보다 작은데, 그 이유는 고농도에서 양이온과 음이온이 서로 끌어당기는 정전기적 인력이 작용하기 때문이다. *하나의 양이온과 하나의 음이온이 정전기적 인력에 의해 서로 끌어 당겨져서 형성된 것*을 **이온쌍**(ionic pair)이라 한다. 이온쌍 하나가 형성되면 용액 내의 입자수를 하나 줄이게 되고 이로 인해 총괄성이 감소하게 된다(그림 11.11). 표 11.3에 i의 측정값과 완전해리를 가정한 계산 값을 나타내었다. 여기서 보는 바와 같이 완벽하게 일치하지는 않지만 유사한 값을 보이는데 이로부터 이들 용액의 이온쌍 형성의 정도를 알려준다.

☑ 개념 복습하기

다음 각 쌍의 화합물 중 어느 것이 물에서 이온쌍을 더 잘 형성하겠는가? (a) NaCl 또는 Na_2SO_4, (b) $MgCl_2$ 또는 $MgSO_4$, (c) LiBr 또는 KBr.

예제 11.10

25°C에서 아이오딘화 포타슘(KI) 0.010 M 용액의 삼투압은 0.465 atm이다. 이 농도에서 KI의 반트 호프 인자를 계산하시오.

▸ **전략** KI가 강전해질이므로 용액에서 완전히 두 개의 이온으로 해리한다고 예상하자. 그렇다면 용액의 삼투압은

$$2(0.010\ M)(0.0821\ \text{L} \cdot \text{atm/K} \cdot \text{mol})(298\ \text{K}) = 0.489\ \text{atm}$$

하지만 관측된 삼투압은 0.465 atm 밖에는 되지 않는다. 예상한 값보다 작은 삼투압은 이온쌍의 형성을 의미하는데, 이온쌍에 의해 용액 내 용질 입자(K^+와 I^- 이온)의 개수가 감소한다.

▶ **풀이** 식 (11.13)로부터

$$i = \frac{\pi}{MRT}$$

$$= \frac{0.465 \text{ atm}}{(0.010\ M)(0.0821 \text{ L} \cdot \text{atm/K} \cdot \text{mol})(298 \text{ K})}$$

$$= 1.90$$

비슷한 문제: 11.75.

▶ **실전 연습** 0.100 m $MgSO_4$ 용액의 어는점 내림은 0.225°C이다. 이 농도에서 $MgSO_4$의 반트 호프 인자를 계산하시오.

☑ 개념 복습하기

혈액의 삼투압은 약 7.4 atm이다. 의사가 정맥주사용으로 사용하는 식염수(NaCl 용액)의 농도는 대략 얼마나 되는가? 생리적 온도인 37°C를 사용하시오.

주요 식

$\text{질량 백분율} = \frac{\text{용질의 질량}}{\text{용액의 질량}} \times 100\%$ (11.2)	용액의 질량에 의한 백분율 계산.
$\text{몰랄농도}(m) = \frac{\text{용질의 몰수}}{\text{용매의 질량(kg)}}$ (11.4)	용액의 몰랄농도 계산.
$c = kP$ (11.5)	기체의 용해도 계산에 사용되는 헨리 법칙.
$P_1 = X_1 P_1^\circ$ (11.6)	액체의 증기압을 용액의 증기압에 연결시키는 라울 법칙.
$\Delta P = X_2 P_1^\circ$ (11.7)	용액의 농도에 표시한 증기압 내림.
$\Delta T_b = K_b m$ (11.8)	끓는점 오름.
$\Delta T_f = K_f m$ (11.9)	어는점 내림.
$\pi = MRT$ (11.11)	용액의 삼투압.
$i = \frac{\text{해리된 후 용액 내 입자들의 실제 개수}}{\text{초기 용액 내에 녹아 있는 화학식 단위 수}}$ (11.14)	전해질 용액에 대한 반트 호프 인자의 계산.

사실과 개념에 대한 요약

1. 용액은 둘 이상의 고체, 액체, 기체 물질들의 균일 혼합물이다. 용질이 용매에 용해되는 정도는 분자간 힘에 의해 결정된다. 용매 분자와 용질 분자들이 섞여서 용액을 이룰 때 발생하는 에너지와 무질서도의 증가는 용해 과정의 추진력이다.
2. 용액의 농도는 질량 백분율, 몰분율, 몰농도, 몰랄농도 등으로 나타낼 수 있다. 경우에 따라 적절한 단위가 사용된다.
3. 온도가 증가하면 고체나 액체 물질의 용해도는 증가하지만 기체의 용해도는 감소한다. 헨리 법칙에 의하면 액체 내의 기체의 용해도는 용액 위에 존재하는 기체의 부분 압력에 정비례한다.
4. 라울 법칙에 의하면 어떤 용액 위에서 물질 A에 의한 부분압은 A의 몰분율 (X_A)와 순수한 A의 증기압 (P_A°)와 관계되어 있다. $P_A = X_A P_A^\circ$ 이상 용액은 모든 농도에서 라울 법칙을 만족한다. 실제로 이상적인 거동을 나타내는 용액은 거의 없다.
5. 증기압 내림, 끓는점 오름, 어는점 내림, 삼투압은 용액의 총괄성이라 한다. 즉, 이러한 성질들은 용질 입자의 수에만 의존하고, 용질의 본질과는 무관하다. 전해질 용액에서 이온간의 상호작용에 의해 이온쌍이 형성된다. 반트 호프 인자는 용액 내에서 이온쌍 형성의 정도를 나타낸다.

주요 용어

결정화	불포화 용액	열 공해	총괄성
과포화 용액	비휘발성	용매화	포화 용액
라울 법칙	삼투압(π)	이상 용액	헨리 법칙
몰랄농도	삼투현상	이온쌍	휘발성
반투막	섞임	질량 백분율	

연습 문제

용해 과정

복습 질문

11.1 분자 수준에서 용해 과정을 설명하시오. 액체에 고체의 용해를 예로 사용하시오.

11.2 분자간 힘에 기초하여 "비슷한 것은 비슷한 것에 녹는다"는 의미를 설명하시오.

11.3 용매화란 무엇인가? 용매화가 일어나는 정도에 어느 요인이 영향을 미치는가? 용매화의 예를 두 가지 들고, 그 중 하나는 이온-쌍극자 상호작용을 포함하는 것으로, 다른 하나는 분산력이 작용하는 것으로 하시오.

11.4 아는 바와 같이, 어떤 용해 과정은 흡열이고 다른 용해 과정은 발열이다. 이 차이점을 분자적으로 해석하시오.

11.5 왜 용해 과정에서 무질서도가 증가하는지 설명하시오.

11.6 액체 내의 고체의 용해도에 영향을 미치는 요인을 기술하시오. 두 액체가 서로 섞인다는 의미는 무엇인가?

문제

11.7 왜 나프탈렌($C_{10}H_8$)이 CsF보다 벤젠에 더 잘 녹는가?

11.8 에탄올(C_2H_5OH)이 사이클로헥세인(C_6H_{12})에 녹지 않는 이유를 설명하시오.

11.9 다음 화합물들을 물에 대한 용해도가 증가하는 순서로 배열하시오. O_2, LiCl, Br_2, CH_3OH(메탄올).

11.10 다음 나열된 알코올들이 보이는 물에 대한 용해도의 변이를 설명하시오.

화합물	20°C, 물에서의 용해도(g/100 g)
CH_3OH	∞
CH_3CH_2OH	∞
$CH_3CH_2CH_2OH$	∞
$CH_3CH_2CH_2CH_2OH$	9
$CH_3CH_2CH_2CH_2CH_2OH$	2.7

참고: ∞는 알코올과 물이 모든 비율로 완전히 섞인다는 의미이다.

농도 단위

복습 질문

11.11 다음 농도, 질량 백분율, 몰농도, 몰랄농도를 정의하고 단위를 제시하시오. 이들의 장점과 단점을 비교하시오.

11.12 몰농도, 몰랄농도, 질량 백분율 사이의 변환에 필요한 단계를 요약해 보시오.

문제

11.13 다음 수용액의 질량 백분율을 계산하시오. (a) 용액 78.2 g 중 NaBr 5.50 g, (b) 물 152 g 중 KCl 31.0 g, (c) 벤젠 29 g 중 톨루엔 4.5 g.

11.14 다음의 경우 가하여야 할 물의 양(g)을 계산하시오. (a) 요소[$(NH_2)_2CO$] 5.00 g으로 질량 백분율 16.2%인 용액 만들기, (b) $MgCl_2$ 26.2 g으로 질량 백분율 1.5%인 용액 만들기.

11.15 다음 용액의 몰랄농도를 계산하시오. (a) 물 676 g에 녹아 있는 설탕($C_{12}H_{22}O_{11}$) 14.3 g, (b) 물 3546 g에 녹아 있는 에틸렌글라이콜($C_2H_6O_2$) 7.20 mol.

11.16 다음 수용액의 몰랄농도를 계산하시오. (a) 2.50 *M* NaCl 용액(용액의 밀도 = 1.08 g/mL), (b) 질량 백분율로 48.2%의 KBr 용액.

11.17 다음 수용액의 몰랄농도를 계산하시오. (a) 1.22 *M* 설탕($C_{12}H_{22}O_{11}$) 용액(용액 밀도 = 1.12 g/mL), (b) 0.87 *M* NaOH 용액(용액 밀도 = 1.04 g/mL), (c) 5.24 *M* $NaHCO_3$ 용액(용액 밀도 = 1.19 g/mL).

11.18 용매와 밀도가 대략 같은 묽은 용액에 대해서 용액의 몰농도는 몰랄농도와 같다. 0.010 *M* 요소[$(NH_2)_2CO$]에 대해 위의 내용이 옳음을 보이시오.

11.19 독한 술의 알코올 함량은 "도(proof)"로 나타내는데, 이것은 존재하는 에탄올의 부피 백분율의 두 배로 정의된다. 75도의 진 1.0 L에 들어 있는 알코올의 g수를 계산하시오. 에탄올의 밀도는 0.798 g/mL이다.

11.20 실험실에서 사용되는 진한 황산은 질량비로 98.0% H_2SO_4라고 한다. 이 황산 용액의 몰랄농도와 몰농도를 계산하시오. 용액의 밀도는 1.83 g/mL이다.

11.21 NH_3 30.0 g과 물 70.0 g의 용액에 대한 암모니아 용액의 몰농도와 몰랄농도를 계산하시오. 이 용액의 밀도는 0.982 g/mL이다.

11.22 질량비로 10.0%의 에탄올(C_2H_5OH)을 포함하는 수용액의 밀도는 0.984 g/mL이다. (a) 이 용액의 몰랄농도를 계산하시오. (b) 몰농도를 계산하시오. (c) 에탄올 0.125 mol을 포함하는 용액의 부피는 얼마나 되는가?

용해도에 대한 온도와 압력 영향

복습 질문

11.23 물 속에 있는 이온 결합 화합물의 용해도는 온도에 따라 어떻게 변하는가?

11.24 액체에 액체를 녹일 때와 액체에 고체를 녹일 때 압력에 의한 용해도의 차이는 무엇인가?

문 제

11.25 어떤 염 3.20 g을 물 9.10 g에 녹여 25°C에서 포화 용액을 만들었다. 이 염의 용해도는 얼마인가(100 g 물에 대한 염의 g수로 표시)?

11.26 KNO_3의 용해도는 물 100 g에 대해 75°C에서 155 g이고 25°C에서는 38.0 g이다. 정확히 100 g의 포화 용액을 75°C에서 25°C로 냉각시키면 몇 g의 KNO_3가 결정으로 석출되겠는가?

기체 용해도

복습 질문

11.27 액체 내에서 기체의 용해도에 영향을 미치는 요인들을 논하시오. 온도가 올라가면 액체에 기체를 녹일 때의 용해도는 주로 왜 감소하는가?

11.28 열 공해란 무엇인가? 왜 수중 생태계에 위험이 되는가?

11.29 헨리 법칙은 무엇인가? 식의 각 항을 정의하고 단위를 나타내시오. 이 법칙을 기체 분자 운동론으로 설명하시오.

11.30 헨리 법칙의 두 가지 예외를 제시하시오.

문제

11.31 어떤 학생이 물이 들어 있는 두 개의 비커를 관찰하고 있다. 한 비커는 30°C로 가열되었고, 다른 비커는 100°C로 가열되었다. 두 경우 모두 공기방울이 생겼다. 이 공기방울들은 같은 원인에 의해 생긴 것인가? 설명해 보시오.

11.32 어떤 사람이 금붕어를 샀다. 집에 와서 조금 전에 끓여 급하게 식힌 물이 담긴 어항에 넣었다. 몇 분 후에 금붕어가 죽었다. 금붕어에게 무슨 일이 일어났는지 설명하시오.

11.33 물이 들어 있는 비커가 초기에 공기로 포화되었다. 1 atm의 He 기체로 오랫동안 이 용액에 불어넣었을 때 무슨 일이 생길지 설명하시오.

11.34 해수면 아래 260 m 지하에서 일하는 광부가 점심시간에 탄산 음료를 열었다. 놀랍게도 음료수는 김빠진 맛이었다. 조금 후에 광부가 엘리베이터를 타고 지표로 올라왔다. 올라오는 동안 트림을 멈출 수가 없었다고 한다. 그 이유는 무엇인가?

11.35 25°C, 1 atm에서 물 속의 CO_2 용해도는 0.034 mol/L이다. 대기압에서의 용해도는 얼마인가? 공기 중 CO_2의 부분 압력은 0.0003 atm이다. CO_2는 헨리 법칙을 따른다고 가정한다.

11.36 37°C 혈액에서 부분 압력이 0.80 atm인 N_2의 용해도는 5.6×10^{-4} mol/L이다. 심해 잠수부는 N_2의 부분 압력이 4.0 atm인 압축공기로 숨을 쉰다. 체내의 총 혈액량을 5.0 L로 가정한다. N_2의 부분 압력이 0.80 atm인 물 표면으로 잠수부가 복귀했을 때 방출되는 N_2의 양을 계산하시오(L 단위로).

비전해질 용액의 총괄성

복습 질문

11.37 총괄성이란 무엇인가? 이 문맥에서 총괄이라는 단어의 의미는 무엇인가?

11.38 라울 법칙을 정의하시오. 라울 법칙을 나타내는 식의 각 항을 정의하고 단위를 쓰시오. 이상 용액이란 무엇인가?

11.39 끓는점 오름과 어는점 내림을 정의하시오. 용액의 농도에 대해 끓는점 오름과 어는점 내림과 관련된 식을 쓰시오. 모든 항을 정의하고 단위를 쓰시오.

11.40 증기압 내림과 용액의 끓는점 오름과 어떤 관련이 있는가?

11.41 상 평형 도표를 사용하여 요소 수용액과 순수한 물에서 어는점과 끓는점의 차이를 설명하시오.

11.42 삼투현상이란 무엇인가? 반투막이란 무엇인가?

11.43 삼투압과 용액의 농도를 관련시키는 식을 쓰시오. 모든 항을 정의하고 단위를 쓰시오.

11.44 왜 끓는점 오름과 어는점 내림의 계산에 몰랄농도를 사용하고 삼투압 계산에 몰농도를 사용하는지 설명하시오.

11.45 어떤 화합물의 몰질량을 결정하기 위하여 어는점 내림과 삼투압 측정이 어떻게 사용되는지 설명하시오. 왜 끓는점 오름 현상은 보통 이 목적으로 사용되지 않는 것일까?

11.46 정맥 주사에 사용하는 주사액은 혈액과 거의 같은 삼투압을 가져야 하는 것이 왜 중요한가 설명하시오.

문제

11.47 물 624 g에 설탕($C_{12}H_{22}O_{11}$) 396 g을 녹여서 용액을 만들었다. 30°C에서 이 용액의 증기압은 얼마인가? (30°C에서 물의 증기압은 31.8 mmHg이다.)

11.48 20°C에서 순수한 물보다 증기압이 2.0 mmHg 낮은 용액을 만들기 위해서는 물 552 g에 설탕($C_{12}H_{22}O_{11}$) 몇 그램을 가해야 하는가? (20°C에서 물의 증기압은 17.5 mmHg이다.)

11.49 벤젠의 증기압은 26.1°C에서 100.0 mmHg이다. 벤젠 98.5 g에 캠퍼(camphor, $C_{10}H_{16}O$) 24.6 g을 녹인 용액의 증기압을 계산하시오. (캠퍼는 비휘발성 고체이다.)

11.50 35°C에서 에탄올(C_2H_5OH)과 1-프로판올(C_3H_7OH)의 증기압은 각각 100 mmHg와 37.6 mmHg이다. 이상적인 거동을 가정하고, 에탄올의 몰분율이 0.300인 에탄올-1-프로판올 용액 위에서 에탄올과 1-프로판올이 보이는 부분 압력을 35°C에서 계산하시오.

11.51 20°C에서 에탄올(C_2H_5OH)의 증기압은 44 mmHg이고, 메탄올(CH_3OH)의 증기압은 94 mmHg이다. 메탄올 30.0 g과 에탄올 45.0 g의 혼합물을 만들었다. (a) 20°C에서 이 용액 위의 메탄올과 에탄올의 증기압을 계산하시오. (b) 20°C에서 이 용액 위에 존재하는 메탄올과 에탄올 증기의 몰분율을 계산하시오.

11.52 30°C에서 순수한 물보다 증기압이 2.50 mmHg 낮은 용액을 만들기 위해서는 물 450 g에 요소[$(NH_2)_2CO$] 몇 그램을 가해야 하는가? (30°C에서 물의 증기압은 31.8 mmHg이다.)

11.53 나프탈렌 농도가 2.47 *m*인 벤젠 용액의 끓는점과 어는점은 얼마인가? (벤젠의 끓는점과 어는점은 각각 80.1°C와 5.5°C이다.)

11.54 어떤 수용액이 아미노산인 글라이신(NH_2CH_2COOH)을 포함한다. 아미노산의 이온화가 일어나지 않는다고 가정하고, 이 용액이 −1.1°C에서 얼 때, 이 용액의 몰랄농도를 계산하시오.

11.55 페로몬은 수컷을 유혹하기 위하여 곤충의 암컷이 분비하는 물질이다. 이 중에 한 화합물에는 탄소 80.78%, 수소 13.56%, 산소 5.66%가 있다. 벤젠 8.50 g에 이 페로몬 1.00 g이 녹아 있는 용액은 3.37°C에서 언다고 한다. 이 화합물의 분자식과 몰질량은 얼마인가? (순수한 벤젠의 어는점은 5.50°C이다.)

11.56 아라비아 고무로부터 추출한 고체 유기 화합물을 원소분석한 결과 탄소 40.0%, 수소 6.7%, 산소 53.3%가 포함되어 있었다. 이 고체 0.650 g을 다이페닐(diphenyl) 용매 27.8 g에 녹인 용액의 어는점 내림은 1.56°C이다. 이 고체의 몰질량과 분자식을 구하시오. (다이페닐의 K_f는 8.00°C/*m*이다.)

11.57 살고 있는 지역의 가장 추운 겨울날의 온도가 −20°C라면, 물 6.50 L가 들어 있는 자동차의 라디에이터에 부동액인 에틸렌글라이콜을 몇 L 넣어야 하는가? 이 물-에틸렌글라이콜 혼합물의 끓는점을 계산하시오. 에틸렌글라이콜의 밀도는 1.11 g/mL이다.

11.58 27°C, 748 mmHg에서 4.00 L인 기체를 벤젠 58.0 g에 녹여 용액을 만들었다. 이 용액의 어는점을 계산하시오.

11.59 벤젠에서 어는점 내림을 측정하여 결정한 벤조산(C_6H_5COOH)의 몰질량은 분자식 $C_7H_6O_2$에서 예상한 값의 두 배이다. 이렇게 비정상적으로 보이는 현상을 설명하시오.

11.60 실험식이 C_6H_5P인 화합물 2.50 g을 벤젠 25.0 g에 녹인 용액이 4.3°C에서 어는 것이 관찰되었다. 용질의 몰질량을 계산하고, 분자식을 구하시오.

11.61 22.0°C에서 12.36 *M* 요소 수용액의 삼투압(atm 단위)은 얼마인가?

11.62 구조가 알려지지 않은 단백질 0.8330 g을 수용액 170.0 mL에 녹인 용액의 삼투압이 25°C에서 5.20 mmHg이다. 이 단백질의 몰질량을 결정하시오.

11.63 어떤 유기 화합물 7.480 g을 물에 녹여 300.0 mL 용액을 만들었다. 이 용액의 삼투압은 27°C에서 1.43 atm이었다. 이 화합물을 분석하여 C 41.8%, H 4.7%, O 37.3%, N 16.3%가 들어 있음을 알아냈다. 이 화합물의 분자식을 계산하시오.

11.64 물 100.0 g에 어떤 탄수화물 6.85 g을 녹인 용액의 밀도는 1.024 g/mL이고, 20.0°C에서 삼투압은 4.61 atm이다. 이 탄수화물의 몰질량을 계산하시오.

전해질 용액의 총괄성

복습 질문

11.65 이온쌍에 대하여 정의하시오. 이온쌍 형성이 용액의 총괄성에 미치는 효과는 무엇인가? 이온쌍 형성의 용이성은 다음과 어떻게 관련되는가? (a) 이온의 전하량, (b) 이온의 크기, (c) 용매의 성질(극성 또는 비극성), (d) 농도.

11.66 반트 호프 인자에 대해 정의하시오. 이 양들이 제공하는 정보는 무엇인가?

문제

11.67 0.35 *m* $CaCl_2$와 0.90 *m* 요소 수용액 중 어느 것이 (a) 끓는점이 더 높은가? (b) 어는점이 더 높은가? (c) 증기압이 더 낮은가? 이유를 설명하시오.

11.68 설탕($C_{12}H_{22}O_{11}$)과 질산(HNO_3) 수용액이 있다. 둘 다 −1.5°C에서 언다고 가정하자. 이 두 용액이 공통적으로 갖는 또 다른 성질은 무엇인가?

11.69 다음 수용액들을 어는점이 낮아지는 순서대로 배열하시오. (a) 0.10 *m* Na_3PO_4, (b) 0.35 *m* NaCl, (c) 0.20 *m* $MgCl_2$, (d) 0.15 *m* $C_6H_{12}O_6$, (e) 0.15 *m* CH_3COOH.

11.70 다음 수용액들을 어는점이 낮아지는 순서대로 배열하고 그 이유를 설명하시오. (a) 0.50 *m* HCl, (b) 0.50 *m* 포도당, (c) 0.50 *m* 아세트산.

11.71 다음 용액의 정상 끓는점과 어는점은 얼마인가? (a) 물 135 mL에 NaCl 21.2 g이 녹아 있는 용액, (b) 물 66.7 mL에 요소 15.4 g이 녹아 있는 용액.

11.72 25°C에서 순수한 물의 증기압은 23.76 mmHg이고, 바닷물의 증기압은 22.98 mmHg이다. 바닷물이 NaCl만 포함한다고 가정하고 그 몰랄농도를 구하시오.

11.73 NaCl과 $CaCl_2$는 모두 겨울에 도로의 얼음을 녹이는 데 사용된다. 이 물질들이 물의 어는점을 낮추는 데 설탕이나 요소보다 좋은 점은 무엇인가?

11.74 질량 백분율로 0.86%인 NaCl 수용액은 삼투압이 혈액 세포 내의 용액의 삼투압과 같으므로 "생리식염수"라고 부른다. 정상체온(37°C)에서 이 용액의 삼투압을 계산하시오. 생리식염수의 밀도는 1.005 g/mL이다.

11.75 25°C에서 $CaCl_2$와 요소 각 0.010 *M* 용액의 삼투압은 0.605 atm과 0.245 atm이다. $CaCl_2$ 용액에 대한 반트 호프 인자를 계산하시오.

11.76 22°C에서 0.0500 *M* $MgSO_4$ 용액의 삼투압을 계산하시오. (*힌트*: 표 11.3 참조.)

실전 연습의 답

11.1 이황화 탄소. **11.2** 0.638 *m*. **11.3** 8.92 *m*.
11.4 13.8 *m*. **11.5** 2.9×10^{-4} *M*.
11.6 37.8 mmHg, 4.4 mmHg. **11.7** 101.3°C, −4.48°C.
11.8 0.066 *m*, 1.3×10^{2} g/mol. **11.9** 2.60×10^{4} g/mol.
11.10 1.21.

CHAPTER 12

화학 반응 속도론

Chemical Kinetics

이 장의 차례

화학 반응의 속도는 매우 다양하다. 지각에서 흑연이 다이아몬드로 전환되는 데는 수백만년이 걸리기도 한다. 이에 반해, 채굴과정에서 사용되는 다이너마이트나 TNT와 같은 폭발적인 반응은 1초도 채 되지 않아 종결된다.

주요 개념

반응 속도 반응 속도는 반응물이 얼마나 빨리 소모되는지 즉, 생성물이 얼마나 빨리 만들어지는지를 측정한다. 속도는 농도 변화 대 경과 시간의 비로 나타낸다.

속도 법칙 속도를 실험적으로 측정하면 반응물의 농도와 속도 상수로 표현되는 반응의 속도 법칙을 알 수 있다. 속도의 온도 의존성으로부터 반응 차수를 알 수 있다. 속도가 반응물 농도에 무관하면 영차, 반응물 농도에 비례하면 일차라고 한다. 더 높은 차수와 분수 차수도 알려져 있다. 반응 속도의 중요한 특징은 반응물 농도가 초기 농도의 반으로 감소하는 시간인 반감기이다. 일차 반응에서 반감기는 초기 농도와 무관하다.

반응 속도의 온도 의존성 반응하기 위해서는 분자가 활성화 에너지 이상의 에너지를 가져야 한다. 반응 상수는 일반적으로 온도가 올라감에 따라 증가한다. 아레니우스 식은 속도 상수를 활성화 에너지 및 온도와 관련짓는다.

반응 메커니즘 반응 경로는 분자 수준에서 일련의 기본 단계로 나눌 수 있으며, 이러한 단계의 순서가 반응 메커니즘이다. 기본 단계는 한 분자가 관여하는 일분자성, 두 분자가 반응하는 이분자성, 또는 매우 드문 경우인 세 분자가 동시에 만나는 삼분자성일 수 있다. 둘 이상의 단일 단계를 가지는 반응의 속도는 속도 결정 단계라고 하는 가장 느린 단계에 의해 좌우된다.

촉매 촉매는 자신이 소모되지 않으면서 반응 속도를 높이는 것이다. 불균일 촉매에서는 반응물과 촉매가 다른 상에 있다. 균일 촉매에서는 반응물과 촉매가 동일 상에 분산되어 있다. 매우 효과적인 촉매인 효소는 모든 생물계에서 중요한 역할을 한다.

12.1 반응 속도

*화학 반응이 일어나는 빠르기 즉, 속도에 관한 것을 다루는 화학의 한 분야*를 **화학 반응 속도론**(chemical kinetics)이라 한다. "속도론"이란 용어는 움직임 또는 변화를 의미한다. 5장에서 운동 에너지란 물체의 운동 때문에 이용 가능한 에너지로 정의하였다. 여기서 다루는 속도론은 반응의 속도를 의미하는데, **반응 속도**(reaction rate)는 *시간에 따른 반응물 또는 생성물의 농도 변화(M/s)*를 말한다.

일반적으로 화학 반응식은 다음과 같이 표현할 수 있다.

$$\text{반응물} \longrightarrow \text{생성물}$$

이 식이 말하는 것은 어떤 반응의 진행 과정에서 생성물 분자가 형성될 때, 반응물 분자는 소모된다는 것이다. 따라서 반응물의 농도 감소나 생성물의 농도 증가를 관찰하면 반응 진행 정도를 추적할 수 있다.

그림 12.1은 반응물(A) 분자가 생성물(B) 분자로 전환되는 간단한 반응의 진행을 보여준다(예를 들어, 9.2절에 나타낸 *시스*-1,2-다이클로로에틸렌의 *트랜스*-1,2-다이클로로에틸렌으로의 전환).

$$A \longrightarrow B$$

그림 12.2는 시간에 따라 A 분자의 개수가 감소하고, 대신 B 분자의 개수가 증가하는 것을 보여주고 있다. 일반적으로 반응 시간에 따른 농도 변화로 속도를 나타내는 것이 더 편리하다. 따라서 위 반응의 반응 속도는 다음과 같이 나타낼 수 있다.

Δ는 최종 상태와 초기 상태의 차이를 나타냄을 상기하라.

$$\text{속도} = -\frac{\Delta[A]}{\Delta t} \quad \text{또는} \quad \text{속도} = \frac{\Delta[B]}{\Delta t}$$

여기서 $\Delta[A]$와 $\Delta[B]$는 시간 Δt 동안의 농도 변화(몰농도 단위)를 나타낸다. 일정 시간 동안 A의 농도는 *감소*하기 때문에 $\Delta[A]$는 음수이다. 하지만 반응 속도는 양수이므로 반응 속도를 양수로 만들기 위하여 위의 표현식 앞에 음의 부호가 필요하다. 이와는 반대로 $\Delta[B]$가 양수이므로 생성물의 형성 속도는 음의 부호가 필요하지 않다(시간에 따라 B는 *증가*한다).

좀 더 복잡한 반응에 대한 속도식을 나타낼 때는 조심해야 한다. 다음 반응식을 생각해 보자.

$$2A \longrightarrow B$$

B 1 mol이 생성되는 데 A 2 mol이 소모된다. 즉, B의 생성 속도는 A가 소모되는 속도의 절반이다. 따라서 반응 속도는 다음과 같이 쓸 수 있다.

$$\text{속도} = -\frac{1}{2}\frac{\Delta[A]}{\Delta t} \quad \text{또는} \quad \text{속도} = \frac{\Delta[B]}{\Delta t}$$

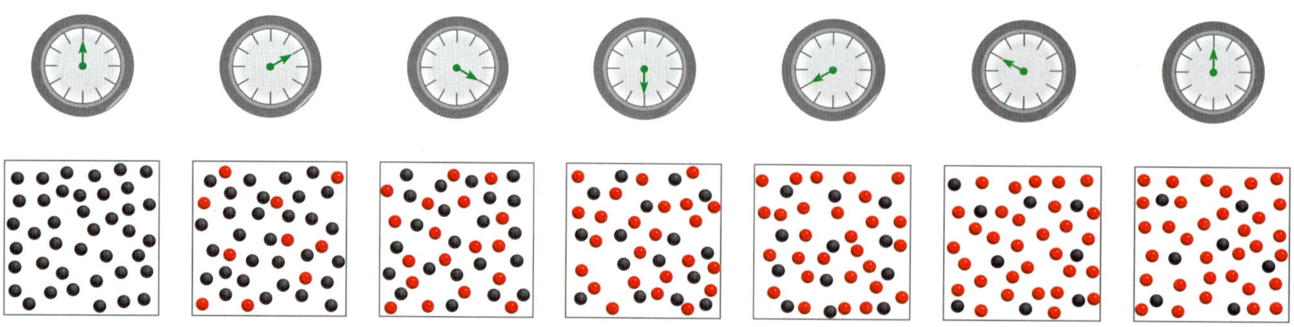

그림 12.1 • 반응 A ⟶ B의 과정을 10 초 간격으로 60 초 동안 본 그림. 초기에는 A 분자(회색 공)만 존재한다. 시간이 진행됨에 따라 B 분자(빨간색 공)가 형성된다.

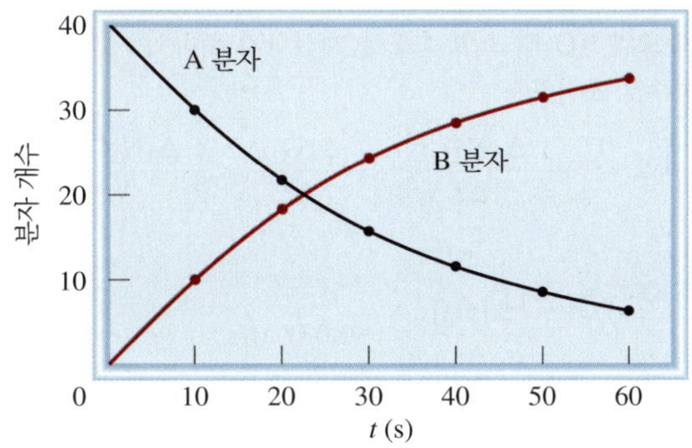

그림 12.2 • 시간에 따라 A 분자는 감소하고 B 분자는 증가하는 것으로 나타낸 반응 A ⟶ B의 속도.

다음 반응에 대해서

$$aA + bB \longrightarrow cC + dD$$

속도는 다음과 같다.

$$\text{속도} = -\frac{1}{a}\frac{\Delta[A]}{\Delta t} = -\frac{1}{b}\frac{\Delta[B]}{\Delta t} = \frac{1}{c}\frac{\Delta[C]}{\Delta t} = \frac{1}{d}\frac{\Delta[D]}{\Delta t}$$

예제 12.1

다음 반응에 대하여 반응물의 소멸과 생성물의 생성 관점에서 반응 속도식을 쓰시오.

(a) $I^-(aq) + OCl^-(aq) \longrightarrow Cl^-(aq) + OI^-(aq)$

(b) $3O_2(g) \longrightarrow 2O_3(g)$

(c) $4NH_3(g) + 5O_2(g) \longrightarrow 4NO(g) + 6H_2O(g)$

▸ **풀이**

(a) 반응에 포함된 각 화합물의 화학량론 계수는 1이기 때문에

$$\text{속도} = -\frac{\Delta[I^-]}{\Delta t} = -\frac{\Delta[OCl^-]}{\Delta t} = \frac{\Delta[Cl^-]}{\Delta t} = \frac{\Delta[OI^-]}{\Delta t}$$

(b) 이 반응의 경우 화학량론 계수는 3과 2이므로

$$\text{속도} = -\frac{1}{3}\frac{\Delta[O_2]}{\Delta t} = \frac{1}{2}\frac{\Delta[O_3]}{\Delta t}$$

(c) 이 반응에서

$$\text{속도} = -\frac{1}{4}\frac{\Delta[NH_3]}{\Delta t} = -\frac{1}{5}\frac{\Delta[O_2]}{\Delta t} = \frac{1}{4}\frac{\Delta[NO]}{\Delta t} = \frac{1}{6}\frac{\Delta[H_2O]}{\Delta t}$$

비슷한 문제: 12.5.

▸ **실전 연습** 다음 반응에 대한 속도식을 쓰시오.

$$CH_4(g) + 2O_2(g) \longrightarrow CO_2(g) + 2H_2O(g)$$

예제 12.2

다음 반응을 생각해 보자.

$$4NO_2(g) + O_2(g) \longrightarrow 2N_2O_5(g)$$

반응이 일어나는 특정한 순간에 산소 분자의 반응 속도가 0.037 *M*/s이었다고 하자. (a) N_2O_5가 생성되는 속도를 구하시오. (b) NO_2가 반응하는 속도를 구하시오.

▸ **전략** N_2O_5의 생성 속도와 NO_2의 소멸 속도를 계산하기 위하여 예제 12.1에서 나타낸 것처럼 반응 속도를 화학량론 계수로 표현하자.

$$\text{속도} = -\frac{1}{4}\frac{\Delta[NO_2]}{\Delta t} = -\frac{\Delta[O_2]}{\Delta t} = \frac{1}{2}\frac{\Delta[N_2O_5]}{\Delta t}$$

문제에서 주어진 자료는

$$\frac{\Delta[O_2]}{\Delta t} = -0.037\ M/\text{s}$$

이다. 여기서 음의 부호는 산소의 농도가 시간이 경과함에 따라 감소함을 보여준다.

▸ **풀이**

(a) 앞에서 표현한 속도식으로부터

$$-\frac{\Delta[O_2]}{\Delta t} = \frac{1}{2}\frac{\Delta[N_2O_5]}{\Delta t}$$

그러므로

$$\frac{\Delta[N_2O_5]}{\Delta t} = -2(-0.037\ M/\text{s}) = 0.074\ M/\text{s}$$

(b) 이 경우 다음 관계식을 쓸 수 있으며

$$-\frac{1}{4}\frac{\Delta[NO_2]}{\Delta t} = -\frac{\Delta[O_2]}{\Delta t}$$

그러므로

$$\frac{\Delta[NO_2]}{\Delta t} = 4(-0.037\ M/\text{s}) = -0.15\ M/\text{s}$$

비슷한 문제: 12.6.

▸ **실전 연습** 다음 반응을 생각해 보자.

$$4PH_3(g) \longrightarrow P_4(g) + 6H_2(g)$$

반응 도중의 특정 순간에 수소 분자가 0.078 M/s의 속도로 생성된다고 하자. (a) P_4가 생성되는 속도를 구하시오. (b) PH_3가 반응하는 속도를 구하시오.

☑ 개념 복습하기

속도가 다음과 같이 주어지는 기체상 반응에 대한 균형 반응식을 쓰시오.

$$\text{속도} = -\frac{\Delta[SO_2]}{\Delta t} = -\frac{1}{3}\frac{\Delta[CO]}{\Delta t} = \frac{1}{2}\frac{\Delta[CO_2]}{\Delta t} = \frac{\Delta[COS]}{\Delta t}$$

반응의 종류에 따라 반응 속도를 측정하는 방법은 여러 가지가 있다. 예를 들어, 수용액에서 브로민 분자는 폼산(HCOOH)과 다음과 같이 반응한다.

$$Br_2(aq) + HCOOH(aq) \longrightarrow 2H^+(aq) + 2Br^-(aq) + CO_2(g)$$

브로민 분자(Br_2)는 붉은 갈색이다. 다른 모든 화학종은 무색이다. 반응이 진행됨에 따라 Br_2의 농도는 지속적으로 감소하고 색이 옅어진다(그림 12.3). 따라서 시간에 따른 농도의 변화(색의 진하기로 나타남)를 분광기로 추적할 수 있다(그림 12.4). 그림 12.5와 같이 브로민 농도 대 시간의 그래프를 그리면 반응 속도를 결정할 수 있다. 어떤 특정 순간의 반응 속도는 그 순간 곡선의 기울기($\Delta[Br_2]/\Delta t$)이다. 특정한 실험에서 반응을 시작하고 100 초 후에 속도가 2.96×10^{-5} M/s이고, 200 초 후에는 2.09×10^{-5} M/s가 된다는 것을 알 수 있다. 일반적으로 속도는 반응물 농도에 비례하므로 브로민 농도가 감소함에 따라 속도가 줄어드는 것은 놀

그림 12.3 • 시간이 경과함에 따라 브로민 농도가 감소하는 것이 색을 잃는 것으로 보인다(왼쪽에서 오른쪽으로).

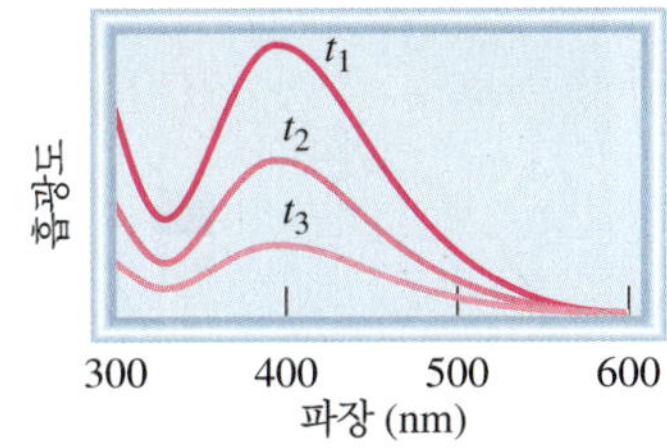

그림 12.4 • 브로민 흡광도 대 파장 도표. 브로민에 의한 가시광선의 최대 흡수가 393 nm에서 일어난다. 반응이 진행됨에 따라 (t_1에서 t_3) $[Br_2]$에 비례하는 흡광도는 감소한다.

라운 일이 아니다.

어떤 반응에서 반응물이나 생성물 중 하나가 기체일 경우에는 반응 속도를 결정하는 데 압력계를 사용할 수 있다. 이 방법을 설명하기 위해서, 과산화 수소의 분해를 생각해 보자.

$$2H_2O_2(l) \longrightarrow 2H_2O(l) + O_2(g)$$

이 경우 분해 속도는 산소의 발생 속도를 압력계로 측정하여 결정할 수 있다(그림 12.6). 산소의 압력은 이상 기체 방정식을 이용하여 쉽게 농도로 변환할 수 있다[식 (5.8)].

$$PV = nRT$$

또는

$$P = \frac{n}{V}RT = MRT$$

여기서 n/V는 산소 기체의 몰농도(M)이다. 이 식을 정리하면 다음과 같다.

$$M = \frac{1}{RT}P$$

산소 생성 속도로 반응 속도를 표시하면 다음과 같다.

$$2H_2O_2 \longrightarrow 2H_2O + O_2$$

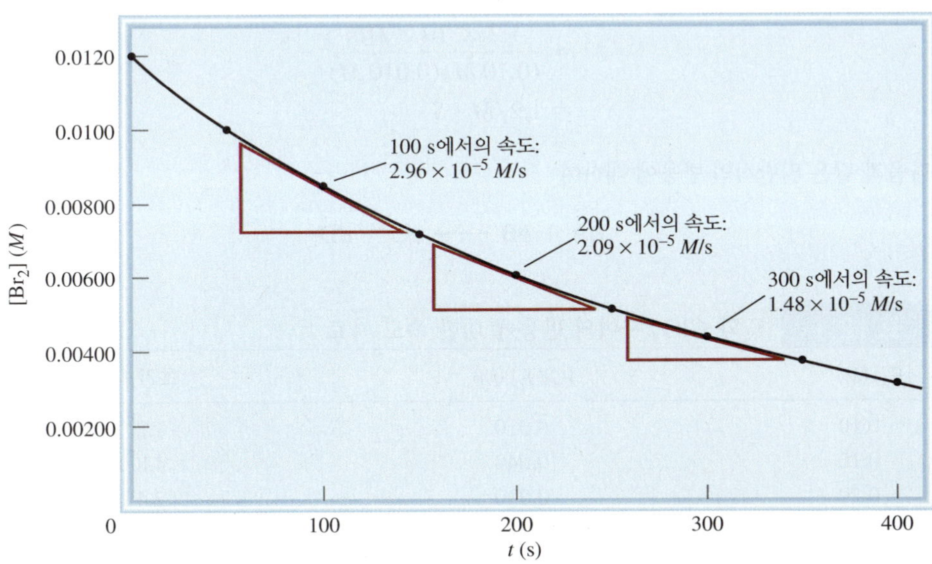

그림 12.5 • 브로민 분자와 폼산의 반응에서 t = 100 s, 200 s, 300 s에서의 순간 속도를 이 시간에서 접선의 기울기로 나타내었다.

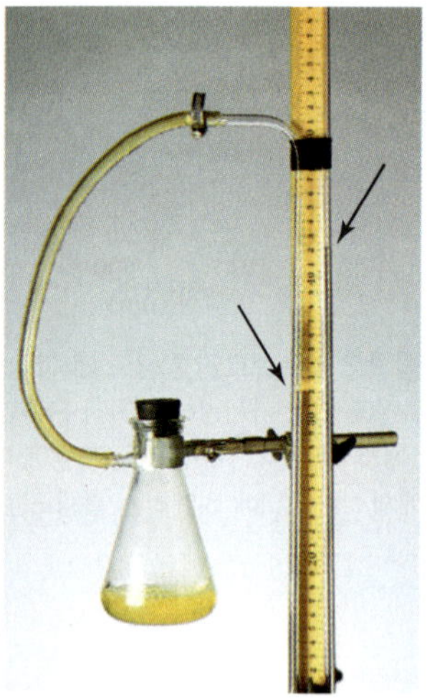

그림 12.6 • 시간에 따라 산소 압력의 증가를 보이는 압력계로 과산화 수소 분해 속도를 측정할 수 있다. 화살표는 U자 관 안 수은의 높이를 나타낸다.

$$\text{속도} = \frac{\Delta[O_2]}{\Delta t} = \frac{1}{RT}\frac{\Delta P}{\Delta t}$$

또한 어떤 반응에서 이온이 소모되거나 생성된다면 전기 전도도를 이용해 속도를 측정할 수 있다. H^+ 이온이 반응물이나 생성물이라면 시간에 따른 용액의 pH를 측정함으로써 반응 속도를 결정할 수 있다.

12.2 속도 법칙

반응물의 농도가 반응 속도에 미치는 영향을 알아보기 위한 한 가지 방법은 반응의 초기 속도와 초기 농도 사이의 관계를 알아보는 것이다. 일반적으로 반응이 진행됨에 따라 반응물의 농도는 감소하게 되며, 따라서 농도 변화를 정확히 측정하는 것은 어려워지기 때문에 초기 속도를 측정하는 것이 선호된다. 또한 다음과 같은 역반응이 가능하다면,

$$\text{생성물} \longrightarrow \text{반응물}$$

반응 속도 측정에 오차가 발생하게 된다. 이들 두 가지 문제점은 반응 초기 단계에는 거의 존재하지 않는다.

표 12.1은 다음 반응에 대한 세 번의 실험적 속도 측정값을 보여준다.

$$F_2(g) + 2ClO_2(g) \longrightarrow 2FClO_2(g)$$

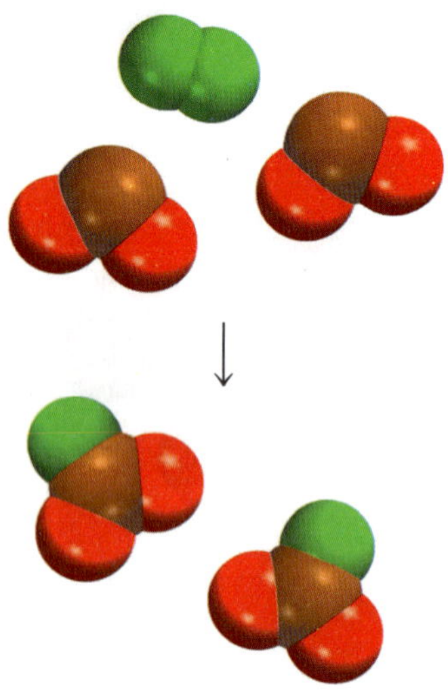

$F_2 + 2ClO_2 \longrightarrow 2FClO_2$

표 1열과 3열을 보면, $[ClO_2]$는 일정하게 유지한 상태에서 $[F_2]$가 두 배로 증가되고 속도도 두 배로 증가되었다. 따라서 반응 속도는 $[F_2]$에 정비례한다. 비슷한 방법으로 1열과 2열로부터 일정한 $[F_2]$에서 $[ClO_2]$가 4배로 증가되고 반응 속도도 4배 증가되었으므로 반응 속도는 $[ClO_2]$에도 정비례한다. 따라서 이 관찰 결과를 다음과 같이 정리할 수 있다.

$$\text{속도} \propto [F_2][ClO_2]$$
$$\text{속도} = k[F_2][ClO_2]$$

k는 **속도 상수**(rate constant)로 반응 속도와 반응물 농도 사이의 비례 상수이다. 이 식은 *반응 속도를 속도 상수와 반응물 농도와 연결시키는* **속도 법칙**(rate law)으로 알려져 있다. 반응물 농도와 초기 속도로부터 속도 상수를 계산할 수도 있다. 표 12.1의 첫 번째 열에 있는 자료를 이용하여 다음과 같이 쓸 수 있다.

어떤 주어진 반응에서 k는 온도의 변화에 의해서만 영향을 받는다.

$$\begin{aligned} k &= \frac{\text{속도}}{[F_2][ClO_2]} \\ &= \frac{1.2 \times 10^{-3}\ M/s}{(0.10\ M)(0.010\ M)} \\ &= 1.2/M \cdot S \end{aligned}$$

다음과 같은 일반적인 반응에 대하여

$$aA + bB \longrightarrow cC + dD$$

표 12.1 F_2와 ClO_2 사이의 반응에 대한 속도 자료

$[F_2]$ (M)	$[ClO_2]$ (M)	초기 속도(M/s)
0.10	0.010	1.2×10^{-3}
0.10	0.040	4.8×10^{-3}
0.20	0.010	2.4×10^{-3}

속도 법칙은 다음과 같이 쓸 수 있다.

$$\text{속도} = k[\text{A}]^x[\text{B}]^y \quad (12.1)$$

x, y는 a, b와 관계가 없다는 것을 명심하라. x, y는 실험적으로 결정된다.

만일 A와 B의 농도뿐만 아니라 k, x, y 값을 알게 되면 속도 법칙을 이용하여 반응 속도를 계산할 수 있다. k처럼 x와 y도 실험적으로 결정해야 한다. *속도 법칙에 나타나는 모든 반응물 농도의 지수의 합*을 전체 **반응 차수**(reaction order)라고 한다. 위의 속도 법칙 식에서 전체 반응 차수는 $x + y$가 된다. F_2와 ClO_2가 포함된 반응에서 전체 반응 차수는 $1 + 1 = 2$이다. 이 때 반응은 F_2에 대해 1차이고 ClO_2에 대해 1차이며 전체적으로 2차라고 말한다. 반응 차수는 생성물의 농도가 아니라 *항상* 반응물의 농도에 의해 결정된다는 것을 기억하라.

반응 차수는 반응 속도가 반응물의 농도에 어떻게 의존하는지를 이해하는 데 도움을 준다. 예를 들어, 어떤 반응에 대해 $x = 1$이고 $y = 2$라고 가정해 보자. 식 (12.1)로부터 반응의 속도 법칙은 다음과 같다.

$$\text{속도} = k[\text{A}][\text{B}]^2$$

이 반응은 A에 대해 1차이고, B에 대해 2차이며, 전체적으로는 3차($1 + 2 = 3$)이다. 초기 농도 $[\text{A}] = 1.0\ M$이고 $[\text{B}] = 1.0\ M$이라 가정하자. 속도 법칙에 따르면 [B]를 일정하게 유지한 상태에서 A의 농도를 $1.0\ M$에서 $2.0\ M$로 두 배 증가시키면 반응 속도 또한 두 배로 된다.

$$[\text{A}]=1.0\ M \text{ 일 때,} \qquad \text{속도}_1 = k(1.0\ M)(1.0\ M)^2 = k(1.0\ M^3)$$
$$[\text{A}]=2.0\ M \text{ 일 때,} \qquad \text{속도}_2 = k(2.0\ M)(1.0\ M)^2 = k(2.0\ M^3)$$

따라서,

$$\text{속도}_2 = 2(\text{속도}_1)$$

반면에 [A]를 일정하게 유지한 상태에서 B의 농도를 $1.0\ M$에서 $2.0\ M$로 두 배 증가시키면 지수가 2이므로 반응 속도는 네 배로 증가한다.

$$[\text{B}]=1.0\ M \text{ 일 때,} \qquad \text{속도}_1 = k(1.0\ M)(1.0\ M)^2 = k(1.0\ M^3)$$
$$[\text{B}]=2.0\ M \text{ 일 때,} \qquad \text{속도}_2 = k(1.0\ M)(2.0\ M)^2 = k(4.0\ M^3)$$

따라서,

$$\text{속도}_2 = 4(\text{속도}_1)$$

어떤 반응에 대해서 $x = 0$이고 $y = 1$이라면, 속도 법칙은 다음과 같다.

$$\text{속도} = k[\text{A}]^0[\text{B}] = k[\text{B}]$$

이 반응은 A에 대해 0차이고 B에 대해 1차이므로 전체 반응은 1차이다. 따라서 이 반응의 속도는 A의 농도에 무관하다.

0차란 속도가 0이라는 의미하는 것이 아니다. 속도가 존재하는 A의 농도에 무관하다는 것을 뜻할 뿐이다.

속도 법칙의 실험적인 결정

만일 어떤 반응에 하나의 반응물만 관여한다면 반응물 농도의 함수로 반응의 초기 속도를 측정하여 속도 법칙을 쉽게 결정할 수 있다. 예를 들어, 반응물 농도를 두 배로 하였을 때 속도가 두 배로 된다면 반응은 그 반응물에 대해 1차이다. 농도를 두 배로 하였을 때 속도가 네 배가 된다면 반응은 그 반응물에 대해 2차이다.

둘 이상의 반응물이 관여하는 반응에서는 한 번에 하나씩 각 반응물 농도에 대한 반응 속도의 의존성을 측정하여 속도 법칙을 결정할 수 있다. 특정한 하나의 반응물을 제외한 다른 모든 반응물의 농도를 고정시키고 그 반응물 농도의 함수로 반응 속도를 기록한다. 속도에 변화가 있다면, 이는 그 물질에 가해진 변화 때문일 수밖에 없다. 따라서 관찰되는 의존성으로 특정 반응물의 차수를 정할 수 있다. 같은 과정을 다음 반응물, 또 그 다음 반응물에 적용한다. 이러한 접근법을 *분리법*(isolation method)라고 한다.

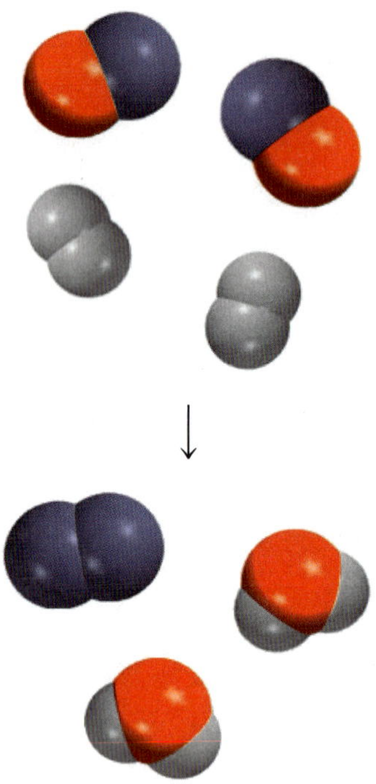

$2NO + 2H_2 \longrightarrow 2N_2 + 2H_2O$

예제 12.3

1280°C에서 일산화 질소와 수소와의 반응은 다음과 같다.

$$2NO(g) + 2H_2(g) \longrightarrow N_2(g) + 2H_2O(g)$$

위의 온도에서 수집한 자료를 사용하여, $[NO] = 12.0 \times 10^{-3}\ M$이고 $[H_2] = 6.0 \times 10^{-3}\ M$일 때 (a) 속도 법칙, (b) 속도 상수, (c) 반응 속도를 구하시오.

실험	[NO] (*M*)	$[H_2]$ (*M*)	초기속도 (*M*/s)
1	5.0×10^{-3}	2.0×10^{-3}	1.3×10^{-5}
2	10.0×10^{-3}	2.0×10^{-3}	5.0×10^{-5}
3	10.0×10^{-3}	4.0×10^{-3}	10.0×10^{-5}

▸ **전략** 농도와 반응 속도에 관한 자료를 주고, 속도 법칙과 속도 상수를 구하라는 문제이다. 먼저 속도 법칙이 다음과 같은 형태라고 가정하자.

$$\text{속도} = k[NO]^x[H_2]^y$$

x와 y를 구하기 위하여 주어진 자료들을 어떻게 이용하여야 할까? 일단 반응 차수가 결정되면 임의의 속도와 농도 세트로부터 k를 계산할 수 있다. 마지막으로 속도 법칙으로부터 NO와 H_2의 임의의 농도를 이용하여 반응 속도를 구할 수 있다.

▸ **풀이**

(a) 실험 1과 2에 의하면 H_2의 농도를 일정하게 유지한 상태에서 NO의 농도를 2배로 증가시킬 때 반응 속도는 4배 증가하였다. 두 실험으로부터 속도 비를 구하면

$$\frac{\text{속도}_2}{\text{속도}_1} = \frac{5.0 \times 10^{-5}\ M/s}{1.3 \times 10^{-5}\ M/s} \approx 4 = \frac{k(10.0 \times 10^{-3}\ M)^x(2.0 \times 10^{-3}\ M)^y}{k(5.0 \times 10^{-3}\ M)^x(2.0 \times 10^{-3}\ M)^y}$$

따라서,

$$\frac{(10.0 \times 10^{-3}\ M)^x}{(5.0 \times 10^{-3}\ M)^x} = 2^x = 4$$

또는 $x = 2$, 즉 이 반응은 NO에 대하여 2차이다. 실험 2와 3은 [NO]를 일정하게 유지하고 $[H_2]$를 두 배로 증가시킬 때, 속도가 두 배로 증가되었음을 보여준다. 이들의 비를 다음과 같이 쓸 수 있다.

$$\frac{\text{속도}_3}{\text{속도}_2} = \frac{10.0 \times 10^{-5}\ M/s}{5.0 \times 10^{-5}\ M/s} = 2 = \frac{k(10.0 \times 10^{-3}\ M)^x(4.0 \times 10^{-3}\ M)^y}{k(10.0 \times 10^{-3}\ M)^x(2.0 \times 10^{-3}\ M)^y}$$

따라서,

$$\frac{(4.0 \times 10^{-3}\ M)^y}{(2.0 \times 10^{-3}\ M)^y} = 2^y = 2$$

또는 $y = 1$, 즉 이 반응은 y에 대하여 1차이다. 따라서 반응 속도 법칙은 다음과 같다.

$$\text{속도} = k[NO]^2[H_2]$$

위의 식은 전체 반응이 3차 (2 + 1) 임을 나타낸다.

(b) 속도 상수 k는 실험 자료 중 하나를 이용하여 계산할 수 있다. 속도식을 다시 쓰면 다음과 같다.

$$k = \frac{\text{속도}}{[\mathrm{NO}]^2[\mathrm{H_2}]}$$

실험 2의 자료를 이용하면 다음과 같은 k 값을 얻는다.

$$k = \frac{5.0 \times 10^{-5}\ M/\mathrm{s}}{(10.0 \times 10^{-3}\ M)^2(2.0 \times 10^{-3}\ M)}$$
$$= 2.5 \times 10^2/M^2 \cdot \mathrm{s}$$

(c) 알고 있는 속도 상수 및 NO와 H_2의 농도를 이용하면 다음과 같이 쓸 수 있다.

$$\text{속도} = (2.5 \times 10^2/M^2 \cdot \mathrm{s})(12.0 \times 10^{-3}\ M)^2(6.0 \times 10^{-3}\ M)$$
$$= 2.2 \times 10^{-4}\ M/\mathrm{s}$$

▸ **해설** 위의 반응 차수가 H_2에 대하여 1차이지만 균형 반응식에서 H_2의 화학량론적 계수는 2이다. 반응물의 차수는 전체 균형 반응식에 나타난 반응물의 화학량론적 계수와는 관련이 없다.

비슷한 문제: 12.15.

▸ **실전 연습** 과산화 이황산 이온($S_2O_8^{2-}$)과 아이오딘화 이온(I^-)의 반응은 다음과 같다.

$$S_2O_8^{2-}(aq) + 3I^-(aq) \longrightarrow 2SO_4^{2-}(aq) + I_3^-(aq)$$

특정 온도에서 수집한 다음 자료로부터 속도 법칙을 결정하고, 속도 상수를 계산하시오.

실험	$[S_2O_8^{2-}]$ (M)	$[I^-]$ (M)	초기 속도(M/s)
1	0.080	0.034	2.2×10^{-4}
2	0.080	0.017	1.1×10^{-4}
3	0.16	0.017	2.2×10^{-4}

☑ 개념 복습하기

그림 (a)~(c)로 나타낸 반응 '2A + B ⟶ 생성물'의 상대적 속도는 1:2:4이다. 그림에서 붉은색은 A 분자를 나타내고, 녹색은 B 분자를 나타낸다. 이 반응에 대한 속도 법칙을 쓰시오.

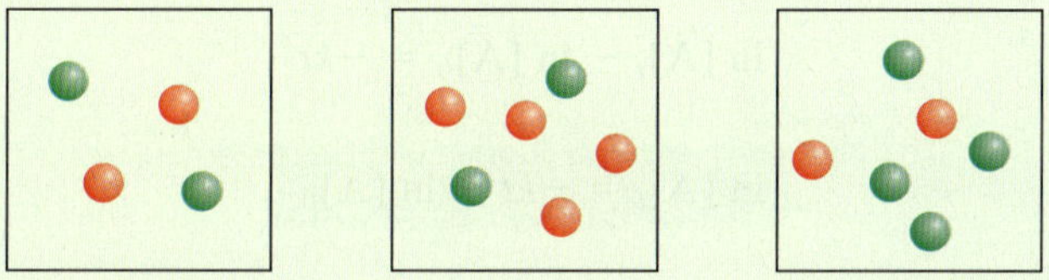

(a) (b) (c)

12.3 반응물의 농도와 반응 시간 사이의 관계

속도 법칙을 사용하여 속도 상수와 반응물의 농도로부터 반응 속도를 계산할 수 있다. 또한 속도 법칙의 형태를 바꾸어 반응이 진행하는 동안 임의의 시점에서 반응물의 농도를 결정할 수 있는 식으로 만들 수도 있다. 전체 반응 차수가 1차인 가장 간단한 반응에 먼저 적용해 보도록 하자.

일차 반응

일차 반응(first-order)은 *반응 속도가 반응물 농도의 1승에 의존하는 반응*이다. 일차 반응의 일반적 형태는

$$\mathrm{A} \longrightarrow \text{생성물}$$

이고, 속도는 다음과 같이 쓸 수 있다.

$$속도 = -\frac{\Delta[A]}{\Delta t}$$

속도 법칙으로부터 다음을 사용한다.

일차 반응에서 반응물의 농도를 두 배로 하면 속도도 두 배가 된다.

$$속도 = k[A]$$

따라서,

$$-\frac{\Delta[A]}{\Delta t} = k[A] \quad \textbf{(12.2)}$$

미분 형태로 하면 식 (12.2)는 다음과 같다.

$$-\frac{d[A]}{dt} = k[A]$$

재배열하면,

$$\frac{d[A]}{[A]} = -kdt$$

$t = 0$에서 $t = t$ 사이에서 적분하면 다음과 같이 된다.

$$\int_{[A]_0}^{[A]_t} \frac{d[A]}{[A]} = -K\int_0^t dt$$

$$\ln[A]_t - \ln[A]_0 = -kt$$

즉,

$$\ln\frac{[A]_t}{[A]_0} = -kt$$

식을 옮겨 일차 속도 상수 k의 단위를 결정할 수 있다.

$$k = -\frac{\Delta[A]}{[A]}\frac{1}{\Delta t}$$

$\Delta[A]$와 $[A]$의 단위가 M이고 Δt의 단위는 s이므로, k의 단위는 다음과 같다.

$$\frac{M}{M\,\text{s}} = \frac{1}{\text{s}} = \text{s}^{-1}$$

음의 부호는 단위를 정하는 데는 들어가지 않는다. 계산을 통해 식 (12.2)로부터 다음 식을 얻을 수 있다.

$$\ln\frac{[A]_t}{[A]_0} = -kt \quad \textbf{(12.3)}$$

여기서 ln은 자연로그이고, $[A]_0$와 $[A]_t$는 각각 $t = 0$일 때와 $t = t$일 때의 농도이다. $t = 0$이 반드시 실험 개시에 상응하는 것은 아니다. 이것은 반응물 A의 농도 변화를 관측하기 시작하는 임의의 시간이다.

위의 식 (12.3)을 재배열하면 다음과 같다.

$$\ln[A]_t - \ln[A]_0 = -kt$$

또는

$$\ln[A]_t = -kt + \ln[A]_0 \quad \textbf{(12.4)}$$

식 (12.4)는 $y = mx + b$ 형태의 선형 방정식이고, 여기서 m은 그래프 상의 직선의 기울기이다.

$$\begin{array}{ccccccc} \ln[A]_t & = & (-k) & (t) & + & \ln[A]_0 \\ \updownarrow & & \updownarrow & \updownarrow & & \updownarrow \\ y & = & m & x & + & b \end{array}$$

따라서 $[A]_t$ 대 t (또는 y 대 x)의 그래프를 그리면, 기울기가 $-k$(또는 m)인 직선을 얻는다. 이로부터 속도 상수 k를 계산할 수 있다. 그림 12.7은 일차 반응의 특징을 보여준다.

여러 일차 반응이 알려져 있다. 에테인(C_2H_6) 분자가 반응성이 아주 큰 메틸 라디칼로 분해되는 반응이 그 예이다.

$$C_2H_6 \longrightarrow 2CH_3$$

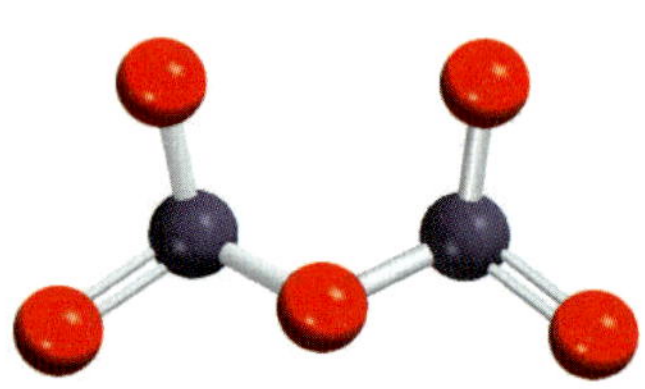

N_2O_5

이제 오산화 이질소(N_2O_5)가 45°C의 사염화 탄소(CCl_4) 용매 안에서 분해되는 반응의 차수와 속도 상수를 그래프를 이용하여 구해 보자.

$$2N_2O_5(CCl_4) \longrightarrow 4NO_2(g) + O_2(g)$$

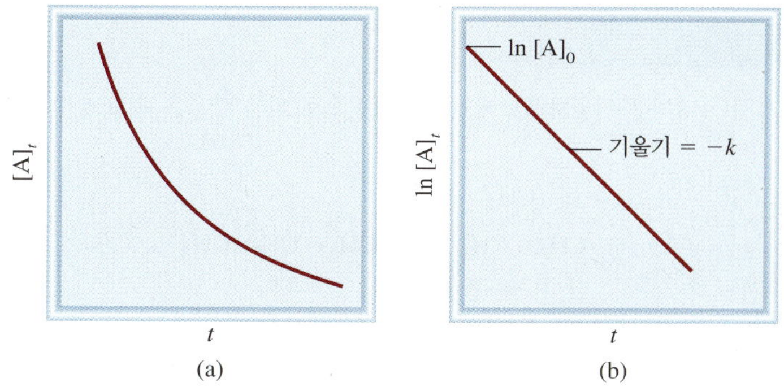

그림 12.7 • 일차 반응의 특징: (a) 시간에 따라 반응물 농도가 지수로 감소, (b) $\ln [A]_t$ 대 t 그래프. 직선의 기울기는 $-k$와 같다.

N_2O_5가 분해되어 NO_2(갈색)와 무색의 O_2 기체가 된다.

이 표는 시간에 따른 N_2O_5의 농도 변화와 각 농도에서 $\ln [N_2O_5]$ 값을 보여준다.

t(s)	$[N_2O_5]$	$\ln [N_2O_5]$
0	0.91	−0.094
300	0.75	−0.29
600	0.64	−0.45
1200	0.44	−0.82
3000	0.16	−1.83

식 (12.4)를 이용하여 t에 대한 $\ln [N_2O_5]$의 그래프를 그림 12.8에 나타낸 바와 같이 그린다. 여기서 실험 값들이 직선을 이룬다는 사실은 이 반응이 일차임을 의미한다. 그리고 나서 기울기로부터 속도 상수를 결정한다. 직선 위에 멀리 떨어져 있는 두 점을 선택하고 다음과 같이 y와 x 값을 빼 준다.

$$\text{기울기}(m) = \frac{\Delta y}{\Delta x}$$
$$= \frac{-1.50 - (-0.34)}{(2430 - 400)\ \text{s}}$$
$$= -5.7 \times 10^{-4}\ \text{s}^{-1}$$

$m = -k$이므로 $k = 5.7 \times 10^{-4}\ \text{s}^{-1}$이다.

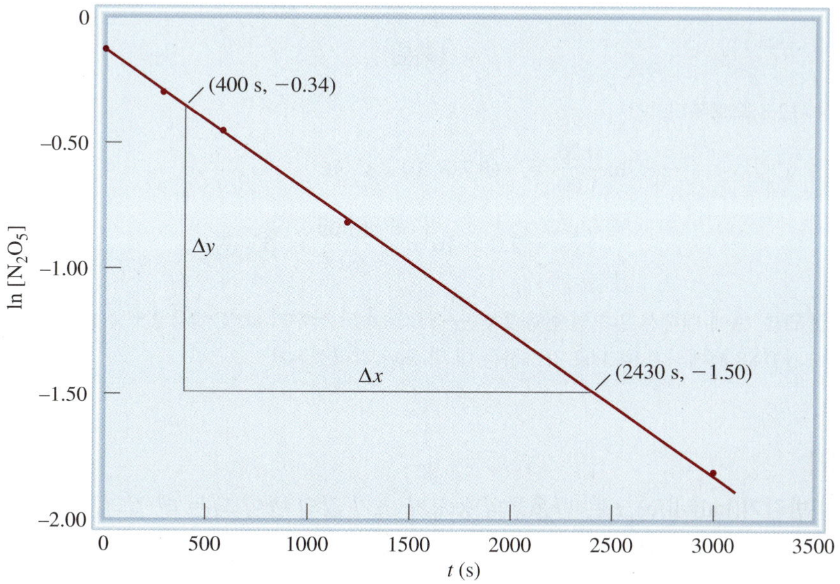

그림 12.8 • $\ln [N_2O_5]$ 대 시간의 그래프. 직선의 기울기로부터 속도 상수를 결정할 수 있다.

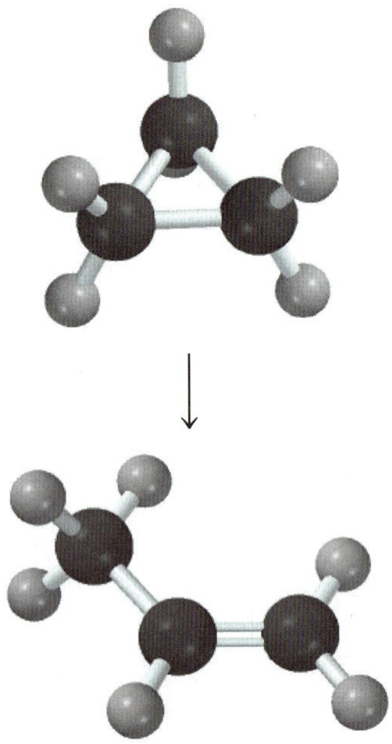

예제 12.4

500°C에서 기체 상태의 사이클로프로페인이 프로펜으로 되는 반응은 속도 상수가 6.7 $\times 10^{-4} s^{-1}$인 일차 반응이다.

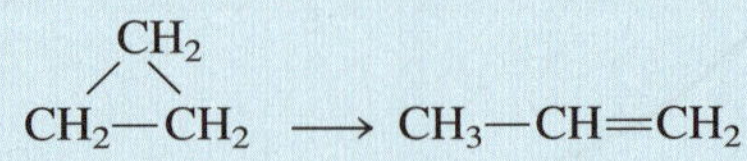

사이클로프로페인 프로펜

(a) 사이클로프로페인의 초기 농도가 0.25 *M*이라면 8.8 분 후 농도는 얼마인가? (b) 사이클로프로페인의 농도가 0.25 *M*에서 0.15 *M*로 감소하는 데 걸리는 시간은 얼마인가? (c) 초기 반응물의 74%가 생성물로 되는 데 몇 분이나 걸리는가?

▸ **전략** 일차 반응이 일어날 때, 서로 다른 시점에서의 반응물 농도 사이의 관계식은 식 (12.3) 또는 (12.4)로 주어진다. (a)에서는 $[A]_0 = 0.25\ M$로 주어졌고, 8.8 분 후의 $[A]_t$를 구해야 한다. (b)에서는 사이클로프로페인의 농도가 0.25 *M*에서 0.15 *M*로 감소하는 데 걸리는 시간을 계산해야 한다. (c)에서는 어떤 농도 값도 주어지지 않았다. 하지만 처음엔 화합물을 100% 가지고 있었고, 74%가 반응하였다면, 남은 양은 100% − 74%인 26%이다. 따라서 백분율의 비가 농도의 비와 같게 된다. 즉, $[A]_t/[A]_0 = 26\%/100\%$, 즉 0.26/1.00.

▸ **풀이**

(a) 식 (12.4)를 적용하려면 *k*의 단위가 s^{-1}로 주어졌기 때문에 먼저 8.8 분을 초 단위로 변환해야 한다.

$$8.8\ \cancel{\text{min}} \times \frac{60\ \text{s}}{1\ \cancel{\text{min}}} = 528\ \text{s}$$

다음과 같이 쓰면,

$$\begin{aligned}\ln [A]_t &= -kt + \ln [A]_0 \\ &= -(6.7 \times 10^{-4}\ \text{s}^{-1})(528\ \text{s}) + \ln (0.25) \\ &= -1.74\end{aligned}$$

따라서,

$$[A]_t = e^{-1.74} = \boxed{0.18\ M}$$

$\ln [A]_0$ 항에서 단위의 자연로그를 취할 수 없기 때문에 $[A]_0$는 무차원 값 (0.25)로 표시한다.

(b) 식 (12.3)을 이용하여,

$$\ln \frac{0.15\ M}{0.25\ M} = -(6.7 \times 10^{-4}\ \text{s}^{-1})t$$

$$t = 7.6 \times 10^2\ \cancel{\text{s}} \times \frac{1\ \text{min}}{60\ \cancel{\text{s}}}$$

$$= \boxed{13\ 분}$$

(c) 식 (12.3)으로부터,

$$\ln \frac{0.26}{1.00} = -(6.7 \times 10^{-4}\ \text{s}^{-1})t$$

$$t = 2.0 \times 10^3\ \cancel{\text{s}} \times \frac{1\ \text{min}}{60\ \cancel{\text{s}}} = \boxed{33\ 분}$$

비슷한 문제: 12.22(b), 12.23(a).

▸ **실전 연습** A에 대해서 일차인 반응 2A ⟶ B의 속도 상수가 80°C에서 2.8 $\times 10^{-2} s^{-1}$이다. A의 농도가 0.88 *M*에서 0.14 *M*로 감소하는 데 몇 초나 걸리겠는가?

반감기

반응의 **반감기**(half-life), $t_{\frac{1}{2}}$은 *반응물의 농도가 초기 값의 반이 되는 데 걸리는 시간*이다. 일차 반응에서 $t_{\frac{1}{2}}$은 다음과 같이 구할 수 있다. 식 (12.3)을 재배열하면 다음과 같다.

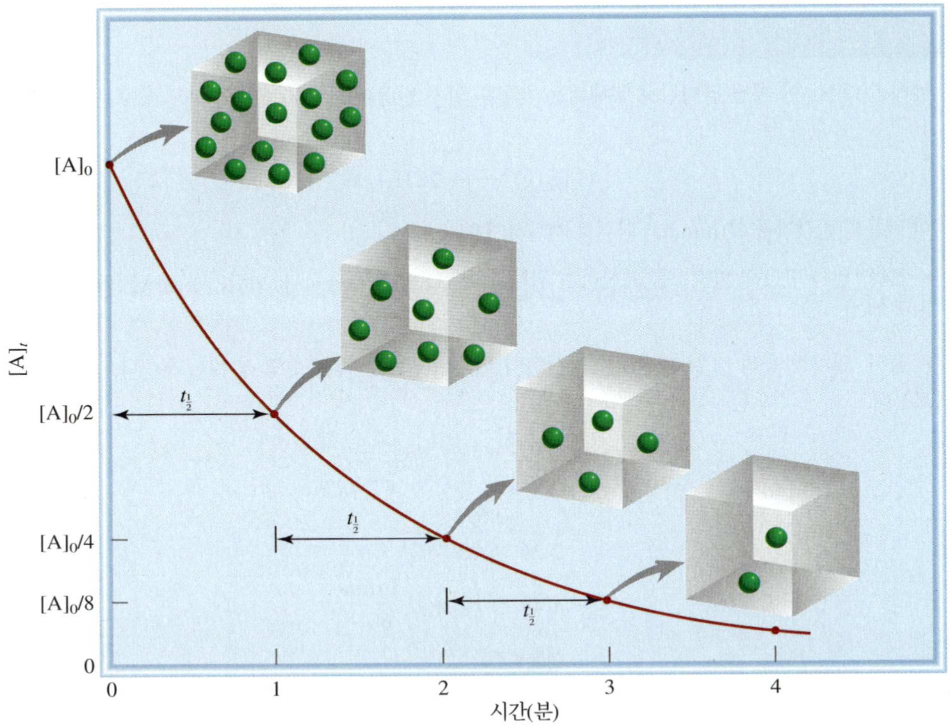

그림 12.9 • A ⟶ 생성물로 진행되는 일차 반응의 시간에 대한 $[A]_t$의 그래프. 반응의 반감기는 1분이다. 각 반감기마다 반응물(A)의 농도는 반으로 줄어든다.

$$t = \frac{1}{k}\ln\frac{[A]_0}{[A]_t}$$

반감기에 대한 정의로부터 $t = t_{\frac{1}{2}}$일 때, $[A]_t = [A]_0/2$이므로,

$$t_{\frac{1}{2}} = \frac{1}{k}\ln\frac{[A]_0}{[A]_0/2}$$

또는

$$t_{\frac{1}{2}} = \frac{1}{k}\ln 2 = \frac{0.693}{k} \qquad \textbf{(12.5)}$$

식 (12.5)는 일차 반응의 반감기가 반응물의 초기 농도에 무관함을 보여준다. 그러므로 반응물 농도가 1.0 *M*에서 0.50 *M*로 감소하는 데 걸리는 시간은 0.10 *M*에서 0.050 *M*로 감소하는 데 걸리는 시간과 같다(그림 12.9). 반응의 반감기를 측정하는 것은 일차 반응의 속도 상수를 결정하는 한 방법이다.

다음의 비유는 식 (12.5)을 이해하는 데 도움이 된다. 대학생이 대학에 다니는 기간은 휴학하지 않는다면 4년이 된다. 그러므로 대학에서 학생의 반감기는 2년이 된다. 이 반감기는 다른 학생의 수에 영향을 받지 않는다. 이와 비슷하게 일차 반응의 반감기는 농도에 무관하다.

반감기는 속도 상수의 크기를 측정하는 데 유용하다. 반감기가 짧을수록 *k*는 더 크게 된다. 예를 들어, 핵의학에서 사용되는 두 방사선 동위원소 ^{24}Na ($t_{\frac{1}{2}}$ = 14.7 h)와 ^{60}Co ($t_{\frac{1}{2}}$ = 5.3 yr)를 생각해 보자. ^{24}Na의 반감기가 더 짧기 때문에 이것이 빨리 붕괴하는 것은 당연하다. 만약 위의 동위원소 각 1 mol로 실험을 시작할 경우 1주일 후 ^{24}Na는 거의 다 사라지는 반면, ^{60}Co 는 대부분 그대로 남아 있을 것이다.

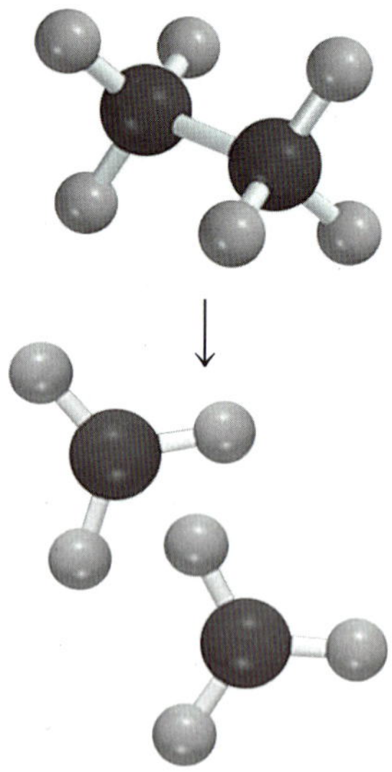

$C_2H_6 \longrightarrow 2CH_3$

비슷한 문제: 12.22(a).

예제 12.5

에테인(C_2H_6)이 메틸 라디칼로 분해되는 반응은 일차 반응이며, 700°C에서 속도 상수는 $5.36 \times 10^{-4}\ s^{-1}$이다.

$$C_2H_6(g) \longrightarrow 2CH_3(g)$$

이 반응의 반감기를 분(minute) 단위로 계산하시오.

▸ **전략** 일차 반응의 반감기를 계산하기 위하여 식 (12.5)를 이용한다. 반감기를 분 단위로 나타내려면 단위 변환이 필요하다.

▸ **풀이** 일차 반응의 경우, 반감기를 계산하기 위하여 필요한 것은 속도 상수(k) 뿐이다. 식 (12.5)로부터,

$$t_{\frac{1}{2}} = \frac{0.693}{k}$$

$$= \frac{0.693}{5.36 \times 10^{-4}\ s^{-1}}$$

$$= 1.29 \times 10^3\ \cancel{s} \times \frac{1\ min}{60\ \cancel{s}}$$

$$= 21.5\ 분$$

▸ **실전 연습** 이 절에서 다룬 바 있는 N_2O_5의 분해 반응에 대한 반감기를 계산하시오.

☑ 개념 복습하기

반응물 A(파란색 공)가 생성물 B(노란색 공)로 전환되는 일차 반응(A ⟶ B)을 생각해 보자. (a) 이 반응에 대한 반감기와 속도 상수는? (b) t = 20 s와 t = 30 s에서 존재하는 A와 B 분자의 개수를 구하시오.

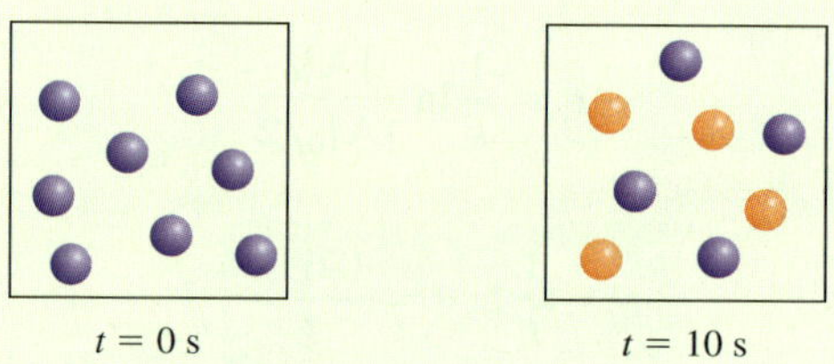

⟫ 이차 반응

이차 반응(second-order reaction)은 *반응 속도가 한 반응물의 농도의 제곱에 비례하거나, 두 반응물의 농도의 곱에 비례하는 반응이다.* 반응물이 하나뿐인 간단한 반응의 예는 다음과 같다.

$$A \longrightarrow 생성물$$

이 반응에서는,

$$속도 = -\frac{\Delta[A]}{\Delta t}$$

이고, 속도 법칙으로부터 다음 식이 얻어진다.

$$속도 = k[A]^2$$

k의 단위는 다음과 같이 구할 수 있다.

$$k = \frac{\text{속도}}{[\text{A}]^2} = \frac{M/\text{s}}{M^2} = 1/M \cdot \text{s}$$

이차 반응의 또 다른 예는 다음과 같다.

$$\text{A} + \text{B} \longrightarrow \text{생성물}$$

그리고 이 반응에 대한 속도 법칙은 다음과 같다.

$$\text{속도} = k[\text{A}][\text{B}]$$

이 반응은 A에 대해 1차, B에 대해 1차이므로 전체 반응 차수는 2가 된다.

적분법을 이용하여, 2차 반응인 "A $\longrightarrow$ 생성물"에 대하여 다음과 같은 식을 얻을 수 있다.

$$\frac{1}{[\text{A}]_t} = \frac{1}{[\text{A}]_0} + kt \tag{12.6}$$

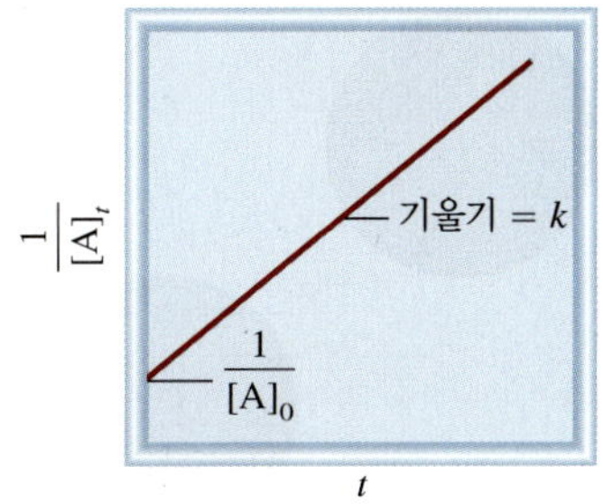

그림 12.10 • 이차 반응에 대한 $1/[\text{A}]_t$ 대 t 그래프. 직선의 기울기는 k와 같다.

식 (12.6)은 다음 식의 결과이다.

$$\int_{[\text{A}]_0}^{[\text{A}]_t} \frac{d[\text{A}]}{[\text{A}]^2} = -k\int_0^t dt$$

식 (12.6)은 선형 방정식의 형태를 취한다. 그림 12.10에서 보듯이 t 대한 $1/[\text{A}]_t$의 그래프는 기울기가 k이고 y 절편 값은 $1/[\text{A}]_0$인 직선이다. ("A + B $\longrightarrow$ 생성물" 반응에 해당하는 식은 여기서 다루기에 너무 복잡하다.)

식 (12.6)에서 $[\text{A}]_t$를 $[\text{A}]_0/2$로 치환하면 이차 반응의 반감기에 관한 식을 구할 수 있다.

$$\frac{1}{[\text{A}]_0/2} = \frac{1}{[\text{A}]_0} + kt_{\frac{1}{2}}$$

이 식을 $t_{\frac{1}{2}}$에 대하여 정리하면 다음과 같다.

$$t_{\frac{1}{2}} = \frac{1}{k[\text{A}]_0} \tag{12.7}$$

이차 반응의 반감기는 초기 농도에 반비례함을 주목하라. 서로 충돌하는 반응물 분자가 더 많이 존재하는 반응 초기에 반감기가 짧아지는 것은 당연하다고 할 수 있다. 일차 반응과 이차 반응을 구별하는 한 가지 방법은 서로 다른 초기 농도에서 반감기를 측정하는 것이다.

예제 12.6

기체상에서 아이오딘 원자들이 결합하여 아이오딘 분자로 되는 반응이 있다.

$$\text{I}(g) + \text{I}(g) \longrightarrow \text{I}_2(g)$$

이 반응은 이차 반응이며, 23°C에서 반응 속도는 $7.0 \times 10^9/M \cdot \text{s}$이다. (a) 아이오딘 원자(I)의 초기 농도가 0.068 M일 때, 3.5분 후의 농도를 계산하시오. (b) I의 초기 농도가 각각 0.53 M일 때와 0.39 M일 때, 이 반응의 반감기를 구하시오.

▸ **전략**

(a) 여러 다른 시간에서 반응물 농도 사이의 관계식은 적분 속도 법칙으로 구한다. 이 반응은 이차 반응이므로 식 (12.6)을 이용하면 된다. (b) 반감기를 구하라는 문제이다. 이차 반응에 대한 반감기는 식 (12.7)로 주어진다.

▸ **풀이**

(a) 이차 반응에서 일정 시간이 지난 후 화학종의 농도를 계산하기 위해서는 초기 농도와 속도 상수가 필요하다. 식 (12.6)을 이용하여

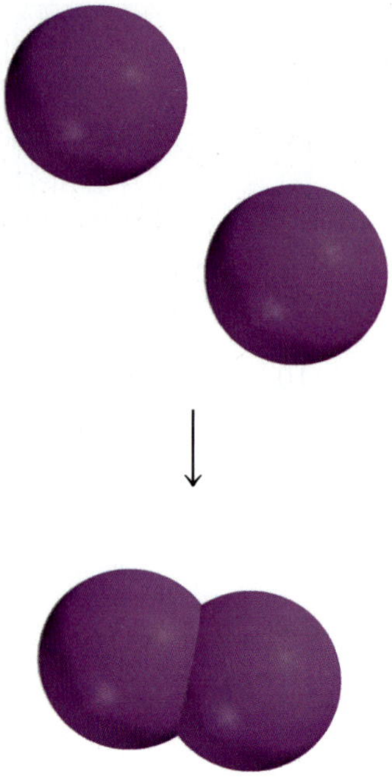

$I + I \longrightarrow I_2$

$$\frac{1}{[A]_t} = kt + \frac{1}{[A]_0}$$

$$\frac{1}{[A]_t} = (7.0 \times 10^9 /M \cdot s)\left(3.5 \text{ min} \times \frac{60 \text{ s}}{1 \text{ min}}\right) + \frac{1}{0.068\ M}$$

여기서 $[A]_t$는 t = 3.5 분 후의 농도이다. 이 식을 풀면 다음 값을 얻는다.

$$[A]_t = 6.8 \times 10^{-13}\ M$$

이 농도는 매우 낮기 때문에 실제적으로 감지할 수 없다. 이 반응의 속도 상수가 매우 크다는 것은 반응이 단 3.5분만 진행해도 거의 모든 아이오딘 원자가 결합한다는 것을 의미한다.

(b) 이 문제에서는 식 (12.7)이 필요하다.

$[I]_0$ = 0.53 M의 경우,

$$t_{\frac{1}{2}} = \frac{1}{k[A]_0}$$
$$= \frac{1}{(7.0 \times 10^9/M \cdot s)(0.53\ M)}$$
$$= 2.7 \times 10^{-10}\ s$$

$[I]_0$ = 0.39 M의 경우,

$$t_{\frac{1}{2}} = \frac{1}{k[A]_0}$$
$$= \frac{1}{(7.0 \times 10^9/M \cdot s)(0.39\ M)}$$
$$= 3.7 \times 10^{-10}\ s$$

▸ **검산** 일차 반응의 경우와 달리 이차 반응의 반감기는 상수가 아니라 반응물의 초기 농도에 의존함을 확인할 수 있다. 초기 농도가 높으면 반감기가 짧아진다는 것이 이해되는가?

비슷한 문제: 12.24.

▸ **실전 연습** '2A ⟶ B'인 반응은 24°C에서 속도 상수가 51/M · min인 이차 반응이다. (a) $[A]_0$ = 0.0092 M으로 시작하여 $[A]_t$ = 3.7 × 10^{-3} M이 되기까지 얼마나 오래 걸리겠는가? (b) 이 반응의 반감기를 계산하시오.

영차 반응

일차 반응과 이차 반응이 가장 흔한 반응 유형이다. 영차 반응은 흔하지 않다. 다음 영차 반응에 대하여

$$A \longrightarrow \text{생성물}$$

속도 법칙은 다음과 같이 표시된다.

어떤 수의 0제곱은 1임을 기억하라.

$$\text{속도} = k[A]^0$$
$$= k$$

따라서 영차 반응의 속도는 *상수*이며 반응물의 농도에 무관하다. 적분법을 이용하면 다음 식을 얻을 수 있다.

식 (12.8)은 다음 식의 결과이다.

$$\int_{[A]_0}^{[A]_t} d[A] = -k\int_0^t dt$$

$$[A]_t = -kt + [A]_0 \qquad \textbf{(12.8)}$$

식 (12.8)은 선형 방정식의 형태를 취한다. 그림 12.11에서 볼 수 있듯이 t에 대한 $[A]_t$의 그래프는 기울기가 $-k$이고 y 절편 값이 $[A]_0$인 직선이다. 영차 반응의 반감기를 구하기 위하여 식 (12.8)에 $[A]_t$ 대신 $[A]_0/2$를 대입하면 다음 식을 얻는다.

표 12.2 영차 반응, 일차 반응, 이차 반응에 대한 화학 반응 속도론 요약

차수	속도 법칙	농도-시간 식	반감기
0	속도 $= k$	$[A]_t = -kt + [A]_0$	$\frac{[A]_0}{2k}$
1	속도 $= k[A]$	$\ln\frac{[A]_t}{[A]_0} = -kt$	$\frac{0.693}{k}$
2	속도 $= k[A]^2$	$\frac{1}{[A]_t} = kt + \frac{1}{[A]_0}$	$\frac{1}{k[A]_0}$

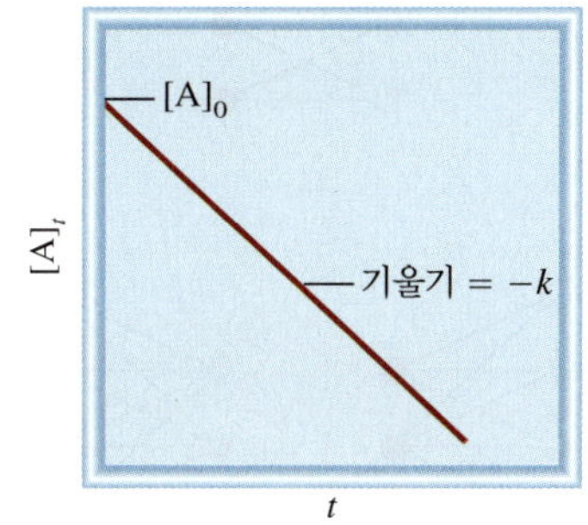

그림 12.11 • 영차 반응에 대한 $[A]_t$ 대 t 그래프. 직선의 기울기는 $-k$와 같다.

$$t_{\frac{1}{2}} = \frac{[A]_0}{2k} \tag{12.9}$$

알려진 여러 가지 영차 반응은 금속 표면에서 일어난다. 한 예로는 백금(Pt) 존재하에서 아산화 질소(N_2O)가 분해되어 질소와 산소를 만드는 반응이다.

$$2N_2O(g) \longrightarrow 2N_2(g) + O_2(g)$$

백금 표면의 모든 결합자리가 채워지면 반응 속도는 기체 상태로 존재하는 N_2O의 양에 무관하게 된다. 12.6절에서 보게 되겠지만 잘 알려진 다른 영차 반응은 효소 촉매로 일어난다.

식 (12.8)에서 $[A]_0$와 $[A]_t$는 기체상에서 N_2O의 농도를 말한다.

삼차 이상 차수의 반응들은 매우 복잡하여 이 책에서는 다루지 않는다. 표 12.2는 영차 반응, 일차 반응, 'A ⟶ 생성물'인 이차 반응의 반응 속도론을 정리한 것이다.

12.4 활성화 에너지와 속도 상수의 온도 의존성

극히 예외적인 경우를 제외하고 온도가 올라갈수록 반응 속도는 빨라진다. 예를 들어, 물에서 달걀을 삶을 때 100°C에서는 약 10분 정도 걸리지만, 80°C에서는 약 30분 걸린다. 반대로 음식을 보존하는 효과적인 방법은 음식을 영하의 온도에 저장함으로써 박테리아에 의한 부패 속도를 낮추는 것이다. 그림 12.12은 반응의 속도 상수와 온도 사이의 관계를 나타낸 전형적인 예이다. 이것을 설명하려면 반응이 어떻게 시작되는지를 알아 보아야 한다.

화학 반응 속도론의 충돌 이론

기체 분자들은 빈번히 다른 분자와 충돌한다. 따라서 화학 반응이 반응물 사이의 충돌 결과로 일어난다는 것은 일반적으로 사실이며, 이렇게 가정하는 것이 논리적이다. 반응 속도론의 *충돌 이론*(collision theory)의 측면에서, 반응 속도는 초당 분자간의 충돌 횟수 즉, 분자의 충돌 빈도에 정비례함을 예상할 수 있다.

$$\text{속도} \propto \frac{\text{충돌 횟수}}{\text{s}}$$

위의 간단한 관계식이 농도에 대한 반응 속도의 의존성을 설명해 준다.

어떤 분자 A와 분자 B가 반응하여 생성물을 만드는 반응을 생각해 보자. 생성물은 분자 A와 분자 B가 직접 결합하여 생성된다고 가정하자. 예를 들어, A의 농도가 두 배로 되면, 주어진 부피에서 분자 B와 충돌할 수 있는 A 분자가 두 배로 되기 때문에 A-B 충돌 회수도 두 배로 되고(그림 12.13), 결과적으로 반응 속도도 두 배로 될 것이다. 이와 유사하게, B 분자의 농도를 두 배로 하면 속도도 두 배가 될 것이다. 따라서 반응 속도 법칙은 다음과 같이 쓸 수 있다.

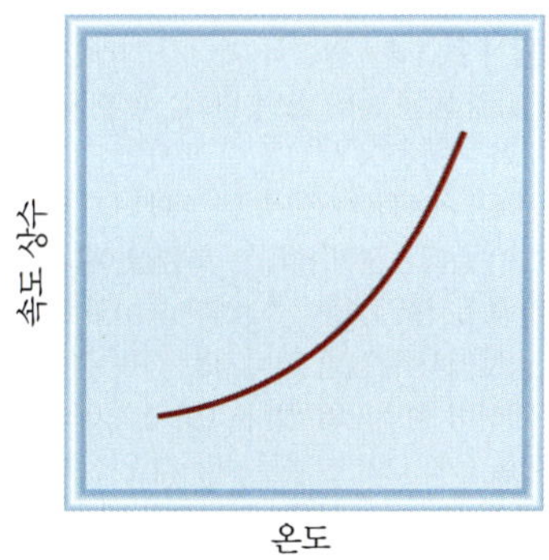

그림 12.12 • 온도에 대한 속도 상수의 의존도. 온도가 증가함에 따라 대부분의 반응의 속도 상수는 증가한다.

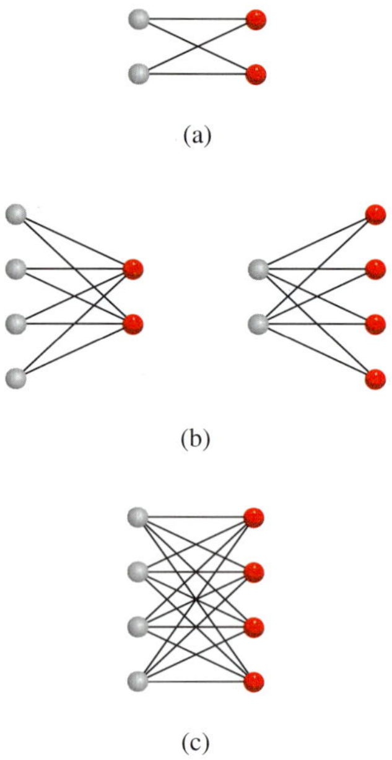

그림 12.13 • 농도에 대한 충돌 회수의 의존도. 여기 서 A-B만이 충돌하여 생성물을 생성한다고 생각하자. (a) A 분자 두 개와 *B* 분자 두 개 사이에 가능한 충돌은 4가지이다. (b) A 또는 B 분자 중 한 분자 의 개수를 두 배로 늘리면 충돌 가능성은 8이 되며, (c) 분자 A와 B를 각각 두 배로 늘리면 충돌 가능성은 16배로 증가함을 알 수 있다. 모든 경우에 A와 B 분자간의 충돌만 고려하였다.

$$\text{속도} = k[\mathrm{A}][\mathrm{B}]$$

이 반응은 A와 B에 대해 각각 일차이므로 이차 반응 속도론을 따른다.

충돌 이론은 직관적으로 그럴듯해 보이지만 속도와 분자 충돌 사이의 관계는 예상하는 것보다는 더 복잡하다. 충돌 이론이 암시하는 것은 분자 A와 B가 충돌하면 반응이 항상 일어난다는 것이다. 하지만 모든 충돌이 반응으로 이어지는 것은 아니다. 상압(1 atm)과 상온(298 K)에서 기체상에서 두 분자 사이의 충돌은 부피 1 mL에서 매초 약 1×10^{27}회 정도로 일어난다. 액체상에서는 훨씬 더 많은 충돌이 일어나 모든 반응은 거의 순간적으로 끝날 것이다. 실제로 반응 속도는 반응 종류에 따라 아주 다르다. 많은 경우 분자간의 충돌만으로 반응이 일어난다고 보장할 수 없다.

움직이는 모든 분자는 운동 에너지를 가지고 있다. 더 빨리 움직일수록 더 큰 운동 에너지를 가진다. 분자가 충돌할 때 일부 운동 에너지는 진동 에너지로 전환된다. 초기의 운동 에너지가 크면 충돌하는 분자들은 매우 강하게 진동하여 몇몇 화학 결합이 끊어지게 된다. 이러한 결합 절단이 반응 생성물을 만드는 첫 단계이다. 초기 운동 에너지가 작다면 분자들은 온전한 채로 서로 튕겨내게 될 것이다. 에너지 측면에서 말하자면 그 이하로는 반응이 일어나지 않는 최소의 충돌 에너지가 있다.

반응이 일어나기 위해서는 충돌하는 분자들이 *화학 반응을 일으키는 데 필요한 최소한의 에너지*인 **활성화 에너지**(activation energy, E_a) 이상의 운동 에너지를 가져야 한다고 가정한다. 이 에너지가 부족하면 분자들이 충돌하더라도 원래 분자의 형태를 유지하게 되며, 충돌로 인하여 분자 내에 어떤 변화도 초래되지 않는다. *생성물이 형성되기 전에 충돌의 결과로 반응물 분자들에 의해 일시적으로 만들어지는 화학종을* **활성화물**(activated complex), 또는 **전이 상태**(transition state)라고 부른다.

그림 12.14는 다음 반응에 대한 두 개의 다른 퍼텐셜 에너지 모양을 보여주고 있다.

$$\mathrm{A + B \longrightarrow C + D}$$

생성물이 반응물보다 더 안정하다면 이 반응은 열을 방출을 동반할 것이다. 즉, 반응은 발열(exothermic)이다[그림 12.14(a)]. 반면, 생성물이 반응물보다 덜 안정하다면 반응 혼합물이 주위로부터 열을 흡수하게 되고 흡열 반응(endothermic reaction)이다[그림 12.14(b)]. 두 경우 모두에 대하여 반응의 진행에 따른 반응계의 퍼텐셜 에너지를 도시한 것이다. 정성적으로 이 그림들은 반응물이 생성물로 전환될 때 계의 퍼텐셜 에너지 변화를 보여준다.

동영상
활성화 에너지.

활성화 에너지는 낮은 운동 에너지를 갖는 분자들이 반응을 못하게 하는 장벽으로 생각할 수 있다. 보통의 반응에서는 반응물 분자 수가 매우 크기 때문에 분자들의 속도와 운동 에너지도 매우 다양하다. 보통은 충돌하는 분자들 중 소수의 분자들(가장 빠르게 움직이는 분

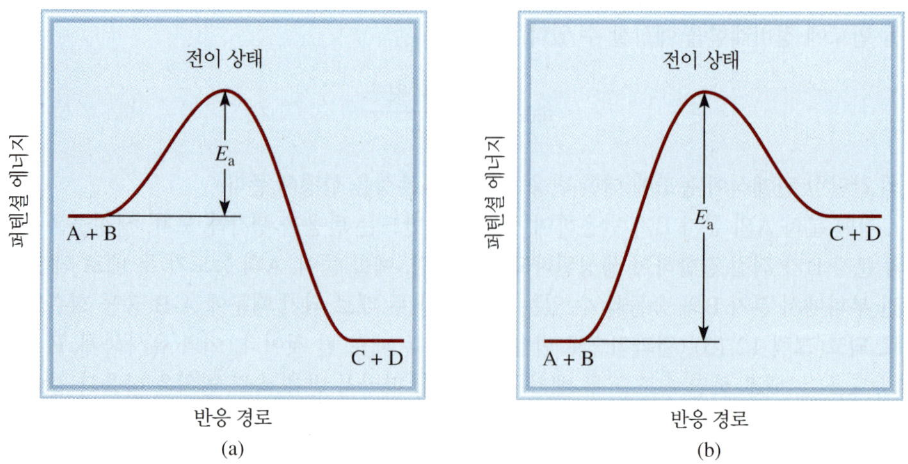

그림 12.14 • 활성화 에너지 그래프. (a) 발열 반응, (b) 흡열 반응. A 분자와 B 분자가 반응하여 생성물 C 분자와 D 분자로 변하는 과정에서의 퍼텐셜 에너지 변화를 보여준다. 전이 상태는 퍼텐셜 에너지가 매우 높은 불안정한 상태이다. (a)와 (b) 두 경우에서 활성화 에너지는 각각 정반응에 대하여 정의되어 있다. (a) 반응에서는 생성물 C와 D가 반응물보다 더 안정하며, (b) 반응에서는 생성물 C와 D가 반응물보다 덜 안정하다.

자들)만 활성화 에너지 벽을 넘을 만큼 충분한 운동 에너지를 갖는다. 따라서 이들 분자만이 화학 반응에 참여할 수 있다. 이제 온도 변화에 따른 반응 속도(또는 속도 상수)의 증가를 설명할 수 있다. 두 개의 다른 온도에서 속도 분포를 비교해 보자. 높은 온도에서는 높은 에너지를 가지는 분자 수가 더 많기 때문에, 높은 온도에서 생성물 형성 속도 또한 더 커진다.

아레니우스 식

반응 속도 상수가 온도 변화에 의존하는 정도는 *아레니우스 식*(Arrhenius equation)으로 알려진 다음 식으로 표현할 수 있다.

$$k = Ae^{-E_a/RT} \tag{12.10}$$

여기서 E_a는 반응의 활성화 에너지(kJ/mol), R은 기체 상수(8.314 J/K · mol), T는 절대온도, e는 자연 로그 척도에서의 밑이다(부록 3 참조). A는 충돌 빈도(collision frequency)를 나타내며, *빈도 인자*(frequency factor)라고 부른다. 이 인자는 주어진 반응계에 대해 상당히 넓은 범위의 온도에 걸쳐 상수로 취급할 수 있다. 식 (12.10)는 속도 상수가 A에 정비례하고, 따라서 충돌빈도에도 정비례함을 보여준다. 더욱이, 지수인 E_a/RT에 음의 부호가 붙어 있기 때문에 속도 상수는 활성화 에너지가 증가함에 따라 감소하고, 온도가 증가함에 따라 증가한다. 이 식의 양변에 자연 로그를 취하면 더 유용한 형태로 표현할 수 있다.

$$\ln k = \ln Ae^{-E_a/RT}$$

$$\ln k = \ln A - \frac{E_a}{RT} \tag{12.11}$$

식 (12.11)은 선형 방정식으로 나타낼 수 있다.

$$\ln k = \left(-\frac{E_a}{R}\right)\left(\frac{1}{T}\right) + \ln A \tag{12.12}$$

$$\updownarrow \quad\quad \updownarrow \quad \updownarrow \quad\quad \updownarrow$$

$$y \; = \; m \quad x \; + \; b$$

따라서 $1/T$에 대한 $\ln k$의 그래프를 그리면 기울기 m이 $-E_a/R$이고, y 절편값 b가 $\ln A$인 직선이 나오게 된다.

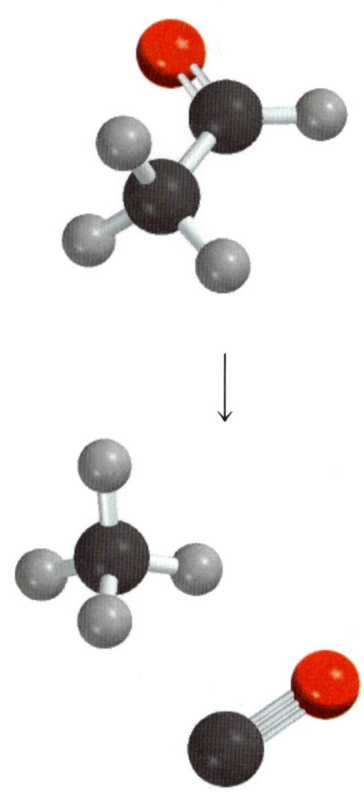

$CH_3CHO \longrightarrow CH_4 + CO$

예제 12.7

다음과 같은 아세트알데하이드의 분해에 대한 속도 상수를 5개의 다른 온도에서 측정하였다. 실험 데이터는 다음 표와 같다.

$$CH_3CHO(g) \longrightarrow CH_4(g) + CO(g)$$

이 반응에 대하여 $\ln k$ 대 $1/T$의 그래프를 그리고, 반응의 활성화 에너지(kJ/mol)를 구하시오. 이 반응은 실험적으로 CH_3CHO에 대해 "$\frac{3}{2}$"차 반응으로 알려졌으며, 따라서 k의 단위는 $1/M^{\frac{1}{2}} \cdot s$ 가 된다.

k $(1/M^{\frac{1}{2}} \cdot s)$	T (K)
0.011	700
0.035	730
0.105	760
0.343	790
0.789	810

그림 12.15 • $1/T$ 대 $\ln k$의 그래프. 직선의 기울기는 $-E_a/R$이다.

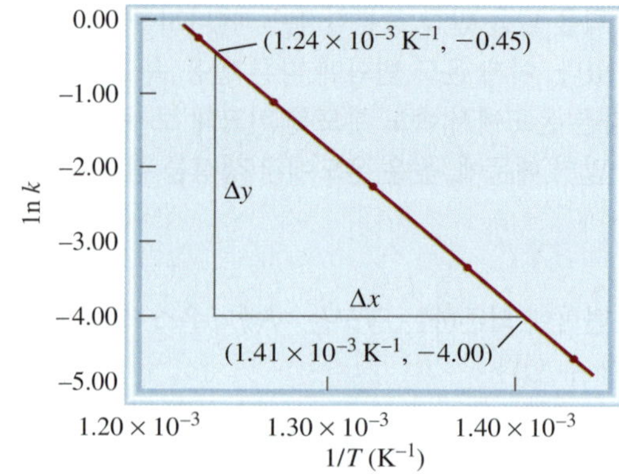

▸ **전략** 다음과 같은 선형 방정식 형태로 아레니우스 식을 생각해 보자.

$$\ln k = \left(-\frac{E_a}{R}\right)\left(\frac{1}{T}\right) + \ln A$$

$1/T$에 대한 $\ln k$의 그래프는 기울기가 $-E_a/R$인 직선이 된다. 따라서 활성화 에너지는 그래프의 기울기로부터 결정할 수 있다.

▸ **풀이** 먼저 문제에서 제공된 자료를 다음 표처럼 바꾼다.

$\ln k$	$1/T$ (K^{-1})
−4.51	1.43×10^{-3}
−3.35	1.37×10^{-3}
−2.254	1.32×10^{-3}
−1.070	1.27×10^{-3}
−0.237	1.23×10^{-3}

앞의 자료를 사용하여 그래프를 그리면 그림 12.15와 같다. 직선의 기울기는 다음과 같이 두 쌍의 좌표로부터 계산한다.

$$\text{기울기} = \frac{-4.00 - (-0.45)}{(1.41 - 1.24) \times 10^{-3}\ K^{-1}} = -2.09 \times 10^4\ K$$

식 (12.12)의 선형 방정식으로부터

$$\text{기울기} = -\frac{E_a}{R} = -2.09 \times 10^4\ K$$

$$E_a = (8.314\ J/K \cdot mol)(2.09 \times 10^4\ K)$$

$$= 1.74 \times 10^5\ J/mol$$

$$= 1.74 \times 10^2\ kJ/mol$$

▸ **검산** 속도 상수 자체는 $1/M^{\frac{1}{2}} \cdot s$의 단위를 갖지만, $\ln k$는 단위가 없다는 것을 주목해야 한다(단위에 로그를 취할 수 없기 때문이다).

비슷한 문제: 12.33.

▸ **실전 연습** 아산화 질소(N_2O) 분자가 분해되어 질소 분자와 산소 원자로 되는 이차 반응의 속도 상수를 서로 다른 온도에서 측정한 결과는 다음과 같다.

k ($1/M \cdot s$)	t (°C)
1.87×10^{-3}	600
0.0113	650
0.0569	700

이 반응의 활성화 에너지를 그래프를 사용하여 구하시오.

온도 T_1과 T_2에서 속도 상수 k_1과 k_2를 연결한 식은 이 반응의 활성화 에너지를 구하는 데 사용되거나, 활성화 에너지를 알고 있을 경우에는 또 다른 온도에서의 속도 상수를 알아내는 데 사용할 수 있다. 그러한 식을 유도하기 위해서 식 (12.11)로부터 시작해 보자.

$$\ln k_1 = \ln A - \frac{E_a}{RT_1}$$

$$\ln k_2 = \ln A - \frac{E_a}{RT_2}$$

$\ln k_2$에서 $\ln k_1$을 빼면,

$$\ln k_1 - \ln k_2 = \frac{E_a}{R}\left(\frac{1}{T_2} - \frac{1}{T_1}\right)$$

$$\ln \frac{k_1}{k_2} = \frac{E_a}{R}\left(\frac{1}{T_2} - \frac{1}{T_1}\right)$$

$$\ln \frac{k_1}{k_2} = \frac{E_a}{R}\left(\frac{T_1 - T_2}{T_1 T_2}\right) \tag{12.13}$$

예제 12.8

어떤 일차 반응의 속도 상수가 298 K에서 $4.68 \times 10^{-2}\ s^{-1}$이다. 이 반응의 활성화 에너지가 33.1 kJ/mol이라면, 375 K에서의 속도 상수는 얼마가 되겠는가?

▸ **전략** 아레니우스 식의 변형된 형태는 두 다른 온도에서의 속도 상수를 연결하는 식이다[식 (12.13) 참조]. R과 E_a의 단위를 맞추는 것에 유의하라.

▸ **풀이** 자료는 다음과 같다.

$$k_1 = 4.68 \times 10^{-2}\ s^{-1} \qquad k_2 = ?$$
$$T_1 = 298\ K \qquad T_2 = 375\ K$$

식 (12.13)에 대입하면,

$$\ln \frac{4.68 \times 10^{-2}\ s^{-1}}{k_2} = \frac{33.1 \times 10^3\ J/mol}{8.314\ J/K \cdot mol}\left[\frac{298\ K - 375\ K}{(298\ K)(375\ K)}\right]$$

E_a의 단위를 J/mol의 단위로 변환하여 R의 단위와 일치시킨다. 식을 풀면,

$$\ln \frac{4.68 \times 10^{-2}\ s^{-1}}{k_2} = -2.74$$

$$\frac{4.68 \times 10^{-2}\ s^{-1}}{k_2} = e^{-2.74} = 0.0646$$

$$k_2 = 0.724\ s^{-1}$$

▸ **검산** 온도가 높으면 반응 속도 상수는 더 클 것으로 예상된다. 따라서 위의 답은 타당하다.

▸ **실전 연습** 물과 염화 메틸(CH_3Cl)이 반응하여 메탄올(CH_3OH)과 염산(HCl)을 생성하는 일차 반응의 속도 상수는 25°C에서 $3.32 \times 10^{-10}\ s^{-1}$이다. 이 반응의 활성화 에너지가 116 kJ/mol일 때, 40°C에서의 속도 상수를 구하시오.

비슷한 문제: 12.36.

보다 간단한 반응(예를 들면, 원자들 사이의 반응)에 대해 아레니우스 식의 빈도 인자 (A)와 반응 화학종 사이의 충돌 빈도를 같다고 놓을 수 있다. 보다 복잡한 반응에 대해서는 "배향 인자(orientation factor)", 즉 반응하는 분자들이 서로 어떻게 배향되었는지를 고려해야 한다. 일산화 탄소(CO)와 이산화 질소(NO_2)가 반응하여 이산화 탄소(CO_2)와 산화 질소(NO)를 생성하는 반응이 이에 관한 좋은 예이다.

동영상
충돌의 배향.

$$CO(g) + NO_2(g) \longrightarrow CO_2(g) + NO(g)$$

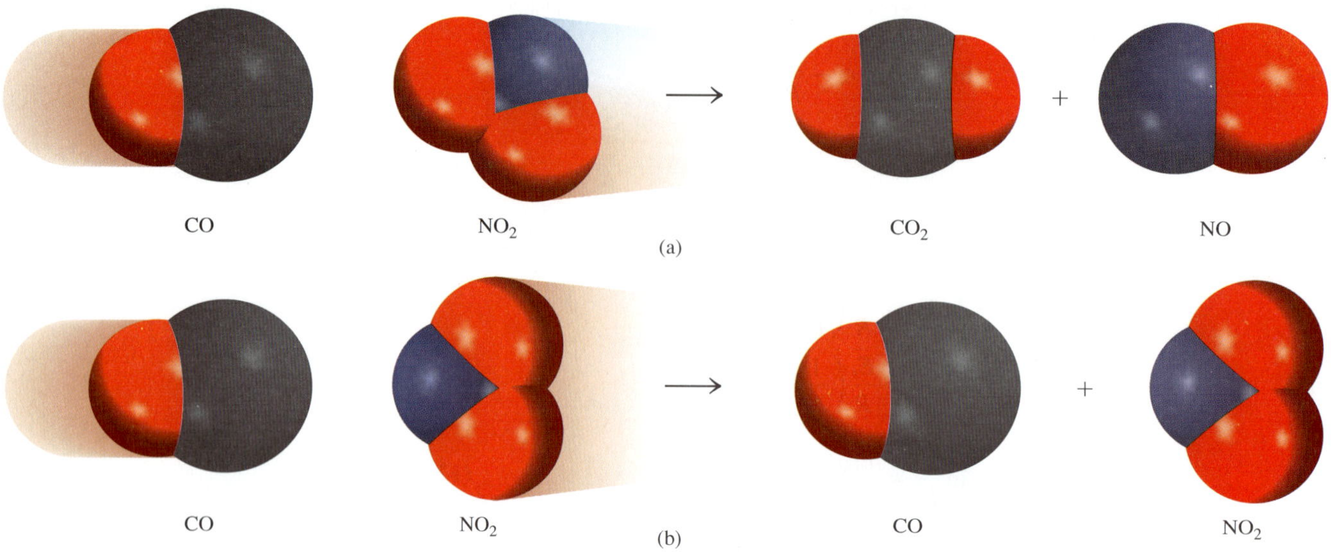

그림 12.16 • (a)에서 나타낸 분자의 배향은 유효하여 생성물을 형성할 것으로 예상된다. (b)의 배향은 유효하지 못하며 생성물을 형성하지 않는다.

이 반응은 반응하는 분자가 그림 12.16(a)와 같이 서로 접근할 때 가장 잘 일어난다. 그렇지 않을 경우, 생성물이 거의 또는 전혀 만들어지지 못한다[그림 12.16(b)]. 배향 인자를 정량적으로 다루려면 다음 식과 같이 식 (12.10)을 수정해야 한다.

$$k = pAe^{-E_a/RT} \qquad \textbf{(12.14)}$$

여기서 p는 배향 인자이다. 배향 인자는 단위가 없다. 배향 인자 값은 $I + I \longrightarrow I_2$ 처럼 원자들을 포함하는 반응의 경우엔 1인데, 분자를 포함하는 반응의 경우 10^{-6} 이하의 값을 갖는다.

☑ 개념 복습하기

(a) 만약 어떤 반응의 반응 속도가 온도 변화에 따라서 상당히 바뀐다면 활성화 에너지의 크기에 대하여 어떤 추측을 할 수 있을까? (b) 반응물인 두 분자가 충돌할 때마다 반응이 일어난다면 이 반응의 배향인자와 반응의 활성화 에너지에 대해 어떤 설명을 할 수 있는가?

12.5 반응 메커니즘

앞서 언급한 바와 같이 균형잡힌 전체 화학 반응식만으로는 실제로 반응이 어떻게 일어날지 자세하게 알 수는 없다. 많은 경우에 전체 화학 반응식은 *분자 수준에서 전체 반응의 진행을 나타내는 일련의 간단한 반응*인 여러 **단일 단계**(elementary step) 또는 여러 *단일 단계 반응*(elementary reaction)들의 합을 나타낼 뿐이다. *생성물을 만드는 일련의 단일 단계 반응들*을 **반응 메커니즘**(reaction mechanism)이라고 한다. 반응 메커니즘은 여행 중 실제 이동 경로에 비유된다. 전체 화학 반응식은 출발점과 목적지만을 지정할 뿐이다.

반응 메커니즘의 예로 일산화 질소와 산소의 반응을 생각해 보자.

$$2NO(g) + O_2(g) \longrightarrow 2NO_2(g)$$

반응이 진행되는 동안 N_2O_2가 발견되기 때문에 NO 두 분자가 산소 한 분자와 충돌하여 곧바로 생성물로 되지 않는다는 것을 알 수 있다. 다음과 같이 반응이 실제로는 두 단계의 단일 단계를 통해서 일어난다고 가정해 보자.

$$2NO(g) \longrightarrow N_2O_2(g)$$

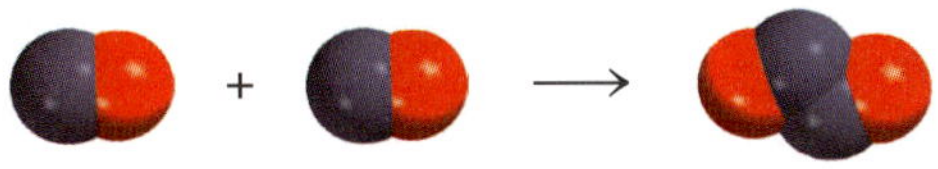

$$N_2O_2(g) + O_2(g) \longrightarrow 2NO_2(g)$$

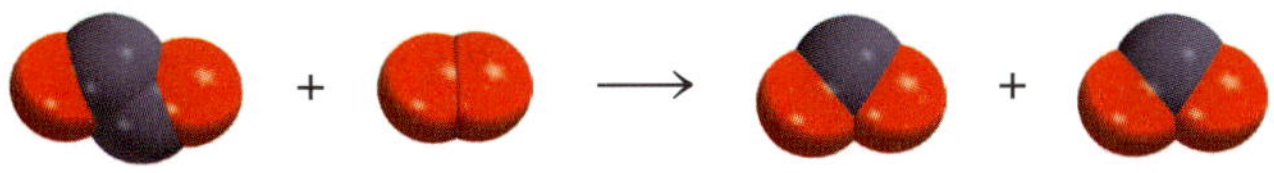

첫 번째 단일 단계에서, NO 두 분자가 충돌하여 N_2O_2 한 분자를 생성한다. 이 반응 후에 N_2O_2와 O_2의 반응으로 NO_2 두 분자가 생성된다. 전체 변화를 나타내는 알짜 화학 반응식은 두 기본 단계의 합으로 구해진다.

단계 *1*:	$NO + NO \longrightarrow N_2O_2$
단계 *2*:	$N_2O_2 + O_2 \longrightarrow 2NO_2$
전체 반응:	$2NO + \cancel{N_2O_2} + O_2 \longrightarrow \cancel{N_2O_2} + 2NO_2$

단일 단계를 모두 합하면 반드시 균형잡힌 전체 반응식이 나와야 한다.

N_2O_2와 같은 화학종은 **중간체**(intermediate)라고 부르는데, *반응 메커니즘(즉, 단일 단계)에는 나타나 있지만 전체 화학 반응식에서는 나타나지 않기* 때문이다. 중간체는 항상 초기 단일 단계에서 생성되었다가 이후의 단일 단계에서 소모된다는 것을 기억해야 한다.

단일 단계에서 반응하는 분자의 개수를 **반응의 분자도**(molecularity of a reaction)라고 한다. 이 분자들은 동종 분자일 수도 있고 이종 분자일 수도 있다. 위에서 다룬 각각의 단일단계는 *두 분자를 포함하는 단일 단계*인 **이분자 반응**(bimolecular reaction)이라고 한다. *반응에 참여하는 분자가 하나뿐인 단일 단계 반응*인 **단분자 반응**(unimolecular reaction)의 예는 예제 12.4에서 다룬 사이클로프로페인이 프로펜으로 전환되는 반응을 들 수 있다. *하나의 단일 단계에 세 분자가 참여하는 반응*인 **삼분자 반응**(termolecular reaction)은 매우 드문데, 3개의 분자가 동시에 충돌하는 것은 두 분자의 충돌보다 매우 일어나기 힘든 사건이기 때문이다.

속도 법칙과 단일 단계

반응의 단일 단계를 알면 속도 법칙을 추론할 수 있다. 다음과 같은 단일 단계가 있다고 생각해 보자.

$$A \longrightarrow \text{생성물}$$

단 하나의 분자만 있기 때문에 이 반응은 단분자 반응이다. 따라서 A 분자의 개수가 많을수록 생성물 형성 속도가 더 빨라질 것이다. 그러므로 단분자 반응의 속도는 반응물 A의 농도에 정비례하며 A에 대하여 일차 반응이다.

$$\text{속도} = k[A]$$

분자 A와 B를 포함하는 이분자 단일 단계 반응의 경우,

$$A + B \longrightarrow \text{생성물}$$

생성물 형성 속도는 A와 B의 충돌 빈도에 의존하는데, 이 빈도는 A 와 B의 농도에 의존한다. 따라서 이 반응의 속도는 다음과 같이 나타낼 수 있다.

$$\text{속도} = k[A][B]$$

다음과 같은 형태의 이분자 단일 단계 반응의 경우에도 앞에서와 비슷한 방법으로,

$$A + A \longrightarrow \text{생성물}$$

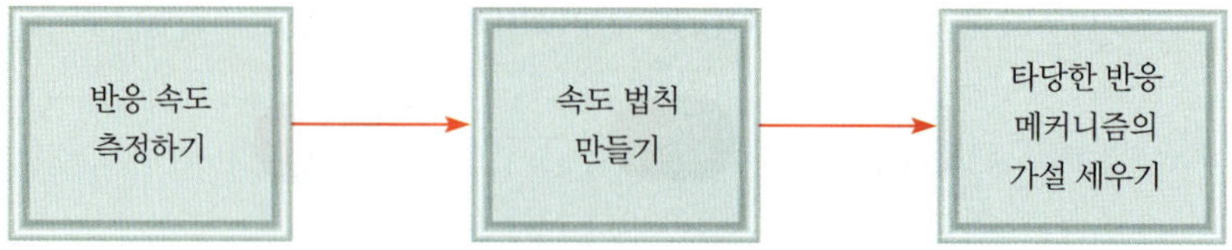

그림 12.17 • 반응 메커니즘을 찾아내는 일련의 단계

또는

$$2A \longrightarrow \text{생성물}$$

속도는 다음과 같이 된다.

$$\text{속도} = k[A]^2$$

속도 법칙은 단일 단계의 계수로부터 직접 쓸 수 있음을 유의하라.

위 예들은 단일 단계 반응에서 각 반응물의 반응 차수는 그 단계 화학 반응식의 화학량론적 계수와 같다는 것을 보여준다. 일반적으로 전체 균형 화학 반응식을 관찰하는 것만으로 반응이 화학 반응식에서 보여진 그대로 일어날지, 아니면 일련의 여러 단계로 일어날지 알 수 없다. 이것은 실험적으로 결정된다.

둘 이상의 단일 단계 반응을 포함하는 반응에서 전체 과정에 대한 속도 법칙은 *생성물 형성에 관련된 여러 단계 중에서 가장 느린 단계*인 **속도 결정 단계**(rate-determining step)에 의해 주어진다.

속도 결정 단계란 좁은 도로에서의 교통 흐름과 유사하다. 승용차들이 도로에서 다른 차를 추월하지 못한다고 가정할 때, 승용차들의 운행 속도는 가장 느린 승용차에 의해 결정된다.

반응 메커니즘을 실험적으로 연구할 때, 우선 자료(속도 측정)를 수집해야 한다. 그 다음, 실험 자료를 분석하여 속도 상수와 반응 차수를 구하고 속도 법칙을 쓴다. 마지막으로 단일 단계들을 사용하여 반응에 대한 메커니즘을 제안한다(그림 12.17). 단일 단계들은 다음 두 조건을 만족해야 한다.

- 단일 단계를 모두 합하면 반응에 대한 전체 균형 반응식이 나와야 한다.
- 속도 결정 단계로 예측한 속도 법칙이 실험적으로 얻어진 속도 법칙과 같아야 한다.

제안된 반응 과정에 대해서 하나 이상의 단일 단계에서 형성된 중간체(들)의 존재를 확인할 수 있어야 한다.

과산화 수소의 분해는 실험 연구를 통해 반응 메커니즘을 규명하는 방법에 관한 좋은 예이다. 이 반응은 아이오딘화 이온(I^-)에 의하여 촉진된다(그림 12.18). 전체 반응은 다음과 같다.

그림 12.18 • 과산화 수소 분해는 아이오딘화 이온에 의해 촉매된다. 용액에 액체 세제 몇 방울을 넣으면 산소 기체 발생을 극적인 효과로 볼 수 있다(아이오딘화 이온 일부가 분자 아이오딘으로 산화되고, 이 아이오딘 분자는 아이오딘화 이온과 반응하여 갈색의 삼아이오딘화 이온(I_3^-)을 형성한다).

$$2H_2O_2(aq) \longrightarrow 2H_2O(l) + O_2(g)$$

실험에 의해 속도 법칙은 다음과 같이 알려졌다.

$$\text{속도} = k[H_2O_2][I^-]$$

따라서 이 반응은 H_2O_2 와 I^- 각각에 대해 일차이다. 이것으로부터 H_2O_2 분해가 전체 균형 반응식에 해당하는 하나의 단일 단계로 일어나지 않는다는 것을 알 수 있다. 만약 일어난다고 한다면, 이 반응은 H_2O_2에 대해 이차일 것이다(식에서 계수가 2임에 주목하라). 게다가 전체 반응식에는 나타나지도 않는 I^- 이온이 속도 법칙에서 나타나기도 한다.

다음과 같이 각각 이분자 반응인 두 개의 분리된 단일 단계로 반응이 일어난다고 가정하면, 관찰된 속도 법칙을 설명할 수 있다.

단계 1: $H_2O_2 + I^- \xrightarrow{k_1} H_2O + IO^-$

단계 2: $H_2O_2 + IO^- \xrightarrow{k_2} H_2O + O_2 + I^-$

나아가 만약 단계 1이 속도 결정 단계라고 가정하면, 첫 번째 단계만으로 반응의 속도를 결정할 수 있다.

$$속도 = k_1[H_2O_2][I^-]$$

여기서 $k_1 = k$이다. IO^- 이온은 전체 균형 반응식에 나타나지 않으므로 중간체라는 것에 주목하라. I^- 이온 역시 전체 반응식에 나타나지 않지만, 이 이온은 반응의 시작과 끝에 모두 존재하는 점에서 IO^- 이온과 다르다. I^-의 기능은 반응을 더 빠르게 하는 것이다. 즉, 이것은 *촉매*(catalyst)이다. 촉매에 대해서는 12.6절에서 논의할 것이다. 그림 12.19는 H_2O_2의 분해와 같은 반응에 대한 퍼텐셜 에너지 모양을 보여준다. 속도 결정 단계인 첫 번째 단계는 두 번째 단계보다 활성화 에너지가 더 크다. 반응 중간체의 경우 관찰될 만큼 충분히 안정하지만 빠르게 반응하여 생성물을 형성한다.

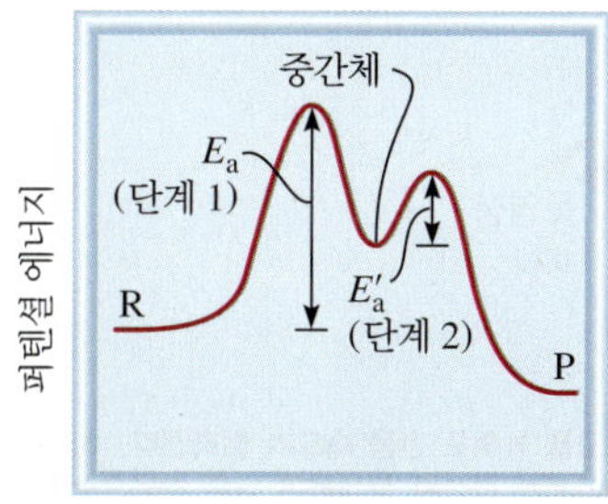

그림 12.19 • 첫 번째 단계가 속도 결정 단계인 두 단계 반응에 대한 퍼텐셜 에너지 그림. R과 P는 각각 반응물과 생성물을 나타낸다.

예제 12.9

아산화 질소(N_2O)의 기체상 분해는 다음 두 단일 단계를 거쳐 일어나는 것으로 믿어지고 있다.

$$\text{단계 1:} \quad N_2O \xrightarrow{k_1} N_2 + O$$
$$\text{단계 2:} \quad N_2O + O \xrightarrow{k_2} N_2 + O_2$$

실험적으로 구한 속도 법칙은 속도 $= k[N_2O]$이다. (a) 이 반응의 전체 화학 반응식을 쓰시오. (b) 중간체를 찾아내시오. (c) 단계 1과 단계 2의 상대적인 속도에 대하여 무엇을 말할 수 있는가?

▸ **전략** (a) 전체 반응을 단일 단계로 나눌 수 있기 때문에 단일 단계를 안다면 전체 반응식을 쓸 수 있을 것이다. (b) 중간체의 특징은 무엇인가? 전체 반응식에 중간체가 나타나는가? (c) 어떤 단일 단계가 속도 결정 단계인지를 결정하는 것은 무엇인가? 속도 결정 단계에 대한 지식이 반응의 속도 법칙을 쓰는 데 어떻게 도움을 주는가?

▸ **풀이**

(a) 단계 1과 단계 2를 합하면 전체 반응식을 얻는다.

$$2N_2O \longrightarrow 2N_2 + O_2$$

(b) 산소 원자가 첫 번째 단일 단계에서 생성되지만 전체 균형 반응식에는 나타나지 않기 때문에 중간체이다.

(c) 만일 단계 1이 속도 결정 단계라면($k_2 \gg k_1$), 전체 반응 속도는 다음과 같이 될 것이다.

$$속도 = k_1[N_2O]$$

그리고 $k = k_1$.

▸ **검산** 단계 1이 속도 결정 단계이어야 하는데, 그 이유는 이 단계로부터 작성된 속도 법칙이 실험에 의하여 결정된 속도 법칙인 속도 $= k[N_2O]$와 일치하기 때문이다.

비슷한 문제: 12.47.

▸ **실전 연습** NO_2와 CO가 반응하여 NO와 CO_2를 생성하는 반응이 다음 두 단계를 거쳐 일어난다고 믿어지고 있다.

$$\text{단계 1:} \quad NO_2 + NO_2 \longrightarrow NO + NO_3$$
$$\text{단계 2:} \quad NO_3 + CO \longrightarrow NO_2 + CO_2$$

실험적 속도 법칙은 속도 $= k[NO_2]^2$이다. (a) 전체 화학 반응식을 쓰시오. (b) 중간체를 찾아내시오. (c) 단계 1과 단계 2의 상대적인 속도에 관하여 무엇을 말할 수 있는가?

☑ 개념 복습하기

반응 $H_2 + 2IBr \longrightarrow I_2 + 2HBr$ 에 대한 속도 법칙은 속도 $= k[H_2][IBr]$ 이다. HI가 중간체라고 할 때, 이 반응에 대한 두 단계 메커니즘을 쓰시오.

12.6 촉매

동영상
촉매.

아이오딘화 이온(I^-)이 전체 반응식에서 나타나지 않더라도 반응 속도가 I^-의 농도에 의존하는 것을 과산화 수소의 분해를 공부하면서 보았다. 이 반응에서 I^-가 촉매로 작용한다는 것에 주목하였다. **촉매**(catalyst)란 *활성화 에너지를 낮추어 화학 반응 속도를 증가시키는 물질*이다. 촉매는 대체 반응경로를 제공함으로써 그런 기능을 하게 된다. 촉매는 반응물과 반응하여 중간체를 형성할 수도 있지만, 후속 단계에서 재생되므로 반응에서 소모되지 않는다.

온도를 높여도 반응 속도가 빨라진다. 하지만 고온에서는 형성된 생성물이 다른 반응으로 진행될 수 있어서 수득률이 감소할 수 있다.

실험실에서 산소 분자를 제조할 때는 염소산 포타슘 시료를 가열한다. 반응식은 다음과 같다.

$$2KClO_3(s) \longrightarrow 2KCl(s) + 3O_2(g)$$

하지만 열분해 반응은 촉매가 없는 경우 매우 느리다. 이 반응에 검은 분말 물질인 이산화 망가니즈(MnO_2) 촉매를 소량 첨가하면 분해 속도는 엄청나게 증가한다. 과산화 수소 분해 반응 후에 모든 I^- 이온이 그대로 남아 있는 것처럼 MnO_2 역시 반응이 끝나면 모두 회수할 수 있다.

교통의 비유를 확장하면, 촉매를 가하는 것은 이전에 산 위로 난 구불구불한 길로 연결된 두 마을을 연결하기 위해 산을 뚫어 터널을 만드는 것에 비교할 수 있다.

촉매는 촉매가 없을 때 존재하는 단일 단계들보다 반응 속도 측면에서 좀 더 유리한 단일 단계들을 제공함으로써 반응 속도를 빠르게 한다. 식 (12.10)로부터 반응의 속도 상수 k (그리고 반응 속도)가 빈도 인자 A와 활성화 에너지 E_a에 의존함을 알고 있다. A가 클수록 또는 활성화 에너지가 작을수록 반응 속도는 더 커진다. 많은 경우에 촉매는 반응의 활성화 에너지를 낮춤으로써 속도를 증가시킨다.

다음 반응에서 속도 상수가 k이고, 활성화 에너지가 E_a라고 하자.

$$A + B \xrightarrow{k} C + D$$

촉매 존재하에서 속도 상수는 k_c(촉매 속도 상수라고 부름)이다.

$$A + B \xrightarrow{k_c} C + D$$

촉매의 정의에 의하여

$$속도_{촉매} > 속도_{비촉매}$$

촉매는 정반응과 역반응의 활성화 에너지를 모두 낮춘다.

그림 12.20은 두 반응의 퍼텐셜 에너지를 나타낸 것이다. 반응물(A와 B)의 총 에너지와 생성물(C와 D)의 총 에너지는 촉매에 의해 영향을 받지 않는다. 둘 사이의 차이는 E_a로부터 E'_a로 활성화 에너지가 낮아진 것이다. 역반응의 활성화 에너지 역시 낮아져, 촉매는 정반응과 역반응 속도를 똑같이 높여준다.

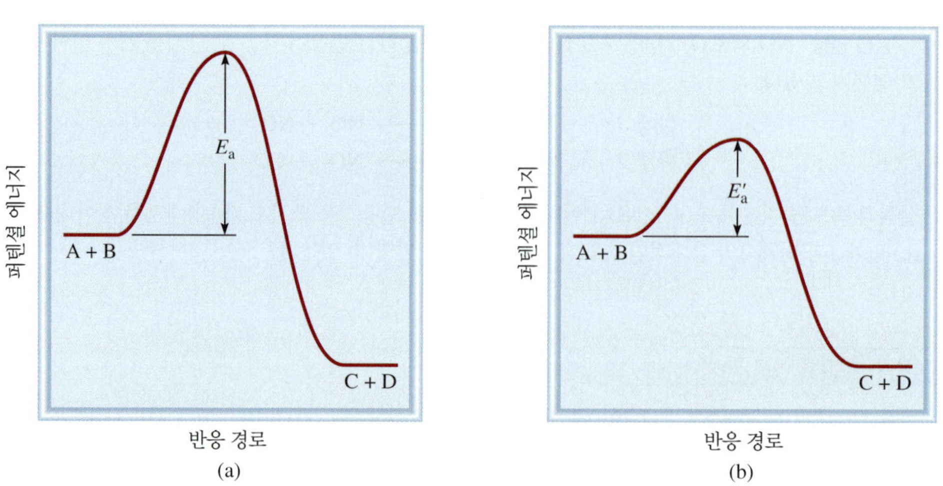

그림 12.20 • 촉매를 사용하지 않은 반응과 촉매를 사용한 반응의 활성화 에너지 장벽의 비교. 촉매를 사용하면 에너지 장벽을 낮출 수는 있지만, 반응물과 생성물의 에너지에는 영향을 미치지 않는다. 두 경우 모두 반응물과 생성물은 같지만, 반응 메커니즘과 속도 법칙은 (a)와 (b)처럼 다르다.

속도를 증가시키는 물질의 본질에 따라 불균일 촉매 반응, 균일 촉매 반응, 효소 촉매 반응과 같은 3가지 일반적 유형의 촉매 반응이 있다.

불균일 촉매

불균일 촉매(heterogeneous catalysis) 반응에서는 반응물과 촉매가 서로 다른 상(phase)을 가진다. 보통, 촉매는 고체이고 반응물은 기체나 액체이다. 불균일 촉매 반응은 지금까지 공업화학 분야에서 가장 중요한 촉매 반응 유형인데, 특히 여러 중요한 화합물의 합성에서 그러하다. 여기서는 불균일 촉매 반응의 세 가지 예를 설명할 것이다.

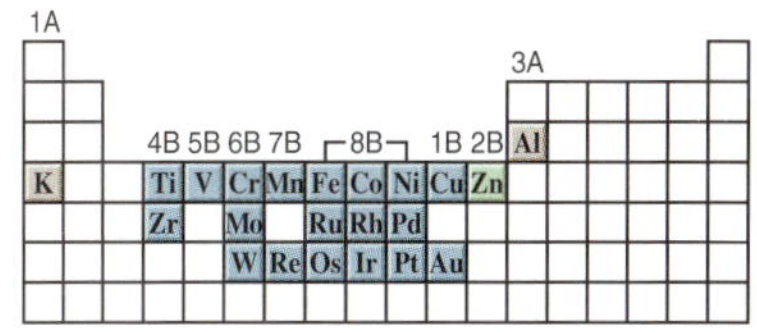

불균일 촉매로 가장 흔히 사용되는 금속과 금속의 화합물.

암모니아의 하버 합성법

암모니아는 비료 산업, 폭약 제조 등 많은 응용 분야에서 사용되는 매우 중요한 무기 물질이다. 20세기에 접어 들면서 많은 화학자들이 질소와 수소로부터 암모니아를 합성하려고 노력했다. 질소는 대기 중에 무한정으로 있고 수소 기체는 가열된 석탄 위에 수증기를 통과시켜 쉽게 얻을 수 있다.

$$H_2O(g) + C(s) \longrightarrow CO(g) + H_2(g)$$

또한 수소는 원유 정제의 부산물이기도 하다.

질소와 수소로부터 암모니아가 형성되는 반응은 발열 반응이다.

$$N_2(g) + 3H_2(g) \longrightarrow 2NH_3(g) \qquad \Delta H° = -92.6 \text{ kJ/mol}$$

그러나 상온에서는 이 반응의 속도가 매우 느리다. 대량으로 생산하기 위해서는 반응이 적절한 속도로 일어나야 하고, 원하는 생성물의 수득률이 높아야 한다. 온도를 높이면 위 반응이 빨라지기는 하지만, 이와 동시에 암모니아 분자가 질소와 수소로 분해되는 과정도 빨라지기 때문에 생성물의 수득률이 낮아진다.

1905년 여러 압력과 온도에서 수백 가지의 화합물을 실험한 후, 독일 화학자 하버(Fritz Haber)는 철(Fe)과 몇 퍼센트의 포타슘과 알루미늄 산화물이 수소와 질소 반응을 촉매하여 약 500°C에서 암모니아를 생성하는 것을 발견했다. 이 과정은 *하버 공정*(Haber process)으로 알려져 있다.

불균일 촉매 반응의 경우, 고체 촉매의 표면에서 보통 반응이 일어난다. 하버 공정의 초기 단계에서는 금속 표면에서 H_2와 N_2의 해리가 일어난다(그림 12.21). 해리된 화학종들은 금속 표면에 결합되어 있기 때문에 완전한 자유 원자는 아니지만 반응성이 매우 높다. 반응하는 두 분자들은 촉매 표면에서 매우 다르게 거동한다. 수소 분자는 −196°C 정도의 낮은 온도에서도 원자로 분해되는 반면, 질소 분자는 약 500°C에서 해리된다. 반응성이 매우 큰 N과 H 원자는 고온에서 빠르게 결합하여 원하는 NH_3 분자를 생성한다.

$$N + 3H \longrightarrow NH_3$$

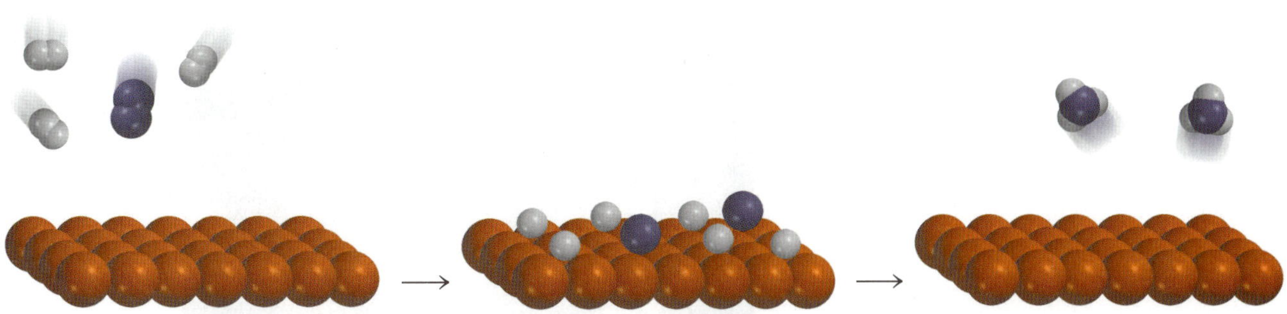

그림 12.21 • 암모니아 합성에서의 촉매 작용. 먼저 H_2와 N_2 분자가 촉매의 표면에 결합된다. 이 결합으로 분자 내의 공유결합의 힘이 약해지고, 결국 분자가 해리된다. 아주 높은 반응성을 가진 H와 N 원자가 결합하여 NH_3 분자를 생성하고, NH_3 분자는 촉매의 표면에서 이탈한다.

질산 제조

질산(nitric acid) 가장 중요한 무기산 중 하나로, 비료, 염료, 의약품, 폭약 등의 생산에 사용된다. 질산 제조의 주요 산업적 방법은 독일 화학자 오스트발트(Wilhelm Ostwald)의 이름을 딴 *오스트발트 공정*(Ostwald process)이다. 출발 물질인 암모니아와 산소 분자를 백금-로듐 촉매 하에서 약 800°C까지 가열한다(그림 12.22).

$$4NH_3(g) + 5O_2(g) \longrightarrow 4NO(g) + 6H_2O(g)$$

생성된 산화 질소는 촉매 없이 쉽게 산화되어 이산화 질소가 된다.

$$2NO(g) + O_2(g) \longrightarrow 2NO_2(g)$$

이것이 물에 용해되면 NO_2는 아질산과 질산을 생성한다.

$$2NO_2(g) + H_2O(l) \longrightarrow HNO_2(aq) + HNO_3(aq)$$

가열하면 다음과 같이 아질산은 질산으로 전환된다.

$$3HNO_2(aq) \longrightarrow HNO_3(aq) + H_2O(l) + 2NO(g)$$

발생된 NO는 두 번째 단계에서 NO_2를 생산하는 데 재활용될 수 있다.

촉매 변환기

달리는 자동차 엔진의 내부의 고온에서 질소와 산소 기체가 반응하여 산화 질소를 생성한다.

$$N_2(g) + O_2(g) \rightleftharpoons 2NO(g)$$

대기 중에 방출되면 NO는 O_2와 빠르게 반응하여 NO_2를 만든다. 이산화 질소와 일산화 탄소(CO) 및 여러 타지 않은 탄화수소와 같은 자동차에서 배출된 기체들 때문에 자동차들이 공기 오염의 주요 근원이 된다.

대부분의 새 자동차에는 촉매 변환기가 장착되어 있다(그림 12.23). 효율적인 촉매 변환기는 두 가지의 목적을 가지고 있다. 일산화 탄소(CO)와 불연소된 탄화수소를 이산화 탄소(CO_2)와 물(H_2O)로 산화시키고, NO와 NO_2를 N_2와 O_2로 환원시킨다. 공기가 주입된 뜨거운 배기 가스가 변환기의 첫 번째 방을 통과하면, 탄화수소는 완전히 연소되고 CO 배출이 감소한다(Pt, Pd 또는 CuO나 Cr_2O_3와 같은 전이금속 산화물을 포함하는 촉매 변환기의 단면이 그림 12.24에 있다). 하지만 높은 온도에서는 NO 생성이 증가하기 때문에 다른 촉매(전이 금속 또는 전이 금속 산화물)를 함유하면서 좀 더 낮은 온도에서 작동하는 두 번째 방이

그림 12.22 • 오스트발트 공정에서 사용되는 백금-로듐 촉매.

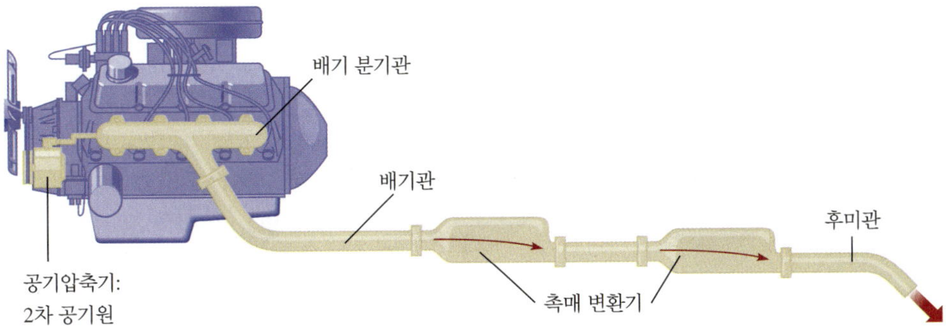

그림 12.23 • 자동차에 장착된 두 단계 촉매 변환기.

필요한데, 여기서 배기 가스가 후미관을 통해 배출되기 전에 NO를 N_2와 O_2로 해리된다.

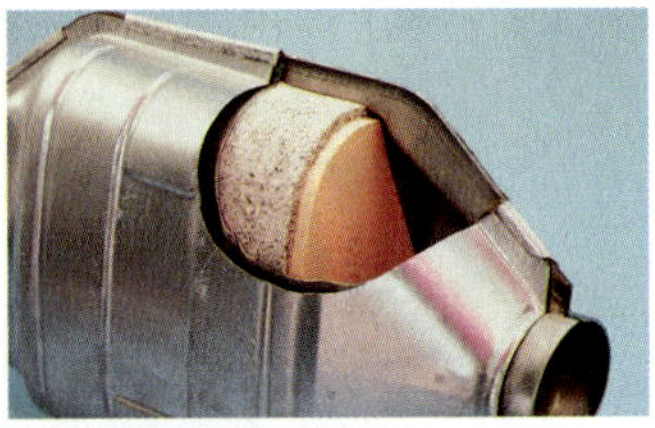

그림 12.24 • 촉매 변환기의 단면. 사진에 보이는 알갱이들은 백금, 팔라듐, 로듐을 함유하고 있으며, 이들은 CO와 탄화수소의 연소를 촉매한다.

균일 촉매

균일 촉매(homogeneous catalysis) 반응에서는 반응물과 촉매가 동일한 상(phase), 보통은 액체상으로 분산되어 있다. 산-염기 촉매 반응은 액상 용액에서 균일 촉매 반응의 가장 중요한 유형이다. 예를 들면, 물과 아세트산 에틸이 반응하여 아세트산과 에탄올을 생성하는 반응은 일반적으로 매우 느려서 측정하기가 어렵다.

$$\underset{\text{아세트산 에틸}}{CH_3-\overset{\overset{\large O}{\|}}{C}-O-C_2H_5} + H_2O \longrightarrow \underset{\text{아세트산}}{CH_3-\overset{\overset{\large O}{\|}}{C}-OH} + \underset{\text{에탄올}}{C_2H_5OH}$$

위의 반응이 촉매 없이 일어날 경우의 속도 법칙은 다음과 같다.

$$\text{속도} = k[CH_3COOC_2H_5]$$

물의 농도는 매우 높아서 반응에 의해 영향을 받지 않으므로 이 반응은 물에 대해 영차 반응이다.

하지만 이 반응은 산에 의해 촉매될 수 있다. 염산 존재 하에서 속도 법칙은 다음과 같이 주어진다.

$$\text{속도} = k_c[CH_3COOC_2H_5][H^+]$$

효소 촉매

생체 반응에 포함된 여러 가지 정교한 과정 중에서 효소 촉매 반응보다 더 인상적이거나 더 필수적인 것은 없다. **효소**(enzyme)는 *생물학적 촉매*이다. 효소에 대한 놀랄만한 사실은 그들이 생화학 반응 속도를 10^6~10^{18}배 정도 빠르게 할 뿐만 아니라 매우 특이적이라는 사실이다. 효소는 *기질*(substrate) (즉, 반응물)이라고 하는 특정 분자에만 작용하며 반응계의 나머지 부분에는 아무런 영향을 미치지 않는다. 평균적인 생체 세포는 약 3000개의 서로 다른 효소들을 가지고 있다고 추정되며, 각 효소들은 특정한 반응을 촉매하여 한 기질이 적절한 생성물로 전환되도록 한다. 효소 촉매 작용은 보통의 경우 기질과 효소가 같은 수용액 상에 존재하는 균일 촉매 반응이다.

효소는 전형적으로 커다란 단백질 분자인데 기질과 상호작용이 일어나는 한 개 이상의 *활성 자리*(active site)를 가진다. 이러한 자리들은 특정 분자들과 구조적으로 잘 들어맞는데, 이는 열쇠가 특정한 자물쇠에 잘 들어맞는 것과 같다(그림 12.25). 하지만 효소 분자 (또는 활성자리)가 상당한 정도의 유연성을 가지며, 다른 종류의 기질을 수용하도록 그 모양을 수정할 수도 있다(그림 12.26).

효소 반응에 대한 반응 속도를 수학적으로 다루는 것은 그 반응에 관련된 기본적인 단계를 알고 있더라도 매우 복잡하다. 단순화된 과정은

$$E + S \rightleftharpoons ES$$
$$ES \xrightarrow{k} P + E$$

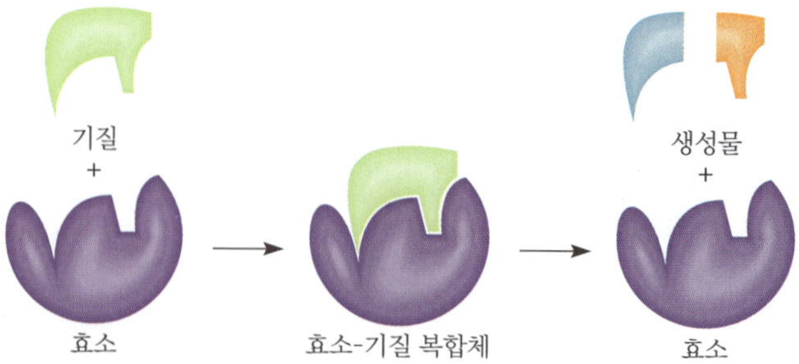

그림 12.25 • 효소의 기질 분자 특이성을 보여주는 자물쇠-열쇠 모형.

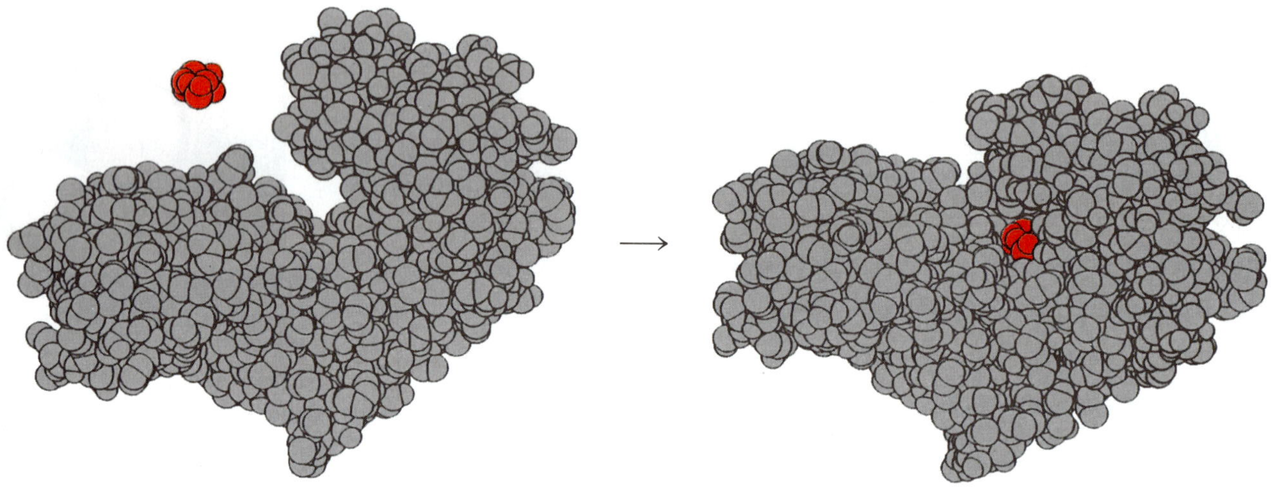

그림 12.26 • 왼쪽에서 오른쪽으로: 포도당 분자(빨간색)와 헥소키나아제(대사 과정의 효소)의 결합. 결합 후에 활성 자리가 포도당 둘레로 어떻게 닫히는지 주목하라. 종종 기질과 활성 자리 모두의 기하학적 구조가 서로에게 맞도록 변화된다.

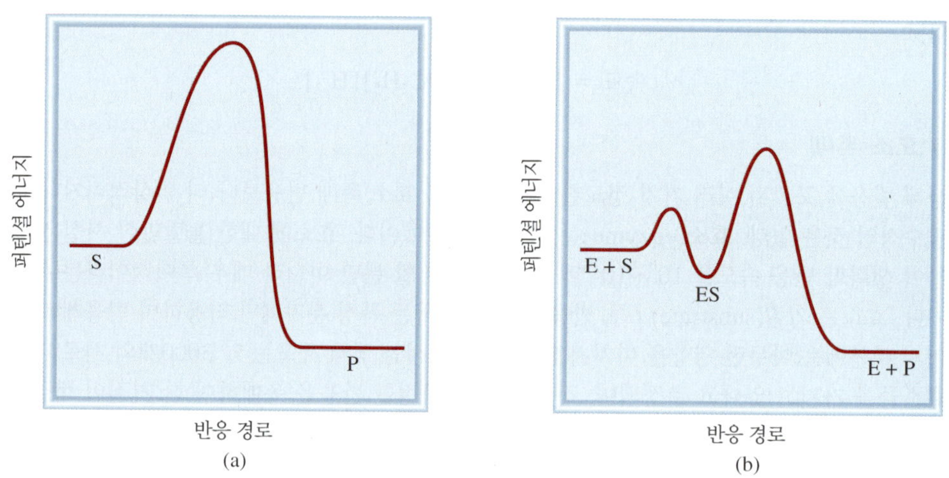

그림 12.27 • (a) 무촉매 반응과 (b) 효소에 의해 촉매된 동일한 반응의 비교. (b)에서 촉매 반응은 두 단계 메커니즘을 가정하였는데 두 번째 단계(ES ⟶ E + P)가 속도 결정 단계이다.

여기서 E, S, P는 효소, 기질, 생성물을 나타내며, ES는 효소-기질 중간체이다. 그림 12.27은 반응의 퍼텐셜 에너지 모양을 나타낸 것이다. ES의 형성과, 효소와 기질로 다시 분해되는 과정은 빠르게 일어나고 속도 결정 단계는 생성물 형성 단계라고 흔히 가정하고 있다. 일반적으로 이와 같은 반응 속도는 다음 식과 같이 표시된다.

$$\text{속도} = \frac{\Delta[\mathrm{P}]}{\Delta t} = k[\mathrm{ES}]$$

ES 중간체의 농도는 존재하는 기질 양에 비례하고, 속도 대 기질 농도의 그래프를 그리면 그림 12.28과 같은 곡선이 얻어진다. 초기에 반응 속도는 기질 농도가 증가할수록 빠르게 증가한다. 하지만 일정 농도 이상에서는 모든 활성 자리가 채워지고, 반응은 기질에 대하여 0차 반응이 된다. 즉, 기질의 농도가 증가하더라도 반응 속도는 일정하게 유지된다. 이 시점 이후에는 생성물의 형성 속도는 존재하는 기질의 숫자가 아니라, ES 중간체가 분해되는 속도에만 의존하게 된다.

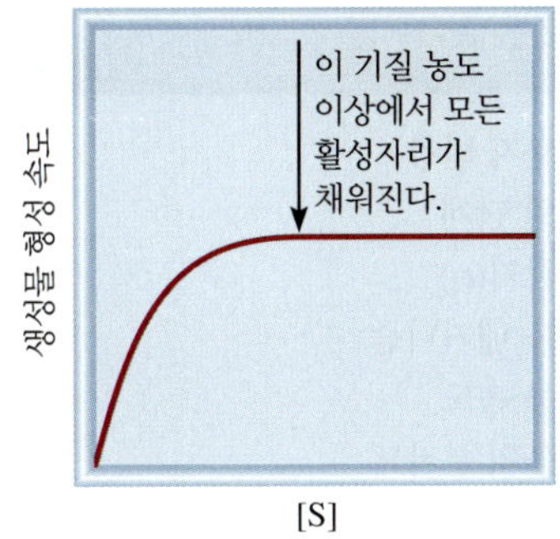

그림 12.28 • 효소 촉매 반응에서의 생성물 형성 속도 대 기질 농도 그래프.

☑ 개념 복습하기

다음 중 어느 것이 촉매 반응에 대해 잘못 설명한 것인가. (a) 촉매 반응에서 E_a가 더 낮다. (b) 촉매 반응에서 ΔH°_{rxn}이 더 낮다. (c) 촉매 반응은 다른 메커니즘을 가진다.

주요 식

$\text{속도} = k[A]^x[B]^y$ (12.1)	속도 법칙 표현식. 합인 $(x + y)$가 전체 반응의 차수이다.
$\ln \frac{[A]_t}{[A]_0} = -kt$ (12.3)	일차 반응에서 농도와 시간의 관계.
$\ln[A]_t = -kt + \ln[A]_0$ (12.4)	일차 반응에서 그래프로 k 값을 결정하는 식.
$t_{\frac{1}{2}} = \frac{0.693}{k}$ (12.5)	일차 반응의 반감기.
$\frac{1}{[A]_t} = kt + \frac{1}{[A]_0}$ (12.6)	이차 반응에서 농도와 시간의 관계.
$[A]_t = -kt + [A]_0$ (12.8)	영차 반응에서 농도와 시간의 관계.
$k = Ae^{-E_a/RT}$ (12.10)	활성화 에너지와 온도에 대한 속도 상수의 의존성을 표현하는 아레니우스 식.
$\ln k = \left(-\frac{E_a}{R}\right)\left(\frac{1}{T}\right) + \ln A$ (12.12)	그래프로 활성화 에너지를 결정하는 식.
$\ln \frac{k_1}{k_2} = \frac{E_a}{R}\left(\frac{T_1 - T_2}{T_1 T_2}\right)$ (12.13)	서로 다른 두 온도에서 속도 상수들 사이의 관계.

사실과 개념에 대한 요약

1. 화학 반응 속도는 시간에 따른 반응물이나 생성물의 농도 변화이다. 속도는 일정한 것이 아니라 농도가 변함에 따라 연속적으로 변화한다.
2. 속도 법칙은 반응의 속도와 속도 상수 및 적절히 거듭제곱된 반응물 농도와의 관계식이다. 주어진 반응에서 속도 상수는 오직 온도에 대해서만 변화한다.
3. 반응 차수는 속도 법칙에서 각 반응물의 농도의 지수를 말한다. 전체 반응 차수는 속도 법칙에서 각 반응물 농도의 지수들의 합이다. 속도 법칙과 반응 차수는 전체 반응식의 화학량론으로부터 결정될 수 없다. 오직 실험에 의해서만 결정된다. 0차 반응에 대해서는 반응 속도가 속도 상수와 같다.
4. 반응의 반감기(반응물의 농도가 반으로 줄어드는 데 걸리는 시간)는 일차 반응의 속도 상수를 결정하는 데 사용할 수 있다.
5. 충돌 이론에 따르면 분자들이 결합을 끊고 반응을 시작할 만큼의 충분한 에너지, 즉 활성화 에너지를 갖고 충돌할 때 반응이 일어난다.
6. 반응의 전체 균형 반응식은 단일 단계 반응이라고 부르는 일련의 단순한 반응의 합일 수 있다. 반응에 대해 완성된 일련의 단일 단계 반응이 반응 메커니즘이다.
7. 반응 메커니즘에서 한 단계가 다른 모든 단계보다 훨씬 느린 반응이라면, 그 단계가 속도 결정 단계이다.
8. 촉매는 보통 활성화 에너지(E_a) 값을 낮춤으로써 반응 속도를 증가시킨다. 반응 종료시 아무런 변화 없이 회수될 수 있다.
9. 산업적으로 매우 중요한 불균일 촉매 반응에서 촉매는 고체이고, 반응물은 기체 또는 액체이다. 균일 촉매 반응에서는 촉매와 반응물 모두 동일한 상이다. 효소는 생체 계의 촉매이다.

주요 용어

단분자 반응	반응 차수	이차 반응	활성화물
단일 단계	삼분자 반응	일차 반응	활성화 에너지 (E_a)
반감기($t_{\frac{1}{2}}$)	속도 결정 단계	전이 상태	효소
반응 메커니즘	속도 법칙	중간체	
반응 속도	속도 상수(k)	촉매 반응	
반응의 분자도	이분자 반응	화학 반응 속도론	

연습 문제

반응 속도

복습 질문

12.1 화학 반응 속도가 의미하는 것은 무엇인가?

12.2 반응 속도의 단위는 무엇인가?

12.3 반응의 초기 속도 측정의 장점은 무엇인가?

12.4 매우 느린(종결까지 하루 이상의 긴 시간이 걸리는) 반응 두 개와 매우 빠른 반응(몇 분 혹은 몇 초 안에 종결되는) 두 개를 제안하시오.

문제

12.5 반응물이 없어지고 생성물이 생성되는 관점에서 다음 반응의 반응 속도식을 쓰시오.

(a) $H_2(g) + I_2(g) \longrightarrow 2HI(g)$

(b) $2H_2(g) + O_2(g) \longrightarrow 2H_2O(g)$

(c) $5Br^-(aq) + BrO_3^-(aq) + 6H^+(aq) \longrightarrow 3Br_2(aq) + 3H_2O(l)$

12.6 다음 반응을 생각해 보자.

$$N_2(g) + 3H_2(g) \longrightarrow 2NH_3(g)$$

반응 도중 어떤 한 순간에서 수소 분자가 0.074 M/s의 속도로 반응을 하고 있다고 가정하자. (a) 암모니아의 생성 속도는? (b) 질소 분자의 반응 속도는?

속도 법칙

복습 질문

12.7 반응의 속도 법칙이 의미하는 것을 설명하시오.

12.8 일차 반응과 이차 반응에서 속도 상수의 단위는 무엇인가?

12.9 일차 반응에서 $t = 0$일 때 반응물 A의 농도와 $t = t$일 때 농도와의 관계식을 쓰시오. 모든 항을 정의하고 단위를 쓰시오.

12.10 "A $\longrightarrow$ 생성물"인 영차 반응을 생각해 보자. (a) 이 반응의 속도 법칙을 쓰시오. (b) 속도 상수의 단위는 무엇인가? (c) 반응 속도 대 [A]의 그래프를 그리시오.

12.11 다음 중 반응 속도 상수가 의존하는 것은 무엇인가? (a) 반응물의 농도, (b) 반응물의 본질, (c) 온도.

12.12 다음 각 반응조건 쌍 중에서 어느 것의 수소 기체 형성 속도가 더 빠른지 표시하시오. (a) 물과 소듐 또는 포타슘, (b) 1.0 M HCl과 마그네슘 또는 철, (c) 1.0 M HCl과 마그네슘 막대 또는 마그네슘 분말, (d) 0.10 M HCl과 마그네슘 또는 1.0 M HCl과 마그네슘.

문제

12.13 다음 반응의 속도 법칙은 속도 = $k\,[NH_4^+][NO_2^-]$로 주어진다.

$$NH_4^+(aq) + NO_2^-(aq) \longrightarrow N_2(g) + 2H_2O(l)$$

25°C에서 속도 상수는 $3.0 \times 10^{-4}/M \cdot s$이다. 만일 $[NH_4^+] = 0.26\ M$이고 $[NO_2^-] = 0.080\ M$이라면, 이 온도에서 반응 속도를 계산하시오.

12.14 표 12.1에 있는 자료로부터 (a) 반응의 속도 법칙을 추정하시오. (b) 속도 상수를 계산하시오. (c) $[F_2] = 0.010\ M$과 $[ClO_2] = 0.020\ M$인 순간의 반응 속도를 계산하시오.

12.15 다음 반응을 생각해 보자.

$$A + B \longrightarrow 생성물$$

특정 온도에서 얻어진 다음 자료로부터 반응 차수를 결정하고 속도 상수를 계산하시오.

[A] (M)	[B] (M)	속도 (M/s)
1.50	1.50	3.20×10^{-1}
1.50	2.50	3.20×10^{-1}
3.00	1.50	6.40×10^{-1}

12.16 다음 반응을 생각해 보자.

$$X + Y \longrightarrow Z$$

다음 자료는 360 K에서 얻었다.

X가 사라지는 초기 속도(M/s)	[X]	[Y]
0.147	0.10	0.50
0.127	0.20	0.30
4.064	0.40	0.60
1.016	0.20	0.60
0.508	0.40	0.30

(a) 반응의 차수를 결정하시오. (b) X의 농도가 0.30 M이고 Y의 농도가 0.40 M일 때, X가 사라지는 초기 속도를 결정하시오.

12.17 다음 속도 법칙이 적용되는 반응의 전체 차수를 결정하시오. (a) 속도 = $k[NO_2]^2$, (b) 속도 = k, (c) 속도 = $k[H_2][Br_2]^{\frac{1}{2}}$, (d) 속도 = $k[NO]^2[O_2]$.

12.18 다음 반응을 생각해 보자.

$$A \longrightarrow B$$

A의 농도가 0.35 M일 때, 반응 속도는 1.6×10^{-2} M/s이다. 반응이 (a) A에 대해 일차일 경우, (b) A에 대해 이차일 경우, 속도 상수를 구하시오.

반응물의 농도와 시간 사이의 관계

복습 질문

12.19 반응의 반감기를 정의하시오. 일차 반응의 반감기와 속도 상수와의 관계식을 쓰시오.

12.20 일차 반응에 대하여 반응물의 농도가 초기 농도에서 $\frac{1}{8}$로 줄어드는 데 시간이 얼마나 걸리겠는가? 반감기($t_{\frac{1}{2}}$)와 속도 상수 k를 사용하여 나타내시오.

문제

12.21 60분 동안 어떤 물질의 75%가 분해되었다면, 이 물질의 반감기는 얼마인가? 일차 반응이라고 가정한다.

12.22 포스핀(PH_3)이 인과 수소로 열 분해되는 반응은 일차 반응이다.

$$4PH_3(g) \longrightarrow P_4(g) + 6H_2(g)$$

이 반응의 반감기는 680°C에서 35.0초이다. (a) 반응의 속도 상수와, (b) 포스핀의 95%가 분해될 때까지 걸리는 시간을 계산하시오.

12.23 다음 이차 반응의 속도 상수는 10°C에서 0.80/M · s이다.

$$2NOBr(g) \longrightarrow 2NO(g) + Br_2(g)$$

(a) 초기 농도가 0.086 M 일 경우 22초 후의 NOBr 농도를 계산하시오. (b) $[NOBr]_0$ = 0.072 M일 때와 $[NOBr]_0$ = 0.054 M일 때, 반감기를 계산하시오.

12.24 다음 이차 반응의 속도 상수는 300°C에서 0.54/M · s이다.

$$2NO_2(g) \longrightarrow 2NO(g) + O_2(g)$$

(a) NO_2 농도가 0.62 M에서 0.28 M로 되는 데 몇 초나 걸리겠는가? (b) 앞의 두 농도에서 반감기를 계산하시오.

12.25 아래 그림과 같은 일차 반응 A ⟶ B를 생각해 보자. (a) 반응의 속도 상수를 구하시오. (b) t = 20 s와 t = 30 s에서 A(노란색)와 B(파란색) 분자의 개수를 구하시오.

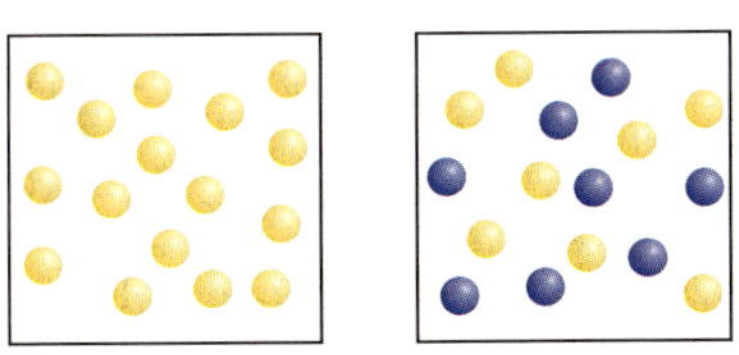

t = 0 s t = 10 s

12.26 아래 그림과 같은 일차 반응 X ⟶ Y가 있다. 처음에 온도와 부피가 동일한 3개의 용기에 다른 양의 X 분자를 담았다. (a) 세 용기 안에서 일어나는 반응의 상대적인 속도는? (b) 각 반응 용기의 부피가 두 배로 될 경우, 상대적인 반응 속도에 어떤 영향을 미칠 것인가? (c) 세 반응의 상대적인 반감기는?

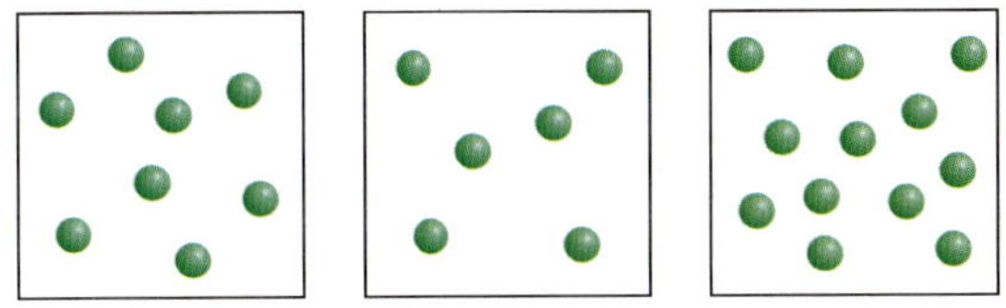

(i) (ii) (iii)

활성화 에너지

복습 질문

12.27 활성화 에너지를 정의하시오. 반응 속도론에서 활성화 에너지는 어떤 역할을 하는가?

12.28 아레니우스 식을 쓰고 각 항을 정의하시오.

12.29 아레니우스 식을 사용하여 (a) 활성화 에너지가 증가하면 반응의 속도 상수가 감소되고, (b) 온도가 증가하면 반응의 속도 상수가 증가하는지 이유를 설명하시오.

12.30 메테인이 산소 중에서 연소되는 반응은 매우 큰 발열 반응이다. 하지만 메테인과 산소 기체 혼합물은 아무런 변화 없이 무기한으로 유지될 수 있다. 설명하시오.

12.31 다음 반응에 대한 퍼텐셜 에너지 대 반응 진행 그래프를 그리시오.

(a) $S(s) + O_2(g) \longrightarrow SO_2(g)$
$\Delta H° = -296.06$ kJ/mol

(b) $Cl_2(g) \longrightarrow Cl(g) + Cl(g)$
$\Delta H° = 242.7$ kJ/mol

12.32 $H + H_2 \longrightarrow H_2 + H$ 반응은 오랫동안 연구되어 왔다. 이 반응에 대한 퍼텐셜 에너지 대 반응 진행의 그래프를 그리시오.

문제

12.33 다음 일차 반응에 대한 온도 변화에 따른 속도 상수 변화가 다음 표에 주어져 있다.

$$2N_2O_5(g) \longrightarrow 2N_2O_4(g) + O_2(g)$$

이 반응의 활성화 에너지를 그래프를 이용하여 결정하시오.

T (K)	k (s^{-1})
273	7.87×10^3
298	3.46×10^5
318	4.98×10^6
338	4.87×10^7

12.34 동일한 농도 조건일 때, 250°C에서의 다음 반응의 속도는 150°C에서보다 1.50×10^3배 빠르다. 이 반응에 대한 활성화 에너지를 계산하시오. 빈도 인자는 일정하다고 가정한다.

$$CO(g) + Cl_2(g) \longrightarrow COCl_2(g)$$

12.35 다음 반응에서

$$NO(g) + O_3(g) \longrightarrow NO_2(g) + O_2(g)$$

빈도 인자 A는 $8.7 \times 10^{12}\ s^{-1}$이고, 활성화 에너지는 63 kJ/mol 이다. 75°C에서 이 반응의 속도 상수는 얼마인가?

12.36 어떤 일차 반응의 속도 상수가 350°C에서 $4.60 \times 10^{-4}\ s^{-1}$이다. 활성화 에너지가 104 kJ/mol 일 때, 속도 상수가 $8.80 \times 10^{-4}\ s^{-1}$로 되는 온도를 계산하시오.

12.37 어떤 반응의 속도 상수는 온도가 10도씩 증가할 때마다 두 배로 증가한다. 반응이 295 K와 305 K에서 일어난다고 가정하자. 위에서 기술된 것과 같이 속도 상수가 두 배로 되기 위해서는 활성화 에너지가 얼마이어야 하는가?

12.38 귀뚜라미 울음의 빈도는 27°C에서는 2.0×10^2 /min이지만, 5°C에서는 39.6 /min에 불과하다. 이 자료로부터 울음 과정의 "활성화 에너지"를 계산하시오. (*힌트:* 속도비는 속도 상수비와 같다).

12.39 아래 그림은 $A_2 + B_2 \longrightarrow 2AB$ 반응의 초기 상태를 나타낸다.

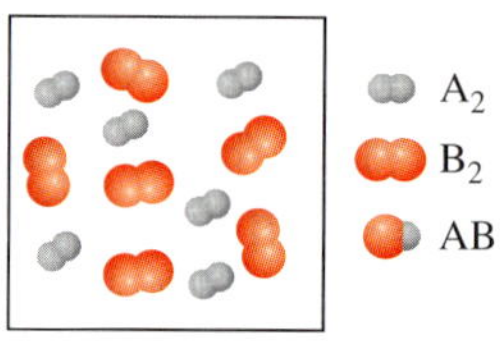

위 반응이 아래 그림처럼 두 온도에서 일어난다고 가정하자. 높은 온도에서 결과를 나타내는 그림은 어느 것인가? 반응은 두 온도에서 동일한 시간 동안 일어났다.

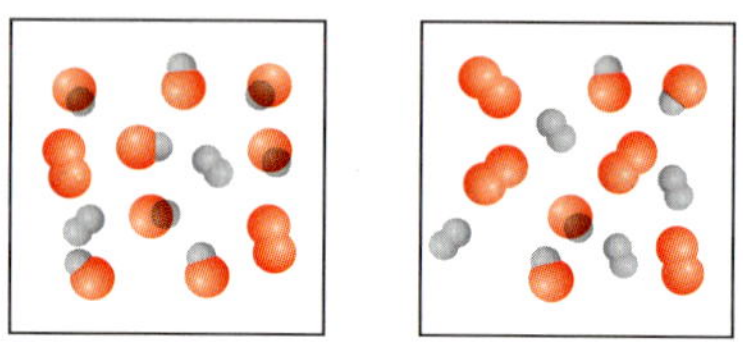

(a) (b)

반응 메커니즘

복습 질문

12.40 반응의 메커니즘이 의미하는 것은 무엇인가? 단일 단계란 무엇인가?

12.41 다음 단일 단계 반응을 단분자, 이분자, 삼분자 반응으로 분류하시오.

(a)

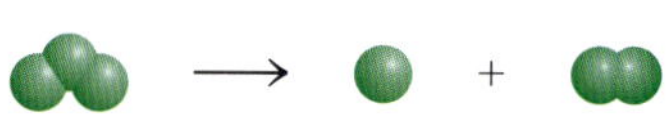

(b)

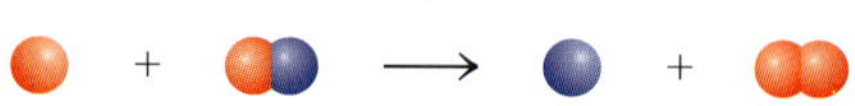

(c)

12.42 반응은 단일 분자, 이분자 등으로 분류된다. 영분자 반응은 왜 없을까?

12.43 사분자 반응이 희귀한 이유를 설명하시오.

12.44 속도 결정 단계란 무엇인가? 일상에서의 유사한 비유를 들어 "속도 결정"이란 용어를 설명해 보시오.

12.45 에테인(C_2H_6)의 연소 반응은 다음과 같다.

$$2C_2H_6 + 7O_2 \longrightarrow 4CO_2 + 6H_2O$$

이 식이 반응에 관한 단일 단계를 나타낼 것 같지 않은 이유를 설명하시오.

12.46 다음 중 반응에서 분리될 수 없는 화학종은 어떤 것인가? 활성화물, 생성물, 중간체.

문제

12.47 다음 반응의 속도 법칙은 속도 = $k[NO][Cl_2]$로 표시된다.

$$2NO(g) + Cl_2(g) \longrightarrow 2NOCl(g)$$

(a) 반응 차수는 얼마인가? (b) 위 반응에 대하여 다음과 같은 단계를 포함하는 반응 메커니즘이 제안되었다.

$$NO(g) + Cl_2(g) \longrightarrow NOCl_2(g)$$
$$NOCl_2(g) + NO(g) \longrightarrow 2NOCl(g)$$

만일 이 반응 메커니즘이 옳다면, 이것이 두 단계의 상대적인 속도에 대하여 의미하는 것은 무엇인가?

12.48 $X_2 + Y + Z \longrightarrow XY + XZ$ 반응에서, X_2 농도를 두 배로 하면 반응 속도가 2배로 증가되고, Y 농도를 3배로 하면 반응 속도가 3배로 증가되지만, Z의 농도를 두 배로 해도 반응 속도에는 영향이 없다. (a) 이 반응의 속도 법칙은 무엇인가? (b) Z의 농도의 변화는 왜 반응 속도에 아무런 영향을 미치지 못하는가? (c) 이 반응의 속도 법칙과 일치하는 반응 메커니즘을 제안하시오.

촉매

복습 질문

12.49 촉매는 어떻게 반응 속도를 증가시키는가?

12.50 촉매의 특성은 무엇인가?

12.51 어떤 반응이 상온에서 느리게 진행되는 것으로 알려져 있다. 온도 변화 없이 이 반응 속도를 더 빠르게 일어나도록 할 수 있을까?

12.52 균일 촉매 반응과 불균일 촉매 반응을 구별하시오. 불균일 촉매 반응을 이용하는 몇 가지 중요한 산업 공정을 서술하시오.

12.53 효소 촉매 반응은 균일 촉매반응일까 아니면 불균일 촉매 반응일까?

12.54 세포 속에 존재하는 효소의 농도는 보통 아주 낮다. 이 사실이 갖는 생물학적 중요성은 무엇인가?

문제

12.55 효소 촉매 반응을 포함한 대부분의 반응은 높은 온도에서 빠르게 진행된다. 하지만, 효소의 경우, 특정 온도에서 갑작스럽게 속도가 떨어진다. 이 거동에 대해서 설명하시오.

12.56 효소 촉매 반응에 대한 다음 메커니즘을 생각해 보자.

$$E + S \underset{k_{-1}}{\overset{k_1}{\rightleftharpoons}} ES \quad \text{빠른 평형}$$

$$ES \xrightarrow{k_2} E + P \quad \text{느림}$$

E와 S의 농도를 사용하여, 이 반응의 속도 법칙에 관한 식을 유도하시오 (*힌트:* [ES]에 관해 풀기 위해서는 평형에서 정반응 속도가 역반응 속도와 같다는 사실을 이용).

실전 연습의 답

12.1 속도 $= -\frac{\Delta[CH_4]}{\Delta t} = -\frac{1}{2}\frac{\Delta[O_2]}{\Delta t} = \frac{\Delta[CO_2]}{\Delta t} = \frac{1}{2}\frac{\Delta[H_2O]}{\Delta t}$. **12.2** (a) 0.013 M/s, (b) −0.052 M/s **12.3** 속도 $= k[S_2O_8^{2-}][I^-]$, $k = 8.1 \times 10^{-2}/M \cdot s$. **12.4** 66 s **12.5** 1.2×10^3 s **12.6** (a) 3.2분, (b) 2.1분 **12.7** 240 kJ/mol **12.8** $3.13 \times 10^{-9}\ s^{-1}$. **12.9** (a) $NO_2 + CO \longrightarrow NO + CO_2$, (b) NO_3, (c) 첫 번째 단계가 속도 결정 단계이다.

CHAPTER 13

화학 평형

Chemical Equilibrium

이 장의 차례

화학 평형은 곡예사가 여기에 보여주려고 시도하는 것과 흡사한 동적 평형의 한 예이다.

주요 개념

화학 평형 화학 평형은 정반응의 속도와 역반응의 속도가 같고, 반응물의 농도와 생성물의 농도가 시간에 따라 변하지 않는 상태를 나타낸다. 이러한 동적 평형 상태는 평형 상수로 나타낼 수 있다. 평형 상수는 반응 화학종의 성질에 의존하기 때문에 수용액에 대해서는 몰농도, 기체에 대해서는 부분압력으로 나타낼 수 있다. 평형 상수는 가역 반응의 알짜 진행 방향과 평형 혼합물의 농도에 대한 정보를 제공한다.

화학 평형에 영향을 주는 인자 농도 변화는 반응물과 생성물의 상대적인 양인 평형 상태의 위치에 영향을 준다. 기체가 관여하는 반응계에 대해서 압력과 부피의 변화도 평형 상태의 위치에 영향을 줄 수 있다. 온도 변화만으로도 평형 상수 값을 변화시킬 수 있다. 촉매는 정반응과 역반응의 속도를 빠르게 하여 평형 상태에 빨리 도달하게 하지만 평형의 위치나 평형 상수를 변화시키지는 않는다.

13.1 평형의 개념

동영상
화학 평형.

한 방향으로만 일어나는 화학 반응은 거의 없다. 적어도 어느 정도는 가역적이다. 가역 과정의 초기 반응은 생성물을 이루는 방향으로 진행한다. 어느 정도 생성물 분자가 생성되면 곧바로 역반응이 일어나기 시작하고, 생성물 분자들로부터 반응물 분자들이 생성된다. *정반응과 역반응의 속도가 같고 반응물과 생성물의 농도가 일정하게 유지될 때* **화학 평형**(chemical equilibrium)에 도달한다.

화학 평형은 동적인 과정이다. 마치 분주한 스키장에 있는 스키어들의 움직임과 비슷하다. 리프트를 타고 산 위로 올라가는 스키어들의 수는 슬로프를 내려오는 수와 똑같다. 그러므로 스키어들이 계속해서 이동하지만 슬로프 위와 아래에 있는 사람의 수는 변하지 않는다.

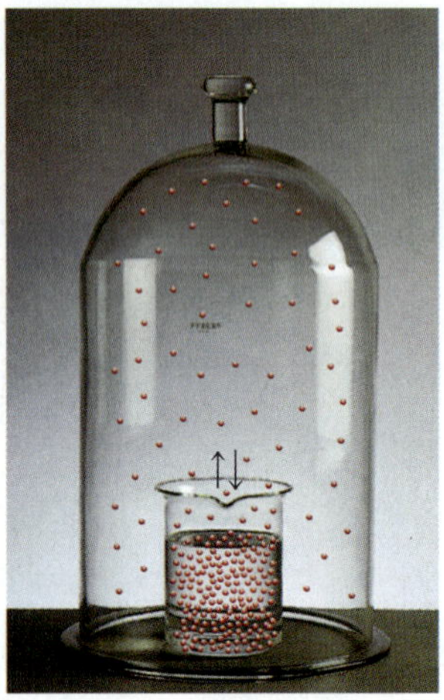

닫힌 계의 실온에서 수증기와 평형을 이루고 있는 물.

화학 평형은 반응물이나 생성물 같은 여러 물질들이 관련되어 있다는 것에 유의하라. 같은 물질의 두 상 사이에서의 평형은 *물리적인 과정을 거쳐 변화가 일어나기* 때문에 **물리적 평형**(physical equilibrium)이라고 부른다. 일정 온도에서 밀폐 용기 속에 있는 물의 증발은 물리적 평형의 한 예이다. 이 경우 액체상 떠나는 H_2O 분자의 수는 액체상으로 되돌아오는 H_2O 분자의 수와 똑같다.

$$H_2O(l) \rightleftharpoons H_2O(g)$$

(이중 화살표는 가역 반응을 의미한다고 4장에서 배웠다.) 물리적 평형을 연구하면 평형 증기압(10.5절 참조)과 같은 유용한 정보를 얻는다. 그러나 화학자들은 이산화 질소(NO_2)와 사산화 이질소(N_2O_4)의 가역 반응과 같은 화학 평형 과정에 특별한 관심을 두고 있다. 다음과 같은 반응 과정은 N_2O_4는 무색 기체인 반면 NO_2는 오염된 공기 속에서 이따금 볼 수 있는 암갈색이므로 쉽게 관찰될 수 있다.

$$N_2O_4(g) \rightleftharpoons 2NO_2(g)$$

$N_2O_4 \rightleftharpoons 2NO_2$

일정한 양의 N_2O_4를 진공 플라스크에 주입했다고 하자. 바로 갈색이 나타나는데 이것은 NO_2 분자가 생성되었음을 나타낸다. 결과적으로 평형이 이루어질 때까지 N_2O_4의 해리가 계속됨에 따라 색이 짙어진다. 이 평형 시점을 지나면 더 이상 색 변화는 관찰되지 않는다. 실험에 의하면 순수한 NO_2로부터 시작하거나 NO_2와 N_2O_4의 혼합물로부터 시작하거나 평형 상태에 도달할 수 있다. 각 경우에 NO_2가 형성되거나(색이 진해짐) NO_2가 소모되어(색이 사라짐) 색의 변화를 볼 수 있는데 NO_2의 색이 더 이상 변하지 않는 나중 상태가 된다. 반응계의 온도와 NO_2와 N_2O_4의 초기 농도에 따라 평형에서 NO_2와 N_2O_4의 농도가 계마다 변한다(그림 13.1).

평형 상수

표 13.1은 25°C에서의 NO_2-N_2O_4 계의 대한 실험 자료를 보여주고 있다. 기체의 농도는 몰농도로 나타내었으며, 이것은 처음에 존재한 기체의 몰수와 평형 상태에 있는 기체의 몰수, 리터(L)로 나타낸 플라스크의 부피로부터 계산할 수 있다. 초기 농도에 따라 NO_2와 N_2O_4의 평형 농도가 변함을 알 수 있다. 평형 상태의 $[NO_2]$와 $[N_2O_4]$의 농도를 비교함으로써 그들 사이의 관계를 찾을 수 있다. 가장 단순한 비인 $[NO_2]/[N_2O_4]$의 값은 산발적이지만, $[NO_2]^2/[N_2O_4]$의 값은 초기 농도에 관계없이 평균적으로 4.63×10^{-3}인 거의 일정한 값을 나타내고 있다.

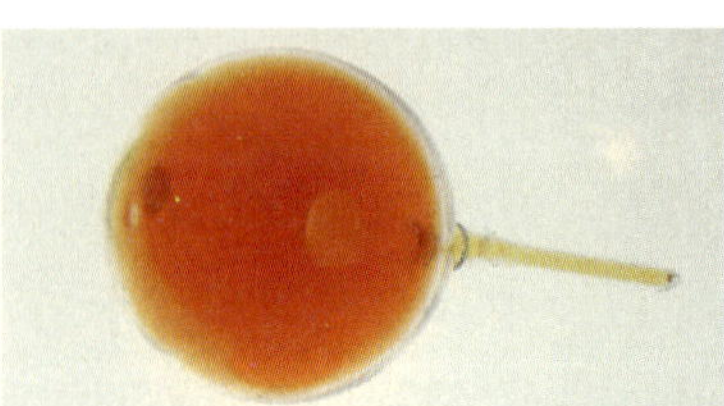

평형 상태의 기체 NO_2와 N_2O_4.

$$K = \frac{[NO_2]^2}{[N_2O_4]} = 4.63 \times 10^{-3} \tag{13.1}$$

이 식에서 $[NO_2]^2$의 지수 2는 가역 반응에서 NO_2의 화학량론적인 계수와 똑같음에 유의하라. 모든 가역 반응에서 반응물과 생성물의 평형 농도 사이에는 일정한 값을 나타내는 특정한 수학적 비가 있다.

다음과 같은 가역 반응식으로 이러한 논의를 일반화시킬 수 있다.

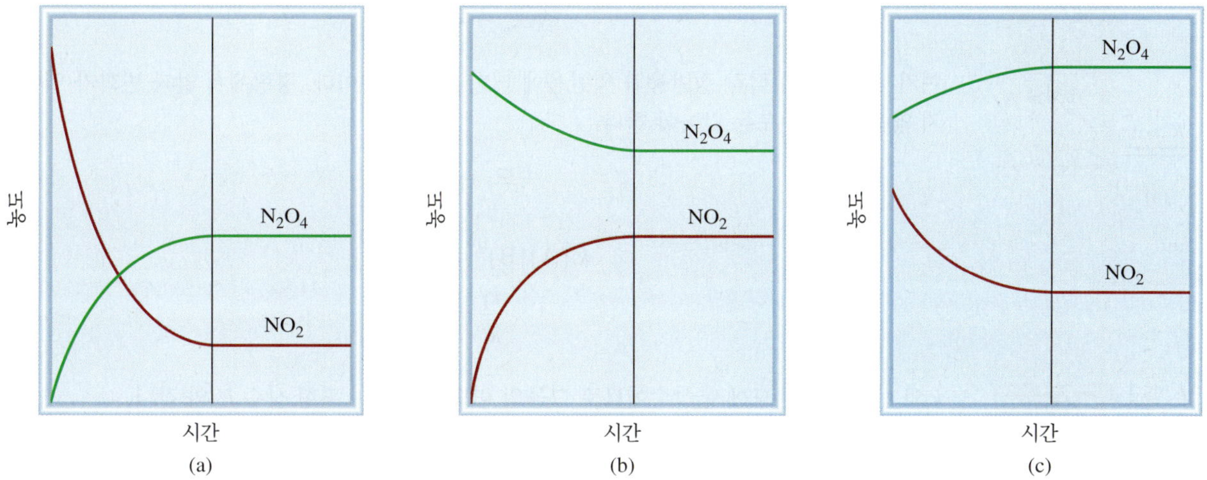

그림 13.1 • 세 가지 서로 다른 상황에서의 시간 경과에 따른 NO_2와 N_2O_4의 농도 변화. (a) 초기에 NO_2만 존재할 때, (b) 초기에 N_2O_4만 존재할 때, (c) 초기에 NO_2와 N_2O_4 혼합물이 존재할 때. 각각의 경우에 평형은 수직선의 오른쪽에서 이루어진다.

$$aA + bB \rightleftharpoons cC + dD$$

여기서 a, b, c, d는 반응종 A, B, C, D의 화학량론적 계수이다. 특정 온도에서 반응의 평형 상수는 다음과 같다.

$$K = \frac{[C]^c[D]^d}{[A]^a[B]^b} \tag{13.2}$$

이 식에는 평형 농도를 사용하여야 한다.

식 (13.2)는 *질량 작용 법칙*(law of mass action)의 수학적 형태이다. 이것은 **평형 상수**(equilibrium constant)라고 부르는 양을 이용하여 *평형에서 반응물과 생성물의 농도를 연관 짓는다*. 평형 상수는 반응지수로 정의된다. 분자는 생성물의 평형 농도의 곱이고, 각 항의 지수는 균형 반응식에서 화학량론 계수와 같다. 같은 과정을 반응물의 평형 농도에 적용하여 분모를 얻는다. 이 수식은 NO_2-N_2O_4의 반응 연구와 같은 순수하게 실험적인 사실을 기초로 한다.

관례를 따라 평형 화살표 왼쪽에 있는 물질을 "반응물", 오른쪽에 있는 물질을 "생성물"이라고 부른다.

평형 상수는 16장에서 논의할 열역학에서 비롯된다. 하지만 화학 반응의 속도론을 고려함으로써 K에 대한 몇 가지 사실을 알 수 있다. 다음과 같은 가역 반응이 정방향과 역방향 모두 하나의 *단일 단계*(elementary step)로 이루어진 메커니즘을 거쳐 일어난다고 가정해 보자.

반응 메커니즘을 복습하려면 12.5절을 참조.

$$A + 2B \underset{k_r}{\overset{k_f}{\rightleftharpoons}} AB_2$$

정반응 속도는 다음과 같고,

$$속도_f = k_f[A][B]^2$$

역반응 속도는 다음과 같다.

표 13.1 25°C에서 NO_2-N_2O_4 반응계

초기 농도(*M*)		평형 농도(*M*)		평형에서의 농도비	
$[NO_2]$	$[N_2O_4]$	$[NO_2]$	$[N_2O_4]$	$\frac{[NO_2]}{[N_2O_4]}$	$\frac{[NO_2]^2}{[N_2O_4]}$
0.000	0.670	0.0547	0.643	0.0851	4.65×10^{-3}
0.0500	0.446	0.0457	0.448	0.102	4.66×10^{-3}
0.0300	0.500	0.0475	0.491	0.0967	4.60×10^{-3}
0.0400	0.600	0.0523	0.594	0.0880	4.60×10^{-3}
0.200	0.000	0.0204	0.0898	0.227	4.63×10^{-3}

$$속도_r = k_r[AB_2]$$

여기서 k_f와 k_r은 각각 정반응과 역반응에 대한 속도 상수이다. 평형에서 알짜 변화가 일어나지 않을 때 두 속도는 같아야 한다.

$$속도_f = 속도_r$$

$$k_f[A][B]^2 = k_r[AB_2]$$

$$\frac{k_f}{k_r} = \frac{[AB_2]}{[A][B]^2}$$

k_f와 k_r은 일정 온도에서 상수이므로 그들의 비도 상수이며 평형 상수 K_c와 같다.

$$\frac{k_f}{k_r} = K_c = \frac{[AB_2]}{[A][B]^2}$$

그러므로 K_c는 일정한 온도에서 상수인 두 양의 비 k_f/k_r과 항상 같으므로 반응종의 평형 농도에 관계없이 항상 상수이다. 속도 상수는 온도에 의존하므로[식 (12.10) 참조] 평형 상수도 또한 온도에 따라 변해야 한다.

끝으로 평형 상수가 1보다 훨씬 크다면($K \gg 1$), 평형은 반응 화살표의 오른쪽에 놓여 생성물이 유리하다. 반대로 평형 상수가 1보다 훨씬 작다면($K \ll 1$), 평형은 왼쪽에 놓여 반응물이 유리하다(그림 13.2).

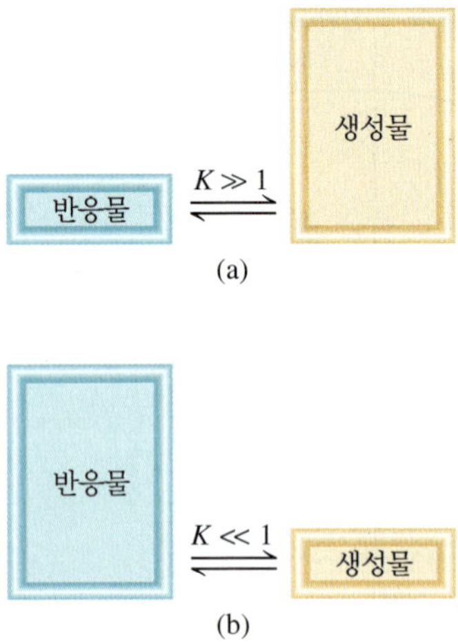

그림 13.2 • (a) 평형에서 반응물보다 생성물이 더 많이 있으면 평형은 오른쪽에 놓여있다고 한다. (b) 반대로 생성물보다 더 많은 반응물이 있으면 평형은 왼쪽에 놓여 있다고 한다.

기호 ≫와 ≪는 각각 "훨씬 더 큰"과 "훨씬 더 작은"을 뜻한다.

☑ 개념 복습하기

정반응 속도 상수가 역반응 속도 상수보다 더 큰 평형 $X \rightleftharpoons Y$를 생각해 보자. 평형에 대해 다음 중 어느 것이 사실인가? (a) $K_c > 1$, (b) $K_c < 1$, (c) $K_c = 1$.

13.2 평형 상수 표기법

평형 상수를 이용하기 위해서는 평형 상수를 반응물과 생성물의 농도로 나타내야 한다. 유일한 지침은 질량 작용 법칙[식 (13.2)]이며, 이 식은 평형 농도를 찾는 일반적인 수식이다. 그러나 반응물과 생성물의 농도가 다른 단위로 표기될 수 있고, 또 반응종들이 항상 같은 상이 아닐 수도 있기 때문에 같은 반응에 대하여 평형 상수를 표기하는 데 여러 가지 방법이 있을 수 있다. 우선 반응물과 생성물이 같은 상(phase)인 반응들을 먼저 살펴보기로 하자.

균일 평형

균일 평형(homogeneous equilibrium)이란 말은 *모든 반응종이 같은 상으로 되어 있는* 반응에 적용된다. N_2O_4의 해리는 기체상 균일 평형의 한 예이다. 평형 상수는 식 (13.1)에 주어진 것처럼 다음과 같다.

$$K_c = \frac{[NO_2]^2}{[N_2O_4]}$$

K_c의 아래첨자는 반응종의 농도들을 몰농도(mol/L)로 나타냄을 뜻한다. 기체 반응에서 반응물과 생성물의 농도는 부분 압력으로 나타낼 수도 있다. 식 (5.8)로부터 일정한 온도에서 기체의 압력 P는 mol/L로 나타낸 기체의 농도와 직접적인 관계가 있다. 즉, $P = (n/V)RT$이다. 따라서 다음과 같은 평형 과정에서

$$N_2O_4(g) \rightleftharpoons 2NO_2(g)$$

K_P를 다음과 같이 쓸 수 있다.

$$K_P = \frac{P_{NO_2}^2}{P_{N_2O_4}} \tag{13.3}$$

여기서 P_{NO_2}와 $P_{N_2O_4}$는 각각 NO_2와 N_2O_4의 평형 부분 압력(atm 단위)이다. K_P에서 아래첨자는 평형 농도를 압력으로 나타낸 것을 뜻한다.

일반적으로 K_c는 반응물과 생성물의 부분 압력이 mol/L로 나타낸 농도와 같지 않으므로 K_P와 같지는 않다. K_P와 K_c 사이의 관계를 다음과 같이 간단하게 유도할 수 있다. 기체상에서 다음과 같은 평형 상태를 생각해 보자.

$$a\text{A}(g) \rightleftharpoons b\text{B}(g)$$

여기서 a와 b는 화학량론적인 계수이다. 평형 상수 K_c는

$$K_c = \frac{[\text{B}]^b}{[\text{A}]^a}$$

그리고 K_P식은

$$K_P = \frac{P_\text{B}^b}{P_\text{A}^a}$$

여기서 P_A와 P_B는 A와 B의 부분 압력이다. 이상 기체라고 가정하면

$$P_\text{A}V = n_\text{A}RT$$
$$P_\text{A} = \frac{n_\text{A}RT}{V}$$

여기서 V는 리터로 나타낸 용기의 부피이다. 또한

$$P_\text{B}V = n_\text{B}RT$$
$$P_\text{B} = \frac{n_\text{B}RT}{V}$$

이들의 관계식을 K_P식에 대입하면 다음과 같은 식을 얻게 된다.

$$K_P = \frac{\left(\frac{n_\text{B}RT}{V}\right)^b}{\left(\frac{n_\text{A}RT}{V}\right)^a} = \frac{\left(\frac{n_\text{B}}{V}\right)^b}{\left(\frac{n_\text{A}}{V}\right)^a}(RT)^{b-a}$$

이제 n_A/V와 n_B/V는 모두 mol/L의 단위를 가지며 [A]와 [B]로 치환할 수 있다. 그러면 위의 식은 다음과 같이 간단하게 쓸 수 있다.

$$\begin{aligned} K_P &= \frac{[\text{B}]^b}{[\text{A}]^a}(RT)^{\Delta n} \\ &= K_c(RT)^{\Delta n} \end{aligned} \tag{13.4}$$

여기서

$$\begin{aligned} \Delta n &= b - a \\ &= \text{기체 생성물의 몰수} - \text{기체 반응물의 몰수} \end{aligned}$$

압력을 보통 대기압으로 나타내므로 기체 상수 R은 0.0821 L · atm/K · mol로 주어지며, K_P와 K_c 사이의 관계는 다음 식으로 나타낼 수 있다.

이 식을 사용하기 위해서는 K_P에서 압력은 atm으로 나타내야 한다.

$$K_P = K_c(0.0821T)^{\Delta n} \tag{13.5}$$

일반적으로 $\Delta n = 0$인 특별한 경우를 제외하고는 $K_P \neq K_c$이다. 이 경우 식 (13.5)를 다음과 같이 쓸 수 있다.

어떠한 수든 0제곱은 1과 같다.

$$\begin{aligned} K_P &= K_c(0.0821T)^0 \\ &= K_c \end{aligned}$$

균일 평형의 또 다른 예로, 물 속 아세트산(CH_3COOH)의 이온화를 생각해 보자.

$$CH_3COOH(aq) + H_2O(l) \rightleftharpoons CH_3COO^-(aq) + H_3O^+(aq)$$

평형 상수는 다음과 같다.

$$K'_c = \frac{[CH_3COO^-][H_3O^+]}{[CH_3COOH][H_2O]}$$

[아래에 나오는 마지막 평형 상수의 형태와 구별하기 위하여 여기에서는 K_c에 프라임 기호(′)를 붙였다.] 그러나 물 1 L (1000 g) 중에 물은 1000 g/(18.02 g/mol) 즉, 55.5 mol이 존재한다. 그러므로 물의 농도 $[H_2O]$는 55.5 mol/L, 즉 55.5 M 이다. 이 값은 용액 안에 있는 다른 종들의 농도(일반적으로 1 M 이하)에 비하여 아주 큰 값이고, 반응 중에는 거의 변하지 않는다고 추측할 수 있다. 따라서 $[H_2O]$를 상수로 간주하여 평형 상수를 다음과 같이 다시 쓸 수 있다.

$$K_c = \frac{[CH_3COO^-][H_3O^+]}{[CH_3COOH]}$$

여기서

$$K_c = K'_c[H_2O]$$

평형 상수와 단위

비이상계에 대해서는 활동도는 농도와 수치적으로 정확하게 같지는 않다. 어떠한 경우에는 그 차이가 상당할 수도 있다. 따로 언급이 없으면 모든 계를 이상 계로 다루기로 한다.

일반적으로 평형 상수에는 단위를 표시하지 않는다는 사실에 유의하라. 즉 열역학에서 평형 상수는 농도 대신에 *활동도*(activity)로 정의된다. 이상계에서 어떤 물질의 활동도는 1 M 또는 1 atm인 표준값에 대한 농도 또는 부분 압력의 비이다. 이렇게 하여 모든 단위들은 없어지지만, 농도나 압력의 숫자 부분은 바뀌지 않는다. 결론적으로 K 값은 단위를 갖지 않는다. 이것은 14장과 15장의 산-염기 평형과 용해도 평형으로 확장될 것이다.

예제 13.1

다음과 같은 가역 반응이 평형 상태에 있을 때, K_P와 K_c에 대한 가능한 식을 쓰시오.

(a) $HF(aq) + H_2O(l) \rightleftharpoons H_3O^+(aq) + F^-(aq)$

(b) $2NO(g) + O_2(g) \rightleftharpoons 2NO_2(g)$

(c) $CH_3COOH(aq) + C_2H_5OH(aq) \rightleftharpoons CH_3COOC_2H_5(aq) + H_2O(l)$

▸ **전략** 다음 사실들을 유념하라. (1) K_P 표기는 기체 반응에만 적용된다. (2) 용매의 농도(일반적으로 물)는 평형 상수 표기에는 나타내지 않는다.

▸ **풀이**

(a) 기체가 존재하지 않으므로 K_P는 쓸 수 없으며, K_c의 평형 상수식만 쓸 수 있다.

$$K'_c = \frac{[H_3O^+][F^-]}{[HF][H_2O]}$$

HF는 약산이기 때문에 산의 이온화에 소요되는 물의 양은 용매로 쓰이는 물의 전체 양에 비해 아주 적은 양이다. 따라서 다음과 같이 평형 상수를 다시 쓸 수 있다.

$$K_c = \frac{[H_3O^+][F^-]}{[HF]}$$

(b)

$$K_c = \frac{[NO_2]^2}{[NO]^2[O_2]} \qquad K_P = \frac{P_{NO_2}^2}{P_{NO}^2 P_{O_2}}$$

(c) 평형 상수 K_c'은 다음과 같다.

$$K_c' = \frac{[CH_3COOC_2H_5][H_2O]}{[CH_3COOH][C_2H_5OH]}$$

반응에서 생성된 물은 용매인 물에 비해 아주 적은 양이므로 물의 농도는 변하지 않는다. 따라서 새로운 평형 상수를 다음과 같이 쓸 수 있다.

$$K_c = \frac{[CH_3COOC_2H_5]}{[CH_3COOH][C_2H_5OH]}$$

▸ **실전 연습** 오산화 이질소(N_2O_5)의 분해에 대한 K_c와 K_P를 쓰시오.

$$2N_2O_5(g) \rightleftharpoons 4NO_2(g) + O_2(g)$$

(b)에 나타낸 반응.

비슷한 문제: 13.7.

예제 13.2

오염화 인이 삼염화 인과 염소 분자로 분해되는 반응에서 평형 상수 K_P는 250°C에서 1.05이다.

$$PCl_5(g) \rightleftharpoons PCl_3(g) + Cl_2(g)$$

PCl_5와 PCl_3의 평형 압력이 각각 0.973 atm과 0.548 atm일 때, 250°C에서 Cl_2의 평형 부분 압력은 얼마인가?

▸ **전략** 기체의 반응 농도가 atm으로 주어졌기 때문에 평형 상수를 K_P로 표기한다. K_P 값과 PCl_5 및 PCl_3의 평형 압력을 알면 P_{Cl_2}를 계산할 수 있다.

▸ **풀이** 먼저 반응물의 부분 압력으로 K_P를 다음과 같이 쓴다.

$$K_P = \frac{P_{PCl_3}P_{Cl_2}}{P_{Cl_5}}$$

부분 압력을 알게 되면 다음과 같이 쓸 수 있다.

$$1.05 = \frac{(0.548)(P_{Cl_2})}{(0.973)}$$

즉,

$$P_{Cl_2} = \frac{(1.05)(0.973)}{(0.548)} = 1.86 \text{ atm}$$

▸ **검산** P_{Cl_2}의 단위로 atm을 사용하였음에 유의하라.

▸ **실전 연습** 다음 반응에 대해 1000 K에서 평형 상수 K_P는 158이다.

$$2NO_2(g) \rightleftharpoons 2NO(g) + O_2(g)$$

P_{NO_2} = 0.400 atm이고, P_{NO} = 0.270 atm 일 때, P_{O_2}를 계산하시오.

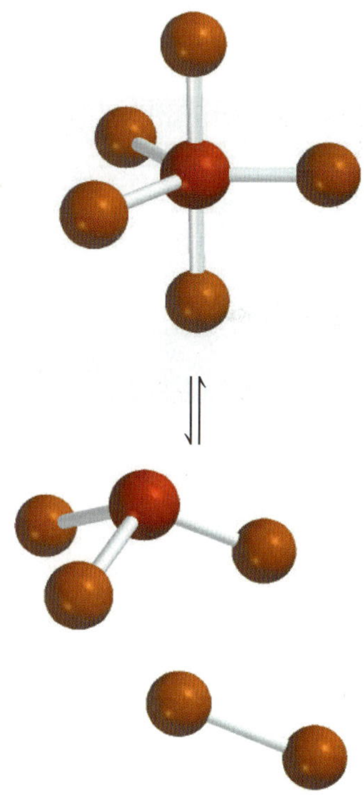

$PCl_5 \rightleftharpoons PCl_3 + Cl_2$

비슷한 문제: 13.17.

예제 13.3

메탄올(CH_3OH)은 공업적으로 다음 반응을 통해 제조된다.

$CO + 2H_2 \rightleftharpoons CH_3OH$

비슷한 문제: 13.15.

$$CO(g) + 2H_2(g) \rightleftharpoons CH_3OH(g)$$

이 반응의 평형 상수(K_c)는 220°C에서 10.5이다. 같은 온도에서 K_P 값은 얼마인가?

▸ **전략** K_c와 K_P 사이의 관계는 식 (13.5)에 의해 주어진다. 반응물에서 생성물로의 기체 몰수 변화는 얼마인가? 어떠한 변화가 있는가? 다음 식을 상기하라.

$$\Delta n = \text{생성 기체의 몰수} - \text{반응 기체의 몰수}$$

온도에 어떤 단위를 사용해야 하는가?

▸ **풀이** 식 (13.5)에 주어진 K_c와 K_P의 관계식은 다음과 같다.

$$K_P = K_c(0.0821T)^{\Delta n}$$

$T = 273 + 220 = 493$ K이며, $\Delta n = 1 - 3 = -2$이므로,

$$K_P = (10.5)(0.0821 \times 493)^{-2}$$
$$= 6.41 \times 10^{-3}$$

▸ **검산** K_P와 K_c는 차원이 없는 양임을 명심하라. 이 예제는 농도를 mol/L로 나타내는지, atm으로 나타내는지에 따라 같은 반응에 대한 평형 상수가 아주 다른 값을 가질 수 있다는 것을 보여 준다.

▸ **실전 연습** 다음 반응에서 K_P는 375°C에서 4.3×10^{-4}이다. 이 반응의 K_c를 계산하시오.

$$N_2(g) + 3H_2(g) \rightleftharpoons 2NH_3(g)$$

불균일 평형

다른 상에 있는 반응물들과 생성물들이 포함된 가역 반응은 **불균일 평형**(heterogeneous equilibrium)에 이른다. 예를 들어, 탄산 칼슘을 밀폐 용기에서 가열할 때 이 평형을 이룬다.

$$CaCO_3(s) \rightleftharpoons CaO(s) + CO_2(g)$$

무기물인 방해석(calcite)은 분필이나 대리석과 같은 탄산 칼슘으로 이루어졌다.

두 개의 고체와 하나의 기체가 세 개의 분리된 상을 이루고 있다. 평형일 때 평형 상수는 다음과 같이 쓸 수 있다.

$$K'_c = \frac{[CaO][CO_2]}{[CaCO_3]} \tag{13.6}$$

그러나 밀도와 마찬가지로 고체의 "농도"는 세기 성질이므로 물질의 양에 좌우되지 않는다. [농도 단위(mol/L)를 밀도 단위(g/cm^3)로 또는 역으로 변환할 수 있음을 기억하라.] 따라서 [$CaCO_3$]와 [CaO]의 항 자체는 상수이므로 평형 상수와 함께 곱할 수 있다. 다음과 같이 간단히 쓸 수 있다.

$$\frac{[CaCO_3]}{[CaO]}K'_c = K_c = [CO_2] \tag{13.7}$$

여기서 "새로운" 평형 상수인 K_c는 CO_2의 농도만으로 쉽게 표기할 수 있다. K_c의 값은 각 성분이 평형 상태에 있는 한 $CaCO_3$와 CaO의 양과 무관하다는 것에 유의하라(그림 13.3).

농도를 활동도로 바꾸면 더 간단해진다. 열역학에서 순수한 고체의 활동도는 1이다. 따라서 $CaCO_3$와 CaO의 농도 항은 모두 1이며, 앞의 평형식으로부터 $K_c = [CO_2]$로 쓸 수 있다. 마찬가지로 순수한 액체의 활동도는 1이다. 따라서 반응물이나 생성물이 액체라면 평형 상수 식에서 이들을 빼고 쓸 수 있다.

이를 바꾸어 나타내면 평형 상수는 식 (13.8)과 같이 쓸 수 있다.

$$K_P = P_{CO_2} \tag{13.8}$$

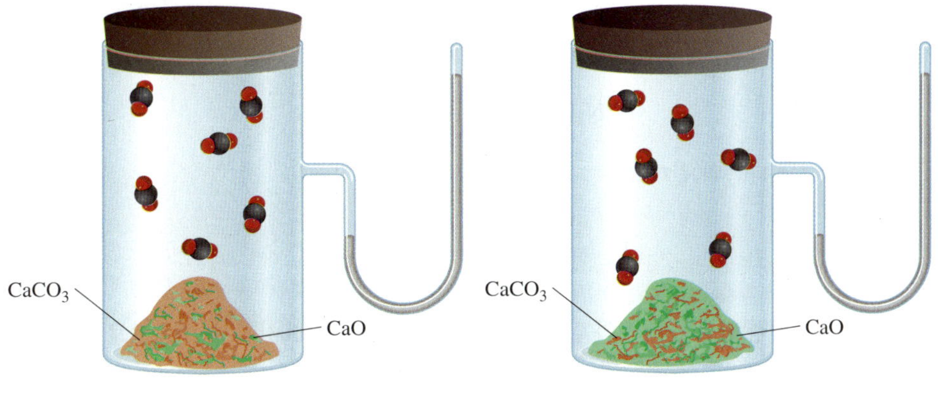

그림 13.3 • $CaCO_3$(주황색)와 CaO(녹색)의 양이 다름에도 불구하고, 같은 온도에서 (a)와 (b) 안에 있는 CO_2의 평형 압력은 같다.

이 경우 평형 상수는 쉽게 양을 측정할 수 있는 CO_2 기체의 압력과 수치상으로 똑같다.

예제 13.4

다음 불균형 평형을 생각해 보자.

$$CaCO_3(s) \rightleftharpoons CaO(s) + CO_2(g)$$

800°C에서 CO_2의 압력은 0.236 atm이다. 같은 온도에서 반응에 대한 (a) K_P와 (b) K_c를 계산하시오.

▸ **전략** 순수한 고체는 평형 상수식에 나타내지 않는다는 것을 상기하라. K_P와 K_c의 관계식은 식 (13.5)에서 볼 수 있다.

▸ **풀이**

(a) 식 (13.8)을 이용하여 다음과 같이 쓴다.

$$K_P = P_{CO_2} = 0.236$$

(b) 식 (13.5)로부터

$$K_P = K_c(0.0821T)^{\Delta n}$$

임을 알고 있다. 이 경우 $T = 800 + 273 = 1073$ K이고 $\Delta n = 1$이므로 식에 이 값들을 대입하면 다음과 같다.

$$0.236 = K_c(0.0821 \times 1073)$$
$$K_c = 2.68 \times 10^{-3}$$

비슷한 문제: 13.20.

▸ **실전 연습** 395 K에서 다음 평형을 생각해 보자.

$$NH_4HS(s) \rightleftharpoons NH_3(g) + H_2S(g)$$

각 기체의 부분 압력은 모두 0.265 atm이다. 이 반응의 K_P와 K_c를 계산하시오.

☑ 개념 복습하기

다음 반응 중 K_c와 K_P가 같은 것은?

(a) $4NH_3(g) + 5O_2(g) \rightleftharpoons 4NO(g) + 6H_2O(g)$
(b) $2H_2O_2(aq) \rightleftharpoons 2H_2O(l) + O_2(g)$
(c) $PCl_3(g) + 3NH_3(g) \rightleftharpoons 3HCl(g) + P(NH_2)_3(g)$

K의 형태와 평형 반응식

이 절을 마무리하기 전에 평형 상수를 표기하는 두 가지의 중요한 규칙을 살펴보기로 하자.

x의 역수는 1/x이다.

1. 가역 반응의 반응식을 반대 방향으로 쓸 때, 평형 상수는 원래 평형 상수의 역수가 된다. 따라서 25°C에서 NO_2−N_2O_4 평형을 다음과 같이 나타낸다면

$$N_2O_4(g) \rightleftharpoons 2NO_2(g)$$

평형 상수는 다음과 같다.

$$K_c = \frac{[NO_2]^2}{[N_2O_4]} = 4.63 \times 10^{-3}$$

그러나 이 평형 반응을 아래와 같이 전과 똑같은 방법으로 표시할 수 있으므로

$$2NO_2(g) \rightleftharpoons N_2O_4(g)$$

평형 상수는 이제 다음과 같이 쓸 수 있다.

$$K'_c = \frac{[N_2O_4]}{[NO_2]^2} = \frac{1}{K_c} = \frac{1}{4.63 \times 10^{-3}} = 216$$

$K_c = 1/K'_c$ 또는 $K_cK'_c = 1.00$임을 알 수 있다. K_c나 K'_c은 확실히 평형 상수이지만, 평형 반응식을 어떻게 썼는가를 명확하게 하지 않는 한 NO_2−N_2O_4계의 평형 상수가 4.63×10^{-3} 또는 216이라고 말하는 것은 의미가 없다.

2. K의 값은 또한 평형 상수식이 얼마나 균형을 이루고 있는가에 달려 있다. 똑같은 평형을 나타내는 다음 방법들을 생각해 보자.

$$\tfrac{1}{2}N_2O_4(g) \rightleftharpoons NO_2(g) \qquad K'_c = \frac{[NO_2]}{[N_2O_4]^{1/2}}$$

$$N_2O_4(g) \rightleftharpoons 2NO_2(g) \qquad K_c = \frac{[NO_2]^2}{[N_2O_4]}$$

멱지수를 살펴보면 $K'_c = \sqrt{K_c}$임을 알 수 있다. 표 13.1에서 $K_c = 4.63 \times 10^{-3}$임을 알 수 있으므로 $K'_c = 0.0680$이다.

화학 반응의 전체를 두 배로 하면 이에 상응하는 평형 상수는 원래 값의 제곱이 될 것이며, 반응을 세 배로 하면 평형 상수는 원래 값의 세제곱이 될 것이다. NO_2−N_2O_4계의 예는 평형 상수의 수적인 값을 인용할 때 화학 반응식을 써야 할 필요성을 다시 설명하고 있다.

평형 상수식 표기법 요약

1. 응축된 상에서는 반응 화학종의 농도를 mol/L로 나타낸다. 기체상에서의 농도는 mol/L나 atm으로 나타낼 수 있다. K_c와 K_P는 간단한 관계식으로 나타낼 수 있다[식 (13.5)].
2. 순수한 고체, 순수한 액체(불균일 평형에서), 용매(균일 평형에서)의 농도는 평형 상수식에 표기하지 않는다.
3. 평형 상수(K_c와 K_P)는 단위가 없다.
4. 평형 상수값을 인용할 때 균형 반응식과 온도를 명확히 나타내야 한다.

☑ 개념 복습하기

다음 평형 상수식으로부터 기체상 반응의 균형 화학 반응식을 쓰시오. 이 반응에서 $K_c = K_P$ 일까?

$$K_c = \frac{[NH_3]^2[H_2O]^4}{[NO_2]^2[H_2]^7}$$

13.3 평형 상수는 무엇을 뜻하는가?

어떤 반응의 평형 상수를 평형 농도로부터 계산할 수 있다는 것을 알았다. 평형 상수의 값을 알면 평형 농도를 계산하는 데(물론, 평형 상수는 온도가 변하지 않을 때만 상수라는 것을 기억하고) 식 (13.2)를 이용할 수 있다. 일반적으로 평형 상수로부터 반응 혼합물이 평형을 이루려는 방향을 예측하고, 평형에 도달했을 때 반응물과 생성물의 농도를 계산할 수 있다. 이 절에서는 이와 같은 평형 상수의 용도에 대해 알아 보고자 한다.

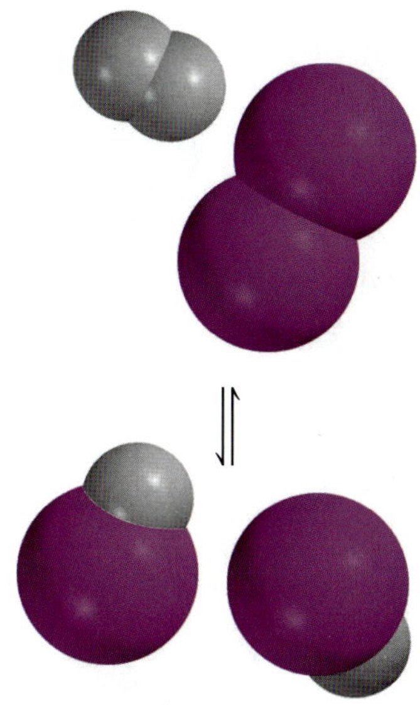

$H_2 + I_2 \rightleftharpoons 2HI$

반응 방향의 예측

다음 반응의 평형 상수 K_c는 430°C에서 54.3이다.

$$H_2(g) + I_2(g) \rightleftharpoons 2HI(g)$$

어떤 실험에서 430°C에서 1.00 L 용기에 H_2 0.243 mol, I_2 0.146 mol, HI 1.98 mol을 모두 넣었다고 가정하자. H_2와 I_2 또는 HI를 더 많이 생성하는 알짜 반응이 있을까? 평형 상수식에 초기 농도를 대입하면 다음과 같다.

$$\frac{[HI]_0^2}{[H_2]_0[I_2]_0} = \frac{(1.98)^2}{(0.243)(0.146)} = 111$$

여기서 아래첨자 0은 평형에 도달하기 전인 초기 농도를 나타낸다. 반응비 $[HI]_0^2/[H_2]_0[I_2]_0$가 K_c보다 크므로 이 계는 평형을 이루지 않았다. 역으로 HI의 일부가 반응하여 더 많은 H_2와 I_2를 형성할 것이다(반응 지수 값 감소). 따라서 알짜 반응은 오른쪽에서 왼쪽으로 진행되어 평형에 도달한다.

초기 농도를 평형 상수식에 넣어 얻어진 양은 평형 상수 대신에 **반응 지수**(reaction quotient, Q_c)라 한다. 알짜 반응이 평형에 이르도록 진행할 방향을 결정하기 위해서는 Q_c와 K_c 값을 비교한다. 다음 세 가지 경우가 가능하다(그림 13.4).

*Q*를 계산하는 방법이 비평형 농도가 사용된 것 외에는 *K*에 대한 계산법과 같다는 것을 기억하라.

- $Q_c < K_c$ 반응물에 대한 생성물의 초기 농도의 비가 너무 작다. 평형에 이르기 위해서는 반응물이 생성물로 전환되어야 한다. 계는 평형에 이르도록 왼쪽에서 오른쪽으로(반응물을 소모하여 생성물을 생성하면서) 진행한다.
- $Q_c = K_c$ 초기 농도가 평형 농도이다. 계는 평형 상태에 있다.
- $Q_c > K_c$ 반응물에 대한 생성물의 초기 농도의 비가 너무 크다. 평형에 이르기 위해서는 생성물이 반응물로 전환되어야 한다. 계는 평형에 이르도록 오른쪽에서 왼쪽으로(생성물을 소모하여 반응물을 생성하면서) 진행한다.

예제 13.5

반응을 시작할 때 375°C에서 3.75 L 용기에 N_2 0.351 mol, H_2 3.67×10^{-2} mol, NH_3 7.51×10^{-4} mol이 들어 있다. 다음 반응의 평형 상수(K_c)가 같은 온도에서 1.2라면 계가 평형 상태에 있을

그림 13.4 • 평형에 도달하기 위한 가역 반응의 방향은 Q_c와 K_c의 상대적 크기에 의존한다. K_c는 주어진 온도에서 상수이지만, Q_c는 반응물과 생성물의 상대적 존재량에 따라 변함을 주의하라.

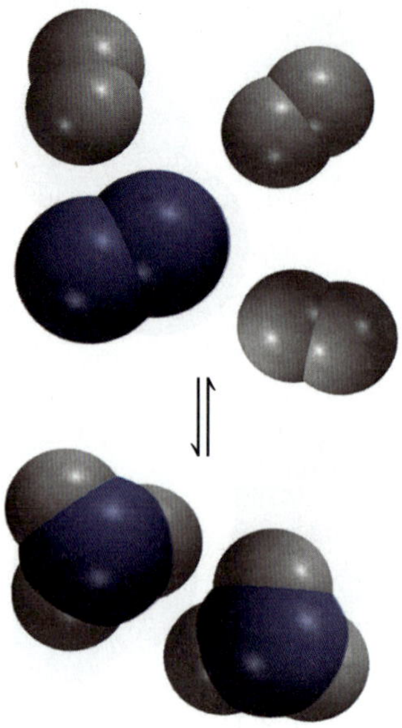

$N_2 + 3H_2 \rightleftharpoons 2NH_3$

것인가를 결정하시오.

$$N_2(g) + 3H_2(g) \rightleftharpoons 2NH_3(g)$$

만약 평형에 있지 않다면 알짜 반응은 평형에 도달하기 위해 어느 방향으로 진행할 것인가를 예측하시오.

▸ **전략** 용기의 부피(L)와 기체의 초기 양(mol)을 알고 있으므로 몰농도를 구하여 반응 지수(Q_c)를 계산할 수 있다. Q_c와 K_c를 비교하여 계가 평형인지 아닌지를 결정할 수 있다. 또한 평형이 아니라면, 평형에 이르기 위한 알짜 반응은 어떤 방향으로 진행될 것인가를 결정할 수 있다.

▸ **풀이** 반응 화학종의 초기 농도는 다음과 같다.

$$[N_2]_0 = \frac{0.351 \text{ mol}}{3.75 \text{ L}} = 0.0936\ M$$

$$[H_2]_0 = \frac{3.67 \times 10^{-2} \text{ mol}}{3.75 \text{ L}} = 9.79 \times 10^{-3}\ M$$

$$[NH_3]_0 = \frac{7.51 \times 10^{-4} \text{ mol}}{3.75 \text{ L}} = 2.00 \times 10^{-4}\ M$$

그 다음 반응 지수를 구한다.

$$Q_c = \frac{[NH_3]_0^2}{[N_2]_0[H_2]_0^3} = \frac{(2.00 \times 10^{-4})^2}{(0.0936)(9.79 \times 10^{-3})^3} = 0.455$$

Q_c가 K_c(1.2)보다 작으므로 계는 평형 상태에 있지 않다. 알짜 반응의 결과는 NH_3의 농도가 증가하고 N_2와 H_2의 농도는 감소할 것이다. 즉, 알짜 반응은 평형에 이를 때까지 왼쪽에서 오른쪽으로 진행할 것이다.

비슷한 문제: 13.21.

▸ **실전 연습** 산화 질소와 염소 분자로부터 주황색 화합물인 염화 나이트로실을 만드는 반응에 대한 평형 상수(K_c)는 35°C에서 6.5×10^4이다.

$$2NO(g) + Cl_2(g) \rightleftharpoons 2NOCl(g)$$

어떤 실험에서 NO 2.0×10^{-2} mol, Cl_2 8.3×10^{-3} mol, NOCl 6.8 mol을 2.0 L 플라스크에 넣고 혼합하였다. 계가 평형에 이르려면 어떤 방향으로 진행될 것인가?

☑ 개념 복습하기

어떤 온도에서 $A_2 + B_2 \rightleftharpoons 2AB$ 반응의 평형 상수(K_c)가 3이다. 다음 그림 중 어느 것이 평형에서의 반응에 해당되는가? 평형에 있지 않는 혼합물은 평형에 도달하기 위해서 알짜 반응이 정방향 또는 역방향의 어느 쪽으로 진행하겠는가?

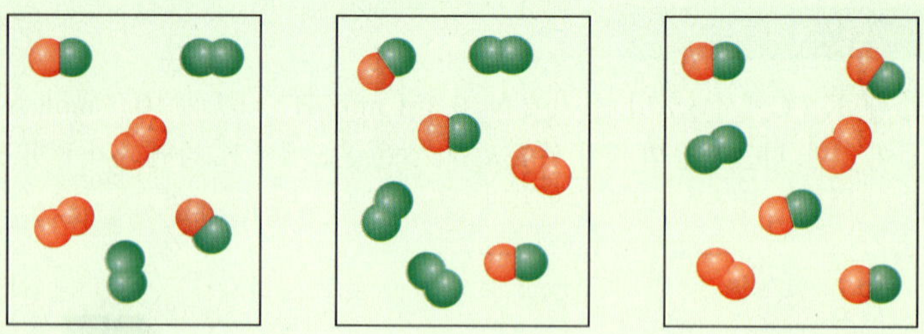

(a) (b) (c)

평형 농도의 계산

특정 반응의 평형 상수를 알면 초기 농도로부터 평형 혼합물의 농도를 계산할 수 있다. 주어진 정보에 따라 계산이 간단할 수도 있고 복잡할 수도 있다. 가장 흔한 경우는 반응물의 초기 농도만이 주어진다. 200°C에서 평형 상수(K_c)가 24.0인 유기 용매 내에서 기하 이성질체 한 쌍이 포함된 다음 계를 생각해 보자(그림 13.5).

$$\textit{시스-스틸벤} \rightleftharpoons \textit{트랜스-스틸벤}$$

처음에 0.850 mol/L 농도의 *시스*-스틸벤만이 존재하였다고 가정하자. 평형에 있는 *시스*-스틸벤과 *트랜스*-스틸벤의 농도는 어떻게 계산하겠는가? 이 반응의 화학량론으로부터 *시스*-스틸벤 1 mol이 전환되면 *트랜스*-스틸벤 1 mol이 생성됨을 알게 된다. *트랜스*-스틸벤의 평형 농도(mol/L)를 x라 하자. 그러면 *시스*-스틸벤의 평형 농도는 $(0.850 - x)$mol/L이 되어야 한다. 다음과 같이 농도 변화표를 만들면 유용하다.

	시스-스틸벤	⇌	*트랜스*-스틸벤
초기(M):	0.850		0
변화(M):	$-x$		$+x$
평형(M):	$(0.850 - x)$		x

양(+)의 변화는 농도의 증가를 나타내며, 음(−)의 변화는 농도의 감소를 나타낸다. 이제 평형 상수식을 세우고 대입해 보자.

$$K_c = \frac{[\textit{트랜스-스틸벤}]}{[\textit{시스-스틸벤}]}$$

$$24.0 = \frac{x}{0.850 - x}$$

$$x = 0.816\ M$$

x를 구했으므로, 시스-스틸벤과 트랜스-스틸벤의 평형 농도를 다음과 같이 계산한다.

$$[\textit{시스-스틸벤}] = (0.850 - 0.816)\ M = 0.034\ M$$

$$[\textit{트랜스-스틸벤}] = 0.816\ M$$

평형 상수의 문제를 푸는 방법을 다음과 같이 요약한다.

1. 초기 농도와 농도의 변화를 나타내는 알려지지 않은 x로 모든 화학종의 평형 농도를 나타낸다.
2. 평형 농도를 사용하여 평형 상수식을 쓴다. 평형 상수의 값을 알면 x를 구할 수 있다.
3. x를 구하고 나면, 모든 화학종의 평형 농도를 계산한다.

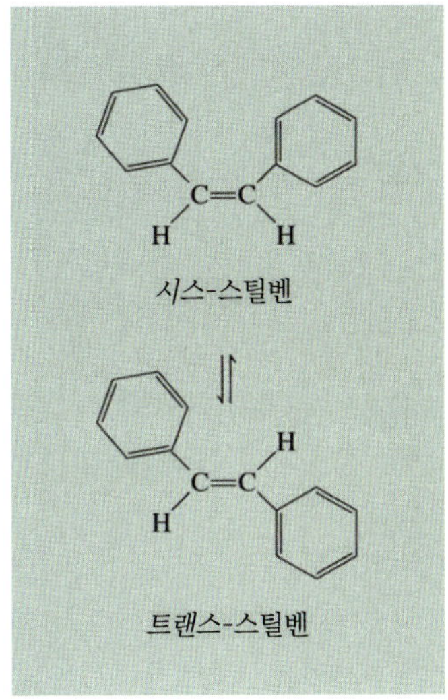

그림 13.5 • *시스*-스틸벤과 *트랜스*-스틸벤 사이의 평형. 두 분자들은 분자식($C_{14}H_{12}$)과 결합 형태가 같다. 그러나 *시스*-스틸벤에서의 벤젠고리는 C═C 결합의 한쪽에 있고 반대쪽으로 H 원자가 있는 반면, *트랜스*-스틸벤에서의 벤젠고리는(H 원자도) C═C 결합과 교차하여 결합되어 있다. 이러한 화합물들은 녹는점과 쌍극자 모멘트가 다르다.

예제 13.6

H_2 0.750 mol과 I_2 0.750 mol의 혼합물을 430°C에서 1.00 L 스테인리스 강철 플라스크에 넣었다. 같은 온도에서 $H_2(g) + I_2(g) \rightleftharpoons 2HI(g)$ 반응의 평형 상수 K_c는 54.3이다. 평형에서 H_2, I_2, HI의 농도를 계산하시오.

▸ **전략** 용기의 부피(L)와 기체의 처음 양(mol)을 알고 있으므로 기체의 몰농도를 구할 수 있다. 처에는 HI가 없었으므로 그 계는 평형이 아니었을 것이다. 그러므로 평형이 이루어질 때까지 약간의 H_2가 같은 양의 I_2와 반응하여 HI를 생성할 것이다.

▸ **풀이** 평형 농도를 계산하기 위하여 다음과 같은 풀이 과정을 따른다.

단계 1: 반응의 화학량론에 의하면 H_2 1 mol이 I_2 1 mol과 반응하여 HI 2 mol을 생성한다. 평형에서 H_2나 I_2의 농도(mol/L)의 감소를 x라 하자. 그러면 HI의 평형 농도는 $2x$가 된다. 농도 변화를 다음과 같이 요약한다.

	H_2	+	I_2	⇌	2HI
초기(M):	0.750		0.750		0.000
변화(M):	$-x$		$-x$		$+2x$
평형(M):	$(0.750 - x)$		$(0.750 - x)$		$2x$

평형 농도를 계산하는 이러한 과정을 ICE법이라고도 하는데 ICE는 초기(Initial), 변화(Change), 평형(Equilibrium)을 뜻한다.

단계 2: 평형 상수는 다음과 같다.

$$K_c = \frac{[HI]^2}{[H_2][I_2]}$$

평형에서의 농도를 대입하면 다음과 같다.

$$54.3 = \frac{(2x)^2}{(0.750 - x)(0.750 - x)}$$

양쪽의 제곱근을 구하면 다음을 얻는다.

$$7.37 = \frac{2x}{0.750 - x}$$

$$x = 0.590\ M$$

단계 3: 평형에서 각각의 농도는 다음과 같다.

$$[H_2] = (0.750 - 0.590)\ M = 0.160\ M$$
$$[I_2] = (0.750 - 0.590)\ M = 0.160\ M$$
$$[HI] = 2 \times 0.590\ M = 1.18\ M$$

▸ **검산** 평형 농도를 이용하여 K_c를 계산함으로써 답을 확인해 볼 수 있다. K_c는 일정 온도에서 특정 반응의 상수임을 기억하라.

비슷한 문제: 13.33.

▸ **실전 연습** 예제 13.6의 반응에서 HI의 초기 농도가 0.040 M일 때, 평형에서 HI, H_2, I_2의 농도를 계산하시오.

예제 13.7

예제 13.6에서와 같은 온도에서 같은 반응에 대한 H_2, I_2, HI의 초기 농도가 각각 0.00623 M, 0.00414 M, 0.0224 M이라 가정하고, 평형에서 이들 화학종의 농도를 계산하시오.

▸ **전략** 초기 농도로부터 반응계가 평형인지 아닌지를 알아보기 위해, 또 평형에 도달하기 위해 알짜 반응이 어느 방향으로 진행될지 알기 위해 반응 지수(Q_c)를 계산한다. Q_c와 K_c를 비교함으로써 평형에 도달했을 때 H_2와 I_2 또는 HI의 감소가 있는지를 결정할 수 있다.

▸ **풀이** 우선 다음과 같이 Q_c를 계산한다.

$$Q_c = \frac{[HI]_0^2}{[H_2]_0[I_2]_0} = \frac{(0.0224)^2}{(0.00623)(0.00414)} = 19.5$$

Q_c(19.5)가 K_c(54.3)보다 작기 때문에 평형에 도달하기까지 알짜 반응은 왼쪽에서 오른쪽으로 진행될 것이다(그림 13.4). 즉, H_2와 I_2가 감소하면서 HI가 증가할 것이다.

단계 1: 평형에서 H_2와 I_2의 농도(mol/L)의 감소를 x라 하면 반응의 화학량론으로부터 HI의 농도의 증가는 $2x$가 된다. 따라서 다음과 같이 농도의 변화표를 나타낸다.

	H_2	+	I_2	$\rightleftharpoons$	2HI
초기(M):	0.00623		0.00414		0.0224
변화(M):	$-x$		$-x$		$+2x$
평형(M):	$(0.00623 - x)$		$(0.00414 - x)$		$(0.0224 + 2x)$

단계 2: 평형 상수는 다음과 같다.

$$K_c = \frac{[HI]^2}{[H_2][I_2]}$$

수치를 대입하면 다음 식을 얻는다.

$$54.3 = \frac{(0.0224 + 2x)^2}{(0.00623 - x)(0.00414 - x)}$$

$[H_2]$와 $[I_2]$의 초기 농도가 같지 않으므로 이 식을 제곱근으로 간단하게 푸는 것은 불가능하다. 그 대신 처음에 곱셈을 해야 한다.

$$54.3(2.58 \times 10^{-5} - 0.0104x + x^2) = 5.02 \times 10^{-4} + 0.0896x + 4x^2$$

같은 항끼리 모으면 다음과 같다.

$$50.3x^2 - 0.654x + 8.98 \times 10^{-4} = 0$$

이것은 $ax^2 + bx + c = 0$ 형태의 이차 방정식이다. 이차 방정식의 근의 공식은 다음과 같다(부록 3 참조).

$$x = \frac{-b \pm \sqrt{b^2 - 4ac}}{2a}$$

여기서 $a = 50.3$, $b = -0.654$, $c = 8.98 \times 10^{-4}$이므로

$$x = \frac{0.654 \pm \sqrt{(-0.654)^2 - 4(50.3)(8.98 \times 10^{-4})}}{2 \times 50.3}$$

$$x = 0.0114\ M \quad \text{또는} \quad x = 0.00156\ M$$

첫 번째 해는 반응된 H_2와 I_2의 양이 원래 있었던 양보다 많으므로 물리적으로 불가능하다. 두 번째 해가 정답이다. 이런 형태의 이차 방정식을 풀 때 한 가지 근은 항상 물리적으로 불가능하기 때문에 x 값을 선택하기가 쉽다.

단계 3: 평형에서 각 농도는 다음과 같다.

$$[H_2] = (0.00623 - 0.00156)\ M = 0.00467\ M$$
$$[I_2] = (0.00414 - 0.00156)\ M = 0.00258\ M$$
$$[HI] = (0.0224 + 2 \times 0.00156)\ M = 0.0255\ M$$

▸ **검산** 평형 농도를 이용하여 K_c를 계산하여 답을 확인해 볼 수 있다. K_c는 일정 온도에서 특정 반응에 대해 상수임을 기억하라.

비슷한 문제: 13.82.

▸ **실전 연습** 1280°C에서 다음 반응의 평형 상수(K_c)는 1.1×10^{-3}이다.

$$Br_2(g) \rightleftharpoons 2Br(g)$$

초기 농도가 $[Br_2] = 6.3 \times 10^{-2}\ M$이고, $[Br] = 1.2 \times 10^{-2}\ M$일 때 평형에서 이들 화학종의 농도를 계산하시오.

13.4 화학 평형에 영향을 주는 인자들

화학 평형은 정반응과 역반응 사이의 균형을 의미한다. 대부분의 경우 이러한 균형은 아주 미묘하게 이루어진다. 실험 조건에 변화를 주어 이러한 균형을 깨고, 원하는 생성물을 많거나 또는 적게 생성하도록 평형의 위치를 이동할 수 있다. 예를 들어, 평형의 위치를 오른쪽으로 옮긴다는 말은 알짜 반응이 이제 왼쪽에서부터 오른쪽으로 일어난다는 것을 뜻한다. 실험을 통해 조절할 수 있는 변수들은 농도, 압력, 부피, 온도이다. 여기에서는 이들 각각의 변수들이 평형에 있는 반응계에 어떠한 영향을 미치는가를 알아 보고 평형에서 촉매의 영향도 알아보고자 한다.

르샤틀리에 원리

농도, 압력, 부피, 온도의 변화가 일어날 때 평형이 이동하는 방향을 예측하도록 알려주는 일반 규칙이 있다. **르샤틀리에 원리**(Le Châtelier's principle, 프랑스 화학자 Henri Le Châtelier에서 유래)로 알려진 이 규칙은 *평형에 있는 계에 외부에서 자극(stress)을 주면 계는 새로운 평형 위치에 도달하려고 하기 때문에 그러한 자극을 부분적으로 상쇄하려는 방향으로 조절하게 된다*는 것이다. 여기서 "자극"이란 말은 계의 평형 상태를 깨뜨리는 농도, 압력, 부피, 온도의 변화를 의미한다. 그러한 변화에 영향을 미치는 르샤틀리에의 원리를 활용해 보도록 하자.

동영상
르샤틀리에 원리.

(a) (b) (c) (d)

그림 13.6 • 농도 변화가 평형 위치에 미치는 영향. (a) $Fe(SCN)_3$ 수용액. 용액의 색은 두 반응종 $FeSCN^{2+}$의 빨간색과 Fe^{3+}의 노란색이 섞인 것이다. (b) (a) 용액에 약간의 NaSCN을 첨가하면, 평형은 왼쪽으로 이동한다. (c) (a) 용액에 약간의 $Fe(NO_3)_3$를 첨가하면 평형은 왼쪽으로 이동한다. (d) (a) 용액에 약간의 $H_2C_2O_4$를 첨가하면 평형은 오른쪽으로 이동한다. $Fe(C_2O_4)_3^{3-}$ 이온 때문에 색깔은 노랗다.

농도 변화

싸이오사이안산 철(III)[$Fe(SCN)_3$]은 물에 쉽게 용해되어 빨간색 용액이 된다. 빨간색은 수화된 $FeSCN^{2+}$ 이온 때문이다. 해리되지 않은 $FeSCN^{2+}$와 Fe^{3+} 및 SCN^- 사이의 평형 관계는 다음과 같다.

$$\underset{\text{빨간색}}{FeSCN^{2+}(aq)} \rightleftharpoons \underset{\text{연노란색}}{Fe^{3+}(aq)} + \underset{\text{무색}}{SCN^-(aq)}$$

이 용액에 약간의 싸이오사이안산 소듐(NaSCN)을 첨가하면 어떠한 일이 일어날까? 이 경우 평형계에 가해진 자극은 SCN^- 증가(NaSCN의 해리에 의한)이다. 이러한 변형을 상쇄하기 위하여 약간의 Fe^{3+} 이온이 첨가된 SCN^- 이온과 반응하며, 평형은 오른쪽에서 왼쪽으로 이동한다.

$$FeSCN^{2+}(aq) \longleftarrow Fe^{3+}(aq) + SCN^-(aq)$$

결과적으로 용액의 빨간색은 짙어진다(그림 13.6). 이와 비슷하게 질산 철(III)[$Fe(NO_3)_3$]을 원래의 용액에 첨가하면 첨가된 Fe^{3+} 이온 [$Fe(NO_3)_3$에서 생긴]이 평형을 오른쪽에서 왼쪽으로 이동시키기 때문에 빨간색은 짙어진다. Na^+와 NO_3^-는 모두 무색인 구경꾼 이온이다.

옥살산은 욕조 안의 녹(Fe_2O_3)을 제거하는 데 사용된다.

이제 약간의 옥살산($H_2C_2O_4$)을 원래의 용액에 첨가한다고 생각해 보자. 옥살산은 물 속에서 이온화되어 옥살산 이온 $C_2O_4^{2-}$를 생성하는데, 이 이온은 Fe^{3+} 이온과 강하게 결합하고 있다.

$$Fe^{3+}(aq) + 3C_2O_4^{2-}(aq) \longrightarrow \underset{\text{노란색}}{Fe(C_2O_4)_3^{3-}(aq)}$$

안정한 노란색 이온 $Fe(C_2O_4)_3^{3-}$의 생성은 용액으로부터 자유로운 Fe^{3+} 이온을 제거한다. 결국 $FeSCN^{2+}$는 더욱 해리되며, 평형은 왼쪽에서 오른쪽으로 이동한다.

$$FeSCN^{2+}(aq) \longrightarrow Fe^{3+}(aq) + SCN^-(aq)$$

빨간색 용액은 $Fe(C_2O_4)_3^{3-}$ 이온의 생성에 의하여 노란색으로 변한다.

이 실험은 평형에 있는 반응계에 반응물과 생성물이 모두 존재함을 보여주고 있다. 두 번째로 생성물(Fe^{3+}와 SCN^-)의 농도를 증가시켜 주면 평형은 왼쪽으로 이동하고, 생성물 Fe^{3+}의 농도가 감소하면 평형은 오른쪽으로 이동된다. 이러한 결과는 바로 르샤틀리에 원리에 의하여 예측된 것과 같다.

르샤틀리에 원리는 단순히 평형계에서 지켜지고 있는 거동을 요약한 것이다. 그러므로 평형의 이동이 르샤틀리에 원리 "때문에"일어나지는 않는다.

예제 13.8

720°C에서 다음 반응의 평형 상수 K_c는 2.37×10^{-3}이다.

$$N_2(g) + 3H_2(g) \rightleftharpoons 2NH_3(g)$$

어떤 실험에서 평형 농도는 $[N_2] = 0.683\ M$, $[H_2] = 8.80\ M$, $[NH_3] = 1.05\ M$이다. 약간의 NH_3를 혼합물에 첨가하여 그 농도를 3.65 M로 증가시켰다. (a) 르샤틀리에 원리를 이용하여 알짜 반응이 새로운 평형에 이르도록 이동할 방향을 예측하시오. (b) 반응 지수 Q_c를 계산하고, 그 값을 K_c와 비교하여 예측한 방향을 확인하시오.

▸ **전략** (a) 계에 가해진 자극은 무엇인가? 자극을 상쇄하기 위해 계는 어떻게 조절하는가? (b) 약간의 NH_3가 첨가된 순간에 계는 더 이상 평형 상태가 아니다. 이 시점에서 반응 지수는 어떻게 계산하는가? Q_c와 K_c의 비교를 통해 평형에 도달하려는 알짜 반응의 방향을 어떻게 알아낼 수 있는가?

▸ **풀이**

(a) 계에 가해진 자극은 NH_3를 첨가한 것이다. 이 자극을 없애기 위하여 새로운 평형이 이루어질 때까지 약간의 NH_3가 반응하여 N_2와 H_2를 생성한다. 그러므로 알짜 반응은 오른쪽에서 왼쪽으로 이동한다.

$$N_2(g) + 3H_2(g) \longleftarrow 2NH_3(g)$$

(b) 약간의 NH_3가 첨가된 순간 계는 더 이상 평형 상태가 아니다. 반응 지수는 다음과 같다.

$$\begin{aligned} Q_c &= \frac{[NH_3]_0^2}{[N_2]_0[H_2]_0^3} \\ &= \frac{(3.65)^2}{(0.683)(8.80)^3} \\ &= 2.86 \times 10^{-2} \end{aligned}$$

이 값은 2.37×10^{-3}보다 크므로 알짜 반응은 Q_c가 K_c와 같아질 때까지 오른쪽에서 왼쪽으로 이동한다.

그림 13.7은 반응종의 농도 변화를 정성적으로 나타낸 것이다.

▸ **실전 연습** 430°C에서 다음 반응의 평형 상수(K_P)는 1.5×10^5이다

$$2NO(g) + O_2(g) \rightleftharpoons 2NO_2(g)$$

한 실험에서 NO, O_2, NO_2의 초기 압력은 각각 2.1×10^{-3} atm, 1.1×10^{-2} atm, 0.14 atm이다. Q_P를 계산하고, 알짜 반응이 평형에 이르도록 이동할 방향을 예측하시오.

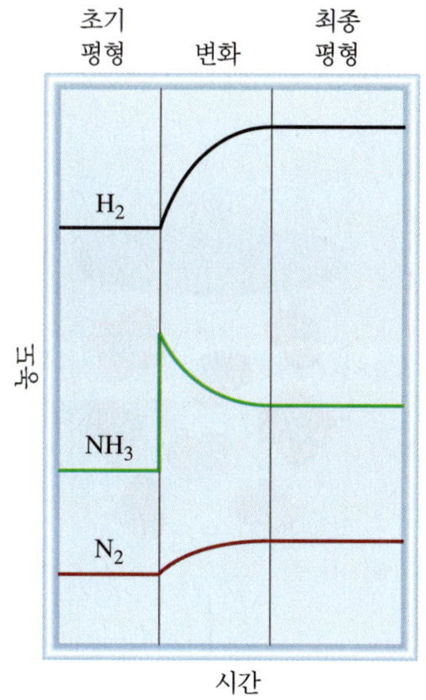

그림 13.7 • 평형 혼합물에 NH_3를 첨가한 후 H_2, N_2, NH_3의 농도 변화. 새로운 평형에 도달했을 때, 모든 화학종의 농도가 변했지만, K_c는 온도가 일정하므로 변하지 않는다.

비슷한 문제: 13.36.

부피와 압력 변화

액체와 고체는 사실상 압축되지 않으므로 응축상에서 압력의 변화는(예를 들면, 수용액에서) 보통 반응 화학종의 농도에 영향을 주지 않는다. 반면 기체의 농도는 압력의 변화에 의하여 크게 영향을 받는다. 식 (5.8)을 다시 보자.

$$PV = nRT$$
$$P = \left(\frac{n}{V}\right)RT$$

따라서 P와 V는 서로 반비례의 관계에 있다. 즉, 압력이 커질수록 부피는 더 작아지고, 그 역도 성립한다. 또한 (n/V)항은 mol/L로 나타낸 기체의 농도이며 압력에 따라 즉시 변한다는 것에 유의하라.

다음과 같은 평형계가 움직이는 피스톤이 달린 실린더에 있다고 가정해 보자.

$$N_2O_4(g) \rightleftharpoons 2NO_2(g)$$

일정한 온도에서 피스톤을 밀어 내려서 기체의 압력을 증가시키면 무슨 일이 일어날까? 부피가 감소하므로 NO_2와 N_2O_4의 농도(n/V)는 증가한다. NO_2의 농도가 평형 상수식에서 제곱으로 되어있기 때문에 압력의 증가는 분모보다 분자를 더 증가시킨다. 계는 더 이상 평형 상태에 있지 않다. 따라서 다음과 같이 나타낸다.

평형 이동은 르샤틀리에 원리를 이용하여도 예측할 수 있다.

$$Q_c = \frac{[NO_2]_0^2}{[N_2O_4]_0}$$

따라서 $Q_c > K_c$이므로, 알짜 반응은 $Q_c = K_c$일 때까지 왼쪽으로 이동할 것이다(그림 13.8). 역으로 압력이 감소(부피의 증가)하면 $Q_c < K_c$가 되고, 알짜 반응은 $Q_c = K_c$일 때까지 오른쪽으로 이동할 것이다.

일반적으로 압력 증가(부피 감소)는 기체의 전체 몰수를 감소시키는 알짜 반응(이 경우 역반응)을 일으키고, 압력 감소(부피 감소)는 기체 전체의 몰수를 증가시키는 알짜 반응(여기서는 정반응)을 일으킨다. 기체 몰수의 변화가 없는 반응[예로, $H_2(g) + Cl_2(g) \rightleftharpoons 2HCl(g)$]에서는 압력(또는 부피)의 변화가 평형의 위치에 영향을 주지 않는다.

부피를 변화시키지 않고 계의 압력을 변화시키는 일은 가능하다. NO_2–N_2O_4계가 부피가 일정한 스테인리스 용기에 들어 있다고 가정하자. 비활성 기체(헬륨과 같은)를 평형계에 첨가하여 용기의 전체 압력을 증가시킬 수 있다. 헬륨을 일정한 부피의 평형 혼합물에 첨가하면 전체 기체의 압력은 증가되고, NO_2와 N_2O_4의 몰분율은 감소된다. 그러나 몰분율과 전체 압력의 곱으로 나타낸 각 기체의 부분 압력(5.5절 참조)은 변하지 않는다. 따라서 이 경우 비활성 기체가 존재하면 평형에 영향을 주지 않는다.

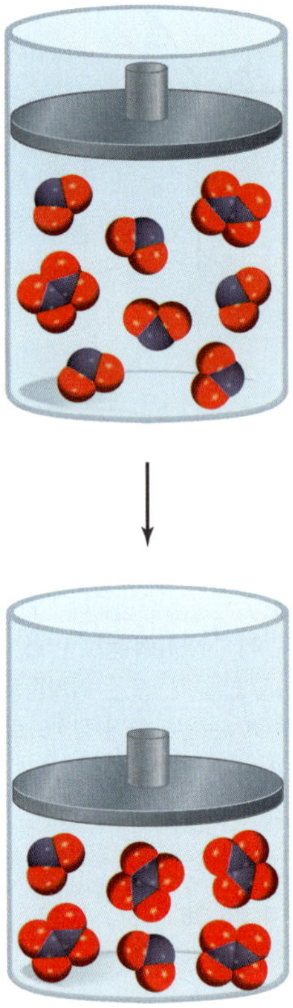

그림 13.8 • $N_2O_4(g) \rightleftharpoons 2NO_2(g)$ 평형에 압력을 증가시킬 때의 영향.

예제 13.9

다음과 같은 평형계를 생각해 보자.

(a) $2PbS(s) + 3O_2(g) \rightleftharpoons 2PbO(s) + 2SO_2(g)$
(b) $PCl_5(g) \rightleftharpoons PCl_3(g) + Cl_2(g)$
(c) $H_2(g) + CO_2(g) \rightleftharpoons H_2O(g) + CO(g)$

일정 온도에서 계의 압력을 증가(부피 감소)시킴으로써 일어날 알짜 반응의 방향을 예측하시오.

▸ **전략** 압력의 변화는 기체의 부피에는 영향을 주지만, 고체와 액체는 훨씬 덜 응축되기 때문에 고체의 부피에는 영향을 주지 않는다. 자극을 주면 압력이 증가한다. 르샤틀리에 원리에 따라 계는 이러한 자극을 부분적으로 상쇄시켜 조절을 할 것이다. 다시 말해서 계는 압력을 감소시키기 위해 조절할 것이다. 이것은 기체의 몰수가 더 적게 생기는 쪽으로 이동함으로써 가능하다. 압력은 기체의 몰수에 정비례함을 상기하라. $PV = nRT$이므로 $P \propto n$.

▸ **풀이**

(a) 기체 분자만을 생각하자. 균형 반응식에서 3 mol의 기체 반응물과 2 mol의 기체 생성물이 있다. 따라서 압력을 증가시킬 때 알짜 반응은 생성물쪽(오른쪽)으로 이동할 것이다.
(b) 생성물의 몰수는 2이고, 반응물의 몰수는 1이다. 그러므로 알짜 반응은 왼쪽, 즉 반응물쪽으로 이동한다.
(c) 생성물의 몰수는 반응물의 몰수와 같다. 따라서 압력을 변화시켜도 평형에 영향을 미치지 않는다.

▸ **검산** 각 경우에서 예측은 르샤틀리에 원리와 일치한다.

▸ **실전 연습** 염화 나이트로실, 산화 질소, 염소 분자가 관련된 다음 평형 반응을 생각해 보자.

$$2NOCl(g) \rightleftharpoons 2NO(g) + Cl_2(g)$$

일정 온도에서 계의 압력을 감소(부피를 증가)시킨 결과로 알짜 반응의 방향을 예측하시오.

비슷한 문제: 13.46.

☑ 개념 복습하기

다음 그림은 평형에서 기체 반응 $2A \rightleftharpoons A_2$를 보여준다. 일정 온도에서 부피를 증가시켜서 압력을 감소시킨다면, 새로운 평형이 도달했을 때 A와 A_2의 농도는 어떻게 변하겠는가?

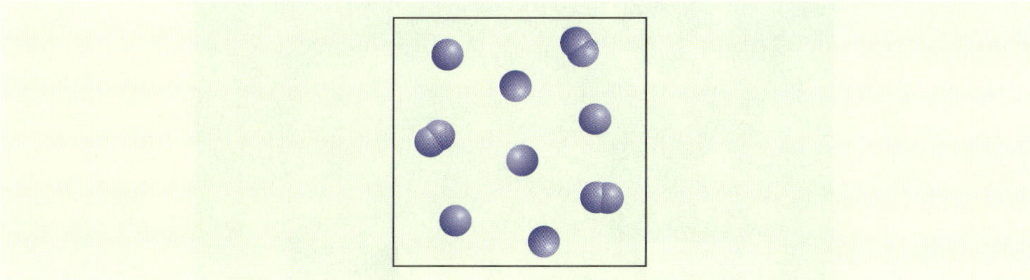

》 온도 변화

농도, 압력, 부피를 변화시키면 평형의 위치가 바뀌어 반응물과 생성물의 상대적 양이 변할 것이다. 그러나 평형 상수 값은 변하지 않는다. 온도 변화만이 평형 상수를 바꿀 수 있다. 그 이유를 알아보기 위해 다음 반응을 생각해 보자.

$$N_2O_4(g) \rightleftharpoons 2NO_2(g)$$

정반응은 흡열 반응이다(열을 흡수, $\Delta H° > 0$).

$$\text{열} + N_2O_4(g) \longrightarrow 2NO_2(g) \qquad \Delta H° = 58.0\ \text{kJ/mol}$$

또한 역반응은 발열 반응이다(열을 방출, $\Delta H° < 0$).

$$2NO_2(g) \longrightarrow N_2O_4(g) + \text{열} \qquad \Delta H° = -58.0\ \text{kJ/mol}$$

어떤 온도에서 평형일 때 알짜 반응은 일어나지 않으므로 열의 효과는 0이다. 만일 열을 화학 반응물로 간주하면, 계에 열을 "첨가"하면 온도가 올라가고 열을 "제거"하면 온도는 떨어진다. 다른 요인(농도, 압력, 부피)의 변화에서와 같이 계는 변화의 영향을 줄이기 위해 이동한다. 그러므로 온도의 증가는 흡열 방향(평형식의 왼쪽에서 오른쪽으로)으로 진행하게 하여 $[N_2O_4]$를 감소시키고, $[NO_2]$를 증가시킨다. 온도의 감소는 발열 방향(평형식의 오른쪽에서 왼쪽으로)으로 진행하게 하여 $[NO_2]$를 감소시키고, $[N_2O_4]$를 증가시킨다. 따라서 다음의 평형 상수는 계가 가열되면 증가하고, 계가 냉각되면 감소한다(그림 13.9).

$$K_c = \frac{[NO_2]^2}{[N_2O_4]}$$

또 다른 예로, 다음 이온들 사이의 평형을 생각해 보자.

$$\underset{\text{푸른색}}{CoCl_4^{2-}} + 6H_2O \rightleftharpoons \underset{\text{분홍색}}{Co(H_2O)_6^{2+}} + 4Cl^-$$

$CoCl_4^{2-}$의 생성은 흡열 반응이다. 가열하면 평형은 왼쪽으로 이동하고 용액은 푸른색으로 변

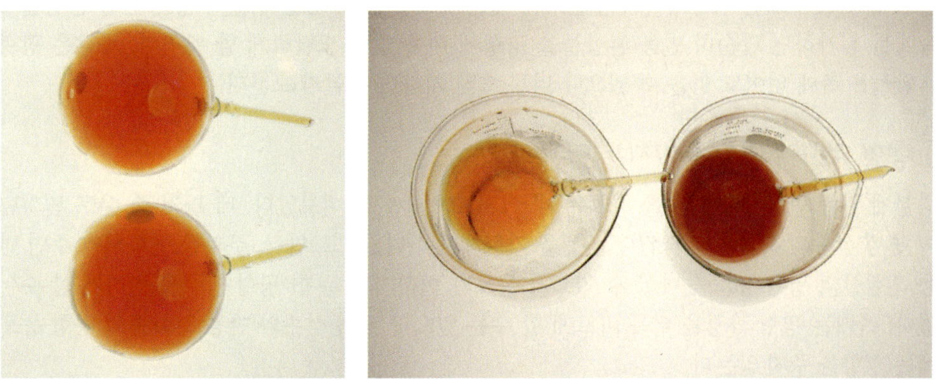

(a) (b)

그림 13.9 • (a) 실온에서 NO_2와 N_2O_4 기체 혼합물이 들어 있는 두 개의 구. (b) 얼음물에 담근 구(왼쪽)는 색이 엷어졌는데, 무색의 N_2O_4가 생성되었기 때문이다. 뜨거운 물에 담근 다른 구(오른쪽)는 색이 더 짙어졌는데, NO_2의 증가 때문이다.

그림 13.10 • 가열하면 $CoCl_4^{2-}$ 이온(푸른색)의 생성을 촉진하고(왼쪽), 냉각하면 $Co(H_2O)_6^{2+}$ 이온(분홍색)의 생성을 추진한다(오른쪽).

한다. 냉각하면 발열 반응[$Co(H_2O)_6^{2+}$의 생성]을 일으키며 용액은 분홍색으로 변한다(그림 13.10).

요약하면 *온도를 증가시키면 흡열 반응이 일어나기 쉽고, 온도를 감소시키면 발열 반응이 일어나기 쉽다.*

☑ 개념 복습하기

다음은 두 가지 온도($T_1 > T_2$)에서 평형 상태인 $X_2 + Y_2 \rightleftharpoons 2XY$ 반응을 나타낸 그림이다. 이 반응은 발열인가, 흡열인가?

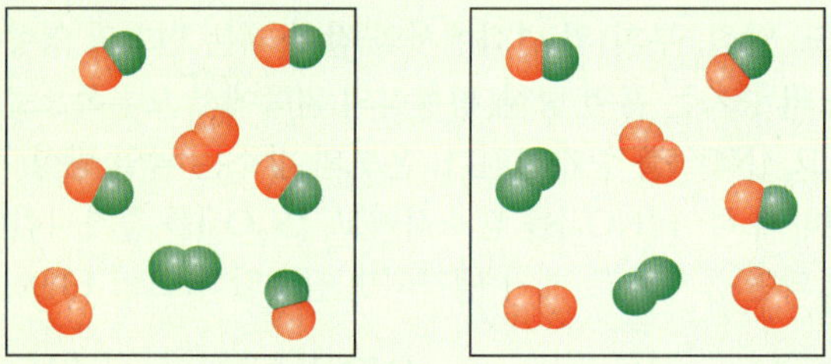

T_1 T_2

촉매의 영향

촉매는 반응의 활성화 에너지(12.6절)를 낮추어 줌으로써 반응의 속도를 빠르게 해준다고 알려져 있다. 그러나 그림 12.20에서 보듯이 촉매는 정반응의 활성화 에너지를 낮추며, 또한 역반응의 활성화 에너지도 똑같이 낮춘다. 그러므로 촉매는 평형 상수를 변화하게 하지 않으며, 평형계의 위치 또한 이동시키지 않는다는 결론에 도달한다. 평형에 있지 않은 반응 혼합물에 촉매를 첨가하면 단순히 반응 혼합물을 평형에 더욱 빨리 도달하게 할 뿐이다. 똑같은 평형 혼합물을 촉매 없이도 얻을 수 있으나 너무 오래 기다려야 할지 모른다.

평형 위치에 영향을 미치는 인자 요약

평형에 있는 반응계에 영향을 미치는 네 가지 요인들을 살펴보았다. 네 가지 중 온도 *변화만이 평형 상수의 값을 변화시킨다는 것*을 기억해야 한다. 농도, 압력, 부피를 변화시켜 주면 반응 혼합물의 평형 농도를 바꿀 수 있으나 온도가 변하지 않는 한 평형 상수를 변하게 할 수는 없다. 촉매는 평형 과정을 더욱 바르게 할 수는 있으나 평형 상수와 반응 화학종의 평형 농도에는 영향을 주지 않는다.

$N_2F_4 \rightleftharpoons 2NF_2$

예제 13.10

사플루오린화 이질소(N_2F_4)와 이플루오린화 질소(NF_2) 사이의 다음 평형 과정을 생각해 보자.

$$N_2F_4(g) \rightleftharpoons 2NF_2(g) \qquad \Delta H° = 38.5 \text{ kJ/mol}$$

(a) 일정 부피에서 반응 혼합물을 가열할 때, (b) 일정 온도와 부피에서 약간의 N_2F_4를 반응 혼합물로부터 제거할 때, (c) 일정 온도에서 반응 혼합물의 압력을 감소시킬 때, (d) 반응 혼합물에 촉매를 첨가할 때 평형의 변화를 예측하시오.

▸ **전략** (a) 정반응일 때, $\Delta H°$는 열의 변화(흡열 과정 또는 발열 과정)에 대해 무엇을 의미하는가? (b) N_2F_4의 제거로 반응 지수 Q_c는 증가할까, 감소할까? (c) 압력의 감소는 계의 부피를 어떻게 변화시킬까? (d) 촉매의 기능은 무엇인가? 촉매는 평형계에서와 평형을 이루지 않는 반응 계에 어떤 영향을 미치는가?

▸ **풀이**

(a) 주어진 자극은 계에 첨가된 열이다. $N_2F_4 \longrightarrow 2NF_2$ 반응은 흡열 과정 ($\Delta H° > 0$)이고, 주위의 열을 흡수한다는 것을 유의하라. 그러므로 열을 반응물로 간주하면 다음과 같다.

$$\text{열} + N_2F_4(g) \rightleftharpoons 2NF_2(g)$$

계는 분해 반응(왼쪽에서 오른쪽으로)에 의해 첨가된 열을 제거하려고 조절할 것이다. NF_2의 농도는 증가하고 N_2F_4의 농도는 감소했기 때문에 온도가 상승하면서 평형 상수는 증가할 것이다.

$$K_c = \frac{[NF_2]^2}{[N_2F_4]}$$

평형 상수는 특정 온도에서만 상수임을 기억하라. 만일 온도가 변하면 평형 상수 또한 변할 것이다.

(b) 여기서 자극을 주는 것은 N_2F_4의 제거이다. 계는 제거된 N_2F_4를 되돌리기 위해 이동할 것이다. 그러므로 평형을 다시 이룰 때까지 계는 오른쪽에서 왼쪽으로 이동한다. 그 결과, 약간의 NF_2가 결합하여 N_2F_4를 생성한다.

▸ **해설** 이 경우 온도가 일정하게 유지되고 있기 때문에 평형 상수는 변하지 않는다. NF_2가 결합하여 N_2F_4를 생성하기 때문에 K_c가 변할 것 같기도 하다. 그러나 처음에 N_2F_4가 제거되었음을 기억하라. 계는 제거된 N_2F_4만을 되돌리려고 조절하게 되고, N_2F_4의 전체 양은 줄어들게 된다. 사실, 평형이 다시 이루어지면 NF_2와 N_2F_4의 양은 모두 줄어든다. 평형 상수식을 보면, 더 작은 분모로 더 작은 분자를 나누면 똑같은 K_c의 값을 얻게 된다는 것을 알 수 있다.

(c) 주어진 자극은 압력의 감소(기체 부피의 증가와 함께)이다. 계는 압력을 증가시킴으로써 자극을 제거하려고 조절할 것이다. 압력은 기체의 몰수에 정비례한다는 것을 기억하라. 평형식에서 N_2F_4로부터 NF_2가 생성되면 기체의 총 몰수가 증가하고, 그에 따라 압력도 증가한다는 것을 알고 있다. 그러므로 계는 평형을 다시 이루기 위해 왼쪽에서 오른쪽으로 이동할 것이다. 온도가 일정하게 유지되고 있기 때문에 평형 상수는 변하지 않는다.

(d) 촉매의 기능은 반응 속도를 증가시키는 것이다. 만일 촉매가 평형이 아닌 계에 첨가되면 계는 촉매가 첨가되지 않을 때보다 더 빠르게 평형을 이룰 것이다. 만일 계가 이미 평형 상태에 있다면, 이 경우와 같이 촉매를 첨가하더라도 NF_2와 N_2F_4의 농도나 평형 상수에 아무런 영향을 주지 않을 것이다.

비슷한 문제: 13.47, 13.48.

▸ **실전 연습** 다음 산소와 오존 사이의 평형을 생각해 보자.

$$3O_2(g) \rightleftharpoons 2O_3(g) \qquad \Delta H° = 284 \text{ kJ/mol}$$

(a) 부피를 감소시킴으로써 계의 압력을 증가시킬 때, (b) 계에 O_2를 첨가할 때, (c) 온도를 감소시킬 때, (d) 촉매를 첨가할 때 어떤 영향이 있겠는가?

주요 식

$K = \dfrac{[C]^c[D]^d}{[A]^a[B]^b}$ (13.2) 질량 작용 법칙. 평형 상수의 일반식.

$K_P = K_c(0.0821T)^{\Delta n}$ (13.5) K_P와 K_c의 관계.

사실과 개념에 대한 요약

1. 상(phase)들 사이의 동적 평형을 물리적 평형이라 부른다. 화학 평형은 정반응과 역반응의 속도가 같고, 반응물과 생성물의 농도가 시간에 따라 변하지 않는 가역 과정이다.
2. 다음과 같은 일반적인 화학 반응에서

$$aA + bB \rightleftharpoons cC + dD$$

평형에 있는 반응물과 생성물의 농도(mol/L)는 평형 상수식(식 13.2)과 관련이 있다.
3. 기체에 대한 평형 상수 K_P는 반응물과 생성물의 평형 부분 압력(atm)의 관계로 나타낸다.
4. 모든 반응물과 생성물이 똑같은 상에 있을 때의 화학 평형은 균일 평형이다. 반응물과 생성물이 똑같은 상에 있지 않을 때에는 불균일 평형이라 한다. 순수한 고체, 순수한 액체와 용매의 경우 농도는 일정하므로 반응의 평형 상수식에는 표시하지 않는다.
5. K 값은 화학 반응이 어떻게 균형을 이루고 있느냐에 달려 있으며, 특정 반응의 역반응에 대한 평형 상수는 그 반응에 대한 평형 상수의 역이다.
6. 평형 상수는 정반응에 대한 속도 상수와 역반응에 대한 속도 상수와의 비이다.
7. 반응 지수 Q는 평형 상수식과 같은 형태이지만, 평형에 있지 않은 반응에 사용된다. $Q > K$일 때 반응은 평형을 이루기 위해 오른쪽에서 왼쪽으로 진행하게 되며, $Q < K$일 때 반응은 평형을 이루기 위해 왼쪽에서 오른쪽으로 진행하게 된다.
8. 르샤틀리에 원리는 화학 평형을 이루고 있는 계에 외부에서 자극을 주면 계는 그러한 자극을 부분적으로 없애도록 조절한다는 원리이다.
9. 특정 반응에서 온도의 변화만이 평형 상수의 값을 변화시킨다. 농도, 압력, 부피에 변화를 주면 반응물과 생성물의 평형 농도가 달라진다. 촉매를 가하면 평형에 빨리 도달하지만 반응물과 생성물의 평형 농도에는 영향을 미치지 않는다.

주요 용어

균일 평형 | 물리적 평형 | 불균일 평형 | 화학 평형
르샤틀리에 원리 | 반응 지수(Q_c) | 평형 상수

연습 문제

평형의 개념

복습 질문

13.1 평형을 정의하시오. 동적 평형의 두 가지의 예를 드시오.

13.2 물리 평형과 화학 평형의 차이를 설명하고, 각각 예를 두 가지씩 드시오.

13.3 화학 반응의 연구에서 평형의 중요성을 간단하게 설명하시오.

13.4 평형 계 $3A \rightleftharpoons B$를 생각해 보자. 다음 경우에 A와 B의 농도 변화를 시간에 따라 그리시오. (a) 처음에 A만 존재, (b) 처음에 B만 존재, (c) 처음에 A와 B가 모두 존재(A의 농도가 더 높음).

평형 상수식

복습 질문

13.5 균일 평형과 불균일 평형을 정의하고, 각각에 대해 두 가지 예를 드시오.

13.6 기호 K_c와 K_P는 무엇을 나타내는가?

문제

13.7 다음 반응들이 성립될 때, K_c와 K_P에 대한 평형 상수식을 쓰시오.

(a) $2CO_2(g) \rightleftharpoons 2CO(g) + O_2(g)$
(b) $3O_2(g) \rightleftharpoons 2O_3(g)$
(c) $CO(g) + Cl_2(g) \rightleftharpoons COCl_2(g)$
(d) $H_2O(g) + C(s) \rightleftharpoons CO(g) + H_2(g)$
(e) $HCOOH(aq) \rightleftharpoons H^+(aq) + HCOO^-(aq)$
(f) $2HgO(s) \rightleftharpoons 2Hg(l) + O_2(g)$

13.8 다음 열분해 반응에 대한 평형 상수식 K_P를 쓰시오.

(a) $2NaHCO_3(s) \rightleftharpoons Na_2CO_3(s) + CO_2(g) + H_2O(g)$
(b) $2CaSO_4(s) \rightleftharpoons 2CaO(s) + 2SO_2(g) + O_2(g)$

13.9 다음 반응에 대하여 가능하다면 K_c와 K_P의 평형 상수식을 쓰시오.

(a) $2NO_2(g) + 7H_2(g) \rightleftharpoons 2NH_3(g) + 4H_2O(l)$

(b) $2ZnS(s) + 3O_2(g) \rightleftharpoons 2ZnO(s) + 2SO_2(g)$

(c) $C(s) + CO_2(g) \rightleftharpoons 2CO(g)$

(d) $C_6H_5COOH(aq) \rightleftharpoons C_6H_5COO^-(aq) + H^+(aq)$

평형 상수 계산하기

복습 질문

13.10 K_P와 K_c의 관계식을 쓰고, 모든 항들을 정의하시오.

문제

13.11 어떤 임의의 온도에서 반응 $A \rightleftharpoons B$의 평형 상수 K_c = 10이다. (1) 반응물 A만으로 반응을 시작하면 다음 그림 중 어느 것이 평형에 있는 계를 가장 잘 나타내는가? (2) K_c = 0.10일 때, 어느 그림이 평형에 있는 계를 가장 잘 나타냈는가? 각 경우에서 용기의 부피를 모르지만 K_c를 계산할 수 있는 이유를 설명하시오. 회색 공은 A 분자, 녹색 공은 B 분자를 나타낸다.

(a) (b) (c) (d)

13.12 다음은 $A + X \rightleftharpoons AX$(X = B, C, D) 유형의 세 가지 다른 반응에 대한 평형 상태를 나타낸 그림이다.

$A + B \rightleftharpoons AB$ $A + C \rightleftharpoons AC$ $A + D \rightleftharpoons AD$

(a) 평형 상수 값이 가장 큰 반응은 어느 것인가?

(b) 평형 상수 값이 가장 작은 반응은 어느 것인가?

13.13 25°C에서 다음 반응의 $K_c = 4.17 \times 10^{-34}$이다.

$$2HCl(g) \rightleftharpoons H_2(g) + Cl_2(g)$$

같은 온도에서 다음 반응의 평형 상수는 얼마인가?

$$H_2(g) + Cl_2(g) \rightleftharpoons 2HCl(g)$$

13.14 700°C에서 다음의 평형 과정을 생각해 보자.

$$2H_2(g) + S_2(g) \rightleftharpoons 2H_2S(g)$$

12.0 L 플라스크에 H_2 2.50 mol, S_2 1.35×10^{-5} mol, H_2S 8.70 mol이 들어 있다. 이 반응에 대한 평형 상수 K_c를 계산하시오.

13.15 1273°C에서 다음 반응의 K_c가 2.24×10^{22}이면 K_P는 얼마인가?

$$2CO(g) + O_2(g) \rightleftharpoons 2CO_2(g)$$

13.16 302°C에서 다음 반응의 평형 상수 K_P는 5.0×10^{-4}이다. 이 반응의 K_c는 얼마인가?

$$2SO_3(g) \rightleftharpoons 2SO_2(g) + O_2(g)$$

13.17 다음 반응을 생각해 보자.

$$N_2(g) + O_2(g) \rightleftharpoons 2NO(g)$$

N_2, O_2, NO의 평형 부분압력은 2200°C에서 각각 0.15 atm, 0.33 atm, 0.050 atm이다. K_p를 구하시오.

13.18 어떤 온도에서 반응 용기에 평형에 있는 NH_3, N_2, H_2가 들어 있다. 이들의 평형 농도는 $[NH_3] = 0.25\ M$, $[N_2] = 0.11\ M$이고 $[H_2] = 1.91\ M$이다. 반응을 다음과 같이 나타낼 때, 암모니아의 합성에 대한 평형 상수 K_c를 계산하시오.

(a) $N_2(g) + 3H_2(g) \rightleftharpoons 2NH_3(g)$

(b) $\frac{1}{2}N_2(g) + \frac{3}{2}H_2(g) \rightleftharpoons NH_3(g)$

13.19 727°C에서 다음 반응의 K_c는 3.8×10^{-5}이다.

$$I_2(g) \rightleftharpoons 2I(g)$$

같은 온도에서 다음 평형의 평형 상수 K_c와 K_P를 계산하시오.

$$2I(g) \rightleftharpoons I_2(g)$$

13.20 평형에서 다음 반응 혼합물의 압력은 350°C에서 0.105 atm이다.

$$CaCO_3(s) \rightleftharpoons CaO(s) + CO_2(g)$$

이 반응의 K_P와 K_c를 계산하시오.

13.21 250°C에서 다음 반응의 평형 상수 K_P는 1.05이다.

$$PCl_5(g) \rightleftharpoons PCl_3(g) + Cl_2(g)$$

이 온도에서 PCl_5, PCl_3, Cl_2의 혼합물의 부분압력이 각각 0.177 atm, 0.223 atm, 0.111 atm으로 반응이 시작되었다. 이 온도에서 혼합물이 평형에 도달되었을 때 어떤 물질의 압력이 감소되었고, 어느 압력이 증가되었는가? 그 이유를 설명하시오.

13.22 $NH_4CO_2NH_2$는 다음과 같이 분해한다.

$$NH_4CO_2NH_2(s) \rightleftharpoons 2NH_3(g) + CO_2(g)$$

고체만으로 반응할 때, 40°C에서 전체 기체(NH_3와 CO_2)의 압력이 0.363 atm임을 알았다. 평형 상수 K_P를 구하시오.

13.23 1600°C에서 다음 반응을 생각해 보자.

$$Br_2(g) \rightleftharpoons 2Br(g)$$

0.980 L 플라스크에 Br_2 1.05 mol을 넣었을 때, 1.20%의 Br_2가 분해되었다. 이 반응의 평형 상수 K_c를 계산하시오.

13.24 순수한 포스젠($COCl_2$) 기체 3.00×10^{-2} mol을 1.50 L 용기에 넣었다. 800 K로 가열하였더니 평형에서 CO의 압력은 0.497 atm이었다. 다음 반응의 평형 상수 K_P를 계산하시오.

$$CO(g) + Cl_2(g) \rightleftharpoons COCl_2(g)$$

13.25 다음 평형 반응을 생각해 보자.

$$2NOBr(g) \rightleftharpoons 2NO(g) + Br_2(g)$$

25°C에서 NOBr가 34% 분해되고, 전체 압력이 0.25 atm이라면, 이 온도에서 분해 반응에 대한 평형 상수 K_P와 K_c를 계산하시오.

13.26 NOCl 2.50 mol이 처음에 400°C에서 1.50 L 반응 용기에 있었다. 평형에 도달한 후 NOCl의 28.0%가 다음과 같이 해리되었음을 알았다.

$$2NOCl(g) \rightleftharpoons 2NO(g) + Cl_2(g)$$

이 반응의 평형 상수 K_c를 계산하시오.

평형 농도 계산하기

복습 질문

13.27 반응 지수를 정의하시오. 평형 상수와 어떻게 다른가?

13.28 평형 반응에서 반응 화학종의 농도를 계산하는 단계를 요약하시오.

문제

13.29 다음 반응의 K_P는 350°C에서 5.60×10^4이다.

$$2SO_2(g) + O_2(g) \rightleftharpoons 2SO_3(g)$$

SO_2 0.350 atm과 O_2 0.762 atm을 혼합하여 평형에 도달되었을 때 전체 압력은 초기 부분압의 합인 1.112 atm보다 작은지, 큰지 말하시오.

13.30 암모니아의 합성에서 평형 상수 K_c는 375°C에서 1.2이다.

$$N_2(g) + 3H_2(g) \rightleftharpoons 2NH_3(g)$$

$[H_2]_0 = 0.76\ M$, $[N_2]_0 = 0.60\ M$, $[NH_3]_0 = 0.48\ M$로 시작하여 이 혼합물이 평형에 이를 때, 어떤 기체의 농도가 증가하며, 어떤 기체의 농도가 감소하겠는가?

13.31 700°C에서 다음 반응의 K_c는 0.534이다.

$$H_2(g) + CO_2(g) \rightleftharpoons H_2O(g) + CO(g)$$

이 온도에서 CO 0.300 mol과 H_2O 0.300 mol의 혼합물을 10.0 L 용기에 넣어서 가열했다면 H_2는 평형에서 몇 mol이 생성되겠는가?

13.32 순수한 NO_2를 1000 K로 가열하였더니 다음과 같이 분해하였다.

$$2NO_2(g) \rightleftharpoons 2NO(g) + O_2(g)$$

이 반응의 평형 상수 K_P는 158이다. 분석을 통해 O_2의 부분 압력이 평형에서 0.25 atm임을 알았다. 혼합물 중 NO와 NO_2의 압력을 계산하시오.

13.33 730°C에서 다음 반응의 K_c는 2.18×10^6이다.

$$H_2(g) + Br_2(g) \rightleftharpoons 2HBr(g)$$

HBr 3.20 mol이 12.0 L 반응 용기 내에서 반응하기 시작했다면 평형에서 H_2, Br_2, HBr의 농도를 구하시오.

13.34 아이오딘 분자가 아이오딘 원자로 해리되는 반응은 다음과 같다.

$$I_2(g) \rightleftharpoons 2I(g)$$

1000 K에서 이 반응의 평형 상수 K_c는 3.80×10^{-5}이다. 이 온도에서 2.30 L 플라스크에 I_2 0.0456 mol을 넣고 반응을 시작한다고 가정하자. 평형에서 기체의 농도는 얼마인가?

13.35 527°C에서 $COCl_2$(포스젠)의 분해 반응의 K_c는 4.63×10^{-3}이다.

$$COCl_2(g) \rightleftharpoons CO(g) + Cl_2(g)$$

초기에 $COCl_2$ 0.760 atm으로 시작했다면 존재하는 모든 성분의 평형 부분 압력을 구하시오.

13.36 686°C에서 다음과 같은 평형 과정을 생각해 보자.

$$CO_2(g) + H_2(g) \rightleftharpoons CO(g) + H_2O(g)$$

반응 화학종의 평형 농도는 $[CO] = 0.050\ M$, $[H_2] = 0.045\ M$, $[CO_2] = 0.086\ M$, $[H_2O] = 0.040\ M$이다. (a) 686°C에서 이 반응의 K_c를 계산하시오. (b) CO_2를 첨가해서 CO_2의 농도를 0.50 mol/L로 증가시켜 주면 평형을 다시 이룰 때, 모든 기체의 농도는 얼마인가?

13.37 다음 불균일 평형 반응을 생각해 보자.

$$C(s) + CO_2(g) \rightleftharpoons 2CO(g)$$

700°C에서 전체 압력은 4.50 atm이다. K_P가 1.52라면 평형에서 CO_2와 CO의 분압은 얼마인가?

13.38 다음 반응의 평형 상수 K_c는 1650°C에서 4.2이다

$$H_2(g) + CO_2(g) \rightleftharpoons H_2O(g) + CO(g)$$

처음에 H_2 0.80 mol과 CO_2 0.80 mol을 5.0 L 플라스크에 주입시켰다. 평형에서 각 화학종의 농도를 계산하시오.

르 샤틀리에 원리

복습 질문

13.39 르샤틀리에 원리를 설명하시오. 이 원리는 반응의 수득률을 최대로 하는 데 어떤 도움을 주는가?

13.40 르샤틀리에 원리를 이용하여 액체의 평형 증기압이 온도가 증가함에 따라 왜 증가하는가를 설명하시오.

13.41 평형의 위치를 이동시킬 수 있는 네 가지 인자는 무엇인가? 이 중에서 평형 상수값을 변화시킬 수 있는 것은 어느 것인가?

13.42 "평형의 위치"는 무엇을 의미하는가? 촉매를 가하면 평형의 위치에 어떤 영향을 미치는가?

문제

13.43 평형에 있는 다음 반응을 생각해 보자.

$$SO_2(g) + Cl_2(g) \rightleftharpoons SO_2Cl_2(g)$$

여기에서 (a) Cl_2 기체를 가했을 때, (b) SO_2Cl_2를 제거했을 때, (c) SO_2를 제거했을 때 평형은 어느 쪽으로 이동되는가? 단, 온도는 일정하게 유지된다.

13.44 밀폐된 용기에서 중탄산 소듐을 가열하면 이러한 평형을 이룬다.

$$2NaHCO_3(s) \rightleftharpoons Na_2CO_3(s) + H_2O(g) + CO_2(g)$$

다음과 같이 (a) 계에서 약간의 CO_2를 제거시킬 때, (b) 고체 Na_2CO_3를 약간 첨가했을 때, (c) 계에서 고체 $NaHCO_3$를 약간 제거했을 때, 평형 위치는 어떻게 변하겠는가? 반응 온도는 일정하게 유지한다.

13.45 다음 평형계를 생각해 보자.

(a) $A \rightleftharpoons 2B$ $\Delta H° = 20.0$ kJ/mol

(b) $A + B \rightleftharpoons C$ $\Delta H° = -5.4$ kJ/mol

(c) $A \rightleftharpoons B$ $\Delta H° = 0.0$ kJ/mol

각 경우에 반응계의 온도를 올리면 평형 상수 K_c는 어떻게 변하는지 예측하시오.

13.46 다음 각 평형 계에 압력을 증가시키면 어떤 영향이 있는가?

(a) $A(s) \rightleftharpoons 2B(s)$

(b) $2A(l) \rightleftharpoons B(l)$

(c) $A(s) \rightleftharpoons B(g)$

(d) $A(g) \rightleftharpoons B(g)$

(e) $A(g) \rightleftharpoons 2B(g)$

온도를 일정하게 유지한다. 이러한 경우, 반응 혼합물은 움직일 수 있는 피스톤이 달린 원통에 들어 있다.

13.47 다음 평형을 생각해 보자.

$$2I(g) \rightleftharpoons I_2(g)$$

다음 조건들은 평형에 어떤 영향을 미치는가? (a) 부피를 줄여 전체 압력을 감소시킨다. (b) 반응 혼합물에 I_2를 가해 준다. (c) 온도를 낮춘다.

13.48 다음 평형 과정을 생각해 보자.

$$PCl_5(g) \rightleftharpoons PCl_3(g) + Cl_2(g) \qquad \Delta H° = 92.5 \text{ kJ/mol}$$

(a) 온도를 올려줄 때, (b) 더 많은 염소 기체를 반응 혼합물에 가할 때, (c) 약간의 PCl_3를 혼합물에서 제거시켰을 때, (d) 기체의 압력을 증가시켰을 때, (e) 촉매를 반응 혼합물에 가할 때, 평형의 이동 방향을 예측하시오.

13.49 다음 반응을 생각해 보자.

$$2SO_2(g) + O_2(g) \rightleftharpoons 2SO_3(g) \qquad \Delta H° = -198.2 \text{ kJ/mol}$$

다음 조건에서 SO_2, O_2, SO_3의 농도는 어떻게 변하는가를 설명하시오. (a) 온도 상승, (b) 압력 증가, (c) SO_2 첨가, (d) 촉매 첨가, (e) 일정 부피에서 He 기체 첨가.

13.50 다음과 같은 비촉매 반응에서 평형일 때 기체들의 압력은 100°C에서 $P_{N_2O_4} = 0.377$ atm이고, $P_{NO_2} = 1.56$ atm이다.

$$N_2O_4(g) \rightleftharpoons 2NO_2(g)$$

이 혼합물에 촉매를 첨가하면 이들 압력에 어떤 일이 일어나겠는가?

13.51 다음 기체상 반응을 생각해 보자.

$$2CO(g) + O_2(g) \rightleftharpoons 2CO_2(g)$$

(a) 일정 압력에서, (b) 일정 부피에서 He 기체를 가했을 때, 평형의 위치는 어떻게 이동되는가를 예측하시오.

13.52 밀폐된 용기에서 평형을 이루고 있는 다음 반응을 생각해 보자.

$$CaCO_3(s) \rightleftharpoons CaO(s) + CO_2(g)$$

(a) 부피를 증가시킬 때, (b) 약간의 CO_2를 가할 때, (c) 약간의 $CaCO_3$를 제거시킬 때, (d) 약간의 CO_2를 첨가할 때, (e) 몇 방울의 NaOH 용액을 첨가할 때, (f) 몇 방울의 HCl 용액을 첨가할 때(CO_2와 물과의 반응은 무시), (g) 온도를 증가시킬 때, 어떤 일이 일어나겠는가?

실전 연습의 답

13.1 $K_c = \dfrac{[NO_2]^4[O_2]}{[N_2O_5]^2}$, $K_P = \dfrac{P_{NO_2}^4 P_{O_2}}{P_{N_2O_5}^2}$ **13.2** 347 atm. **13.3** 1.2 **13.4** $K_P = 0.0702$, $K_c = 6.68 = 10^{-5}$. **13.5** 오른쪽에서 왼쪽으로. **13.6** $[HI] = 0.031\ M$, $[H_2] = 4.3 \times 10^{-3}\ M$, $[I_2] = 4.3 \times 10^{-3}\ M$. **13.7** $[Br_2] = 0.065\ M$, $[Br] = 8.4 \times 10^{-3}\ M$. **13.8** $Q_P = 4.0 \times 10^5$, 알짜 반응은 오른쪽에서 왼쪽으로 일어날 것이다. **13.9** 왼쪽에서 오른쪽으로. **13.10** 평형은 다음과 같이 이동한다. (a) 왼쪽에서 오른쪽으로, (b) 왼쪽에서 오른쪽으로, (c) 오른쪽에서 왼쪽으로, (d) 촉매는 평형에 아무런 영향도 주지 않는다.

CHAPTER 14

산과 염기

Acids and Bases

이 장의 차례

중화시켜 주의해 보관하지 않는다면, 많은 고서들은 제조 과정에서 만들어지는 산의 작용으로 셀룰로스 섬유가 분해되어 사라지게 될 것이다.

주요 개념

브뢴스테드 산과 염기 브뢴스테드 산은 양성자를 줄 수 있고, 브뢴스테드 염기는 양성자를 받을 수 있다. 모든 브뢴스테드 산은 짝염기가 있으며, 모든 브뢴스테드 염기는 짝산이 있다.

물의 산-염기 성질과 pH 물은 브뢴스테드 산과 브뢴스테드 염기 양쪽으로 작용한다. 25°C에서 H^+와 OH^- 이온의 농도는 모두 10^{-7} M이다. pH 척도는 용액의 산도를 나타내기 위해 고안되었다. pH가 작아지면 H^+의 농도는 증가하고, 산도는 커진다.

산과 염기의 이온화 상수 강산과 강염기는 완전히 이온화한다. 대부분의 약산과 약염기는 소량만이 이온화한다. 반응의 평형 상수인 산 이온화 상수로부터 평형에서의 산, 짝염기, H^+ 이온의 농도를 계산할 수 있다.

분자 구조와 산의 세기 결합 에너지, 결합 극성, 산화수를 매개변수로 하여 구조적으로 비슷한 일련의 산의 세기를 비교한다.

염의 산-염기 성질 많은 염이 물과 반응하는데, 이 과정을 가수분해라 한다. 염에 존재하는 양이온과 음이온의 성질로부터 염의 pH를 예측할 수 있다.

루이스 산과 염기 산과 염기에 대한 좀 더 일반화된 정의로, 산은 전자쌍을 받을 수 있는 물질이며, 염기는 전자쌍을 줄 수 있는 물질이다. 모든 브뢴스테드 산과 염기는 루이스 산과 염기이다.

14.1 브뢴스테드 산과 염기

4장에서 브뢴스테드 산은 양성자를 줄 수 있는 물질이고, 브뢴스테드 염기는 양성자를 받을 수 있는 물질로 정의하였다. 이러한 정의는 산과 염기의 성질과 반응을 논의할 때에 일반적으로 적절하다.

짝산-짝염기 쌍

짝(conjugate)이란 "맞붙이다(join together)"라는 뜻이다.

*산과 그 짝염기 또는 염기와 그 짝산*으로 정의되는 **짝산-짝염기 쌍**(conjugate acid-base pair)은 산과 염기의 브뢴스테드 정의를 확장한 개념이다. 브뢴스테드 산의 짝염기는 산으로부터 한 개의 양성자가 제거될 때에 남아 있는 화학종이다. 반대로 짝산은 브뢴스테드 염기에 양성자가 첨가됨으로써 생성된다.

모든 브뢴스테드 산은 짝염기를 가지며 모든 브뢴스테드 염기는 짝산을 가진다. 예를 들면, 염화 이온(Cl^-)은 산 HCl로부터 생성된 짝염기이며, H_2O는 산 H_3O^+의 짝염기이다. 마찬가지로 아세트산의 이온화는 다음과 같이 나타낼 수 있다.

하이드로늄 이온의 정전기 퍼텐셜 지도. 양성자는 항상 수용액에서 물 분자들과 결합하고 있다. H_3O^+ 이온은 수화된 양성자의 가장 간단한 화학식이다.

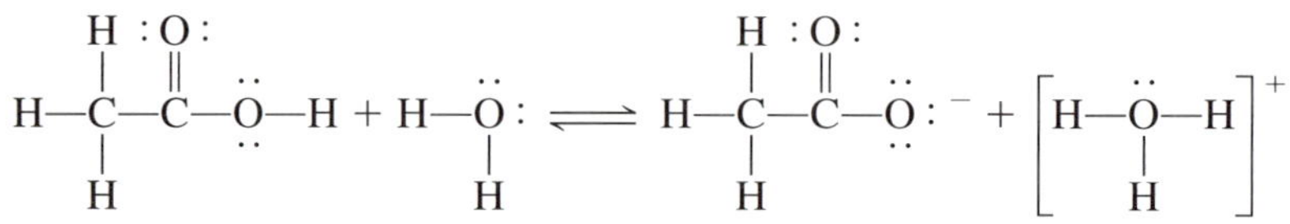

$$\underset{\text{산}_1}{CH_3COOH(aq)} + \underset{\text{염기}_2}{H_2O(l)} \rightleftharpoons \underset{\text{염기}_1}{CH_3COO^-(aq)} + \underset{\text{산}_2}{H_3O^+(aq)}$$

첨자 1과 2는 두 개의 짝산-짝염기 쌍을 나타낸다. 따라서 아세트산 이온(CH_3COO^-)은 CH_3COOH의 짝염기이다. HCl의 이온화(4.3절 참조)와 CH_3COOH의 이온화는 모두 브뢴스테드 산-염기 반응의 예이다.

브뢴스테드의 정의에 의하면 암모니아는 양성자를 받을 수 있기 때문에 염기로 분류된다.

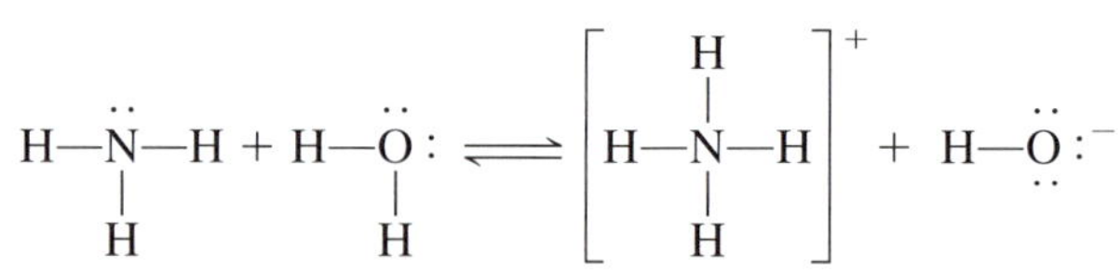

$$\underset{\text{염기}_1}{NH_3(aq)} + \underset{\text{산}_2}{H_2O(l)} \rightleftharpoons \underset{\text{산}_1}{NH_4^+(aq)} + \underset{\text{염기}_2}{OH^-(aq)}$$

이 경우 NH_4^+는 염기 NH_3의 짝산이며, OH^-는 산 H_2O의 짝염기이다. H^+ 이온을 받는 브뢴스테드 염기의 원자는 고립 전자쌍을 갖는다는 것을 기억하라.

예제 14.1

수용액 중 암모니아와 플루오린화 수소산 사이의 반응에서 짝산-짝염기 쌍을 찾으시오.

$$NH_3(aq) + HF(aq) \rightleftharpoons NH_4^+(aq) + F^-(aq)$$

▸ **전략** 짝염기는 항상 대응하는 산의 화학식보다 H 원자가 하나 더 적고, 음전하가 하나 더 많음(또는 양전하 하나가 더 적음)을 기억하라.

▸ **풀이** NH_3는 NH_4^+보다 H 원자가 하나 더 적고, 양전하가 하나 더 적다. 따라서, F^-는 HF 보다 H 원자가 하나 더 적고, 음전하가 하나 더 많다. 따라서 짝산-짝염기 쌍은 (1) NH_4^+와 NH_3이고 (2) HF와 F^-이다.

비슷한 문제: 14.5.

▸ **실전 연습** 다음 반응에서 짝산-짝염기 쌍을 찾으시오.

$$CN^- + H_2O \rightleftharpoons HCN + OH^-$$

수용액에서 양성자는 H^+ 또는 H_3O^+로 나타낼 수 있다. 화학식 H^+는 수소 이온 농도를 포함하는 계산이나 평형 상수를 포함하는 계산에서 유리한 반면, H_3O^+는 브뢴스테드 산-염기 성질을 논의할 때 더 유용하다.

☑ 개념 복습하기

다음 중 어느 것이 짝산-짝염기 쌍이 아닌가?
(a) HNO_2, NO_2^-, (b) H_2CO_3, CO_3^{2-}, (c) $CH_3NH_3^+$, CH_3NH_2.

14.2 물의 산-염기 성질

우리가 잘 알고 있는 것과 같이 물은 매우 독특한 용매이다. 물의 특별한 성질 중의 하나는 물이 산으로도 염기로도 작용할 수 있는 능력이 있다는 것이다. 물은 HCl이나 CH_3COOH와 같은 산과 반응할 때는 염기로서 행동하고, NH_3와 같은 염기와 반응할 때에는 산으로서 행동한다. 물은 매우 약전해질이므로 약한 전기 전도체이지만, 조금은 이온화한다.

수돗물과 지하수는 용해된 이온을 많이 함유하고 있기 때문에 전기를 전도한다.

$$H_2O(l) \rightleftharpoons H^+(aq) + OH^-(aq) \quad \textbf{(14.1)}$$

이 반응을 때로 물의 *자체이온화*(autoionization)라고 부른다. 브뢴스테드 개념에서 물의 산-염기 성질을 설명하기 위하여 자체이온화를 다음과 같이 나타낼 수 있다(그림 14.1).

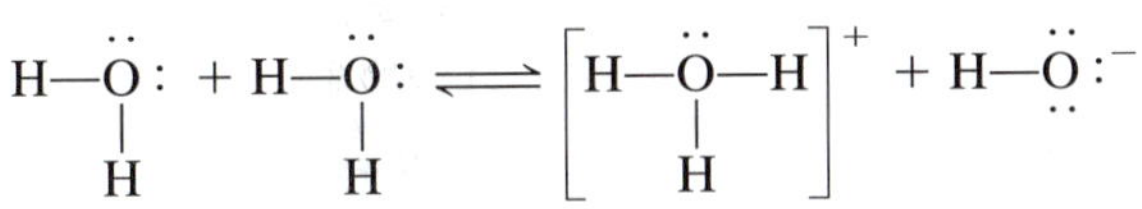

또는

$$\underset{\text{산}_1}{H_2O} + \underset{\text{염기}_2}{H_2O} \rightleftharpoons \underset{\text{산}_2}{H_3O^+} + \underset{\text{염기}_1}{OH^-} \quad \textbf{(14.2)}$$

짝산-짝염기 쌍은 (1) H_2O(산)과 OH^-(염기)와 (2) H_3O^+(산)과 H_2O(염기)이다.

》물의 이온곱

산-염기 반응의 연구에서는 수소 이온 농도가 열쇠이다. 그 값이 용액의 산도 또는 염기도를 나타낸다. 물 분자들 중 극히 일부분만 이온화되므로, 물의 농도 $[H_2O]$는 사실상 변하지 않은 채로 있다. 그러므로 식 (14.2)에 따라 물의 자체이온화에 대한 평형 상수는 다음과 같이 나타낼 수 있다.

순수한 물에서 $[H_2O]$ = 55.5 *M*임을 기억하라 (13.2절 참조).

$$K_c = [H_3O^+][OH^-]$$

수화된 양성자를 나타내는 데 $H^+(aq)$와 $H_3O^+(aq)$를 같이 사용할 수 있기 때문에 평형 상수를 다음과 같이 나타낼 수도 있다.

$$K_c = [H^+][OH^-]$$

물의 자체이온화를 나타내기 위하여 평형 상수를 K_c 대신 K_w로 바꾸어 쓴다.

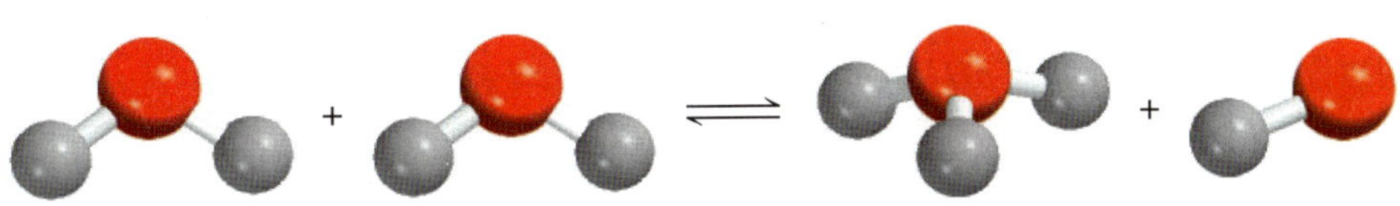

그림 14.1 • 하이드로늄 이온과 수산화 이온을 생성하는 두 물 분자 사이의 반응.

$$K_w = [H_3O^+][OH^-] = [H^+][OH^-] \quad (14.3)$$

여기서 K_w는 **이온곱 상수**(ion-product constant)라고 부르며, 이것은 *특정 온도에서 H^+와 OH^- 이온의 몰농도의 곱*이다.

물 1 L로부터 1 초당 입자들(H_2O, H^+, OH^-)을 10 개씩 무작위로 추출하여 조사한다면, 쉬지 않고 작업했을 때 H^+ 이온 하나를 발견하는 데 2 년이 걸릴 것이다!

25°C의 순수한 물에서 H^+와 OH^- 이온의 농도는 같으며, $[H^+] = 1.0 \times 10^{-7}\ M$이고, $[OH^-] = 1.0 \times 10^{-7}\ M$이다. 그러므로 식 (14.3)로부터 25°C에서,

$$K_w = (1.0 \times 10^{-7})(1.0 \times 10^{-7}) = 1.0 \times 10^{-14}$$

순수한 물이거나 용해된 화학종이 있는 수용액이거나에 관계없이 다음 관계는 25°C에서 항상 성립된다.

$$K_w = [H^+][OH^-] = 1.0 \times 10^{-14} \quad (14.4)$$

$[H^+] = [OH^-]$이면 수용액은 중성이라고 말한다. 산성 용액에서는 과량의 H^+ 이온이 존재하며 $[H^+] > [OH^-]$이다. 염기성 용액에서는 과량의 OH^- 이온이 존재하며, 따라서 $[H^+] < [OH^-]$이다. 실제로 용액에서 H^+나 OH^-의 농도 중에서 하나는 변화시킬 수 있으나 둘 다를 독립적으로 변화시킬 수는 없다. 만일 $[H^+] = 1.0 \times 10^{-6}\ M$이 되도록 용액을 조절하면 OH^-의 농도는 *반드시* 다음과 같이 변하게 된다.

$$[OH^-] = \frac{K_w}{[H^+]} = \frac{1.0 \times 10^{-14}}{1.0 \times 10^{-6}} = 1.0 \times 10^{-8}\ M$$

예제 14.2

어떤 가정용 암모니아 세척 용액의 OH^- 이온의 농도는 0.0030 M이다. H^+ 이온의 농도를 계산하시오.

▸ **전략** OH^- 이온 농도를 주고 $[H^+]$를 계산하라는 문제이다. 물이나 수용액에서 $[H^+]$와 $[OH^-]$ 사이의 관계는 물의 이온곱 K_w[식 (14.4)]으로 주어진다.

▸ **풀이** 식 (14.4)을 재정리하면 다음과 같이 쓸 수 있다.

$$[H^+] = \frac{K_w}{[OH^-]} = \frac{1.0 \times 10^{-14}}{0.0030} = 3.3 \times 10^{-12}\ M$$

▸ **검산** 앞에서 논의한 암모니아와 물의 반응에서 이미 보았듯이, $[H^+] < [OH^-]$이므로 용액은 염기성이다.

비슷한 문제: 14.16(c).

▸ **실전 연습** 수소 이온 농도가 1.3 M인 HCl 용액에서 OH^- 이온의 농도를 계산하시오.

☑ 개념 복습하기

수용액에서 H^+ 이온 농도가 0.0010 M이라면 OH^- 이온 농도가 $1.0 \times 10^{-10}\ M$이 가능하지 않은가?

14.3 pH: 산도의 측정

수용액에서 H^+나 OH^- 이온의 농도는 흔히 너무 작은 값이어서 이 값을 그대로 나타내기가 불편하므로, 1909년 네덜란드 화학자 소렌센(Soren Sorensen)이 pH라고 하는 더 실용적인 방법을 제안하였다. 용액의 ***pH***는 *수소 이온 농도(mol/L)의 음의 로그로 정의한다.*

$$pH = -\log[H_3O^+] \quad \text{또는} \quad pH = -\log[H^+] \quad (14.5)$$

pH가 1 변하면 $[H^+]$는 10배씩 변한다.

식 (14.5)는 다루기 편한 숫자로 나타내기 위해 고안된 정의임을 명심하라. $[H^+]$가 작은 값이기 때문에 음의 로그를 취하면 pH 값은 양수가 된다. 또한 식 (14.5)의 $[H^+]$ 항에 대해서는 수소 이온 농도에 대한 표현 중에서 단위에 대한 로그는 취할 수 없기 때문에 숫자 부분만 로그를 취한다. 그러므로 평형 상수처럼 용액의 pH는 단위가 없는 양이다.

pH는 단지 수소 이온 농도를 나타내는 방법이므로 25°C에서 산성과 염기성 용액은 pH 값에 따라 다음과 같이 구분할 수 있다.

$$\begin{aligned}&\text{산성 용액:} && [H^+] > 1.0 \times 10^{-7}\,M, \text{pH} < 7.00\\ &\text{염기성 용액:} && [H^+] < 1.0 \times 10^{-7}\,M, \text{pH} > 7.00\\ &\text{중성 용액:} && [H^+] = 1.0 \times 10^{-7}\,M, \text{pH} = 7.00\end{aligned}$$

진한 산 용액의 pH는 음의 값을 가질 수 있다. 예를 들어, 2.0 *M* HCl 용액의 pH는 −0.30이다.

$[H^+]$가 감소함에 따라 pH는 증가함을 주목하라.

때로는 용액의 pH 값을 주고 H^+ 이온 농도를 계산하라고 하는 경우도 있다. 그러한 경우에는 다음과 같이 식 (14.5)의 역로그를 취해야 한다.

$$[H^+] = 10^{-\text{pH}} \tag{14.6}$$

pH의 정의와 앞 장들에서 논의한 용액 농도(몰농도나 몰랄농도)를 포함하는 모든 계산은 암시적으로 이상적 거동을 가정하기 때문에 오차를 수반한다는 것을 알아야 한다. 실제로는 이온쌍 형성과 다른 형태의 분자간 상호작용들이 용액 중 화학종의 실제 농도에 영향을 줄 수 있다. 용액에서의 용질의 실제 즉, "유효"농도는 용액에 원래 넣어준 물질의 양으로 알고 있는 우리가 생각하는 것과 다를 수도 있다. 용액에서도 비이상적 거동을 설명할 수 있다.

한 가지 방법은 농도를 유효 농도인 *활동도*(activity)로 바꾸어 쓰는 것이다. 엄밀히 말해서 용액의 pH는 다음과 같이 정의해야 한다.

묽은 용액에서 몰농도는 활동도와 수치가 같다.

$$\text{pH} = -\log a_{H^+} \tag{14.7}$$

여기서 a_{H^+}는 H^+ 이온의 활동도이다. 13.2절에서 언급한 바와 같이 이상 용액의 활동도는 농도와 같다. 실제 용액에서는 활동도는 대개 농도와 다르며 때로는 상당히 다르다.용질 농도를 알면, 열역학에 기초하여 활동도를 추정할 믿을만한 방법이 있지만, 상세한 것은 이 책의 범위를 벗어나므로 다루지 않기로 한다. 따라서 묽은 용액을 제외하면 H^+ 이온의 몰농도가 활동도 값과 같지 않으므로 측정한 pH는 대개 식 (14.5)로 계산한 것과 같지 않음을 명심하라. 앞으로의 논의에서 계속 농도를 사용한다 해도 이러한 접근은 용액 상에서 실제로 일어나는 화학적 과정의 근사치일 뿐이라는 것을 아는 것이 중요하다.

실험실에서 용액의 pH는 pH 미터로 측정한다(그림 14.2). 표 14.1은 몇 가지 일상적인 액체들의 pH를 나타낸 것이다. 표 14.1에서 보듯이 체액의 pH는 위치와 기능에 따라 크게 변화한다. 소화액의 낮은 pH(높은 산도)는 소화를 촉진하는 반면, 혈액의 높은 pH는 산소 운반에 필요하다.

용액의 수산화 이온 농도의 음의 로그를 사용하여 pH 척도와 비슷한 pOH 척도를 나타낼 수 있다. 그러므로 pOH는 다음과 같이 정의된다.

$$\text{pOH} = -\log[OH^-] \tag{14.8}$$

용액의 pOH 값을 주고 OH^- 이온 농도를 계산하라고 한다면 다음과 같이 식 (14.8)의 역로그를 취할 수 있다.

$$[OH^-] = 10^{-\text{pOH}} \tag{14.9}$$

표 14.1

몇 가지 일상적인 액체들의 pH

시료	pH 값
위산	1.0~2.0
레몬 주스	2.4
식초	3.0
자몽 주스	3.2
오렌지 주스	3.5
소변	4.8~7.5
대기 중에 노출된 물*	5.5
타액	6.4~6.9
우유	6.5
순수한 물	7.0
혈액	7.35~7.45
눈물	7.4
마그네시아 유	10.6
가정용 암모니아	11.5

*장시간 대기 중에 노출된 물은 공기 중의 CO_2를 흡수하여 탄산 H_2CO_3을 생성한다.

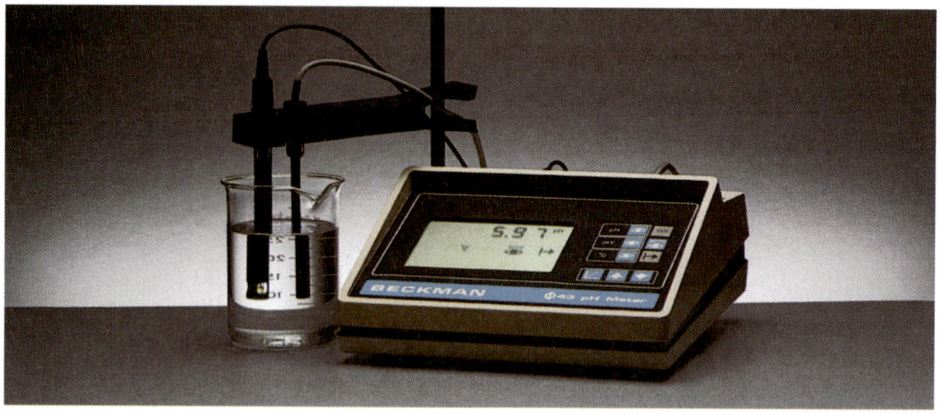

그림 14.2 • pH 미터는 실험실에서 용액의 pH를 측정하는 데 사용된다. 많은 pH 미터가 1~14의 영역을 측정할 수 있지만, pH 값은 1보다 작거나 14 보다 클 수 있다.

이제 25°C에서의 물의 이온곱 상수를 다시 생각해 보자.

$$[H^+][OH^-] = K_w = 1.0 \times 10^{-14}$$

양변에 음의 로그를 취하면, 다음과 같이 된다.

$$-(\log[H^+] + \log[OH^-]) = -\log(1.0 \times 10^{-14})$$
$$-\log[H^+] - \log[OH^-] = 14.00$$

pH와 pOH의 정의로부터 이 식은 다음과 같이 나타낼 수 있다.

$$pH + pOH = 14.00 \quad \textbf{(14.10)}$$

식 (14.10)는 H^+ 이온 농도와 OH^- 이온 농도 사이의 관계를 나타내는 또 다른 방법이다.

예제 14.3

뚜껑을 연 직후 병 속 포도주의 H^+ 이온 농도는 4.1×10^{-4} *M*이었다. 포도주를 반만 마시고, 나머지 반은 한 달 동안 뚜껑을 연 채로 공기 중에 방치하였더니, 한 달 후 수소 이온 농도는 2.3×10^{-3} *M*이었다. 두 경우에 포도주의 pH를 각각 구하시오.

▸ **전략** H^+ 이온 농도를 주고 용액의 pH를 계산하라는 문제이다. pH의 정의는 무엇인가?

▸ **풀이** 식 (14.5)에 따르면 $pH = -\log[H^+]$이다. 병 뚜껑을 처음 열었을 때, $[H^+] = 4.1 \times 10^{-4}$ *M*이었으며, 식 (14.5)에 이 값을 넣으면

$$pH = -\log[H^+]$$
$$= -\log(4.1 \times 10^{-4}) = 3.39$$

각각의 경우에, pH는 두 개의 유효 숫자 만을 가진다. 3.39에서 소수점의 오른쪽에 있는 두 개의 자릿수는 본래의 숫자에서 유효 숫자가 두 개라는 것을 말한다(부록 3 참조).

두 번째 경우에 $[H^+] = 2.3 \times 10^{-3}$ *M*이므로

$$pH = -\log(2.3 \times 10^{-3}) = 2.64$$

▸ **해설** 수소 이온 농도의 증가(또는 pH의 감소)는 대부분 알코올(에탄올)의 일부가 아세트산으로 변한 결과이다. 이 반응은 산소 분자 존재 하에 일어나는 반응이다.

비슷한 문제: 14.17(a), (d).

▸ **실전 연습** 질산(HNO_3)은 비료, 염료, 의약품, 폭발물 제조에 이용된다. 수소 이온 농도가 0.76 *M*인 질산 용액의 pH를 구하시오.

예제 14.4

어떤 날 어느 지역의 빗물을 모아 pH를 측정하였더니 5.23이었다. 빗물의 H^+ 이온 농도를 구하시오.

▸ **전략** 용액의 pH를 주고 $[H^+]$를 구하라는 문제이다. $pH = -\log[H^+]$로 정의되기 때문에 식 (14.6)에서 보듯이 pH의 역로그를 취하여, 즉 $[H^+] = 10^{-pH}$로부터 $[H^+]$를 구할 수 있다.

▸ **풀이** 식 (14.5)로부터

$$pH = -\log[H^+] = 5.23$$

그러므로

$$\log[H^+] = -5.23$$

$[H^+]$를 계산하기 위하여 −5.23의 역로그를 취하면

$$[H^+] = 10^{-5.23} = 5.9 \times 10^{-6}\,M$$

공학용 계산기에는 때로 INV log 또는 10^x로 표시된 역로그 기능이 있다.

▸ **검산** pH가 5와 6 사이이므로, $[H^+]$는 $1 \times 10^{-5}\,M$과 $1 \times 10^{-6}\,M$ 사이임을 예상할 수 있다. 그러므로 답은 타당하다.

비슷한 문제: 14.16(a), (b).

▸ **실전 연습** 어떤 오렌지 주스의 pH가 3.33이다. H^+ 이온 농도를 구하시오.

예제 14.5

어떤 NaOH 용액의 $[OH^-]$가 $7.2 \times 10^{-5}\,M$이다. 이 용액의 pH를 구하시오.

▸ **전략** 이 문제를 풀기 위해서는 두 단계가 필요하다. 첫 번째는 식 (14.8)를 이용하여 pOH를 구하고, 다음에 식 (14.10)을 이용하여 용액의 pH를 구한다.

▸ **풀이** 식 (14.8)를 이용하면

$$\begin{aligned} pOH &= -\log[OH^-] \\ &= -\log(7.2 \times 10^{-5}) \\ &= 4.14 \end{aligned}$$

이제 식 (14.10)을 이용하자.

$$\begin{aligned} pH + pOH &= 14.00 \\ pH &= 14.00 - pOH \\ &= 14.00 - 4.14 = 9.86 \end{aligned}$$

다른 방법으로 물의 이온화곱 상수 $K_w = [H^+][OH^-]$를 이용하여 $[H^+]$를 구한 후 $[H^+]$로부터 pH를 계산할 수 있다.

▸ **검산** 답은 염기성 용액임을 나타내므로($pH > 7$), NaOH 용액임을 만족한다.

비슷한 문제: 14.17(b).

▸ **실전 연습** 어떤 혈액 시료의 OH^- 이온의 농도가 $2.5 \times 10^{-7}\,M$이다. 이것의 pH는 얼마인가?

☑ 개념 복습하기

$[H^+] = 2.5 \times 10^{-3}\,M$과 $pOH = 11.6$인 용액 중 어느 것이 더 산성인가?

14.4 산-염기의 세기

강산(strong acid)은 *물에서 완전히 이온화한다고 가정할 수 있는 강전해질*(strong electrolyte)이다(그림 14.3). 염산(HCl), 질산(HNO_3), 과염소산($HClO_4$), 황산(H_2SO_4) 등 대부

실제로 물에서 완전히 이온화되는 산은 없다.

같은 농도의 강산과 약산에서는 강산에 H^+ 이온이 더 많이 존재하기 때문에 Zn은 CH_3COOH(오른쪽)와 같은 약산보다 HCl(왼쪽)과 같은 강산과 더 격렬하게 반응한다.

분의 강산은 무기산이다.

$$HCl(aq) + H_2O(l) \longrightarrow H_3O^+(aq) + Cl^-(aq)$$
$$HNO_3(aq) + H_2O(l) \longrightarrow H_3O^+(aq) + NO_3^-(aq)$$
$$HClO_4(aq) + H_2O(l) \longrightarrow H_3O^+(aq) + ClO_4^-(aq)$$
$$H_2SO_4(aq) + H_2O(l) \longrightarrow H_3O^+(aq) + HSO_4^-(aq)$$

H_2SO_4는 이양성자산임을 주목하라. 여기서는 이온화의 첫 번째 단계만을 나타내었다. 평형 상태에서 이들 산 용액은 이온화되지 않는 산 분자는 포함하지 않는다.

대부분의 산은 *물에서 일정한 부분만 이온화하는* **약산**(weak acid)이다. 평형 상태에서 약산의 수용액은 이온화되지 않는 분자, H_3O^+ 이온, 짝염기의 혼합물을 포함한다. 약산의 예는 플루오린화 수소산(HF), 아세트산(CH_3COOH), 암모늄 이온(NH_4^+) 등이다. 산의 세기는 다음 장에서 공부할 이온화의 평형 상수와 관련이 있다.

강산과 마찬가지로 **강염기**(strong base)는 *물에서 완전히 이온화하는 강전해질*이다. 알칼리 금속 및 알칼리 토금속의 수산화물은 강염기이다. [모든 알칼리 금속의 수산화물은 가용성이다. 알칼리 토금속의 수산화물 중에서 $Be(OH)_2$와 $Mg(OH)_2$는 불용성이고, $Ca(OH)_2$와 $Sr(OH)_2$는 어느 정도는 가용성이며, $Ba(OH)_2$는 가용성이다.] 강염기의 몇 가지 예는 다음과 같다.

$$NaOH(s) \xrightarrow{H_2O} Na^+(aq) + OH^-(aq)$$
$$KOH(s) \xrightarrow{H_2O} K^+(aq) + OH^-(aq)$$
$$Ba(OH)_2(s) \xrightarrow{H_2O} Ba^{2+}(aq) + 2OH^-(aq)$$

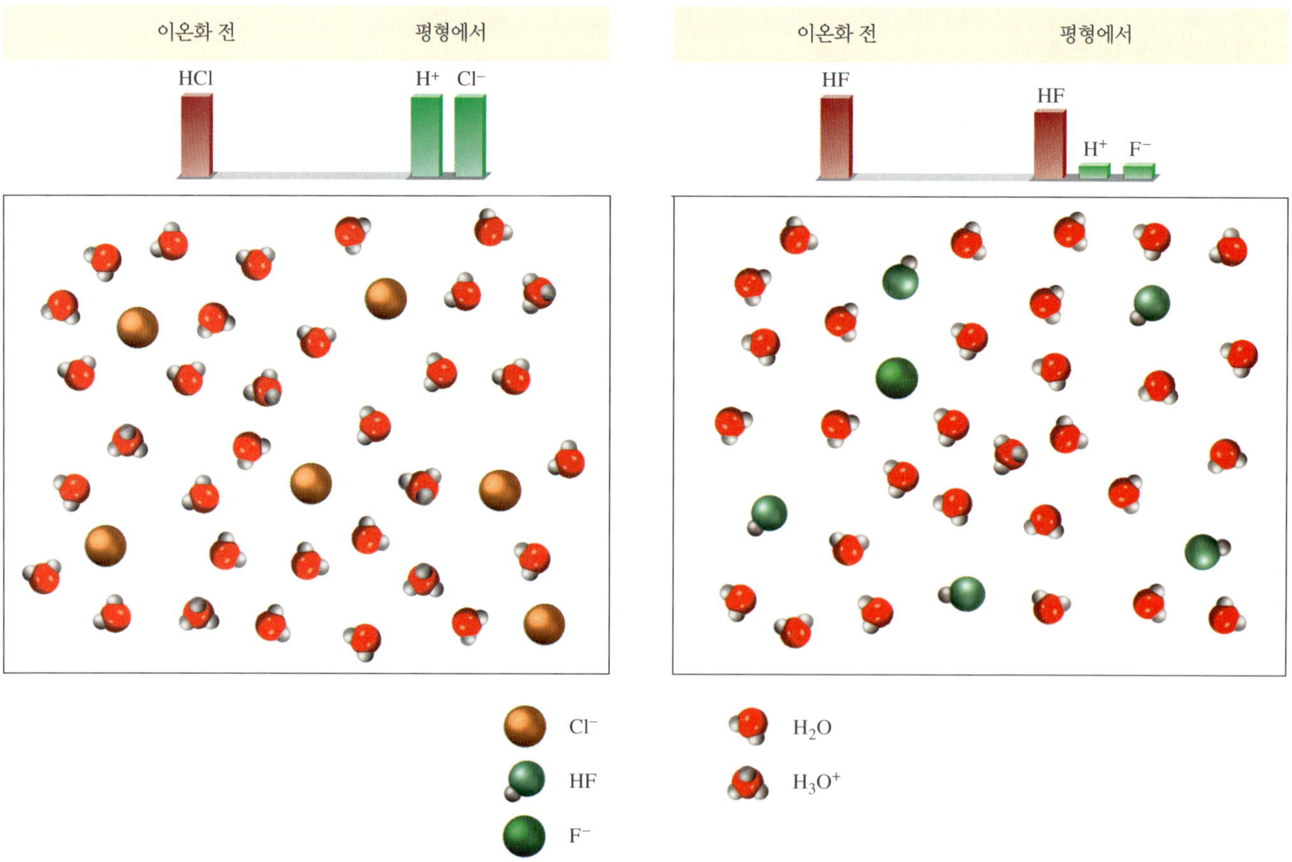

그림 14.3 • HCl(왼쪽)과 같은 강산과 HF(오른쪽)와 같은 약산의 이온화도. 초기에 6개의 HCl 분자와 6개의 HF 분자가 존재하였다. 강산은 용액에서 완전히 이온화될 것이다. 용액에서 양성자는 하이드로늄 이온(H_3O^+)으로 존재한다.

표 14.2 짝산-짝염기의 상대적 세기

	산	짝염기
강산	$HClO_4$ (과염소산)	ClO_4^- (과염소산 이온)
강산	HI (아이오딘화 수소산)	I^- (아이오딘화 이온)
강산	HBr (브로민화 수소산)	Br^- (브로민화 이온)
강산	HCl (염산)	Cl^- (염화 이온)
강산	H_2SO_4 (황산)	HSO_4^- (황산 수소 이온)
강산	HNO_3(질산)	NO_3^- (질산 이온)
	H_3O^+ (하이드로늄 이온)	H_2O (물)
약산	HSO_4^- (황산 수소 이온)	SO_4^{2-} (황산 이온)
약산	HF (플루오린화 수소산)	F^- (플루오린화 이온)
약산	HNO_2 (아질산)	NO_2^- (아질산 이온)
약산	HCOOH (폼산)	$HCOO^-$ (폼산 이온)
약산	CH_3COOH (아세트산)	CH_3COO^- (아세트산 이온)
약산	NH_4^+ (암모늄 이온)	NH_3 (암모니아)
약산	HCN (사이안화 수소산)	CN^- (사이안화 이온)
약산	H_2O (물)	OH^- (수산화 이온)
약산	NH_3 (암모니아)	NH_2^- (아마이드화 이온)

↑ 산의 세기 증가 (아래에서 위로) / ↓ 염기의 세기 증가 (위에서 아래로)

엄밀히 말하면 이들 금속 수산화물은 수소 이온을 받을 수 없으므로 브뢴스테드 염기가 아니다. 그러나 이들이 이온화할 때 생성되는 수산화 이온(OH^-)은 수소 이온을 받을 수 있으므로 브뢴스테드 염기이다.

$$H_3O^+(aq) + OH^-(aq) \longrightarrow 2H_2O(l)$$

따라서 NaOH 또는 다른 금속 수산화물을 염기라고 부르는 것은 수산화물로부터 생성되는 OH^- 때문이다.

약산과 마찬가지로 **약염기**(weak base)는 *약전해질*(weak electrolyte)이다. 암모니아는 물에서 다음과 같이 이온화한다.

$$NH_3(aq) + H_2O(l) \rightleftharpoons NH_4^+(aq) + OH^-(aq)$$

이 반응에서 NH_3는 물로부터 양성자를 받아들여 NH_4^+와 OH^- 이온을 형성하여 염기로 작용한다. 일부 분자만이 이 반응을 일으키기 때문에 약산이다.

표 14.2에 몇 가지 중요한 짝산-짝염기 쌍을 그들의 상대적인 세기 순서대로 나열하였다. 짝산-짝염기 쌍들은 다음의 성질을 갖는다.

1. 산이 강하면, 그 짝염기의 세기는 매우 약하다. 예를 들면, 강산 HCl의 짝염기인 Cl^-는 매우 약한 염기이다.
2. H_3O^+는 수용액에서 존재할 수 있는 가장 강한 산이다. H_3O^+보다 더 강한 산은 물과 반응하여 H_3O^+와 그 짝염기를 생성한다. 따라서 H_3O^+보다 더 강한 산인 HCl은 물과 완전히 반응하여 H_3O^+와 Cl^-를 생성한다.

$$HCl(aq) + H_2O(l) \longrightarrow H_3O^+(aq) + Cl^-(aq)$$

   H_3O^+보다 더 약한 산들은 물과 조금만 반응하여 H_3O^+와 그 짝염기를 생성한다. 예를 들면, 다음 평형은 거의 왼쪽으로 치우쳐 있다.

$$HF(aq) + H_2O(l) \rightleftharpoons H_3O^+(aq) + F^-(aq)$$

3. OH^- 이온은 수용액에서 존재할 수 있는 가장 강한 염기이다. OH^- 보다 더 강한 염기는

물과 반응하여 OH^-와 그들의 짝산을 생성한다. 예를 들면 O^{2-} 이온은 OH^-보다 더 강한 염기이므로 다음과 같이 물과 완전히 반응한다.

$$O^{2-}(aq) + H_2O(l) \longrightarrow 2OH^-(aq)$$

이러한 이유 때문에 O^{2-} 이온은 수용액에서 존재하지 않는다.

예제 14.6

(a) 2.5×10^{-3} *M* HCl 용액, (b) 0.045 *M* $Ba(OH)_2$ 용액의 pH를 계산하시오.

▸ **전략** HCl은 강산이고, $Ba(OH)_2$는 강염기임을 명심하라. 따라서 이들은 완전히 이온화하여 HCl과 $Ba(OH)_2$는 용액 중에 존재하지 않는다.

▸ **풀이**

(a) HCl의 이온화

$$HCl(aq) \longrightarrow H^+(aq) + Cl^-(aq)$$

$H_3O^+(aq)$와 $H^+(aq)$는 같다는 것을 명심하라.

평형 농도를 풀기 위해 13.3절에서 나타낸 ICE 법을 사용한다.

이온화 전과 후의 모든 화학종(HCl, H^+, Cl^-)의 농도는 다음과 같다.

	$HCl(aq)$	$\longrightarrow$	$H^+(aq)$	+	$Cl^-(aq)$
초기(*M*):	2.5×10^{-3}		0.0		0.0
변화(*M*):	-2.5×10^{-3}		$+2.5 \times 10^{-3}$		$+2.5 \times 10^{-3}$
평형(*M*):	0.0		2.5×10^{-3}		2.5×10^{-3}

양(+)의 변화는 증가를, 음(−)의 변화는 감소를 나타낸다. 따라서

$$[H^+] = 2.5 \times 10^{-3}\ M$$
$$pH = -\log(2.5 \times 10^{-3})$$
$$= 2.60$$

(b) $Ba(OH)_2$는 강염기이다. 각각의 $Ba(OH)_2$는 두 개의 OH^- 이온을 만든다.

$$Ba(OH)_2(aq) \longrightarrow Ba^{2+}(aq) + 2OH^-(aq)$$

모든 화학종의 농도 변화는 다음과 같다.

	$Ba(OH)_2(aq)$	$\longrightarrow$	$Ba^{2+}(aq)$	+	$2OH^-(aq)$
초기(*M*):	0.045		0.00		0.00
변화(*M*):	−0.045		+0.045		+2(0.045)
평형(*M*):	0.00		0.045		0.090

따라서

$$[OH^-] = 0.090\ M$$
$$pOH = -\log 0.090 = 1.05$$

그러므로 식 (14.10)으로부터

$$pH = 14.00 - pOH$$
$$= 14.00 - 1.05$$
$$= 12.95$$

▸ **검산** (a)와 (b)에서 물의 자체 이온화에 의하여 생성된 H^+와 OH^-의 농도는 1.0×10^{-7} *M*로 2.5×10^{-3} *M*과 0.090 *M*에 비해 아주 작은 값이기 때문에 고려하지 않았음을 주의하라.

비슷한 문제: 14.17(a), (c).

▸ **실전 연습** 1.8×10^{-2} *M* $Ba(OH)_2$ 용액의 pH를 계산하시오.

예제 14.7

수용액에서 다음 반응의 방향을 예측하시오.

$$HF(aq) + NO_2^-(aq) \rightleftharpoons HNO_2(aq) + F^-(aq)$$

▸ **전략** 문제는 평형에서 반응이 오른쪽(F^-와 HNO_2가 많이 생성되는 쪽)으로, 또는 왼쪽(NO_2^-와 HF이 많이 생성되는 쪽)으로 이동할 것인가이다. HNO_2와 HF 둘 중 어느 것이 더 강산이며, 따라서 센 양성자 주개인가? F^-와 NO_2^- 둘 중 어느 것이 더 강염기이며, 따라서 센 양성자 받개인가? 강산일수록 그것의 짝염기는 약하다는 것을 기억하라.

▸ **풀이** 표 14.2에서 HF가 HNO_2보다 더 강한 산임을 알 수 있다. 따라서 NO_2^-가 F_2보다 더 강한 염기이다. 알짜 반응은 HF가 HNO_2보다 더 좋은 양성자 주개이기 때문에 왼쪽에서 오른쪽으로 진행된다(그리고 NO_2^-는 F^-보다 더 좋은 양성자 받개이다).

▸ **검산** 표 14.2에 아래에서 위쪽으로 산의 세기가 증가하는 순서로 산을 배열하였다. 따라서 산에서는 위쪽에 있는 산이 아래쪽에 있는 것보다 더 좋은 양성자 주개이다.

비슷한 문제: 14.35, 14.36.

▸ **실전 연습** 다음 반응의 평형 상수가 1보다 더 큰지, 작은지를 예측하시오.

$$CH_3COOH(aq) + HCOO^-(aq) \rightleftharpoons CH_3COO^-(aq) + HCOOH(aq)$$

☑ 개념 복습하기

(a) 다음 산 용액에서 모든 이온과 분자 화학종을 감소하는 농도 순서대로 나열하시오.
(i) HNO_3, (ii) HF.

(b) 다음 염기 용액에서 모든 이온과 분자 화학종을 감소하는 농도 순서대로 나열하시오.
(i) NH_3, (ii) KOH.

14.5 약산과 산 이온화 상수

앞에서 본 바와 같이 강산의 수는 얼마 되지 않으며, 대부분의 산들은 약산이다. 약한 일양성자산 HA는 물에서 다음과 같이 이온화한다.

동영상
산 이온화.

$$HA(aq) + H_2O(l) \rightleftharpoons H_3O^+(aq) + A^-(aq)$$

또는 간단히

$$HA(aq) \rightleftharpoons H^+(aq) + A^-(aq)$$

이와 같은 산 이온화에 대한 평형을 다음과 같이 나타낼 수 있다.

$$K_a = \frac{[H_3O^+][A^-]}{[HA]} \quad \text{또는} \quad K_a = \frac{[H^+][A^-]}{[HA]} \qquad \textbf{(14.11)}$$

이 식에서 모든 농도는 평형 농도이다.

여기에 K_a는 *산 이온화에 대한 평형 상수*이며, **산 이온화 상수**(acid ionization constant)라고 부른다. 주어진 온도에서 산 HA의 세기는 K_a의 크기에 의해 결정되며, 산의 K_a가 크면 클수록 그 산은 더욱 더 강산이 된다. 다시 말해서 산이 더 많이 이온화하여 평형 상태에서 H^+ 이온의 농도가 커진다. 약산들만 K_a 값을 가진다.

표 14.3에 25°C에서의 약산과 그 산의 K_a 값을 큰 것부터 순서대로 수록하였다. 표 14.3에 수록된 화합물들은 모두 약산이지만. 그 산의 세기에 있어서 커다란 차이가 있다. 예를 들면, HF의 K_a 값(7.1×10^{-4})은 HCN의 K_a 값(4.9×10^{-10})의 약 150만 배이다.

일반적으로 산의 주어진 초기 농도와 K_a를 이용하여 산 용액의 수소 이온의 평형 농도

표 14.3 25°C에서 몇 가지 약산과 그 짝염기의 이온화 상수

산의 이름	화학식	구조	K_a	짝염기	K_b
플루오린화 수소산	HF	H—F	7.1×10^{-4}	F^-	1.4×10^{-11}
아질산	HNO_2	O═N—O—H	4.5×10^{-4}	NO_2^-	2.2×10^{-11}
아세틸살리실산 (아스피린)	$C_9H_8O_4$	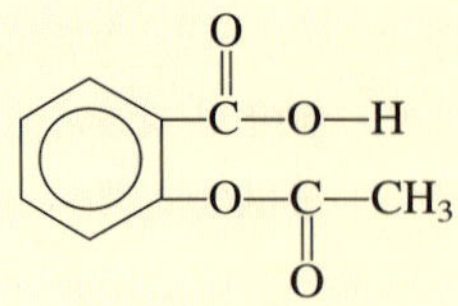	3.0×10^{-4}	$C_9H_7O_4^-$	3.3×10^{-11}
폼산	HCOOH	H—C(═O)—O—H	1.7×10^{-4}	$HCOO^-$	5.9×10^{-11}
아스코브산*	$C_6H_8O_6$	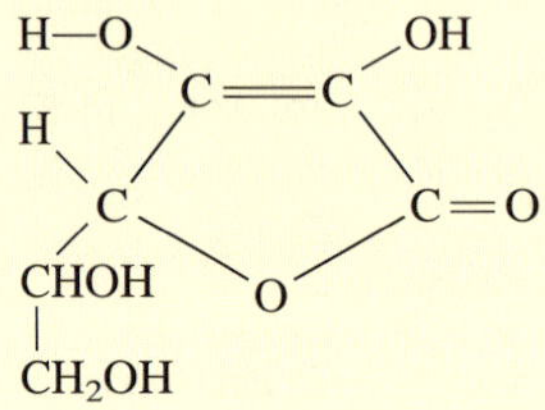	8.0×10^{-5}	$C_6H_7O_6^-$	1.3×10^{-10}
벤조산	C_6H_5COOH	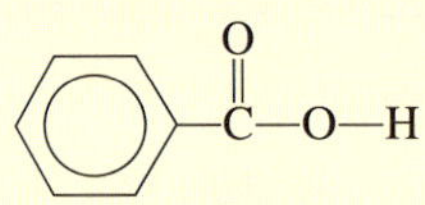	6.5×10^{-5}	$C_6H_5COO^-$	1.5×10^{-10}
아세트산	CH_3COOH	CH_3—C(═O)—O—H	1.8×10^{-5}	CH_3COO^-	5.6×10^{-10}
사이안화 수소산	HCN	H—C≡N	4.9×10^{-10}	CN^-	2.0×10^{-5}
페놀	C_6H_5OH	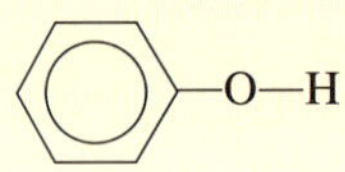	1.3×10^{-10}	$C_6H_5O^-$	7.7×10^{-5}

*아스코브산에서는 왼쪽 위에 있는 하이드록시기가 이온화된다.

또는 pH를 구할 수 있다. 반대로 약산 용액의 pH나 초기 농도를 안다면 K_a를 구할 수 있다. 이 평형 농도를 계산하는 문제를 풀기 위한 접근법은 13장에서 보여준 과정과 같다. 그러나 산 이온화는 수용액에서 화학 평형의 주요한 부분으로 표현할 수 있으므로, 이러한 유형의 문제를 풀기 위해 체계적 단계를 거쳐서 전개할 수 있다. 또한 이 문제는 관련된 화학적 성질을 이해하는 데 도움을 준다.

예를 들면, 25°C에서 0.50 *M* HF 용액의 pH를 구하는 경우를 생각해 보자. HF의 이온화는 다음과 같이 나타낼 수 있다.

$$\mathrm{HF}(aq) \rightleftharpoons \mathrm{H}^+(aq) + \mathrm{F}^-(aq)$$

표 14.3을 이용하면

$$K_a = \frac{[\mathrm{H}^+][\mathrm{F}^-]}{[\mathrm{HF}]} = 7.1 \times 10^{-4}$$

첫 번째 단계는 pH에 영향을 줄 수 있는 모든 화학종을 가려내는 것이다. 약산은 아주 조금만 이온화하므로 평형 상태에서의 중요한 화학종은 HF이며, 약간의 H^+와 F^-가 존재한다. 또 다른 중요한 화학종으로 H_2O를 둘 수 있으나, H_2O는 매우 작은 K_w 값(1.0×10^{-14})을 가지므로 H^+ 이온의 농도에 별로 영향을 주지 못한다. 따라서 별도의 언급이 없으면 물의 자체 이온화에 의해서 생기는 H^+ 이온은 무시한다. 용액 중에 존재하는 OH^- 이온 또한 고려하지 않아도 된다는 것을 유의하라. OH^- 농도는 우선 $[H^+]$ 을 계산한 후에 식 (14.4)를 이용하여 구할 수 있다.

HF, H^+, F^-의 농도 변화는 ICE 방법에 따라서 다음과 같이 정리할 수 있다.

	$HF(aq)$	$\rightleftharpoons$	$H^+(aq)$	+	$F^-(aq)$
초기(M):	0.50		0.00		0.00
변화(M):	$-x$		$+x$		$+x$
평형(M):	$0.50 - x$		x		x

HF, H^+, F^-의 평형 농도를 미지의 x로 나타낸 농도의 변화량을 이용하여 이온화 상수식에 대입한다.

$$K_a = \frac{(x)(x)}{0.50 - x} = 7.1 \times 10^{-4}$$

이 식을 다시 정리하면, 다음과 같이 쓸 수 있다.

$$x^2 + 7.1 \times 10^{-4}x - 3.6 \times 10^{-4} = 0$$

이 식에서 x는 이차 방정식을 푸는 근의 공식(부록 3 참조)에 의해서 구할 수 있다. 이러한 형태의 문제를 간단히 풀기 위해서 근사값을 적용할 수도 있다. HF는 약산이기 때문에 HF의 이온화 정도는 매우 작을 것이다. 따라서, x는 0.50과 비교하면 매우 작다. 그러므로 다음과 같이 가정할 수 있다.

부호 ≈는 "거의 같다"는 의미이다. 이러한 근사의 유사성은 석탄을 실은 트럭과 같다. 운반도중 소량의 석탄 덩어리의 손실은 적재된 총 질량의 변화에 별 영향을 주지 않는다.

$$0.50 - x \approx 0.50$$

그러므로 이온화 상수는 다음과 같이 쓸 수 있다.

$$\frac{x^2}{0.50 - x} \approx \frac{x^2}{0.50} = 7.1 \times 10^{-4}$$

이 식을 다시 정리하면

$$x^2 = (0.50)(7.1 \times 10^{-4}) = 3.55 \times 10^{-4}$$
$$x = \sqrt{3.55 \times 10^{-4}} = 0.019\ M$$

따라서 이차 방정식을 풀지 않고 x 값을 구할 수 있다. 평형 상태에서 각 화학종의 농도는 다음과 같이 된다.

$$[HF] = (0.50 - 0.019)\ M = 0.48\ M$$
$$[H^+] = 0.019\ M$$
$$[F^-] = 0.019\ M$$

용액의 pH는 다음과 같이 구한다.

$$pH = -\log(0.019) = 1.72$$

이 근사값은 타당한 값인가? 일반적으로 약산의 K_a 값은 ±5 %의 정확도를 가지고 있다. 따라서 0.5에서 x를 뺄 때 x를 무시할 수 있으려면 x 값이 0.5의 5%보다 작은 값이어야 한다. 다시 말하면, 다음의 계산에서 값이 5 %보다 작거나 같으면 이 가정이 타당하다고 할 수 있다.

$$\frac{0.019\ M}{0.50\ M} \times 100\% = 3.8\%$$

따라서 이 경우에 근사값이 유효하다.

이제 다른 경우를 생각해 보자. HF의 초기 농도가 0.050 M이고 위의 방법을 이용하여 x에 대하여 풀면 $6.0 \times 10^{-3}\ M$을 얻게 된다. 하지만 다음 계산은 이 답이 유효한 근사법이 아님을 보이는데, 그것은 이 값이 0.050 M의 5% 보다 크기 때문이다.

$$\frac{6.0 \times 10^{-3}\ M}{0.050\ M} \times 100\% = 12\%$$

이 경우는 이차 방정식을 이용하여 x를 풀 수 있다.

미지의 x를 포함한 이온화 상수를 다음과 같이 쓸 수 있다.

$$\frac{x^2}{0.050 - x} = 7.1 \times 10^{-4}$$

$$x^2 + 7.1 \times 10^{-4}x - 3.6 \times 10^{-5} = 0$$

이 식은 이차 방정식 $ax^2 + bx + c = 0$의 형태가 된다. 이차 방정식을 푸는 공식을 이용하면 x 값을 다음과 같이 구할 수 있다.

$$\begin{aligned} x &= \frac{-b \pm \sqrt{b^2 - 4ac}}{2a} \\ &= \frac{-7.1 \times 10^{-4} \pm \sqrt{(7.1 \times 10^{-4})^2 - 4(1)(-3.6 \times 10^{-5})}}{2(1)} \\ &= \frac{-7.1 \times 10^{-4} \pm 0.012}{2} \\ &= 5.6 \times 10^{-3}\ M \text{ 또는 } -6.4 \times 10^{-3}\ M \end{aligned}$$

이온의 농도가 음의 값을 가질 수 없으므로 두 번째 답인 $x = -6.4 \times 10^{-3}\ M$은 타당한 값이 될 수 없다. 따라서 $x = 5.6 \times 10^{-3}\ M$을 이용하면 각 화학종의 농도는 다음과 같이 구할 수 있다.

$$\begin{aligned} [HF] &= (0.050 - 5.6 \times 10^{-3})\ M = 0.044\ M \\ [H^+] &= 5.6 \times 10^{-3}\ M \\ [F^-] &= 5.6 \times 10^{-3}\ M \end{aligned}$$

용액의 pH는 다음과 같다.

$$pH = -\log(5.6 \times 10^{-3}) = 2.25$$

약산의 이온화에 관한 문제 풀이 과정을 정리하면 다음과 같다.

1. 용액의 pH에 영향을 주는 모든 화학종을 찾아낸다. 대부분의 경우, 물의 이온화에 의해 생기는 이온은 무시한다. 수산화 이온의 농도는 H^+ 이온의 농도에 의해 결정되므로 H^+를 구하는 식에 포함하지 않는다.
2. 이들 화학종들의 평형 상태에서의 농도를 산의 초기 농도와 농도의 변화를 나타내는 미지수 x를 이용하여 나타낸다.
3. 평형 농도를 이용하여 산 이온화 상수(K_a)를 나타낸다. 먼저 근사법으로 x를 구한다. 만약 x의 근사값이 타당하지 않으면 이차 방정식을 이용하거나 연속 근사법을 이용하여 x를 구한다.
4. 일단 x 값을 구한 후에 다른 화학종들의 평형 농도와 용액의 pH를 구한다.

예제 14.8

0.036 M 아질산(HNO_2) 용액의 pH를 계산하시오.

$$HNO_2(aq) \rightleftharpoons H^+(aq) + NO_2^-(aq)$$

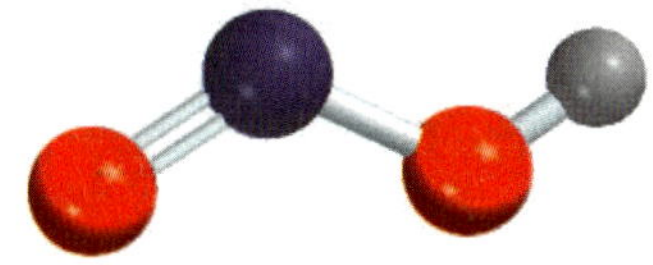

HNO_2

▸ **전략** 약산은 물에서 소량만 이온화된다는 점을 생각하자. 이 문제에서는 약산의 초기 농도가 주어지고 평형에서 용액의 pH를 계산하는 것이다. 타당한 화학종을 추적하기 위해 그림을 그려보는 것도 도움이 된다.

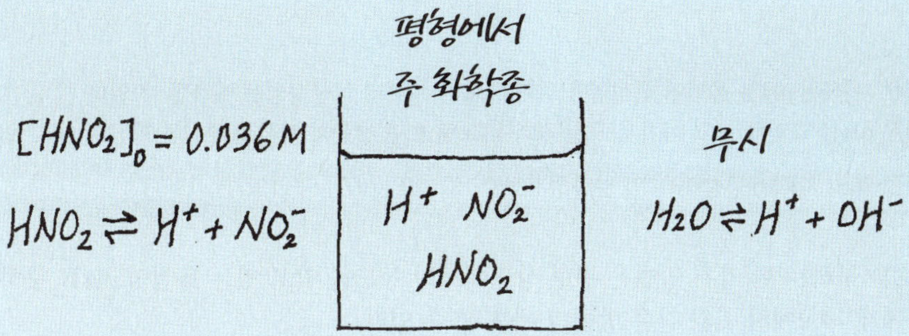

예제 14.6에서와 같이 물의 이온화는 무시할 수 있기 때문에 생성된 H^+는 산으로부터 나온다고 생각할 수 있다. 산성 용액이므로 OH^-의 농도는 매우 작다고 예측할 수 있고 따라서 OH^-는 무시할 수 있다.

▸ **풀이** 위에 정리한 과정을 따른다.

단계 1: 용액의 pH에 영향을 미치는 화학종들은 HNO_2, H^+, 짝염기인 NO_2^-이다. 물의 이온화로 생기는 $[H^+]$는 무시한다.

단계 2: 평형에서 H^+와 NO_2^- 이온의 농도(mol/L)를 x라 하면,

	$HNO_2(aq)$	$\rightleftharpoons$	$H^+(aq)$	+	$NO_2^-(aq)$
초기(M):	0.036		0.00		0.00
변화(M):	$-x$		$+x$		$+x$
평형(M):	$0.036 - x$		x		x

단계 3: 표 14.3으로부터

$$K_a = \frac{[H^+][NO_2^-]}{[HNO_2]}$$

$$4.5 \times 10^{-4} = \frac{x^2}{0.036 - x}$$

근사법을 사용하여 $0.036 - x \approx 0.036$이라고 하면

$$4.5 \times 10^{-4} = \frac{x^2}{0.036 - x} \approx \frac{x^2}{0.036}$$

$$x^2 = 1.62 \times 10^{-5}$$

$$x = 4.0 \times 10^{-3}\ M$$

근사법의 결과를 조사하면

$$\frac{4.0 \times 10^{-3}\ M}{0.036\ M} \times 100\% = 11\%$$

x 값이 산의 초기 농도의 5%보다 크다. 이런 경우에는 근사법이 타당하지 않기 때문에 다음 이차 방정식을 푼다.

$$x^2 + 4.5 \times 10^{-4}x - 1.62 \times 10^{-5} = 0$$

$$x = \frac{-4.5 \times 10^{-4} \pm \sqrt{(4.5 \times 10^{-4})^2 - 4(1)(-1.62 \times 10^{-5})}}{2(1)}$$

$$= 3.8 \times 10^{-3}\ M \text{ 또는 } -4.3 \times 10^{-3}\ M$$

이온화 결과 이온의 농도는 음수가 될 수 없기 때문에 두 번째 값은 물리적으로 불가능한 값이다. 따라서 양의 값 $x = 3.8 \times 10^{-3}\ M$이 답이 된다.

단계 4: 평형에서

$$[H^+] = 3.8 \times 10^{-3}\,M$$
$$pH = -\log(3.8 \times 10^{-3}) = 2.42$$

▸ **검산** 계산된 pH는 용액이 산성임을 나타내고, 이로부터 약산성임을 예측할 수 있다. 강산인 HCl의 경우 pH를 확인해 보고 여기서 구한 값과 비교해 보면 강산과 약산의 차이를 확실히 알 수 있다.

비슷한 문제: 14.45.

▸ **실전 연습** K_a가 5.7×10^{-4}인 일양성자산 0.122 *M*의 pH는 얼마인가?

K_a를 구하는 한 가지 방법은 평형 상태에서의 농도를 알고 있는 용액의 pH를 구하는 것이다. 예제 14.9에서 이와 같은 방법의 예를 볼 수 있다.

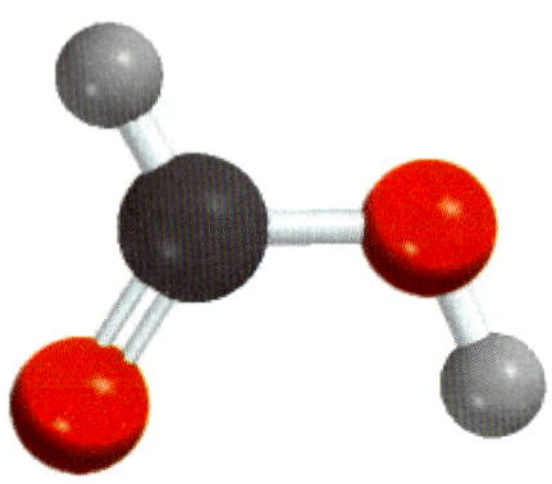

HCOOH

예제 14.9

0.10 *M* 폼산(HCOOH) 용액의 pH가 2.39이다. 이 산의 K_a는 얼마인가?

▸ **전략** 폼산은 약산이므로 물에서 소량만 이온화한다. 주어진 폼산의 농도가 이온화가 시작되기 전 폼산의 초기 농도에 해당한다. 반면에 pH는 평형에서의 값이다. 따라서 K_a를 계산하기 위해서는 평형에서 세 화학종의 농도 $[H^+]$, $[HCOO^-]$, $[HCOOH]$를 알아야 한다. 평소와 같이 물의 이온화는 무시한다. 다음 그림은 위 상황을 나타낸 것이다.

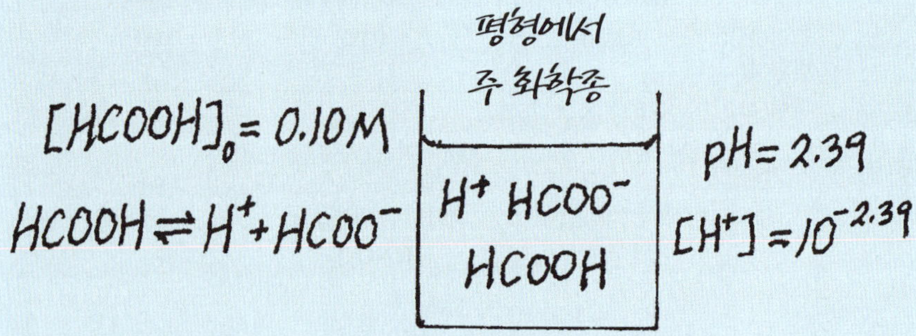

▸ **풀이** 다음과 같이 진행한다.

단계 1: 용액에서 주 화학종은 HCOOH, H^+, 짝염기인 $HCOO^-$이다.

단계 2: pH값으로부터 수소 이온 농도를 계산한다.

$$pH = -\log[H^+]$$
$$2.39 = -\log[H^+]$$

양변에 역로그를 취하면

$$[H^+] = 10^{-2.39} = 4.1 \times 10^{-3}\,M$$

다음 농도 변화를 정리한다.

	$HCOOH(aq)$	$\rightleftharpoons$	$H^+(aq)$	+	$HCOO^-(aq)$
초기(*M*):	0.10		0.00		0.00
변화(*M*):	-4.1×10^{-3}		$+4.1 \times 10^{-3}$		$+4.1 \times 10^{-3}$
평형(*M*):	$(0.10 - 4.1 \times 10^{-3})$		4.1×10^{-3}		4.1×10^{-3}

pH와 이로부터 구한 H^+의 농도를 알고 있으므로, 평형에서의 HCOOH와 $HCOO^-$의 농도를 구할 수 있다.

단계 3: 폼산의 이온화 상수를 구한다.

$$K_a = \frac{[H^+][HCOO^-]}{[HCOOH]}$$

$$= \frac{(4.1 \times 10^{-3})(4.1 \times 10^{-3})}{(0.10 - 4.1 \times 10^{-3})}$$
$$= 1.8 \times 10^{-4}$$

▸ **검산** 계산된 K_a 값이 표 14.3의 값과 약간 차이가 있는데, 이것은 계산 과정에서 반올림했기 때문이다.

▸ **실전 연습** 어떤 약산인 일양성자산 0.060 M의 pH가 3.44이다. 이 산의 K_a를 계산하시오.

비슷한 문제: 14.43.

이온화 백분율

K_a의 크기는 산의 세기를 나타낸다. 산의 세기를 알아보는 또 다른 방법은 산의 **이온화 백분율**(percent ionization)을 측정하는 것이다. 이온화 백분율은 다음과 같이 정의한다.

$$\text{이온화 백분율} = \frac{\text{평형에서 이온화된 산의 농도}}{\text{산의 초기 농도}} \times 100\% \qquad \mathbf{(14.12)}$$

만일 산의 농도가 같다면, 이온화 백분율로 산의 세기를 비교할 수 있다.

산의 세기가 셀수록 이온화 백분율은 커진다. HA와 같은 일양성자산에서, 이온화되는 산의 농도는 평형 상태에서 H^+ 이온 농도나 짝염기(A^-)의 농도와 같으므로 이온화 백분율은 다음과 같이 나타낼 수 있다.

$$\text{이온화 백분율} = \frac{[H^+]}{[HA]_0} \times 100\%$$

여기서 $[H^+]$는 평형 상태에서의 농도이며, $[HA]_0$는 초기 농도이다.

예제 14.8에서 다룬 바 있는 0.036 M HNO_2의 이온화 백분율은 다음과 같이 계산할 수 있다:

$$\text{이온화 백분율} = \frac{3.8 \times 10^{-3}\,M}{0.036\,M} \times 100\% = 11\%$$

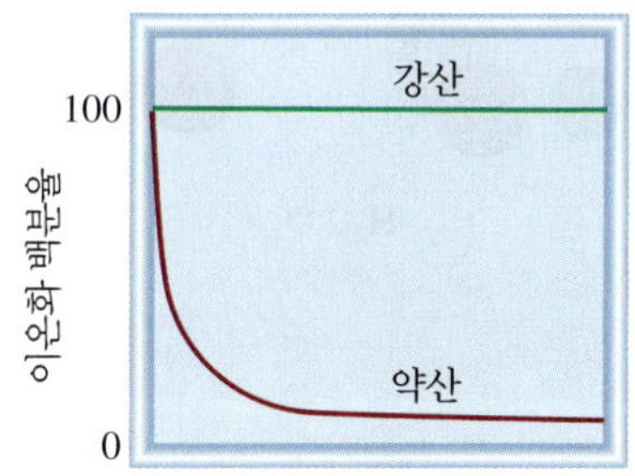

그림 14.4 • 이온화 백분율은 산의 초기 농도에 좌우된다. 매우 낮은 농도에서는 산의 세기와 관계없이 거의 다 이온화된다.

따라서 9개의 HNO_2 분자 중 1개 정도의 분자만이 이온화한다. 이와 같은 작은 이온화 백분율 값은 HNO_2가 약한 산임을 증명해 준다.

약산이 이온화하는 정도는 산의 초기 농도에 의존한다. 산의 농도가 묽으면 이온화 백분율 값은 커진다(그림 14.4 참조). 정성적으로 설명하자면 산이 묽어지면 단위 부피당 입자(이온화하지 않는 산과 이온들)수는 감소한다. 르샤틀리에 원리(13.4절 참조)에 따르면 이러한 입자 농도의 감소에 대한 반작용으로 보다 많은 입자를 만드는 쪽, 즉 평형은 이온화되지 않은 산(입자 하나)으로부터 H^+ 이온과 짝염기(입자 두 개)쪽으로 평형이 이동한다. 따라서 산의 이온화 백분율이 증가한다.

☑ 개념 복습하기

물의 "농도"는 55.5 M이다. 물의 이온화 백분율을 계산하시오.

이양성자산과 다양성자산

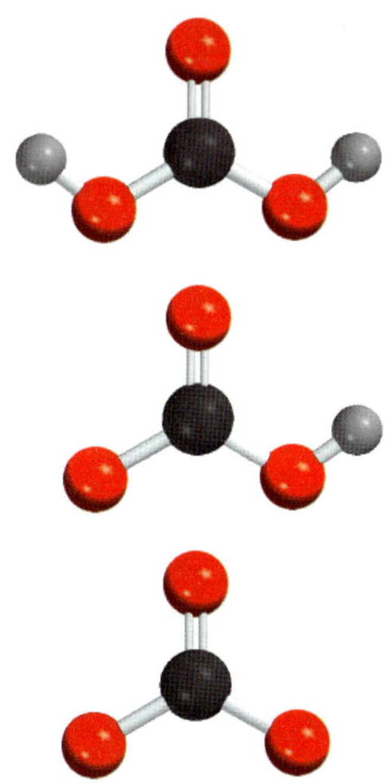

위에서 아래로: H_2CO_3, HCO_3^-, CO_3^{2-}.

이양성자산과 다양성자산은 분자 당 두 개 이상의 수소 이온을 생성한다. 이 산들은 단계적으로 이온화하므로, 한 단계에 하나씩 양성자를 잃게 된다. 각 단계마다 이온화 상수를 표현할 수 있으며, 산 용액에 있는 화학종의 농도를 계산하기 위해서는 가끔 두 개 이상의 평형 상수식이 이용된다. 예를 들면, 탄산(H_2CO_3)의 경우에 다음과 같이 두 단계의 이온화 반응식을 쓸 수 있다.

$$H_2CO_3(aq) \rightleftharpoons H^+(aq) + HCO_3^-(aq) \qquad K_{a_1} = \frac{[H^+][HCO_3^-]}{[H_2CO_3]}$$

$$HCO_3^-(aq) \rightleftharpoons H^+(aq) + CO_3^{2-}(aq) \qquad K_{a_2} = \frac{[H^+][CO_3^{2-}]}{[HCO_3^-]}$$

첫 번째 이온화 단계에서의 짝염기가 두 번째 단계에서는 산이 된다는 것을 유의하라.

표 14.4에 몇 가지 이양성자산과 하나의 다양성자산의 이온화 상수를 나타내었다. 특정 산에 대해서, 일차 이온화 상수는 이차 이온화 상수보다 훨씬 크고 그 다음도 같은 관계이다. 이와 같은 경향은 중성 분자에서 H^+ 이온을 제거하는 것이 분자로부터 생성된 음으로 하전된 이온에서 또 다른 하나의 H^+를 제거하는 것보다 쉽기 때문이다.

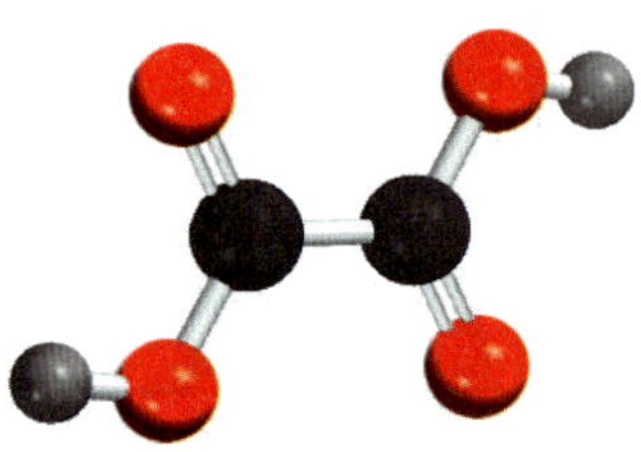

$H_2C_2O_4$

예제 14.10

옥살산($H_2C_2O_4$)은 주로 표백제나 세척제(욕조의 물때 제거)로 사용되는 독성 물질이다. 0.10 *M* 옥살산 용액의 평형에서 존재하는 모든 물질의 농도를 계산하시오.

▸ **전략** 이양성자산 수용액의 화학종 평형 농도를 정하는 것은 일양성자산의 경우보다 복잡하다. 각 단계에서 예제 14.8에서처럼 일양성자산에 대해 적용했던 것과 같은 순서를 따른다. 첫 번째 이온화 단계에서의 짝염기가 두 번째 이온화 단계에서는 산이 됨을 유의하라.

▸ **풀이** 다음 단계 순으로 풀어간다.

단계 1: 이 단계에서 용액 상태의 주요 성분은 이온화하지 않은 산, H^+ 이온, 짝염기인 $HC_2O_4^-$이다.

단계 2: H^+와 $HC_2O_4^-$ 이온의 평형 농도(mol/L)를 x로 놓고, 다음과 같이 요약하면

	$H_2C_2O_4(aq)$	$\rightleftharpoons$	$H^+(aq)$	+	$HC_2O_4^-(aq)$
초기(*M*):	0.10		0.00		0.00
변화(*M*):	$-x$		$+x$		$+x$
평형(*M*):	$0.10 - x$		x		x

단계 3: 표 14.4에서

$$K_a = \frac{[H^+][HC_2O_4^-]}{[H_2C_2O_4]}$$

$$6.5 \times 10^{-2} = \frac{x^2}{0.10 - x}$$

근사법 $0.10 - x \approx 0.10$을 적용하면

$$6.5 \times 10^{-2} = \frac{x^2}{0.10 - x} \approx \frac{x^2}{0.10}$$

$$x^2 = 6.5 \times 10^{-3}$$

$$x = 8.1 \times 10^{-2}\ M$$

근사법을 검증해 보자.

$$\frac{8.1 \times 10^{-2}\ M}{0.10\ M} \times 100\% = 81\%$$

근사법이 정확하지 않으므로, 이차 방정식을 풀어야 한다.

$$x^2 + 6.5 \times 10^{-2}x - 6.5 \times 10^{-3} = 0$$

결과로 $x = 0.054\ M$을 얻는다.

단계 4: 첫 번째 단계의 이온화가 평형에 도달했을 때의 농도는

$$[H^+] = 0.054\ M$$

$$[HC_2O_4^-] = 0.054\ M$$

$$[H_2C_2O_4] = (0.10 - 0.054)\ M = 0.046\ M$$

표 14.4 25°C에서 몇 가지 이양성자산 및 다양성자산과 그 짝염기의 이온화 상수

산의 이름	화학식	구조	K_a	짝염기	K_b
황산	H_2SO_4	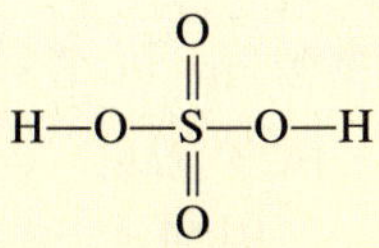	매우 큼	HSO_4^-	매우 작음
황산 수소 이온	HSO_4^-	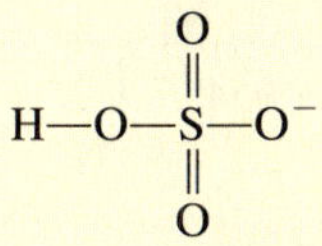	1.3×10^{-2}	SO_4^{2-}	7.7×10^{-13}
옥살산	$H_2C_2O_4$	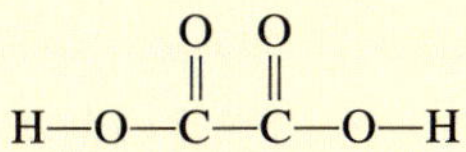	6.5×10^{-2}	$HC_2O_4^-$	1.5×10^{-13}
옥살산 수소 이온	$HC_2O_4^-$	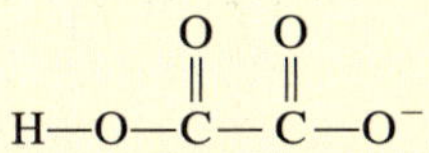	6.1×10^{-5}	$C_2O_4^{2-}$	1.6×10^{-10}
아황산*	H_2SO_3	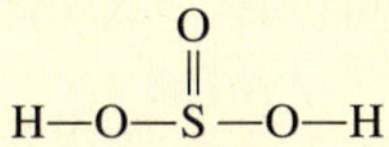	1.3×10^{-2}	HSO_3^-	7.7×10^{-13}
아황산 수소 이온	HSO_3^-	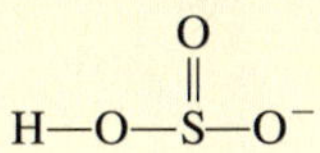	6.3×10^{-8}	SO_3^{2-}	1.6×10^{-7}
탄산	H_2CO_3	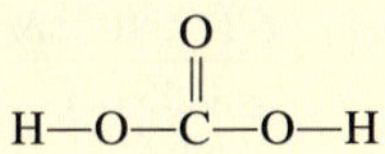	4.2×10^{-7}	HCO_3^-	2.4×10^{-8}
탄산 수소 이온	HCO_3^-	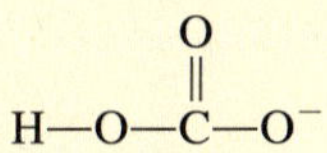	4.8×10^{-11}	CO_3^{2-}	2.1×10^{-4}
황화 수소산	H_2S	H—S—H	9.5×10^{-8}	HS^-	1.1×10^{-7}
황화 수소 이온†	HS^-	$H—S^-$	1×10^{-19}	S^{2-}	1×10^{5}
인산	H_3PO_4	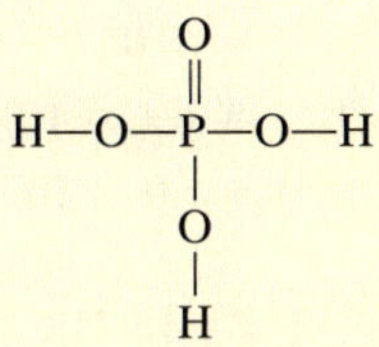	7.5×10^{-3}	$H_2PO_4^-$	1.3×10^{-12}
인산 이수소 이온	$H_2PO_4^-$	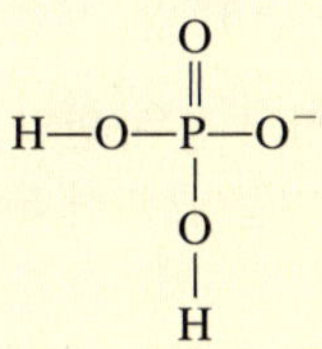	6.2×10^{-8}	HPO_4^{2-}	1.6×10^{-7}
인산 수소 이온	HPO_4^{2-}	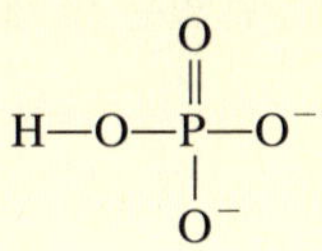	4.8×10^{-13}	PO_4^{3-}	2.1×10^{-2}

* H_2SO_3는 분리할 수 없으며 SO_2의 수용액에서 아주 적은 농도로 존재한다. 이 K_a 값은 $SO_2(g) + H_2O(l) \rightleftharpoons H^+(aq) + HSO_3^-(aq)$의 평형에 대한 것이다.

† HS^-의 이온화 상수는 아주 작아서 측정하기 어렵다. 이것은 대략적인 값이다.

다음으로, 두 번째 단계의 이온화를 생각해 보자.

단계 1: 이 단계에서 주요 물질은 두 번째 단계에서 산으로 작용하는 $HC_2O_4^-$, H^+, 짝염기 $C_2O_4^{2-}$이다.

단계 2: H^+와 $C_2O_4^{2-}$의 평형 농도(mol/L)를 y로 놓고 다음과 같이 정리한다.

	$HC_2O_4^-(aq)$	$\rightleftharpoons$	$H^+(aq)$	+	$C_2O_4^{2-}(aq)$
초기(M):	0.054		0.054		0.00
변화(M):	$-y$		$+y$		$+y$
평형(M):	$0.054 - y$		$0.054 + y$		y

단계 3: 표 14.4에서

$$K_a = \frac{[H^+][C_2O_4^{2-}]}{[HC_2O_4^-]}$$

$$6.1 \times 10^{-5} = \frac{(0.054 + y)(y)}{(0.054 - y)}$$

$0.054 + y \approx 0.054$와 $0.054 - y \approx 0.054$의 근사를 적용하여

$$\frac{(0.054)(y)}{(0.054)} = y = 6.1 \times 10^{-5}\ M$$

근사법을 검증해 보자.

$$\frac{6.1 \times 10^{-5}\ M}{0.054\ M} \times 100\% = 0.11\%$$

따라서 근사법은 타당하다.

단계 4: 평형에서는

$$[H_2C_2O_4] = 0.046\ M$$
$$[HC_2O_4^-] = (0.054 - 6.1 \times 10^{-5})\ M = 0.054\ M$$
$$[H^+] = (0.054 + 6.1 \times 10^{-5})\ M = 0.054\ M$$
$$[C_2O_4^{2-}] = 6.1 \times 10^{-5}\ M$$
$$[OH^-] = 1.0 \times 10^{-14}/0.054 = 1.9 \times 10^{-13}\ M$$

비슷한 문제: 14.52.

▸ **실전 연습** 0.20 M 옥살산 용액에서의 $H_2C_2O_4$, $HC_2O_4^-$, $C_2O_4^{2-}$, H^+ 이온의 농도를 계산하시오.

예제 14.10은 이양성자산의 경우, 만일 $K_{a_1} >> K_{a_2}$이면, H^+ 이온의 농도는 첫 번째 이온화 단계에 의해 결정됨을 보여준다. 또한 두 번째 이온화 단계에서의 짝염기의 농도는 K_{a_2}와 같은 *숫자임*을 보여준다.

인산(H_3PO_4)은 이온화할 수 있는 세 개의 수소 원자를 갖는 다양성자산이다.

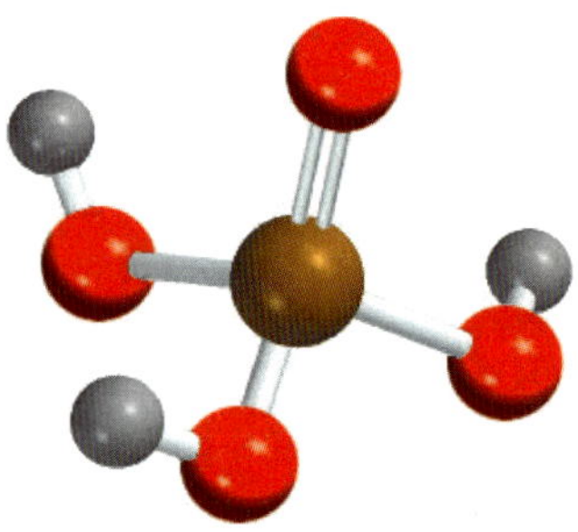

H_3PO_4

$$H_3PO_4(aq) \rightleftharpoons H^+(aq) + H_2PO_4^-(aq) \qquad K_{a_1} = \frac{[H^+][H_2PO_4^-]}{[H_3PO_4]} = 7.5 \times 10^{-3}$$

$$H_2PO_4^-(aq) \rightleftharpoons H^+(aq) + HPO_4^{2-}(aq) \qquad K_{a_2} = \frac{[H^+][HPO_4^{2-}]}{[H_2PO_4^-]} = 6.2 \times 10^{-8}$$

$$HPO_4^{2-}(aq) \rightleftharpoons H^+(aq) + PO_4^{3-}(aq) \qquad K_{a_3} = \frac{[H^+][PO_4^{3-}]}{[HPO_4^{2-}]} = 4.8 \times 10^{-13}$$

인산은 약한 다양성자산이고, 이온화 상수는 두 번째와 세 번째 단계에서 크게 감소함을 볼 수 있다. 따라서 인산 용액에서는 이온화되지 않는 산의 농도가 높으며, 그 외 H^+와 $H_2PO_4^-$ 이온만이 얼마간 존재할 것으로 예측할 수 있다.

☑ 개념 복습하기

다음 그림 중에서 황산 용액을 올바르게 나타낸 것은 무엇인가? 혼동을 피하기 위해 물 분자는 나타내지 않았다.

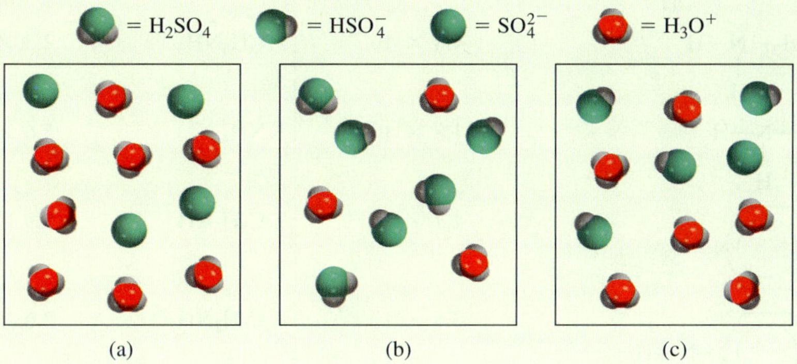

14.6 약염기와 염기 이온화 상수

약염기는 약산과 같은 방법으로 다룰 수 있다. 암모니아가 물에 녹을 때, 다음과 같은 반응이 진행된다.

$$NH_3(aq) + H_2O(l) \rightleftharpoons NH_4^+(aq) + OH^-(aq)$$

평형 상수는 다음과 같이 주어진다.

$$K = \frac{[NH_4^+][OH^-]}{[NH_3][H_2O]}$$

NH_3의 정전기 퍼텐셜 지도. 질소의 비공유 전자쌍(빨강색) 때문에 암모니아는 염기성을 띤다.

이러한 *염기 이온화 반응*(base ionization reaction)에서 수산화 이온이 만들어진다는 것은 $[OH^-] > [H^+]$이며 따라서 $pH > 7$임을 뜻한다.

물의 전체 농도와 비교해 보면 이 반응에 의해서 소모된 물 분자의 수는 매우 작기 때문에 $[H_2O]$는 상수로 간주한다. 따라서 이 이온화 반응의 평형 상수인 *염기 이온화 상수*(base ionization constant, K_b)는 다음과 같다.

$$K_b = K[H_2O] = \frac{[NH_4^+][OH^-]}{[NH_3]} = 1.8 \times 10^{-5}$$

동영상
염기 이온화.

표 14.5에 일반적인 약염기와 그 이온화 상수를 수록하였다. 이들 화합물의 염기도는 질소 원자에 있는 비공유 전자쌍 때문이다. 비공유 전자쌍이 H^+ 이온을 받을 수 있기 때문에 이 화합물들은 브뢴스테드 염기가 된다.

예제 14.11

0.40 M 암모니아 용액의 pH를 계산하시오.

▸ **전략** 약산과 같은 과정으로 답을 구한다(예제 14.8 참조). 암모니아의 이온화로부터 평형에서 존재하는 주 화학종은 NH_3, NH_4^+, OH^-임을 알 수 있다. 염기성 용액이기 때문에 수소 이온의 농도는 아주 작아서 이 화학종은 무시할 수 있다. 앞에서와 같이 물의 이온화는 무시한다. 다음과 같이 평형에서 주 화학종을 그린다.

표 14.5 25°C에서 몇 가지 약염기와 그 짝산의 이온화 상수

염기의 이름	화학식	구조	K_b*	짝산	K_a
에틸아민	$C_2H_5NH_2$	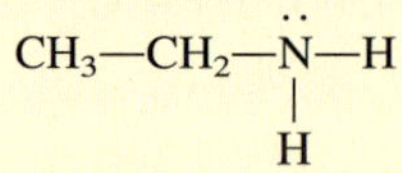	5.6×10^{-4}	$C_2H_5\overset{+}{N}H_3$	1.8×10^{-11}
메틸아민	CH_3NH_2	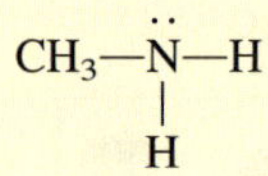	4.4×10^{-4}	$CH_3\overset{+}{N}H_3$	2.3×10^{-11}
암모니아	NH_3	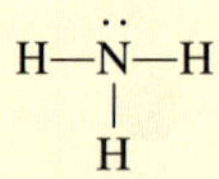	1.8×10^{-5}	NH_4^+	5.6×10^{-10}
피리딘	C_5H_5N	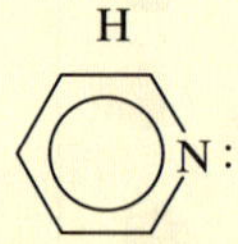	1.7×10^{-9}	$C_5H_5\overset{+}{N}H$	5.9×10^{-6}
아닐린	$C_6H_5NH_2$	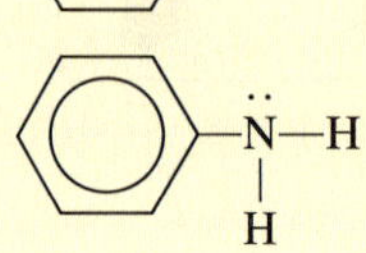	3.8×10^{-10}	$C_6H_5\overset{+}{N}H_3$	2.6×10^{-5}
카페인	$C_8H_{10}N_4O_2$	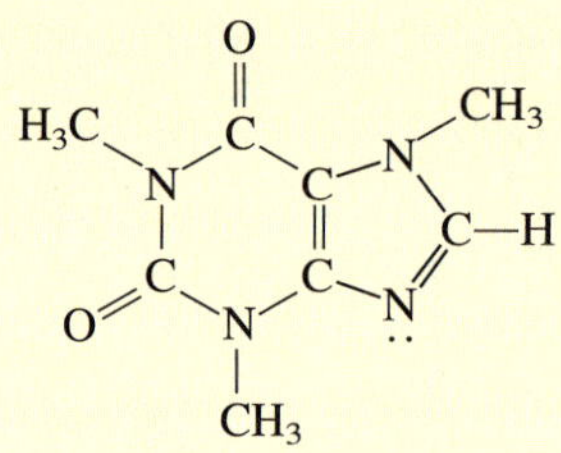	5.3×10^{-14}	$C_8H_{11}\overset{+}{N}_4O_2$	0.19
요소	$(NH_2)_2CO$	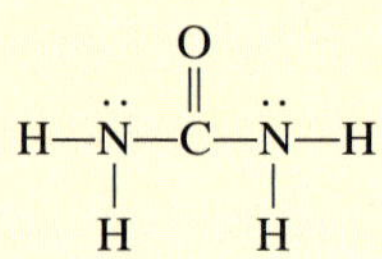	1.5×10^{-14}	$H_2NCO\overset{+}{N}H_3$	0.67

*각 화합물의 염기도는 고립 전자쌍이 있는 질소 원자의 염기도를 의미한다. 요소의 경우 K_b 값은 두 질소 원자 중 하나가 작용한 것이다.

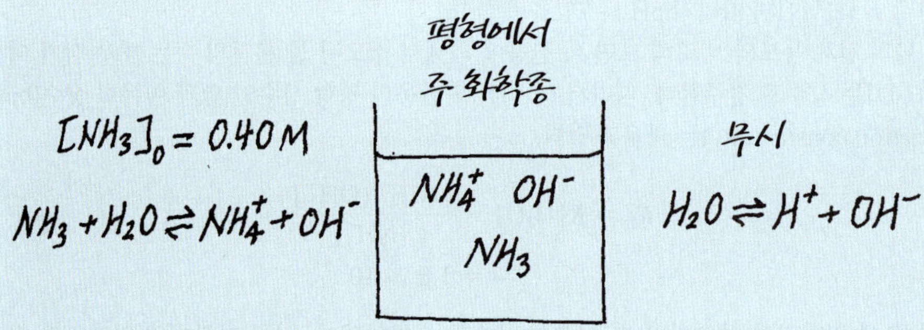

▸ **풀이** 다음 단계에 따라 진행한다.

단계 1: 암모니아 용액에서 주 화학종은 NH_3, NH_4^+, OH^-이다. 물의 이온화로 생기는 OH^- 농도는 무시한다.

단계 2: 평형에서 NH_4^+와 OH^- 이온 농도(mol/L)를 x로 하고, 요약하면

	$NH_3(aq)$	$+\ H_2O(l) \rightleftharpoons$	$NH_4^+(aq)$	$+\ OH^-(aq)$
초기(M):	0.40		0.00	0.00
변화(M):	$-x$		$+x$	$+x$
평형(M):	$0.40 - x$		x	x

단계 3: 표 14.5로부터 K_b는 다음과 같다.

$$K_b = \frac{[NH_4^+][OH^-]}{[NH_3]}$$

$$1.8 \times 10^{-5} = \frac{x^2}{0.40 - x}$$

근사법을 사용하여 $0.40 - x \approx 0.40$이라 하면

$$1.8 \times 10^{-5} = \frac{x^2}{0.40 - x} \approx \frac{x^2}{0.40}$$

$$x^2 = 7.2 \times 10^{-6}$$

$$x = 2.7 \times 10^{-3}\ M$$

근사법의 타당성을 확인해 보자.

5% 규칙은 염기에도 해당된다.

$$\frac{2.7 \times 10^{-3}\ M}{0.40\ M} \times 100\% = 0.68\%$$

따라서 근사법은 타당하다.

단계 4: 평형에서 $[OH^-] = 2.7 \times 10^{-3}\ M$이므로

$$pOH = -\log (2.7 \times 10^{-3}) = 2.57$$

식 (14.10)으로부터

$$pH = 14.00 - 2.57 = 11.43$$

▸ **검산** 계산된 pH로부터 용액이 염기성임을 알 수 있고, 이는 약염기 용액이므로 예측된 결과이다. 강염기인 KOH 용액의 농도가 0.40 *M*인 경우에 pH를 계산해 보고, 구한 결과와 비교해 보면 강염기와 약염기의 차이를 확실히 알 수 있다.

▸ **실전 연습** 0.26 *M* 메틸아민 용액의 pH를 계산하시오(표 14.5 참조).

비슷한 문제: 14.55.

☑ 개념 복습하기

같은 농도인 다음 세 용액을 생각해 보자. 표 14.5의 자료를 이용하여 세 용액을 가장 강한 염기에서 가장 약한 순서로 쓰시오. (a) 아닐린, (b) 메틸아민, (c) 카페인.

14.7 짝산-짝염기의 이온화 상수 사이의 관계

산 이온화 상수와 그 짝염기의 이온화 상수 사이의 관계를 아세트산을 예로 들어 살펴보자.

$$CH_3COOH(aq) \rightleftharpoons H^+(aq) + CH_3COO^-(aq)$$

$$K_a = \frac{[H^+][CH_3COO^-]}{[CH_3COOH]}$$

짝염기 CH_3COO^-는 다음과 같이 물과 반응한다.

$$CH_3COO^-(aq) + H_2O(l) \rightleftharpoons CH_3COOH(aq) + OH^-(aq)$$

염기 이온화 상수는 다음과 같이 나타낼 수 있다.

$$K_b = \frac{[CH_3COOH][OH^-]}{[CH_3COO^-]}$$

두 이온화 상수의 곱은 다음과 같이 주어진다.

$$\begin{aligned} K_aK_b &= \frac{[H^+][CH_3COO^-]}{[CH_3COOH]} \times \frac{[CH_3COOH][OH^-]}{[CH_3COO^-]} \\ &= [H^+][OH^-] \\ &= K_w \end{aligned}$$

이 결과는 이상하게 보일지 몰라도 아래의 (1)식과 (2)식을 합하면 단순히 물의 자체 이온화 반응임을 알 수 있다.

$$\begin{array}{llr} (1) & CH_3COOH(aq) \rightleftharpoons H^+(aq) + CH_3COO^-(aq) & K_a \\ (2) & CH_3COO^-(aq) + H_2O(l) \rightleftharpoons CH_3COOH(aq) + OH^-(aq) & K_b \\ \hline (3) & H_2O(l) \rightleftharpoons H^+(aq) + OH^-(aq) & K_w \end{array}$$

위의 예는 화학 평형에 대해 우리가 알고 있는 규칙 중 하나를 설명하고 있다. 즉, 두 반응을 합하여 세 번째 반응이 생기면, 세 번째 반응에 대한 평형 상수는 두 반응의 평형 상수의 곱과 같다. 따라서, 짝산-짝염기 쌍에 대해 다음 관계는 항상 성립한다.

$$K_aK_b = K_w \qquad \textbf{(14.13)}$$

K_a를 구하려면, 산의 이온화로 만들어지는 짝염기의 K_b를 이용하거나 그 역을 이용해야 한다.

식 (14.13)을 고쳐 쓰면,

$$K_a = \frac{K_w}{K_b} \qquad K_b = \frac{K_w}{K_a}$$

다음과 같은 중요한 결론을 얻을 수 있다. 즉, 산이 셀수록(K_a 값이 클수록) 그 산의 짝염기는 더욱 약한 염기이다(K_b 값은 더욱 작아진다), 산이 약할수록 그 산의 짝염기는 더욱 강한 염기가 된다(표 14.3, 표 14.4, 표 14.5 참조).

식 (14.13)을 이용해서 CH_3COOH의 짝염기 (CH_3COO^-)의 K_b를 다음과 같이 구할 수 있다. 표 14.3에서 CH_3COOH의 K_a 값을 찾을 수 있으므로 다음과 같이 쓴다.

$$\begin{aligned} K_b &= \frac{K_w}{K_a} \\ &= \frac{1.0 \times 10^{-14}}{1.8 \times 10^{-5}} \\ &= 5.6 \times 10^{-10} \end{aligned}$$

☑ **개념 복습하기**

다음 두 산과 그들의 이온화 상수에 대해 생각해 보자.

$$\begin{array}{ll} HCOOH & K_a = 1.7 \times 10^{-4} \\ HCN & K_a = 4.9 \times 10^{-10} \end{array}$$

어느 짝염기($HCOO^-$ 또는 CN^-)가 더 센가?

14.8 분자 구조와 산의 세기

산의 세기는 용매의 성질, 온도, 산의 분자 구조와 같은 많은 인자에 의존한다. 같은 용매, 같은 온도, 같은 농도에서 두 산의 세기를 비교하면 이들 변수의 영향이 제거되고, 산의 구조에 따른 산의 세기 변화에만 초점을 맞출 수 있다.

어떤 산 HX를 생각해 보자. 산의 세기는 산이 이온화되는 정도로 측정된다.

$$HX \longrightarrow H^+ + X^-$$

두 가지 인자가 산이 이온화되는 정도에 영향을 미친다. 하나는 H—X 결합의 세기이다. 이 결합이 강할수록 HX 분자가 깨어지기 어렵고, 따라서 산은 약산이 된다. 또 다른 인자는 H—X 결합의 극성이다. H와 X의 전기음성도 차이는 다음과 같은 극성 결합을 만든다.

$$\overset{\delta+}{H}—\overset{\delta-}{X}$$

만약 결합이 크게 편극되어 있으면, 즉, H와 X 원자 각각에 큰 양전하와 음전하가 밀집되어 있으면, HX는 H^+와 X^- 이온으로 깨어진다. 따라서 극성의 정도가 클수록 *강산*이 된다. 결합의 강도나 결합의 극성이 산의 강도를 결정하는 데 큰 영향을 미치는 몇 가지 예를 살펴보기로 하자.

할로젠화 수소산

할로젠 원소는 할로젠화 수소산(hydrohalic acid)이라고 부르는 이성분산을 만든다(HF, HCl, HBr, HI). 이러한 계열에서 할로젠화 수소산의 세기를 결정하는 주요 요인은 결합세기인가, 아니면 결합의 극성인가? 첫째로 할로젠화 수소산 각각의 H—X 결합의 세기를 생각해 보자. 표 14.6에서 보듯이 네 개의 할로젠화 수소 중에서 HF의 결합 엔탈피가 가장 크며 H—I의 결합 엔탈피가 가장 작다. H—F 결합을 끊기 위해서는 568.2 kJ/mol의 큰 에너지가 필요하고 H—I는 단지 298.3 kJ/mol이면 된다. 결합 엔탈피에 기초하여 HI의 결합 에너지가 가장 작기 때문에 H^+와 I^- 이온을 쉽게 생성하므로 HI는 할로젠화 수소산 계열에서 가장 강산이다. 둘째로 H—X 결합의 극성의 크기를 생각해 보자. 이 산의 계열에서 F는 할로젠 중에서 전기음성도가 가장 크므로(그림 8.4 참조), 결합의 극성은 HF로부터 HI로 갈수록 감소한다. 결합 극성을 기본으로 HF는 양전하와 음전하가 H 원자와 F 원자에 크게 축적되기 때문에 가장 강한 산이어야 한다. 따라서 이성분 산의 세기를 결정하는 데 경쟁하는 요인이 두 가지가 있다. HI가 강산이고 HF가 약산이다는 사실은 결합 엔탈피가 이성분 산의 세기를 결정하는 데 더 우세한 요인임을 의미한다. 이러한 이성분 산의 계열에서 결합이 약할수록 더 강산이고 따라서 산의 세기는 다음과 같이 증가한다.

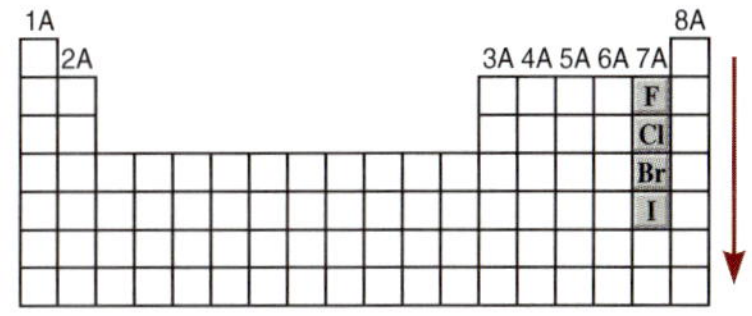

HF에서 HI로 갈수록 할로젠화 수소산의 세기는 증가한다.

$$HF \ll HCl < HBr < HI$$

산소산

이제 산소산을 생각해 보자. 2장에서 배운 것과 같이 산소산(oxoacid)은 수소, 산소, 중심 위치를 차지하는 하나의 다른 원소 Z를 포함한다. 그림 14.5는 몇 가지 일반적인 산소산의 루이스 구조를 나타낸 것이다. 이 그림에서 볼 수 있듯이 이런 산들은 한 개 이상의 O—H 결합을 가지는 특징을 가지고 있다. 중심 원자 Z에는 여러 가지 다른 작용기들이 결합될 수 있다.

무기산의 명명법은 2.7절 참조.

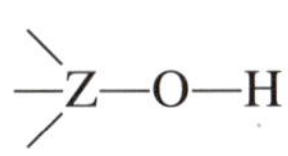

표 14.6 할로젠화 수소의 결합 엔탈피와 할로젠화 수소산의 세기

결합	결합 엔탈피(kJ/mol)	산의 세기
H—F	568.2	약함
H—Cl	431.9	강함
H—Br	366.1	강함
H—I	298.3	강함

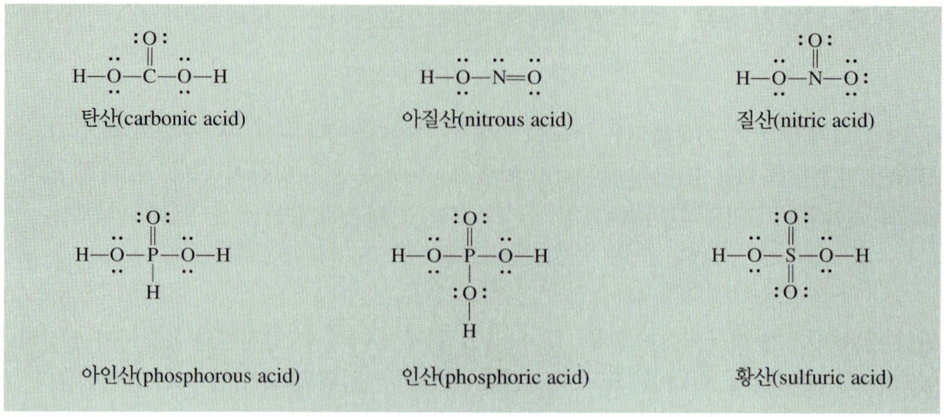

그림 14.5 • 몇 가지 산소산의 루이스 구조식. 형식 전하는 편의상 생략하였다.

원자의 산화수가 클수록, 결합 전자를 자기쪽으로 끌어당기는 능력도 증가한다.

만일 Z가 전기음성인 원소이거나 높은 산화 상태이면 전자를 잡아당겨 Z—O 결합을 더 공유성으로 만들고, O—H 결합을 더 극성으로 만든다. 결과적으로 H가 H^+ 이온으로 되기가 쉬워진다.

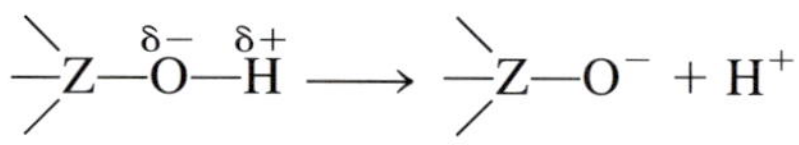

산소산의 세기를 비교하기 위하여 산소산을 두 부류로 나누면 편리하다.

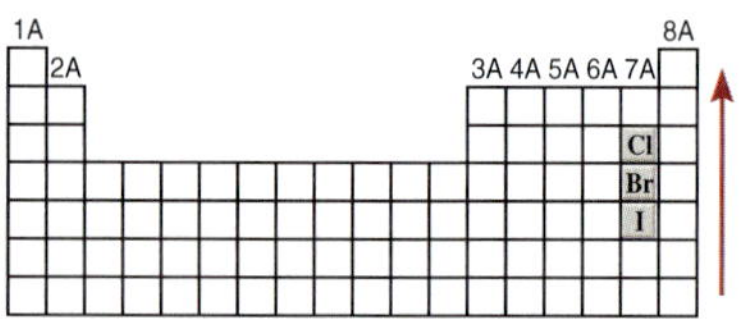

할로젠 원소를 포함하는 산소산에서 산소 원자의 개수가 동일할 때 산의 세기는 아래에서 위로 갈수록 증가한다.

1. *주기율표의 같은 족에 속해 있고 같은 산화 상태를 가지지만, 다른 중심 원자를 갖는 산소산.* 이 경우에서의 산의 세기는 다음 $HClO_3$와 $HBrO_3$로 나타낸 예에서 볼 수 있듯이 중심 원자의 전기음성도가 증가함에 따라 증가한다.

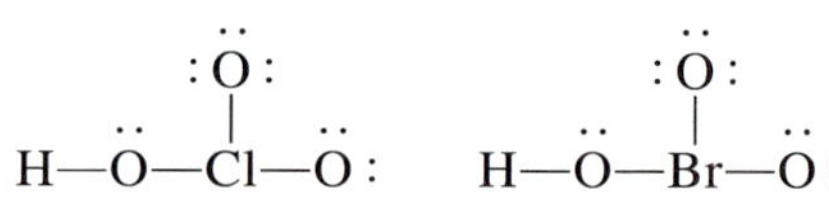

Cl과 Br의 산화수는 +5로 같다. 그러나 Cl은 Br보다 전기음성도가 더 크므로 Br보다 더 세게 산소와 공유하고 있는(Cl—O—H기 내에서) 전자쌍을 잡아당긴다. 결과적으로 O—H 결합은 염소산의 경우가 브로민산의 경우보다 더 극성이고 더 쉽게 이온화한다. 따라서 상대적인 산의 세기는 다음과 같다.

$$HClO_3 > HBrO_3$$

2. *같은 중심 원자를 가지지만 중심 원자에 결합한 기의 수가 다른 산소산.* 이 경우에는 중심 원자의 산화수가 증가함에 따라 산의 세기는 증가한다. 그림 14.6에 나타낸 염소의 산소산을 생각해 보자. 이 계열에서 OH 기로부터 전자를 잡아당기는(따라서 O—H 결합을 더 극성으로 하는) 염소의 능력은 Cl에 결합한 전기음성인 O 원자의 수가 많을수

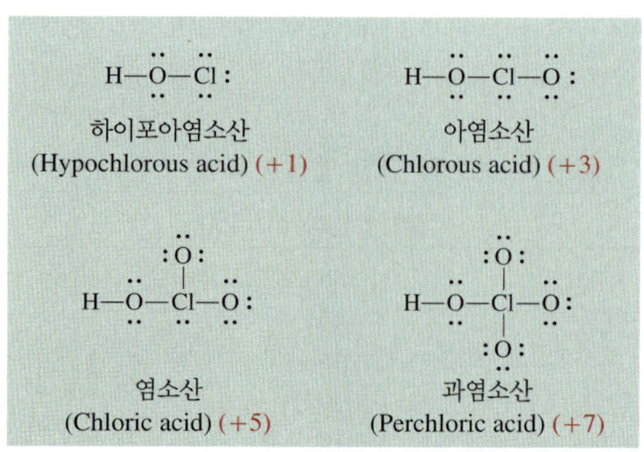

그림 14.6 • 염소의 산소산의 루이스 구조식. 괄호 속의 숫자는 Cl 원자의 산화수이다. 형식 전하는 편의상 생략하였다. 하이포아염소산을 HClO로 표기하지만 H 원자는 O 원자에 결합되어 있음을 명시하라.

록 증가한다. 따라서 Cl에 붙은 O 원자를 가장 많이 가지고 있으므로 $HClO_4$가 가장 강한 산이 되고, 산의 세기는 다음과 같이 감소한다.

$$HClO_4 > HClO_3 > HClO_2 > HClO$$

예제 14.12

다음 화합물 중 산소산의 상대적 세기를 예측해 보시오. (a) HClO, HBrO, HIO, (b) HNO_3, HNO_2.

▸ **전략** 분자의 구조를 따져 본다. (a)에서 산들은 유사한 구조를 갖고 있으나, 중심 원자(Cl, Br, I)가 다르다. (b)에서는 산들이 같은 중심 원자(N)를 갖고 있으나, O 원자의 수가 다르다. 두 산에서 N 원자의 산화수는 얼마인가?

▸ **풀이**

(a) 모든 산들은 구조가 같으며, 할로젠의 산화수(+1)도 같다. 전기음성도가 Cl에서 I로 갈수록 감소하기 때문에, X—O 결합(X는 할로젠 원자)의 극성은 HClO에서 HIO로 갈수록 증가하고 O—H 결합의 극성은 HClO에서 HIO로 갈수록 감소한다. 따라서 산의 세기는 다음과 같이 감소한다.

$$HClO > HBrO > HIO$$

(b) HNO_3와 HNO_2의 구조를 그림 14.5에 나타내었다. HNO_3에서 N의 산화수는 +5이고 HNO_2에서 N의 산화수는 +3이므로 HNO_3가 HNO_2 보다 강산이다.

▸ **실전 연습** $HBrO_3$와 $HBrO_4$ 중에서 어느 것이 약산인가?

비슷한 문제: 14.62.

☑ 개념 복습하기

다음 산을 가장 강한 것부터 가장 약한 순서로 쓰시오. (a) H_2TeO_3, (b) H_2SO_3, (c) H_2SeO_3.

14.9 염의 산-염기 성질

염(salt)은 4.3절에서 정의한 바와 같이 산과 염기 사이의 반응에 의해 형성된 이온 결합 화합물이다. 염은 물에서 완전히 해리되는 강전해질이며 어떤 경우에는 물과 반응한다. **염의 가수분해**(salt hydrolysis)란 *염의 양이온 또는 음이온이 물과 반응하거나 이 두 이온 모두가 물과 반응하는 것*이다. 염의 가수분해는 용액의 pH에 영향을 준다.

"가수분해(hydrolysis)"라는 용어는 그리스어의 hydro("물")와 lysis("서로 떼어놓는 것")로부터 유래되었다.

중성 용액을 만드는 염

일반적으로 알칼리 금속 이온이나 알칼리 토금속 이온(Be^{2+}는 제외)을 포함하는 염이나 강산의 짝염기(예로 Cl^-, Br^-, NO_3^-)는 측정할 수 있을 만큼 가수분해되지 않으므로 그들 용액은 중성이 된다. 예를 들면, NaOH와 HNO_3의 반응으로 생성된 $NaNO_3$는 물에 녹았을 때 다음과 같이 완전히 해리된다.

실제로 모든 양이온들은 물에서 산성 용액을 이룬다.

$$NaNO_3(s) \xrightarrow{H_2O} Na^+(aq) + NO_3^-(aq)$$

수화된 Na^+ 이온은 H^+ 이온을 주지도 않고 받아들이지도 않는다. NO_3^- 이온은 강산 HNO_3의 짝염기이며 H^+ 이온에 대해 친화력이 없다. 따라서 Na^+와 NO_3^- 이온을 포함하는 용액은 pH = 7인 중성 용액이다.

금속 이온이 산성 용액을 만드는 메커니즘은 뒤에서 다룬다.

염기성 용액을 만드는 염

CH_3COONa는 물에서 다음과 같이 해리한다.

$$CH_3COONa(s) \xrightarrow{H_2O} Na^+(aq) + CH_3COO^-(aq)$$

수화된 Na^+ 이온은 산성이나 염기성을 띠지 않는다. 하지만 아세트산 이온(CH_3COO^-)은 약산인 CH_3COOH의 짝염기이므로 H^+ 이온과 친화력을 갖는다. 가수분해 반응은 다음과 같다.

$$CH_3COO^-(aq) + H_2O(l) \rightleftharpoons CH_3COOH(aq) + OH^-(aq)$$

이 반응은 OH^- 이온을 생성하기 때문에 CH_3COONa 용액은 염기성을 나타낼 것이다. 이 가수분해 반응에 대한 평형 상수는 CH_3COO^-의 염기 이온화 상수이며, 다음과 같이 나타낸다.

$$K_b = \frac{[CH_3COOH][OH^-]}{[CH_3COO^-]} = 5.6 \times 10^{-10}$$

산성 용액을 만드는 염

강산과 약염기에서 생성된 염이 물에 녹으면 용액은 산성이 된다. 예를 들면, 다음 반응에서

$$NH_4Cl(s) \xrightarrow{H_2O} NH_4^+(aq) + Cl^-(aq)$$

Cl^- 이온은 H^+ 이온에 대한 친화력을 갖지 않는다. 암모늄 이온인 NH_4^+는 약염기인 NH_3의 약한 짝산이며, 다음과 같이 이온화한다.

$$NH_4^+(aq) + H_2O(l) \rightleftharpoons NH_3(aq) + H_3O^+(aq)$$

또는 간단하게 다음과 같이 나타낼 수 있다.

$$NH_4^+(aq) \rightleftharpoons NH_3(aq) + H^+(aq)$$

여기서 H^+ 이온이 생성되기 때문에 용액의 pH는 감소한다. 보다시피 NH_4^+ 이온의 가수분해는 NH_4^+ 산의 이온화와 같다. 이 반응에 대한 평형 상수(또는 이온화 상수)는 다음과 같다.

우연히도 NH_4^+의 K_a와 CH_3COO^-의 K_b는 같은 값이다.

$$K_a = \frac{[NH_3][H^+]}{[NH_4^+]} = \frac{K_w}{K_b} = \frac{1.0 \times 10^{-14}}{1.8 \times 10^{-5}} = 5.6 \times 10^{-10}$$

염의 가수분해 문제를 풀 경우에, 약산과 약염기에서 사용한 동일한 과정을 따른다.

예제 14.13

0.25 *M* 플루오린화 포타슘(potassium fluoride, KF)의 pH를 계산하시오. 몇 % 가수분해되었는가?

▸ **전략** 염이란 무엇인가? 수용액에서 KF는 K^+와 F^- 이온으로 완전히 해리된다. 포타슘은 알칼리금속이므로 K^+ 이온은 물과 반응하지 않아 용액의 pH에 영향을 주지 않는다. F^-는 약산인 HF의 짝염기이다(표 14.3 참조). 따라서 이것이 물과 반응하여 HF와 OH^-를 생성하고, 용액은 염기성이 된다.

▸ **풀이**

단계 1: 0.25 *M* 플루오린화 포타슘 용액에서 시작하였으므로 해리된 후 이온 농도는 0.25 *M*이 된다.

	$KF(aq)$	$\longrightarrow$	$K^+(aq)$	+	$F^-(aq)$
초기(*M*):	0.25		0		0
변화(*M*):	−0.25		+0.25		+0.25
평형(*M*):	0		0.25		0.25

위 이온 중에서 플루오린화 이온만이 물과 반응한다.

$$F^-(aq) + H_2O(l) \rightleftharpoons HF(aq) + OH^-(aq)$$

평형에서 수용액에서의 주 화학종은 HF, F^-, OH^-이다. 염기성 용액이라 예상되므로 H^+ 이온의 농도는 매우 작다. 물의 이온화는 무시한다.

단계 2: HF와 OH^- 이온의 평형 농도(mol/L)를 x라고 놓고, 다음과 같이 정리한다.

	$F^-(aq)$ +	$H_2O(l)$ $\rightleftharpoons$	$HF(aq)$ +	$OH^-(aq)$
초기(M):	0.25		0	0
변화(M):	$-x$		$+x$	$+x$
평형(M):	$0.25 - x$		x	x

단계 3: 앞서 언급한 것과 표 14.3으로부터 가수분해의 평형 상수 또는 염기 이온화 상수를 다음과 같이 쓸 수 있다.

$$K_b = \frac{[HF][OH^-]}{[F^-]}$$

$$1.4 \times 10^{-11} = \frac{x^2}{0.25 - x}$$

K_b 값은 매우 작고 초기 염기의 농도는 매우 크기 때문에 $0.25 - x \approx 0.25$로 근사법을 적용할 수 있다.

$$1.4 \times 10^{-11} = \frac{x^2}{0.25 - x} \approx \frac{x^2}{0.25}$$

$$x = 1.9 \times 10^{-6}\,M$$

단계 4: 평형에서

$$[OH^-] = 1.9 \times 10^{-6}\,M$$

$$pOH = -\log(1.9 \times 10^{-6}) = 5.72$$

$$pH = 14.00 - 5.72 = 8.28$$

따라서 예상했던 것처럼 용액은 염기성이다. 가수분해 백분율은 다음과 같다.

$$\text{가수분해 백분율} = \frac{[F^-]_{\text{가수분해}}}{[F^-]_{\text{초기 농도}}} \times 100\% = \frac{1.9 \times 10^{-6}}{0.25} \times 100\% = 0.00076\%$$

▸ **검산** 아주 적은 양의 음이온만이 가수분해됨을 알 수 있다. 가수분해 백분율을 계산하는 데 있어서도 근사법을 검증할 때와 동일한 형태를 취하는 것을 유의하라.

비슷한 문제: 14.73.

▸ **실전 연습** 0.24 M 폼산 소듐(sodium formate, HCOONa) 용액의 pH를 계산하시오.

금속 이온 가수분해

크기가 작고 높게 하전된 금속 양이온(예를 들면, Al^{3+}, Cr^{3+}, Fe^{3+}, Bi^{3+}, Be^{2+})과 강산의 짝염기로 이루어진 염들도 산성 용액을 만든다. 예를 들어, 염화 알루미늄($AlCl_3$)이 물에 녹으면, Al^{3+} 이온은 수화된 형태인 $Al(H_2O)_6^{3+}$로 존재한다(그림 14.7). $Al(H_2O)_6^{3+}$를 이루는 금속 이온과 여섯 개의 물 분자 중 한 분자에 있는 산소 원자 사이의 결합을 살펴보기로 하자.

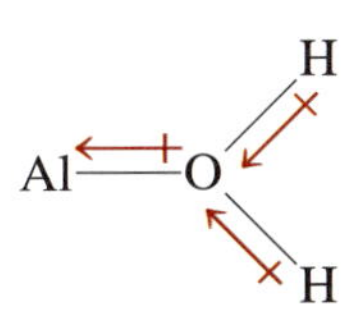

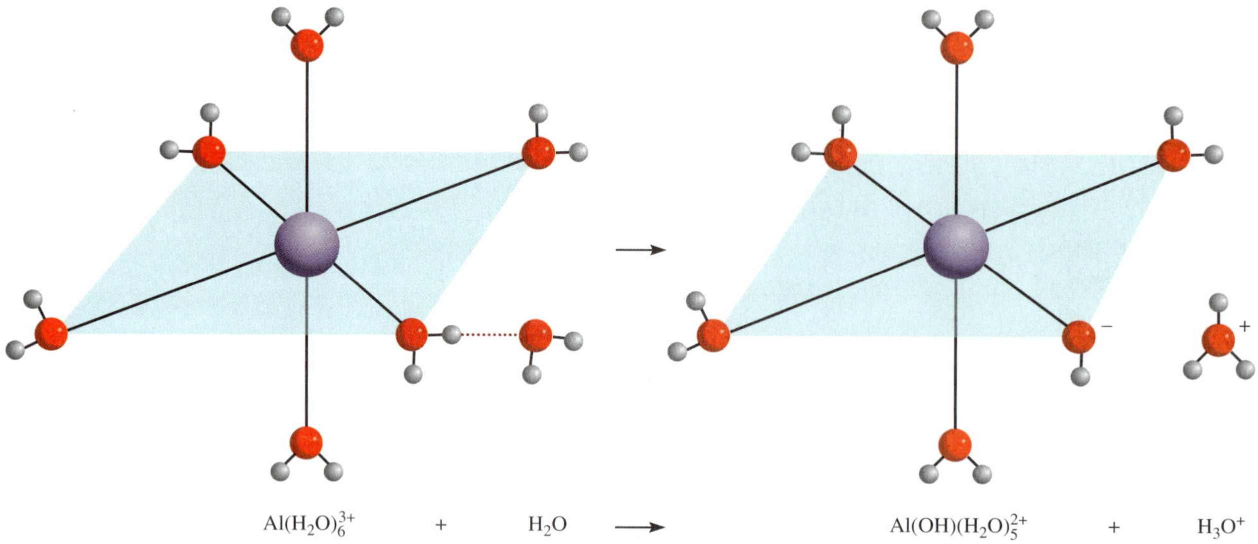

그림 14.7 • 여섯 개의 H_2O 분자가 Al^{3+} 이온을 팔면체 모양으로 둘러싸고 있다. 크기가 작은 Al^{3+} 이온이 산소 원자의 고립 전자쌍을 강하게 잡아 당겨서 금속 양이온에 결합된 H_2O 분자의 O—H 결합을 약화시켜, 가까이 접근하는 H_2O에 양성자(H^+)를 넘겨주게 한다. 이런 금속 양이온의 가수분해 반응에 의해 용액은 산성화된다.

양으로 하전된 Al^{3+} 이온은 자신 쪽으로 전자 밀도를 끌어당기며 O—H 결합을 더 극성으로 만든다. 이 결과 H 원자는 수화에 참여하지 않는 물 분자의 수소 원자보다 이온화하려는 경향이 더 커진다. 결과적으로 이온화는 다음과 같다.

수화된 Al^{3+}는 양성자 주개의 역할을 하므로 이 반응에서 브뢴스테드 산이다.

$$Al(H_2O)_6^{3+}(aq) + H_2O(l) \rightleftharpoons Al(OH)(H_2O)_5^{2+}(aq) + H_3O^+(aq)$$

또는 간단히

$$Al(H_2O)_6^{3+}(aq) \rightleftharpoons Al(OH)(H_2O)_5^{2+}(aq) + H^+(aq)$$

이 금속 양이온의 가수분해에 대한 평형 상수는 다음과 같다.

$Al(H_2O)_6^{3+}$는 CH_3COOH만큼 산성임을 유의하라.

$$K_a = \frac{[Al(OH)(H_2O)_5^{2+}][H^+]}{[Al(H_2O)_6^{3+}]} = 1.3 \times 10^{-5}$$

$Al(OH)(H_2O)_5^{2+}$는 다음처럼 더 이온화될 수 있다.

$$Al(OH)(H_2O)_5^{2+}(aq) \rightleftharpoons Al(OH)_2(H_2O)_4^{+}(aq) + H^+(aq)$$

추가적인 이온화도 같은 방식으로 더 진행될 수 있다. 하지만 대개는 가수분해의 첫 단계만 고려하면 충분하다.

가수분해의 정도는 크기가 작고 전하가 많은 이온일수록 커진다. 이런 이온들은 O—H 결합을 많이 편극시켜서 이온화를 촉진하기 때문이다. 이는 Na^+나 K^+와 같이 비교적 크고 전하가 작은 이온이 눈에 띌 정도로 가수분해를 하지 않는 이유이기도 하다.

양이온과 음이온 모두 가수분해에 참여하는 염

지금까지는 한 가지 이온만 가수분해를 하는 염들에 대해 살펴보았다. 약산과 약염기에서 만들어지는 염은 양이온과 음이온이 모두 가수분해한다. 하지만 그런 염을 가진 용액이 산성, 염기성, 중성 가운데 어느 것이 될 것인지는 약산과 약염기의 상대적 세기에 달려 있다. 이런 계에 대한 수학적 논의는 좀 복잡하므로 여기서는 다음과 같은 기준을 사용하여 정성적으로 예측하는 데 중점을 둔다.

표 14.7 염의 산-염기 성질

염의 종류	예	가수분해에 참여하는 이온	용액의 pH
강염기의 양이온; 강산의 음이온	$NaCl$, KI, KNO_3, $RbBr$, $BaCl_2$	없음	≈ 7
강염기의 양이온; 약산의 음이온	CH_3COONa, KNO_2	음이온	> 7
약염기의 양이온; 강산의 음이온	NH_4Cl, NH_4NO_3	양이온	< 7
약염기의 양이온; 약산의 음이온	NH_4NO_2, CH_3COONH_4, NH_4CN	음이온과 양이온	< 7 $K_b < K_a$일 때 ≈ 7 $K_b \approx K_a$일 때 > 7 $K_b > K_a$일 때
크게 하전된 작은 양이온; 강산의 음이온	$AlCl_3$, $Fe(NO_3)_3$	수화된 양이온	< 7

- $\boldsymbol{K_b > K_a}$. 음이온의 K_b가 양이온의 K_a 보다 크면 음이온이 양이온보다 가수분해를 더 많이 하므로 용액은 염기성이 되며, 평형에서 OH^- 이온이 H^+ 이온보다 더 많다.
- $\boldsymbol{K_b < K_a}$. 음이온의 K_b가 양이온의 K_a 보다 작으면 양이온이 음이온보다 가수분해를 더 많이 하므로 용액은 산성이 된다.
- $\boldsymbol{K_b \approx K_a}$. K_b와 K_a가 대략 비슷하면 용액은 거의 중성이다.

표 14.7에는 이 절에서 논의한 염들의 수용액에 대한 내용을 요약하였다.

예제 14.14

다음 용액이 산성, 염기성, 거의 중성 가운데 어느 것인지 예측하시오. (a) NH_4I, (b) $NaNO_2$, (c) $FeCl_3$, (d) NH_4F.

▸ **전략** 염의 가수분해를 예측할 때는 다음 질문을 해 보라. 양이온이 많이 하전된 금속 이온 또는 암모늄 이온인가? 음이온이 약산의 짝염기인가? 이에 대한 답이 "그렇다"이면 가수분해는 일어난다. 양이온과 음이온이 모두 물과 반응하면 용액의 pH는 양이온의 K_a와 음이온의 K_b의 상대적 크기에 따라 달라진다(표 14.7 참조).

▸ **풀이** 먼저 염을 양이온과 음이온으로 나눈 뒤 각 이온과 물 사이에 일어날 반응을 검토한다.

(a) 양이온은 NH_4^+이며 가수분해하여 NH_3와 H^+를 생성한다. I^- 음이온은 강산인 HI의 짝염기이다. 따라서 I^-는 가수분해하지 않으며 결국 용액은 산성이다.

(b) Na^+ 양이온은 가수분해하지 않는다. NO_2^-는 약산 HNO_2의 짝염기이므로 가수분해하여 HNO_2와 OH^-를 생성한다. 용액은 염기성이다.

(c) Fe^{3+} 이온은 높게 하전된 작은 금속 이온으로 가수분해하여 H^+ 이온을 생성한다. Cl^- 이온은 가수분해하지 않는다. 따라서 용액은 산성이다.

(d) NH_4^+와 F^- 이온 모두 가수분해한다. 표 14.5와 14.3에 의하면 NH_4^+의 K_a (5.6×10^{-10})가 F^-의 K_b (1.4×10^{-11}) 보다 크다. 따라서 용액은 산성이다.

비슷한 문제: 14.69.

▸ **실전 연습** 다음 용액이 산성, 염기성, 거의 중성 가운데 어느 것인지 예측하시오. (a) $LiClO_4$, (b) Na_3PO_4, (c) $Bi(NO_3)_3$, (d) NH_4CN.

마지막으로 어떤 음이온들은 산이나 염기로 모두 작용할 수 있다는 사실을 알아두자. 예를 들어 중탄산 이온(HCO_3^-)은 아래와 같이 이온화 또는 가수분해한다(표 14.4 참조).

$$HCO_3^-(aq) + H_2O(l) \rightleftharpoons H_3O^+(aq) + CO_3^{2-}(aq) \qquad K_a = 4.8 \times 10^{-11}$$
$$HCO_3^-(aq) + H_2O(l) \rightleftharpoons H_2CO_3(aq) + OH^-(aq) \qquad K_b = 2.4 \times 10^{-8}$$

$K_b > K_a$이므로 가수분해가 이온화보다 우세하며 따라서 중탄산 소듐($NaHCO_3$) 용액은 염기성이다.

☑ 개념 복습하기

다음 그림은 NaX(X = A, B, C)라는 세 염의 용액을 나타낸다. Na^+ 이온과 물 분자는 생략하였다. (a) 어떤 X^-가 가장 약한 짝산인가? (b) 염기의 세기 순으로 세 X^-를 나열하시오.

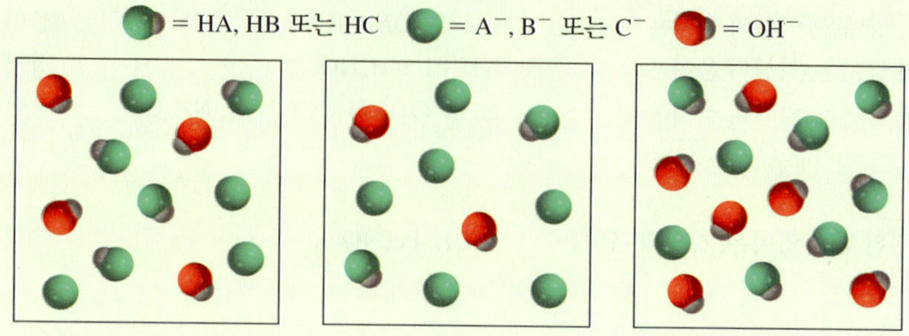

NaA NaB NaC

14.10 루이스 산과 염기

지금까지는 산과 염기의 성질을 브뢴스테드의 이론에 따라 살펴보았다. 예를 들어 브뢴스테드 염기로 작용하려면 양성자를 받아들일 수 있어야 한다. 이 정의에 따르면 수산화 이온과 암모니아는 모두 염기이다.

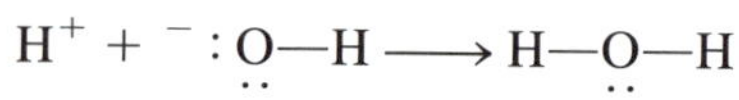

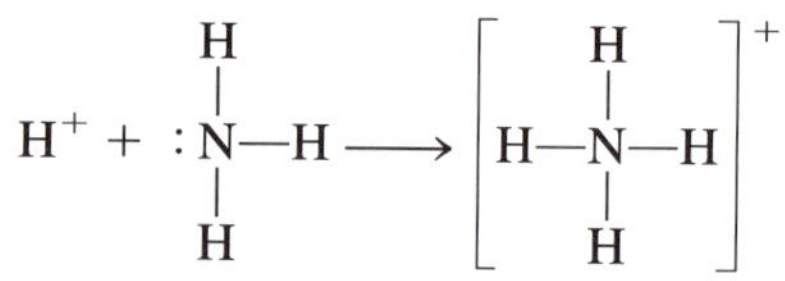

위 두 경우 모두 양성자가 결합되는 원자에는 적어도 하나의 비공유 전자쌍이 있다. OH^-와 NH_3와 같은 브뢴스테드 염기는 산과 염기에 대한 더욱 일반적인 정의를 내릴 수 있게 해준다.

모든 브뢴스테드 염기는 루이스 염기이다.

루이스 산은 양이온처럼 전자가 부족한 물질이거나 중심 원자가 비어 있는 원자가궤도함수를 갖는 물질이다.

미국의 화학자 루이스(G. N. Lewis)는 이런 정의를 제시하였다. 루이스의 정의에 따르면 *염기는 전자쌍을 줄 수 있는 물질이고 산은 전자쌍을 받을 수 있는 물질*이다. 예를 들어 암모니아의 양성자화 반응에서 NH_3는 양성자, H^+에게 전자쌍을 주므로 **루이스 염기**(Lewis base)이고, 양성자는 전자쌍을 받아들이므로 **루이스 산**(Lewis acid)으로 역할을 한다. 따라서, 루이스 산-염기 반응은 한 화학종에서 다른 화학종으로 전자쌍을 주는 과정이 포함된 반응이다. 이런 반응에서는 염과 물이 생성되지 않는다.

산과 염기에 대한 루이스 정의는 다른 정의들보다 더 일반적이란 점에서 중요하다. 루이스 산-염기 반응은 브뢴스테드 산이 관여되지 않은 많은 반응을 산-염기 반응으로 포함한다. 아래에 보인 삼플루오린화 붕소(BF_3)와 암모니아 사이의 반응은 그 한 예이다(그림 14.8).

그림 14.8 • BF_3와 NH_3 사이의 루이스 산-염기 반응이다.

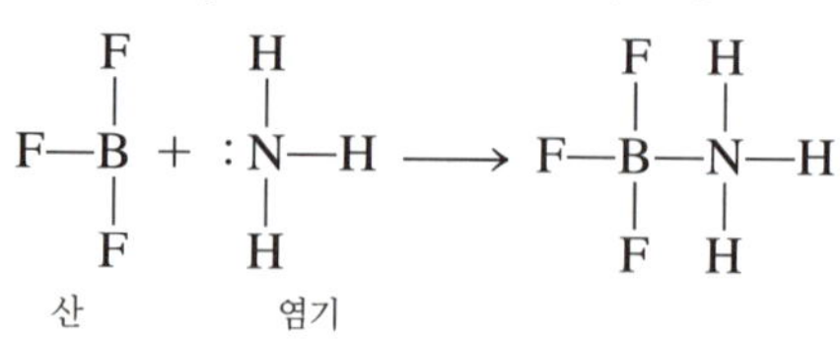

8.12절에서 BF_3에 들어 있는 B 원자는 sp^2 혼성임을 알았다. 이 혼성에 참여하지 않고 비어 있는 $2p_z$ 궤도가 암모니아로부터 전자쌍을 받아들인다. 곧 BF_3는 이온화할 수 있는 양성자가 없으므로 브뢴스테드 산은 아니지만 루이스의 정의에 따르면 산으로 작용한다. 여기서 다른 모든 루이스 산-염기 반응에서와 마찬가지로 B와 N 사이에 배위 공유 결합이 생긴다는 점을 주목하라.

모든 루이스 산-염기 반응에서 배위 공유 결합이 생긴다.

붕소를 가진 또 다른 루이스 산은 붕산(boric acid, H_3BO_3)이다. 붕산은 눈을 씻는 데에 쓰는 약산으로 다음과 같은 구조를 가진 산소산이다.

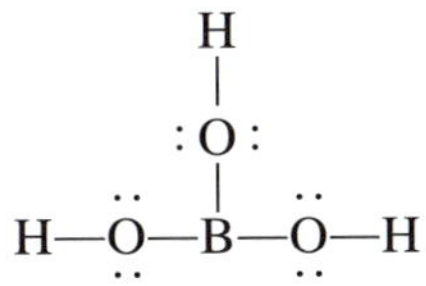

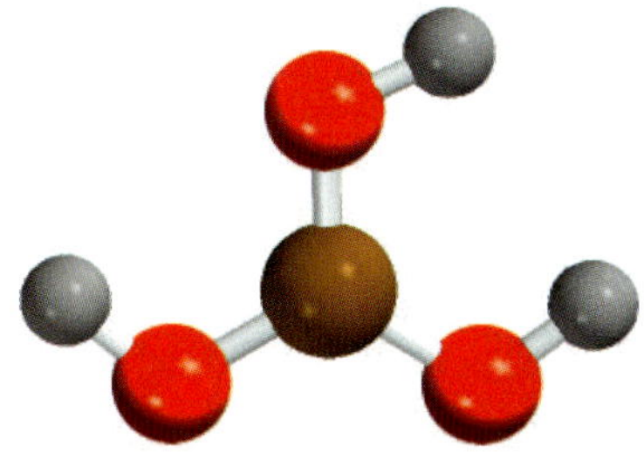

H_3BO_3

붕산은 물 속에서 이온화되면서 H^+ 이온을 생성하지는 않는다. 대신에 물과의 실제 반응은 다음과 같다.

$$B(OH)_3(aq) + H_2O(l) \rightleftharpoons B(OH)_4^-(aq) + H^+(aq)$$

이 루이스 산-염기 반응에서 붕산은 H_2O 분자로부터 생긴 수산화 이온으로부터 전자쌍을 받는다.

이산화 탄소의 수화에 의해 탄산이 생성되는 반응은 다음과 같다.

$$CO_2(g) + H_2O(l) \rightleftharpoons H_2CO_3(aq)$$

루이스 개념으로 다음과 같이 설명할 수 있다. 우선 H_2O의 산소 원자의 고립 전자쌍이 CO_2의 탄소 원자에 제공된다. 이 고립 전자쌍은 C—O 파이 결합의 전자쌍이 제거되면서 비워지는 C 원자의 궤도함수에 채워진다. 전자의 이러한 이동을 화살표로 나타내었다.

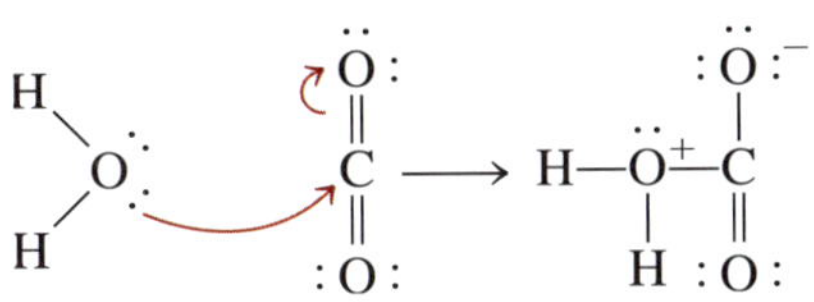

따라서 H_2O는 루이스 염기가 되고, CO_2는 루이스 산이 된다. 다음으로 음전하를 갖고 있는 O 원자로 양성자가 이동하여 H_2CO_3를 생성한다.

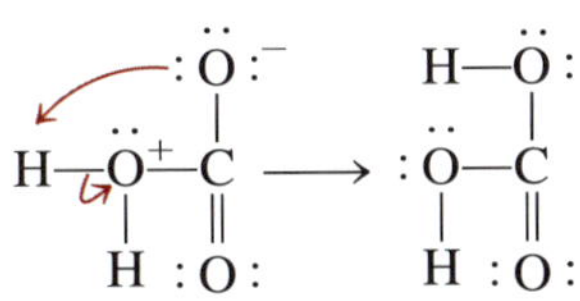

예제 14.15

다음 각 반응에서 루이스 산과 루이스 염기를 찾으시오.

(a) $C_2H_5OC_2H_5 + AlCl_3 \rightleftharpoons (C_2H_5)_2OAlCl_3$

(b) $Hg^{2+}(aq) + 4CN^-(aq) \rightleftharpoons Hg(CN)_4^{2-}(aq)$

▸ **전략** 루이스 산-염기 반응에서 산은 보통 양이온이거나 전자가 부족한 분자이며, 염기는 음이온이거나 고립 전자쌍을 가지고 있는 분자이다. (a) $C_2H_5OCC_2H_5$의 분자식을 그린다. $AlCl_3$에서 Al의 혼성화 상태는 무엇인가? (b) 어느 이온이 전자 받개이고, 전자 주개인가?

▸ **풀이**

(a) $AlCl_3$에서 Al은 sp^2 혼성화되어 있고 $2p_z$ 궤도함수는 비어 있으며, 여섯 개의 전자만이 채워져 있으므로 전자가 부족하다. 따라서 Al 원자는 두 개의 전자를 더 받아서 완전한 팔전자계를 이루려는 경향이 있다. 이런 성질 때문에 $AlCl_3$는 루이스 산이다. 반면에 $C_2H_5OCC_2H_5$의 산소 원자에 고립 전자쌍이 있으므로 이 화합물은 루이스 염기이다.

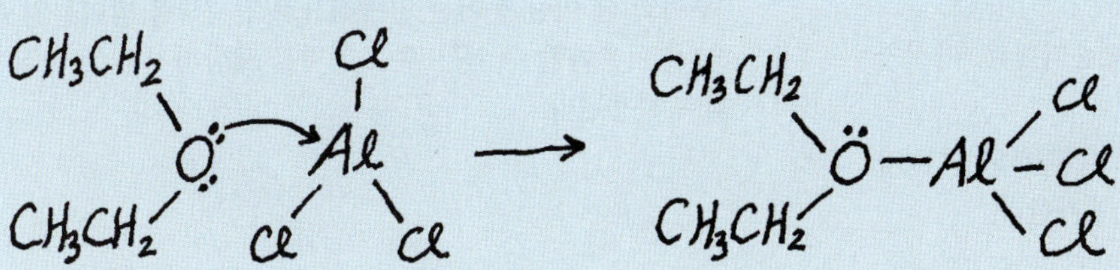

생성물에서 Al과 O의 형식 전하를 쓸 수 있는가?

비슷한 문제: 14.80.

(b) 여기서 Hg^{2+} 이온은 CN^- 이온들로부터 네 쌍의 전자를 받는다. 따라서 Hg^{2+}는 루이스 산이고, CN^-는 루이스 염기이다.

▸ **실전 연습** 다음 반응에서 루이스 산과 루이스 염기를 찾으시오.

$$Co^{3+}(aq) + 6NH_3(aq) \rightleftharpoons Co(NH_3)_6^{3+}(aq)$$

☑ 개념 복습하기

다음 중 루이스 염기로 간주할 수 없는 것은 어느 것인가? (a) NH_3, (b) OF_2, (c) CH_4, (d) OH^-, (e) Fe^{3+}.

주요 식

$K_w = [H^+][OH^-] = 1.0 \times 10^{-14}$ (14.4)	물의 이온곱 상수.
$pH = -\log [H^+]$ (14.5)	용액의 pH 정의.
$[H^+] = 10^{-pH}$ (14.6)	pH로부터 H^+ 이온 농도 계산.
$pOH = -\log [OH^-]$ (14.8)	용액의 pOH 정의.
$[OH^-] = 10^{-pOH}$ (14.9)	pOH로부터 OH^- 이온 농도 계산.
$pH + pOH = 14.00$ (14.10)	식 (14.4)의 다른 표현식.
$\text{이온화 백분율} = \dfrac{\text{평형에서 이온화된 산의 농도}}{\text{초기 산의 농도}} \times 100\%$ (14.12)	
$K_aK_b = K_w$ (14.13)	짝산-짝염기 쌍에서 산 이온화 상수와 염기 이온화 상수 사이의 관계.

사실과 개념에 대한 요약

1. 브뢴스테드 산은 양성자를 제공하고, 브뢴스테드 염기는 양성자를 받는다. 일반적으로 산과 염기를 이 정의에 따라 구분한다.
2. 수용액의 산도는 pH로 나타내며, 이것은 수소 이온 농도(mol/L)의 음의 대수로서 정의된다.
3. 25°C에서 산성 용액은 $pH < 7$이고, 염기성 용액은 $pH > 7$이며, 중성 용액은 $pH = 7$ 이다.
4. 수용액에서 $HClO_4$, HI, HBr, HCl, H_2SO_4(일차 이온화 단계) 및 HNO_3는 강산으로 구분한다. 수용액에서 알칼리 금속과 알칼리 토금속(예외 Be)의 수산화물은 강염기로 구분한다.
5. 산 이온화 상수(K_a)는 산의 세기가 클수록 증가한다. 마찬가지로, K_b는 염기의 세기의 척도가 된다.
6. 이온화 백분율은 산의 세기를 결정하는 또 다른 척도이다. 약산 용액이 묽을수록 산의 이온화 백분율은 증가한다.
7. 산의 이온화 상수와 그 짝염기의 이온화 상수의 곱은 물의 이온곱과 같다.
8. 산의 상대적인 세기는 그들의 분자 구조와 관계가 있다.
9. 대부분의 염은 물에서 완전히 이온화하는 강전해질이다. 염의 가수분해라고 하는 이들 이온의 반응은 용액을 산성 또는 염기성으로 만든다. 약산의 짝염기는 염기성 용액을 만들고, 약염기의 짝산은 산성 용액을 만든다.
10. Al^{3+} 및 Fe^{3+}와 같이 작고 전하가 큰 금속 이온들은 가수분해되어 산성 용액을 만든다.
11. 루이스 산은 전자쌍을 받고, 루이스 염기는 전자쌍을 준다. "루이스 산"이란 용어는 일반적으로 전자쌍을 받아들일 수 있으나, 이온화할 수 있는 수소 원자를 포함하지 않는 물질에 대하여 사용된다.

주요 용어

pH	루이스 염기	염기 이온화 상수(K_b)	짝산-짝염기 쌍
강산	산 이온화 상수(K_a)	염의 가수분해	
강염기	약산	이온곱 상수	
루이스 산	약염기	이온화 백분율	

연습 문제

브뢴스테드 산과 염기

복습 질문

14.1 브뢴스테드 산과 염기를 정의하고, 산-염기 반응에서 짝산 짝염기를 예로 들어보시오.

14.2 어떤 화학종이 브뢴스테드 염기로 작용하기 위해서는 화학종의 원자 한 개가 비공유 전자쌍을 갖고 있어야 한다. 이유를 설명하시오.

문제

14.3 다음 화학종들을 브뢴스테드 산, 염기 또는 두 가지 모두 될 수 있는 것으로 구분하시오. (a) H_2O, (b) OH^-, (c) H_3O^+, (d) NH_3, (e) NH_4^+, (f) NH_2^-, (g) NO_3^-, (h) CO_3^{2-}, (i) HBr, (j) HCN.

14.4 다음 산에 대한 짝염기의 식과 이름을 쓰시오. (a) HNO_2, (b) H_2SO_4, (c) H_2S, (d) HCN, (e) HCOOH(폼산).

14.5 다음 반응에서 산-염기 쌍을 확인하시오.

(a) $CH_3COO^- + HCN \rightleftharpoons CH_3COOH + CN^-$
(b) $HCO_3^- + HCO_3^- \rightleftharpoons H_2CO_3 + CO_3^{2-}$
(c) $H_2PO_4^- + NH_3 \rightleftharpoons HPO_4^{2-} + NH_4^+$
(d) $HClO + CH_3NH_2 \rightleftharpoons CH_3NH_3^+ + ClO^-$
(e) $CO_3^{2-} + H_2O \rightleftharpoons HCO_3^- + OH^-$
(f) $CH_3COO^- + H_2O \rightleftharpoons CH_3COOH + OH^-$

14.6 다음 각 염기의 짝산을 쓰시오. (a) HS^-, (b) HCO_3^-, (c) CO_3^{2-}, (d) $H_2PO_4^-$, (e) HPO_4^{2-}, (f) PO_4^{3-}, (g) HSO_4^-, (h) SO_4^{2-}, (i) NO_2^-, (j) SO_3^{2-}.

14.7 다음 각 산의 짝염기를 쓰시오. (a) $CH_2ClCOOH$, (b) HIO_4, (C) H_3PO_4, (d) $H_2PO_4^-$, (e) HPO_4^{2-}, (f) H_2SO_4, (g) HSO_4^-, (h) HCOOH, (i) HSO_3^-, (j) NH_4^+, (k) H_2S, (l) HS^-, (m) HClO.

14.8 옥살산($H_2C_2O_4$)의 구조는 다음과 같다.

O=C—OH
　 |
O=C—OH

옥살산 용액은 화학종 $H_2C_2O_4$, $HC_2O_4^-$, $C_2O_4^{2-}$, H^+가 서로 다른 농도로 존재한다.

(a) $HC_2O_4^-$와 $C_2O_4^{2-}$의 루이스 구조를 그리시오.
(b) 위의 네 가지 화학종 중 어느 것이 산으로만, 어느 것이 염기로만, 어느 것이 산과 염기 모두로 작용하겠는가?

pH와 pOH의 계산

복습 질문

14.9 물의 이온곱 상수는 얼마인가?

14.10 25°C에서 용액 내 $[H^+]$와 $[OH^-]$의 관계를 식으로 나타내시오.

14.11 물의 이온곱 상수는 25°C에서 1.0×10^{-14}이지만, 40°C에서는 3.8×10^{-14}이다. 다음 과정은 흡열 과정 또는 발열 과정 중 어느 것인가?

$$H_2O(l) \rightleftharpoons H^+(aq) + OH^-(aq)$$

14.12 pH를 정의하시오. 왜 화학자들은 용액의 산도를 논의할 때에 수소 이온 농도 $[H^+]$보다 pH를 주로 사용하는가?

14.13 어떤 용액의 pH가 6.7이다. 이 내용만 가지고 이 용액이 산성이라고 할 수 있는가? 아니라면, 이를 판단하기 위해서는 어떤 정보가 필요하겠는가? 어떤 용액의 pH가 0 또는 음수가 될 수 있겠는가? 그렇다면 이 값이 나올 수 있는 예를 들어보시오.

14.14 pOH를 정의하시오. pH와 pOH를 연관시키는 식을 쓰시오.

문제

14.15 다음 pH 값을 갖는 용액에서 수소 이온 농도를 구하시오. (a) 2.42, (b) 11.21, (c) 6.96, (d) 15.00.

14.16 다음 용액의 수소 이온 농도를 mol/L 단위로 계산하시오. (a) pH가 5.20인 용액, (b) pH가 16.00인 용액, (c) 수산화 이온의 농도가 3.7×10^{-9} M인 용액.

14.17 다음 용액의 pH를 계산하시오. (a) 0.0010 M HCl, (b) 0.76 M KOH, (c) 2.8×10^{-4} M $Ba(OH)_2$, (d) 5.2×10^{-4} M HNO_3.

14.18 40°C에서 K_w는 3.8×10^{-14}이다. 이 온도에서 물의 pH를 계산하시오.

14.19 다음 표를 완성하시오.

pH	$[H^+]$	용액은
< 7		
	$< 1.0 \times 10^{-7} M$	
		중성이다

14.20 다음 빈 칸에 산성, 염기성, 중성 중에서 한 가지를 골라서 쓰시오.

(a) pOH > 7: 용액은 ________.
(b) pOH = 7: 용액은 ________.
(c) pOH < 7: 용액은 ________.

14.21 어떤 용액의 pOH가 9.40 이다. 이 용액의 수소 이온 농도는?

14.22 0.360 *M* KOH 용액 5.50 mL 안에 있는 KOH의 몰수를 계산하시오. 용액의 pOH는 얼마인가?

14.23 HCl 18.4 g을 물 662 mL에 녹여 용액을 만들었다. 용액의 pH를 계산하시오(용액의 부피는 662 mL라고 가정한다).

14.24 pH 10.00인 용액 546 mL를 제조하는 데 필요한 NaOH 양은 몇 g인가?

산-염기 세기

복습 질문

14.25 어떤 산의 세기란 무엇을 의미하는지 설명하시오.

14.26 책을 참고하지 말고 네 개의 강산과 네 개의 약산의 화학식을 쓰시오.

14.27 물 속에 존재할 수 있는 가장 강한 산과 가장 강한 염기는 어떤 것인가?

14.28 H_2SO_4는 강산이지만 HSO_4^-는 약산이다. 이들 두 화학종의 세기가 차이가 나는 이유를 설명하시오.

문제

14.29 HCl과 같은 강산이 물에 녹아 있는 모습을 가장 잘 나타낸 그림은? 어느 것이 약산을 나타내고 있는가? 또 어느 것이 아주 약한 산을 나타내고 있는가? (수화된 양성자는 하이드로늄 이온으로 나타냈으며, 물 분자는 생략하였다.)

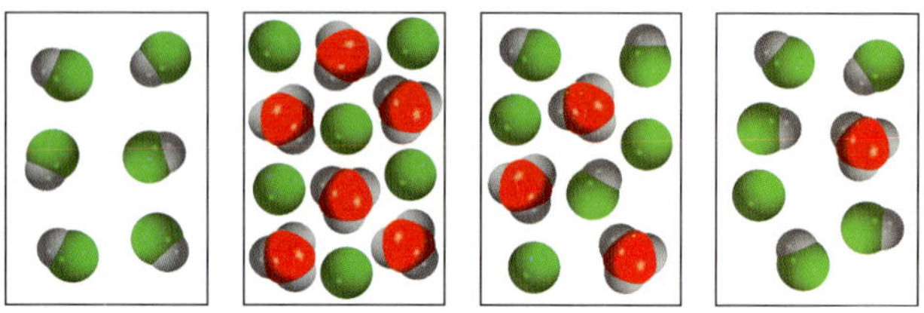

(a) (b) (c) (d)

14.30 다음 그림 중 어떤 것이 약한 이양성자산 용액을 나타내고 있는가? 다음 그림 중 어떤 것들이 화학적으로 불가능한 상태를 나타내고 있는가? 단, 수화된 수소 이온은 하이드로늄 이온으로 표시하였으며, 물 분자는 생략하였다.

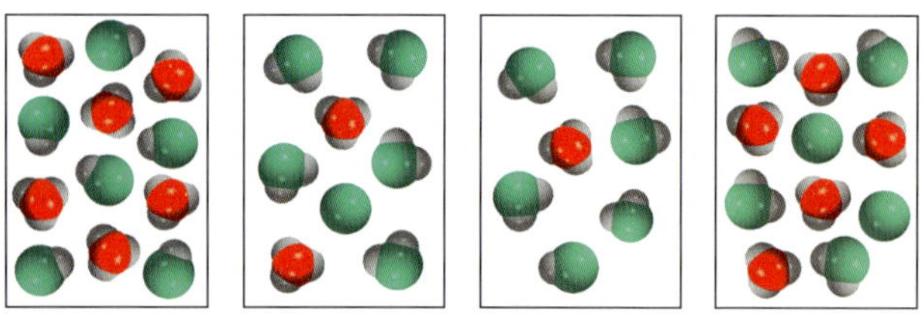

(a) (b) (c) (d)

14.31 다음 화학종들을 약산과 강산으로 구분하시오.
(a) HNO_3, (b) HF, (c) H_2SO_4, (d) HSO_4^-, (e) H_2CO_3, (f) HCO_3^-, (g) HCl, (h) HCN, (i) HNO_2.

14.32 다음 화학종들을 강염기와 약염기로 구분하시오.
(a) LiOH, (b) CN^-, (C) H_2O, (d) ClO_4^-, (e) NH_2^-.

14.33 약산 HA 0.10 *M* 용액에 대하여 맞는 것을 모두 고르시오.
(a) pH는 1.00이다.
(b) $[H^+] >> [A^-]$
(c) $[H^+] = [A^-]$
(d) pH는 1보다 작다.

14.34 1.0 *M*의 강산 HA에 대하여 맞는 것을 모두 고르시오.
(a) $[A^-] > [H^+]$
(b) pH = 0.00
(c) $[H^+] = 1.0\ M$
(d) $[HA] = 1.0\ M$

14.35 다음 반응은 어느 방향으로 잘 일어나겠는가?

$$F^-(aq) + H_2O(l) \rightleftharpoons HF(aq) + OH^-(aq)$$

14.36 다음 반응이 왼쪽으로부터 오른쪽으로 어느 정도로 진행될 것인가를 예측하시오.

$$CH_3COOH(aq) + Cl^-(aq) \longrightarrow$$

약산 이온화 상수

복습 질문

14.37 이온화 상수는 산의 세기와 어떤 관계가 있는가?

14.38 약산의 K_a에 영향을 주는 인자들을 나열하시오.

14.39 일반적으로 HCl 또는 HNO_3와 같은 강산의 K_a 값은 중요하게 취급하지 않는다. 이유는? 또 왜 K_a 값을 제시할 때 온도를 같이 제시하여야 하는가?

14.40 다음 용액 중 pH가 가장 큰 것은? (a) 0.40 *M* HCOOH, (b) 0.40 *M* $HClO_4$, (C) 0.40 *M* CH_3COOH.

문제

14.41 0.15 *M* HCN 용액에서 모든 화학종(HCN, H^+, CN^-, OH^-)의 농도를 계산하시오.

14.42 아세트산 0.0560 g을 물에 녹여 50.0 mL 용액을 만들었다. 평형 상태에서 H^+, CH_3COO^-, CH_3COOH의 농도를 계산하시오(아세트산의 K_a는 1.8×10^{-5}이다).

14.43 HF 용액의 pH가 6.20이다. 이 pH를 가지는 HF의 [짝염기]/[산] 비율을 계산하시오.

14.44 평형 상태에서의 pH가 3.26인 폼산(HCOOH) 용액의 초기의 몰 농도는 얼마인가?

14.45 0.060 *M* HF 용액의 pH를 계산하시오.

14.46 다음 농도에서 플루오린화 수소산(HF)의 이온화 백분율을 계산하시오. 계산 결과에서 경향성을 찾아보시오. (a) 0.60 *M*, (b) 0.080 *M*, (c) 0.0046 *M*, (d) 0.00028 *M*.

14.47 어떤 일양성자산 0.040 *M* 의 이온화 백분율이 14%였다. 이 산의 이온화 상수를 구하시오.

14.48 (a) 일양성자산인 0.20 *M* 아세틸살리실산(아스피린)의 이온화 백분율을 계산하시오($K_a = 3.0 \times 10^{-4}$). (b) 위액의 pH가 1.00인 어떤 사람이 아스피린 몇 정을 복용하였더니 위에 있는 아세틸살리실산의 농도가 0.20 *M*이 되었다. 이 조건에서 산의 이온화 백분율을 계산하시오.

이양성자산과 다양성자산

복습 질문

14.49 말론산[$CH_2(COOH)_2$]은 이양성자산이다. 의미를 설명하시오.

14.50 인산 용액에 존재하는 물을 제외한 모든 화학종을 쓰시오. 이들 중, 브뢴스테드 산으로, 브뢴스테드 염기로, 그리고 브뢴스테드 산과 브뢴스테드 염기 양쪽으로 작용하는 화학종을 나타내시오.

문제

14.51 0.20 M $KHSO_4$ 용액에서 HSO_4^-, SO_4^{2-}, H^+의 농도를 계산하시오. (*힌트*: H_2SO_4는 강산이다. HSO_4^-의 $K_a = 1.3 \times 10^{-2}$이다.)

14.52 0.025 M H_2CO_3 용액에 있는 H^+, HCO_3^-, CO_3^{2-}의 농도를 계산하시오.

약염기 이온화 상수; K_a-K_b 관계

복습 질문

14.53 NH_3를 이용하여 염기의 세기는 무엇을 의미하는지 기술하시오.

14.54 약산의 K_a와 짝염기의 K_b 관계식을 쓰시오. NH_3와 이의 짝산인 NH_4^+를 이용하여 K_a와 K_b의 관계를 유도해 보시오.

문제

14.55 다음 용액의 pH를 구하시오. (a) 0.10 M NH_3, (b) 0.050 M 피리딘(C_5H_5N).

14.56 0.30 M 약염기 용액의 pH는 10.66이다. 이 염기의 K_b는 얼마인가?

14.57 pH 11.22인 암모니아 용액의 초기 농도는?

14.58 0.080 M NH_3 용액에서 몇 %의 NH_3가 NH_4^+로 존재하는가?

분자 구조와 산의 세기

복습 질문

14.59 산의 세기에 영향을 미치는 네 가지 요인을 기술하시오

14.60 산소산의 세기에 미치는 중심 원자의 전기음성도와 산화수의 영향을 설명하시오.

문제

14.61 다음 화합물의 산의 세기를 예측하시오. H_2O, H_2S, H_2Se.

14.62 다음 산의 세기를 비교하시오. (a) H_2SO_4와 H_2SeO_4, (b) H_3PO_4와 H_3AsO_4.

14.63 $CH_2ClCOOH$와 $CHCl_2COOH$ 중 어느 화합물이 더 강한 산인지 설명하시오.

14.64 다음 두 화합물을 생각해 보자.

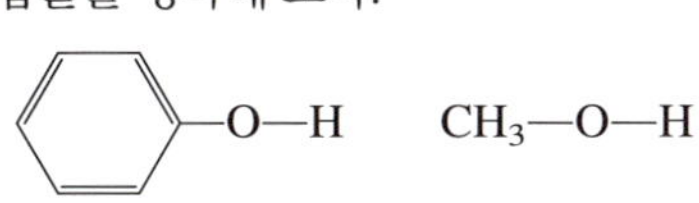

페놀 에탄올

실험적으로 페놀은 메탄올보다 더 강산임을 알았다. 이들의 짝염기의 분자 구조를 이용하여 그 이유를 설명하시오. (*힌트*: 짝염기가 안정하면 이온화가 더 잘 일어난다. 이들 짝염기 중 하나가 공명에 의해 안정화될 수 있다).

염 용액의 산-염기 성질

복습 질문

14.65 염 가수분해를 정의하시오. 용액의 pH에 미치는 영향을 기준으로 염을 분리해 보시오.

14.66 크기가 작고, 높게 하전된 금속 이온이 왜 가수분해를 하는가에 대해 설명하시오.

14.67 Al^{3+}는 브뢴스테드 산이 아니지만, $Al(H_2O)_6^{3+}$는 브뢴스테드 산이다. 이를 설명하시오.

14.68 다음 염 중 가수분해를 하는 염을 고르시오. KF, $NaNO_3$, NH_4NO_2, $MgSO_4$, KCN, C_6H_5COONa, RbI, Na_2CO_3, $CaCl_2$, HCOOK.

14.69 다음 염을 포함하는 수용액의 pH(> 7, < 7, 또는 ≈ 7)를 예측하시오. (a) KBr, (b)$Al(NO_3)_3$, (c) $BaCl_2$, (d) $Bi(NO_3)_3$.

14.70 어떤 알칼리 토금속 이온이 가수분해가 가장 잘 일어나겠는가?

문제

14.71 어떤 염, MX (M^+ 이온과 X^- 이온이 포함된)는 물에 녹으며 만들어진 용액의 pH는 7.0이다. 염으로부터 생성된 산과 염기의 세기에 대해 설명할 수 있는가?

14.72 한 학생이 실험으로 0.10 M의 세 개의 포타슘염(KX, KY, KZ) 용액의 pH가 각각 7.0, 9.0, 11.0임을 알았다. 산인 HX, HY, HZ를 산의 세기가 증가하는 순으로 배열하시오.

14.73 0.36 M CH_3COONa 용액의 pH를 계산하시오.

14.74 0.42 M NH_4Cl 용액의 pH를 구하시오.

14.75 염 K_2HPO_4를 포함하는 용액은 산성, 중성, 염기성 중 어느 것에 해당하는지를 예측하시오. (*힌트*: HPO_4^{2-}의 가수분해와 이온화를 모두 생각해야 한다.)

14.76 $NaHCO_3$ 용액의 pH(> 7, < 7, 또는 ≈ 7)를 예측하시오.

루이스 산과 염기

복습 질문

14.77 산과 염기의 루이스 정의는 무엇인가? 어떤 면에서 이것이 브뢴스테드의 정의보다 더 일반적인가?

14.78 궤도함수와 전자 배열의 관점에서 루이스 산으로서 행동하려면(예로서, H^+와 BF_3를 사용하라) 분자나 이온에 무엇이 있어야 하는가? 루이스 염기로서 행동하려면(예로서, OH^-와 NH_3를 사용하라) 분자나 이온에 무엇이 있어야 하는가?

문제

14.79 다음 화학종을 루이스 산 또는 루이스 염기로 구분하시오. (a) CO_2, (b) H_2O, (c) I^-, (d) SO_2, (e) NH_3, (f) OH^-, (g) H^+, (h) BCl_3.

14.80 루이스 산-염기 이론으로 다음 반응식을 설명하시오.

$$AlCl_3(s) + Cl^-(aq) \longrightarrow AlCl_4^-(aq)$$

14.81 다음 각 쌍에 대해 더 강한 루이스 산을 선택하고, 그 이유를 설명하시오. (a) BF_3 또는 BCl_3, (b) Fe^{2+} 또는 Fe^{3+}.

14.82 모든 브뢴스테드 산은 루이스 산이나, 그 역은 성립하지 않는다. 브뢴스테드 산이 아니면서 루이스 산인 두 개의 예를 드시오.

실전 연습의 답

14.1 (1) H_2O(산)과 OH^-(염기) (2) HCN(산)과 CN^-(염기). **14.2** 7.7×10^{-15} *M*. **14.3** 0.12 **14.4** 4.7×10^{-4} *M*. **14.5** 7.40. **14.6** 12.56. **14.7** 1 미만. **14.8** 2.09. **14.9** 2.2×10^{-6}. **14.10** $[H_2C_2O_4] = 0.11$ *M*, $[HC_2O_4^-] = 0.086$ *M*, $[C_2O_4^{2-}] = 6.1 \times 10^{-5}$ *M*, $[H^+] = 0.086$ *M*. **14.11** 12.03. **14.12** $HBrO_3$. **14.13** 8.58. **14.14** (a) pH ≈ 7, (b) pH > 7, (c) pH < 7, (d) pH > 7. **14.15** 루이스 산: Co^{3+}, 루이스 염기: NH_3.

CHAPTER 15

산-염기 평형 및 용해도 평형

Acid-Base Equilibria and Solubility Equilibria

이 장의 차례

탄산 칼슘($CaCO_3$)의 침전으로 산호 외골격이 형성된다. 바다의 산성화가 증가하여 이 구조의 해리가 더 잘 일어난다.

주요 개념

완충 용액 완충 용액은 약산과 그 산의 염을 포함하는 용액이다. 완충 용액의 산과 염기 성분이 첨가되는 산이나 염기와 반응하여 pH가 거의 일정하게 유지된다. 완충 용액은 많은 화학 및 생물학적 과정에서 중요한 역할을 한다.

산-염기 적정 산-염기 적정의 특성은 사용하는 산과 염기의 세기에 따른다. 적정의 종말점 결정에 다른 지시약이 사용된다.

용해도 평형 평형 개념의 또 다른 적용은 용해도곱으로 나타내는 난용성 염의 용해도 평형이다. 이러한 물질의 용해도는 공통 양이온이나 음이온의 존재 및 pH에 영향을 받는다. 루이스 산-염기 반응 형태의 한 예인 착이온 형성은 난용성 염의 용해도를 증가시킨다.

15.1 균일 및 불균일 용액 평형

14장에서 약산과 약염기는 물에서 완전히 이온화하지 않음을 알았다. 따라서 약산 용액의 평형에는 H^+ 이온과 짝염기는 물론 이온화되지 않은 산이 포함되어 있다. 그럼에도 불구하고, 이들 화학종 모두는 녹아 있으므로 계는 균일 평형의 한 예이다(13장 참조).

이 장의 중간에서부터 설명할 다른 형태의 평형에는 난용성 물질의 용해와 침전을 포함한다. 이들 과정은 불균일 평형, 즉 반응에 관여하는 성분들이 둘 이상의 상을 가질 때의 평형이다. 그러나 우선 완충 용액을 생각하고 산-염기 적정을 자세히 봄으로써 산-염기 평형에 대한 논의를 결론지으려 한다.

15.2 완충 용액

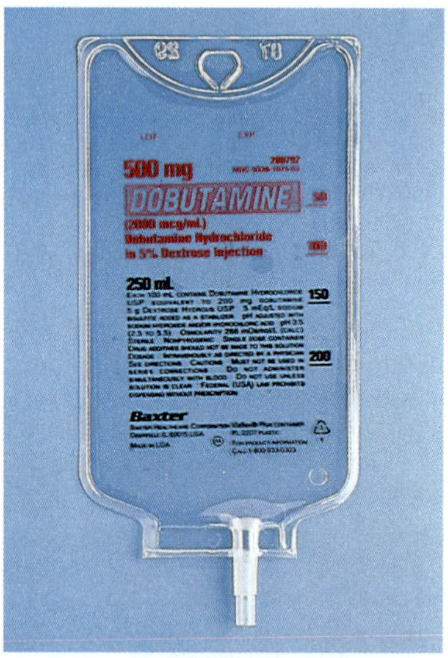

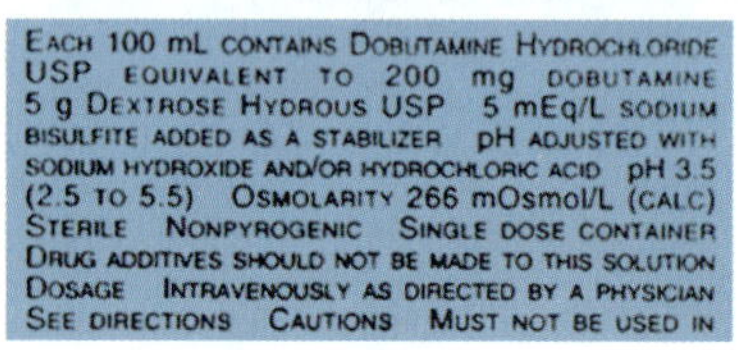

정맥 주사액은 혈액의 적정 pH 유지를 위해 반드시 완충계가 포함되어야 한다.

동영상
완충 용액.

완충 용액(buffer solution)은 *(1) 약산이나 약염기와 (2) 그 염을 포함하는 용액이며 소량의 산이나 염기를 첨가하여도 pH 변화에 저항하는 능력을 가진 용액*이다. 완충제(buffer)는 화학적 및 생물학적으로 매우 중요하다. 인체에서 pH는 체액에 따라서 다양하게 변한다. 예를 들면, 혈액의 pH는 약 7.4이고, 위액의 pH는 약 1.5이다. 효소의 적절한 기능과 삼투압의 균형에 중요한 pH 값은 대부분 완충 용액에 의하여 유지한다.

완충 용액은 첨가한 OH^- 이온과 반응할 수 있도록 비교적 큰 농도의 산을 포함하고 있어야 하며, 또한 첨가한 H^+ 이온과도 반응하도록 충분한 농도의 염기를 포함하고 있어야 한다. 더욱이 완충제의 산과 염기 성분들은 중화 반응에서 서로 소비되지 않아야 한다. 이들 요건은 짝산-짝염기 쌍(약산과 그 짝염기 또는 약염기와 그 짝산)에 의하여 충족된다.

다량의 아세트산(CH_3COOH)과 그 염인 아세트산 소듐(CH_3COONa)을 물에 가하여 간단한 완충 용액을 만들 수 있다. 산과 짝염기(CH_3COONa로부터 나옴) 각각의 평형 농도는 초기 농도와 같다고 가정할 수 있다. 이것은 (1) CH_3COOH가 약산이고 CH_3COO^- 이온의 가수분해 정도가 매우 작으며, (2) CH_3COO^-의 존재가 CH_3COOH의 이온화를 억제하고 CH_3COOH의 존재는 CH_3COO^-의 가수분해를 억제하기 때문이다.

이들 두 물질을 포함하는 용액은 첨가한 산이나 염기를 중화할 수 있는 능력을 가지고 있다. 아세트산 소듐은 강전해질로서 물에서 완전히 이온화된다.

$$\mathrm{CH_3COONa}(s) \xrightarrow{\mathrm{H_2O}} \mathrm{CH_3COO^-}(aq) + \mathrm{Na^+}(aq)$$

산을 가하면, 완충제 중 짝염기 CH_3COO^-에 의해 다음 식에 따라 H^+ 이온이 소비된다.

$$\mathrm{CH_3COO^-}(aq) + \mathrm{H^+}(aq) \longrightarrow \mathrm{CH_3COOH}(aq)$$

염기를 완충계에 가하면, 완충제 중 산에 의해 OH^- 이온이 중화된다.

$$\mathrm{CH_3COOH}(aq) + \mathrm{OH^-}(aq) \longrightarrow \mathrm{CH_3COO^-}(aq) + \mathrm{H_2O}(l)$$

완충 용량(buffering capacity), 즉 완충 용액의 능력은 완충 용액을 만든 산과 짝염기의 양에 의존한다. 약산과 짝염기의 양이 많을수록 완충 용량은 커진다.

일반적으로, 완충계는 염-산 또는 짝염기-산으로 나타낼 수 있다. 따라서 위에서 설명한 아세트산 소듐-아세트산 완충계는 CH_3COONa/CH_3COOH 또는 간단히 CH_3COO^-/CH_3COOH로 나타낼 수 있다. 그림 15.1에는 이 완충계가 작용하는 것을 보여주고 있다.

예제 15.1

다음 용액 중 어느 것이 완충계인가? 그 이유를 설명하시오. (a) KH_2PO_4/H_3PO_4, (b) $NaClO_4/HClO_4$, (c) C_5H_5N/C_5H_5NHCl(C_5H_5N은 피리딘이고, K_b는 표 14.5에 있다).

(a) (b) (c) (d)

그림 15.1 • 산-염기 지시약 브로모페놀 블루(모든 용액에 첨가)로 완충 작용을 설명한다. 지시약의 색은 pH 4.6 이상에서는 보라색이고, pH 3.0 이하에서는 노란색이다. (a) 0.1 *M* CH_3COOH 50 mL와 0.1 *M* CH_3COONa 50 mL로 완충 용액을 만들었다. 이 용액은 pH 4.7로 지시약을 보라색으로 만든다. (b) (a) 용액에 0.1 *M* HCl 40 mL를 가한 후, (c) pH 4.7인 CH_3COOH 100 mL를 가한 후, (d) 0.1 *M* HCl 용액 6 방울(0.3 mL)을 가하면 색이 노란색으로 변한다. 완충 작용이 없는 용액에 0.1 *M* HCl을 가하면 pH가 3.0 이하로 급격하게 감소한다.

▸ **전략** 완충계는 무엇으로 구성되어 있는가? 어느 용액이 약산과 그의 짝염기(약한 짝염기 포함)를 포함하고 있는가? 어느 용액이 약염기와 그의 짝산(약한 짝산 포함)을 포함하고 있는가? 강산의 짝염기는 가해진 산을 중화시키지 못하는 이유는 무엇인가?

▸ **풀이** 완충계의 판단 기준은 약산과 그 염(약한 짝염기 포함) 또는 약염기와 그 염(약한 짝산 포함)을 포함하고 있어야 한다는 것이다.

(a) H_3PO_4는 약산이고, 그 짝염기 $H_2PO_4^-$는 약염기이다(표 14.4 참조). 따라서 이것은 완충계이다.

(b) $HClO_4$가 강산이기 때문에 그 짝염기 ClO_4^-는 매우 약한 염기이다. 이것은 ClO_4^- 이온이 용액 중에서 H^+와 결합하여 $HClO_4$를 형성하지 못한다는 의미이다. 따라서 이 계는 완충계로서 작용할 수 없다.

(c) 표 14.5에 나타낸 것처럼 C_5H_5N는 약염기이고, 그 짝산 $C_5H_5\overset{+}{N}H$ (염 C_5H_5NHCl의 양이온)은 약산이므로 이것은 완충계이다.

비슷한 문제: 15.5, 15.6.

▸ **실전 연습** 다음 중 어느 것이 완충계인가? (a) KF/HF, (b) KBr/HBr, (c) $Na_2CO_3/NaHCO_3$.

예제 15.2

(a) 1.0 *M* CH_3COOH와 1.0 *M* CH_3COONa를 포함하는 완충계의 pH를 계산하시오.

(b) 용액 1.0 L에 HCl 기체 0.10 mol을 넣은 후에 완충계의 pH는 얼마가 되겠는가? HCl 기체를 첨가하더라도 용액의 부피는 변하지 않는다고 가정한다.

▸ **전략** (a) HCl을 첨가하기 전 완충계의 pH는 CH_3COOH의 이온화로부터 계산할 수 있다. 산과 그 소듐 염 모두 존재하기 때문에 CH_3COOH와 CH_3COO^-(CH_3COONa로부터)의 초기 농도는 모두 1.0 *M*이다. CH_3COOH의 K_a는 1.8×10^{-5}이다(표 14.3 참조). (b) 이 경우에 일어나는 변화를 그려보는 것이 도움이 된다.

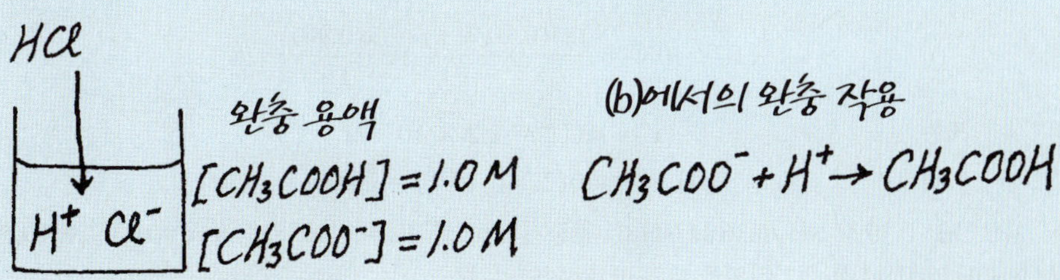

CH_3COOH의 존재가 CH_3COO^-의 가수분해를 억제하고 CH_3COO^-의 존재가 CH_3COOH의 이온화를 억제한다는 것을 상기하라.

산과 짝염기의 농도가 같으면 완충 용액의 pH는 산의 pK_a 값과 같다.

비슷한 문제: 15.14.

▸ **풀이** (a) 평형 상태에서 화학종들의 농도를 다음과 같이 정리한다.

	$CH_3COOH(aq) \rightleftharpoons$	$H^+(aq)$ +	$CH_3COO^-(aq)$
초기(M):	1.0	0	1.0
변화(M):	$-x$	$+x$	$+x$
평형(M):	$1.0 - x$	x	$1.0 + x$

$$K_a = \frac{[H^+][CH_3COO^-]}{[CH_3COOH]}$$

$$1.8 \times 10^{-5} = \frac{(x)(1.0 + x)}{(1.0 - x)}$$

$1.0 + x \approx 1.0$과 $1.0 - x \approx 1.0$을 가정하면 다음이 얻어진다.

$$1.8 \times 10^{-5} = \frac{(x)(1.0 + x)}{(1.0 - x)} \approx \frac{x(1.0)}{1.0}$$

또는 $$x = [H^+] = 1.8 \times 10^{-5}\, M$$

따라서 $$pH = -\log(1.8 \times 10^{-5}) = 4.74$$

(b) HCl을 용액에 가하면 초기 변화는 다음과 같다.

	$HCl(aq) \longrightarrow$	$H^+(aq)$ +	$Cl^-(aq)$
초기(mol):	0.10	0	0
변화(mol):	−0.10	+0.10	+0.10
최종(mol):	0	0.10	0.10

Cl^- 이온은 강산의 짝염기이기 때문에 용액 중에서 구경꾼 이온이다.

강산인 HCl에 의해 생성된 H^+ 이온은 짝염기인 CH_3COO^- 이온과 완전히 반응한다. 여기서 몰농도보다 몰수를 사용하는 것이 편리하다. 왜냐하면 어떤 경우, 물질이 가해지면 용액의 부피가 변하기 때문이다. 부피가 변하더라도 몰농도는 변하지만 몰수는 변하지 않는다. 중화 반응은 다음에 요약하였다.

	$CH_3COO^-(aq)$ +	$H^+(aq) \longrightarrow$	$CH_3COOH(aq)$
초기(mol):	1.0	0.10	1.0
변화(mol):	−0.10	−0.10	+0.10
최종(mol):	0.90	0	1.1

마지막으로 산을 중화시킨 후에 완충 용액의 pH를 계산하기 위해 몰수를 용액 1.0 L로 나누어 줌으로써 몰농도로 돌아간다.

	$CH_3COOH(aq) \rightleftharpoons$	$H^+(aq)$ +	$CH_3COO^-(aq)$
초기(M):	1.1	0	0.90
변화(M):	$-x$	$+x$	$+x$
평형(M):	$1.1 - x$	x	$0.90 + x$

$$K_a = \frac{[H^+][CH_3COO^-]}{[CH_3COOH]}$$

$$1.8 \times 10^{-5} = \frac{(x)(0.90 + x)}{1.1 - x}$$

$0.90 + x \approx 0.90$이고 $1.1 - x \approx 1.1$이라고 가정하면, 다음과 같이 된다.

$$1.8 \times 10^{-5} = \frac{(x)(0.90 + x)}{1.1 - x} \approx \frac{x(0.90)}{1.1}$$

또는 $$x = [H^+] = 2.2 \times 10^{-5}\, M$$

따라서 $$pH = -\log(2.2 \times 10^{-5}) = 4.66$$

▸ **실전 연습** 0.30 M NH_3/0.36 M NH_4Cl 완충계의 pH를 계산하시오. 완충 용액 80.0 mL에 0.050 M NaOH 20.0 mL를 첨가하였을 때의 pH는 얼마인가?

예제 15.2에서 조사한 완충 용액에서는 HCl을 첨가한 결과 pH가 감소하였다. 다음과 같이 H^+ 이온 농도의 변화를 비교할 수도 있다.

$$\text{HCl을 넣기 전: } [H^+] = 1.8 \times 10^{-5}\,M$$
$$\text{HCl을 넣은 후: } [H^+] = 2.2 \times 10^{-5}\,M$$

따라서 H^+ 이온 농도는 다음 배수만큼 증가한다.

$$\frac{2.2 \times 10^{-5}\,M}{1.8 \times 10^{-5}\,M} = 1.2$$

CH_3CONa/CH_3COOH 완충제의 능력을 알아보기 위하여 물 1 L에 HCl 0.10 mol을 첨가한다면 어떤 변화가 일어나는가를 알아보고, H^+ 이온 농도의 증가를 비교해 보자.

$$\text{HCl을 넣기 전: } [H^+] = 1.0 \times 10^{-7}\,M$$
$$\text{HCl을 넣은 후: } [H^+] = 0.10\,M$$

HCl 첨가의 결과로 H^+ 이온 농도는 다음 배수만큼 증가한다.

$$\frac{0.10\,M}{1.0 \times 10^{-7}\,M} = 1.0 \times 10^6$$

즉, 1,000,000배 증가한다! 이러한 비교는 적절하게 선택한 완충 용액이 H^+ 이온 농도 또는 pH를 상당히 일정하게 유지시켜 준다는 것을 나타내고 있다(그림 15.2).

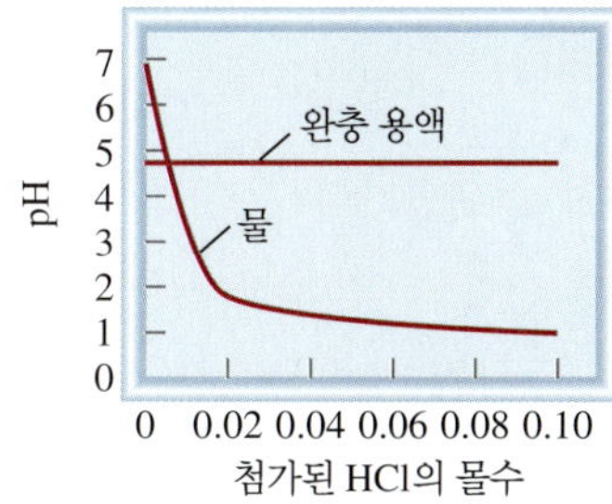

그림 15.2 • HCl 0.10 mol을 순수한 물 1 L에 가할 때와 예제 15.2에서 설명한 아세트산 완충 용액에 가했을 때의 pH 변화에 대한 비교.

☑ 개념 복습하기

다음 모형은 약산 HA와 HA의 소듐 염 NaA를 포함하는 용액을 나타낸 것이다. 어떤 용액이 완충제로 작용할 수 있는가? 어떤 용액이 완충 용량이 가장 큰가? 간략하게 하기 위해 Na^+ 이온과 물 분자는 생략되었다.

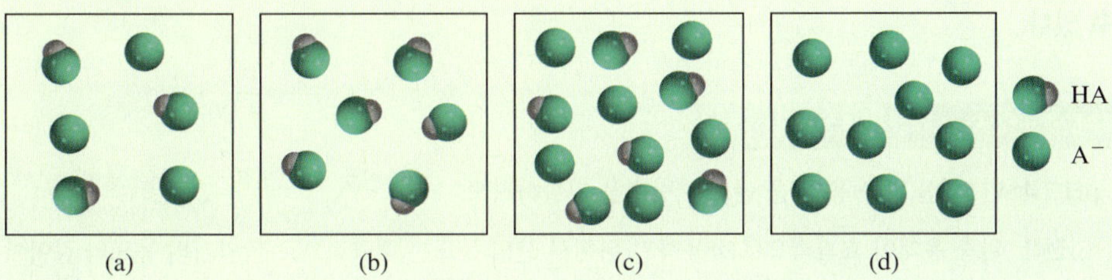

특정 pH의 완충 용액 제조

특정 pH의 완충 용액을 만든다고 하자. 어떻게 할 것인가? 아세트산–아세트산 소듐 완충계를 참고하여 평형 상수를 다음과 같이 쓸 수 있다.

$$K_a = \frac{[CH_3COO^-][H^+]}{[CH_3COOH]}$$

이 표현은 용액 중에 아세트산만 있을 때든지 아세트산과 아세트산 소듐의 혼합물이 있을 때든지 적용된다는 것을 유의하라. 식을 이항하면

$$[H^+] = \frac{K_a[CH_3COOH]}{[CH_3COO^-]}$$

양변에 음의 로그를 취하면

$$-\log [H^+] = -\log K_a - \log \frac{[CH_3COOH]}{[CH_3COO^-]}$$

또는

$$-\log[H^+] = -\log K_a + \log\frac{[CH_3COO^-]}{[CH_3COOH]}$$

따라서

$$pH = pK_a + \log\frac{[CH_3COO^-]}{[CH_3COOH]} \quad (15.1)$$

여기서

pH와 $[H^+]$의 관계와 pK_a와 K_a의 관계는 서로 같다. 센 산일수록(K_a가 더 클수록) pK_a 값은 작아진다.

$$pK_a = -\log K_a \quad (15.2)$$

식 (15.1)을 *헨더슨-하셀발흐 식*(Henderson-Hasselbalch equation)이라고 부른다. 이 식의 보다 일반적인 형태는 다음과 같다.

pK_a는 상수이지만 식 (15.3)의 두 농도비는 용액에 따라 달라진다는 것을 명심하라.

$$pH = pK_a + \log\frac{[\text{짝염기}]}{[\text{산}]} \quad (15.3)$$

만일 산과 그 짝염기의 몰농도가 거의 같다면, 즉 [산] ≈ [짝염기]이면

$$\log\frac{[\text{짝염기}]}{[\text{산}]} \approx 0$$

또는

$$pH \approx pK_a$$

따라서 완충 용액을 만들려면 pK_a가 원하는 pH와 비슷한 약산을 선택한다. 이렇게 선택하면 완충계가 옳은 pH 값을 가질 뿐만 아니라 존재하는 산과 그 짝염기의 *상당량*을 확보할 수 있다.

예제 15.3

pH 7.45인 "인산 완충 용액"을 만드는 방법을 기술하시오.

▸ **전략** 완충 용액이 효과적으로 작용하기 위해서 산의 농도는 대략적으로 짝염기의 농도와 같아야 한다. 식 (15.3)에 의하면 원하는 pH가 산의 pK_a 값에 근접하면, $pH \approx pK_a$이 된다.

$$\log\frac{[\text{짝염기}]}{[\text{산}]} \approx 0$$

또는

$$\frac{[\text{짝염기}]}{[\text{산}]} \approx 1$$

▸ **풀이** 인산은 삼양성자성산이기 때문에 인산의 세 단계 이온화는 다음과 같이 쓸 수 있다. K_a 값은 표 14.4로부터 얻었고, 식 (15.2)를 사용하여 pK_a를 계산한다.

$$H_3PO_4(aq) \rightleftharpoons H^+(aq) + H_2PO_4^-(aq) \qquad K_{a_1} = 7.5 \times 10^{-3};\ pK_{a_1} = 2.12$$

$$H_2PO_4^-(aq) \rightleftharpoons H^+(aq) + HPO_4^{2-}(aq) \qquad K_{a_2} = 6.2 \times 10^{-8};\ pK_{a_2} = 7.21$$

$$HPO_4^{2-}(aq) \rightleftharpoons H^+(aq) + PO_4^{3-}(aq) \qquad K_{a_3} = 4.8 \times 10^{-13};\ pK_{a_3} = 12.32$$

세 완충계 중에서 산 $H_2PO_4^-$의 pK_a가 원하는 pH에 가깝기 때문에 가장 적당한 것은 $HPO_4^{2-}/H_2PO_4^-$이다. 헨더슨-하셀발흐 식으로부터

$$pH = pK_a + \log\frac{[\text{짝염기}]}{[\text{산}]}$$

$$7.45 = 7.21 + \log \frac{[HPO_4^{2-}]}{[H_2PO_4^-]}$$

$$\log \frac{[HPO_4^{2-}]}{[H_2PO_4^-]} = 0.24$$

역로그를 취하면

$$\frac{[HPO_4^{2-}]}{[H_2PO_4^-]} = 10^{0.24} = 1.7$$

따라서 pH 7.45인 인산염 완충 용액을 만드는 하나의 방법은 물에 인산 수소 소듐(Na_2HPO_4)과 인산 이수소 소듐(NaH_2PO_4)을 1.7:1.0의 몰비로 녹이는 것이다. 예를 들면, Na_2HPO_4 1.7 mol NaH_2PO_4 1.0 mol을 충분한 물에 녹여서 1 L 용액으로 만드는 것이다.

비슷한 문제: 15.15, 15.16.

▸ **실전 연습** pH 10.10의 "탄산염 완충 용액"1 L를 어떻게 만들 것인가? 탄산(H_2CO_3), 탄산 수소 소듐($NaHCO_3$), 탄산 소듐(Na_2CO_3)은 준비되어 있다. K_a 값은 표 14.4 참조.

15.3 산-염기 적정 자세히 보기

완충 용액에 대하여 설명하였으니, 이제 4.6절에서 간략하게 설명한 산-염기 적정의 정량적인 면에 대하여 좀 더 상세하게 살펴보자. 다음 세 종류의 반응을 생각해 보기로 한다. (1) 강산과 강염기를 포함하는 적정, (2) 약산과 강염기를 포함하는 적정, (3) 강산과 약염기를 포함하는 적정. 약산과 약염기를 포함하는 적정은 형성된 염의 양이온과 음이온 양쪽의 가수분해 때문에 복잡하다. 이러한 적정을 다루지 않기로 한다. 그림 15.3은 적정하는 과정 중에 pH를 관찰할 때 사용하는 장치를 나타낸 것이다.

동영상
산-염기 적정.

강산-강염기 적정

강산인 HCl과 강염기인 NaOH 사이의 반응은 다음과 같이 나타낼 수 있다.

$$NaOH(aq) + HCl(aq) \longrightarrow NaCl(aq) + H_2O(l)$$

위 반응식을 알짜 이온식으로 나타내면 다음과 같다.

$$H^+(aq) + OH^-(aq) \longrightarrow H_2O(l)$$

0.10 *M* HCl 25.0 mL가 들어 있는 삼각 플라스크에 0.10 *M* NaOH 용액을 첨가(뷰렛으로부터)하는 것을 생각해 보자. 편의상, 부피와 농도는 세 개의 유효 숫자를 사용하고, pH는 두 개의 유효 숫자로 나타낸다. 그림 15.4에는 적정에서의 pH 곡선(적정 곡선, titration curve)을

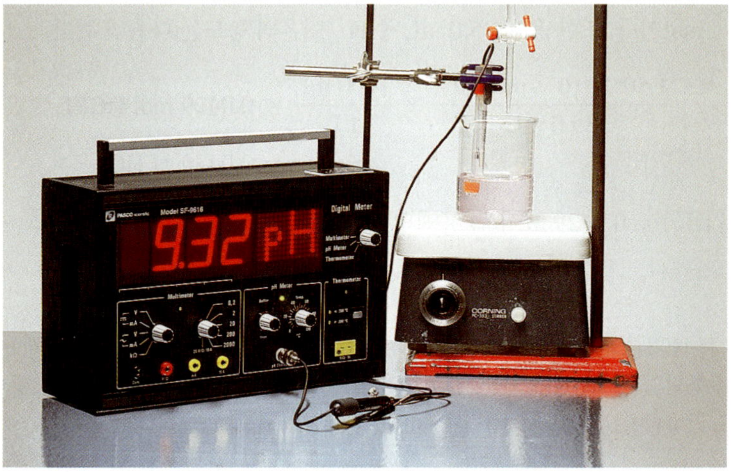

그림 15.3 • pH 미터는 산-염기 적정을 모니터하는 데 사용한다.

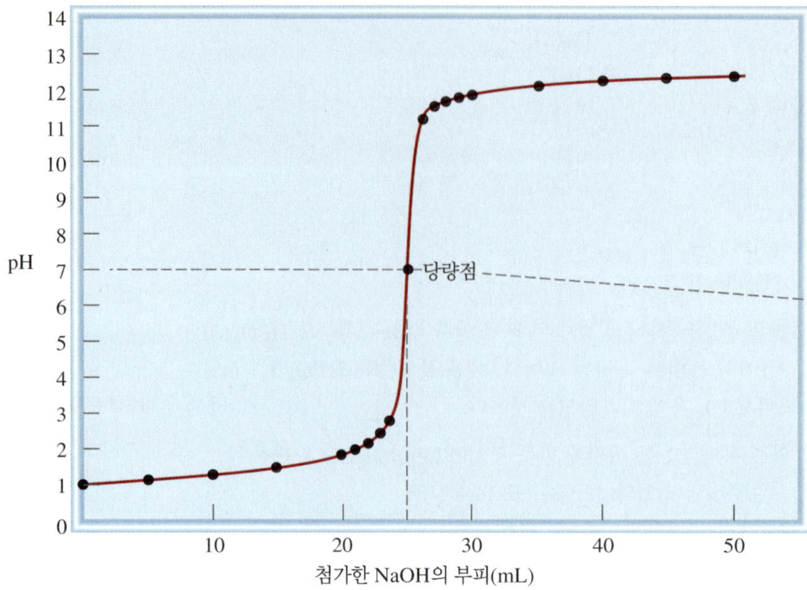

첨가한 NaOH의 부피 (mL)	pH
0.0	1.00
5.0	1.18
10.0	1.37
15.0	1.60
20.0	1.95
22.0	2.20
24.0	2.69
25.0	7.00
26.0	11.29
28.0	11.75
30.0	11.96
35.0	12.22
40.0	12.36
45.0	12.46
50.0	12.52

그림 15.4 • 강산-강염기 적정의 pH 변화. 0.100 *M* HCl 25.0 mL에 0.100 *M* NaOH 용액을 뷰렛으로 가한다(그림 4.18 참조). 이 곡선을 적정 곡선이라고 한다.

나타내었다. NaOH를 첨가하기 전에 산 용액의 pH는 $-\log(0.100)$, 즉 1.00이다. NaOH를 첨가함에 따라, 용액의 pH가 처음에는 서서히 증가한다. 당량점 근처에서 pH는 가파르게 올라가며, 당량점(같은 당량의 산과 염기가 반응한 점)에서는 곡선이 거의 수직적으로 올라간다. 강산-강염기 적정에서 수소 이온 농도와 수산화 이온 농도가 모두 당량점에서는 매우 작다(대략 1×10^{-7} *M*). 결과적으로 한 방울의 염기를 첨가하면 용액의 $[OH^-]$와 pH가 크게 증가한다. 당량점 이후에서는 NaOH를 첨가함에 따라서 pH가 다시 서서히 커진다.

적정의 각 단계에서 용액의 pH를 계산할 수 있다. 여기서는 세 가지 계산만 해 본다.

NaOH 몰수를 빠르게 계산하는 식은 $10.0\ \text{mL} \times \frac{0.100\ \text{mol}}{1000\ \text{mL}} = 1.0 \times 10^{-3}\ \text{mol}$ 이다.

1. 0.100 *M* HCl 25.0 mL*에* 0.100 *M* NaOH 10.0 mL*를 첨가한 후*. 용액의 전체 부피는 35.0 mL이다. 10.0 mL 중 NaOH의 몰수는 다음과 같다.

$$10.0\ \text{mL} \times \frac{0.100\ \text{mol NaOH}}{1\ \text{L NaOH}} \times \frac{1\ \text{L}}{1000\ \text{mL}} = 1.00 \times 10^{-3}\ \text{mol}$$

   용액 25.0 mL에 처음부터 있었던 HCl의 몰수는

$$25.0\ \text{mL} \times \frac{0.100\ \text{mol HCl}}{1\ \text{L HCl}} \times \frac{1\ \text{L}}{1000\ \text{mL}} = 2.50 \times 10^{-3}\ \text{mol}$$

1 mol NaOH ≏ 1 mol HCl이라는 것을 기억하라.

   따라서 일부 중화된 후에 남아있는 HCl의 양은 $(2.50 \times 10^{-3}) - (1.00 \times 10^{-3}) = 1.50 \times 10^{-3}$ mol이다. 또한 용액 35.0 mL 중 H^+ 이온의 농도는 다음과 같다.

$$\frac{1.50 \times 10^{-3}\ \text{mol HCl}}{35.0\ \text{mL}} \times \frac{1000\ \text{mL}}{1\ \text{L}} = 0.0429\ \text{mol HCl/L}$$
$$= 0.0429\ M\ \text{HCl}$$

   따라서 $[H^+] = 0.0429\ M$이고, 용액의 pH는 다음과 같다.

$$\text{pH} = -\log 0.0429 = 1.37$$

Na^+와 Cl^-는 가수분해되지 않는다.

2. 0.100 *M* HCl 25.0 mL에 0.100 *M* NaOH 25.0 mL*를 첨가한 후*. 이 때에는 반응이 완전히 중화되었고, 염(NaCl)은 가수분해되지 않으므로 계산이 간단하다. 당량점에서는 $[H^+] = [OH^-] = 1.00 \times 10^{-7}\ M$ 이고, 용액의 pH는 7.00이다.
3. 0.100 *M* HCl 25.0 mL에 0.100 *M* NaOH 35.0 mL*를 첨가한 후*. 용액의 전체 부피는

60.0 mL이다. 첨가한 NaOH의 몰수는

$$35.0\ \text{mL} \times \frac{0.100\ \text{mol NaOH}}{1\ \text{L NaOH}} \times \frac{1\ \text{L}}{1000\ \text{mL}} = 3.50 \times 10^{-3}\ \text{mol}$$

25.0 mL 용액 중 HCl의 몰수는 2.50×10^{-3} mol이다. HCl이 완전히 중화한 후에 남아 있는 NaOH의 양은 $(3.50 \times 10^{-3}) - (2.50 \times 10^{-3}) = 1.00 \times 10^{-3}$ mol이다. 용액 60.0 mL 중 NaOH의 농도는 다음과 같다.

$$\frac{1.00 \times 10^{-3}\ \text{mol NaOH}}{60.0\ \text{mL}} \times \frac{1000\ \text{mL}}{1\ \text{L}} = 0.0167\ \text{mol NaOH/L}$$
$$= 0.0167\ M\ \text{NaOH}$$

따라서 $[OH^-] = 0.0167\ M$ 이고, $pOH = -\log 0.0167 = 1.78$이다. 따라서 용액의 pH는 다음과 같다.

$$\begin{aligned} pH &= 14.00 - pOH \\ &= 14.00 - 1.78 \\ &= 12.22 \end{aligned}$$

약산-강염기 적정

아세트산(약산)과 수산화 소듐(강염기) 사이의 다음 중화 반응을 생각해 보자.

$$CH_3COOH(aq) + NaOH(aq) \longrightarrow CH_3COONa(aq) + H_2O(l)$$

이 식은 다음과 같이 간단하게 나타낼 수 있다.

$$CH_3COOH(aq) + OH^-(aq) \longrightarrow CH_3COO^-(aq) + H_2O(l)$$

아세트산 이온은 다음과 같이 가수분해된다.

$$CH_3COO^-(aq) + H_2O(l) \rightleftharpoons CH_3COOH(aq) + OH^-(aq)$$

따라서 당량점에서는 아세트산 소듐만이 있으므로 형성된 과량의 OH^- 때문에 pH는 7보다도 *커질 것이다*(그림 15.5). 이 상황은 아세트산 소듐(CH_3COONa)의 가수분해와 비슷함에 유의하라(14.9절 참조).

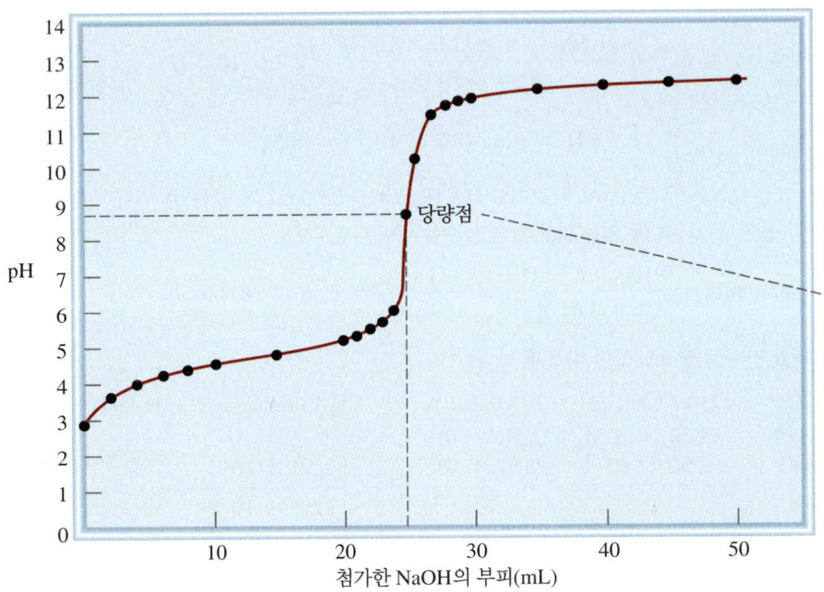

첨가한 HCl의 부피(mL)	pH
0.0	2.87
5.0	4.14
10.0	4.57
15.0	4.92
20.0	5.35
22.0	5.61
24.0	6.12
25.0	8.72
26.0	10.29
28.0	11.75
30.0	11.96
35.0	12.22
40.0	12.36
45.0	12.46
50.0	12.52

그림 15.5 • 약산을 강염기로 적정할 때의 pH 변화. 0.100 M CH_3COOH 25.0 mL에 0.100 M NaOH 용액을 뷰렛으로 가한다. 형성된 염의 가수분해 반응에 의해서 당량점에서의 pH는 7보다 크다.

예제 15.4

0.100 *M* 아세트산 25.0 mL를 수산화 소듐으로 적정할 때의 pH를 계산하시오.
(a) 0.100 *M* NaOH를 10.0 mL 가했을 때, (b) 0.100 *M* NaOH를 25.0 mL 가했을 때, (c) 0.100 *M* NaOH를 35.0 mL 가했을 때.

▸ **전략** CH_3COOH와 NaOH 사이의 반응은 다음과 같다.

$$CH_3COOH(aq) + NaOH(aq) \longrightarrow CH_3COONa(aq) + H_2O(l)$$

1 mol CH_3COOH ≏ 1 mol NaOH임을 안다. 그러므로 각 적정 단계에서 산과 반응하는 염기의 몰수를 계산할 수 있고, 과량의 산이나 남아 있는 염기로 pH를 결정할 수 있다. 그러나 당량점에서는 중화 반응이 완전히 일어난다. 따라서 용액의 pH는 중화 반응에서 형성된 염인 CH_3COONa의 가수분해 반응 정도에 따라 달라진다.

▸ **풀이**

(a) 용액 10.0 mL에 들어 있는 NaOH의 몰수는 다음과 같다.

$$10.0\text{ mL} \times \frac{0.100\text{ mol NaOH}}{1\text{ L NaOH 용액}} \times \frac{1\text{ L}}{1000\text{ mL}} = 1.00 \times 10^{-3}\text{ mol}$$

적정하기 전 용액 25.0 mL에 들어 있는 CH_3COOH의 몰수는 다음과 같다.

$$25.0\text{ mL} \times \frac{0.100\text{ mol CH}_3\text{COOH}}{1\text{ L CH}_3\text{COOH 용액}} \times \frac{1\text{ L}}{1000\text{ mL}} = 2.50 \times 10^{-3}\text{ mol}$$

두 용액을 혼합하면 부피가 증가하므로 여기서는 몰수를 사용한다. 부피가 증가하면 몰농도는 변하지만, 몰수는 변하지 않는다. 몰수의 변화를 다음에 정리하였다.

	$CH_3COOH(aq)$	+ $NaOH(aq)$	⟶ $CH_3COONa(aq)$	+ $H_2O(l)$
초기(mol):	2.50×10^{-3}	1.00×10^{-3}	0	
변화(mol):	-1.00×10^{-3}	-1.00×10^{-3}	$+1.00 \times 10^{-3}$	
최종(mol):	1.50×10^{-3}	0	1.00×10^{-3}	

이 단계에서 CH_3COOH와 CH_3COO^-(CH_3COONa 염으로부터)의 완충계가 만들어진다. 이 용액의 pH를 계산하면 다음과 같다.

용액의 부피가 CH_3COOH와 CH_3COO^-에 대해서 같기 때문에 존재하는 몰수의 비는 몰농도의 비와 같다.

$$K_a = \frac{[H^+][CH_3COO^-]}{[CH_3COOH]}$$

$$[H^+] = \frac{[CH_3COOH]K_a}{[CH_3COO^-]} = \frac{(1.50 \times 10^{-3})(1.8 \times 10^{-5})}{1.00 \times 10^{-3}} = 2.7 \times 10^{-5}\ M$$

따라서 $pH = -\log(2.7 \times 10^{-5}) = 4.57$

(b) 이 양(즉, 0.100 *M* NaOH 25.0 mL와 0.100 *M* CH_3COOH 25.0 mL가 반응)은 당량점에 해당한다. 따라서 용액 25.0 mL에 있는 NaOH의 몰수는 다음과 같다.

$$25.0\text{ mL} \times \frac{0.100\text{ mol NaOH}}{1\text{ L NaOH 용액}} \times \frac{1\text{ L}}{1000\text{ mL}} = 2.50 \times 10^{-3}\text{ mol}$$

몰수의 변화를 간단하게 요약하면 다음과 같다.

	$CH_3COOH(aq)$	+ $NaOH(aq)$	⟶ $CH_3COONa(aq)$	+ $H_2O(l)$
초기(mol):	2.50×10^{-3}	2.50×10^{-3}	0	
변화(mol):	-2.50×10^{-3}	-2.50×10^{-3}	$+2.50 \times 10^{-3}$	
최종(mol):	0	0	2.50×10^{-3}	

당량점에서 산과 염기의 농도는 모두 0이다. 이 때 전체 부피는 (25.0 + 25.0) mL = 50.0 mL이고, 따라서 염의 농도는 다음과 같다.

$$[CH_3COONa] = \frac{2.50 \times 10^{-3}\text{ mol}}{50.0\text{ mL}} \times \frac{1000\text{ mL}}{1\text{ L}}$$
$$= 0.0500\text{ mol/L} = 0.0500\ M$$

다음 단계는 CH_3COO^- 이온이 가수분해한 용액의 pH를 계산하는 것이다. 예제 14.13과 표 14.3의 CH_3COO^-의 이온화 상수(K_b)를 사용하여 계산하면 다음과 같이 된다.

$$K_b = 5.6 \times 10^{-10} = \frac{[CH_3COOH][OH^-]}{[CH_3COO^-]} = \frac{x^2}{0.0500 - x}$$
$$x = [OH^-] = 5.3 \times 10^{-6}\ M,\ \text{pH} = \boxed{8.72}$$

(c) NaOH 35.0 mL를 가하면 당량점을 넘어서게 된다. 적정하기 전 NaOH의 몰수는 다음과 같다.

$$35.0\text{ mL} \times \frac{0.100\text{ mol NaOH}}{1\text{ L NaOH 용액}} \times \frac{1\text{ L}}{1000\text{ mL}} = 3.50 \times 10^{-3}\text{ mol}$$

몰수의 변화를 간단하게 요약하면 다음과 같다.

	$CH_3COOH(aq)$ +	$NaOH(aq)$ ⟶	$CH_3COONa(aq) + H_2O(l)$
초기(mol):	2.50×10^{-3}	3.50×10^{-3}	0
변화(mol):	-2.50×10^{-3}	-2.50×10^{-3}	$+2.50 \times 10^{-3}$
최종(mol):	0	1.00×10^{-3}	2.50×10^{-3}

이 단계에서는 용액을 염기성으로 만드는 두 화학종 CH_3COO^-와 OH^-가 용액에 존재한다. 그런데 OH^-가 CH_3COO^-보다 훨씬 더 강한 염기이므로, 용액의 pH 계산에는 CH_3COO^- 이온의 가수분해는 무시하고 OH^- 이온의 농도만 고려한다. 이 용액의 전체 부피는 (25.0 + 35.0) mL = 60.0 mL이고, OH^-의 농도는 다음과 같이 계산된다.

$$[OH^-] = \frac{1.00 \times 10^{-3}\text{ mol}}{60.0\text{ mL}} \times \frac{1000\text{ mL}}{1\text{ L}}$$
$$= 0.0167\text{ mol/L} = 0.0167\ M$$
$$\text{pOH} = -\log[OH^-] = -\log 0.0167 = 1.78$$
$$\text{pH} = 14.00 - 1.78 = \boxed{12.22}$$

비슷한 문제: 15.21(b).

▸ **실전 연습** 정확히 0.10 M 아질산(HNO_2) 100 mL를 0.10 M NaOH로 적정하였다. 다음의 pH를 계산하시오. (a) 초기 용액, (b) 염기 80 mL를 가한 용액, (c) 당량점, (d) 염기 105 mL를 가한 용액.

강산-약염기 적정

강산인 HCl로 약염기인 NH_3를 적정할 때를 생각해 보자.

$$HCl(aq) + NH_3(aq) \longrightarrow NH_4Cl(aq)$$

또는

$$H^+(aq) + NH_3(aq) \longrightarrow NH_4^+(aq)$$

NH_4^+ 이온의 가수분해 때문에 당량점에서 pH는 7보다도 *작다*.

$$NH_4^+(aq) + H_2O(l) \rightleftharpoons NH_3(aq) + H_3O^+(aq)$$

또는 간단히

$$NH_4^+(aq) \rightleftharpoons NH_3(aq) + H^+(aq)$$

암모니아 수용액은 휘발성이 있으므로 암모니아 용액에 염산을 뷰렛으로 가하는 것이 더 편리하다. 그림 15.6에 이 실험의 적정 곡선을 나타내었다.

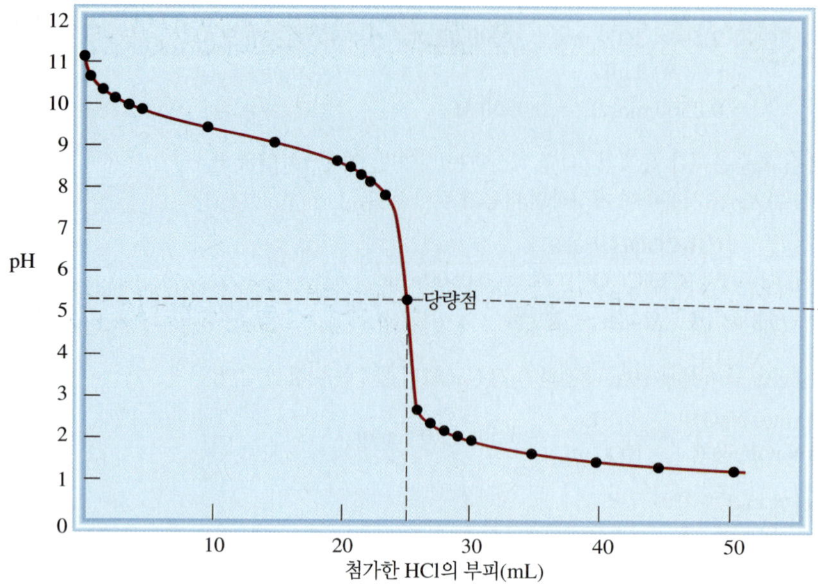

첨가한 HCl의 부피(mL)	pH
0.0	11.13
5.0	9.86
10.0	9.44
15.0	9.08
20.0	8.66
22.0	8.39
24.0	7.88
25.0	5.28
26.0	2.70
28.0	2.22
30.0	2.00
35.0	1.70
40.0	1.52
45.0	1.40
50.0	1.30

그림 15.6 • 강산-약염기 적정의 pH 변화. 삼각 플라스크에 들어 있는 0.100 *M* NH_3 용액 25.0 mL에 뷰렛에 들어 있는 0.100 *M* HCl 용액을 가한다. 염의 가수분해가 일어나서 당량점의 pH는 7보다 낮다.

☑ 개념 복습하기

다음 중 어느 적정에서 당량점에서의 pH가 중성이 아니겠는가? (a) HNO_2와 NaOH, (b) KOH와 $HClO_4$, (c) HCOOH와 KOH, (d) CH_3NH_2와 HNO_3.

15.4 산-염기 지시약

중화 적정에서 당량점은 용액에 첨가한 OH^- 이온의 몰수가 처음에 존재하던 H^+ 이온의 몰수와 같아지는 점이다. 적정에서 당량점을 구하기 위하여 플라스크 안에 있는 산에 첨가되는 염기의 부피가 얼마인가를 정확하게 알아야 한다. 이 목적을 달성하기 위한 하나의 방법은 적정의 출발점에서 산 용액에 산-염기 지시약 몇 방울을 첨가하는 것이다. 4장에서 공부한 것처럼 지시약은 보통 이온화한 형태와 이온화하지 않은 형태가 매우 다른 색을 가지는 약한 유기 산이거나 유기 염기이다. 이들 두 형태는 지시약이 녹아 있는 용액의 pH와 관련된다. 적정의 **종말점**(end point)은 *지시약의 색이 변하는 점*이다. 그러나 모든 지시약이 같은 pH에서 변색하지 않으므로 적정에서 지시약의 선택은 적정에 사용한 산과 염기의 성질(즉, 산과 염기의 세기)에 의존된다. 적정에 알맞은 지시약을 선택함으로써 다음에서 설명하는 것처럼 당량점을 결정하는 데에 종말점을 쓸 수 있다.

지시약은 주로 약한 유기 산이나 유기 염기이다.

종말점은 지시약의 색이 변하는 점이다. 당량점은 중화반응이 끝나는 점이다. 실험적으로 당량점을 측정하는데 종말점을 사용한다.

일양성자성 약한 산 HIn을 생각해 보자. 효과적인 지시약이 되기 위해서는 HIn과 그 짝염기 In^-는 매우 다른 색을 가져야 한다. 용액에서 산이 일부분 이온화하면 다음과 같이 된다.

$$\mathrm{HIn}(aq) \rightleftharpoons \mathrm{H}^+(aq) + \mathrm{In}^-(aq)$$

만일 지시약이 충분히 산성인 매질에 있다면 르샤틀리에 원리에 따라서 평형은 왼쪽으로 이동하며 지시약의 우세한 색은 이온화하지 않은 형태(HIn)의 색이다. 반면에 염기성 매질에서 평형은 오른쪽으로 이동하고, 용액의 색깔은 주로 짝염기(In^-)의 색으로 될 것이다. 대략적으로 말한다면 지시약의 색을 예측하는 데 다음 농도비를 쓸 수 있다.

$$\frac{[\mathrm{HIn}]}{[\mathrm{In}^-]} \geq 10 \quad \text{산(HIn)의 색이 우세하다.}$$

$$\frac{[\mathrm{HIn}]}{[\mathrm{In}^-]} \leq 0.1 \quad \text{짝염기(In}^-\text{)의 색이 우세하다.}$$

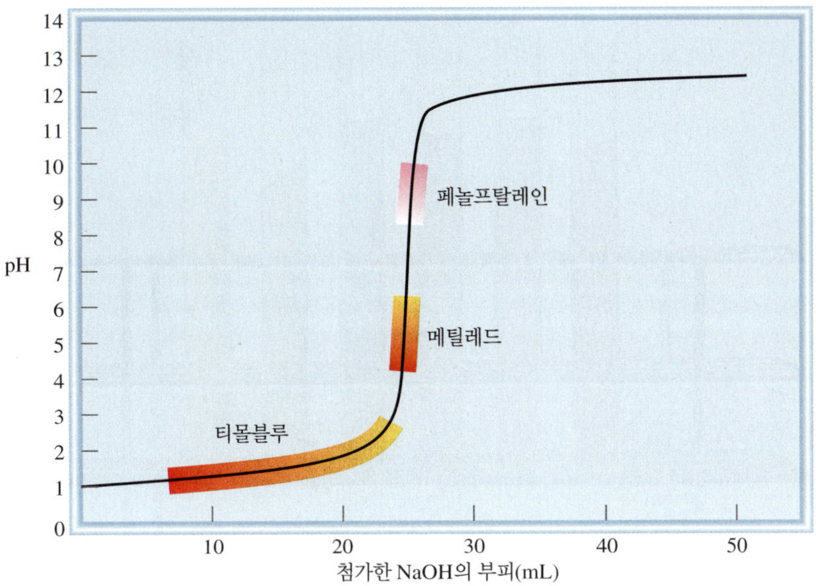

그림 15.7 • 강산을 강염기로 적정한 적정 곡선. 지시약 메틸 레드와 페놀프탈레인이 변색되는 부분이 곡선의 급변 범위내에 걸쳐 있기 때문에 이들은 적정의 당량점을 찾아내는 데 사용될 수 있다. 한편으로 티몰블루는 색깔의 변화가 적정곡선의 급변부분과 일치하지 않기 때문에 같은 목적으로 사용될 수 없다(표 15.1 참조).

만일 [HIn] ≈ [In$^-$]이라면 지시약의 색은 HIn과 In$^-$의 색을 섞은 색이 된다.

지시약의 종말점은 한 특정 pH에서 일어나지 않으며 종말점이 나타나는 특정 pH 범위가 있다. 실제로 종말점 범위가 적정 곡선의 가파른 부분 사이에 있는 지시약을 선택한다. 왜냐하면 당량점도 적정 곡선의 가파른 부분 사이에 있으므로, 이렇게 지시약을 선택하면 지시약이 변색하는 범위 안에 당량점의 pH가 들어오도록 할 수 있기 때문이다. 4.6절에서 페놀프탈레인은 NaOH와 HCl의 적정에 적당한 지시약이라고 하였다. 페놀프탈레인은 산성과 중성 용액에서 무색이며 염기성 용액에서는 붉은 분홍빛이다. 페놀프탈레인으로 측정하여 보면 pH < 8.3에서 지시약은 무색이지만, pH가 8.3을 지날 때에는 붉은 분홍빛으로 바뀌기 시작함을 알 수 있다. 그림 15.4에 나타낸 것처럼 당량점 근처에서 pH 곡선이 가파른 것은 매우 소량의 NaOH(즉, 0.05 mL, 이 부피는 대략 뷰렛으로부터 떨어지는 용액 한 방울의 부피이다)를 첨가하여도 용액의 pH는 크게 증가함을 뜻한다. 그러나 중요한 것은 pH 곡선의 가파른 부분에는 페놀프탈레인이 무색으로부터 붉은 분홍빛으로 바뀌는 범위가 포함된다는 사실이다. 이렇게 일치될 때마다 지시약은 적정의 당량점을 찾는 데에 쓸 수 있다(그림 15.7).

전형적인 지시약은 pH = pK_a ± 1로 주어지는 pH 범위에 걸쳐 색이 변하며 여기서 K_a는 산 이온화 상수이다.

많은 산-염기 지시약은 식물 색소이다. 예를 들면, 잘게 썬 붉은 양배추를 물에 넣고 끓이면 여러 pH에서 많은 다른 색을 나타내는 색소를 추출할 수 있다(그림 15.8). 표 15.1에는 산-염기 적정에 흔히 쓰이는 지시약 몇 가지를 나타내었다. 적정하려는 산과 염기의 세기에 따라서 특정한 지시약을 선택한다.

예제 15.5

표 15.1에 있는 지시약 중에서 (a) 그림 15.4, (b) 그림 15.5, (c) 그림 15.6에 나타낸 산-염기 적정에 쓸 수 있는 것을 선택하시오.

▸ **전략** 어떤 지시약의 색이 변하는 pH 범위가 적정 곡선의 가파른 부분 안에 들어갈 때에만 그 지시약을 쓸 수 있다. 그렇지 않으면 당량점을 찾는 데 색 변화를 이용할 수 없다.

▸ **풀이**

(a) 당량점 근처에서 용액의 pH는 4에서 10까지 가파르게 변한다. 따라서 티몰 블루, 브로모페놀 블루, 메틸 오렌지를 제외한 모든 지시약은 적정에 쓰기에 적당하다.

(b) 가파른 부분이 pH 범위 7~10에 있으므로 적당한 지시약은 크레솔 레드와 페놀프탈레인이다.

그림 15.8 • 붉은색 양배추 추출물이 들어있는 용액(양배추를 물에 넣고 끓이면 얻어짐)에 산 또는 염기 용액을 첨가하면 여러 가지 색이 얻어진다. 용액의 pH는 왼쪽에서 오른쪽으로 갈수록 증가한다.

(c) pH 곡선의 가파른 부분이 pH 범위 3~7에 있으므로 적당한 지시약은 브로모페놀 블루, 메틸 오렌지, 메틸 레드, 클로로페놀 블루이다.

비슷한 문제: 15.29.

▸ **실전 연습** 표 15.1을 참조하여 다음 적정에 쓰일 수 있는 지시약을 찾으시오. (a) HBr을 CH_3NH_2로, (b) HNO_3를 NaOH로, (c) HNO_2를 KOH로.

☑ 개념 복습하기

어느 조건에서 산-염기 적정의 종말점이 정확히 당량점을 나타내겠는가?

15.5 용해도 평형

침전 반응은 산업, 의학, 일상생활에 있어서 중요하다. 예를 들면, 탄산 소듐(Na_2CO_3)처럼 산업에 필수적인 많은 화학 약품의 제조는 침전 반응에 기초를 두고 있다. 주로 하이드록시

표 15.1 몇 가지 일반적인 산-염기 지시약

지시약	색		pH 범위*
	산에서	염기에서	
티몰 블루	빨강	노랑	1.2~2.8
브로모페놀 블루	노랑	청자색	3.0~4.6
메틸 오렌지	주황	노랑	3.1~4.4
메틸 레드	빨강	노랑	4.2~6.3
클로로페놀 블루	노랑	빨강	4.8~6.4
브로모티몰 블루	노랑	파랑	6.0~7.6
크레솔 레드	노랑	빨강	7.2~8.8
페놀프탈레인	무색	분홍	8.3~10.0

*pH 범위는 산성 형의 색에서 염기성 형의 색으로 변하는 영역으로 정의된다.

인회석[$Ca_5(PO_4)_3OH$]으로 이루어져 있는 치아 에나멜은 산성 매질에서 녹아 치아 침식이 일어난다. X선을 통과시키지 않는 불용성 화합물인 황산 바륨($BaSO_4$)은 소화기관의 질병을 진단하는 데에 쓰인다. 탄산 칼슘($CaCO_3$)으로 이루어져 있는 종유석과 석순은 침전 반응으로 형성되며, 부드러운 캔디(fudge) 같은 많은 식품도 침전 반응에 의하여 생산한다.

물 속에서 이온성 화합물의 용해도를 예측하는 일반적인 규칙은 4.2절에서 소개하였다. 이들 용해도 규칙이 유용하기는 하지만 어떤 이온 화합물이 얼마나 물에 녹는가에 대한 정량적인 예측은 할 수 없다. 정량적인 예측을 하기 위하여 이미 알고 있는 화학 평형으로부터 시작하자.

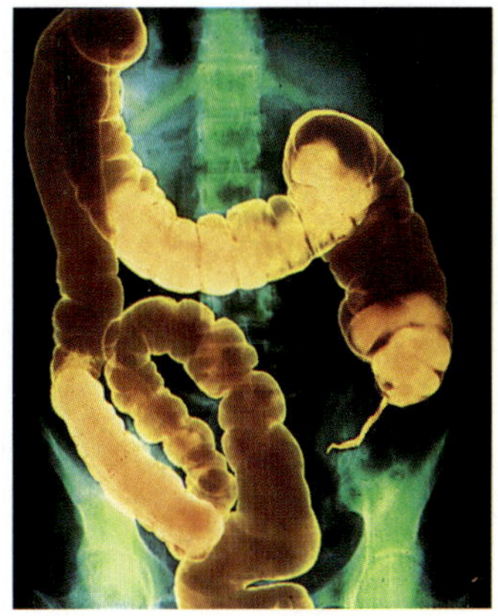

사람 대장의 $BaSO_4$ 영상.

아래로 자라는 종유석과 위로 자라는 석순.

용해도곱

고체 염화 은과 접촉하고 있는 염화 은의 포화 수용액을 생각하자. 용해도 평형은 다음과 같이 나타낼 수 있다.

$$AgCl(s) \rightleftharpoons Ag^+(aq) + Cl^-(aq)$$

AgCl과 같은 염은 강한 전해질로 취급하므로 AgCl은 모두 Ag^+와 Cl^- 이온으로 완전히 해리한다고 가정한다. 불균일 반응에서 고체의 농도는 일정하다는 것을 13장에서 배웠다. 따라서 AgCl의 용해에 대한 평형 상수는 다음과 같이 쓸 수 있다.

$$K_{sp} = [Ag^+][Cl^-]$$

여기에서 $\boldsymbol{K_{sp}}$를 용해도곱 상수 또는 간단히 용해도곱이라고 부른다. 일반적으로 어떤 화합물의 **용해도곱**(solubility product)은 *구성 이온들의 몰농도의 곱이며, 각 농도는 평형식에 있는 화학량론적 계수의 멱급수로 표시한다.*

각 AgCl 단위가 하나의 Ag^+와 Cl^- 이온만을 포함하고 있으므로 그 용해도곱의 표현식은 특히 쓰기에 간단하다. 그러나 다음 경우는 보다 복잡하다.

이온쌍 형성과 염 가수분해는 모두 무시한다.

- MgF_2

$$MgF_2(s) \rightleftharpoons Mg^{2+}(aq) + 2F^-(aq) \qquad K_{sp} = [Mg^{2+}][F^-]^2$$

- Ag_2CO_3

$$Ag_2CO_3(s) \rightleftharpoons 2Ag^+(aq) + CO_3^{2-}(aq) \qquad K_{sp} = [Ag^+]^2[CO_3^{2-}]$$

- $Ca_3(PO_4)_2$

$$Ca_3(PO_4)_2(s) \rightleftharpoons 3Ca^{2+}(aq) + 2PO_4^{3-}(aq) \qquad K_{sp} = [Ca^{2+}]^3[PO_4^{3-}]^2$$

표 15.2에는 용해도가 낮은 많은 염에 대한 K_{sp} 값을 나타내었다. K_{sp} 값이 매우 큰 NaCl과 KNO_3와 같은 가용성 염은 표 15.2에 나타내지 않았다. K_{sp} 값은 이온 화합물의 용해도를 나타낸다.

수용액에서 이온성 고체의 용해는 다음 조건 중 하나에 해당한다. (1) 용액이 불포화, (2) 용액이 포화, (3) 용액이 과포화되어 있을 때이다. 13.3절에 있는 과정을 따라 이온의 몰농도의 곱에 화학량론적 계수의 제곱꼴로 나타내는 *이온곱*(ion product)에 대하여 반응지수 Q를 사용한다. 따라서 25°C에서 Ag^+와 Cl^- 이온을 포함하는 수용액에 대해

$$Q = [Ag^+]_0[Cl^-]_0$$

아래 첨자 0은 이들이 초기 농도이라는 뜻이며, 평형에서 이들과 일치할 필요는 없다. Q와 K_{sp} 사이의 가능한 관계는 다음과 같다.

$$Q < K_{sp}$$
$$[Ag^+]_0[Cl^-]_0 < 1.6 \times 10^{-10} \qquad \text{불포화 용액}$$

용액이 어떻게 만들어지느냐에 따라 $[Ag^+]$는 $[Cl^-]$와 같을 수도 있고 다를 수도 있다.

표 15.2 25°C에서 난용성 이온 화합물들의 용해도곱

화합물	K_{sp}	화합물	K_{sp}
브로민화 구리(I) (CuBr)	4.2×10^{-8}	탄산 스트론튬($SrCO_3$)	1.6×10^{-9}
브로민화 은(AgBr)	7.7×10^{-13}	탄산 은(Ag_2CO_3)	8.1×10^{-12}
수산화 구리(II) [$Cu(OH)_2$]	2.2×10^{-20}	탄산 칼슘($CaCO_3$)	8.7×10^{-9}
수산화 마그네슘 [$Mg(OH)_2$]	1.2×10^{-11}	플루오린화 납(II) (PbF_2)	4.1×10^{-8}
수산화 아연 [$Zn(OH)_2$]	1.8×10^{-14}	플루오린화 바륨(BaF_2)	1.7×10^{-6}
수산화 알루미늄 [$Al(OH)_3$]	1.8×10^{-33}	플루오린화 칼슘(CaF_2)	4.0×10^{-11}
수산화 철(II) [$Fe(OH)_2$]	1.6×10^{-14}	황산 바륨($BaSO_4$)	1.1×10^{-10}
수산화 철(III) [$Fe(OH)_3$]	1.1×10^{-36}	황산 스트론튬($SrSO_4$)	3.8×10^{-7}
수산화 칼슘 [$Ca(OH)_2$]	8.0×10^{-6}	황산 은(Ag_2SO_4)	1.4×10^{-5}
수산화 크로뮴(III) [$Cr(OH)_3$]	3.0×10^{-29}	황화 구리(II) (CuS)	6.0×10^{-37}
아이오딘화 구리(I) (CuI)	5.1×10^{-12}	황화 납(II) (PbS)	3.4×10^{-28}
아이오딘화 납(II) (PbI_2)	1.4×10^{-8}	황화 니켈(II) (NiS)	1.4×10^{-24}
아이오딘화 은(AgI)	8.3×10^{-17}	황화 망가니즈(II) (MnS)	3.0×10^{-14}
염화 납(II) ($PbCl_2$)	2.4×10^{-4}	황화 비스무트(Bi_2S_3)	1.6×10^{-72}
염화 수은(I) (Hg_2Cl_2)	3.5×10^{-18}	황화 수은(II) (HgS)	4.0×10^{-54}
염화 은(AgCl)	1.6×10^{-10}	황화 아연(ZnS)	3.0×10^{-23}
인산 칼슘[$Ca_3(PO_4)_2$]	1.2×10^{-26}	황화 은(Ag_2S)	6.0×10^{-51}
크로뮴산 납(II) ($PbCrO_4$)	2.0×10^{-14}	황화 주석(II) (SnS)	1.0×10^{-26}
탄산 납(II) ($PbCO_3$)	3.3×10^{-14}	황화 철(II) (FeS)	6.0×10^{-19}
탄산 마그네슘($MgCO_3$)	4.0×10^{-5}	황화 카드뮴(CdS)	8.0×10^{-28}
탄산 바륨($BaCO_3$)	8.1×10^{-9}	황화 코발트(II) (CoS)	4.0×10^{-21}

$$Q = K_{sp}$$
$$[Ag^+][Cl^-] = 1.6 \times 10^{-10}$$

포화 용액

$$Q > K_{sp}$$
$$[Ag^+]_0[Cl^-]_0 > 1.6 \times 10^{-10}$$

과포화 용액: 이온 농도의 곱이 1.6×10^{-10}과 같아질 때까지 AgCl은 침전될 것이다.

☑ 개념 복습하기

다음 그림은 AgCl 용액을 나타내며, AgCl의 용해도에 영향을 미치지 않는 Na^+와 NO_3^- (그림에는 나타내지 않았음)와 같은 이온들을 포함할 수 있다. (a)가 AgCl의 포화 용액을 나타낼 때, 다른 용액을 불포화, 포화, 과포화 용액으로 분류하시오.

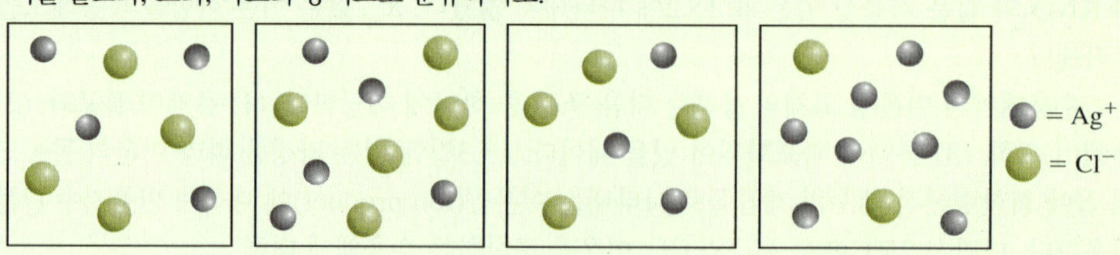

(a) (b) (c) (d)

몰 용해도 및 용해도

K_{sp} 값은 이온 결합 화합물의 용해도를 나타낸다. 이 값이 더 작을수록 그 화합물은 물에 덜 녹는다. 하지만 용해도를 비교할 때 K_{sp} 값을 사용하려면 AgCl과 ZnS, CaF_2와 $Fe(OH)_2$와

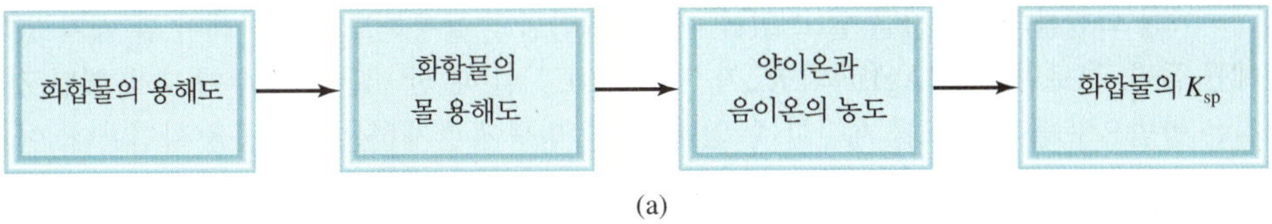

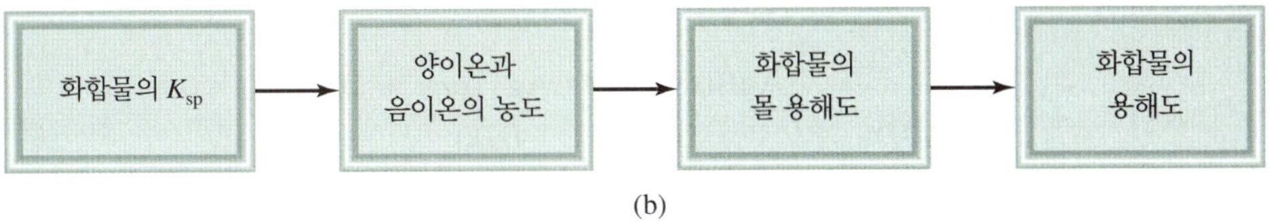

그림 15.9 • (a) 용해도 자료로부터 K_{sp}를 계산하는 과정과 (b) K_{sp} 자료로부터 용해도를 계산하는 과정.

같이 비슷한 화학식을 가지는 화합물들을 선택해야 한다. 어떤 물질의 용해도를 나타내는 데는 두 가지 다른 방법이 있다. 하나는 *포화 용액 1 L 안에 있는 용질의 몰수*(mol/L)인 **몰 용해도**(molar solubility)이고, 다른 하나는 *포화 용액 1 L 안에 있는 용질의 g수*(g/L)인 **용해도**(solubility)이다. 이들 두 표현은 어떤 온도(보통 25°C)에서 포화 용액의 농도를 언급하고 있음에 주의하라. 그림 15.9는 용해도, 몰 용해도, K_{sp} 사이의 관계를 나타낸 것이다.

몰 용해도와 용해도 모두 실험실에서 쓰기에 편리하다. 그림 15.9(a)에 개략적으로 나타낸 순서에 따라 K_{sp}를 결정하는 데 이들을 쓸 수 있다.

예제 15.6

황산 칼슘($CaSO_4$)의 용해도를 측정한 결과 0.67 g/L이었다. 황산 칼슘의 K_{sp}를 계산하시오.

▸ **전략** $CaSO_4$의 용해도를 주고, K_{sp} 값을 묻는다. 그림 15.9(a)에 따라 전환 단계는 다음과 같다.

$$\begin{matrix} CaSO_4\text{의} \\ \text{용해도(g/L)} \end{matrix} \longrightarrow \begin{matrix} CaSO_4\text{의} \\ \text{몰 용해도} \end{matrix} \longrightarrow \begin{matrix} [Ca^{2+}]\text{와} \\ [SO_4^{2-}] \end{matrix} \longrightarrow \begin{matrix} CaSO_4\text{의} \\ K_{sp} \end{matrix}$$

▸ **풀이** 물 속에서 $CaSO_4$의 해리를 생각해 보자. $CaSO_4$의 몰용해도(mol/L)를 s라고 하자.

$$CaSO_4(s) \rightleftharpoons Ca^{2+}(aq) + SO_4^{2-}(aq)$$

	$CaSO_4(s)$	$Ca^{2+}(aq)$	$SO_4^{2-}(aq)$
초기(M):		0	0
변화(M):	$-s$	$+s$	$+s$
평형(M):		s	s

$CaSO_4$의 용해도곱은 다음과 같다.

$$K_{sp} = [Ca^{2+}][SO_4^{2-}] = s^2$$

먼저 1 L 용액에 녹아 있는 $CaSO_4$의 몰수를 계산하면 다음과 같다.

$$\frac{0.67\ \cancel{\text{g CaSO}_4}}{1\ \text{L 용액}} \times \frac{1\ \text{mol CaSO}_4}{136.2\ \cancel{\text{g CaSO}_4}} = 4.9 \times 10^{-3}\ \text{mol/L} = s$$

용해도 평형으로부터 용해된 $CaSO_4$는 SO_4^{2-} 1 mol과 Ca^{2+} 이온 1 mol을 생성하는 것을 알 수 있다. 그러므로 평형 상태에서

$$[Ca^{2+}] = 4.9 \times 10^{-3}\ M\text{와} \quad [SO_4^{2-}] = 4.9 \times 10^{-3}\ M$$

이제 K_{sp}를 계산하면

$$\begin{aligned} K_{sp} &= [Ca^{2+}][SO_4^{2-}] \\ &= (4.9 \times 10^{-3})(4.9 \times 10^{-3}) \\ &= 2.4 \times 10^{-5} \end{aligned}$$

▸ **실전 연습** 크로뮴산 납($PbCrO_4$)의 용해도는 4.5×10^{-5} g/L이다. 이 화합물의 용해도곱을 계산하시오.

황산 칼슘은 건조제로 사용된다. 페인트, 도자기, 종이를 제조하는 데에도 사용되고 있다. 수화된 황산 칼슘은 소석고라고 부르며 부러진 뼈를 지지하는 데 사용된다.

비슷한 문제: 15.41.

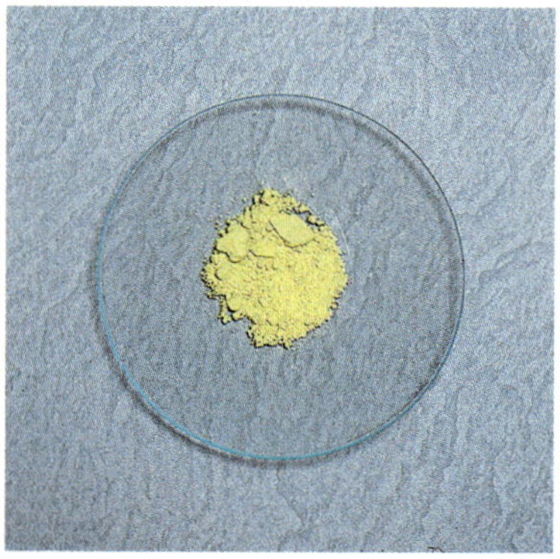

브로민화 은(AgBr)은 사진 유제로 사용된다.

어떤 화합물의 K_{sp} 값을 알고 있을 때, 그 화합물의 몰용해도를 계산해야 할 때가 있다. 예를 들면, 브로민화 은(AgBr)의 K_{sp}가 7.7×10^{-13}일 때 산 이온화 상수에 대해 했던 것과 같은 방법으로 몰 용해도를 계산할 수 있다. 우선, 평형에 존재하는 화학종을 확인한다. 이 화학종은 Ag^+와 Br^- 이온이다. AgBr의 몰 용해도(mol/L 단위)를 s라고 하자. AgBr 하나는 Ag^+와 Br^- 이온을 하나씩 내놓으므로 평형에서 $[Ag^+]$와 $[Br^-]$는 모두 s와 같다. 농도 변화를 요약하면 다음과 같다.

	$AgBr(s)$	$\rightleftharpoons$	$Ag^+(aq)$	$+$	$Br^-(aq)$
초기(M):			0.00		0.00
변화(M):	$-s$		$+s$		$+s$
평형(M):			s		s

표 15.2로부터 다음과 같이 쓸 수 있다.

$$K_{sp} = [Ag^+][Br^-]$$
$$7.7 \times 10^{-13} = (s)(s)$$
$$s = \sqrt{7.7 \times 10^{-13}} = 8.8 \times 10^{-7}\,M$$

따라서 평형 농도는 다음과 같다.

$$[Ag^+] = 8.8 \times 10^{-7}\,M$$
$$[Br^-] = 8.8 \times 10^{-7}\,M$$

따라서 AgBr의 몰용해도 역시 $8.8 \times 10^{-7}\,M$이다. 몰 용해도를 알면 예제 15.7에서 보인 바와 같이 g/L 단위로 용해도를 계산할 수 있다.

수산화 구리(II)는 씨앗 소독과 살충제로 사용된다.

예제 15.7

표 15.2의 자료를 이용하여 수산화 구리(II)$[Cu(OH)_2]$의 용해도(g/L)를 계산하시오.

▸ **전략** $Cu(OH)_2$의 K_{sp}를 주고, 용해도(g/L)를 묻는다. 그림 15.9(b)에 의해서 변환 단계는 다음과 같다.

$Cu(OH)_2$의 K_{sp} ⟶ $[Cu^{2+}]$와 $[OH^-]$ ⟶ $Cu(OH)_2$의 몰 용해도 ⟶ $Cu(OH)_2$의 용해도(g/L 단위)

▸ **풀이** 물 속에서 $Cu(OH)_2$의 해리를 고려하면 다음과 같이 요약된다.

	$Cu(OH)_2(s)$	$\rightleftharpoons$	$Cu^{2+}(aq)$	$+$	$2OH^-(aq)$
초기(M):			0		0
변화(M):	$-s$		$+s$		$+2s$
평형(M):			s		$2s$

OH^-의 몰농도는 Cu^{2+} 몰농도의 두 배임을 유의하라. $Cu(OH)_2$의 용해도곱은 다음과 같다.

$$K_{sp} = [Cu^{2+}][OH^-]^2$$
$$= (s)(2s)^2 = 4s^3$$

표 15.2의 K_{sp} 값으로부터 $Cu(OH)_2$의 몰 용해도를 구하면 다음과 같다.

$$2.2 \times 10^{-20} = 4s^3$$
$$s^3 = \frac{2.2 \times 10^{-20}}{4} = 5.5 \times 10^{-21}$$

따라서

$$s = 1.8 \times 10^{-7}\,M$$

마지막으로 $Cu(OH)_2$의 몰질량과 몰 용해도로부터 용해도(g/L)는 다음과 같이 계산할 수 있다.

$$Cu(OH)_2\text{의 용해도} = \frac{1.8 \times 10^{-7}\ \text{mol } Cu(OH)_2}{1\ \text{L 용액}} \times \frac{97.57\ \text{g } Cu(OH)_2}{1\ \text{mol } Cu(OH)_2}$$

표 15.3 K_{sp}와 몰 용해도(s) 사이의 관계

화합물	K_{sp} 식	양이온	음이온	K_{sp}와 s와의 관계
AgCl	$[Ag^+][Cl^-]$	s	s	$K_{sp} = s^2; s = (K_{sp})^{\frac{1}{2}}$
$BaSO_4$	$[Ba^{2+}][SO_4^{2-}]$	s	s	$K_{sp} = s^2; s = (K_{sp})^{\frac{1}{2}}$
Ag_2CO_3	$[Ag^+]^2[CO_3^{2-}]$	$2s$	s	$K_{sp} = 4s^3; s = \left(\frac{K_{sp}}{4}\right)^{\frac{1}{3}}$
PbF_2	$[Pb^{2+}][F^-]^2$	s	$2s$	$K_{sp} = 4s^3; s = \left(\frac{K_{sp}}{4}\right)^{\frac{1}{3}}$
$Al(OH)_3$	$[Al^{3+}][OH^-]^3$	s	$3s$	$K_{sp} = 27s^4; s = \left(\frac{K_{sp}}{27}\right)^{\frac{1}{4}}$
$Ca_3(PO_4)_2$	$[Ca^{2+}]^3[PO_4^{3-}]^2$	$3s$	$2s$	$K_{sp} = 108s^5; s = \left(\frac{K_{sp}}{108}\right)^{\frac{1}{5}}$

$$= 1.8 \times 10^{-5}\ g/L$$

▸ **실전 연습** 염화 은(AgCl)의 용해도를 g/L 단위로 계산하시오.

비슷한 문제: 15.42.

예제 15.6과 15.7에서 보인 바와 같이 용해도와 용해도곱은 관련이 있다. 한 가지를 알면 다른 것을 계산할 수 있지만 각 양은 다른 정보를 제공한다. 표 15.3에는 몇 가지 이온 결합 화합물의 몰 용해도와 용해도곱 사이의 관계를 나타내었다.

용해도나 용해도곱을 계산할 때, 다음의 중요한 점을 기억하라.

- 용해도는 어떤 양의 물에 녹아 포화 용액을 만드는 물질의 양이다. 용해도 평형의 계산에서 그 단위는 용액 1 L당 용질의 g 수로 보통 표시한다. 몰 용해도는 용액 1 L당 용질의 몰수로 나타낸다.
- 용해도곱은 평형 상수이다.
- 몰 용해도, 용해도, 용해도곱은 모두 포화 용액에 적용되는 값이다.

침전 반응의 예측

용해도 규칙(4.2절 참조)과 표 15.2에 나타낸 용해도곱으로부터 두 용액을 섞거나 가용성 화합물을 어떤 용액에 첨가할 때 침전이 형성되는가의 여부를 예측할 수 있다. 이 예측은 실생활에 자주 적용된다. 산업 공정이나 실험적으로 어떤 화합물(침전의 형태로서)을 얻기 위하여 이온곱이 K_{sp} 보다도 커질 때까지 이온 농도를 조절할 수 있다. 침전 반응을 예측하는 일은 의학적으로도 유용하다. 예를 들면, 통증이 매우 심한 신장 결석은 주로 옥살산 칼슘(CaC_2O_4, $K_{sp} = 2.3 \times 10^{-9}$)으로 이루어져 있다. 혈장 중에서 칼슘 이온의 정상적인 생리학적 농도는 약 5 mM(1 mM = 1×10^{-3} M)이다. 장군풀이나 시금치와 같은 많은 야채에 들어 있는 옥살산에서 유래하는 옥살산 이온($C_2O_4^{2-}$)은 칼슘 이온과 반응하여 불용성 옥살산 칼슘이 형성되고 이는 점차 신장 속에서 축적될 수 있다. 환자의 식단을 적당히 조절하면 침전 형성을 감소시킬 수 있다.

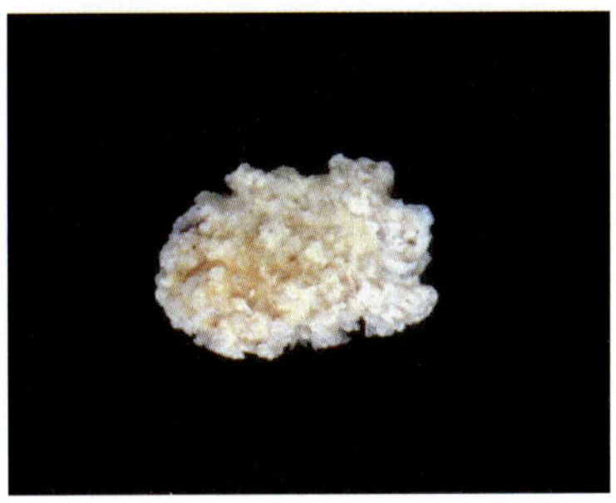
신장 결석.

예제 15.8

0.0040 M $BaCl_2$ 용액 200 mL를 0.0080 M K_2SO_4 용액 600 mL와 정확히 섞었을 때 침전이 형성될 것인지를 말하시오.

▸ **전략** 어떤 조건하에서 이온성 화합물이 용액으로부터 석출되겠는가? 용액 중에는 Ba^{2+}, Cl^-, K^+, SO_4^{2-} 이온이 존재한다. 표 4.2에 수록된 용해도 규칙에 의하면 침전이 형성될 수 있는 것은 $BaSO_4$ 뿐

이다. 주어진 정보에 의해서 원래 용액 중에 존재하는 이온의 몰수와 전체 용액의 부피를 알기 때문에 $[Ba^{2+}]$와 $[SO_4^{2-}]$를 계산할 수 있다. 그 다음에 반응비 $Q(Q = [Ba^{2+}]_0[SO_4^{2-}]_0)$를 계산하고 Q값과 $BaSO_4$의 K_{sp} 값을 비교하여 침전이 형성되는지, 즉 용액이 과포화되는지를 알아본다.

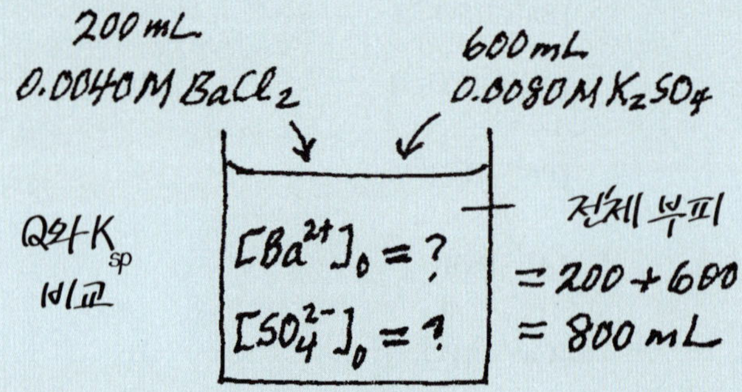

▸ **풀이** 처음 용액 200 mL에 존재하는 Ba^{2+}의 몰수는

$$200 \text{ mL} \times \frac{0.0040 \text{ mol } Ba^{2+}}{1 \text{ L 용액}} \times \frac{1 \text{ L}}{1000 \text{ mL}} = 8.0 \times 10^{-4} \text{ mol } Ba^{2+}$$

부피는 더하기가 성립하는 것으로 가정한다.

두 용액을 혼합한 후 전체 부피는 800 mL이다. 800 mL에서 Ba^{2+} 농도는 다음과 같다.

$$[Ba^{2+}] = \frac{8.0 \times 10^{-4} \text{ mol}}{800 \text{ mL}} \times \frac{1000 \text{ mL}}{1 \text{ L 용액}}$$
$$= 1.0 \times 10^{-3} \, M$$

처음 용액 600 mL에 존재하는 SO_4^{2-}의 몰수는 다음과 같다.

$$600 \text{ mL} \times \frac{0.0080 \text{ mol } SO_4^{2-}}{1 \text{ L 용액}} \times \frac{1 \text{ L}}{1000 \text{ mL}} = 4.8 \times 10^{-3} \text{ mol } SO_4^{2-}$$

두 용액을 합한 800 mL 용액에서 SO_4^{2-}의 농도는 다음과 같다.

$$[SO_4^{2-}] = \frac{4.8 \times 10^{-3} \text{ mol}}{800 \text{ mL}} \times \frac{1000 \text{ mL}}{1 \text{ L 용액}}$$
$$= 6.0 \times 10^{-3} \, M$$

표 15.2로부터 Q와 K_{sp}를 비교해 보자.

$$BaSO_4(s) \rightleftharpoons Ba^{2+}(aq) + SO_4^{2-}(aq) \qquad K_{sp} = 1.1 \times 10^{-10}$$

Q를 구하면

$$Q = [Ba^{2+}]_0[SO_4^{2-}]_0 = (1.0 \times 10^{-3})(6.0 \times 10^{-3})$$
$$= 6.0 \times 10^{-6}$$

따라서

$$Q > K_{sp}$$

Q 값이 이온들의 농도가 지나치게 크다는 것을 나타내므로 이 용액은 과포화 용액이다. 따라서, 다음에 도달할 때까지 어느 정도의 $BaSO_4$가 침전된다.

비슷한 문제: 15.45.

$$[Ba^{2+}][SO_4^{2-}] = 1.1 \times 10^{-10}$$

▸ **실전 연습** 0.200 M NaOH 2.00 mL를 0.100 M $CaCl_2$ 용액 1.00 L에 가하면 침전이 형성되겠는가?

15.6 공통 이온 효과 및 용해도

이미 설명한 것처럼 용해도곱은 평형 상수이며, 용액으로부터 이온 결합 화합물이 침전하는 것은 그 물질에 대한 이온곱이 K_{sp}보다 클 때이다. 예를 들면, AgCl의 포화 용액에서 이온곱 $[Ag^+][Cl^-]$은 물론 K_{sp}와 같다. 화학량론적으로 간단히 표시하면 $[Ag^+] = [Cl^-]$이다. 그러나 이 양적 관계가 모든 경우에 성립하는 것은 아니다.

공통 이온을 가지는 두 물질 AgCl과 $AgNO_3$가 용해된 용액을 생각해 보자. AgCl의 해리 이외에 다음 과정도 용액 속에 있는 공통 이온인 Ag^+의 전체 농도에 기여한다.

$$AgNO_3(s) \xrightarrow{H_2O} Ag^+(aq) + NO_3^-(aq)$$

$AgNO_3$를 포화 AgCl 용액에 첨가하면, $[Ag^+]$가 증가하여 이온곱이 용해도곱보다 커지게 된다.

$$Q = [Ag^+]_0[Cl^-]_0 > K_{sp}$$

새로운 평형이 이루어지기 위해서는 르샤틀리에 원리에 따라서 이온곱이 다시 K_{sp}와 같아질 때까지 용액으로부터 AgCl이 일부 침전할 것이다. 따라서 공통 이온 첨가의 효과는 용액 중 염(AgCl)의 용해도 감소이다. 이 경우에 평형에서는 $[Ag^+]$가 더 이상 $[Cl^-]$와 같지 않고, $[Ag^+] > [Cl^-]$임에 주의하라.

어떤 주어진 온도에서 공통 이온 효과는 화합물의 용해도만을 변화시킬 수 있다(감소시킨다). 평형상수인 용해도곱은 용액 중에 다른 물질이 있든지 없든지 간에 변하지 않고 일정하다.

예제 15.9

$8.3 \times 10^{-3}\,M$ 질산 은 용액에서 염화 은의 용해도(g/L)를 계산하시오.

▸ **전략** 이것은 공통 이온 효과에 대한 문제이다. 여기서 공통 이온은 Ag^+이며, AgCl과 $AgNO_3$ 모두에 의해 공급된다. 공통 이온(Ag^+)의 존재는 AgCl의 용해도(g/L)에만 영향을 미치고, 평형상수인 K_{sp}에는 영향을 주지 않는다는 것에 주의하면서 풀이 과정을 보라.

▸ **풀이**

단계 1: 용액에 존재하는 화학종은 Ag^+ 이온(AgCl과 $AgNO_3$ 모두로부터)과 Cl^- 이온이다. NO_3^- 이온은 구경꾼 이온이다.

단계 2: $AgNO_3$는 가용성 센 전해질이므로 완전히 해리된다.

$$\begin{array}{lcccc} AgNO_3(s) & \xrightarrow{H_2O} & Ag^+(aq) & + & NO_3^-(aq) \\ & & 8.3 \times 10^{-3}\,M & & 8.3 \times 10^{-3}\,M \end{array}$$

$AgNO_3$ 용액에서 AgCl의 몰 용해도를 s라고하면 농도 변화는 다음과 같이 요약된다.

	$AgCl(s)$	$\rightleftharpoons$	$Ag^+(aq)$	+	$Cl^-(aq)$
초기(M):			8.3×10^{-3}		0.00
변화(M):	$-s$		$+s$		$+s$
평형(M):			$(8.3 \times 10^{-3} + s)$		s

단계 3:

$$K_{sp} = [Ag^+][Cl^-]$$
$$1.6 \times 10^{-10} = (8.3 \times 10^{-3} + s)(s)$$

AgCl은 상당히 불용성인데다가 $AgNO_3$로부터 생성된 Ag^+ 이온에 의해 AgCl의 용해도는 더 낮아지기 때문에 s는 8.3×10^{-3}에 비해 매우 작은 값이 된다. 따라서 근사법을 사용하면 $8.3 \times 10^{-3} + s \approx 8.3 \times 10^{-3}$이 되어 다음 식을 얻을 수 있다.

$$1.6 \times 10^{-10} = (8.3 \times 10^{-3})s$$
$$s = 1.9 \times 10^{-8}\,M$$

단계 4: 평형에서

$$[Ag^+] = (8.3 \times 10^{-3} + 1.9 \times 10^{-8})\,M \approx 8.3 \times 10^{-3}\,M$$
$$[Cl^-] = 1.9 \times 10^{-8}\,M$$

이므로 단계 3에서 이러한 근사법은 타당하다. Cl^- 이온은 AgCl로부터 생성되므로

$AgNO_3$ 용액에 AgCl이 용해되는 양은 마찬가지로 1.9×10^{-8} M이 된다. 한편 AgCl의 몰질량(143.4 g)을 알면 AgCl의 용해도를 다음과 같이 계산할 수 있다.

$$AgNO_3 \text{ 용액에 대한 AgCl의 용해도} = \frac{1.9 \times 10^{-8} \text{ mol AgCl}}{1 \text{ L 용액}} \times \frac{143.4 \text{ g AgCl}}{1 \text{ mol AgCl}}$$
$$= 2.7 \times 10^{-6} \text{ g/L}$$

▸ **검산** 순수한 물에 대한 AgCl의 용해도는 1.9×10^{-3} g/L이다(예제 15.7 실전 연습 참조). 따라서, $AgNO_3$ 존재하에서의 AgCl의 낮은 용해도(2.7×10^{-6} g/L)는 타당하다. 또한 르샤틀리에 원리를 이용하여 용해도가 낮아지는 것을 예측할 수 있다. Ag^+를 가하면 평형이 왼쪽으로 이동하여 AgCl 용해도가 감소한다.

비슷한 문제: 15.50.

▸ **실전 연습** 다음 용액에 대한 AgBr의 용해도(g/L)를 계산하시오. (a) 순수한 물, (b) 0.0010 M NaBr.

☑ 개념 복습하기

다음 용액 쌍에 대해 어떤 것이 $PbCl_2$를 더 잘 녹일지 결정하시오. (a) NaCl(aq) 또는 NaBr(aq), (b) $Pb(NO_3)_2(aq)$ 또는 $Ca(NO_3)_2(aq)$.

주요 식

$pK_a = -\log K_a$ (15.2)	pK_a의 정의.
$pH = pK_a + \log \frac{[\text{짝염기}]}{[\text{산}]}$ (15.3)	헨더슨-하셀발흐식.

사실과 개념에 대한 요약

1. 수용액 중에서 약산이나 역염기가 관련된 평형은 균일 평형이다. 용해도 평형은 불균일 평형의 예이다.
2. 완충 용액은 약산과 그 산의 약한 짝염기의 혼합물이다. 용액에 소량의 산이나 염기를 첨가해도 pH의 변화가 거의 없다. 완충계는 체액의 pH를 유지하는 데 중요한 역할을 한다.
3. 산-염기 적정에서 당량점의 pH는 중화 반응에서 생성된 염의 가수분해 결과에 의존한다. 강산과 강염기의 적정에서 당량점의 pH는 7이며, 약산과 강염기의 적정에 대한 당량점에서의 pH는 7보다 크고, 강산과 약염기의 적정에 있어서 당량점에서의 pH는 7보다 작다. 산-염기 지시약은 약한 유기산 또는 염기이며, 산-염기 중화 반응에 있어서 당량점 근처에서 색이 변한다.
4. 용해도곱 K_{sp}는 용액에서 고체와 그 이온 사이의 평형을 나타낸다. K_{sp} 값으로부터 용해도를 구할 수 있으며, 역으로 용해도로부터 K_{sp} 값도 계산할 수 있다. 공통 이온의 존재는 난용성 염의 용해도를 감소시킨다.

주요 용어

몰 용해도	완충 용액	용해도	용해도곱(K_{sp})
종말점			

연습 문제

완충 용액

복습 질문

15.1 완충 용액에 대해 정의하시오.

15.2 약산의 pK_a를 정의하고 pK_a 값과 산의 세기 사이의 관계를 설명하시오. pK_b와 약염기에 대해서도 그렇게 해 보시오.

15.3 다음 중 어떤 것이 가장 큰 완충 용량을 가지는가? (a) 0.40 *M* CH_3COONa/0.20 *M* CH_3COOH, (b) 0.40 *M* CH_3COONa/0.60 *M* CH_3COOH, (c) 0.30 *M* CH_3COONa/0.60 *M* CH_3COOH.

15.4 염기 X^-, Y^-, Z^-의 pK_b는 각각 2.72, 8.66, 4.57이다. 산 HX, HY, HZ의 세기가 증가하는 순서로 배열하시오.

문제

15.5 다음 용액 중 완충 작용을 하는 것은 어느 것인가? (a) KCl/HCl, (b) NH_3/NH_4NO_3, (c) Na_2HPO_4/NaH_2PO_4.

15.6 다음 용액 중 완충 작용을 하는 것은 어느 것인가? (a) KNO_2/HNO_2, (b) $KHSO_4/H_2SO_4$, (c) HCOOK/HCOOH.

15.7 중탄산염-탄산으로 이루어진 완충 용액의 pH는 8.00이다. 중탄산 이온에 대한 탄산의 농도비를 계산하시오.

15.8 다음 두 완충 용액의 pH를 계산하시오. (a) 2.0 *M* CH_3COONa/ 2.0 *M* CH_3COOH, (b) 0.20 *M* CH_3COONa/ 0.20 *M* CH_3COOH. 어느 것이 더 좋은 완충제인가? 그 이유는 무엇인가?

15.9 0.15 *M* NH_3/0.35 *M* NH_4Cl로 이루어진 완충계의 pH를 계산하시오.

15.10 0.10 *M* Na_2HPO_4/0.15 *M* KH_2PO_4로 이루어진 완충 용액의 pH는 얼마인가?

15.11 아세트산 소듐–아세트산으로 이루어진 완충 용액의 pH는 4.50이다. $[CH_3COO^-]/[CH_3COOH]$의 비를 계산하시오.

15.12 혈장의 pH는 7.40이다. 주요 완충계가 HCO_3^-/H_2CO_3라고 가정하여 $[HCO_3^-]/[H_2CO_3]$ 비를 계산하시오. 이 완충계는 첨가한 산에 대하여 더 효과적인가? 아니면 첨가한 염기에 대하여 더 효과적인가?

15.13 0.80 *M* CH_3NH_2/1.00 *M* CH_3NH_3Cl 완충 용액 1.00 L에 다음을 가하기 전과 후의 pH를 계산하시오. (a) NaOH 0.070 mol, (b) HCl 0.11 mol(K_a 값은 표 14.5 참조)

15.14 1.00 *M* CH_3COONa/1.00 *M* CH_3COOH 1.00 L의 완충 용액에 (a) NaOH 0.080 mol, (b) HCl 0.12 mol을 첨가하기 전과 후의 pH를 계산하시오(부피의 변화는 없다고 가정한다).

15.15 이가산 H_2A의 이온화 상수는 $K_{a_1} = 1.1 \times 10^{-3}$, $K_{a_2} = 2.5 \times 10^{-6}$이다. pH = 5.80인 완충 용액을 만들려고 한다. $NaHA/H_2A$ 또는 $Na_2A/NaHA$ 중 어느 것을 선택해야 되는가?

15.16 다음 약산 중 하나를 써서 pH = 8.60인 완충 용액을 만들려고 한다. HA($K_a = 2.7 \times 10^{-3}$), HB($K_a = 4.4 \times 10^{-6}$), HC($K_a = 2.6 \times 10^{-9}$). 어느 산을 선택하여야 할까? 왜 그런가?

15.17 다음 모형은 H_2A, NaHA, Na_2A 중 하나 이상의 화합물을 포함하고 있다. 여기서 H_2A는 약한 이가산이다. (1) 어떤 용액이 완충 용액으로 작용할 수 있는가? (2) 어떤 용액이 가장 효과적인 완충 용액인가? 물 분자와 Na^+ 이온은 생략하였다.

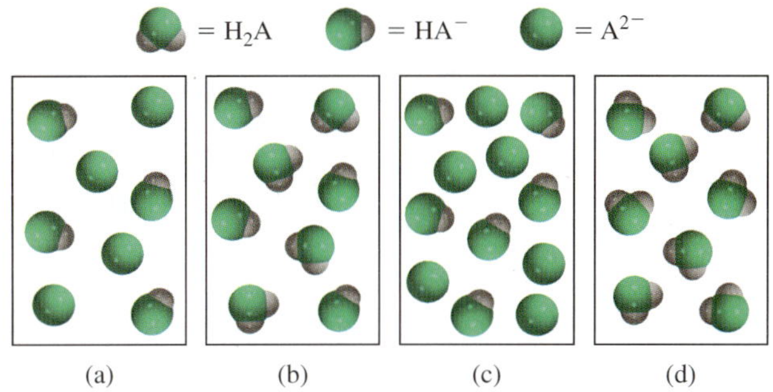

15.18 다음 모형은 약산 HA(pK_a = 5.00)과 그것의 소듐 염인 NaA를 포함하는 용액을 나타낸다. (1) 용액의 pH를 계산하시오. (2) H^+ 이온 0.1 mol을 용액 (a)에 가한 후 pH는 얼마가 되는가? (3) OH^- 이온 0.1 mol을 용액 (d)에 가한 후 pH는 얼마가 되는가? 각각의 구를 0.1 mol로 가정한다.

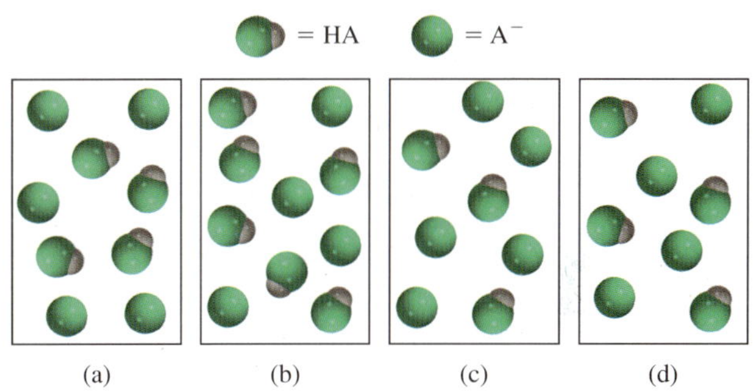

산-염기 적정

문제

15.19 일양성자산 시료 0.2688 g을 중화시키는 데 0.08133 *M* KOH 용액 16.4 mL가 필요하였다. 산의 몰질량을 계산하시오.

15.20 이양성자산 5.00 g을 물에 녹여 정확하게 250 mL로 만들었다. 1.00 *M* KOH 11.1 mL를 중화하는 데 이 용액 25.0 mL가 필요하였다면, 산의 몰질량은 얼마인가? 산의 두 양성자가 적정된다고 가정한다.

15.21 다음 적정에서 당량점에서의 pH를 계산하시오. (a) 0.10 *M* HCl과 0.10 *M* NH_3, (b) 0.10 *M* CH_3COOH과 0.10 *M* NaOH.

15.22 어떤 일가산 시료 0.1276 g을 물 25.0 mL에 녹인 용액을 0.0633 *M* NaOH 용액으로 적정하였다. 당량점에 도달하도록 가해진 염기의 부피는 18.4 mL였다. (a) 산의 몰 질량을 계산하시오. (b) 염기 10.0 mL를 가한 후 pH가 5.87이었다면, 이 산의 K_a 값은 얼마인가?

15.23 다음 모형은 NaOH로 약한 산 HA를 적정할 때 각각 다른 단계에서의 용액을 보여준다. (1) NaOH를 첨가하기 전 초기 단계, (2) 당량점의 반에 도달했을 때, (3) 당량점, (4) 당량점을 넘어섰을 때, 각각에 대응하는 용액을 확인하시오. 당량점에서 pH는 7보다 큰가, 작은가, 같은가? 물 분자와 Na^+ 이온은 생략하였다.

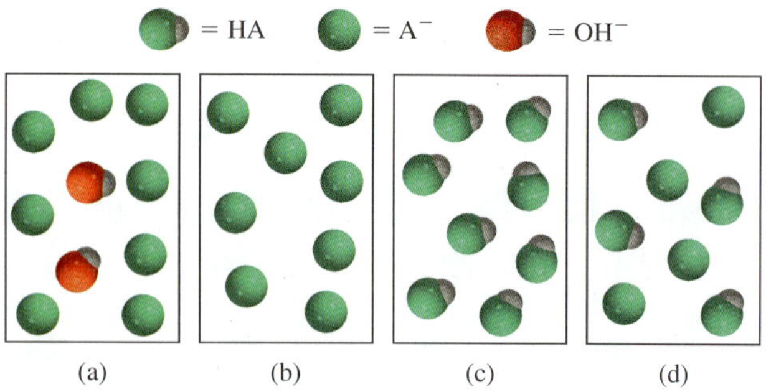

15.24 다음 모형은 HCl로 약염기 B(예를 들어 NH_3와 같은)를 적정하는 여러 단계의 용액 상태를 보여준다. (1) HCl을 첨가하기 전 초기 단계, (2) 당량점의 반에 도달했을 때, (3) 당량점, (4) 당량점을 넘어섰을 때, 각각에 대응하는 용액을 확인하시오. 당량점에서 pH는 7보다 큰가, 작은가, 같은가? 물 분자와 Cl^- 이온은 생략하였다.

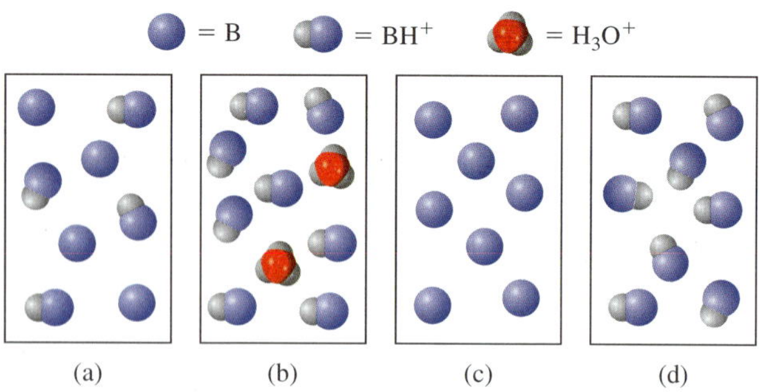

산-염기 지시약

복습 질문

15.25 적정 중에 지시약이 어떻게 작용하는지 설명하시오.

15.26 특정한 산-염기 적정 중에서 지시약을 선택하는 기준이 무엇인가?

문제

15.27 산-염기 적정에 쓰는 지시약의 양은 적어야 한다. 왜 그런가?

15.28 페놀프탈레인을 지시약으로 사용하여 HCl 용액을 포함하는 삼각 플라스크에 뷰렛으로부터 NaOH 용액을 떨어뜨려 산-염기 적정을 하였다. 당량점에서 연분홍색을 관찰하였다. 그러나 몇 분 후 용액은 점점 무색으로 바뀌었다. 무슨 일이 일어난 것일까?

15.29 표 15.1을 참고하여 다음 적정에서 사용할 수 있는 지시약을 선택하시오. (a) HCOOH 대 NaOH, (b) HCl 대 KOH, (c) HNO_3 대 NH_3.

15.30 지시약 HIn의 해리 상수 K_a는 1.0×10^{-6}이다. 이온화되지 않은 지시약의 색깔은 붉은색이고, 이온화된 지시약의 색은 노란색이다. pH 4.00인 용액의 색은 무슨 색인가? (*힌트*: 지시약의 색은 $[HIn]/[In^-]$ 비를 고려하여 추정할 수 있다. 이 비가 10 이상이면 색은 이온화하지 않은 형태의 것이다. 이 비가 0.1 이하이면 색은 이온화된 형태의 것이다.)

용해도와 용해도 평형

복습 질문

15.31 용해도, 몰 용해도, 용해도곱을 정의하시오. $BaSO_4$와 같은 난용성 물질의 용해도와 용해도곱의 차이를 설명하시오.

15.32 가용성 이온 결합 화합물에 대하여는 왜 K_{sp} 값을 보통 쓰지 않을까?

15.33 다음 화합물의 용해도 평형에서 균형 반응식과 용해도곱을 쓰시오. (a) CuBr (b) ZnC_2O_4, (c) Ag_2CrO_4, (d) Hg_2Cl_2, (e) $AuCl_3$, (f) $Mn_3(PO_4)_2$.

15.34 이온성 화합물 A_xB_y에 대한 용해도곱을 나타내는 식을 쓰시오.

15.35 두 용액을 혼합하였을 때 침전이 일어나는지 여부를 어떻게 알 수 있는가?

15.36 염화 은(AgCl)은 탄산 은(Ag_2CO_3)보다도 K_{sp}가 크다(표 15.2 참조). 이렇다고 하여 AgCl이 Ag_2CO_3 보다도 몰 용해도가 크다고 할 수 있겠는가?

문제

15.37 다음 포화 용액 중에 존재하는 이온의 농도를 계산하시오.
(a) $[Ag^+] = 9.1 \times 10^{-9}$ M인 AgI 용액 중 $[I^-]$
(b) $[OH^-] = 2.9 \times 10^{-9}$ M인 $Al(OH)_3$ 용액 중 $[Al^{3+}]$

15.38 용해도 자료로부터 다음 화합물의 용해도곱을 계산하시오.
(a) SrF_2, 7.3×10^{-2} g/L.
(b) Ag_3PO_4, 6.7×10^{-3} g/L.

15.39 $MnCO_3$의 몰 용해도는 4.2×10^{-6} M이다. 이 화합물의 K_{sp}는 얼마인가?

15.40 표 15.2에 있는 자료를 사용하여 뼈의 성분인 인산 칼슘의 몰 용해도를 계산하시오.

15.41 이온 결합 화합물 M_2X_3(몰질량 288 g)의 용해도는 3.6×10^{-17} g/L이다. 이 화합물의 K_{sp}는 얼마인가?

15.42 표 15.2의 자료를 사용하여 CaF_2의 몰 용해도를 g/L로 계산하시오.

15.43 수산화 아연 포화 용액의 pH는 얼마인가?

15.44 금속 수산화물 MOH의 포화 용액의 pH가 9.68이다. 이 화합물의 K_{sp}를 계산하시오.

15.45 0.10 M $Ba(NO_3)_2$ 20.0 mL를 0.10 M Na_2CO_3 50.0 mL에 첨가한다면 $BaCO_3$ 침전이 생기겠는가?

15.46 0.060 M NaF 75 mL를 0.15 M $Sr(NO_3)_2$ 25 mL와 혼합하였다. 최종 용액에 들어 있는 NO_3^-, Na^+, Sr^{2+}, F^-의 농도를 계산하시오(SrF_2의 $K_{sp} = 2.0 \times 10^{-10}$).

공통 이온 효과

복습 질문

15.47 공통 이온 효과가 용해도 평형에 어떻게 영향을 미치는가? Na_2CO_3 용액에서 $CaCO_3$의 용해도가 감소하는 이유를 르샤틀리에 원리를 이용하여 설명하시오.

15.48 6.5×10^{-3} *M* $AgNO_3$에서 AgCl의 몰 용해도는 2.5×10^{-8} *M*이다. 이 자료로부터 K_{sp}를 계산하는 데 다음 가정 중 어느 것이 합당한가?

(a) K_{sp}는 용해도와 같다.

(b) AgCl의 K_{sp}는 순수한 물에서와 같이 6.5×10^{-3} *M* $AgNO_3$에서도 동일하다.

(c) AgCl의 용해도는 $AgNO_3$의 농도와는 무관하다.

(d) 용액 중 $[Ag^+]$는 6.5×10^{-3} *M* $AgNO_3$에 AgCl을 첨가하여도 별로 변하지 않는다.

(e) 6.5×10^{-3} *M* $AgNO_3$에 AgCl을 첨가한 후 용액 중 $[Ag^+]$는 순수한 물에 있을 때와 같다.

문제

15.49 0.050 *M* $Ca(NO_3)_2$ 용액 3.0×10^2 mL에 몇 g의 $CaCO_3$가 녹겠는가?

15.50 $PbBr_2$의 용해도곱은 8.9×10^{-6}이다. (a) 순수한 물에서, (b) 0.20 *M* KBr 용액에서, (c) 0.20 *M* $Pb(NO_3)_2$ 용액에서 몰 용해도를 구하시오.

15.51 $CaCl_2$ 10.0 g이 녹아 있는 용액 1.00 L 중에 녹을 수 있는 AgCl의 몰 용해도를 계산하시오.

15.52 (a) 순수한 물에서, (b) 1.0 M SO_4^{2-} 이온을 포함하는 용액에서 $BaSO_4$의 몰 용해도를 계산하시오.

실전 연습의 답

15.1 (a)와 (c). **15.2** 9.17, 9.20. **15.3** Na_2CO_3와 $NaHCO_3$를 0.60 대 1.0의 몰비로 무게를 단다. 충분한 물에 용해시켜 1 L 용액이 되도록 한다. **15.4** (a) 2.19, (b) 3.95, (c) 8.02, (d) 11.39. **15.5** (a) 브로모페놀 블루, 메틸 오렌지, 메틸 레드, 클로로페놀 블루, (b) 티몰 블루, 브로모페놀 블루, 메틸 오렌지를 제외한 전부, (c) 크레졸 레드, 페놀프탈레인. **15.6** 2.0×10^{-14}. **15.7** 1.9×10^{-3} g/L. **15.8** 아니오. **15.9** (a) 1.7×10^{-4} g/L, (b) 1.4×10^{-7} g/L.

CHAPTER 16

열역학

Thermodynamics

이 장의 차례

열 에너지를 일로 전환하는 증기기관과 다른 열기관의 작동은 열역학 법칙을 기초로 한다.

주요 개념

열역학 법칙 열역학 법칙은 화학적 과정 및 물리적 과정의 연구에 성공적으로 적용되어 왔다. 열역학 제1법칙은 에너지 보존의 법칙에 기초하고 있다. 열역학 제2법칙은 자연적인 혹은 자발적인 과정을 다룬다. 반응의 자발성을 예측하는 함수는 엔트로피이다. 제2법칙은 자발적인 과정에서 우주의 엔트로피 변화는 양이 되어야 한다고 말하고 있다. 제3법칙은 엔트로피의 절대 값을 구할 수 있게 해준다.

깁스 자유 에너지 깁스 자유 에너지는 계에만 초점을 맞추어 반응의 자발성 여부를 결정하는 데 도움을 준다. 한 과정의 깁스 에너지 변화는 엔탈피 변화와 엔트로피에 온도를 곱한 값의 변화인 두 항으로 이루어져 있다. 온도와 압력이 일정할 때, 깁스 자유 에너지가 감소하면 자발적인 반응임을 나타낸다. 표준 깁스 자유 에너지 변화는 반응의 평형 상수와 관련이 있다.

16.1 열역학의 세 가지 법칙

6장에서 에너지는 한 형태에서 다른 형태로 바꿀 수 있지만 창조되거나 소멸될 수는 없다고 하는 열역학의 세 가지 법칙 중 제1법칙을 다루었다. 이들 변화는 등압 조건에 있는 계로부터 방출되거나 흡수된 열의 양을 측정함으로써 정량화할 수 있다. 이를 화학자는 엔탈피 변화(ΔH)로 정의하였다.

열역학 제2법칙은 화학적 과정이 왜 한쪽 방향을 선호하는지 설명한다. 제3법칙은 제2법칙의 연장으로서 16.4절에서 간략하게 기술하기로 한다.

16.2 자발적 과정

자발적 과정은 순간적인 반응을 뜻하지 않는다.

화학에서 열역학을 공부하는 주된 목적 중 하나는 반응 물질들이 주어진 조건(예를 들어 특정 온도, 압력, 농도) 하에 놓일 때 반응이 일어날 것인지 아닌지를 예측하는 데 있다. 이런 지식은 연구 실험실에서 화합물을 합성하는 경우나 공장 규모로 화합물을 생산하는 경우, 또는 세포 안에서 일어나는 복잡한 생물학적 과정의 이해를 위해서 매우 중요하다. 주어진 조건에서 일어나는 반응을 *자발적 반응*(spontaneous reaction)이라고 하며, 반대로 주어진 조건에서 일어나지 않는 반응을 *비자발적 반응*(nonspontaneous reaction)이라고 부른다. 다음 예들을 포함하여 자발적인 물리 과정이나 화학 과정은 일상생활에서 무수히 관찰할 수 있다.

자발적 과정과 비자발적 과정.
Illustration © Harry Bliss. Used with the permission of Pippin Properties, Inc.

- 폭포수는 아래로 떨어지지만 자발적으로 거슬러 올라가지 않는다.
- 커피잔에 있는 설탕 덩어리는 자발적으로 녹지만 이미 녹은 설탕은 결코 자발적인 과정을 통해 원래 덩어리의 모습을 형성하지 않는다.
- 1 atm에서 0°C 이하의 물은 자발적으로 얼고, 0°C 이상에서 얼음은 자발적으로 녹는다.
- 열은 뜨거운 물체에서 차가운 물체를 향해서 흐르지만 그 역과정은 자발적으로 진행되지 않는다.
- 빈 용기로 기체 팽창은 자발적인 과정이다[그림 16.1(a)]. 그 역 과정, 즉 모든 분자들이 한 플라스크로 모이는 것은 비자발적이다[그림 16.1(b)].
- 소듐 금속 조각은 물과 격렬히 반응하여 수산화 소듐과 수소 기체를 생성한다. 그러나 수소 기체는 수산화 소듐과 반응하여 물과 소듐을 생성하지 않는다.
- 물과 산소에 노출이 된 철은 녹이 슬지만, 녹이 자발적으로 철로 되돌아가지는 않는다.

위의 예들은 특정 조건에서 한 방향을 향해 자발적으로 일어난 반응은 같은 조건에서 역방향으로 일어나지 않는다는 것을 보여주고 있다.

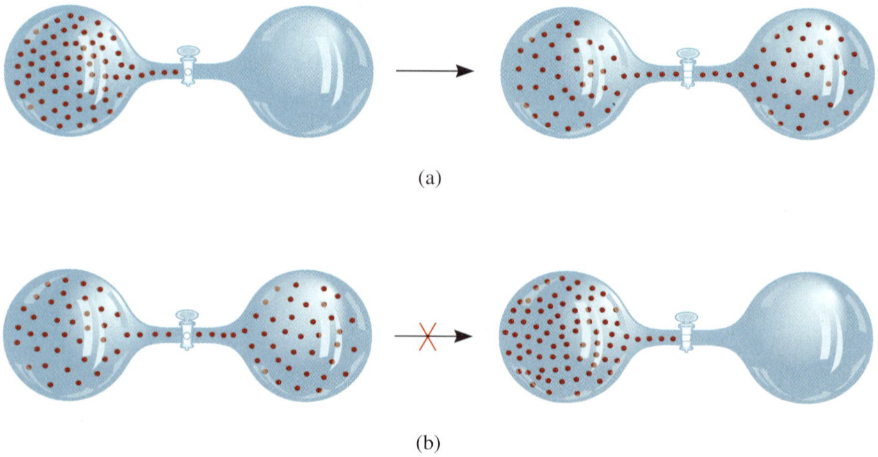

그림 16.1 • (a) 자발적 과정. (b) 비자발적 과정.

자발적인 과정이 계의 에너지를 감소시키기 위해서 일어난다고 가정한다면, 왜 공이 아래로 굴러가고 시계 태엽이 풀리는지 설명할 수 있다. 마찬가지로 많은 발열 반응들이 자발적인 반응인 것도 설명이 가능하다. 메테인의 연소는 그 한 예이다.

$$CH_4(g) + 2O_2(g) \longrightarrow CO_2(g) + 2H_2O(l) \quad \Delta H° = -890.4 \text{ kJ/mol}$$

활성화 에너지 장벽으로 인해 이 반응이 일어나기 위해서는 외부로부터 에너지의 투여가 요구된다.

또 다른 예로 산-염기 중화 반응을 들 수 있다.

$$H^+(aq) + OH^-(aq) \longrightarrow H_2O(l) \quad \Delta H° = -56.2 \text{ kJ/mol}$$

그러나 다음과 같은 고체에서 액체로의 상 전이를 생각해 보자.

$$H_2O(s) \longrightarrow H_2O(l) \quad \Delta H° = 6.01 \text{ kJ/mol}$$

이 경우에 자발적인 과정이 계의 에너지를 감소시킨다는 가정은 들어맞지 않는다. 경험을 통해 볼 때 그 과정이 흡열 반응임에도 불구하고 0°C 이상에서 얼음은 녹는다. 앞의 가정과 모순이 되는 또 다른 예로 질산 암모늄의 물에 대한 용해 과정을 들 수 있다.

$$NH_4NO_3(s) \xrightarrow{H_2O} NH_4^+(aq) + NO_3^-(aq) \quad \Delta H° = 25 \text{ kJ/mol}$$

이 과정은 자발적이나 흡열 반응이다. 산화 수은(II)의 분해는 흡열 과정인데, 실온에서는 비자발적 과정이지만, 온도를 올리면 자발적인 과정으로 바뀐다.

$$2HgO(s) \longrightarrow 2Hg(l) + O_2(g) \quad \Delta H° = 90.7 \text{ kJ/mol}$$

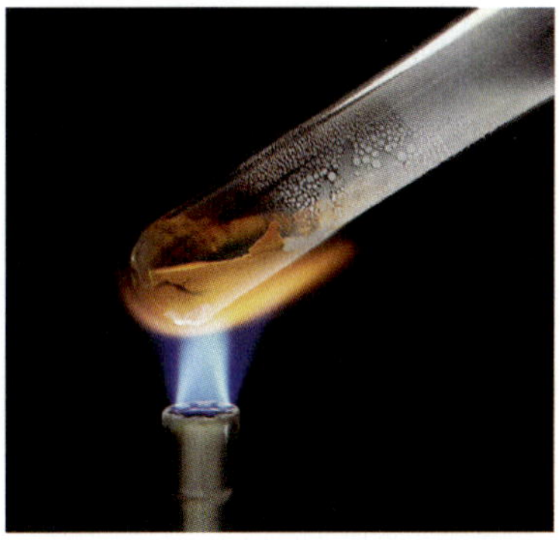

가열하면 HgO는 분해되어 Hg와 O_2를 만든다.

위에서 언급한 예와 다른 많은 경우를 통해서 다음 결론에 도달할 수 있다. 발열성은 반응의 자발성을 유리하게 하지만 자발성 자체를 보장하지는 않는다. 흡열 반응이 자발적으로 되는 것이 가능한 것과 마찬가지로 발열 반응이 비자발적으로 되는 것도 가능하다. 달리 말하자면, 에너지 변화만을 가지고는 자발성 또는 비자발성을 예측하는 데 충분하지 않다. 이와 같이 반응에 대한 예측이 가능토록 하기 위해서 또 다른 열역학적 양이 요구가 되는데, 이것이 바로 *엔트로피*(entropy)이다.

16.3 엔트로피

한 과정의 자발성을 예측하기 위해서는, 엔트로피라는 새로운 열역학적인 양이 요구된다. **엔트로피**(entropy, S)는 흔히 *계가 에너지를 가질 수 있는 가능한 방법들 중 현재 계의 에너지가 얼마나 분산되어 존재하는지를 나타내는 척도*이다. 계가 가진 에너지의 분산된 정도가 크면 클수록 엔트로피는 커진다. 대부분의 열역학적 과정은 엔트로피의 변화를 수반한다. 물 분자는 다양한 에너지 상태(예를 들면, 물 분자는 병진, 회전, 진동 운동과 관련된 에너지 상태)를 가질 수 있고 컵에 담겨진 뜨거운 물은 이들 에너지 분산에 기인하는 특정한 양의 엔트로피를 갖는다. 만일 물을 테이블에 놓아두면 물은 보다 차가운 주위로 열을 잃는다. 결과적으로 대단히 많은 에너지 상태의 공기 분자로 에너지가 분산됨으로써 엔트로피는 증가한다.

병진 운동은 전체 분자의 공간을 통한 운동이다.

또 다른 예로 그림 16.1의 상황을 생각해 보자. 용기의 밸브를 열기 전, 계는 특정한 양의 엔트로피를 가지고 있다. 그러나 밸브를 열면 기체 분자는 결합된 두 용기 전체로 팽창한다. 더욱 확장된 부피로 운동이 가능하게 되어 분자의 병진 에너지 준위 사이의 간극은 좁아지게 된다. 세밀하게 배열이 된 에너지 준위는 에너지의 분산을 증가시키기 때문에 계의 엔트로피는 증가한다.

양자역학적 분석은 병진 에너지 준위 사이의 간격이 용기의 부피와 분자의 질량이 반비례함을 보여 준다.

미소 상태와 엔트로피

엔트로피 변화(증가)를 자발적 과정과 연관지을 수 있는 열역학 제2법칙을 소개하기 전에 엔트로피에 대한 적절한 정의를 내리는 것이 유용하다. 이를 위해서 그림 16.2와 같이 두 개

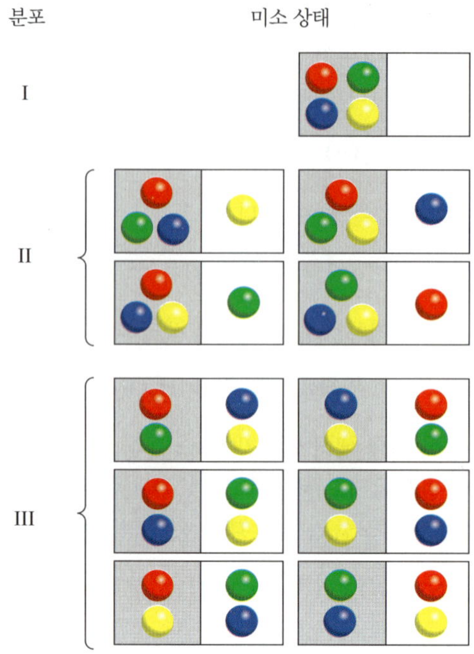

그림 16.2 • 네 개의 분자를 두 개의 동일한 칸에 분포시키는 가능한 방법들. 분포 I은 한 가지 방법(네 개의 분자가 모두 왼쪽 칸에 들어간다)에 의해서만 구현되며 하나의 미소 상태를 갖는다. 분포 II는 네 가지 방법으로 구현되며 네 개의 미소 상태를 갖는다. 분포 III은 여섯 가지 방법으로 얻어질 수 있으며, 여섯 개의 미소 상태를 갖는다.

의 동일한 칸막이 사이에 분포하는 네 개의 분자를 생각해 보자. 네 분자 모두를 왼쪽 칸막이에 배열할 수 있는 방법은 오직 한 가지, 세 분자를 왼쪽에 한 분자를 오른쪽에 배열할 수 있는 방법은 네 가지, 그리고 왼쪽과 오른쪽에 각각 분자를 두 개씩 배열할 수 있는 방법이 여섯 가지가 있다. 분자를 분포시킬 수 있는 총 11가지 방법을 *미소 상태*(microstate)라고 부르며, 각각의 비슷한 미소 상태를 분포라고 부른다.[†] 그림에서 보는 바와 같이 분포 III은 총 6개의 미소 상태 즉, 6가지 방법으로 이루어져 있기 때문에 가장 일어날 가능성이 높으며 분포 I은 한 개의 미소 상태로 구성이 되어 있기 때문에 가장 일어날 가능성이 적다. 이와 같은 분석에 기초하여 어떤 특정한 분포(상태)가 일어날 확률은 그 분포를 얻을 수 있는 경우(미소 상태)의 수에 의존한다고 결론내릴 수 있다. 분자의 수가 거시적 척도에 가까워지면, 분자들은 두 칸에 균등하게 분포할 것이라는 것을 쉽게 예상할 수가 있다. 왜냐하면 다른 어떤 분포보다 이 경우의 미소 상태가 훨씬 더 많기 때문이다.

1868년에 볼츠만은 계의 엔트로피가 미소 상태의 수(W)의 자연로그와 관련되어 있음을 나타내었다.

$$S = k \ln W \tag{16.1}$$

여기서 k는 볼츠만 상수(1.38×10^{-23} J/K)이다. 따라서 W가 크면 클수록 계의 엔트로피는 커진다. 엔탈피와 마찬가지로 엔트로피는 상태 함수이다. 계가 처음 상태에서 나중 상태로 변화하는 임의의 과정에 대해 엔트로피의 변화 ΔS는

$$\Delta S = S_f - S_i \tag{16.2}$$

여기서 S_i와 S_f는 각각 처음과 나중 상태에서의 계의 엔트로피이다. 식 (16.1)을 이용하면 다음과 같이 쓸 수 있다.

$$\begin{aligned}\Delta S &= k \ln W_f - k \ln W_i \\ &= k \ln \frac{W_f}{W_i}\end{aligned} \tag{16.3}$$

비엔나에 있는 볼츠만(Ludwig Boltzmann)의 묘비에는 그의 유명한 수식이 새겨져 있다. 여기서 "log"는 자연 로그 "$\log_e$"또는 ln을 뜻한다.

† 실제로는 두 개의 칸에 네 개의 분자들을 분포시키는 다른 방법도 있다. 네 개의 분자들이 모두 오른쪽 칸에 들어가는 경우(한 가지)와, 세 개의 분자들이 오른쪽 칸에 들어가는 경우(네 가지)가 있을 것이다. 그러나 그림 16.2에서 보는 분포들은 이 논의를 진행시키기에 충분하다.

여기서 W_i와 W_f는 각각 처음과 나중 상태에 상응하는 미소 상태의 총 개수이다. 따라서 $W_f > W_i$이면 $\Delta S > 0$이고 계의 엔트로피는 증가한다.

☑ 개념 복습하기

앞 쪽에 있는 각주를 참고하여 그림 16.2에서 빠진 분포를 그리시오.

엔트로피 변화

앞에서 계의 엔트로피 증가를 에너지 분산의 증가 결과로 설명하였다. 에너지 분산이라는 점에서의 엔트로피의 정성적인 기술과 식 (16.1)에서 주어진 미소 상태라는 점에서의 엔트로피의 정량적 정의 사이에는 연관이 있고, 다음과 같이 결론지을 수 있다.

- 더 적은 수의 미소 상태(더 작은 W)를 가진 계는 낮은(작은 분산) 엔트로피를 갖는다.
- 더 많은 수의 미소 상태(더 큰 W)를 가진 계는 높은(큰 분산) 엔트로피를 갖는다.

다음으로 계의 미소 상태 수의 변화를 통해서 계의 엔트로피 변화를 야기할 수 있는 여러 과정에 대해서 공부한다.

그림 16.3에 제시된 상황을 고려해 보자. 고체 상태에서는 원자나 분자가 정해진 위치에 고정되어 있고 미소 상태의 수가 적다. 고체가 녹으면 이들 원자나 분자는 격자점에서 벗어날 수 있어 더 많은 위치를 점유할 수 있게 된다. 결과적으로 입자들을 배열할 수 있는 가지 수가 증가하게 되고 미소 상태의 개수 또한 증가한다. 따라서 "질서 ⟶ 무질서"의 상 전이는 미소 상태의 개수를 증가시킴으로써 엔트로피를 증가시킨다. 이와 유사하게 증발과정 또한 엔트로피의 증가를 일으키게 된다. 그러나 증발 과정의 엔트로피 변화는 녹는 과정의 엔트로피의 변화에 비해 월등히 크다. 왜냐하면 기체 분자가 점유하는 공간은 액체 상태에서 분자가 차지하는 공간에 비해 훨씬 크고, 따라서 미소 상태도 훨씬 많기 때문이다. 용해 과정은 보통 엔트로피의 증가를 수반한다. 설탕 결정이 물에 녹으면, 잘 정렬된 고체 구조와 정렬되어 있는 물의 구조의 일부분이 깨진다. 따라서 용액은 순수한 용질과 순수한 용매가 가질

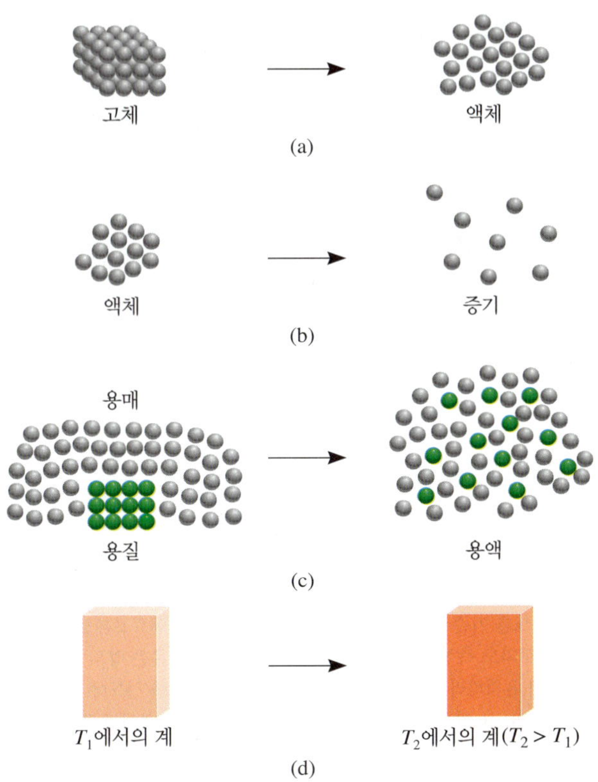

그림 16.3 • 계의 엔트로피를 증가시키는 과정: (a) 녹음: $S_{액체} > S_{고체}$, (b) 증발: $S_{기체} > S_{액체}$, (c) 용해: $S_{용액} > S_{용질} + S_{용매}$, (d) 가열: $S_{T_2} > S_{T_1}$.

수 있는 미소 상태의 수를 합한 것보다 훨씬 더 많은 수의 미소 상태를 가진다. 염화 소듐과 같은 이온성 고체가 물에 녹을 때, 이온 결합 화합물의 해리와 용해의 과정(용매와 용질의 혼합) 두 가지가 엔트로피를 증가시키는 데 기여한다.

$$NaCl(s) \xrightarrow{H_2O} Na^+(aq) + Cl^-(aq)$$

더 많은 수의 입자는 미소 상태의 수의 증가에 이르게 한다. 그러나 이온 주위를 더욱 질서있게 둘러싸고 있는 물 분자가 일으키는 수화를 고려해야 한다. 이 과정은 미소 상태의 수를 감소시키기 때문에 엔트로피를 감소시킨다. Al^{3+}나 Fe^{3+}와 같이 작으면서도 전하가 큰 이온의 경우, 수화 때문에 야기되는 엔트로피의 감소가 혼합과 해리 때문에 야기되는 엔트로피 증가를 능가한다. 따라서 전체 반응에서의 엔트로피 변화는 음의 값이 된다. 가열 또한 반응계의 엔트로피를 증가시킨다. 병진 운동(한 점에서 다른 점으로 이동) 외에도 분자들은 회전운동과 진동 운동을 할 수 있다(그림 16.4). 온도가 증가하면 모든 형태의 분자 운동과 관련된 에너지가 증가한다. 이와 같이 증가된 에너지는 양자화된 에너지 준위들 위에 분산되어서 분포하게 된다. 결과적으로, 더 높은 온도에서 더 많은 수의 미소 상태가 존재할 수 있게 된다. 따라서, 계의 엔트로피는 온도가 증가하면 항상 증가한다.

표준 엔트로피

식 (16.1)은 엔트로피에 대한 분자 단위에서의 유용한 해석을 제공한다. 그러나 많은 분자들로 구성된 거시적 계에 대해서는 미소 상태의 수를 결정하기가 어렵기 때문에 이 식은 엔트로피를 직접 계산하는 데는 잘 쓰이지 않는다. 대신 엔트로피는 열량계 방법으로 얻는다. 곧 알게 되겠지만 에너지나 엔탈피와 달리 엔트로피는 임의의 물질에 대해 그 절대값(절대 엔트로피)을 결정할 수 있다. *표준 엔트로피*(standard entropy)는 1 atm, 25°C에서 측정되는 절대 엔트로피이다(표준 상태는 1 atm에만 적용됨을 기억하라. 많은 과정들이 상온에서 진행되기 때문에 25°C를 선택한다). 표 16.1은 몇 가지 물질들의 표준 엔트로피들을 수록하였다. 부록 2는 더욱 광범위한 목록을 제시한다.[†] 엔트로피의 단위는 J/K이며 물질 1 mol에 대해서는 J/K · mol이다. 엔트로피 값은 보통 아주 작기 때문에 kJ 대신에 J를 사용한다. 원소와 화합물들의 엔트로피는 양의 값을 갖는다(즉, $S° > 0$). 이와는 대조적으로 안정한 상태의 원소들에 대한 표준 생성 엔탈피 (ΔH_f°)는 임의로 0으로 정하였고, 화합물에 대해서는 양 또는

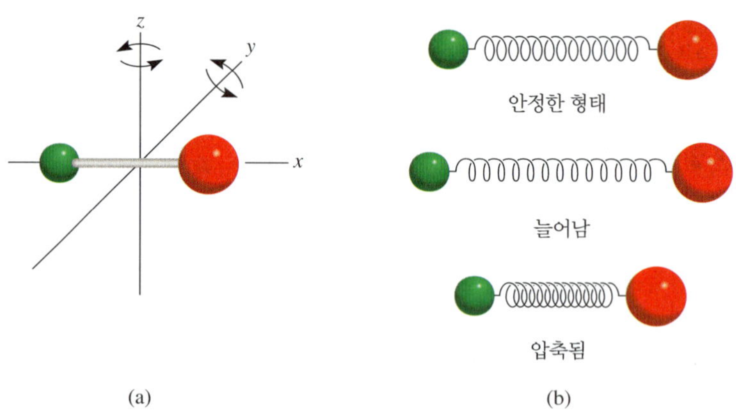

그림 16.4 • (a) 이원자 분자의 회전 운동. 이원자 분자는 *y*와 *z*축에 대하여 회전할 수 있다. (b) 이원자 분자의 진동 운동. 화학 결합은 용수철 같이 늘어났다 압축되었다 할 수 있다.

[†] 각 이온에 대한 엔트로피는 실험적으로 조사될 수 없기 때문에, 화학자들은 용액에서 수소 이온에 대한 엔트로피 값을 0으로 배당한다. 이 척도를 기준으로, 염화 이온(HCl에서 측정)의 엔트로피를 측정할 수 있고, 이어서 소듐 이온(NaCl에서 측정)의 엔트로피도 측정 가능하다. 부록 2로부터 어떤 이온은 양의 엔트로피 값을 갖는 반면에, 어떤 이온은 음의 값을 갖는 점에 유의하라. 부호는 수소 이온에 비례해서 수화 정도에 의해 결정된다. 만일 이온이 수소 이온에 비해 수화 정도가 크면, 그 이온의 엔트로피는 음의 값을 갖는다. 반대인 경우에 이온은 양의 엔트로피를 갖는다.

음이 될 수 있다.

표 16.1에 의하면 물 1 mol은 기체 상태가 액체 상태보다 표준 엔트로피가 더 크다. 마찬가지로 브로민 증기는 액체 브로민보다 표준 엔트로피가 더 크며, 아이오딘 증기는 고체 아이오딘보다 엔트로피가 더 크다. 같은 상의 다른 물질들에 대해서는 복잡한 분자일수록 표준 엔트로피 값이 더 크다. 다이아몬드와 흑연은 모두 고체이지만, 다이아몬드가 더 질서있는 구조를 가지고, 따라서 더 적은 수의 미소 상태를 갖는다(그림 10.15 참조). 그러므로 다이아몬드는 흑연보다 표준 엔트로피가 더 작다. 천연 가스인 메테인과 에테인을 생각해 보자. 에테인은 더 복잡한 구조를 가지고 있으므로 분자 운동을 할 수 있는 방법이 더 많아서 미소 상태의 수를 증가시킨다. 따라서 에테인은 메테인보다 표준 엔트로피가 더 크다. 헬륨과 네온은 단원자 기체이기 때문에 회전 운동이나 진동 운동을 할 수 없다. 그러나 네온은 헬륨보다 몰질량이 크기 때문에 더 큰 표준 엔트로피를 갖는다. 무거운 원자는 에너지 준위 간격이 더 좁아지기 때문에 원자의 에너지를 에너지 준위들에 분배할 수 있는 방법이 더 많아진다. 그 결과 무거운 원자에는 더 많은 미소 상태가 존재한다.

표 16.1

25°C에서의 몇 가지 물질에 대한 표준 엔트로피($S°$)

물질	$S°$(J/K · mol)
$H_2O(l)$	69.9
$H_2O(g)$	188.7
$Br_2(l)$	152.3
$Br_2(g)$	245.3
$I_2(s)$	116.7
$I_2(g)$	260.6
C (다이아몬드)	2.4
C (흑연)	5.69
CH_4 (메테인)	186.2
C_2H_6 (에테인)	229.5
$He(g)$	126.1
$Ne(g)$	146.2

상온에서 브로민은 연기를 내는 액체이다.

예제 16.1

다음 과정에 대해 엔트로피 변화가 0보다 큰지, 작은지, 같은지 예측하시오. (a) 에탄올이 언다. (b) 비커에 담겨 있는 브로민이 상온에서 증발한다. (c) 물에 글루코스가 녹는다. (d) 질소 기체를 80°C에서 20°C로 냉각한다.

▸ **전략** 이 경우 엔트로피 변화를 결정하기 위해서는 미소 상태의 수가 증가하는지 감소하는지를 보아야 한다. 미소 상태의 수가 증가하면 ΔS의 부호는 양이 될 것이고 미소 상태의 수가 감소하면 ΔS의 부호는 음이 될 것이다.

▸ **풀이**

(a) 에탄올 분자는 얼면서 그 위치가 고정된다. 따라서 상 전이에 따라 미소 상태의 수가 줄어들고 엔트로피도 감소한다. 즉, $\Delta S < 0$.

(b) 브로민이 증발하면서 그 브로민 분자가 거의 비어 있는 공간에서 더 많은 자리를 차지할 수 있기 때문에 미소 상태의 수가 증가한다. 따라서 $\Delta S > 0$.

(c) 글루코스는 비전해질이다. 용해 과정에서 글루코스 분자와 물 분자가 섞이기 때문에 물질의 분산이 증가한다. 따라서 $\Delta S > 0$ 을 기대된다.

(d) 냉각 과정은 분자의 여러 운동을 감소시킨다. 따라서 미소 상태의 개수가 줄어들고 $\Delta S < 0$ 이다.

▸ **실전 연습** 다음 과정에 대해 계의 엔트로피는 어떻게 변하는가? (a) 수증기의 응결, (b) 과포화 용액에서 설탕 결정이 만들어지는 경우, (c) 수소 기체를 60°C에서 80°C로 가열, (d) 드라이 아이스의 승화.

비슷한 문제: 16.5.

☑ 개념 복습하기

다음 물리적 변화 중 어떤 경우에 ΔS가 양이 되는가? (a) 에터 증기의 응축, (b) 철의 용융, (c) 고체 아이오딘의 승화, (d) 벤젠의 응고.

16.4 열역학 제2법칙

엔트로피와 반응의 자발성 사이의 연관은 *우주의 엔트로피는 자발적인 과정인 경우 증가하고 평형 과정인 경우에는 변하지 않는다는* **열역학 제2법칙**(second law of thermodynamics)으로 나타낸다. 우주는 계와 주위로 구성되어 있기 때문에 임의의 과정에 대한 우주의 엔트로피 변화는 계의 엔트로피 변화($\Delta S_{계}$)와 주위의 엔트로피 변화($\Delta S_{주위}$)의 합이다. 수학적으

엔트로피에 대해서 이야기하는 행위 또한 우주의 엔트로피를 증가시킨다.

로 열역학 제2법칙은 다음과 같이 표현된다.

자발적 과정: $$\Delta S_{우주} = \Delta S_{계} + \Delta S_{주위} > 0 \qquad (16.4)$$

평형 과정: $$\Delta S_{우주} = \Delta S_{계} + \Delta S_{주위} = 0 \qquad (16.5)$$

제2법칙에 따르면 자발적 과정에 대해 $\Delta S_{우주}$는 0보다 크지만, $\Delta S_{계}$나 $\Delta S_{주위}$에 대해서는 두 양의 합이 0보다 크기만 하면 특별한 제한을 두지 않는다. 평형 과정인 경우에 있어서는 $\Delta S_{우주}$는 0이다. 이 경우에는 $\Delta S_{계}$와 $\Delta S_{주위}$ 의 크기는 같고 부호는 반대이다. 어떤 특별한 과정에서 $\Delta S_{우주}$가 음의 값을 가지면 어떻게 될 것인가? 이것이 의미하는 바는 그 과정이 진행 방향에 대해 자발적이지 않음을 뜻한다. 오히려 *반대* 방향으로의 과정이 자발적이게 된다.

계의 엔트로피 변화

$\Delta S_{우주}$를 얻기 위해서는 $\Delta S_{계}$와 $\Delta S_{주위}$ 모두를 알아야 한다. 먼저 $\Delta S_{계}$에 초점을 맞추어 다음과 같은 반응으로 나타낼 수 있는 계를 가정하자.

$$a\text{A} + b\text{B} \longrightarrow c\text{C} + d\text{D}$$

반응 엔탈피의 경우 식 (6.17)과 같이 **표준 반응 엔트로피**(standard entropy of reaction) $\Delta S^\circ_{반응}$는 *반응물과 생성물의 표준 엔트로피 차이*로 주어진다.

$$\Delta S^\circ_{반응} = [cS^\circ(\text{C}) + dS^\circ(\text{D})] - [aS^\circ(\text{A}) + bS^\circ(\text{B})] \qquad (16.6)$$

또는 일반적으로 합을 표현하는 시그마(Σ) 기호와 반응의 화학량론 계수(stoichiometric coefficients) m과 n을 사용하여 나타낸다.

$$\Delta S^\circ_{반응} = \Sigma nS^\circ(생성물) - \Sigma mS^\circ(반응물) \qquad (16.7)$$

많은 화합물의 표준 엔트로피 값은 J/K · mol의 단위로 측정된다. $\Delta S^\circ_{반응}$(즉 $\Delta S_{계}$)을 계산하기 위해서는 부록 2에서 그 값들을 찾아 다음 예제 16.2에서와 같이 사용한다.

예제 16.2

부록 2에 있는 표준 엔트로피 값으로부터, 25°C에서 다음 반응의 표준 엔트로피 변화를 계산하시오.

(a) $CaCO_3(s) \longrightarrow CaO(s) + CO_2(g)$
(b) $N_2(g) + 3H_2(g) \longrightarrow 2NH_3(g)$
(c) $H_2(g) + Cl_2(g) \longrightarrow 2HCl(g)$

▸ **전략** 표준 반응 엔트로피를 계산하려면 부록 2에서 반응물과 생성물의 표준 엔트로피를 찾아 식 (16.7)에 적용을 해야 한다. 반응 엔탈피 계산 [식 (6.18) 참조]에서와 같이 화학량론 계수는 단위가 없기 때문에 $\Delta S^\circ_{반응}$은 J/K mol 단위로 표시된다.

▸ **풀이**

(a)
$$\begin{aligned}\Delta S^\circ_{반응} &= [S^\circ(CaO) + S^\circ(CO_2)] - [S^\circ(CaCO_3)]\\ &= [(39.8\text{ J/K}\cdot\text{mol}) + (213.6\text{ J/K}\cdot\text{mol})] - (92.9\text{ J/K}\cdot\text{mol})\\ &= 160.5\text{ J/K}\cdot\text{mol}\end{aligned}$$

따라서 $CaCO_3$ 1 mol이 분해되면 기체 CO_2 1 mol이 발생하여 160.5 J/K · mol에 해당하는 엔트로피가 증가한다.

(b)
$$\begin{aligned}\Delta S^\circ_{반응} &= [2S^\circ(NH_3)] - [S^\circ(N_2) + 3S^\circ(H_2)]\\ &= (2)(193\text{ J/K}\cdot\text{mol}) - [(192\text{ J/K}\cdot\text{mol}) + (3)(131\text{ J/K}\cdot\text{mol})]\\ &= -199\text{ J/K}\cdot\text{mol}\end{aligned}$$

이 결과는 질소 기체 1 mol과 수소 기체 3 mol이 반응하여 암모니아 기체 2 mol을 만들 때 −199 J/K · mol에 해당하는 엔트로피가 감소한다는 것을 보여준다.

(c) $\Delta S^\circ_{\text{반응}} = [2S^\circ(HCl)] - [S^\circ(H_2) + S^\circ(Cl_2)]$
$= (2)(187\ J/K \cdot mol) - [(131\ J/K \cdot mol) + (223\ J/K \cdot mol)]$
$= 20\ J/K \cdot mol$

따라서 H_2 기체 1 mol과 Cl_2 기체 1 mol을 이용해서 HCl 기체 2 mol을 만들면 20 J/K · mol에 해당되는 약간의 엔트로피 증가가 수반된다.

▸ **해설** $\Delta S^\circ_{\text{반응}}$ 값은 모두 계에 적용되는 값이다.

비슷한 문제: 16.11, 16.12.

▸ **실전 연습** 25°C에서 다음 반응의 표준 엔트로피 변화를 계산하시오.

(a) $2CO(g) + O_2(g) \longrightarrow 2CO_2(g)$
(b) $3O_2(g) \longrightarrow 2O_3(g)$
(c) $2NaHCO_3(s) \longrightarrow Na_2CO_3(s) + H_2O(l) + CO_2(g)$

예제 16.2의 결과는 다른 많은 반응에서 관찰된 결과와 일치한다. 종합해 보면, 그 결과들은 다음과 같은 일반적인 규칙을 뒷받침한다.

간단히 하기 위해 아래첨자 "반응"을 생략한다.

- 반응에서 소모된 것보다 더 많은 기체 분자를 생성한다면(예제 16.2a) ΔS°는 양이다.
- 전체 기체 분자의 수가 감소한다면(예제 16.2b) ΔS°는 음이다.
- 전체 기체 분자의 수가 변하지 않는다면(예제 16.2c), ΔS°는 음이나 양이 될 수 있지만, 상대적으로 작은 수치가 될 것이다.

기체가 액체와 고체보다 항상 더 큰 엔트로피를 갖는다고 가정할 때 위의 결론은 타당하다. 액체는 고체만을 포함하는 반응에 대하여 ΔS°의 부호를 예측하는 일은 더욱 어렵지만 대부분의 경우에 분자나 이온 수가 늘어나면 엔트로피도 같이 증가한다.

예제 16.3

다음 각 반응에 대해 계의 엔트로피 변화가 양인지 음인지 예측하시오.

(a) $2H_2(g) + O_2(g) \longrightarrow 2H_2O(l)$
(b) $NH_4Cl(s) \longrightarrow NH_3(g) + HCl(g)$
(c) $H_2(g) + Br_2(g) \longrightarrow 2HBr(g)$

▸ **전략** 각 반응에 대해서 엔트로피 변화의 부호를 계산하지 말고 예측하라는 문제이다. 엔트로피를 증가시키는 요소들은 (1) 응축상에서 기체 상태로 상 변화, (2) 같은 상인 경우에는 반응물 분자보다 더 많은 생성물 분자가 만들어지는 반응이다. 반응물과 생성물 분자의 상대적인 복잡도를 비교하는 것도 중요하다. 일반적으로 분자 구조가 복잡할수록 그 화합물의 엔트로피는 커진다.

▸ **풀이**

(a) 두 반응물 분자가 결합하여 하나의 생성물 분자를 만든다. 비록 H_2O는 H_2나 O_2보다는 더 복잡한 구조를 가지고 있지만 전체적으로 분자 한 개씩 줄어드는 셈이고 기체가 액체로 바뀐다는 점에서 미세 상태의 숫자는 감소할 것이다. 따라서 ΔS°는 음수이다.
(b) 고체 분자 한 개가 기체 분자 두 개로 바뀐다. 따라서 ΔS°는 양수이다.
(c) 생성물과 반응물에 같은 수의 분자가 있다. 게다가 모든 분자들은 이원자 분자여서 복잡도도 비슷하다. 따라서 ΔS°의 부호를 예측할 수 없다. 그러나 그 크기는 매우 작을 것이다.

비슷한 문제: 16.13, 16.14.

▸ **실전 연습** 다음 각 과정에 대해 기대되는 엔트로피 변화의 부호를 정성적으로 논하시오.

(a) $I_2(s) \longrightarrow 2I(g)$
(b) $2Zn(s) + O_2(g) \longrightarrow 2ZnO(s)$
(c) $N_2(g) + O_2(g) \longrightarrow 2NO(g)$

☑ 개념 복습하기

A_2(파란색)와 B_2(주황색)가 반응하여 AB_3가 되는 기체 상태의 반응을 생각해 보자.
(a) 균형 화학 반응식을 쓰시오.
(b) 이 반응에 대한 ΔS의 부호는 무엇인가?

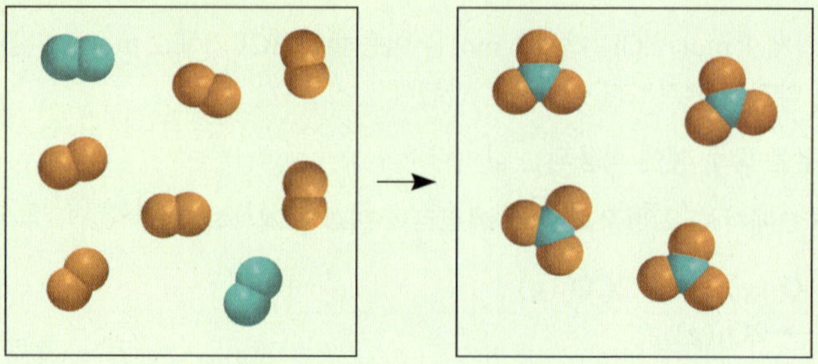

주위의 엔트로피 변화

이제 $\Delta S_{주위}$가 어떻게 계산되는지를 알아보자. 발열 과정이 계에서 일어날 때, 주위로 전달되는 열은 주위의 분자 운동을 활발하게 한다. 결과적으로 분자 미소 상태의 수가 증가하고, 주위의 엔트로피도 증가한다. 역으로 계의 흡열 과정은 주위로부터 열을 흡수하고, 주위의 분자 운동은 축소되므로 주위의 엔트로피는 감소한다(그림 16.5). 등압 과정에서 열 변화는 계의 엔탈피 변화($\Delta H_{계}$)와 같다. 따라서 주위의 엔트로피 변화 ($\Delta S_{주위}$)는 $-\Delta H_{계}$에 비례한다.

$$\Delta S_{주위} \propto -\Delta H_{계}$$

음의 부호가 사용된 것은 만약 그 과정이 발열 과정이라면 $\Delta H_{계}$는 음이고 $\Delta S_{주위}$는 엔트로피 증가에 해당하는 양의 값이기 때문이다. 반면에 흡열 과정에서 $\Delta H_{계}$는 양이고 음의 부호는 주위의 엔트로피가 감소됨을 나타낸다.

주어진 열의 양에 대한 엔트로피 변화는 온도에도 의존한다. 만일 주위의 온도가 높으면 분자 운동은 이미 매우 활발한 상태이다. 그러므로 계의 발열 과정으로부터 흡수한 열은 분자 운동에 비교적 작은 영향을 미칠 것이며, 결과적으로 나타나는 엔트로피의 증가량은 적을 것이다. 그러나 주위의 온도가 낮다면 같은 양의 열 증가는 분자 운동을 훨씬 더 크게 증가시킬 것이고 엔트로피도 크게 증가될 것이다. 비유하자면 많은 사람들로 붐비는 식당에서 한 사람이 기침하는 것은 많은 사람에서 그다지 큰 방해가 되지 않지만 도서관에서 한 사람이 기침하는 것은 확실히 방해가 되는 것과 마찬가지이다. $\Delta S_{주위}$와 온도 T(절대온도 단위 K) 사이의 반비례 관계, 즉 온도가 높아지면 높아질수록 $\Delta S_{주위}$는 더욱 작아지며 그 역도 성립한다

그림 16.5 • (a) 발열 과정은 계에서 주위로 열을 전달하고, 그 결과 주위의 엔트로피가 증가한다. (b) 흡열 과정은 주위에서 열을 흡수하고, 그 결과 주위의 엔트로피는 감소한다.

는 것으로부터 그 관계를 다음과 같이 쓸 수 있다.

$$\Delta S_{\text{주위}} = \frac{-\Delta H_{\text{계}}}{T} \tag{16.8}$$

이 식은 계와 주위가 일정 온도 T에 있다는 가정하에 열역학 법칙에서 유도될 수 있다.

이제 $\Delta S_{\text{계}}$와 $\Delta S_{\text{주위}}$를 계산하는 과정을 암모니아의 합성에 대하여 적용하고, 그 반응이 25°C에서 자발적인지 살펴보자.

$$N_2(g) + 3H_2(g) \longrightarrow 2NH_3(g) \qquad \Delta H^\circ_{\text{반응}} = -92.6\ \text{kJ/mol}$$

예제 16.2(b)로부터 $\Delta S_{\text{계}} = -199$ J/K · mol을 구했고, 식 (16.8)의 $\Delta H_{\text{계}}$(−92.6 kJ/mol)에 대입함으로써 다음을 얻는다.

$$\Delta S_{\text{주위}} = \frac{-(-92.6 \times 1000)\ \text{J/mol}}{298\ \text{K}} = 311\ \text{J/K} \cdot \text{mol}$$

우주의 엔트로피 변화는 다음과 같다.

$$\begin{aligned}\Delta S_{\text{우주}} &= \Delta S_{\text{계}} + \Delta S_{\text{주위}} \\ &= -199\ \text{J/K} \cdot \text{mol} + 311\ \text{J/K} \cdot \text{mol} \\ &= 112\ \text{J/K} \cdot \text{mol}\end{aligned}$$

$\Delta S_{\text{우주}}$는 양의 값이기 때문에 25°C에서 이 반응이 자발적이라는 것을 예측할 수 있다. 반응이 자발적이라고 꼭 그 반응이 관찰할 수 있는 속도로 일어날 것임을 의미하는 것은 아니라는 것을 명심하라. 사실 암모니아의 합성은 상온에서 매우 느리게 일어난다. 열역학은 반응이 어떤 특정한 조건에 자발적으로 일어날 수 있는가를 제시할 수 있지만, 그 반응이 얼마나 빨리 일어날지를 나타내지는 못한다. 반응 속도는 화학 반응속도론의 주제이다(12장 참조).

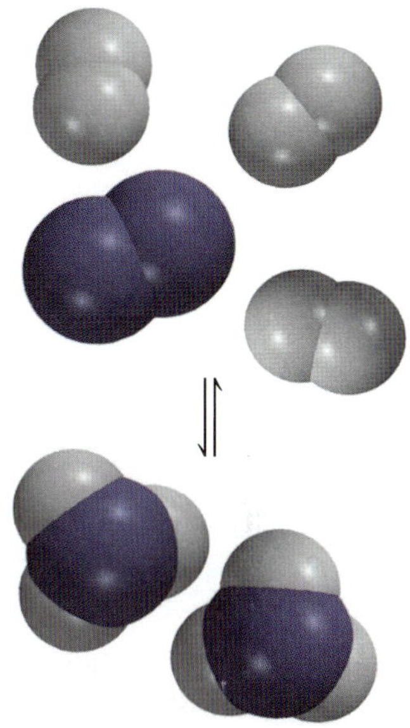

$N_2 + 3H_2 \rightleftharpoons 2NH_3$

열역학 제3법칙과 절대 엔트로피

마지막으로 엔트로피 값의 결정과 관련된 *열역학 제3법칙*(third law of thermodynamics)에 대해 생각해 보자. 지금까지 엔트로피를 분자의 미소 상태와 관련지었다. 즉, 계에서 원자 또는 분자 운동의 미소 상태의 수가 크면 클수록 계의 엔트로피는 커진다. 절대 영도(0 K)에서 완전 결정성 물질을 가정해 보자. 이 조건에서 분자 운동은 최소이고, 미소 상태의 수(W)는 한 개이다(원자나 분자를 완전한 결정으로 배치하는 방법은 단 한 가지 뿐이다). 식 (16.1)로부터

$$\begin{aligned}S &= k \ln W \\ &= k \ln 1 = 0\end{aligned}$$

열역학 제3법칙(third law of thermodynamics)에 따르면, *완전 결정성 물질의 엔트로피는 절대 영도에서 0이다.* 온도가 상승함에 따라 운동의 자유도는 증가하고 미소 상태의 수도 증가한다. 그러므로 0 K 이상의 온도에서 모든 물질의 엔트로피는 0보다 크다. 만약 결정이 순수하지 못하거나 결함(defect)을 가지고 있다면 그 결정이 완전히 질서 있게 되지 않기 때문에 미소 상태의 수가 1보다 커서 그 엔트로피는 0 K에서 0보다 크다.

열역학 제3법칙에서 중요한 점은 물질의 *절대 엔트로피*(absolute entropy)를 결정할 수 있도록 해준다는 것이다. 순수한 결정성 물질의 엔트로피가 절대 영도에서 0이라는 사실로부터 시작하여 가령 25°C로 가열되었을 때 물질의 엔트로피 증가를 측정할 수 있다. 엔트로피 변화 ΔS는 S_i가 0이기 때문에, 다음과 같이 나타낸다.

$$\begin{aligned}\Delta S &= S_f - S_i \\ &= S_f\end{aligned}$$

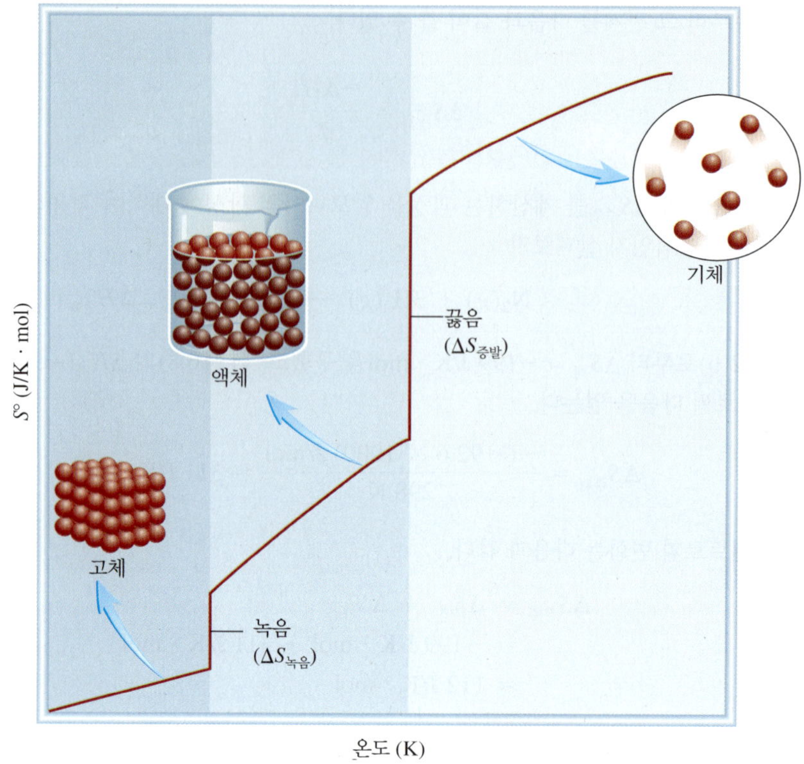

그림 16.6 • 절대 0도로부터 온도가 상승함에 따라 측정된 어떤 물질의 엔트로피 증가.

엔트로피의 증가분은 온도 변화, 물질의 열용량, 상 변화로부터 계산할 수 있다.

298 K에서 어떤 물질의 엔트로피 ΔS 또는 S_f는 *실제* 값이며, 표준 생성 엔탈피처럼 임의의 기준점을 이용하여 산출된 값이 아니기 때문에 절대 엔트로피라 한다. 따라서 사용되는 모든 엔트로피 값과 부록 2에 나와 있는 엔트로피 값은 모두 절대 엔트로피이다. 모든 측정이 1기압에서 행해지기 때문에 절대 엔트로피를 표준 엔트로피(standard entropy)라고 한다. 이와 대조적으로 에너지나 엔탈피에 대한 0의 값이 정의되지 않기 때문에 어떤 물질의 절대 에너지 또는 절대 엔탈피 값을 정할 수 없다. 그림 16.6은 온도에 따른 엔트로피 변화(증가)를 보여준다. 완전 결정성 물질의 엔트로피는 절대 영도에서 0이다. 열을 가하면 분자의 운동이 커져 엔트로피는 서서히 증가한다. 녹는점에서 고체는 무질서도가 큰 액체로 되며 엔트로피는 크게 증가한다. 계속 가열하면 분자 운동이 계속 활발해져 액체의 엔트로피는 증가되며 끓는점에서는 액체가 기체로 변하여 엔트로피가 크게 증가한다. 끓는점 이상에서도 온도가 증가하면 기체의 엔트로피는 증가한다.

16.5 깁스 자유 에너지

열역학 제2법칙에 따르면, 자발적인 반응은 우주의 엔트로피를 증가시킨다. 즉 $\Delta S_{우주} > 0$이다. 하지만 반응에 대한 $\Delta S_{우주}$의 부호를 결정하기 위해서는 $\Delta S_{계}$와 $\Delta S_{주위}$ 모두를 계산해야 한다. 일반적으로는 특정한 계에서 무엇이 일어나는가에만 관심이 있다. 따라서 계 자체만을 고려해서 반응이 자발적으로 일어날 것인지를 결정할 수 있게 하는 또 다른 열역학적 함수가 요구된다.

식 (16.4)로부터 자발적인 과정은 다음과 같이 주어지는 것을 알 수 있다.

$$\Delta S_{우주} = \Delta S_{계} + \Delta S_{주위} > 0$$

이 식에서 $\Delta S_{주위}$에 $-\Delta H_{계}/T$를 대입하면 다음과 같이 쓸 수 있다.

$$\Delta S_{우주} = \Delta S_{계} - \frac{\Delta H_{계}}{T} > 0$$

위 식의 양변에 T를 곱하면 다음 식이 된다.

$$T\Delta S_{우주} = -\Delta H_{계} + T\Delta S_{계} > 0$$

이제 더 이상 주위에 대해 고려할 필요없이 계의 성질($\Delta H_{계}$와 $\Delta S_{계}$)로만 표시되는 자발적 반응에 대한 기준을 갖게 되었다. 위의 식을 보다 간편한 식으로 재배열하기 위하여 전체적으로 -1을 곱하고, $>$ 부호를 $<$로 바꾸면 다음과 같다.

$$-T\Delta S_{우주} = \Delta H_{계} - T\Delta S_{계} < 0$$

식에 -1을 곱할 때, 부등호가 바뀐 것은 $1 > 0$이고, $-1 < 0$ 이라는 사실 때문이다.

온도 T에서 일정 압력 조건으로 일어나는 과정에 대해 계의 엔탈피 변화와 엔트로피의 변화들이 $\Delta H_{계} - T\Delta S_{계}$를 0보다 작게 하면 그 과정은 자발적이어야 한다는 것을 나타낸다.

반응의 자발성을 좀 더 직접적으로 표시하기 위하여 **깁스 자유 에너지**(Gibbs free energy, G) 또는 간단히 **자유 에너지**(free energy)라고 하는 새로운 열역학 함수를 도입한다(미국 물리학자 Josiah Willard Gibbs에서 유래).

깁스의 업적을 기리기 위해 발행된 우표.

$$G = H - TS \tag{16.9}$$

식 (16.9)에서 모든 양들은 계와 관계되며, T는 계의 온도이다. 이와 같이 G는 에너지 단위를 가진다(H와 TS도 모두 에너지 단위를 가짐). 또한 H 또는 S와 마찬가지로 G 역시 상태함수이다.

일정 온도(constant-temperature)에서 한 과정에 대한 계의 자유 에너지 변화는 다음과 같이 쓸 수 있다.

$$\Delta G = \Delta H - T\Delta S \tag{16.10}$$

단순화하기 위하여 아래첨자 '계'를 생략.

여기서 말하는 자유 에너지는 *일을 하는 데 쓸 수 있는 에너지*를 말한다. 따라서 어떤 반응이 쓸 수 있는 에너지를 방출하면서 일어나면(즉, $\Delta G < 0$) 이 사실 자체만으로 그 반응이 자발적이어야 함을 보증하고 계 이외의 우주에서 어떤 일이 일어났는지 신경쓸 필요가 없다.

"자유 에너지"에서 "자유"는 대가 없이 얻는다는 것을 의미하는 것은 아니다.

이상에서 우리는 계의 변화에 대해서만 초점을 맞출 수 있도록 $-T\Delta S_{우주}$를 계의 자유 에너지 변화(ΔG)와 같다고 함으로써 우주의 엔트로피 변화에 대한 식을 재구성하였다는 것을 기억하라. 일정한 온도와 압력 하에서 자발성과 평형의 조건은 다음과 같이 ΔG를 통해서 요약할 수 있다.

$\Delta G < 0$ 정반응은 자발적이다.

$\Delta G > 0$ 정반응은 비자발적이지만, 역반응은 자발적이다.

$\Delta G = 0$ 계는 평형 상태에 있다. 실질적인 변화가 없다.

표준 자유 에너지 변화

*표준 상태의 조건에서 진행되는 반응, 즉 표준 상태의 반응물들이 표준 상태의 생성물들로 변화할 때의 자유 에너지 변화*를 **표준 반응 자유 에너지**(standard free energy of reaction, $\Delta G^\circ_{반응}$)라고 한다. 순수한 물질들뿐만 아니라 용액의 표준 상태를 정의하기 위하여 화학자들이 사용하는 규칙을 표 16.2에 요약하였다. $\Delta G^\circ_{반응}$의 계산을 다음 반응식으로 시작해 보자.

표 16.2 표준 상태에 대한 규칙

물질의 상태	표준 상태
기체	1 atm 압력
액체	순수한 액체
고체	순수한 고체
원소*	$\Delta G^\circ_f = 0$
용액	1 M 농도

* 25°C, 1 atm에서 가장 안정한 동소체에 대해서.

$$a\text{A} + b\text{B} \longrightarrow c\text{C} + d\text{D}$$

위 반응의 표준 자유 에너지 변화는 다음과 같다.

$$\Delta G^\circ_{반응} = [c\Delta G^\circ_f(\text{C}) + d\Delta G^\circ_f(\text{D})] - [a\Delta G^\circ_f(\text{A}) + b\Delta G^\circ_f(\text{B})] \tag{16.11}$$

또는 일반적으로

$$\Delta G^\circ_{반응} = \Sigma n\Delta G^\circ_f(\text{생성물}) - \Sigma m\Delta G^\circ_f(\text{반응물}) \tag{16.12}$$

여기서 m과 n은 화학량론적 계수이다. 용어 ΔG_f°는 화합물의 **표준 생성 자유 에너지**(standard free energy of formation)로 *화합물 1 mol이 표준 상태로 존재하는 원소들로부터 합성될 때 발생하는 자유 에너지 변화*이다. 흑연의 연소를 보자.

$$C(흑연) + O_2(g) \longrightarrow CO_2(g)$$

표준 자유 에너지 변화는 식 (16.12)로부터 다음과 같이 된다.

$$\Delta G^\circ_{반응} = \Delta G_f^\circ(CO_2) - [\Delta G_f^\circ(C, 흑연) + \Delta G_f^\circ(O_2)]$$

표준 생성 엔탈피의 경우와 같이 1 atm, 25°C에서 모든 원소의 안정한 동소체에 대한 표준 생성 자유 에너지는 0으로 정의한다. 따라서

$$\Delta G_f^\circ(C, 흑연) = 0 \quad 이고 \quad \Delta G_f^\circ(O_2) = 0$$

이다. 그러므로 이 경우 반응의 표준 자유 에너지 변화는 CO_2의 표준 생성 자유 에너지와 같다.

$$\Delta G^\circ_{반응} = \Delta G_f^\circ(CO_2)$$

부록 2에 많은 화합물의 ΔG_f° 값이 수록되어 있다.

예제 16.4

25°C에서 일어나는 다음 반응의 표준 자유 에너지 변화를 계산하시오.

(a) $CH_4(g) + 2O_2(g) \longrightarrow CO_2(g) + 2H_2O(l)$
(b) $2MgO(s) \longrightarrow 2Mg(s) + O_2(g)$

▸ **전략** 어떤 반응의 표준 자유 에너지 변화를 계산하기 위해서 부록 2에 있는 반응물과 생성물에 대한 표준 생성 자유 에너지를 참조하고 식 (16.12)를 이용한다. 모든 화학량론 계수들은 단위가 없기 때문에 $\Delta G^\circ_{반응}$은 kJ/mol 단위로 표현된다. O_2에 대한 ΔG_f°는 그 분자가 1 atm, 25°C에서 안정된 동소체 원소이기 때문에 0이다.

▸ **풀이**

(a) 식 (16.12)에 따르면

$$\Delta G^\circ_{반응} = [\Delta G_f^\circ(CO_2) + 2\Delta G_f^\circ(H_2O)] - [\Delta G_f^\circ(CH_4) + 2\Delta G_f^\circ(O_2)]$$

부록 2에서 적절한 값을 찾아 대입하면 다음과 같다.

$$\Delta G^\circ_{반응} = [(-394.4\ \text{kJ/mol}) + (2)(-237.2\ \text{kJ/mol})] - [(-50.8\ \text{kJ/mol}) + (2)(0\ \text{kJ/mol})]$$
$$= -818.0\ \text{kJ/mol}$$

(b) 식은 다음과 같다.

$$\Delta G^\circ_{반응} = [2\Delta G_f^\circ(Mg) + \Delta G_f^\circ(O_2)] - [2\Delta G_f^\circ(MgO)]$$

부록 2의 자료를 이용하면 다음과 같다.

$$\Delta G^\circ_{반응} = [(2)(0\ \text{kJ/mol}) + (0\ \text{kJ/mol})] - [(2)(-569.6\ \text{kJ/mol})]$$
$$= 1139\ \text{kJ/mol}$$

비슷한 문제 16.17, 16.18.

▸ **실전 연습** 25°C에서 일어나는 다음 반응의 표준 자유 에너지 변화를 계산하시오.

(a) $H_2(g) + Br_2(l) \longrightarrow 2HBr(g)$
(b) $2C_2H_6(g) + 7O_2(g) \longrightarrow 4CO_2(g) + 6H_2O(l)$

식 (16.10)의 응용

식 (16.10)에 따르면 ΔG의 부호를 예측하기 위하여 ΔH와 ΔS의 값을 모두 알아야 한다. 음

의 ΔH(발열 반응)와 양의 ΔS(계의 미소 상태 수가 증가되는 반응)는 ΔG가 음이 되게 하는 경향이 있지만 온도도 자발적 반응의 방향에 영향을 미칠 수 있다. 이런 관계의 네 가지 가능한 경우는 다음과 같다.

- ΔH와 ΔS가 모두 양이면, $T\Delta S$항이 ΔH보다 더 클 때만 ΔG는 음이 될 것이다. 이 경우는 T가 클 때에 나타난다.
- ΔH가 양이고 ΔS가 음이면, 온도와 관계없이 ΔG는 언제나 양이다.
- ΔH가 음이고, ΔS가 양이면, 온도와 관계없이 ΔG는 언제나 음이다.
- ΔH와 ΔS가 전부 음이면, $T\Delta S$가 ΔH보다 더 작을 때만 ΔG는 음이 될 것이다. 이 경우는 T가 작을 때에 나타난다.

처음과 마지막의 경우 ΔG를 음이 되게 하는 온도는 계의 ΔH와 ΔS의 실제 값에 의해 결정된다. 표 16.3에 앞에서 설명한 경우들의 효과를 요약하였다.

☑ 개념 복습하기

(a) 어떤 조건에서 흡열 반응이 자발적으로 일어날까?

(b) 298 K에서 반응물과 생성물이 모두 용액 상태에서 진행되는 많은 반응들은 ΔH 값이 반응의 자발성을 판단하는 데 좋은 암시(hint)가 되는 경우가 많다. 그 이유를 설명하시오.

반응의 자발성을 예측하기 위해서 자유 에너지 변화를 사용하기 전에 ΔG와 $\Delta G°$를 구별하는 것은 유용하다. 모든 반응물이 표준 상태에 있는 용액(모든 반응물이 1 *M* 농도인 경우)에서 반응이 일어난다고 가정하자. 반응이 시작되자마자 농도가 1 *M*과 다르기 때문에 반응물이나 생성물은 더 이상 표준 상태로 존재하지 않는다. 비표준 상태에서 일어나는 반응의 방향을 예측하기 위해서는 $\Delta G°$ 대신에 ΔG를 사용해야 한다. 한편, $\Delta G°$의 부호는 반응계가 평형에 도달했을 때, 반응물과 생성물 중 어떤 쪽에 더 치우치는가를 말해 준다. 그 결과, $\Delta G°$가 음수이면 반응은 생성물 형성을 선호하고, $\Delta G°$가 양수이면 평형에 도달했을 때 반응물이 생성물보다 많을 것을 알려준다.

16.6절에서 $\Delta G°$와 평형 상수 K와의 관계식을 볼 것이다.

이제 식 (16.10)을 두 가지 구체적 상황에 적용해 보기로 한다.

온도와 화학 반응

생석회라고 하는 산화 칼슘(CaO)은 제강, 칼슘 금속의 생산, 종이 공업, 물 처리, 환경 오염 제어 등에 쓰이는 매우 유용한 무기물이다. CaO는 높은 온도의 가마에서 석회석($CaCO_3$)을 분해시켜 제조한다(그림 16.7).

르샤틀리에 원리를 이용하면 열이 가해졌을 때 흡열 반응이 진행될 것이라고 예측할 수 있다.

$$CaCO_3(s) \rightleftharpoons CaO(s) + CO_2(g)$$

표 16.3 $\Delta G = \Delta H - T\Delta S$에서 ΔG의 부호에 영향을 미치는 요인

ΔH	ΔS	ΔG	예
+	+	높은 온도에서 반응이 자발적으로 일어난다. 낮은 온도에서는 역반응이 자발적이다.	$2HgO(s) \longrightarrow 2Hg(l) + O_2(g)$
+	−	ΔG는 항상 양의 값이다. 반응은 모든 온도에서 역방향으로 자발적이다.	$3O_2(g) \longrightarrow 2O_3(g)$
−	+	ΔG는 항상 음의 값이다. 반응은 모든 온도에서 자발적으로 일어난다.	$2H_2O_2(l) \longrightarrow 2H_2O(l) + O_2(g)$
−	−	낮은 온도에서 반응이 자발적으로 일어난다. 높은 온도에서는 역반응이 자발적이다.	$NH_3(g) + HCl(g) \longrightarrow NH_4Cl(s)$

그림 16.7 • 회전로 안에서 $CaCO_3$로부터 CaO 생성.

이 반응은 가역 반응이며, CaO는 CO_2와 쉽게 결합하여 $CaCO_3$를 생성한다. $CaCO_3$, CaO와 평형 관계에 있는 CO_2의 압력은 온도가 상승함에 따라 증가한다. 생석회를 산업적으로 생산할 때에는 이 계가 결코 평형으로 유지되지 않는다. 오히려 CO_2를 일정한 속도로 가마에서 제거시킴으로써 평형을 왼쪽에서 오른쪽으로 이동하여 CaO의 생성을 촉진한다.

화학자에게 중요한 실질적인 정보는 $CaCO_3$의 분해를 알아볼 수 있게 되는 온도이다(즉, 어느 온도에서 그 반응이 자발적으로 진행되는가 하는 것이다). 그 온도는 다음과 같이 계산하여 신뢰성있게 추정할 수 있다. 우선 부록 2의 자료를 이용하여 25°C에서 그 반응에 대한 $\Delta H°$와 $\Delta S°$를 계산한다. $\Delta H°$을 결정하기 위해 식 (6.17)을 사용한다.

$$\begin{aligned}\Delta H° &= [\Delta H_f°(\text{CaO}) + \Delta H_f°(\text{CO}_2)] - [\Delta H_f°(\text{CaCO}_3)] \\ &= [(-635.6\ \text{kJ/mol}) + (-393.5\ \text{kJ/mol})] - (-1206.9\ \text{kJ/mol}) \\ &= 177.8\ \text{kJ/mol}\end{aligned}$$

다음에 식 (16.6)을 사용하여 $\Delta S°$를 구한다.

$$\begin{aligned}\Delta S° &= [S°(\text{CaO}) + S°(\text{CO}_2)] - S°(\text{CaCO}_3) \\ &= [(39.8\ \text{J/K}\cdot\text{mol}) + (213.6\ \text{J/K}\cdot\text{mol})] - (92.9\ \text{J/K}\cdot\text{mol}) \\ &= 160.5\ \text{J/K}\cdot\text{mol}\end{aligned}$$

식 (16.10)에서

$$\Delta G° = \Delta H° - T\Delta S°$$

이므로 다음이 성립한다.

$$\begin{aligned}\Delta G° &= 177.8\ \text{kJ/mol} - (298\ \text{K})(160.5\ \text{J/K}\cdot\text{mol})\left(\frac{1\ \text{kJ}}{1000\ \text{J}}\right) \\ &= 130.0\ \text{kJ/mol}\end{aligned}$$

$\Delta G°$가 큰 양의 값이므로 25°C(298 K)에서 그 반응은 유리하지 않다고 판단된다. 실제로 상온에서 CO_2의 압력이 너무 낮아 측정이 불가능하다. $\Delta G°$가 음이 되게 하기 위해 우선 $\Delta G°$가 0이 되는 온도를 구해야 한다. 즉,

$$0 = \Delta H° - T\Delta S°$$

따라서

$$\begin{aligned}T &= \frac{\Delta H°}{\Delta S°} \\ &= \frac{(177.8\ \text{kJ/mol})(1000\ \text{J/1 kJ})}{160.5\ \text{J/K}\cdot\text{mol}} \\ &= 1108\ \text{K} \ \text{ 또는 } 835°\text{C}\end{aligned}$$

835°C보다 높은 온도에서 $\Delta G°$는 음이 되고, 이것은 그 반응이 CaO와 CO_2를 만드는 것이 유리해진다는 것을 나타낸다. 예를 들면, 840°C(1113 K)에서 다음과 같이 된다.

$$\begin{aligned}\Delta G° &= \Delta H° - T\Delta S° \\ &= 177.8\ \text{kJ/mol} - (1113\ \text{K})(160.5\ \text{J/K}\cdot\text{mol})\left(\frac{1\ \text{kJ}}{1000\ \text{J}}\right) \\ &= -0.8\ \text{kJ/mol}\end{aligned}$$

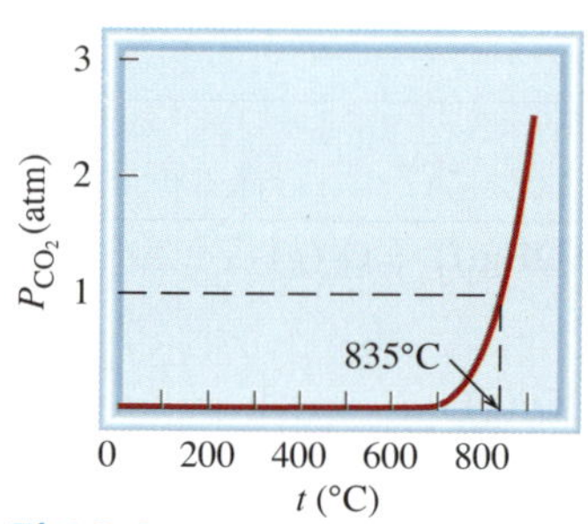

그림 16.8 • $CaCO_3$ 분해로 생성된 CO_2의 평형 압력을 온도에 대한 함수로 표현하였다. 이 곡선은 $\Delta H°$와 $\Delta S°$가 반응 도중에 온도에 따라 바뀌지 않는다고 가정하고 계산된 것이다.

위의 계산에서 두 가지 점에 주의해야 한다. 첫째는 매우 높은 온도에서 일어나는 변화를 계산하기 위하여 25°C에서의 $\Delta H°$와 $\Delta S°$ 값들을 사용하였다는 점이다. $\Delta H°$와 $\Delta G°$는 온도에 따라 변하므로 이 방법은 정확한 $\Delta G°$값을 주지 못하지만, 근사값 계산을 위해서는 충분히 유용하다. 둘째는 835°C 이하에서는 아무 반응도 일어나지 않고 835°C부터 갑자기 $CaCO_3$가 분해하기 시작한다는 생각으로 오해하지 말아야 한다는 것이다. 그런 일은 결코 일어날 수 없다. 835°C 이하의 어떤 온도에서 $\Delta G°$가 양의 값이라는 사실이 CO_2가 전혀 생

성하지 않는다는 것을 뜻하지는 않는다. 그 온도에서 생성한 CO_2 기체의 압력이 자신의 표준 상태인 1 atm보다 낮을 것임을 나타낼 뿐이다(표 16.2 참조). 그림 16.8에서 보여주는 것처럼, 처음에는 CO_2 압력이 온도에 따라 매우 느리게 증가하다가 700°C 이상에서는 쉽게 측정할 수 있게 된다. 835°C의 의미는 생성되는 CO_2의 평형 압력이 1 atm에 도달하는 온도라는 것이다. 835°C 이상에서는 CO_2의 평형 압력이 1 atm을 초과한다.

이 반응의 평형 상수 $K_P = P_{CO_2}$이다.

상 전이

상 전이 온도(녹는점 또는 끓는점)에서 계는 평형을 이루므로($\Delta G = 0$), 식 (16.10)은 다음과 같이 된다.

$$\Delta G = \Delta H - T\Delta S$$
$$0 = \Delta H - T\Delta S$$

또는

$$\Delta S = \frac{\Delta H}{T}$$

우선 얼음 ⟶ 물의 평형을 생각해 보자. 얼음 ⟶ 물의 전이에서 ΔH는 몰 용융열(표 10.7 참조)이며, T는 녹는점의 온도이다. 따라서 엔트로피 변화는 다음과 같다.

$$\Delta S_{\text{얼음} \rightarrow \text{물}} = \frac{6010 \text{ J/mol}}{273 \text{ K}} = 22.0 \text{ J/K} \cdot \text{mol}$$

얼음이 녹는 과정은 흡열 과정($\Delta H°$가 양)이고, 물이 어는 과정은 발열 과정 ($\Delta H°$가 음)이다.

이와 같이 얼음 1 mol이 0°C에서 녹을 때 22.0 J/K의 엔트로피가 증가한다. 엔트로피의 증가는 고체가 액체로 되면서 미소 상태가 증가하는 것과 일치한다. 반대로 물 ⟶ 얼음의 전이에 대한 엔트로피 감소는 다음과 같이 주어진다.

$$\Delta S_{\text{물} \rightarrow \text{얼음}} = \frac{-6010 \text{ J/mol}}{273 \text{ K}} = -22.0 \text{ J/K} \cdot \text{mol}$$

실험실에서 보통은 한 방향으로의 변화, 즉 얼음에서 물 또는 물에서 얼음으로의 변화만 진행된다. 온도가 0°C로 유지되는 경우에만 각 경우에 대하여 식 $\Delta S = \Delta H/T$를 사용하여 엔트로피 변화를 계산할 수 있다. 동일한 방법을 물 ⟶ 수증기 상 전이에도 적용할 수 있다. 이 경우 ΔH는 증발열이고, T는 물의 끓는점이다.

예제 16.5

벤젠의 몰 용융열과 몰 증발열은 각각 10.9 kJ/mol과 31.0 kJ/mol이다. 벤젠의 고체 ⟶ 액체, 액체 ⟶ 기체 상 전이에 대한 엔트로피의 변화를 계산하시오. 1 atm에서 벤젠은 5.5°C에서 녹고, 80.1°C에서 끓는다.

▸ **전략** 녹는점에서 액체 벤젠과 고체 벤젠은 평형이고 $\Delta G = 0$이다. 식 (16.10)에서 $\Delta G = 0 = \Delta H - T\Delta S$, 따라서 $\Delta S = \Delta H/T$이다. 고체 벤젠 ⟶ 액체 벤젠 상 전이에 대한 엔트로피 변화를 계산하기 위해서, $\Delta S_{\text{용융}} = \Delta H_{\text{용융}}/T_f$를 사용한다. 여기서 $\Delta H_{\text{용융}}$은 흡열 과정에 대해서는 양수이기 때문에 고체에서 액체로의 상 전이에 대해서 기대되는 대로 양의 $\Delta S_{\text{용융}}$을 얻는다. 마찬가지 방법이 액체 벤젠 ⟶ 벤젠 증기 상 전이에 적용된다. 어떤 온도 단위를 사용해야 하는가?

▸ **풀이** 5.5°C에서 벤젠 1 mol을 녹일 때의 엔트로피 변화는

$$\Delta S_{\text{용융}} = \frac{\Delta H_{\text{용융}}}{\Delta T_f} = \frac{(10.9 \text{ kJ/mol})(1000 \text{ J/1 kJ})}{(5.5 + 273) \text{ K}} = 39.1 \text{ J/K} \cdot \text{mol}$$

5.5°C에서 평형에 있는 벤젠의 액체와 고체.

마찬가지로 80.1°C에서 벤젠 1 mol을 끓일 때의 엔트로피 변화는

$$\Delta S_{증발} = \frac{\Delta H_{증발}}{T_{bp}} = \frac{(31.0\ \text{kJ/mol})(1000\ \text{J/1 kJ})}{(80.1 + 273)\ \text{K}} = 87.8\ \text{J/K}\cdot\text{mol}$$

비슷한 문제: 16.62.

▸ **검산** 증발 과정이 용해 과정보다 더 많은 미소 상태를 만들어내므로 $\Delta S_{증발} > \Delta S_{용융}$이다.

▸ **실전 연습** 아르곤의 몰 용융열과 몰 증발열은 각각 1.3 kJ/mol과 6.3 kJ/mol이고, 녹는점과 끓는점은 각각 −190°C와 −186°C이다. 아르곤의 용융과 증발에 대한 엔트로피 변화를 계산하시오.

☑ 개념 복습하기

그림은 45°C의 밀폐된 플라스크에서 아이오딘(I_2)이 승화되는 과정을 보여준다. 승화 엔탈피가 62.4 kJ/mol이라면, 승화와 관련된 ΔS는 얼마인가?

16.6 자유 에너지와 화학 평형

앞에서 말한 것처럼 반응이 시작되면 모든 반응물과 생성물에 대하여 표준 상태가 지속되지는 않는다. 이 조건에서 열역학적으로 유도되는 ΔG와 $\Delta G°$사이의 관계는 다음과 같다.

$$\Delta G = \Delta G° + RT \ln Q \qquad (16.13)$$

여기서 R(8.314 J/K mol)은 기체 상수, T는 반응의 절대 온도, Q는 반응 지수이다. ΔG는 $\Delta G°$와 $RT \ln Q$ 두 가지 양에 의존한다는 것을 알 수 있다. 온도 T에서 주어진 반응에 대해 $\Delta G°$ 값은 고정되지만 ΔG와 $RT \ln Q$는 그렇지 않다. 왜냐하면 반응 혼합물의 조성에 따라 Q 값이 변하기 때문이다. 두 가지 특별한 경우를 생각해 보자.

경우 1: $\Delta G°$가 큰 음의 값이면, ΔG도 음이 되는 경향이 있다. 따라서 상당한 양의 생성물이 만들어질 때까지 알짜 반응은 왼쪽에서 오른쪽으로 진행된 것이다. 그 때 $RT \ln Q$ 항은 음의 $\Delta G°$ 항에 견줄 만한 양의 값이 될 것이다.

경우 2: $\Delta G°$가 큰 양의 값이면 ΔG도 양이 되는 경향이 있다. 따라서 상당한 양의 반응물이 만들어질 때까지 알짜 반응은 오른쪽에서 왼쪽으로 진행될 것이다. 그 때, $RT \ln Q$ 항은 양의 $\Delta G°$ 항에 견줄 만한 음의 값이 될 것이다.

가역 반응은 언젠가는 평형에 도달하게 된다.

정의에 의해 평형 상태에서 $\Delta G = 0$이고 $Q = K$이다. 여기서 K는 평형 상수이다. 따라서

$$0 = \Delta G° + RT \ln K$$

또는

$$\Delta G° = -RT \ln K \qquad (16.14)$$

이 식에서 K_P는 기체일 때 사용하고, K_c는 용액에서 반응이 일어날 때 사용한다. K가 크면

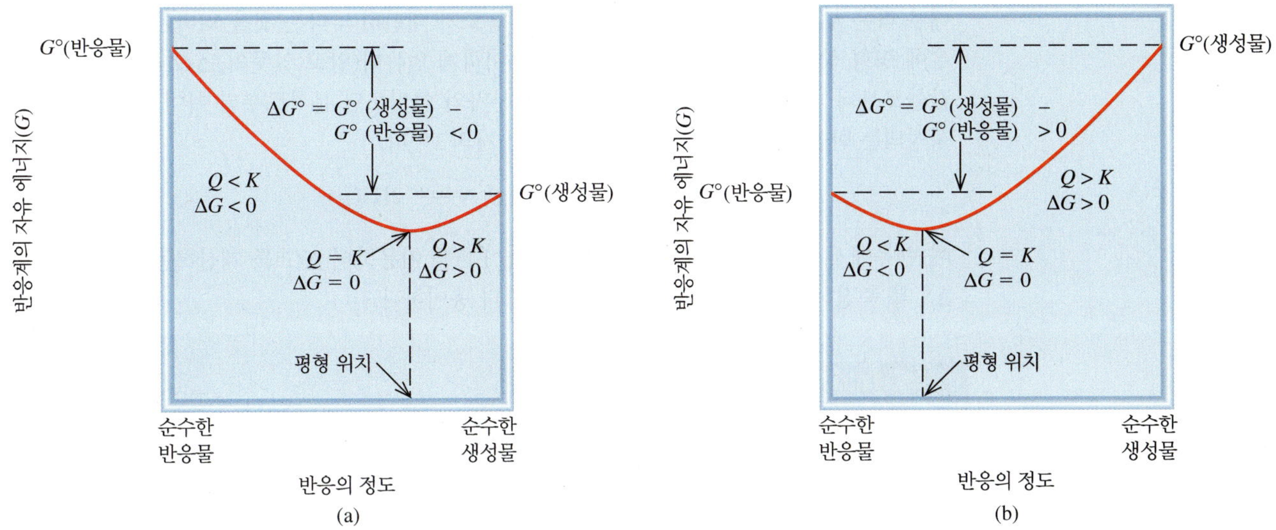

그림 16.9 • (a) $\Delta G° < 0$. 평형이 되면, 반응물이 생성물로 상당히 전환된다. (b) $\Delta G° > 0$. 평형이 되면, 반응물이 생성물보다 더 많다. 양쪽 경우 모두 평형에 이르는 알짜 반응은 왼쪽에서 오른쪽으로(반응물에서 생성물로) 이동한다. 만일 $Q < K$이면 왼쪽에서 오른쪽(반응물에서 생성물로)을 이동하며, $Q > K$이면 오른쪽에서 왼쪽(생성물에서 반응물로)으로 이동한다.

클수록 $\Delta G°$는 큰 음수 값을 갖는다. 반응의 표준 자유 에너지의 변화를 알면 평형 상수를 알 수 있고 그 반대도 가능하기 때문에 식 (16.14)는 화학자들에게 열역학에서 가장 중요한 식 중에 하나이다.

식 (16.14)는 *실질적* 자유 에너지 변화량 ΔG가 아닌 *표준* 자유 에너지 $\Delta G°$와 평형 상수의 관계를 나타내고 있다. 계의 실질적 자유 에너지 변화량은 반응이 진행됨에 따라 변하고, 평형 상태에서는 0이 된다. 한편 주어진 온도에서 특정한 반응의 $\Delta G°$와 K는 상수이다. 그림 16.9은 두 가지 형태의 반응에 대하여 반응계의 자유 에너지와 반응의 진행 정도 사이의 관계를 그린 것이다. 아는 바와 같이 $\Delta G° < 0$이면 평형에서 생성물은 반응물보다 유리하게 된다. 역으로 $\Delta G° > 0$이면 평형에서 반응물이 생성물보다 더 많아질 것이다. 표 16.4에는 식 (16.14)에 의해 예측되는 $\Delta G°$와 K 사이의 가능한 관계 세 가지가 요약되어 있다. 다음의 중요한 특징을 기억하라. 자발적 반응의 방향을 결정하는 것은 $\Delta G°$가 아닌 ΔG의 부호이다. $\Delta G°$의 부호는 알짜 반응의 방향이 아니라 평형의 조건에서의 반응물과 생성물의 상대적인 양을 말해 줄 뿐이다.

매우 크거나 작은 평형 상수를 갖는 반응에 대해, 모든 반응물의 농도를 측정하여 K 값을 측정하는 것은 불가능하지는 않지만, 일반적으로 매우 어렵다. 예를 들어, 질소 분자와 산소 분자로부터 산화 질소가 생성되는 것을 생각해 보자.

$$N_2(g) + O_2(g) \rightleftharpoons 2NO(g)$$

25°C에서 평형 상수 K_P는 다음과 같다.

$$K_P = \frac{P_{NO}^2}{P_{N_2}P_{O_2}} = 4.0 \times 10^{-31}$$

표 16.4 $\Delta G° = -RT \ln K$ **예측되는** $\Delta G°$**와** K **사이의 관계**

K	$\ln K$	$\Delta G°$	설명
> 1	양	음	평형에서 생성물이 반응물보다 우세하다.
$= 1$	0	0	평형에서 반응물과 생성물의 비가 같다.
< 1	음	양	평형에서 반응물이 생성물보다 우세하다.

매우 작은 K_P 값은 평형 상태에서의 NO의 농도가 대단히 낮다는 것을 의미한다. 그러한 경우에 평형 상수는 그 반응의 $\Delta G°$로부터 용이하게 얻는다(알고 있듯이, $\Delta G°$는 $\Delta H°$와 $\Delta S°$ 값들로부터 계산할 수 있다). 반면에 수소 분자와 아이오딘 분자로부터 아이오딘화 수소가 생성되는 반응에 대한 평형 상수는 실온에서 거의 1이다.

$$H_2(g) + I_2(g) \rightleftharpoons 2HI(g)$$

이 반응에서 K_P를 직접 측정한 다음 식 (16.14)를 이용하여 $\Delta G°$를 계산하는 것이 $\Delta H°$와 $\Delta S°$를 측정하여 식 (16.10)을 사용하는 것보다 용이하다.

예제 16.6

부록 2에 수록된 자료를 이용하여 25°C에서 다음 반응에 대한 평형 상수(K_P)를 계산하시오.

$$2H_2O(l) \rightleftharpoons 2H_2(g) + O_2(g)$$

▸ **전략** 식 (16.14)에 따르면 반응의 평형 상수는 표준 자유 에너지 변화와 관계가 있다. 즉, $\Delta G° = -RT \ln K$이다. 따라서, 예제 16.4에서와 마찬가지 방법으로 $\Delta G°$를 먼저 계산한다. 그리고 나서 K_P를 계산한다. 어떤 온도 단위를 사용하여야 하는가?

▸ **풀이** 식 (16.12)에 따르면

$$\begin{aligned}\Delta G°_{반응} &= [2\Delta G°_f(H_2) + \Delta G°_f(O_2)] - [2\Delta G°_f(H_2O)] \\ &= [(2)(0\ \text{kJ/mol}) + (0\ \text{kJ/mol})] - [(2)(-237.2\ \text{kJ/mol})] \\ &= 474.4\ \text{kJ/mol}\end{aligned}$$

이제 식 (16.14)를 이용하면 다음과 같다.

$$\Delta G°_{반응} = -RT \ln K_P$$

$$474.4\ \text{kJ/mol} \times \frac{1000\ \text{J}}{1\ \text{kJ}} = -(8.314\ \text{J/K}\cdot\text{mol})(298\ \text{K}) \ln K_P$$

$$\ln K_P = -191.5$$

$$K_P = e^{-191.5} = 7 \times 10^{-84}$$

K_P를 계산기를 사용하여 계산하려면 −191.5를 입력하고 나서 "e"또는 "inv(erse) ln x"키를 누른다.

▸ **해설** 이처럼 평형 상수가 매우 작은 것은 25°C에서 물이 수소와 산소로 분해되지 않는 사실과 부합된다. 따라서 큰 양수의 $\Delta G°$ 값은 평형 상태에서 생성물보다 반응물이 더 많음을 뜻한다.

비슷한 문제: 16.23, 16.26.

▸ **실전 연습** 25°C에서 다음 반응의 평형 상수(K_P)를 계산하시오.

$$2O_3(g) \longrightarrow 3O_2(g)$$

예제 16.7

15장에서 난용성 염에 대한 용해도곱을 논의하였다. 25°C에서 염화 은의 용해도곱 상수(1.6×10^{-10})를 이용하여 다음 과정의 $\Delta G°$를 계산하시오.

$$AgCl(s) \rightleftharpoons Ag^+(aq) + Cl^-(aq)$$

▸ **전략** 식 (16.14)에 따르면 반응의 평형 상수는 표준 자유 에너지 변화와 관계가 있다. 즉, $\Delta G° = -RT \ln K$이다. 불균일 평형인 경우이므로 용해도곱(K_{sp})이 평형 상수이다. AgCl의 K_{sp}에서 표준 자유 에너지 변화를 계산한다. 어떤 온도 단위를 사용해야 하는가?

▸ **풀이** AgCl의 용해도 평형은

$$AgCl(s) \rightleftharpoons Ag^+(aq) + Cl^-(aq)$$
$$K_{sp} = [Ag^+][Cl^-] = 1.6 \times 10^{-10}$$

식 (16.14)를 이용하여 다음과 같은 결과를 얻는다.

$$\begin{aligned}\Delta G^\circ &= -(8.314\ \text{J/K}\cdot\text{mol})(298\ \text{K})\ \ln\ (1.6 \times 10^{-10})\\ &= 5.6 \times 10^4\ \text{J/mol}\\ &= 56\ \text{kJ/mol}\end{aligned}$$

▸ **검산** 큰 양수의 ΔG°값은 AgCl이 물에 잘 녹지 않으며 평형이 거의 왼쪽에 치우쳐 있다는 것을 의미한다.

▸ **실전 연습** 25°C에서 다음 과정의 ΔG°를 계산하시오.

$$BaF_2(s) \rightleftharpoons Ba^{2+}(aq) + 2F^-(aq)$$

BaF_2의 K_{sp}는 1.7×10^{-6}이다.

비슷한 문제: 16.25.

예제 16.8

298 K에서 다음 반응의 평형 상수(K_P)는 0.113으로 표준 자유 에너지 변화 5.40 kJ/mol에 해당된다.

$$N_2O_4(g) \rightleftharpoons 2NO_2(g)$$

어떤 실험에서 초기 압력은 $P_{NO_2} = 0.122$ atm, $P_{N_2O_4} = 0.453$ atm이다. 이 압력 조건에서 반응의 ΔG를 계산하고, 알짜 반응의 방향을 예측하시오.

▸ **전략** 주어진 정보에서 반응물과 생성물이 모두 표준 상태인 1 atm이 아닌 것을 알 수 있다. 알짜 반응의 방향을 결정하기 위해서, 식 (16.13)과 주어진 ΔG° 값을 이용하여 비표준 상태 조건에서 자유 에너지 변화를 계산할 필요가 있다. 반응지수 Q_P에서 분압은 차원이 없는 값으로 표현된다는 데 주의하라(표 16.2 참조).

▸ **풀이** 식 (16.13) 은 다음과 같이 쓸 수 있다.

$$\begin{aligned}\Delta G &= \Delta G^\circ + RT \ln Q_P\\ &= \Delta G^\circ + RT \ln \frac{P^2_{NO_2}}{P_{N_2O_4}}\\ &= 5.40 \times 10^3\ \text{J/mol} + (8.314\ \text{J/K}\cdot\text{mol})(298\ \text{K}) \times \ln \frac{(0.122)^2}{0.453}\\ &= 5.40 \times 10^3\ \text{J/mol} - 8.46 \times 10^3\ \text{J/mol}\\ &= -3.06 \times 10^3\ \text{J/mol} = -3.06\ \text{kJ/mol}\end{aligned}$$

$\Delta G < 0$이므로 알짜 반응은 왼쪽에서 오른쪽으로 진행되어 평형에 도달한다.

▸ **검산** 비록 $\Delta G^\circ > 0$이지만, 초기에 반응물에 비해 생성물의 농도(압력)가 작으면, 생성물이 만들어지는 방향으로 반응이 진행된다는 것을 명심하라. $Q_P < K_P$임을 보여 이 예측을 확인하라.

비슷한 문제: 16.27, 16.28.

▸ **실전 연습** 다음 반응에 대한 K_p는 375°C에서 4.3×10^{-4}이다.

$$N_2(g) + 3H_2(g) \rightleftharpoons 2NH_3(g)$$

한 실험에서 초기 압력이 $P_{H_2} = 4.20$ atm, $P_{N_2} = 0.86$ atm, $P_{NH_3} = 4.4 \times 10^{-3}$ atm이다. 이 반응의 ΔG를 계산하고, 알짜 반응의 방향을 예측하시오.

☑ 개념 복습하기

어떤 반응이 ΔH°는 양이고, ΔS°는 음이다. 이 반응의 K 값이 1 보다 큰가, 1과 같은가, 1 보다 작은가?

주요 식

$S = k \ln W$ (16.1)	미소 상태의 수와 엔트로피의 관계.
$\Delta S_{우주} = \Delta S_{계} + \Delta S_{주위} > 0$ (16.4)	열역학 제2법칙(자발적 과정).
$\Delta S_{우주} = \Delta S_{계} + \Delta S_{주위} = 0$ (16.5)	열역학 제2법칙(평형 과정).
$\Delta S^\circ_{반응} = \Sigma nS^\circ(생성물) - \Sigma mS^\circ(반응물)$ (16.7)	표준 반응 엔트로피 변화.
$G = H - TS$ (16.9)	깁스 자유 에너지의 정의.
$\Delta G = \Delta H - T\Delta S$ (16.10)	일정 온도에서 자유 에너지 변화.
$\Delta G^\circ_{반응} = \Sigma n\Delta G^\circ_f(생성물) - \Sigma m\Delta G^\circ_f(반응물)$ (16.12)	표준 반응 자유 에너지 변화.
$\Delta G = \Delta G^\circ + RT \ln Q$ (16.13)	자유 에너지 변화와 표준 자유 에너지의 변화와의 관계.
$\Delta G^\circ = -RT \ln K$ (16.14)	표준 자유 에너지 변화와 평형 상수의 관계.

사실과 개념에 대한 요약

1. 엔트로피는 계가 에너지를 분산시킬 수 있는 다양한 방법의 수에 대한 척도이다. 자발적인 과정은 필연적으로 전체 우주의 엔트로피를 증가시킨다(열역학 제2법칙).
2. 화학 반응의 표준 엔트로피를 반응물과 생성물의 절대 엔트로피로부터 계산해 낼 수 있다.
3. 열역학 제3법칙은 절대 영도에서 완전 결정성 물질의 엔트로피가 0이라는 사실이다. 이 법칙으로부터 물질의 절대 엔트로피를 측정할 수 있다.
4. 일정한 온도와 압력의 조건하에서 자유 에너지 변화 ΔG는 자발적인 과정에 대하여 0보다 작고, 비자발적인 과정에 대하여서는 0보다 크다. 평형 과정에 대해서 $\Delta G = 0$이다.
5. 일정한 온도와 압력하의 화학적 또는 물리적 과정에 대하여 $\Delta G = \Delta H - T\Delta S$이다. 이 식은 어떤 과정에 대한 자발적 변화를 예측하는 데 사용할 수 있다.
6. 반응에 대한 표준 자유 에너지 변화 ΔG°는 반응물과 생성물의 표준생성 자유 에너지로부터 계산해 낼 수 있다.
7. 반응의 평형 상수와 그 반응의 표준 자유 에너지 변화는 식 $\Delta G^\circ = -RT \ln K$의 관계가 성립한다.

주요 용어

깁스 자유 에너지(G)
엔트로피(S)
열역학 제2법칙
열역학 제3법칙
자유 에너지(G)
표준 반응 엔트로피($\Delta S^\circ_{반응}$)
표준 반응 자유 에너지($\Delta G^\circ_{반응}$)
표준 생성 자유 에너지(ΔG°_f)

연습 문제

자발적 과정과 엔트로피

복습 질문

16.1 자발적인 과정은 무엇을 의미하는가를 설명하시오. 자발적 과정과 비자발적 과정에 대한 예를 각각 두 개씩 들어 보시오.

16.2 다음 과정 중 어떤 과정이 자발적이고, 어떤 과정이 비자발적인가? (a) 높은 온도의 수프에 소금을 녹이는 것, (b) 에베레스트산에 오르는 것, (c) 향수병 마개를 열어 방안에 향기가 퍼지는 것, (d) 기체 혼합물로부터 헬륨과 네온을 분리하는 것.

16.3 주어진 온도에서 다음 중 어떤 것이 자발적이고, 어떤 것이 비자발적인가를 설명하시오.

(a) $NaNO_3(s) \xrightarrow{H_2O} NaNO_3(aq)$ 포화 용액
(b) $NaNO_3(s) \xrightarrow{H_2O} NaNO_3(aq)$ 불포화 용액
(c) $NaNO_3(s) \xrightarrow{H_2O} NaNO_3(aq)$ 과포화 용액

16.4 엔트로피를 정의하시오. 엔트로피의 단위는 무엇인가?

16.5 다음 각 과정에 대해 계의 엔트로피 변화가 어떻게 될지 설명하시오.

(a) 고체가 녹는다.
(b) 액체가 언다.
(c) 액체가 끓는다.

(d) 기체가 고체로 변한다.
(e) 기체가 고체로 응축한다.
(f) 고체가 승화된다.
(g) 요소가 물에 용해된다.

문제

16.6 그림 16.1(a)에 나타낸 상황을 생각해 보자. 밸브가 열린 후에 각 구에서 분자 하나를 발견할 확률은 $\frac{1}{2}$이고(구의 부피가 같기 때문에) 전체 부피에서 분자를 발견할 확률은 1이다. 같은 구에서 분자 두 개를 발견할 확률은 각 확률의 곱인 $\frac{1}{2} \times \frac{1}{2}$ 즉, $\frac{1}{4}$이다. 같은 공에서 100개의 분자를 발견할 확률을 계산하는 것으로 계산을 확장해 보자. 결과를 기초로, 분자의 개수가 6×10^{23}과 같이 매우 커지면 그림 16.1(b)에 나타낸 과정이 자발적으로 일어나는 것이 왜 불가능한지 설명하시오.

열역학 제2법칙

복습 질문

16.7 열역학 제2법칙을 글로 서술하고, 수학적으로 표시하시오.
16.8 열역학 제3법칙을 서술하고, 이것이 엔트로피 값을 계산하는 데 유용하지 못한 점에 대해 설명하시오.

문제

16.9 다음 각 쌍에 대하여 25°C에서 같은 몰수의 양에 대해 표준 엔트로피 값이 더 큰 것을 택하시오. (a) $Li(s)$과 $Li(l)$, (b) $C_2H_5OH(l)$과 $CH_3OCH_3(l)$ (*힌트*: 어떤 분자가 수소 결합을 하는가?), (c) $Ar(g)$와 $Xe(g)$, (d) $CO(g)$와 $CO_2(g)$, (e) $O_2(g)$와 $O_3(g)$, (f) $NO_2(g)$와 $N_2O_4(g)$.

16.10 25°C에서 엔트로피가 증가하는 순서대로 다음 물질(각각 1 mol)을 배열하고, 그렇게 배열한 이유를 제시하시오. (a) $Ne(g)$, (b) $SO_2(g)$, (c) $Na(s)$, (d) $NaCl(s)$, (e) $H_2(g)$.

16.11 부록 2의 자료를 이용하여 25°C에서 다음 반응의 표준 엔트로피 변화를 계산하시오.
(a) $S(s) + O_2(g) \longrightarrow SO_2(g)$
(b) $MgCO_3(s) \longrightarrow MgO(s) + CO_2(g)$

16.12 부록 2의 자료를 이용하여 25°C에서 다음 반응의 표준 엔트로피 변화를 계산하시오.
(a) $H_2(g) + CuO(s) \longrightarrow Cu(s) + H_2O(g)$
(b) $2Al(s) + 3ZnO(s) \longrightarrow Al_2O_3(s) + 3Zn(s)$
(c) $CH_4(g) + 2O_2(g) \longrightarrow CO_2(g) + 2H_2O(l)$

16.13 부록 2의 자료를 참조하지 않고 다음 반응의 엔트로피 변화가 양인지 음인지를 예측하고, 그렇게 예측한 이유를 설명하시오.
(a) $2KClO_4(s) \longrightarrow 2KClO_3(s) + O_2(g)$
(b) $H_2O(g) \longrightarrow H_2O(l)$
(c) $2Na(s) + 2H_2O(l) \longrightarrow 2NaOH(aq) + H_2(g)$
(d) $N_2(g) \longrightarrow 2N(g)$

16.14 다음 각 과정에서 예상되는 엔트로피 변화의 부호가 양인지 음인지 말하고, 그렇게 예측한 이유를 설명하시오.
(a) $PCl_3(l) + Cl_2(g) \longrightarrow PCl_5(s)$
(b) $2HgO(s) \longrightarrow 2Hg(l) + O_2(g)$
(c) $H_2(g) \longrightarrow 2H(g)$
(d) $U(s) + 3F_2(g) \longrightarrow UF_6(s)$

깁스 자유 에너지

복습 질문

16.15 자유 에너지를 정의하시오. 단위는 어떻게 되는가?
16.16 반응의 방향을 예상하는 데 $\Delta S_{우주}$ 대신 $\Delta G_{계}$를 사용하는 것이 편리한 이유는 무엇인가? 어떤 조건 하에서 $\Delta G_{계}$가 반응의 자발성을 예상하는 데 사용되는가?

문제

16.17 25°C에서 다음 반응의 $\Delta G°$를 계산하시오.
(a) $N_2(g) + O_2(g) \longrightarrow 2NO(g)$
(b) $H_2O(l) \longrightarrow H_2O(g)$
(c) $2C_2H_2(g) + 5O_2(g) \longrightarrow 4CO_2(g) + 2H_2O(l)$
(*힌트*: 부록 2에 실린 반응물과 생성물의 표준 생성 자유 에너지 참조)

16.18 25°C에서 다음 반응의 $\Delta G°$를 구하시오.
(a) $2Mg(s) + O_2(g) \longrightarrow 2MgO(s)$
(b) $2SO_2(g) + O_2(g) \longrightarrow 2SO_3(g)$
(c) $2C_2H_6(g) + 7O_2(g) \longrightarrow 4CO_2(g) + 6H_2O(l)$
열역학적 자료는 부록 2 참조.

16.19 ΔH와 ΔS 값으로부터 다음 각 반응이 25°C에서 자발적인가를 예측하시오. 반응 A: ΔH = 10.5 kJ/mol, ΔS = 30 J/K · mol, 반응 B: ΔH = 1.8 kJ/mol, ΔS = −113 J/K · mol. 만일 두 가지 반응이 25°C에서 비자발적이라면, 자발적이기 위해서 어떠한 온도가 되어야 하는가?

16.20 다음 ΔH와 ΔS를 이용해서 자발적인 반응이 일어나는 온도를 구하시오. (a) ΔH = −126 kJ/mol, ΔS = 84 J/K · mol, (b) ΔH = −11.7 kJ/mol, ΔS = −105 J/K · mol.

자유 에너지와 화학 평형

복습 질문

16.21 ΔG와 $\Delta G°$의 차이를 설명하시오.
16.22 식 (16.14)가 화학에서 매우 중요한 이유를 설명하시오.

문제

16.23 25°C에서 다음 반응의 K_P를 계산하시오.

$$H_2(g) + I_2(g) \rightleftharpoons 2HI(g) \qquad \Delta G° = 2.60 \text{ kJ/mol}$$

16.24 25°C에서 물의 자동 이온화(autoionization) 과정 ($K_w = 1.0 \times 10^{-14}$)에서 $\Delta G°$를 구하시오.

$$H_2O(l) \rightleftharpoons H^+(aq) + OH^-(aq)$$

16.25 25°C에서 다음 반응을 생각해 보자.

$$Fe(OH)_2(s) \rightleftharpoons Fe^{2+}(aq) + 2OH^-(aq)$$

이 반응에 대한 $\Delta G°$는 얼마인가? $Fe(OH)_2$의 K_{sp}는 1.6

$\times 10^{-14}$이다.

16.26 25°C에서 다음 반응의 $\Delta G°$와 K_P를 계산하시오.

$$2H_2O(g) \rightleftharpoons 2H_2(g) + O_2(g)$$

16.27 (a) 25°C에서 다음 반응의 $\Delta G°$와 K_P를 계산하시오. $Cl_2(g)$, $PCl_3(g)$, $PCl_5(g)$의 $\Delta G_f°$는 각각 0, −286 kJ/mol, −325 kJ/mol이다.

$$PCl_5(g) \rightleftharpoons PCl_3(g) + Cl_2(g)$$

(b) 초기 혼합물의 분압이 $P_{PCl_5} = 0.0029$ atm, $P_{PCl_3} = 0.27$ atm, $P_{Cl_2} = 0.40$ atm일 때, 반응의 ΔG를 계산하시오.

16.28 다음 반응의 2000 K에서 평형 상수(K_P)는 4.40이다.

$$H_2(g) + CO_2(g) \rightleftharpoons H_2O(g) + CO(g)$$

(a) 위 반응에서 $\Delta G°$를 구하시오.

(b) 분압이 다음과 같을 때 ΔG를 구하시오.

$P_{H_2} = 0.25$ atm, $P_{CO_2} = 0.78$ atm, $P_{H_2O} = 0.66$ atm, $P_{CO_2} = 1.20$ atm.

16.29 탄산 칼슘의 분해 반응을 생각해 보자.

$$CaCO_3(s) \rightleftharpoons CaO(s) + CO_2(g)$$

평형에서 (a) 25°C일 때, (b) 800°C일 때의 CO_2의 분압을 atm 단위로 계산하시오. 이 온도 범위에서 $\Delta H° = 177.8$ kJ/mol, $\Delta S° = 160.5$ J/K.mol 로 가정한다.

16.30 다음 반응에 대한 평형 상수 K_P는 25°C에서 5.62×10^{35}이다.

$$CO(g) + Cl_2(g) \rightleftharpoons COCl_2(g)$$

25°C에서 $COCl_2$의 $\Delta G_f°$를 구하시오.

16.31 25°C에서 다음 반응의 $\Delta G°$는 8.6 kJ/mol이다.

$$H_2O(l) \rightleftharpoons H_2O(g)$$

같은 온도에서 물의 증기압을 계산하시오.

16.32 다음 반응 과정의 $\Delta G°$를 구하시오.

$$C(\text{다이아몬드}) \longrightarrow C(\text{흑연})$$

25°C에서 다이아몬드가 흑연으로 바뀌는 반응은 유리한가? 만약 그렇다면 왜 다이아몬드가 흑연으로 바뀌는 반응이 쉽게 일어나지 않을까?

실전 연습의 답

16.1 (a) 엔트로피 감소, (b) 엔트로피 감소, (c) 엔트로피 증가, (d) 엔트로피 증가.
16.2 (a) −173.6 J/K · mol, (b) −139.8 J/K · mol, (c) 215.3 J/K · mol. **16.3** (a) $\Delta S > 0$, (b) $\Delta S < 0$, (c) $\Delta S \approx 0$.
16.4 (a) −106.4 kJ/mol, (b) −2935.0 kJ/mol.
16.5 $\Delta S_{\text{용융}} = 16$ J/K · mol, $\Delta S_{\text{증발}} = 72$ J/K · mol.
16.6 2×10^{57}. **16.7** 33 kJ/mol.
16.8 $\Delta G = -1.0$ kJ/mol, 왼쪽에서 오른쪽 방향.

CHAPTER 17

산화-환원 반응과 전기화학

Redox Reactions and Electrochemistry

이 장의 차례

마이클 패러데이(Michael Faraday)가 그의 실험실에서 연구하고 있다. 패러데이는 19세기의 위대한 실험 과학자 중 한 사람으로 존경받았다.

주요 개념

산화-환원 반응과 전기화학 전지 산화-환원 반응을 나타내는 반응식은 반쪽 반응법을 사용하여 평형식으로 쓸 수 있다. 이 반응들은 환원제로부터 산화제로의 전자 전달을 수반한다. 그러한 반응은 갈바니 전지라고 하는 배열로 분리된 격실들을 이용하며 전자를 발생시키는 데 사용된다.

갈바니 전지의 열역학 갈바니 전지 속에서 측정되는 전압은 양극(산화가 일어나는 극)과 음극(환원이 일어나는 극) 전극 전위로 나누어질 수 있다. 이 전압은 깁스 자유 에너지 변화와 산화-환원 과정의 평형 상수와 관련지을 수 있다. 네른스트 식은 전지 전압을 표준 상태의 조건하의 전지 전압과 반응하는 화학종의 농도와 연관 짓는다.

배터리 배터리는 일정한 전압으로 직류 전류를 공급할 수 있는 전기화학 배터리이다. 자동차, 손전등, 박동기에 사용되는 많은 다른 형의 배터리가 있다. 연료 전지는 수소나 탄화수소의 산화에 의하여 전기를 발생시키는 특별한 형의 전기화학 전지이다.

17.1 산화-환원 반응

전기화학(electrochemistry)은 *전기 에너지와 화학 에너지의 상호 전환 과정을 설명하는 화학의 한 분야*이다. 전기화학 과정은 산화-환원 반응으로 자발적인 화학 반응에 의해 생성된 에너지가 전기로 변환되거나 전기 에너지를 사용하여 비자발적인 화학 반응을 일으키는 과정이다. 4장에서 산화-환원 반응에 대하여 공부한 것을 기본으로 하여 이 장에서 다시 산화-환원 반응의 기초를 요약해 보는 것이 도움이 될 것이다.

산화-환원 반응은 한 물질로부터 다른 물질로 전자의 이동을 수반한다. 마그네슘 금속과 염산의 산화-환원 반응을 예로 들어보면,

산화수를 할당하는 규칙은 4.4절에 있다.

$$\overset{0}{\mathrm{Mg}}(s) + 2\overset{+1}{\mathrm{H}}\mathrm{Cl}(aq) \longrightarrow \overset{+2}{\mathrm{Mg}}\mathrm{Cl_2}(aq) + \overset{0}{\mathrm{H}}_2(g)$$

원소들 위에 쓰인 숫자는 원소의 산화수이다. 산화 과정에서는 전자를 잃어 원소의 산화수가 증가하며, 환원 과정에서는 전자를 얻어 원소의 산화수가 감소한다. 따라서 위 반응에서 Mg 금속은 산화되었고, H^+는 환원되었다. 이 때, Cl^- 이온은 구경꾼 이온이다.

산화-환원 반응식의 균형

위와 같은 간단한 산화-환원 반응식의 균형을 맞추는 일은 어렵지 않다. 하지만 크로뮴산(CrO_4^{2-}), 다이크로뮴산($Cr_2O_7^{2-}$), 과망가니즈산(MnO_4^-), 질산(NO_3^-), 황산(SO_4^{2-}) 이온과 같은 복잡한 산소산 음이온이 포함된 복잡한 산화-환원 반응도 있다. 반응식의 균형을 맞추는 원리는 3.7절에서 설명한 바와 같으나 여기서는 보다 쉽게 산화-환원 반응식의 균형을 맞추는 방법을 설명하려고 한다. 이 방법은 *반쪽 반응법*(half-reaction method)이라고 하며 각 화학종의 전자 이동에 중점을 주는 방법이다. 먼저, 전체 반응을 산화 반쪽 반응과 환원 반쪽 반응으로 나눈다. 그리고 각 반쪽 반응식의 균형을 맞춘 후 두 식을 더하여 전체 균형 반응식을 완성한다.

산성 매질에서 다이크로뮴산 이온($Cr_2O_7^{2-}$)을 사용하여 Fe^{2+} 이온을 Fe^{3+} 이온으로 산화시키는 산화-환원 반응식의 균형을 맞추어 보자. 이 반응에서 $Cr_2O_7^{2-}$ 이온은 Cr^{3+} 이온으로 환원한다. 다음에는 단계별로 균형 반응식을 맞추는 것을 보여준다.

단계 1: *반응에 대한 불균형 반응을 이온 형태로 적는다.*

$$Fe^{2+} + Cr_2O_7^{2-} \longrightarrow Fe^{3+} + Cr^{3+}$$

단계 2: *위 반응을 두 개의 반쪽 반응으로 나눈다.*

$$\text{산화:}\quad \overset{+2}{\mathrm{Fe}}{}^{2+} \longrightarrow \overset{+3}{\mathrm{Fe}}{}^{3+}$$

$$\text{환원:}\quad \overset{+6}{\mathrm{Cr}}{}_2\mathrm{O}_7^{2-} \longrightarrow \overset{+3}{\mathrm{Cr}}{}^{3+}$$

단계 3: *각 반쪽 반응에서 원소의 종류와 수, 전하수를 같게 한다. 산성 매질에서는 H_2O를 더해 산소 원자의 균형을 맞추고, H^+를 더해 수소 원자의 균형을 맞춘다.*

산화 반쪽 반응에서 전자는 생성물로서 나타나고 환원 반쪽 반응에서 전자는 반응물로서 나타난다.

산화 반쪽 반응: 원자수는 이미 균형이 맞았다. 전하의 균형을 맞추기 위하여 화살표의 오른쪽에 전자를 한 개 더한다.

$$Fe^{2+} \longrightarrow Fe^{3+} + e^-$$

환원 반쪽 반응: 반응이 산성 매질에서 일어나므로 산소의 개수를 같게 하기 위하여 화살표의 오른쪽에 H_2O 분자 7개를 더한다.

$$Cr_2O_7^{2-} \longrightarrow 2Cr^{3+} + 7H_2O$$

또, H 원자의 개수를 같게 하기 위하여 화살표의 왼쪽에 14 H^+ 이온을 더한다.

$$14H^+ + Cr_2O_7^{2-} \longrightarrow 2Cr^{3+} + 7H_2O$$

반쪽 반응의 왼쪽에는 12의 양전하와 오른쪽에는 6의 양전하가 있다. 그러므로 왼쪽에 여섯 개의 전자를 더한다.

$$14H^+ + Cr_2O_7^{2-} + 6e^- \longrightarrow 2Cr^{3+} + 7H_2O$$

단계 4: *두 반쪽 반응을 더하고 최종 반응식의 균형을 맞춘다. 양쪽의 전자는 모두 제거되어야 한다. 만일 산화-환원 반응의 전자수가 서로 다르다면 각 반쪽 반응의 전자수가 같아지도록 한쪽 또는 양쪽의 반쪽 반응에 적당한 정수를 곱하여 두 반쪽 반응의 전자수를 같게 한다.*

여기서 산화 반쪽 반응에는 한 개의 전자가, 환원 반쪽 반응에는 여섯 개의 전자가 있으므로 산화 반쪽 반응에 6을 곱하여 식을 쓰면 다음과 같다.

$$\begin{array}{r} 6(Fe^{2+} \longrightarrow Fe^{3+} + e^-) \\ 14H^+ + Cr_2O_7^{2-} + 6e^- \longrightarrow 2Cr^{3+} + 7H_2O \\ \hline 6Fe^{2+} + 14H^+ + Cr_2O_7^{2-} + \cancel{6e^-} \longrightarrow 6Fe^{3+} + 2Cr^{3+} + 7H_2O + \cancel{6e^-} \end{array}$$

양쪽에서 여섯 개의 전자가 소거되므로 균형 맞춘 알짜 이온 반응식은 다음과 같이 된다.

$$6Fe^{2+} + 14H^+ + Cr_2O_7^{2-} \longrightarrow 6Fe^{3+} + 2Cr^{3+} + 7H_2O$$

이 반응은 묽은 황산 용액에 다이크로뮴산 포타슘과 황산 철(II)를 녹여 수행할 수 있다.

단계 5: *반응식의 양쪽에 원자의 종류와 수, 전하의 수가 같은지 확인한다.*

최종 반응식은 항상 "원자" 그리고 "전기적으로" 균형이 잡혔는지를 점검해야 한다.

염기성 매질에서 일어나는 반응의 경우 단계 4까지 산성 매질에서 반응이 일어난 것처럼 절차를 진행하고, 다만 H^+를 더한 만큼 반응식의 *양변*에 OH^-를 더한다. 반응식의 같은 쪽에 H^+와 OH^-가 동시에 존재하면 두 이온을 묶어 H_2O로 나타낸다. 예제 17.1은 이러한 과정을 나타내고 있다.

예제 17.1

염기성 용액에서 과망가니즈산 이온(MnO_4^-)에 의해 분자 아이오딘(I_2)과 산화 망가니즈(IV)(MnO_2)를 생성하는 아이오딘화 이온(I^-)의 산화를 나타내는 균형 이온 반응식을 쓰시오.

▸ **전략** 앞에서 한 과정과 같이 균형 잡힌 산화-환원 반응식을 만든다. 반응이 염기성 매질에서 일어나는 것을 유의한다.

▸ **풀이**

단계 1: 불균형 반응식을 적는다.

$$MnO_4^- + I^- \longrightarrow MnO_2 + I_2$$

단계 2: 두 개의 반쪽 반응으로 나눈다.

$$\text{산화:} \quad \overset{-1}{I^-} \longrightarrow \overset{0}{I_2}$$

$$\text{환원:} \quad \overset{+7}{MnO_4^-} \longrightarrow \overset{+4}{MnO_2}$$

단계 3: 각 반쪽 반응의 원자와 전하의 형태와 수, 전하의 균형을 맞춘다.

산화 반쪽 반응: 먼저 I 원자의 균형을 맞춘다.

$$2I^- \longrightarrow I_2$$

전하 균형을 맞추기 위하여 반응식의 오른쪽에 두 개의 전자를 더한다.

$$2I^- \longrightarrow I_2 + 2e^-$$

환원 반쪽 반응: 산소 원자의 개수를 맞추기 위하여 오른쪽에 두 개의 H_2O를 더한다.

$$MnO_4^- \longrightarrow MnO_2 + 2H_2O$$

수소 원자의 개수를 같게 하기 위하여 반응식 왼쪽에 네 개의 H^+를 더한다.

$$MnO_4^- + 4H^+ \longrightarrow MnO_2 + 2H_2O$$

왼쪽에 세 개의 알짜 양전하가 있고, 따라서 전하 균형을 맞추기 위해 같은 쪽에 전자 세 개를 더한다.

$$MnO_4^- + 4H^+ + 3e^- \longrightarrow MnO_2 + 2H_2O$$

단계 4: 산화 반쪽 반응과 환원 반쪽 반응을 더해 전체 반응식을 얻는다. 이 때 전자수를 같게 하기 위하여, 산화 반쪽 반응에는 3을 환원 반쪽 반응에는 2를 각각 곱한다.

$$3(2I^- \longrightarrow I_2 + 2e^-)$$
$$2(MnO_4^- + 4H^+ + 3e^- \longrightarrow MnO_2 + 2H_2O)$$
$$6I^- + 2MnO_4^- + 8H^+ + \cancel{6e^-} \longrightarrow 3I_2 + 2MnO_2 + 4H_2O + \cancel{6e^-}$$

반응식의 양쪽에서 전자를 소거하면 균형 잡힌 알짜 이온 반응식을 얻게 된다.

$$6I^- + 2MnO_4^- + 8H^+ \longrightarrow 3I_2 + 2MnO_2 + 4H_2O$$

이 반응은 산성 매질에서의 균형 반응이다. 하지만 반응은 염기성 매질에서 일어나기 때문에 H^+ 이온 개수만큼 반응식 양쪽에 OH^- 이온 개수를 더할 필요가 있다.

$$6I^- + 2MnO_4^- + 8H^+ + 8OH^- \longrightarrow 3I_2 + 2MnO_2 + 4H_2O + 8OH^-$$

최종적으로 H^+ 이온과 OH^- 이온을 결합하면 H_2O가 되므로 다음과 같은 반응식을 얻는다.

$$6I^- + 2MnO_4^- + 4H_2O \longrightarrow 3I_2 + 2MnO_2 + 8OH^-$$

이 반응을 수행하기 위하여 염기성 매질에 KI와 $KMnO_4$를 섞는다.

비슷한 문제: 17.1, 17.2.

단계 5: 마지막으로 반응 전후의 원자수와 전하수를 확인한다.

▸ **실전 연습** 반쪽 반응법을 이용하여 산성 매질 속에서 다음 반응의 균형을 맞추시오.

$$Fe^{2+} + MnO_4^- \longrightarrow Fe^{3+} + Mn^{2+}$$

☑ 개념 복습하기

산성 용액 중에서 다음 반응에 대해 식의 균형이 맞았을 때 NO_2의 계수는 얼마인가?

$$Sn + NO_3^- \longrightarrow SnO_2 + NO_2$$

17.2 갈바니 전지

4.4절에서 설명한 바와 같이 아연 금속을 $CuSO_4$ 수용액에 넣으면 아연 금속은 Zn^{2+} 이온으로 산화되고 Cu^{2+} 이온은 구리 금속으로 환원됨을 알 수 있다(그림 4.13 참조).

$$Zn(s) + Cu^{2+}(aq) \longrightarrow Zn^{2+}(aq) + Cu(s)$$

전자는 환원제인 Zn으로부터 나와 산화제인 Cu^{2+} 이온으로 이동한다. 그러나 만일 산화제와 환원제가 분리되어 있다면 전자는 외부 전도체인 금속선을 통하여 이동한다. 반응이 진행함에 따라 일정한 수의 전자가 이동하며, 결과적으로 전류가 흐르게 된다(이 전류는 전기 모터를 작동시킬 수 있는 전기적 일을 한다).

동영상
갈바니 전지.

자발적인 산화-환원 반응을 이용하여 전기를 발생시키는 실험 장치를 **갈바니 전지**(galvanic cell) 또는 **볼타 전지**(voltaic cell)라 부른다. 이 이름은 갈바니(Luigi Galvani)와 볼타(Alessandro Volta)가 처음 조립하여 붙여졌다. 그림 17.1은 갈바니 전지의 구성 요소들을 보여준다. 아연 금속 막대는 $ZnSO_4$ 용액에 담겨 있고 구리 막대는 $CuSO_4$ 용액에 담겨 있

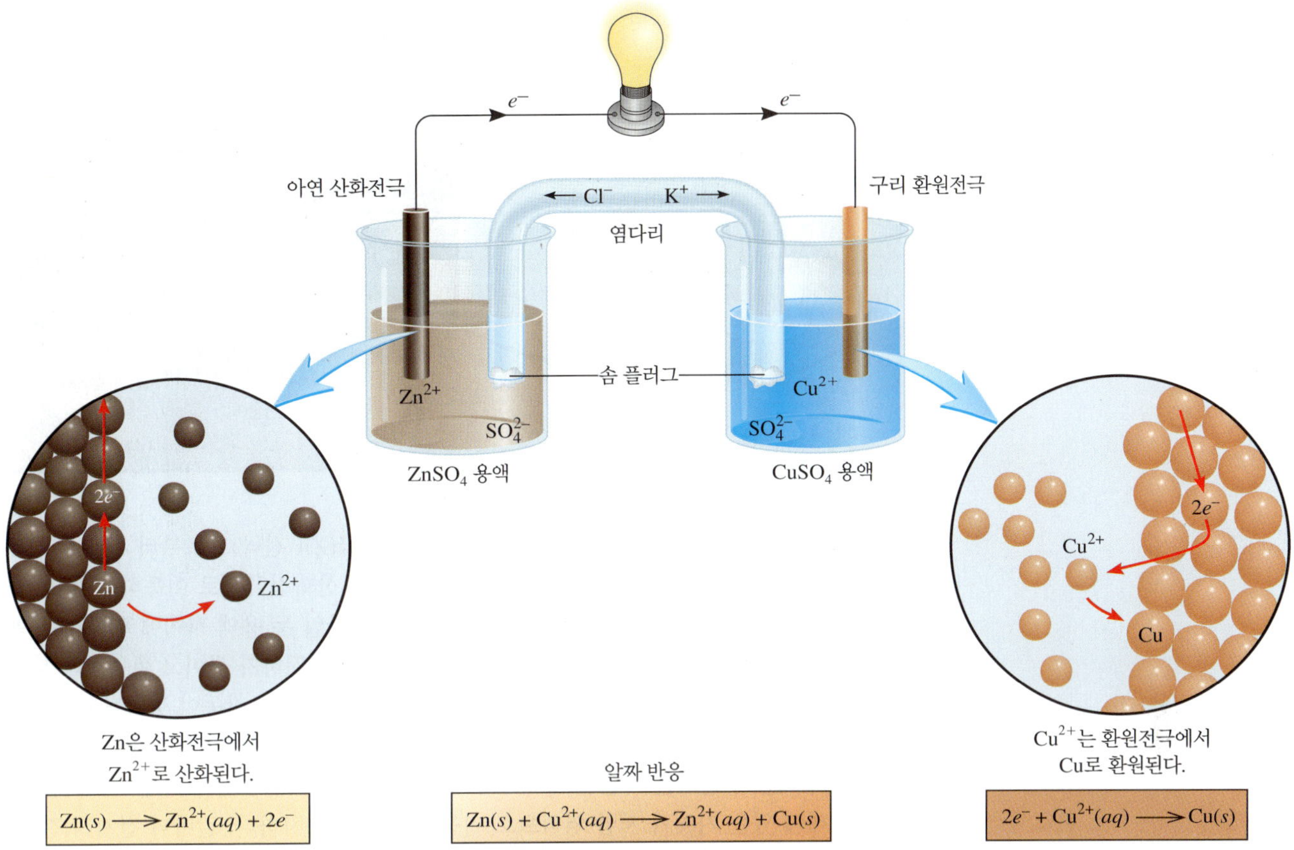

그림 17.1 • 갈바니 전지. KCl 용액이 들어 있는 염다리(거꾸로 U자관)는 두 용액을 전기적으로 연결하는 매질로 쓰인다. U자관의 입구는 솜 플러그로 느슨하게 막아 놓는데, 양이온과 음이온은 이동할 수 있지만 KCl 용액이 흘러나오는 것을 막기 위해서이다. 전구의 불은 전자가 외부 도선을 통하여 Zn 전극(산화전극)에서 Cu 전극(환원전극)으로 흐를 때 들어온다.

다. 각각의 용기에서 Zn은 Zn^{2+}로 산화되고, Cu^{2+}는 Cu로 환원되는 반응이 자발적으로 일어남에 따라 외부 도선을 통해 전자가 이동하는 원리에 의해 전지가 작동한다. 여기에서 아연 막대와 구리 막대를 *전극*(electrode)이라 부른다. 아연과 구리 전극, $ZnSO_4$와 $CuSO_4$ 용액으로 이루어진 전지를 다니엘(Daniell) 전지라 한다. 정의에 따라 갈바니 전지에서 **산화전극**(anode)은 *산화가 일어나는 전극*이고, **환원전극**(cathode)은 *환원이 일어나는 전극*이다.

알파벳으로 보면 anode의 a가 cathode의 c보다 앞서고, oxidation의 o가 reduction의 r보다 앞선다. 그러므로 anode는 산화가 일어나는 곳이고 cathode는 환원이 일어나는 곳이다.

다니엘 전지에서, 전극에서 일어나는 산화 반응과 환원 반응인 **반쪽 전지 반응**(half-cell reaction)은 다음과 같다.

$$\text{Zn 전극(산화전극):} \quad Zn(s) \longrightarrow Zn^{2+}(aq) + 2e^-$$
$$\text{Cu 전극(환원전극):} \quad Cu^{2+}(aq) + 2e^- \longrightarrow Cu(s)$$

반쪽 전지 반응(half-cell reaction)은 앞서 설명한 반쪽 반응(half-reaction)과 유사하다.

만일 두 용액을 각각 분리해 놓지 않으면 Cu^{2+} 이온은 아연 막대와 다음과 같이 직접 반응할 것이다.

$$Cu^{2+}(aq) + Zn(s) \longrightarrow Cu(s) + Zn^{2+}(aq)$$

이렇게 되면 유용한 전기적 일은 얻을 수 없다.

전기 회로를 완성하기 위해 용액은 양이온과 음이온이 한 전극의 칸막이에서 다른 전극의 칸막이로 이동할 수 있는 전도 매질과 연결되어 있어야 한다. 이를 위하여 *염다리*(salt bridge)를 사용한다. 염다리의 간단한 형태는 KCl이나 NH_4NO_3와 같은 비활성 전해질을 넣은 거꾸로 세운 U자 관(inverted U tube)으로 만든다. 이 때 사용한 비활성 전해질의 이온들은 용액 속에서 다른 이온들이나 전극들과 반응하지 않는다(그림 17.1). 전체 산화-환원

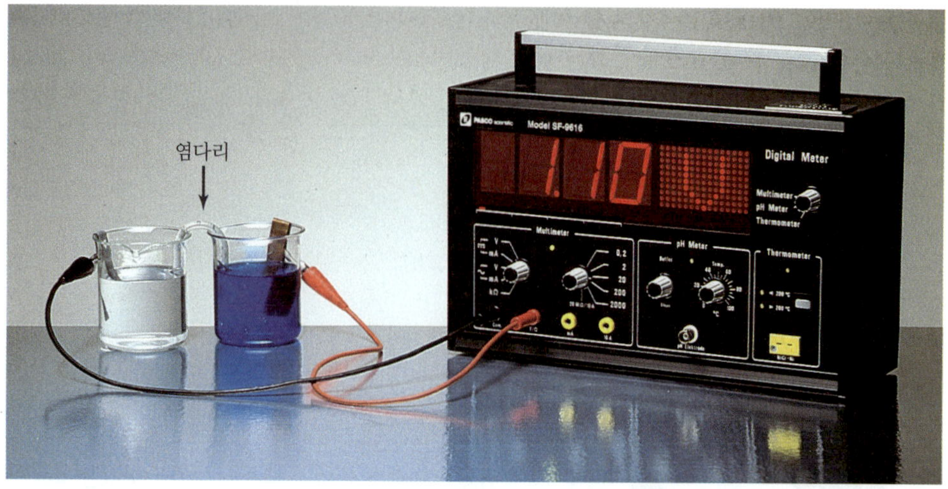

그림 17.2 • 그림 17.1에서 설명한 갈바니 전지의 설치 모양. U자관(염다리)은 두 비커에 연결되어 있음에 유의하라. 25°C에서 $ZnSO_4$와 $CuSO_4$가 모두 1 *M* 농도일 때 전지 전압은 1.10 *V*이다.

반응 과정에서 전자들은 외부 도선을 통하여 산화전극(Zn 전극)으로부터 환원전극(Cu 전극)으로 흐른다. 용액 속에서 음이온(SO_4^{2-}와 Cl^-)이 산화전극으로 이동하는 동안 양이온(Zn^{2+}, Cu^{2+}, K^+)은 환원전극으로 이동한다. 그러나 만일 두 용액 사이에 염다리를 연결하지 않으면, 산화전극 부근에서는 Zn^{2+} 이온의 생성으로 양전하가 쌓이고 환원전극 부근에서는 Cu^{2+} 이온이 환원되어 Cu로 됨으로써 음전하가 쌓여 전지의 작동이 정지될 것이다.

산화전극에서 환원전극으로 전류가 흐르는 이유는 두 전극 간의 전압 차이 때문이다. 이러한 전기 흐름의 원리는 퍼텐셜 에너지의 차에 의하여 폭포에서 물이 아래로 흐르는 것이나 고압 상태에 있는 기체가 저압 영역으로 이동하는 것과 유사하다. 갈바니 전지의 전극 사이의 전압차를 **전지 전압**(cell voltage) 또는 *전지 전위*(cell potential)라고 부른다. 실험적으로 산화전극과 환원전극의 전압 차는 전압계(그림 17.2)로 측정한다. 전지 전위를 다른 용어로 **기전력**[electromotive force 또는 emf *(E)*]이라 부른다. 기전력이라는 용어에 힘(force)이라는 단어가 있음에도 불구하고 힘이 아니라 전압을 측정한다. 전지의 기전력은 전극과 이온들의 성질뿐만이 아니라 전지가 작동하는 온도 및 이온들의 농도에 따라 달라진다는 것을 알게 될 것이다.

갈바니 전지를 나타내는 관습적인 표시법으로는 *전지 도식*(cell diagram)이 있다. 그림 17.1에 나타낸 다니엘 전지에서 Cu^{2+}와 Zn^{2+}의 농도가 1 *M*로 되어 있을 때, 전지를 전지 표시법으로 나타내면 다음과 같이 된다.

$$Zn(s)|Zn^{2+}(1\ M)\|Cu^{2+}(1\ M)|Cu(s)$$

여기서 단일 수직선은 상의 경계를 나타낸다. 예를 들면, 아연 전극은 고체이고 Zn^{2+} 이온($ZnSO_4$에서 나옴)들은 용액 속에 있다. 그러므로 Zn과 Zn^{2+} 사이의 상의 경계를 나타내기 위하여 선을 긋는다. 두 개의 수직선은 염다리를 나타낸다. 규약에 따르면 산화전극은 두 겹 수직선의 왼쪽 제일 앞 쪽에 쓰고, 다른 성분들은 산화전극에서 환원전극으로 이동할 때 우리가 마주치는 순서대로 나타낸다.

☑ **개념 복습하기**

다음 산화-환원 반응에 대해 전지 도식을 쓰시오. 여기서 Fe^{2+}와 Al^{3+}의 농도는 1 *M*이다.

$$3Fe^{2+}(aq) + 2Al(s) \longrightarrow 3Fe(s) + 2Al^{3+}(aq)$$

17.3 표준 환원 전위

Cu^{2+}와 Zn^{2+} 이온들의 농도가 모두 1.0 *M*일 때 그림 17.1에서 나타낸 다니엘 전지의 기전

력은 25°C에서 1.10 V이다(그림 17.2 참조). 이 전압은 산화-환원 반응에 직접 관련되어 있다. 어떻게 관련되어 있을까? 전체 전지 반응이 두 반쪽 전지 반응의 합으로 생각했던 것과 같이 전지 전위는 Zn과 Cu 전극에서 측정한 각 전극 전위의 합으로 나타낼 수 있다. 이들 전극 전위 중 하나를 알면 다른 것은 1.10 V에서 알고 있는 전위를 빼주면 된다. 단일 전극의 전위 측정은 불가능하지만 임의로 특정 전극의 전위 값을 0으로 정하면, 이를 다른 전극의 상대 전위를 결정하는 데 사용할 수 있다. 그림 17.3에서 나타낸 수소 전극을 이 목적을 위한 기준으로 삼고 있다. 수소 기체를 25°C에서 염산 용액 속으로 불어 넣는다. 백금 전극은 두 가지 기능을 한다. 첫째, 수소 분자의 해리가 일어나는 표면을 제공한다.

$$H_2 \longrightarrow 2H^+ + 2e^-$$

둘째, 외부 회로에 전기 전도체로 작용한다.

표준 상태 (H_2의 압력이 1 atm이고 HCl 농도가 1 *M*, 표 16.2 참조)일 때 25°C에서 H^+ 이온의 환원 전위를 *정확하게* 0으로 놓는다.

$$2H^+(1\,M) + 2e^- \longrightarrow H_2(1\text{ atm}) \qquad E° = 0\text{ V}$$

위첨자 "°"은 표준 상태를 나타내고 $E°$는 *모든 용질의 농도가 1 M이고 모든 기체의 압력이 1 atm일 때 전극에서 환원 반응에 대한 전압*으로 **표준 환원 전위**(standard reduction potential)라 부른다. 따라서 수소 전극에 대한 표준 환원 전위는 0으로 정의한다. 이 전극을 *표준 수소 전극*(standard hydrogen electrode, SHE)이라 부른다.

여러 종류의 전극 전위를 측정하기 위하여 표준 수소 전극을 사용한다. 그림 17.4(a)는 아연 전극과 표준 수소 전극으로 된 갈바니 전지를 보여준다. 이 경우에 아연 전극은 산화전극이고 표준 수소 전극은 환원전극이다. 전지가 작동하는 동안 아연 전극의 질량은 감소한다. 이를 통해 산화 반응에 의해 아연이 용해되어 아연 이온이 된다는 사실을 추측할 수 있다.

$$Zn(s) \longrightarrow Zn^{2+}(aq) + 2e^-$$

전지 도식은 다음과 같다.

$$Zn(s)|Zn^{2+}(1\,M)\|H^+(1\,M)|H_2(1\text{ atm})|Pt(s)$$

앞에서 언급한 바와 같이 Pt 전극은 환원이 일어날 수 있는 표면을 제공한다. 모든 반응 물질이 표준 상태(즉, H_2는 1 atm, H^+과 Zn^{2+} 이온은 1 *M*)에 있을 때 전지의 기전력은 25°C에서 0.76 *V*이다. 반쪽 전지 반응은 다음과 같이 쓸 수 있다.

$$\begin{array}{lrl} \text{산화전극(산화 반응):} & Zn(s) & \longrightarrow Zn^{2+}(1\,M) + 2e^- \\ \text{환원전극(환원 반응):} & 2H^+(1\,M) + 2e^- & \longrightarrow H_2(1\text{ atm}) \\ \hline \text{전체:} & Zn(s) + 2H^+(1\,M) & \longrightarrow Zn^{2+}(1\,M) + H_2(1\text{ atm}) \end{array}$$

규약에 의하면 전지의 **표준 기전력**(standard emf) $E°_{전지}$는 환원전극의 표준 전위와 산화전극의 표준 전위의 차이로 정의한다.

$$E°_{전지} = E°_{환원전극} - E°_{산화전극} \qquad \textbf{(17.1)}$$

여기에서 $E°_{환원전극}$과 $E°_{산화전극}$은 모두 각 전극의 표준 환원 전위이다. Zn-SHE 전지에 대해서는 다음과 같이 쓸 수 있다.

$$E°_{전지} = E°_{H^+/H_2} - E°_{Zn^{2+}/Zn}$$
$$0.76\text{ V} = 0 - E°_{Zn^{2+}/Zn}$$

여기에서 아래 첨자로 표시한 H^+/H_2는 $2H^+ + 2e^- \longrightarrow H_2$의 반응을 의미하고, Zn^{2+}/Zn는 $Zn^{2+} + 2e^- \longrightarrow Zn$ 반응을 의미한다. 따라서 Zn의 표준 환원 전위 $E°_{Zn^{2+}/Zn}$는 −0.76 *V*이다.

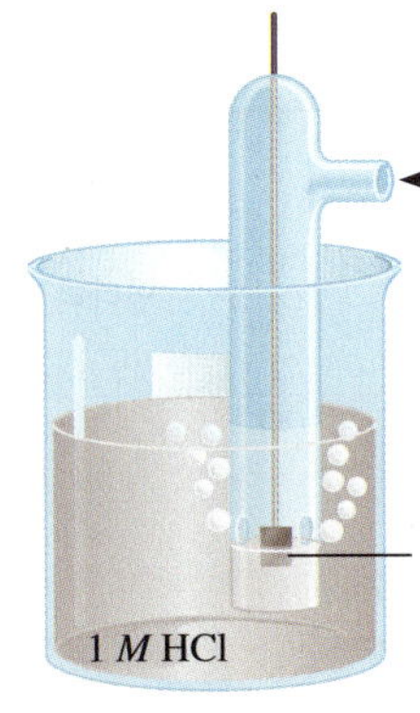

그림 17.3 • 표준 상태하에서 작동 중인 수소 전극. 1 atm의 수소 기체를 1 *M* HCl 용액을 통해 흘려주고 있다. 백금 전극은 수소 전극의 일부이다.

전극 전위를 측정할 때 임의의 기준을 설정하는 것은 고도를 측정하는 데 해수면을 기준으로 삼은 것과 유사하다. 즉, 해수면을 0 m로 설정하고 지구상의 어떤 높이든지 해수면보다 몇 m 위 또는 아래로 표시한다.

표준 상태는 표 16.2에 정의되어 있다.

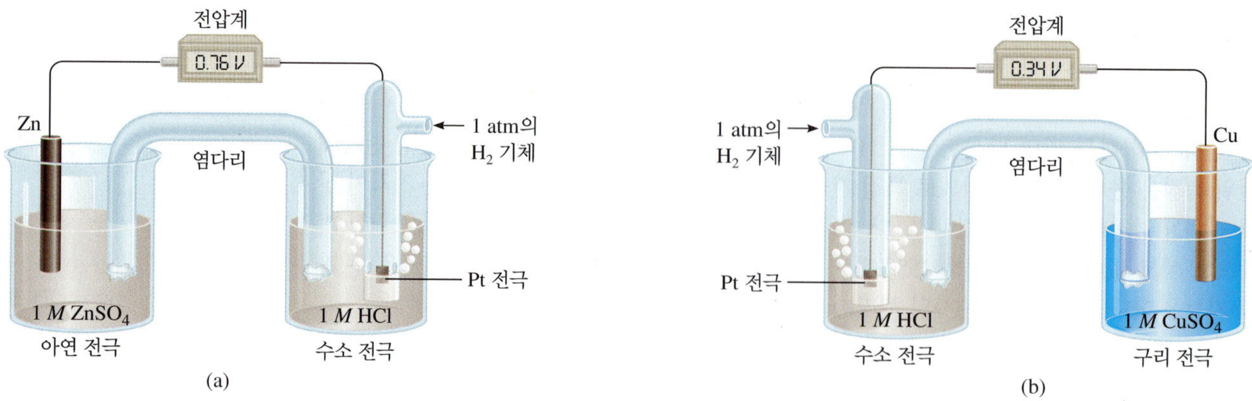

그림 17.4 • (a) 아연 전극과 수소 전극으로 이루어진 전지. (b) 구리 전극과 수소 전극으로 이루어진 전극. 두 전지 모두 표준 상태에서 작동한다. SHE는 (a)에서는 환원전극으로 작용하며, (b)에서는 산화전극으로 작용한다.

구리의 표준 전극 전위는 구리 전극과 표준 수소 전극[그림 17.4(b)]으로 이루어진 갈바니 전지를 사용하여 위와 같은 방법으로 얻어질 수 있다. 이 경우에 전지가 작동하는 동안 구리 전극의 질량은 증가한다. 이 때문에 구리 전극은 환원전극이고, 이는 다음 환원 반응에서 보여주는 바와 같이 잘 일치한다.

$$Cu^{2+}(aq) + 2e^- \longrightarrow Cu(s)$$

전지의 도식은 다음과 같다.

$$Pt(s)|H_2(1\ atm)|H^+(1\ M)\|Cu^{2+}(1\ M)|Cu(s)$$

두 반쪽 전지 반응은 다음과 같다.

$$\begin{array}{rr} \text{산화전극(산화 반응):} & H_2(1\ atm) \longrightarrow 2H^+(1\ M) + 2e^- \\ \text{환원전극(환원 반응):} & Cu^{2+}(1\ M) + 2e^- \longrightarrow Cu(s) \\ \hline \text{전체:} & H_2(1\ atm) + Cu^{2+}(1\ M) \longrightarrow 2H^+(1\ M) + Cu(s) \end{array}$$

표준 상태와 25°C에서 전지의 기전력은 0.34 V이다. 이것을 쓰면 다음과 같다.

$$\begin{aligned} E^\circ_{\text{전지}} &= E^\circ_{\text{환원전극}} - E^\circ_{\text{산화전극}} \\ 0.34\ V &= E^\circ_{Cu^{2+}/Cu} - E^\circ_{H^+/H_2} \\ &= E^\circ_{Cu^{2+}/Cu} - 0 \end{aligned}$$

이 경우에 구리의 표준 환원 전위, $E^\circ_{Cu^{2+}/Cu}$는 0.34 V이다. 그리고 아래첨자로 나타낸 Cu^{2+}/Cu는 $Cu^{2+} + 2e^- \longrightarrow Cu$의 반응을 나타낸다.

그림 17.1에 나타낸 다니엘 전지는 다음과 같이 쓸 수 있다.

$$\begin{array}{rr} \text{산화전극(산화 반응):} & Zn(s) \longrightarrow Zn^{2+}(1\ M) + 2e^- \\ \text{환원전극(환원 반응):} & Cu^{2+}(1\ M) + 2e^- \longrightarrow Cu(s) \\ \hline \text{전체:} & Zn(s) + Cu^{2+}(1\ M) \longrightarrow Zn^{2+}(1\ M) + Cu(s) \end{array}$$

전지의 기전력은 다음과 같다.

$$\begin{aligned} E^\circ_{\text{전지}} &= E^\circ_{\text{환원전극}} - E^\circ_{\text{산화전극}} \\ &= E^\circ_{Cu^{2+}/Cu} - E^\circ_{Zn^{2+}/Zn} \\ &= 0.34\ V - (-0.76\ V) \\ &= 1.10\ V \end{aligned}$$

ΔG°의 경우처럼(16.6절), E°의 부호를 통해 산화–환원 반응의 정도를 예측할 수 있다. 양의 E° 값은 평형에서 생성물을 선호한다는 것을 의미한다. 반대로, 음의 E° 값은 평형에서

반응물을 더 선호한다는 것을 의미한다. 이 장의 뒷부분에서 $E°_{전지}$, $\Delta G°$, K 사이의 관계를 알게 될 것이다.

표 17.1에는 많은 반쪽 전지 반응의 표준 환원 전위를 나타내었다. 정의에 따라 표준 수소 전극의 $E°$는 0.00 V이다. 표 17.1에서 표준 수소 전극 아래쪽으로는 표준 환원 전위가 음의 값으로 증가하고, 표준 수소 전극 위로는 표준 환원 전위가 양의 값으로 증가한다. 이 표로부터 다음에 관한 것을 이해하는 것이 중요하다.

그림 4.14의 활동도 계열은 표 17.1에 주어진 자료에 근거한 것이다.

1. $E°$는 반응식에서 나타낸 대로 정반응(왼쪽에서 오른쪽)에 대한 반쪽 전지 반응의 전위이다.
2. $E°$가 큰 양의 값일수록 그 물질은 환원될 경향성이 커진다. 예를 들어, 다음 반쪽 전지 반응은

$$F_2(1\text{ atm}) + 2e^- \longrightarrow 2F^-(1\,M) \qquad E° = 2.87\text{ V}$$

모든 반쪽 전지 반응 중에서 가장 높은 양의 $E°$를 갖는다. 따라서 F_2는 환원하는 경향이 *가장 크고*, 그러므로 가장 센 산화제이다. 다음은 다른 극단적인 반응의 예이다.

$$Li^+(1\,M) + e^- \longrightarrow Li(s) \qquad E° = -3.05\text{ V}$$

이 반응은 가장 큰 음의 $E°$ 값을 가진다. 따라서 Li^+는 환원되기에 가장 어려운 화학종이기 때문에 가장 약한 산화제가 된다. 반대로 F^-는 가장 약한 환원제이고, Li 금속은 센 환원제가 된다. 표준 상태에서 표 17.1에서 반쪽 반응의 왼편에 있는 화학종은 아래에서 위쪽으로 갈수록 센 산화제가 되고, 반쪽 반응의 오른편의 화학종은 위에서 아래쪽으로 갈수록 센 환원제가 된다.

3. 반쪽 전지 반응들은 가역적이다. 조건에 따라 전극은 산화전극으로 또는 환원전극으로 작용할 수 있다. 표준 수소 전극은 아연 전지와 짝지으면 환원전극(H^+가 H_2로 환원됨)으로 작용하고, 구리 전지와 짝지으면 산화전극(H_2가 H^+로 산화됨)으로 작용한다.
4. 표준 상태에서 주어진 반쪽 전지 반응의 왼편에 있는 화학종은 표 17.1에서 자기보다 *아래*에 있는 어떤 반쪽 전지 반응의 오른쪽에 나타낸 화학종과 자발적으로 반응할 것이다. 이것을 *대각선 규칙*(diagonal rule)이라 한다. 다니엘 전지에 이 규칙을 적용해 보면,

$$Cu^{2+}(1\,M) + 2e^- \longrightarrow Cu(s) \qquad E° = 0.34\text{ V}$$
$$Zn^{2+}(1\,M) + 2e^- \longrightarrow Zn(s) \qquad E° = -0.76\text{ V}$$

대각선의 붉은 선은 Cu^{2+}가 산화제이고 Zn이 환원제인 것을 나타낸다.

첫 번째 반쪽 전지 반응의 왼쪽 물질은 Cu^{2+}이고 두 번째 반쪽 전지 반응의 오른쪽 물질은 Zn이다. 따라서 Zn은 자발적으로 Cu^{2+}을 환원시켜 Zn^{2+}와 Cu를 생성한다.

5. 전극 전위는 세기 성질이기 때문에 반쪽 전지 반응에서 화학량론적인 계수 변화는 표준 환원 전위에 영향을 *주지 않는다*. 이것은 전극의 크기나 용액의 양에 따라 $E°$의 값이 변하지 않는다는 뜻이다. 예를 들면,

$$I_2(s) + 2e^- \longrightarrow 2I^-(1\,M) \qquad E° = 0.53\text{ V}$$

그러나 위 반응의 양변에 2를 곱해도 $E°$에는 아무런 변화가 없다.

$$2I_2(s) + 4e^- \longrightarrow 4I^-(1\,M) \qquad E° = 0.53\text{ V}$$

6. ΔH, ΔG, ΔS와 같이 $E°$는 반쪽 전지 반응이 역으로 일어날 때 그 값은 변하지 않고 부호만 바뀐다.

예제 17.2나 17.3에서 알 수 있듯이 표 17.1은 표준 상태에서 산화제와 환원제가 서로 분리되어 있든, 또는 비커 안에서 함께 섞여 있든 간에 산화-환원 반응이 어느 쪽으로 일어날지를 예측할 수 있다.

표 17.1 25°C에서 표준 환원 전위*

반쪽 반응	$E°$(V)
$F_2(g) + 2e^- \longrightarrow 2F^-(aq)$	+2.87
$O_3(g) + 2H^+(aq) + 2e^- \longrightarrow O_2(g) + H_2O$	+2.07
$Co^{3+}(aq) + e^- \longrightarrow Co^{2+}(aq)$	+1.82
$H_2O_2(aq) + 2H^+(aq) + 2e^- \longrightarrow 2H_2O$	+1.77
$PbO_2(s) + 4H^+(aq) + SO_4^{2-}(aq) + 2e^- \longrightarrow PbSO_4(s) + 2H_2O$	+1.70
$Ce^{4+}(aq) + e^- \longrightarrow Ce^{3+}(aq)$	+1.61
$MnO_4^-(aq) + 8H^+(aq) + 5e^- \longrightarrow Mn^{2+}(aq) + 4H_2O$	+1.51
$Au^{3+}(aq) + 3e^- \longrightarrow Au(s)$	+1.50
$Cl_2(g) + 2e^- \longrightarrow 2Cl^-(aq)$	+1.36
$Cr_2O_7^{2-}(aq) + 14H^+(aq) + 6e^- \longrightarrow 2Cr^{3+}(aq) + 7H_2O$	+1.33
$MnO_2(s) + 4H^+(aq) + 2e^- \longrightarrow Mn^{2+}(aq) + 2H_2O$	+1.23
$O_2(g) + 4H^+(aq) + 4e^- \longrightarrow 2H_2O$	+1.23
$Br_2(l) + 2e^- \longrightarrow 2Br^-(aq)$	+1.07
$NO_3^-(aq) + 4H^+(aq) + 3e^- \longrightarrow NO(g) + 2H_2O$	+0.96
$2Hg^{2+}(aq) + 2e^- \longrightarrow Hg_2^{2+}(aq)$	+0.92
$Hg_2^{2+}(aq) + 2e^- \longrightarrow 2Hg(l)$	+0.85
$Ag^+(aq) + e^- \longrightarrow Ag(s)$	+0.80
$Fe^{3+}(aq) + e^- \longrightarrow Fe^{2+}(aq)$	+0.77
$O_2(g) + 2H^+(aq) + 2e^- \longrightarrow H_2O_2(aq)$	+0.68
$MnO_4^-(aq) + 2H_2O + 3e^- \longrightarrow MnO_2(s) + 4OH^-(aq)$	+0.59
$I_2(s) + 2e^- \longrightarrow 2I^-(aq)$	+0.53
$O_2(g) + 2H_2O + 4e^- \longrightarrow 4OH^-(aq)$	+0.40
$Cu^{2+}(aq) + 2e^- \longrightarrow Cu(s)$	+0.34
$AgCl(s) + e^- \longrightarrow Ag(s) + Cl^-(aq)$	+0.22
$SO_4^{2-}(aq) + 4H^+(aq) + 2e^- \longrightarrow SO_2(g) + 2H_2O$	+0.20
$Cu^{2+}(aq) + e^- \longrightarrow Cu^+(aq)$	+0.15
$Sn^{4+}(aq) + 2e^- \longrightarrow Sn^{2+}(aq)$	+0.13
$2H^+(aq) + 2e^- \longrightarrow H_2(g)$	0.00
$Pb^{2+}(aq) + 2e^- \longrightarrow Pb(s)$	−0.13
$Sn^{2+}(aq) + 2e^- \longrightarrow Sn(s)$	−0.14
$Ni^{2+}(aq) + 2e^- \longrightarrow Ni(s)$	−0.25
$Co^{2+}(aq) + 2e^- \longrightarrow Co(s)$	−0.28
$PbSO_4(s) + 2e^- \longrightarrow Pb(s) + SO_4^{2-}(aq)$	−0.31
$Cd^{2+}(aq) + 2e^- \longrightarrow Cd(s)$	−0.40
$Fe^{2+}(aq) + 2e^- \longrightarrow Fe(s)$	−0.44
$Cr^{3+}(aq) + 3e^- \longrightarrow Cr(s)$	−0.74
$Zn^{2+}(aq) + 2e^- \longrightarrow Zn(s)$	−0.76
$2H_2O + 2e^- \longrightarrow H_2(g) + 2OH^-(aq)$	−0.83
$Mn^{2+}(aq) + 2e^- \longrightarrow Mn(s)$	−1.18
$Al^{3+}(aq) + 3e^- \longrightarrow Al(s)$	−1.66
$Be^{2+}(aq) + 2e^- \longrightarrow Be(s)$	−1.85
$Mg^{2+}(aq) + 2e^- \longrightarrow Mg(s)$	−2.37
$Na^+(aq) + e^- \longrightarrow Na(s)$	−2.71
$Ca^{2+}(aq) + 2e^- \longrightarrow Ca(s)$	−2.87
$Sr^{2+}(aq) + 2e^- \longrightarrow Sr(s)$	−2.89
$Ba^{2+}(aq) + 2e^- \longrightarrow Ba(s)$	−2.90
$K^+(aq) + e^- \longrightarrow K(s)$	−2.93
$Li^+(aq) + e^- \longrightarrow Li(s)$	−3.05

↑ 산화제의 세기 증가

환원제의 세기 증가 ↓

*모든 반쪽 반응에서 용해된 화학종의 농도는 1 *M*이며, 기체의 압력은 1 atm이다. 이들 값은 표준 상태에서의 값이다.

예제 17.2

브로민 분자(Br_2)를 25°C에서 NaCl 과 NaI가 들어 있는 용액에 넣으면 무슨 일이 일어날지 예측하시오. 단 모든 화학종은 표준 상태에 있다고 가정한다.

▸ **전략** 어떤 산화-환원 반응이 일어날 것인지 예측하기 위해서 Cl_2, Br_2, I_2의 표준 환원 전위를 비교하여 대각선 규칙을 적용한다.

▸ **풀이** 표 17.1로부터 다음 반쪽 반응에 대한 표준 환원 전위를 쓸 수 있다.

$$Cl_2(1\ atm) + 2e^- \longrightarrow 2Cl^-(1\ M) \qquad E° = 1.36\ V$$
$$Br_2(l) + 2e^- \longrightarrow 2Br^-(1\ M) \qquad E° = 1.07\ V$$
$$I_2(s) + 2e^- \longrightarrow 2I^-(1\ M) \qquad E° = 0.53\ V$$

대각선 규칙을 적용하면 Br_2는 I^-를 산화시키지만 Cl^-는 산화시키지 못할 것이다. 따라서 표준 상태에서 다음과 같은 산화-환원 반응만이 일어날 것이다.

$$\text{산화 반응:} \quad 2I^-(1\ M) \longrightarrow I_2(s) + 2e^-$$
$$\text{환원 반응:} \quad Br_2(l) + 2e^- \longrightarrow 2Br^-(1\ M)$$
$$\text{전체:} \quad 2I^-(1\ M) + Br_2(l) \longrightarrow I_2(s) + 2Br^-(1\ M)$$

▸ **검산** 전지의 표준 전위 $E°_{전지}$를 계산함으로써 결론이 타당함을 알 수 있다. Na^+ 이온은 비활성이므로 산화-환원 반응에 관여하지 않는다.

▸ **실전 연습** 표준 상태에서 Sn이 $Zn^{2+}(aq)$을 환원시킬 수 있을까?

비슷한 문제: 17.14, 17.17.

예제 17.3

1.0 *M* $Mg(NO_3)_2$ 용액에 있는 마그네슘 전극과 1.0 *M* $AgNO_3$ 용액에 있는 Ag 전극으로 구성된 갈바니 전지가 있다. 25°C에서 이 갈바니 전지의 표준 기전력을 계산하시오.

▸ **전략** 처음에는 갈바니 전지에서 각 전극을 할당하는 것이 분명하지 않을 수도 있다. 표 17.1로부터 Ag와 Mg의 표준 환원 전위를 쓸 수 있고, 대각선 규칙을 적용하여 어느 것이 산화전극이고 어느 것이 환원전극인지 결정할 수 있다.

▸ **풀이** 두 전극의 표준 환원 전위는 다음과 같다.

$$Ag^+(1.0\ M) + e^- \longrightarrow Ag(s) \qquad E° = 0.80\ V$$
$$Mg^{2+}(1.0\ M) + 2e^- \longrightarrow Mg(s) \qquad E° = -2.37\ V$$

대각선 규칙을 적용하면 Ag^+가 Mg를 산화시킬 것이다.

$$\text{산화전극(산화 반응):} \quad Mg(s) \longrightarrow Mg^{2+}(1.0\ M) + 2e^-$$
$$\text{환원전극(환원 반응):} \quad 2Ag^+(1.0\ M) + 2e^- \longrightarrow 2Ag(s)$$
$$\text{전체:} \quad Mg(s) + 2Ag^+(1.0\ M) \longrightarrow Mg^{2+}(1.0\ M) + 2Ag(s)$$

전체 전극 반응의 균형을 맞추기 위해서 Ag^+의 환원 반응식에 2를 곱했다는 것을 주의하라. $E°$는 세기 성질로서 이 과정에 의해 영향을 받지 않는다. 따라서, 전지의 기전력은 식 (17.1)과 표 17.1을 이용하여 다음과 같이 구할 수 있다.

$$\begin{aligned} E°_{전지} &= E°_{환원전극} - E°_{산화전극} \\ &= E°_{Ag^+/Ag} - E°_{Mg^{2+}/Mg} \\ &= 0.80\ V - (-2.37\ V) \\ &= 3.17\ V \end{aligned}$$

▸ **검산** $E°$ 값이 양의 값이므로 정반응이 자발적이다.

▸ **실전 연습** 25°C, 1.0 *M* $Cd(NO_3)_2$ 용액에 들어 있는 Cd 전극과 1.0 *M* $Cr(NO_3)_3$에 있는 Cr 전극으로 만들어진 갈바니 전지의 표준 기전력은 얼마인가?

비슷한 문제: 17.11, 17.12.

☑ 개념 복습하기

다음 금속 중에서 HCl과 반응하지 않지만 HNO_3와는 반응(즉, 산화되는)하는 것은? Cu, Zn, Ag.

17.4 산환-환원 반응의 열역학

이제 $E°_{전지}$가 $\Delta G°$ 또는 K와 같은 열역학적 양과 어떠한 관계가 있는지를 알아보자. 갈바니 전지에서 화학 에너지는 전지 에너지로 전환된다. 이 경우에 전기 에너지는 전지의 기전력과 전지를 통해서 지나가는 전체 전하량(쿨롱)의 곱으로 나타낸다.

1 J = 1 V × 1 C

$$\text{전기 에너지} = \text{볼트(volt)} \times \text{쿨롱(coulomb)}$$
$$= \text{줄(joule)}$$

총 전하량은 회로를 통해 지나가는 전자의 몰수로 결정되고 이것을 정리하면

$$\text{총 전하량} = e^- \text{의 수} \times \text{한 개의 } e^- \text{의 전하량}$$

일반적으로 몰량으로 총 전하를 표현하는 것이 좀 더 편리하다. 전자 1 mol의 전하는 영국 화학자이며 물리학자인 패러데이(Michael Faraday)의 이름을 따라 **패러데이 상수**(Faraday constant, F)라고 부른다. 여기서

대부분의 반응에서 패러데이 상수는 96,500 C/mol e^-로 반올림한다.

$$1\ F = 6.022 \times 10^{23}\ e^-/\text{mol}\ e^- \times 1.602 \times 10^{-19}\ \text{C}/e^-$$
$$= 9.647 \times 10^4\ \text{C/mol}\ e^-$$

그러므로 총 전하량은 nF로 나타낼 수 있고, 여기서 n은 전자의 몰수인데 이것은 전체 산화-환원 반응식에서 환원제와 산화제 사이의 교환되는 몰수를 의미한다.

측정한 기전력($E_{전지}$)은 전지가 얻을 수 있는 *최대* 전압이다. 이것은 전기적인 일($w_{전기}$)을 전체 전하로 나눈 것이다.

$$E_{전지} = \frac{-w_{전기}}{\text{전체 전하}} = \frac{-w_{전기}}{nF}$$

또는

$$w_{전기} = -nFE_{전자}$$

전기적인 일에서의 부호 규약은 6.3절에서 설명한 P-V일에 대한 부호 규약과 같다.

전기적인 일의 값이 음인 것은 전기적인 일이 계(갈바니 전지)로부터 주위에 가해진다는 의미이다. 16장에서 일을 할 수 있는 에너지로 자유 에너지를 정의하였다. 따라서 자유 에너지 변화(ΔG)는 전지 반응에 의하여 얻을 수 있는 최대의 일로 나타낼 수 있다.

$$\Delta G = w_{최대} = w_{전기}$$

그러므로 다음과 같이 나타낼 수 있다.

$$\Delta G = -nFE_{전지} \quad \textbf{(17.2)}$$

n과 F는 모두 양의 값이고 자발적인 과정에서 ΔG는 음수이므로 $E_{전지}$는 양이 된다. 반응물과 생성물이 표준 상태에 있는 반응에 대해 식 (17.2)는 다음과 같이 나타낸다.

$$\Delta G° = -nFE°_{전지} \quad \textbf{(17.3)}$$

이제 $E°_{전지}$와 산화-환원 반응의 평형 상수(K)와의 관계를 알아보자. 16.5절에서 반응의 표준 자유 에너지 변화 ΔG는 다음과 같이 평형 상수와 관련되어 있음을 설명한 바 있다[식 (16.14) 참조].

$$\Delta G° = -RT \ln K$$

표 17.2 $\Delta G°$, K, $E°_{전지}$의 상관 관계

$\Delta G°$	K	$E°_{전지}$	표준 상태에서의 반응
음	>1	양	생성물 형성을 선호.
0	$=1$	0	반응물과 생성물 형성을 동등하게 선호.
양	<1	음	반응물 형성을 선호.

그러므로 식 (16.14)와 식 (17.3)을 결합하면 다음 식을 얻을 수 있다.

$$-nFE°_{전지} = -RT \ln K$$

이 식을 $E°_{전지}$에 대해 풀면

$$E°_{전지} = \frac{RT}{nF} \ln K \tag{17.4}$$

$T = 298$ K일 때 식 (17.4)에 R과 F를 대입하면 다음과 같이 간단하게 된다.

$$E°_{전지} = \frac{(8.314 \text{ J/K} \cdot \text{mol})(298 \text{ K})}{n(96{,}500 \text{ J/V} \cdot \text{mol})} \ln K$$

$$E°_{전지} = \frac{0.0257 \text{ V}}{n} \ln K \tag{17.5}$$

F를 포함하는 계산에서 표시 e^-는 가끔 생략된다.

다른 방법으로 식 (17.5)에서 자연 로그를 상용로그로 바꾸면

$$E°_{전지} = \frac{0.0592 \text{ V}}{n} \log K \tag{17.6}$$

그러므로 $\Delta G°$, K, $E°_{전지}$ 중에서 하나만 알면 다른 두 값은 식 (16.14), 식 (17.3), 식 (17.4)로부터 계산할 수 있다(그림 17.5 참조). $\Delta G°$, K, $E°_{전지}$의 관계와 산화-환원 반응의 자발성과의 관계를 표 17.2에 요약해 놓았다.

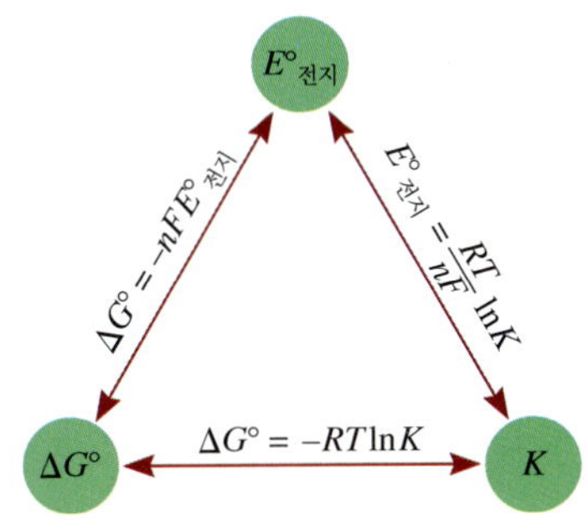

그림 17.5 • $\Delta G°$, K, $E°_{전지}$와의 상관 관계.

예제 17.4

25°C에서 다음 반응의 평형 상수를 계산하시오.

$$Sn(s) + 2Cu^{2+}(aq) \rightleftharpoons Sn^{2+}(aq) + 2Cu^{+}(aq)$$

▸ **전략** 평형 상수 K와 표준 기전력 사이의 관계는 식 (17.5), 즉 $E°_{전지} = (0.0257 \text{ V}/n)\ln K$로 주어진다. 따라서 평형 상수, K를 계산하기 위해서는 표준 기전력을 결정하여야 한다. 가상적인 두 개의 전극, Sn^{2+}/Sn과 Cu^{2+}/Cu 짝으로 된 갈바니 전지의 $E°_{전지}$는 표 17.1의 표준 환원 전위로부터 결정할 수 있다.

▸ **풀이** 두 반쪽 반응은 다음과 같다

산화전극(산화 반응): $Sn(s) \longrightarrow Sn^{2+}(aq) + 2e^-$
환원전극(환원 반응): $2Cu^{2+}(aq) + 2e^- \longrightarrow 2Cu^{+}(aq)$

$$\begin{aligned} E°_{전지} &= E°_{환원전극} - E°_{산화전극} \\ &= E°_{Cu^{2+}/Cu^{+}} - E°_{Sn^{2+}/Sn} \\ &= 0.15 \text{ V} - (-0.14 \text{ V}) \\ &= 0.29 \text{ V} \end{aligned}$$

식 (17.5)는 아래처럼 다시 쓸 수 있으며

$$\ln K = \frac{nE^\circ}{0.0257\text{ V}}$$

전체 반응에 대해 $n = 2$ 이므로

$$\ln K = \frac{(2)(0.29\text{ V})}{0.0257\text{ V}} = 22.6$$

$$K = e^{22.6} = 7 \times 10^9$$

비슷한 문제: 17.21, 17.22.

▸ **실전 연습** 25°C에서 다음 반응에 대한 평형 상수를 계산하시오.

$$Fe^{2+}(aq) + 2Ag(s) \rightleftharpoons Fe(s) + 2Ag^{+}(aq)$$

예제 17.5

25°C에서 다음 반응의 표준 자유 에너지 변화를 계산하시오.

$$2Au(s) + 3Ca^{2+}(1.0\,M) \longrightarrow 2Au^{3+}(1.0\,M) + 3Ca(s)$$

▸ **전략** 전지의 표준 자유 에너지 변화와 표준 기전력과의 관계는 식 (17.3) 즉, $\Delta G^\circ = -nFE^\circ_{전지}$로 주어진다. 따라서 $E^\circ_{전지}$를 결정할 수 있다면 ΔG°를 계산할 수 있다. 두 개의 전극 (Au^{3+}/Au와 Ca^{2+}/Ca)짝으로 된 가상적인 갈바니 전지의 $E^\circ_{전지}$는 표 17.1의 표준 환원 전위로부터 결정할 수 있다.

▸ **풀이** 두 반쪽 반응은 다음과 같다.

산화전극(산화 반응): $2Au(s) \longrightarrow 2Au^{3+}(1.0\,M) + 6e^-$

환원전극(환원 반응): $3Ca^{2+}(1.0\,M) + 6e^- \longrightarrow 3Ca(s)$

$$\begin{aligned} E^\circ_{전지} &= E^\circ_{환원전극} - E^\circ_{산화전극} \\ &= E^\circ_{Ca^{2+}/Ca} - E^\circ_{Au^{3+}/Au} \\ &= -2.87\text{ V} - 1.50\text{ V} \\ &= -4.37\text{ V} \end{aligned}$$

이제 식 (17.3)을 이용하면

$$\Delta G^\circ = -nFE^\circ$$

전체 반응에서 $n = 6$이므로

$$\begin{aligned} \Delta G^\circ &= -(6)(96{,}500\text{ J/V}\cdot\text{mol})(-4.37\text{ V}) \\ &= 2.53 \times 10^6\text{ J/mol} \\ &= 2.53 \times 10^3\text{ kJ/mol} \end{aligned}$$

▸ **검산** ΔG° 값이 상당히 큰 양의 값을 갖는 것은 반응이 평형 상태에서 반응물을 선호한다는 것을 의미한다. 이것은 갈바니 전지의 E° 값이 음이라는 사실과 일치한다.

비슷한 문제: 17. 24.

▸ **실전 연습** 25°C에서 다음 반응에 대한 ΔG°를 계산하시오.

$$2Al^{3+}(aq) + 3Mg(s) \rightleftharpoons 2Al(s) + 3Mg^{2+}(aq)$$

☑ 개념 복습하기

일반적으로 화학적인 방법에 의한 평형 상수 측정과 전기화학적인 방법에 의한 평형 상수 측정과의 쉬운 정도를 비교하시오[식 (16.14) 참조].

17.5 전지의 기전력에 대한 농도 효과

지금까지는 반응물과 생성물이 표준 상태에 있는 산화-환원 반응에 대하여 논의하였다. 그러나 실제 표준 상태란 유지하기가 매우 힘들고, 때로는 불가능하다. 따라서 비표준 상태에서 산화-환원 반응에 관여하는 반응물과 생성물의 농도와 갈바니 전지의 기전력과의 관계를 나타내는 수학적인 식을 유도할 필요가 있다. 이 식을 유도해 보자.

네른스트 식

다음과 같은 형태의 일반적인 산화-환원 반응을 생각해 보자.

$$aA + bB \longrightarrow cC + dD$$

식 (16.13)으로부터

$$\Delta G = \Delta G^\circ + RT \ln Q$$

$\Delta G = -nFE$이고, $\Delta G^\circ = -nFE^\circ$이므로, 위 식은 다음과 같이 쓸 수 있다.

$$-nFE = -nFE^\circ + RT \ln Q$$

식의 양변을 $-nF$로 나누어 주면

$$E = E^\circ - \frac{RT}{nF} \ln Q \qquad (17.7)$$

여기서 Q는 반응 지수이다(13.3절 참조). 식 (17.7)을 **네른스트 식**(Nernst equation, 독일 화학자 Walther Nernst에서 유래)이라 한다. 298 K에서 식 (17.7)을 다시 쓰면

네른스트 식은 비표준 상태 조건에서 전지 전압을 계산하는 데 이용된다.

$$E = E^\circ - \frac{0.0257\ \text{V}}{n} \ln Q \qquad (17.8)$$

또한 식 (17.8)의 자연 로그를 상용로그로 바꾸면 다음과 같다.

$$E = E^\circ - \frac{0.0592\ \text{V}}{n} \log Q \qquad (17.9)$$

갈바니 전지가 작동하는 동안에 전자는 산화전극에서 환원전극으로 흐르며, 그 결과 생성물의 양은 증가하고 반응물의 농도는 감소하게 된다. 그러므로 Q는 증가하게 되고 이는 E의 감소를 나타낸다. 결국 전지는 평형에 이르게 된다. 평형 상태에서는 전자의 알짜 이동이 없으므로 $E = 0$이고, $Q = K$이다. 여기서 K는 평형 상수이다.

산화-환원 반응에서 반응물과 생성물의 농도를 알면 네른스트 식을 사용하여 E를 계산할 수 있다. 예로, 그림 17.1의 다니엘 전지에 대하여 이 식을 적용해 보면

$$Zn(s) + Cu^{2+}(aq) \longrightarrow Zn^{2+}(aq) + Cu(s)$$

25°C에서 이 전지에 대한 네른스트 식은 다음과 같이 쓸 수 있다.

$$E = 1.10\ \text{V} - \frac{0.0257\ \text{V}}{2} \ln \frac{[Zn^{2+}]}{[Cu^{2+}]}$$

순수한 고체와 순수한 액체의 농도는 Q의 표현에 나타내지 않음을 기억하라.

만일 $[Zn^{2+}]/[Cu^{2+}]$비가 1 보다 작으면 $\ln [Zn^{2+}]/[Cu^{2+}]$가 음이므로 앞의 식에서 오른쪽 두 번째 항은 양일 것이다. 이 조건에서 E는 표준 기전력 (E°)보다 더 크다. 만일 그 비가 1보다

크다면, E는 $E°$보다 작다.

예제 17.6

다음 반응이 298 K에서 자발적으로 진행할 것인지 예상해 보시오.

$$\mathrm{Co}(s) + \mathrm{Fe}^{2+}(aq) \longrightarrow \mathrm{Co}^{2+}(aq) + \mathrm{Fe}(s)$$

$[Co^{2+}] = 0.25\ M$이고, $[Fe^{2+}] = 0.94\ M$이다.

▸ **전략** 반응은 표준 상태 하에서 일어나는 것이 아니기 때문에(농도가 1 M이 아니다) 가상적인 갈바니 전지의 기전력과 반응의 자발성의 여부를 알기 위해서는 네른스트 식[식 (17.8)]을 이용하여야 한다. 표준 기전력($E°$)은 표 17.1의 표준 환원 전위를 이용하여 구할 수 있다. 네른스트 식의 사용에서 고체는 반응 지수(Q)항에 나타내지 않는다는 것을 기억하라. 반응물 1 mol당 전자 2 mol이 이동하였으므로 $n = 2$이다.

▸ **풀이** 반쪽 반응을 나타내면, 다음과 같다.

$$\begin{array}{ll} \text{산화전극(산화 반응):} & \mathrm{Co}(s) \longrightarrow \mathrm{Co}^{2+}(aq) + 2e^- \\ \text{환원전극(환원 반응):} & \mathrm{Fe}^{2+}(aq) + 2e^- \longrightarrow \mathrm{Fe}(s) \end{array}$$

$$\begin{aligned} E°_{\text{전지}} &= E°_{\text{환원전극}} - E°_{\text{산화전극}} \\ &= E°_{\mathrm{Fe^{2+}/Fe}} - E°_{\mathrm{Co^{2+}/Co}} \\ &= -0.44\ \mathrm{V} - (-0.28\ \mathrm{V}) \\ &= -0.16\ \mathrm{V} \end{aligned}$$

식 (17.8)로부터 E는 아래와 같이 쓸 수 있다.

$$\begin{aligned} E &= E° - \frac{0.0257\ \mathrm{V}}{n}\ln Q \\ &= E° - \frac{0.0257\ \mathrm{V}}{n}\ln\frac{[\mathrm{Co}^{2+}]}{[\mathrm{Fe}^{2+}]} \\ &= -0.16\ \mathrm{V} - \frac{0.0257\ \mathrm{V}}{2}\ln\frac{0.25}{0.94} \\ &= -0.16\ \mathrm{V} + 0.017\ \mathrm{V} \\ &= -0.14\ \mathrm{V} \end{aligned}$$

E가 음의 값이기 때문에 반응은 쓰여진 방향으로 자발적으로 일어나지 않는다.

비슷한 문제: 17.29, 17.30.

▸ **실전 연습** 25°C에서 $[Fe^{2+}] = 0.60\ M$이고, $[Cd^{2+}] = 0.010\ M$로 주어졌을 때 다음 반응은 자발적으로 일어나는가?

$$\mathrm{Cd}(s) + \mathrm{Fe}^{2+}(aq) \longrightarrow \mathrm{Cd}^{2+}(aq) + \mathrm{Fe}(s)$$

이제 예제 17.6의 반응이 자발적으로 일어나게 하기 위해서 $[Co^{2+}]$와 $[Fe^{2+}]$의 비가 어떻게 되어야 하는지 알아보자. 식 (17.8)을 다음과 같이 쓸 수 있다.

$$E = E° - \frac{0.0257\ \mathrm{V}}{n}\ln Q$$

$E = 0$ 일 때 $Q = K$.

평형 상태에서 $E = 0$이므로

$$\begin{aligned} 0 &= -0.16\ \mathrm{V} - \frac{0.0257\ \mathrm{V}}{2}\ln\frac{[\mathrm{Co}^{2+}]}{[\mathrm{Fe}^{2+}]} \\ \ln\frac{[\mathrm{Co}^{2+}]}{[\mathrm{Fe}^{2+}]} &= -12.5 \\ \frac{[\mathrm{Co}^{2+}]}{[\mathrm{Fe}^{2+}]} &= e^{-12.5} = K \end{aligned}$$

또는

$$K = 4 \times 10^{-6}$$

따라서 자발적인 반응이 일어나려면 $[Co^{2+}]/[Fe^{2+}]$비는 4×10^{-6}보다 작아야 한다. 즉, E의 값은 양의 값이 되어야 한다.

예제 17.7처럼 전지 반응에 만일 기체가 포함된다면 기체의 농도는 atm으로 나타내어야 한다.

예제 17.7

그림 17.4(a)에서 나타낸 갈바니 전지를 생각해 보자. 어떤 실험에서 전지의 기전력(E)는 25°C에서 0.54 V였다. $[Zn^{2+}] = 2.5\ M$, $P_{H_2} = 1.0$ atm이라 가정하고, H^+ 이온의 몰농도를 구하시오.

▸ **전략** 전지의 표준 기전력과 비표준 기전력과의 관계는 네른스트 식으로 주어진다. 전체 전지 반응은 다음과 같다.

$$\text{Zn}(s) + 2\text{H}^+(?\ M) \longrightarrow \text{Zn}^{2+}(2.5\ M) + \text{H}_2(1.0\ \text{atm})$$

전지의 기전력(E)은 주어져 있다. 네른스트 식을 $[H^+]$에 대해서 풀면 된다. 반응물 1 mol당 전자가 2 mol 이동하였으므로 $n = 2$이다.

▸ **풀이** 그림 17.4(a)에서 본 것처럼 전지의 표준 기전력($E°$)는 0.76 V이다. 식 (17.8)로부터

$$E = E° - \frac{0.0257\ \text{V}}{n}\ln Q$$

$$= E° - \frac{0.0257\ \text{V}}{n}\ln\frac{[\text{Zn}^{2+}]P_{\text{H}_2}}{[\text{H}^+]^2}$$

$$0.54\ \text{V} = 0.76\ \text{V} - \frac{0.0257\ \text{V}}{2}\ln\frac{(2.5)(1.0)}{[\text{H}^+]^2}$$

$$-0.22\ \text{V} = \frac{0.0257\ \text{V}}{2}\ln\frac{2.5}{[\text{H}^+]^2}$$

$$17.1 = \ln\frac{2.5}{[\text{H}^+]^2}$$

$$e^{17.1} = \frac{2.5}{[\text{H}^+]^2}$$

$$[\text{H}^+] = \sqrt{\frac{2.5}{3 \times 10^7}} = 3 \times 10^{-4}\ M$$

Q의 농도 값은 표준 상태의 농도 값(1 M)으로 나누고 압력 값은 1 atm으로 나눈다.

비슷한 문제: 17.32.

▸ **실전 연습** $[Cd^{2+}] = 0.20\ M$, $[H^+] = 0.16\ M$이고 $P_{H_2} = 0.80$ atm이라면, Cd^{2+}/Cd 반쪽 전지와 $Pt/H^+/H_2$ 반쪽 전지로 구성된 전지의 기전력은 얼마인가?

☑ 개념 복습하기

다음 전지 도식을 생각해 보자.

$$\text{Mg}(s)|\text{MgSO}_4(0.40\ M)||\text{NiSO}_4(0.60\ M)|\text{Ni}(s)$$

(a) $[Mg^{2+}]$를 4배 만큼 감소시킬 때와 (b) $[Ni^{2+}]$를 3배 감소시킬 때, 25°C에서 전지 전압을 계산하시오.

예제 17.7에서는, 전지 반응이 H^+ 이온을 포함하는 갈바니 전지를 이용하면 $[H^+]$나 pH를 측정할 수 있음을 보여 준다. 14.3절에서 설명한 pH 미터는 이 원리에 기초한 것이다. 그러나 수소 전극(그림 17.3)은 실제 사용하기가 불편하기 때문에 실험실에서는 사용하지 않는다. 대신에 그림 17.6과 같은 *유리 전극*(glass electrode)을 사용한다. 전극은 H^+ 이온이 투과할 수 있는 매우 얇은 유리막으로 구성되어 있다. 염화 은으로 코팅한 은 선이 묽은 염산 용액에 잠겨 있다. 전극이 내부와 다른 pH의 용액에 놓이면 두 막의 양편에 발생하는 전위차를

그림 17.6 • pH 미터에서 기준 전극과 짝지어 사용하는 유리 전극.

기준 전극(reference electrode)을 이용하여 측정할 수 있다. 유리 전극과 기준 전극으로 구성된 전지의 기전력은 pH 단위로 보정해 놓은 전압계로 측정한다.

》 농도차 전지

전극 전위는 이온 농도에 의존하므로 *동일한* 물질이지만 이온의 농도를 다르게 하여 구성한 두 반쪽 전지로 갈바니 전지를 만들 수 있다. 이런 전지를 *농도차 전지*(concentration cell)라고 부른다.

두 아연 전극을 각각 0.10 *M*과 1.0 *M* 황산 아연 수용액에 놓았을 경우를 생각해 보자. 두 용액을 염다리로 연결하고, 그림 17.1에 나타낸 것과 같이 전극을 도선으로 연결한다. 르샤틀리에 원리에 따라 환원 반응은 Zn^{2+} 이온의 농도가 증가할수록 잘 일어날 것이다.

$$Zn^{2+}(aq) + 2e^- \longrightarrow Zn(s)$$

그러므로 환원은 농도가 더 진한 영역에서 일어나고, 한편 산화는 농도가 더 묽은 영역에서 일어난다. 전지 도식은 다음과 같다.

$$Zn(s)|Zn^{2+}(0.10\,M)||Zn^{2+}(1.0\,M)|Zn(s)$$

그리고 반쪽 반응은

$$\begin{array}{rrcl} \text{산화전극(산화 반응):} & Zn(s) & \longrightarrow & Zn^{2+}(0.10\,M) + 2e^- \\ \text{환원전극(환원 반응):} & Zn^{2+}(1.0\,M) + 2e^- & \longrightarrow & Zn(s) \\ \hline \text{전체:} & Zn^{2+}(1.0\,M) & \longrightarrow & Zn^{2+}(0.10\,M) \end{array}$$

전지의 기전력은 다음과 같이 된다.

$$E = E^\circ - \frac{0.0257\text{ V}}{2}\ln\frac{[Zn^{2+}]_{\text{묽은}}}{[Zn^{2+}]_{\text{진한}}}$$

여기서 아래 첨자 "묽은"과 "진한"은 각각 0.10 *M*과 1.0 *M* 농도이다. 이 전지의 표준 기전력 $E^\circ = 0$이다(동일 전극과 동일 형태의 이온이 포함되었으므로). 따라서 전지의 기전력은

$$\begin{aligned} E &= 0 - \frac{0.0257\text{ V}}{2}\ln\frac{0.10}{1.0} \\ &= 0.0296\text{ V} \end{aligned}$$

일반적으로 농도차 전지의 기전력은 작은 값이며 전지가 작동함에 따라 두 반쪽 전지의 이온 농도는 점점 비슷한 값으로 접근하게 되고 기전력의 값은 점차로 줄어든다. 마침내 농도가 같아지게 되면 기전력은 0이 되고 더 이상 전류는 흐르지 않는다.

농도차 전지와 유사한 방법으로 생물학적 전지의 *막 전위*(membrane potential)를 계산할 수 있다. 막 전위는 근육세포나 신경세포와 같은 여러 가지 종류의 세포막에 존재하는 전기적인 전위이다. 이런 전기적인 전위에 의하여 심장이 움직이고 뇌파를 전달한다. 막 전위는 전지의 안과 밖에 있는 같은 이온의 농도 차에 의하여 생긴다. 예를 들어, 뇌세포의 안과 밖에 있는 K^+ 이온의 농도를 각각 400 m*M*과 15 m*M*이라고 하자. 이 농도차 전지의 기전력은 네른스트 식을 사용하여 다음과 같이 구할 수 있다.

$1\text{ m}M = 1 \times 10^{-3}\,M$

$$\begin{aligned} E &= E^\circ - \frac{0.0257\text{ V}}{1}\ln\frac{[K^+]_{\text{바깥쪽}}}{[K^+]_{\text{안쪽}}} \\ &= -(0.0257\text{ V})\ln\frac{15}{400} \\ &= 0.084\text{ V} \quad \text{또는} \quad 84\text{ mV} \end{aligned}$$

여기서 아래 첨자로 나타낸 "바깥쪽"과 "안쪽"은 세포의 바깥쪽과 안쪽을 나타낸 것이다.

$E°$ = 0인 것은 막 양쪽에 동일한 이온이 있기 때문이다. 위의 계산결과에서 알 수 있듯이 막 전위 84 mV는 막 양쪽에 있는 K^+ 이온들의 농도차 때문에 생긴 전기적 전위이다.

17.6 배터리

배터리(battery)는 *한 개의 갈바니 전지나 몇 개의 갈바니 전지들을 직렬로 연결한 것으로서 일정한 전압의 직류 전류원으로 사용할 수 있다.* 배터리의 작동은 원리상 17.2절에서 기술한 갈바니 전지와 유사하지만, 배터리는 완전히 자체 용기를 가지며 염다리와 같은 보조 성분을 필요로 하지 않는 큰 장점이 있다. 이 절에서는 널리 사용되는 여러 배터리에 대하여 공부할 것이다.

건전지

일반적으로 널리 사용하고 있는 건전지는 유동 성분이 없는 전지로서 회중 전등이나 트랜지스터 라디오에 사용되는 *건전지*(Leclanché cell)이다. 전지의 산화전극은 이산화 망가니즈(MnO_2) 및 전해질과 접촉하고 있는 아연 깡통, 또는 용기로 이루어졌다. 전해질은 물에 용해한 염화 암모늄이나 염화 아연으로 구성되어 있고 전분으로 균일하게 반죽하여 용액을 두껍게 쌓아 흐르지 않도록 한다(그림 17.7). 탄소 막대는 전해질 중앙에 놓여있으며 환원전극으로 작용한다. 전지 반응은 다음과 같다.

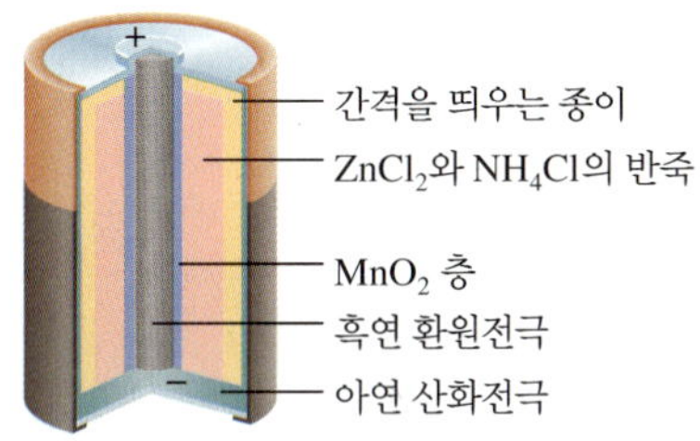

그림 17.7 • 회중 전등이나 트랜지스터 라디오에 사용되는 건전지의 단면. 실제로 전지는 완전히 건조하지 않고 축축한 전해질 반죽으로 되어 있다.

$$\begin{array}{lrcl} \text{산화전극:} & Zn(s) & \longrightarrow & Zn^{2+}(aq) + 2e^- \\ \text{환원전극:} & 2NH_4^+(aq) + 2MnO_2(s) + 2e^- & \longrightarrow & Mn_2O_3(s) + 2NH_3(aq) \\ & & & + H_2O(l) \\ \hline \text{전체:} & Zn(s) + 2NH_4^+(aq) + 2MnO_2(s) & \longrightarrow & Zn^{2+}(aq) + 2NH_3(aq) \\ & & & + H_2O(l) + Mn_2O_3(s) \end{array}$$

사실 건전지에서 일어나는 반응들은 아주 복잡하다. 여기서는 반응식을 간단하게 나타냈다. 건전지에 의해 생성된 전압은 약 1.5 V이다.

수은 전지

수은 전지는 의학과 전자 산업에서 광범위하게 사용되며 상용 건전지보다 가격이 훨씬 비싸다. 녹슬지 않는 스테인리스로 만든 통 안에 들어 있는 수은 전지는 산화 아연과 산화 수은(II), 센 알칼리성 전해질과 아연 산화전극(아연 아말감)으로 이루어졌다(그림 17.8). 수은 전지의 반응은 다음과 같다.

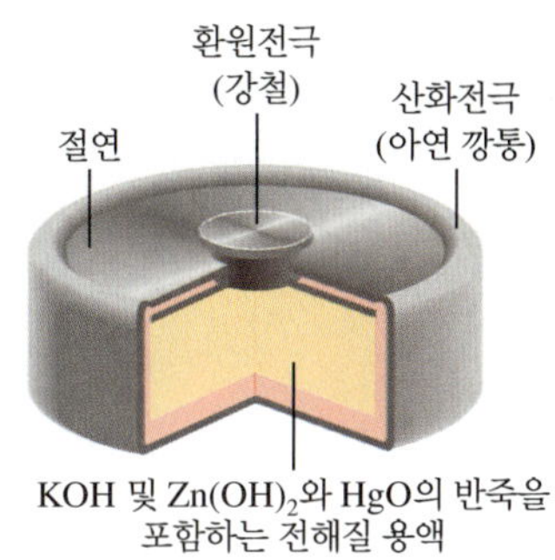

그림 17.8 • 수은 전지의 내부 단면.

$$\begin{array}{lrcl} \text{산화전극:} & Zn(Hg) + 2OH^-(aq) & \longrightarrow & ZnO(s) + H_2O(l) + 2e^- \\ \text{환원전극:} & HgO(s) + H_2O(l) + 2e^- & \longrightarrow & Hg(l) + 2OH^-(aq) \\ \hline \text{전체:} & Zn(Hg) + HgO(s) & \longrightarrow & ZnO(s) + Hg(l) \end{array}$$

배터리가 작동하는 동안 전해질의 조성이 변하지 않기 때문에(즉, 전체 전지 반응은 오직 고체 물질만 포함하고 있으므로) 수은 전지는 일반 건전지보다 훨씬 더 일정한 전압(1.35 V)을 제공한다. 또한 수은 전지는 상당히 큰 용량과 긴 수명을 가지고 있다. 이런 성질들이 있기 때문에 수은 전지는 맥박 조작기, 보청기, 전자시계 및 광도계 등에 널리 사용된다.

납 축전지

일반적으로 자동차에 사용하는 납 축전지(lead storage battery)는 여섯 개의 동일한 전지들을 직렬로 연결한 것이다. 각 전지는 납 산화전극과 금속판 위에 이산화 납(PbO_2)을 입힌 환원전극으로 구성되어 있다(그림 17.9). 환원전극과 산화전극은 전해질로 작용하는 황산 수용액에 들어 있다. 전지 반응은 다음과 같다.

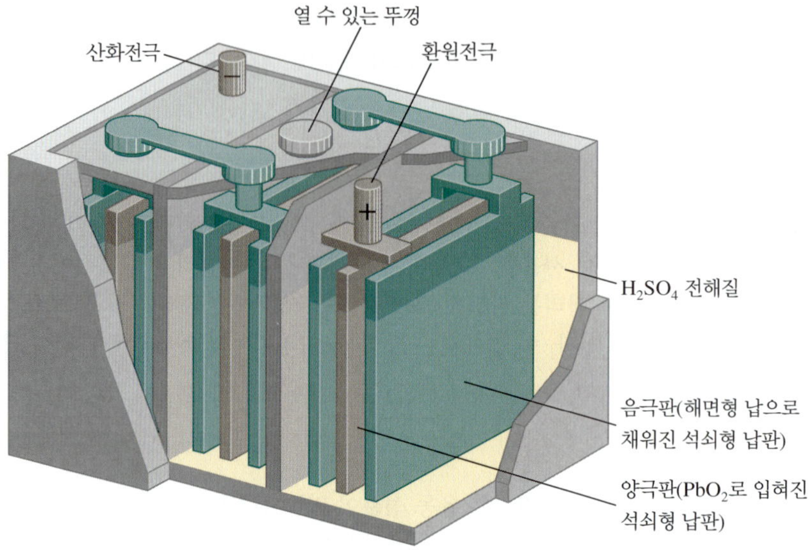

그림 17.9 • 납축전지의 내부 단면. 정상적인 작동 조건에서 황산 용액의 농도는 질량으로 대략 38%이다.

$$\begin{array}{rl}\text{산화전극:} & Pb(s) + SO_4^{2-}(aq) \longrightarrow PbSO_4(s) + 2e^- \\ \text{환원전극:} & PbO_2(s) + 3H^+(aq) + HSO_4^-(aq) + 2e^- \longrightarrow PbSO_4(s) + 2H_2O(l) \\ \hline \text{전체:} & Pb(s) + PbO_2(s) + 2H^+(aq) + 2HSO_4^-(aq) \longrightarrow 2PbSO_4(s) + 2H_2O(l)\end{array}$$

정상적인 작동으로 각 전지는 2 V의 전기를 생성하고, 여섯 개의 전지를 직렬로 연결하면 12 V의 전지가 된다. 이 납 축전지는 자동차나 다른 전기적 시스템의 점화 회로에 동력을 공급하는 데 사용된다. 납 축전지는 짧은 시간에 많은 양의 전류를 운반하여 엔진을 시동시킨다.

건전지나 수은 전지와는 달리 납 축전지는 재충전할 수 있다. 재충전하는 전지의 음극과 양극에 외부 전압을 걸어주면 전기화학 반응은 방전할 때의 반응과 반대 방향으로 일어난다(이 과정을 *전기분해*라고 한다.). 원래 물질을 다시 채우는 이 반응은 다음과 같다.

$$\begin{array}{rl} & PbSO_4(s) + 2e^- \longrightarrow Pb(s) + SO_4^{2-}(aq) \\ & PbSO_4(s) + 2H_2O(l) \longrightarrow PbO_2(s) + 3H^+(aq) + HSO_4^-(aq) + 2e^- \\ \hline \text{전체:} & 2PbSO_4(s) + 2H_2O(l) \longrightarrow Pb(s) + PbO_2(s) + 2H^+(aq) + 2HSO_4^-(aq)\end{array}$$

전체 반응은 정상적인 전지 반응과는 정반대로 일어난다.

납 축전지 사용에 있어서 다음 두 가지를 기억할 필요가 있다. 첫째, 전지 화학 반응에 의하여 황산이 소모되기 때문에 전지가 방전되는 정도는 주유소에서 흔히 사용하는 것처럼 *액체 비중계*로 전해질의 밀도를 측정함으로 알 수 있다. 충분히 충전된 전지에서 액체의 밀도는 1.2 g/mL 정도가 된다. 둘째, 추운 지방에 살고 있는 사람들이 흔히 경험하는 것으로서 겨울철에 자동차의 시동이 잘 걸리지 않는 일이 생긴다. 이는 전지가 "죽은 상태"에 있기 때문이다. 열역학적인 계산에 의하면 갈바니 전지의 기전력은 온도가 떨어지면 감소한다. 납축전지에 대한 온도계수는 약 1.5×10^{-4} V/°C이다. 따라서 온도가 1°C 내려가면 전압은 1.5×10^{-4} V 감소한다. 그러므로 온도가 40°C 내려가면 온도 감소에 따른 전압의 손실이 6×10^{-3} V로 이 값은 작동 전압의 0.05%에 불과하다.

$$\frac{6 \times 10^{-3}\ \text{V}}{12\ \text{V}} \times 100\% = 0.05\%$$

따라서 전지가 고장나는 실질적인 이유는 온도가 내려감에 따라 전해질의 점도가 증가하기 때문이다. 정상적인 기능을 할 때 전지에서 전해질은 확실히 도체로 작동한다. 그러나 점성이 있는 전해질에서는 이온들이 더욱 천천히 이동하므로 액체의 저항이 증가하게 되고, 결국 전지의 출력은 감소한다. 그러나 낮은 온도 때문에 완전히 "죽은 전지"라 할지라도 실내 온도에 가깝게 날씨가 따뜻해지면 정상적인 출력을 내는 능력을 회복한다.

리튬 이온 전지

그림 17.10은 리튬 이온 전지(lithium-ion battery)를 도식으로 나타낸 것이다. 산화전극은 전도성 탄소 물질인 흑연이 일반적으로 사용되고, 이것은 Li 원자와 Li^+ 이온을 잡을 수 있는 작은 공간 구조로 되어 있다. 환원전극은 CoO_2와 같은 전이금속 산화물로 구성되고, 이것은 Li^+ 이온을 잡을 수 있다. 금속의 높은 반응성 때문에 비수용성 전해질(유기 용매에 용해된 염이 포함됨)이 사용되어야 한다. 전지가 방전하는 동안에 반쪽 전지 반응은 다음과 같다.

$$\begin{array}{lrl} \text{산화전극(산화 반응):} & Li(s) \longrightarrow & Li^+ + e^- \\ \text{환원전극(환원 반응):} & Li^+ + CoO_2 + e^- \longrightarrow & LiCoO_2(s) \\ \hline \text{전체:} & Li(s) + CoO_2 \longrightarrow & LiCoO_2(s) \qquad E_{\text{전지}} = 3.4\ \text{V} \end{array}$$

리튬 전지의 장점은 리튬이 가장 큰 음의 표준 환원 전위(표 17.1 참조)를 가지고 있어서 가장 큰 환원력을 나타내는 데 있다. 더욱이 리튬은 가장 가벼운 금속이어서, 전자 1 mol을 생성시키는 데 리튬 6.941 g(몰질량)만 있으면 된다. 리튬 이온 전지는 정말로 수백 번 재충전할 수 있다. 이러한 바람직한 특성으로 이동 전화, 디지털 카메라 및 노트북 등에 사용되고 있다.

연료 전지

화석 연료는 에너지의 주요 자원이지만 전기 에너지로의 전환 효율은 크지 않다. 메테인의 연소 반응은 다음과 같다.

$$CH_4(g) + 2O_2(g) \longrightarrow CO_2(g) + 2H_2O(l) + \text{에너지}$$

전기를 발생시키기 위하여 반응에서 생성된 열은 우선 물을 증기로 바꾸는 데 사용되며 이때 증기가 발전기의 터빈을 돌린다. 열의 형태로 방출한 에너지의 상당 부분은 각 단계에서 주위로 잃게 된다. 오늘날 가장 효율적인 발전기의 경우에도 화학 에너지의 약 40%만이 전기 에너지로 전환한다. 연소 반응은 산화-환원 반응이므로 이 반응을 직접적으로 전기화학적

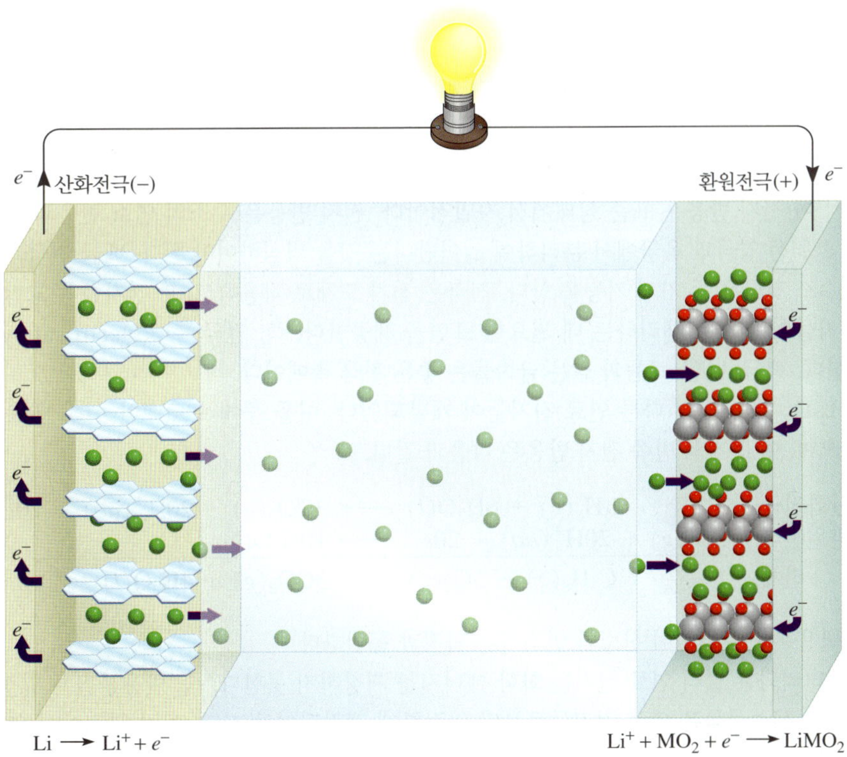

그림 17.10 • 리튬 이온 배터리. 리튬 원자(회색 공으로 표시)는 산화전극으로 작용하는 그래핀(흑연의 단일 층)판 사이에 들어 있다. 금속 산화 물질(회색 및 붉은색 공)은 환원전극이다. 배터리가 작동하는 동안, Li^+ 이온은 산화전극에서 환원전극으로 비수용성 전해질을 통하여 이동하는 반면에 전자는 산화전극에서 환원전극으로 외부로 흘러서 회로가 완성된다.

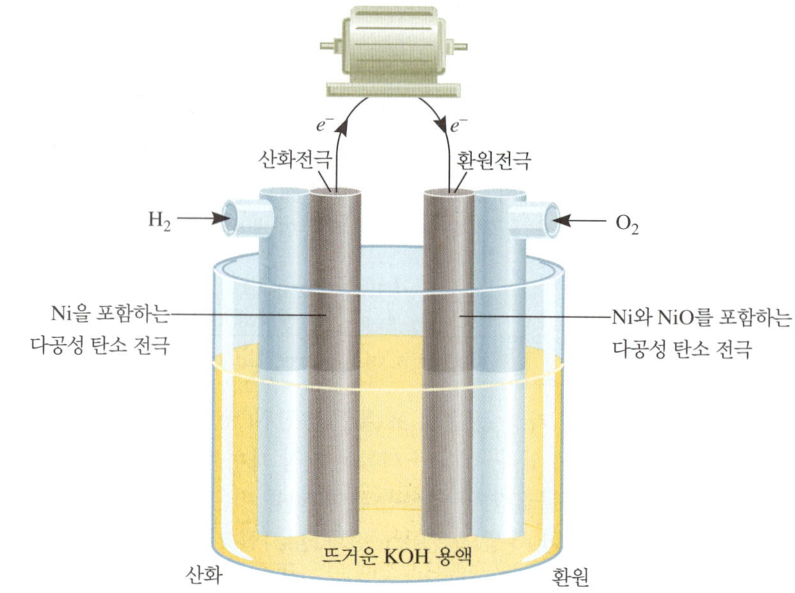

그림 17.11 • 수소-산소 연료 전지. 다공성 탄소 전극에 묻힌 Ni와 NiO는 전극 촉매이다.

제너럴 모터스에서 만든 수소 연료 전지 자동차.

수단으로 활용한다면 전력의 생산 효율을 크게 증가시킬 수 있을 것이다. 이러한 목적으로 만들어진 전지가 바로 **연료 전지**(fuel cell)이다. *이는 반응물질을 계속 공급해서 멈추지 않고 작동하는 갈바니 전지와 같다.*

가장 간단한 형태인 수소-산소 연료 전지는 KOH 용액과 같은 전해질 용액과 두 개의 비활성 전극으로 구성되어 있다. 수소와 산소 기체는 산화전극과 환원전극(그림 17.11)을 통해서 공급되며, 다음과 같은 반응이 일어난다.

$$\begin{array}{ll} \text{산화전극:} & 2H_2(g) + 4OH^-(aq) \longrightarrow 4H_2O(l) + 4e^- \\ \text{환원전극:} & \underline{O_2(g) + 2H_2O(l) + 4e^- \longrightarrow 4OH^-(aq)} \\ \text{전체:} & 2H_2(g) + O_2(g) \longrightarrow 2H_2O(l) \end{array}$$

표 17.1의 자료로부터 전지의 표준 기전력을 다음과 같이 계산할 수 있다.

$$\begin{aligned} E^\circ_{\text{전지}} &= E^\circ_{\text{환원전극}} - E^\circ_{\text{산화전극}} \\ &= 0.40\text{ V} - (-0.83\text{ V}) \\ &= 1.23\text{ V} \end{aligned}$$

따라서 이 전지 반응은 표준 상태에서 자발적이다. 전지 반응은 수소의 연소 반응과 같지만, 산화-환원은 양극과 음극에서 분리하여 일어난다는 것을 명심하여야 한다. 백금 전극과 같이 표준 수소 전극은 두 가지 기능을 한다. 전극은 전기 도체로 작용하고, 또 전자를 주고받기 전에 분자들이 원자로 해리하는 데 필요한 표면을 제공한다. 즉, *전극 촉매*(electrocatalyst)로 작용한다. 백금, 니켈, 로듐과 같은 금속들은 좋은 전극 촉매이다.

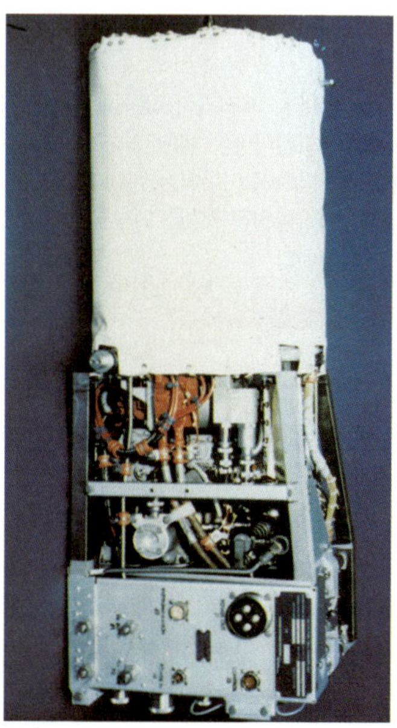

그림 17.12 • 우주 프로그램에 사용되는 수소-산소 연료 전지. 전지에 의해 만들어진 순수한 물은 우주 비행사가 사용한다.

H_2-O_2 계 이외의 다른 연료 전지들이 개발되었다. 이들 중에 프로페인-산소 연료 전지가 있으며, 이 전지의 반쪽 전지 반응은 다음과 같다.

$$\begin{array}{ll} \text{산화전극:} & C_3H_8(g) + 6H_2O(l) \longrightarrow 3CO_2(g) + 20H^+(aq) + 20e^- \\ \text{환원전극:} & \underline{5O_2(g) + 20H^+(aq) + 20e^- \longrightarrow 10H_2O(l)} \\ \text{전체:} & C_3H_8(g) + 5O_2(g) \longrightarrow 3CO_2(g) + 4H_2O(l) \end{array}$$

전체 반응은 프로페인이 산소와 연소하는 과정과 동일하다.

배터리와는 달리 연료 전지는 화학 에너지를 저장하지 못한다. 즉, 반응물질은 일정하게 공급되고 생성물들은 연료 전지들로부터 일정하게 제거되어야 한다. 이런 관점에서 연료 전지는 전지라기보다는 엔진과 비슷하다. 그러나 연료 전지는 열기관처럼 작동하지 않으므로 에너지 전환에서 열역학적 제한을 받지 않는다.

잘 만들어진 좋은 성능을 갖는 연료 전지는 70%의 에너지 전환 효율을 갖는다. 따라서 내연기관에 비하여 약 두 배 정도의 효율을 갖고 있다. 연료 전지 발전기는 소음, 진동, 열전이, 열 공해가 없으며 그 외에 전통적인 발전소에서 일어날 수 있는 많은 문제점들이 없다. 그러나 현재 연료 전지들이 광범위하게 사용되지는 못하고 있는데, 중요한 원인은 오염없이 오랜 시간 동안 기능을 효과적으로 발휘할 수 있는 경제적인 전극 촉매를 개발하지 못하는 데 있다. 오늘날 연료 전지의 가장 성공적인 응용은 우주선 안에서 볼 수 있다(그림 17.12).

주요 식

$E^\circ_{전지} = E^\circ_{환원전극} - E^\circ_{산화전극}$ (17.1)	갈바니 전지의 표준 기전력 계산식.
$\Delta G = -nFE_{전지}$ (17.2)	자유 에너지 변화와 전지의 기전력과의 관계식.
$\Delta G^\circ = -nFE^\circ_{전지}$ (17.3)	표준 자유 에너지 변화와 전지의 표준 기전력과의 관계식.
$E^\circ_{전지} = \frac{RT}{nF}\ln K$ (17.4)	전지의 표준 기전력과 평형 상수와의 관계식.
$E^\circ_{전지} = \frac{0.0257\text{ V}}{n}\ln K$ (17.5)	298 K에서 전지의 표준 기전력과 평형 상수와의 관계식.
$E^\circ_{전지} = \frac{0.0592\text{ V}}{n}\log K$ (17.6)	298 K에서 전지의 표준 기전력과 평형 상수와의 관계식.
$E = E^\circ - \frac{RT}{nF}\ln Q$ (17.7)	네른스트 식. 비표준 상태 조건에서 전지의 기전력 계산식.
$E = E^\circ - \frac{0.0257\text{ V}}{n}\ln Q$ (17.8)	네른스트 식. 298 K에서 비표준 상태 조건에서 전지의 기전력 계산식.
$E = E^\circ - \frac{0.0592\text{ V}}{n}\log Q$ (17.9)	네른스트 식. 298 K에서 비표준 상태 조건에서 전지의 기전력 계산식.

사실과 개념에 대한 요약

1. 모든 산화-환원 반응은 전자의 이동을 수반한다. 산화-환원 반응식은 반쪽 반응법으로 균형을 맞춘다.
2. 모든 전기화학 반응은 전자의 이동을 수반한다. 따라서 전기화학 반응은 산화-환원 반응이다.
3. 갈바니 전지에서 전기는 자발적인 화학 반응에 의해 얻어진다. 산화전극에서는 산화가, 환원전극에서는 환원이 일어나고 전자들은 외부 회로를 통해 흐른다.
4. 갈바니 전지는 두 개의 반쪽 전지로 이루어졌으며 각 전극에서의 반응은 반쪽 전지 반응이다. 염다리는 반쪽 전지 사이를 연결한다.
5. 전지의 기전력은 두 전극 사이의 전압차이다. 갈바니 전지에서는 외부 회로를 통하여 전자들이 산화전극에서 환원전극으로 흐른다. 반면에 용액에서는 음이온이 산화전극을 향해 이동하고 양이온은 환원전극을 향해 이동한다.
6. 전자 1 mol에 의해 운반되는 전기량을 1 패러데이라고 하는데, 이것은 96,500 쿨롱이다.
7. 표준 환원 전위는 반쪽 전지 환원 반응의 상대성을 나타내고, 이 값은 산화-환원 반응의 생성물과 반응의 방향을 예측할 수 있으며, 또한 여러 물질 중에서 자발적으로 일어날 수 있는 산화-환원 반응을 예측하는 데 사용할 수 있다.
8. 자발적인 산화-환원 반응에서 계의 자유 에너지의 감소는 계가 주위에 하는 전기적 일과 같다. 즉, $\Delta G = -nFE$로 나타낼 수 있다.
9. 산화-환원 반응에 대한 평형 상수는 전지의 표준 기전력으로부터 구할 수 있다.
10. 네른스트 식은 비표준 상태에서 반응물과 생성물의 농도와 전지의 기전력 사이의 관계를 나타낸다.
11. 하나 이상의 갈바니 전지들로 구성된 전지는 독립된 전력원으로 널리 사용된다. 잘 알려진 전지로는 건전지, 수은 전지, 리튬 이온 전지, 자동차에 쓰이는 납 축전지 등이 있다. 연료 전지는 반응물을 계속해서 공급하여야 전기 에너지를 얻을 수 있다.

주요 용어

갈바니 전지	반쪽 전지 반응	전지 전압	표준 환원 전위
과전압	배터리	전해 전지	
기전력(emf) (E)	연료 전지	패러데이 상수	
네른스트 식	전기화학	표준 기전력($E°$)	

연습 문제

산화-환원 반응식

문제

17.1 반쪽 반응법으로 다음 산화-환원 반응의 균형을 맞추시오.
(a) $H_2O_2 + Fe^{2+} \longrightarrow Fe^{3+} + H_2O$ (산성 용액)
(b) $Cu + HNO_3 \longrightarrow Cu^{2+} + NO + H_2O$ (산성 용액)
(c) $CN^- + MnO_4^- \longrightarrow CNO^- + MnO_2$ (염기성 용액)
(d) $Br_2 \longrightarrow BrO_3^- + Br^-$ (염기성 용액)
(e) $S_2O_3^{2-} + I_2 \longrightarrow I^- + S_4O_6^{2-}$ (산성 용액)

17.2 반쪽 반응법으로 다음 산화-환원 반응의 균형을 맞추시오.
(a) $Mn^{2+} + H_2O_2 \longrightarrow MnO_2 + H_2O$ (염기성 용액)
(b) $Bi(OH)_3 + SnO_2^{2-} \longrightarrow SnO_3^{2-} + Bi$ (염기성 용액)
(c) $Cr_2O_7^{2-} + C_2O_4^{2-} \longrightarrow Cr^{3+} + CO_2$ (산성 용액)
(d) $ClO_3^- + Cl^- \longrightarrow Cl_2 + ClO_2$ (산성 용액)

갈바니 전지와 표준 기전력

복습 질문

17.3 다음 용어를 정의하시오. 산화전극, 환원전극, 전압, 기전력, 표준 환원 전위.

17.4 갈바니 전지의 기본적 특성을 설명하시오. 갈바니 전지를 구성하는 두 부분은 왜 서로 분리되어 있는가?

17.5 염다리의 기능은 무엇인가? 염다리에서 어떤 종류의 전해질을 사용하여야 하는가?

17.6 전지 도식(cell diagram)이란 무엇인가? 1 M $Al(NO_3)_3$ 용액에 Al 금속이 들어 있는 전극과 1 M $AgNO_3$ 용액에 Ag 금속이 들어 있는 전지의 도식을 나타내시오.

17.7 4장에서 논의한 산화-환원 과정에서의 반쪽 반응과 17.2절에서 설명한 반쪽 전지 반응의 차이점을 설명하시오.

17.8 다니엘 전지(그림 17.1 참조)를 수 분간 사용하면 전지의 기전력이 갑자기 떨어진다. 그 이유를 쓰시오.

17.9 표 2.1의 정보를 사용하여 패러데이 상수를 계산하시오.

17.10 전기화학 반응의 자발성 여부를 표준 기전력($E°_{전지}$)의 값으로 판정하시오.

문제

17.11 Mg/Mg^{2+}와 Cu/Cu^{2+}의 반쪽 전지 반응을 이용하여 25°C에서 전지의 표준 기전력을 계산하고, 표준 상태에서 일어나는 전지 반응을 쓰시오.

17.12 Ag/Ag^+와 Al/Al^{3+}의 반쪽 전지 반응을 사용하는 전지의 표준 기전력을 계산하시오. 표준 상태에서 일어나는 전지 반응을 쓰시오.

17.13 표준 상태에서 Fe^{3+}가 I^-를 I_2로 산화시킬 수 있을지 예측하시오.

17.14 표준 상태에서 H_2O를 $O_2(g)$로 산화시킬 수 있는 것은 다음 시약 중 어느 것인가? $H^+(aq)$, $Cl^-(aq)$, $Cl_2(g)$, $Cu^{2+}(aq)$, $Pb^{2+}(aq)$, $MnO_4^-(aq)$(산성에서).

17.15 다음 반쪽 반응을 고려하여 표준 상태에서 NO_3^-는 Mn^{2+}를 MnO_4^-로 산화시킬 수 있을지 예측하시오.

$$MnO_4^-(aq) + 8H^+(aq) + 5e^- \longrightarrow Mn^{2+}(aq) + 4H_2O(l)$$

$$NO_3^-(aq) + 4H^+(aq) + 3e^- \longrightarrow NO(g) + 2H_2O(l)$$

17.16 25°C 수용액에서 다음 반응이 자발적으로 일어날 수 있는가? 용해한 화학종들의 처음 농도는 모두 1.0 M이다.
(a) $Ca(s) + Cd^{2+}(aq) \longrightarrow Ca^{2+}(aq) + Cd(s)$
(b) $2Br^-(aq) + Sn^{2+}(aq) \longrightarrow Br_2(l) + Sn(s)$
(c) $2Ag(s) + Ni^{2+}(aq) \longrightarrow 2Ag^+(aq) + Ni(s)$
(d) $Cu^+(aq) + Fe^{3+}(aq) \longrightarrow Cu^{2+}(aq) + Fe^{2+}(aq)$

17.17 다음 화학종 중 어느 것이 표준 상태에서 더 좋은 산화제인가? (a) Br_2 또는 Au^{3+}, (b) H_2 또는 Ag^+, (c) Cd^{2+} 또는 Cr^{3+}, (d) O_2(산성 매질) 또는 O_2(염기성 매질).

17.18 다음 화학종 중 어떤 것이 표준 상태에서 더 좋은 환원제인가? (a) Na 또는 Li, (b) H_2 또는 I_2, (c) Fe^{2+} 또는 Ag, (d) Br^- 또는 Co^{2+}.

산화-환원 반응의 자발성

복습 질문

17.19 전지의 표준 기전력과 $\Delta G°$ 및 K와의 관계식을 쓰고, 모든 항을 정의하시오.

17.20 한 전지 반응의 $E°$ 값은 양의 값이고 다른 전지 반응의 $E°$ 값은 음의 값이다. 어떤 전지 반응이 평형에서 더 많은 생성물을 만드는 반응을 진행하겠는가?

문제

17.21 25°C에서 다음 반응에 대한 평형 상수는 얼마인가?

$$Mg(s) + Zn^{2+}(aq) \rightleftharpoons Mg^{2+}(aq) + Zn(s)$$

17.22 다음 반응의 평형 상수는 25°C에서 2.69×10^{12}이다.

$$Sr(s) + Mg^{2+}(aq) \rightleftharpoons Sr^{2+}(aq) + Mg(s)$$

Sr/Sr^{2+}와 Mg/Mg^{2+}의 반쪽 전지로 만들어진 전지의 $E°$를 계산하시오.

17.23 25°C에서 다음 각 반응에 대해 표준 환원 기전력을 사용하여 평형 상수를 계산하시오.

(a) $Br_2(l) + 2I^-(aq) \rightleftharpoons 2Br^-(aq) + I_2(s)$

(b) $2Ce^{4+}(aq) + 2Cl^-(aq) \rightleftharpoons Cl_2(g) + 2Ce^{3+}(aq)$

(c) $5Fe^{2+}(aq) + MnO_4^-(aq) + 8H^+(aq) \rightleftharpoons Mn^{2+}(aq) + 4H_2O(l) + 5Fe^{3+}(aq)$

17.24 25°C에서 다음 반응에 대해 $\Delta G°$와 K_c를 계산하시오.

(a) $Mg(s) + Pb^{2+}(aq) \rightleftharpoons Mg^{2+}(aq) + Pb(s)$

(b) $Br_2(l) + 2I^-(aq) \rightleftharpoons 2Br^-(aq) + I_2(s)$

(c) $O_2(g) + 4H^+(aq) + 4Fe^{2+}(aq) \rightleftharpoons 2H_2O(l) + 4Fe^{3+}(aq)$

(d) $2Al(s) + 3I_2(s) \rightleftharpoons 2Al^{3+}(aq) + 6I^-(aq)$

17.25 표준 상태에서 Ce^{4+}, Ce^{3+}, Fe^{3+}, Fe^{2+}가 존재하는 수용액에서 어떤 자발적인 반응이 일어날까? 그 반응에 대한 $\Delta G°$와 K_c를 계산하시오.

17.26 $Cu^+(aq) + e^- \longrightarrow Cu(s)$ 반응의 $E° = 0.52$ V이다. 25°C에서 다음 반응에 대한 $E°$, $\Delta G°$, K를 계산하시오.

$$2Cu^+(aq) \longrightarrow Cu^{2+}(aq) + Cu(s)$$

전지 기전력에 대한 농도 효과

복습 질문

17.27 네른스트 식을 쓰고, 각 항을 설명하시오.

17.28 특정 온도 T에서 다음 반응에 대한 네른스트 식을 쓰시오.

(a) $Mg(s) + Sn^{2+}(aq) \longrightarrow Mg^{2+}(aq) + Sn(s)$

(b) $2Cr(s) + 3Pb^{2+}(aq) \longrightarrow 2Cr^{3+}(aq) + 3Pb(s)$

문제

17.29 $[Zn^{2+}] = 0.25\ M$이고, $[Cu^{2+}] = 0.15\ M$이라면 25°C에서 Zn/Zn^{2+} 반쪽 전지와 Cu/Cu^{2+} 반쪽 전지로 이루어진 전지의 기전력은 얼마인가?

17.30 다음 전지 반응의 $E°$, E, ΔG를 계산하시오.

(a) $Mg(s) + Sn^{2+}(aq) \longrightarrow Mg^{2+}(aq) + Sn(s)$
$[Mg^{2+}] = 0.045\ M$, $[Sn^{2+}] = 0.035\ M$

(b) $3Zn(s) + 2Cr^{3+}(aq) \longrightarrow 3Zn^{2+}(aq) + 2Cr(s)$
$[Cr^{3+}] = 0.010\ M$, $[Zn^{2+}] = 0.0085\ M$

17.31 Zn/Zn^{2+}와 SHE의 반쪽 전지로 구성된 전지의 표준 기전력을 계산하시오. 만약 $[Zn^{2+}] = 0.45\ M$, $P_{H_2} = 2.0$ atm이고, $[H^+] = 1.8\ M$이라면 전지의 기전력은 얼마가 될까?

17.32 $[Pb^{2+}] = 0.10\ M$, $[H^+] = 0.050\ M$이고, $P_{H_2} = 1.0$ atm이라면 Pb^{2+}/Pb 반쪽 전지와 $Pt/H^+/H_2$ 반쪽 전지로 구성된 전지의 기전력은 얼마인가?

17.33 그림 17.1을 참조하여 25°C에서 다음 반응이 자발적으로 일어날 수 있는 $[Cu^{2+}]/[Zn^{2+}]$의 비를 구하시오.

$$Cu(s) + Zn^{2+}(aq) \longrightarrow Cu^{2+}(aq) + Zn(s)$$

17.34 다음 농도차 전지의 기전력을 계산하시오.

$$Mg(s)|Mg^{2+}(0.24\ M)||Mg^{2+}(0.53\ M)|Mg(s)$$

전지와 연료 전지

복습 질문

17.35 일차 갈바니 전지(재충전할 수 없는)와 충전이 가능한 축전지(예를 들면, 납 축전지)의 차이점을 설명하시오.

17.36 재래형 발전과 비교하여 전기를 생산할 때 연료 전지가 가지는 장점과 단점을 기술하시오.

문제

17.37 수소-산소 연료 전지에 대해 17.6절에서 설명하였다. (a) 8.5A의 전류를 생산하는 전기 모터를 3시간 동안 작동하기 위하여 필요한 $H_2(g)$의 부피는 25°C, 155 atm에서 얼마나 되어야 하는가? (b) 같은 모터를 작동하는 데 필요한 25°C, 1 atm 공기의 부피(L)는 얼마인가? 단 공기 부피의 20%가 O_2이며, 다른 기체는 전지 반응에 영향을 미치지 않는다. 모든 기체는 이상 기체로 간주한다.

17.38 프로페인의 $\Delta G_f°$가 −23.5 kJ/mol이다. 17.6절에서 논의한 프로페인 연료 전지의 25°C에서의 표준 기전력을 계산하시오.

실전 연습의 답

17.1 $5Fe^{2+} + MnO_4^- + 8H^+ \longrightarrow 5Fe^{3+} + Mn^{2+} + 4H_2O$ **17.2** 아니오. **17.3** 0.34 V **17.4** 1×10^{-42}. **17.5** $\Delta G° = -4.1 \times 10^2$ kJ/mol. **17.6** 그렇다, $E = +0.01$ V. **17.7** 0.38 V.

부록 1

기체 상수의 단위

Units for the Gas Constant

본 부록에서는 기체 상수 R를 J/K · mol 단위로 어떻게 나타낼 수 있는가를 알게 될 것이다. 첫 단계는 atm(기압)과 Pa(파스칼) 사이의 관계를 아는 것이다. 다음 식에서 출발한다.

$$
\begin{aligned}
\text{압력} &= \frac{\text{힘}}{\text{면적}} \\
&= \frac{\text{질량} \times \text{가속도}}{\text{면적}} \\
&= \frac{\text{부피} \times \text{밀도} \times \text{가속도}}{\text{면적}} \\
&= \text{길이} \times \text{밀도} \times \text{가속도}
\end{aligned}
$$

정의에 의하면 표준 기압은 중력 가속도가 980.665 cm/s^{2}인 곳에서 밀도 13.5951 g/cm^{3}인 수은 기둥 정확히 76 cm가 미치는 압력이다. 그렇지만 압력을 N/m^{2}으로 표현하기 위해서는 다음과 같이 써야 한다.

$$
\begin{aligned}
\text{수은의 밀도} &= 1.35951 \times 10^4 \text{ kg/m}^3 \\
\text{중력 가속도} &= 9.80665 \text{ m/s}^2
\end{aligned}
$$

표준 기압은 다음과 같이 주어진다.

$$
\begin{aligned}
1 \text{ atm} &= (0.76 \text{ m Hg})(1.35951 \times 10^4 \text{ kg/m}^3)(9.80665 \text{ m/s}^2) \\
&= 101{,}325 \text{ kg m/m}^2 \cdot \text{s}^2 \\
&= 101{,}325 \text{ N/m}^2 \\
&= 101{,}325 \text{ Pa}
\end{aligned}
$$

5.4절로부터 기체 상수 R가 0.082057 L · atm/K · mol이라는 것을 안다.

$$
\begin{aligned}
1 \text{ L} &= 1 \times 10^{-3} \text{ m}^3 \\
1 \text{ atm} &= 101{,}325 \text{ N/m}^2
\end{aligned}
$$

위 식을 이용하면 다음과 같이 쓸 수 있다.

$$
\begin{aligned}
R &= \left(0.082057 \frac{\text{L atm}}{\text{K mol}}\right)\left(\frac{1 \times 10^{-3} \text{ m}^3}{1 \text{ L}}\right)\left(\frac{101{,}325 \text{ N/m}^2}{1 \text{ atm}}\right) \\
&= 8.314 \frac{\text{N m}}{\text{K mol}} \\
&= 8.314 \frac{\text{J}}{\text{K mol}}
\end{aligned}
$$

$$
\begin{aligned}
1 \text{ L} \cdot \text{atm} &= (1 \times 10^{-3} \text{ m}^3)(101{,}325 \text{ N/m}^2) \\
&= 101.3 \text{ N m} \\
&= 101.3 \text{ J}
\end{aligned}
$$

부록 2

25°C, 1기압에서 몇 가지 열역학적 자료*

*Thermodynamic Data at 1 atm and 25°C**

무기 물질

물질	ΔH_f° (kJ/mol)	ΔG_f° (kJ/mol)	S°(J/K · mol)
$Ag(s)$	0	0	42.7
$Ag^+(aq)$	105.9	77.1	73.9
$AgCl(s)$	−127.0	−109.7	96.1
$AgBr(s)$	−99.5	−95.9	107.1
$AgI(s)$	−62.4	−66.3	114.2
$AgNO_3(s)$	−123.1	−32.2	140.9
$Al(s)$	0	0	28.3
$Al^{3+}(aq)$	−524.7	−481.2	−313.38
$AlCl_3(s)$	−705.6	−630.0	109.3
$Al_2O_3(s)$	−1669.8	−1576.4	50.99
$As(s)$	0	0	35.15
$AsO_4^{3-}(aq)$	−870.3	−635.97	−144.77
$AsH_3(g)$	171.5		
$H_3AsO_4(s)$	−900.4		
$Au(s)$	0	0	47.7
$Au_2O_3(s)$	80.8	163.2	125.5
$AuCl(s)$	−35.2		
$AuCl_3(s)$	−118.4		
$B(s)$	0	0	6.5
$B_2O_3(s)$	−1263.6	−1184.1	54.0
$H_3BO_3(s)$	−1087.9	−963.16	89.58
$H_3BO_3(aq)$	−1067.8	−963.3	159.8
$Ba(s)$	0	0	66.9
$Ba^{2+}(aq)$	−538.4	−560.66	12.55
$BaO(s)$	−558.2	−528.4	70.3
$BaCl_2(s)$	−860.1	−810.66	125.5
$BaSO_4(s)$	−1464.4	−1353.1	132.2
$BaCO_3(s)$	−1218.8	−1138.9	112.1
$Be(s)$	0	0	9.5
$BeO(s)$	−610.9	−581.58	14.1
$Br_2(l)$	0	0	152.3
$Br_2(g)$	30.91	3.11	245.3
$Br^-(aq)$	−120.9	−102.8	80.7
$HBr(g)$	−36.2	−53.2	198.48
C(흑연)	0	0	5.69
C(다이아몬드)	1.90	2.87	2.4
$CO(g)$	−110.5	−137.3	197.9

*이온의 열역학적 양은 다음 식의 상태를 기준으로 한다. $\Delta H_f^\circ[H^+(aq)] = 0$, $\Delta G_f^\circ[H^+(aq)] = 0$, $S^\circ(H^+) = 0$.

(계속)

무기 물질

물질	ΔH_f° (kJ/mol)	ΔG_f° (kJ/mol)	S°(J/K · mol)
$CO_2(g)$	−393.5	−394.4	213.6
$CO_2(aq)$	−412.9	−386.2	121.3
$CO_3^{2-}(aq)$	−676.3	−528.1	−53.1
$HCO_3^-(aq)$	−691.1	−587.1	94.98
$H_2CO_3(aq)$	−699.7	−623.2	187.4
$CS_2(g)$	115.3	65.1	237.8
$CS_2(l)$	87.3	63.6	151.0
$HCN(aq)$	105.4	112.1	128.9
$CN^-(aq)$	151.0	165.69	117.99
$(NH_2)_2CO(s)$	−333.19	−197.15	104.6
$(NH_2)_2CO(aq)$	−319.2	−203.84	173.85
$Ca(s)$	0	0	41.6
$Ca^{2+}(aq)$	−542.96	−553.0	−55.2
$CaO(s)$	−635.6	−604.2	39.8
$Ca(OH)_2(s)$	−986.6	−896.8	83.4
$CaF_2(s)$	−1214.6	−1161.9	68.87
$CaCl_2(s)$	−794.96	−750.19	113.8
$CaSO_4(s)$	−1432.69	−1320.3	106.69
$CaCO_3(s)$	−1206.9	−1128.8	92.9
$Cd(s)$	0	0	51.46
$Cd^{2+}(aq)$	−72.38	−77.7	−61.09
$CdO(s)$	−254.6	−225.06	54.8
$CdCl_2(s)$	−389.1	−342.59	118.4
$CdSO_4(s)$	−926.17	−820.2	137.2
$Cl_2(g)$	0	0	223.0
$Cl^-(aq)$	−167.2	−131.2	56.5
$HCl(g)$	−92.3	−95.27	187.0
$Co(s)$	0	0	28.45
$Co^{2+}(aq)$	−67.36	−51.46	155.2
$CoO(s)$	−239.3	−213.38	43.9
$Cr(s)$	0	0	23.77
$Cr^{2+}(aq)$	−138.9		
$Cr_2O_3(s)$	−1128.4	−1046.8	81.17
$CrO_4^{2-}(aq)$	−863.16	−706.26	38.49
$Cr_2O_7^{2-}(aq)$	−1460.6	−1257.29	213.8
$Cs(s)$	0	0	82.8
$Cs^+(aq)$	−247.69	−282.0	133.05
$Cu(s)$	0	0	33.3
$Cu^+(aq)$	51.88	50.2	−26.4
$Cu^{2+}(aq)$	64.39	64.98	−99.6
$CuO(s)$	−155.2	−127.2	43.5
$Cu_2O(s)$	−166.69	−146.36	100.8
$CuCl(s)$	−134.7	−118.8	91.6
$CuCl_2(s)$	−205.85	?	?
$CuS(s)$	−48.5	−49.0	66.5
$CuSO_4(s)$	−769.86	−661.9	113.39
$F_2(g)$	0	0	203.34
$F^-(aq)$	−329.1	−276.48	−9.6

(계속)

무기 물질

물질	ΔH_f° (kJ/mol)	ΔG_f° (kJ/mol)	S°(J/K · mol)
$HF(g)$	−271.6	−270.7	173.5
$Fe(s)$	0	0	27.2
$Fe^{2+}(aq)$	−87.86	−84.9	−113.39
$Fe^{3+}(aq)$	−47.7	−10.5	−293.3
$FeCl_3(s)$	−400	−334	142.3
$FeO(s)$	−272.0	−255.2	60.8
$Fe_2O_3(s)$	−822.2	−741.0	90.0
$Fe(OH)_2(s)$	−568.19	−483.55	79.5
$Fe(OH)_3(s)$	−824.25	?	?
$H(g)$	218.2	203.2	114.6
$H_2(g)$	0	0	131.0
$H^+(aq)$	0	0	0
$OH^-(aq)$	−229.94	−157.30	−10.5
$H_2O(l)$	−285.8	−237.2	69.9
$H_2O(g)$	−241.8	−228.6	188.7
$H_2O_2(l)$	−187.6	−118.1	?
$Hg(l)$	0	0	77.4
$Hg^{2+}(aq)$		−164.38	
$HgO(s)$	−90.7	−58.5	72.0
$HgCl_2(s)$	−230.1		
$Hg_2Cl_2(s)$	−264.9	−210.66	196.2
$HgS(s)$	−58.16	−48.8	77.8
$HgSO_4(s)$	−704.17		
$Hg_2SO_4(s)$	−741.99	−623.92	200.75
$I_2(s)$	0	0	116.7
$I_2(g)$	62.25	19.37	260.6
$I(g)$	106.6	70.16	180.7
$I^-(aq)$	−55.9	−51.67	109.37
$HI(g)$	25.9	1.30	206.3
$K(s)$	0	0	63.6
$K^+(aq)$	−251.2	−282.28	102.5
$KOH(s)$	−425.85		
$KCl(s)$	−435.87	−408.3	82.68
$KClO_3(s)$	−391.20	−289.9	142.97
$KClO_4(s)$	−433.46	−304.18	151.0
$KBr(s)$	−392.17	−379.2	96.4
$KI(s)$	−327.65	−322.29	104.35
$KNO_3(s)$	−492.7	−393.1	132.9
$Li(s)$	0	0	28.0
$Li^+(aq)$	−278.46	−293.8	14.2
$Li_2O(s)$	−595.8	?	?
$LiOH(s)$	−487.2	−443.9	50.2
$Mg(s)$	0	0	32.5
$Mg^{2+}(aq)$	−461.96	−456.0	−117.99
$MgO(s)$	−601.8	−569.6	26.78
$Mg(OH)_2(s)$	−924.66	−833.75	63.1
$MgCl_2(s)$	−641.8	−592.3	89.5
$MgSO_4(s)$	−1278.2	−1173.6	91.6
$MgCO_3(s)$	−1112.9	−1029.3	65.69

(계속)

무기 물질

물질	ΔH_f° (kJ/mol)	ΔG_f° (kJ/mol)	S°(J/K · mol)
Mn(*s*)	0	0	31.76
Mn^{2+}(*aq*)	−218.8	−223.4	−83.68
MnO_2(*s*)	−520.9	−466.1	53.1
N_2(*g*)	0	0	191.5
N_3^-(*aq*)	245.18	?	?
NH_3(*g*)	−46.3	−16.6	193.0
NH_4^+(*aq*)	−132.80	−79.5	112.8
NH_4Cl(*s*)	−315.39	−203.89	94.56
NH_4NO_3(*s*)	−365.6	−184.0	151
NH_3(*aq*)	−80.3	−26.5	111.3
N_2H_4(*l*)	50.4		
NO(*g*)	90.4	86.7	210.6
NO_2(*g*)	33.85	51.8	240.46
N_2O_4(*g*)	9.66	98.29	304.3
N_2O(*g*)	81.56	103.6	219.99
HNO_2(*aq*)	−118.8	−53.6	
HNO_3(*l*)	−173.2	−79.9	155.6
NO_3^-(*aq*)	−206.57	−110.5	146.4
Na(*s*)	0	0	51.05
Na^+(*aq*)	−239.66	−261.87	60.25
Na_2O(*s*)	−415.9	−376.56	72.8
NaCl(*s*)	−411.0	−384.0	72.38
NaI(*s*)	−288.0		
Na_2SO_4(*s*)	−1384.49	−1266.8	149.49
$NaNO_3$(*s*)	−466.68	−365.89	116.3
Na_2CO_3(*s*)	−1130.9	−1047.67	135.98
$NaHCO_3$(*s*)	−947.68	−851.86	102.09
Ni(*s*)	0	0	30.1
Ni^{2+}(*aq*)	−64.0	−46.4	−159.4
NiO(*s*)	−244.35	−216.3	38.58
$Ni(OH)_2$(*s*)	−538.06	−453.1	79.5
O(*g*)	249.4	230.1	160.95
O_2(*g*)	0	0	205.0
O_3(*aq*)	−12.09	16.3	110.88
O_3(*g*)	142.2	163.4	237.6
P(백린)	0	0	44.0
P(적린)	−18.4	13.8	29.3
PO_4^{3-}(*aq*)	−1284.07	−1025.59	−217.57
P_4O_{10}(*s*)	−3012.48		
PH_3(*g*)	9.25	18.2	210.0
HPO_4^{2-}(*aq*)	−1298.7	−1094.1	−35.98
$H_2PO_4^-$(*aq*)	−1302.48	−1135.1	89.1
Pb(*s*)	0	0	64.89
Pb^{2+}(*aq*)	1.6	−24.3	21.3
PbO(*s*)	−217.86	−188.49	69.45
PbO_2(*s*)	−276.65	−218.99	76.57
$PbCl_2$(*s*)	−359.2	−313.97	136.4
PbS(*s*)	−94.3	−92.68	91.2
$PbSO_4$(*s*)	−918.4	−811.2	147.28

(계속)

무기 물질

물질	ΔH_f° (kJ/mol)	ΔG_f° (kJ/mol)	S°(J/K · mol)
$Pt(s)$	0	0	41.84
$PtCl_4^{2-}(aq)$	−516.3	−384.5	175.7
$Rb(s)$	0	0	69.45
$Rb^+(aq)$	−246.4	−282.2	124.27
S(사방)	0	0	31.88
S(단사)	0.30	0.10	32.55
$SO_2(g)$	−296.4	−300.4	248.5
$SO_3(g)$	−395.2	−370.4	256.2
$SO_3^{2-}(aq)$	−624.25	−497.06	43.5
$SO_4^{2-}(aq)$	−907.5	−741.99	17.15
$H_2S(g)$	−20.15	−33.0	205.64
$HSO_3^-(aq)$	−627.98	−527.3	132.38
$HSO_4^-(aq)$	−885.75	−752.87	126.86
$H_2SO_4(l)$	−811.3	?	?
$SF_6(g)$	−1096.2	?	?
$Si(s)$	0	0	18.70
$SiO_2(s)$	−859.3	−805.0	41.84
$Sr(s)$	0	0	54.39
$Sr^{2+}(aq)$	−545.5	−557.3	−39.33
$SrCl_2(s)$	−828.4	−781.15	117.15
$SrSO_4(s)$	−1444.74	−1334.28	121.75
$SrCO_3(s)$	−1218.38	−1137.6	97.07
$Zn(s)$	0	0	41.6
$Zn^{2+}(aq)$	−152.4	−147.2	−106.48
$ZnO(s)$	−348.0	−318.2	43.9
$ZnCl_2(s)$	−415.89	−369.26	108.37
$ZnS(s)$	−202.9	−198.3	57.7
$ZnSO_4(s)$	−978.6	−871.6	124.7

유기 물질

물질	식	ΔH_f° (kJ/mol)	ΔG_f° (kJ/mol)	S°(J/K · mol)
글루코스(s)	$C_6H_{12}O_6$	−1274.5	−910.56	212.1
메탄올(l)	CH_3OH	−238.7	−166.3	126.8
메테인(g)	CH_4	−74.85	−50.8	186.2
벤젠(l)	C_6H_6	49.04	124.5	172.8
뷰테인(g)	C_4H_{10}	−124.7	−15.7	310.0
수크로스(s)	$C_{12}H_{22}O_{11}$	−2221.7	−1544.3	360.2
아세톤(l)	CH_3COCH_3	−246.8	−153.55	198.7
아세트산(l)	CH_3COOH	−484.2	−389.45	159.8
아세트알데하이드(g)	CH_3CHO	−166.35	−139.08	264.2
아세틸렌(g)	C_2H_2	226.6	209.2	200.8
에탄올(g)	C_2H_5OH	−235.1	−168.5	282.7
에탄올(l)	C_2H_5OH	−276.98	−174.18	161.0
에테인(g)	C_2H_6	−84.7	−32.89	229.5
에틸렌(g)	C_2H_4	52.3	68.1	219.5
폼산(l)	HCOOH	−409.2	−346.0	129.0
프로페인(g)	C_3H_8	−103.9	−23.5	269.9

부록 3

수학적 연산

Mathematical Operations

대수(로그)

상용 로그

로그의 개념은 1장에서 논의한 지수 개념을 확장한 것이다. 어떤 수의 상용 로그, 즉 밑이 10인 로그는 10을 같은 수로 제곱해 원래 수와 같아진 것이다. 다음 예는 이 관계를 나타 내고 있다.

로그	지수
$\log 1 = 0$	$10^0 = 1$
$\log 10 = 1$	$10^1 = 10$
$\log 100 = 2$	$10^2 = 100$
$\log 10^{-1} = -1$	$10^{-1} = 0.1$
$\log 10^{-2} = -2$	$10^{-2} = 0.01$

각 경우에 그 수의 로그 값은 검사하여 얻을 수 있다.

어떤 수의 로그 값은 멱 지수이므로 지수와 같은 성질을 지닌다. 따라서 다음과 같이 쓸 수 있다.

로그	지수
$\log AB = \log A + \log B$	$10^A \times 10^B = 10^{A+B}$
$\log \dfrac{A}{B} = \log A - \log B$	$\dfrac{10^A}{10^B} = 10^{A-B}$

또한 $\log A^n = n \log A$이다.

이제 6.7×10^{-4}의 상용 로그 값을 구해보자. 대부분의 전자 계산기에는 숫자를 먼저 쓰고 log 키를 누르게 되어 있다. 이렇게 하면 다음과 같은 결과를 얻을 수 있다.

$$\log 6.7 \times 10^{-4} = -3.17$$

원래 숫자에 있는 유효 숫자와 같은 수의 자릿수가 소숫점 다음에 있어야 함을 유의하라. 원래 숫자에 두 개의 유효 숫자가 있으므로 −3.17의 "17"은 이 로그 값이 두 개의 유효 숫자를 가짐을 보여주고 있다. 다른 예를 보기로 하자.

숫자	상용 로그
62	1.79
0.872	−0.0595
1.0×10^{-7}	−7.00

때로 (pH 계산의 경우에서처럼) 로그 값이 알려진 숫자를 가지고 있는 것이 필요하다.

이 과정은 역대수(逆對數)라는 것으로 단순히 한 숫자의 로그 값을 취하는 역과정을 말한다. 어떤 계산에서 pH = 1.46일 때 $[H^+]$를 묻는다고 하자. pH의 정의($pH = -\log[H^+]$)

로부터 다음과 같이 쓸 수 있다.

$$[H^+] = 10^{-1.46}$$

많은 계산기에는 역대수를 계산할 수 있는 $\log^{-1}$이나 INV log라는 키가 있다. 다른 계산기에는 10^x이나 y^x 키가 있다(예에서 x는 -1.46에 해당하고 y는 밑이 10인 로그이므로 10에 해당한다). 따라서 $[H^+] = 0.035\ M$을 얻을 수 있다.

자연 로그

밑을 10 대신 e로 취한 로그 값을 자연 로그(ln 또는 $\log_e$로 나타낸다)라 한다. e는 2.7183과 같다. 상용 로그와 자연 로그와의 관계는 다음과 같다.

$$\log 10 = 1 \qquad 10^1 = 10$$
$$\ln 10 = 2.303 \qquad e^{2.303} = 10$$

따라서 $\ln x = 2.303 \log x$이다.

$$\ln x = 2.303 \log x$$

예를 들어 2.27의 자연 로그를 계산하기 위하여 먼저 전자계산기의 숫자를 누르고 나서 ln 키를 누르면 다음과 같은 값을 얻는다.

$$\ln 2.27 = 0.820$$

ln 키가 없는 경우에는 다음과 같이 할 수 있다.

$$\begin{aligned} 2.303 \log 2.27 &= 2.303 \times 0.356 \\ &= 0.820 \end{aligned}$$

때로 자연 로그 값을 주고 그것이 나타내는 수를 계산하라는 문제를 받을 때도 있다.

$$\ln x = 59.7$$

예를 들어 $\ln x = 59.7$을 보자. 많은 계산기에서 단순히 숫자를 누르고 e 키를 누르면 된다.

$$x = e^{59.7} = 8 \times 10^{25}$$

이차 방정식

이차 방정식은 다음 형태를 하고 있다.

$$ax^2 + bx + c = 0$$

계수 a, b, c를 알면 다음과 같이 x를 구할 수 있다.

$$x = \frac{-b \pm \sqrt{b^2 - 4ac}}{2a}$$

다음 이차 방정식을 보자.

$$2x^2 + 5x - 12 = 0$$

x에 대해서 풀면 다음과 같이 쓸 수 있다.

$$x = \frac{-5 \pm \sqrt{(5)^2 - 4(2)(-12)}}{2(2)}$$
$$= \frac{-5 \pm \sqrt{25 + 96}}{4}$$

따라서

$$x = \frac{-5 + 11}{4} = \frac{3}{2}$$

그리고

$$x = \frac{-5 - 11}{4} = -4$$

부록 4

원소의 이름과 유래*

*Derivation of the Names of Elements**

원소	기호	원자 번호	원자 질량[†]	발견 시기	발견자 및 국가[‡]	유래
가돌리늄	Gd	64	157.3	1880	J. C. 마리냐크(프)	요한 가돌린, 핀란드의 희토류 화학자
갈륨	Ga	31	69.72	1875	르코크 드 부아보드랑(프)	라틴어 *Gallia*, 프랑스
구리	Cu	29	63.55	고대		라틴어 *cuprum*, 구리, *cyprium*(고대 구리의 주산지인 키프러스섬)에서유래
규소	Si	14	28.09	1824	J. J. 베르셀리우스(스)	라틴어 *silex*, *silicis*, 부싯돌
금	Au	79	197.0	고대		라틴어 *aurum*, 빛나는 새벽
납	Pb	82	207.2	고대		기호 라틴어 *plumbum*, 납, 무겁다는 의미
네오디뮴	Nd	60	144.2	1885	C. A. 폰 벨스바흐(호)	그리스어 *neos*, 새로운, *didymos*, 쌍둥이
네온	Ne	10	20.18	1898	윌리암 램지 경(영) M. W. 트래버스(스)	그리스어 *neos*, 납, 무겁다는 의미
넵투늄	Np	93	(237)	1940	E. M. 맥밀란(미) P. H. 에이블슨(미)	행성 해왕성
노벨륨	No	102	(253)	1958	A. 기오르소(미) T. 시클랜드(미) J. R. 월튼(미) G. T. 시보그(미)	알프레드 노벨
니오븀	Nb	41	92.91	1801	찰스 해치트(영)	그리스어 Niobe, 탄탈루스의 딸(니오브는 1884년까지 전에 Tantalus라고 하던 탄탈럼과 동일한 것으로 여겼다. 원래는 기호 Cb인 콜룸븀으로 불림)
니켈	Ni	28	58.69	1751	A. F. 크론스테트(스)	스웨덴어 kopparnickel, 가짜 구리; 독일어 nickel, 니켈 광에서 구리의 추출을 방해하는 악마를 의미)
디스프로슘	Dy	66	162.5	1886	르코크 드 부아보드랑(프)	독일어 dysprositos, 확인하기 어려운
라돈	Rn	86	(222)	1900	F. E. 도른(독)	라듐에서 비활성 기체의 공통 어미인 "on"을 붙임(한때 빛난다는 뜻인 기호 Nt인 니트론이라고 불림)

원전 "The Elements and Derivation of Their Names and Symbols", G. P. Dinga, *Chemistry* **41** (2), 2022(1968). 미국화학회 판권 소유.

*이 표를 만들 당시 103개 원소의 존재만이 알려졌었다.

[†] 여기에 주어진 원자 질량은 1961년 원자량 위원회의 값에 해당한다. 괄호 안에 나타낸 것은 가장 안정하거나 가장 흔한 동위원소의 질량이다.

[‡] 약자는 다음과 같다. 그(그리스), 독(독일), 라(라틴), 러(러시아), 미(미국), 스(스웨덴), 아(아랍), 에(스페인), 영(영국), 이(이탈리아), 폴(폴란드), 프(프랑스), 헝(헝가리), 호(오스트레일리아).

(계속)

원소	기호	원자 번호	원자 질량[†]	발견 시기	발견자 및 국가[†]	유래
라듐	Ra	88	(226)	1898	피에르 퀴리와 마리 퀴리(프)	라틴어 *radius*, 선(線)
란타넘	La	57	138.9	1839	C. G. 모잔더(스)	독일어 *lanthanein*, 감추어진
레늄	Re	75	186.2	1925	W. 노닥(독) I. 타케(독) 오토 베르크(독)	라틴어 *Rhenus*, 라인
로듐	Rh	45	102.9	1804	W. H. 월러스턴(영)	그리스어 *rhodon*, 장미(몇 가지 염이 장미색임)
로렌슘	Lr	103	(257)	1961	A. 기오르소(미) T. 시클랜드(미) A. E. 라르시(미) R. M. 래티머(미)	그리스어 *lanthanein*, 사이클로트론 발명가인 E. O. 로렌스(미)
루비듐	Rb	37	85.47	1861	R. W. 분젠(독) G. 키르히호프(독)	라틴어 *rubidius*, 진홍색(분광기로 발견됨. 스펙트럼이 붉은 선을 나타냄)
루테늄	Ru	44	101.1	1844	K. K. 클라우스(러)	라틴어 *Ruthenia*, 러시아
루테튬	Lu	71	175.0	1907	G. 위르뱅(프) C. A. 폰 벨스바흐(호)	*Lutetia*, 파리의 옛 이름
리튬	Li	3	6.941	1817	A. 아르페드손(스)	그리스어 *lithos*, 바위(바위에서 산출됨)
마그네슘	Mg	12	24.31	1808	험프리 데이비 경(영)	*Magnesia*, 테살리아에 있는 지방명. 라틴어 *magnesia*에서 유래된 것으로 여겨짐.
망가니즈	Mn	25	54.94	1774	J. G. 간(스)	라틴어 *magnes*, 자석
멘델레븀	Md	101	(256)	1955	A. 기오르소(미) G. R. 초핀(미) G. T. 시보그(미) B. G. 하비(미) S. G. 톰슨(미)	멘델레예프, 주기율표를 작성하고 미발견 원소의 성질을 예언한 러시아 화학자
몰리브데넘	Mo	42	95.94	1778	G. W. 셸레(스)	라틴어 *molybdes*, 납
바나듐	V	23	50.94	1801 1830	A. M. 델 리오(에) N. G. 세프스트룀(스)	*Vanadis*, 노르웨이의 사랑과 미의 여신
바륨	Ba	56	137.3	1808	험프리 데이비 경(영)	barite, 무거운 섬광석, 무겁다는 뜻의 그리스어 *barys*에서 파생
백금	Pt	78	195.1	1735 1741	A. 데 울요아(에) 찰스 우드(영)	스페인어 *platina*, 은
버클륨	Bk	97	(247)	1950	G. T. 시보그(미) S. G. 톰슨(미) A. 기오르소(미)	미국 캘리포니아주 버클리
베릴륨	Be	4	9.012	1828	F. 뵐러(독) A. A. B. 비시(프)	프랑스어, 라틴어 *beryl*, 달콤한
붕소	B	5	10.81	1808	험프리 데이비 경(영) J. L. 게이 뤼삭(프)	아랍어로 희다는 뜻인 *buraq*로부터 유래한 화합물 borax
브로민	Br	35	79.90	1826	A. J. 발라르(프)	독일어 *bromos*, 악취
비소	As	33	74.92	1250	알베르투스 마그누스(독)	그리스어 *aksenikon*, 노란 안료, 라틴어 *arsenicum*, 웅황, 그리스인들은 한때 삼황화 비소를 안료로 사용함
비스무트	Bi	83	209.0	1753	클로드 조프레(프)	독일어 *bismuth*, 그것이 발견된 *weisse masse*(흰 덩어리)이 왜곡된 것 같음

(계속)

원소	기호	원자 번호	원자 질량[†]	발견 시기	발견자 및 국가[†]	유래
사마륨	Sm	62	150.4	1879	르코크 드 브와보드랑(프)	러시아기술자 *Samarskite*, 후에 *Samarski*
산소	O	8	16.00	1774	조지프 프리스틀리(영) C. W. 셸레(스)	그리스어 oxys(산)와 라틴어 genes(형성하는 것)에서 유래한 프랑스어 *oxygene*(산 생성원)(한때 산소가 모든 산의 부분이라고 생각한 적이 있음)
세륨	Ce	58	140.1	1803	J. J. 베르셀리우스(스) 빌헬름 히징거(스) M. H. 클라프로트(독)	소행성 세레스
세슘	Cs	55	132.9	1860	R. 분젠(독) G. R. 키르히호프(독)	라틴어 *caesium*, 청색(세슘은 그 스펙트럼 선에 의해 발견되었는데, 그 색이 청색이었다)
셀레늄	Se	34	78.96	1817	J. J. 베르셀리우스(스)	그리스어 *selene*, 달(지구의 이름을 따라 명명한 텔루르와 유사하기 때문)
소듐(나트륨)	Na	11	22.99	1807	험프리 데이비 경(영)	라틴어 *sodanum*, 두통 치료, 기호 라틴어 *natrium*, 소다
수소	H	1	1.008	1766	헨리 캐번디시 경(영)	그리스어 *hydro*, 물, *genes*, 형성하는 것(산소와 함께 타면 물을 생성하기 때문)
수은	Hg	80	200.6	고대		기호는 라틴어 *hydrargyrum*, 액체 은
스칸듐	Sc	21	44.96	1879	L. F. 닐손(스)	스칸디나비아
스트론튬	Sr	38	87.62	1808	험프리 데이비 경(영)	광물 *strontionite*에서 유래한 *Strontian*(스코틀랜드)
아르곤	Ar	18	39.95	1894	레일리 경(영) 윌리엄 램지 경(영)	그리스어 *argos*, 비활성
아메리슘	Am	95	(243)	1944	A. 기오르소(미) R. A. 제임스(미) G. T. 시보그(미) S. G. 톰슨(미)	미국
아스타틴	At	85	(210)	1940	D. R. 코슨(미) K. R. 매켄지(미) E. 세그레(미)	그리스어 *astatos*, 불안정
아연	Zn	30	65.39	1746	A. S. 마르그라프(독)	독일어 *zink*, 분명치 않은 어원
아이오딘	I	53	126.9	1811	B. 쿠르투아(프)	그리스어 *iodes*, 보라색
아인슈타이늄	Es	99	(254)	1952	A. 기오르소(미)	알버트 아인슈타인
악티늄	Ac	89	(227)	1899	A. 데비에른(프)	독일어 *aktis*, 광선
안티모니	Sb	51	121.8	고대		라틴어 *antimonium* (*anti*, 반대의, *monium*, 고립된 조건), 곧 결합하는 유형의(금속) 물질이므로 그렇게 명명함, 기호는 라틴어 *stibium*, 표시(표준)
알루미늄	Al	13	26.98	1827	F. 보흘러(독)	이것이 발견된 알루미늄 화합물인 명반(*alum*), 라틴어 *alumen*(아스트린젠트 맛)에서 파생
어븀	Er	68	167.3	1843	C. G. 모잔더(스)	많은 희토류가 발견된 스웨덴 이테르비(*Ytterby*)
염소	Cl	17	35.45	1774	K. W. 셸레(스)	그리스어 *chloros*, 밝은 초록색
오스뮴	Os	76	190.2	1803	S. 테난트(영)	그리스어 *osme*, 냄새
우라늄	U	92	238.0	1789 1841	M. H. 클라프로트(독) E. M. 펠리고(프)	행성 천왕성(*Uranus*)

(계속)

원소	기호	원자 번호	원자 질량[†]	발견 시기	발견자 및 국가[†]	유래
유로퓸	Eu	63	152.0	1896	E. 데마르케이(프)	유럽
은	Ag	47	107.9	고대		기호 라틴어 *argentum*, 은
이리듐	Ir	77	192.2	1803	S. 테난트(영)	라틴어 *iris*, 무지개
이테르븀	Yb	70	173.0	1907	G. 위르뱅(프)	*Ytterby*, 스웨덴
이트륨	Y	39	88.91	1843	C. G. 모잔더(스)	*Ytterby*, 스웨덴
인	P	15	30.97	1669	H. 브란트(독)	그리스어 *phosphoros*, 빛을 포함하는
인듐	In	49	114.8	1863	F. 라이히(독) T. 리히터(독)	인디고, 스펙트럼에서 인디고 블루 선 때문에
저마늄	Ge	32	72.59	1886	클레멘즈 빙클러(독)	라틴어 *Germania*, 독일
주석	Sn	50	118.7	고대		기호 라틴어 *stannum*, 주석
지르코늄	Zr	40	91.22	1789	M. H. 클라프로트(독)	발견된 광석인 지르콘, 아랍어 *zargum* (금색)에서 파생
질소	N	7	14.01	1772	다니엘 러더퍼드(영)	프랑스어 *nitrogene*, 라틴어 *nitrum*(천연 소다) 또는 그리스어 *nitron*(천연 소다)에서 파생
철	Fe	26	55.85	고대		라틴어 *ferrum*, 철
카드뮴	Cd	48	112.4	1817	프리드리히 스트로마이어(독)	그리스어 *kadmia*, 지구, 라틴어 *cadmia*, 능아연광(능아연광과 함께 발견되었으므로)
칼슘	Ca	20	40.48	1808	험프리 데이비 경(영)	라틴어 *calx*, 석회
캘리포늄	Cf	98	(249)	1950	G. T. 시보그(미) S. G. 톰슨(미) A. 기오르소(미) K. 스트리트 2세(미)	미국 캘리포니아
코발트	Co	27	58.93	1735	G. 브란트(독)	독일어 *Kobold*, 도깨비(광산에서 기대하던 금속인 구리 대신 코발트가 산출되었기 때문에 도깨비 때문이라고 함)
퀴륨	Cm	96	(247)	1944	G. T. 시보그(미) R. A. 제임스(미) A. 기오르소(미)	피에르와 마리 퀴리
크로뮴(크롬)	Cr	24	52.00	1797	L. N. 보클랭(프)	그리스어 *chroma*, 색(염료에 사용되므로)
크립톤	Kr	36	83.80	1898	윌리엄 램지 경(영) M. W. 트래버스(영)	그리스어 *kryptos*, 감추어진
크세논	Xe	54	131.3	1898	윌리엄 램지 경(영) M. W. 트래버스(영)	그리스어 *xenos*, 낯선 사람
탄소	C	6	12.01	고대		라틴어 *carbo*, 숯
탄탈럼	Ta	73	180.9	1802	A. G. 에케베리(스)	그리스 신화 탄탈루스, 분리하기가 어렵기 때문(제우스의 아들인 탄탈루스는 마시려고 할 때마다 물이 물러가는 물 속에 턱까지 빠져서 있는 벌을 받았다)
탈륨	Tl	81	204.4	1861	윌리엄 크룩스 경(영)	그리스어 *thallos*, 싹트기 시작한 작은 가지(스펙트럼이 밝은 초록색선을 나타냄)
텅스텐	W	74	183.9	1783	후안 호세 F. 엘루이아르(에)	스웨덴어 *tung sten*, 무거운 돌, 기호 철망간중석(*wolframite*) 광석
테르븀	Tb	65	158.9	1843	C. G. 모잔더(스)	Ytterby, 스웨덴

(계속)

원소	기호	원자 번호	원자 질량[†]	발견 시기	발견자 및 국가[‡]	유래
테크네튬	Tc	43	(99)	1937	C. 피에르(이)	그리스어 *technetos*, 인공의(첫 번 인공 원소임)
텔루륨	Te	52	127.6	1782	F. J. 뮐러(호)	라틴어 *tellus*, 지구
토륨	Th	90	232.0	1828	J. J. 베르셀리우스(스)	암석 규토륨광(*thorite*), 노르웨이 전쟁의 신 토르(*Thor*)에서 유래
툴륨	Tm	69	168.9	1879	P. T. 클레베(스)	*Thule*, 스칸디나비아의 옛 이름
타이타늄	Ti	22	47.88	1791	W. 그레거(영)	그리스 신화의 거인 티탄, 라틴어 *titans*, 거대한 신
팔라듐	Pd	46	106.4	1803	W. H. 월러스턴(영)	소행성 팔라스(*Pallas*)
페르뮴	Fm	100	(253)	1953	A. 기오르소(미)	엔리코 페르미
포타슘(칼륨)	K	19	39.10	1807	험프리 데이비 경(영)	기호 라틴어 *kalium*, 잿물
폴로늄	Po	84	(210)	1898	마리 퀴리(폴)	폴란드
프라세오디뮴	Pr	59	140.9	1885	C. A. 폰 벨스바흐(호)	그리스어 *prasios*, 초록색, *didymos* 쌍둥이
프랑슘	Fr	87	(223)	1939	마르게리트 페레이(프)	프랑스
프로메튬	Pm	61	(147)	1945	J. A. 마린스키(미) L. E. 글렌데닌(미)	그리스 신화 프로메테우스, 하늘에서 불을 훔친 그리스 거인
프로트악티늄	Pa	91	(231)	1917	O. 한(독) L. 마이트너(호)	그리스어 *protos*, 첫 번, *actinium*(분해되어 악티늄으로 되기 때문)
플루오린	F	9	19.00	1886	H. 무아상(프)	광물 형석(*fluorspar*), 라틴어 *fluere*(흐르다)에서 유래(형석이 용매제로 사용되었기 때문)
플루토늄	Pu	94	(242)	1940	G. T. 시보그(미) E. M. 맥밀란(미) J. W. 케네디(미) A. C. 왈(미)	행성 명왕성(*pluto*)
하프늄	Hf	72	178.5	1923	D. 코스터(네) G. 폰 헤베시(헝)	라틴어 *Hafnia*, 코펜하겐
헬륨	He	2	4.003	1868	P. 얀센(스펙트럼)(프) 윌리엄 램지 경(분리)(영)	그리스어 *helios*, 태양(태양의 스펙트럼에서 처음 발견됨)
홀뮴	Ho	67	164.9	1879	P. T. 클레베(스)	라틴어 *Holmia*, 스톡홀름
황	S	16	32.07	고대		라틴어 *sulphurium* (산스크리트어 *sulvere*)

▶ 옮긴이 소개

- 건양대학교 　심원보
- 경상대학교 　김윤희, 김진은, 최명룡
- 계명대학교 　김경찬, 김종원, 박영태, 배재영, 이진호, 이창섭, 정진갑, Hong Victor Sukbong
- 대구가톨릭대학교 　구본권, 엄인용, 이갑용, 이상협
- 삼육대학교 　고원배
- 아주대학교 　윤호섭, 장혜영
- 조선대학교 　이종대, 이중헌, 조 훈

(가나다 순)

레이먼드 창
대학기초화학 제7판
General Chemistry: The Essential Concepts | 7th Edition

| 발행일 　2017년 3월 1일 7판 1쇄
　　　　2021년 3월 1일 7판 2쇄
| 지은이 　Raymond Chang, Kenneth Goldsby
| 옮긴이 　화학교재연구회
| 발행인 　박 종 성
| 발행처 　사이플러스 Science plus
| 주 　소 　(우) 04003 서울특별시 마포구 잔다리로 101
| 전 　화 　02-332-6171
| 팩 　스 　02-332-6185
| 등 　록 　2005.10.20. 제2005-000222호

| ISBN 　978-89-92603-96-6 　93430 　　**값 39,000원**

연습 문제의 해답은 본사의 홈페이지 www.sciplus.co.kr을 참조하기 바랍니다

기본 상수

아보가드로 수	6.0221415×10^{23}
전자 전하(e)	$1.60217653 \times 10^{-19}$ C
전자 질량	$9.1093826 \times 10^{-28}$ g
패러데이 상수(F)	96,485.3383 C/mol e^-
기체 상수(R)	8.314472 J/K · mol (0.082057 L · atm/K · mol)
중성자 질량	$1.67492728 \times 10^{-24}$ g
플랑크 상수(h)	$6.6260693 \times 10^{-34}$ J · s
양성자 질량	1.672621×10^{-24} g
리드베리 상수(R_H)	2.179872×10^{-18} J
진공에서의 광속	2.99792458×10^{8} m/s

유용한 변환 인자와 관계

1 lb = 453.6 g
1 gal = 3.785 L = 4 quarts
1 in = 2.54 cm (정확한 값)
1 mi = 1.609 km
1 km = 0.6215 mi
1 pm = 1×10^{-12} m = 1×10^{-10} cm
1 atm = 760 mmHg = 760 torr = 101,325 N/m^2 = 101,325 Pa
1 cal = 4.184 J (정확한 값)
1 L · atm = 101.325 J
1 J = 1 C × 1 V

$$?°\mathrm{C} = (°\mathrm{F} - 32°\mathrm{F}) \times \frac{5°\mathrm{C}}{9°\mathrm{F}}$$

$$?°\mathrm{F} = \frac{9°\mathrm{F}}{5°\mathrm{C}} \times (°\mathrm{C}) + 32°\mathrm{F}$$

$$?\mathrm{K} = (°\mathrm{C} + 273.15°\mathrm{C})\left(\frac{1\ \mathrm{K}}{1°\mathrm{C}}\right)$$

분자 모형의 색 코드

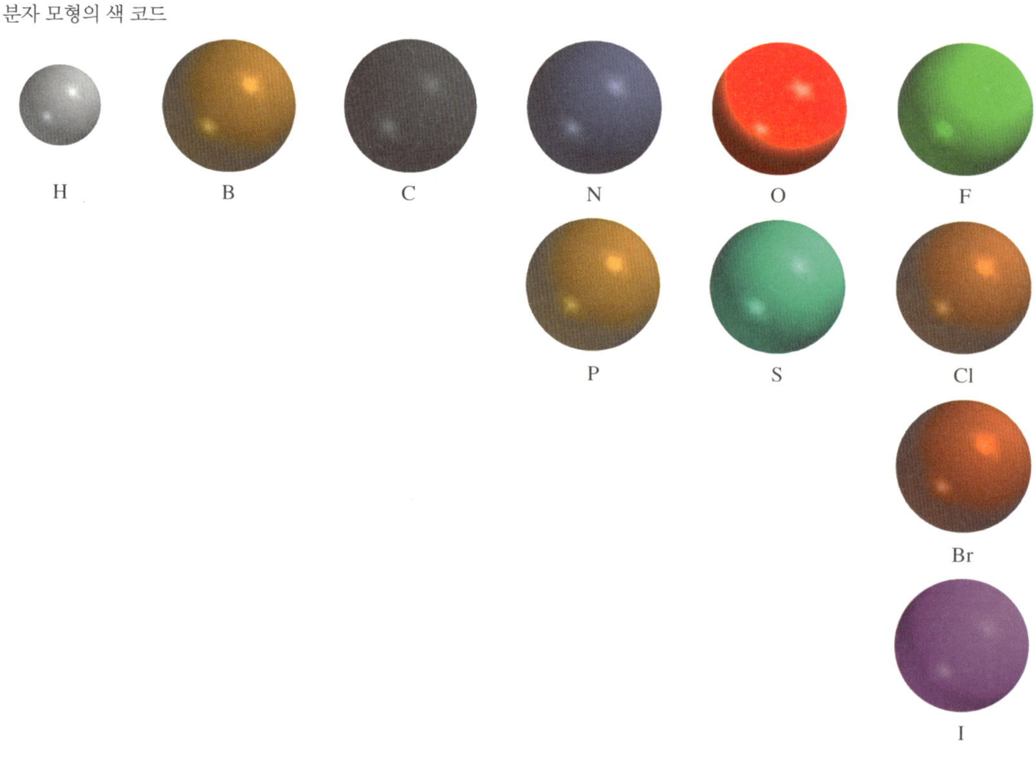

SI 단위와 함께 사용하는 접두어

테라(tera, T)	10^{12}	센티(centi, c)	10^{-2}
기가(giga, G)	10^{9}	밀리(milli, m)	10^{-3}
메가(mega, M)	10^{6}	마이크로(micro, μ)	10^{-6}
킬로(kilo, k)	10^{3}	나노(nano, n)	10^{-9}
데시(deci, d)	10^{-1}	피코(pico, p)	10^{-12}

중요한 그림과 표 색인